国家出版基金项目
NATIONAL PUBLICATION FOUNDATION

有色金属理论与技术前沿丛书

铂族金属冶金学

METALLURGY OF PLATINUM GROUP METALS

刘时杰 编 著

Liu Shijie

中南大学出版社
www.csupress.com.cn

中国有色集团
CNMC

内容简介

Introduction

铂族金属包括铂、钯、铑、铱、锇、钌6种金属，属稀有贵金属。因探明的矿产资源稀少并集中在少数国家且矿石中含量很低，所以金属价格十分昂贵，国家储备和民间收藏具有金融功能。因具有许多独特和优良的性质，在现代工业及高新科技领域有广泛、不能被其他金属或材料取代的特殊应用，被誉为"第一高技术金属"。本书共12章。其中3章介绍铂族金属的性质、资源及应用等基本知识。其余9章结合重有色金属冶金、无机化学、有机化学等交叉学科知识，系统全面地介绍了从矿产资源及二次资源中富集提取铂族金属，贵贱金属分离，贵金属相互分离、精炼及再生循环利用等方面的冶金专业知识和最新的技术发展信息，以及相应的劳动安全和环境保护知识。

本书可供从事该科技领域的科技人员和管理人员参考，也可供高校相关专业的师生作教学参考书。

作者简介

About the Author

刘时杰，研究员，研究生及博士后流动站进站课题研究指导教师。1961 年毕业于昆明工学院（昆明理工大学）冶金系，在昆明贵金属研究所连续工作 50 年。一直从事从我国贵金属矿产资源、有色金属冶炼厂含贵金属中间产品及二次资源中提取贵金属的新技术、新工艺研究开发。先后承担国家"六五"至"九五"各个五年计划的重点科技（攻关）任务。解决了我国铂族金属冶金工程中许多重大科学技术问题，是该科技领域的创业者和学术、技术带头人之一，并为其发展和创新，为我国第一个"矿产铂族金属提炼中心"及"金川镍都"建设做出了突出贡献。获国家级科技进步奖特等奖、一等奖和部省级奖等十余次。独立编著或参编学术专著十部。1987 年云南省人民政府授予"云南省首批有突出贡献的优秀专业技术人才称号"（一等奖）。1991 年起享受国务院政府特殊津贴。2010 年生平及业绩入编中国科协主编的《中国科学技术专家传略》－工程技术编－有色冶金卷 3。

曾任原中国有色金属工业系统科技成果奖励评审委员、"跨世纪人才"及高级工程师和教授级高级工程师职称评审委员、云南省有色金属学会理事、云南省学位委员会硕士学位授权点及省教委高校重点学科评议组组员，国际贵金属学会（IPMI）会员、中国有色金属学会贵金属学术委员会委员、云南省专家协会会员、国家"九五"科技攻关项目首席专家。

学术委员会

编辑出版委员会

Editorial and Publishing Committee

国家出版基金项目
有色金属理论与技术前沿丛书

总序

Preface

当今有色金属已成为决定一个国家经济、科学技术、国防建设等发展的重要物质基础，是提升国家综合实力和保障国家安全的关键性战略资源。作为有色金属生产第一大国，我国在有色金属研究领域，特别是在复杂低品位有色金属资源的开发与利用上取得了长足进展。

我国有色金属工业近 30 年来发展迅速，产量连年来居世界首位，有色金属科技在国民经济建设和现代化国防建设中发挥着越来越重要的作用。与此同时，有色金属资源短缺与国民经济发展需求之间的矛盾也日益突出，对国外资源的依赖程度逐年增加，严重影响我国国民经济的健康发展。

随着经济的发展，已探明的优质矿产资源接近枯竭，不仅使我国面临有色金属材料总量供应严重短缺的危机，而且因为"难探、难采、难选、难冶"的复杂低品位矿石资源或二次资源逐步成为主体原料后，对传统的地质、采矿、选矿、冶金、材料、加工、环境等科学技术提出了巨大挑战。资源的低质化将会使我国有色金属工业及相关产业面临生存竞争的危机。我国有色金属工业的发展迫切需要适应我国资源特点的新理论、新技术。系统完整、水平领先和相互融合的有色金属科技图书的出版，对于提高我国有色金属工业的自主创新能力，促进高效、低耗、无污染、综合利用有色金属资源的新理论与新技术的应用，确保我国有色金属产业的可持续发展，具有重大的推动作用。

作为国家出版基金资助的国家重大出版项目，《有色金属理论与技术前沿丛书》计划出版 100 种图书，涵盖材料、冶金、矿业、地学和机电等学科。丛书的作者荟萃了有色金属研究领域的院士、国家重大科研计划项目的首席科学家、长江学者特聘教授、国家杰出青年科学基金获得者、全国优秀博士论文奖获得者、国家重大人才计划入选者、有色金属大型研究院所及骨干企业的顶尖专家。

国家出版基金由国家设立，用于鼓励和支持优秀公益性出版项目，代表我国学术出版的最高水平。《有色金属理论与技术前沿丛书》瞄准有色金属研究发展前沿，把握国内外有色金属学科的最新动态，全面、及时、准确地反映有色金属科学与工程技术方面的新理论、新技术和新应用，发掘与采集极富价值的研究成果，具有很高的学术价值。

中南大学出版社长期倾力服务有色金属的图书出版，在《有色金属理论与技术前沿丛书》的策划与出版过程中做了大量极富成效的工作，大力推动了我国有色金属行业优秀科技著作的出版，对高等院校、研究院所及大中型企业的有色金属学科人才培养具有直接而重大的促进作用。

王淀佐

2010 年 12 月

前言 /

Foreword

铂族金属，即铂(Pt)、钯(Pd)、锇(Os)、铱(Ir)、钌(Ru)、铑(Rh) 6 种金属，是一组具有复杂共生组合特点的天然元素，与金、银一起统称为贵金属。因储量及产量比金、银少得多，又被称为"稀有贵金属"。

铂族金属具有许多独特、优越的物理化学性质，不仅能作为金融财富储备，而且作为一种战略资源，在现代工业、军工及高新技术产业中有重要而不能被其他金属或材料取代的特殊应用，先后被誉为"现代工业维生素"和"第一高技术金属"。

冶金学是从矿产资源和二次资源中，经济、高效、环保地提取出金属或化合物产品，满足国民经济建设和社会发展需求的科学，是通俗易懂的应用科学，是在实践中去伪存真、逐步完善、不断深化而总结出的普遍规律和学术共识。冶金理论能密切联系实际并指导实践，冶金技术能转化为现实生产力并能促进社会的文明进步。冶金科技发展还有一个重要特点，就是工艺或技术的研究制定以冶金原料的成分和性质为依据，而不同的技术又依据不同的冶金原理。同样的技术处理不同的原料或不同的技术处理相同的原料，会产生不同的结果。科技工作者首先需系统、全面地传承前人积累的知识，通过认真地融会和贯通、不断地比较和"消化"、科学地鉴别和取舍、勇敢地探索和实践，才会有所发现、有所发明、有所创造，才能锻炼出更强的实际工作能力。

自 20 世纪 60 年代开始，中国勘查和开发了铂族金属资源，自力更生创建和发展了从矿产资源和二次资源中提取铂族金属的科技和产业，积累了丰富的科技知识，目前整体科技水平已跻身于世界先进行列。这些成就凝聚了两代人的心血，是该领域专家、广大冶金科技工作者辛勤劳动的结晶。作者从 1961 年参与该科技领域的创业开始，连续学习及实践了 50 多年。在矿产资源综合利用及二次资源再生回收冶金工艺技术研究等方面，主持并与团队共同完成了国家"六五"至"九五"各个五年计划的重点科技(攻关)任务，同时指导硕士、博士研究生论文及博士后流动站进站课题研究，形成了多项研究成果，其中多数实现了产业化应用，先后获十多项国家及部、省级科技进步奖励。作者曾独著或参编了多部专著，发表了多篇论文。为了系统、全面地向读者介绍铂族金属冶金学的基础理论和技术知识，本书在编写时参考了近十年来国内外专家的三百多篇科技论文、专利，尽力体现面向 21 世纪的时代要求。

全书共分 12 章。第 1 章是概述性的科普知识。第 2 章介绍的物理化学性质方面的知识是冶金学的基础。第 3 章介绍的共生矿产资源和二次资源是冶金学的对象，都是必须学习和掌握的基础知识。第 4 章选矿－熔炼富集和第 5 章贵贱金属分离提取铂族金属精矿，是从铂族、镍、铜共生矿资源中富集提取铂族金属的基本过程，从一个侧面看属于铂族金属冶金的知识范畴；从另一个侧面看属于镍、铜冶金的知识范畴，即镍铜硫化矿选矿及火法熔炼技术，是富集铂族金属的载体技术，再从镍、铜选冶中间产品中提取出铂族金属精矿。这个过程充分体现了铂族金属冶金和重有色金属冶金两个学科领域的交叉和融合。其余 7 章从各个侧面融合其他相关学科知识，全面介绍富集、分离、精炼铂族金属的专业理论和技术工艺，包括铂族金属的溶解及低浓度溶液的二次富集，传统的选择性沉淀分离，高效的溶剂萃取分离及固－液萃取分离，二次资源再生回收，纯金属或纯功能化合物制备，及相应的劳动安全和冶金环保等内容。

在我国社会经济和科技发展的进程中，不同的阶段有不同的侧重点。20 世纪中后期，从矿产资源中提取铂族金属，解决有无问题，满足国民经济建设急需，是该科技领域发展的重点。进入 21 世纪后，面临中国铂族金属矿产资源贫乏但已成为铂族金属使用大国的客观形势，及顺应绿色、循环经济及可持续发展的时代要求，二次资源再生回收已上升为保障供需的战略地位。因此铂族金属冶金科技工作者的工作重心已发生转变，将矿产资源提取冶金的理论和成熟的工艺技术移植应用于二次资源再生循环利用，拓展产业规模，在实际应用中不断完善和发展，已成为该科技领域的重点。作者在各章内容安排方面尽力体现这一特点。

50 年来作者在铂族金属提取冶金发展和创新过程中，在资源综合利用、科技攻关研究和产业化实施中，先后得到了昆明贵金属研究所、贵研铂业公司赵怀志、何纯孝、朱绍武、汪云曙、普乐、钱琳、侯树谦、陈家林、胡昌义、云锡集团公司高文翔总经理、研究设计院王炜院长等各届、各级领导的支持和鼓励。同时得到数十位同行以及其他科研、设计和生产单位很多人的支持和帮助。本书编写过程中，金川集团公司原副经理何焕华教授，北京恩菲工程技术有限公司赵玉福教授，昆明贵金属研究所及贵研铂业的王永录教授、董海刚博士、李勇博士、范兴祥博士、汪云华博士、韩守礼教授、吴晓峰高工、陈伏生高工，分别提供了信息、资料。一些领导和专家从不同角度提出了宝贵的修改意见。作者一并向他们致以诚挚的感谢。作者铭记我的夫人袁素焕几十年来在生活及工作各方面给予的全力支持和帮助。

该书可作为大专院校贵金属冶金专业的教科书，也能作为矿冶院校地质矿产、重有色金属冶金专业教学的参考书。由于内容涉及的学科范围广，作者的知识结构和水平有限，书中错误与疏漏在所难免，热情欢迎阅读本书的专家和读者批评指正。

目录 / Contents

第 1 章　名副其实的现代工业维生素

1.1　金属中的贵族

铂(Pt)、钯(Pd)、铑(Rh)、铱(Ir)、锇(Os)、钌(Ru)、金(Au)、银(Ag)8 种金属,统称为贵金属。在化学元素周期表中,它们与铁、钴、镍、铜 4 种金属排列在第Ⅷ族和ⅠB 族下面,分属于第 4、第 5 和第 6 长周期。

周　　期	ⅦB 族	Ⅷ族			ⅠB 族	ⅡB 族
第 4 周期	锰(Mn)	铁(Fe)	钴(Co)	镍(Ni)	铜(Cu)	锌(Zn)
第 5 周期	锝(Tc)	钌(Ru)	铑(Rh)	钯(Pd)	银(Ag)	镉(Cd)
第 6 周期	铼(Re)	锇(Os)	铱(Ir)	铂(Pt)	金(Au)	汞(Hg)

贵金属在地壳中含量极微,在地球化学中属"超痕量元素",比已分类定名的"稀有金属"还少,比某些"稀散金属"还分散。它们不仅数量很少且提取困难,但性能优异,应用广泛,价格昂贵,在所有金属元素中称为"贵族之家"——贵金属(Precious Metals 简写为 PMs 或 PGE)。除人们熟知的金、银外,前 6 种元素称为铂族元素(Platinum Group Elements),习惯上称为铂族金属 (Platinum Group Metals 简写为 PGMs 或 $\sum$ Pt)。因资源和产量比金、银少得多,铂族金属又被称为"稀有贵金属"。根据它们某些性质的差异及在提取冶金中为了叙述方便,又将 6 种金属细分为多组。钌、铑、钯密度大约为 12 g/cm^3,称为轻铂族金属,锇、铱、铂密度大约为 22 g/cm^3,称为重铂族金属。6 种金属中铂钯在地壳中含量相对另 4 种元素多且应用更广泛,称为主铂族金属,另 4 种合计含量仅为铂钯的1/20～1/10,称为副铂族金属。周期表中纵向对应的金属性质比较接近,又可将 6 种元素分为钌锇、铑铱和钯铂 3 组。

金、银分别有独立的、以提取金、银为主要目标的矿产资源,其中基本不含铂族金属。但在铂族金属资源中则总有金、银伴生。砂铂矿有时含沙金,而铂族金属的主体资源——与镍铜共生的硫化矿则含全部 8 种贵金属,提取冶金工艺需综合利用镍、铁、铜、钴、铂、钯、锇、铱、钌、铑、金、银 12 种有价金属。在共生资源冶金中,除 8 种贵金属元素之外的所有黑色和有色金属统称为贱金属(Base

Metals 简写为 BMs），贵金属与它们的相互分离简称为"贵贱金属分离"。本书叙述的内容中，涉及 8 种贵金属共存的情况，使用"贵金属"，不包括金银的内容中使用"铂族金属"，这些都属业界的约定俗成，没有本质差别。

金、银是人类相继发现、应用最早且最熟悉的两种金属。我国先民早在商代就知道黄金的淘洗和加工方法。春秋战国时期已大量使用金、银饰品和作为货币流通储备。

人类发现、定名和使用铂族金属迄今仅有 200 多年的历史。

传说人类很早就在沙金开采时接触过某些铂族金属矿物，南美洲的古代淘金者将金砂中混杂的很重的灰白色金属颗粒（实际上是铂铁合金或锇铱金属矿物），称之为无用的"小银"弃去，我国古代工匠在加工金银饰品时，把混在金银中极硬且难熔的某种成分，也称之为"金刺"或"毒银"弃去，古代先民并不知道那些弃去的废物是另一类更贵重的金属。

1741 年英国化学家伍德（Charles Wood）收集了"小银"样品带回英国，1778 年分离出一种新金属，它与当时仅知道的 7 种金属（金、银、汞、铜、铁、锡、铅）不同，化学家将这第 8 号金属命名为"铂"（Platinum）。1802 年英国化学家沃拉斯顿（William Hyde Wollaston）确定了分离和提取铂的方法，并应用于生产，同时分离提取出另一种金属，它总是与铂共存，因此用希腊神话中的智慧女神及当年发现的小行星"Pallas"的名字命名为"钯"（Palladium）。1803 年法国人柯立特第斯科提尔（H. V. Collet-Descotils）从王水溶铂后的残渣中分离出另一种与铂钯不同的新金属，但未命名。一年后英国人坦能特（Smithson Tennant）深入研究了这种残渣，发现有两种金属，一种金属的化合物有多变的颜色，按拉丁文"彩虹"之意命名为"铱"（Iridium），另一种其化合物易挥发且有特殊的气味，用希腊文"气味"命名为"锇"（Osmium）。1804 年沃拉斯顿宣布发现了另一种新金属，因其化合物的稀溶液显美丽的红色，用希腊文的"玫瑰"命名为"铑"（Rhodium）。1844 年俄罗斯化学家克拉伍斯（Klaus）发现了铂族元素中最后一种金属，并用他的祖国——"俄罗斯"（Ruthnia）命名为"钌"（Ruthenium）。从发现铂到钌，前后经历了约 100 年。

1819 年在俄罗斯乌拉尔发现了大型砂铂矿后，开始了铂的生产和加工，因产量少主要用于制造铂币、钯币、纪念章、饰品、酒具、坩埚等，不少饰品、器具进贡宫廷。至今国际使用的长度标准"米原器"和重量标准"千克原器"就是 1874 年用铂 – 铱合金制成的。

1888 年加拿大发现了萨德伯里伴生铂族元素硫化镍铜共生矿，并于 1920 年开采，1920 年苏联发现了诺里尔斯克共生矿并于 1935 年开采，1924 年发现了南非美伦斯基铂矿并随之开采，1936 年发现了美国斯蒂尔瓦特铂矿并于 1980 年正式开采，这些大型资源的发现和开采使大规模的铂族金属冶金工业从 20 世纪 20 年代开始逐渐建立和发展起来，应用领域也不断开拓。

1949 年前中国没有任何关于铂族金属资源、生产、加工和应用的记载。中华人民共和国建立后，昆明贵金属研究所独树一帜，先后开展了铂族金属分析检测技术，提取、分离、精炼技术，二次资源再生回收技术，应用及材料加工技术等领域的研究开发、成果推广应用及产业化。在这一科技领域，中国已跻身于世界先进行列，并先后出版了多部优秀的专著[1-3]，在很多贵金属专著[4-9]中包含了铂族金属的相关内容。在其他相关著作[10-14]中，也包含了铂族金属冶金的内容。上述多数著作中本书作者编写了与铂族金属冶金有关的章节。显然，经过 50 年的发展，中国不仅已成为世界铂族金属的消费大国，也已成为全面系统掌握铂族金属科技知识的大国。

1.2　世界矿产资源分布极不均衡

1.2.1　世界铂族金属资源量

铂族金属是地壳蕴藏的所有金属中资源总量很少的金属。近 20 年来世界探明储量及资源分布情况没有太大变化，探明金属储量约 80000 t。分布很不均衡，其分布情况如下：

国　　　家	南　非	津巴布韦	俄罗斯	美　国	加拿大	其　他
探明储量/t	63000	7900	6200	900	310	800

仅南非的储量就占世界总储量的 80% 左右。南非、津巴布韦、俄罗斯 3 国的储量占世界总储量的 97.5%。中国铂族金属资源贫乏，探明储量 342 t，仅占世界总储量的 0.2%。

1.2.2　世界铂族金属资源的特点及分类

铂族金属的矿产资源是地幔的基(碱)性、超基(碱)性岩浆在某些特殊的地质区域，侵入地壳的特殊地质构造带，在特定的地质环境条件下经历漫长的岩浆演化活动形成的。按现有地质矿产的研究结果，在已发现的矿床中没有任何两个矿床的特点是完全相同的，大至成矿的区域地质环境、自然条件、岩相组合关系，小至铂族元素在矿床中的矿化部位、矿体产状和规模、矿石结构特点、有价元素品位及比例、矿物种类和共生组合关系、矿物粒度分布及嵌布连生特征等方面，各个矿床都有各自的特点(详见 3.1)。

冶金界根据矿石性质、有价金属的品位及共生组合关系，将其分为砂铂矿、原生矿两类。

1. 砂铂矿

砂铂矿多是超镁铁质超基性岩体中的铬－铂矿床风化形成的次生矿床。原岩经历漫长的风化蚀变、水流冲刷、滚动摩擦、自然淘汰等过程,使密度、硬度很大、化学惰性的铂、锇、铱的自然金属及金属互化物矿物,如自然铂、粗铂矿、铁铂矿和锇铱矿富集形成砂铂矿。

2. 原生矿

原生矿是一类非常宝贵的共生资源类型,矿石中8种贵金属及镍铜钴等多种有价金属共生,经济价值大,需全面综合利用。不同成因的矿床中,各种有价金属品位相差很大。每吨矿石中含铂、钯合计品位低至约 0.1 g/t,高至约 20 g/t,铑、铱、锇、钌 4 种元素合计品位,仅为铂钯的 1/20 ~ 1/10,一般小于 0.1 g/t,在最富的矿石中也小于 1 g/t。铜镍品位分别低至 0.1%,高至 2% ~ 3%。因此,针对不同的资源,论证、研究、选择和制定冶金工艺的侧重点也就不同。

冶金界按贵金属在矿石中的价值比例,将原生矿分为两种:

1)原生铂矿。矿石中富铂族金属贫镍、铜,Cu + Ni 含量 < 0.5%、∑Pt 3 ~ 20 g/t,贵金属价值占 90% 以上,以提取铂族金属为主要目的。该类矿床主要分布在南非、津巴布韦和美国斯蒂尔瓦特。

2)铂族铜镍共生硫化矿。矿石中 Cu + Ni 2% ~ 3.5%、∑Pt 0.3 ~ 20 g/t,贵金属价值低至 2% ~ 5%,高至 20% ~ 30%。以俄罗斯远东靠近北极的诺里尔斯克、加拿大萨德伯里、中国金川等地的矿床为代表。

中国最大的铂族金属资源——金川伴生铂族金属铜镍硫化矿中,铂族金属品位在世界同类矿床中最低,仅 0.3 g/t,不及加拿大萨德伯里矿床的 1/2、南非铂矿的 1/20、俄罗斯诺里尔斯克矿床的 1/100 ~ 1/10。提取冶金必须解决的各种技术问题比其他资源更为困难。

1.2.3 世界铂族金属的生产情况

贵金属的产量比其他常用金属少得多。有史以来人类生产的黄金总量不超过14 万 t,流通和储备量有 7 万 t。近 500 年来人类共生产白银 100 万 t(其中 73 万吨是近百年所产),各国储备库存总量约 10 万 t。

贵金属中铂族金属的产量最少,至 2010 年,人类共生产出铂族金属约 1 万吨。20 世纪 30 年代前的 100 多年主要从广泛分布的砂铂矿中提取铂、铱和锇 3 种金属。世界著名砂铂矿哥伦比亚乔科 1965 年前的 187 年间,共生产 107 t,1928 年最高年产 2 t;俄罗斯乌拉尔 1930 年前的 108 年间,共生产 257 t,1912 年最高年产 6.8 t;美国阿拉斯加 1966 年前的 32 年间,共生产 31 t,1938 年最高年产 1 t;南非威特沃特斯兰德 1965 年前的 44 年间,共生产 7.7 t,1948 年最高年产

0.25 t；美国加利弗尼亚、埃塞俄比亚尤布多、加拿大不列颠哥伦比亚、澳大利亚塔斯马尼亚等地也有少量生产。近年来多数砂矿早已采竭，现仅有哥伦比亚乔科、俄罗斯乌拉尔和阿尔丹等地的少量砂矿还在生产，总产量仅占世界总产量的2%~3%。

1920 年加拿大萨德贝里共生矿开发并开始生产铂、钯，1925 年和 1935 年分别开发南非铂矿及苏联的共生矿，1979 年美国斯替尔瓦特铂矿开发并加入世界铂族金属生产行列。目前从原生铂矿和共生矿中提取的铂族金属产量占世界总产量的 97% 以上。铑铱锇钌的产量为铂钯的 5%~10%。1950—2008 年主要资源国的生产情况如下：

1950 年世界总产量 18.3 t，其中南非 4.7 t，苏联 3.1 t，北美 10 t；

1960 年世界总产量 40 t，其中南非 12.6 t，苏联 10.3 t，北美 15.7 t；

1970 年世界总产量 119 t，其中南非 30.5 t，苏联 68.4 t，北美 12 t；

1980 年世界总产量 204 t，其中南非 98 t，苏联 96.4 t，北美 11 t；

1990 年世界总产量 238 t，其中南非 130 t，苏联 85.4 t，北美 17.8 t；

2000 年世界总产量 413 t，其中南非 190 t，俄罗斯 196 t，北美 29.4 t；

2008 年世界总产量 450 t，其中南非 206 t，俄罗斯 119 t，北美 45 t。

20 世纪后半期是世界科技和经济飞速发展的 50 年，1980 年、1994 年和 1998 年，年产量分别超过 200 t、300 t 和 400 t。铂族金属作为"第一高技术金属"，年产量从 1950 年的 18 t 增至 2008 年的约 450 t，增长了 25 倍。其生产发展的特点是：①南非和俄罗斯的产量合计占世界总产量的 94%，形成绝对的垄断地位，这种态势估计在今后几十年内不会根本改变；②铂的生产以南非为主，占世界总产量的 79%，俄罗斯占 12%，北美占 5%，其他占 4%；钯的生产以俄罗斯为主，占世界总产量的 51%，南非占 34%，北美占 12%，其他占 3%；③相对于每 10 kt 镍的生产规模提供的铂族金属产量南非可达约 40 t、俄罗斯 10~20 t，加拿大及中国金川共生矿中铂族金属品位低，其年产量受镍生产规模的制约，每 10 kt 镍产量附产的铂族金属量，加拿大约 0.6 t，中国金川仅为 0.3 t；④美国斯蒂尔瓦特铂矿的开发，近年的产量已超过加拿大，美国已成为世界第三大生产者；⑤原生铂矿及共生矿中所含的副铂族金属锇、铱、钌、铑都能全面回收，其产量约占铂族金属总产量的 10%；⑥因资源集中及跨国资本长期延续的垄断控制，其生产集中在少数公司，如 Anglo American 公司控制南非产量的 50%，Impala 占 39%，其余为 Lonmin、Lebowa 和 Barplats 等小公司所产。加拿大国际镍公司（INCO）控制加拿大产量的 90%，鹰桥公司占 10%。俄罗斯诺里尔斯克联合公司控制该国产量的 90%，其余产自科拉半岛的北方镍公司及乌拉尔和远东阿尔丹的砂矿；⑦世界铂族金属的精炼也集中在少数精炼厂，如世界最大的俄罗斯远东克拉斯诺亚尔斯克精炼厂精炼全俄 90% 以上的铂族金属，英国约翰逊 - 马赛公司的 Acton 精炼厂集中精炼加拿大 INCO 的铂族金属,设在英国 Royston 的 MRR 精炼厂及设在南非的 Lonrho 公司 Spring 精炼厂和 Blakban 精炼厂集中精炼南非的铂族金属。还有一些精炼厂如德国的海洛依斯精炼厂,法国康普托里昂的阿莱曼德精炼厂,美国英格哈德精炼厂,日本田中、德力和石福公司的精炼厂等,它们以铂族金属二次资源的再生精炼为主。集中精炼便于各公司保守技术秘密和控制供需和价格,大规模生产也利于先进的分离、精炼技术的发展。

1.3 "第一高技术金属"

贵金属因其具有其他金属不可比拟的、优良的物理化学综合特性,常年不变的光鲜亮丽色彩,持久稳定的使用寿命和长期储存不贬值,独特的生物活性和催化活性,已成为一类不可替代的、广泛应用于人类生活各个领域的特殊金属。可以说:还没有任何一类其他金属或材料能像贵金属一样,在经济、金融和科技、工业方面都具有如此优越的双重功能。

贵金属中,金、银作为人类发现和使用最早的金属,它们用来做首饰、货币和金融储备在人类文明进步历程中发挥过重要作用。黄金在金融投资及饰品消费方面至今仍经久不衰。铂族金属比金、银更为贵重,不仅民间作为财富储备和首饰收藏成为新宠,消耗不断增长,而且在近代科学技术和现代工业发展中,扮演着非常重要的角色。可以说,铂族金属与人类社会发展的所有方面都有密切的关系。发达国家早已将其作为战略金属储备。

1.3.1 广泛的应用领域

在科技和工业方面,铂族金属以各类化合物、浆料、纯金属或其合金制成各种型材(丝、板、带、片、箔、棒、管、器皿等),加工成数千个品种和规格的各种功能材料,它们具有力学、电、磁、光、生物、化学等方面的特殊性质,广泛应用于日常生活、农业、传统工业、高新技术、军工宇航、医药卫生、环境保护、金融储备等各个领域(详见 3.2)。

两位科学家因在开发铂族金属特殊应用方面的卓越贡献,获得了诺贝尔奖:德国科学家 Gerhard Ertl 揭示了 Pt 高效催化氧化 CO 的原理,为铂族金属应用于汽车尾气净化奠定了理论基础;Geoffrey Wilkinson 发明了含 Rh 的均相催化剂——$Rh(PPh_3)_3Cl$,为每年数百万吨重要有机化合物——丁醛的合成、醋酸合成及很多药物合成创造了基础条件。

铂族金属在科技及现代工业中的应用主要有如下几方面:

1. 工业及环保产业催化剂

催化是化学化工及石油化工工业中生产千万种功能产品的核心技术和产业化

基础。使用催化剂可使通常条件下不可能发生的化学反应变为可能，使速度很慢的化学反应加快反应速度提高生产效率。而催化剂本身不会成为产品的组分，可以反复再生循环使用。业界不完全统计，全球 80% ~ 90% 的化学化工及石油化工产品（年产值约 10 万亿美元）的生产过程需要催化，每年消耗催化剂约 100 万 t（石化约 42 万 t、化工约 34 万 t、环保约 5 万 t），其产品市值达 150 亿美元。其中一半以上的工业催化剂需使用铂族金属。因其具有抗高温氧化、催化活性大、选择性高、稳定性好等特点，铂族金属被业界誉为"催化之王"。没有铂族金属催化材料，很多基础化工、精细化工产业和石化产业将瘫痪。

人类提高生活质量和延长寿命离不开医疗和医药。中国是医药生产大国。强力霉素年产量约 4500 t（占世界年产量的 90%）。多种强力霉素及很多重要药物的生产过程需要含铂、钯的催化剂。

2. 汽车尾气及大量有毒废气的净化

2010 年世界汽车的保有量约 7 亿辆，中国机动车总量 2 亿辆，其中汽车超过 8500 万辆（当年产销汽车 1800 万辆，居全球首位）。很多国家早已立法，汽车必须安装含铂族金属的催化净化器，净化排放的有毒有害尾气。目前，汽车行业已成为铂族金属的最大用户。尾气净化催化剂被冶金界称为"流动的铂族金属矿山"。

3. 信息传感监测

许多工业部门生产条件及工艺参数的测量控制及产生的有害有毒气体的监测，需使用铂族金属的信息传感元器件。

4. 玻璃玻纤

制造各种高级光学镜头及越来越广泛使用的液晶显示器所用的高级光学玻璃、建材玻璃纤维及通信光导玻璃纤维（目前中国的产能居世界首位），都需使用抗高温腐蚀的铂族金属坩埚器皿和漏板器件。

5. 红宝石、蓝宝石单晶

单晶红宝石是激光器的核心部件，蓝宝石是最新照明技术（LED 发光二极管）的关键材料。生产红、蓝宝石必须使用铱坩埚。

6. 温度传感监测

所有实验室的科学研究工作，重要工业（冶金、化工、建材等）生产过程，凡是需要准确测定和控制温度的场合，都离不开铂族金属制造的测温元件——铂电阻温度计和铂 - 铑热电偶。

7. 新能源

新能源中燃料电池的催化电极，产氢、透氢和储氢材料都需要铂族金属。

8. 药物

铂的特殊化合物，顺铂——顺式 - 二氯二氨合铂（Ⅱ）和卡铂——1，1 - 环丁二羧酸二氨合铂（Ⅱ），已成为癌症化疗不可缺少的药物。顺铂可作为医治彩色素瘤(转移)、头颈部癌、甲状腺癌、非小细胞肺癌(NSCLC)、小细胞肺癌(SCLC)、食道癌、肝胚细胞瘤(动脉插管)、子宫颈癌、子宫内膜癌、卵巢癌(生殖细胞瘤和上皮)、睾丸肿瘤、肾上腺皮质瘤、膀胱瘤(全身性)、神经胚胎瘤、胚细胞瘤、神经细胞瘤、骨肉瘤、视网膜细胞瘤的首选药物(联合用药)。卡铂可作医治NSCLC、SCLC、肝胚细胞瘤、卵巢癌(上皮)、胚细胞瘤等癌种的首选药物。1995年WHO对上百种治癌药物排名,顺铂的疗效和市场综合评价名列第二。在我国以顺铂为主或有顺铂参加配伍的化疗方案占所有化疗方案的7~8成。国内外还先后合成了几千个新的铂族化合物进入药物筛选,其中28个进入临床研究,有4个化合物,如CDGP——顺式-乙醇酸-二氨合铂(Ⅱ)、乐铂(Lobaplatin)——环丁烷乳酸盐二甲胺合铂(Ⅱ)、草酸铂(Oxaliplatin)——草酸-(反式-L-1,2-环己二胺)合铂、环铂(Cycloplatin)——丙二酸(氨环戊胺)合铂(Ⅱ)已批准入市,进一步展示了铂族抗癌药物非常良好的应用前景。

9. 特种功能材料

以铂族金属为基的许多高精度、高可靠、长寿命的特种功能材料,如电接触材料、钎料、包覆材料、磁性材料、耐磨轴尖材料、精密电阻材料、高温及应力应变传感材料、弹性材料、形状记忆材料、涂层复合材料等,广泛应用于电子电器及军工、信息、宇航等高新技术产业。

10. 纳米材料

10~30 nm 的贵金属微粒材料、薄膜材料,因比表面积大,晶格能高、特有的催化活性及奇异的光学、电学特性,在制备高效催化剂和传感器中有独特的应用前景。再加上良好的生物相容性,使其在生物医学领域中的DNA识别、生物化学传感器、生物芯片、免疫分析等方面,研究活跃,应用前景广阔。

铂族金属材料的应用领域很广,其使用特点是:①批量及用量少;②单件物品及元器件体积、质量小,技术性能要求精;③因价值昂贵,仅应用于关键和核心部位;④多数器件失去使用性能后可回收再生返回循环使用。

显然,人类现代文明生活的几乎所有方面都与铂族金属有密不可分的关系。20世纪50年代铂族金属即被誉为"现代工业维他命",缺乏铂族金属许多现代基础工业将瘫痪。20世纪80年代,进一步被誉为"第一重要的高技术金属"(First and Foremost High-technology Metals)。这些都充分表明,铂族金属是人类社会21世纪可持续发展中不可缺少的重要战略金属,其使用量成为衡量一个国家科技、工业及高新技术产业发展水平的重要指标之一。

近50年来,世界三大经济区北美、日本和欧洲是铂族金属的最大用户,也都重视铂族金属的战略储备。1989年美国将6种铂族金属皆列为"稀有的重要战略物资储备",已经解密的铂、钯、铱的储备量,20世纪50年代即分别达40 t、31 t和3.1 t,现在肯定更多。其他许多国家也采取了类似的措施。日本作为资源十分短缺的经济大国，除重视战略储备和废料再生回收外，更鼓励民间收藏。过去的几十年，日本消耗铂量一直占世界用量的约50%，其中60%以上系民间金融财富（铂锭）及首饰储藏。这既表明日本民众坚信铂族金属的金融保值功能，对铂金首饰情有独钟、特殊偏爱，也体现日本政府面对资源贫乏鼓励"藏铂于民"的长远储备策略。

1.3.2　中国已成为铂族金属消耗大国

20 世纪 60～70 年代，西方国家对中国封锁禁运，进口几千克铂族金属都很困难，百姓更不知铂为何物。20 世纪 90 年代，苏联解体后东西方对峙的"冷战"状态告终。世界获得了一个前所未有的和平发展机遇期。虽然"冷战"思维的幽灵不散，但经济全球化进程势不可挡，封锁禁运已违背世界经济发展潮流，是害人又不利己的作茧自缚。中国加入 WTO，在参与经济全球化进程及经济飞速发展中，基础工业和高新技术产业对铂族金属的需求十分旺盛。纯金属及各种功能材料的进口量不断增加，2008 年超过 40 t，为当年国内矿产量的十倍以上。

今天，作为全球仅次于美国的第二大经济体，作者估计，中国工业在线使用、再生替换、新增补充的量，加上国家储备及"藏铂于民"的金融、首饰财富储备，总量已超过千吨，中国已成为世界铂族金属消费大国。

1.4　矿产资源冶金技术的特点及原则

1.4.1　砂铂矿的提取冶金

人类发现和认识铂族金属从砂铂矿开始。砂铂矿中仅产出重组铂族金属——锇铱铂 3 种金属。它们的矿物已完全解离，在世界上所有金属矿物中具有最高的密度（约 20 g/cm^3）、硬度及最强的化学惰性。无论是以自然铂、粗铂矿、铁铂矿为主的资源，或以锇铱矿为主的资源，简单重选即可获得品位大于80%的铂族金属精矿，直接进行铂、锇、铱的分离和精炼。经一百多年的开采，世界多数砂铂矿资源已近枯竭。但因砂铂矿的选冶过程较为简单，仅涉及贵金属冶金的技术问题，一旦发现很易形成产业能力。

1.4.2　共生矿的提取冶金

共生矿（原生铂矿和铂族铜镍共生硫化矿）与砂铂矿相反，目前在铂族金属资源及产量方面约占98%的份额。矿石中共生及需要综合回收的金属品种多，价值大，是一种非常宝贵的资源类型。但矿石中铂族金属品位很低（多为千万分之几到百万分之几），矿物种类繁多且赋存状态复杂。提取冶金工艺必须同时有效回收 8 种微量的贵金属和大量的铜镍钴，原则流程如图 1-1 所示。

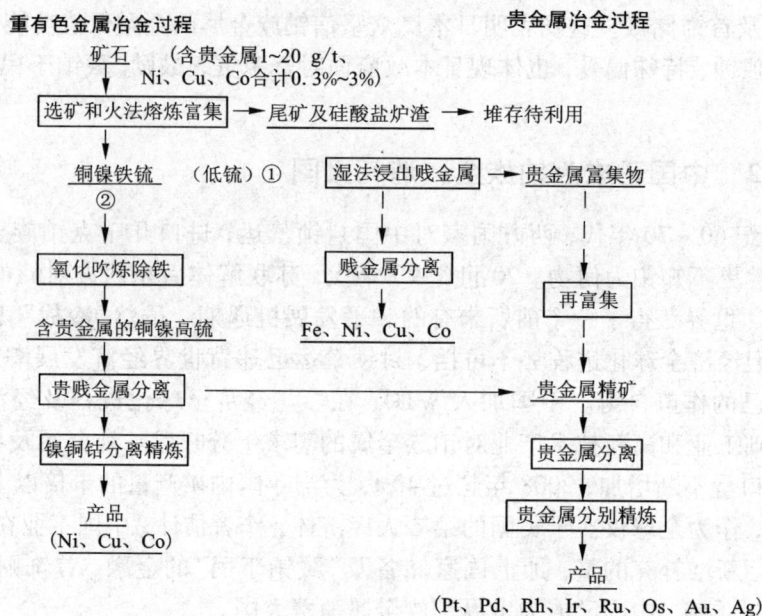

重有色金属冶金过程　　　　　　　　贵金属冶金过程

矿石　（含贵金属1~20 g/t、
　　　　Ni、Cu、Co合计0.3%~3%）

选矿和火法熔炼富集 ──→ 尾矿及硅酸盐炉渣 ──→ 堆存待利用

铜镍铁锍　（低锍）①
②

湿法浸出贱金属 ──→ 贵金属富集物

氧化吹炼除铁　　　　贱金属分离

含贵金属的铜镍高锍　　Fe、Ni、Cu、Co　　再富集

贵贱金属分离 ──────────→ 贵金属精矿

镍铜钴分离精炼　　　　　　　　贵金属分离

产品　　　　　　　　　　　贵金属分别精炼
(Ni、Cu、Co)

产品
(Pt、Pd、Rh、Ir、Ru、Os、Au、Ag)

图1-1　共生矿提取冶金过程的原则流程

　　提取冶金技术是重有色金属冶金和贵金属冶金两个学科的紧密交叉，涉及两个学科的所有技术问题。

　　图 1-1 中左半部是重有色金属冶金，即镍铜钴的富集、分离和精炼为产品的过程，同时是富集贵金属的"载体"过程。是否能高效、高回收率地富集提取出贵金属精矿，是影响贵金属回收率的关键阶段。右半部是贵金属冶金，即 8 种贵金属相互分离、精炼为产品的过程，规模小但技术密集。

　　两个学科的"交叉和结合"就是要研究在各种重有色金属冶金技术中贵金属的走向和分散、富集规律，使冶金技术的研究和选择、冶金工艺流程的制定，能保证所有有价金属经济、高效地富集、分离和综合回收，因此过程复杂，难度很大。

　　从贵金属冶金全过程看，大致分为有价金属选冶富集、贵贱金属分离提取贵金属精矿、贵金属相互分离、贵金属精炼等几个阶段。

　　1. 有价金属选冶富集

　　无论原生铂矿或铂族铜镍共生硫化矿，矿石中镁铁硅铝酸盐脉石占 80% 以上，铜、镍、钴占 1% ~3%，贵金属属痕量或超痕量组分(0.0001% ~0.001%)。因此，分离硅酸盐脉石和铁，使有价金属共同富集在一种中间产品中，是提取冶金工艺的首要任务。

世界上所有处理上述共生矿的冶炼厂均毫无例外地用选矿和火法熔炼技术达到这一目的。利用贵金属矿物和镍铜硫化物矿物的紧密连生关系，及相近或相似的疏水性，主要用浮选技术分离大量硅酸盐脉石，获得有价金属的浮选精矿。利用熔融镍铜硫化物或金属对微量或痕量贵金属的有效捕集作用，用火法熔炼技术处理浮选精矿，分离占绝对量的硅铝酸盐脉石及大量铁，获得含所有有价金属的中间产品——含贵金属的铜镍铁硫化物"合金"——低锍（详见第4章）。低锍可用湿法冶金技术分离贵贱金属（详见第6章），但多用氧化吹炼的方法从锍中较彻底地分离铁，提取出富集了贵金属的铜镍硫化物合金，冶金上称为"高锍"。

这两个阶段各选冶厂使用的工艺技术大同小异。差别主要体现在规模、设备选型和功效方面，技术本身没有质的差别。

针对原生铂矿或铂族镍铜共生硫化矿，即含铁镁硅酸盐>80%、铜镍含量≤3%、贵金属仅0.0001%～0.001%的原矿（或其浮选精矿），用湿法冶金技术直接浸出提取铂族金属，技术和经济两方面衡量都不具科学合理性。不少铂族金属冶金专家一直对这类尝试持否定态度（详见第6章）。水是生命之源，淡水资源循环体系是人类社会可持续发展中最重要的基础体系，也是最脆弱的体系。越来越多的事实表明，大规模湿法冶金过程排放的废气、废水、废渣对生态环境的污染和危害，常比火法冶金有过之而无不及，且治理要求更严，难度更大。在冶金学家全力解决火法冶金技术"节能减排（碳）"及烟气治理问题时，对湿法冶金严重污染环境的问题，应引起极大的关注和反思。2001年，有人宣称"发明"了"世界首创"的"全湿法处理铂族金属硫化矿或其浮选精矿提取铂族金属新工艺"。但由于数据不实且具有严重的环境污染隐患，十多年来未能通过实际应用证明其科学性和合理性（详见第6章）。

2. 贵贱金属分离提取贵金属精矿

经火法冶炼产出的铜镍高锍富集了矿石中全部品种的有价金属。一般含Cu+Ni约75%、Co约0.5%、Fe 1%～3%、S 19%～23%，而铂族金属仍是0.001%～0.1%的微量组分。处理镍铜高锍的原则是相同的，既要分离、提取、精炼产出镍、铜、钴产品，又要充分利用铂族金属的共性，有效地富集提取出铂族金属精矿。各种金属"共性"和"异性"的影响交织在一起，是有色金属冶金和贵金属冶金两个学科领域在技术上真正交叉结合的阶段，也是贵金属提取冶金过程的决定性阶段，存在处理规模大、技术密集、工艺流程复杂等特点，是决定共生资源综合利用技术水平、生产效率和经济效益的关键阶段。富集和分离的选择性和效率，有价金属回收率等指标，是鉴定工艺科学性、可行性和可靠性的重要判据。至今，世界上没有任何两个企业的生产工艺完全相同，这充分表明共生资源综合利用技术的复杂性（详见第5章）。

提取贵金属精矿全过程的繁简还与浮选精矿中的贵金属品位直接相关，品位越低，需要的冶金工序越多，工艺流程越长，技术难度越大，贵金属回收率可能越低。如美国 J－M 浮选精矿中贵金属品位达 450 g/t，提取出 50% 品位的贵金属精矿，要求有色金属冶炼工艺只需使贵金属富集一千倍，重有色金属的分离直接服务于贵金属的有效富集，因此贵贱金属分离过程相对简单。而中国金川浮选精矿含贵金属仅 2～3 g/t，提取出 50% 品位的贵金属精矿，要求冶炼工艺需使贵金属富集 25 万倍，冶金工艺的制定不可能以提取贵金属为前提，需在重有色金属相互分离阶段，甚至延续到重有色金属精炼阶段才能提取出富集了贵金属的中间产品，所以贵贱金属分离过程很长，工序很多，贵金属回收率相应较低。

3. 贵金属的相互分离

元素周期表中，六种铂族金属分为 3 组，每种金属又按其原子序数（即不同于其他金属的原子结构）排列在周期表中固定的位置，使各周期金属组之间和各金属之间，必然有物理化学性质的差异（简称"异性"）。利用异性将它们有效地相互分离，尽量避免和减少相互夹带互含，确保以较高回收率进一步精炼为各金属产品，是贵金属冶金中最关键的阶段，具有方法多、工艺复杂、技术密集、研究活跃、发展快等特点。

冶金学是应用科学，除了依据冶金原理研究怎么做外，同时还要解决如何用的问题。判定贵金属分离技术是否先进合理的主要标准是分离的定向性和选择性，同时要求具有工程化和产业化应用的条件。目前的分离工艺，针对锇、钌主要有氧化蒸馏法（详见 7.2），针对金、铂、钯、铑、铱主要有选择性沉淀法（详见第 7 章）、选择性溶剂萃取和固－液萃取法（详见第 9 章、第 10 章）。

4. 铂族金属精炼

这是铂族金属提取冶金的最后阶段，主要应用各种金属配合物盐类的性质差异精炼为纯金属或纯化合物产品。其工艺复杂，条件控制苛刻、严格，但技术基本成熟（详见第 12 章）。

1.4.3　共生矿提取冶金工艺的特点和基本原则

从含 6 种铂族金属合计品位仅千万分之几到百万分之几的矿石开始，至分别精炼出纯度 >99.9% 的 6 种金属产品，共生矿提取冶金工艺涉及十多种金属提取冶金的所有科学技术问题。与元素周期表中其他所有金属的提取冶金过程相比，该类共生矿的冶金工艺具有技术密集、流程很长、过程异常复杂的特点。针对富集、贵贱金属分离、贵金属相互分离及贵金属精炼各段的具体要求，研究一些单项技术解决特定的技术难题，再将各单项技术科学地衔接、搭配、融合为提取冶金的完整工艺流程，两方面都是铂族金属冶金学的科学内涵。相对而言前者较容易，后者比较困难。

共生矿提取冶金工艺的基本原则是：

1. 全面综合利用

地壳中人类可利用的金属资源是有限的，原生铂矿或铂族镍铜共生硫化矿必须全面综合利用。要以高回收率提取镍、铜、钴、金、银、铂、钯、铑、铱、锇、钌11 种金属，不断提高矿石中硫、硒、碲、铁、硅、镁等其他组分的利用率，变废为宝、化害为利，不能顾此失彼。这是判定工艺流程是否先进合理的主要标准。

2. 经济高效的工程化应用

冶金学是应用科学，研究技术、开发工艺和装备、发表论文、申请专利，都必须紧密联系客观实际，以经济高效地转化为现实生产力为最终目的。尤其工艺流程的研究、论证和选择，必须根据资源特点、生产规模、国家的工业和经济发展水平、地区的交通能源条件、市场对最终金属产品形态的要求等实际情况，科学地比较和制定。

3. 以人为本和绿色环保

人类社会跨入 21 世纪，以人为本，珍爱生命已成为可持续发展的基线。贵金属冶金中的劳动安全和环境保护问题和各行各业一样，都必须认真重视。应尽最大努力使提取冶金技术适应"节能减排"和"低碳绿色"及"循环经济"的时代要求。

1.5 二次资源提取冶金的战略地位

1.5.1 二次资源冶金的原则工艺

广泛应用的含铂族金属材料或元器件，在使用中逐渐失去原有性能，但金属损失量很少，需要定期替换。替换下来的"废料"价值昂贵，成为大量宝贵的二次资源。按冶金的要求，含铂族金属二次资源以品位高低粗分为两类：品位≤1% 的低品位物料和被污染了的呈金属或合金状态的高品位材料。铂族金属二次资源提取冶金的原则工艺流程见图 1−2。

低品位二次资源主要包括以氧化铝、堇青石、活性炭等材料为载体的各种催化剂、电子元器件、含贵金属的工业废渣。处理工艺的首要任务是用火法熔炼、焚烧或湿法浸出等技术，使载体和贵金属有效分离，富集提取出贵金属精矿，进而有效溶解获得高浓度贵金属溶液（详见第 11 章）。高品位二次资源，首先必须解决活化溶解难题（详见第 8 章）。根据贵金属溶液的成分特点，可选择不同的分离精炼方法，分别提取出单种贵金属产品，也可分离非贵金属杂质后提取出混合贵金属产品直接返回复用（详见第 9、10、12 章）。

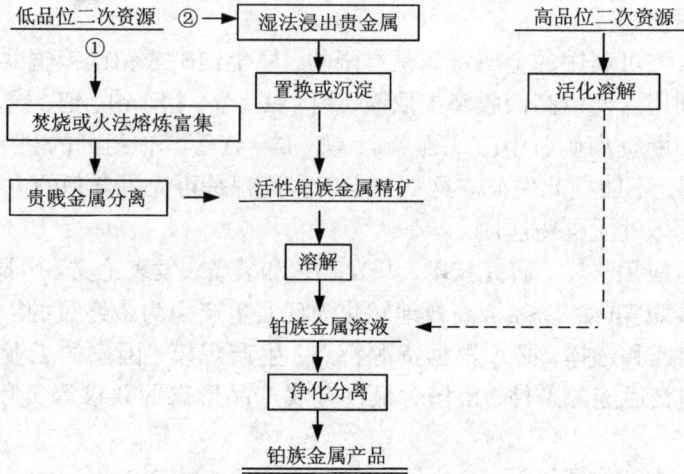

图 1-2　铂族金属二次资源提取冶金原则工艺

1.5.2　二次资源及冶金工艺的特点

二次资源再生回收与矿产资源提取冶金所涉及的技术问题，互联互通、相辅相成，可相互移植。与矿产资源相比，二次资源的特点是：①品位很高，即使品位最低的废料中也含数千克/吨，比最富的矿石品位高出数百上千倍。如处理 1 t 失效汽车尾气净化催化剂提取的金属量，相当于处理金川共生矿石约 5000 t 回收的金属量（选冶回收率约 70%）。而很多金属或合金废料就是失效的粗金属状态，因此，处理二次资源的能源、试剂消耗及生产周期仅为处理矿产资源的几十分之一，还大大降低了环境污染隐患；②成分简单，即使品位很低的废载体催化剂，也仅是 Al_2O_3、堇青石、活性炭等简单组分，无需进行大规模的铁镁硅酸盐脉石分离；③金属品种少，多为 Pt、Pd、Rh 3 种金属，即使 5 种以上金属组成的多元合金废料也以铂族金属为主要成分，提取冶金过程主要涉及贵金属冶金问题，无需进行大规模的贵贱金属分离，不受有色金属生产规模的限制；④使用范围比较定向集中，多数易于收集，一些使用行业可形成循环复用体系。

上述特点使二次资源再生回收过程相对简单，产业规模小，工程投资少，生产周期短，环境污染轻，产能建设快，经济效益高，能很快形成生产能力满足需求。二次资源再生回收为平衡供需和储备周转提供了一条事半功倍、多快好省的途径。

1.5.3 二次资源在平衡供需中的战略地位

世界铂族金属矿产资源分布极不均衡。国外大量使用铂族金属的国家或公司都非常重视二次资源的收集回收，有机会定会捷足先登及时插手，决不轻易让宝贵资源旁落他人。国外几个主要的矿产铂族金属精炼厂，都兼有大规模的二次资源再生回收系统，并通过技术保密确保行业垄断地位。

20 世纪 50～70 年代，前苏联中断供应，西方国家封锁禁运，中国想购买几千克都很困难。铂族金属严重短缺使中国工业发展陷入困境，迫使中国自力更生加速开发金川共生矿资源，创建铂族金属冶金工业满足国家急需。当时我们呼吁加强中国铂矿资源的普查勘探。

上述情况已成为历史，半个世纪后的今天，中国作为世界第二大经济体，经济发展已与世界交融接轨。通过国际贸易进口渠道，各行业技术引进可首批配套各种催化剂和元器件，以及国际知名贵金属跨国公司进军中国市场，为中国的需求提供了方便。这些因素使中国工业中铂族金属的在线使用量、循环替换量、增补及储备量已具很大规模。使用和储备总量虽无准确统计，但估计已超过千吨。这个数量是中国已探明矿产资源储量的 3 倍以上，是国内矿产资源最高年产量的300 倍以上。大量二次资源需再生回收，同时考虑到铂族矿产资源成矿地质环境及资源分布规律的特殊性，以及地质找矿投资大、周期长、见效慢的特点，目前中国铂矿资源的地质找矿已不具紧迫性和现实性。

显然，发展中国铂族金属二次资源再生回收产业，不仅是高效快速地保证供需平衡的战略措施，也是发展"绿色循环经济"的必由之路。

近几十年来，中国该产业呈持续发展的态势。大量使用铂族金属的行业在稳定国际贸易增补渠道的同时，多已建立配套回收企业，在本行业形成了再生循环系统。中国沿海省份大量民企雨后春笋般地建立起来，从国内外两个市场收集零星废料再生回收。国际知名的跨国贵金属公司已在中国建厂，依靠其资金和技术优势争夺中国的二次资源市场。虽然中国企业已参与铂族金属二次资源的国际循环，但在规模、技术、装备及综合实力等方面，与国际知名跨国贵金属公司相比仍有较大差距。

鉴于铂族金属在现代科技及经济发展方面的重要战略价值，为了保证中国现代化建设中铂族金属有效的供需平衡，作者在很多场合以多种方式多次提出三管齐下的建议：①扶持建立综合性的大型研发生产基地，不断促进再生回收技术的发展进步，充分利用国内外两个资源和两个市场的潜力，积极参与国际竞争，加速发展壮大二次资源再生回收产业；②利用充裕的外汇储备适时增购铂族金属，增加国库战略储备；③制定优惠政策，开放铂族金属金融市场，继续发展饰品市场，鼓励民间储备——"藏铂于民"。如果国库和民间各有 500 t 的储备，将不惧怕任何世界风云变幻。

1.6 中国在该科技领域已跻身于世界先进行列

中国的铂族金属科技领域，在从无到有、从小到大的创立和发展过程中，丰富了基础和专业理论知识，许多共性技术相辅相成、相互移植、交叉耦合，不断实现技术进步，积累了大量技术成果和工程经验，使中国铂族金属矿产资源和二次资源提取冶金科技领域的整体科技水平，在短短几十年中达到了国外经历近200年发展所达到的技术水平，已跻身于世界先进行列。昆明贵金属研究所和贵研铂业股份有限公司(贵研铂业)是该领域的突出代表。

昆明贵金属研究所(贵研所)始建于1938年，是中国专门从事贵金属多学科领域研究开发的综合性科研院所。其研究领域涵盖了贵金属冶金、特种功能合金材料、电子材料、化合物及药物合成、环境治理催化材料、化学分析和物理检测、信息情报等，具有很强的基础研究、应用技术开发及参与国际竞争的综合科技实力，形成了学科配置齐全、技术相互交叉渗透的支撑体系，是"国家贵金属材料工程技术研究中心"、"国家863计划成果产业化基地"、"国家军工材料实验基地"、"国家贵金属分析检测中心"、"稀贵金属综合利用新技术国家重点实验室"、"云南省金属材料重点实验室及中试基地"——"循环经济示范试点"的依托单位，为"神舟"系列及"嫦娥"探月工程提供了高性能材料和高技术产品，获国家"高技术武器装备发展建设工程突出贡献奖"。贵研所设有"有色金属冶金"、"材料"和"工业催化"3个硕士学位授权点，联合建有"材料与工程"一级学科博士学位点和博士后科研工作站，是中国贵金属领域中知识创新、技术创新的主要力量及我国贵金属专业领域高层次人才培养的重要机构。贵研所开创了中国铂族金属科技领域，被誉为中国的"铂族摇篮"。

在矿产资源提取冶金领域，昆明贵金属研究所为中国铂族金属提取冶金科技及产业的创业、发展及创新，及建立中国矿产铂族金属冶金工业做出了突出贡献，取得了卓越的技术成就，先后获全国科学大会奖、国家科技进步一等奖，在"金川资源综合利用"科技攻关中，与兄弟单位一起获国家科技进步特等奖。针对中国唯一的云南金宝山原生铂矿开展了综合利用科技攻关，为其开发利用提供了技术支撑。

2000年依托昆明贵金属研究所的技术和研究成果建立的贵研铂业股份有限公司(贵研铂业)，是我国贵金属行业唯一的高科技上市公司，专门从事贵金属产品的生产经营。两单位紧密协作配合，开展前瞻性、基础性及共性关键技术研究，具有较强的自主创新能力，是我国贵金属领域内国家任务的主要承担者。

在铂族金属二次资源再生回收方面，从事技术开发和产业建设已有50年，形成了很多具有自主知识产权的研究成果。不少成果，如玻璃工业废铂铑坩埚、漏板、硝酸工业废铂钯铑三元催化网、石油重整及石化工业废催化剂等各种二次资源的再生回收技术,分别向全国相关行业无偿提供,并帮助建厂。目前,贵研铂业依托在本学科领域的综合优势,正在兴建新的再生回收"绿色冶金"产业基地。目标是建成我国技术水平最高、规模最大、综合实力最强、具有国际竞争力的骨干企业。同时,不断开发高效分离技术和装备,提高综合利用水平和效能,强化在国内的核心领军地位及辐射传带作用,并积极参与国际竞争。

铂族金属冶金学是应用科学,矿产资源及二次资源提取冶金是国家"实体经济"的重要组成单元。本书针对铂族金属的两种资源,围绕富集、分离、精炼、再生等主要提取冶金过程,及实现循环、绿色冶金工艺目标等方面,兼顾实际应用中成功的经验和失败的教训,相应的劳动安全和环境保护问题,全面系统地介绍铂族金属冶金的基础理论知识和专业知识。

参考文献

[1] 谭庆麟,阙振寰. 铂族金属——性质 冶金 材料 应用[M].北京:冶金工业出版社,1990

[2] 刘时杰. 铂族金属矿冶学[M].北京:冶金工业出版社,2001

[3] 宁远涛,杨正芬,文飞. 铂[M].北京:冶金工业出版社,2010

[4] 黎鼎鑫,王永录. 贵金属提取与精炼(修订版)[M].长沙:中南大学出版社,2003

[5] 卢宜源,宾万达. 贵金属冶金学[M].长沙:中南大学出版社,2004

[6] 王永录,刘正华. 金、银及铂族金属再生回收[M].长沙:中南大学出版社,2005

[7] 余建民. 贵金属萃取化学[M].北京:化学工业出版社,2005

[8] 余建民. 贵金属分离与精炼工艺学[M].北京:化学工业出版社,2006

[9] 董守安. 现代贵金属分析[M].北京:化学工业出版社,2007

[10] 稀有金属手册编辑委员会. 稀有金属手册(下册)[M].北京:冶金工业出版社,1995

[11] 杨显万,邱定蕃. 湿法冶金[M].北京:冶金工业出版社,1998:372-401

[12] 中国冶金百科全书总编辑委员会. 中国冶金百科全书(有色金属冶金)[M].北京:冶金工业出版社,1999

[13] 屠海令,赵国权,郭青蔚. 有色金属——冶金、材料、再生与环保[M].北京:化学工业出版社,2003:330-382

[14] 贵金属生产技术实用手册编委会. 贵金属生产技术实用手册(下册)[M].北京:冶金工业出版社,2011:3-233,475-568,966-982

第 2 章　物化性质、化合物及生化性质

元素性质的研究是人类认识自然、改造自然、与自然和谐共存中最基本的研究内容。人类对各种元素的物化性质和生化性质的研究，已积累了非常丰富的知识。研究铂族金属固有的物理、化学性质，生化性质，无机化合物、有机化合物、配合物的性质和特点，是一门专业学科。所有有关铂族金属冶金、材料加工和应用方面的著作，都根据命题需要，毫无例外地包含这方面的内容。

整体上与其他金属相比，铂族金属具有以下综合的优异性质：高熔点，高硬度，低膨胀系数，特别优越的化学稳定性（抗腐蚀性），高温抗氧化性和高温强度，良好的机械加工性能，高的热电稳定性，强反光性，优异的催化活性及选择性，美丽的颜色，可反复再生复用等。正是这些综合的优异性质，决定了它们在现代社会发展中的重要地位。

研究制定经济高效的提取冶金方法，是以铂族金属及其化合物的物化性质为基础的。在冶金及应用过程中接触铂族金属，它们的生化性质对劳动安全及环境的影响也是不可忽视的重要问题。因此，学习、应用相关知识是铂族金属冶金工作者的基本功，也是冶金学不可或缺的重要内容。

Dr S. A. Cotton 的专著 *Chemistry of Precious Metals*[1] 从化学的角度，对铂族金属的化学性质进行了最全面、系统的归纳。

铂族金属无机化合物和配合物种类很多，很难准确统计究竟有多少。早在 1982 年，Alan R. Amundsen[2] 就根据约 400 篇文献详细归纳介绍了铂族金属的化合物和配合物，叶大伦[3] 用大量表格详细介绍了铂族金属及一些化合物的热力学数据，文献[4] 总结了铂族元素与各种反应物的化学反应特点。一些主要化合物和配合物的生成条件、性质差异和应用范围等基本物理化学性质，很多方面都已形成定论，成为常识。单纯学习性质方面的知识是枯燥的，结合本书的命题在系统介绍重要的物化性质、化合物种类和特点，生化性质的同时，将紧密结合实际应用的要求，揭示性质与冶金技术发展及劳动安全之间的有机联系。

2.1　铂族元素的原子结构及特点

元素性质的变化由其原子结构所决定。铂族金属是于元素周期表中的过渡族元素，在第 2 和第 3 过渡系之间，电子构型较为特殊。原子的外层电子数多且 d

电子层接近或完全充满，因此也称为 d 区元素。它们的价电子层构形是：

Ru	Rh	Pd	Os	Ir	Pt
$4d^7 5s^1$	$4d^8 5s^1$	$4d^{10}$	$5d^6 6s^2$	$5d^7 6s^2$	$5d^9 6s^1$

　　s 轨道电子易转移至 d 轨道，使铂族元素在化学反应中有很多种价态，有生成不同价态配合物的强烈趋势，并表现出明显的性质差异。由于在 4d 和 5d 轻、重两组元素之间插入了 4f 的镧系元素，又使铂族元素的原子半径、离子半径相差不多，使它们具有许多相似的性质，这些共性使它们与其他金属有很大差别。现在应用的许多提取、分离、精炼铂族金属的方法就是基于这些共性和差异性上建立起来的。

2.2　物理性质

　　铂族金属（和金银）的基本属性及物理性质列于表 2 - 1。

表 2 - 1　铂族金属（和金银）的基本属性及物理性质

基本性质	Ru	Rh	Pd	Ag	Os	Ir	Pt	Au
原子序数	44	45	46	47	76	77	78	79
相对原子量	101.07	102.9	106.4	107.9	190.2	192.2	195.0	196.7
晶体结构	紧密六方	面心立方	面心立方	面心立方	紧密六方	面心立方	面心立方	面心立方
原子半径/nm	1.25	1.25	1.28	1.34	1.26	1.27	1.30	1.34
原子体积/nm^3	8.3	8.5	8.9	10.21	8.5	8.6	9.12	10.1
硬度（金刚石 = 10）	6.5		5	2.5	7	6.5	4.5	2.5
密度/$(g \cdot cm^{-3})$	12.45	12.41	12.02	10.49	22.61	22.65	21.45	19.32
熔点/℃	2427	1966	1550	961	3027	2454	1770	1063
沸点/℃	4119	3727	2900	2164	5020	4500	3824	2808
热容/$(J \cdot g^{-1})$	0.231	0.247	0.245	0.234	0.129	0.129	0.131	0.129
电阻率/$(\mu\Omega \cdot cm^{-1} \cdot ℃^{-1})$	6.8	4.33	9.93	1.59	8.12	4.71	9.85	2.06
电阻温度系数/$℃^{-1}$	0.0042	0.0046	0.0038	0.0041	0.0042	0.0042	0.0039	0.0040

　　从表 2 - 1 可以看到，它们都具有很大的密度、较高的熔点和沸点。其变化规

律简单表示如下：

$$
\begin{array}{llll}
\text{Ru} & \text{Rh} & \text{Pd} & \text{Ag} \quad \downarrow \text{密度增加} \\
\text{Os} & \text{Ir} & \text{Pt} & \text{Au} \quad \downarrow \text{熔点增高}
\end{array}
$$

密度、熔点降低→

→机械加工性能改善

铱是地球上最重的金属，是水重的 22.65 倍。即使轻组三个元素的密度也比常见的铁、铜、镍、铅等所谓的"重金属"重得多。

贵金属都具有美丽的颜色，除金为金黄色、锇为蓝灰色外，其余都为银白色。加工后的致密金属表面对光都有很强的反射能力。

它们的机械加工性能差异较大，金、银的加工性能最好，1 g 金可拉成 3 km 长的细丝，金箔则更薄。铂、钯的加工性能在铂族金属中最好，纯铂可以冷轧为厚 0.0025 mm 的箔，锻打的铂箔可薄到 0.000127 mm，可拉制成直径仅 0.001 mm 的细丝。锇、钌硬且脆，难加工。铑和其他金属(如铂)炼成的合金易加工。铱是所有金属中唯一可在氧化气氛及 2300℃ 下使用而不被氧化损坏的金属，使其成为炼制高熔点人造红宝石和掺钕的钇铝石榴石（大功率激光器的心脏部件）的唯一坩埚材料，但加工难度大，早期只能用熔融浇铸法制造，现在已解决单晶铱热加工难题，可用薄壁焊接法制造。

铂族金属都有很强的吸附气体的特性，海绵状的铂可吸收超过其体积 114 倍的氢，钯的吸氢能力更大，可达其体积的 3000 倍，铑也有类似的性质。铂族金属所具备的催化活性就与它们吸附气体的性质密切相关，特别是对于有氢参加的反应更为灵敏和有效。如存在钯时，即使在低温和黑暗条件下氢都能使氯、溴、碘、氧等氧化剂还原，使 SO_2 还原为 H_2S，ClO_3^- 还原为 Cl^-，$FeCl_3$ 还原为 $FeCl_2$。当氧和水同时存在时，吸附了氢的钯能固氮，使氮气转化为亚硝酸铵。

铂及铂－铑合金丝的导电性、稳定的电阻温度系数及高熔点，使其成为高温准确测量的唯一材料，并作为温度测定和校正的基准。

通常，铂族金属及其合金都经机械加工成各种规格的丝、片、管、板和异形材料，再加工为各种元器件。也可通过电镀和涂敷、包覆等方式使用，以节约用量。

2.3　主要化学性质

铂族金属的化学性质主要是指它们与其他物质发生化学反应时所表现的性质，如环境中客观存在的空气(氧、氮)和水；有各类化学试剂，如酸(盐酸、硫酸、硝酸、次氯酸、高氯酸)及其盐，碱(氢氧化钠、过氧化钠、碳酸钠)，强腐蚀性气体(氯、氟、溴、碘)等。

研究化学性质是为了确定其使用环境和条件，制备具有特殊性能的化合物，开拓新的应用领域，更重要的是为了研究和制定科学的冶金工艺及分析检测方法。铂族金属最主要的化学性质是化学稳定性和生成各种配合物的特性。化学稳定性，或称为化学惰性，主要表现在抗酸、碱腐蚀和抗氧化等方面(见表 2－2)。

表 2－2　对常用试剂的抗腐蚀性能比较

常用试剂及条件	Au	Ag	Pt	Pd	Rh	Ir	Os	Ru
H_2SO_4(浓)	A	B	A	A	A	A	A	A
HNO_3(0.1 mol/L)	A	B	A	A	A	A	—	A
HNO_3(70%,室温)	A	—	A	D	A	—	C	A
HNO_3(70%,100℃)	A	D	A	D	A	A	D	A
王水(室温)	D	D	D	D	A	A	D	A
王水(煮沸)	D	D	D	D	A	A	D	A
HCl(36%,室温)	A	B	A	A	A	A	A	A
HCl(36%,煮沸)	A	D	B	B	A	A	C	A
Cl_2(干)	B	—	B	C	A	A	A	A
Cl_2(湿)	B	—	B	B	A	A	C	A
NaClO(溶液,室温)	—	—	A	C	B	—	D	D
NaClO(溶液,煮沸)	—	—	A	D	B	B	D	D
$FeCl_3$(溶液,室温)	B	—	—	C	A	A	A	A
$FeCl_3$(溶液,煮沸)	—	—	—	D	A	A	D	A
熔融 $NaHSO_4$	A	D	B	C	C	—	B	B
熔融 NaOH	A	A	B	B	B	B	C	C
熔融 $NaNO_3$	A	D	A	C	A	D	A	A
熔融 Na_2CO_3	A	A	B	B	B	B	B	B

注：A——不腐蚀，B——轻微腐蚀，C——腐蚀，D——严重腐蚀。

抗酸碱腐蚀方面银的化学稳定性最差，可溶于硝酸和热浓硫酸，次差的是钯，也溶于浓硝酸和热浓硫酸；铂和金只溶于王水，而副铂族金属在王水中都难溶解。

铂族金属的抗腐蚀性能与其存在及使用状态有密切关系，不同的存在及使用状态不仅会改变其抗腐蚀性能，也使其腐蚀速度相差很大。如将副铂族金属通过活化改变为微细分散的活性状态后就容易被王水或其他强氧化剂在酸性介质中溶解。王水不溶的物料用碱熔融后即可转变为另一种可溶解的化合物，这一点将在后续章节中结合冶金方法介绍。

化学稳定性的另一个表现是抗氧化性，与其他金属比较，除锇、钌外其他金属的抗氧化性都很强。

锇、钌是两种性质十分特殊的金属，它们的熔点很高（分别为 3050℃ 和 2310℃），金属的密度和硬度也很高，但其抗氧化性却最差。粉末状的锇在室温下即可被空气中的氧氧化为挥发性很强的四氧化锇 OsO_4。粉状钌加热到 450℃ 以上也氧化为挥发性小的二氧化钌 RuO_2，在强氧化气氛及更高温度下则氧化为挥发性很强的四氧化钌 RuO_4。这两种氧化物都有较强的毒性，它们极易挥发的性质及毒性给分离和提取这两种金属提出了特殊的要求，也形成了一些特殊的方法。

铱的抗氧化性最强，它是所有金属中唯一可在氧化气氛中使用到 2300℃ 而不发生严重损坏的金属。其次是铂，能在氧化气氛中使用到熔化之前。钯在空气中加热，在 350~790℃ 下会氧化为 PdO，但高于此温度后氧化物自行分解并恢复金属本性。铑、铱也是在一段温度范围（600~1000℃）内氧化，但在更高温度下氧化物分解并恢复金属本性。

铂族金属在化学元素氧化还原电位顺序表中位于氢之后，属正电性金属，即它们很难失去电子被氧化为阳离子，这就是它们优越的化学稳定性。但一旦转化为阳离子后，就具有很高的氧化电位，成为很强的氧化剂，用一般的电负性金属（如镁、铝、锌、铁等）、氢及其他还原剂，很容易将它们从溶液中置换沉淀出来，这已经成为从稀溶液中回收它们的重要方法。

所有贵金属都易生成难溶硫化物，因此用硫化氢或硫化钠从含贵金属的稀溶液中沉淀出硫化物将其回收已成为一个简便的方法。

在贵金属中，除银及钯生成的硝酸盐或硫酸盐以阳离子状态存在外，其他金属都与多种配位元素或基团生成各种价态的多种配合物，这也是它们的一个重要化学性质。作为过渡族金属的铂族金属，由于其 4d 或 5d 电子轨道未填满，方便其他电子给予体的电子充填，形成杂化分子轨道，容易生成多种价态及各种配位基的稳定配合物，这是其他金属所不具备的重要特性。许多分离和精炼铂族金属的方法就是依据这些配合物的特殊物理化学性质的差异而建立和发展起来的。

2.4　无机化合物

2.4.1　氧化物

铂族金属除锇钌外都有很强的抗氧化性。铂、铑、铱的强抗氧化性，其含义除很难将金属直接氧化为氧化物外，还包括其氧化物不稳定，易重新分解并恢复金属本性。

研究铂族金属的氧化物属性时，可以通过不同的方法制备出多种价态的氧化物，如：

+2 价的 PdO；

+3 价的 Rh_2O_3、Ir_2O_3；

+4 价的 RuO_2、RhO_2、IrO_2、OsO_2、PtO_2；

+8 价的 RuO_4、OsO_4 等。

但只在为了开辟某些氧化物的特定用途的情况下，才注意研究其制备方法和基本性质。如 Rh_2O_3 在氧气中加热会转变为 RhO_2，Ir 金属在氧气中加热可生成蓝黑色带金属光泽且可溶于酸的 IrO_2，Ru 在氧气中加热可生成 RuO_2，Os 在 647℃ 与氧化氮反应可制取黑色粉末状带金属光泽的 OsO_2，H_2PtCl_6 与 $NaNO_3$ 在 447℃ 共熔，溶于水去除钠盐即获得不溶于酸的黑色粉末 PtO_2。

在提取冶金中，钯、锇、钌氧化物的许多重要性质直接影响到它们的有效富集和分离，需特别注意。钯是铂族金属中最活泼的金属，但在精炼过程中用其配合盐煅烧为海绵金属时，极易氧化为 PdO，该氧化物不溶于任何酸，且难溶于王水，这使其重溶再精炼的过程很难进行。因此精炼过程中的煅烧操作必须在惰性气体保护下进行并降至室温取出，或在空气中煅烧后再用氢气或其他还原剂（如乙醇）重新还原。

锇、钌的金属粉末在常温下即可被空气中的氧氧化。当以锇酸盐、钌酸盐或锇钌的氯配合物存在于碱性或酸性溶液中时，氧、氯、氯酸盐、双氧水、硝酸等氧化剂皆可将其氧化为氧化物。+8 价的 OsO_4、RuO_4 是锇钌的特征氧化物。常温下 OsO_4 是无色或浅绿色透明固体，正四面体结构，熔点仅 40.6℃，沸点 131℃，在较低温度下易汽化挥发。气态 OsO_4 近乎无色，热稳定性较好，在汽化、升华或蒸馏时不易分解。RuO_4 常温下为黄色针状固体，正四面体结构，熔点 27℃，沸点 65℃，比 OsO_4 更易汽化挥发。气态 RuO_4 为橙色，热稳定性差，在汽化、升华或蒸馏时，若遇较高温度（约 180℃）会自行发生急剧分解爆炸。这个性质要引起特别注意，否则易造成严重的安全事故。

两种高价氧化物都属强氧化剂，皆有烧碱气味，有毒，分解或遇还原剂分别被还原为 OsO_2、RuO_2，并放出氧气。RuO_4 和 OsO_4 极易溶于许多有机溶剂且比较稳定，如在 CCl_4 中 OsO_4 的溶解度高达 250%，这成为从溶液中萃取提锇、钌的方法之一。这两种 +8 价氧化物都属酸性氧化物，可溶于水。OsO_4 的水溶液无色，在冰水中的溶解度可达 5.3%，25℃时水中溶解度高达 7.24%。RuO_4 的水溶液为金黄色，冰水中的溶解度可达 1.7%，20℃水中可达 2.03%。它们都可溶于碱性溶液并生成锇酸盐和钌酸盐，但温度较高时又会重新挥发。OsO_4 在酸性溶液中的溶解度小于 RuO_4，后者溶于盐酸溶液后被还原并转化为稳定的低价态氯钌酸。

究竟呈何种价态与盐酸浓度及放置时间有关，如在 6 mol/L HCl 中全部以 Ru(Ⅳ)的氯配酸状态存在，酸度降至 0.5 mol/L 并放置较长时间则全部转化为 Ru(Ⅵ)。酸度降至 0.1 mol/L 则全部转化为 RuO_2 黑色沉淀。提取冶金中利用锇、钌易氧化为强挥发性的 +8 价氧化物的性质与其他金属分离，然后用冷态的稀碱溶液和稀盐酸溶液分别吸收，相互分离。这个称之为"氧化蒸馏 - 吸收"的方法，是最普遍应用的锇、钌提取技术。

2.4.2 水合氧化物（氢氧化物）

铂族金属不同价态的氧化物基本上都有其对应的水合氧化物，它们是从各金属的盐或配合物的水溶液中用碱中和水解沉淀的方法制备的（见表 2 - 3）。

表 2 - 3 铂族金属的水解产物

氯配酸溶液	水解 pH	水解产物	水解反应现象
H_2PtCl_6	6	$Pt(OH)_4 \cdot nH_2O$	白色→红棕色沉淀
H_2PtCl_4	4.3 ~6	$Pt(OH)_2 \cdot nH_2O$	黄色沉淀
H_2PdCl_6	6	$Pd(OH)_4 \cdot nH_2O$	褐色沉淀，沉降快
H_2IrCl_6	6	$Ir(OH)_4 \cdot nH_2O$	暗绿色沉淀
H_3IrCl_6	4 ~6	$Ir(OH)_3 \cdot nH_2O$	暗绿色沉淀
H_2RhCl_6	6	$Rh(OH)_4 \cdot nH_2O$	黄绿色沉淀
H_2OsCl_6	1.5 ~6	$Os(OH)_4 \cdot nH_2O$	灰色沉淀，沉降快
H_2RuCl_6	6	$Ru(OH)_4 \cdot nH_2O$	黑灰色沉淀，沉降快

水解时同时加入氧化剂或还原剂，可控制并制备出要求价态的水合氧化物。若溶液中加入保护胶则水解时生成相应的胶体溶液。

以 $Pt(OH)_2$ 为例，中和水解反应式为

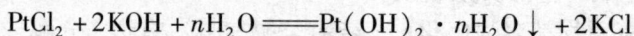

$$PtCl_2 + 2KOH + nH_2O === Pt(OH)_2 \cdot nH_2O \downarrow + 2KCl$$

$Pt(OH)_4$ 水合氧化物呈白色，煮沸后变为赭棕色，干燥后变为黑色。在高 pH 碱性条件下转化为 $Na_2Pt(OH)_6$，溶于硫酸形成硫酸铂 $Pt(SO_4)_2$。$Pt(OH)_2$ 生成时易成为胶体，烘干脱水后转变为 PtO。$Pd(OH)_2$，加入过量碱生成 $Na_2Pd(OH)_4$。$Ir(OH)_3$ 易被空气氧化为 $Ir(OH)_4$。用碱中和煮沸 $RhCl_3$ 溶液生成 $Rh(OH)_3$ 沉淀。铑、铱的水合氧化物颜色取决于其水解条件，如用浓碱沉淀制得的 $Rh(OH)_3$（难溶于无机酸）及 $Ir(OH)_3$ 呈黑色，用稀碱液中和产生的沉淀则分别呈易溶于无机酸的黄色 $Rh(OH)_3 \cdot H_2O$ 和绿色的 $Ir(OH)_3$。

所有水合氧化物基本上均不溶于水（准确地说是溶解度很小），易重新溶于无机酸，但溶解性质与沉淀物的烘干脱水情况有很大关系。烘焙得越干则越难溶，若完全脱水后则转化为相应的氧化物，很难重溶或完全不溶。新鲜的沉淀用盐酸溶解后皆转化为相应的氯配阴离子。有些水合氧化物，如 $PdO_2 \cdot nH_2O$，$RhO_2 \cdot nH_2O$ 还可溶于有机酸（如醋酸），也溶于苛性碱溶液生成相应的金属酸盐，如 $NaRhO_2$。

2.4.3 硫族化合物

硫族（S、Se、Te）化合物是铂族金属的一类重要化合物，自然界存在的一些天然硫族化合物类矿物，是在地质成矿过程中高温高压条件下形成的，化学性质十分稳定，难溶于无机酸，甚至在王水中都不溶。实验室高温合成的硫族化合物化学性质也很稳定，难溶于无机酸。在矿物及矿相研究中发现的铂族金属二元硫族化合物种类很多，多呈中间相或同素异构体[5]（见表 2-4）。

表 2-4 铂族元素的二元硫化物（S Se Te）

Pt	Pd	Rh	Ir	Os	Ru
PtS PtS$_2$	Pd$_4$S PdS	Rh$_{17}$S$_{15}$	IrS Ir$_2$S$_3$	OsS$_2$	RuS$_2$
Pt$_3$S Pt$_2$Te	PdS$_2$ Pd$_2$Te	Rh$_3$S$_4$ Rh$_2$S$_3$	IrS Ir$_3$S$_8$	OsSe$_2$	RuSe$_2$
PtSe$_2$ PtTe$_2$	Pd$_3$Te Pd$_4$Te	RhSe Rh$_2$Se$_3$	IrSe$_2$ IrSe	OsTe	RuTe$_2$
Pt$_5$Te$_4$	Pd$_2$Te PdTe	Rh$_3$Se$_8$	IrTe IrTe$_2$		
Pt$_4$Te$_5$	PdTe$_2$	RhSe RhSe$_2$	IrTe$_3$		

矿物结构的硫化物可直接用金属与硫在高温及真空条件下反应制取。冶金过程中，铂族金属硫化物通常从含有铂族金属配合物盐的水溶液中，通入 H_2S 或加入 Na_2S 获得相应价态或低价态硫化物沉淀。提取冶金中经常遇到的不同价态的硫化物有：RuS_2、Rh_2S_3、Rh_2S_5、PdS、PdS_2、OsS_2、IrS、Ir_2S_3、IrS_2、IrS_3、PtS、PtS_2 等。所有硫化物都不溶于水。

硫化氢或硫化钠从含铂溶液中沉淀时，常温下生成 PtS，加温后转化为 PtS_2，能缓慢溶于硝酸和王水。由 $PtCl_2$、Na_2CO_3 和硫高温熔融制取的 PtS，在无机酸和王水中都不溶。

用硫化氢从含钯水溶液中加温沉淀出的 PdS，不溶于盐酸和 $(NH_4)_2S$ 溶液，易溶于硝酸和王水，在硫酸介质中可氧化为 $PdSO_4$。钯浓度低时沉淀的 PdS 呈胶体状态。在碱性介质中 Pd(II) 与 H_2S 生成含巯基的化合物 $Na_2[Pd(SH)_4]$，酸化后分解为 PdS。

硫化氢通入含铑溶液，加温后沉淀的 Rh_2S_5 难溶于单一无机酸，只溶于王水。Ru、Os 的硫族化合物有 Ru–S 系、Ru–Se 系、Ru–Te 系、Os–Te 系、Ru–Se–Te 系、Ru–Os–Te 系等多种二元硫族化合物和三元硫族化合物。硫化氢通入含 Ru(Ⅳ)、Os(Ⅳ)的溶液中沉淀出的 RuS_2、OsS_2 不稳定。在氯钌酸溶液中加入硫代乙酰胺水解沉淀出的硫化钌，或在含乙酸缓冲液的 Ru(Ⅲ)溶液中加 Na_2S 沉淀出的硫化钌，其组成皆为 $RuS \cdot RuS_2 \cdot 10H_2O$。用纯 Ru 粉和纯硫粉在真空密闭条件下升温至 800℃ 合成的 RuS_2 很稳定。

由于硫化氢或硫化钠本身带有一定的还原性及生成的硫化物中带有 S—S 键，因此沉淀出的硫化物实际上多呈低价态。高价态硫化物不稳定，加热时可逐级降解为低价硫化物，直至分解为金属。有些硫化物的新鲜沉淀，如 PtS_2、PdS 能在空气中被缓慢地氧化为硫酸盐。

所有铂族金属硫化物的颜色均较深，呈灰黑或黑色。

硫化氢或硫化钠作为组试剂沉淀铂族金属时没有选择性，用该法进行铂族金属之间选择性沉淀分离的任何技术设想，都违背硫化物性质的客观规律，注定不可能实现。同时，硫化氢或硫化钠从浓度很稀的废液中沉淀出的铂族金属硫化物呈微细悬浮状态，甚至呈胶体，固液分离非常困难，因此该方法没有实用意义（详见 8.4.2）。

2.4.4 硅化物

处于高频工作状态的半导体集成电路，对稳定性和可靠性有严格要求。PGMs 与 Si 反应生成的硅化物具有稳定的金属型导电性能，是重要的半导体金属化材料[6]。PGMs–Si 化合物种类、合成温度及熔点如表 2–5 所示。

表 2–5　PGMs–Si 化合物种类、合成温度及熔点/K

硅化物	PtSi	PdSi	Pt_2Si	Pd_2Si	Pd_4Si	RhSi	Rh_3Si_2	IrSi	$IrSi_3$	Ru_2Si
合成温度	>973	>573	473~773	373~973	770	650	1170~1200	570~770	1270	
熔　点	1502	1373	1373	1603		1725			>1773	2073

在 ICs 半导体中 PtSi、Pt_2Si 用于欧姆触点及整流触点，PtSi–Ti–Pt–Au 用于欧姆触点、导电层，Pd_2Si–Al 用于欧姆触点、整流触点和导电层等。

2.4.5 硫酸盐和硝酸盐

这两类化合物实际上按金属的存在形态分为两种：一种是金属呈阳离子的简单盐，如 $Ru(SO_4)_2$、$Rh_2(SO_4)_3$、$Ir_2(SO_4)_3$、$Ir(SO_4)_2$、$PdSO_4 \cdot H_2O$、$Pt(SO_4)_2$、

$Pd(NO_3)_2$ 等；另一种是 SO_4^{2-} 及 NO_2^- 与金属阳离子配位后形成的配合酸，如 $H[Rh(SO_4)_2]$、$H[Pt(SO_4)_2]$，或配合盐 $K_2[Pt(NO_2)_6]$ 等（亚硝基配合物在配合物一节中介绍）。

铱、钯、铑的氧化物或水合氧化物与硫酸在加温下反应可制得相应的简单硫酸盐。金属钯粉与热浓硫酸反应或与硝酸硫酸混合酸反应都可制得硫酸钯。钌、铱的硫化物用硝酸氧化即可转化为相应金属的硫酸盐。金属铂与浓硫酸共热至 380℃ 生成硫酸铂。金属铑与 $KHSO_4$ 或 $K_2S_2O_7$ 熔烧转化为硫酸铑。$Rh(Ⅲ)$、$Ir(Ⅲ)$ 的硫酸盐易与碱金属硫酸盐生成复盐（矾）是一重要特点。矾盐的通式为 $M'M''(SO_4)·12H_2O$。式中 M' 为锂(Li)、钠(Na)、钾(K)、铷(Rb)、铯(Cs)等碱金属的阳离子，M'' 为 Rh^{3+}、Ir^{3+}。

铂族金属的硫酸盐可溶于水。铂、铑的硫酸盐还可溶于乙醇和乙醚中。硫酸盐的颜色从黄红到红棕变化，这主要取决于结晶水的数量，如带 2 个结晶水的硫酸钯为红棕色，1 个结晶水为橄榄绿色，15 个结晶水的硫酸铑为灰黄色，减为 12 个结晶水变为浅黄色，减为 4 个结晶水则变为红色。将铂族金属转化为硫酸盐溶解的方法可以在某些特定条件下应用。

2.4.6 卤化物

氟、氯、溴、碘是强氧化剂，皆能与铂族金属离子形成二元卤化物。

1. 氟化物

多数铂族金属氟化物可直接氟化制得，生成的氟化物有多种价态，它们的熔、沸点低，色彩绚丽，各金属各价态的氟化物比较列于表 2-6。

表 2-6 铂族金属的氟化物

价态	Ⅱ	Ⅲ	Ⅳ	Ⅴ	Ⅵ
Ru		RuF_3 褐色	RuF_4 沙黄色	$[RuF_5]_4$ 暗绿色 熔点 86.5℃	RuF_6 暗褐色 熔点 54℃
Rh		RhF_3 红色	RhF_4 紫色	$[RhF_5]_4$ 暗红色	RhF_6 黑色
Pd	PdF_2 紫色	PdF_3 $(Pd^{2+}·PdF_6^{2-})$	PdF_4 砖红色		
Os			OsF_4 黄色	$[OsF_5]_4$ 蓝灰色 熔点 70℃	OsF_6 淡黄色 熔点 33℃
Ir		IrF_3 黑色		$[IrF_5]_4$ 黄绿色 熔点 104℃	IrF_6 黄色 熔点 44.8℃
Pt			PtF_4 黄褐色	$[PtF_5]_4$ 深红色 熔点 80℃	PtF_6 暗红色 熔点 61.3℃

所有五氟化物都可聚合为四聚物，性质活泼，易于水解和解聚。加热解聚时颜色发生奇妙的变化。如绿色$[OsF_5]_4$解聚时会变为蓝色，最后变为无色蒸气。多数六氟化物化学性质活泼，热稳定性差，有很强的挥发性和氧化性。PtF_6是最强的氧化剂之一，可以将O_2氧化为O_2^+。

2. 其他二元卤化物

已知铂族金属二元氯化物、溴化物、碘化物列于表2-7。

表2-7　铂族金属二元氯化物、溴化物、碘化物

价态	II	III	IV
Ru	$RuBr_3$	$\alpha-RuCl_3$黑色，$\beta-RuCl_3$褐色，$RuBr_3$暗褐色，RuI_3黑色	$RuCl_4$蒸气状态，无溴化物，碘化物
Rh		$RhCl_3$红色，$RhBr_3$暗红色，RhI_3黑色	
Pd	$PdCl_2$红色，$PdBr_2$红黑色，PdI_2黑色		
Os		$OsCl_3$暗灰色，$OsBr_3$黑色，OsI_3黑色	$OsCl_4$黑色，$OsBr_4$黑色，无碘化物
Ir		$IrCl_3$棕红色，$IrBr_3$黄色，IrI_3黑色	$IrCl_4$，$IrBr_4$，IrI_4
Pt	$PtCl_2$黑红色，$PtBr_2$褐色，PtI_2黑色	$PtCl_3$绿色，$PtBr_3$墨绿色，PtI_3黑色	$PtCl_4$红棕色，$PtBr_4$暗红色，PtI_4棕黑色

化合物的特征价态是II、III、IV价，各呈现多种色态。相对而言，卤化物中氯化物最重要，而氟、溴、碘化物在铂族金属提取冶金及应用方面研究不多，尚未显现重要特性，应用受限。

氯化物主要在高温下直接用氯气氯化金属制得。氯化钌时，370℃生成$\beta-RuCl_3$，升温至450℃转化为叶片状$\alpha-RuCl_3$。氯化锇时，650℃以上生成$OsCl_3$和$OsCl_4$的混合物。约327℃用氯气氯化铑生成$RhCl_3$。约627℃氯化铱生成不溶于水的$IrCl_3$。

很多卤化物可溶于水转化为铂族金属的配阴离子状态，F、Cl、Br、I的阴离子成为配合物的配位离子，生成的配合物结构比较简单。其中氯配合物在铂族金属提取冶金中是一类非常重要的化合物。

2.5　无机配合物

以多种价态及不同配位基生成性质差异很大的配合物（也称"络合物"），是铂族金属非常重要的化学特性。配合物的物种很多，仅铂一种元素的配合物就达千种以上。研究各种配合物的合成方法及它们与一般化合物的性质差别及形成差别的原因，以及控制性质差异的条件，不仅促进了化学的重要学科"配合物化学"的发展，而且也形成了分离和精炼铂族金属的许多重要和独特的技术。

有关铂族金属配合物化学的内容非常丰富，重要特点是：

1）铂族金属的原子或离子能生成配合物的原因是，它们作为中心离子都具有空的价电子轨道，配位体原子提供的孤对电子投入到中心离子的空轨道中，同时形成各种类型的杂化轨道，以配位键结合成配离子或配合物分子。

2）配位体为卤素氟（F）、氯（Cl）、溴（Br）、碘（I）的阴离子时，生成的配合物结构比较简单。配位体为某些有机化合物分子或酸根负离子时，生成的配合物结构比较复杂，有些配位体至少提供两个配位原子与中心离子成键，配位体与中心离子呈更稳定的"螯合"结构（形象地比喻为螃蟹的两只螯把中心离子钳住呈环状结构）。

3）铂族金属的氧化态多（至少有 3 种），常形成有 6 个、4 个、2 个配位体的多种配合物。

4）每种配阴离子可与许多其他元素的阳离子或阳离子基团生成配合盐，这些配合盐又有四面体、八面体、顺式、反式等多种结构。

5）铂族金属的配合物数量及其应用范围已远远超过一般的无机化合物，目前仅铂的配合物就已知有数千种。

6）配合物的生成规律遵循软硬酸碱（SHAB）原则，即配合物的中心离子（或原子）作为电子对的接受体称为酸类物质，配位体（离子、分子或离子团）作为电子对的给予体称为碱类物质，它们又按接受或给予电子的难易分为软酸、交界酸、硬酸，软碱、交界碱、硬碱等。Ru、Rh、Pd^{2+}、Os、Ir、Pt（Pt^{2+}、Pt^{4+}）属于软酸，同一金属的低氧化态属于软酸，高氧化态属于硬酸，中间氧化态（如 Ru^{2+}、Rh^{2+}、Os^{2+}、Ir^{3+}）属于交界酸。配位体 HCN^-、CO、CN^-、I^-、HS^-、$S_2O_3^{2-}$、S^{2-} 等属于软碱，OH^-、Cl^-、SO_4^{2-}、ClO_4^-、NO_3^-、NH_3 等属于硬碱，Br^-、NO_2^-、SO_3^{2-} 等属交界碱。软酸和软碱、硬酸和硬碱容易形成稳定的配合物，交界酸与软、硬碱或交界碱与软、硬酸都能反应，但生成不太稳定的配合物。化学家将这些性质定性地总结为"软亲软，硬亲硬，软硬结合不稳定"原则。该原则能对化合物和配合物的稳定性、溶解性、氧化还原性的变化做出满意的解释，也能判断化学反应的方向。该原则对解释铂族金属化合物和配合物的性质变化规律，预测和判断分离及精炼过程中许多化学反应的方向和结果等方面很有用。

铂族金属提取冶金中应用最多的是卤素(特别是氯)为配位体,其次是以氨、亚硝基(NO_2^-)、硫脲为配位体的配阴离子与碱金属钠、钾和铵阳离子形成的配合盐。各种配合物的稳定性,如热稳定性(即受热后的分解难易)、电离稳定性(即在溶液中电离为中心离子和配位体离子的难易)及氧化还原稳定性(即在溶液中进行氧化还原反应的难易)有很大差别。配合物最明显的物理化学性质变化表现为颜色、溶解度、氧化还原电位及溶液 pH 的改变。

本节主要综合比较它们的共性和异性。每个金属配合物的特性将在铂族金属分离、精炼的相关章节中结合具体应用做详细介绍。

2.5.1　氯配合物

所有配合物中氯配合物最重要,也是研究得比较充分的体系。这是由于氯化物体系(王水、氯气、氯酸盐等)溶解贵金属一直是最主要的方法,溶解速度快、效率高,且贵金属相互分离和分别精炼方法的建立和发展也多以其氯配合物性质的差异为基础。

铂族金属在氯化物溶液中可出现的价态列于表 2 - 8。

表 2 - 8　铂族金属在氯化物介质中的价态

金属	价　态						
Ru	III	IV	II	VI	VIII	V	VII
Rh	III	IV	II	I			
Pd	II	IV	III				
Os	IV	VIII	VI	II	III	V	
Ir	IV	III	VI	II			
Pt	IV	II	III	V	VI		
Au	III	I					

铂族金属皆能生成通式为 $M'_x(MCl_y)$ 的氯配合物。式中:M' 为 H^+、Na^+、K^+、NH_4^+ 等阳离子,M 为铂族金属阳离子,称为中心离子,Cl^- 为配位体。随 M 价态不同,x 通常为 1~3,y 为 4 或 6。呈晶体状态时还含不同数量的结晶水。中心离子的价态对配合物的稳定性及其他化学性质的变化,对用沉淀或萃取分离精炼方法的选择和制定有重要的影响。

每个金属的前两种价态最常见,第一种是最稳定的价态。6 种金属主要价态及稳定性的变化规律见图 2 - 1。

最常见的氯配阴离子种类和特点列于表 2 - 9。

$$Ru \longrightarrow Rh \longrightarrow Pd \quad \downarrow$$

+8　　　+3　　　+2　　　稳定性增加

$$Os \longrightarrow Ir \longrightarrow Pt$$

+8　　　+3, +4　　+2, +4

$\longrightarrow$ 稳定性降低

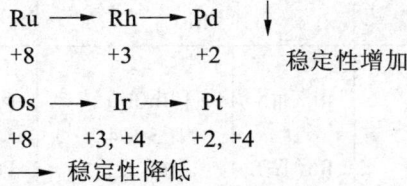

图 2 - 1　铂族金属主要价态及稳定性

表 2 - 9　常见贵金属氯配阴离子及特点

元素	价态	电子构型	主要配合物	标准氧化 - 还原电位/V		配合物空间构型
Au	III	d^8	$AuCl_4^-$	$AuCl_4^-/Au$	1.0	平面正方
Pd	II	d^8	$PdCl_4^{2-}$	$PdCl_4^{2-}/Pd$	0.59	平面正方
	IV	d^6	$PdCl_6^{2-}$	$PdCl_6^{2-}/Pd$	1.29	正八面体
Pt	II	d^8	$PtCl_4^{2-}$	$PtCl_4^{2-}/Pt$	0.75	平面正方
	IV	d^6	$PtCl_6^{2-}$	$PtCl_6^{2-}/PtCl_4^{2-}$	0.68	正八面体
Rh	III	d^6	$Rh(H_2O)^{3+}$ $RhCl_6^{3-}$ $Rh(H_2O)Cl_5^{2-}$	$RhCl_6^{3-}/Rh$	0.43	正八面体
Ir	III	d^6	$Ir(H_2O)Cl_5^{2-}$ $IrCl_6^{3-}$	$IrCl_6^{3-}/Ir$	0.77	正八面体
	IV	d^5	$IrCl_6^{2-}$	$IrCl_6^{2-}/IrCl_6^{3-}$	0.93	正八面体
Os	III	d^5	$Os(H_2O)Cl_5^{2-}$ $OsCl_6^{3-}$	$OsCl_6^{3-}/Os$	0.71	正八面体
	IV	d^4	$OsCl_6^{2-}$ $Os(H_2O)Cl_5^-$	$OsCl_6^{2-}/OsCl_6^{3-}$	0.85	正八面体
Ru	III	d^5	$Ru(H_2O)Cl_5^{2-}$ $RuCl_6^{3-}$	$RuCl_6^{3-}/Ru$	0.6	正八面体
	IV	d^4	$RuO(H_2O)_2Cl_5^{2-}$ $RuCl_6^{2-}$	$RuCl_6^{2-}/RuCl_6^{3-}$	1.2	正八面体

　　氧化还原平衡电位的数值，在文献[7]中有些差异，列于表 2 - 10 中供参考。

表 2 – 10　氯介质中铂族金属的氧化还原平衡电位

Ru		Rh		Pd	
Ru(Ⅲ)	$[RuCl_5(H_2O)]^{2-}$				
↕	↓0.83 V	Rh(Ⅲ)	$[RhCl_6]^{3-}$	Pd(Ⅱ)	$[PdCl_4]^{2-}$
Ru(Ⅳ)	$[Ru_2OCl_{10}]^{4-}$	↕	↕ > 1.4 V	↕	↓1.29 V
↕	↓↑ > 1.4 V	Rh(Ⅳ)	$[RhCl_6]^{2-}$	Pd(Ⅳ)	$[PdCl_6]^{2-}$
Ru(Ⅷ)	RuO_4				

Os		Ir		Pt	
Os(Ⅳ)	$[OsCl_6]^{2-}$	Ir(Ⅲ)	$[IrCl_6]^{3-}$	Pt(Ⅱ)	$[PtCl_4]^{2-}$
↕	↓1.0 V	↕	↓↑0.96 V	↕	↓1.0.74 V
Os(Ⅷ)	OsO_4	Ir(Ⅳ)	$[IrCl_6]^{2-}$	Pt(Ⅳ)	$[PtCl_6]^{2-}$

　　酸性溶液中这些配阴离子都与氢阳离子形成可离解的弱酸,并都具有从黄到红的鲜艳颜色。影响氯配合物稳定性的最主要因素是价态,即各元素的电子层结构,具有 d 电子层结构的化合物或配合物,依赖于成键电子的层位,其稳定性顺序是 $d^8 < d^5 < d^4 < d^3 < d^6$。因此以 d^6 电子成键的 Rh(Ⅲ)、Ir(Ⅲ) 配合物最稳定。以 d^8 电子成键的 Pt(Ⅱ)、Pd(Ⅱ) 配合物最不稳定。d^5 电子成键的 Ir(Ⅳ) 易还原为 d^6 电子成键的 Ir(Ⅲ),且反应很快。而要将 d^6 电子成键的 Pt(Ⅳ) 还原为 d^8 电子成键的 Pt(Ⅱ),其反应进行得很慢。此外,溶液的酸度、氯离子浓度、温度、放置时间、氧化还原电位的变化等条件也是影响稳定性的重要因素。在不同的条件下,氯配阴离子会发生水合、羟合、水合离子的酸式离解等各种反应,并转化生成各种组成的氯 – 水合、氯 – 水 – 羟基配合物,其性质也发生相应的变化。

　　重组铂族金属(Os、Ir、Pt)比对应的轻组铂族金属(Ru、Rh、Pd)的相同价态的化合物或配合物的热力学稳定性和反应动力学惰性大,即 Os(Ⅳ) > Ru(Ⅳ),Ir(Ⅳ) > Rh(Ⅳ),Ir(Ⅲ) > Rh(Ⅲ),Pt(Ⅳ) > Pd(Ⅳ)。例如 $OsCl_6^{2-}$ 比 $RuCl_6^{2-}$ 稳定,后者易还原为低价;$IrCl_6^{2-}$ 比 $RhCl_6^{2-}$ 稳定,前者能稳定存在于酸性溶液中,而后者只有在氧化电位大于 1.8 V 的强氧化条件下才能存在,且很易被还原为低价;$IrCl_6^{3-}$ 比 $RhCl_6^{3-}$ 稳定,后者易被负电性金属(如 Zn、Mg、Fe、Al 等)直接从溶液中还原为金属,前者却较难;$PtCl_6^{2-}$ 比 $PdCl_6^{2-}$ 稳定,后者在溶液中煮沸即自动还原为低价,前者却不能;$PtCl_4^{2-}$ 比 $PdCl_4^{2-}$ 稳定,它们被还原为金属的速度后者比前者快。此外在中和水解及水合反应中也表现出上述规律。分离精炼铂族金属的传统工艺主要是利用铂族金属配合物盐类的稳定性和溶解性的差别。

　　最常用的盐是钠盐、钾盐和铵盐。用王水、$Cl_2 + HCl$、$HCl + H_2O_2$ 直接溶解或用碱熔融后再用盐酸溶解铂族金属皆生成相应金属的氯配阴离子或其钠盐。氯配阴离子溶液中加入钾、铵等阳离子则生成相应铂族金属的氯配合物钾盐或铵盐。与 K^+、Na^+、NH_4^+ 阳离子形成的配合盐在水和稀盐酸溶液中的溶解度取决于 M^+ 的碱性。碱性越强，溶解度越大，即可溶性顺序是钠盐 > 钾盐 > 铵盐。

除铱外，其他铂族金属的氯配合钠盐（无论中心离子呈何种价态）多为红色，易溶于水。氯铱酸钠为黑色晶体状，难溶于水。而相应的钾盐除 $Rh(\mathrm{III})$ 的 $K_3[RhCl_6] \cdot H_2O$ 和 $K_3[RhCl_5] \cdot H_2O$ 易溶于水外，其他铂族金属的 4 价氯配合钾盐在水中溶解度均小。它们呈正八面体结晶结构。如 K_2PtCl_6（黄色）的溶解度为 1.12%，K_2IrCl_6（红色）为 1.25%，K_2OsCl_6（黄色）在冷水中微溶，加热时溶解度增大，K_2PdCl_6（暗红色）难溶于水，K_2RuCl_6 易水解为含羟基的配合物，$K_2RuH_2OCl_5$ 在水中微溶。其中 4 价的 K_2PdCl_6 和 K_2RuCl_6 只在氧化剂存在下才稳定，一旦与水或盐酸共沸即还原为易溶于水的低价配合盐或水合配合盐，如 K_2PdCl_4、$K_2RuH_2OCl_5$。

铵盐在水中的溶解度与钾盐相似，低价易溶高价难溶，如 $(NH_4)_3RhCl_6$（红色）、$(NH_4)_3[RhCl_5] \cdot H_2O$（红色）易溶于水。而其他 +4 价铂族金属的氯配合铵盐皆难溶于水，如 $(NH_4)_2PtCl_6$（黄色）在水中溶解度仅 0.77%。$(NH_4)_2PdCl_6$（红色八面体）在水中微溶，$(NH_4)_2IrCl_6$（黑色晶体）在水中溶解度为 0.77%。相应的高价锇、钌氯配合铵盐也难溶。值得指出的是，$(NH_4)_2PdCl_6$ 很不稳定，在水或稀盐酸中煮沸即还原为易溶的低价铵盐。这个性质在铂、钯分离时很有用。

沉淀铂族金属高价态氯配铵盐是重要的精炼方法。氯化铵必须过量且需用高浓度氯化铵溶液洗涤。不同浓度氯化铵溶液中的溶解度列于表 2-11。

表 2-11　铂族金属氯配铵盐在不同浓度氯化铵溶液中的溶解度/$(\mathrm{g} \cdot \mathrm{L}^{-1})$

$w_{\mathrm{NH_4Cl}}$/%	5	10	37	42
$(NH_4)_2PtCl_6$（淡黄色）溶解度	0.003	0.0015	<0.0015	<0.0015
$(NH_4)_2PdCl_6$（橘红色）溶解度			3.5	4.5
$(NH_4)_2IrCl_6$（紫红色）溶解度	0.05	0.003	<0.003	<0.003
$(NH_4)_2RhCl_6$（桃红色）溶解度			5.8	8.2
$(NH_4)_2OsCl_6$（砖红色）溶解度	0.072	0.02	<0.02	<0.02
$(NH_4)_2RuCl_6$（褐色）溶解度			4.3	5.7

重组铂、铱、锇的氯配铵盐在氯化铵溶液中的溶解度很小，用氯化铵溶液洗涤沉淀时重溶分散量很少。轻组钯、铑、钌的氯配铵盐即使在饱和氯化铵溶液中其溶解度皆较大，洗涤时重溶分散量较多。

氯配阴离子中的配位体 Cl^- 可被其他无机阴离子或化合物取代形成其他类型的配离子。

氯配阴离子作为一个阴离子基团可与许多碱性有机阳离子基团(主要是各种胺类有机物)形成离子对。这是在配合物外界靠正负离子吸引并生成可溶于有机溶剂中的有机化合物的过程,已发展为从贵贱金属混合溶液中萃取分离铂族金属的重要方法。氯配阴离子的电荷数及离子大小对形成离子对的速度影响较大,电荷数越多与有机阳离子基团形成离子对的速度越慢。生成离子对的速度是:

$$[MCl_4]^- > [MCl_4]^{2-} \approx [MCl_6]^{2-} > [MCl_6]^{3-}$$

各个金属按离子交换形成离子对的速度快慢顺序是:

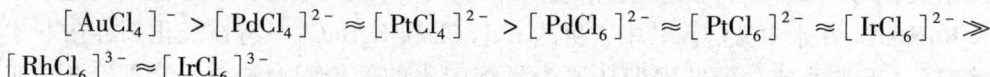

$$[AuCl_4]^- > [PdCl_4]^{2-} \approx [PtCl_4]^{2-} > [PdCl_6]^{2-} \approx [PtCl_6]^{2-} \approx [IrCl_6]^{2-} \gg [RhCl_6]^{3-} \approx [IrCl_6]^{3-}$$

氯配阴离子中的配位体 Cl^- 也可被其他有机化合物基团,如羧酸、磺酸、烷基(烃基)磷酸、羟基肟等螯合剂(S)取代,即在配合物内界进行配位基交换形成可溶于有机溶剂的螯合物。这也已发展为萃取分离铂族金属的重要方法。当然由于多数铂族金属氯配阴离子的结构比较紧密,进行配位基取代交换(螯合)反应的速度一般很慢。

按 $MCl_{m+n}S$(有机螯合试剂)$\rightarrow MCl_{m-n} \cdot nS + nCl^-$ 反应的速度,可将不同价态的铂族金属分为四类:

非常惰性,难交换　　Pt(Ⅳ)、Ir(Ⅳ)、Os(Ⅳ)

中等惰性,可以交换　Pt(Ⅱ)、Pd(Ⅳ)、Ru(Ⅳ)

中等不稳定,交换快　Ru(Ⅲ)、Ir(Ⅲ)、Os(Ⅲ)

不稳定,交换最快　　Pd(Ⅱ)、Au(Ⅲ)

无论进行离子交换形成离子对还是配位基交换生成螯合物,其反应难易及速度还受配阴离子几何构型的影响,一般为正四面体结构比八面体结构容易。如 $AuCl_4^-$、$PdCl_4^{2-}$、$PtCl_4^{2-}$ 系四面体结构,4 个 Cl^- 在中心离子的 4 个对称面成键,在正方形中轴方向留有未被充满的电子轨道,萃取剂的有机阳离子或带正电荷的基团很容易从这两个方向接近中心离子形成配阴离子与有机阳离子的离子对。而 $PtCl_6^{2-}$、$RhCl_6^{3-}$、$IrCl_6^{3-}$ 等配阴离子属 d^6 电子构型,6 个 Cl^- 将中心离子团团围住配位成八面体紧密结构,使有机阳离子很难接近中心离子,妨碍电子配对,螯合剂分子也难以破坏这种结构并取代 Cl^- 配位体。

某些金属的氯配阴离子在中性至低酸度及低 Cl^- 浓度水溶液中,配位体 Cl^- 可被 H_2O 部分取代生成含不同水分子数的水合配阴离子(以钌的配阴离子较典型),或全部取代后生成水合阳离子(以铑最典型)。其性质相应发生较大的变化。有一些有机化合物,如醇类、醚类、酯类、酮类及膦类化合物(属中性溶剂化萃取剂)分子可以取代部分水分子形成新的、可溶于有机试剂中的溶剂化物,这也已发展为萃取分离铂族金属的重要方法。反应式可表示为：

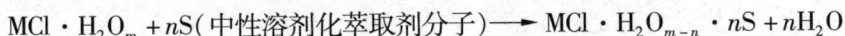

$$MCl \cdot H_2O_m + nS(中性溶剂化萃取剂分子) \longrightarrow MCl \cdot H_2O_{m-n} \cdot nS + nH_2O$$

2.5.2 亚硝基配合物

铂族金属(除钌外)的氯配合物溶液中加入过量的 $NaNO_2$ 或 KNO_2，都可生成不同组成的亚硝基配合物。其共同特点是：①NO_2^- 取代 Cl^- 以及相互取代极易进行，因此在两种配位基共存的体系中，完全的亚硝基配合物不可能存在，必须用特定的方法制备；②取代反应伴随着还原作用，使中心离子的最终价态呈现为低价态；③大多数可溶性亚硝酸根配合物无色，沉淀则显白色，仅少数显黄色至绿色；④亚硝基钠盐——$Na_2Pt(NO_2)_4$、$Na_2Pd(NO_2)_4$、$Na_3Rh(NO_2)_6$、$Na_3Ir(NO_2)_6$ 易溶于水。钾盐和铵盐的溶解度较小，在 KCl 和 NH_4Cl 溶液中几乎不溶；⑤配合物中两种配位基的数量变化导致配合物性质的变化；⑥用硫化钠可从铂、钯、铑的可溶性亚硝酸根配合物溶液中沉淀出金属硫化物，但沉淀铱的速度慢。

$Pt(Ⅱ)$ 的亚硝基配合物 $[Pt(NO_2)_4]^{2-}$ 很稳定，在碱性溶液中煮沸都不分解，但能用 Na_2S 沉淀出 PtS。加入氧化剂 $KMnO_4$ 或 HNO_3 可氧化为 $[Pt(NO_2)_6]^{2-}$，再与 HCl 共沸转化为 $H_2[Pt(NO_2)_3Cl_3]$。

Pd 是铂族金属中唯一可溶于硝酸的金属，$Pd(NO_3)_2 \cdot nH_2O$ 为易溶于水的棕黄色结晶。$Pd(Ⅳ)$ 与 $NaNO_2$ 反应生成的 $[Pd(NO_2)_4]^{2-}$，在 $pH < 3$ 的条件下不发生水解，但能用碱中和沉淀出 $Pd(OH)_2$ 沉淀，用 Na_2S 沉淀出 PdS，或与 HCl 共沸转化为 H_2PdCl_4。

$Rh(Ⅲ)$ 与 $NaNO_2$ 反应生成淡黄色、易溶于水不溶于乙醇的 $Na_3Rh(NO_2)_6$，在碱性溶液中煮沸都不水解，但加入 Na_2S 可破坏配合物沉淀出 Rh_2S_3，加入 NH_4Cl 可沉淀出白色 $(NH_4)_2Na[Rh(NO_2)]$(水中溶解度 0.216%)，或与 HCl 共沸转化为 $H_3[Rh(NO_2)Cl_5]$。Cl^- 取代最后一个 NO_2^- 比较困难，需长时间共沸。

$Ir(Ⅳ)$ 与 $NaNO_2$ 反应首先还原为 $Ir(Ⅲ)$，然后生成 $[Ir(NO_2)_6]^{3-}$。溶液颜色随 NO_2^- 配位数变化而变：$IrCl_6^{3-}$ 黄绿色→$[IrCl_4(NO_2)_2]^{3-}$ 金黄色→$[IrCl_2(NO_2)_4]^{3-}$ 淡黄色→$[Ir(NO_2)_6]^{3-}$ 无色。$[Ir(NO_2)_6]^{3-}$ 在碱溶液中不水解，也不能被硫化钠沉淀。与 HCl 共沸转化为 $[Ir(NO_2)Cl_5]^{3-}$。Cl^- 取代最后一个 NO_2^- 比较困难，需长时间共沸。$Na_3[Ir(NO_2)_6]$ 易溶于水。$K_3[Ir(NO_2)_6]$ 难溶于水，不溶于乙醇或乙醚。向 $Na_3[Ir(NO_2)_6]$ 溶液中加入 NH_4Cl 生成不溶于水但溶于氯化铵的 $(NH_4)_3[Ir(NO_2)_6]$。

锇的亚硝酸根配合物在水中很不稳定，没有实用意义。

$Ru(Ⅲ)$ 的氯配阴离子与 $NaNO_2$ 加热，反应生成 $Na_2[Ru(NO)(NO_2)_4OH]$。该配合物也能用 HNO_3 吸收 RuO_4 制备。钌的硝基配合物结构中同时有 NO 和 NO_2 时，其盐为橙色结晶，易溶于水、醇和丙酮，甚至其钾盐 $K_2[Ru(NO)(NO_2)_4OH]$

也易溶于醇。当与盐酸反应时，又转化为混合配位基的配合物$[Ru(NO)Cl_5]^{2-}$，其钠、钾、铷、铯盐皆为稳定的难溶于水的玫瑰色结晶。

铂族金属冶金中，利用铂、钯、铑、铱的亚硝酸根配合物钠盐比相应氯配合钠盐在水解性质方面更稳定、不易水解的特点，进行贵贱金属分离。利用$Na(NH_4)_2Rh(NO_2)_6$或$(NH_4)_3Rh(NO_2)_6$白色沉淀微溶于热水，但不溶于冷水及乙醇，也不溶于氯化铵的性质，可进行铑与其他贵金属的分离和铑的精炼提纯。利用$(NH_4)_3Ir(NO_2)_6$白色沉淀微溶于水，不溶于氯化铵的性质可进行铱的精炼。利用钌的硝基钾盐$K_2[Ru(NO)(NO_2)_4OH]$易溶于乙醇的性质，与Pt、Rh的类似钾盐在乙醇中溶解度很小的差别，提取精炼钌。

2.5.3　氨配合物

氨从氯配合物中取代Cl^-，随NH_3配位数的不同，可形成不同结构及溶解性质差异很大的许多配合物。氨配合物的性质比相应氯配合物稳定，甚至用硫化钠都难从氨配合物中沉淀出金属硫化物。

Pt(Ⅱ)的含氨配合物通式可表示为：$[Pt(NH_3)_nCl_{4-n}]^{n-2}$。用$NH_3 \cdot H_2O$和$Na_2PtCl_4$反应生成亮黄色的顺式二氯二氨合铂$Pt(NH_3)_2Cl_2$沉淀，这就是有名的顺铂抗癌药。它不易溶于水，25℃水中溶解度仅0.25%，但含1、3或4个氨的配合物却易溶于水。四氨配合物$Pt(NH_3)_4Cl_2$与浓盐酸反应并煮沸析出亮黄色的反式二氯二氨合铂沉淀。Pt(Ⅳ)的氨配合物通式为：$[Pt(NH_3)_nCl_{6-n}]^{n-2}$，制备方法较复杂，不常用。

Pd(Ⅱ)的氯配阴离子与氨反应析出难溶于水的玫瑰色盐$Pd(NH_3)_4 \cdot PdCl_4$（称为沃式盐），继续加入氨水并加热转化为可溶的无色盐$Pd(NH_3)_4Cl_2$。重新再加入盐酸则又转化为难溶于水的反式二氯二氨合钯$Pd(NH_3)_2Cl_2$黄色沉淀，煮沸温度下，水中溶解度也仅为0.26%。利用这个性质建立的钯精炼方法沿用至今。

Rh(Ⅲ)生成的氨氯配合物，配体氨分子数可从1到6，配合物颜色从红变黄，再变为无色。常用配合物是$Rh(NH_3)_3Cl_3$、$[Rh(NH_3)_5Cl]Cl_2$，皆难溶于水，前者在25℃水中溶解度仅为0.828%。

Ir(Ⅳ)与氨反应首先被还原为Ir(Ⅲ)，然后形成类似于铑的氨氯配合物。$Ir(NH_3)_3Cl_3$难溶于水。但$[Ir(NH_3)_5Cl]Cl_2$却与$[Rh(NH_3)_5Cl]Cl_2$不同，易溶于水。它们皆可用王水破坏转化为氯配合物。

Os(Ⅳ)在加热条件下与氨反应生成$[Os(NH_3)_5Cl]Cl_2$配合物。$K_2[OsO_2(OH)_4]$溶液中加入NH_4Cl生成$OsO_2(NH_3)_4Cl_2$黄色盐。该配合物虽难溶于水、醇及NH_4Cl溶液，但在水中易分解出OsO_4挥发或OsO_2沉淀。

Ru(Ⅳ)与氨反应生成无色、稳定、难溶于水的$[Ru(NH_3)_6]Cl_3$配合物，置于碱性溶液中加热变为红色，酸化又转为蓝色。

2.6　氰化物

金和铂族金属的化学惰性最大,不能被空气中的氧氧化,也难溶于单一的盐酸、硝酸或硫酸等强酸,在强碱性介质中也很稳定,但它们却能在很弱的氰酸根(CN^-)碱性介质中,被溶解在溶液中的氧氧化,形成可溶性的氰根配合物。这一反应的机理至今尚不确定。

金、银的氰化反应在常温常压下就能进行。但铂族金属和 NaCN、KCN 反应生成可溶性氰化物,需较高的温度和压力才能达到较高的氰化效率,而且生成的氰化物很稳定。Pt 的氰根配合盐都是水溶性的。常用的有 $K_2[Pt(CN)_4]$(无色晶体)、$Cs_2[Pt(CN)_4] \cdot H_2O$(蓝白色结晶)、$Rb_2[Pt(CN)_4] \cdot 1.5H_2O$(蓝白色结晶)、$Ba[Pt(CN)_4] \cdot 4H_2O$(紫蓝-黄绿色结晶)、$K_2[PtBr_2(CN)_4] \cdot 2H_2O$(淡黄色结晶),主要用于在各种金属基体上电沉积装饰性和保护性涂层。

$Pd(CN)_2$ 不溶于水,在化学分析中利用该特性与其他铂族金属分离。但 $Pd(CN)_2$ 易溶于 KCN 和 NH_4CN 中,生成 $K_2[Pd(CN)_4]$、$(NH_4)_2[Pd(CN)_4]$ 配合盐。$K_3[Ir(CN)_6]$ 非常稳定,在王水、氯水、溴水中加热都难分解。

2.7　有机配合物

生成有机金属配合物,是贵金属的一个重要化学性质。配合物种类繁多,结构复杂。由于贵金属具有优异的物理化学性质,形成的有机金属配合物也表现出许多特殊的性质和功能。人类研究这个性质已有近两百年的历史,早在 1827 年即合成了 $K[Pt(C_2H_4)Cl_3] \cdot H_2O$,1907 年制备了烷基铂配合物。但该学科领域的飞速发展不过几十年[8-9],合成的种类繁多的有机配合物产品已广泛应用于基础化工、高新技术和生物医学等领域。相对而言,铂族金属有机配合物的种类比金、银多,应用也更广泛。

2.7.1　溶剂萃取及化学分析中的铂族金属有机配合物

溶剂萃取分离贵金属技术(详见第9章),大量使用各类有机化合物。如用含氧(醚、醇、肟等),含氮(伯、仲、叔、季胺),含硫(硫醚、亚砜),含磷(磷酸三丁酯、氧化膦、烷基酯等)的各类有机化合物,选择性地从水相中萃取各个贵金属无机配合物离子,形成相应的溶剂化物和有机贵金属配合物,再通过反萃重新使被萃金属转入水相,达到贵金属提取和分离的目的。萃取技术中应用的有机贵金属配合物仅是一个中间体。很多萃取剂都带有烷基(C_nH_{2n+1})和芳基(C_nH_{2n})基团(详见表9-1)。需要时,能将很多中间体分离制备出相应的有机贵金属配合物产品。

也可用有机化合物直接和贵金属无机配合物反应合成有机贵金属配合物。已经合成的有机铂配合物中，最重要的是甲基(CH_3)配合物，如三甲基碘化铂、三甲基氯化铂、三甲基乙酰丙酮铂——$[Pt(CH_3)_3(O_2C_5H_7)]_2$、三甲基环戊二烯基铂、四甲基铂。

铂族金属能与中性的烯烃(如乙烯 $H_2C=CH_2$)分子形成稳定配合物，如$[Pt(C_2H_4)Cl_3]^-$、$[Pt(C_2H_4)_2Cl_2]$。$PdCl_2$也有类似反应。

在化学分析技术中使用种类繁多的有机配合物。如：乙二胺四乙酸盐(EDTA)与除 Au、Os 外的所有贵金属生成 1:1 配合物，特用于 Pd 的容量法测定。二甲基乙二醛肟(丁二肟)特用于 Pd 的重量法测定。2 - 巯基苯并噻唑和二巯基苯并咪唑能沉淀所有铂族金属离子，沉淀的组成固定，特用于重量法测定 Pt、Pd、Rh、Ir。二硫代氨基甲酸盐可沉淀所有铂族金属离子，生成不同颜色的盐——柠檬黄铂、黄色钯、橙色铑、褐色铱、黑色钌。碱性染料和表面活性剂与铂族金属配阴离子形成的配合物广泛用于吸光光度法分析。

2.7.2 铂族金属羰基化物

铂族金属中除钯外都可用特定的方法合成出相应的羰基化物。主要的铂族金属羰基化物及制备方法列于表 2 - 12。

表 2 - 12 铂族金属羰基化物及制备方法

金属	羰基化物	制备条件及催化剂	特 点
Ru	$Ru(CO)_5$ $Ru_3(CO)_{12}$	$Ru + CO$, 5 MPa $Ru(C_5H_7O_2)_3 + H_2 + CO$, 约150℃, 2 MPa	无色液体，熔点 -22℃ 橙色晶体，熔点 154℃
Rh	$Rh_2(CO)_8$ $Rh_6(CO)_{16}$	$Rh + CO$, 220℃ $RhCl_3 \cdot 3H_2O + CO$, 150℃	黄色晶体，熔点 76℃ 黑色鳞片，分解 220℃
Os	$Os(CO)_5$ $Os_3(CO)_{12}$	$OsI_3 + CO$, 150~300℃, Cu、Ag, 2~3 MPa $OsO_4 + CO$, 150℃, Cu、甲醇, 1 MPa	无色液体，熔点 -15℃ 黄色晶体，熔点 224℃
Ir	$Ir(CO)_8$ $Ir_4(CO)_{12}$	$IrCl_3 + CO$, 200℃, Cu, $IrCl_3 \cdot 3H_2O + CO$, 60℃, 甲醇, 0.5 MPa	黄绿色晶体，150℃升华 黄色晶体，210℃升华
Pt	$[Pt(CO)_2]_x$	$K_2PtBr_4 + CO + HBr$, 80℃	深樱桃色，无定形

Os、Ir、Pt 多由其特殊化合物为原料，在特定条件下制备其羰基化物。但 Rh、Ru 金属可在高压羰化条件下生成羰基化物。羰基化物的特点是色泽艳丽，熔沸点低，较易分解。

羰基化物是金属状态的原子与中性分子形成的特殊配合物。其机理被解释为：CO 中的碳(C)原子的孤对电子，投入到铂族金属原子的 s、p 杂化轨道，以配位键形成配合物。

羰基化物在化学均相催化反应中作为催化剂有特殊的应用。

2.7.3　硫脲配合物

硫脲是一种具有还原性质的有机配合剂，是金的特效浸出剂之一，在氧化剂（如 Fe^{3+}）存在下生成 $Au[SC(NH_2)_2]_2^+$ 可溶性配合物。铂族金属也与硫脲形成一系列配合物，特点是中心离子伴随配合过程被还原为低价，且在酸性溶液中最后转化为硫化物沉淀。相对而言，铂的硫脲配合物较稳定，如黄色的配合物 $Pt[4SC(NH_2)_2]_4Cl_2$ 可溶于水，并可浓缩结晶。但 $Pd[4SC(NH_2)_2]_4Cl_2$ 稳定性较差，虽可溶于水，但加热后则易分解为硫化钯沉淀。在硫酸或碱金属硫酸盐溶液中，上述四硫脲配合物中的 Cl^-，可被 SO_4^{2-} 取代并析出难溶于水的结晶 $Pt[4SC(NH_2)_2]_4SO_4$（黄白色）及 $Pd[4SC(NH_2)_2]_4SO_4$，它们溶于浓硫酸，稀释后又重新析出结晶。

铑、铱也有类似的硫脲配合物，如 $Rh[3SC(NH_2)_2]_3Cl_3$ 和 $Ir[3SC(NH_2)_2]_3Cl_3$。锇、钌的硫脲配合物分别呈红色和蓝色。

在铂族金属冶金中，硫脲不仅是一种重要的有机配合剂，而且在液－液萃取、固－液萃取、离子交换及树脂萃淋技术中，作为特效的反萃液或淋洗液。

2.7.4　"前驱体"配合物

一些具有特定结构和性质的有机贵金属配合物，特别是铂、铑、钯的有机配合物，在催化材料、特种功能材料的研发和生产中，有着不可用其他金属取代的特殊应用。它们的特点是熔、沸点低，不稳定，易升华挥发和分解。利用这个特点形成的金属有机物化学气相沉积（MOCVD）技术，能制备各种贵金属薄膜或纳米功能材料。过程具有操作温度低，基体选择范围大，沉积层组分可控及多元化，沉积区域可明确界定等特点。按功能材料所需金属种类及性质要求，定向合成及生产有机贵金属配合物前驱体产品，是上述技术领域发展的重要环节。

常用的铂族金属有机配合物前驱体品种列于表 2 - 13[10 - 11]。

目前最重要且应用较多的是乙酰丙酮系有机配合物——$Pt(acac)_2$、$Pd(acac)_2$、$Ir(acac)_3$ 及 $Ru(acac)_3$、三氟膦基铂——$Pt(PF_3)_4$、二羰基二氯化铂——$Pt(CO)_2Cl_2$ 等。它们作为前驱体，在 SiO_2、TiO_2、CeO_2、ZrO_2、$\alpha - Al_2O_3$、C 等各类基体上，制备 Pt、Pd、Pt - Ir、Pt - Ru 薄膜功能材料[12]、铂光亮薄膜、甲醇燃料电池催化电极、电动汽车燃料电池催化电极、化工生产中催化苯乙炔氢化、催化丙烯氢化、催化甲烷燃烧等催化剂。与 $Fe(acac)_3$、$Co(acac)_2$ 组合，可制备 Pt - Fe、Pt - Co 等用于磁存储合金纳米晶体或薄膜。用活性炭浸渍 $Pd(acac)_2$ 溶液，再用还原剂还原制备纳米级 Pd/C 催化剂，在化工合成和药物制备方面应用更广泛。

表 2-13 常用的铂族金属有机配合物前驱体

Pt 前驱体	Rh、Pd、Os 前驱体	Ir、Ru 前驱体
$Pt(acac)_2$、$Pt(CO)Cl_2$、$Pt(PF_3)_4$、$CpPtMe_3$、$(MeCp)PtMe_3$、$Pt(tfac)_2$、$PtCH_3CH_3NC$、$(cod)Pt(CH_3)_2$、$(cod)Pt(CH_3)Cl$、$(Cp)Pt(CH_3)Cl$、$(Cp)Pt(CH_3)_3$、$(Cp)Pt(CH_3)(CO)$、$(Cp)Pt(allyl)$、$(acac)Pt(CH_3)_3$、$(CH_3C_5H_4)Pt(CH_3)$	$Rh(acac)_2$、$Rh(CO)_2(acac)$、$Rh(tfac)$、$Rh(Cl)_2(CO)_4$、$HRh(CO)_n(PPH_3)_{4-n}(n=1,2,3)$、$Rh(\eta^3-allyl)_3$、$Rh(\eta^3-Cp)(CO)_2$、$Rh(\eta^3-Cp)(cod)$、$Rh(\eta^3-allyl)(CO)_2$、$Pd(acac)_2$、$Pd(allyl)_2$、$Pd(CH_3allyl)_2$、$(C_5H_5)Pd(allyl)$、$Os(hfb)(CO)_4$	$Ir(acac)_3$、$Ir(acac)(cod)$、$(MeCp)Ir(cod)$、$(Cp)Ir(cod)$、$CpIr(C_2H_4)_2$、$Ir(thd)_3$、$[Ir(\mu-S-C_4H_9)(CO)_2]_2$、$Ru(hfb)(CO)_4$、$Ru_3(CO)_{12}$、$Ru(\eta^5-Cp)_2$、$Ru(acac)_3$。另有无机化合物 $IrCl_3$、$IrCl_4$、$IrBr_3$、IrF_6

注：Me—CH_3；acac—乙酰丙酮（$CH_3-COCHCO-CH_3$）；tfac—三氟乙酰丙酮；Cp—环戊二烯；allyl—烯丙基；thd—2,2,6,6-四甲基-3,5-庚二酮；cod—1,5-环辛二烯；hfb—六氟丁炔。

2.7.5　均相催化剂

乙酰丙酮三苯基膦羰基铑——$HRh(CO)_n(PPH_3)_{4-n}(n=1,2,3)$（简称 ROPAC），是催化羰基合成、烯烃加氢甲酰化、甲醇羰基化合成醋酸（$CH_3OH+CO \rightleftharpoons CH_3COOH$）、醋酸甲酯羰基化合成醋酐、烯烃异构化等重要化工产业不可或缺的均相催化剂。甲醇低压羰基合成现已成为生产醋酸的主流方法，该过程需用 RhI_3 作催化剂。三（三苯基膦）氯化铑（I）——$Rh(PPh_3)_3Cl$ 可使氢化反应在常温常压下进行。一氯三苯膦铑——$[(C_6H_5)_3P]RhCl$ 催化丙烯加氢生产正丁醛。$Rh(acac)CO(PPh_3)$ 催化生产正丁醇。辛酸铑——$[Rh(C_7H_{15}COO)_2]$ 催化合成青霉素烯类抗生素。$Pd(PPh_3)_4$、$PdCl_2(PPh_3)_2$ 等均相催化合成芳基烯烃、炔烃化合物产品。

2.8　铂族金属的生化性质

化学元素的生物化学性质，是近三四十年来人类重视生命安全和环境保护问题才逐渐被人们普遍关注的重要研究内容。

2.8.1　人类与自然环境的化学元素平衡

人类赖以生存繁衍的"地球村"由一百多种自然化学元素构成。它们以人类已知或未知的各种方式巧妙组合为绚丽多彩、变化无穷的万物世界。分子结构的差异导致自然界物种的多样化。人类作为自然界中长期演化、进化形成的高等生物群体，与自然界中各种元素构成更复杂和微妙的平衡关系。一代代生、老、病、死和繁衍的过程，实际上就是人体中各种化学元素在地球生物圈内不断运移、交换、平衡的过程。这个过程涉及奥妙无穷、精确复杂、缓慢有效的许多无机和有机化学反应。这些长期缓慢进化形成的机制和规律使人体与自然环境处于微妙的动态平衡。

人类发现，人体血液中 60 多种化学元素的含量与地壳岩石圈中这些元素含量的分布规律非常一致[13]（见图 2−1）。

许多种"微量元素"或"痕量元素"，对维持生命个体的正常活性发挥着特殊的作用，如铁在血液中结合为血红蛋白和肌红蛋白，承担输氧储氧功能，机体中约有 30 种含铜的蛋白和酶对细胞生长繁殖起促进作用，钴是维生素 B_{12} 的必要组成元素，参与机体生化反应，机体中约有 18 种含锌的酶和另有 14 种酶靠锌激活，锰参与构成的转氨酸酶和脯氨酸酞酶激活人体的钙、磷代谢和促进骨骼生长发育，钼参与构成的黄嘌呤氧化酶和醛酸酶又支配着铜的代谢，人体胰岛素的功能和血糖的稳定控制与铬、钒有关，影响生殖的某些酶和荷尔蒙靠镍激活，等等[14]。但这些元素又不能多，多了会使机体失去平衡，导致生命过程的紊乱甚至生命终结。人们改变生活环境出现的"水土不服"，多系某个或某些微量元素的缺乏或过剩，使交换平衡失调而造成。长期从事某些有害工作使某些元素过剩积累而形成的职业病（多数表现为中毒）更是举不胜举。

2.8.2　贵金属及其化合物与生命及环境的关系

贵金属是地球的组成元素，其生物化学性质与人类生活及生产活动的关系，主要涉及 4 方面：

1）在人与生物圈平衡共存的体系中，作为自然元素在人体内的赋存、交换、平衡关系。由于铂族元素在地壳及生物圈中的丰度极低，分布相对集中，化学惰性且迁移活性很差，它们在自然平衡中通过食物、水、空气进入人体的量很少，在人体血液检测的所有化学元素中含量最低。用近代先进的物理和化学方法分析检测，它们在各种人体组织中的含量皆 <100 ng/g，这个数字可谓微乎其微，可忽略不计。可以认为人体自然和正常的生命活动——新陈代谢、生育繁衍、思维记忆等，与大环境中的贵金属不发生直接关系。

2）在人类提取、使用和接触贵金属及其各种产品时，贵金属的局部浓度高、状态变化多、活性大，人的接触机会多，进入人体导致生命机制和规律的平衡失调，对机体造成伤害。

3）贵金属及其化合物作为药物在保持人类健康、修复人体已经失衡的机制和规律、提高生活质量方面的有益作用。尤其因铂族金属与前述铁、镍、钴、铜、

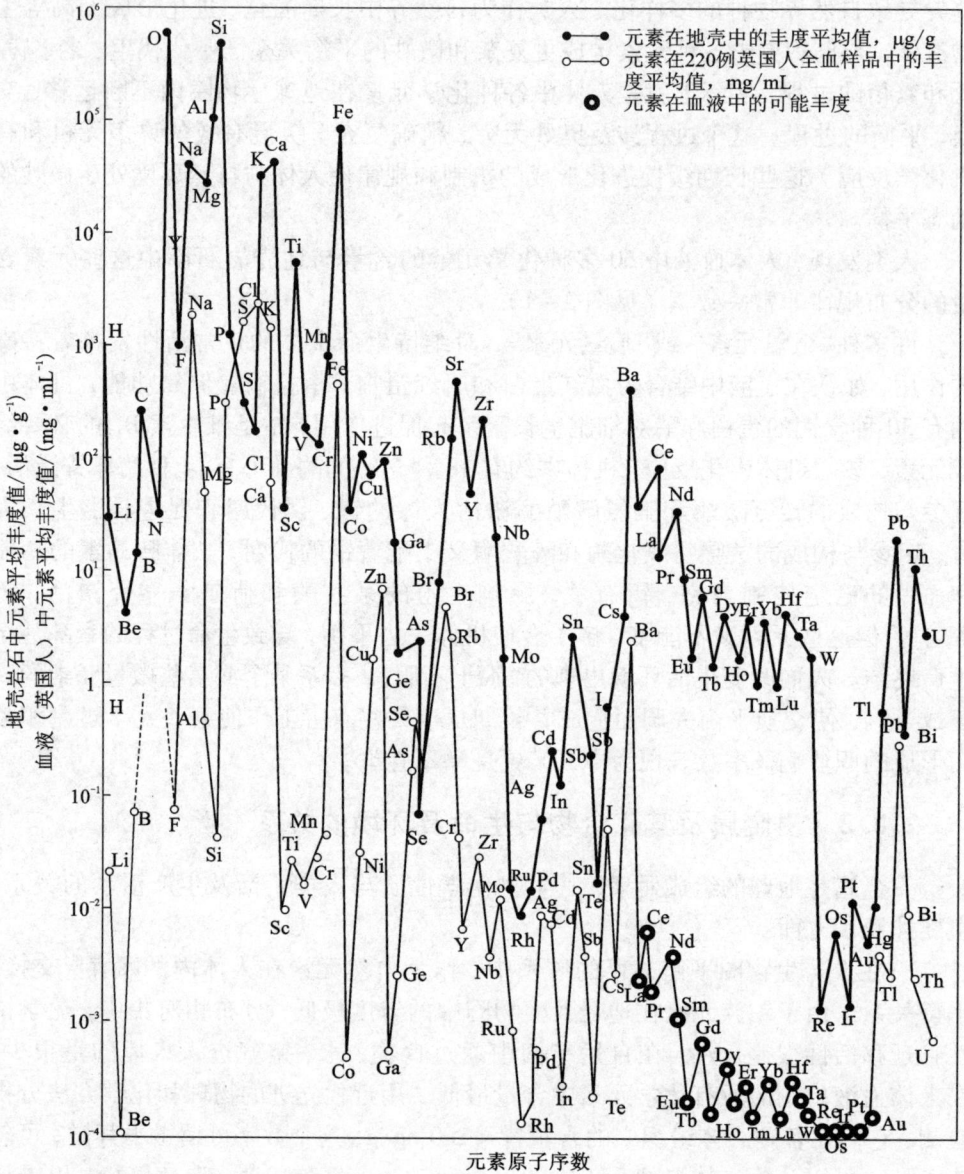

图 2-1　人体血液和地壳岩石圈中化学元素的丰度曲线

锌、锰、钼、铬、钒等金属离子相比，具有更强的活性，对人体激素和酶的合成和平衡可能会产生更微妙的影响。

　　4）各种功能材料的广泛应用。如利用其生物化学惰性制备特殊医疗设备或功能器件，广泛应用于维护和平衡生态环境，控制和治理环境污染。

2.8.3　贵金属及其化合物对生命体的危害

贵金属的金属或合金状态均无明显毒性，使用安全。远古到现代，人类与贵金属首饰的关系非常密切，戒指、手镯、项链、耳环直接长期接触皮肤，至今仅发现少数人因佩戴铂、铂铱、铂铱钌合金饰品曾引起过敏性皮炎。钯及其合金大量用于牙科材料，未有毒副作用的报道。

但呈离子状态的贵金属却有毒性。元素周期表中所有金属和类金属对人体的毒害作用，按钠无毒以 1 作基数，汞最毒以 2300 作比较数，金属离子的比较毒性可分为高毒、中毒、低毒 3 类，按毒性强弱顺序排列，贵金属离子属于高毒类和中毒类物质：

高毒类：Hg, U, In, Cd, Cu, Tl, As, $\underline{Au}$, V, $\underline{Pt}$, Be, $\underline{Ag}$, Zn, Ni, Bi。

中毒类：Mn, Cr, $\underline{Pd}$, Pb, $\underline{Os}$, Ba, $\underline{Ir}$, Sn, Co, Ga, Mo, Hf, Sc, Y, Tc, Sb, $\underline{Ru}$, $\underline{Rh}$。

高毒类金属的共同特点是原子结构不稳定，原子外层及次外层电子轨道有空缺，生成的化合物晶格不完全对称。金、铂、银离子属高毒类，其毒性仅次于人们熟知的汞、镉和砷，能引起急性中毒和慢性中毒。其他 5 种贵金属离子属中毒类，其中钯、锇、铱离子的毒性在人们熟知的铅前后。

在贵金属冶金及使用贵金属化合物的环境中，误食的可能性很小。呼吸及接触皮肤是使人中毒的主要途径。化合物挥发或逸散入空气后，与冷凝的水或PM2.5 飘尘形成十分微细的凝聚性气溶胶到处飘散，通过呼吸道进入人体。可溶性铂盐粉尘在空气中的浓度达 $0.002 \sim 0.01$ mg/m^3 时，即对人体产生明显的刺激症状，甚至出现哮喘症候群、结膜炎、风疹，造成淋巴细胞增殖、免疫能力下降[15]。铂化合物大量进入人体的中毒被称为"铂病"，立即出现呕吐、腹泻和黑便。接触皮肤会引起鳞状红斑性皮炎和湿疹样斑、荨麻疹、持久性潮红、干燥、皲裂，症状可从指间、臂、扩展到颈和脸。有研究者检测[16]，在普通人血液中含Pt 在 $0.1 \sim 2.8$ μg/L 水平，但在从事铂冶金及产品制造的工人血清中含 Pt 高达$150 \sim 450$ μg/L 水平，高出数百倍。动物试验静脉注射铂离子的半致死量 LD$_{50}$ 为$50 \sim 100$ mg/kg）。

钯盐对皮肤也有刺激性，但不易被消化道吸收。动物试验快速静脉注射高浓度钯盐 0.6 mg/kg，可使心脏停搏死亡。

RhCl$_3$ 的静脉注射半致死量为 198 mg/kg。长期饮用含 Pd、Rh 约 5 mg/L 的水可使实验动物（大小鼠）长癌瘤。

银盐进入人体会影响人体的构造与生理机能，导致贫血和发育延缓。进入消化道引起口腔刺激、出血性胃炎、下痢、血压下降。长期摄入少量银盐引起肝、肾的脂肪病变，量大的急性中毒可致死。有些银化合物，如二氟化银、亚砷酸银、烷基银有剧毒。

金盐多有强毒性,有机金盐化合物(如烷基金)有剧毒。金盐进入人体可诱发白血球和血小板减少症、贫血、红斑、剥脱性皮肤炎、肾上线皮脂坏死、大肠炎、尿毒症等。动物试验的静脉注射半致死量 LD_{50} 也为 50~100 mg/kg。

易挥发的锇、钌氧化物(OsO_4、RuO_4)有强烈的刺激性和毒性,接触眼睛会引起严重的结膜红肿、畏光流泪、灯下视物出现光轮,严重时角膜溃疡甚至失明,吸入人体会引起上呼吸道炎症。

有些贵金属化合物在一定条件下有强烈的爆炸性。如高浓度 RuO_4 气体在 180℃会剧烈分解发生爆炸。银的某些化合物如丙银胺、氮化银、叠氮银、乙炔银,金的氧化物、氢氧化物、氯化物等与氨反应皆易引起爆炸。

不同价态的贵金属离子、不同的化合物或配合物种类,与机体内某些蛋白质、核酸、酶、脂肪相结合导致异变的毒害作用机理是什么?不同金属、不同价态及不同化合物对机体作用的部位是否有明显的选择性?这些问题并不明确,有待深入研究。

由于汽车尾气净化催化剂已成为铂族金属的最大用户,催化器在净化尾气中有害气体的同时,也有部分铂族金属微粒会随高温尾气排出,进入大气。它们对环境的影响也引起了关注[17]。微量分析检测表明,高速公路边大气、土壤、植物及相关人群的血、尿样品中,铂族金属含量在不断增加。更精确地研究和评估此类污染危害已提上日程。

2.8.4 贵金属及其化合物对生命体的有益作用

世间一切事物都有两面性,贵金属对人体的正面影响,是作为药物修正或恢复已失去平衡的内在生物规律。应用贵金属药物已有悠久的历史,中国早期的药典《本草纲目》中就有记载。近代的研究发展更迅速,并已为人类造福。由于贵金属药物特殊的化学结构,使它们和人体组织细胞作用的方式和机制不同于其他药物,常表现出独特的疗效,已成为金属类药物中非常重要和特殊的一类。

人类早已知道银具有很强的杀菌性质,盛装食物的银器皿或餐具,已普遍被世界各民族广泛使用。药典中列入的含银药物有十多种,如硝酸银、乳酸银、柠檬酸银、乙酸银等。磺胺嘧啶银(AgSD)的强杀菌能力可有效地治疗烧伤。银蛋白胶体有强杀菌力且无过敏反应,也已临床使用。

金的药物中应用最有效的是金诺芬(Auronafin),即 2,3,4,6-四乙酰-β-D-1-硫代葡糖三乙基膦金(I),是治疗类风湿关节炎的特效药,且副作用小,1992 年被评为全球最畅销的 50 种药物之一。

铂的药物是非常重要的抗癌口服药,使用方便,疗效显著,已广泛临床使用。

显然,与贵金属在人类社会生产方面的广泛应用相比,贵金属对机体正反作用的机理、界限、条件，如何把握好限度"扬长避短"，如何充分发挥贵金属对提高人类自身生存能力的有益作用等方面，人类的认识只能算刚开始起步。人类在采取各种措施既不断提高生活质量又保护生态环境，使两者兼顾是一个非常值得关注的课题。

2.8.5　铂族金属抗癌药物

铂族金属抗癌药物是 20 世纪后半期开发的一类新药，是以 1965 年 B·卢森堡（Rosenberg）发现铂的配合物对大肠杆菌的分裂具有很强的抑制作用开始的。1969 年合成出"顺铂"（Cisplatin），作为疗效显著的广谱抗癌药物，与其他化疗药物或放疗结合，治疗肺癌、鼻咽癌、头颈部鳞癌等多种癌症有较好疗效，且与其他化疗药物无交叉耐药性。由于有注射副作用大的缺点，又研发了卡铂（Carboplatin）、奈达铂（Nedaplatin）、奥沙利铂（Oxaliplatin）、舒铂（Sunpla）和洛铂（Lobaplatin）等药物，且已批准临床应用。迄今为止，在数千种已合成的铂类化合物中，有 30 多种作为抗癌药物进行了临床试验。20 世纪 80 年代开始，昆明贵金属研究所系统地进行了铂抗癌药物的研究和开发[18-19]。

顺铂全名是顺式-二氯二氨合铂（Ⅱ），化学式——cis-$[Pt(NH_3)_2Cl_2]$ 及其衍生物 cis-$[Pt(NH_2OH)_2X_2]$、cis-$[Pt(NH_3)(NH_2OH)X_2]$（X_2 为 Cl^-、二羧酸根、α-羟基酸根）。卡铂全名是 1,1-环丁烷二羧酸根/二氨合铂（Ⅱ），化学式——$[Pt(NH_3)_2(C_6H_6O_4)]$ 及其衍生物三-羟基卡铂——cis-[二氨·3-羟基-1,1-环丁烷二羧酸根合铂（Ⅱ）。奥沙利铂（草酸铂）全名是——草酸根-反式-(1R, 2R)-1,2-环己烷二胺合铂，其化学式——$C_8H_{14}N_2O_4Pt$。舒铂全名是 2-异丙基-(4R,5R)-4,5-双（氨甲基）-1,3-二氧环戊烷·3-羟基-1,1-环丁烷二羧酸根合铂（Ⅱ）。

显然，铂类抗癌药物的成分和结构非常复杂。合成、结构认定、临床试验到批准应用的周期很长。我国专家合成的药物，已广泛应用于临床，研究及应用水平已进入世界先进行列，目前正在开展以中草药有效成分为配位体合成新型铂抗癌药物的研究。

6 种铂族金属及其化合物的性质非常特殊，但除铂及其化合物研究较多外其他铂族金属的化合物对人体的药理作用和药物研究开发方面，目前尚属空白，应该说，研究发展空间还非常广阔。

参考文献

[1] Cotton S A. Chemistry of Precious Metals[M]. London：Blackie Academic & Professional，1997：1 - 404

[2] Alan R Amundsen, Eric W Stern. Encyclopedia of Chemical Technology[M]. Third Edition. Platinum Group Metals, Vol. 18, 1982：254 - 277

[3] 叶大伦. 实用无机物热力学数据手册[M]. 北京：冶金工业出版社，1982

[4] 姚守拙，朱元保，何双娥，夏利华. 元素化学反应手册[M]. 长沙：湖南教育出版社，1998：1325 - 1402

[5] 赵怀志. 一些铂族金属硫族化合物[J]. 贵金属，2002，23(1)：39 - 44

[6] 张永俐. 半导体微电子技术用贵金属材料的应用及发展[J]. 贵金属，2005，26(4)：49 - 57

[7] Bernardis F L, Grant R A. A review of methods of separation of the platinum-group metals through their chloro-complexes[J]. Reactive & Functional Polymers, 2005, 65：205 - 217

[8] 赵怀志，宁远涛. 金[M]. 长沙：中南大学出版社，2003：135 - 138, 126 - 134

[9] 宁远涛，赵怀志. 银[M]. 长沙：中南大学出版社，2005：93 - 94, 98 - 100

[10] 常桥稳，刘伟平，张妮，叶青松，等. 乙酰丙酮铂族金属有机配合物的合成现状及用途[J]. 贵金属，2009，30(1)：63 - 68

[11] 潘再富，刘伟平，陈家林，夏永明. 铂族金属均相催化剂的研究和应用[J]. 贵金属，2009，30(3)：42 - 49

[12] 杨滨，赵怀志. 铂族金属载体催化剂薄膜材料的研究和发展[J]. 贵金属，2004，25(1)：39 - 45

[13] 许后效. 环境化学浅说[M]. 北京：科学出版社，1983

[14] 朱根逸. 环境质量标准总论[M]. 北京：中国标准出版社，1986

[15] Gomez B, Palacios M A, et al. Levels and risk assessment for humans and ecosystems of platinum-group elements in the airbor particles and road dust of some European cities[J]. The Science of the Total Environment, 2002, 299：1 - 9

[16] Sures B, Zimmermann S, et al. The acanthocephalan(Paratenuisentis ambiguus) as a sensitive indicator of the precious metals Pt and Rh from automobile catalytic converters [J]. Environmental Pollution, 2003, 122：401 - 405

[17] 赵青，赵云昆，方卫. 汽车催化转化器排放的铂族元素(Pt、Pd、Rh)对环境的影响[J]. 2010 年贵金属学术研讨会论文集. 贵金属，2010，31(增刊)：209 - 215

[18] 昆明贵金属研究所. 中国贵金属材料发展现状及迈入 21 世纪的对策[R]. 1998,5

[19] 刘伟平，侯树谦，谌喜珠，等. 贵研铂类抗肿瘤药物研究的新进展[A]. 流金岁月，再创辉煌——昆明贵金属研究所成立 70 周年论文集[C]. 昆明：云南科技出版社，2008

第 3 章　铂族金属矿产资源和二次资源

20 世纪是人类发挥出前所未有的创造力、大量消耗自然资源、高速发展经济、快速积累财富的世纪。20 世纪也是少数国家掠夺性占有和开采自然资源、无节制地消耗和浪费、以惊人的速度产生废物并严重污染环境为代价，建成经济发达、生活极为富裕的工业化和现代化社会的世纪。

在人类文明社会的发展中，金属矿产的冶炼、加工和功能材料的制造使用，发挥了极其重要的作用。人类曾自我陶醉地认为矿产资源"取之不尽"、"用之不竭"。但是今天，资源枯竭的警钟已经敲响。支撑现代文明社会的基础金属铁、铜、镍、铅、锌、金、银等金属的可采储量，多已不能满足人类 50 年的需求。进入 21 世纪，大部分国家和地区还处于贫穷落后、急需发展经济的时候，人类社会面临着资源不足与需求持续增长、能源有限与能耗急剧增加、生态环境恶化与生产规模不断扩大、各国各地区发展不平衡与贫富差距拉大等重大矛盾，使人类生存空间和社会持续发展遇到前所未有的严重威胁和挑战。不解决这些矛盾的直接后果，极可能是现代社会的崩溃和文明的倒退。

构成经济的要素中，资本和实业（制造产业）最重要。现在，不断扩大产能、无节制地消耗和大量废弃资源、环境不断恶化这种传统的经济增长模式已是穷途末路。2008 年美国金融危机使经济濒临崩溃并导致全球经济衰退的事实证明，现代化的经济发达国家，靠华尔街操控金融、玩弄货币，力图保持本国经济繁荣并控制国际经济，此路不通。社会和经济如何才能持续发展，即金融和实业如何协调发展，发展经济与人口、资源和环境如何协调，提高生活质量的同时如何保护好人类赖以生存的地球环境，是世界上所有国家都必须严肃面对且刻不容缓地要加以解决的问题。

中国政府在 2005 年就明确提出："大力发展循环经济，从资源开采、生产消耗、废弃物利用和社会消费等环节，加快推进资源综合利用和循环利用"。并于 2009 年 1 月 1 日公布施行《中华人民共和国循环经济促成法》，作为长期的国家经济发展战略之一。发展循环经济已成为具有时代性的发展模式，必须将传统的"多开采、高消耗、高排放、低利用"模式改变为"少开采、低消耗、减排放、高利用"模式。以资源高效利用和循环利用为核心原则，以建设资源节约型、环境友好型社会为目标，这是贯彻和落实科学发展观的基本要求。

铂族金属在国民经济发展中具有战略地位，其广泛和特殊的应用至今很难用其他金属或材料代替。世界探明的矿产资源储量约 8 万 t，按现在年产量（约 450 t）计算，可采 150 年以上。虽然铂族金属是所有金属中少有的丰富资源之一，但分布极不均衡，集中在少数国家和地区形成垄断格局。同时，中国矿产铂族金属资源极为贫乏，目前探明的储量及年产量均不到世界的 0.5%。因此，重视并发展中国的铂族金属二次资源再生循环利用产业，对保障供应和平衡供需具有战略地位，成为铂族金属冶金科技和工业发展的重要内容。

本章内容涉及矿产资源和二次资源两个方面，包括介绍世界铂族金属矿产资源的分类和分布，矿床的岩相组合关系，矿体规模和产状，矿石中各种有价金属的品位及比例，矿物种类及共生组合关系，矿物粒度分布和嵌布连生关系等。这些内容是制定合理的选 - 冶工艺的基本依据，也为地质找矿及新资源的勘探提供类比及参考数据。同时系统介绍铂族金属的应用领域，二次资源来源、种类及成分特点。这些知识为使用铂族金属的各个行业主动防止流失和有效收集提供指南，也为再生循环利用工艺的研究制定提供依据。

3.1 矿产资源

3.1.1 铂矿的成矿特点

地球蓝天之外，无边无际、无穷无尽、神秘瀚渺、变化莫测的宇宙引发着古今中外人们不尽的遐想和探索，编撰了许多无法考证的神话，产生了亿万人顶礼膜拜的宗教和信仰，我们确实对宇宙知之甚少！随着对许多确认的"天外来客"——各种陨石及小行星堕落地面的残留碎片，以及人类足迹跨出地球、进入太空金星取回的一些物质样品的认真研究和准确分析表明：铂族元素和地球上其他天然元素一样，形成于太阳系演化阶段并存在于太阳系的各个天体中。如给人类带来宇宙信息的陨石都含铂族元素。在球粒陨石的 Fe – Ni 金属微粒中铂族金属异常富集，如在 Allende 陨石的 Fe – Ni 金属微粒中铂族金属的浓度（$\times 10^{-6}$）达：Os 4012、Ir 3382、Ru 4076、Pt 7454，PGMs >2%。在著名的 1976 年吉林"陨石雨"的铁陨石中，铂族金属的平均含量（$\times 10^{-6}$）为：Os 1.6、Ir 2.3、Pt 8.1、Ru 3.5、Rh 2.5、Pd 1.7，PGMs 20，表明铂族元素在太阳系中属亲铁元素。在铁陨石形成时，或石陨石经历高温作用发生分异时，它们被捕集在含铁的金属相中。这个特点与地壳中铂族元素矿床的成矿模式，以及火法冶金中铂族金属的富集规律（详见第 4 章）类似，都属于基本的自然规律之一。

地球自演化为太阳系的独立天体以来，逐渐冷却形成了壳层状结构，由地壳、地幔和地核三个圈层构成。铂族元素在地壳中的平均含量（$\times 10^{-6}$），Ru、Rh、Os、Ir 为 0.001，Pd 0.01，Pt 0.05。在数量上它们属痕量或超痕量元素，比某些定名为"稀有"或"稀散"的元素还少得多。

在元素周期表中，铂族元素和铁、钴、镍一起属于亲硫的过渡族元素，它们在地壳中的分布是不均匀的。富集形成工业矿床主要与超基性、基性上地幔岩浆活动有关，只有在地壳的超基性岩及基性岩体中才有可能找到铂族金属的矿产资源[1]。即铂族元素只可能存在于含 SiO_2 <42%、由铁镁质硅酸盐矿物组成的橄榄岩 – 辉石岩系列（包括纯橄榄岩、橄榄岩、辉岩及其蚀变的蛇纹岩）和含 SiO_2 <52%的基性岩（包括苏长岩、辉长岩、辉长 – 辉绿岩、辉长 – 斜长岩及斜长岩）中，在含 SiO_2 52%～56%的中性岩及含 SiO_2 >56%的酸性岩及沉积岩中基本不含铂族元素。因此地球化学将铂族元素归属铁系元素，也可称为超基性元素。它们与 Fe、Ni、Cu 一起矿化，形成硫化镍或硫化铜镍多金属共生矿床。其种类取决于岩浆的基性（碱性）程度及 w_{MgO}/w_{FeO}，一般含 MgO 为 8%～12% 时矿床富 Cu 贫 Ni、富 Pd 贫 Pt，含 MgO 12%～25%时矿床富 Ni 贫 Cu、富 Pt 贫 Pd，Ni 和 Pt 的品位与 w_{MgO}/w_{FeO} 呈正消长关系。

各类含铂族元素矿床，是岩浆沿着地壳断裂裂隙或薄弱带侵入地壳后，非常缓慢地冷却结晶（演化）形成的。要经历早期分异、晚期分异、熔离、多次侵入岩浆的混合、与地壳原结晶岩同化进行物质交换、汽水热液运移交换、接触交代等很多阶段。岩浆侵入可能是一次性的，也可能是脉动、多次、反复的。因此，铂族元素成矿的区域地质环境、自然条件、岩相组合关系、矿化的富集部位、矿体规模和产状、各种有价金属的品位及比例、产生的矿物种类及它们的共生组合关系、矿物的粒度分布和嵌布连生特点等，常与上述各成矿阶段的主次变化密切相关，各矿床都有各自的特点。在至今已发现的矿床中，尚无任何两个矿床的上述特点完全相同。

由于铂族元素化学性质稳定，矿石中品位很低，在地球几十亿年沧海桑田变迁中，不可能大规模搬迁运移，仅有某些超基性岩体中的铂族元素惰性矿物，能在原岩局部风化时残积在风化面上，或被水流冲刷短距离搬运聚集形成小规模的砂铂矿。

3.1.2 铂族元素的矿物及特点

在铂族元素之间或铂族元素与贱金属之间相互形成的金属化固溶体矿物，及它们与 S、As、Bi、Sb、Sn、Te 等元素形成的结晶矿物，种类繁多，成分变化范围大。国内外发现的已命名和未命名的 120 多种矿物归属为 7 大类，中国进行过系统研究[2-3]。常见矿物及其成分范围简要列于表 3 – 1，常见矿物的性质列于表 3 – 2。

表 3-1 常见铂族元素矿物种类及成分范围

种类	矿物名称	化学式	成分范围/%
自然金属及金属互化物	自然铂	Pt	Pt 84~98, Pd 0~7.9, Fe 0~3.9
	粗铂矿	$Pt_{2~4}Fe$	Pt 74~92, Fe 7~16, Cu, Ni, Ir 微量
	铁铂矿	$PtFe_2$	Pt 62~83, Fe 12~27, 其他铂族金属微量
	锇铱矿	IrOs	Ir 65~75, Os 22~41, Pt 5~9
	铱锇矿	OsIr	Os 47~74, Ir 19~49, 余为 Pt, Ru
	钌铱锇矿	OsIrRu	Os 28~72, Ir 16~51, Ru 5~32, Pt 1~9
	铂铱矿	Ir_4Pt	Pt 19.6, Ir 76.8
	铑锇铱矿	Ir_6Os_2Rh	Pt 2.8, Rh 7.7, Ir 64.5, Os 22.9, Fe 1.4
	钌铱锇矿	Os_2IrRu	Pt 2.0~11.7, Ir 19.6~41, Os 41.4~49.5, Ru 10.8~18.6
砷化物	砷铂矿	$PtAs_2$	Pt 46~57, As 42~52
	砷钯矿	Pd_5As_2	Pd 76~79, As 16~17, Sb 约为 5
锑化物	六方锑钯矿	SbPd	Pd 40~55, Sb 40~60, Bi 1~13, Te 0.7~3
硫及硫砷化物	硫铂矿	PtS	Pt 77~86, S 11~17, Pd 0.7~4.7
	硫钌矿	RuS_2	Ru 41~64, S 29~42, Os 3~12, Ir 1~6
	硫锇钌矿	$(RuOs)S_2$	Os 47~52, Ru 13~18, S 30~32, Ir 2~5
	硫镍钯铂矿	(PtPdNi)S	Pt 31~69, Pd 3~39, Ni 4~8, S 16~22
	硫钯铂矿	(PtPd)S	Pt 59~73, Pd 9~21, S 14~15
	硫砷铱矿	IrAsS	Ir 49~66, S 5~14, As 21~30, Pt 3.7~6
	硫铱锇钌矿	$(RuOsIr)S_2$	Ir 5.5~20, Os 18.3~43.6, Ru 19.5~38.1, S 24.4~36
碲、铋化合物	碲钯矿	PdTe	Pd 21~30, Te 54~67, Bi 4~18
	铋碲钯矿	$Pd(TeBi)_2$	Pd 25.6, Te 49.6, Bi 26.3, Pt 1.1
	碲铂矿	$PtTe_2$	Pt 36~41, Te 49~61, Bi 3~17, Pd 1~4
	钯碲铂矿	$PtPdTe_2$	Pt 21~33, Te 48~60, Bi 8~15, Pd 4~8
	铋碲铂矿	$Pt(BiTe)_2$	Pt 30~39, Te 30~40, Bi 20~34, Pd 1~4
	等轴碲铋钯	PdTeBi	Pd 16~27, Te 30~38, Bi 37~49
	铋碲镍钯矿	$(PdNi)(TeBi)_2$	Pd 14.4~16.5, Ni 1.7~5.3, Te 30.2~36.7, Bi 43~56
	单斜铋钯矿	$PdBi_2$	Pd 17.6, Bi 77.1, Pt 2.6
含铂族的金属矿物	含铂、钯的自然金	Au(PtPd)	Au 80~90, Pt 11.5, Pd 8.3~11.6
锡化物	锡铂矿	Pt_3Sn_2	Pt 63, Sn 21, Pd 1.1, Fe 1.0, Ni 0.5, Cu 0.4

表 3-2 常见铂族元素矿物的主要物化性质

矿物名称	主要物化性质			
	密度/(g·cm⁻³)	磁性	摩氏硬度	耐腐蚀性
自然铂	21.5	非磁性	4.0~4.5	溶于王水
粗铂矿	14~19	磁性或非磁性	4.0~5.0	溶于王水
铁铂矿	12~15	强磁或弱磁性	4.0~4.5	溶于王水

续表 3 - 2

矿物名称	主要物化性质			
	密度/(g·cm⁻³)	磁　性	摩氏硬度	耐腐蚀性
铱铂矿	17 ~ 19.5	磁性	4.1 ~ 5.9	不溶于王水
铂铱矿	22.6 ~ 22.9	弱磁性	5.3 ~ 5.7	不溶于王水
锇铱矿	17.1 ~ 21.1	非电磁性	6.9 ~ 7.1	不溶于王水
铱锇矿	20 ~ 22.5	非电磁性	6 ~ 6.7	不溶于王水
硫铂矿	9.5 ~ 9.52	非电磁性	5.4 ~ 5.6	不溶于单一酸
硫钌矿	6.99	非电磁性	7.5 ~ 8.0	不溶于王水
硫铱锇钌矿	7.71 ~ 7.76	非电磁性	6.65 ~ 8.0	—
硫镍钯铂矿	10	非电磁性	6.1 ~ 6.8	不溶于单一酸
砷铂矿	10.5 ~ 10.7	非磁至弱磁性	6.0 ~ 6.8	不溶于王水
铋碲铂矿	>10	非磁性	1.6 ~ 2.4	溶于王水
铋碲钯矿	—	非磁性	约 4	溶于王水
铋碲镍钯矿	—	非磁性	4.2	溶于硝酸
单斜铋钯矿	—	—	—	溶于硝酸
铋碲镍铂矿	—	—	—	溶于王水
锑钯矿	9.0 ~ 9.5	非磁性	4 ~ 5	易溶于王水
锡铂矿	—	电磁性	3 ~ 4	溶于王水

多金属共生矿是最主要的铂族金属矿产资源。矿石中贱金属的特征矿物都是磁黄铁矿——$Fe_{0.86~0.9}S$、镍黄铁矿——$(FeNi)S$、黄铜矿——$CuFeS_2$ 及其变种。6 种铂族元素都有矿化并共生,在与 Fe、Ni、Cu 等贱金属一起矿化时,除部分以固溶体状态分散于镍黄铁矿、磁黄铁矿等硫化物中外,形成的单矿物以 S、As、Bi、Te、Sb 的化合物矿物为主,自然金属或金属互化物类矿物很少。铂族元素中以 Pt、Pd 为主,Ru、Rh 次之,Ir、Os 较少。铂族元素矿物的共同特点是:①密度较小(约 10 g/cm³),硬度较低,多无磁性,化学稳定性较差,可溶于王水;②由于类质同象的置换取代使矿物成分变化范围较大,种类繁多。如铋碲铂钯类矿物,碲与铋及钯与铂皆类质同象,富含其中某一元素、或某种其他贵金属或贱金属参与化合后皆可形成新种矿物。但铂族元素矿物本身含铜、铁却很少;③成因类似的矿床中铂族元素矿物种类大致类似,但矿物特征及赋存状态却可能有明显的差别;④铂族元素矿物粒度均很细小,皆与贱金属硫化矿物紧密连生或被后者包裹。原岩风化时很难形成相对富集的次生砂矿。

砂铂矿中以 Pt、Os、Ir 的自然金属矿物及金属互化物矿物为主,其他种类的铂族元素矿物很少见。它们已完全解离,密度及硬度极高,化学惰性非常强。自然铂类矿物是以铂为主含一定量铁的天然合金，含 Fe 6% ~11% 时呈锡白色至灰白色，叫粗铂矿；Fe 含量 >12% 呈灰色至铅灰色，叫铁铂矿；Fe 含量 <6% 叫自然铂。它们都具有延展性，不溶于单一无机酸但溶于王水，磁性变化较大但与含铁量没有直接关系，常发现强磁性的粗铂矿和非磁或弱磁性的铁铂矿。自然铂类矿物属等轴晶系，有立方体、平行六面体及长条、扁平、尖棱角、结核、骨架等，奇形怪状，粒度变化范围较大，在俄罗斯下塔吉尔砂铂矿中曾找到过重达 9.61 kg 的自然铂块。粗铂矿中还常有乳浊状浸染的铱铂矿和连生的细粒硫铂矿。自然锇铱矿物是以锇和铱为主的天然合金，由于晶格类型的差别（铱为等轴晶系，锇为六方晶系）使二金属的类质同象有局限性，彼此的含量变化范围较大。含锇高时称为铱锇矿，呈钢灰色至亮青铜色，含铱高时称为锇铱矿，呈明亮锡白色，密度都很大，性脆且硬。含铱、钌高时磁性较强，锇高时相反。化学性质都很稳定，在王水中长期煮沸都难溶。熔点很高，矿化时最早从高温岩浆中结晶出，多以细小板状或叶片状包裹在自然铂矿物中。

3.1.3　铂族金属矿床分类、储量、分布及特点

从矿床的地质环境、岩浆演化各阶段主次及后生地质作用，将铂族元素矿床分为岩浆型、热液型和表生型三类[4-6]，列于表 3 - 3。

表 3 - 3　铂族元素矿床分类及实例

类	亚 类	主　要　实　例
岩浆型	层控型	南非布什维尔德杂岩美伦斯基矿层和 UG - 2 矿层 美国蒙大拿斯蒂尔瓦特杂岩 J - M 矿层和 Picket Pin 矿层 津巴布韦大岩墙（MSZ）
	不整合型	南非布什维尔德纯橄榄岩筒
	边缘型	南非布什维尔德杂岩 Platreef 矿层，俄罗斯诺里尔斯克（Noril'ck），加拿大安大略省萨德伯里，中国金川①
热液型	含钯铂硫化铜矿型	美国俄怀明州新兰布莱（New Rambler） 南非默西拿（Messina）
	U - Au - Pt - Pd	澳大利亚北区科洛耐兴（Coronation）山 扎伊尔兴科洛布韦（Shinkolobwe）
表生型	冲积型	哥伦比亚乔科（Choco），俄罗斯乌拉尔山、远东阿尔丹、阿穆尔河流域的康得约（Kondyor）、堪察加半岛科雅克（Koryak），不列颠哥伦比亚图拉明（Tulameen）
	残积型	阿拉斯加好消息（Goodnews）湾，西澳大利亚基加尼亚岩（Gilgarnia Rocks）

注：①系本书作者加上的。

岩浆型矿床直接来源于上地幔岩浆分异出贱金属硫化物相，后者又从硅酸盐母岩浆熔体中有效地富集了铂族元素。该类矿床的铂族元素储量占已评价资源的98%以上，目前提供的产量占总产量的95%以上。层控亚型指层状侵入体中的矿床，矿体与母岩岩层有完全相同的延伸规律，产出在岩层序列中严格限定的层位，延伸几十或几百公里，如最著名的南非铂矿。不整合亚型是含金属高温热液对早期结晶的超基性岩体（如斜长岩、苏长岩或古铜辉岩）发生接触交代作用使贵贱金属再次富集形成的矿床，规模较小但品位较高，最典型的例子是布什维尔德杂岩中的纯橄榄岩筒。边缘亚型指岩浆中分异熔离的硫化物形成块状或稠密浸染状堆积在侵入体底部或周壁形成的矿床，矿体集中、规模较大且品位较高。这一亚型包括大多数铂族镍铜共生硫化矿床，特别以俄罗斯诺里尔斯克共生矿为代表（还有岩浆同化和吸收围岩中的硫的作用）。作者认为中国金川的共生矿应归属于此亚型。

热液型仅指含铂族元素的低温热液运移、沉淀、富集作用、变质交代作用和吸附沉降作用形成的多金属共生矿床，主岩体可能多种多样，如各种铜矿床、铜－钼矿床、金－铀矿床中含铂族元素的情况。这类矿床非常普遍，对铂族元素的地球化学行为及成矿机制的研究有重要意义。但因多数矿床伴生铂族元素品位较低，至今对铂族元素资源及生产的贡献甚微。但个别矿床中铂族元素品位极高的特征可能成为今后很有吸引力的勘探目标。

非常有趣的现象是，同一火成杂岩体中可能存在几种不同成因的矿床类型，如布什维尔德杂岩和斯蒂尔瓦特杂岩中均包含层控、不整合以及边缘型的多金属共生矿床。

表生型指各类坡积、残积、冲积成因的砂铂矿，曾在世界各地先后发现100多个规模不等的矿床或矿点，是20世纪20年代以前100多年间铂族元素的唯一生产资源。目前，世界多数砂铂矿资源已采竭。哥伦比亚、阿拉斯加等少数资源提供的产量仅约占总产量的1%。中国未发现砂铂矿资源。但邻国缅甸北部与伊洛瓦底江走向一致，分布有长450 km，宽20～170 km的超基性杂岩带，岩体风化后在伊洛瓦底江支流的沟溪、小河中形成小型砂铂矿[7]，每年有数十千克进入中国。矿物种类的详细研究，对认识砂铂矿资源的特点具有一定的参考价值[8]。

自20世纪80年代起至今，世界探明铂族金属储量没有大的变化，为70000～80000 t，远景储量10万 t。已发现或已开发的大型铂族元素矿床，主要集中在少数国家和地区，形成垄断和依赖的局面。南非铂族金属储量居世界首位，其次是津巴布韦、俄罗斯和美国，四国储量合计占世界总储量的99%。按2008年世界产量（约450 t）计算，世界铂族金属储量的静态可供年限超过150年。

各主要岩浆型铂族元素矿床中，各种共生有价金属的品位及储量列于表3－4。

数据表明，岩浆矿床是一类非常宝贵的多金属共生或伴生资源，必须回收的有价金属有铂、钯、铑、铱、锇、钌、金、银、镍、铜、钴等十多种，尽可能利用的有硫、铁、硒、碲及硅酸镁等伴生组分。但不同类型的岩浆矿床中，铂族元素和重有色金属的品位变化很大，起决定作用的是铂、钯、铑、镍、铜5种金属，它们的品位变化在一定程度上决定了矿床的经济价值。

表 3-4 主要岩浆型含铂族元素矿床中共生有价金属的品位及储量

共生有价元素	南非			津巴布韦 MSZ	俄罗斯 Nori'sk Talnakh	美国 J-M	加拿大萨德伯里	中国金川
	美伦斯基矿层	UG-2矿层	Platreef矿层					
w_{Ni}/%	0.18	0.09	0.3	0.25	2.4	0.24	1.3	1.06
w_{Cu}/%	0.11	0.03	0.2	0.25	3.0	0.14	1.1	0.7
ρ_{Pt}/(g·t^{-1})	4.8	3.7	约3.1	2.5	0.95	4.2	0.34	0.3～0.4
ρ_{Pd}/(g·t^{-1})	2.0	3.0		1.7	2.7	14.8	0.36	
ρ_{Rh}/(g·t^{-1})	0.24	0.7	0.22	0.22	0.12	1.7	0.03	
ρ_{Ir}/(g·t^{-1})	0.08	0.2	0.06	0.06	—	0.53	0.01	
ρ_{Ru}/(g·t^{-1})	0.65	1.0	0.29	0.22	0.04	0.89	0.01	
ρ_{Os}/(g·t^{-1})	0.06		0.04	0.03		—	0.01	
ρ_{Au}/(g·t^{-1})	0.26	0.06	0.25	—		0.12	0.12	0.14
贵金属合计/(g·t^{-1})	8.1	8.7	7.3	4.7	22.3		0.9	0.5～0.6
贵金属价值	>95%	>98%	约90%	约80%	约20%	>96%	约12%	<5%
铂族金属储量/t	17500	32400	11800	7900	6200	1100	394	约300

美伦斯基、UG-2、Platreef、J-M、MSZ等矿床，矿石中铂族元素的价值比例达80%以上，Ni、Cu品位很低（0.03%～0.2%），开发利用的主要目的是回收铂族元素，同时综合回收镍、铜、钴等有价成分。在铂族金属冶金中，我们将这类矿床称为"原生铂矿"，是世界上最主要的铂族金属生产资源。加拿大萨德伯里、中国金川等矿床，矿石中铂族元素的价值比例小于15%，Ni、Cu品位约2%，主要以镍、铜等重有色金属的边界品位圈定矿体并计算储量和价值，矿石加工以提取镍铜钴等有色金属为主要目的，同时综合回收贵金属。从资源价值及提取冶金的角度，这类矿床我们称之为"铜镍铂族共生硫化矿"。俄罗斯诺里尔斯克是世界

上独一无二的资源类型,同时具备上述两种资源类型的特点,铜镍及铂族金属品位皆很高,可认为是名副其实的"铂族铜镍共生硫化矿"。世界绝大部分镍产量及不到一半的铂族元素产量由该类资源提供。

作者分析发现,世界大型含铂族元素矿床都呈环带状分布在地球南北回归线以上的高纬度地区。南半球集中在非洲南部,北半球集中在美国北部、加拿大、格陵兰岛及俄罗斯环带。这个特点预示着在这些环带的其他陆地、湖泊或海域中,也可能存在大型铂族元素矿床。

中国铂族金属资源贫乏,目前探明储量仅占世界的 0.5%。

3.1.4　南非布什维尔德杂岩

南非布什维尔德杂岩体中铂族金属总储量 61.7 kt,占全世界已评价资源的约 80%。2008 年产 Pt 134 t、Pd 72.5 t,PGMs 合计 220 t。

南非在地理上位于古老的前寒武纪岩石组成的非洲地台的南部边缘,世界著名的东非大断裂带的南端(见图 3-1)。巨厚的白云岩层发生巨大断裂导致上地幔玄武岩和玻安岩岩浆上涌,侵入德兰士瓦尔沉积层系结晶岩中。岩浆侵入呈周期脉动性,且每次侵入的岩浆成分不同并被一倾斜构造控制,冷却和分异后形成了发育很好的布什维尔德杂岩体。

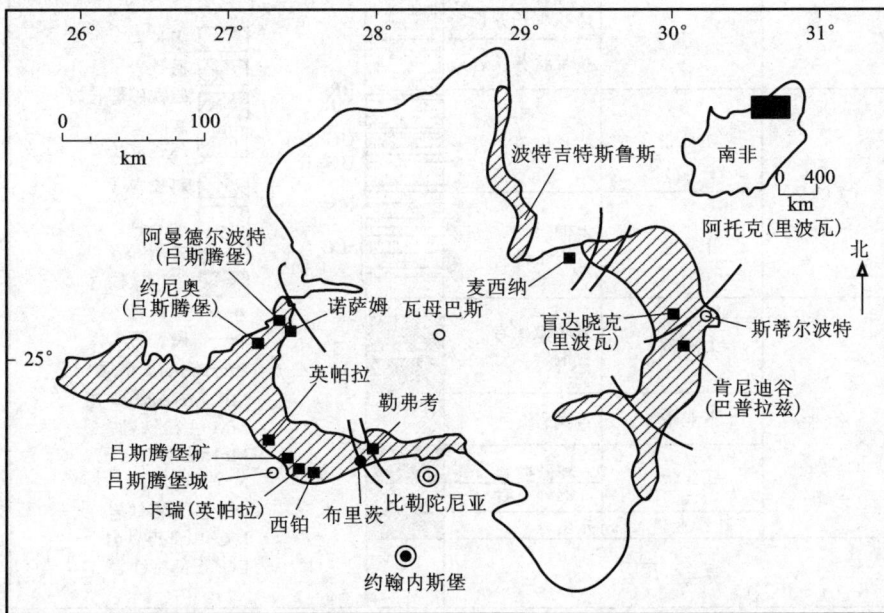

图 3-1　布什维尔德杂岩的地理位置和主要生产矿山的分布

带	亚带	岩石类型	矿层	
上带	上亚带	闪长岩		2500
		橄长岩		2000
	上-中亚带	辉长岩 斜长岩		1500
	下-中亚带	辉长苏长岩 斜长岩		1000
	下亚带	辉长岩、斜长岩	MM M	
主带	上亚带	辉长苏长岩	M	500
	中亚带	(条带状)辉长岩	辉岩标志层 M M M M	0
	下亚带	辉长岩 条带状辉长苏长岩 斜长岩 斑状辉长苏长岩 条带状苏长岩		比例尺/m
关键带	上亚带	苏长岩斜长岩	BR MR UG-2 UG-1	
	下亚带	古铜岩 方辉橄榄岩	MG LG	
下带	上亚带	方辉橄榄岩 古铜岩		
	下亚带	古铜岩	N	
	底亚带	苏长岩 方辉橄榄岩 古铜辉石岩		
	边缘亚带	苏长岩		
德兰士瓦层				

图例:

闪长岩
橄长岩
磁铁矿辉长岩
辉长岩
辉长苏长岩
斜长岩
苏长岩
古铜辉岩
方辉橄榄岩
● 铬铁岩
■ 磁铁石
BR-Bastard 矿层
MR-Merensky矿层
MM-主磁铁岩
M-标志层
N-苏长岩
UG-上部铬铁岩
MG-中部铬铁岩
LG-下部铬铁岩

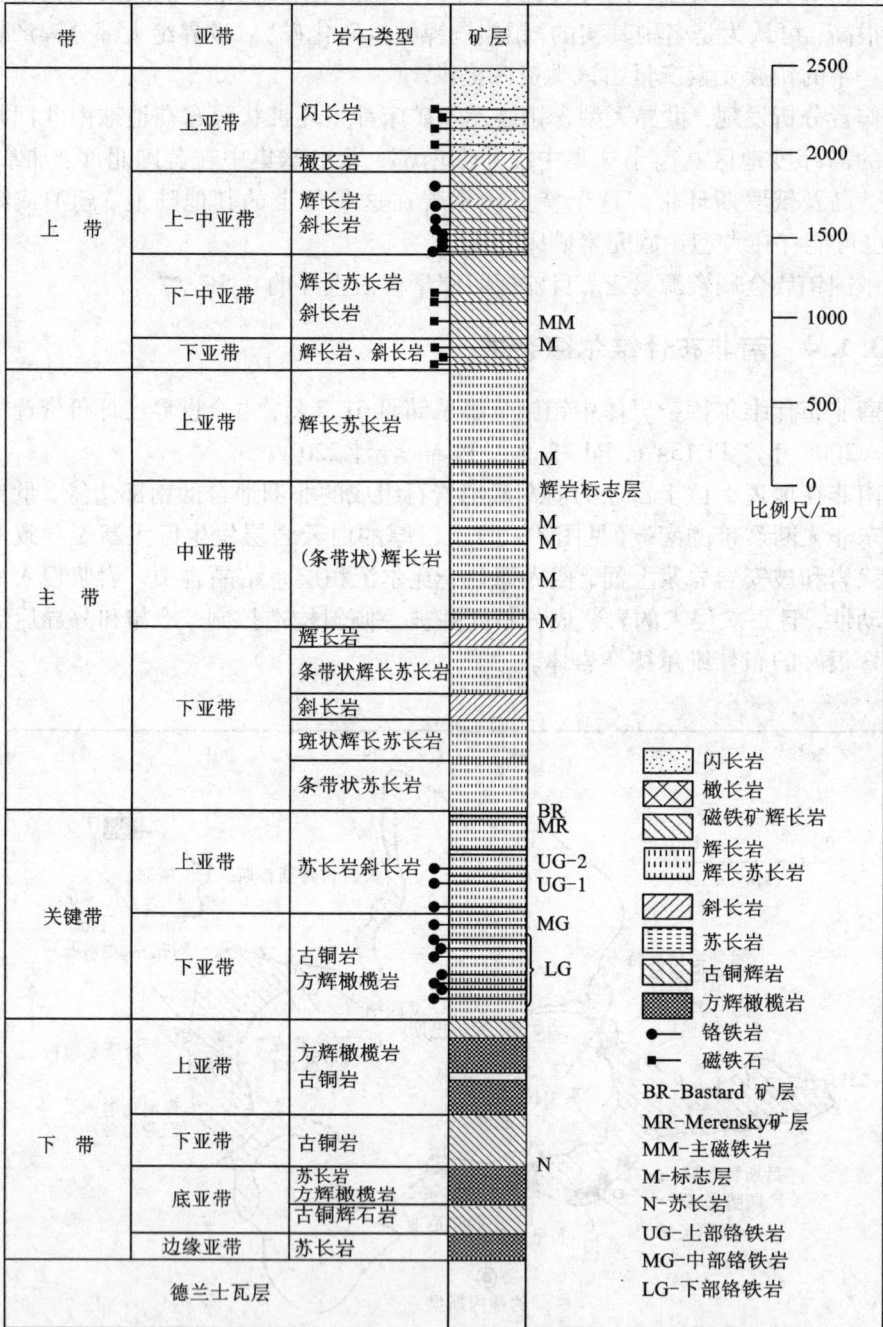

图 3-2　布什维尔德杂岩体东部吕斯腾堡层状岩套地层柱状图

这个呈环状对称的椭圆形岩盆，南北长 160 多千米，东西宽超过 400 km，面积 4×10^4 km²，该岩盆在西北和正北方向还延伸至博茨瓦纳和津巴布韦。在杂岩体形成发育很好的镁铁 – 超镁铁岩石层状序列，被称为吕斯腾堡层状岩套（见图 3 – 2），整个岩套厚 7 ~ 9 km。以德兰士瓦基岩为底自下而上按层序可将岩套分为下带、关键带、主带和上带，各带中又分出几个亚带，每个亚带又分为不同的岩层组。

铂族元素主要矿化在关键带中，该带由古铜辉石岩、铬铁岩、苏长岩和斜长岩组成，分上下两个亚带，自下而上又分为 3 组，底组有 LG – 1 至 LG – 7 共 7 层构成重要的铬铁矿资源，中组有 MG – 1 至 MG – 4 共 4 层，顶组有 UG – 1、UG – 2 及美伦斯基 3 层。

世界最大的铂族元素资源就在美伦斯基、UG – 2 和北部波特基特斯鲁斯区的 Platreef 的 3 个岩层中。虽然在 LG – 6 中也发现铂族元素的矿化但品位不高。

按 2008 年各金属平均价格计算，3 个矿层中各金属的价值比例（%）约为：

矿　　　　层：	Pt	Pd	Rh	Au	Ni	Cu	Ir + Ru
美伦斯基矿层：	55	7	15	2	17	2	3
UG – 2 矿层：	50	7	33	1	4	0.4	5
Platreef 矿层：	42	12	10	2	29	3	1

1. 美伦斯基层

该矿层铂族金属储量 >17 kt，还有 Ni 4300 kt、Cu 2650 kt、Co 48 kt。总体上可认定为斑状或伟晶状长石辉石岩层，分布于布什维尔德杂岩的所有地段，连续而非常规则，矿层在德兰士瓦东部和西部分别延伸达 90 km 和 110 km，平均厚度 0.8 m，向岩盆中部缓倾（<10°）。但不同地区美伦斯基层的岩石性质、矿层厚度和铂族元素品位不完全相同。在吕斯腾堡东部和南部表现为含长石的辉石岩强烈发育且矿层较薄，铂族元素矿化好。而在西部和西南部则正长石发育且铬铁矿层较多，矿层较厚。

矿石的平均品位为 Ni 0.17%、Cu 0.1%。Ni、Cu、Fe 的主要矿物是：镍黄铁矿（FeNi）$_9$S$_8$［部分氧化蚀变为紫硫镍铁矿（FeNi）$_3$S$_4$］，黄铜矿 CuFeS$_2$，磁黄铁矿 Fe$_{n-1}$S$_n$（$n = 8 \sim 16$）。早期开采的矿石中 PGMs + Au 的最高品位达 8 g/t，平均约 6.5 g/t。铂族元素矿物主要有两类：少量呈金属互化物，如 Pt – Fe 合金；多为硫化物和硫砷化物，如硫镍钯铂矿（PtPdNi）S、硫铂矿 PtS、砷铂矿 PtAs$_2$ 和硫钌矿 RuS$_2$。铂族金属矿物多与贱金属硫化矿物紧密连生。部分与铬铁矿物或硅酸盐脉石矿物（蛇纹石）连生。

该矿床已开采了半个多世纪，目前矿石平均品位已下降至 3 ~ 4 g/t，多数老矿井的开采深度已超过 1000 m，不仅开采成本增高 20% 以上，扩产困难，产量也受到影响[9-10]。

2. UG-2 矿层

UG-2 矿层是世界上最大的单一铂族元素富集体，铂族金属储量达 32.4 kt，含铜镍低但含铬铁矿高，称为铬铁岩。位于美伦斯基矿层下深 15~370 m 的层位，矿层平均厚度 0.6 m，最厚达 2.5 m，矿层向杂岩体中部平均倾角 15°，最陡达 70°。贵贱金属主要富集在铬铁岩层的底部和顶部。

矿石的平均品位为 Ni 0.03%、Cu 0.02%，PGMs + Au 6~7 g/t，Rh 品位高达 0.7 g/t，是美伦斯基层矿石的 3 倍。铂族元素的主要矿物种类是硫化物，如硫钯铂矿、硫钌矿、硫钯矿、硫铂矿及少量铂-铁合金矿物。在含铜、铂的硫化矿物中富含铑及铱。

3. Platreef 矿层

是布什维尔德杂岩体中主要的铂族元素、镍、铜、钴共生资源，并集中在布什维尔德杂岩体北翼波特基特斯鲁斯地区。矿层最大厚度达 200 m。

矿石的平均品位为 Ni 0.36%、Cu 0.18%，PGMs + Au 约 3 g/t。矿石中硫化物多为浸染状产出，在白云岩接触变质带及蛇纹岩化带中有品位较高的富集体，在紧靠花岗岩基底的接触带及角砾岩化接触带中偶见特富的块状硫化物富矿体。主要贱金属矿物依次是磁黄铁矿（占 67%）、镍黄铁矿（占 21%）、黄铜矿（占 12%），还含少量黄铁矿、方黄铜矿、闪锌矿、斑铜矿、针镍矿、赤铜矿、方铅矿和硫锰矿。铂族元素以硫化矿物为主，与镍、铜硫化矿物密切共生，但大量钯呈固溶体存在于镍黄铁矿中。

4. Volspurit 矿层

在波特基特斯鲁斯的 Volspurit 地区，布什维尔德杂岩体的下带底部还发现规模较小的铂族元素、镍、铜硫化物矿化层。

矿石的平均品位为 Ni 0.21%~0.24%、Cu 0.11%~0.14%，PGMs + Au 3.5~6.0 g/t。矿石中主要硫化矿物依次为：磁黄铁矿、镍黄铁矿、黄铜矿和方黄铜矿。

3.1.5　津巴布韦大岩墙

津巴布韦"大岩墙"是 4 个互相结合的岩系组成的漏斗状杂岩体，铂族元素储量达 7900 t，仅次于南非，早已被世界地质界确定为一个世界级大铂矿。其中最大的哈特雷（Hartley）杂岩体，长约 100 km，超镁铁质岩系厚度 >2100 m。其上的基性（镁铁质）岩系厚度 >900 m，就在两个岩系交界的古铜辉岩和二辉橄榄岩之间的接触带上产出斜长辉岩的 MSZ 矿层，平均厚度 1~2 m。

MSZ 矿石的平均品位为 Ni 0.25%、Cu 0.2%，PGMs + Au 2~4 g/t，贵金属中各金属所占比例（%）：Pt 46、Pd 37、Au 7、Rh 4、Ru 4、Ir 2，Pt、Pd 含量比

1. 3∶1，贵金属品位低于南非布什维尔德杂岩及美国斯蒂尔瓦特杂岩。Ni、Cu 矿物为磁黄铁矿、镍黄铁矿、黄铜矿和黄铁矿。主要铂族元素矿物为砷铂矿、碲铂矿、碲钯矿和硫砷铑矿。

MSZ 中 PGMs 品位较高的矿区有 3 个：Ngezi(储量 6200 t，品位 3.6 g/t)，Mimosa(储量 510 t，品位 3.7 g/t)、Unki(储量 734 t，品位 4.28 g/t)。20 世纪 80 年代以来，津巴布韦白金公司(Zimplats)一直在部分开采 Mimosa 矿层。20 世纪末，该公司对哈特雷南部的霍普韦尔矿区进行了详勘，"推断"的矿石量为 112 × 10^6 t，有价金属品位及储量为：

金属种类	Pt	Pd	Au	金属种类	Ni	Cu	Co
品位/($g·t^{-1}$)	1.27	1.18	0.47	品位/%	0.17	0.11	0.01
储　量/t	176	144	56	储量/10^5t	23	16	1.4

霍普韦尔矿石的贵金属品位较低(PGMs + Au 2.92 g/t)。MSZ 资源开发利用的主要问题是矿层薄，采矿成本高，贵金属品位比南非、美国的矿床低，经济支撑力及竞争力不够[11]。

3.1.6　俄罗斯的铂族元素矿床

俄罗斯和南非一样，铂族金属资源得天独厚。2004 年提供世界 Pd 产量的 40%，Pt 产量的 15%。其资源主要是两种类型：含铂超基性岩体风化形成的冲积或坡积砂铂矿及铂族铜镍共生硫化矿。前者主要分布在乌拉尔和远东地区。后者则是靠近北极的诺里尔斯克共生矿，它是至今世界上独一无二的资源类型。

1. 砂铂矿

与纯橄榄岩–单斜辉岩(或有辉长岩)组合的带状超镁铁质杂岩体有关的铂族元素矿床，在世界上分布较广，除典型的俄罗斯乌拉尔山脉中部和远东的阿尔丹地盾两处，被称为乌拉尔型超镁铁质杂岩体外，在南、北美洲西海岸从阿拉斯加到哥伦比亚一带也有著名的被称为阿拉斯加带状超镁铁质杂岩体。这类杂岩体风化蚀变次生的砂铂矿，如著名的哥伦比亚乔科、阿拉斯加红山、乌拉尔下塔吉尔和彼尔姆、阿尔丹、不列颠哥伦比亚图拉明等，曾是 19 世纪初至 20 世纪初的 100 多年内，世界铂族金属的主要生产资源，也是人类最早认识铂族元素及研究其矿物和冶金技术的"源泉"。俄罗斯的代表性资源是乌拉尔的下塔吉尔及远东的阿尔丹。

下塔吉尔型杂岩体中，铂族元素矿物仅产出在受到严重侵蚀的纯橄榄岩体中心的铬铁矿分凝体内。某些最富的矿石中铂族元素品位可达 10~100 g/t，但不均匀且岩石致密，很少直接开采原矿。原岩长期风化蚀变形成的残积砂矿不连续，但冲积砂矿可沿河道延伸几千米甚至几十千米，铂族元素品位 5~20 g/m³，最富的地段高达 400 g/m³。主要铂族元素矿物是自然金属或金属互化物合金，其中等轴铁铂矿最多，其次为铂铱矿，还有锇铱矿、铱锇矿、硫铂矿、铜铁铂矿和硫砷铱矿等，有时还共生自然金。矿物粒度通常为 0.5~18 mm，曾在下塔吉尔马提安河支流砂矿中发现世界上至今找到的最重(9.61 kg)的自然铂矿块，也曾在艾斯河支流的一个坡积砂矿中找到两块分别重 8.397 kg 和 3.92 kg 自然铂矿块。如此大的铂矿块是如何形成的？地球化学、矿物学、矿床学皆没有确切的解释。乌拉尔的砂铂矿资源多已采竭，2004 年产铂仅 310 kg，占全俄产铂量的 1%。

远东阿尔丹地盾中，著名的是直径达 5 km 的伊纳格里岩体，纯橄榄岩中的铬铁矿分凝体含铂族元素 1~40 g/t，凡是切割纯橄榄岩体的河段或支流都产出河谷型冲积砂矿，如阿尔丹河流经岩体的 5 km 河段中，在 8 m 厚的覆盖层下有厚度约 1.6 m 的砂矿层，其宽度达 45~130 m，据推算这些砂矿是由 1 km³ 以上的原岩风化蚀变后冲积形成的。砂矿中铂族元素富集在夹着黏土薄层的砂砾层中，特别在靠近基底岩的松散沉积层中最富，铂族元素矿物与下塔吉尔类似，但 98% 以上具有磁性且含有较多的硫化物和砷化物。铂族元素矿物粒度 <1 mm 为多，1~3 mm 的约占 45%。近年在阿尔丹以南、阿穆尔河流域的 Kondyor 和堪察加半岛的 Koryak，发现了两个大型冲积砂铂矿，2004 年其铂产量达 7 t，占全俄铂产量的 25%。

2. 诺里尔斯克共生矿

诺里尔斯克位于西伯利亚地台西北边缘，北极圈以内。该矿是与陆内裂谷作用有关的玄武岩浆侵入，并同化地壳结晶岩中的硫，形成大型共生硫化矿床的典型实例。岩石中硫同位素 $\delta^{34}S$ 值分析表明，原始岩浆中的硫含量接近陨石的硫含量，不够矿化的需要。岩浆侵入及演化成矿过程中硫的补充得益于同化作用：①地壳深部油气田中的硫化氢气体，在过渡岩浆房中参与岩浆的硫化作用；②部分高温岩浆在岩浆房的某些区域混熔地壳含硫岩石(如白云岩)，硫酸钙还原分解为硫化物和氧化钙，使岩浆中的铁转变为硫化铁液滴，成为镍、铜、铂族元素的捕集剂。这种同化作用导致硫化物的分异，形成数十个以镍、铜硫化物矿化为主，且富含铂族元素的透镜状、浸染状、槽状、板状、脉状矿体。

该矿床 1920 年被发现，1940 年开采至今。2008 年矿石开采规模约 13 Mt，产 Pt 23.1 t、Pd 96 t、Rh 1.8 t，分别占全俄产量的 75%、100% 和 100%。最著名的是诺里尔斯克(Noril'sk)和塔尔那赫(Talnakh)两个矿区，最大的矿体长达 12 km、宽 2 km、厚 30~350 m。塔尔那赫矿区 PGMs 平均品位 10~11 g/t(是南非铂矿的 1 倍)，含 Cu >3%、Ni 约 1.8%(是南非铂矿的 10 倍)。在某些富 Ni 的透镜状矿体中 PGMs 品位一般为 12~14 g/t，最高达 100 g/t。在透镜体周围的富黄铜矿、方黄铜矿及硫铜铁矿的矿石中，PGMs 品位与富 Ni 矿石一样高。在一些含铜 2%~20%、含镍 1%~8% 的脉状矿体中铂族元素品位可高达 40~350 g/t。在富含磁铁矿、针镍矿、斑铜矿及辉铜矿、矿体平均厚度 > 40 m 的浸染状矿石中，PGMs 平均品位也可达 5 ~ 15 g/t。该矿区的 Pd、Pt、Rh 比值通常约为 71∶25∶3，Ru、Os、Ir 共占 1%。

矿床中铂族元素矿物异常的多样化，主要富集在铜矿物及硫铜铁矿物细脉内及脉壁裂隙泥内，或富集在块状硫化物矿体的边缘。在各类矿石中常见的主要矿物列于表 3 - 5。

表 3 - 5　诺里尔斯克各类矿石中主要的铂族金属矿物

矿物名称	矿物分子式	矿物名称	矿物分子式
锡铂钯矿	Pd_3PtSn	斜方锡钯矿	Pd_2Sn
布拉格矿	$(Pd,Pt,Ni)S$	铅钯矿	Pd_3Pb_2
铜锡钯矿	Pd_2SnCu	斜方铅铋钯矿	$Pd(Bi,Pb)$
硫铂矿	PtS	等轴锡铂矿	Pt_3Sn
斜铋钯矿	$PdBi_2$	六方铋钯矿	$PdBi$
锑铂矿	$PtSb_2$	砷铂矿	$PtAs_2$
硫砷铑矿	$(Rh,Pt,Ru,Ir)AsS$	锡钯矿	$(Pd,Pt)_5Sn_2Cu$
等轴铋铂矿	$PtBi_2$	锑钯矿	$Pd_{5+x}Sb_{2-x}$
等轴砷锑钯矿	$Pd_{11}Sb_2As_2$	锡铜钯矿	$(Pd,Pt)_9Sn_4Cu_3$
等轴铁铂矿	Pt_3Fe	碲银钯矿	$(Pd,Ag)_{4-x}Te$
哈拉耶拉赫矿	$(Cu,Pt,Pb,Fe,Ni)_9S_8$	铁铂矿	$PtFe$
黄碲钯矿	$PdTe$	软铋铅钯矿	$Pd(Bi,Pb)_2$
砷镍钯矿	$PdNiAs$	硫钯矿	$(Pd,Ni)S$
等轴铋锑铂矿	$PtBiTe$	等轴铅钯矿	Pd_3Pb
碲钯矿	$Pd(Te,Bi)_2$		$Pd_3(As_{0.6}Te_{0.4})$
异砷锑钯矿	$(Pd,Pt)_8(Sb,As)_3$		Pd_5As_2
等轴铋碲钯矿	$PdBiTe$	未定名矿物	$(Pd,Ni)_5As_2$
六方锡铂矿	$PtSn$		$Pd_2Ni_6As_3$
锡砷钯矿	$Pd_5(As,Sn)_2$		$Pd_5(Sb,As)_2$
锡钯矿	Pd_2Sn		$Pd_2(Sn,Sb)$

矿物中包括大量在其他资源中少见的含锡和铅的矿物，如铋铅钯矿

$Pd(Bi、Pb)_2$、锡钯矿$(Pd、Pt)_5Sn_2Cu$、铜锡钯矿Pd_2SnCu、铅钯矿Pd_3Pb_2、铋钯氯化物$Pd_4Bi_5Cl_3$等，表明它们大量形成于热液成矿阶段。

3. 贝辰加共生矿

贝辰加－凡佐格构造带中分布有200多个镁铁质超基性－基性岩体，但其中只有5个岩体有矿化，有价金属矿化在辉长－辉石岩中，形成与围岩整合的5个矿层，也属岩浆同化硫的成因模式，即分布在一定层位上的火山－沉积成因的含铜黄铁矿矿石作为岩浆同化作用的硫源，同化后在岩体与围岩含硫化物层位相交的部位，原地富集形成新的镍铜硫化物矿层。所有矿区的贱金属硫化矿物组合都相同，即磁黄铁矿－镍黄铁矿－黄铜矿。矿石中铂族元素的品位很高，平均品位约8 g/t，在一些含 Ni 3.8 %、Cu 1.8 % 的富矿石中铂族元素品位可高达 25 g/t。该矿区曾是前苏联重要的镍、铜、铂族元素产区，但现在的产量已很少。

4. 兰塔尔斯克共生矿

近年在远东哈巴罗夫斯克边疆区北部、鄂霍次克海西北岸山脉——朱格朱尔山脉——中部发现了兰塔尔斯克共生矿，蕴藏铜金属量 176 万 t，镍金属量 88 万 t，钴金属量 38 万 t，铂族金属量 95 t，是一个大型共生矿资源。矿石中主要有磁黄铁矿、黄铜矿、镍黄铁矿、黄铁矿等可浮选矿物，基本情况类似于诺里尔斯克－塔尔纳赫硫化铜镍共生矿。矿石中铜高镍低、钯高铂低。目前尚未开采。

5. 黑色页岩中的金铂共生资源

在伊尔库茨克州发现了黑色页岩系中的苏霍伊洛克（"干谷"）矿床，金储量1550 t，铂储量约250 t。这一新资源与传统类型不同，俄地质学家认为，这类资源的发现有可能改变世界铂族资源分布的格局[12]。

3.1.7　北美的铂族金属资源

北美是仅次于南非和俄罗斯的另一个铂族金属资源丰富的地区。主要资源分布[13]见图 3－3。已探明和正在开发的资源有：①美国斯蒂尔瓦特原生铂矿，2007 年产 Pt 3856 kg、Pd 12844 kg；②加拿大苏必利尔湖西部裂谷地质带，从加拿大安大略省的桑德贝到美国明尼苏达州的德卢斯，有一个成矿带。其中加拿大桑德贝西部的拉克迪－艾里斯原生铂矿，储量 80 t，2007 年产 Pt 746 kg、Pd 8894 kg。Marathon 铂钯矿储量 97.2 t；③美国德卢斯北部 North Met——以铜为主的多金属共生矿床，伴生铂族金属约 50 t，Rio Tintos Eagle 富矿床储量 5.76 t，2007 年产 Pt + Pd 约 3000 kg；④加拿大萨德伯里（Sudbury）、瑞格兰（Raglan）伴生铂族金属硫化铜镍矿，2007 年产 Pt 5971 kg、Pd 9361 kg。

2007 年北美合计产 Pt 10574 kg、Pd 31100 kg。

1. 美国斯替尔瓦特杂岩

位于美国蒙大拿州西南部的斯替尔瓦特（Stillwater）杂岩是世界上另一个著

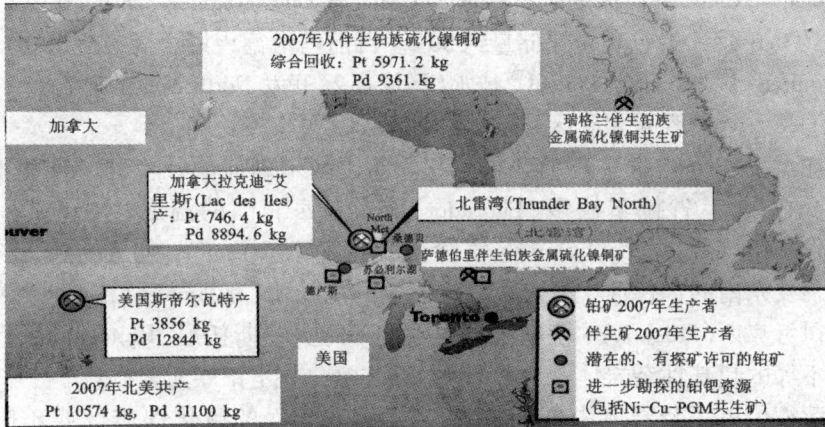

图 3 – 3　北美铂族金属资源分布及 2007 年产量

名的镁铁质和超镁铁质杂岩体，1973 年发现富含铂族元素的层状矿带 J – M 矿层和 Picket Pin 矿层。探明 PGMs 储量约 1100 t。

1)J – M 矿层。矿层厚 1 ~ 3 m，走向延伸 40 km，矿石中硫化物总含量 0.5% ~ 1.0%。在该矿层一个 5.5 km 长的矿段中，矿层厚度 > 2.1 m，铂族元素平均品位达 22.3 g/t，代表性的矿石品位为

元素	Ni	Cu	Pt	Pd	Rh	Ru	Ir	Au
	%		g/t					
品位	0.24	0.14	4.2	14.8	1.7	0.89	0.53	0.12

矿石富含 Pd、Rh，Rh 品位是南非美伦斯基层矿石的 7 倍，是 UG – 2 层矿石的 2.4 倍。在 J – M 层之上还出现另外两层浸染状硫化物矿层，铂钯品位各 3 ~ 5 g/t。

2）Picket Pin 矿层。浸染状硫化物矿化带沿走向长 22 km，矿石中硫化物含量可达 1% ~ 5%，主要矿物为单斜磁黄铁矿、黄铜矿、镍黄铁矿。在粗粒斜长岩矿石中铂、钯的平均品位约 1.7 g/t，在含硫 1.4 % 的富硫化物矿石中铂钯品位约达 3.8 g/t。与 J – M 层相比，贵金属品位低，资源规模也小得多。

2. 德卢斯杂岩

美国明尼苏达州德卢斯（Duluth）东北部，有一个世界级未开发的 Cu – Ni – PMs 共生资源。包括被认为是世界第三大的硫化镍矿床，和世界大型的、以铜为主的 Cu – PMs 多金属共生矿。针对 Cu – PMs 共生矿，2009 年探明 North Met 矿床的矿石

储量 550 Mt，Nokomis 矿床的矿石储量 274 Mt，含 Cu 约 0.64%、Ni 约 0.2%、Pd + Pt + Au 约 0.6 g/t，合计贵金属储量约 50 t。目前已由德卢斯金属有限公司(Duluth Metals limited)规划，研究 Platsol™ 技术(详见 6.2)开发 North Met 的矿石[14]。

3. 加拿大含铂族元素矿床

在加拿大安大略省东南的萨德伯里，苏比利尔湖北的拉克迪 - 艾里斯(Lac des Iles)，魁北克省拉布拉多(Labrador)半岛，西北部的温尼(Werner) - 高登(Gordon) 湖、考德威(Coldween)、雷湾克瑞斯塔尔(Crystal) 湖，曼尼托巴省西部的汤普森及东南的伯德河，不列颠哥伦比亚的图拉明(Tulameen)，西北大熊湖以东的马司考克斯(Muskox)，萨斯喀彻温省北部的罗特斯托尼(Rottenstone) 等都发现大小不等的超基性杂岩体，并有不同程度的镍、铜、铂族元素矿化。

在萨德伯里等杂岩体中探明的 Ni 含量 >0.8% 的硫化镍矿区或矿床达 25 个，占世界同类品位硫化镍矿总储量的 30% 以上，素有"镍的王国"之称。硫化镍矿中都伴生有不同品位的铂族元素。

1)萨德伯里伴生铂族金属硫化铜镍矿。萨德伯里盆形火成杂岩体长 60 km，宽 23 km。因岩石中富含石英及存在角砾岩杂岩套，并在下盘岩石层中观测到振动遗留的特征，有人认为是小行星冲击这一区域形成最大尺寸约 80 km 的撞击坑，小行星带来镍、铜、铂族元素等成矿物质，并引发火山爆发同化地壳物质后成矿的。相反的观点认为，含矿杂岩体的分异成矿晚于小行星冲击或火山爆发，该杂岩仍系"地幔岩浆源"侵入成矿。所有矿床中贱金属矿物都呈磁黄铁矿 - 镍黄铁矿 - 黄铜矿组合，3 者的比例一般为 75:15:10，次要矿物是磁铁矿、黄铁矿、针镍矿、镍钴砷化物。矿石以块状、角砾状为主，还有包裹在石英闪长岩中的浸染状和稠密浸染状。

全矿区矿石平均约含 Ni 2%，镍铜比变化较大，从 1:0.5 到 1:3，平均约 1:0.8。全部硫化物矿床中都含铂族元素，但不同矿床或同一矿床不同矿带的矿石中，铂族元素品位各不相同。品位变化在 0.4 ~0.8 g/t，Pt:Pd 约为 1，Rh + Ir + Os + Ru 占 PGMs 总量的 6% ~10%。91% 的 Pt 及 40% 的 Pd 呈单矿物状态存在，最主要的矿物有砷铂矿——$PtAs_2$、硫镍钯铂矿——PtPdNiS、方铋钯矿——PdBiTe、斜铋钯矿——$PdBi_2$、等轴铋铂矿——$PtBi_2$、六方锑钯矿——PdSb。次要的矿物有碲钯矿——$PdTe_2$、黄碲钯矿——PdTe、硫砷铑矿——RhAsS、硫砷铱矿——IrAsS，还有碲铂矿——$PtTe_2$、锡铂矿——PtSn、锑钯矿——Pd_8Sb_3 等。黄铜矿和镍黄铁矿是铂族元素的主要载体矿物，黄铜矿中富钯，而镍黄铁矿中富铑。磁黄铁矿和黄铁矿中也连生或包裹铂族元素矿物。

2)汤普森伴生铂族金属硫化镍矿。该矿是加拿大重要的硫化镍矿，产在蛇纹石化橄榄岩中，以镍为主铜却很少，贱金属矿物主要是磁黄铁矿和镍黄铁矿，比例约 2.1:1。矿石平均含镍 2% ~2.5%，$w_{Ni}:w_{Cu} = 100:(6 ~7)$，铂族金属品位仅为萨德伯里矿床的 50% , 0.3 ~ 0.4 g/t。

3）拉克迪 - 艾里斯原生铂矿。加 - 美边境的艾提科肯到尼比刚湖的长约 200 km 地带，分布有 20 多个镁铁质 - 超镁铁质深成杂岩体。其中最大的拉克迪 - 艾里斯杂岩体蕴藏一个类似于美国斯蒂尔瓦特的原生铂矿。在辉长岩体东西部交接的接触带中发现有 8 个铂族元素矿化带，其中已圈定的若比（Roby）矿体长 610 m，宽 30 ~ 100 m，北部延深达 305 m，估计矿石量 22.5 Mt。矿体距地表仅 3 ~ 15 m，利于露天开采。有价金属平均品位为：

元素	Ni	Cu	S	Pt	Pd	Rh	Ru	Ir	Os	Au
	%			g/t						
品位	0.172	0.128	0.32	0.9	16	0.011	<0.01	<0.01	<0.01	0.06

4）拉布拉多（Labrador）半岛伴生铂族元素硫化铜镍矿。魁北克省东北部拉布拉多半岛翁加瓦（Ungava）一带，也存在有经济价值的伴生铂族元素硫化铜镍矿床；如：

①多拿德松（Donaldson）矿床钻探圈定的矿石量 2.6 Mt，平均品位为：

元素	Ni	Cu	Co	S	Pt	Pd	Rh	Ru	Ir	Os	Au
	%				g/t						
品位	6.01	1.34	0.1	14.5	1.33	4.63	0.36	0.97	0.15	0.17	015

最富的矿石中（Ni + Cu）含量约 18% ,（Pt + Pd）含量约 25 g/t。

②卡提尼克（Katiniq）伴生铂族金属硫化铜镍矿，矿石量 10.2 Mt，平均品位为：

元素	Ni	Cu	Co	S	Pt	Pd	Rh	Ru	Ir	Os	Au
	%				g/t						
品位	4.5	1.22	0.1	16.1	1.41	2.9	0.25	0.52	0.09	0.14	0.09

最富的矿石中 Ni + Cu 含量约 18% , Pt + Pd 含量约 13.6 g/t。

③瑞格兰（Raglan）伴生铂族金属硫化镍铜共生矿床中 Pt、Pd 最高品位分别达 27 g/t 和 41 g/t，现已正式开采。

3.1.8　中国的铂族元素矿床

2008 查明的铂族资源储量 324 t，占世界的 0.5% 。主要有：甘肃金川伴生铂族金属硫化铜镍矿，储量 144 t；云南金宝山等地的低品位铂矿，储量 106 t；四川丹巴杨柳坪共生矿，储量 41 t；黑龙江鸡东伴生铂族金属硫化铜镍矿，储量 10.7 t；河北丰宁红石磊共生矿，储量 10.4 t，新疆克拉通克伴生铂族金属硫化铜镍矿，储量 5.6 t。2012 年在新疆坡北发现特大型矿化镍矿（镍储量 200 万 t）也含铂族元素。

1. 金川伴生铂族元素硫化铜镍矿

甘肃省金川伴生铂族元素硫化镍铜共生矿，是中国最大的硫化镍矿床，也是世界上已探明的 140 多个硫化镍矿中，仅次于加拿大萨德伯里的第二大共生矿床，全部资源集中在长 6.5 km、宽 500 m 范围内，属世界上镍资源最集中的地区。保有 Ni 储量约 5000 kt，Cu 储量约 3000 kt，占世界含 Ni 量 >0.8% 的硫化镍矿资源总量的 25%。矿石富镍贫铜，镍铜比约 1∶0.63。该矿床 1958 年发现，60 年代初期进入开发，被誉为中国的"镍都"。对于这个宝藏，中国地质学界在区域地质环境、矿床成因、岩相组合、矿石构造、矿物种类及嵌布特点等各个方面，多年来持续开展了研究。遗憾的是，在世界同类资源中，伴生铂族金属品位最低，储量最少（<400 t），仅占世界总储量的 0.5%。

各类矿石中硫化矿物组成基本相同，主要是磁黄铁矿、镍黄铁矿、黄铜矿、方黄铜矿，次为黄铁矿、磁铁矿、墨铜矿和马基诺矿，接近地表的矿石中镍黄铁矿蚀变为紫硫镍铁矿。

全矿区铂族元素平均品位 0.3~0.4 g/t，Au 0.14 g/t，Ag 3.4 g/t，铂族金属之间的比例（%）：Pt 61，Pd 31，Rh 1，Ru 2.1，Ir 2.2，Os 2.5。铂族元素品位与矿石中铜品位有明显的消长关系，一般矿石中含 Cu 1.43%、镍铜比约 0.75 时，含 Pt 0.37 g/t、Pd 0.27 g/t。但在富铜矿石中，即含 Cu 2.19%、镍铜比约 1.04，矿物以黄铁矿 – 方黄铜矿（$CuFe_2S_4$）– 墨铜矿（$Cu_3Fe_4S_7$）– 磁铁矿组合，且铜矿物占硫化矿物 50% 时，Pt 品位达 5 g/t、Pd 0.34 g/t。王瑞廷近期的研究认为[15]：Pt/（Pt + Pd）、（Pt + Pd）/（Ru + Ir + Os）、Pd/Ir 及 Cu/（Cu + Ni）等参数表明，该矿床具有镁质而非超镁质基性岩浆（拉斑玄武质母岩浆）成矿的特征；矿床的形成经历了多次岩浆侵入、熔离分异同时成岩成矿，并有少量地壳物质混染。

矿石中 90% 以上的铂呈单矿物状态，其中以砷铂矿为主，粒度 0.075~0.5 mm，多被黄铜矿包裹。次要矿物有自然铂、碲铋铂矿、锑铂矿、金钯铂矿、锡钯铂矿。对含 Pt 10.1 g/t 的矿样分析表明，单矿物相占 98%，其中砷铂矿占 93%，类质同象仅占 2%。矿石中 74%~88% 的钯呈可鉴别单矿物状态，但粒度多 <0.074 mm。主要矿物是铋碲钯矿、含银镍的碲铋钯矿。贫矿中钯主要为金属固溶体矿物，如钯金矿、金钯铂矿、含铑钯的铂金矿、锡钯铂矿、铋钯矿、铋钯银矿、含钯铂自然铋矿等。这些矿物都与黄铜矿、方黄铜矿、磁铁矿连生。对含 Pd 3.0 g/t 的富矿石样品分析表明，含钯单矿物占 93.5%（其中钯的碲铋镍化物类矿物又占 90% 以上），类

质同象仅占 6.5%。对矿石中各种矿物含钯的分析表明，93% 的钯存在于黄铜矿为主的贱金属硫化矿物中，副铂族元素也主要以单矿物形态出现。

20 世纪 70~80 年代，"金川资源综合利用"列入国家科技攻关计划。先后有 50 多个研究设计院所和大专院校，一千多名工程技术专家、教授，同金川的科技人员一道，在地、采、选、冶及铂族金属提取冶金等专业，大力协同，锲而不舍，开展了持续 10 多年的科技攻关。共完成 665 个专题研究任务，取得 208 项科技成果，其中 113 项运用于生产实践并获省部级和国家级奖励，9 项达到国际先进水平。全项目在中国矿冶界首次获国家级最高奖励——国家科技进步奖特等奖，18 个单位、24 名科技人员获此殊荣（作者是个人获奖者之一）。昆明贵金属研究所与金川公司及北京有色冶金设计研究总院（现为中国恩菲工程技术有限公司），1972—1982 年历时 11 年联合攻关完成了"从二次铜镍合金提取贵金属新工艺"，并建成了中国矿产铂族金属提炼中心，该成果获国家科技进步奖一等奖，并包含在国家科技进步奖特等奖中。

1959—2008 年，金川镍都累计产镍 137.4 万 t、铜 190.1 万 t、钴 4.2 万 t。2008 年产镍 10.46 万 t（全球第四位）；产钴 6032 t（全球第二位）；产铜 29 万 t（全国第四位）。

金川矿石中伴生铂族金属品位在世界同类资源中最低，提取难度最大。通过科技攻关，开创和发展了中国矿产铂族金属冶金科技和产业，建成了中国矿产铂族金属提炼中心，全部 8 种贵金属都能综合回收，提取冶金技术进入世界先进行列。只因品位低，产量受限，2008 年产铂族金属约 2 t，2011 年约 3 t，仅占世界产量的 0.5%。

2. 云南的原生铂矿

中国西南三江（金沙江、怒江、澜沧江）区域是世界级有色金属和稀贵金属成矿富集区，云南是这个成矿区中重要的一隅，成为中国矿产资源大省之一。云南省发现的低品位铂矿有 10 多处[16-18]，铂钯储量约 100 t。几个主要矿床的矿石品位列于表 3-6。

表 3-6 云南低品位原生铂矿的矿石品位

资源	弥渡金宝山	元谋朱布	大理荒草坝	大理迎凤	元谋热水塘	牟定碗厂	牟定安益	永仁珙山箐
$\rho_{Pt+Pd}/(g \cdot t^{-1})$	1.46	0.89	0.80	0.61	0.85	0.67	0.55	1.34
$w_{Cu}/\%$	0.15	0.26	0.39	0.06	0.23			
$w_{Ni}/\%$	0.17	0.29	0.17	0.12	0.69			
副铂族含量/$(g \cdot t^{-1})$	0.12	0.104	0.05					

　　地质专家预测：云南省西北部的基性、超基性岩带与四川攀西古裂谷带二叠系峨眉山溢流玄武岩系相接，地史上曾发生过大规模超基性地幔岩浆侵入 – 演化的成矿作用。在这个区域某些部位的深部，有形成与陆内裂谷溢流玄武岩相关的、隐伏的大型伴生铂族元素硫化镍铜矿床的可能性。

　　1)金宝山低品位原生铂矿是中国发现的唯一原生铂矿床。对该矿床的特点，诸如区域地质背景，基性 – 超基性岩体及矿体地质特征，矿床成因及规律，矿石结构、产状及矿物特征，铂族元素的矿物种类及赋存特点，富矿石中各种矿物的相对含量等，进行过详细深入的研究[19-21]。

　　该资源的开发利用列入国家"九五"科技攻关计划后，作者担任首席专家，组织了地、采、选、冶多专业、多单位的联合攻关[23-24]。所获成果对原生铂矿的成矿规律、资源特征、选冶技术研究开发等方面，积累了丰富的资料和经验。

　　地质工作方面进行了详勘，确定该矿床中 Pt∶Pd∶Rh∶Ir∶Os∶Ru 的含量比例为 33∶57∶2∶3∶1∶1。圈定了 Pt + Pd 品位 3~4 g/t 的富矿体及首采矿段，设计了采矿方法。针对 Pt + Pd 含量为 4.15 g/t、Cu 0.156%、Ni 0.249% 的矿样，查定其主要矿物的相对含量[25]表明（见表 3-7）：贱金属硫化物仅占 1.8%，铁氧化物占 10%。脉石矿物占矿石质量的 82%~88%，主要是蛇纹石（叶蛇纹石、斜纤维蛇纹石）、单斜辉石、角闪石、碳酸盐。其中蛇纹石含 MgO 高达 38%~40%，矿石中约 90% 的氧化镁分配在蛇纹石中。

表 3-7　金宝山富矿石中主要矿物的相对含量/%

矿物名称	黄铜矿	紫硫镍矿、镍黄铁矿	黄铁矿	磁铁矿、铬铁矿	针铁矿	蛇纹石	角闪石、辉石、绿泥石	方解石
相对含量	0.42	0.53	0.74	10.3	0.02	74	8.2	5.8

　　已详细地研究了矿物种类及赋存特点，确定的矿物种类有 11 大类 73 种：

　　自然金属及金属互化物——自然铂、铁自然铂、等轴铁铂矿、钯等轴锡铂矿、铂等轴锡钯矿、等轴锡铂矿、等轴锡钯矿、斜方锡钯矿、自然金、自然银、未命名的(PdPt)$_2$(SnAs)；

　　砷化物及硒化物——砷铂矿、砷钯矿、斜方砷镍矿、硒铅矿；

　　锑化物——六方锑钯矿、锑钯矿、一锑二钯矿、锑银矿及未命名的 Pd$_3$Sb；

　　碲化物——碲铂矿碲钯矿、黄碲钯矿；

　　硫化物及硫砷化物——硫铂矿、硫锇铱矿、钯硫砷铱矿、辉银矿、黄铁矿、白铁矿、磁黄铁矿、镍黄铁矿、紫硫镍铁矿、黄铜矿、斑铜矿、黝铜矿、铜蓝、方铅矿、闪锌矿、硫镉矿、硫镍钴矿、毒砂、辉铋矿及未命名的 SbAsS$_x$；

此外还有氧化物、硅酸盐、碳酸盐、硫酸盐、磷酸盐、钨酸盐等类矿物。主要贱金属矿物有紫硫镍铁矿、镍黄铁矿、黄铜矿、黄铁矿。

铂族矿物中砷化物、碲化物及锑化物数量较多，分布较广泛；自然元素和金属互化物类矿物主要分布在氧化矿石中；碲化物、铋碲化物及硫化物类矿物主要分布在氧化程度不高的混合矿石中。铂主要呈锡的金属互化物和碲化物，其次为自然金属、硫化物和砷化物；钯主要呈与锡的金属互化物；锇、铱、钌、铑主要呈硫化物和硫砷化物。Pt – Pd – Sn 完全类质同象固溶体系矿物约占全部铂族元素矿物的 50%，碲化物（Pt – Pd – Te）类质同象矿物类占 25%。常见的主要矿物有钯等轴锡铂矿（Pd・Pt）$_3$Sn、铂等轴锡钯矿、碲铂矿 Pt$_3$Te$_2$、砷铂矿 PtAs$_2$、六方锑钯矿 PdSb、等轴铁铂矿 Pt$_3$Fe、硫铂矿 PtS 等。次要矿物有锑钯矿 Pd$_3$Sb、自然铂、铁自然铂等。

铂钯矿物多为自形 – 半自形粒状，粒度多 < 0.01 mm，个别达 0.08 ~ 0.1 mm，多呈包裹体或连生体直接嵌布在紫硫镍铁矿、黄铁矿、磁黄铁矿、黄铜矿等贱金属硫化矿物中。

2007 年，宋焕斌[22] 的研究进一步证明该矿床矿物成分的复杂性。有 10 大类 73 种矿物，其中贵金属矿物 25 种，铂族矿物 21 种。铂族矿物粒度很细，20 ~ 40 μm 约占 60%，嵌布在蛇纹石中的比例约 50%。这些特征使矿石分选富集有很多客观困难。

金宝山铂矿石中的矿物种类和共生组合关系，与国外原生铂矿的特点基本相同。从铂族元素矿物种类、含量比例、粒度分布和与贱金属硫化矿物、氧化矿物的连生关系等方面比较，金宝山原生铂矿床与金川伴生铂族金属硫化铜镍矿有较大差别：①金宝山矿石中的铂钯、尤其是钯与硫化铜矿物的关系很小，而与硫化镍矿物的关系最密切；②镍矿物以氧化蚀变的难选紫硫镍矿为主；③在磁铁矿中包含的铂比钯多，较粗粒的铂钯矿物多与磁铁矿物呈毗连关系易解离，但磁铁矿包裹的少量极细颗粒很难解离；④脉石中的铂钯矿物粒度相对较粗，多存在于纤维状蛇纹石的晶间隙中，易解离。矿石中紫硫镍矿及磁铁矿多对选矿富集不利。认识这些特点对铂族元素矿床的地质、矿床成因研究，矿石选 – 冶工艺制定及判断综合利用指标有一定的指导作用。

2）元谋低品位原生铂矿。元谋 – 绿汁江岩带有 20 多个基性、超基性岩体，其中多数有铂、钯、镍、铜矿化。元谋朱布岩体为蛇纹石化橄榄岩，矿体产在岩体的边部和上部，多呈大小不等的透镜状、囊状、扁豆状，大矿体长 10 ~ 40 m，厚 0.6 ~ 2.6 m，延伸最深约 40 m。矿石构造以稀疏浸染状为主，局部出现斑点状、豆状、海绵陨铁状和细脉浸染状。矿石中有价元素品位列于表 3 – 8。

表 3 - 8　元谋朱布低品位铂族元素矿床的品位

元素	Cu	Ni	Pt	Pd	Os	Ir	Ru	Rh	Au	Ag
	%		g/t							
一般	0.1~0.4	0.1~0.3	0.3~2.0	0.3~1.3	—	—	—	—	0.05~0.15	0.8~4
最高	1.75	5.58	5.33	4.26	0.031	0.056	0.028	0.028	0.26	8.4
平均	0.26	0.29	1.29		0.025	0.039	0.018	0.022	0.12	2.04

铂族元素矿物有砷化物、硫砷化物、铋化物、铋碲化物和硫化物等 5 类共 15 种，87% 的 Pt、89% 的 Pd 呈单矿物，主要矿物是砷铂矿和等轴铋碲钯矿，粒度极细（0.005~0.09 mm）。贱金属硫化矿物以磁黄铁矿、黄铜矿、黄铁矿和镍黄铁矿为主，其次为方黄铜矿、白铁矿和墨铜矿等。铂族元素矿物与贱金属硫化矿物密切连生。

3）安益铂钯矿床。岩体位置与元谋朱布矿类似，是一个由暗色闪辉正长岩、二长辉长岩、辉石岩组成的中（碱）性杂岩体，侵位于前震旦系板岩、千枚岩层中。在岩体中部含钛磁铁矿的二长单辉岩带底部和顶部，呈层状产出贫铂钯矿体，矿体厚 72~118 m。矿体上部为厚约 40 m 的贫铂钛磁铁矿，矿石平均含 Pt + Pd 0.3 g/t，中部为厚约 20 m 的稳定的含铂较高的矿带，Pt + Pd 0.5~0.98 g/t。上部矿石富铂贫钯，Pt、Pd 品位比值从上至下由 >10 逐渐降至 0.5 以下。在贫铂钯矿体之下的二长单辉岩中，出现含金属硫化物的石英碳酸盐长石脉，脉两侧次闪石化蚀变带中有富铂的硫化物矿化，矿石呈稠密浸染状、斑点状、局部块状，有黄铁矿、黄铜矿、方黄铜矿等硫化矿物。矿石品位 Cu 约 0.2%，Ni 约 0.018%，Pt + Pd 1.22~2.56 g/t。铂族元素矿物已发现有砷铂矿、砷锑钯矿等。

初步认为，矿床成因是碱性玄武岩浆上侵后就地连续分异形成晚期岩浆矿床。但铂族元素的来源、硫的来源、为何与钛磁铁矿一起矿化、该矿床与北部攀西特大钒钛磁铁矿有什么关系等，涉及区域成矿问题，值得深入研究。

3. 四川丹巴杨柳坪铂镍矿

四川丹巴杨柳坪铂镍矿被认为是一个有远景的大型熔离型铂矿资源。含矿基性、超基性岩体浸入浅变质岩系层间裂隙。岩体自下而上主要由蛇纹岩、次闪石岩和辉石岩组成。铂镍矿体呈似层状、脉状，赋存于岩体的中下部。矿体长一般为 200~300 m，最长 1600 m，一般厚 3~5 m，最厚 >60 m，倾斜延深 60~120 m。矿石品位 Ni 0.3%~0.5%（最高 3.39%），主要矿物是磁黄铁矿和镍黄铁矿。PGMs 0.3~0.5 g/t（最高 3.19 g/t），其中杨柳坪矿段 PGMs 0.49 g/t，正子岩窝段 0.62 g/t。目前已少量开采，浮选精矿售于金川公司。

3.1.9　澳大利亚的含铂族元素资源

澳大利亚的新南威尔士及塔斯马尼亚早在上世纪初就是著名的砂铂矿产地，20 世纪 70 ~ 80 年代加紧了铂族金属资源的勘查。世界上现有各种铂矿类型，如层状杂岩型、气水热液交代型、萨德伯里型和诺里尔斯克型的共生矿在澳岛都有发现[26]。在卡尔古利地区南部的坎姆伯达发现了高品位的硫化镍矿床，后来在以卡尔古利为中心南起诺斯曼、北至维卢纳长 650 km，东西宽约 100 km 的地带先后共发现 50 多个镍矿床，含 Ni > 0.8% 的镍矿床，金属镍储量达 3600 kt（现保有约 3000 kt），仅次于加拿大、中国和俄罗斯。还有含 Ni < 0.8% 的金属镍储量约 5000 kt。多数硫化镍矿床中铂族元素的品位较低，以钯为主而铂很少，平均钯品位 0.28 ~ 0.3 g/t，在一些致密矿石中铱、钌、锇品位较高。Mulga Springs 的铜镍硫化共生矿中铂族金属品位较高。

西澳 Mummi 地区长 5.5 km 的一个层状杂岩中发现的含铂矿层，PGMs 达 1.7 ~ 3.2 g/t。新南威尔斯 Fifield 地区一个矿体中铂族金属品位很高，含 Pt 14 g/t、Pd 1 g/t、副铂族金属 4 g/t。塔斯马尼亚 Wilson River 至今仍在生产少量锇铱矿。北 Territory 地区的 Coronation 与沙金共生的砂铂矿含 Pt 0.6 g/t、Pd 1.15 g/t、Au 7.7 g/t，探明储量 Pt 2.4 t、Pd 5.2 t、Au 31 t，是澳大利亚一个重要的铂族金属产地。

目前澳大利亚在世界铂族金属资源和生产中尚未形成重要地位，但有发展前景。

3.1.10　含铂族元素的铜矿床

铜矿床的分类方法不统一，中国主要按成因分为斑岩型、矽卡岩型、层控型、火山沉积型和铜镍硫化物型等类，多数类型都伴生有微量 Pd、Pt。

1. 斑岩铜矿[27]

该类资源在地球上分布很广，储量大，铜品位相对较低。1985 年 Mutshler 首次报道北美科迪勒拉斑岩铜矿中有铂族元素富集以后，引起了地质学界的广泛关注。先后查明很多大型斑岩铜矿，如希腊 Skouries，保加利亚 Elatsite、Medet，菲律宾 Santo Tomas、Biga，巴布亚新几内亚 Ok Tedi、Panguna，马来西亚 Manut，塞尔维亚 Majdanpek、Bor，俄罗斯 Aksug、Sora、Zhireken，蒙古 Erdenetiun – Obo 等矿床中都含微量铂族元素。中国德兴矿石中铂族元素平均品位达 3×10^{-9} ~ 50×10^{-9}，黑龙江多宝山矿床探明铂族元素储量 1804 kg，西藏江达玉龙矿床铂族元素远景储量 3.4 t。据统计，平均每 6000 t 该类矿石中含钯及少量铂共约 30 g。

矿石中主要铜矿物是黄铜矿（$CuFeS_2$）、斑铜矿（Cu_5FeS_4）、黝铜矿（$Cu_{12}Sb_4S_{13}$）、辉铜矿（Cu_2S）。在矿石选 – 冶工艺中 Pd、Pt 能综合回收，大致相当于每生产 10 kt 铜可综合回收钯和铂 3 ~ 5 kg，有时还可回收少量铑。中国在 20 世纪 50 ~ 60 年代生产的少量铂族金属就是从沈阳冶炼厂、上海冶炼厂等铜冶炼系统中综合回收的，至今中国的大型铜冶炼厂仍每年综合回收少量钯铂。

斑岩铜矿成矿过程中成矿流体的组成、性质及演化规律，铂族元素的富集机理等方面，目前研究还很不充分。斑岩铜矿中仅选择性地富集 Pd、Pt，不见其他铂族元素，也尚无确切的解释。

2. 热液或变质成因铜矿床

热液或变质成因的铜矿床中铂族元素品位异常的高。美国俄怀明州新兰布莱（New Rembler）的热液型铂－铜矿床是地球化学家最常引用的热液型铂族元素矿床的典型实例。以黄铜矿－磁黄铁矿－少量黄铁矿组合为特征的矿石中平均含 Pd 74 g/t，Pt 4 g/t，最高可分别达 600 g/t 和 7.5 g/t，主要铂族元素矿物有自然铂、砷铂矿、铑砷铂矿、铋碲铂钯矿、铋黄碲钯矿、等轴碲铋钯矿及锑钯矿等，并与黄铜矿、磁黄铁矿、黄铁矿等贱金属硫化矿物共生。

加拿大萨斯喀彻温贝特（Peter）湖杂岩体中，发现以热液成矿的富铜贫镍（$w_{Cu} : w_{Ni} = 68 : 1$）矿石样品中 Pt + Pd 品位更高，达 5162 g/t。这种情况非常罕见，仅此一例。

南非阿通维拉（Artonvilla）产于麻粒岩相的深变质岩中的硫化铜矿床含（g/t）：Pd 116、Pt 24、Rh 1.3、Ru 0.6、Ir 2.5、Au 0.6、Ag 152.4，比所有超基性岩浆成因的含铂族元素矿床的品位高很多。铂族元素主要赋存于绿泥石、钠长石及石英组合的绿盘岩蚀变带中。主要矿物有铂碲钯矿、黄碲钯矿及钯碲铂矿，并与黄铜矿、斑铜矿、辉钼矿、硒铅矿等贱金属硫化矿物共生。

中国河北某超变质岩（榴长岩）中的浸染状硫化铜矿石中也伴生较高品位的贵金属，如含 Cu 1.6% ~ 3.9%，以黄铜矿和斑铜矿为主（占 80%）的富铜矿石中贵金属品位（g/t）达：Pd 2 ~ 2.4、Pt 1.6 ~ 2、Au 1.3、Ag 56。铂族元素矿物较特殊，除砷铂矿外还发现一些其他矿床少见的矿物，如承铂矿 $PtTe_2$、硫铜钴铂矿（$PtCoCu$）S_4、硫砷铜铂矿（$PtCu$）AsS_2、碲铋汞钯矿（$PdHg$）（$TeBi$）、铋银碲钯矿、汞银碲钯矿等，它们仍与贱金属硫化矿物密切共生。

虽然这类矿床并不普遍且规模都不大，但铂族元素品位可能很高，一旦发现对铂族金属的生产将产生一定的影响。因此，凡属热液或变质成因的铜矿床，皆应在勘探时注意铂族元素的综合评价，开发时注意其有效综合回收。

3. 铜钼矿床及含铜砂岩

广泛分布的铜钼矿床几乎都含锇（^{187}Os 同位素），它是由矿石中的金属铼同位素（^{187}Re）放出 β 粒子后衰变来的。矿石中锇的含量是铼的含量及成矿地质年代的函数，可用下式表示：

$$w_{^{187}Os} = 0.693(t/T) \times w_{^{187}Re}$$

式中：T 为 ^{187}Re 的半衰期，4.3×10^{10}年；t 为成矿的地质年代（$n \times 10^6$年）。若按一般矿石中 ^{187}Re 的含量为总铼的 62.6% 计算，含不同品位铼及不同成矿年代的矿石中，^{187}Re、^{187}Os 的含量对应关系如下：

矿石中含 ^{187}Re/%	矿石中含 ^{187}Os/(g·t^{-1})		
	成矿地质年代/10^6		
	20	200	1000
0.001	0.002	0.02	0.1
0.01	0.02	0.2	1.0
0.1	0.2	2.0	10.2

世界上一些著名的铜－钼矿床中铼和锇的含量列于表 3－9。

表 3－9 世界上一些著名的铜－钼矿床中铼和锇的含量

矿　　床	成矿地质年代/10^6年	ρ_{Re}/(g·t^{-1})	ρ_{187Os}/(g·t^{-1})	ρ_{187Os}/ρ_{Re}
美国内华达鲁格尼克	120	1980	2.42	1/818
挪威斯塔范格尔	560	3360	19.1	1/176
南非纳塔司矿场	830	465	3.93	1/118
南非克萨姆哈伯	1100	985	11.1	1/89
格陵兰费斯肯纳谢特	3080	220	7.03	1/31

锇主要以类质同象存在于铼的矿物中，并与黄铜矿、黄铁矿及辉钼矿共生。

广泛分布的含铜砂岩（以扎伊尔的沙巴矿床为代表）中含一定量的铼，也应含有 ^{187}Os。^{187}Os 的半衰期很短，不必过分担心其放射性危害问题，但因世界锇资源相对贫乏，应尽可能注意其综合回收。

3.1.11 其他含铂资源

除各种铜矿床外，在很多不同成因的多金属共生矿床，如铀－硫化物矿床、锡石－硫化物矿床和含铜黑色页岩等矿床中，常发现含有不同品位的铂族元素。虽然多数矿床中铂族元素品位很低，能提供的产量很少，对世界铂族金属生产的影响甚微，但在这些矿床中含有铂族元素的事实本身，一直是关于铂族元素的地球化学性质、成矿机理和模式研究方面的重要课题。这不仅提示人们注意发现新的铂族元素资源类型，也为铂族元素资源相对贫乏的国家注意矿产资源的综合利用提供了重要依据。

各类矿床中伴生的铂族元素主要是钯，其次是铂铑。它们与贱金属硫化矿物共生，其状态既有粒度非常细微的单矿物，也有类质同象。现在认为这些类型的矿床中含铂族金属主要与岩浆期后的热液作用，含铂族元素岩体的变质作用，其他岩体受含铂族元素岩浆的接触交代作用，以及含铂族元素岩体风化剥蚀后铂族元素矿物在新的运移中重新被硫化物、氢氧化物、淤泥捕获吸附沉降等作用有关。下面对几种主要类型简要介绍。

1. 镍－钼－钒共生矿

中国湘西北含贵金属的镍－钼－钒矿带长 180 km，宽 40 km，向东北延伸到湖北境内，向西南进入贵州省。在我国很多地区广泛分布的沉积型镍－钼－钒多金属矿床中，湘西北是成矿条件最好、矿床规模最大且最具找矿潜力的成矿带。其中最主要的两个镍－钼矿带是贵州遵义地区天鹅山－黄家湾镍－钼矿带与湖南张家界地区大坪－大淯镍－钼矿带，平均品位 Ni 3.5%，最高 16.67%，Mo 平均品位 5.6%。含镍矿物有方硫镍矿、硫铁镍矿、硫镍矿、针镍矿、辉砷镍矿等，钼主要以碳硫钼矿的形式存在。一些区段的富矿石还含（g/t）：Pt 0.282、Pd 0.32[28-30]。

作者曾对遵义地区的资源进行过详细考察。虽然该类资源分布很广，储量较大，在镍钼冶炼工艺中可综合回收铂钯，但矿层较薄（一般厚度为 5～30 cm），很难大规模开采，不能形成较大的铂族金属回收产业[31]。

2. 铀－金－铂族元素共生矿床

这是近年发现的一种特殊成矿模式形成的新型铂族元素矿床，在世界上已多处发现，如加拿大萨斯喀彻温北部的比文兰基（Beaverlodge）、扎伊尔加丹加的兴科劳布韦（Shinkolobwe）和澳大利亚的科若耐兴（Coronation）等。它们在成矿年代、岩性、构造演化及元素共生关系等方面都很相似。如比文兰基共生矿，矿区最古老的岩石是元古宙沉积的白云岩和石英岩，后被一超镁铁质橄榄岩和辉长岩侵入，形成很多条沥青铀矿矿化带，有些紧靠橄榄岩的铀矿矿化带中出现铂族元素的异常富集。在块状矿石中贵金属的品位可高达：Au 168 g/t、Pt + Pd 80 g/t。这些结果启示人们在勘探沥青铀矿时，应注意鉴定与镁铁质－超镁铁质侵入体和剪切带相关的放射性异常，有可能发现贵金属品位极高的 U－Au－Pt 共生矿床。

南非威特沃特斯兰德古老超变质岩中的金铀共生矿床属另外一类，特点是富含锇铱，锇铱矿物与金共生并产出在砾岩的细碎部分中，含量为金的 1/8000～1/100，品位约 0.03 g/t。锇铱矿物粒度为 0.04～0.19 mm，平均 0.12 mm，1 g 有 800～1000 粒，曾达到年产 Os 约 300 kg、Ir 约 200 kg、Ru 约 100 kg 的水平，是目前世界上除共生资源外最重要的锇铱钌资源。

3. 含铜黑色页岩

黑色页岩是世界上广泛分布的一种含沥青炭质页岩,当页岩中有硫化铜矿层时有可能伴生铂族元素,如德国曼斯费尔德页岩和波兰普列特索杰斯基页岩的硫化铜矿层中含 Pt + Pd 约 2 g/t,主要呈砷化物或类质同象存在于硫化铜矿物中。

4. 含铂的锰矿

某些成因不明的锰矿中发现伴生铂族元素,如澳大利亚博格美亚的软锰矿中含(g/t): Pt 10、Pd 4、Ir 0.4。在德国加尔茨的硬锰矿中上述金属的品位分别达(g/t): 2、2 和 0.4。

5. 大洋中的锰结核

大洋多金属结核遍布太平洋、印度洋、大西洋底,在不同区域覆盖洋底面积 5% ~ 90%,其中富含锰及镍钴铜等有色金属,有些样品分析已证实含铂。如在现代洋底的近洋脊锰结核中平均含 Pt 97 mg/t,锰壳中平均含 Pt 420 mg/t。在某些海洋卤水样品中平均含 Pt 约 50 mg/m³。从锰结核中综合回收超微量铂族金属的可行性和可能性,现在还没有讨论的条件。

3.2 铂族金属二次资源

3.2.1 来源

凡是使用铂族金属的产业或工业部门,都可能产生二次资源,可分为民用及工业应用两类:前者如首饰、饰品、纪念币及铂锭收藏(私人金融储备)等,一般比较分散,但保管严格、质量不变、不易报废,容易在需要时将其直接收购转入工业应用;后者则包括传统工业、高新技术产业、军工等应用领域产生的含铂族金属废料(废品、废件、废液、"工业垃圾"),具有来源广,种类多,品位、性质差异大的特点。

本节具体介绍铂族金属的工业应用实例,除使读者加深了解铂族金属作为"第一高技术金属"的知识内涵外,更主要的目的是掌握二次资源的来源,便于有目标地收集和回收。

1. 石油及化学化工工业使用的铂族金属催化剂

石油化工及化学化工提供了成千上万种产品,其中 85% 以上的产品生产过程依靠催化反应,而使用的催化剂中又有 50% 以上与铂族金属有关。

1)基础化工工业。生产 NH_3、HNO_3、HCN、H_2O_2、$NaOH$、Cl_2、羟胺等化工产品,需分别使用 Pt – Rh、Pt – Pd – Rh、Pt – Pd – Rh – Re、Ru – PdO_2、Ru – Ba – K – C、$RuCl_3$、Fe – Ru – K、$Ru(CO)_{12}$、Pd – Al_2O_3、Pt – Pd – C 等作催化剂材料。如合成氨(NH_3)并进而生产硝酸(HNO_3)、化肥和炸药,是重要的基础化工工业。

2009 年全世界生产合成氨 1.1 亿 t，生产硝酸约 6000 万 t。合成氨的生产过程必须依靠铂－铑合金网的催化反应。

2）石油精炼。生产高辛烷汽油及芳香烃需分别使用 $Pt-Al_2O_3$、$Pt-Re-Al_2O_3$、$Pt-Ir-Al_2O_3$ 等催化剂；异构化、脱氢及氢化需分别使用 Pt、$Pt-Al_2O_3$、$Pd-Al_2O_3$、$Pt-$硅酸盐、$Pt-C$、$Pd-C$、$Pd-BaSO_4$、$Pd-$硅藻土、$Rh-C$、RhO、Ru、$Ru-C$、RuO_2 等催化剂。

3）有机化工。苯环部分加氢、芳核加氢需分别使用 $Pd-Al_2O_3$、$Ru-$载体、$Pt-Pd$、$Pd-$聚合物、$Pt-$硅胶、PtO_2 等催化剂；乙烯氧化为乙醛、苯氧化为苯酚、生产醋酸乙烯、甲基丙烯酸甲酯需分别使用 $PdCl_2-CuCl_2$、$Pd-Al_2O_3$、$Pd-Au-CHCOOH-$硅胶、$Pd-$硅胶等催化剂。

4）C_1 化工。生产乙酸、乙酸酐、草酸酯、乙二醇及甲酰加氢，需分别使用 Ir、Rh、PdO、Rh 羰基化物等催化剂。

5）精细化工。生产芳香醛、$\beta-$内酯衍生物、溴代联苯、烷基芳香烃、芳香链烯衍生物、丙酮醛、1－苯基－1－辛烯－3－酮、咪啶衍生物等化合物需分别使用 $RuCl_3$、Rh、$Rh(CO)_{12}$、$Pd-C$、Pd 盐、$Pd-P$ 配合物、$Ag-Ir$、$Pd(Ac)_2$、$PdCl_2$ 等催化剂；生产香兰素、叶醇、呋喃酮、麝香酮、紫罗兰酮等香料需分别使用 $Pd-C$、$Pd-C-Bi_2SO_4$、$Pd-CaCO_3$、OsO_4、$Ru-P$ 配合物、$Pd(pph)Cl_2$ 等催化剂；生产芳香胺、3,3'－二氯联苯胺、双氨基苯酚、二甲氨基甲酰、对二苯甲醛、邻苯基苯酚等染料需分别使用 $Pd-C$、$Pd-C-$萘醌、$Pt-C$、PtO_2、$Pd-Al_2O_3$、$Pd(pph_3)_4$、$PdCl_2-4\sim5$ 三苯基膦等催化剂。

6）制药。生产扑热息痛、土霉素、青霉素、强力霉素、阿奇霉素、盐酸普罗帕酮、萘丁美酮、二氢链霉素、维生素 A、准维生素 E（类胡萝卜素）、可的松、麻黄素、保列治（非那雄胺）、达菲（抗流感特效药）等重要药物，多需分别使用催化剂，其中就包括 $Pt-C$、$Pd-C$、$Pd-CaCO_3$ 等催化剂。铂的特殊化合物——顺铂、卡铂和奥沙利铂，已成为癌症化疗不可缺少的药物。WHO 对上百种治癌药物进行排名，顺铂的疗效和市场综合评价名列第二。在我国以顺铂为主或有顺铂参加配伍的化疗方案占所有化疗方案的 7～8 成。

7）医疗。贵金属合金材料具备的抗腐蚀性、生理无毒性和生物相容性、优良的机械加工性，使其在医学领域广泛应用。如牙科材料（钩丝和烤瓷合金假牙），心脏起搏器电源的密封包覆和起搏电极，膈神经呼吸刺激器及听觉刺激器，医学临床监测血糖、酶、胆固醇仪器中的传感器，也有分别使用 Au、Pt、Pd、Ag 的合金材料[32]。

2. 精密合金材料

军工及高新技术产业中广泛使用铂族金属精密合金材料[33]。

1）高可靠电接触材料（触头、接点）。用于航空发动机点火及苛刻条件下使用的继电器，需分别使用 Pt – Ir、Pt – W、Pt – Au – Ag、Pd – Ag、Pd – Cu、Pd – Ir、Pd – Ag – Cu、Pd – Ag – Cu – Au – Pt – Zn 等材料。

2）精密电阻材料。军用精密电位器、标准电位器，需分别使用 Pt – Rh、Pt – Ir、Pt – Rh – Au、Pt – Rh – Ru、Pt – Ru、Pt – W、Pt – Mo、Pt – Cu、Pd – W、Ag – Pd 等。

3）电阻应变材料。约 1000℃ 条件下测量静态和动态应变量，需分别使用 Pt – W、Pt – W – Re – Ni、Pt – Ni – Cr、Pt – Ni – Cr – Y、Pt – Ir – Ni – Cr – Y、Pd – Cr 等。

4）纤料。除 Au、Ag 合金系列为主外，还有 Au – Pd – Cu、Au – Pd – Ni、Pd – Ni、Pd – Mn – Ni、Pd – Ag – Cu、Pd – Ag – Mn、Pd – Ni – Mn、Pd – Cu – Ni – Mn 等。

5）磁性存储材料。大容量硬盘及高密度磁光记录介质，需 Pt – Co、Pd – Co、Ru 膜及多层膜。

6）高温形状记忆材料。精密机械、医学记忆元件，需分别使用 Ti – Ni – Pd、Ti – Pd、Ti – Ni – Pt、Ti – Pt 等。

上述各种精密合金材料可直接使用。为节约用量可与其他材料复层、包覆，或涂层、镀层等方式使用。制成的元器件体积小、使用寿命长，铂族金属含量变化范围大、成分较复杂，范围很分散。

3. 信息传感使用的铂族金属材料

使用铂族金属及其合金材料的传感器有：

1）温度传感器。热电偶和电阻温度计使用 Pt、Pt – Rh、Ir – Rh、Rh – Fe、Pt – Mo、W – Os 等合金材料。在所有传感器中温度传感器使用量最大，应特别注意其收集和回收。

2）气体传感器。包括金属氧化物半导体型传感器、催化燃烧型传感器、电化学气体传感器、氢气传感器、氧传感器等各类传感器使用的薄膜含 Pt、Pd、Rh、Ir、RuO_2、SnO_2 – Pt（Pd）、Pd 膜 – WO_3、Pt – ZrO_2、Pt – TiO_2 等材料。

3）其他传感器。包括污水中 Pb、Cd 有害离子的探测传感器、红外传感器、薄膜磁阻传感器、位移传感器、生物传感器（起搏器）等传感器分别使用的 Ir – Hg、Pd_2Si、Pt – S、Ir – Si、Pt – Co、Pd – Ag、Pt、Pt 合金等材料。这些传感器中铂族金属用量很少（1～5 g），使用寿命长范围广，非常分散不易收集。

4）计算机硬盘。需 Pt – Co、Pt – Cr 及 Pt、Ru 金属靶材。

4. 新能源材料

新能源属人类社会 21 世纪可持续发展的支柱产业之一，包括太阳能、氢能、核能和燃料电池，它们都分别使用多种铂族金属材料。

1）太阳能材料。光电转换电池电极材料 Pd – Cu – Ti，光电化学电池中的光敏元件 Ru 配合物、Os 配合物、Rh_2O_3，热电转换电池中的光吸收材料 Pt – Al_2O_3。

2)氢能材料。电解水制氢的催化电极材料 Pt、Pd、Ir、Ru、IrO_2、RuO_2；光解水制氢的催化材料 Pt – InP、Pt – CdS；光电化学分解水制氢的电极材料 Pt – P – Si、Pt – W 胶体；光诱导制氢的光敏剂 Ru – 聚吡啶配合物、RuO_2、Rh 铬合物；氢气净化的透氢材料 Pd 膜、Pd – Ag 膜、Pd – Ag – Au – Pt – Ru – Al 膜、Pd – Ag – Zn – Y 膜、Pd – Ag – Y – Yb 膜、Pd – Au – Fe 膜、Pd – 稀土金属膜等。

3)核能材料。室温核聚变 Pd 电极，宇宙飞船核电机用的 Ir – W、Ir – W – Th、Pt – Rh – W 核燃料箱。

4)燃料电池材料。磷酸燃料电池（PAFC）、质子交换膜燃料电池（PEMFC）、甲醇燃料电池（DMFC）的催化电极 Pt – C、Pt – Co – Cr、Pt – Co – Fe、Pt – Ni 等。

目前这一领域的进展尚不明朗，一方面一些公司（CPM Group）认为，与其他可选能源相比使用铂族金属的燃料电池没有经济优势，技术上还有许多困难，使其不可能成为汽车动力。到目前为止，与其他工业应用相比，用于燃料电池中的铂量确实可忽略不计。另一方面某些大汽车公司认为，因燃料电池不排放氮氧化物、碳氢化合物和一氧化碳，只产生水，可满足效率和环保双重需要，且地壳中有丰富的铂资源可长期满足需求，它们仍在继续开发燃料电池汽车，并不断研究降低铂用量的技术，如戴姆勒克莱斯勒的"Necar 1"中的燃料电池用铂量，已从1994 年的 14 g/kW 降至 2008 年的 0.5 g/kW，在实验室已降到 0.2 g/kW 的水平。同时钯基合金燃料电池开发取得了进展，不仅性能与铂基阴极一样好，而且使用寿命更长，更具商业应用前景。

若使用铂钯的新型燃料电池汽车能商品化，用于尾气净化方面的铂族金属将转移到制造燃料电池的催化电极及制取氢气方面，必将产生十分重要的二次资源。

5. 电极材料

电解 NaCl 溶液制备 Cl_2 和 NaOH 是基础化工工业，需使用涂覆 Ru 化合物的阳极。舰艇、船舶防止海水腐蚀需使用 Pt 合金阴极保护材料。

6. 玻璃玻纤、宝石及化学纤维工业

生产高级光学玻璃及玻纤的 Pt – Rh 坩埚和喷丝头，及玻璃窑炉含铂族金属的废耐火砖；生产激光器人造宝石使用的 Ir、Ir – W 坩埚。生产尼龙、丙烯酸系化学纤维使用的 Pt – Au、Pt – Rh 喷丝头。

7. 环境工程中使用的铂族金属材料

环境保护、环境监测、环境治理等方面现在已成为铂族金属的最大用户。

1)传感器和电极。用 Pt、Pd、Rh、Ru、Ir 的合金材料制成传感器和电极，对污染环境的无机化合物（H_2S、HCN、NH_3、SO_2、CO、NO_x 等）和有机化合物（碳氢化合物、酮、卤化烃、苯、醛、硫醇、醋酸乙烯等）进行有效监测。产生的废料可直接回收再生。

2）汽车尾气净化催化剂。2010 年全球航空航海及机动车消耗石油约 35 亿 t，其中汽油车及柴油车约 7 亿辆，是消耗燃油的主体。汽油和柴油燃烧后，将排放大量有害气体和温室气体。粗略计算为每年排放：CO、CO_2 约 142800 kt、碳氢化合物约 279000 kt、NO_x 68400 kt。NO_x 气体的温室效应危害是 CO_2 的 310 倍，排放 NO_x 68400 kt 相当于排放 CO_2 >212 亿 t。CO_2、CO、NO_x（N_2O）等有害气体导致威胁人类生存环境的"温室效应"。若人类生存空间的平均温度上升 2℃，1/3 的人类将无淡水可饮，上升 4℃ 农业将全面崩溃。因此，人类社会可持续发展中必须"节能减排"，净化汽车尾气已成为势在必行的重要措施。发达国家及不少发展中国家早已立法，必须在汽车中安装尾气净化催化器。每个三元催化器含 Pt 0.08% ~ 0.12%、Pd 0.017% ~ 0.04%、Rh 0.007% ~ 0.014%。

8. 电镀

在其他金属基体上电镀铂族金属表层代替铂族金属的整体金属部件，可大大节约用量。电镀铂用于饰品、餐具、医疗器械、科学仪器、电子电器等领域。电镀钯主要用于电器接点、首饰、手表和眼镜框装饰。电镀铑主要用于科学仪器、显微镜、探照灯反射镜、雷达和电接触器件等。废电镀液及镀件皆应注意回收。

3.2.2　主要工业部门铂族金属的用量[34]

1. 世界用量

2008 年全世界消耗的催化剂总量约 80 万 t，其中化学化工催化剂 33.5 万 t，石油化工 41.5 万 t，环保用催化剂 4.7 万 t。仅石油化工在线使用的催化剂中含 Pt 达 127.6 t，2008 年净增 Pt 用量 6.38 t。精细化工在线使用的催化剂中，分别含 Pt 242.6 t、Pd 230.2 t、Rh 39.8 t，2008 年净增用量分别为：Pt 12.13 t、Pd 11.51 t、Rh 1.99 t。

生产高级光学玻璃、建材玻璃纤维及通信光导玻璃纤维、激光器的核心材料——单晶宝石等工业，使用的铂族金属坩埚器皿和漏板器件，一般半年更换一次，全世界每年更换的铂合金材料达 180 t。2008 年补充 Pt 12.2 t、Rh 1.2 t。计算机硬盘用铂量达 7.6 t。2008 年生产汽车尾气净化催化器消耗 Pt 118.3 t、Pd 136.2 t、Rh 23.6 t，分别占当年全球矿产量的 63.7%、60% 和 110%。1975—2008 年 33 年间，全世界累计在汽车尾气净化催化剂中使用 Pt 1836.3 t、Pd 1918 t、Rh 365 t，合计 4119 t，约为 2008 年全球矿山产量的 10 倍。按失效周期 5 ~ 7 年计算，全世界每年需更换失效催化剂 $1 \sim 2 \times 10^8$ 套（1 ~ 2 亿套），需再生回收的铂族金属量 >200 t，被国内外称为"流动的铂族金属矿山"，将形成最大的再生回收产业。

2. 中国用量

中国已成为铂族金属的消耗大国。2008 年工业和首饰合计用铂总量 52.45 t，用钯总量 31.54 t，Pt + Pd 84 t，约占世界产量的 20%[35]。粗略统计的各行业使用情况如下：

1）汽车尾气净化催化剂。用 Pt 5.8 t、Pd 12 t，使用总量已超过 100 t，是中国矿山年产量的 50~60 倍；预计 4~5 年后，中国每年需更换失效催化剂占世界的 1/10（0.1~0.2×10^8 套），需再生回收的铂族金属量 >20 t。

2）化学化工催化剂。替换 Pt 34.2 t、Pd 40.4 t、Rh 10 t，补充量分别为 1.71 t、2.02 t、0.5 t。其中硝酸工业替换量 4 t、补充量 1 t。

3）石化催化剂。中国有约 100 家石油精炼厂，每年替换更新催化剂 4000~5000 t，在用 Pt 量 6.22 t，替换量 1.55 t、补充量 0.35 t。每增加 1000 t 炼油能力需新增铂族金属用量 0.5 t。

4）玻璃玻纤工业。替换的铂合金材料近 60 t，补充量 Pt 3.9 t、Rh 0.39 t。

5）首饰、收藏和储备。作为人类可永久保存的贵重财产，已进入中国的千家万户。据黄金矿业服务有限公司估计，2007 年中国首饰用 Pt 24.98 t，用 Pd 19.94 t，合计 44.92 t，约占世界同期首饰消费的 50%。

中国工业在线使用、再生替换、新增补充的数量，加上国家储备及"藏铂于民"的金融、首饰财富储备的数量，估计使用及周转总量已超过千吨，是中国探明矿产资源储量的 3 倍以上，是年产量的 300 倍以上。

3.2.3 分类及特点

无论二次资源来自哪个应用领域，其再生复用非指简单意义上的修复、洗涤、激活，多需用冶金的方法提取、分离及精炼出纯铂族金属产品，再按需要加工为新的器件返回使用。作为冶金原料，主要以其成分、状态和性质分为下述几类：

1. 金属和合金废料

包括各种废旧金属及合金催化剂、精密合金材料、坩埚、电极等，呈致密状态。多数为失效或被其他少量杂质元素污染的"纯金属"，或断裂、损坏的元器件，或产品加工过程产生的边角废料。其品位很高，成分简单，仅涉及两种或 3 种金属的冶金问题，易再生回收。技术关键是废料的高效快速溶解及从溶液中分离各种金属。

2. 载体催化剂

直接使用金属、合金、氧化物作催化剂时，废催化剂实际上仅是被污染或失去催化活性，成分及状态不变，品位很高，价值犹存，易回收；以 Al_2O_3、堇青石、活性炭、活性硅胶、硅藻土、沸石等惰性化合物为载体的废催化剂，铂族金属的品位仅约 0.1%~1%，成分较复杂，再生回收的关键是与载体有效分离，使铂族金属二次富集，然后进行分离和精炼；以氯化物、羰基化物、有机膦配合物等形态参与均相催化反应的废催化剂，再生回收的技术关键是从载体中有效地富集和分离出来，进而提取和精炼为纯金属或纯化合物产品。

3. 低品位废渣

铂族金属器件使用过程中，由于高温氧化挥发、渗透、磨损、夹裹等原因损失在周围环境中产生的各种废渣，如氨氧化塔炉灰，玻璃玻纤工业高温炉窑的废耐火砖、玻璃碴及其他含铂族金属的"工业垃圾"，铂族金属品位低，成分复杂，再生回收的关键是铂族金属的有效富集及冶金提取。

4. 含铂族金属废液

包括使用铂族金属的化工过程和提取冶金中产生的废液、电镀废液等。再生回收的关键是有效富集。

3.2.4　政策建议

资源循环利用问题已引起国家高度重视，颁布了《循环经济法》。一些专家[37]提出了"减量化、再使用、再循环"的 3R 原则，即 Reduce——减少自然资源开采量、Reuse——再使用、Recycling——再循环。

铂族金属二次资源再生回收在中国供需平衡中具有战略地位。但我国废旧贵金属回收以小作坊居多，回收渠道杂乱，设备简陋、技术落后、回收率不高，环境污染严重，浪费了资源和能源；部门及行业尚未形成有效的贵金属回收体系和相应配套的管理机制，缺乏严格监管。建议依据《循环经济法》，制定贵金属二次资源再生回收行业的实施细则。规范行业准入制度，逐渐取消高污染的家庭作坊式企业，培育和扶持龙头企业，加强其示范作用和竞争力，建立相应的回收补贴政策，以提高资源利用率。

3.3　核裂变乏燃料中的铂族金属

工业化和现代化社会为人们创造了富足、便利和舒适的生活，对能源的需求将持续增长。核电与火电、水电一起构成了当今世界电力的三大支柱。核能发电已有 50 多年的历史，至 2010 年底，世界上共有 441 座核电反应堆在运行，总装机容量达 4 亿千瓦，提供了世界 15% 以上的电力，有 16 个国家的核能发电量超过总发电量的 25%。国际原子能机构乐观地预计，2030 年全球核电装机容量将超过 4.73 亿千瓦。中国目前有 16 台核电机组并网发电，2020 年前新建至少 60 台核电机组，核电装机容量将超过 7500 万千瓦。50 多年来全世界核电机组总计运行了九千多年，即每个机组平均运行了二十多年[37]。已经形成的能源结构状况，使许多国家对核能发电"拿起了放不下"，在可预见的未来人类还离不开核能发电。中国要调整能源结构，发展核电是大势所趋，目前有 14 个核电机组正在运行，27 个正在建设。

　　万事都有两面性，核能发电也是一把"双刃剑"，是一种高风险的能源。1979年 3 月 28 日美国三哩岛核电站 2 号机组的事故，1986 年 4 月 26 日苏联切尔诺贝利核电站 4 号机组石墨反应堆中 8 t 核燃料爆炸事故，特别是 2011 年 3 月 17 日日本福岛核电站核泄漏事故，使人们"谈核色变"，敲响了核能如何安全利用的警钟。的确，核电站事故可能造成的经济损失之大、社会危害范围之广、心理伤害之深、延续时间之长，不亚于地震、海啸、洪水、泥石流、疫病流行等重大自然灾害。这种看不见、摸不着的放射性辐射所产生的恐惧感、无助感、忧虑甚至绝望的阴云，笼罩在人们心中。这种潜在威胁使核电站长期安全和可靠运行及核废料安全处理，成为核电在未来发展道路上遇到的主要挑战，成为人类不分国界需共同面对的严肃问题，形成了"利益"和"代价"之间的严重对立和矛盾。一些国土面积狭小、人口密度大的国家，"替核、限核、停核、废核"的呼吁和抗议不断。德国已决定 2022 年前关闭全部十几座核电站，成为世界上第一个废弃核能发电的国家。

　　世界各国和国际组织对核安全、核走私和核恐怖这一牵动世界神经的潜在危险，已召开了多次峰会。从 1986 年以来，国际上加强了核电安全领域的合作与交流，各国进一步改进系统和创新机组设备，完善安全法规和标准，安全水平在不断提高。同时，一直在努力调整能源结构，不断加大取之不尽的太阳能、风能、水能、生物能源的开发利用。蕴藏十分丰富的盐层气(巴西)，页岩气(美国、中国)、海底可燃冰等新能源不断发现，开采技术不断完善，并不断地开发节能降耗技术。

　　纵观人类社会的发展历史，在勇敢面对和战胜无数挑战和危机的历练中，人类创造了伟大的文明，促进了科技的进步和社会的发展。人类依靠智慧和勇气，坚持理性思维，将能战胜核电站长期安全运行及核废料安全处理这一严峻挑战。

　　说这段话是因为核电居然还与铂族金属冶金有着密切的关系。核电站反应堆中，含 U^{235} 的燃料棒裂变产生能量的同时，还生成许多裂变元素，其中就包括轻组 Pd、Rh、Ru，被称为"裂变假铂(FPs-fission platinoids)"。定期更换燃料棒产生大量乏燃料。目前全世界约有 12 万 t 乏燃料(美国 5 万 t，欧洲、亚洲各约 3.5 万 t)，而且每年还以 7200 t 的速度增长。中国的核电站每年产生 400 多 t 乏燃料，预计到 2020 年可达上万 t，60 年后将达 8 万 t 以上。每吨乏燃料含 FPs 约 4 kg。全世界每年产生的乏燃料中含 Ru 22.5 t、Rh 3.7 t、Pd 15 t。预计到 2030 年，乏燃料中积存的 Pd、Rh、Ru 量可达 1000 t、340 t 和 2000 t。Pd 量相当于探明矿产资源储量的11%，Rh、Ru 量约占一半(分别为 44% 和 62%)，成为潜在的铂族金属新资源[38]。如此大量的特殊资源，等待铂族金属冶金工作者研究安全高效的冶金新工艺和产业化装备将其转化为财富，将其制备为特种功能材料，并为其开发安全利用的新途径。这是铂族金属冶金工作者面临并需有效解决的新课题(参见 11.18)。

参考文献

[1] 中国有色金属工业总公司桂林矿产地质研究院. 金属矿床地质与勘查译丛. 第13集. 岩浆镍–铜–铂硫化物矿床[R]. 1988

[2] 中国科学院贵阳地球化学研究所. 铂族元素矿物鉴定手册[M]. 北京：科学出版社，1981

[3] 广东地质局中心实验室. 砂矿物图集[M]. 北京：地质出版社，1979

[4] L·J·赫尔伯特编著. 沈承珩、刘道荣译. 铂族元素的地质环境[M]. 北京：地质出版社，1991

[5] R C Hochreiter, J S Afr. Inst. Resources of PGMs in South African[J]. Metall, 1985, 85 (6)：165 – 185

[6] E O Stensholt, et al. Separation and refining technology of platinum group metals in South African [J]. Institution of mining and metallurgy transactions, 1986, 95(5)：10 – 16

[7] 张位及. 滇缅合作开发砂铂矿资源很有前景[A]. 云南省地质学会. 东南亚矿产资源与云南矿业学术研讨会论文集[C]. 昆明，2001 年 10 月：107 – 109

[8] 赵怀志，陈立新. 缅甸砂铂矿中的矿物种类[J]. 矿物学报，1994，14(3)：285 – 291

[9] S F A Stephen Forrest. 即将到来的铂族金属供应冲击[A]. 北京 Antaike 信息开发有限公司. 2009 中国国际贵金属年会论文集[C]. 昆明：153 – 159

[10] Beresford Clarke. Bushveld and Great Dyke 的铂族金属经济形势[A]. 北京 Antaike 信息开发有限公司. 2009 中国国际贵金属年会论文集[C]. 昆明：160 – 164

[11] 刘时杰. 津巴布韦铂矿的开发利用问题[R]. 昆明贵金属研究所科技档案，2008

[12] 昆明贵金属研究所信息情报中心. 世界铂族金属的储量与资源[R]. 昆明贵金属研究所，2010

[13] 澳大利亚玛格玛(MAGMA)金属有限公司. 北美铂矿资源情况[R]. 昆明贵金属研究所，2008

[14] Mara Strazdins, Henry Sandri. Duluth metals receives scoping level metallurgical study and updates program[EB/OL]. www.duluthmetals.com, 2007 – 11 – 19

[15] 王瑞廷，毛景文，赫英，王东生，汤中立. 金川超大型铜镍硫化物矿床的铂族元素地球化学特征[J]. 大地构造与成矿学，2004，28(3)：279 – 286

[16] 车志敏、周乃国. 云南——矿业王国[M]. 芒市：德宏民族出版社，1999：292

[17] 张翼飞. 云南省区域矿产总结(下册)[R]. 云南省地质矿产局，1993

[18] 云南省地勘局第三地质大队. 金宝山铂钯矿详细普查地质报告[R]. 第一册、第二册，1982

[19] 中国科学院贵阳地球化学研究所. 铂族元素矿物鉴定手册[M]. 北京：科学出版社，1981

[20] 杨廷祥，等. 云南省弥渡县金宝山铂钯矿典型矿床研究报告[R]. 云南省地勘局第三地质大队，1990

[21] 地矿部云南中心试验室. 金宝山铂钯矿矿石物质组成和工艺矿物学研究报告[R]. 地矿部云南中心试验室科技档案，1998

［22］宋焕斌，张尚忠，易凤煌.金宝山铂钯矿石的矿物成分及嵌布特征［J］.矿产与地质，2007，21(1)：22－26

［23］刘时杰．国家重点科技攻关项目(97－227)——云南省金宝山低品位铂钯矿资源开发综合利用，完成情况自评估报告［R］.昆明贵金属研究所，2002

［24］李晓明，刘时杰.国家重点科技攻关项目(97－227)——云南省金宝山低品位铂钯矿资源开发综合利用［R］.文件及地、采、选、冶技术资料汇编，昆明贵金属研究所，2002

［25］Liang Dongyun. Study on process mineralogy for a low grade platinum and palladium ore［A］. Deng Deguo, et al. International symposium on precious metals, ISPM＇99［C］. Kunming: Yunnan Science and Technology Press, 1999: 338－342

［26］G Russell. Platinum exploration in Australasia［C］. IPMI, Precious Metals, 1987

［27］王敏芳，邓晓东，李占轲，毕诗健.斑岩铜矿床中铂族元素的研究现状与存在问题［J］.岩石矿物学，2010，29(1)：100－108

［28］罗卫，戴塔根．湘西北下寒武统黑色岩系中贵金属－镍－钼－钒矿床的有机成矿作用［J］.矿产与地质，2007，21(5)：504－508

［29］毛景文，张光弟，杜安遭，等．遵义黄家湾镍－钼－铂族元素矿床地质、地球化学和Re－Os同位素测定.兼论华南寒武系底部黑色页岩多金属成矿作用［J］.地质学报，2001，75(2)：234－243

［30］梁有彬，朱文风．湘西北天门山地区镍钼矿床铂族元素富集特征及成因探讨［J］.地质找矿论丛，1995，10(1)：55－65

［31］刘时杰，吴晓峰．镍－钼共生矿中铂族金属综合回收工艺论证［R］.昆明贵金属研究所，2008

［32］张永俐，李关芳.贵金属医用材料的研究和发展［A］.昆明贵金属研究所学术委员会.昆明贵金属研究所第十二届学术年会论文集［C］. 2004：96－110

［33］宁远涛.先进铂材料与工业应用［J］.2010年全国贵金属学术研讨会论文集.贵金属，2010，31，增刊：34－40

［34］J M 公司．Platinum 2008［R］.昆明贵金属研究所，2009

［35］陈伏生．贵金属废料的市场报告［R］.昆明贵金属研究所，2010

［36］邱定蕃，徐传华．有色金属资源循环利用［M］.北京：冶金工业出版社，2006

［37］切尔诺贝利.被夸大的历史悲剧［N］.光明日报，2011－03－15

［38］陈松，管伟明，张昆华．核废料中裂变产生的铂族金属(FPs) 的开发、应用和发展［J］.稀有金属材料与工程，2007，36(2)：372－376

第 4 章　铂矿资源的选矿 – 熔炼富集

4.1　选冶富集工艺的原则框架流程

4.1.1　铂矿资源及选冶工艺的特点

含铂族金属的矿产资源，无论是原生铂矿还是铂族镍铜共生硫化矿，一般矿石中 PGMs + Au 品位为 0.0003% ~ 0.0006%（3 ~ 6 g/t），最低约 0.0001%（1 g/t），最高约 0.002%（约 20 g/t），Ni、Cu、Co 硫化物各占 0.1% ~2%，即"有价值"的贵金属和重有色金属硫化矿物的总量一般小于 5%。而脉石矿物——辉石、蛇纹石、橄榄石、角闪石等硅铝酸盐及碳酸盐矿物占矿石质量的 85% 以上，含铁、铬氧化矿物约 10%。从这种矿石中必须有效回收 Pt、Pd、Os、Ir、Ru、Rh、Au、Ag、Cu、Ni、Co 等十多种有价金属，并尽量变废为宝回收利用 S、Se、Fe、Mg 等低价或无价组分。

从矿石中分离占绝对量的脉石成分，使贵金属和重有色金属硫化矿物富集起来，选矿是最经济有效的方法，它不仅是提取冶金中必不可少的关键环节，还使许多品位低、成分复杂的矿产资源得到充分、合理、经济的利用，扩大了可利用的矿产资源规模。经过长期的发展，浮选、重选、磁选技术处理共生硫化矿，重力选矿技术处理砂铂矿，都已成为通用且容易产业化实施的传统方法。但以高回收率产出高品位精矿，不断提高矿产资源中各种组分的综合利用效率，一直是选矿科技工作者肩负的一个永恒课题。

原生铂矿或铂族铜镍共生硫化矿石选矿的主要产品是浮选精矿，一般精矿中 PGMs + Au 品位提高至 0.008% ~ 0.03%（80 ~ 300 g/t），最低约 0.0003%（约 3 g/t）。Ni、Cu、Co 硫化物合计提高至 7% ~15%，但"无价值"的硅、铝酸盐脉石矿物及铁、铬氧化矿物合计仍大于 80%。从浮选精矿中分离占绝对量的脉石矿物及铁的硫化或氧化矿物，使贵金属和重有色金属硫化矿物进一步富集起来，是提高有价金属回收率的关键。

国内外长期的生产实践证明：火法熔炼使脉石矿物及铁氧化矿物造渣，产出富集了贵金属的低锍（镍铜铁硫化物合金），再氧化吹炼除铁后湿法处理富集了贵金属的铜镍高锍，是国内外冶炼厂通行的、经济有效且容易产业化实施的技术路线。火法熔炼富集具有高温下反应速度快、设备生产率和劳动生产率高、能充分利用硫化精矿中的潜能、能有效地富集贵金属、炉渣性质稳定便于堆存不污染环境等优点。这是客观事实，不存在"唯火法论"的问题。熔炼过程中有高温物态、物相的物理变化，还发生许多复杂的高温化学反应，涉及高温供热及热平衡，熔融状态下气－固、液－固、液－液等多相反应和平衡，烟气、烟尘处理和综合利用，废热利用，使用各种各样的设备等众多的科学技术问题。这一科技领域已积累了系统、丰富的基础理论知识和长期工业化实践的成熟经验。

4.1.2 原则框架流程

国内外处理该类资源的原则框架流程绘于图4－1。

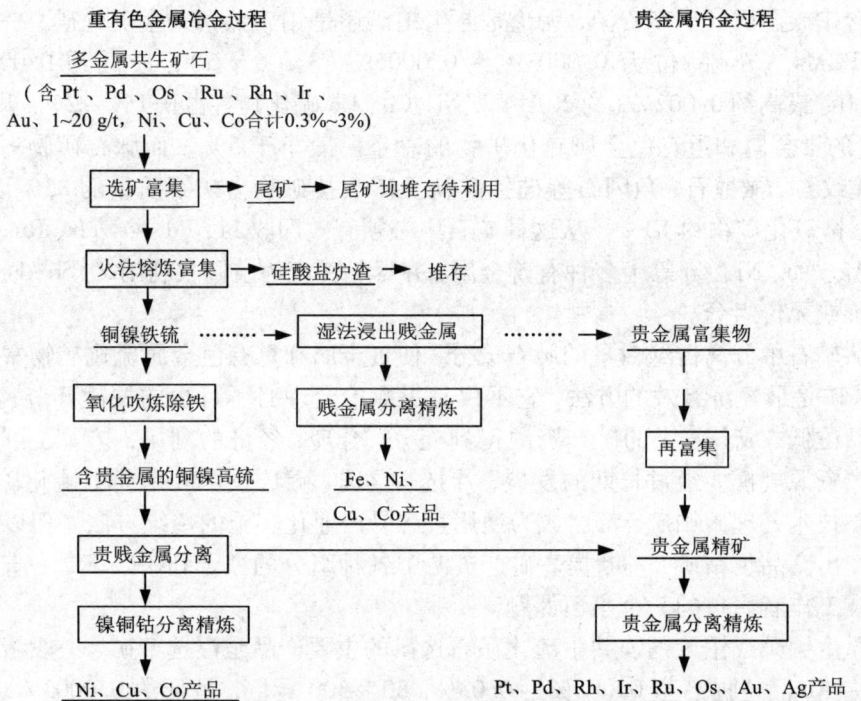

图4－1 铂族铜镍硫化共生矿资源提取冶金的原则框架流程

原则流程是重有色金属冶金和铂族金属提取冶金两个学科的交叉融合。左半部是镍铜钴富集、分离和精炼为产品的过程，同时是富集贵金属的过程。文献[1-2]全面介绍了国外五大洲近50个镍冶炼厂的生产工艺，部分涉及铂族金属的富集问题。文献[3]从设计和产业化的角度详细介绍了国内外一些大型镍冶炼厂的冶炼工艺，冶金设备结构、配置、设计计算，技术操作条件和参数，主要技术经济指标等内容。在镍铜冶金过程中高效、高回收率地提取出贵金属精矿，是影响贵金属回收率的关键阶段，也是新工艺研究和老工艺技术改造必须考虑的重要前提。

右半部是贵金属冶金范围，即 8 个贵金属相互分离、精炼为产品的过程，原则上包括富集提取出贵金属精矿、贵金属相互分离、分别精炼为产品三个阶段，规模小但技术密集。

需要指出的是：①经百多年的发展，镍铜硫化矿选矿和火法熔炼技术已成为社会经济发展中传统的大规模基础工业之一，其理论及过程机理已十分成熟，并积累了非常丰富的工程化经验，理论研究已退居次要地位，技术工艺发展的重点已转向高效的设备更新、自动化及环保治理方面。②铂族金属提取冶金和镍铜硫化矿冶金，两个专业学科紧密相连，相互渗透、交叉融合，是冶金科技领域中学科交叉的典型实例。为了实现原生铂矿或铂族铜镍共生硫化矿资源的全面综合利用，即使是南非布什维尔德或美国斯替尔瓦特原生铂矿，矿石中 Ni、Cu 品位仅 0.1% ~ 0.2%，仍然应用硫化矿选矿和熔炼作为载体技术，使铂族金属在镍、铜冶炼过程中不断富集提取出精矿，最后分离精炼为铂族金属产品。③现有研究表明，矿石中伴生的极微量铂族元素，在不同矿体及不同类型的矿石中品位变化无常，矿物种类很多(7 类一百多种)，矿物密度、粒度变化范围(从 μm 到 mm)及疏水性差别大，虽然多数矿物与有色金属硫化矿物紧密连生或呈包裹体，但有的呈类质同象状态存在于其他矿物中。因此，在浮选过程中如何以高回收率富集在镍铜硫化物精矿中是一个非常复杂的问题[4-5]。④用常压氰化或加压氰化、常压氯化等湿法冶金工艺直接浸出矿石或浮选精矿提取 PGMs，在技术和经济方面衡量都不可行(参见第 6 章)。⑤镍铜选冶工艺的研究和完善是有色冶金专家的任务，但铂族金属冶金科技工作者必须参与镍铜选冶工艺的制定和改造，研究铂族金属在选冶工艺中的走向富集规律，以保证其有效回收。因此，本章从学科交叉融合的角度，重点介绍铂族金属在选冶工艺中走向富集规律的相关知识。

4.2　共生矿的浮选[6]

浮选——浮游选矿，系根据矿物颗粒表面物理化学性质差异进行分选的方法。工业上普遍应用泡沫浮选法，将矿粒选择性地附着在矿浆中的空气泡上，并上浮到矿浆表面。矿物间可浮性的差异主要是矿物表面对水的湿润性不同，凡是与水亲和力大、容易被水润湿的矿物(称亲水性矿物)难于附着在气泡上。而与水亲和力小、润湿性差的矿物(称疏水性矿物)，可浮性好容易上浮。润湿性是气－固－液三相界面相互作用的结果，不同矿物被水润湿的速度也有差别。利用润湿性及润湿速度的差异，可实现不同矿物颗粒的分离。

全世界几十个共生矿选矿厂的选矿工艺结构多已基本定型，主要包括矿石碎－磨、分级，浮－重－磁选别，浮选药剂的合成筛选及药剂制度制定等内容。所有环节中都涉及贵金属的走向及有效回收问题。

4.2.1 共生矿的主要成分及价值

这类资源，主要有加拿大萨德伯里、中国金川等地的伴生铂族金属硫化铜镍矿和俄罗斯诺里尔斯克的铂族金属铜镍共生硫化矿。矿石中有价金属品位及贵金属所占价值比例参见表 3－4，它们以提取镍铜为主，综合回收钴、贵金属及硫、硒、碲等元素。其中诺里尔斯克共生矿伴生铂族元素的品位高，价值占矿石中所有有价金属价值的 20% 以上，中国金川矿石中伴生铂族元素品位低，仅 0.3 ~ 0.4 g/t，其价值仅占矿石中所有有价金属价值的 5%。有些硫化镍矿，如中国黑龙江盘石、四川会理、云南金平的矿床中，伴生铂族元素品位很低（<0.1 g/t），回收价值更小。但该类矿床规模大，综合利用组分多，矿石易于浮选富集，便于大规模产业化开发利用，它们提供全世界镍产量的 70%、铂族金属产量的 50% 以上，在世界铂族金属供需平衡中具有重要的地位。这类共生矿虽以镍、铜硫化矿物的有效选收为主要目的（研究制定以浮选为主，有时辅以重选和磁选的选矿工艺），但是在浮选过程中如何将铂族金属以高回收率富集在镍铜硫化物精矿中，是选矿工艺的主线。

所有共生矿中重有色金属的矿物组成关系十分近似，都是磁黄铁矿－镍黄铁矿－黄铜矿－黄铁矿组合，只是矿物含量比例有差别而已。镍黄铁矿（FeNi）$_9$S$_8$ 是主要的含镍矿物，含 Ni 约 34%，在部分氧化带或蚀变较强的矿石中它蚀变为紫硫镍铁矿。黄铜矿 CuFeS$_2$ 是主要的铜矿物，含 Cu 约 35%，在富铜的矿石中它常与方黄铜矿 CuFeS$_3$ 形成固溶体结构。磁黄铁矿 Fe$_{n-1}$S$_n$（n 为 8 ~ 16，一般为 8）是主要的铁矿物，含 Fe 约 60%，通常不含铜，但含约 1%（呈类质同象）的镍及少量铂族金属。这些硫化矿物都具有表面疏水性质，易与浮选药剂作用并被捕收在泡沫产品中，且在酸性及中性介质中最易浮选。碱性介质中黄铜矿易浮选，镍黄铁矿次之，磁黄铁矿则由于表面易生成亲水性的铁氢氧化物 [Fe(OH)$_2$ 和 Fe(OH)$_3$]薄膜而降低浮选活性。但磁黄铁矿作为主要的含铁矿物有一定磁性，且随铁硫比增大磁性增强，这些基本性质的差异为其选择性分离，如单独选出铜精矿或从混合浮选精矿中进一步分离铁创造了一定的条件，形成混合浮选、分离浮选等多种工艺结构。

各主要共生矿床在镍、铜金属含量比例及镍、铜、铁的主要矿物含量比例等方面相差较大。如 w_{Cu}/w_{Ni}，俄罗斯诺里尔斯克约为 2，加拿大萨德伯里约为 0.5，汤普森约为 1/15，中国金川约为 3/5，澳大利亚坎姆伯达约为 1/122。铁的主要矿物(磁黄铁矿)与镍的主要矿物(镍黄铁矿)含量的比例，加拿大铜岩约为 5.5，汤普森约为 2.2，中国金川为 2~3。这些特点使资源开发的侧重点、浮选工艺流程的结构和最终产品方案有很大差别。中国金川、俄罗斯的一些共生矿多用混合浮选工艺产出铜镍混合精矿的单一产品方案，贵金属集中富集在混合精矿中。加拿大某些镍公司及俄罗斯诺里尔斯克则使用分选工艺产出镍精矿、铜精矿，有的选厂为了降低混合精矿的含铁量，减轻冶炼除铁负担，还分选磁黄铁矿产出硫铁矿精矿。分选可提高送交冶炼的镍铜精矿质量，提高冶炼过程的技术经济指标，但有价金属分散不可避免，是否采用需结合资源特点综合论证决定。针对不同资源的特点及冶炼工艺的要求，经过综合论证比较制定结构合理、经济高效的选矿工艺流程，是一门严谨的科学。

4.2.2　浮选药剂

浮选的关键是制定合理的药剂制度。药剂的种类很多，如与金属硫化矿物结合为可浮游产物的捕收剂，使矿浆泡沫增多从而提高硫化矿物浮游能力的起泡剂，抑制脉石矿物进入泡沫产品的抑制剂，改善硫化矿物表面活性的活化剂，调整介质性质的调整剂等。药剂制度包括药剂品种的选择、用量、流程中的给药点和给药方式。

1. 捕收剂

捕收剂与硫化矿物表面作用能增强其疏水性，有利于矿物颗粒捕收在气泡中。最常用的是黄药和黑药。黄药是一类烃基二硫代碳酸盐，由醇、苛性钠(钾)和二硫化碳反应合成，根据所用的醇是乙醇、丁醇、戊醇的差别，合成的黄药分别称为乙基黄药、丁基黄药和戊基黄药。以烃基中碳原子数 4 为界，C 原子数 <4 为低级黄药，C 原子数 >4 为高级黄药，碳链越长捕收能力越强。乙基钠黄药的分子式为 $C_2H_5OCSSNa$。黄药在酸性介质中易分解，多用于碱性介质中浮选。黑药是一类烃基二硫代磷酸 R_2O_2PSSH 或其钠盐 R_2O_2PSSNa，R 一般为甲苯基或烷基有机化合物，如甲苯基黑药 $(C_6H_4CH_3)_2O_2PSSH$，同时兼有捕收和起泡功能。丁基铵黑药(二丁基二硫代磷酸铵)对难浮的墨铜矿 $Cu_3Fe_4S_7$ 的捕收能力比乙基黄药强。还有硫氮九号，即二乙基二硫代氨基甲酸钠 $(C_2H_5)_2NCSSNa$，咪唑(N – 苯基 – 2 – 硫醇苯骈咪唑)等，也是硫化矿的强捕收剂。

2. 起泡剂

泡沫是矿物颗粒上浮的媒介，添加起泡剂产生大量坚韧且稳定的气泡是浮选的基本条件。起泡剂多是含有羟基—OH、氨基—NH_2、羧基—COOH 等异极性基的表面活性有机物，最常用的 2# 油，是松节油与硫酸、乙醇反应合成的产品，萜烯醇 $C_{10}H_{17}OH$ 含量 >50%。还有天然的桉叶油、樟脑油，炼焦的副产品甲酚酸(是酚、甲酚、二甲酚的混合物)，高级醇(碳链中的 C 原子数 >5)，合成的 4# 油

（三乙氧基丁烷）（C_2H_5O）$_2$CHCH$_2$CH（C_2H_5O）CH$_3$，甲基异丁基甲醇,合成的 MIBC 等,它们在起泡性能、泡沫稳定性和选择性方面各有优劣。

3. 抑制剂

抑制剂能抑制脉石矿物或铁硫化物的浮游和夹裹。石灰或碳酸钠加入矿浆中,会使黄铁矿表面生成亲水性的氢氧化铁薄膜,降低铁硫化物的可浮性。加羧甲基纤维素抑制碱性脉石、绿泥石、滑石、蛇纹石等矿泥,减少脉石矿物夹带进精矿产品,都有利于提高精矿品位和质量。

4. 活化剂

活化剂能使某些发生氧化蚀变的硫化矿物(如紫硫镍矿)的表面重新活化形成金属硫化物薄膜,以改善其可浮性,多用硫化钠和硫酸铜作活化剂。

5. 介质调整剂

矿浆 pH 高低直接或间接影响各类矿物的浮选性质,得到不同的浮选指标,当浮选介质需碱性时,用石灰或碳酸钠调整,需酸性时一般加硫酸调整。

根据矿石性质选择药剂、对各种药剂改性及制定合理的药剂制度,是获得良好选矿指标的关键,其研究和发展至今仍非常活跃。

4.2.3　不同介质混合浮选中贵金属的走向

金川富矿石中金属硫化矿物组合关系与其他共生矿类似,主要镍矿物为含 Ni 约37%、Co 约1%的镍黄铁矿,主要铁矿物是含 Ni 约1%的磁黄铁矿(以单斜晶系呈细脉或星点状分散于脉石或镍黄铁矿中),主要铜矿物是含 Cu 约36%的黄铜矿(常包含墨铜矿 $Cu_3Fe_4S_7$),还有少量含 Ni、Cu、Co 的马基诺矿 FeS。主要硫化矿物和脉石矿物的含量为:镍黄铁矿4.6%,黄铜矿2.4%,墨铜矿1%,硫化矿物合计约占20%;磁黄铁矿12.2%,磁铁矿3%,铁矿物占15.2%;蛇纹石58.6%,辉石和橄榄石3.7%,绿泥石11.2%,脉石矿物合计73.5%。

贱金属硫化矿物以中粗粒为主,如镍黄铁矿粒度一般为0.5～1 mm,磁黄铁矿粒度 >0.1 mm 占90%,黄铜矿粒度 >0.074 mm 占70%。主要铂矿物为砷铂矿,粒度为0.074～0.5 mm。钯主要呈碲铋类矿物多嵌布于黄铜矿中,粒度多 <0.074 mm。其他铂族元素矿物也主要与贱金属硫化矿物紧密连生。

曾研究过酸性、中性、碱性介质中混合浮选时镍、铜及铂族金属的选别指标。酸性介质浮选时加硫酸调整矿浆 pH≈4,2$^\#$油为起泡剂,丁基黄药为捕收剂。中性(自然 pH≈8)介质浮选时以六偏磷酸钠作铁硫化物抑制剂,优先浮选铜镍后再用硫酸铜活化浮选磁黄铁矿产出铁硫精矿。碱性介质浮选时加 CaO 或 Na_2CO_3 调整矿浆 pH 9～12,硫酸铜活化后浮选,精选阶段再用硫酸调整介质为酸性,从中矿中选出铁硫精矿,3 种介质的浮选指标比较列于表 4 – 1。

表 4 - 1　不同介质浮选的选收率比较

介质性质	产品	产率/%	选收率/%							
			Ni	Cu	Pt	Pd	Os	Ir	Ru	Rh
酸性	混合精矿	25.31	91.3	86.3	83.6	79.2	83.6	78.2	88.8	79.2
中性	铜镍精矿	22.04	89.3	75.8	74.3	75.2	69.5	57.8	71.9	62.9
	铁硫精矿	4.72	1.62	4.21	3.5	4.3	14.7	9.3	9.8	8.5
碱性	混合精矿	23.92	90.1	79.6	81.9	75.2	78.2	67.9	82.0	78.4

酸性介质中磁黄铁矿易浮，同时利于溶解墨铜矿表面亲水的水镁石层使铜矿物活化，因此不仅铜镍的选收指标好，而且提高了铂族金属的选收指标。主要缺点是酸性介质对设备腐蚀严重，酸耗高，大规模工业化有困难，因此浮选过程多在中性或碱性矿浆中进行。

中性介质分选出铁硫精矿可以提高镍铜混合精矿的质量，但同时会造成约 1% Ni、4% Cu、3% ~ 5% 的 Pt + Pd 和约 10% 的副铂族元素分散在铁硫精矿中成为永久损失。

金川早期以自然 pH 介质处理一矿区含 Ni 约 1%、Cu 约 0.5%、铂族金属约 0.5 g/t 的富矿石，混合浮选产出混合精矿，工艺流程见图 4 - 2。

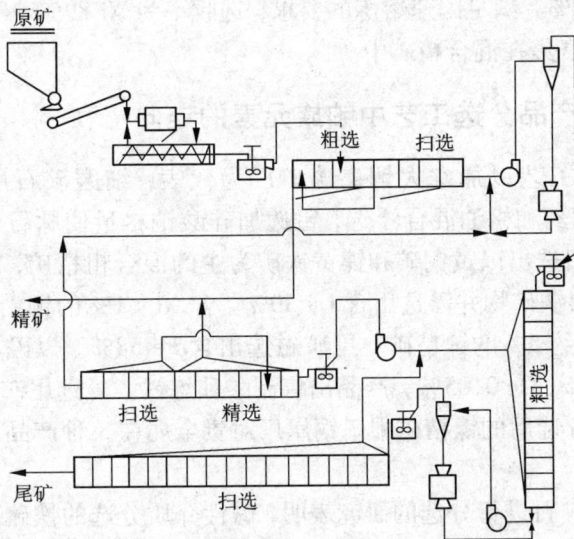

图 4 - 2　金川富矿石的混合浮选工艺流程

三段磨矿，磨矿细度 −74 μm 各占 55%，70%、80%，低浓度矿浆入选，一段开路粗选产出部分合格精矿，二、三段粗选精矿用碳酸钠调整介质为碱性集中精选，乙基黄药和丁基铵黑药作捕收剂，精矿产率 22%～25%，精矿镍品位 >5%，选收率镍约 90%，铜 82%～85%。考查贵金属的选收情况表明，所有贵金属元素都能与铜镍一起富集在镍铜混合精矿中(见表 4 −2)。

表 4 −2　金川富矿石中性介质混合浮选时贵金属的选收指标

元素	Pt	Pd	Os	Ir	Ru	Rh	Au	Ag
原矿品位/(g·t^{-1})	0.267	0.175	0.072	0.054	0.039	0.024	0.165	1.39
精矿品位/(g·t^{-1})	1.06	0.65	0.219	0.17	0.15	0.075	0.5	4.5
选收率/%	88	82	67.6	69.7	85.2	70.6	67.1	71.9

针对含 Ni 1.77%、Cu 0.85% 的二矿区高镁蛇纹石型富矿石(比苏长岩型矿石难选)，用六偏磷酸钠作矿泥分散剂和脉石矿物抑制剂，在中性(自然 pH)介质中混合浮选，获得含 Ni 6.58%、Cu 2.8% 的混合精矿，选收率 Ni 89.2%、Cu 77.4%。为了降低精矿含镁，使用 JCD 组合药剂[7]，在球磨机中加入硫酸铵，用 T −1140 作镍硫化矿物的活化剂，29# 药作钙、镁抑制剂，J −622 作组合捕收剂，针对含 Ni 1.46%、Cu 0.68% 的矿石进行混合浮选，混合精矿含 Ni 6.56%、Cu 2.63%、MgO 5.9%，满足闪速熔炼的要求，选收率为 Ni 89%、Cu 76.7%。矿石中的铂族元素也富集在混合精矿中。

4.2.4　多产品分选工艺中铂族元素的走向

多产品浮选工艺以加拿大铜崖选矿厂为代表，细磨矿石用石灰调整介质 pH≈9，用戊基黄药和松油混合浮选，粗选加硅酸钠尽量使脉石矿物和磁黄铁矿抑制在尾矿中，粗选出以黄铜矿和镍黄铁矿为主的混合粗精矿，混合精矿加石灰调 pH≈12 抑制镍铁矿物并浮选出含 Cu 30%、含 Ni <1% 的铜精矿，底流即为含 Ni >10%、含 Cu 约 5% 的镍精矿。尾矿磁选出含 Fe 58%、以磁黄铁矿为主的铁精矿(含 Ni 0.75%、Cu 0.05%)产品出售制酸和炼铁。磁选尾矿再浮选回收少量镍黄铁矿，并入分选后的镍精矿中。铜崖厂对贵金属在 3 种产品中的分配情况没有详细报道。

针对金川富矿石进行分选的研究表明，碱性介质分选的铁硫精矿中分散的贵金属占原矿的比例为(%)：Pt 5、Pd 11、Os 24、Ir 17、Ru 26、Rh 17，副铂族金属的分散损失较大，由于铁精矿售出用于制酸炼铁，贵金属成为永久损失。碱性介质浮选产出的混合精矿(成分见表 4 −2)若进一步分选为铜精矿和镍精矿，铜精矿（含 Cu 22%、Ni 1.8%）的产率为 8%，镍精矿（含 Ni 6.26%、Cu 1.24%）的产率为 92%。贵金属在镍精矿中的分配比例（%）为：Pt 90、Pd 81、Os 95、Ir 94、Ru 96、Rh 93、Au 53。绝大部分铂族金属富集在镍精矿中，从镍冶炼系统回收，金约对半分配。当原矿中贵金属品位及回收价值很低时，分选对后续铜、镍冶炼有利，若铂族元素品位较高，分选工艺对其回收显然不利。

4.2.5　富矿重－浮选工艺中铂族元素的走向

当原矿中铂族金属品位很高、矿物粒度粗大时，它们不易浮游进入泡沫产品，即使进入泡沫产品也易重新重力沉降入尾矿损失，因此单一浮选工艺很难达到较高的回收率。

金川二矿区含 Ni 1.01%、Cu 2.61%、S 5.47%、Pt 6.03 g/t、Pd 1.61 g/t 的富矿石，97.6% 的铂呈单矿物（主要是砷铂矿），它们虽多与黄铜矿连生，但易单体解离且粒度较粗（见表 4 –3）。曾对比研究了单一浮选工艺及重－浮选联合工艺中铂族元素的走向和富集规律。用碳酸钠调整浮选介质为碱性，硫酸铜为活化剂，2# 油为起泡剂，黄药为捕收剂，摇床重选。两种工艺的浮选指标比较列于表 4 –4。

表 4 –3　金川富矿中砷铂矿的粒度组成

粒度范围/mm		1 ~0.5	0.3 ~0.5	0.1 ~0.3	0.042 ~0.1	<0.042
砷铂矿的自然粒度	比例/%	6.9	15.9	54.7	11.9	10.6
	累计/%	6.9	22.8	77.5	89.4	100
单体解离度/%		13.49	41.11	81.79	96.81	99.65

表 4 –4　金川富矿重－浮选及单一浮选指标比较

工艺	产品名称	产率/%	Cu	Ni	Pt	Pd	Cu	Ni	Pt	Pd
			%		g/t		分　配/%			
重浮流程	0.2 ~0.5 粒级重选精矿	7.80	9.51	3.55	46.8	2.3	28.4	27.5	60.5	11.2
	+0.074 粒级重选精矿	14.48	9.41	3.15	34.7	2.5	52.2	45.1	83.3	22.0
	−0.074 粒级浮选精矿	12.98	8.25	2.21	6.2	5.3	41.0	28.4	13.2	42.2
	总精矿	27.46	8.87	2.70	21.2	3.8	93.2	73.5	96.5	64.4
	总尾矿	72.54	0.24	0.37	0.29	0.79	6.8	26.5	3.5	35.6
单浮	浮选精矿	25.69	9.3	3.2	22.3	3.7	91.6	72		
	浮选尾矿	74.31	0.3	0.4	1.1	0.9	8.4	27.1	12.8	40.9

显然，在 0.2 ~0.5 mm 粒级，摇床重选即可回收 60% 的铂矿物，+0.074 mm

粒级重选精矿中铂品位约 40 g/t，回收率 83.3%，只有 13.2% 的铂进入混合浮选精矿，铂的总收率高达 96.5%，比单一浮选提高 9%。

4.2.6 俄罗斯诺里尔斯克选矿工艺[8]

诺里尔斯克是世界上最重要的、铂族金属品位很高的共生硫化矿资源。矿床中有致密块状富矿石、浸染状贫矿石及介于二者之间的过渡性矿石（称为低硫矿石）等多种矿石类型。其中浸染状矿石及低硫矿石，在成分上类似于南非原生铂矿类型，矿石中铂族金属价值占绝对比例。为了提高铂族金属产量，现在除开发上述各类矿石外，也在使用磁选、重选及浮选技术积极处理过去堆存的含贵金属磁黄铁矿精矿及浮选尾矿。尤其在重选技术方面，大量使用了先进的尼尔森离心选矿机。

1. 浸染状矿石的选矿工艺

含铂族金属的浸染状矿石，其矿物及物质组成最复杂，脉石含量高达 95% ~ 96%。拟定的联合选矿工艺（见图 4 - 3）包括各种选矿方法。

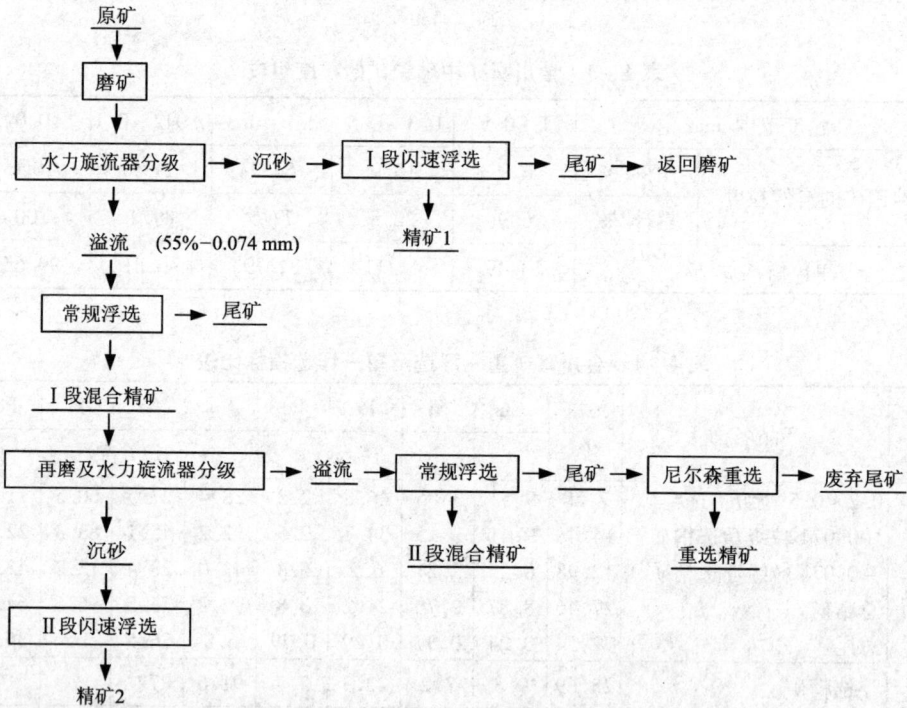

图 4 - 3 浸染状矿石的优化选矿工艺

工艺特点是：用特制的闪速浮选机处理与原矿磨矿闭路的水力旋流器沉砂，可避免贵金属矿物过磨泥化并获得质量合格的混合泡沫精矿 1；从浮选尾矿中用尼尔森离心选矿机可有效回收可浮性差的铂族金属矿物，重选精矿 Pt + Pd 达 90 g/t。工艺指标列于表 4 - 5。

表 4 - 5　浸染状矿石的选矿回收指标

原矿及产品	产率/%	Ni	Cu	Pt	Pd	Pt + Pd	Ni	Cu	Pt	Pd	Pt + Pd
		%		g/t			分配/%				
原矿	100	0.30	0.45	1.10	2.90	4.0	100	100	100	100	100
重选精矿	0.15	1.50	1.20	57.2	32.9	90.1	0.75	0.40	7.80	1.70	3.38
混合精矿	6.0	3.58	6.06	24.6	42.7	57.3	71.5	91.5	79.5	87.7	85.5
尾矿	93.85	0.01	0.04	0.15	0.33	0.48	27.8	8.10	12.7	10.6	11.1

注：混合精矿 = 精矿 1 + 精矿 2 + Ⅱ 段混合精矿。

2. 低硫矿石的重 - 浮选矿工艺[9]

在诺里尔斯克 1 号矿床中有一些低硫矿石，含 Ni 0.05% ~ 0.15%、含 Cu < 0.15%，其中一半的 Ni 呈不能浮选回收的硅酸镍。但矿石中铂族金属品位较高（平均品位 9 g/t），且 80% 以上呈可浮性很低的单矿物。针对含 PGMs 4.7 g/t 的矿石拟定了重 - 浮联合工艺。矿石磨至 - 0.25 mm 后用尼尔森离心选矿机重选，重选尾矿再磨后浮选。获得的指标列于表 4 - 6。

表 4 - 6　低硫矿石的重 - 浮指标

原矿及产物名称	产率/%	成分/%		成分/(g·t^{-1})		分配率/%			
		Ni	Cu	Pt	Pd	Ni	Cu	Pt	Pd
原矿	100	0.14	0.14	1.59	2.82	100.0	100.0	100.0	100.0
重选精矿	0.19	3.1	3.6	211.6	220.4	4.2	4.8	25.0	14.7
浮选精矿	3.74	1.23	2.08	20.2	46.0	32.9	55.6	43.3	61.0
浮选中矿	10.23	0.14	0.14	1.59	2.82	18.3	12.6	10.7	9.1
尾矿	85.84	0.07	0.04	0.26	0.5	44.6	27.0	21.0	15.2

重选精矿产率很小，含 PGMs 品位高达 430 g/t，可送铂族金属精炼厂单独处理回收。浮选精矿含 Ni + Cu 3.3%、PGMs 66 g/t，可与选矿厂的其他混合精矿合并送冶炼厂熔炼富集。重 - 浮合计回收率为 Pt 68.3%、Pd 75.7%。

3. 磁黄铁矿精矿的选矿工艺

塔尔纳赫富铜共生矿石浮选工艺分离出磁黄铁矿精矿，从 1975 年开始大量单独堆存在尾矿坝。其中铁矿物(磁铁矿和磁黄铁矿)为主，还含硅铝酸盐脉石和少量铜镍硫化矿物。粒度变化范围大，+1.7 mm 占 55%，−0.074 mm 占 41%。其成分(%)范围：Ni 2.1 ~ 2.5，Cu 1.15 ~ 2.0，Co 0.05 ~ 0.09，Fe 41 ~ 60，S 14 ~ 17，SiO_2 10 ~ 15。含铂族金属 15 ~ 23 g/t，比南非原生铂矿品位高出 3 ~ 5 倍。1996 年起开始处理这个资源。处理工艺见图 4 – 4。

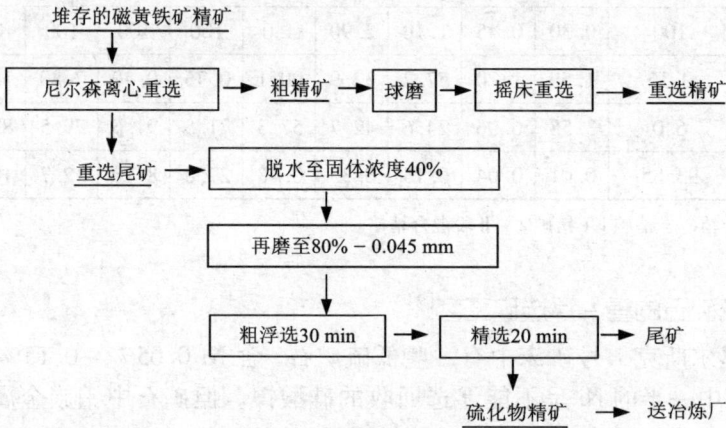

图 4 – 4 磁黄铁矿精矿的选矿工艺

首先用现有选矿厂的浓密机溢流浆化堆存的磁铁矿，矿浆经振动筛分排出 >1.2 mm 的粗颗粒物质，通过分配器送入尼尔森离心选矿机。重选粗精矿产率 0.4%，含 Pt 550 g/t、Pd 445 g/t、Au 85 g/t。回收率 Pt 60%、Pd 45%、Au 50%。再磨后摇床重选出最终精矿含贵金属 5000 ~ 7000 g/t，直接送冶炼厂[10]。

重选尾矿浮选出铜镍硫化物精矿，产率 35.5%，含 Ni 3.17%、Cu 1.14%，Ni、Cu 回收率约 85%，与富矿及浸染状矿石选出的镍精矿一起送镍冶炼厂。

从 1996 年起，俄罗斯 Norilsk 矿业公司先后安装了 26 台 KC – XD48 英寸尼尔森离心选矿机，用于处理磨矿回路产品、现生产的浮选尾矿及尾矿库里的老尾矿，不仅得到了高品位铂精矿，而且贵金属回收率提高了 6% ~ 8%，每年用尼尔森离心选矿机多回收的铂族金属估计达 4 ~ 5 t 之多。

4. 开发新的选矿药剂[11 – 12]

1) 浮选含 Ni 3.5%、Cu 5.9% 的富矿石时，应用丁基黄药与非离子型药剂(如异丙基甲基硫代氨基甲酸酯)混合捕收剂可使硫化矿物和铂族金属的回收率提高 15% ~ 30%。

2)用含有环状三硫代碳酸盐的改性丁基黄药浮选共生矿石,Cu、Ni、Pt、Pd回收率可提高2%~8%。

3)为提高混合精矿质量,在浸染状矿石和铜矿石混合浮选回路中,用低分子量的二甲基硫代氨基甲酸盐作抑制剂或用МЭЦ-2(一种改性的纤维素酯)抑制磁黄铁矿,可使混合精矿中硫化物含量提高5%~8%,镍和铂族元素的回收率提高2.5%~8.0%。

上述各种措施使诺里尔斯克矿区选矿的铂族金属和金的回收率提高了10%以上。

4.2.7 共生矿贫矿的浮选

有效利用贫矿是人类社会可持续发展必然要面临的重大课题。

1. 金川贫矿的浮选富集

针对金川共生矿贫矿(含Ni<0.8%、含铂族元素<0.3 g/t)开展过系统的选矿富集研究。贫矿属超基性岩中粗粒弱蚀变型矿石,成分列于表4-7。

表4-7 金川贫矿石成分

成分	Ni	Cu	Fe	S	Co	SiO$_2$	Al$_2$O$_3$	CaO	MgO
含量/%	0.69	0.40	11.85	1.98	0.023	37.26	3.14	2.78	27.40
成分	Au	Ag	Pt	Pd	Os	Ir	Rh	Ru	
含量/(g·t^{-1})	0.22	1.75	0.12	0.12	0.048	0.02	<0.03	0.042	

对矿石物相分析表明:88.4%的Ni呈硫化镍,约11%呈氧化镍;77.5%的Cu呈原生硫化铜,约6.3%呈次生硫化铜,氧化铜占16.25%;74%的Fe为氧化铁,仅26%为硫化物。矿石中各种矿物的相对比例为(%):磁黄铁矿(包括黄铁矿)4.46,镍黄铁矿(包括马基诺矿)1.87,黄铜矿0.65,方黄铜矿0.38,墨铜矿0.14,硫化矿物合计占7.5%;橄榄石、辉石、蛇纹石、透闪石、绿泥石、滑石等脉石矿物合计占88.7%。贵金属矿物主要为银金矿、砷铂矿和铋碲钯矿。

采用一般磨浮工艺和药剂制度,即球磨中加碳酸钠控制pH≈9,一段磨矿至-0.074 mm占78%,硫酸铜作活化剂,丁基黄药作捕收剂,2#油作起泡剂进行粗选,粗精矿产率29%,其中镍、铜品位分别为2.18%和1.23%,回收率分别达91.4%和90.7%。粗精矿再磨至-0.04 mm占92%,用类似粗选的药剂制度进行两段精选,精选中加木质素CMC作MgO抑制剂,Na$_2$SiO$_3$作分散剂,实验室闭路实验的最终精矿产率7.23%,镍、铜及贵金属选收率皆达75%左右,精矿成分列于表4-8。

表 4 − 8   金川贫矿浮选精矿的成分

成分	Ni	Cu	Fe	S	Co	SiO$_2$	Al$_2$O$_3$	MgO	
含量/%	7.24	4.29	38.01	23.89	0.19	10.03	0.75	6.97	
成分	Au	Ag	Pt	Pd	Os	Ir	Rh	Ru	PMs	PGMs
含量/ (g·t^{-1})	1.12	19.5	1.12	0.96	0.12	0.08	0.06	0.14	23.1	2.5

精矿中 Ni + Cu 品位约 12%，w_{MgO} < 7%，满足冶炼要求，铂族元素品位约 2.2 g/t，比原矿约富集 10 倍，能与贱金属一起在冶炼中进一步富集和回收。

2. 俄罗斯科拉半岛含铂矿石的浮选富集

费多罗沃图恩德罗原矿主要成分为：Ni 0.12%，Cu 0.12%，Pt 0.26 g/t，Pd 1.24 g/t，Au 0.09 g/t。主要的金属矿物是磁黄铁矿、黄铜矿和镍黄铁矿，磁黄铁矿占硫化矿物总量的 50% ~ 60%。在细脉浸染型矿石中，镍黄铁矿的含量只占硫化矿物总量的 10% ~ 20%。贵金属矿物中分布最广的是碲铂矿 Pt(Te,Bi)$_2$、黄铋碲钯矿 Pd(Te,Bi)、碲钯矿 Pd(Te,Bi)$_2$、硫镍钯铂矿 (Pt,Pd,Ni)S、硫钯矿 (Pd,Ni)S、硫铂矿 (Pt,Pd,Ni)S 及砷铂矿 PtAs$_2$。

贵金属在矿物中的赋存状态以类质同象及分散状进入镍黄铁矿为主（>95%），少量存在于磁铁矿和硅酸盐矿物中。还有粒度 >20 μm 的独立矿物颗粒。

一段磨矿至 −0.071 mm 占 90%，使用经改进后的硫化矿浮选药剂制度，除使用丁基钾黄药外，还使用了丁基钠黑药、硫酸铜和羧甲基纤维素，在浮选过程中还加入起泡剂。工艺流程包括一段粗选、粗选精矿的两段扫选和四段精选。选矿指标列于表 4 − 9[13]。

表 4 − 9   科拉半岛费多罗沃图恩德罗矿体含铂矿石选矿工艺指标

产品	产率 /%	Ni	Cu	MgO	Pt	Pd	Au	Ni	Cu	Pt	Pd	Au
		含量/%			含量/(g·t^{-1})			回收率/%				
精矿	0.97	5.40	10.63	7.73	21.9	106.7	7.04	52.4	83.2	81.1	83.4	77.5
尾矿	99.08	0.048	0.021	13.04	0.05	0.21	0.02	47.6	16.8	18.9	16.7	22.5
原矿	100.0	0.100	0.124	12.99	0.26	1.24	0.09	100.0	100.0	100.0	100.0	100.0

精矿产率约 1%，Cu + Ni 品位 16%，Pt + Pd 品位 130 g/t（富集了 80 多倍），Cu、Pt、Pd 回收率皆 >80%，Ni 回收率较低（52%）。

3. 中国四川镍 − 铂贫矿的浮选[14]

该资源铂族金属和镍品位低，但储量丰富。矿石成分列于表 4 − 10。

表 4 - 10　中国四川镍铂矿石成分

成分	Ni	Cu	S	Fe	As	CaO	MgO	SiO$_2$	Al$_2$O$_3$
含量/%	0.55	0.23	1.77	9.83	0.01	3.83	24.51	37.34	4.59
成分	Au	Ag	Pt	Pd	Ru	Rh	Ir	Os	PGMs
含量/ (g·t^{-1})	0.06	17.90	0.22	0.41	0.026	0.010	0.015	0.016	0.697

　　镍矿物中硫化物约占 70%，主要是磁黄铁矿、镍黄铁矿和紫硫镍矿，硅酸镍约占 30%。铜矿物中硫化物占 90%，主要是黄铜矿，游离氧化铜和结合氧化铜各占 5%。脉石矿物中主要是易浮的蛇纹石和滑石。制定了阶段磨矿阶段选别流程，即粗磨后浮选出粗粒硫化矿物，抛弃大量脉石矿物后再细磨至 - 40 μm 占 90%，加硫酸调浆后用硫酸铜作活化剂、丁基黄药作捕收剂混合浮选出混合精矿。混合精矿产率 6.46%，含 Cu 2.9%、Ni 5.58%，Cu 回收率 80.5%，Ni 回收率 65.5%。贵金属回收率约 90%。

　　混合精矿加 CaO 调浆至 pH = 10.5，加活性炭脱药，分离浮选出铜精矿和镍精矿。铜精矿中铜回收率 73%，镍精矿中镍回收率 64.4%。成分列于表 4 - 11。

表 4 - 11　分离浮选的铜精矿和镍精矿成分

成分	Ni	Cu	Au	Ag	Pt	Pd	Ru	Rh	Ir	Os	PMs	PGMs
	%		g/t									
铜精矿	1.0	27	2.65	141.7	0.82	2.58	—	—	—	—	147.8	3.4
镍精矿	6.1	0.3	0.65	88.5	3.46	5.61	0.38	0.16	0.32	0.26	99.34	10.2

4. 中国内蒙古固阳低硫 Cu - Pt - Pd 贫矿浮选

　　原矿含 Cu 0.14%、Ni 0.0065%，Pt + Pd 约 1 g/t，是以稀疏浸染状矿石为主的 Cu - Pt - Pd 共生矿，硫化矿物主要是黄铜矿、斑铜矿和黄铁矿，脉石矿物主要是低镁高钙的透辉石、黑云母、长石、绿泥石和磁铁矿。铂族矿物主要是碲铂钯矿和砷铂矿，矿物粒度皆 <0.1 mm，它们与硫化矿物紧密连生并以不均匀状态浸染在脉石中。同时脉石矿物又以粒、针、片状分布于硫化物颗粒中。原矿成分列于表 4 - 12。

表4-12　内蒙古 Cu-Pt-Pd 贫矿成分

成分	Cu	S	TFe	SiO$_2$	Al$_2$O$_3$	CaO	MgO	P$_2$O$_5$	TiO$_2$	Na$_2$O	Pt	Pd
						%					g/t	
含量	0.14	0.31	8.18	45.1	7.92	18.6	7.77	1.32	0.96	2.28	0.47	0.48

详细研究了矿石磨细度、矿浆酸碱度、调整剂 EML1 及 Na$_2$CO$_3$用量、捕收剂丁基黄药用量等因素对浮选指标的影响，表明细磨是影响回收率的关键因素。制定了一粗、二扫、二精的磨-浮工艺(见图4-5)。

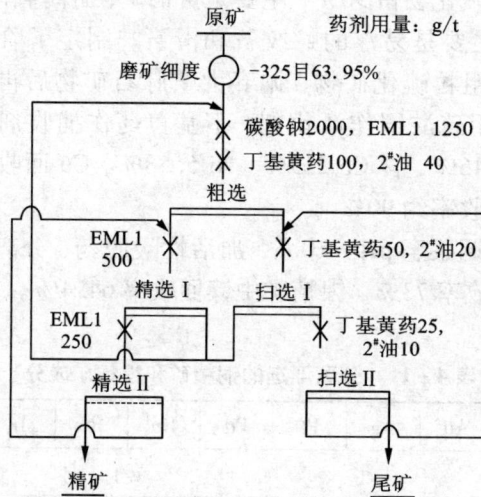

图4-5　处理 Cu-Pt-Pd 贫矿的磨-浮工艺

闭路试验获得的指标比较理想。精矿产率0.55%，精矿含(%)：Cu 18.04、S 31.44、TFe 32.50、MgO 1.40，含 Pt 74.04 g/t，Pd 78.60 g/t，精矿中回收率(%) Pt 89.79、Pd 88.68。该精矿进行铜冶炼并回收其中的铂钯，不存在技术困难。

上述4个例子表明，浮选低品位共生矿仍能使有价金属富集在混合精矿或分离浮选的铜精矿和镍精矿中，技术上是可行的。精矿品位及回收率等指标主要取决于原矿性质及磨-浮工艺结构。浮选产品都可进入冶炼系统进一步富集和回收。因贫矿中有价金属品位及价值低，磨选富集是否能产业化实施，主要决定于经济因素，需进行严格的技术经济论证。

4.2.8　美国明尼苏达州 North Met 选矿工艺

美国明尼苏达州德卢斯(Duluth)东北部，有一个世界级未开发的 Cu-Ni-

PMs 共生矿床, 包括被认为是世界第三大的硫化镍矿床, 和世界大型的、以铜为主的 Cu – PMs 多金属共生矿。针对以 Cu 为主并含微量 Pd、Pt 的共生矿石, 研究的选矿工艺绘于图 4 – 6 中。

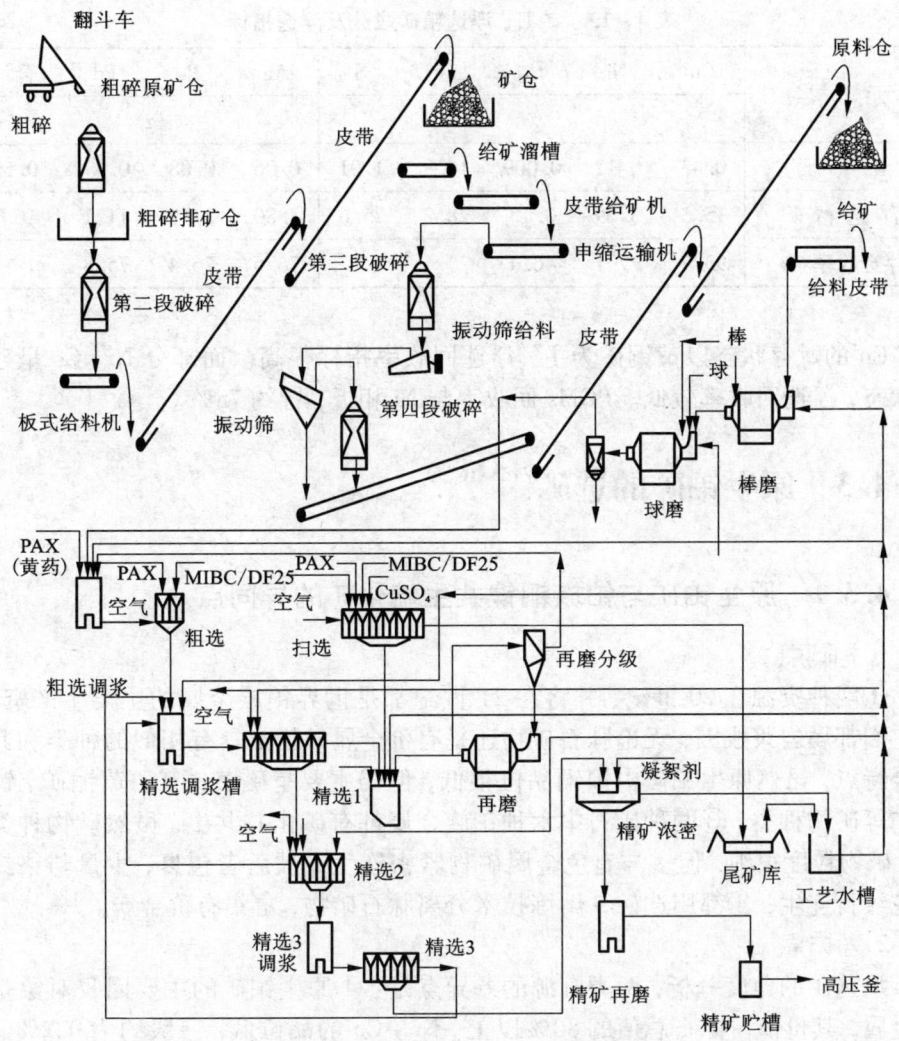

图 4 – 6　美国明尼苏达州 North Met 矿石的选矿工艺流程

　　矿石经四段破碎后接棒磨和球磨, 粒度达到 $100 \sim 125 \, \mu m$ 占 80% 进入浮选回路。加 MIBC/DF25 粗选, 扫选用硫酸铜调浆(活化硫化物)后加入 PAX、MIBC、DF25 扫选。粗选精矿及第一次扫选精矿, 送精选前调浆, 后接三次精选产出最终精矿, 精选段采用脉石抑制剂, 可减少精矿产率。精选尾矿再磨至 $25 \sim 30 \, \mu m$ 占

80%后直接返回粗选。第三次精选精矿浓密后再磨至 -15 μm 占80%，送冶金回收(详见6.2.2)。也可用传统分选方法将高品位混合精矿分离成铜精矿、镍精矿。矿石、浮选精矿成分及浮选指标列于表4-13。

表4-13 矿石、浮选精矿成分及浮选指标

元　　素	Cu	Ni	Co	Fe	S	Au	Pt	Pd	合计
	%					g/t			
矿　　石	0.43	0.12	0.009	10.8	1.01	0.06	0.08	0.37	0.59
浮选精矿	15.5	3.69	0.15	28.7	25.6	2.80	2.49	11.1	16.7
浮选收率/%	93.7	77.1	46.4			76.6	76.4	75.8	

Cu 的赋存状态以黄铜矿为主，浮选回收率指标很高。而部分 Ni、Co 呈硅酸盐状态，浮选回收率较低。PGMs 回收率与 Ni 相近，皆约75%。

4.3　原生铂矿的选矿[15-16]

4.3.1　原生铂矿与铂族铜镍共生硫化矿的异同点

1. 相同点

①两种资源在 20 世纪、并将在 21 世纪都是世界铂族金属的主要生产资源；②它们都属岩浆成因，无论脉石矿物还是有价金属矿物都具有相似的种类和共生组合特点，虽然原生铂矿中镍铜品位很低，但仍主要呈磁黄铁矿、黄铜矿、镍黄铁矿等矿物种类；③两种矿石中六种铂族金属都有矿化并共生，虽然矿物种类复杂，矿物粒度很细，但多与有色金属矿物紧密连生或被后者包裹，少量与铬铁矿和蛇纹石连生；④都用选矿-熔炼技术分离脉石矿物，富集有价金属。

2. 差异点

从选矿的角度分析，两类资源的差异点是：①原生铂矿的主要回收对象是铂族金属，其价值占矿石总值的80%以上。Ni + Cu 的品位低，一般约为0.2%，是共生矿品位的1/15~1/10(即一般铜镍硫化矿的边界品位以下)，属次要回收对象。②南非原生铂矿多属层状矿体，同一矿层矿石的物质组成及品位差别不大，不像共生矿有脉状、透镜状、浸染状各种矿体，有贫矿和富矿之分。③两类资源的铂族金属矿物种类、粒度及嵌布连生特点差别很大，原生铂矿中主要是砷、碲类及合金类矿物，且粒度很细(1~30 μm)，它们与硫化矿物、铬铁矿物甚至蛇纹石矿物都有连生包裹关系。④原生铂矿中硫化矿物多小于1%，磁黄铁矿、黄铜矿、镍黄铁矿都是贵金属载体矿物，在选矿工艺中必须尽量全面回收，不像共生矿选矿中需尽量抛弃磁黄铁矿矿物，以降低精矿含铁量，提高铜镍品位。⑤磁黄铁矿、黄铜矿、镍黄铁矿的浮游性质差别很大，黄铜矿、镍黄铁矿在 pH 9 ~ 10 的碱性介质中易浮，但磁黄铁矿在碱性介质及接触空气的条件下易发生氧化，表面生成氢氧化铁降低了可浮性，它又是主要的贵金属载体矿物，若磁黄铁矿的选收率不高将明显降低贵金属的回收率。⑥原生铂矿中含 Cr_2O_3 很高，不少贵金属矿物与铬铁矿物连生，因铬铁矿是干扰后续冶炼过程的有害成分，因此在有效分离铬矿物的同时保证贵金属的回收率，是选矿工艺必须解决的特殊问题。

上述特点使原生铂矿的选矿工艺结构和选别条件，无论是碎 - 磨 - 分级回路、选别技术、浮选药剂选择及药剂制度制定等方面，都有很多特殊性。

4.3.2　南非美伦斯基铂矿的选矿富集

美伦斯基铂矿中铂族元素矿物有高密度粗粒的自然金属和金属互化物，也有低密度细粒且与贱金属硫化矿物紧密连生的硫、砷、碲、铋类矿物，因此主要使用重 - 浮联合选别及单一浮选两种工艺，但无论哪种工艺矿石皆需首先破碎和细磨。

1. 碎矿和磨矿

包括碎矿、筛分、磨矿和分级各个环节，是选矿的预处理步骤。在整个选矿工艺中碎 - 磨的设备投资及能耗所占比例超过 60%，对选矿的经济效益有重要影响。早期开采的氧化带矿石比较疏松易碎，进入原生带后矿石致密、硬度较大，但因矿层较薄、矿块较小，较易碎磨。吕斯腾堡铂矿公司典型的碎 - 磨流程绘于图 4 - 7。

原矿首先经颚式破碎机粗碎，两级筛分，筛下产物用耙式分级机分级。筛上及耙式分级的粗粒部分分别经圆锥破碎机细碎，细碎与分级（三级筛分）闭路，合格粒度的矿石入球磨。

由于原矿中各种矿物的密度、硬度及粒度组成相差大，球磨及分级回路的设计和设备选择很重要，既要磨到一定细度保证矿物单体解离又要避免有价金属矿物过磨泥化。目前主要使用水力旋流器分级与球磨机闭路。为了克服水力旋流器不能将高密度细粒度矿物与低密度粗粒度矿物分开的缺点，在矿石中若有铂族金属粗粒重矿物时还需辅以其他措施，如使用三产品旋流器，达夫克拉（Davcra）式充气闪速浮选机与磨矿闭路，或用绒面摇床从球磨与旋流器分级回路中回收大密度粗粒铂族元素矿物。实践证明几种方法在避免过磨和提高回收率方面都是有效的。

英帕拉铂矿公司针对硬度大的矿石采用原矿自磨新工艺，减少钢球消耗，降低了碎矿 - 磨矿的费用。当需要提高生产能力时再在球磨中补加一定数量钢球使之变为半自磨，生产能力取决于钢球加入量。一般的磨矿电耗为 20 kWh/t。

2. 重 - 浮联合选别流程

吕斯腾堡铂矿公司使用重 - 浮流程，对于不同类型矿石、不同赋存状态及不

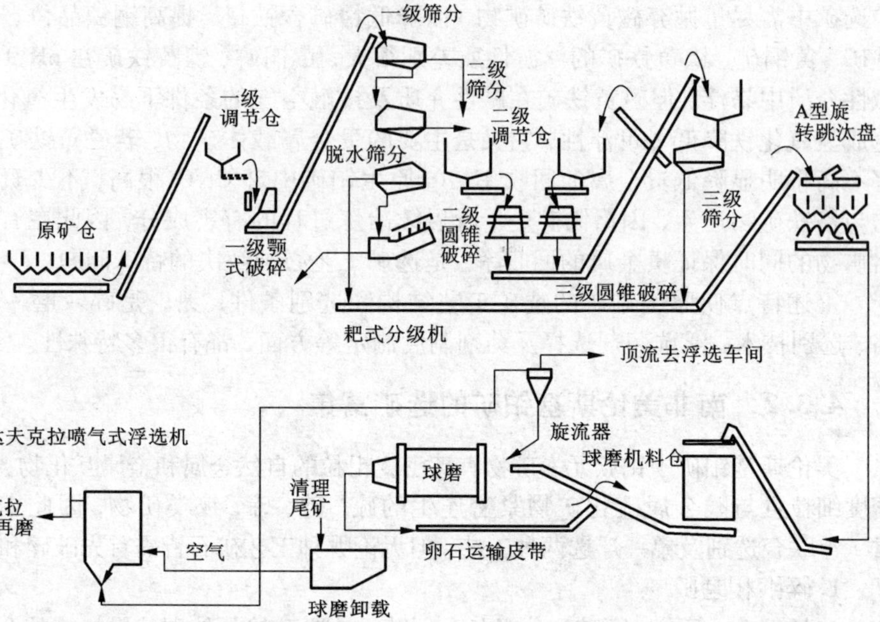

图 4 - 7　吕斯腾堡公司处理原生铂矿石的碎矿 - 磨矿流程

同密度和粒度的铂族元素矿物都能有效地回收。流程结构曾经历三个发展阶段不断完善。早期针对含铂族元素 7 ~ 15 g/t 的强蚀变混合矿石，流程以重选为主（如图 4 - 8 所示）。用 2 台球磨机与分级闭路，粗磨产出 - 30 目的粒级送 16 台詹姆斯摇床重选，摇床尾矿脱水后给入 1 台单独的球磨机中细磨后再经摇床重选，混合粗精矿用砂矿摇床和矿泥摇床精选出含铂族金属 20% 的精矿，回收矿石中 2/3 的铂族金属。最终重选尾矿经浓密后浮选，一次粗选三次精选获得铂族金属、镍、铜混合精矿。

20 世纪 60 年代发展了高效的条绒面摇床代替詹姆斯摇床，床面上铺垫条绒被认为是收集铂族金属矿物的最好材料，流程结构改为如图 4 - 9 所示。矿石破碎至 - 150 mm 后洗矿和筛分，+ 50 mm 矿石手选出废石后与 - 50 mm 粒级合并细碎至 - 13 mm 送球磨。磨矿与旋流器闭路，返流再磨。溢流先经绒面摇床重选，尾矿经旋流器分级后粗粒再磨，两段磨矿共设置 22 台球磨机。摇床重选精矿再在一组詹姆斯摇床上精选出铂族金属精矿，成分为（%）：Pt 30 ~ 35，Pd 4 ~ 6，Au 2 ~ 3，Ru 约 0.5。虽然曾有人试图研究新材料代替条绒，以降低成本和更换床面的劳动强度，但一直未能在富集效率和精矿品位方面达到条绒摇床的指标。

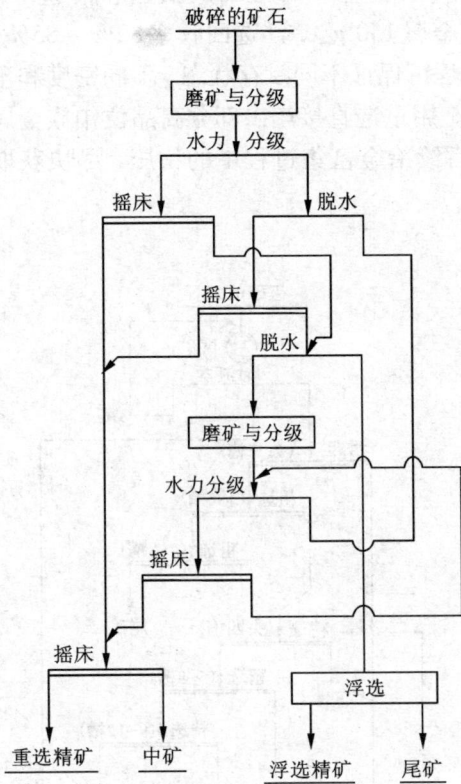

图 4 - 8　早期的重 - 浮流程

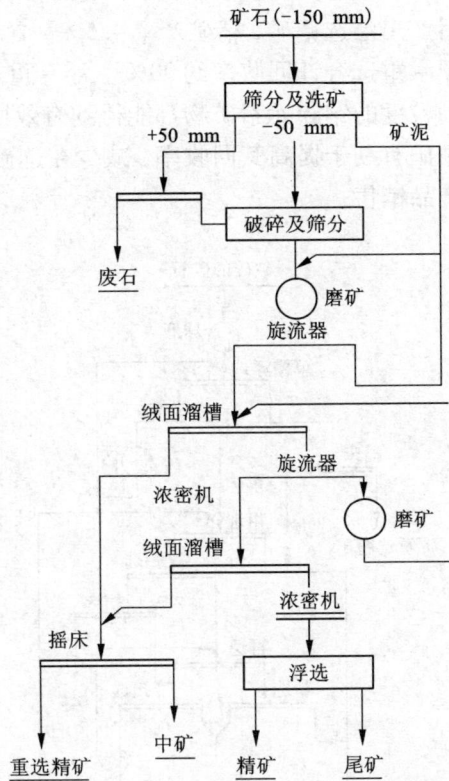

图 4 - 9　20 世纪 60 年代的重 - 浮流程

最终重选尾矿在 4 台直径 22.5 m 的浓密机中浓密后送浮选。浮选为简单的粗、精选回路，粗选 8 个系列，精选 2 个系列，每个系列有 18 个浮选槽。浮选精矿浓密后在 3 台 2.4 m × 2.4 m 鼓形过滤机过滤。浮选过程都用普通药剂，如硫酸铜作活化剂，黄药或黄药与二硫化磷酸的混合物作捕收剂，甲酚酸为起泡剂单独使用或与醇类起泡剂混合使用，用糊精、天然古尔胶或淀粉作滑石抑制剂。产出的浮选精矿含铂族金属 150 g/t，其他为（％）：Ni 4、Cu 2.3、Fe 15、S 10、MgO 15、CaO 3、SiO$_2$ 39。重 - 浮选合计铂族金属的选矿回收率达 88% ~ 90%。

20 世纪 90 年代以后，以处理深部原生矿为主，硫化矿物粒度较粗，需重选回收的铂族金属矿物相对减少，工艺结构转化为以浮选为主的浮 - 重选别流程（见图 4 - 10）。

球磨机给矿先经单槽浮选机分选出易于单体解离的粗粒贱金属硫化矿物和铂族元素矿物，浮选粗精矿用绒面摇床选出部分重选精矿。这种单槽浮选机实际上是一个不带机械搅拌装置的深矩形槽。二段磨矿的旋流器溢流（ - 0.074 mm 占

30%～60%)通过旋流器与空气混合后粗选，粗选中矿再经二次扫选和精选，最后产出浮选精矿，精矿产率4.5%，含铂族金属150 g/t，浮选回收率82%～85%，浮－重选合计回收率约90%。浮－重选流程可保证不同赋存状态、不同密度和不同粒度的铂族元素矿物都能得到有效回收。用重选直接产出部分高品位铂族金属精矿有利于提高其回收率，减少在选矿和后续冶金富集过程中的积压，尽快获取产品销售。

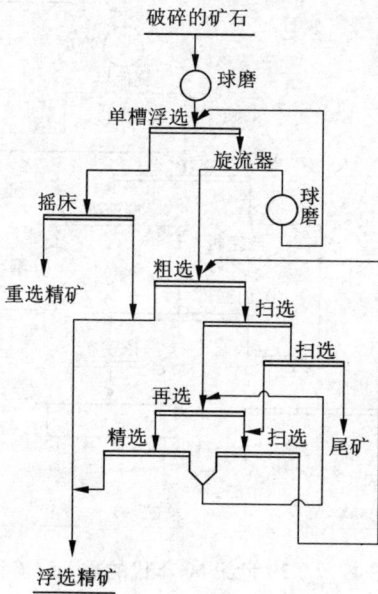

图4-10　吕斯腾堡目前的浮－重选别流程　　图4-11　英帕拉铂矿公司的单一浮选流程

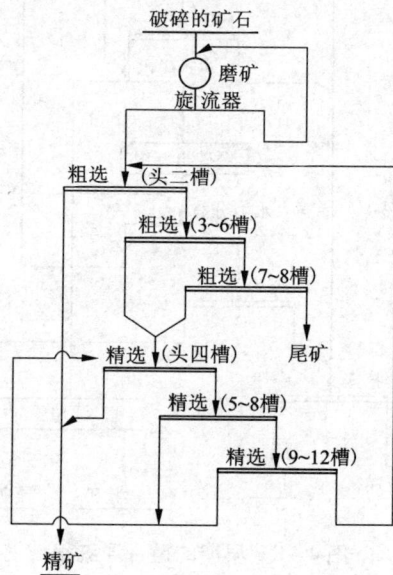

　　J·G·韦塞研究比较了低分子量(分子量2000)多糖改性淀粉、CMC和改性的古尔胶(分子量200000)对天然可浮性脉石矿物的抑制性能[17]，表明其抑制效果决定于所处理的矿石类型。对Bushvel杂岩Merensky矿体南部矿石，用量为300 g/t的低分子量改性淀粉可完全阻止天然可浮性脉石矿物进入到浮选精矿中。与CMC和古尔胶抑制剂相比，改性淀粉溶解快、黏度低，对铂族金属矿物的抑制作用最弱。

　　3. 单一浮选流程

　　英帕拉铂矿公司和西方铂矿公司由于规模小、矿石中粗粒铂矿物较少而采用单一浮选流程(见图4-11)。

　　矿石自磨或半自磨磨矿，与直径0.5 m的旋流器闭路。磨矿机共有19台，每台直径4.3 m、长4.9 m，每台磨矿机连接单独的浮选回路，每一浮选回路包括10

台 8.5 m³的粗选槽和 12 台 0.85 m³的精选槽，浮选药剂制度与吕斯腾堡铂矿公司选矿厂相同。

原矿含铂族金属 5.3 g/t、Ni 0.2%、Cu 0.14%、Cr₂O₃ 0.25%，浮选精矿含铂族金属约 70 g/t、Ni 2.7%、Cu 1.6%、Fe 17%、S 7%，铂族金属选收率 82% ~ 85%，镍铜选收率皆达 85%。

4. 磁黄铁矿的有效浮选问题

Merensky 矿脉中磁黄铁矿 $Fe_{n-1}S_n$（n 为 8 ~ 16，一般为 8）是主要的硫化矿物和贵金属载体矿物，其有效回收对贵金属的回收率有至关重要的影响。在弱酸性介质中该矿物可以次生为 $Fe(OH)S_2$ 或形成缺铁/富硫的亚稳定态过渡产物而具有天然可浮性，选收率很高。但在 pH 9 ~ 10 及接触大气的氧化条件下磁黄铁矿很不稳定。氧化生成的氢氧化铁产物覆盖在矿物颗粒表面使其亲水而降低选收率，甚至加入铜、铅离子活化剂也无济于事。业界已高度关注这个问题[18]。解决这个问题的思路有两条：①控制矿浆 pH 或磨矿回路中通入惰性气体降低矿浆氧化电位，减少其氧化程度；②在 pH = 9 及接触空气的条件下，合成筛选高效捕收剂（如三硫代碳酸盐类），提高捕收剂在磁黄铁矿颗粒表面的吸附量以改善其浮游性能。这方面的研究和应用尚未取得明显进展，还有待进一步深入研究。

4.3.3 南非 UG - 2 矿石选矿富集

1. UG - 2 矿石的特点

UG - 2 铂矿层产于布什维尔德杂岩的伟晶长石质辉岩层和铬铁矿层之间，与美伦斯基铂矿石相比，UG - 2 矿石有 3 个特点：①含镍铜更低，Ni 0.1% ~ 0.03%，Cu 0.04% ~ 0.012%，比一般硫化镍铜共生矿的边界品位还低，其价值可以忽略不计；②采出的矿石中含铬铁矿很高（可高达 50%），浮选有价金属必须排除铬铁矿的干扰，同时应尽量回收铬铁矿成为有价值副产物，实现矿石综合利用；③铂族金属品位 4.6 ~ 7.8 g/t，副铂族金属中铑、钌含量很高（见表 3 - 4），铂族金属相对比例为（%）：Pt 42、Pd 35、Ru 12、Rh 8、Ir 2.3、Os 0.7，其中最重要而稀有的铑品位达 0.7 g/t，是美伦斯基矿石铑品位的 3 倍，因此矿石具有更高的经济价值，该资源中铂族金属的储量很大及含铑高，其开发利用受到南非各铂矿公司及跨国资本的重视；④铂族金属矿物粒度很细，一般为 1 ~ 3 μm，铜镍硫化矿物粒度也很细，多在 1 ~ 30 μm。

这类铂矿的成分和特点以及选矿工艺研究中遇到的问题很有代表性，按硫化矿浮选理论及实践经验判断，有 3 个问题成为该类型资源能否有效利用的关键：①铜镍硫化矿物含量 <0.1%、粒度很细（1 ~ 30 μm）的矿石如何有效选收；②1 ~ 3 μm 粒度的铂族金属矿物如何有效回收；③如何排除大量铬铁矿的干扰，产出满足冶炼要求的合格精矿，同时尽可能综合利用铬铁矿。事实证明，3 个问题都得

到了圆满解决，这对原生铂矿选矿科技发展有实质性的突破。

工艺矿物学研究表明：①铜镍品位虽然很低，但主要仍呈磁黄铁矿、镍黄铁矿、黄铜矿等常见的可浮性硫化矿物存在；②矿石中铂族矿物有硫砷碲铋矿物及合金矿物，前者可浮性较好易于浮选，后者密度大易于重选；③尽管矿石铜镍及铂族金属品位很低，矿物粒度很细，但铜镍硫化矿物主要呈较大粒度的集合体，且多沿铬铁矿颗粒边缘分布，易解离；④虽然有一部分铂族金属矿物与铬铁矿物或硅质脉石矿物连生或包裹，但它们仍多与贱金属矿物紧密连生、被后者包裹或黏附其上呈连生体，易解离和回收。

2. 重 - 浮工艺

业界曾研究首先重选分离铬铁矿、再浮选富集镍铜铂族元素的工艺。- 0.3 mm 给矿经两段螺旋选矿，重选精矿含 Cr_2O_3 约 40%，回收率可达 80%，但贵金属在铬铁矿中分散 20%。重选尾矿再磨后浮选铂族金属，浮选精矿品位约 40 g/t，从原矿计算的回收率约 62%，均较低，铬铁矿中分散的铂族金属将成为永久损失。

3. 浮 - 重工艺

后来研究了以浮选为主的浮 - 重选流程。含贵金属约 5.2 g/t 的原矿破碎后用棒磨机 - 旋流器分级 - 球磨闭路，- 75 μm 占 80% ~ 85% 的矿浆入选，用硫酸铜作活化剂加入球磨机中（用量 70 g/t），异丁基钠黄药（SIBX）作捕收剂（用量 200 g/t），Sefroth 5004 作易碎泡沫的起泡剂（10 g/t），并用压气式浮选机以减少铬铁矿在浮选精矿中的机械夹带。一段粗选 35 min，三段精选，每段 8 min。达到了较高的浮选指标：精矿产率 1.21%，精矿品位 $\sum Pt + Au$ 362 g/t，回收率约 83%，富集约 70 倍。浮选精矿含 Ni 2.43%、Cu 1.24%、Cr_2O_3 3.21%。浮选尾矿再重选回收少量粗粒铂矿物。工艺的不足之处是浮选时间太长，生产效率低。

4. 超细磨技术的应用[19]

粗选尾矿含 Pt + Pd + Rh 0.7 ~ 0.86 g/t，铂族金属主要以微细粒度与脉石矿物和铬铁矿连生，并存在于尾矿的粗粒级中。进一步提高铂族金属回收率的关键是铂族矿物与铬铁矿物的充分解离。尾矿用 Isa 磨机再磨至 - 0.051 mm（51 μm）占 90% 后，铂族金属回收率指标可提高 3%。现在 Isa 磨机已用于处理主流程中的尾矿及过去堆存的老尾矿。

5. 三产品旋流器的应用[20]

矿石碎 - 磨回路中很多选矿厂都用水力旋流器分级。由于铬铁矿颗粒（密度 4.5 g/cm³）和与铂族金属矿物连生的硅酸盐颗粒（密度约 3 g/cm³）密度差异，使用常规水力旋流器（见图 4 - 12a）的分级效率较低，粗粒硅酸盐矿物常进入溢流，而细粒铬铁矿物常进入沉砂。溢流进入浮选系列后，连生铂族金属矿物的硅酸盐颗粒浮游性差，影响了铂族金属的回收率。同时沉砂返回磨矿回路又导致磨矿机负荷增加及铬铁矿颗粒过磨，过磨的铬铁矿又会在浮选时进入精矿，增加了精矿含铬量并降低铂族金属品位，对后续冶炼回收不利。为解决这个问题研究了三产品旋流器（见图 4 – 12b）。

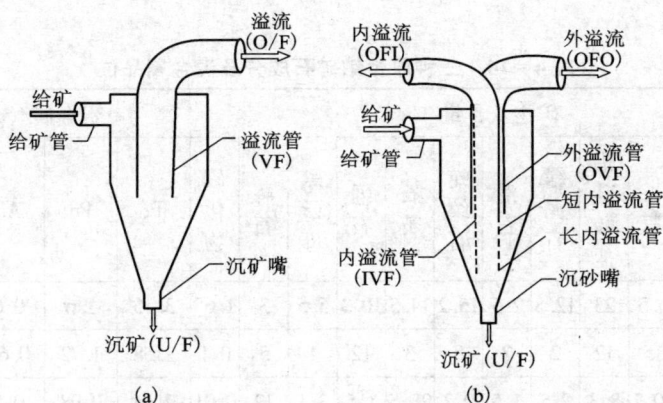

图 4 – 12　常规旋流器（a）和三产品旋流器（b）结构示意图

三产品旋流器的特点是增加了一个与常规旋流器溢流管同心的附加内溢流管，使内、外溢流管产出两种溢流。溢流排出的中矿取决于内溢流管的长度，长管可使中矿从内溢流管排出，短管可使中矿从外溢流管排出。外溢流包含粗粒硅酸盐和细粒铬铁矿，使进入浮选给矿溢流中粗粒硅酸盐的含量降低，并提高了铂族金属矿物的解离度，有利于提高其品位和回收率。

6. 铂钯矿物的可浮性

在浮选过程中虽然经长时间的浮选，但总有 10% 以上的铂族金属损失进入尾矿，除因与脉石矿物和铬铁矿连生造成的损失外，某些铂族矿物的可浮性差也是重要原因，这个问题已引起关注[21-24]。尾矿矿物查定表明，其中含有离的铂族金属矿物，主要是 Pt – Bi – Te、Pd – Bi – Te 类矿物及少量 Pt – Fe 合金矿物。由于矿物中 Bi、Te 的氧化作用形成氧化物层覆盖矿物颗粒，使其不与捕收剂作用而影响其可浮性，是造成损失的重要原因。因尾矿中这些矿物极细且数量很少，无法获得足够的实际样品，目前仅能用合成矿物开展初步的研究。因此，尚未找到可行的办法解决这个问题，有待进一步研究。

4.3.4　不同种类原生铂矿石浮选富集的药剂制度

浮选不同种类原生铂矿石的目的是提高精矿中 PGMs 的品位和回收率。合理的磨矿制度是浮选过程的基础，选择恰当的药剂及制定合理的药剂制度是关键。

它们都取决于矿床的类型和矿石的组成特点。

1. 矿石物质组成及 PGMs 品位

三种有代表性的矿石取自 Merensky Reef 的硫化矿（Ⅰ）、UG–2 的原生富铬矿石（Ⅱ）和澳大利亚 Panton Sill、基本不含硫化物的含铬氧化矿（Ⅲ），其成分很有代表性（见表4–14）。

表4–14　三种原生铂矿石成分及贵金属品位

| 矿石种类 | 矿物及含量/% | | | | | | | | | | | 贵金属/($g \cdot t^{-1}$) | | | |
	蛭石	铬铁矿	长石	铝硅酸盐	绿泥石	滑石	蛇纹石	石英	闪石	黑云母	辉石	硫化物	Pt	Pd	Au	PGMs + Au
Ⅰ	—	4	6.5	23	12.5	2.5	15.2	14.5	10.3	5.5	3	1.65	3.15	1.6	0.6	6.02
Ⅱ	15	22	15	12	2	2	8	3	12	1	5	0.1	2.58	1.72	0.68	4.76
Ⅲ	55	16	10.2	8.3	2.5	1.5	9.2	28.5	1.5	3.1	12	0.01	2.66	0.98	0.1	4.94

注：矿石中 PGMs + Au 与 Pt + Pd + Au 的差值为 Rh + Ir + Os + Ru 的品位。

3 种矿石有不同的特点：①硫化矿石（Ⅰ）中脉石矿物和氧化物占96.5%，硫化物1.65%，PGMs 矿物主要与镍铜铁硫化矿物连生，但矿石中单斜磁黄铁矿和黄铁矿浮游速度慢，需较长的浮选时间和使用较多的捕收剂。同时，一些脉石矿物（如绿泥石、黏土、滑石等）有较好的疏水性，易进入泡沫产品，使浮选精矿中 PGMs 品位较低（90 ~ 105 g/t），选矿的回收率86% ~ 88%；②含铬原生矿石（Ⅱ）中脉石矿物和氧化物占99%，硫化物0.1%，含较多黏土矿泥消耗捕收剂，铂族金属中的硫锇钌矿和合金矿物可浮性差，且浮选精矿中含铬较高，不利于后续熔炼富集；③含铬氧化矿（Ⅲ）中脉石矿物和氧化物占99.4%，硫化矿物仅有0.01%，有效浮选的难度更大。

布拉托维奇[25]详细研究了几种新的捕收剂、抑制剂和介质性质调整剂，为原生铂矿选矿技术发展提供了有价值的参考和启发。

2. 硫化矿石的浮选

1）改性捕收剂。研究了黄药（PAX）+ 改性黑药 PM300 系列代替普通黑药（R3477）联合捕收剂对选别指标的影响（见图4–13）。显然，在黄药、普通黑药及改性黑药 PM301 和 PM305 用量皆为 40 g/t 的条件下，使用 PM300 系列改性黑药能大幅提高 PGMs 的回收率并缩短浮选时间。若同时使用 50 g/t 非极性油，PGMs 回收率可达95%。

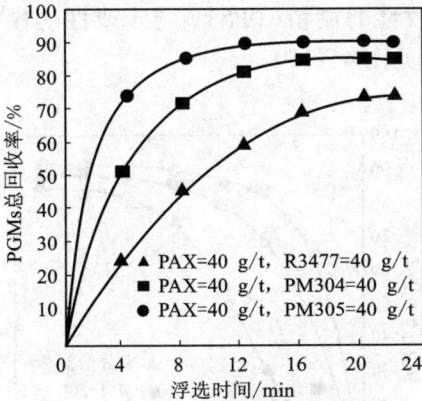

图 4－13　PM300 辅助捕收剂对 PGMs 浮选指标的影响

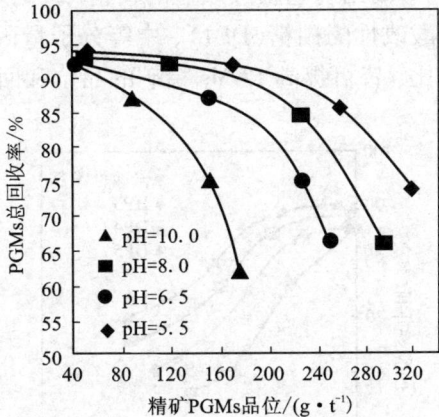

图 4－14　使用 PL20 抑制剂时矿浆 pH 对精矿品位及回收率的影响

2）改性抑制剂。浮选工艺中多使用古尔胶、改性淀粉、羧甲基纤维素、丙烯酸抑制碱性脉石、绿泥石、滑石、蛇纹石等矿泥。用黄药＋PM305 作捕收剂时，多种常用抑制剂对硫化矿石浮选指标的影响见表 4－15。表 4－15 表明不用抑制剂的 PGMs 精矿品位最低，含 Cr_2O_3 最高。普通糊精抑制剂在抑制脉石矿物的同时也会部分抑制某些铂族金属矿物，影响其回收率。

表 4－15　不同种类抑制剂对浮选指标的影响

抑制剂名称及用量 200 g/t	精选精矿				粗选精矿＋扫选精矿			
	含量/(g·t⁻¹,%)		分配率/%		含量/(g·t⁻¹,%)		分配率/%	
	PGMs	Cr_2O_3	PGMs	Cr_2O_3	PGMs	Cr_2O_3	PGMs	Cr_2O_3
无	66.3	2.8	86.6	11.3	35.8	4.8	93.3	20.9
淀粉	78.0	2.1	80.1	10.1	36.3	4.8	92.6	20.8
糊精	120.5	1.9	77.3	9.4	33.6	4.8	91.7	22.0
黄色糊精	133.8	1.5	76.3	8.7	34.9	4.7	92.3	21.4
古尔胶	148.5	2.1	81.6	9.8	35.9	4.5	93.1	20.9
改性古尔胶	196.0	1.4	83.9	8.2	34.8	4.7	92.6	21.3

研究了几种改性抑制剂：①有机酸改性的氟硅酸钠抑制剂（PL20），在精选用量 100 g/t、矿浆 pH＝5.5 时，PGMs 回收率＞93％，精矿品位＞120 g/t（见图 4－

14）；②用烷基磺酸改性的糊精（DP2）、多氧化物改性的糊精（DP3）、低分子量丙烯酸改性的糊精（DP4）、中等分子量丙烯酸改性的糊精（DP5），与未改性的糊精相比，皆可提高 PGMs 精矿的品位和回收率（见图 4 – 15）。

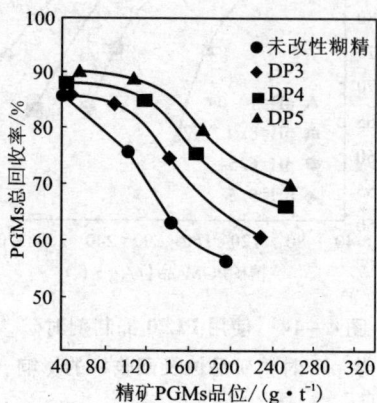

图 4 – 15　改性糊精对 PGMs 精矿
品位和回收率的影响

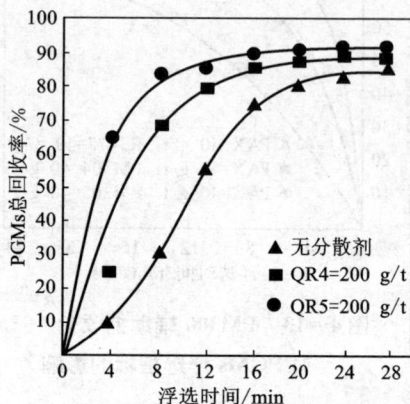

图 4 – 16　分散剂对浮选速度的影响

烷基磺酸改性的糊精（DP2）抑制剂应用前景好，用量对浮选回收率影响不大，但提高用量可大幅提高精选精矿的 PGMs 品位（ > 300 g/t）及降低 Cr$_2$O$_3$ 含量（ < 1% ），结果见表 4 – 16。

表 4 – 16　DP2 抑制剂用量对浮选指标的影响

DP2 用量 /(g·t^{-1})	精选 PGMs 精矿				粗选精矿 + 扫选精矿			
	含量/(g·t^{-1},%)		分布率/%		含量/(g·t^{-1},%)		分配率/%	
	PGMs	Cr$_2$O$_3$	PGMs	Cr$_2$O$_3$	PGMs	Cr$_2$O$_3$	PGMs	Cr$_2$O$_3$
0	82.6	2.6	83.3	11.6	36.6	4.8	92.2	23.3
100	120.5	1.8	84.1	7.4	35.5	4.7	91.5	22.2
150	285.3	1.1	83.6	5.4	34.1	4.9	92.0	20.8
200	336.2	0.4	82.2	2.6	34.9	4.7	91.6	21.6

3）闭路试验结果。用黄药 + 改性黑药（PM305）作捕收剂，用改性糊精（DP2）作抑制剂的新药剂制度进行闭路试验，与常规药剂制度相比，精矿产率从 6.24% 降至 1.81%，PGMs 品位从 85 g/t 提高至 610 g/t，回收率从 85.5% 提高至 92.2%，精矿含 Cr$_2$O$_3$ 从 4% 降至 0.4%，效果异常明显。结果列于表 4 – 17。

表 4 – 17　常规药剂制度与新药剂制度浮选指标的比较

药剂制度	产品名称	产率/%	品位/(g·t⁻¹)或%			分配率/%		
			PGMs	Au	Cr₂O₃	PGMs	Au	Cr₂O₃
常规药剂制度	原矿	100	6.2	0.60	4.10	100	100	100
	精矿	6.24	85.1	8.1	1.3	85.5	84.0	2.0
	尾矿	93.76	0.96	0.10	4.29	14.5	6.0	98.0
新药剂制度	原矿	100.0	6.10	0.61	4.20	100.0	100.0	100.0
	精矿	1.81	610.0	30.8	0.4	92.2	91.5	0.2
	尾矿	98.19	0.48	0.05	4.27	7.8	8.5	99.8

3. UG – 2 矿石的浮选

UG – 2 矿石因含较多超细粒似黏土矿泥，不仅消耗大量捕收剂且浮选时间很长，粗选 35 min、三段精选各 8 min。同时吸附有捕收剂的黏土矿泥覆盖了铬矿物使其上浮，精矿含 Cr_2O_3 较高。因此，研究和使用恰当的黏土分散抑制剂缩短浮选时间及降低精矿含铬，是处理该类矿石急需解决的技术难题。

1) 常规分散剂的效果。试验表明没有哪一种常规分散抑制剂可以达到上述要求（见表 4 – 18），不仅精矿品位低，而且含铬很高。

表 4 – 18　常规黏土分散抑制剂对 PGMs 粗选扫选结果的影响

分散剂种类	粗选 PGMs 精矿			扫选 PGMs 精矿		
	品位/(g·t⁻¹,%)		PGMs分配率	品位/(g·t⁻¹,%)		PGMs分配率
	PGMs	Cr₂O₃		PGMs	Cr₂O₃	
不用分散剂	58.5	5.3	69.6	33.0	8.7	88.0
Na₂SiO₃	60.4	5.5	70.1	35.0	8.8	87.8
Calgon	59.8	6.2	69.8	30.0	9.0	88.3
Na₂S·H₂O	68.5	5.8	71.0	37.0	8.6	90.0

（品位/(g·t⁻¹,%) 对应 LaTeX：品位/$(g \cdot t^{-1},\%)$）

2) 改性分散剂的效果。用丙烯酸基聚合物（QR4）或萘磺酸（QR5）对硅酸钠或 Calgon 改性，可以明显缩短浮选时间（见图 4 – 16）。

表 4 – 19　QR5 分散抑制剂用量对浮选精矿品位及回收率的影响

抑制剂用量 /(g·t⁻¹)	精选精矿					粗选精矿 + 扫选精矿				
	品位/(g·t⁻¹,%)			分配率/%		品位/(g·t⁻¹,%)			分配率/%	
	Pt	Pd	Cr₂O₃	Pt	Pd	Pt	Pd	Cr₂O₃	Pt	Pd
0	236	198	6.8	88.5	86.4	43.6	33.5	7.20	91.9	90.5
100	410	315	4.9	89.0	87.5	45.2	35.4	7.33	91.0	90.3
150	430	320	3.2	88.6	87.1	41.2	33.6	7.55	92.0	91.1
200	460	330	2.3	89.1	88.0	45.3	36.1	7.38	91.5	91.0
250	450	325	2.4	85.2	84.1	43.3	32.8	7.58	89.1	88.6
350	460	423	2.3	83.3	80.2	46.6	33.5	7.66	87.5	83.7

$$品位/(g \cdot t^{-1}, \%)$$

用 QR5 分散剂,达到 90% 回收率的时间缩短至约 15 min。在自然 pH 介质中粗选及 pH = 6.5 弱酸性条件下精选时,QR5 用量对浮选指标的影响列于表 4 – 19。随 QR5 用量增加,精矿 PGMs 品位提高,含 Cr_2O_3 大幅下降,合理的用量是 100 ~ 200 g/t。UG – 2 矿石的浮选过程宜在弱碱性(pH 8.5 ~ 9.5)介质中进行,若 pH 降至 <7,则粗精矿品位大幅下降(见表 4 – 20)。

表 4 – 20　介质 pH 对浮选指标的影响

pH	粗选精矿					粗选精矿 + 扫选精矿				
	品位/(g·t⁻¹, %)			分配率/%		品位/(g·t⁻¹, %)			分配率/%	
	Pt	Pd	Cr₂O₃	Pt	Pd	Pt	Pd	Cr₂O₃	Pt	Pd
9.5	120	198	3.8	78.5	77.4	44.3	34.6	7.10	92.0	91.1
8.5	95.3	85.0	3.9	80.1	79.2	40.1	32.2	7.20	91.1	90.2
7.5	90.2	80.1	4.0	80.2	78.3	35.2	28.3	7.40	90.2	88.4
6.5	75.5	63.1	4.2	79.0	76.6	30.5	22.2	7.55	89.8	88.2
5.5	66.3	48.0	4.6	80.0	77.3	25.5	20.2	6.91	89.5	88.6

3)捕收剂的影响。黄药 + 黑药(R3477 及 R404)与黄药 + PM300 系列改性黑药各种捕收剂组合相比,黄药 + 改性黑药的浮选精矿中,PGMs 品位及回收率最高。品位达 210 ~ 220 g/t,回收率达 91% ~ 92%(见表 4 – 21)。

表 4 –21　各种捕收剂组合对粗选和扫选指标的影响

捕收剂组合	粗选精矿				粗选精矿＋扫选精矿			
	品位/(g·t⁻¹)		分配率/%		品位/(g·t⁻¹)		分配率/%	
	Pt	Pd	Pt	Pd	Pt	Pd	Pt	Pd
黄药	110.7	96.8	55.1	54.3	45.5	40.4	81.2	80.3
黄药＋R3477	120.4	98.5	66.3	64.2	44.3	39.8	84.8	83.5
黄药＋R404	110.1	97.0	64.3	62.1	46.3	41.1	85.2	83.6
黄药＋PM301	116.6	94.5	70.2	70.0	42.3	38.0	88.5	86.2
黄药＋PM305	113.8	96.3	80.2	80.0	43.3	39.6	92.5	91.1
黄药＋PM303	122.4	97.9	82.2	81.0	44.6	40.1	92.3	92.1

4. 高铬氧化矿石的浮选

高铬氧化矿石含硫化物仅 0.01%，还含大量黏土质矿泥，脉石矿物和铬矿物的浮选活性强。处理该类矿石的关键是抑制黏土矿泥及活化铂族金属的氧化性矿物。

1）分散－抑制剂的影响。用丙烯酸基聚合物（QR4）、萘磺酸（QR5）或硅酸钠对 Calgon 改性，或用氟硅酸钠（Na_2SiF_6）代替硅酸钠对 Calgon 改性（QR6），三种分散－抑制剂对浮选初精矿品位及回收率的影响见图 4 –17。

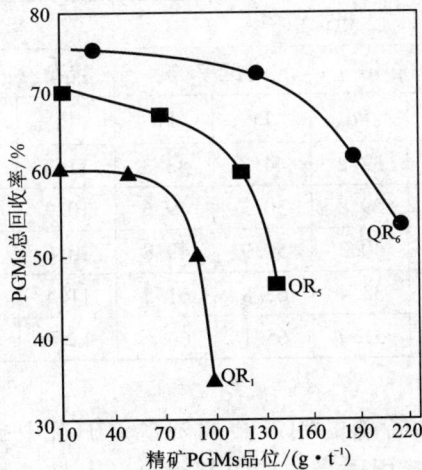

图 4 –17　不同抑制剂对精矿品位和回收率的影响

表 4 – 22　QR6 用量对浮选指标的影响

QR6 用量/ $(g \cdot t^{-1})$	粗选精矿					粗选精矿 + 扫选精矿				
	品位/ $(g \cdot t^{-1}, \%)$			分配率/%		品位/ $(g \cdot t^{-1}, \%)$			分配率/%	
	Pt	Pd	Cr_2O_3	Pt	Pd	Pt	Pd	Cr_2O_3	Pt	Pd
0	39.8	38.0	7.2	44.5	42.2	7.9	7.1	12.2	64.4	60.8
200	68.5	66.0	4.3	63.8	62.2	12.5	11.8	8.7	77.3	75.5
400	105.3	100.2	2.6	64.1	63.0	15.5	14.6	7.2	76.9	75.0
600	120.6	111.5	2.1	63.9	63.3	20.3	22.4	6.6	75.3	73.1
800	150.5	143	1.5	44.5	41.2	33.1	30.6	5.1	63.5	60.1

　　显然 QR6 的效果最好，不仅品位及回收率最高，而且改善了泡沫性质。用改性黄药 PM230 作捕收剂浮选时，QR6 用量对浮选指标的影响列于表 4 – 22。在 QR6 用量 200 ~ 600 g/t，对 PGMs 回收率影响不大，但随用量增加 PGMs 品位成倍提高。

　　2) 捕收剂的影响。浮选高铬氧化性矿石时，使用大量黄药（PAX）捕收剂或黄药加黑药（R3501 或 R3477）组合捕收剂，也只能达到 66% ~ 68% 的回收率。在使用 QR6 分散 – 抑制剂的条件下，用改性的异丙基钠黄药（SIBX）或磷酸酯改性的黄药（PM230）则可提高铂族金属回收率约 10%。试验结果列于表 4 – 23。

表 4 – 23　捕收剂种类对浮选指标的影响

捕收剂组合	粗选精矿				粗选精矿 + 扫选精矿			
	品位/ $(g \cdot t^{-1})$		分配率/%		品位/ $(g \cdot t^{-1})$		分配率/%	
	Pt	Pd	Pt	Pd	Pt	Pd	Pt	Pd
PAX	33.6	32.2	44.8	43.3	11.3	9.8	67.9	66.8
PAX + R3501	30.3	29.8	50.3	49.6	10.9	9.3	69.1	68.3
PAX + R3477	32.1	30.3	50.9	49.8	10.6	9.1	68.8	66.9
PM230	35.2	33.4	62.8	61.5	11.4	10.3	78.7	79.2
PM230 + PM3477	34.9	31.9	65.1	64.4	12.8	11.1	79.3	79.2

　　高铬氧化矿是一种特殊的铂族金属资源，矿石中硫化矿物量仅 0.01%，PGMs 品位约 5 g/t，但选用适当的捕收剂组合及分散 – 抑制剂，仍能浮选出含 PGMs 约 70 g/t 的精矿，达到约 80% 的回收率指标，这确非易事。虽然这些工作还处在试验阶段，但无疑为该类资源的有效利用提供了重要的参考和借鉴。

5. 长碳链(C_{12})三硫代碳酸盐(TTC)的应用前景[26]

多年来浮选工艺中使用最多的是黄药——二硫代碳酸盐(DTC)和黑药——二硫代磷酸盐(DTP)组合捕收剂。早在 20 世纪 80 年代就开始研究使用少于 6 个碳原子的短碳链黄药——三硫代碳酸盐(TTC)来优化药剂制度,只因 TTC 会分解产生奇臭的硫醇而不受欢迎。后来合成了水溶性很好的长碳链(12 个碳原子)的三硫代碳酸盐 TTC。

处理 Merensky Reef 矿石的浮选工艺中,在使用抑制剂抑制滑石、绿泥石的条件下,在磨矿时添加 TTC 10 g/t,DTC/DTP 组合药剂加入调浆桶中,可使浮选时泡沫变小且稳定性降低,增强了 DTC/DTP 组合药剂的捕收能力,减少了精矿中脉石矿物的含量,并可减少抑制剂的用量,提高了经济效益。如针对 PGMs 4.1 ~ 4.3 g/t 的原矿,扩大试验结果列于表 4 – 24。

表 4 – 24　TTC 及抑制剂用量对铂族金属浮选指标的影响

试验的药剂制度	尾矿品位/(g·t^{-1})	粗精矿品位/(g·t^{-1})	粗精矿产率/%	精矿中回收率/%
标准 DTC + DTP + 抑制剂(100 g/t)	0.5	60.0	6.2	88.8
标准 DTC + DTP + 抑制剂(300 g/t)	0.44	89.6	4.4	90.2
DTC + DTP + TTC + 抑制剂(100 g/t)	0.42	77.1	4.8	90.3

针对 UG – 2 矿石的探索试验取得了同样的效果,少量 TTC 和 DTC/DTP 连用后,提高了铬铁矿和含硅脉石的脱除率,即可提高浮选精矿的铂族金属品位。如针对 PGMs 品位 4.2 g/t 的原矿,不用 TTC 时精矿产率 3.6%,品位 90 g/t,回收率 77%。使用 TTC 后精矿产率降至 2.5%,品位提高至 129 g/t,回收率 77.6%。

4.3.5　美国斯替尔瓦特矿石选矿

斯替尔瓦特矿石中的矿物种类和组成与南非美伦斯基铂矿层类似,但铜、镍含量更低,铜镍品位与 UG – 2 矿石类似,但铬铁矿含量不高,铂族金属中钯多铂少。代表性的矿石成分为:Pt 3.1 g/t、Pd 10.9 g/t、Cu 0.06%、Ni 0.11%,铂族金属的相对比例为(%):Pt 19、Pd 66.5、Ru 4、Rh 7.6、Ir 2.4、Os 0.5。

主要脉石矿物有钙质斜长石、斜辉石、斜方辉石、橄榄石和少量蛇纹石。金属矿物有磁黄铁矿、镍黄铁矿、黄铁矿、黄铜矿和磁铁矿,但总量仅占矿石的 1%。铂族矿物主要是硫镍钯铂矿、碲钯矿、黄碲钯矿和碲铂矿,多与镍黄铁矿连生。用酸性介质或自然 pH 介质浮选都能达到较好的指标。

1. 斜长岩型矿石酸性介质浮选

以斜长岩为主的铂矿石,密度 2.7 g/cm^3,含 Pt 3.42 g/t、Pd 10.89 g/t、Au

0.22 g/t、Cu 0.03%、Ni 0.06%。磨至 -74 μm 占 78%（ -40 μm 占 55%），添加硫酸（用量约 14 kg/t）使矿浆 pH $\approx$ 4，矿浆浓度 36% 入选，用巯基苯骈噻唑（AERO404）作捕收剂（用量约 182 g/t），聚丙烯二乙醇甲基己醚（Dowfroth -250）作起泡剂（用量约 4.5 g/t），浮选 8 min，粗精矿产率 8.5%，主要结果列于表 4 -25。

表 4 -25 斜长岩型矿石酸性介质浮选结果

产品	产率/%	品　　位/($g \cdot t^{-1}$,%)					分　配　率/%				
		Pt	Pd	Au	Cu	Ni	Pt	Pd	Au	Cu	Ni
精矿	8.5	34.2	108.9	1.87	0.24	0.35	91	87	74	69	52
尾矿	91.5	0.31	1.56	0.06	0.01	0.03	9	13	26	31	48

浮选精矿的贵金属品位达 146 g/t，合计回收率 88%。精矿含 Cu、Ni 非常低，仅分别为 0.24% 和 0.35%，合计 $<1\%$。硅铝酸盐脉石 $>90\%$，其中含（%）：Fe 5.7、S 2.7、SiO_2 44.6、MgO 15.1、Al_2O_3 15.8、CaO 8.4。

2. 蛇纹石型矿石自然 pH 介质浮选

以蛇纹石为主的矿石密度为 2.8 g/cm^3，含 Pt 3.42 g/t、Pd 10.26 g/t、Au 0.31 g/t、Cu 0.03%、Ni 0.06%。磨矿浓度 58%，磨至 -74 μm 占 90%，矿浆浓度 36% 入选，自然 pH $\approx$ 8.2，捕收剂用 AERO317（136 g/t），起泡剂 Dowfroth -250（6.8 g/t），抑制剂 Pennfloat（391 g/t），浮选 8 min，粗选主要结果列入表 4 -26。

表 4 -26 蛇纹岩型矿石自然 pH 介质浮选结果

产品	产率/%	成　　分/($g \cdot t^{-1}$,%)					分配率/%				
		Pt	Pd	Au	Cu	Ni	Pt	Pd	Au	Cu	Ni
粗精矿	6.1	52.9	146.2	3.11	0.31	0.45	96	86	95	69	49
尾矿	93.9	0.16	1.56	<0.03	0.01	0.03	4	14	5	31	51

粗精矿精选用水溶性聚合物 TDL 和 Minflo I 作脉石矿物抑制剂（136 g/t），加入调浆桶内调浆 10 min，矿浆浓度 16% 入精选，起泡剂和捕收剂同粗选，精选的精矿产率 44%，含少量贵金属的中矿闭路返回粗选。精矿成分见表 4 -27。

表 4 -27 蛇纹岩型矿石自然 pH 介质浮选精矿成分

精矿成分	Pt	Pd	Rh	Ir	Au	Cu	Ni	Fe	S	SiO_2	MgO	Al_2O_3	CaO
	g/t					%·							
含量	115	305	10.3	1.9	6.8	0.66	0.86	7.3	2.4	46.8	20.9	6.6	5.9

贵金属品位合计 440 g/t。精选过程铂、钯回收率分别为 96% 和 92%。实际上这是一个含铜镍价值可忽略不计的高品位铂族元素浮选精矿。若希望进一步提高精矿品位，还可在精选时适当降低回收率，减少精矿产率。如铂、钯精选回收率降至 85% 和 82% 时，精矿中贵金属品位可提高至（g/t）：Pt 192、Pd 656、Au 16，还含副铂族金属 12 g/t，合计 876 g/t。其他主要成分（%）：Cu 3.4、Ni 6.2、Fe 18、S 16。至今世界上仅有该资源可产出如此高品位的铂族元素浮选精矿。

4.3.6　中国低品位铂钯矿的浮选富集

1. 铂钯品位 2 g/t 矿石的浮选富集

对于铂钯品位仅 2 g/t 的低品位原生铂矿石，其选矿富集国外没有先例，地矿部成都（峨眉）矿产综合利用研究所在 20 世纪 80 年代初，针对云南金宝山低品位原矿的选矿做了有益的探索和研究[27]。原矿元素分析列于表 4 – 28。

表 4 – 28　2 g/t 矿石的元素分析

成　　分	Cu	Ni	Co	S	TFe	SiO₂	Al₂O₃	MgO	CaO
含量/%	0.103	0.193	0.016	0.61	9.88	35.85	2.75	29.41	4.13
成　　分	Pt	Pd	Os	Ir	Ru	Rh	Au	Ag	∑Pt
含量/(g·t⁻¹)	0.77	1.16	0.032	0.093	0.025	0.065	痕	0.86	2.145

与国外原生铂矿相比，金宝山资源的特点是：①成矿时分异不好，矿石含硫 0.61%，因此硫化物总量很少（约 1.4%），金属氧化物占 6%，脉石矿物占 92.7%；②矿石蚀变较严重，硅酸盐脉石矿物以蛇纹石为主，磨矿时容易泥化；③矿石中硅酸镍的比例达 26.4%，呈硫化物存在的镍仅占 68.5%，除镍黄铁矿、辉钴镍矿、辉钴矿等硫化矿物外，紫硫镍铁矿的比例较高，镍的选收困难；④硫化物铁（主要呈黄铁矿）仅占 5.4%，磁性氧化铁占 45%，硅酸铁占 34%，浮选时硫化铁的载体作用小；⑤铜硫化物占 90.3%，主要呈黄铜矿及微量斑铜矿、辉铜矿及铜蓝，较易选收；⑥铂族元素品位低且矿物粒度普遍细微，其中 44% 呈游离状态，17.5% 和硫化物连生，36% 被脉石矿物夹裹，较难选收；⑦硫化物的嵌布粒度普遍较细，– 0.02 mm > 50%，磨矿时解离困难。

研究了酸性及碱性介质条件下的选别情况。矿石一段棒磨至 – 0.04 mm 占 96%，用一般硫化矿磨 – 浮工艺，一段粗选、两段精选。碱性介质中混合浮选时用碳酸钠（4 kg/t）作介质调整剂，酸性介质中混合浮选时用亚硫酸铵（换算为 SO₂ 用量 3 kg/t）作介质调整剂。都用一般的药剂制度，即用液体水玻璃（4 kg/t）

作脉石抑制剂,羧甲基纤维素(500 g/t)作分散剂,硫酸铜(500 g/t)作活化剂,丁黄药(250 g/t)作捕收剂,2#油(60 g/t)作起泡剂。两种介质条件下都能达到较满意的混合浮选指标,获得的混合精矿产率约2.5%,精矿中 Cu + Ni 含量 >7%,Pt + Pd 浓度为55 ~63 g/t。酸性介质的浮选指标较高,实验室闭路试验结果列于表4-29。两种介质混合浮选过程中,金和6种铂族元素都同时富集在混合精矿中,精矿的元素分析列于表4-30。

表4-29 酸性介质的实验室闭路试验指标

产品	产率/%	主 要 成 分/(%,g·t^{-1})					分 配 率/%			
		Cu	Ni	Co	Pt + Pd	MgO	Cu	Ni	Co	Pt + Pd
精矿	2.56	3.98	3.75	0.319	52.94	10.87	88.19	49.9	48.17	71.48
尾矿	97.44	0.014	0.099	0.009	0.555	—	11.8	50.1	51.8	28.5
原矿	100	0.116	0.193	0.017	1.897		100	100	100	100

表4-30 两种介质浮选精矿的元素分析

成分/(g·t^{-1})	Pt	Pd	Pt + Pd	Os	Ir	Ru	Rh	∑Pt	Au
碱性介质	22.26	32.69	54.95	0.48	1.05	0.39	1.10	57.97	4.47
酸性介质	21.32	31.59	52.91	0.41	0.97	0.33	1.00	55.62	
成分/%	Cu	Ni	Co	S	Fe$_2$O$_3$	SiO$_2$	MgO	CaO	Al$_2$O$_3$
碱性介质	3.87	3.51	0.285	19.43	47.69	13.5	6,29	2.18	1.10
酸性介质	3.98	3.75	0.319	18.84	33.88	16.8	10.87	2.24	1.06

浮选尾矿中的铁以磁铁矿为主,可磁选出产率为4.39%、含 TFe 58.1%、Cr$_2$O$_3$ 34.4%的铁精矿,综合利用铁、铬。

金宝山低品位原生铂矿虽然铂钯品位只是南非铂矿的1/3,仍可浮选富集,精矿 Cu + Ni 含量 >7%,含 MgO 约10%,PGMs 约50 g/t,达南非铂矿的选别指标。进一步冶炼时可以实现有价金属的综合回收。因矿石需全部细磨至 -0.04 mm 占96%,磨矿费用较高,酸、碱介质调整剂消耗较大,能否开发利用主要受制于经济因素。

2. 铂钯品位约4 g/t 矿石的浮选

金宝山矿床中存在铂钯平均品位4 ~6 g/t,铜镍品位也相应较高的富矿,广州有色金属研究院、成都矿产综合利用研究所等单位开展了选矿工艺研究[28-32]。

针对铂族金属品位约4.1 g/t 的矿石,详细研究了浮选工艺,矿石多元素分析结果如下:

成分	Pt	Pd	Cu	Ni	S	Fe	Co	MgO	CaO	Al₂O₃
	g/t		%							
含量	1.38	2.36	0.14	0.22	0.73	9.63	0.017	27.5	2.79	0.1

矿石中还含(g/t) Rh 0.22、Ir 0.16、Os 0.063、Ru 0.063，SiO_2 35.74%。硫化矿物和脉石矿物的相对比例为：

矿物名称	黄铜矿	镍黄铁矿和紫硫镍矿	黄铁矿	磁铁矿和铬铁矿	蛇纹石	方解石	角闪石和辉石
含量比例/%	0.42	0.53	0.74	10.33	73.95	5.80	8.21

工艺矿物学研究表明，富矿中镍、铜及铂族元素矿物粒度虽然很细(< 0.02 mm)，但大多数硫化物呈集合体存在或成群分布，没有必要将矿石一段全部细磨。研究制定了阶段磨矿、阶段选别工艺，即一段磨矿至 - 0.074 mm 占 70% 进行粗选，粗磨入选可大幅降低磨矿费用。粗选尾矿再磨至 - 0.074 mm 占 95% 进行二段粗选，两段粗精矿合并进行二段精选，粗选尾矿进行二段扫选。用碳酸钠作调整剂使浮选介质维持在 pH 8~9，连选的磨 - 浮流程及药剂制度绘于图 4 - 18。

全流程药剂总用量为(g/t)：碳酸钠 2900，丁黄药 449，硫化钠 500，六偏磷酸钠 300，硫酸铜 285，起泡剂 PZO 104，高效分散抑制剂 K_{401} 200 和 K_{515} 173。连选试验指标列于表 4 - 31。精矿产率 3.78%，含 Cu + Ni 7.5%、PGMs 约 80 g/t。

表 4 - 31　富矿连选试验指标

产品	产率/%	品位/(g·t⁻¹, %)				分配率/%			
		Cu	Ni	Pt	Pd	Cu	Ni	Pt	Pd
精矿	3.78	3.51	4.02	33.94	49.29	87.33	60.76	80.18	75.43
尾矿	96.22	0.02	0.10	0.33	0.63	12.67	39.24	19.82	24.57

精矿的摇实密度 3.09 g/cm³，松散密度 0.96 g/cm³，尾矿相应为 2.84 g/cm³ 和 0.86 g/cm³。

3. 尾矿的再处理[33]

尾矿粒度 - 0.074 mm 占 95%，含 Pt 0.22 ~ 0.33 g/t、Pd 约 0.6 g/t，还含(%) SiO_2 约 40、MgO 约 29、CaO 约 4、Fe 8.5。工艺矿物学研究表明，脉石矿物主要是蛇纹石，铂钯的矿物多与磁铁矿连生，嵌布粒度极细(0.5 ~ 16 μm)，多分布在 0.074 ~ 0.02 mm 粒级。研究了磁选→磁性产品再磨→浮选回收铂钯的工艺。

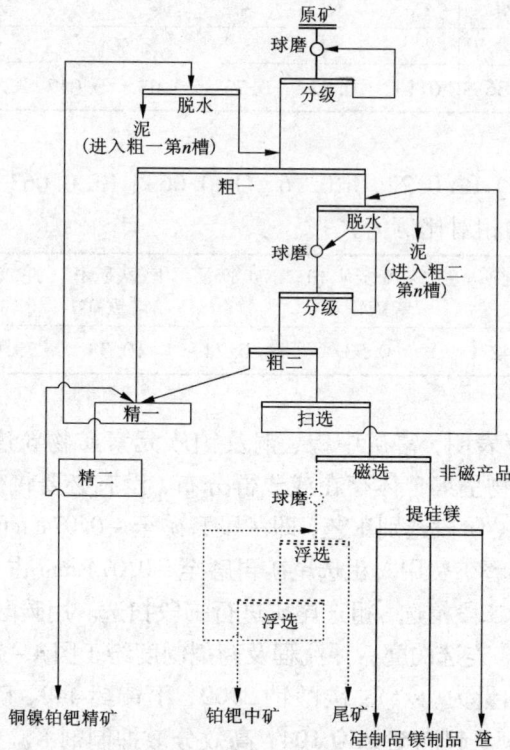

图 4-18 金宝山富矿石的磨-浮连选工艺

用 0.35 T 磁场强度磁选，磁精矿产率 37%，再磨至 -0.04 mm 占 90%（-0.02 mm 占 28%），然后用碳酸钠调整性质，在碱性介质中用丁基黄药、丁铵黑药和 2# 油作捕收剂，用 L101 作蛇纹石抑制剂粗选→精选。浮选精矿产率占尾矿的 0.73%，含 Cu + Ni 0.64%，含 Pt 16.5 g/t，Pd 19.5 g/t，Pt 回收率 41.6%、Pd 回收率 23.4%。并入主流程浮选精矿可使全流程铜镍铂钯回收率分别增加 1.23%、0.83%、6.72% 和 3.15%。

磁选尾矿中蛇纹石约占 90%，取决于市场需求和矿区交通运输、能源、原材料供应等条件，可用化工技术生产轻质氧化镁、碳酸镁、七水结晶硫酸镁等化工产品，副产品硫酸铵可作化肥。综合利用尾矿中的镁硅是原生铂矿石中所有有价金属和"无价值"脉石全面综合利用的一条新思路。

4.4 砂铂矿的重选

含铂超基性岩体经自然风化，密度大的铂矿物残留在原岩基底、坡地上形成残积或坡积砂矿，或被水流冲刷及短途搬运到河床或湾道凹坑中富集形成冲积砂矿。世界上曾有 50 多个国家的 100 多个地区发现了该种矿，最著名的如俄罗斯乌拉尔的彼尔姆（品位达 8 ~ 10 g/m³）、美国阿拉斯加、哥伦比亚乔科、澳大利亚塔斯马尼亚等。进入 21 世纪，多数矿点已采竭，目前仅有哥伦比亚等少数矿点还有少量生产，其产量仅占世界铂族金属总产量的 1% 左右。

砂铂矿和沙金矿有较多的共同点：贵金属矿物以自然金属和金属互化物为主，都已风化解离为密度大、粒度较粗的单矿物；其他有价金属含量很少；砂粒和泥土都是密度较小的石英、碳酸盐、硅酸盐、铝酸盐等无价值的脉石矿物；都可用重选、混汞等方法有效地回收贵金属。

砂铂矿与沙金矿的差别是：前者以铂、铱、锇的自然金属或合金矿物为主，有时还含少量自然金，需回收的金属品种比沙金矿多；所有砂铂矿中自然铂矿物都比锇铱矿物粗大，自然铂矿物粒度多在 0.1 ~ 3 mm，有时有很大的自然铂矿块（如乌拉尔砂铂矿中曾找到 9.61 kg 的矿块）；砂铂矿中除低密度的黏土和砂砾外还有磁铁矿、铬铁矿、钛铁矿等密度较大的矿物。

人类使用筛、盆等简单工具在水流中人工漂、飘、淘洗泥沙获得自然金已有几千年的历史。后来逐渐研制出各种重选设备和成套技术用于大规模开采沙金矿，并在锡石、锆石、金红石、钨矿开采中进一步发展完善，应用更加广泛。重选技术处理各类砂矿，仍然是基建投资、动力消耗及加工成本最低、无废水污染、见效最快的方法。现代所有重选技术和设备都能在砂铂矿开采中应用。

重选工艺流程一般由采掘、筛分、擦洗、浆化、输送和重选等一系列工序组成。为了能够达到最好的技术经济指标，首先必须针对开采的矿床准确选取样品，确定原矿品位，查定脉石矿物种类、性质及粒度分布、贵金属矿物的解离程度和赋存特点、粒度范围和几何形态等重要参数和资料。在上述工作的基础上，首先要进行实验室重选的工艺条件试验，确定粒度分级范围和工艺结构，进行多种重选设备的分选试验及比较相应的指标。然后在设备配置可以灵活变动，便于调节中矿、尾矿循环流程的中间试验厂验证。最后确定建厂的工艺流程、设备选型及合理配置、操作条件及各项指标。

砂矿的采掘比较容易。当矿体位于高丘或山地，顶部较少植被或杂物覆盖，分布连续储量较大且矿体较厚又能就近重选、砂粒粒度不太粗且较均匀时，水力冲采是既古老又简单有效的方式。直接用高压水柱向砂矿层喷射使砂矿剥离解体，矿浆流经振动筛分机分离粗粒脉石后直接泵至重选厂。砂矿位于河流、湖泊水中，储量大矿层坡度较缓且没有巨砾、较少树根或水生蔓藤时，最现代化的开采设备是采金船。船中包含了完成全部采选过程的设备。采掘的物料经洗涤和筛分后进行重选，尾矿直接返回水中。按采掘及提升方式分为吸入式或绞刀吸入式、连续斗链式或斗轮式、吊车抓斗式或机械铲斗式 3 类。吸入式靠吸入管头四周喷水使矿砂浆化并抽吸上来，具有简单、轻便、投资低等优点，较适于采掘细粒、松散或未固结的砂矿。矿浆经管道输送至另一浮船上重选，也可远距离输送到岸上的重选厂。缺点是吸入及输送过程中重矿物损失大，难剥离密实的砂矿层；抓斗式采金船工作范围有限，生产能力小，适合小型松散砂矿。

采掘的矿砂首先要筛分分离粗粒砾石、木质物，同时要将黏附或凝结在砾石中的细粒金属矿物擦洗分离下来。一般都将矿砂通过振动筛或滚筒筛并喷高压水擦洗和冲洗，筛上物废弃。筛下含金属矿物的矿泥、矿砂和细粒砾石分不同级别送入相应的重选设备选别。重选依据各种矿物密度的差别确定工艺流程，重选流程包括粗选、精选和扫选。

重选的设备类型很多，不同重选设备适宜处理的砂铂矿粒度范围如下：

跳汰机	75 μm ~ 25 mm	水力旋流器	40 μm ~ 3.0 mm
螺旋选矿机	75 μm ~ 3.0 mm	尖缩溜槽（扇形选矿机）	30 μm ~ 3.0 mm
格条溜槽	70 μm ~ 25 mm	摇床	15 μm ~ 3.0 mm
赖克特圆锥	45 μm ~ 20 mm	尼尔森离心选矿	−50 μm

跳汰选矿机是使用最广泛的重选设备，又分隔膜跳汰机、矩形和圆形跳汰机等类型。我国研制的大型液压传动跳汰机特别适合分离较轻的矿物。但排出的尾矿中会损失细粒矿物，还需用溜槽、螺旋或摇床对尾矿扫选。

螺旋选矿机借助重力和离心力选出重矿物，一般数台串联成机组。调节螺旋的直径、间距、给矿浓度、冲洗水压力及水量、截矿点位置，即可将精矿从主矿流中分离出来。20 世纪 80 年代以来，无冲洗水的干式螺旋选矿机已推广应用，更适宜处理细粒给矿，能力 1 ~ 2 t/h。

格条溜槽是一种倾斜的溜槽，木质、金属或橡胶槽面上装有许多一定间隔的木质或橡胶格条，从入矿端到排矿口逐渐尖缩。在水力作用下重矿物沉落并被阻挡富集在格条前面，顺格条方向移动并集中收集，轻矿物越过格条被水流冲走。使用关键是控制水量和流速，避免在格条之间产生紊流和涡流造成重矿物被水流冲走。后来发展的倾斜带式溜槽，在运动的皮带上装置格条，入矿和皮带运动方向相反，格条上收集的重矿物随皮带运动到另一面时冲洗下来。先进的层流形溜槽具有处理量大、成本低、能回收细粒贵金属矿物等优点。

赖克特圆锥选矿机是一种先进的重选设备，具有无运动部件、结构简单、占地面积小、生产率高（ϕ2 m 中型设备的生产能力 60 ~ 100 t/h，ϕ3.5 m 大型设备的生产能力 300 t/h）、入选矿浆浓度大（60% ~ 70%）、操作成本低等优点。一套机组可完成粗选、精选、扫选全过程。通过控制和调整给矿速度和浓度来达到要求的精矿质量和回收率。

我国研制的盘选机，能使不同密度的矿物在比重力大得多的离心力作用下有效分离，金回收率 >93%。

摇床是一种最重要的重选设备，其倾斜床面安装许多与运行方向平行的格条，床面作轻快往复运动(280~325 冲次/min)产生惯性。含固体约25%的矿浆在床面上铺开向前流动时，轻的矿物颗粒被冲刷越过格条，重颗粒则被格条阻挡，并在床面往复运动的惯性力作用下沿格条方向向前移动。重矿物精矿、中矿和轻矿物尾矿分别收集。根据给矿粒度范围，通过控制床面往复运动的速度和冲程达到预定的指标，缺点是生产能力低，占地面积大。多用于精选。

由于砂矿中贵金属矿物粒度分布范围宽，完整的重选工艺流程常是多种方法和设备(每种设备数台或数十台)的分段高效组合，发挥各种设备的特点，分别完成分级、脱泥、粗选、精选、扫选等各段任务。

常规的重选方法和设备，包括效率很高的摇床，都很难高效、高回收率地回收微细粒度(一般 <100 μm)及呈薄片状的贵金属矿物。如贵金属矿物呈扁平状、薄片状，有空洞和孔隙并被黏土等轻物质充填时，就可能在重选时容易漂浮掠过水面损失，降低回收率。若铂族金属矿物被矿泥严重包裹时，所得精矿品位也较低。

砂铂矿中含磁性强的铁铂矿较多时，还辅以磁选铂矿物；磁铁矿多而铁铂矿少时，则用磁选分离磁铁矿。

我国内蒙古达茂旗一多金属共生矿，上部已风化蚀变为褐土型、氧化－角闪岩型矿石，主要脉石为角闪石、石英、斜长石及氧化铁矿物(褐铁矿、磁铁矿)。铂族金属矿物主要是砷铂矿(0.1~1 mm 粒级占80%)，钯矿物很细(−0.013 mm 占70%)。这不是通常分类的砂铂矿，因不能浮选而探索了重选回收工艺，这是我国研究重选回收铂族元素的唯一实例。原矿品位 Pt 4.9 g/t, Pd 1.9 g/t，磨矿至−74 μm占60%后旋流器脱泥→一段摇床重选抛弃尾矿→二段摇床重选抛弃中矿①→磁选分离磁铁矿及中矿②→获得重选铂精矿，各重选产品的成分列于表4－32。

表4－32 达茂旗风化壳含铂矿石重选结果

产品	产率/%	成分/(g·t⁻¹,%)					分配/%				
		Pt	Pd	Cu	Ni	Fe	Pt	Pd	Cu	Ni	Fe
铂精矿	0.0043	78000	460	—	—	—	80.05	1.39			
铁精矿	0.2013	3.2	0.1	0.1	0.1	69	0.16	0.01	0.02	0.08	0.67
中矿①	0.2744	26.05	0.6	0.3	0.1	33	1.7	0.1	0.16	0.16	0.43
中矿②	13.38	2.63	0.2	0.6	0.6	20	8.4	2.2	15.6	10.7	12.9
尾矿	61.7	0.38	0.6	0.5	0.1	16	5.6	25.6	56.97	60.7	48.7
细泥	24.46	0.47	4.1	0.6	0.2	32	4.1	70.7	27.4	28.4	31.3

铂精矿中铂品位达 7.8%，全部回收了 +0.1mm 粒级的铂矿物，回收率达 80%，钯却因粒度太细且多与褐铁矿呈结合态，70% 以上损失在旋流器脱泥的细泥，25% 以上损失在一段摇床重选的尾矿中。显然，针对某些含铂的氧化矿石不能用浮选富集时，重选是一条可行的回收途径。

4.5 尼尔森(Knelson)离心选矿机重选[34-36]

4.5.1 离心选矿机的结构及重选原理

尼尔森离心选矿机是 Byron Knelson 发明的一种新型高效重选设备，具有处理量大(最大可达 650 t/h)、富集比高(10000 ~ 30000 倍)、体积小、重量轻、耗电少、耐磨性好、生产成本低等很多优点。它适于从金矿(沙金、脉金)、伴生金的有色金属矿、重有色金属选矿尾矿及其他固体物料中回收游离的金、银和铂族金属。澳大利亚、加拿大、南非、俄罗斯等产金大国，用该机生产的黄金占其年产量的比例已分别达 35%、30% ~ 35%、15%，并已成功用于钨钼钽铌等较大密度矿物的选别。迄今 70 多个国家在线使用该设备 2700 多台，世界很多不同规模的黄金、伴生贵金属的重有色金属选矿厂，在新建和改造磨 - 重 - 浮工艺时，都优先选用该离心选矿机作为重选设备。

尼尔森选矿机由两个一同旋转的立式同心锥构成，外锥与内锥之间构成一个密封水腔。内锥(富集锥)的内侧有数圈沟槽，并有按一定设计排列的反冲水孔(流态化水孔)。设备还包括给矿、排矿、供水、驱动及自动控制系统。

该机基于高速旋转的离心作用形成强化的重力场，扩大轻重矿物之间的密度差。如在自然重力场(1 G)下，石英和自然金的密度分别为 2.7 g/cm^3 和 19 g/cm^3(差值 16.3 g/cm^3)，但在 60 G 的离心重力场中，人为的重力加速度使其密度分别提高至 162 g/cm^3 和 1140 g/cm^3(差值达 978 g/cm^3)，其相互分离比自然重力场更容易，有利于微细粒贵金属的回收。当矿浆给进富集锥底部时，矿浆在离心力的作用下被甩向富集锥的内侧壁，并沿着内壁向上运动，同时由富集锥的进水孔连续向锥内注进反冲水流使床层呈流态化。在离心力和反冲水力的共同作用下，重矿物颗粒的离心加速度大，能克服反冲水的径向阻力，即使是非常微细的高密度颗粒也能穿过床层，离心沉降或钻隙沉降在精矿床内。而脉石矿物因受离心力较小，难以克服反冲水力的作用，在轴向水流冲力和离心力的轴向分力共同推动下而旋出内转筒，从富集锥排出成为尾矿，从而实现不同密度微细物料的有效分选。选矿机会周期性地停机，此时自动控制系统会自动冲水将精矿冲进精矿槽中。该技术降低了传统重力分选的粒径下限，拓宽了应用范围。

4.5.2 应用实例

微细粒贵金属矿物在传统的重选或浮选工艺中不可避免地损失在尾矿中,如何提高有价金属回收率一直是贵金属选冶工作者不断奋斗的目标。同时,矿产资源枯竭的现实也促进人们必须从战略高度着眼于尾矿的综合利用。尼尔森离心选矿机的推广应用,在这方面跨出了实质性的步伐。

1. 提取黄金

①南非 President Steyn 金矿处理能力 2300 ~ 3100 t/d,采用炭浆法工艺。设有三个磨矿系统,各加装 20 英寸尼尔森选矿机 1 台,尼尔森机重选金回收率达到 51% ~ 53%,金的总回收率提高 2%。氰化矿石品位由 4.5 ~ 5.0 g/t 降至 2.7 ~ 3.0 g/t,浸出渣平均品位由 0.22 g/t 降至 0.16 g/t,浸出时间缩短 1/3,氰化物用量降低 10%;②西班牙 Rio Narcea 金铜矿含 Au 4 ~ 6 g/t、Cu 0.2% ~ 0.9%,处理能力 60 ~ 70 t/h。原工艺流程为"跳汰 + 浮选 + 炭浸",重选金回收率只有 2%,金总回收率约 87%。用 1 台 30 英寸尼尔森机取代跳汰机,再用 1 台 12 英寸尼尔森机精选 30 英寸机的重选精矿,金重选回收率提高到 20% ~ 25%,总收率提高到 97.3%,选矿厂处理能力增加 30%,生产过程更加稳定;③澳大利亚 Paddington 金矿年处理矿石 120 万 t,采用炭浆工艺提金。原磨矿分级回路中用摇床从旋流器底流回收粗粒金,金的回收率只有 3.22%。后改用 2 台 30 英寸尼尔森机取代摇床,重选回收率提高到 32.8%,选厂总回收率提高 2%;④我国山东尹格庄金矿矿石处理量 2000 t/d,原在磨矿回路中用跳汰机回收粗粒金,金回收率 5% ~ 7%。后改用 1 套 20 英寸尼尔森机取代跳汰机,金回收率提高到 15% ~ 17%;⑤秘鲁 Tintaya 铜浮选厂日处理硫化铜矿石 1.75 万 t,原矿含 Cu 1.6%、Au 0.35 g/t,浮选回收率铜 90%、金 60%。后在一个磨矿回路中增设尼尔森选矿机,整个选矿厂金回收率提高 5%;⑥加拿大 Westmin 铜锌矿日处理矿石 3500 t,含金 2.0 g/t。经浮选后金在铜精矿和锌精矿中的回收率分别为 35% 和 15%,其余 50% 流失到尾矿里。后在磨矿回路中加装 1 台 35 英寸尼尔森机处理一部分旋流器沉砂,金的总回收率增加 3.3%。

2. 回收铂族元素

1) 鹰桥公司克拉哈贝勒选厂处理萨得伯里(Sudbury)伴生铂族金属硫化镍铜矿,用浮选产出铜镍混合精矿,处理能力 4 万 t/d。碎－磨流程为:原矿→碎矿→半自磨→水力旋流器脱泥(溢流)→底流球磨。针对贵金属品位较高的矿石(Pt 2.6 ~ 2.8 g/t、Pd 1.7 g/t、Au 2.8 ~ 3.3 g/t),研究发现砷铂矿等脆性矿物在磨矿中易碎为微细粒矿物,并富集在球磨机排矿及水力旋流器底流的细粒(- 53 μm)级中。在水力旋流器溢流中可能有少量损失。研究了用普通 3 英寸尼尔森离心选矿机与可变速 3 英寸尼尔森机组合,从上述两种物料中提前回收贵金属。

球磨机排矿经离心重选的精矿产率 1.654%，PGMs + Au 品位约 350 g/t，结果列于表 4 - 33。

表 4 - 33　球磨机排矿用尼尔森离心重选的试验结果

元　素	Pt	Pd	Rh	Ru	Ir	Au	Ag
给矿成分/($g \cdot t^{-1}$)	2.8	1.7	0.1	0.06	0.01	3.27	12
精矿成分/($g \cdot t^{-1}$)	137.7	54.3	0.7	0.17	0.09	156	169
回收率/%	84.7	56.4	15.1	5.4	9.2	80.5	26

旋流器底流经离心重选的精矿产率 1.72%，PGMs + Au 品位约 280 g/t，结果列于表 4 - 34。

表 4 - 34　旋流器底流用尼尔森离心重选的试验结果

元　素	Pt	Pd	Rh	Ru	Ir	Au	Ag
给矿成分/($g \cdot t^{-1}$)	2.66	1.7	0.11	0.03	0.01	2.8	13.9
精矿成分/($g \cdot t^{-1}$)	112.7	47.9	0.83	0.4	0.06	120.8	150
回收率/%	76.5	50	14.8	25.4	9.7	77.8	19.9

结果表明，从磨 - 浮工艺的磨矿回路中，提前离心重选对回收贵金属是有利的。

2）从 1996 年起，俄罗斯 Norilsk 矿业公司先后安装了 26 台 KC - XD48 英寸尼尔森机，用于处理磨矿回路产品、现生产的浮选尾矿及尾矿库里的老尾矿，不仅得到了高品位铂精矿，而且回收率提高了 6% ~ 8%，每年用尼尔森机多回收的铂族金属估计达 4 ~ 5 t 之多。

上述结果表明，无论是原生铂矿还是铂族铜镍共生硫化矿，针对现行磨 - 浮或磨 - 重 - 浮工艺中的中间产品或大量的库存尾矿，使用尼尔森离心选矿机提高铂族金属的回收率有广泛的推广应用前景，应引起密切关注。

4.6　浮选精矿的造锍熔炼富集

4.6.1　浮选精矿的组成特点

原生铂矿和伴生铂族金属镍铜硫化矿的浮选精矿中，包括三类物质：①低价值的硅、铝酸盐脉石和铁的硫化物，如硅酸镁、硅酸铁、硅酸钙、氧化铝、黄铁矿等，它们占精矿物质量的 70% 以上，有的大于 90%，可将其看作是冶金过程中必须分离废弃的有害成分；②重有色金属镍、铜和钴的硫化物，占矿石物质量的 5% ~ 15%，必须有效回收；③微量组分的铂族金属和金、银，最高含量不超过 0.05%（500 g/t），低的只有 0.0002%（2 g/t），6 种铂族金属共生，主、副铂族金属的比例一般为（15 ~ 30）∶1，必须综合回收。品位高时它们的价值超过重有色金属，成为主要回收对象。

一些主要资源的浮选精矿中有价金属品位及价值比例列于表 4 - 35。

表 4 - 35　浮选精矿的成分及有价金属的经济价值比例

主要共生有价金属品位	吕斯腾堡混合精矿	UG - 2 混合精矿	J - M 混合精矿	诺里尔斯克混合精矿	萨德伯里分选镍精矿	中国金川混合精矿	中国金宝山混合精矿
$w_{Ni}/\%$	4.0	2.4	0.7	约 10	>10	约 6	4.0
$w_{Cu}/\%$	2.3	1.2	0.9	约 13	约 5	约 2.7	3.5
$\rho_{Pt}/(g \cdot t^{-1})$	约 90	约 180	约 120	约 5	约 2	1.06	34
$\rho_{Pd}/(g \cdot t^{-1})$	约 45	约 150	约 310	约 15	约 2	0.65	49.3
$\rho_{Rh}/(g \cdot t^{-1})$			10.3			0.08	约 1.4
$\rho_{Ir}/(g \cdot t^{-1})$			1.9			0.17	
$\rho_{Ru}/(g \cdot t^{-1})$	10 ~ 15	20 ~ 30		约 5	1 ~ 1.5	0.15	
$\rho_{Os}/(g \cdot t^{-1})$						0.22	
$\rho_{Au}/(g \cdot t^{-1})$			—			0.50	
贵金属合计品位/$(g \cdot t^{-1})$	约 150	约 360	约 445	一般为 20 ~ 25	4 ~ 6	2 ~ 3	约 85
贵金属占总值的/%	约 90	约 95	约 98	约 20	约 10	<5	约 75

注：由于同一矿床不同矿点和采场的原矿成分不完全相同，同一矿床有多个选厂及同一选厂的入选原矿成分也经常变化，多数选厂没有浮选精矿成分的准确数据，表中数值多为估算及推算参考值。

贵金属在总价值中的比例分为两类，南非、美国及中国金宝山等原生铂矿的浮选精矿中，贵金属价值比例很高，特别像美国 J - M 的浮选精矿中铂族金属价值约占所有金属总价值的 98%，镍铜的价值可忽略不计，冶炼加工的主要目的是有效地提取铂族金属；而加拿大、中国金川等伴生铂族金属的硫化镍铜共生矿的浮选精矿中，铂族金属的价值 ≤10%，金川矿石中 <5%，其冶炼加工的目的则是以提取有色金属为主，力争以较高回收率综合回收铂族金属。这些情况使冶金技

术的选择和工艺流程结构的制定有明显的针对性，服务于不同的目的。

4.6.2 火法造锍熔炼

世界上全部铂矿、含或不含铂族金属的硫化镍铜共生矿的浮选精矿，都几乎毫无例外地首先用火法熔炼技术富集。熔炼产出含铂族金属同时含铁很高（约50%）的镍铜铁硫化物"合金"，冶金上称为"低锍"。造锍熔炼的原理在很多重有色金属冶金专著中都已有详细论述。简单地说，该冶金方法的实质是，精矿配入适当的熔剂在 1300～1400℃ 温度的高温炉内发生物理、化学变化，不同性质和价值的组分重新组合。硅、铝、镁、钙、铁的氧化物形成惰性的硅铝酸盐炉渣废弃。磁黄铁矿、镍黄铁矿、黄铜矿等矿物发生分解，部分硫化铁和硫发生氧化：

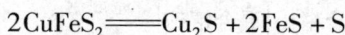

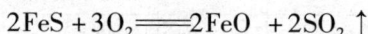

$$Fe_7S_8 = 7FeS + S$$

$$2CuFeS_2 = Cu_2S + 2FeS + S$$

$$3(Fe \cdot NiS) + 2S = 3FeS + Ni_3S_2$$

$$S + O_2 = SO_2 \uparrow$$

$$2FeS + 3O_2 = 2FeO + 2SO_2 \uparrow$$

形成的"$FeS - Ni_3S_2 - Cu_2S$"熔体（低锍）中富集了精矿中包括全部贵金属在内的 11 种有价金属。贱金属硫化物互熔或共熔为锍的过程没有热力学的制约因素，根据物料的状态、成分和能源条件，用任何熔炼设备——鼓风炉、反射炉、电弧炉、闪速炉、熔池熔炼等，只要使物料熔化熔炼过程即可自然进行。

但氧化物的造渣对熔炼过程能否顺利进行，能否获得较高的技术经济指标影响很大。参与造渣的各种单体氧化物 FeO、SiO_2、Al_2O_3、CaO 和 MgO 都有很高的熔点，分别为（℃）1369、1723、2050、2570 和 2800。浮选精矿中的大部分 MgO 和部分 FeO 已呈硅酸盐存在，高温熔炼时物料中的铝酸盐分解产生的 Al_2O_3，$CaCO_3$、$MgCO_3$ 分解产生的 CaO、MgO 以及 FeS 氧化形成的 FeO 都参与造渣反应化合为新的硅酸盐：

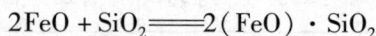

$$2FeO + SiO_2 = 2(FeO) \cdot SiO_2$$

$$CaO + SiO_2 = CaO \cdot SiO_2$$

$$MgO + SiO_2 = MgO \cdot SiO_2$$

生成的硅酸盐熔点大大降低，分别为：$2FeO \cdot SiO_2$ 1244℃，$MgO \cdot SiO_2$ 1543℃，$Al_2O_3 \cdot SiO_2$ 1545℃，$FeO \cdot CaO \cdot 2SiO_2$ 980℃。熔炼时形成的炉渣成分主要是 "$FeO - MgO - CaO - SiO_2$"四元系（见图 4-19），但各组分对炉渣的熔点和黏度有不同的影响。SiO_2、MgO 含量越高炉渣熔点越高，$w_{MgO} > 13\%$ 以后熔点急剧升高，FeO 含量升高可使炉渣熔点下降，$FeO \cdot CaO \cdot 2SiO_2$ 的熔点最低（980℃）。

炉渣中 $w_{SiO_2} > 40\%$、$w_{Al_2O_3} > 13\%$ 及 MgO 含量越高，炉渣的黏度越大，FeO 和

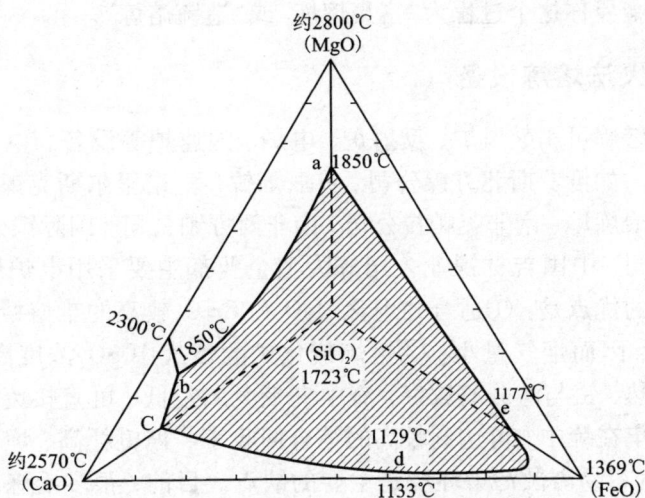

图 4 – 19　$CaO - SiO_2 - MgO - FeO_n$ 四元系炉渣的熔点变化范围

CaO 可使黏度降低。若以室温水的黏度为 0.001 Pa·s 比较，过热流动性好的炉渣黏度应为 0.3～1 Pa·s，约与甘油的黏度(0.78 Pa·s)类似，容易从炉中放出，黏度上升至 1.5～2 Pa·s 时炉渣浓稠不易从炉中放出，上升至 3～4 Pa·s 时则不能放出。

炉渣的熔点和黏度越高，熔炼的能量消耗越大。精矿 MgO 含量高时需大量配入含 FeO、CaO 的熔剂使生成的炉渣中 MgO 含量不超过 15%，必然加大了物料处理量并需维持较高的熔炼温度，都增加电能消耗。例如加拿大汤普森精矿含 MgO 低，炉渣含 MgO 约 5%，电耗约为 400 kW·h/t 料，俄罗斯北镍公司炉渣含 MgO 18%～20%，电耗约高达 800 kW·h/t 料。金川公司炉渣含 MgO 10%～13%，电耗约为 630 kW·h/t 料。

炉渣熔点升高和黏度增大，渣、锍两相必然分离不好，造成含贵金属的锍颗粒在渣中的机械夹带损失。因此渣型选择、熔剂配比、炉渣成分、熔点、密度和流动性成为影响熔炼过程能否正常进行及能否获得较高技术经济指标的关键，冶金界常将熔炼过程的实质形象地比喻为"炼渣"，渣型选择不好，熔炼过程将无法顺利进行。这方面的研究已相当充分，实际应用中必须根据 FeO – CaO – MgO – SiO_2 四元系相图选择合理的渣型，根据物料成分、选择的渣型和当地的能源条件选择熔炼方式和设备，熔炼时配入恰当的熔剂，使形成的炉渣熔点和黏度满足顺利熔炼的要求。

正常的熔炼条件下，锍－渣两相平衡并能有效分离时，精矿中的微量贵金属皆可接近定量地捕集在金属相或锍相中。贵金属不会呈氧化物状态与硅酸盐脉石成分造渣。冶金界称这个过程为"富集熔炼"或"造锍熔炼"。

4.6.3 火法熔炼设备

火法造锍熔炼可用鼓风炉、反射炉、电炉、闪速炉等设备。电炉熔炼是最主要的熔炼技术。如俄罗斯北方镍公司、贝辰加镍厂、诺里尔斯克镍联合企业、加拿大汤普逊镍冶炼厂、南非英帕拉公司、南非西方铂公司、国际镍公司 INCO、中国金川有色公司、中国吉林镍业公司等大型企业都主要采用电炉熔炼 – 吹炼工艺。电炉熔炼的优点是：①适合处理含 MgO 和 Cr_2O_3 较高的难熔精矿；②由于不需要燃烧燃料，因而烟气量小；③熔炼硫化矿的烟气中 SO_2 浓度高，适宜制酸；④由于渣可过热，锍与渣分离较好，渣中夹带金属量低，可直接废弃；⑤全部有价金属高效富集在锍中，可达到较高的综合回收率。但电耗高、炉体结构中孔洞多、含 SO_2 烟气容易溢散污染环境是主要的缺点。目前，很多冶炼厂都有用闪速熔炼取代电炉熔炼的趋势。

4.6.4 氧化吹炼除铁

浮选精矿富集熔炼产出的低锍中含 Fe 约 50%（是 Cu + Ni 的 1 倍），以 FeS 状态存在。氧化吹炼是分离 FeS 的可靠又经济的方法。

吹炼过程一般在卧式转炉中进行，高压空气或富氧空气鼓入熔融锍中使液态 FeS 氧化为 FeO，然后与加入的固态石英 SiO_2 化合为液态 $(FeO)_2SiO_2$ 炉渣：

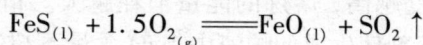

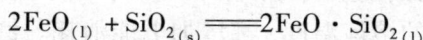

$$FeS_{(1)} + 1.5O_{2(g)} \Longrightarrow FeO_{(1)} + SO_2 \uparrow$$

$$2FeO_{(1)} + SiO_{2(s)} \Longrightarrow 2FeO \cdot SiO_{2(1)}$$

在高温熔体中高压空气的搅拌翻腾作用非常剧烈，金属硫化物的氧化反应很快，氧的利用率高（>90%），氧化反应强烈放热，热量可自热维持吹炼过程需要的高温还过剩，因此氧化吹炼除铁是最经济的冶金过程。

在吹炼过程中 CoS、Ni_3S_2、Cu_2S 等也会氧化，但它们的氧化物又与熔体中残留的 FeS 发生交互反应重新转化为硫化物，当熔体中含 Fe 量降至 <3% 时获得的镍铜硫化物合金（Ni_3S_2 – Cu_2S）称为"镍铜高锍"。

吹炼时镍铜硫化物的氧化反应以及镍铜铁的氧化物和硫化物之间的交互反应，会使高锍中产生金属相，反应通式表示为：

$$MeS + O_2 \Longrightarrow Me + SO_2 \uparrow$$

$$MeS + 2MeO \Longrightarrow 3Me + SO_2 \uparrow$$

因此低锍氧化吹炼产生的高锍实际上是 Ni_3S_2 – Cu_2S（有少量 FeS）和 Ni – Cu – Fe 合金的共熔体。当高锍中含 S <17%，镍铜铁合金相 >15% 时，称为"金属化高锍"。

氧化吹炼过程中，低锍中的贵金属仍主要富集在高锍中，但由于转炉吹炼时熔体的剧烈翻腾，且渣中含铁高及产生部分高熔点的 Fe_3O_4，使转炉渣的熔点高、黏度大，与造锍熔炼渣相比，转炉渣中机械夹带的镍铜硫化物和贵金属多。因此转炉渣需返回造锍熔炼炉，使渣中硫化物重新回收在低锍中。

肯尼柯特-奥托昆普公司开发的闪速吹炼技术，已在一些冶炼厂取代卧式转炉吹炼技术。

4.6.5 贵金属在火法熔炼过程中的富集原理和规律

1. 原理

火法熔炼过程中重有色金属或其硫化物富集贵金属的原理，涉及金属原子的性质和行为，有针对性的理论研究不多。作者认为，铂族金属和金、银与铁及重有色金属铜、镍、钴、铅具有相似的晶格结构和相近的晶格半径(见表4-36)，可以在广泛的成分范围形成连续固溶体合金或金属间化合物。重有色金属硫化物也具有相似的晶格结构和相近的晶格半径，它们之间也可在广泛的成分范围形成连续固溶体合金"锍"。虽然矿物原料中贵金属的矿物种类很多，但在高温熔炼下都被分解破坏为高密度的金属状态，也能以类质同象进入贱金属固溶体合金，或取代硫化物晶格中的贱金属进入锍中。富集了贵金属的合金或锍的密度大，沉降至熔体底部与炉渣分层。虽然锇、钌为紧密六方晶格，但在高温下也转变为立方晶格并与其他贵、贱金属互溶。因此，熔融状态的贱金属及其二元或多元合金，熔融状态的贱金属硫化物合金，对贵金属都是有效而可靠的捕集剂。

表4-36 某些金属和硫化物的晶格结构和晶格半径/0.1 μm

金 属	晶格结构	晶格半径	硫化物	晶格结构	晶格半径
Au	立方晶系	4.06	PbS	立方晶系	5.97
Ag	立方晶系	4.07	Cu_2S	立方晶系	5.56
Cu	立方晶系	3.60	Ni_3S_2	立方晶系	4.08
Fe(1400℃)	立方晶系	3.68	PbS	立方晶系	5.97
Ni	立方晶系	3.94	ZnS	立方晶系	5.43
Co	立方晶系	3.55	FeS	六方晶系	3.43
Pd	立方晶系	3.85	Cu_2Se	立方晶系	5.75
Pt	立方晶系	3.91	Ag_2S	立方晶系	4.88
Rh,Ir	立方晶系				
Os,Ru	紧密六方				

这一原理早已作为矿物原料中微量乃至痕量贵金属的分析方法，即"火试金法"。古典火试金法以金属铅作捕集剂，能捕集试样中几乎全部的 Au、Ag、Pt、Pd，用 Cu – Ni – Fe 合金作捕集剂的试金法可捕集回收全部铂族金属，用锍（Ni_3S_2、FeS、Cu_2S），特别是 Ni_3S_2 作捕集剂的试金法（矿样加 NiS 或 Ni_3S_2、$Na_2B_4O_7$、Na_2CO_3、SiO_2 混合，1000～1200℃熔融生成捕集了贵金属的镍锍扣），能有效富集 10^{-9}～10^{-8} 超痕量的全部铂族金属和金，成为最理想的试金方法。这从一个侧面证明了火法熔炼捕集铂族金属的绝对可靠性。

2. 基本规律

作者依据研究实践，将含贵金属的重有色金属硫化矿火法冶炼过程中发现的贵金属富集规律，简单归纳为以下几点：

1）锍渣平衡体系中，贵金属捕集在锍相中。为硫化铜矿的浮选精矿熔炼时，金、银皆以较高回收率富集在铜锍中，原生铂矿或铂族铜镍共生硫化矿的浮选精矿熔炼时，其中的铂族金属、金、银皆以较高回收率富集在镍铜锍中。镍铜锍氧化吹炼除铁时，其中的贵金属又以较高回收率富集在镍铜高锍中。在渣中没有化学损失，仅在渣型选择不好、炉渣熔点高黏度大时，夹带少量锍造成物理损失。

2）锍－金属平衡体系，贵金属捕集在金属相中。如铜锍吹炼为粗铜时，吹炼前期产出的少量炉底铜即可捕集铜锍中绝大部分贵金属，先分离这少量富集了贵金属的炉底铜后，继续吹炼产出的粗铜基本上不含贵金属。炼铜厂用两台转炉，一台专用于前期吹炼，不断用少量炉底铜捕集铜锍中的贵金属，获得含贵金属品位很高的粗铜自己处理，另一台则产出不含贵金属的粗铜外售。中国进口的粗铜中很少含金银，也许就是利用这个原理将贵金属事先分离了。这一原理也用于处理铂族金属精炼厂的低品位废渣，即废渣用硫化铜精矿熔炼，捕集了铂族金属的铜锍加入部分金属铜或适当吹炼产出部分金属铜，当金属铜产率约 20% 时，贵金属在金属铜中的回收率（%）达：Au 99、Pt 97、Pd 95、Ru 89、Rh 99、Ir > 90，而绝大部分 Ag、Se、Te 留在铜锍中。

铜镍锍氧化吹炼除铁时，若过吹产生部分金属相，则高锍中的贵金属又转入金属相，当金属相产率 > 10% 时，可捕集原高锍中 90% 以上铂族金属。用镍铜合金作为提取铂族金属的原料就利用了这一原理和规律。

3）镍铜高锍用分层熔炼技术分为硫化镍和硫化铜两相时（详见5.1），Ni_3S_2 相可选择性捕集铂族金属，Cu_2S 相选择性捕集金、银。再分别从镍冶炼系统中回收铂族金属，从铜冶炼系统中回收金银。

3. 锇钌在火法冶炼中的行为

六种铂族金属中，锇钌性质极为特殊。它们极易氧化为八价的四氧化物挥发，在火法冶金过程中能否有效回收是铂族金属冶金中需要关注的问题。基本规律可简单地归结为以下几点：

1) 在造锍熔炼时锇钌能有效地富集在锍中。在不同的熔炼温度下有关锇钌氧化－还原反应的热力学数据列于表4-37。

表4-37　不同熔炼温度下某些锇钌氧化－还原反应的自由能 $\Delta G/(kJ \cdot mol^{-1})$

氧化－还原反应	1000℃	1200℃	1400℃
$OsO_4 + 4Fe \longrightarrow Os + 4FeO$	-518	-485	-451
$OsO_4 + 4Ni \longrightarrow Os + 4NiO$	-306	-306	-310
$RuO_4 + 4Fe \longrightarrow Ru + 4NiO$	-704	-694	-687
$OsO_4 + 4S \longrightarrow Os + 2SO_2$	-118	-140	-163
$RuO_4 + 4S \longrightarrow Ru + 2SO_2$	-321	-373	-421
$RuO_4 + 2SO_2 \longrightarrow RuO_2 + 2SO_3$	-84	-53	—
$OsO_4 + 2SO_2 \longrightarrow OsO_2 + 2SO_3$	93	121	—
$1/4Os + Fe_2O_3 \longrightarrow 1/4OsO_4 + 2FeO$	—	105	-93

显然，造锍熔炼时气相中的 SO_2 气体以及熔体中的贱金属及其硫化物都是防止锇钌氧化挥发的保护剂，即使有八价氧化物存在也将被还原为金属状态捕集到锍中。但高温及强氧化条件下，高价氧化铁(Fe_2O_3)能将锇氧化为 OsO_4 挥发。SO_2 有将 OsO_4、RuO_4 还原为 OsO_2、RuO_2 入渣的可能。

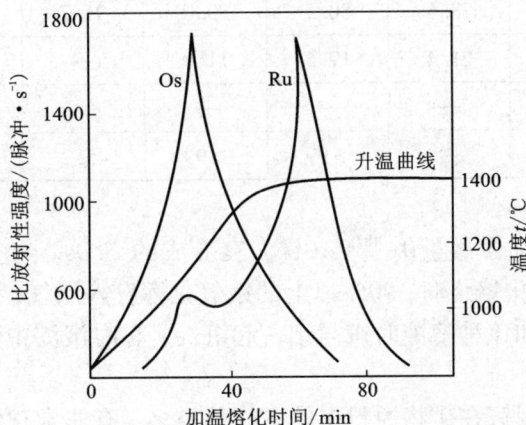

图4-20　含锇钌烧结块熔化过程中锇钌氧化挥发规律

2) 锇钌氧化挥发损失主要发生在物料熔化之前的升温阶段。将加入 ^{106}Ru 和

^{191}Os 放射性同位素的烧结块在空气中加热熔化，并测定烟气中的比放射性强度（见图 4 – 20），结果表明，锇在钌之前氧化挥发，约 800℃开始挥发，1000℃剧烈挥发，物料熔化后挥发急剧减少。钌则在 1100℃开始并剧烈氧化挥发，物料熔化后挥发急剧减少。虽然上述试验与生产实际不完全相同，但缩短物料熔化时间对减少锇钌氧化挥发损失是重要的措施。因此悬浮闪速熔炼技术应该对锇钌回收更有利。

3）氧化吹炼时锇钌的氧化挥发损失较大。氧化气氛下吹炼锍时，随着吹炼时间的延长即锍相的减少，钌在渣中的损失量增大。如锍占熔体的 15%、渣占 85% 时，钌在锍中平衡分配 > 86%；吹炼 75 min，锍占熔体 5%、渣占 95% 时，钌在锍中平衡分配降至 58%，渣中分配高达 42%。硫化铜中若含锇，熔炼时被铜锍捕集。但铜锍吹炼为粗铜的过程中锇将不断地氧化挥发，吹炼进行到硫化铜消失并产生 Cu_2O 的情况下，Cu_2O 就成为锇氧化为 OsO_4 的氧化剂：

$$4Cu_2O + Os \Longrightarrow OsO_4\uparrow + 8Cu$$

当熔体含 Cu_2O 约 8% 时，> 50% 的 Os 已氧化为 OsO_4 挥发（见表 4 – 38）。因此含锇的铜锍吹炼时，控制氧化程度防止过氧化对锇的回收很重要。进入烟气中的四氧化锇又分散在电收尘的烟尘、电除雾的洗涤酸（污酸）及制酸系统的硒泥中。我国某铜冶炼厂初步考查表明，上述烟尘、污酸及硒泥中都发现含有微量锇、钌。

表 4 – 38　Cu_2S 氧化吹炼过程中锇的走向

熔体成分 /%	Cu	78.6	80.5	89.0	91.7	75.9	14.3
	Cu_2S	21.4	19.5	11.0	—	—	—
	Cu_2O	—	—	—	8.3	24.1	85.1
锇在铜中回收率/%		>99	>99	>99	45.2	21.2	3.3

硫化钼矿一般都含微量由 ^{187}Re（铼）衰变成的 ^{187}Os。考查表明硫化钼精矿在 550 ~ 770℃下氧化焙烧时，90% 以上的锇氧化挥发入烟气，电收尘时还原入电收尘溶液，苏打中和该种溶液时锇与钼一起沉淀，有时沉淀中锇的品位比原料高数千倍。

实际上，因为锇钌在矿物原料中的矿物种类多，有非常化学惰性的锇铱合金及易分解的硫化物，赋存状态也很复杂，它们在矿物原料中的品位很低（一般 < 0.1 g/t），在冶金生产实践中考查它们的走向行为非常困难，经济价值也不大。本节介绍的火法冶炼过程中锇钌走向行为方面的情况多系实验室研究结果，仅作为铂族金属冶金工作者需要了解的常识。

4.7　南非原生铂矿浮选精矿的火法熔炼

4.7.1　美伦斯基浮选精矿的火法熔炼

吕斯腾堡铂矿公司处理美伦斯基铂矿的浮选精矿，是一个典型的用熔炼镍铜铁锍作载体技术富集贵金属的实例，该公司的火法冶炼流程如图 4 – 21 所示。

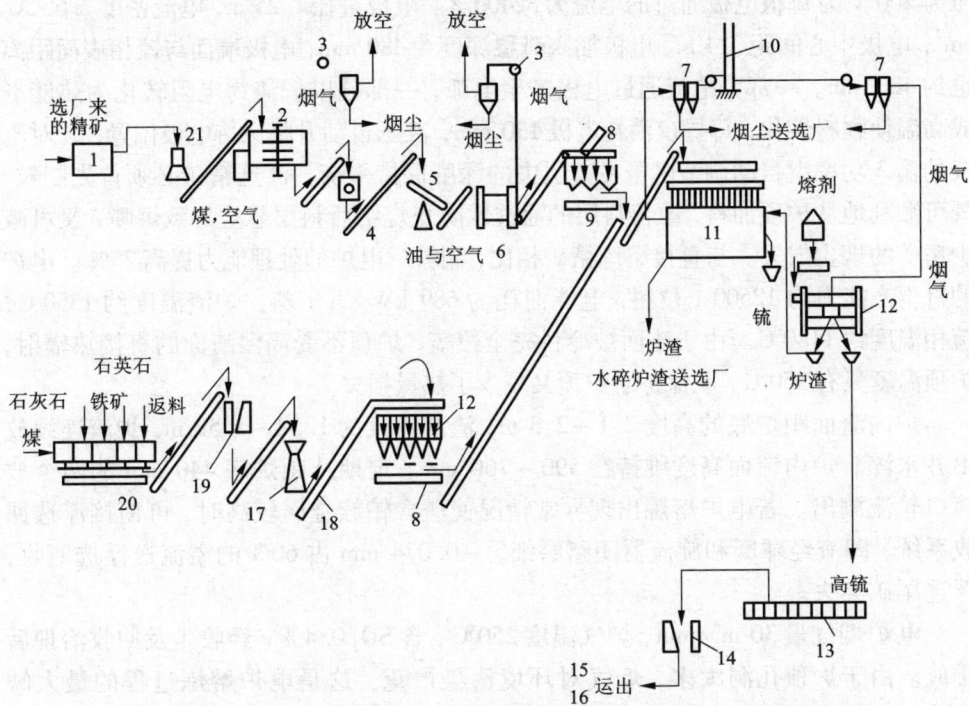

图 4 – 21　吕斯腾堡铂矿公司处理美伦斯基浮选精矿的火法冶炼流程

1—精矿仓；2—多膛干燥炉；3—净化除尘洗涤塔；4—破碎机；5—圆盘制粒机；

6—回转通风干燥器；7—收尘器；8—粒矿仓；9—称量皮带；10—烟囱；

11—矿热电炉；12—转炉；13—浇铸机；14—颚式破碎机；15—高锍过磅；16—包装外送精炼厂；

17—熔剂仓；18—圆锥破碎机；19—颚式破碎机；20—熔剂贮备仓；21—皮带给料机

浮选精矿的成分如下：

成分	Ni	Cu	Fe	S	CaO	MgO	SiO_2	Al_2O_3	PGMs + Au
					%				g/t
含量	3.5 ~ 4	2 ~ 2.3	15	9	3.0	15	39	6	111 ~ 150

由于精矿含 MgO 很高，熔炼形成以硅酸镁为主体的炉渣熔点较高，必须使用电炉。南非使用的电炉是一种标准设备，外部尺寸为长 27.2 m、宽 8 m、高 6 m，钢板炉壁用水冷，内砌镁砖炉衬后炉膛尺寸为长 26 m、宽 7 m、高 4.5 m，炉底反拱，炉墙渣线以上及拱顶用高级黏土砖砌筑，炉顶有 36 个加料孔、4 个排气孔和 16 个检查孔，炉壁有 7 个检查孔、3 个放渣口和 3 个放锍口，放渣口分别高于炉底 1560 mm、1760 mm 和 1960 mm。电炉总功率为 19500 kVA，由 3 台各 6500 kVA 单相变压器通过 3 对自焙电极输电，电网电压 6 kV，入炉电压在 170~350 V 范围内调整，电压为 200 V 时每根电极通过的电流为 32400 A。电极直径 1.25 m，电流密度 2.65 A/cm^2，电极中心间距 3.4 m，电极插入渣层深度约 480 mm，电极端面与锍相表面距离也约 480 mm。一部分电流通过电极产生电弧，一部分以炉渣为电阻转化为热能形成高温使物料熔化，每昼夜消耗电极 130 mm，液压自动升降保持电极位置，三对电极的输入功率由自动调节电极在渣层中的深度保持平衡。浮选精矿必须首先制粒，既可顺利地从炉顶加料，改善料层的通透性防止烧结后料层悬空导致爆喷，又可减少精矿的烟尘损失。与直接熔炼精矿相比，制粒后电炉的处理能力提高 25%。电炉的月生产能力为 12500 t 粒料，电能消耗为 689 kW·h/t 料。炉渣温度约 1350℃，锍相温度约 1180℃。由于渣面被冷料完全覆盖，炉顶不受高温渣面的直接热辐射，炉顶温度只有 250℃，既保护了炉顶又减少了热量损失。

炉内渣面距炉底的高度 2.1~2.3 m，渣层厚度为 1.32~1.52 m，炉渣连续放出并水淬。炉内锍面高度维持在 590~760 mm，定期从距炉底 440 mm 的两个放锍口轮流放出。若电炉熔炼出现异常情况使渣含铂族金属较高时，可衔接浮选回收系统，即渣经球磨和旋流器闭路磨细，-0.074 mm 占 60% 的溢流送浮选回收，浮选尾矿弃去。

电炉烟气量 30 m^3/min，炉气温度 250℃，含 SO$_2$ 0.4%，经收尘及回收治理后排放。由于炉顶孔洞太多，烟气对环境污染严重，这是电炉熔炼过程的最大缺点。产出的电炉锍及电炉渣成分为：

成分	Ni	Cu	Fe	S	FeO	CaO	MgO	SiO$_2$	Al$_2$O$_3$	PGMs + Au
	%									g/t
锍	16~18	9~11	33~42	26~28						500~600
渣	0.1	0.06		0.27	20	15	15	41	6	<2

锍中的铂族金属品位约富集了 4 倍，回收率 >99%。

低锍中含铁量是镍铜量的一倍，用含氧 25% 的富氧空气在卧式转炉($\phi \times L =$ 3.05 m×6.1 m)中吹炼分离铁。转炉内衬铬镁砖，侧面有 28 个直径 50 mm 的风眼，吹炼过程中用自动捅风眼机清理堵塞。鼓风量为 180~198 m^3/min，风压

$0.7 \sim 0.84 \ kg/cm^2$。吹炼过程中加入石英熔剂造铁橄榄石渣，转炉渣直接放入钢包再吊转入电炉。吹炼温度控制在 1300℃ 以下，每炉分几次加入低铣共约 44 t，平均吹炼时间约 3.8 h，每炉操作时间约 5.5 h，产高铣 14 t，炉渣 45 t。每昼夜吹炼 $2 \sim 3$ 炉。产出的贵金属铜镍高铣含(%) Ni $47 \sim 48$、Cu $27 \sim 28$、Fe $1 \sim 2$、S 约 21，PGMs + Au $1800 \sim 2000 g/t$。

转炉烟气量 34 m^3/min，温度 370℃，含 SO_2 2.5% $\sim 6\%$，通过电收尘后送去制硫酸，烟尘经浓密后并入精矿制粒返回电炉熔炼。

包括熔炼和吹炼全过程的铂族金属回收率 >99%，镍铜回收率分别为 96% 和 97%。这些指标充分表明火法冶炼富集技术是经济、有效和可靠的，在电能充裕的地区使用电炉熔炼具有易操作、效率高、对原料成分适应范围宽等优点，但炉体难以有效密封，部分二氧化硫烟气溢散弥漫污染环境，是电炉熔炼技术必须解决的突出问题。

4.7.2　南非 UG – 2 浮选精矿的火法冶炼

UG – 2 浮选精矿含 Ni 2.4%、Cu 1.2%，除含 CaO、MgO、SiO_2 等硅酸盐脉石外还含 Cr_2O_3 3.21%，铂族金属品位高达 430 g/t，如此低的镍铜硫化物含量能否熔炼时造铣并有效地捕集铂族金属？答案是肯定的。顺利熔炼的关键是使高熔点的 Cr_2O_3 有效造渣。可加入低熔点的膨润土（精矿量的 3% 一起制粒）和石灰石（粒料的 14%）等熔剂，以降低渣的熔点，并在电炉中熔炼。

熔炼产出的电炉铣含 Ni 约 18%、Cu 约 11%、Fe 约 43%、S 约 30%，铂族金属品位约 2770 g/t，在铣中富集了 6.5 倍。电炉铣氧化吹炼获得的贵金属镍铜高铣含镍铜 >75%，铂族金属品位提高至约 7000 g/t，整个火法冶金过程铂族金属的回收率约 99%。

4.8　金川共生矿浮选精矿的火法冶炼

4.8.1　电炉熔炼 – 吹炼

金川是伴生铂族金属硫化镍铜共生矿的典型代表，在同类资源中伴生的铂族金属品位是最低的，但仍能通过熔炼捕集回收。二矿区矿石的浮选精矿成分为：

成分	Ni	Cu	Fe	Co	S	CaO	MgO	SiO_2	PGMs + Au
	%								g/t
含量	约 5	约 2.4	约 29	0.16	18	1.8	10	17.6	约 2

尽管铂族金属品位仅约 2 g/t，但仍然包括 6 种铂族金属共生，副铂族金属锇

铱钌铑的品位更低,仅约 0.1 g/t(千万分之一)。与南非精矿相比含铁很高,为了提高熔炼产出的锍中镍铜的品位,浮选精矿需经焙烧脱硫,使部分硫化铁氧化为氧化铁,在熔炼时通过交互反应造渣。

金川公司早期使用回转窑焙烧工艺,窑长 52 m,直径 3.6 m,倾斜度 3%,转速 0.55~1.64 r/min,喷入重油加热,窑头温度约 900℃,窑尾烟气温度约为 250℃,窑长的 3/4 为预热干燥带,1/4 为焙烧带,精矿在窑内的充填系数约为 4%,窑内烟气与精矿逆向运动,精矿在窑内停留时间 40~50 min,出窑焙砂温度 600~700℃,脱硫率约 35%,产出的焙砂粒径约 2 mm,焙烧烟气电收尘。回转窑焙烧的燃料消耗和烟气量大,烟气中 SO_2 浓度低难有效回收而且严重污染环境,后改为回转窑干燥 – 流态化(沸腾)半氧化焙烧工艺。

沸腾焙烧炉为圆形,物料由上部炉侧加料管加入,从底部通过炉床各送风口鼓入空气使物料呈悬浮沸腾状态并在高温下氧化燃烧,焙砂由炉床旁的放料管放出,烟气从炉顶排出。金川公司的沸腾焙烧炉炉床直径 2.53 m,炉床面积 5 m^2,炉膛高度 6.1 m,鼓入的空气压力 10~12 kPa,空气量 12000 m^3/h,空气直线速度 2.3 m/s,处理制粒精矿量 1234 t/d,床能率 100~140 t/(m^2·d),空气消耗量 0.47 m^3/kg 料,焙烧温度 600~750℃,通过调节物料加入量控制焙烧温度,物料的床层高度 1.15 m,焙烧脱硫率 55.5%,焙砂产率 70%,烟尘率 30%。焙烧过程的物料成分变化列于表 4 – 39。

表 4 – 39　金川沸腾焙烧的物料成分/%

物料名称	Ni	Cu	Fe	S	SiO_2	MgO	CaO
入炉精矿	5.74	2.41	35.34	22.45	11.05	10.15	1.55
焙砂 + 烟尘	6.7	2.81	41.24	13.15	12.89	11.84	1.81

烟气含(%):SO_2 12.78、N_2 72.71、O_2 1.77、CO_2 0.49、H_2O 12.25。

金川的焙砂属高硅高镁难熔物料(类似于俄罗斯的诺里尔斯克和北方镍公司的物料),熔点高(1280~1400℃),导电性差,电炉熔炼时表现为高料坡及厚料层,需深熔池和高电压,单位电耗高。曾使用三台电炉熔炼,1#、2#炉的功率为 16500 kVA,长方形(炉膛的长×宽×高 = 21.5 m×5.5 m×4.0 m),炉床面积 118.24 m^2。每根直径 1000 mm、重 16.8 t 的电极共 6 根连接成三相输电。2#炉每天熔炼焙砂 450~550 t,还加入约为焙砂量 35%的转炉渣和 15%的石英石,料坡高度 400~800 mm,渣面高度 2100~2300 mm,锍面高度 600~800 mm,电极插入渣层深度 300~500 mm。电耗 600~650 kW·h/t 料,电炉锍的产率为焙砂量的 35%~40%,锍相温度 1100~1250℃,锍中 Ni、Cu 直收率 88%~90%。渣层温度 1300 ~ 1350℃，炉渣产率为焙砂量的 95% ~ 100%。烟气量 20 ~ 25 km³/h，烟气含尘 2 ~ 5 g/m³，烟尘率 < 4 %。电炉锍在 $\phi \times L = 3.6$ m × 7.7 m 用镁砖炉衬的卧式转炉中吹炼，镍铜高锍的产率为低锍的 25%。火法冶炼过程有价金属富集约为原矿的 10 倍。典型的物料成分列于表 4 - 40。

表 4 - 40　金川公司火法冶炼富集过程中各种物料的成分/%

产品	Ni	Cu	Co	Fe	S	SiO₂	CaO	MgO	PGMs + Au
电炉锍	13.2	6.8	0.54	48	28	—			约 5 g/t
电炉渣	0.15	0.1	0.05	29	0.8	41	2	13	
转炉高锍	48.7	25.7	0.67	3.1	22.2	—			约 20 g/t
转炉渣	0.76	—	0.25	51		27			

虽然精矿中 6 种铂族金属的品位仅约 2 g/t，但仍能捕集回收在铜镍高锍中。因品位低及锍在电炉渣中的机械损失不可避免，铂族金属在锍中回收率不可能达到南非的指标。据考查，在高锍中的回收率约为 90%。

4.8.2　闪速熔炼 - 吹炼

闪速熔炼技术首先由芬兰奥托昆普(Outokumpu)公司发明，早在 1949 年用于熔炼铜精矿，1959 年后 INCO 等公司推广用于熔炼低镁的镍铜混合精矿，至今全世界已有几十台闪速炉在生产，金川公司引进和使用奥托昆普公司的炉型，结合金川实际情况设计改造并于 1992 年投产。闪速熔炼工艺包括精矿深度干燥、配料、闪速熔炼、转炉吹炼和转炉渣贫化等过程。

闪速熔炼对入炉物料的水分要求十分严格，必须 < 0.3%。金川选矿厂分选出含 H_2O 8% ~ 10%、含 MgO < 7% 的浮选精矿，经低温气流快速干燥脱水送入料仓，含水 < 0.3% 的细粉状精矿与熔剂石英粉充分混合后，用预热的富氧空气(含 O_2 > 40%)通过喷嘴喷入闪速炉的竖式反应塔中，在同时燃烧重油或粉煤产生高温的反应塔内，悬浮状态下迅速进行闪速(造锍)熔炼。反应塔内的温度高达 1450 ~ 1550℃，高温下同时完成金属硫化物的焙烧脱硫、熔炼和部分铁氧化造渣的吹炼任务。形成反应塔中高温的热量，60% 来自精矿氧化反应放热，因此闪速熔炼的实质是金属硫化物氧化放热的自热熔炼。熔融物落入沉淀池，在约 1300℃ 温度下继续造锍和造渣并分层。炉渣经过电热贫化区(类似电炉)贫化，炉渣在贫化区停留约 7 h，每吨渣消耗电能 120 kWh、焦炭 35 kg。锍中金属回收率(%) Ni 97.16、Cu 94.5、Co 65.5。贫化后的渣废弃，锍放入转炉吹炼为铜镍高锍。

金川闪速熔炼炉的反应塔直径 6 m、高度 6.4 m、容积 181 m³，反应塔处理能力 0.28 t/(m³·h)，炉子生产能力 50 t/h。闪速熔炼与电炉熔炼相比，处理 1 t 精矿的电能消耗降为约 369 kWh，粉煤、重油和焦炭消耗略有增加。处理 1 t 精矿折算为标准煤的能量消耗则由 343 kg 降低为 220 kg。因此闪速熔炼具有熔炼强度和效率高，生产能力大，能耗低，锍中铜镍品位高(45%~50%)、含铁低(17%~25%)，脱硫率及烟气二氧化硫浓度高(>10%)，烟气便于回收制酸等优点。缺点是烟尘率高(>10%)，需有效回收并返回熔炼，使熔炼直收率比电炉熔炼低。金川闪速熔炼过程的原料和各种产物的成分列于表 4–41。

表 4–41　金川闪速熔炼过程各种产物的成分/%

物　料	Ni	Cu	Co	Fe	S	SiO₂	MgO	CaO	Fe₃O₄
镍精矿	6.54	4.0	0.19	39.97	27.31	8.29	6.24	1.03	7.41
闪速熔炼渣	0.89	0.53	0.098	40.73	0.6	31.33	7.19	1.11	3~10
贫化电炉渣	0.2	0.24	0.07	40.78	0.2	32.15	7.38	1.14	3
贫化电炉锍	30.88	17.16	0.535	22.96	24.33				
烟尘	6.0	3.0	0.15	41.0	10.0	25.5	6.0	1.0	
烟气	SO₂ 12.1		CO₂ 9.8		O₂ 4.6		N₂ 66.6		H₂O 5.0	

据考查，铂族金属仍以约 90% 的回收率捕集在铜镍高锍中，品位约 20 g/t。

这一实践再次证明，尽管金川浮选精矿中伴生铂族金属品位很低，它们在火法冶炼过程中仍能可靠地捕集在铜镍高锍中。中国已从该资源中提取出了全部 6 种铂族金属产品，创建和发展了中国的矿产铂族金属冶金科技和工业。当然，因为浮选精矿中铂族金属品位低，火法冶炼过程的回收率低，后续再富集和提取的过程长、工序多，不可能达到南非铂矿的回收率指标。

4.9　金宝山铂钯矿浮选精矿的火法熔炼富集[37–38]

云南金宝山低品位铂钯矿浮选精矿成分见表 4–42。

表 4–42　金宝山浮选精矿有价金属品位

有色金属/%				贵金属/(g·t⁻¹)							
Cu	Ni	Co	合计	Pt	Pd	Rh	Ir	Os	Ru	Au	PGMs 合计
3.77	3.55	0.24	7.56	32.14	50.3	1.58	0.88	0.82	0.63	5.0	91.35

11 种有价金属品位合计 < 8% 。非"有价金属"含量合计 > 90% ，分别为（%）：SiO_2 26，MgO 18.6，FeO 15.3，CaO 2.9，S 14。其中铁、镁、钙硅酸盐，如蛇纹石、单斜辉石、角闪石及方解石、绿泥石等合计占 80% ，是铜镍钴合计品位的 10 倍，铂族金属品位的一万倍。选择的熔炼渣型为 FeO – CaO – MgO – SiO_2 四元系。计算的低熔点渣型成分（%）为：SiO_2 44.5，MgO 15，CaO 15.6，FeO 20。根据浮选精矿成分，补加石英石、石灰石、铁矿等熔剂熔炼造渣。

熔炼在炉膛容积 25 L，功率 100 kW 电弧炉中进行，每次处理 60 kg 浮选精矿，按精矿∶石灰石∶石英石∶氧化铁矿石 = 1∶0.086∶0.305∶0.055 配料，1350℃下连续加料熔炼，多次分离炉渣后获得低锍。浮选精矿中的硅酸盐脉石和大部分铁转化为化学性质稳定、不污染环境、易堆存的炉渣。熔炼结果见表 4 – 43。

表 4 – 43　金宝山浮选精矿的熔炼富集结果

名称	贵金属品位/$(g \cdot t^{-1})$		其他主要成分/%				
	Pt	Pd	Cu	Ni	Cu + Ni	Fe	S
浮选精矿	32.1	50.3	3.77	3.55	7.32	约20	
低锍	134	206	13.5	14.4	28	44.4	27.3
终渣	1	0.5	0.21	0.13	0.34	6.23	
回收率/%	>97	98.7	92.5	95.6			

熔炼过程铂族金属富集 4 倍，回收率 > 97% 。

4.10　云南元谋低品位铂矿石熔炼钙镁磷肥富集

钙镁磷肥是缺磷地区使用的重要化肥，将高镁质岩石（白云石或蛇纹石）与磷灰石在电炉或鼓风炉中共熔为 $\alpha – Ca_3(PO_4)_3$ ，熔体水淬急冷、磨细，转化为易被植物吸收的 $\beta – Ca_3(PO_4)_3$ 和非晶质的 $3Ca_3(PO_4)_2 \cdot CaF_2$ ，即为钙镁磷肥。

云南发现多个橄榄石型或蛇纹石型低品位铂矿石，含 Pt + Pd 约 2 g/t，Ni + Cu 约 0.3% ，难用选矿方法经济地富集，但含较高的 MgO，可取代白云石满足熔炼钙镁磷肥的配料要求。只要按照 $w_{MgO}/w_{P_2O_5} \approx 3$ 、$w_{MgO}/w_{SiO_2} \approx 1$ ，硅酸度 $w_{(CaO+MgO)}/w_{SiO_2} \approx 1$ 的要求配料入炉熔炼，控制一定的还原气氛使铂矿石中部分铁和有色金属还原并聚集为金属相，即能达到既利用脉石成分生产钙镁磷肥又同时富集提取贵金属和有色金属的双重目的。针对元谋低品位铂矿石，昆明贵金属研究所研究的工艺如图 4 – 22 所示。

铂矿石　　磷灰石

鼓风炉熔炼 ──→ 磷肥产品

P-Ni-Fe合金

反射炉吹炼 ──→ 磷肥产品

Cu-Ni合金

电解 ──→ 回收有色重金属 ──→ Ni、Cu、Co产品

阳极泥 ──→ 回收贵金属 ──→ Pt、Pd、Au、Ag产品

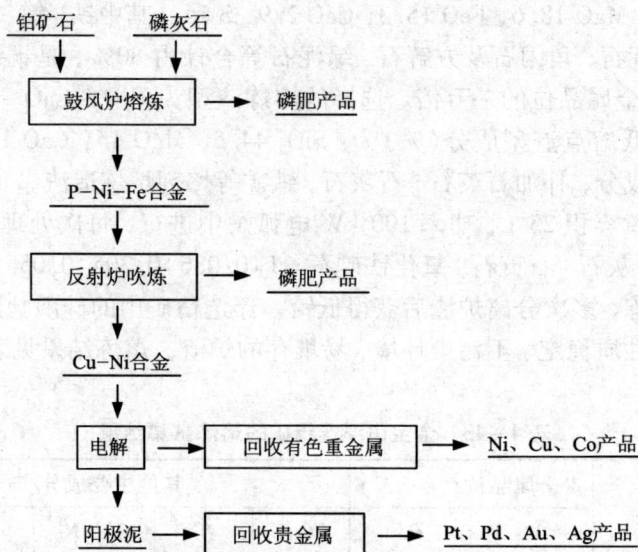

图 4-22　处理低品位铂矿的钙镁磷肥法

低品位铂矿石成分为：

元素	Pt	Pd	Rh	Ir	Au	Ag	Ni	Cu
	g/t						%	
含量	1.07	0.60	0.02	0.04	0.18	2.64	0.19	0.22

　　铂矿石与磷灰石质量比约 55:45，焦比 22%~24%，配料后加入鼓风炉熔炼，热风温度 430~460℃，风压 21~24 kPa。放出的"炉渣"水淬磨细后即为含有效 P_2O_5 约 18% 的钙镁磷肥，熔炼过程磷矿石中的磷向钙镁磷肥的转化率 >95%。炉底放出的 P-Ni-Fe 合金产率为铂矿石的 8.6%，约为入炉物料的 4%，成分及有价金属回收率为：

元　素	Fe	P	Ni	Cu	Pt	Pd
P-Ni-Fe 成分/(%, g·t^{-1})	78	12	1.8	1.77	13	7.7
P-Ni-Fe 中回收率/%	86.5	65.4	97.5	99.5	>97	>97

　　Pt、Pd 的熔炼回收率高达 97% 以上，其他贵金属也富集在 P-Ni-Fe 合金

中。用氧化吹炼的方法进一步从 P-Ni-Fe 合金中分离 P、Fe。含 Ni 4% ~50% 的 Ni-Fe 合金熔点很高(1400~1540℃),但 P-Ni-Fe 合金中含 P 约 6.5% 时,熔点约 1200℃,因此在反射炉中能否顺利进行吹炼的关键是在合金中保留 P。热力学计算表明,在温度较低(<900℃)时,各元素发生氧化的顺序是 P, Fe, Co, Ni, Cu,温度 >900℃后 Fe 比 P 易氧化。在不加熔剂时 Fe 和 P 氧化后生成磷酸三铁 $(FeO)_3 \cdot P_2O_5$,因此吹炼时加入足够量的 SiO_2 使铁氧化后很快生成硅酸铁 $(FeO)_2 \cdot SiO_2$ 熔渣是除 Fe 保 P 的重要措施。吹炼时 Ni 也部分氧化为 NiO 进入炉渣,当合金含 Ni 达到约 45% 时,Ni 在渣中损失 <10%,合金含 Ni 达到 65% 时,Ni 在渣中损失 >15%,因此反射炉吹炼到合金含 Ni 约 45% 为宜。Fe、P 的氧化及造渣是放热反应,吹炼过程可自热维持 1300~1350℃炉温。吹炼过程的第一阶段加 SiO_2 生成含 P_2O_5 可达 17% 的硅酸铁炉渣,仍可作为磷肥出售。第二阶段加镁砂和石英造渣除磷,二段渣返回一段吹炼。产出的 Cu-Ni 合金成分及有价金属回收率见表 4-44。

表 4-44 铜镍合金成分及有价金属回收率

元 素	Ni	Cu	Fe	P	Pt	Pd	Rh	Ir	Os	Ru
Cu-Ni 合金成分 /$(g \cdot t^{-1},\%)$	45.5	28.1	20.5	6.5	287	180	7.2	10	5.9	54
合金中回收率/%	92.1	71			约95	约95				

Cu-Ni 合金中贵金属品位比矿石富集了 300 倍,回收率约 95%。获得的 Cu-Ni 合金浇铸为阳极板在硫酸介质中电化溶解,Ni 从阳极溶解进入电解液,Cu 从阳极溶解后又在阴极还原为海绵铜,阳极中的贵金属富集在阳极泥中,三种中间产品再分别处理提取出 Ni、Cu 和贵金属。这些指标再次证明了火法冶炼捕集贵金属的有效性、可靠性和实用性。

该方法具有矿石成分综合利用完全,金属回收率及经济附加值高,工艺简单,易产业化等优点。在同时具有低品位铂矿及磷矿的地区,有形成铂族金属冶金产业的条件。

参考文献

[1] 何焕华, 蔡乔芳. 中国镍钴冶金[M]. 北京: 冶金工业出版社, 2000
[2] 编委会. 国外有色冶金工厂——镍与钴. [M]. 北京: 冶金工业出版社, 1975
[3] 北京有色金冶金设计研究总院等. 重有色金属冶炼设计手册(铜镍卷)[M]. 北京: 冶金工业出版社, 1996

［4］Ⅰ·肖. 铂族矿物性质研究和回收方法综述（Ⅰ）［J］. 国外金属矿选矿，2004（12）：4－12

［5］Ⅰ·肖. 铂族矿物性质研究和回收方法综述（Ⅱ）［J］. 国外金属矿选矿，2005（1）：5－12

［6］选矿手册编辑委员会. 选矿手册［M］. 第八卷，第三分册. 北京：冶金工业出版社，1990：335－376

［7］甘经超. 有色矿山选矿的技术进步［A］. 邱定蕃. 有色金属科技进步与展望——纪念《有色金属》创刊50周年专辑［C］. 北京：冶金工业出版社，1999：80

［8］A·A·雅增科，等. 俄罗斯诺里尔斯克选矿厂选矿新工艺的创立［J］. 国外金属矿选矿，2002，39（2）：42－44

［9］A·A·雅增科，等. 硫化物含量低的新型铂矿石选矿工艺［J］. 国外金属矿选矿，2011，48（1）：29－31

［10］B·佛米切夫，等. 含贵金属磁铁矿矿石的处理工艺［J］. 国外金属矿选矿，2001，38（1）：30－32

［11］Л·И·阿列克瑟娃，李长根，杨辉亚. 抑制诺里尔斯克脉石矿物的最佳抑制剂的选择［J］. 国外金属矿选矿，2005，42（4）：8－11

［12］B·A·钱图利亚. 含铂的铜－镍矿石浮选药剂制度的优化［J］. 国外金属矿选矿，2006，43（2）：23－25

［13］B·И·别洛博罗多夫，张兴仁，肖力子. 科拉半岛费多罗沃图恩德罗矿体含铂矿石选矿工艺的制定［J］. 国外金属矿选矿，2008，44（6）：28－31

［14］王云. 四川某地铂镍矿选矿试验研究［J］. 四川有色金属，1999（2）：28－34

［15］稀有金属手册编辑委员会. 稀有金属手册（下册）［M］. 北京：冶金工业出版社，1995

［16］刘时杰. 南非的铂［J］. 金川科技，1989，增刊

［17］J·G·韦塞，李长根，崔洪山. 在铂族金属矿石浮选中应用低分子量多糖作为抑制剂［J］. 国外金属选矿，2008，44（8）：28－33

［18］J·D·米勒，等. 在铂族金属矿石加工过程中磁黄铁矿浮选化学的评述［J］. 国外金属矿选矿，2005，41（11）：5－12

［19］A·K·安东马杜，等. 超细磨技术在南非英美铂业集团公司的开发应用［J］. 国外金属矿选矿，2007，43（6）：11－15

［20］M·贝克尔. 三产品旋流器分级对UG－2矿石中铂族金属矿物解离和回收影响的量化评价［J］. 国外金属矿选矿，2008，44（12）：12－17

［21］M·K·G·维尔马克，等. 乙基黄药和Pd－Bi－Te矿物反应的电化学及拉曼光谱研究［J］. 国外金属矿选矿，2006，42（6）：24－30

［22］M·K·G·维尔马克，等. 重要含铂矿物的电化学作用［J］. 国外金属矿选矿，2008，44（12）：24－27

［23］N·J·沙克雷顿，等. 砷化铂和砷化钯的表面性质及可浮性［J］. 国外金属矿选矿，2008，44（5）：19－27

［24］N·J·沙克雷顿，等. 碲化铂和碲化钯的表面性质及可浮性［J］. 国外金属矿选矿，2008，44（6）：15－19

［25］S·布拉托维奇，崔洪山，李长根. 从不同矿石中浮选铂族金属矿物的药剂制度评价［J］.

国外金属矿选矿，2004，41(6)：32–38

[26] C·E·沃斯，等.用三硫代碳酸盐浮选铂族金属矿物[J].国外金属矿选矿，2007，43(6)：29–33

[27] 云南省地勘局第三地质大队.金宝山铂钯矿详细普查地质报告[R].1982，第一册、第二册

[28] Zhan Lianqi. Study on a rational technological flow sheet of mineral processing for a large-sized low-grade Pt-Pd ore deposit[A]. Deng Deguo et al. International Symposium on Precious Metals [C]. ISPM'99, Kunming, China：Yunnan Science and Technology Press, 1999

[29] Liang Dongyun. Study on process mineralogy for a low grade platinum and palladium ore[A]. Deng Deguo et al. International Symposium on Precious Metals[C]. ISPM'99, Kunming, China：Yunnan Science and Technology Press. 1999

[30] 胡真，徐晓萍，李汉文，余莲香，张永乾.西南某低品位铂钯矿选矿工艺研究[J].有色金属，2000，52(4)：8–10

[31] 胡真，等.从金宝山铂钯浮选尾矿中再回收铂钯的研究[J].广东有色金属学报，2002，12(1)：1–5

[32] 熊述清，马成义.某铂钯铜镍共生矿选矿技术研究[J].矿产综合利用，2003(4)：3–7

[33] 李汉文.从金宝山铂钯浮选尾矿中再回收铂钯的研究[J].广东有色金属学报，2002，12(1)：1–4

[34] 张金钟，姜良友，美振祥，等.尼尔森选矿机及其应用[J].有色矿山，2003，32(3)：28–31

[35] 黄利明，鲁尔勒·默吉阿，安得烈·罗伯特·拉帕兰德.用尼尔森离心选矿机从克拉哈贝勒选厂磨矿回路中回收铂族金属和黄金[J].有色金属，2006，58(3)：99–105

[36] 刘汉钊，石仓雷.尼尔森选矿及在我国应用的前景[J].国外金属矿选矿，2008，(7)：8–13

[37] 陆跃华，吴晓峰，杨茂才.金宝山浮选精矿冶炼综合回收有价金属新工艺研究——扩大试验报告[R].昆明贵金属研究所，2001

[38] 刘时杰，杨茂才，汪云华，等.云南金定山铂钯矿综合利用工艺研究[J].贵金属，2012，33(4)：1–8

第5章 分离贵贱金属及提取
铂族金属精矿

原生铂矿或铂族镍铜共生硫化矿，经选矿－熔炼富集，分离占矿石中绝对量的无价值硅铝酸盐脉石及铁后，产出的铜镍高锍富集了矿石中的有价金属铜镍钴及八种贵金属。一般含 Cu + Ni 约 75%、Co 约 0.5%、Fe 1% ~ 3%、S 19% ~ 23%，物相成分主要是 Cu_2S、Ni_3S_2、FeS 和 Cu－Ni－Fe 固溶体合金。铜镍高锍中 6 种铂族金属仍是 0.001% ~ 1% 的微量组分，品位可相差数百至数千倍。如美国斯蒂尔瓦特最高达 10000 g/t，南非美伦斯基 3000 g/t，中国金宝山 1000 ~ 1500 g/t，铂族金属价值是铜镍的近 20 倍，特称为"贵金属铜镍高锍"。加拿大萨德伯里低至 20 ~ 50 g/t，中国金川最低为 20 g/t，铂族金属仅占高锍中有价金属价值的约 5% 或更低。

无论高锍以何种成分为主，处理原则是相似的，既要分离、提取、精炼产出镍、铜、钴产品，又要有效地富集提取出铂族金属精矿。即重有色金属冶金技术作为一门单独的学科，选择和制定的工艺在经济、高效地提取镍、铜、钴产品的同时，必须防止贵金属的分散损失，保证贵金属的有效富集和回收。重有色金属冶金技术实质上转化为富集提取贵金属精矿的"载体技术"或"手段"。这是体现共生资源综合利用技术水平是否先进，生产效率和经济效益高低的决定性阶段，也是有色金属冶金和贵金属冶金两个学科领域在技术上真正交叉、渗透和融合的阶段。铂族金属冶金工作者知晓并熟练掌握重有色金属冶金知识的重要性不言而喻。

提取贵金属精矿全过程的繁简和长短，与铜镍高锍中的贵金属品位直接相关。南非铜镍高锍中贵金属品位高，每 10 kt 镍的生产规模可以产出 30 ~ 40 t 铂族金属，显然以有效富集回收贵金属为主要目的，力求贵贱金属分离过程短，效率高，尽快以高回收率提取出高品位贵金属精矿。中国金川及加拿大的铜镍高锍中贵金属品位低，每 10 kt 镍生产规模才回收铂族金属 100 ~ 300 kg，显然以经济高效地产出具有市场竞争力的高质量、多品种镍、铜、钴产品为主要目的。提取贵金属精矿的工艺流程很长，需要的冶金工序多，技术难度更大，贵金属回收率相应较低。

世界主要共生资源中，中国金川的铂族金属品位最低，铜镍高锍中贵金属品位仅约 20 g/t，提取出 50% 品位的贵金属精矿，要求冶炼富集工艺需使贵金属富集 2.5 万倍，提取难度最大。通过科技攻关，经历创业、发展、创新几个阶段，已成功地解决了这个难题，中国的铂族金属提取冶金技术已跻身于世界先进行列。

本章以富集提取铂族金属为主线，将重有色金属冶金技术作为富集铂族金属的载体技术和手段，分别介绍各种处理铜镍高锍的技术原理、工艺结构和特点、贵金属的走向富集规律及回收途径。

处理高锍的工艺复杂、技术密集，使用的主要技术有分层熔炼、磨–浮、磨–磁–浮、加压硫酸浸出、氯化浸出、焙烧、高压羰化、电解等。依据铜镍高锍的特点及贵金属品位差别，各种技术有不同的组合应用方式。几种技术路线的简要比较示如图 5–1。

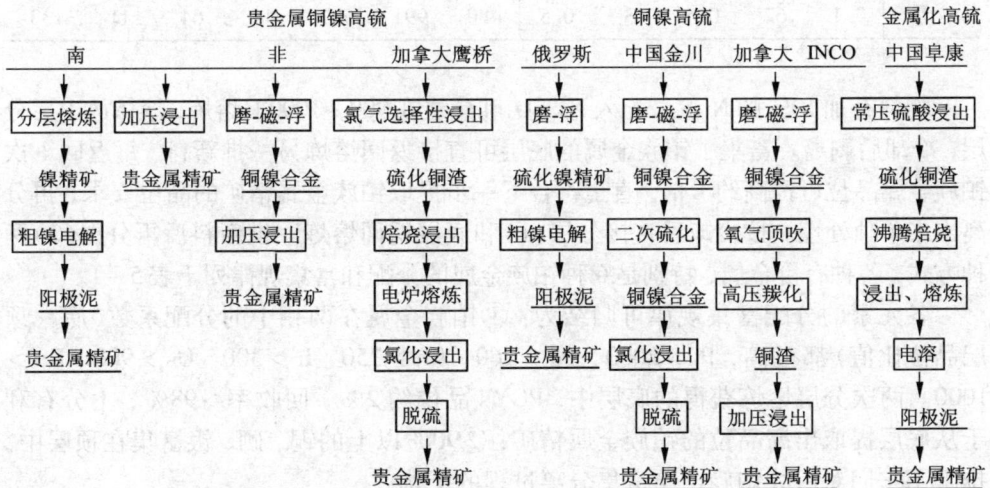

图 5–1　从铜镍高锍提取贵金属精矿的技术路线比较

5.1　分层熔炼

该方法曾以其发明人的名字称为 Orford 法。作为铜镍冶炼技术早已不再使用，但各种共生元素在分层熔炼时的分离和富集规律有特殊性，是应该学习掌握的铂族金属冶金知识。在处理某些含铂族金属的特殊物料时，仍可作为一种比选方案。

铜镍高锍块与硫酸钠、焦炭一起加入鼓风炉熔炼，高温下 Na_2SO_4 分解为 Na_2S 并与高锍中的 Cu_2S 形成低密度的合金，而高锍中的 Ni_3S_2 分离为高密度的独立相，熔体放出后两相密度及结晶结构相差很大而分为两层，冷却后剥离，底层 Ni_3S_2 富集了铂族金属，顶层富集了银硒碲。分别从镍冶炼系统再富集提取铂族金属，从铜冶炼系统提取银、硒、碲和微量铂族金属。底层对铂族金属的富集非常有效,分配系数(两相品位比)很高,回收率>98%。

中国金川铜冶炼系统有一种物料,以硫化铜为主,含镍较低,含铂族金属0.1%(价值占75%),还含比铂族金属高5~10倍的银和硒及约5%的NiO。进一步富集提取铂族金属的关键是银、硒、NiO的分离。由于NiO化学惰性,很难用加压浸出、氯化浸出等方法彻底分离。若用铜作捕集剂熔炼,银硒和铂族金属一起捕集在金属铜中,后续分离负担重,流程长。作者研究了分层熔炼法处理这种物料。其成分为:

成分	Ni	Cu	Fe	Se	S	Au	Pt	Pd	Rh	Ir	Os	Ru
			%						g/t			
含量	3.1	62	0.4	3	0.5	480	991	517	44	64	11	133

物料补加10%的Ni_3S_2,配入Na_2SO_4和焦炭在900~1000℃熔炼,熔体放出后分层,冷却后剥离。富集了铂族金属的底层可直接返回熔炼另一批新料,每返回1次铂族金属品位可提高约1倍,直至符合下一步提取铂族金属精矿的品位要求,再分离出来单独处理。按冷却后直接分层(1)和底层返回熔炼一批新料后再分层(2)两种方式,各种有价金属,特别是6种铂族金属的分配和富集规律列于表5-1。

各元素的分配富集规律可归结为:①铂族金属在两相中的分配系数(底-顶层品位比值)都很高,Pt>2000、Pd>260、Rh>750、Ir>300、Os>900、Ru>1000。两次分层熔炼获得的底层中,PGMs品位约2%,回收率>98%,十分有利于从底层提取出高品位的铂族金属精矿;②90%以上的铜、硒、银富集在顶层中,排除了它们对后续铂族金属富集分离过程的干扰。

表5-1　分层熔炼时各种有价金属的分配和富集规律

	成分	Ni	Cu	Se	Ag	Au	Pt	Pd	Rh	Ir	Os	Ru
1	底层成分/(%,g·t^{-1})	64.6	10.7	0.61	0.08	799	4210	1858	204	26.4	30	467
	顶层成分/(%,g·t^{-1})	2.0	46.4	1.66	0.32	188	6.7	9.4	0.6	<2	0.6	2.1
	底层分配/%	85.9	4.8	6.3	5.1	49.5	99.3	97.7	98.7	96.7	92.1	98.1
2	底层成分/(%,g·t^{-1})	65.2	9.8	0.48	0.08	1263	9495	4219	371	569	92.5	989
	顶层成分/(%,g·t^{-1})	2.1	45.2	1.86	0.28	186	4.1	15.8	<1	<2	0.1	0.9
	底层分配/%	84.6	4.0	4.9	5.4	56.3	99.8	98.2	99.3	98.3	99.1	99.5

注:金和铂族金属的成分单位为g/t,银及其他元素为/%。

实际操作中,高温熔体熔融状态分层后直接从熔炼炉中放出底层熔体,或全部放出熔体冷却后分层剥离，各种元素的分配富集规律相同。

5.2 氧压硫酸浸出

加压浸出是湿法冶金中一种强化而先进的新技术。在密闭反应器中，提高温度至硫酸浸出介质的常压沸点之上，通入高压空气或氧气，使镍、铁、钴、铜等贱金属或其硫化物氧化为可溶性硫酸盐分离，而化学惰性的贵金属富集在不溶渣中。一般使用的温度范围为 120 ~ 180℃，压力为 0.3 ~ 1 MPa，高温高压条件加快了反应速度，使某些常压下难进行的反应(如铜硫化物的氧化反应)变为可行，而且反应进行得比较彻底。这不仅是一种强化而先进的湿法冶金技术，也是高效的贵贱金属分离技术。

5.2.1 原理

冶金物料中的 Ni、Cu、S、Fe 等主要组分，在加压浸出过程中的行为可用其电位 – pH 图判断(见图 5 – 2)。

镍、铜、铁、钴金属及其硫化物，在不同的介质酸度(pH)、氧化 – 还原电位(氧分压)条件下有不同的行为，其特点是：

1)金属状态的 Ni、Fe、Co，在常压及加压下皆易氧化溶解于硫酸中生成硫酸盐，通式为

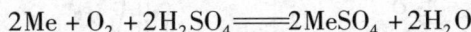

$$2Me + O_2 + 2H_2SO_4 = 2MeSO_4 + 2H_2O$$

溶液中 Ni^{2+} 的存在条件约是 $\varphi^{\ominus} > 0.34$ V、pH < 4[图 5 – 2(a)]。Cu^{2+} 的存在条件约是 $\varphi^{\ominus} > 0.34$ V、pH < 2[见图 5 – 2(b)]。Fe^{2+} 的存在条件约是 $\varphi^{\ominus} > 0.3$ V、pH < 2 [见图 5 – 2(d)]。

2)Ni(及 Co)硫化物在常压下即可溶于硫酸释放出 H_2S。在氧压下易直接氧化为可溶性硫酸盐，酸度较高时，同时有 S^0 生成。

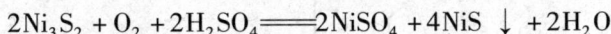

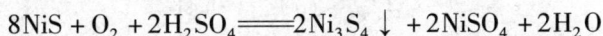

$$2Ni_3S_2 + O_2 + 2H_2SO_4 = 2NiSO_4 + 4NiS \downarrow + 2H_2O$$
$$8NiS + O_2 + 2H_2SO_4 = 2Ni_3S_4 \downarrow + 2NiSO_4 + 2H_2O$$
$$2NiS + O_2 + 2H_2SO_4 = 2NiSO_4 + 2S^0 \downarrow + 2H_2O$$

酸度较低(pH > 5)时，镍会氧化为不溶的 NiO、Ni_3O_4 和 $HNiO_2$[图 5 – 2(a)]。

3)Cu 及其硫化物只有在氧压条件下才可氧化为可溶性硫酸盐，酸度较高时也有 S^0 生成。

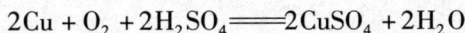

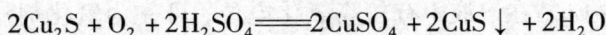

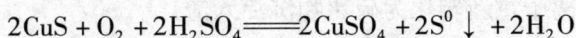

$$2Cu + O_2 + 2H_2SO_4 = 2CuSO_4 + 2H_2O$$
$$2Cu_2S + O_2 + 2H_2SO_4 = 2CuSO_4 + 2CuS \downarrow + 2H_2O$$
$$2CuS + O_2 + 2H_2SO_4 = 2CuSO_4 + 2S^0 \downarrow + 2H_2O$$

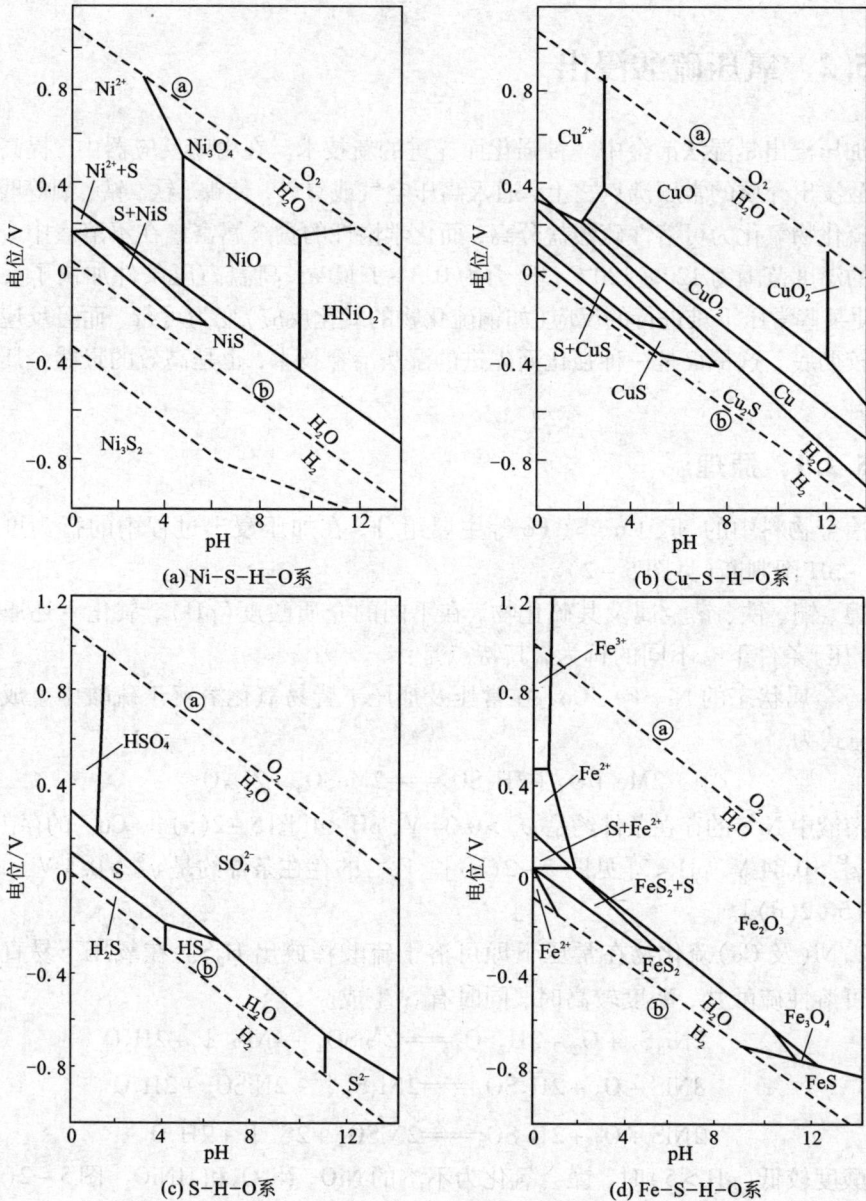

图 5 – 2   S – Cu – Ni – Fe 的 φ – pH 图（110℃，p_{O_2} = 1 MPa）

　　4）生成的 Cu^{2+} 在溶液中有较高氧化电位，可作为氧化剂参与反应使镍的硫化物氧化，而铜离子重新转化为硫化物沉淀入渣。

$$Ni_3S_2 + 2CuSO_4 \Longrightarrow 2NiSO_4 + NiS \downarrow + Cu_2S \downarrow$$

$$NiS + CuSO_4 \Longrightarrow CuS \downarrow + NiSO_4$$

$$4Ni_3S_4 + 9CuSO_4 + 8H_2O \Longrightarrow Cu_9S_5 \downarrow + 9NiS \downarrow + 3NiSO_4 + 8H_2SO_4$$

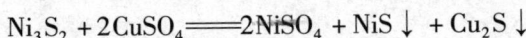

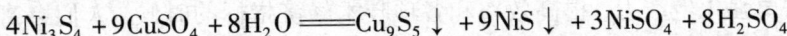

酸度较低（pH > 4）及较高氧压下，铜会氧化为不溶的 CuO 和 CuO_2^-［图 5 - 2（b）］。

5）Fe 及其硫化物在酸性介质中转化为可溶性硫酸亚铁，酸度较高时也有 S^0 生成：

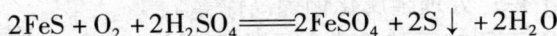

$$Fe + H_2SO_4 \Longrightarrow FeSO_4 + H_2 \uparrow$$

$$2FeS + O_2 + 2H_2SO_4 \Longrightarrow 2FeSO_4 + 2S \downarrow + 2H_2O$$

$FeSO_4$ 在常压酸性溶液中是稳定的，但在氧压条件下，甚至在 pH < 2 的溶液中也易被氧化：

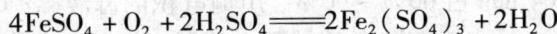

$$4FeSO_4 + O_2 + 2H_2SO_4 \Longrightarrow 2Fe_2(SO_4)_3 + 2H_2O$$

溶液中生成的 Fe^{3+} 与 Cu^{2+} 一样有较高的氧化电位，可作为氧化剂参与反应使镍的硫化物氧化，而 Fe^{3+} 重新被还原为 Fe^{2+}。

$Fe_2(SO_4)_3$ 在高温（150 ~ 200℃）及高压下，溶液 pH > 2 时易水解为针铁矿或赤铁矿沉淀：

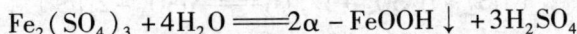

$$Fe_2(SO_4)_3 + 4H_2O \Longrightarrow 2\alpha - FeOOH \downarrow + 3H_2SO_4$$

$$Fe_2(SO_4)_3 + 2H_2O \Longrightarrow 2FeOHSO_4 \downarrow + H_2SO_4$$

$$Fe_2(SO_4)_3 + 3H_2O \Longrightarrow Fe_2O_3 \downarrow + 3H_2SO_4$$

铁的这个性质决定了它在湿法浸出工艺中有两种走向，既可在常压或较低压力下以可溶硫酸亚铁或硫酸铁与镍钴一起进入溶液，也可在高温高压下使其水解为沉淀入渣。

6）硫化物中的硫氧化的实质是 S^{2-} 被氧化为 S、S^{4+}、S^{6+}（SO_4^{2-}）。S 在酸性溶液中很稳定，只有在弱酸性至碱性条件下，才可氧化为 SO_4^{2-}。

显然，氧压酸浸过程中 S、Fe、Cu 的行为必须特别关注：①生成 S 是不希望的，不仅 S 在高温下熔化会包裹镍铜铁硫化物阻滞其进一步氧化，而且残留在渣中影响贵金属的富集效果，还需增加后续脱硫工序和试剂消耗；②铁入渣将降低渣中贵金属的富集倍数，增加后续分离铁的程序；③Cu 可转化为 $CuSO_4$ 进入溶液，Cu^{2+} 的氧化性可使其重新入渣。

实际应用中，处理不同成分的物料，加压酸浸的工艺结构和工艺条件有较大差别：①为达到高倍富集贵金属的目的，希望快速地将全部硫和贱金属（及其硫化物）一起彻底分离，都浸入溶液；②需兼顾贱金属分离时，可使用多段选择性浸出，即控制酸度和氧分压条件，先一段浸出获得 $NiSO_4$、$CoSO_4$ 溶液，再二段浸出铜渣获得 $CuSO_4$ 溶液。

5.2.2 应用实例

需要强化生产力, 提高效率和各项技术经济指标的时候, 人们会毫不犹豫地选择加压浸出技术。该技术发展很快, 应用广泛。南非吕斯腾堡、英帕拉、西铂、巴普拉兹(Barplats)和诺萨姆(Northam)等公司的铂族金属冶炼厂, 多使用该技术处理贵金属铜镍高锍, 提取高品位铂族金属精矿; 加拿大国际镍公司(INCO)用于处理羰基镍法提镍后的铜渣, 提取铂族金属精矿; 俄罗斯诺里尔斯克处理浮选的含镍磁黄铁矿精矿回收镍; 中国金川处理转炉渣回收钴, 处理铜阳极泥提取贵金属; 中国阜康冶炼厂处理金属化铜镍高锍等。

1. 英帕拉公司三段加压酸浸贵金属铜镍高锍(工艺流程见图 5 – 3)

1)一段加压浸出。以产出含铜低的硫酸镍溶液为目的。铜镍高锍首先用球磨机湿磨至 – 0.04 mm 占 60% ~ 90%, 用铜电积的母液(含 Cu 约 20 g/L、Ni 约 25 g/L、H_2SO_4 约 90 g/L)浆化后连续泵入一段高压釜中。高压釜为四格室分别搅拌的卧式圆筒状, 浸出温度 135 ~ 145℃, 空气压力约 500 kPa, 矿浆在釜内停留约 3 h。主要发生镍硫化物的氧化反应:

$$Ni_3S_2 + CuSO_4 =\!=\!= NiSO_4 + 2NiS \downarrow + Cu \downarrow$$

$$Ni_3S_2 + H_2SO_4 + 1/2O_2 =\!=\!= NiSO_4 + 2NiS \downarrow + H_2O$$

$$NiS + CuSO_4 =\!=\!= CuS \downarrow + NiSO_4$$

同时发生部分铜硫化物的氧化反应:

$$Cu_2S + H_2SO_4 + 5/2O_2 =\!=\!= 2CuSO_4 + H_2O$$

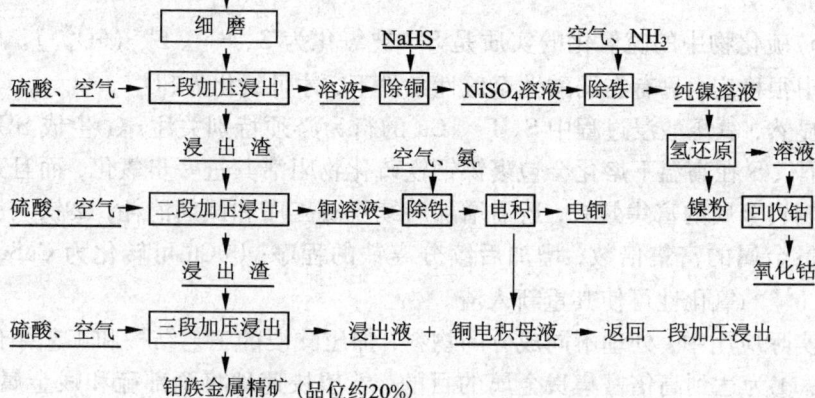

图 5 – 3 英帕拉铂矿公司三段硫酸加压浸出工艺流程图

获得的浸出液含（g/L）：Ni 100～110，Cu<10，Fe 约为 2。溶液加入 NaHS 沉淀铜：

$$CuSO_4 + NaHS = CuS\downarrow + NaHSO_4$$

过滤后的镍溶液加温至 80℃，鼓入空气氧化并加入氨水调整 pH≈4.8，使铁水解：

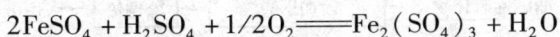

$$2FeSO_4 + H_2SO_4 + 1/2O_2 = Fe_2(SO_4)_3 + H_2O$$

$$Fe_2(SO_4)_3 + 6H_2O + 6NH_3 = 2Fe(OH)_3\downarrow + 3(NH_4)_2SO_4$$

若溶液中含砷，可与铁共沉淀为砷酸铁：

$$3H_2AsO_4 + Fe_2(SO_4)_3 = Fe_2(AsO_4)_3\downarrow + 3H_2SO_4$$

过滤铁渣后的镍溶液可直接浓缩结晶为硫酸镍出售。也可用谢利特·高登公司的氢还原技术生产镍粉，即镍溶液按 $n_{NH_3} : n_{Ni}≈2$，加入氨和按硫酸铵浓度 350 g/L 加入硫酸铵，使镍转化为 $Ni(NH_3)_nSO_4$ 配合物，在高温（170～180℃）高压（约 3445 kPa）氢还原釜中还原出镍粉：

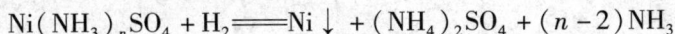

$$Ni(NH_3)_nSO_4 + H_2 = Ni\downarrow + (NH_4)_2SO_4 + (n-2)NH_3$$

母液可直接浓缩结晶为硫酸铵返回使用，也可用石灰蒸煮再生出氨返回使用：

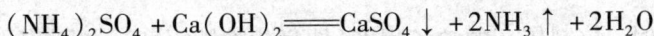

$$(NH_4)_2SO_4 + Ca(OH)_2 = CaSO_4\downarrow + 2NH_3\uparrow + 2H_2O$$

2）二段加压酸浸出。一段浸出渣中有大量金属铜，按 $n_S/n_{Cu+Ni+Co}≈1.2$ 计算后补加硫酸，浸出温度 135℃，空气压力 150～350 kPa，矿浆在釜内停留时间约 4 h，矿浆浓度按浸出液中铜浓度约 75 g/L 控制。反应为

$$Cu^0 + H_2SO_4 + 1/2O_2 = CuSO_4 + H_2O$$

$$CuS(或 NiS) + 2O_2 = CuSO_4(或 NiSO_4)$$

过滤后浸出液含（g/L）：Cu 75、Ni 25、Fe 2，加热至 80℃用氨水调 pH≈2.8，并鼓入空气氧化使铁水解沉淀，然后电积出阴极铜出售，电积母液返回一段加压浸出。

两段浸出合计贱金属浸出率（%）：Ni 99.9、Cu 98、Co 99、Fe 93。

3）三段加压酸浸。目的是分离残余的贱金属，提取出高品位铂族金属精矿。因为在大规模连续生产条件下，一、二段浸出的指标波动是不可避免的，只要贱金属的浸出率波动 1%，残留在浸出渣中的贱金属对贵金属的富集倍数影响极大。第三段加压酸浸的温度、氧分压等条件比第二段浸出强化。

三段加压浸出合计可使贵金属品位富集约 300 倍，达 20%，其余为原料中带来的 SiO_2、高压釜内衬脱落的 $PbSO_4$、残余的镍铁氧化物等杂质。

2. 吕斯腾堡铂矿公司的加压浸出工艺

该公司年产铂族金属 45～50 t，Ni 19000 t、Cu 11000 t、$CoSO_4$ 2500 t、副产 Na_2SO_4 45000 t。与英帕拉铂矿公司生产工艺的差别是：用高锍缓冷→磨细→磁

选技术，产出富集了铂族金属的磁性铜镍合金和含铂族金属较低的非磁性硫化物，分别加压酸浸。工艺流程如图 5 - 4 所示。

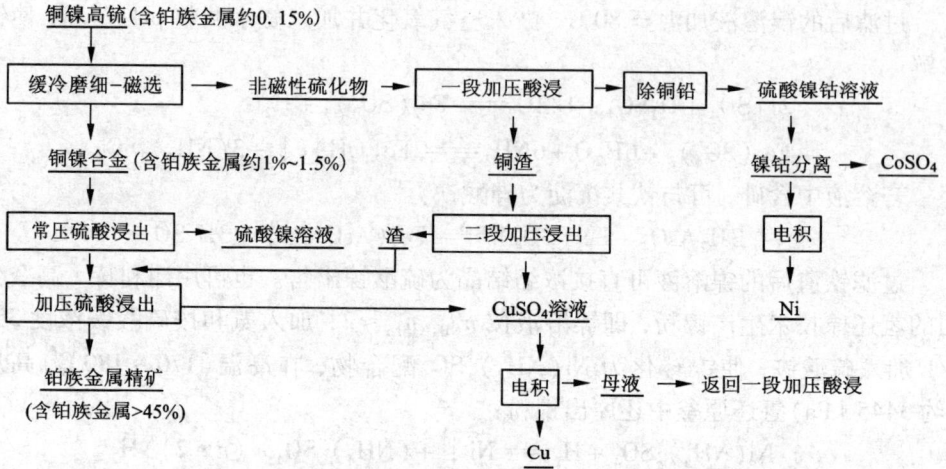

铜镍高锍(含铂族金属约0.15%)
↓
缓冷磨细-磁选 → 非磁性硫化物 → 一段加压酸浸 → 除铜铅 → 硫酸镍钴溶液
↓   ↓   ↓
铜镍合金(含铂族金属约1%~1.5%)   铜渣   镍钴分离 → CoSO₄
↓   ↓   ↓
常压硫酸浸出 → 硫酸镍溶液   渣 → 二段加压浸出   电积
↓   ↓   ↓
加压硫酸浸出 ─────────────────→ CuSO₄溶液   Ni
↓   ↓
铂族金属精矿   电积 → 母液 → 返回一段加压酸浸
(含铂族金属>45%)   ↓
                                      Cu

图 5 - 4   吕斯腾堡铂矿公司贵金属铜镍高锍处理工艺流程图

低锍吹炼时，控制较高的缺硫程度（即氧化除铁深度），提高铜镍高锍的金属化程度。含 0.15% 铂族金属的铜镍高锍，缓冷 – 磨浮 – 磁选出产率 10% ～ 15% 的铜镍合金，铂族金属在合金中的回收率达 99%。铜镍合金用一段常压酸浸分离镍和一段加压酸浸分离铜即可提取出高品位（ >45% ）的铂族金属精矿。镍、铜溶液分别返回镍、铜生产系统。单独处理少量铜镍合金，使铂族金属的富集过程与大规模镍铜冶炼过程分开，简化了富集工艺，缩短了生产周期，提高了回收率。

非磁性硫化物加压酸浸时，使用含氧 28% 的富氧空气，可加快浸出反应速度，提高高压釜的浸出效率和设备利用率，在不增加设备的条件下可使镍的生产规模超过 20 kt/a[1]。

需要指出，铜镍冶金中的锍是火法熔炼浮选精矿的产物，已不是矿物原料。将南非吕斯腾堡精炼厂、南非西部铂厂、南非巴瑞勒兹铂厂、中国新疆阜康冶炼厂都用加压湿法冶金处理铜镍锍的例子[2]，作为用湿法直接处理矿物原料的例证，是不正确的。

5.3   自变介质性质氧压浸出

从图 5 - 2（a）看到，元素硫 S 在酸性介质中很稳定，在通常使用的氧压（0.3 ~ 1 MPa）条件下很难将其氧化为 SO_4^{2-}。在较低氧压下，只有在 pH >6 的中性及碱性介质中，才能将 S 氧化。而贱金属硫化物则需在酸性介质中才能氧化为可溶性硫酸盐。当被浸出物料中同时含有贱金属硫化物及大量 S 时，氧压酸浸可使硫化物氧化溶解，但很难氧化元素硫，S 残留在浸出渣中将降低贵金属的富集效果，也将增加后续分离元素硫的程序。为解决这个矛盾，作者研究了自变介质性质氧压浸出技术[3]。

5.3.1　原理

首先在浸出介质中配入适当比例的碱，在碱性介质中加速元素硫氧化为 SO_4^{2-}，介质自动过渡为中性，最后过渡为弱酸性浸出贱金属及其硫化物，铂族金属富集在浸出渣中。全过程分为 3 个阶段：

元素硫在碱性介质中按下式反应首先转化为硫化钠 Na_2S：

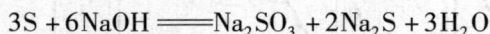

$$3S + 6NaOH = Na_2SO_3 + 2Na_2S + 3H_2O$$

硫化钠作为硫的溶剂继续溶解 S，生成多硫化钠——Na_2S_x（x 一般为 4）。亚硫酸钠也有溶硫作用，生成硫代硫酸钠：

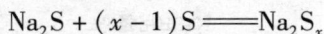

$$Na_2S + (x-1)S = Na_2S_x$$

$$Na_2SO_3 + S + 1/2O_2 = Na_2S_2O_4$$

上述步骤在高压浸出釜密闭升温阶段即快速进行，浸出介质转化为以多硫化钠为主的深棕色。由于元素硫在熔点（112～118℃）以上易聚集为硫珠，降低反应速度，因此高压釜升温开始就需较强烈地搅拌矿浆，使硫充分分散。

通入高压氧后，多硫化钠氧化为硫酸盐和硫酸：

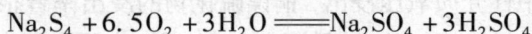

$$Na_2S_4 + 6.5O_2 + 3H_2O = Na_2SO_4 + 3H_2SO_4$$

溶液逐渐变为浅棕色至无色，生成的硫酸参与贱金属及其硫化物的氧化浸出，使贱金属呈可溶性硫酸盐进入溶液。铂族金属富集在浸出渣中。

5.3.2　研究应用实例

物料含硫很高（约 70%），Cu + Ni 约 7%，（PGMs + Au）5%，成分为：

元　　素	Cu	Ni	Fe	S	Pt	Pd	Au	Rh	Ir	Os	Ru
含量/%	3.14	4.14	1.49	68	2.7	1.17	0.7	0.13	0.11	0.074	0.24

物料用 2.1 mol/L 浓度 NaOH 溶液浆化入高压釜，矿浆浓度 12.5%，搅拌下加温至 140～150℃ 后通入氧气，氧分压 0.7 MPa。浸出介质性质由碱性自动变为中性，最后变为酸性，其规律示于图 5－5(a)。在通氧前的升温过程中，约有 40% 的 S 与 NaOH 反应生成硫化钠和多硫化钠。通氧后上述化合物氧化为硫酸钠和硫酸，实测

的硫氧化速率为每小时约 25% 。2.5 h 后碱被消耗使溶液转化为中性，最后转化为酸性(H_2SO_4浓度 0.5 mol/L)，贱金属硫化物氧化为可溶性硫酸盐。

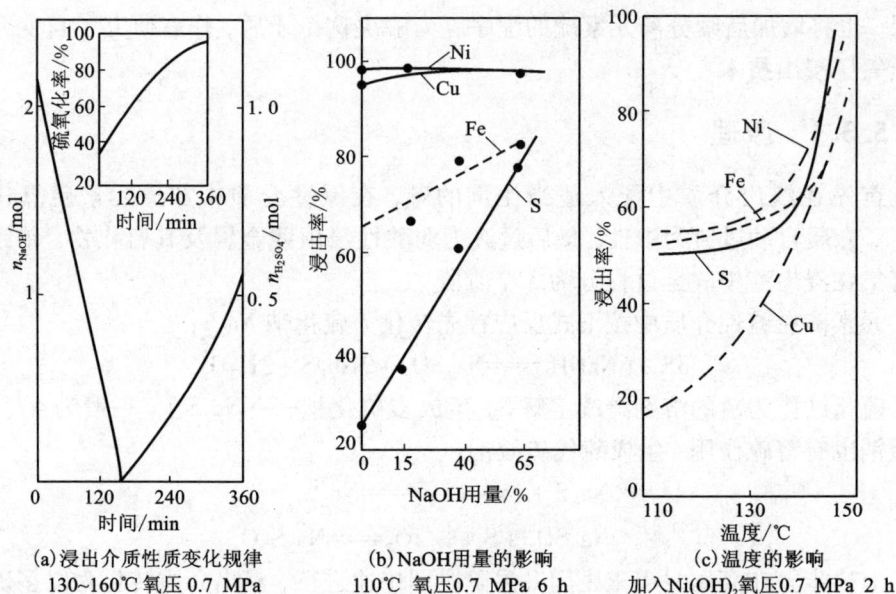

(a)浸出介质性质变化规律　　(b)NaOH用量的影响　　　　(c)温度的影响
130~160℃ 氧压 0.7 MPa　110℃ 氧压 0.7 MPa 6 h　加入Ni(OH)₂氧压 0.7 MPa 2 h

图 5 – 5　自变介质性质氧压浸出的反应进程

不加 NaOH 的中性介质氧压浸出，铜镍硫化物的浸出率皆很高(>95%)，硫的氧化率与 NaOH 加入量成正比关系[见图 5 – 5(b)]。实际应用中，可用镍生产系统回收的 Ni(OH)₂代替 NaOH，反应机理及结果相似。用 Ni(OH)₂作中和剂时，浸出温度的影响见图 5 – 5(c)，140 ~ 150℃条件下 Cu、Ni 的氧化浸出率约90% ，Fe 约 60% 。浸出渣率约 10% ，获得高品位(达 53%)的铂族金属精矿，成分为：

元　素	Cu	Ni	Fe	S	Pt	Pd	Au	Rh	Ir	Os	Ru
含　量/%	0.2	0.1	6.7	9.6	28.7	12.4	7.5	1.3	1.2	0.57	1.5

5.4　金属化铜镍高锍的常压 – 加压浸出[4 – 6]

中国新疆克拉通克硫化铜镍矿伴生较高品位的银、金和微量铂族金属，块状富矿直接鼓风炉熔炼→转炉吹炼，在吹炼时适当过吹获得富集了贵金属的金属化铜镍高锍，再水淬 – 磨细，用一段常压浸出和一段加压浸出闭路完成镍、钴与铜分离，获得含铜很低的镍钴溶液。用单独电解制备的"黑镍"——$Ni(OH)_3$加入镍溶液中沉淀钴，钴渣重溶后用膦类萃取剂分离镍、钴。加压浸出产出的铜渣用沸腾焙烧→硫酸浸出→电积铜，从硫酸浸出渣中提取贵金属。

5.4.1 原料成分及工艺流程

金属化铜镍高锍的成分列于表 5-2。

表 5-2 金属化铜镍高锍的成分

成分	Ni	Cu	Fe	Co	S	CaO	MgO	Pt	Pd	Au	Ag
	%							g/t			
含量	29 ~ 30	43 ~ 49	0.5 ~ 1.5	0.03	15 ~ 16.5	< 0.1	< 0.01	4.3	3.6	2.65	203.8

工艺流程如图 5-6 所示。

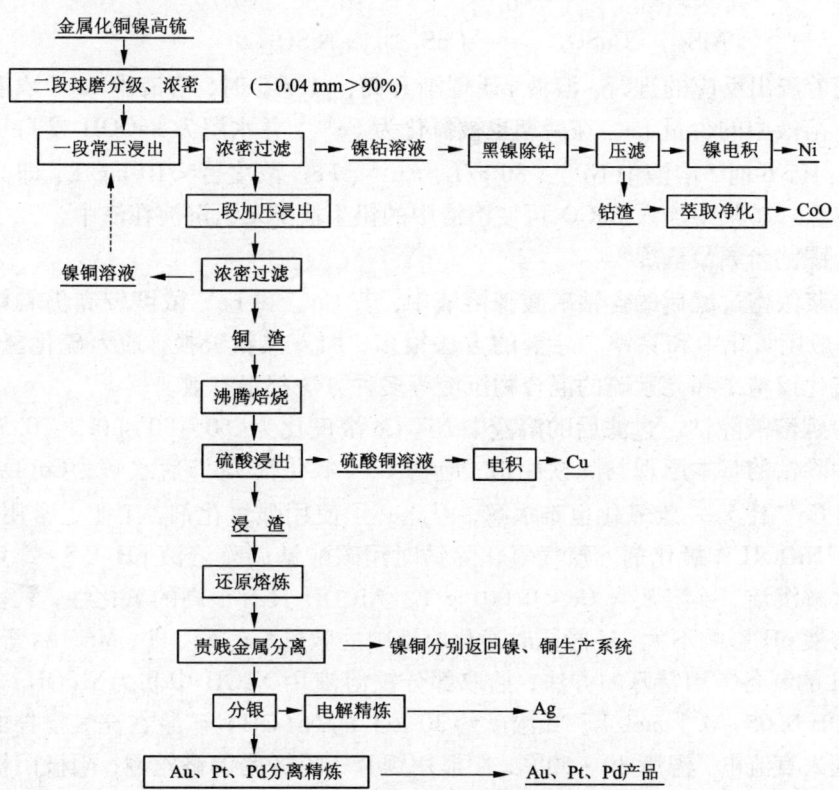

图 5-6 阜康冶炼厂常压-加压浸出工艺流程图

5.4.2 技术条件及工艺指标

1. 常压浸出

金属化铜镍高锍水淬为 1~2 mm 粒级，两段球磨分级闭路，磨至 -0.04 mm >90%，浓密机的底流补加加压浸出的溶液和部分镍电积阳极液，同时加入 XP-1、$BaCO_3$、H_3BO_3、H_2SO_4 等调整溶液成分，按液固比为(11~12):1 送入四级串联的常压机械搅拌浸出釜顺流连续浸出 4 h，浸出时通入少量空气作氧化剂，浸出温度 65~75℃，控制终点 pH≥6.2，主要发生金属状态的 Ni、Co、Fe 被硫酸溶解，之后是镍硫化物的氧化浸出，反应为：

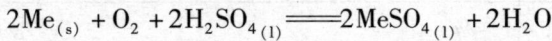

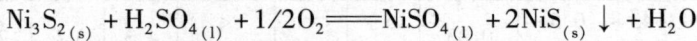

$$2Me_{(s)} + O_2 + 2H_2SO_{4(1)} = 2MeSO_{4(1)} + 2H_2O$$

$$Ni_3S_{2(s)} + H_2SO_{4(1)} + 1/2O_2 = NiSO_{4(1)} + 2NiS_{(s)} \downarrow + H_2O$$

溶液中的 Cu^{2+} 作为氧化剂也氧化金属镍及其硫化物：

$$Ni_{(s)} + CuSO_{4(1)} = NiSO_{4(1)} + Cu_{(s)} \downarrow$$

$$Ni_3S_{2(s)} + 2CuSO_{4(1)} = 2NiSO_{4(1)} + NiS_{(s)} \downarrow + Cu_2S_{(s)} \downarrow$$

$$NiS_{(s)} + CuSO_{4(1)} = CuS_{(s)} \downarrow + NiSO_{4(1)}$$

随着浸出反应的进行，溶液 pH 逐渐升高，pH≈5 时，溶液中 Cu^{2+} 浓度 <10 mg/L，溶液中的少量 Fe^{2+} 在后期也被氧化为 Fe^{3+}，并水解为 FeOOH 或 $Fe(OH)_3$ 沉淀，pH >6 时，溶液中 Ni^{2+} >80 g/L，Cu^{2+}、Fe^{3+} 浓度皆 <10 mg/L，即为常压浸出终点。矿浆中加入 $BaCO_3$ 可使溶液中的铅生成 $PbCO_3$ 沉淀在渣中。

2. 镍钴分离及精炼

矿浆浓密过滤后的含钴硫酸镍溶液中，若 Cu^{2+} 和 Fe^{2+} 浓度较高仍需首先净化，一般用氧化中和除铁。除铜的方法很多，加入镍粉置换、通入硫化氢沉淀、加入硫化镍精矿和元素硫的混合物沉淀等多种方法都很有效。

1) 镍溶液除钴。过滤后的溶液中 Ni、Co 浓度比为(60~80):(0.2~0.5)，从溶液中除钴的基本原理与除铁相似，应将 Co^{2+} 氧化为 Co^{3+} 后水解为 $Co(OH)_3$ 沉淀，但 Co^{2+} 比 Fe^{2+} 难氧化也难水解，因此必须使用强氧化剂，工业上常用 Cl_2 或 "黑镍" NiOOH 作氧化剂。氯气氧化除钴时用碳酸钠调整溶液 pH 4.5~5.0 使钴充分水解沉淀，镍溶液含 Co <0.001 g/L。NiOOH 具有很高的氧化性，氧化除钴时对溶液 pH 影响不大，还能同时净化溶液中的微量 Cu、Fe、Pb、Mn、As 等杂质。NiOOH 的制备需用特殊的方法，抽取部分镍溶液用 NaOH 中和为 $Ni(OH)_2$ 沉淀，含 NaOH 0.05~0.1 mol/L、Ni 浓度约 30 g/L 的 $Ni(OH)_2$ 矿浆在充气搅拌的电解槽中通入直流电，温度 30~50℃，阳极用镍片，阴极用镍铬丝网，阳极阴极面积比约为8:1，阳极电流密度 20 A/m^2，槽电压 2.1 V，$Ni(OH)_2$ 在阳极发生氧化反应：

$$Ni(OH)_2 \Longrightarrow NiOOH + H^+ + e$$

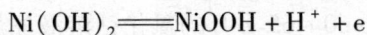

产出的黑镍中含 Ni^{3+} 60% ~70%。按溶液中 Co 浓度加入 1.5 ~2.0 倍量的 NiOOH，加温到 75 ~80℃搅拌 1.5 ~2 h，过滤后的镍溶液含 Ni 80 ~100 g/L，含杂质（mg/L）Co 约 5、Cu <1、Fe <0.1、Pb 0.3、Zn 0.5，调整 pH 约 2.5 后在不溶阳极电解槽中电积出金属镍产品，也可蒸发浓缩结晶为硫酸镍产品。

2）从钴渣中分离镍钴。钴渣充分洗涤夹带的镍后，其一般成分（%）为 Ni 32 ~42、Co 3 ~5，$w_{Ni}/w_{Co} \approx 8 \sim 10$。干燥脱水后用 H_2SO_4 或 HCl 溶解，溶液含 Ni 120 ~170 g/L、Co 15 ~20 g/L，还含 Fe、Cu 等杂质，从中分离镍钴多用萃取法。N_{235}、TBP、P_{204}、P_{507} 等萃取剂在国内外的镍钴冶炼厂都有成功应用。

如用 25%（质量）N_{235} +45%（质量）TBP +煤油混合有机相萃取镍钴酸性溶液（含 HCl 25 ~40 g/L），按 O/A =（1:1）~（2.5:1）萃取，载钴有机相按 O/A = 25:1 用 HCl 洗涤，用水按 O/A =21:1 反萃，有机相用 Na_2SO_4 溶液和水分别洗涤后再用 2 mol/L HCl 平衡复用。萃残液为含 Co <0.3 g/L 的镍溶液，反萃液为含 Ni <0.5 g/L、含 Co >50 g/L 的钴溶液。

用 P_{204} 萃取除杂质及用 P_{507} 萃取分离镍钴：

除杂：有机相组成为 10%（体积）P_{204} +90% 磺化煤油，先与 500 g/L 的 NaOH 溶液平衡"皂化"为 P_{204} – Na 皂（皂化率 65% ~70%），按 O/A = 1:（1.6 ~1.7）萃取 10 级，用 1.2 mol/L HCl 溶液按 O/A =10:1 从有机相洗钴 5 级，用 2.5 mol/L HCl 溶液洗铜 5 级，用 6 mol/L HCl 溶液洗铁 5 级。P_{204} 萃余液是比较纯净的镍钴溶液，其中含 Co 13 ~18 g/L，$w_{Co}/w_{Ni} = 1:(4 \sim 5)$，$w_{Co}/w_{Cu} > 1500$，$w_{Co}/w_{Fe} > 12000$，$w_{Co}/w_{Mn} > 1500$，$w_{Co}/w_{Zn} > 2300$。

镍钴分离：有机相组成为 25%（体积）P_{507} +磺化煤油，先与 500 g/L 的 NaOH 溶液平衡"皂化"为 P_{507} – Na 皂（皂化率 60% ~70%），后再与 $NiSO_4$ 溶液平衡为 P_{507} – Ni 皂，按 O/A =（1.1 ~1.2）:1 萃取 7 级，载钴有机相按 O/A = 1:0.01 用 1.2 mol/L HCl 洗涤 6 级，按 O/A = 1:0.18 用 HCl 溶液反萃 5 级获得纯净的 $CoCl_2$ 溶液（也可用稀 H_2SO_4 溶液反萃得 $CoSO_4$ 溶液）。从纯的钴溶液中制取金属钴和氧化钴两种产品。

3）电积金属钴。从硫酸钴或氯化钴溶液中都能用电积法生产金属钴，氯化钴溶液电积允许较高的电流密度，能达到较高的电流效率和生产能力，因此生产中多用。钴溶液用事先制备的碳酸钴调整 pH≈4.5，含 Co 80 ~100 g/L，电积出 $1^{\#}$ 纯金属钴对电解液的杂质含量要求很严，如氯化钴溶液中杂质金属含量（g/L）$Ni^{2+} \leqslant 0.02$、$Cu^{2+} \leqslant 0.0001$、Fe <0.0005、Pb <0.00008、Zn <0.0004。电解时用 Pb、Ag – Pb、Ag – Sb – Pb、石墨等不溶阳极，阴极多用不锈钢板，电解液温度 50 ~60℃，阴极电流密度 300 ~400 A/m²，槽电压 2 ~3 V，电解液循环，电流效率约 80%，$1^{\#}$ 阴极金属钴产品含 Co 99.98%。

4）制备氧化钴。含 Co 60 ~ 65 g/L 的氯化钴溶液加热到 35 ~ 50℃，加入草酸铵溶液（用 120 ~ 140 g/L 浓度的草酸溶液在 60 ~ 65℃下缓慢通入 NH_3 中和到 pH≈4.5 得到）生成红色的草酸钴沉淀，过滤后置入电加热的管式回转窑中，控制温度 650 ±50℃煅烧产出黑色氧化钴产品。

3. 铜渣加压浸出

金属化铜镍高锍常压浸出的不溶渣中，镍、铜主要呈 Ni_3S_2、NiS、CuS、Cu_2O、Cu 状态，加压浸出的目的是使镍、钴较完全地进入浸出液，铜、铁、硫保留在浸出渣中。常压浸出的矿浆浓密后底流按液固比（11 ~ 12）:1 配入部分镍电积母液，补加 XP－1 和少量 H_2SO_4，用高压矿浆泵输送，通过热交换器连续进入四格室卧式加压浸出釜。在 150 ~ 160℃、空气压力 1 ~ 1.2 MPa 下浸出 2 h，终点 pH 1.8 ~ 3.6。主要反应为

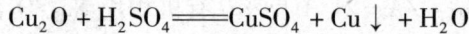

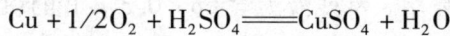

$$Cu_2O + H_2SO_4 = CuSO_4 + Cu \downarrow + H_2O$$

$$Cu + 1/2O_2 + H_2SO_4 = CuSO_4 + H_2O$$

$$Cu_2S + H_2SO_4 + 1/2O_2 = CuSO_4 + CuS \downarrow + H_2O$$

$$NiS + 2O_2 = NiSO_4$$

$$CuS + 2O_2 = CuSO_4$$

$$NiS + CuSO_4 = NiSO_4 + CuS \downarrow$$

影响选择性分离效果的关键因素是控制入釜矿浆的酸度，酸系数 Q_{H+}（矿浆中实际加入的酸量与理论需要的酸量之比）控制在 0.8 ~ 1，即可达到目的。浸出矿浆在减压槽减压降温，浓密过滤，溶液返回常压浸出，浸出铜渣产率约 70%，含 Ni < 3%、Cu 约 66%，以 CuS 和 Cu 为主，含少量 NiS、NiO、α－FeOOH 和 SiO_2。由于用不含 Cl^- 的 H_2SO_4 介质浸出，以及贱金属硫化物的保护作用，银、金及铂族金属在加压浸出时不发生化学溶解损失，几乎完全富集在铜渣中。

4. 铜渣焙烧－酸浸

铜渣沸腾焙烧，进料量 1.2 t/h、沸腾炉底部温度 860 ~ 890℃、炉底压力 ≤ 2.4 kPa、供风量 40 ~ 49 Hz（以变频器频率计）。使 CuS 和 Cu 氧化为 CuO，残余的 NiS 也氧化为 NiO，反应为

$$CuS（或 NiS） + 1.5 O_2 = CuO（或 NiO） + SO_2 \uparrow$$

含 SO_2 烟气经二级收尘后制 H_2SO_4。焙砂用成分（g/L）为：Cu 40、Ni 15、Fe < 1.5、H_2SO_4 100 ~ 110 的铜电积母液在 70 ~ 75℃下搅拌浸出。浸出率（%）为 Cu 98.5、Ni 30 ~ 40、Fe < 2，浸出渣率 ≤ 9.5%。

浸出液调整 $CuSO_4$ 浓度后在电流密度 230 A/m^2、槽电压 2.1 V、50℃条件下电积出金属铜，质量达到 GB/T 467—1997－Cu－CATH－2 标准。

铜电积液中镍、铁浓度超标时，抽出部分溶液在 90.6 kPa 负压的真空蒸发槽

中蒸发结晶出硫酸铜,用稀硫酸重溶后返回铜电积。结晶母液返回镍系统。铜渣、酸浸渣成分列于表 5-3。

表 5-3　铜渣、酸浸渣成分

成分	Ni	Cu	Fe	Co	S	SiO$_2$	Al$_2$O$_3$	Pt	Pd	Au	Ag
	%							g/t			
铜渣	4~5	63~67	1.5	0.06	23.5	—	—	3.1	3.6	5.6	339
酸浸渣	29.6	8	16	0.13	3.6	16.6	0.87	48.1	42.9	96.2	3514

酸浸渣中镍主要以 NiO、铁以 Fe$_2$O$_3$ 状态存在,含大量 SiO$_2$,其中富集了贵金属,Au 和 Pt + Pd 各约 0.01%,含 Ag 较高(约 0.35%)。

5. 提取贵金属

酸浸渣中贵金属品位很低,首先需进一步分离 NiO、Fe$_2$O$_3$、SiO$_2$。简单有效的方法是还原熔炼,即加入 CaO 等熔剂和焦炭粉使 SiO$_2$ 和 Fe$_2$O$_3$ 造渣,获得含少量硫、捕集了贵金属的 Cu - Ni - Fe 合金,该合金可用多种方法处理,如水淬后氯化浸出、水淬后羰化、熔铸阳极电化溶解等。其中以电溶法最为简单,即合金阳极套袋后在 H$_2$SO$_4$ 溶液中电化溶解,NiSO$_4$ 溶液返回常压浸出,含微量贵金属(Ag 约 0.1%,Au、Pt、Pd 各约 10 g/t)的阴极海绵铜返回沸腾焙烧,电溶残极率 20%~25%,残极返回熔铸新阳极。阳极泥产率 5%~10%,贵金属在阳极泥中富集 10~20 倍。经硫酸化焙烧→硫酸浸出分离贱金属后,从浸出渣中进一步富集提取贵金属。

5.5　铂族金属在加压浸出过程中的行为

加压酸浸的目的是溶解贱金属,使铂族金属富集回收在浸出渣中。但多种因素影响铂族金属在加压浸出过程中的行为。在通常的加压浸出条件——温度 < 160℃、p_{O_2} < 1 MPa 下,浸出介质性质是最重要的影响因素,在 SO$_4^{2-}$、SO$_4^{2-}$ + Cl$^-$ 及 NH$_3$·H$_2$O 介质中氧压浸出时,铂族金属有完全不同的行为。

5.5.1　氧压硫酸浸出时铂族金属的行为

加压硫酸浸出铜镍高锍,铂族金属不发生溶解分散损失的主要原因是它们在高锍中以金属状态存在。按热力学分析,10 MPa 氧压的氧化电位,也很难将除 Pd、Rh 外其他以金属状态存在的铂族金属氧化为离子状态。Pd、Rh 虽能与硬碱

类大离子基团 SO_4^{2-} 形成可溶性化合物，但很不稳定。当浸出渣中还含有贱金属及其硫化物或元素硫等还原性物质时，即使溶液中有少量 Pd、Rh 被氧化为阳离子状态，也因其具有很高的氧化电位，将被还原为金属状态重新入渣。

未经火法熔炼转态的物料，如浮选精矿中的铂族金属以多种矿物状态存在，氧压酸浸时其行为与金属状态完全不同，很易发生氧化溶解损失，其规律详见6.2 和 6.3。

5.5.2　氧压氨浸时铂族金属的走向行为

作者针对金川铜镍合金硫酸浸出渣（成分见表 5-4），研究了加压氨浸时铂族金属的走向行为。

表 5-4　金川铜镍合金硫酸浸出渣成分

元　素	Cu	Ni	S	Pt	Pd	Au	Rh	Ir	Os	Ru
含　量		%					g/t			
	73.3	2.1	17.3	1000	308	410	23	79	85	86

在 $NH_3 \cdot H_2O$ 浓度 37.1% + 14.3 g/L$(NH_4)_2SO_4$ 介质中，用不同温度、氧分压条件浸出，金和铂族金属皆发生严重的溶解损失，结果列于表 5-5。

表 5-5　氧压氨浸时铂族金属的溶解和氧化挥发损失

氧压氨浸条件	温度/℃	60	80	120	80	80
	p_{O_2}/MPa	0.5	0.5	0.5	0.2	0.5
	时间/h	3	3	3	3	6
浸　出　渣　率/%		44	7.6	2.1	50	2.4
铂族金属溶解率/%	Pt	11.6	49.3	67.8	16.8	45.1
	Pd	63.9	86.0	91.0	69.1	97.4
	Au	30.8	—	89.8	5.1	46.3
	Ir	4.7	28.8	9.6	6.8	36.7
	Os	9.0	—	45.8	14.8	59.7
	Ru	21	30.8	53.7	36.9	60.5
气相挥发损失/%	Os	6.8	23.3	38.6	7.9	18.8
	Ru	16.0	22.6	31.3	—	16.8

任何条件下铜、镍、硫的氧化浸出率皆 >90%。但在 60℃ 低温下贵金属就大量溶解，温度越高、浸出时间越长，渣率越小，贵金属的溶解损失越大。在 80℃、

氧分压 0.5 MPa 条件下浸出 6 h,几乎全部钯,约 50% 的其他贵金属皆溶解在浸出液中。显然,含贵金属的物料绝不能用氨性介质浸出。

贵金属的溶解机理没有深入研究和解释。一般认为:氨水的 OH⁻ 碱性介质可降低铂族金属的氧化电位,且软碱基团 NH_3 易与铂族金属形成稳定的配合离子,也降低其氧化电位。因此用氨性介质氧压浸出时,物料中的贵金属易被氧化并形成可溶性的氨配离子转入溶液。

5.5.3　SO_4^{2-} – Cl^- 介质中氧压浸出时铂族金属的行为

作者针对金川含贵金属物料,研究过氧压硫酸浸出分离贵贱金属工艺,详细考察过浸出介质中含有 Cl^- 时铂族金属的溶解损失规律(详见 6.2)。

Cl^- 虽属硬碱离子,但离子半径小,易与铂族金属生成稳定氯配阴离子,降低其氧化电位,使其在氧压硫酸浸出时易发生氧化溶解损失,易溶顺序是 Pd, Rh, Ru, Pt, Ir, Os。氯离子浓度在 0.1 ~ 10 g/L 范围内,氯离子浓度、浸出液酸度及浸出温度越高,铂族金属的溶解损失率越大。在 $[Cl^-]$ = 10 g/L、$[H_2SO_4]$ = 1 mol/L、150 ~ 160℃、p_{O_2} = 0.7 MPa 条件下,钯的溶解损失 > 90%,其他铂族金属的溶解损失皆 > 50%。因此加压硫酸浸出贱金属时,介质中绝不允许混入 Cl^-。

5.6　高锍细磨 – 浮选 – 磁选分离

5.6.1　原理

低锍转炉吹炼除铁后获得的高锍是一种铜镍硫化物的互熔体,当吹炼终点控制高锍含铁较低(1% ~ 3%)时,部分铜镍硫化物也发生氧化,生成的铜镍氧化物与残留的硫化铁发生交互反应,造成高锍部分缺硫,即部分贱金属转化为金属状态存在。一般含 Cu + Ni 约 75%、Co 约 0.5%、Fe 1% ~ 3%、S 19% ~ 23%。多数铜镍高锍中 6 种铂族金属仍是 0.001% ~ 0.11% 的微量组分,品位可相差数百至数千倍。

熔融高锍实际上是 Cu – Cu_2S – Ni_3S_2 – Ni 共熔四元系,相图研究表明,Cu – Ni 金属二元系在液态或固态都可形成连续固溶体合金,Ni – Ni_3S_2 和 Cu – Cu_2S 没有固溶体或固溶区很小,而镍、铜的硫化物则存在三元共晶系。高锍熔融状态时四元组分完全互溶,但若熔融高锍放入模中缓慢冷却,则各组分会结晶分离为 Ni_3S_2、Cu_2S 和 Ni – Cu – Fe 合金三相。首先是 Cu_2S 在 921℃ 开始结晶,且随温度下降不断析出、晶粒长大,温度下降到约 700℃ 时 Cu_2S 在 Ni_3S_2 中的溶解度降低至 6% ~ 7%,这一温度段的缓慢冷却是确保 Cu_2S 结晶及晶粒长大的关键。Cu_2S结晶的同时，$Cu-Ni$合金相结晶析出，且随温度下降不断析出、晶粒长大。温度降至575℃，Ni_3S_2开始结晶，在这个温度下所有残余的液态铜镍硫化物转变为共晶固相。从575℃继续下降至三元共晶点520℃，Ni_3S_2发生晶格结构转变，其中共晶的Cu_2S和$Ni-Cu-Fe$合金扩散并呈微粒析出。温度降至约370℃全部结晶过程终结。固相高锍中存在着不同粒度和不同嵌布连生特点的Ni_3S_2、Cu_2S和$Ni-Cu-Fe$合金三种物质。

上述结晶过程中一个非常重要的特点是：当高锍中铂族金属品位较高时，从熔体中结晶出来的$Ni-Cu-Fe$合金可以捕集熔体中几乎全部的金和铂族金属。此合金具有磁性。当该合金的产率为10%时，就意味着其中铂族金属的品位比原高锍提高了10倍，只要分离出这个合金单独处理，就使提取贵金属的物料处理量降低为直接处理高锍的1/10。显然，要能够结晶出富集了铂族金属的$Ni-Cu-Fe$合金，必要的前提是必须控制低锍氧化吹炼除铁的终点，使高锍一定程度地缺硫产出部分金属相。而控制高锍缓慢冷却的速度使合金结晶分异析出，并使之不断扩散、聚集和长大为较大颗粒，是分离出这些合金的必要条件。

熔融高锍浇入埋在地坑中的铸铁或耐火黏土模中，盖上保温盖降低散热速度，当铸锭重量在20～25 t，从921℃降至520℃的缓冷过程需维持3～4天，揭去盖板后再冷却1天，就能达到预定的结晶分离效果。降温过程的温度－时间关系并非直线，温度越低，降温梯度越小。

缓冷高锍破碎后球磨至0.04～0.05 mm，使结晶的Ni_3S_2、Cu_2S和$Ni-Cu-Fe$合金各相沿结晶界面解离。合金的延展性很好，球磨时被钢球砸成薄片，可用约1000 Os磁场强度的磁选分离回收，磁性产品即为富集了铂族金属的$Ni-Cu-Fe$合金。非磁性产品用浮选分离为Ni_3S_2和Cu_2S两种硫化物精矿。该物理分离过程很好控制，合金很重易于脱水，过程的机械损失很小。磁选合金成分一般为（%）：Ni 65～75、Cu 15～18、Fe 3～5、S 约3，还可能机械夹带部分硫化物或硅酸盐炉渣。

在共晶温度以上析出的铜镍合金粒度粗大，含铁较低，多呈单体，磁性较强，含主铂族金属（Pt、Pd）品位较高，用较低磁场强度磁选即可完全回收。在共晶温度附近析出的铜镍合金粒度细，磁性弱，单体解离度低，多与硫化物连生，副铂族金属（Rh、Ir、Os、Ru）较富集。必要时在硫化物浮选后，还需从镍硫化物中再用较强的磁场强度磁选出部分细粒合金。但该磁性产品会夹带较多的硫化物，同时也夹带少量含磁性氧化铁的硅酸铁炉渣。还有少量（约5%）微细合金颗粒与硫化物（主要是Ni_3S_2）紧密连生，很难磁选回收。因此，一般磁选合金的回收率为90%～95%。高锍中铂族金属品位较高时，它们在磁选产品中的回收率也为90%～95%，即有5%～10%的$Ni-Cu-Fe$合金和等比例的铂族金属进入非磁性的铜镍硫化物中。磁选后的混合镍铜硫化物在碱性介质中浮选分离，浮选工艺和药剂制度类似于一般硫化铜矿浮选。泡沫产品即为硫化铜精矿，含（%）：Cu

68 ~ 72、Ni 3 ~ 5、S 约 20、Fe 1 ~ 2。"尾矿"即为硫化镍精矿，含（%）：Ni 68 ~
70、Cu 2 ~ 4、S 约 20 及少量 Fe。

5.6.2 应用方案

高锍中铂族金属品位相差很大，提取难度不同，处理工艺多种多样，在不同
的方案中铂族金属有不同的回收途径。国内外应用缓冷 - 细磨 - 浮选 - 磁选技术
主要有三种方案：①细磨高锍磁选出富集了铂族金属的 Ni - Cu - Fe 合金单独处
理，非磁产品浮选分离铜镍混合硫化物，同时获得铜镍合金、镍精矿（Ni_3S_2）、铜
精矿（Cu_2S）三种产品再分别处理，主要从铜镍合金中提取铂族金属精矿，中国金
川和加拿大 INCO 应用此方案；②细磨高锍只进行磁选，获得 Ni - Cu - Fe 合金和
铜镍硫化物混合精矿（$Ni_3S_2 + Cu_2S$）两种产品分别加压硫酸浸出，主要从
Ni - Cu - Fe 合金的浸出渣中提取铂族金属精矿，南非马赛 - 吕斯腾堡铂矿公司应
用此方案；③只进行浮选，获得铜精矿和含铜镍合金的镍精矿两种产品，主要从
镍精矿中提取铂族金属，俄罗斯诺里尔斯克应用此方案。

5.7 金川铜镍合金二次硫化

金川高锍磨浮的铜镍合金，能否用类似于吕斯腾堡公司的加压浸出或阜康冶
炼厂使用的常压 - 加压工艺处理，20 世纪七、八十年代就引起过业界关注，直至
2007 年还有研究报道[7]。即铜镍合金用二段常压硫酸浸出镍，一段加压硫酸浸
出铜，从浸出渣中回收贵金属。这个方案的可行性应从多方面分析：①金川铜镍
高锍中铂族金属品位约 10 g/t，磨 - 浮 - 磁选的 Ni - Cu - Fe 合金中也仅提高至
80 ~ 100 g/t（0.008% ~ 0.01%），是世界同类资源中最低的。不可能像吕斯腾堡
公司一样，通过浸出贱金属直接提取出高品位铂族金属精矿；②合金量大，相应
的浸出 - 过滤设备规模、酸耗、能耗皆很大；③产出的大量铜镍溶液不可能开路
另建精炼系统，只能闭路返回已有的铜镍电解系统，这将打乱原精炼系统的金属
平衡和体积平衡。因此，这个方案不符合金川现有选 - 冶工艺的框架特点。

作者针对一次铜镍合金研究了二次硫化方案，工艺如图 5 - 7 所示。

因金川铜镍高锍中铂族金属品位很低，缓冷时运移富集效果较差，磨浮 - 磁
选产出的一次铜镍合金中，铂族金属回收率仅约 60% ~ 70%，其余 30% ~ 40% 分
散在镍精矿中。

镍精矿直接熔化，浇铸为硫化镍（Ni_3S_2）阳极电解：

$$Ni_3S_2 - 6e \rightleftharpoons 3Ni^{2+} + 2S$$

在阳极产出一种含元素硫（S）> 90% 的阳极泥，其中富集了硫化镍精矿中所
含的铂族金属。该阳极泥在密闭熔硫釜中加热至硫的熔点以上（约 140℃），热态

铜镍高锍 (含铂族金属80~100 g/t)

缓冷磨矿-磁选 → 硫化物 → 浮选 → 铜精矿 → 粗铜电解 → Cu

一次铜镍合金 ← 镍精矿 → 硫化镍电解 → 镍钴分离 → Ni

二次硫化 ← 热滤渣 ← 热滤脱硫 ← 阳极泥 → Co

二次磨浮-磁选 → 硫化物 → 浮选 → 铜、镍的硫化物精矿 → 分别归并处理

二次铜镍合金 (含铂族金属约600 g/t) → 送贵金属车间(接图5-13工艺处理)

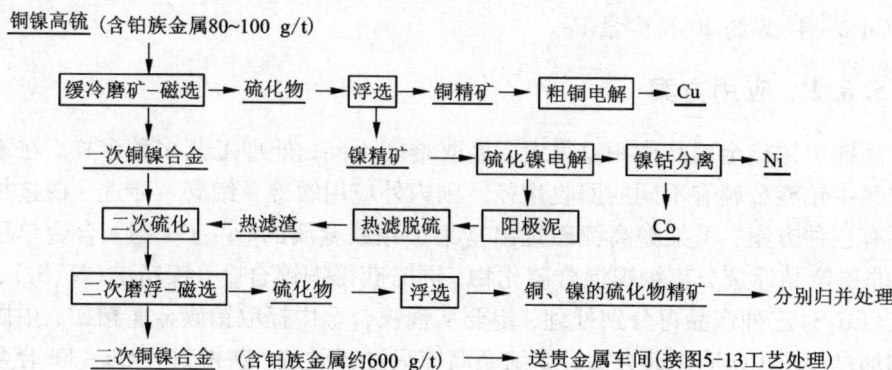

图5-7 金川铜镍高锍磨-磁-浮选工艺流程图

下过滤分离元素硫后，铂族金属又富集在热滤渣中。热滤渣含硫仍高达约60%，其余为贱金属硫化物。热滤渣曾用熔炼→浇铸为二次硫化物阳极→二次电解工艺处理，产出铂族金属品位0.1%~0.2%的二次阳极泥作为提取铂族金属的原料。但该流程操作周期长，返料量及贵金属在过程中积压周转量大，贵金属回收率低。

用热滤渣中的大量硫作硫化剂与一次铜镍合金共熔，发生硫化反应产出二次铜镍高锍，二次高锍同样经过缓冷→磨细→磁选出含铂族金属约600 g/t的二次铜镍合金，作为提取铂族金属的原料。该工艺不仅可充分利用热滤渣中的硫，还使原已分散在镍精矿中的铂族金属重新归并在二次铜镍高锍中，有利于铂族金属的集中回收。二次硫化与二次电解相比，工艺流程及生产周期短、铂族金属回收率明显提高，该技术至今仍在使用。

5.8 选择性氯化浸出富集贵金属

氯化冶金是近几十年发展很快，应用不断扩大的一项冶金新技术[8-9]。特点是氯化剂供应充足、价廉，化学反应活性强，多数金属氯化物在水中溶解度大及适应的原料范围广。

氯化冶金中氯化浸出是最基本的过程，浸出剂有盐酸、液化氯气、氯盐（次氯酸钠、氯酸钠）等，其中液化氯气因有效氯浓度高、运输及使用方便，应用最普遍。1965年作者就在金川资源综合利用中首先研究应用 HCl/Cl₂ 溶解贵金属粗精矿，至今仍然是贵金属精炼工艺中溶解贵金属的主要方法。

在共生资源综合利用工艺中，因解决了两个主要问题，使氯气氯化浸出成为

高效的、且大规模应用的镍精炼技术和贵贱金属分离技术：①研究成功氯化镍溶液直接电积生产金属镍，同时再生氯气循环使用，突出了氯气作氯化剂的优点；②发展了控制电位选择性氯化浸出技术，即通过控制氯气的供给量控制其氧化强度，只氯化溶解贱金属，并使贵金属富集在氯化渣中。本节仅介绍氯气选择性氯化的原理及应用实例。

5.8.1　原理

1. $Cl_2 - H_2O$ 系电位 – pH 图

Cl_2 系典型的非极性共价键分子，分子间的相互作用很微弱，熔点及沸点均较低(分别为 $-100℃$ 和 $-34℃$)，常压下将其冷却至 $-34℃$ 或在 $30℃$ 并加压至 871 kPa(约 8.6 atm) 均可液化。液氯的密度为 1.4685 kg/L，可管道输送或贮存于钢瓶或槽车运输，比热容为 945.6 J/(kg·K)，减压即可转化为气态使用。每升液氯可汽化为 463 L 气态氯。氯气为黄绿色，比空气重，在水中溶解度不大，且随温度升高而降低，数据列于表 5 – 6。

表 5 – 6　氯气在水中的溶解度与温度的关系

温度/K	298	303	313	323	333	343	353	363	373
溶解度/%	0.626	0.559	0.449	0.385	0.323	0.273	0.218	0.125	~0

室温(25℃)下氯气在 10% NaCl 溶液或 3.5 mol/L HCl 溶液中的溶解度更小，仅分别为 0.038% 和 0.078%。

Cl_2 作为强氧化剂，在不同 pH 的水溶液中存在着多种离子的复杂平衡关系，最主要是 $Cl^- - Cl_2 - HClO - ClO^-$ 的平衡关系，其电位 – pH 简图示于 5 – 8。

图中 a、b 线之间表示水稳定存在的电位区域，b 线之下水分解析出氢，反应式为：

$$2H_2O + 2e \Longrightarrow H_2 \uparrow + 2OH^-$$

25℃，$p_{H_2} = 1$ atm 时，$\varphi = \varphi^{\ominus}_{H_2/H^+} - 0.0591pH$。

a 线之上水分解析出氧，反应式为：

$$2H_2O - 4e \Longrightarrow O_2 \uparrow + 4H^+$$

25℃，$p_{O_2} = 1$ atm 时，$\varphi = \varphi^{\ominus} - 0.0591pH (\varphi^{\ominus} = 1.23)$

其他各线表示的平衡关系分别为：

①线：$HClO \Longrightarrow ClO^- + H^+$　　　　$\lg \dfrac{[ClO^-]}{[HClO]} = -7.49 + pH$

③线：$Cl_{2(溶)} + 2e \Longrightarrow 2Cl^-$　　　　$\varphi = 1.36 - 0.0295\lg \dfrac{[Cl^-]}{[Cl_{2(溶)}]}$

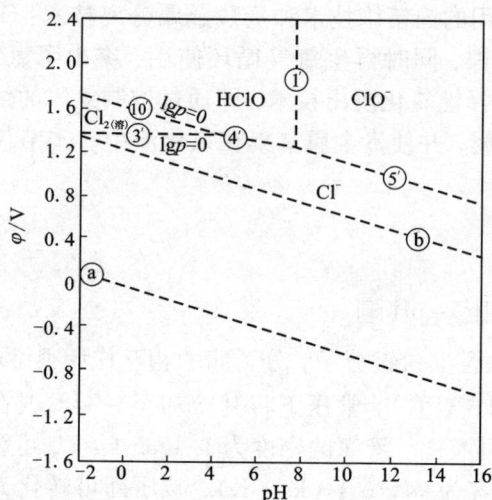

图 5 – 8　$Cl_2 – H_2O$ 系的电位 – pH 图(298K)

④线：$HClO + H^+ + 2e \Longrightarrow Cl^- + H_2O$ 　　　$\varphi = 1.494 - 0.0295pH - 0.0295lg\dfrac{[Cl^-]}{[HClO]}$

⑤线：$ClO^- + 2H^+ + 2e \Longrightarrow 2Cl^- + H_2O$ 　　$\varphi = 1.715 - 0.0591pH - 0.0295lg\dfrac{[Cl^-]}{[ClO^-]}$

⑩线：$2HClO + 2H^+ + 2e \Longrightarrow Cl_{2(溶)} + 2H_2O$ 　$\varphi = 1.594 - 0.0591pH - 0.0295lg\dfrac{[Cl_{2(溶)}]}{[HClO]^2}$

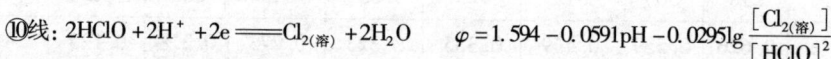

当取溶液中所有参加反应的物质活度等于 1(如是气体则分压为 1 atm),所有元素和氢离子的生成等压位为 0 时,图中各线表示的电极电位方程式(用加"′"数字表示)可简化为:

①′线：$pH = 7.49$

③′线：$\varphi = 1.36 + 0.0259lg[Cl_{2(溶)}]$

④′线：$\varphi = 1.494 - 0.0295pH$

⑤′线：$\varphi = 1.715 - 0.0591pH$

⑩′线：$\varphi = 1.594 - 0.0591pH - 0.0295lg[Cl_{2(溶)}]$

显然,在水溶液中溶解的氯气 $Cl_{2(溶)}$ 及 HClO 都是很强的氧化剂。实际应用中的水溶液 pH <7,发生的主要氧化反应和电极电位方程是③和⑩。Cl_2 和 HClO 的氧化电位取决于 $Cl_{2(溶)}$ 的浓度和溶液 pH,即与氯气在水溶液中的溶解度(或活度)有直接关系。溶解度越小,或有还原性物质快速消耗通入的氯气使其活度减小,溶液中 Cl^- 浓度越高,实际的氧化电位(φ)越低。

Cl_2 的稳定区很狭小,只在酸性溶液中存在,pH 升高易被还原为 Cl^- 并放出氧气:

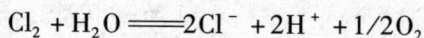

$$Cl_2 + H_2O \Longrightarrow 2Cl^- + 2H^+ + 1/2O_2$$

同时，Cl_2 在高 pH 溶液中转化为 HClO，HClO 是一种易离解的弱酸，平衡 pH ≈ 7.5，HClO 和 ClO^- 的稳定范围分布在水和酸性溶液中气体氯的稳定范围之上，随着溶液 pH 升高及 HClO 浓度减小（即有还原性物质消耗 HClO），其氧化电位(φ)降低。

③、⑩两个电极电位方程都表明，Cl_2 及 HClO 在水溶液中的氧化能力（氧化电位 φ）是可变和可控制的，即在酸性溶液中充分供给氯气可保持较高的氧化电位，但若控制氯气的供给量并被迅速消耗，则可保持较低的氧化电位。

用次氯酸钠 NaClO 和氯酸钠 $NaClO_3$ 作氧化剂的氯化反应也有类似的规律。

2. 贵贱金属的氧化还原性质

与本章有关的一些贵贱金属在水溶液中被氧化后转化为简单阳离子或氯配阴离子。转化为简单阳离子的标准电极电位值($\varphi^\ominus$)列于表 5-7。

表 5-7　贵贱金属简单阳离子体系的标准电极电位

Me^{n+}/Me	Fe^{2+}/Fe	Fe^{3+}/Fe	Fe^{3+}/Fe^{2+}	Ni^{2+}/Ni	Cu^{2+}/Cu	Cu^+/Cu	Co^{2+}/Co
$\varphi^\ominus$/V	−0.44	0.015	0.771	−0.25	0.153	0.521	−0.28

Me^{n+}/Me	Ag^+/Ag	Rh^{3+}/Rh	Pd^{2+}/Pd	Pt^{2+}/Pt	Au^{3+}/Au	Au^+/Au	
$\varphi^\ominus$/V	0.799	0.80	0.987	1.2	1.5	1.68	

但 Me^{n+}/Me 在溶液中的实际氧化还原电位(φ)则随 Me^{n+} 的浓度而变化，其计算式为：

$$\varphi = \varphi^\ominus + (0.059/n)\lg[Me^{n+}]$$

当金属呈变价态时，计算式改写为：

$$\varphi = \varphi^\ominus + (0.059/n)\lg\frac{[Me^{(n+1)+}]}{[Me^{n+}]}$$

贵金属与 Cl^- 形成各种结构和价态的配合物，将降低其氧化还原电位，配合物越稳定，Cl^- 浓度越高，电位值降得越多。贵金属氯配合物的标准电极电位值列于表 5-8。

表 5-8　贵金属氯配合物的标准电极电位/V

中心离子	配阴离子	电极反应	$\varphi^\ominus$
Au(Ⅲ)	$AuCl_4^-$	$AuCl_4^- + 3e \Longrightarrow Au + 4Cl^-$	1.000
Au(Ⅰ)	$AuCl_2^-$	$AuCl_2^- + e \Longrightarrow Au + 2Cl^-$	0.994
Pt(Ⅱ)	$PtCl_4^{2-}$	$PtCl_4^{2-} + 2e \Longrightarrow Pt + 4Cl^-$	0.730
Pt(Ⅳ)	$PtCl_6^{2-}$	$PtCl_6^{2-} + 2e \Longrightarrow PtCl_4^{2-} + 2Cl^-$	0.680
Pd(Ⅱ)	$PdCl_4^{2-}$	$PdCl_4^{2-} + 2e \Longrightarrow Pd + 4Cl^-$	0.620
Pd(Ⅳ)	$PdCl_6^{2-}$	$PdCl_6^{2-} + 2e \Longrightarrow PdCl_4^{2-} + 2Cl^-$	1.288
Ir(Ⅲ)	$IrCl_6^{3-}$	$IrCl_6^{3-} + 3e \Longrightarrow Ir + 6Cl^-$	0.770

续表 5 - 8

中心离子	配阴离子	电 极 反 应	$\varphi^{\ominus}$
Ir(Ⅳ)	$IrCl_6^{2-}$	$IrCl_6^{2-} + e \mathop{=\!=\!=} IrCl_6^{3-}$	1.017
Rh(Ⅳ)	$RhCl_6^{2-}$	$RhCl_6^{2-} + e \mathop{=\!=\!=} RhCl_6^{3-}$	1.200
Rh(Ⅲ)	$RhCl_6^{3-}$	$RhCl_6^{3-} + 3e \mathop{=\!=\!=} Rh + 6Cl^-$	0.440
Ru(Ⅲ)	$RuCl_5^{2-}$	$RuCl_5^{2-} + 3e \mathop{=\!=\!=} Ru + 5Cl^-$	0.601
Os(Ⅲ)	$OsCl_6^{3-}$	$OsCl_6^{3-} + 3e \mathop{=\!=\!=} Os + 6Cl^-$	0.710

显然，在 HCl 介质中用氯气或 HClO 作氧化剂，并在充分供给的条件下，可使所有贵贱金属都氧化溶解。氯化的全过程发生 3 种类型的反应：

第一类：负电性贱金属(Fe、Ni、Co 等)或其硫化物(FeS、Ni_3S_2 等)被盐酸直接溶解生成金属氯化物：

$$Me + 2HCl \mathop{=\!=\!=} MeCl_2 + H_2 \uparrow$$

$$MeS + 2HCl \mathop{=\!=\!=} MeCl_2 + H_2S \uparrow$$

第二类：贱金属硫化物(FeS、Ni_3S_2、Cu_2S 等)被氯气氯化生成金属氯化物并产生元素硫：

$$MeS + Cl_2 \mathop{=\!=\!=} MeCl_2 + S \downarrow$$

第三类：贵金属在盐酸介质中被氯气氯化生成贵金属氯配阴离子，以铂为例的反应为：

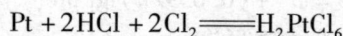

$$Pt + 2HCl + 2Cl_2 \mathop{=\!=\!=} H_2PtCl_6$$

由于：①氯气或 HClO 的氧化电位随氯化剂供给量的减少及快速消耗而降低，其氧化能力可以控制；②含微量贵金属的铜镍高锍、铜镍合金氯化时，因贵、贱金属的标准氧化还原电位差值很大，氯化开始时总是贱金属或其硫化物首先氯化，只要控制好氯化条件就能选择性氯化贱金属，使贵金属富集在氯化渣中。

实际应用中可选择两种方案：即只氯化负电性贱金属 Fe、Ni、Co，将 Cu 和贵金属富集在氯化渣中；或将贱金属 Fe、Ni、Co、Cu 全部氯化，仅使贵金属富集在氯化渣中。氯化过程中若贵金属发生部分氯化时，只要减少氯气供给量及反应体系中仍残留有贱金属，则已溶解的贵金属可以被重新置换沉淀在氯化渣中。

3. 氯化过程中的催化作用

氯气虽是很强的氧化剂，但在水及酸性溶液中的溶解度很低。用氯气直接氧化浸出矿浆中的固体物料，是气 – 液 – 固多相反应过程。一般须经氯气溶解于水或被固体颗粒表面吸附、活化，才能发生氯化反应。因此氯气利用率低，氯化反应的动力学速度慢。可能有大量未反应的氯气随尾气溢出污染环境、腐蚀设备。

但当铁、铜变价离子作为电子传递媒介参与氯化反应后，浸出机理发生了本质的变化。铁、铜离子在水溶液中的变价及氧化电位(V)图示如下：

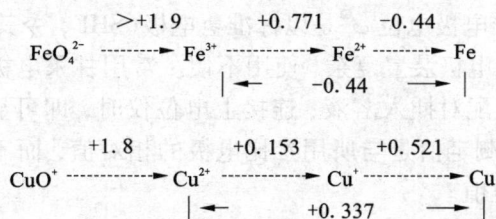

$$\text{FeO}_4^{2-} \xrightarrow{\ >+1.9\ } \text{Fe}^{3+} \xrightarrow{\ +0.771\ } \text{Fe}^{2+} \xrightarrow{\ -0.44\ } \text{Fe}$$
$$|\longleftarrow \quad -0.44 \quad \longrightarrow|$$

$$\text{CuO}^+ \xrightarrow{\ +1.8\ } \text{Cu}^{2+} \xrightarrow{\ +0.153\ } \text{Cu}^+ \xrightarrow{\ +0.521\ } \text{Cu}$$
$$|\longleftarrow \quad +0.337 \quad \longrightarrow|$$

当溶液中 Fe^{3+} 和 Fe^{2+} 离子浓度变化时,用能斯特方程计算的 $Fe^{3+} + e = Fe^{2+}$ 的电极电位 $\varphi(V)$ 变化列于表 5 – 9。

表 5 – 9　不同离子浓度下 $Fe^{3+} + e = Fe^{2+}$ 的电极电位/V

$[Fe^{3+}]/(mol \cdot L^{-1})$	1.0	1.0	1.0	1.0	0.1	0.01	0.001	0.1	0.01
$[Fe^{2+}]/(mol \cdot L^{-1})$	0.001	0.01	0.1	1.0	1.0	1.0	1.0	0.1	0.01
$[Fe^{3+}]/[Fe^{2+}]$	1000	100	10	1	0.1	0.01	0.001	1	1
φ/V	0.95	0.89	0.83	0.77	0.71	0.65	0.59	0.77	0.77

显然,溶液中的铁离子具有很高的氧化电位,即很强的氧化性,并通过 Fe^{3+} 和 Fe^{2+} 变价传递电子。虽然溶液中 $Cu^{2+} + e = Cu^+$ 的电极电位比铁离子溶液低,但在 Cl^- 浓度高时,铜离子主要呈 $CuCl_2$ 和 $CuCl_3^{2-}$ 状态平衡,仍然通过 $Cu^{2+}(CuCl_2)$ 作氧化剂,$Cu^+(CuCl)$ 作还原剂传递电子。

溶液中铁、铜的高价态离子作氧化剂,氧化铁、铜金属本身和其他贱金属及硫化物,是液 – 固相反应。而低价态离子作为还原剂,被 Cl_2 及 $HClO$ 氧化为高价态离子是气 – 液相和液 – 液相反应。这样就明显地加快了溶液中的氯化反应速率,提高了氯气的有效利用率。依靠铁铜变价离子传递电子使氯化反应加速,可认为是一种催化作用。

4. 浸出体系氧化还原电位的监测和控制

浸出体系的氧化 – 还原性质——即溶液氧化 – 还原电位的变化,可用恰当的传感器准确测定,并用仪表指示。测定值连接传动机械,通过调节氧化剂或还原剂的加入量,自动控制预定的电位范围和浸出过程平衡的方向,即能实现控制电位选择性浸出。

测定溶液电位值的传感器包括指示电极和参比电极。化学及冶金中早已普遍应用高阻抗玻璃电极作指示电极与甘汞电极(参比电极)配对,测定溶液的 pH(实质是电压(mV))。但玻璃电极在强烈搅拌的矿浆中极易损坏,工业上应用受限。在氯化冶金中可用化学惰性的铂电极、铂 – 铱合金电极或碳电极作指示电极,它们阻抗小、抗腐蚀、可用任一长度的屏蔽铜线引出接在电位仪上，使用可靠方便。

各种金属的标准电极电位 $\varphi^{\ominus}$ 是以标准氢电极(SHE，令其电极电位为 0)为参比基准测定的，但氢电极装置复杂、使用不便。常用甘汞电极或氯化银电极作参比电极，与指示电极配对插入溶液，连接上电位仪时，即可显示出溶液的电位 φ 值(mV)。当然这个测定值是与所用参比电极的相对值，而不是以标准氢电极为基准的标准电极电位值。

甘汞电极由汞、固体 Hg_2Cl_2 及饱和 Hg_2Cl_2 的 KCl 溶液组成，KCl 溶液起导电盐桥的作用。该电极本身的电位随 KCl 溶液浓度而变，当 KCl 溶液浓度分别为 0.1 mol/L、1 mol/L 和饱和三种情况时，对应的甘汞电极电位 $\varphi^{\ominus}$(与标准氢电极相比)分别为 0.3338 V、0.2802 V 和 0.2415 V。因此使用中应确认 KCl 的浓度，保证甘汞电极的参比电位值稳定可靠。常用饱和 KCl 溶液电极($\varphi^{\ominus}$ = 0.2415 V)。市售甘汞电极较小，当在较大反应釜中使用时需用盐桥连接，即用带毛细孔的玻璃管或其他耐腐蚀材质管注满饱和 KCl 溶液后，一头插入反应釜溶液中，另一头插入市售甘汞电极，密封并排除气泡，连接在电位仪上即可测定溶液电位值。

氯化银电极是由覆盖一层 AgCl 的银丝置于 1 mol/L 浓度 HCl 或 KCl 溶液中组成，$\varphi^{\ominus}$ 值为 0.222 V，该电极电位稳定，结构简单，使用方便。

用指示电极和参比电极配对插入溶液测定的电位值，是对该参比电极的相对值，欲将测定值换算为 SHE 标准值时，需加上该参比电极的电位值。例如用铂指示电极与饱和甘汞电极配对测定的电位值，换算成 SHE 标准值时，应加上 0.2415 V，即标准值 $\varphi^{\ominus}_{(SHE)}$ = 测定值 + 0.2415 V。

耐高温抗腐蚀的组合电位传感器——Pt - Ag/AgCl 电极，外壳用聚四氟乙烯塑料，下端用亲水性硅酸盐固体微粒封闭形成离子导电隔膜，并固定伸出的指示 Pt 电极、双盐桥固体参比电极和辅助地电极，壳内注入高沸点非水氯化物电解质溶液，其中插入 Ag/AgCl 参比电极芯。该电极测量的电位值比对照的铂 - 饱和甘汞电极的测量值高，25℃时高 52 ~ 58 mV，100 ~ 110℃时高 62 ~ 68 mV。辅助地电极连接电位仪机壳，提高了仪表的抗干扰性能。

电位传感器测得的溶液电位值经放大、指示、记录，超出预定电位值范围即报警，同时输入调节机构，按预编程序驱动执行机构调节物料或氧化剂加入比例，自动实现工艺目标。

5.8.2　氯气选择性浸出铜镍高锍提取铂族金属精矿

铜镍高锍用氯气选择性浸出镍铜，使铂族金属富集在不溶渣中，最后提取出贵金属精矿，是鹰桥镍公司发明的专利技术。该工艺既可处理加拿大产的含铂族金属很低的铜镍高锍，也可处理部分南非西铂公司的高品位贵金属铜镍高锍，镍的生产规模大于 >50 kt/a。以富集提取铂族金属为主线，工艺流程示于图 5 - 9。

加拿大铜镍高锍（含PGMs 0.002%~0.005%）
↓
细磨
↓
Cl_2 → 选择性浸出

高锍 → 置换除铜 → 氯化镍溶液 → 萃取除钴 → 提取Co → Co
↓　　　　　　　　　　　　　　　　　↓
含PGMs硫化铜渣　　　　　　　氯化镍溶液电积 → Cl_2 → 返回浸出
↓　　　　　　　　　　　　　　　　　↓
氧化焙烧 → 液体SO_2　　　　　　Ni

H_2SO_4 → 浸出 → $CuSO_4$溶液 → 电积 → Cu
↓
含PGMs渣① ·····→ 氢还原 → 氯气浸出 → Cu、Ni溶液 → 返回氯化浸出
↓
H_2SO_4 → 加压酸浸② ············→ 金属化残渣
↓　　　　　　　　　　　　　　　　↓
Cu、Ni溶液　　　　　　　　　电炉还原熔炼
↓　　　　　　　　　　　　　　　　↓
返回Cu电积　　　　　水碎Cu-Ni合金粒（含PGMs约0.12%）

HCl → 浸出 → $NiCl_2$溶液 → 并入镍系统
↓
南非贵金属铜镍高锍 ——→ 选择性氯化 → 脱硫 → S
↓
焙烧浸出
↓
铂族金属精矿（PGMs＞45%）

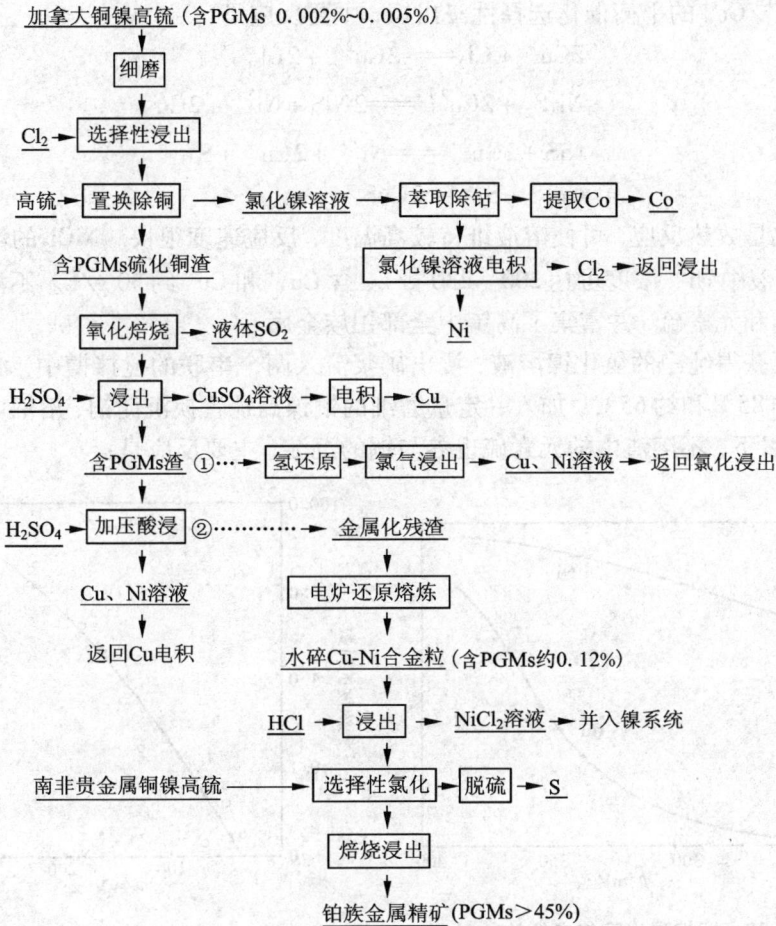

图 5-9　从铜镍高锍提取贵金属精矿的氯化冶金工艺

1. 氯气选择性浸出镍

选择性浸出时,铜、镍浸出率、溶液中铜浓度与电位的关系分别绘于图 5-10 和图 5-11。电位值不仅是溶液中铜离子浓度的衡量尺度,也是 $[Cu^{2+}]/[Cu^+]$ 的衡量尺度。浸出体系电位(铂-甘汞电极对测量) 与氯化镍溶液中的铜浓度有如下关系:

溶液电位/mV	30	50	70	90	100	250
溶液中铜浓度/$(g \cdot L^{-1})$	0.016	0.038	0.053	0.063	0.2	约 10

氯化反应启动后，控制氯气供给量，即控制溶液体系电位 350 ~ 400 mV，主要靠 Cu^{2+}/Cu^+ 的平衡催化选择性浸出镍，主要反应是：

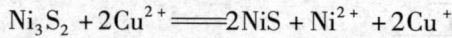

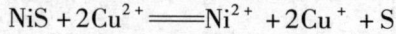

$$2Cu^+ + Cl_2 === 2Cu^{2+} + 2Cl^-$$

$$Ni_3S_2 + 2Cu^{2+} === 2NiS + Ni^{2+} + 2Cu^+$$

$$NiS + 2Cu^{2+} === Ni^{2+} + 2Cu^+ + S$$

$$Cu_2S + S === 2CuS$$

氯化是放热反应，可使溶液维持较高温度，反应速度很快。$NiCl_2$ 的溶解度很高，浸出液中 Ni^{2+} 浓度可达 200 ~ 230 g/L，含 Cu^{2+} 和 Cu^+ 约 50 g/L。不溶渣主要是硫化铜和元素硫，并富集了高锍中全部铂族金属。

为了获得纯净的氯化镍溶液，浸出矿浆流入两个串联的搅拌槽中，温度分别降低至约 85℃ 和约 65℃，加入一定量磨细的铜镍高锍置换沉淀铜，溶液电位降至 100 mV 以下，不溶渣中的元素硫也参与铜的沉淀，主要反应是：

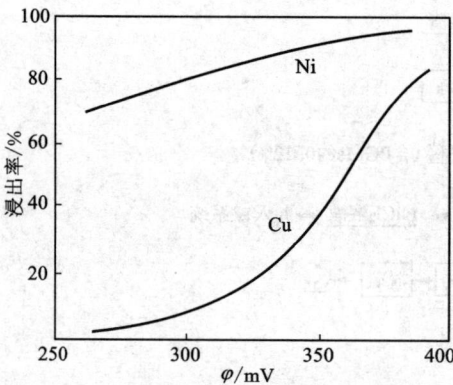

图 5 - 10　铜镍浸出率与电位的关系　　图 5 - 11　溶液中铜浓度与电位的关系

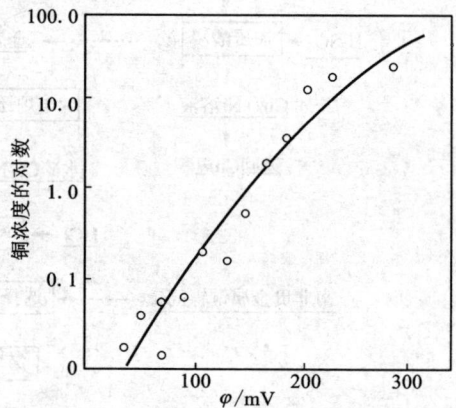

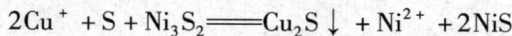

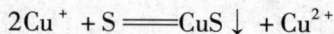

$$2Cu^+ + S + Ni_3S_2 === Cu_2S \downarrow + Ni^{2+} + 2NiS$$

$$2Cu^+ + S === CuS \downarrow + Cu^{2+}$$

$$Ni_3S_2 + 2Cu^+ + S === 2NiS + Ni^{2+} + Cu_2S \downarrow$$

$$NiS + 2Cu^+ === Cu_2S \downarrow + Ni^{2+}$$

过滤后溶液含 Ni^{2+} 浓度 > 200 g/L、Cu^{2+} 浓度 < 0.2 g/L，先水解中和除铁（含砷时一起水解除去），用三异辛胺萃取钴，载钴 5.5 g/L 的有机相用水反萃出浓度 80 g/L 的钴溶液，电积为金属钴。

氯化镍溶液经活性炭吸附有机物，用镍电积母液稀释至含 Ni^{2+} 85 g/L 的溶液，通入氯气氧化和碳酸镍中和，除去 Pb、Mn、Fe、As、Co 等杂质，纯 $NiCl_2$ 溶液电积,在阴极产出高纯镍,同时在阳极产出氯气,并经脱水、压缩后闭路返回浸出。再生氯气循环复用技术的成功,为有色金属工业中大规模应用湿法氯化冶金技术创造了条件。

2. 提取铂族金属富集物

氯化渣在 870~900℃下氧化沸腾焙烧,使 S 和硫化铜氧化,高浓度的 SO_2 烟气经收尘、净化后,冷却、压缩为液态 SO_2 产品。焙砂用含 H_2SO_4 95 g/L、Cu^{2+} 50 g/L 的铜电解母液浸出,硫酸铜溶液电积出金属铜产品。

浸出铜后的残渣以 NiO 为主,含未氧化的 Cu_2S 和 NiS。曾用高温(约 900℃)氢还原,在盐酸介质中用氯气作氧化剂,氧化电位提高至约 420 mV 溶解镍及硫化铜。硫化铜有效溶解的反应是:

$$Cu_2S + Cu^{2+} =\!=\!= CuS + 2Cu^+$$

$$CuS + Cu^{2+} =\!=\!= 2Cu^+ + S$$

$$2Cu^+ + Cl_2 =\!=\!= 2Cu^{2+} + 2Cl^-$$

因高温氢还原有爆炸隐患,很不安全,粉状物料的飞扬损失大,后改用硫酸加压浸出。两种方案获得的不溶渣都是含贵金属约 0.05% 的金属化残渣,主要成分是残留的铜、镍、铁氧化物和二氧化硅。在电炉中还原熔炼分离硅酸盐炉渣,铜镍氧化物还原形成 Cu - Ni 合金,合金中捕集了原高锍中几乎全部的铂族金属。

用上述过程处理含铂族金属 20 g/t 的加拿大铜镍高锍,获得的 Cu - Ni 合金粒中含铂族金属 1200 g/t,富集约 60 倍。

3. 提取铂族金属精矿

上述 Cu - Ni 合金粒用 HCl 溶解镍,铂族金属富集在铜渣中,该铜渣与南非产出的贵金属铜镍高锍(含铂族金属约 0.1%)合并,在盐酸溶液中用氯气选择性浸出,控制电位≤420 mV,产出元素硫为主的残渣,再用四氯乙烯溶解脱硫获得铂族金属精矿。

四氯乙烯(C_2Cl_4)为无色液体有机物,密度 1.62 g/cm³,沸点 394 K(121℃),不易挥发,比热容 8.8 J/(kg·K),在 30℃时的蒸气压 0.005 MPa,对硫的溶解度为 25 g/L,100℃时的蒸气压 0.05 MPa,但对硫的溶解度提高到 360 g/L。脱硫操作过程为:含元素硫的物料用四氯乙烯浆化后在密闭容器中加热至 90~100℃溶解元素硫,热态下立即过滤,含硫的四氯乙烯溶液进行冷却析出元素硫,过滤后的四氯乙烯返回处理新一批含硫物料。含 80% S 的物料用四氯乙烯脱硫两次,脱硫率 >98%,四氯乙烯损耗为 0.15~0.2 kg/kg 料。

脱硫过程中铂族金属无化学损失,富集物经约 500℃的硫酸盐化焙烧→稀硫酸浸出分离贱金属后,提取出品位 >45% 的铂族金属精矿。全过程中各主要工序的物料成分变化情况列于表 5 - 10。

表 5 – 10　氯气选择性浸出铜镍高锍工艺中各段物料成分变化情况

物料名称	贵金属	Ni	Co	Cu	Fe	S	Pb	As	Cl⁻	SiO₂
铜镍高锍/%	20 g/t	39	1	34	2.5	23	0.02	0.1	—	0.1
浸出进液/(g·L⁻¹)	—	70		20					95	
浸出后液/(g·L⁻¹)	—	230	4	0.2	6		0.15	0.1	270	
硫化物渣/%	70 g/t	15	0.5	50	2	30			0.2	
钴电积液/(g·L⁻¹)	—	0.01	50						60	
萃钴残液/(g·L⁻¹)	—	230							250	
镍电积液/(g·L⁻¹)	—	60							60	
焙　砂/%	0.01	18	0.6	55	2	0.5				
铜电积液/(g·L⁻¹)	—	50		60				0.7		
金属化残渣/%	0.05	55	0.6	18	5	2		—	—	14
铂族富集物/%	20	15	0.3	20	10	15				8
铂族精矿/%	>45	<10	—	<10	<10	<5				>20

　　从处理含铂族金属 20 g/t 的铜镍高锍开始至获得品位 0.12% 富集物的过程，由于品位低，物料交叉周转量大，很难准确计算过程的回收率指标。但从 0.12% 的富集物至提取出品位 45% 的铂族金属精矿，该段的回收率很高。在实验室单独处理一批物料的金属平衡数据列于表 5 – 11。

　　数据说明，在氯化分离贱金属、富集铂族金属的全过程中，铂、钯、金、铑、铱、钌皆能有效地富集回收。因工艺中有高温氧化焙烧工序，锇的氧化挥发损失严重。

表 5 – 11　提取贵金属精矿的成分和金属平衡

原料及产品		Au	Pt	Pd	Rh	Ir	Ru	合计
原料	成分/(g·t⁻¹)	69	732	329	33	13	74	1250
	金属量/mg	621	6555	2961	297	117	666	
精矿	成分/%	2.43	26.55	11.77	1.20	0.43	2.64	45
	金属量/mg	606	6640	2944	300	108	660	
回收率/%		97.6	101	99.4	101	92.3	99	

5.8.3　氯气选择性浸出铜镍合金提取铂族金属精矿

在金川资源综合利用科技攻关中，作者领导的课题组研究了从二次铜镍合金中提取贵金属的新工艺[10]，其中就包括控制电位选择性氯化浸出技术。该工艺1983 年正式投产。经几十年的革新改造，铂族金属生产规模已从 400 kg/a 增加至 3000 kg/a。目前正在设计 5000 kg/a 的铂族金属生产线。

提取贵金属的原料是二次铜镍合金。典型成分为（%）：Ni 66.2、Cu 13.8、Fe 10.7、S 5.6，含 Au + PGMs 约为 600 g/t。合金中还夹杂少量铜、镍硫化物及硅酸盐（转炉吹炼时生成少量含磁性 Fe_3O_4 的硅酸盐，磁选时夹带进入磁性产品）。Cu – Ni 合金呈细小片状，铂族金属与 Cu、Ni 呈固溶体状态。应用的处理工艺经过两个阶段的发展。

第一阶段的工艺是：盐酸选择性浸出 Ni→铜渣用氯气选择性浸出 Cu→氯化渣烘干→浓硫酸浸煮深度分离贱金属→浸煮渣烘干磨细→四氯乙烯溶解脱硫。铜渣用氯气选择性浸出的关键是控制氧化电位在 400 ± 10 mV 范围（用 Pt – 甘汞电极测量），可获得很高的 Cu、Ni 浸出率指标，而贵金属溶解损失率很小。如在 HCl 浓度 2 mol/L、80℃、液固比 10∶1 的条件下，通入氯气控制电位氯化，氯化渣率 5%，各金属走向见图 5 – 12、表 5 – 12。在 400 mV 电位的氧化条件下，Os、Ru 可能因氧化为四氧化物挥发造成少量损失，其他贵金属皆以高回收率富集在氯化渣中。

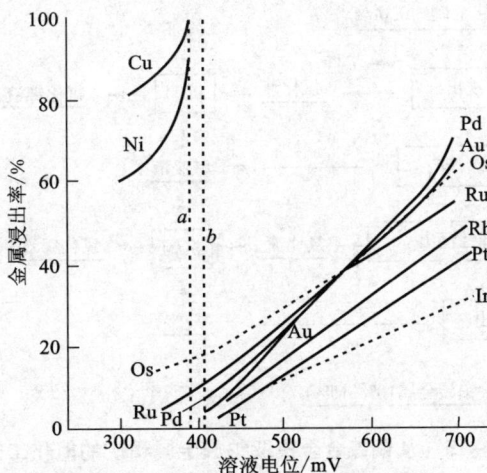

图 5 – 12　金属浸出率与溶液电位的关系

表 5 - 12　控制电位氯化浸出铜渣的试验结果

项目	Cu	Ni	Pt	Pd	Au	Rh	Ir	Os	Ru
铜渣成分/(%,g·t^{-1})	75.6	6.3	700	320	220	52	76	72	124
氯化液成分/(g·L^{-1},mg·L^{-1})	79.6	6.0	<0.2	<0.2	<0.2	0.5	<0.1	2.0	1.3
液算氯化率/%	约100	95.6	<0.3	<0.6	<0.9	4.4	<1.3	15	10.5
渣算回收率/%	—	—	约100	约100	>99	95.6	>98	81	87

注：铜渣成分中 Cu、Ni 单位为%，贵金属单位为 g/t。氯化液成分中 Cu、Ni 单位为 g/L，贵金属单位为 mg/L。

工艺特点是：选择性浸出的溶液可分别返回 Ni、Cu 生产系统；在分离贱金属时贵金属从固溶体晶格中以微细质点状态脱落，获得的贵金属精矿具有很高的反应活性，能直接以高回收率氧化蒸馏提取 Os、Ru，同时能使其他铂族金属溶解转入溶液。缺点是：盐酸消耗大，渣烘干磨细时有物理损失，四氯乙烯挥发有毒，损耗大，生产费用高。

为克服上述工艺的缺点，发展了直接控制电位氯化浸出铜镍，浸出渣两段碱液浸出脱硫新工艺，降低了生产成本，改善了劳动条件[11-14]，处理工艺示于图 5 - 13。

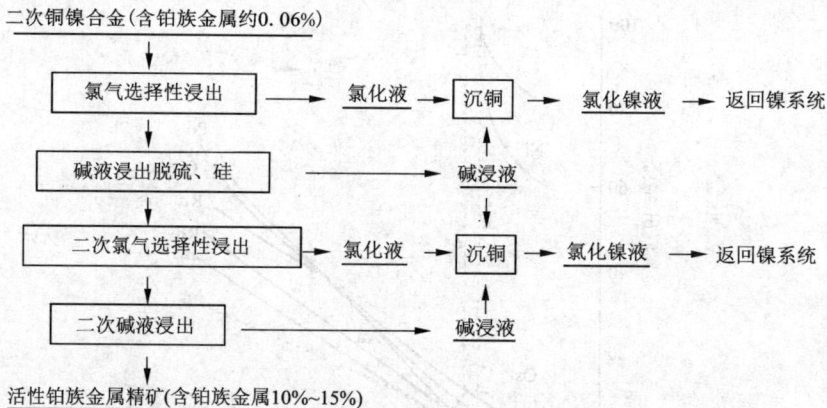

图 5 - 13　从铜镍合金提取铂族金属精矿的氯化工艺

1. 氯气浸出

连续氯化浸出在内衬橡胶的四格室卧式反应釜中进行。合金物料和稀盐酸连续送入第一反应室，矿浆溢过隔墙流经二、三反应室，最后从第四反应室排出，每个反应室都单独搅拌，并插入氯气管、温度套管和 Pt – 甘汞电极电位传感器，分别控制各反应室的电位范围依次为：350 ~ 370 mV、370 ~ 390 mV、390 ~ 400 mV 和 400 ~ 410 mV。

作者在工艺研究及生产实践中发现，开始氯化时若溶液中 Cu^{2+} 浓度很低，通入氯气后溶液氧化电位可能立刻升得很高（有时可达 500 ~ 600 mV），但氯化反应启动缓慢。因此氯化初期允许以较高电位启动提高 Cu^{2+} 浓度，或直接先加入 $CuCl_2$，建立 Cu^{2+}/Cu^+ 平衡后氯化浸出即在预定电位范围内连续进行。氯气利用率非常充分，排出的尾气含 Cl_2 小于 1 mg/m³。

橡胶内衬不耐高温，操作温度不能超过 80℃，因此氯化反应速度较慢。氯化反应釜处理铜镍合金的能力约为 10 kg/(h·m³)。氯化渣率 <10%，以元素硫为主，铂族金属在渣中富集约 10 倍。查定各反应室的氯化效率列于表 5 – 13。

表 5 – 13　卧式反应釜中连续氯化各反应室的氯化效率

反应室序号	矿浆液固比	氯　化　率/%		
		Ni	Cu	Fe
1	15:1	53.4	61.1	26.5
2	26:1	80.9	84.1	70.4
3	33:1	90.3	94.1	80.6
4	40:1	94.2	98.5	90.3

氯气选择性浸出过程中贵金属回收率 >99.5%，金属平衡数据列于表 5 – 14。

表 5 – 14　氯气选择性浸出过程 Pt、Pd、Au 平衡的生产统计数据

物料	量	Pt		Pd		Au	
		品位/(g·t⁻¹, g·L⁻¹)	质　量/kg	品位/(g·t⁻¹, g·L⁻¹)	质　量/kg	品位/(g·t⁻¹, g·L⁻¹)	质　量/kg
二次合金	925.53 t	340	314.71	176	163.01	111	103.17
氯化渣	62.688 t	4980	312.06	2570	160.81	1630	102.05
氯化液	4600 m³	0.0004	<1.84	0.0004	<1.84	0.0002	<0.92
物理损失			0.804		0.361		0.205
实收率/%		99.16		98.6		98.91	
总收率/%		99.74		99.78		99.80	

氯化浸出中有两个不利于贱金属深度分离的反应：① Ni_3S_2 或 Cu_2S 颗粒氯化后生成的元素硫形成包裹层，妨碍和阻止镍铜硫化物的进一步氯化。②Ni - Cu 合金中夹带的少量带磁性的硅酸盐，酸溶后产生硅胶（$SiO_2 \cdot nH_2O$），也会对铜镍硫化物形成包裹层。硅胶还影响矿浆过滤，在浸出渣中贫化贵金属品位。

2. 碱浸脱硫

碱液处理氯化渣脱硫的机理类似于"自变介质性质氧压浸出"所介绍的溶硫过程，即：

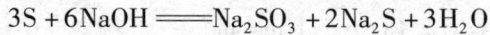

$$3S + 6NaOH = Na_2SO_3 + 2Na_2S + 3H_2O$$

硫化钠又作为硫的溶剂，生成多硫化钠 Na_2S_x（x 一般为 4）：

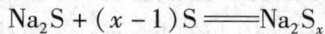

$$Na_2S + (x - 1)S = Na_2S_x$$

同时碱液还有脱出氯化渣中硅胶的有益作用：

$$H_2SiO_3 + 2NaOH = Na_2SiO_3 + 2H_2O$$

过滤后的残渣中富集了铂族金属，贵金属平衡数据列于表 5 – 15。

表 5 – 15　碱浸脱硫过程 Pt、Pd、Au 平衡的生产统计数据

物料名称	质量 /t	Pt			Pd			Au		
		品位 /%	质量 /kg	回收率/%	品位 /%	质量 /kg	回收率/%	品位 /%	质量 /kg	回收率/%
一次氯化渣	62.668	0.498	312.06	—	0.257	160.81	—	0.163	102.05	—
一次碱浸渣	18.535	1.666	308.82	98.96	0.858	159.05	98.91	0.54	100.04	98.03
二次氯化渣	10.05	2.915	305.54	98.94	1.5	157.26	98.87	0.948	99.398	99.30
二次碱浸渣	6.312	4.781	301.76	98.78	2.457	155.10	98.63	1.58	99.837	98.43
实收率/%		96.70			96.45			95.87		

需要指出：H_2S、Na_2S、$(NH_4)_2S$ 等硫化物是从含铂族金属的废液或稀溶液中沉淀回收铂族金属的有效方法；但许多含有 $S_{2\sim5}^{2-}$ 及 $S_2O_3^{2-}$ 的硫化物，如硫代硫酸盐、多硫化铵、多硫化钠、多硫化钙（"石 – 硫合剂"），能从含金矿石中溶解金生成 NH_4AuS、$Au(S_2O_3)_2^{3-}$ 等可溶性化合物。上述硫化物能溶解钯、铂也有报道。还因氯化渣中的铂族金属都呈微细状态，具有较强的化学反应活性，氯化渣中不可避免吸附的 Cl^-，也会参与溶解反应。因此，碱浸过程可能会造成少量贵金属的溶解分散损失。现正在研究实践亚硫酸钠溶解脱硫技术，浸出液经蒸发结晶得到硫代硫酸钠产品，脱硫率从 89% 提高到 94%，贵金属回收率增加 1.4%。

5.8.4　高温悬浮氯气选择性浸出铜镍合金

1. 原理及特点

内衬橡胶卧式反应釜的氯化温度低, 反应速度慢, 处理能力小。铜镍合金片密度大, 需强烈机械搅拌以防止物料在釜体死角堆积。作者研究了在立式反应釜中高温悬浮氯化新工艺。先向反应釜内加入含 Cu^{2+} 约 10 g/L 的稀盐酸溶液, 搅拌下通入氯气使溶液电位升至 400 mV (用 Pt - 饱和甘汞电极对测量值), 加入 Ni - Cu 合金启动氯化反应, 调整合金及氯气的加入比例控制电位 ≤400 mV 进入连续氯化过程。按浸出液中含 Ni^{2+} 浓度约 200 g/L 控制液固比和稀盐酸溶液加入量, 依靠氯化反应放热使溶液达到沸点(约 110℃)。沸腾温度下, 铜镍合金片处于悬浮状态, 反应进行得很快。矿浆自流入另一平衡反应釜, 补充供给少量氯气维持预定的电位值, 使 NiS、CuS 充分溶解, 铂族金属富集在浸出渣中。与卧式衬胶反应釜约 80℃氯化相比, 氯化反应的设备处理能力达 $0.3 \sim 0.4 \ t/(h \cdot m^3)$, 提高了 30 ~ 40 倍。生产效率及贵金属富集效率皆大幅提高。氯化一批试料的物料成分变化及氯化指标列于表 5 - 16。

表 5 - 16　高温悬浮氯气浸出 Ni - Cu 合金的结果

物料名称及氯化率	Ni	Cu	Fe	S	Au + PGMs
铜镍合金成分/%	67.2	13.4	7.6	6.6	0.0784
氯化液成分/(g · L⁻¹)	206.3	42.9	31.9	—	微量到痕量
氯化渣成分/%	1.3 ~ 2.0	1.0 ~ 2.0	0.2 ~ 0.5	82 ~ 85	1.0 ~ 1.2
氯化浸出率/%	99.8	99.5	99.7	—	<0.1%

贱金属氯化率 >99.5%, 贵金属在氯化液中浓度约 0.0005 g/L, 有效地富集在氯化渣中。

2. 高温悬浮氯化浸出设备及材质

耐高温氯化介质及氯气腐蚀、耐固体反应物磨损的材料和设备, 是高温悬浮氯化浸出工艺工程化应用的关键。非金属材料, 如耐酸搪瓷、氟塑料、树脂玻璃钢、陶瓷、增强石墨等, 都有很好的耐腐蚀性能。但搪瓷难保证整体致密均匀, 微细缺陷可导致设备穿孔、整体报废。其他材料分别有耐高温、耐磨性能差, 难黏结且多数树脂黏结材料抗氧化性差、使用寿命短等缺点。

作者考查了 Ti 及 Ti - 0.2Pd 合金材料的耐腐蚀性能, 表明在 100 ~ 110℃温度下, 能长期承受1% ~50% 浓度的三氯化铁或氯化铜溶液、含水的氯气、70% 浓度的氯化钙溶液的腐蚀。并进行了上述两种材料在浸出铜镍合金时的抗腐蚀试验, 即用 Ti(牌号 TA2) 及 Ti - 0.2Pd 材料焊制的氯化反应釜, 在 100 ~ 110℃高温条件下，用 HCl/Cl_2 连续浸出含贵金属的 Ni – Cu 合金。试验中同时在反应釜的空间和矿浆中挂入两种材料的焊片，分别考察空间挂片承受湿氯气、盐酸气腐蚀的性能，及矿浆中挂片承受氯气、次氯酸、盐酸、高浓度金属氯化物溶液腐蚀和固体物料在搅拌条件下对其磨损的性能。按下式计算其腐蚀率：

$$y = \Delta m \times 8.76/\rho At$$

式中：y 为腐蚀率，mm/a；Δm 为挂片失重，g；ρ 为挂片材质密度，取 4.5 g/cm^3；A 为挂片总表面积，m^2；t 为试验时间，h。

结果表明，两种材质无论是整块还是焊接块均耐腐蚀和磨损，TA2 腐蚀率为 0.11 mm/a，Ti – 0.2Pd 的 <0.1 mm/a。整个浸出釜体、釜盖、搅拌轴、桨叶、温度套管、加料管及焊缝，无论接触气相还是矿浆皆无明显的点腐蚀和磨损。钛材的生产技术成熟，供应充足，整体设备及部件的焊接加工性能好。该项研究为贵贱金属分离及贵金属精炼中，广泛使用（上述材料）制作大型防腐浸出设备或贵金属物料的溶解设备指明了方向。

5.8.5　镍电解阳极泥的氯气选择性浸出

缓冷高锍磨 – 浮后的镍精矿，经焙烧→还原熔炼→粗镍阳极电解，贵金属富集在阳极泥中，是俄罗斯诺里尔斯克的生产工艺。阳极泥含铂族金属品位很高，达 0.5%。还含大量金属铜和难溶于酸的惰性 NiO，分离 NiO 是提取铂族金属精矿的关键。

粗镍电解阳极泥曾研究过下述 3 种处理方案：①还原熔炼为金属阳极→二次电解→二次阳极泥硫酸化焙烧→稀硫酸浸出工艺处理，有周期长、返料多、直接回收率低等缺点；②在 500 ~ 600℃ 下用氢气将 NiO 还原为 Ni→用盐酸 + 氯气控制电位浸出 Cu、Ni，但高温氢还原有严重的爆炸隐患，贱金属浸出效果不理想，Cu、Ni、Fe 的浸出率仅分别为 89%、62% 和 48%，且 Rh、Ir、Ru 有约 8% 的溶解分散损失，浸出渣中铂族金属富集倍数较低，所含贱金属还得再次分离，没有实际应用；③综合的改进工艺示于图 5 – 14。

1. 造锍熔炼

特点是用 FeS 作硫化剂，硼砂和石英作造渣熔剂高温熔炼造锍，熔炼时发生镍氧化物和铁硫化物之间的交互反应，以及氧化铁和少量氧化镍的造渣反应：

$$NiO + FeS \Longrightarrow NiS + FeO$$

$$2Cu + 1/2O_2 + FeS \Longrightarrow Cu_2S + FeO$$

$$2FeO（或少量 NiO） + SiO_2 \Longrightarrow 2FeO（或少量 NiO）\cdot SiO_2$$

分离炉渣后获得富集了铂族金属的铜镍锍。

2. 氯气浸出

铜镍锍磨细后，用含 Cu^{2+} 5 g/L、HCl 20 g/L 的溶液，在约 100℃ 及用

粗镍电解阳极泥(含铂族金属约0.5%)

FeS、硼砂、石英 → 造锍熔炼 → 炉渣

铜镍锍

HCl/Cl₂ → 控制电位选择性氯化 → 贱金属溶液

贵金属渣

脱　硫 → S 或硫化物

铂族金属精矿 (含铂族金属>30%)

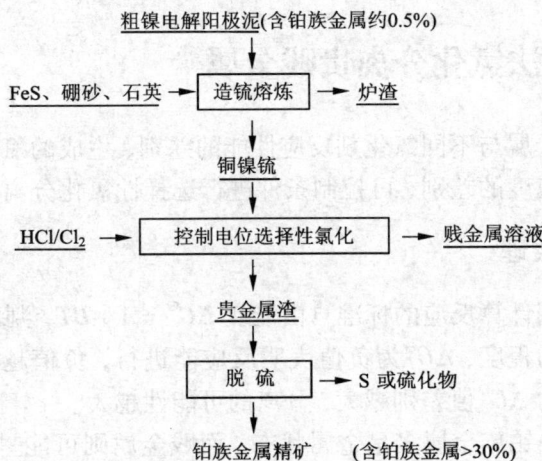

图 5 – 14　从粗镍电解阳极泥提取铂族金属精矿的氯化工艺

Pt – AgCl电极对测量并控制溶液氧化电位约525 mV 条件下，通入氯气浸出，镍铜浸出率 >98%，铁浸出率 >70%，贵金属在浸出液中损失 <0.1%，锍及氯化渣的典型成分对比列于表 5 – 17。

表 5 – 17　锍及氯化渣的典型成分/%

元　素	Cu	Ni	Fe	S	Au	Pt	Pd	Rh	Ir	Ru	PGMs
锍	53.5	7.2	4.0	20.5	0.21	0.44	0.49	0.2	约0.1	0.13	1.57
氯化渣	3.5	3.6	0.3	85	0.8	2.0	2.1	0.9	0.3	0.5	6.6

3. 提取铂族金属精矿

氯化渣中元素硫含量 >80%，脱硫后获得品位 30% ~45% 的铂族金属精矿。俄罗斯提供世界钯需求量的一半及绝大部分铑，上述氯化渣含铑 0.9%，在贵金属中占 1/7，这在世界铂矿资源中是独一无二的。

造锍熔炼→氯气浸出工艺比高温氢还原→氯气浸出工艺的优点是：安全，可有效排除硅酸盐，锍容易磨细，氯气浸出时生成的硫对防止铂族金属溶解损失有保护作用，元素硫容易分离，能得到较高的贵贱金属分离指标，获得的铂族金属精矿品位高，反应活性好，较易溶解并能制备出满足萃取分离工艺要求的高浓度铂族金属溶液。

该工艺与作者针对金宝山铜镍锍的硫酸浸出工艺(详见 6.5)相比，因贱金属氯化液难以自成系统进行分离和精炼，只能在一个大企业中归并处理，因此其使

用范围受到局限。而硫酸浸出液则易于自成系统回收铜镍。

5.9 火法氯化分离贵贱金属

利用贵贱金属与不同氯化剂反应性能的差别、生成的氯化物稳定性差别及氯化反应动力学速度的差别，可控制条件进行选择性氯化分离贵贱金属。

5.9.1 原理

热力学上用计算反应的标准自由能变 $\Delta G^{\ominus} = A + BT$，判断氯化反应进行的难易及反应完成的程度，$\Delta G^{\ominus}$ 为负值表明反应能进行，负值越大反应越彻底，两种金属氯化反应的 $\Delta G^{\ominus}$ 值差别越大，分离的可能性越大。

冶金物料中铂族金属多呈金属状态，而贱金属则可能呈金属、氧化物、硫化物状态。用氯气、$Cl_2 + O_2$ 混合气体、HCl 气或氯盐氯化不同物料时，反应的 $\Delta G^{\ominus} = A + BT$ 二项式计算数据[15]分别列于表 5 – 18、表 5 – 19（未考虑不同高温范围及不同反应物和反应产物的分解、熔化、汽化挥发等状态变化）。

1. Cl_2 氯化贵、贱金属

反应的 $\Delta G^{\ominus} = A + BT$ 二项式的数据列于表 5 – 18。

表 5 · 18   氯气氯化金属的 $\Delta G^{\ominus} = A + BT/(J \cdot mol^{-1})$

氯化反应式	$\Delta G^{\ominus} = A + BT$	T/K
$Cu + Cl_2 =\!=\!= CuCl_2$	$-203136 + 140.0T$	$298 \sim 766$
$Ni + Cl_2 =\!=\!= NiCl_2$	$-305432 + 146.44T$	$298 \sim 1260$
$Fe + Cl_2 =\!=\!= FeCl_2$	$-396528 + 210.39T$	$298 \sim 577$
$Fe + 3/2Cl_2 =\!=\!= FeCl_3$	$-261284 + 28.04T$	$605 \sim 1809$
$Pt + Cl_2 =\!=\!= PtCl_2$	$-112080 + 121.92T$	$298 \sim 854$
$Pd + Cl_2 =\!=\!= PdCl_2$	$-174432 + 124.46T$	$298 \sim 951$

数据表明，用氯气氯化贱金属及铂钯的反应，在较低温度下即能顺利进行。

2. Cl_2 或 $Cl_2 + O_2$ 混合气体氯化贱金属硫化物

反应的 $\Delta G^{\ominus} = A + BT$ 二项式的数据列于表 5 – 19。

数据表明在广泛温度范围内，氯气都能将贱金属硫化物氯化为可溶性氯化物。若用 $Cl_2 + O_2$ 混合气体氯化，因生成稳定的 SO_2 排出，氯化反应的热力学推动力更大，氯化反应更易进行。

表 5 - 19　Cl_2 或 $Cl_2 + O_2$ 氯化贱金属硫化物反应的 $\Delta G^\ominus = A + BT / (J \cdot mol^{-1})$

氯 化 反 应 式	$\Delta G^\ominus = A + BT$
$1/2Cu_2S + Cl_2 = CuCl_2 + 1/2S$	$-137238 + 124.63T$
$1/3Ni_3S_2 + Cl_2 = NiCl_2 + 3/2S$	$-193208 + 92.15T$
$FeS + Cl_2 = FeCl_2 + S$	$-193978 + 17.65T$
$1/2Cu_2S + Cl_2 + 1/2O_2 = CuCl_2 + 1/2SO_2$	$-318071 + 160.97T$
$1/3Ni_3S_2 + Cl_2 + 2/3O_2 = NiCl_2 + 2/3SO_2$	$-434318 + 140.60T$
$FeS + Cl_2 + O_2 = FeCl_2 + SO_2$	$-555643 + 90.33T$

3. Cl_2 氯化贱金属氧化物

反应通式为：

$$MeO + Cl_2 = MeCl_2 + 1/2O_2$$

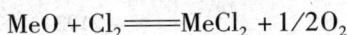

当 MeO、$MeCl_2$ 为固相，活度为 1 时，反应自由焓变取决于氯分压和氧分压（p_{Cl_2} 和 p_{O_2}）的数值比：

$$\Delta G_T = \Delta G^\ominus - RT \ln p_{Cl_2} / p_{O_2}^{1/2}$$

当实际体系的 $p'_{Cl_2} / p_{O_2}^{\prime 1/2}$ 大于平衡状态的 $p'_{Cl_2} / p_{O_2}^{1/2}$ 时，即增加氯气分压，降低氧气分压时，氯化反应加速进行。降低氧气分压的措施是在反应体系中加入适量的碳，氯化时使氧结合为稳定的 CO_2 排出。用 Cl_2 氯化贱金属氧化物料时，加碳与否的 $\Delta G^\ominus = A + BT$ 二项式的数据列于表 5 - 20。

表 5 - 20　氯气氯化贱金属氧化物反应的 $\Delta G^\ominus = A + BT / (J \cdot mol^{-1})$

氯 化 反 应 式	$\Delta G^\ominus = A + BT$	T/K
$CuO + Cl_2 = CuCl_2 + 1/2O_2$	$-50614 + 54.77T$	$298 \sim 766$
$NiO + Cl_2 = NiCl_2 + 1/2O_2$	$-69635 + 60.25T$	$298 \sim 1260$
$FeO + Cl_2 = FeCl_2 + 1/2O_2$	$-75446 + 54.56T$	$298 \sim 950$
$1/3Fe_2O_3 + Cl_2 = 2/3FeCl_3 + 1/2O_2$	$7322 + 56.55T$	$298 \sim 577$
$1/3Fe_2O_3 + Cl_2 = 2/3FeCl_3 + 1/2O_2$	$97485 + 64.97T$	$605 \sim 1809$
$PdO + Cl_2 = PdCl_2 + 1/2O_2$	$-60336 + 24.53T$	$298 \sim 951$
$CuO + Cl_2 + 1/2C = CuCl_2 + 1/2CO_2$	$-247545 + 54.35T$	$298 \sim 766$
$NiO + Cl_2 + 1/2C = NiCl_2 + 1/2CO_2$	$-267016 + 59.83T$	$298 \sim 1260$
$1/3Fe_2O_3 + Cl_2 + 1/2C = 2/3FeCl_3 + 1/2CO_2$	$-190059 + 56.13T$	$298 \sim 577$
$1/3Fe_2O_3 + Cl_2 + 1/2C = 2/3FeCl_3 + 1/2CO_2$	$-99896 + 65.39T$	$605 \sim 1809$
$PdO + Cl_2 + 1/2C = PdCl_2 + 1/2CO_2$	$-59760 + 46.59T$	$298 \sim 951$

数据表明，不加碳时贱金属氧化物除 Fe_2O_3 外，都极易被氯气氯化，难易顺序是 FeO、NiO、CuO，皆生成可溶性氯化物。适量加入碳后，氯化反应的热力学推动力更大，反应更易进行，甚至惰性的 Fe_2O_3 也变得极易氯化。

4. 气态 HCl 氯化贵、贱金属

反应的 $\Delta G^{\ominus} = A + BT$ 二项式数据列于表 5 – 21。氯化氢在广泛温度范围内能将贱金属氯化为氯化物，且因氢的还原性，氯化物表现为低价态，但不能氯化铂、钯。

表 5 – 21　氯化氢氯化贵、贱金属的 $\Delta G^{\ominus} = A + BT/(J \cdot mol^{-1})$

氯 化 反 应 式	$\Delta G^{\ominus} = A + BT$	T/K
$1/2Cu + HCl \Longrightarrow 1/2CuCl_2 + 1/2H_2$	$-7470 + 76.41T$	$298 \sim 766$
$Cu + HCl \Longrightarrow CuCl + 1/2H_2$	$-40828 + 56.07T$	$400 \sim 703$
$Cu + HCl \Longrightarrow CuCl + 1/2H_2$	$-21924 + 29.85T$	$703 \sim 1356$
$1/2Ni + HCl \Longrightarrow 1/2NiCl_2 + 1/2H_2$	$-58618 + 79.62T$	$298 \sim 1260$
$1/2Fe + HCl \Longrightarrow 1/2FeCl_2 + 1/2H_2$	$-49099 + 38.24T$	$950 \sim 1297$
$1/2Pt + HCl \Longrightarrow 1/2PtCl_2 + 1/2H_2$	$38058 + 67.36T$	$298 \sim 854$
$1/2Pd + HCl \Longrightarrow 1/2PdCl_2 + 1/2H_2$	$6882 + 68.63T$	$298 \sim 951$

总之，表 5 – 18 至表 5 – 21 的热力学计算数据表明：①无论物料中贱金属呈金属、硫化物或氧化物状态，气态 Cl_2 和 HCl 都能将贱金属氯化为氯化物；②含贱金属氧化物的物料中加入碳，氯化时形成弱还原气氛有利于氧化物的分解和金属的氯化；③贱金属硫化物都能用氯气氯化，若用 $Cl_2 + O_2$ 混合气氛，有利于硫化物的分解和氯化，也可能伴随着发生氧化和硫酸盐化反应；④Pt、Pd 能用氯气氯化，但不被 HCl 氯化。

5. 氯化过程的特点

高温下不同金属氯化物分解、熔化、挥发等相变，直接影响氯化的最终结果。其特点是：①贵、贱金属氯化物与同种金属及其氧化物相比，大都具有较低的熔点和沸点，高温氯化时，金属氯化物一旦生成就开始部分挥发，沸点温度下可完全汽化挥发；②由于晶格结构的差异，不同金属氯化物之间及同种金属不同价态的氯化物之间，熔、沸点差别较大。具有离子晶格结构的低价氯化物(MeCl)熔点较高，具有层状晶体结构的二价氯化物($MeCl_2$)熔点较低，三价以上的高价氯化物($MeCl_3$)常发生分子聚合（如 $FeCl_3$ 聚合为 Fe_2Cl_6），由于离子间极化作用更强，其熔点最低，沸点的规律也一样；③两种不同金属氯化物共存时，高温下可能形成固溶体、共晶体或配合物，其熔点均低于单个组分的熔点；④若配料中加入 NaCl，它可与氯化生成的 $FeCl_3$、$NiCl_2$ 和 $CoCl_2$ 形成更稳定、熔沸点更低、易挥发

的配合物 $NaFeCl_4$、$NiFe_2Cl_8$ 和 $CoFe_2Cl_8$；⑤不同金属及同种金属不同价态的氯化物，其热稳定性差别很大，挥发过程伴随着氯化物的热分解。

这些特点表明，贵、贱金属的火法氯化过程非常复杂。氯化、氯化物分解、相变、配合、挥发皆可能同时进行，其机理和规律的研究已是一门内容非常丰富的独立学科，已超出本书范围。

5.9.2　研究及应用实例

在贵金属冶金中，火法氯化作为一种冶金技术，按使用温度范围分为低温（500℃）氯化、中温（500～700℃）氯化及高温（900℃以上）氯化挥发，分别用于将贵金属转化为可溶性氯化物、贵贱金属分离或氯化挥发，因火法氯化技术存在加热方式与氯化气氛的矛盾，即高温条件下氯化剂的强腐蚀性，使氯化设备需封闭且只能外加热，因此，该技术的应用规模和范围受到限制。

在氯化分离贱金属富集贵金属方面，研究过两种应用方式：①控制氯化温度和气氛，使贱金属氯化，然后用酸化水浸出贱金属氯化物，贵金属富集在浸出渣中；②选择恰当的氯化剂，控制氯化温度及气氛使生成的贱金属氯化物挥发分离，贵金属富集在挥发渣中。

1. 镍阳极泥的加炭氯化挥发

含铂族金属 1.9%，$Cu + Ni + Fe$ 含量高达约 60% 的粗镍电解阳极泥，贱金属以金属及氧化物状态为主，少量呈硫化物。阳极泥与焦炭粉按 1:1 混合后用淀粉制粒（粒径 1～3 mm），在 800～900℃ 温度下，只需氯化挥发 0.5～1 h，贱金属氯化挥发率 >99%。贵贱金属比从阳极泥原料的 1:31 提高至氯化渣的 15:1，富集 20 多倍，提取出品位 >40% 的高质量铂族金属精矿。过程中仅有 0.7% 的钯挥发。实验结果列于表 5-22。

表 5-22　镍阳极泥加碳氯化挥发结果

温度 /℃	时间 /min	渣率 /%	氯化挥发渣成分/%									
			Pt	Pd	Au	Rh	Ir	Ru	PMs	Ni	Cu	Fe
800	75	4.6	9.63	28.8	0.92	0.87	0.41	1.27	41.9	1.3	0.6	0.9
900	35	4.3	10.1	30.2	0.97	0.93	0.47	1.38	44.1	0.6	0.3	0.5
阳极泥成分/%			0.44	1.30	0.04	0.04	0.02	0.06	1.90	29.1	23.1	6.9

2. HCl 气氯化挥发贱金属

一种经高温氧化焙烧获得的、成分特殊的含铑富集物，其成分为

成　　分	Pt	Pd	Rh	Ru	Ag	Ni	Cu	As	S	Se	Te
含量/%	0.22	0.63	9.32	4.3	6.1	33.8	1.6	2.8	3.1	1.3	3.4

在 900～1000℃下用 HCl 气氯化挥发，铂族金属不发生氯化反应，但 Ag 及贱金属则可几乎完全氯化挥发分离，获得品位很高的铂族金属精矿。

3. $Cl_2 + O_2$ 混合气体氯化焙烧贵金属铜镍高锍

贵金属铜镍高锍中的贱金属呈硫化物状态，可中温(550～600℃)下用 Cl_2、O_2 混合气体氯化焙烧，稀盐酸浸出分离贱金属，如针对表 5－23 成分的物料，用 $V_{Cl_2}:V_{O_2} = 1:1$ 的混合气体在约 600℃氯化焙烧 2 h→稀盐酸浸出，氯化浸出率(%) Cu、Fe ＞99，Ni 约 15，绝大部分 Ni 与贵金属一起富集在渣中。

表 5－23　贵金属铜镍高锍的成分

元素含量	Cu	Ni	Fe	S	Pt	Pd	Au	Rh	Ir	Os	Ru	PMs
	%				g/t							
	44.5	27.3	3.9	17.7	3645	2200	1836	160	347	302	377	8867

浸出液中除 Ru 有部分损失(约 10%)外，其他贵金属浓度皆 ＜0.0005 g/L，损失率 ＜1%，几乎全部富集在浸出渣中。这种氯化方式对分离铜铁硫化物很有效。

5.10　电解

电解广泛应用于重有色金属精炼，也是富集提取金、银和铂族金属的重要方法。"电解"包括阳极中的有色金属在直流电场作用下氧化溶解入电解液，电解液净化，金属阳离子在阴极重新还原沉积为纯金属等过程。仅有阳极氧化溶解获得含金属的溶液而不在阴极沉积同种金属时，冶金上称为"电溶"，仅有电解液中的金属阳离子在阴极还原沉积出纯金属，而阳极不发生氧化溶解时称为"电积"。

作者全面评述过镍铜电解过程中铂族金属的走向行为[16-17]。金、银和铂族金属由于氧化－还原电位比所有贱金属高，在"电解"或"电溶"过程中，即阳极中贱金属发生氧化溶解的条件下，它们残留在阳极泥中得到富集。粗铜和粗铅电解精炼过程至今仍然是富集提取矿石中伴生金、银的主要方法。镍电解过程较为复杂，电解、电溶、电积三种工艺都有应用，如：①Ni_3S_2 或粗金属 Ni 阳极在 SO_4^{2-}－Cl^- 混合介质中电解，阳极溶解出 Ni^{2+}，铂族金属富集在阳极泥中，阴极产出纯金属镍；②高锍(Ni_3S_2 – Cu_2S 合金)或 Cu – Ni 合金阳极电溶，作为富集铂族金属和粗分 Ni、Cu 的方法，电溶后获得富集了铂族金属的阳极泥、不纯的 $NiSO_4$ 溶液和阴极海绵铜三种中间产品，而不产出纯有色金属产品；③用不溶阳极电积，仅从纯 $NiCl_2$ 或 $NiSO_4$ 溶液中在阴极电积产出纯镍。

5.10.1　粗镍阳极电解富集铂族金属

俄罗斯各镍厂多使用粗镍阳极电解传统工艺精炼镍，从阳极泥中富集提取铂族金属[19]，生产规模达到年产电镍 280 kt。其中北方镍公司芒彻哥尔斯克和诺里尔斯克联合企业，占全俄罗斯的生产份额为：85% Ni、35% Cu、约 100% Co 和 >95% PGMs。传统工艺是：铜镍高锍磨浮产出的硫化镍精矿→焙烧脱硫→焙砂电炉还原熔炼→粗镍阳极电解→阳极泥熔炼锍氯气浸出→脱硫→贵金属精矿(含PGMs 35% ~45%)。工艺特点及铂族金属回收情况归结为以下几点：

1. 高锍磨 – 浮时只分选出铜精矿和镍精矿

低锍氧化吹炼时避免过吹脱硫，减少金属相产生，高锍缓冷磨 – 浮时不单独磁选出 Ni – Cu 合金，浮选铜精矿后，95% 以上的铂族金属富集在包含少量 Ni – Cu 合金的镍精矿中。因为诺里尔斯克共生矿中，Ag、Se、Te 等元素比南非铂矿高，高锍磨浮时使它们分配在铜精矿中，有利于减少这些元素对铂族金属提取、精炼过程的干扰。铜电解阳极泥成为回收 Au、Ag、Se、Te 等共生元素及少量铂族金属的原料。

2. 镍精矿焙烧脱硫 – 还原熔炼为含铂族金属的粗镍阳极电解

产出阳极泥的主要成分 (%) 为 Ni >90、Cu 约 5、Fe 和 Co 各约 1、其余为 S，各金属以 Ni – Cu – Fe – Co 固溶体相为主，含少量 Ni_3S_2、NiO 和铁酸盐($NiO \cdot Fe_2O_3$)。

3. 粗镍阳极电解在阴极套隔膜袋的电解槽中进行

流入阴极区的纯电解液 pH 2.0 ~5.5，含 Ni^{2+} 约 45 g/L，为 SO_4^{2-} – Cl^- 混合介质，含少量硼酸以防止镍水解。电解温度 60 ~70℃，槽电压约 1.4 V，电流密度 200 ~230 A/m^2，在阴极获得纯镍板。阴极区的液面比阳极区的液面高，阴极液通过隔膜袋汇入阳极区送去净化。阳极电溶的残极率 20% ~25%。阳极泥产率约为 5%，从残极上刷洗和电解槽底收集。阳极泥成分以镍、铜、铁的硫化物(占 44% ~53%)和 Ni – Cu – Fe – Co 固溶体碎屑(占 26% ~30%)为主，还有金属铜(12% ~22%)、少量 NiO、铁酸镍($NiO \cdot Fe_2O_3$)和硅酸盐。铂族金属主要呈灰色或浅泥黄色微细金属质点吸附在贱金属硫化物表面，筛析后它们主要富集在 –160 目的细粒部分中(约占 50%)。对取自工厂的实际阳极泥，或实验室合成阳极电解获得的含不同品位铂族金属的阳极泥(包括品位达 60% 的阳极泥)，进行矿相鉴定和 X 衍射分析，皆未发现任何铂族金属的结晶矿物存在。

4. 在 SO_4^{2-} – Cl^- 混合介质中电解时铂族金属会溶解损失

为增强电解液的导电性，提高电流效率，粗镍阳极电解都在 SO_4^{2-} – Cl^- 混合介质中进行。在较高的阳极氧化电位下电解时，铂族金属会部分溶解分散损失。研究表明，损失比例随电解液中 Cl^- 浓度及电流密度的提高而增大。实验室研究并辅以同位素示踪分析的结果见图 5 – 15 和图 5 – 16。电解液净化时其中的铂族金属主要进入铁渣，其中分散的 Pd、Rh 占阳极中金属量的约 10%，Os、Ir 的损失比例还大。

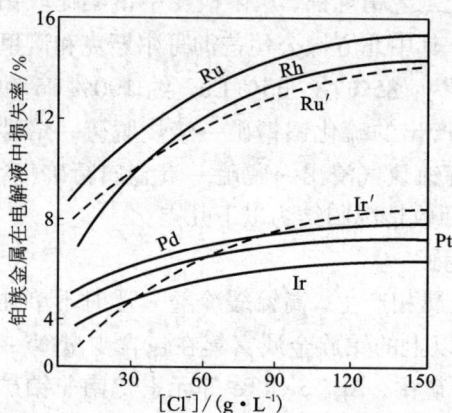

图 5 – 15 Cl^- 浓度对铂族金属溶解损失的影响
230 A/m^2，65 ℃，pH 1.8
粗镍电解加"'"为同位素示踪分析结果

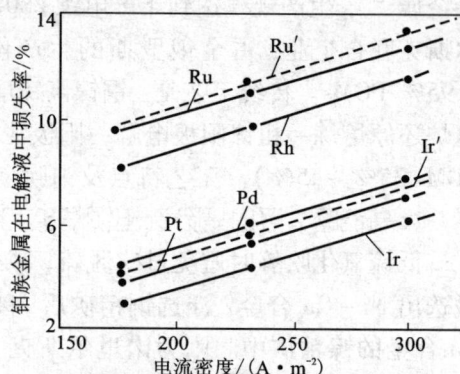

图 5 – 16 电流密度对铂族金属溶解损失的影响
Cl^- – SO_4^{2-} 介质，pH 1.8，65 ℃，粗镍电解
加"'"为同位素示踪分析结果

5. 从阳极泥提取铂族金属精矿

阳极泥曾用电炉熔炼→浇铸为金属阳极二次电解→二次阳极泥硫酸化焙烧→稀硫酸浸出贱金属→获得铂族金属精矿。由于两次电解都各有约 20% 的残极率，铂族金属在二次阳极泥中的直接回收率仅约 60%，有约 40% 的铂族金属在生产工艺中往复周转、积压，且电解周期很长，电化学溶解的分散损失及高品位铂族金属物料的物理损失不可避免，这些都对铂族金属回收不利。后研究阳极泥造锍熔炼→氯气浸出方案取代二次电解，缩短了工艺周期，提高了回收率(详见 5.8.5)。

5.10.2 电化溶解富集贵金属

含大量 Cu、Ni、S 及低品位铂族金属的物料，可重新高温熔炼，排除硅酸盐炉渣后浇铸为 Cu – Ni – S 高锍阳极板或 Cu – Ni 合金阳极板，在 SO_4^{2-} – Cl^- 或 SO_4^{2-} 酸性介质中电化溶解 Cu、Ni，阳极氧化溶解反应为

$$Cu(或 Ni) - 2e \Longrightarrow Cu^{2+}(或 Ni^{2+})$$

$$Ni_3S_2 - 6e \Longrightarrow 3Ni^{2+} + 2S \downarrow$$

$$Cu_2S - 4e \Longrightarrow 2Cu^{2+} + S \downarrow$$

溶入电解液中的 Cu^{2+} 优先在阴极还原为海绵铜,并从阴极脱落到电解槽底。Ni^{2+}、Fe^{2+} 留在电解液中。铂族金属富集在阳极泥中,大部分从阳极表面脱落,少部分黏附在阳极凹坑、孔洞中。因此阳极需套袋收集阳极泥,残极吊离电溶槽后需冲刷剥离收集。考察铂族金属在电溶过程中走向的研究结果列于表 5-24。$Ni-Cu$ 合金阳极电溶时,铂族金属在海绵铜中的损失很严重。高硫阳极电溶时,其损失相应较小。阳极泥产率取决于阳极成分,硫化物阳极电溶时产生大量元素硫,且有不少铜、镍的硫化物碎屑脱落,阳极泥产率大。

表 5-24　铂族金属在电溶过程中的走向

阳极特点	电溶条件	电溶产物	铂族金属走向分配/%					
			Pt	Pd	Rh	Ir	Os	Ru
Ni-Cu 合金阳极电溶	2.0 V, 500~550 A/m², 0.5 mol/L H₂SO₄	阳极泥	93.2	95.5	11.8	19.6	—	19.0
		海绵铜	6.8	4.5	86.1	2.8	—	76.1
		电解液	0.006	0.007	0.017	67.6		0.9
铜镍高硫阳极电溶	2~4 V, 221 A/m², H₂SO₄ 60 g/L, Cl⁻ 10 g/L	阳极泥	98.3	97.7	87.3	62.6	79.5	64.8
		海绵铜	0.79	0.42	12.7	13.5	14.6	26.9
		电解液	0.91	1.9		23.9	5.9	5.6

电溶富集贵金属因周期长(10~15 d),残极率大(约20%),直收率低,铂族金属分散损失严重,已很少使用。

5.10.3　铜电解系统中铂族金属的富集回收

1. 基本情况及特点

铜冶炼系统中综合回收铂族金属的问题仅与硫化铜矿有关,与氧化铜矿无关。依据硫化铜矿资源中所含铂族金属品位和种类不同,其回收问题涉及 4 种情况:①一般以铜硫化物为主要矿物的各种工业类型铜矿,如单一硫化铜矿床、黄铁矿型铜矿床、碳酸盐岩中的硫化铜矿床、沉降型硫化铜矿床等,皆可能伴生极微量 Pd、Pt(Pd 多 Pt 少),合计品位 <0.005 g/t,每生产 10 kt Cu 大约可回收 Pd、Pt 合计 3~5 kg,与铜矿中伴生的 Au、Ag 相比,铂钯回收居于次要地位;②为处理各种低品位贵金属二次资源专门建设的小型铜冶炼厂,以硫化铜精矿的冶炼过

程为载体技术,富集提取低品位二次资源中的贵金属为主要目的(详见 11.3);③铜镍共生硫化矿石分离浮选,或铜镍高锍磨浮产出的硫化铜精矿中,铂族金属品位较高,且除 Pd、Pt 外还可能含有副铂族金属,铂族金属的综合回收应予重视;④热液或变质成因的硫化铜矿床,伴生 6 种铂族金属且品位异常地高,最高可达 600 g/t,开发这类资源的技术工艺显然以回收铂族金属为主要目的。4 种情况中①非常普遍,②、③属特例,④很少见。

无论何种情况,硫化铜矿冶炼的主流工艺是:铜矿石浮选出硫化铜精矿→熔炼获得铜锍(冰铜)→氧化吹炼为粗铜→粗铜电解精炼产出阴极铜产品及阳极泥→从阳极泥中回收贵金属。在熔炼及吹炼过程中 Pd、Pt 与 Au、Ag 一起皆可定量地富集在粗铜中,因此火法熔炼富集是首选技术。电解过程中铂族金属可能有分散损失,必须重视其走向考察。阳极泥成分非常复杂,需依据铂族金属的品位和价值制定合理的工艺流程。

2. 铜电解过程中铂族金属的走向

铜阳极中的 Pt、Pd、Au 皆能有效地富集在阳极泥中,但副铂族金属会发生不同程度的溶解分散损失。含 Ru < 0.11% 的铜阳极或含 Ir < 1% 的铜阳极,因 Ru - Cu、Ir - Cu 呈固熔体状态,铜电解时 Ru、Ir 的溶解损失较大。用少量放射性同位素 ^{191}Os、^{106}Ru、^{192}Ir 加入铜中熔炼为阳极,在类似于生产的条件下电解,分别有 65% ~ 70% Ru、约 15% Ir 和 > 50% Os 分散入电解液,电流密度越高,溶解损失越大。铜电解液净化时约 60% Os、约 5% Ru 进入电积脱铜的海绵铜中,其余的 Os、Ru 和 > 90% Ir 残留于结晶硫酸镍的母液中。

作者针对金川含 Ni 较高(8.75% ~ 10.8%)、含 S 0.13% ~ 2.62%,含 Cu 82.3% ~ 89.1% 的粗铜阳极电解时,考察过贵金属的走向(见表 5 - 25)。含 S 高低不影响 Pt、Pd、Au 的行为,它们都能有效地富集在阳极泥中。但 Rh、Ir、Os、Ru 在电解液中有分散损失。

表 5 - 25　含镍、硫的粗铜电解时贵金属在电解液和阳极泥间的分配/%

铜阳极含硫量	产 物	Pt	Pd	Au	Rh	Ir	Os	Ru
0.13 ~ 0.19	电解液	< 0.2	< 0.2	< 0.7	3.5	3.3	10.9	18.2
	阳极泥	99.8	99.8	99.3	96.5	96.7	76.7	67.5
1.55 ~ 2.62	电解液	0.2	0.4	0.1	2.6	3.7	10.7	17.7
	阳极泥	99.8	99.6	99.9	97.4	96.3	77.5	86.3

3. 从铜电解阳极泥中回收铂族金属

一般以铜硫化物为主要矿物的各种工业类型铜矿,冶炼产出的电解阳极泥成分很复杂。其特点是：①有 Cu、Ag、Au、Pb、Se、Te、As、Sb、Bi 等元素，其中 Cu、Ag、Pb、Se、Au 为主要成分，但不同的资源其含量波动范围很大。Pd、Pt 含量甚微(< 100 g/t)，只有少数铜冶炼厂做过分析检测，属于次要回收对象；②各种元素呈复杂的化合物状态——Cu_2S、Cu_2Se、Cu_2Te、Ag_2Se、Ag_2Te、As_2O_3、$BiAsO_4$、$SbAsO_4$、$PbSO_4$、$PbSb_2O_6$。因此，处理阳极泥的工艺涉及众多元素的分离和回收，其主要目的是回收 Au、Ag，尽量综合利用 Se、Te、Sb、Bi 等元素，并将 As 转化为稳定的副产品防止其环境污染。工艺复杂，方案很多，研究非常活跃[19]。本节仅从综合回收 Pd、Pt 的角度，介绍相关情况。

1)传统工艺中铂钯的回收。国内外处理铜阳极泥的工艺大分为火法和湿法两类。火法工艺基本相似(见图 5 - 17)。

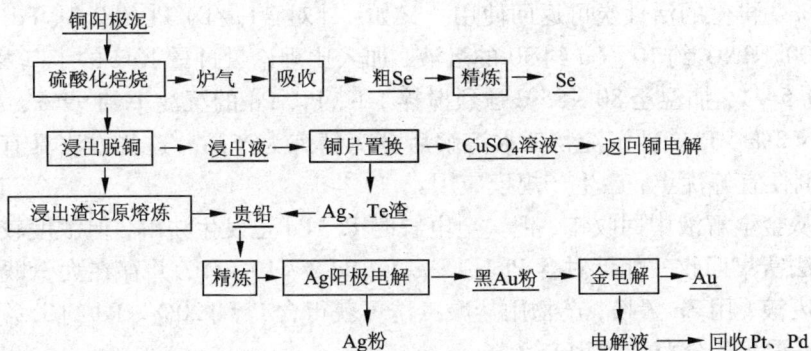

图 5 - 17　处理铜阳极泥的传统工艺

硫酸化焙烧是分离 Cu、Se 的主要工序。物料中的硒氧化为 SeO_2 挥发，在吸收塔中被水吸收为 H_2SeO_3，同时在水中被烟气中的 SO_2 还原为粗硒。铜转变为 $CuSO_4$，再用稀硫酸浸出分离。浸出渣配入石灰、苏打、萤石、铁屑和焦煤，在 1200 ~ 1300℃温度下进行还原熔炼，物料中的 SiO_2 造渣，形成的 Pb - Ag 熔体捕集了有价金属。分离渣后鼓入空气氧化，使物料中的 As、Sb 及部分 Pb 挥发，获得富集了贵金属的 Ag - Pb 合金(含 Ag 35% ~60% 的贵铅)。Ag - Pb 合金置于转炉中，在 900 ~1200℃温度下进一步鼓入空气氧化挥发 Sb、As、Pb，使 Te、Bi、Cu、Se 造渣(铋渣)分离。熔体含 Ag + Au 约80%时，分期加入碳酸钠、硝酸钠，使 Cu、Se、Te 彻底氧化造渣(碲渣)。最后浇铸为含 Ag + Au >95% 的银阳极板电解精炼。

江继明改进了火法分银工艺[20]，产出粗银的同时分出一个 Ag - Cu - Bi 合金，该合金用硝酸溶解→氯化沉银→调 pH 沉铋→电积铜，使 Cu、Bi 开路回收，并为 Pb、Sb 回收创造了条件。

从 Ag 电解开始进入 Ag、Au、Pd、Pt 的分离精炼阶段。

①从银电解液中回收铂、钯。银电解在氧化性的硝酸介质中进行，电解时阳极中的 Pd、Pt、Rh 会溶解入电解液，一个阳极周期的溶解率可达 40% ~ 50%，其余残留在"银阳极泥"——黑金粉中。当银电解液中 Pd 浓度 > 0.1 g/L、Pt 达 0.025 g/L 时，它们将会在阴极还原，并沉积在阴极银中造成永久损失。云南冶炼厂对阴极银抽样化验，有的含 Pd 达 50 g/t。

从银电解液中回收 Pd、Pt，可用活性炭吸附法和黄药沉淀法。如：粒度 40 ~ 80 目的活性炭用 $V_{H_2O} : V_{HNO_3}$ 为 1∶1，液固比为 10∶1，加热至 90℃ 处理 6 ~ 12 h，活性炭加入到含 Pt 0.1 g/L、Pd 0.4 g/L 的银电解液中搅拌吸附，Pt、Pd 吸附率 > 96%。吸附容量可达 Pd 60 ~ 70 mg/g 炭，Pt 约 13 mg/g 炭。吸附后液中 Pt、Pd 浓度皆 < 10^{-4} g/L。负载活性炭用 50% 浓度的硝酸溶液解吸，Pt 解吸率 > 90%、Pd > 98%，再生的活性炭可返回使用。又如：针对含（g/L）Pt 约 0.1、Pd 约 0.4、Ag 约 100、HNO_3 约 10、Cu 约 30 的溶液，加入比理论量过量 10% 的丁基黄药，溶液 pH 0.5 ~ 1，加温至 80 ~ 85℃ 强烈搅拌 1 h，Pt、Pd 的沉淀率约 99%，Ag 的共沉淀率 < 3%。Pt、Pd 沉淀物王水溶解后分离精炼为产品。这些方法具有操作简单、试剂便宜等优点，已生产规模应用。

②从金电解液中回收铂、钯。金电解时 Pt、Pd 也发生溶解，但浓度较低。可用置换法富集回收。如针对含 Pt 1 ~ 5 g/L、Pd 3 ~ 10 g/L，并存在大量贱金属的金电解废液，用 Zn 置换，产物用盐酸煮洗可获得含 Pt 约 20%、Pd 约 35% 的铂钯精矿，再重溶后分离精炼为产品。

2）铜阳极泥浮选时钯铂的走向。处理铜阳极泥传统工艺的重大技术改进，是用浮选技术富集 Au、Ag、Se、Te、Pd、Pt 于浮选精矿中，贵金属品位提高约 1 倍，使约 90% 的硫酸铅残留于尾矿，不仅可缩减阳极泥处理规模，提高还原熔炼炉的生产能力，减少熔剂、还原剂加入量及氧化铅烟尘生成量，还可在还原炉中直接熔炼出高品位的银阳极。国内外几乎所有处理高铅铜阳极泥的工厂，都已使用这一技术。日本大阪冶炼厂含（g/t）Pd 199、Pt 45 的铜阳极泥，浮选后精矿中品位（g/t）提高至 Pd 410、Pt 132，浮选回收率（%）Pd 92.5、Pt 91.5。莫斯科铜厂的阳极泥含 Pd、Pt 很高，分别达 0.086% ~ 2.84%、0.013% ~ 0.44%。浮选精矿中 Pd 的回收率约 99%。它们仍从银、金电解过程中回收 Pd、Pt。

云南铜冶炼厂针对下述成分的铜阳极泥[21]：

元　素	Au	Ag	Cu	Pb	Sb	Se	Te	Bi	As	Pt	Pd	H₂O
含量/%	0.25	15.7	11.8	15	8	3.3	2.3	2.6	1	0.0012	0.0044	32

首先用硫酸通空气浸出 Cu，然后在硫酸浓度 450 g/L 介质中加入 Mn_2O、NaCl 和 $NaClO_3$ 浸出 Se：

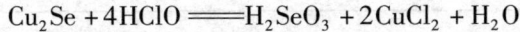

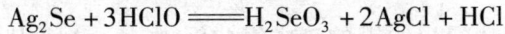

$$Cu_2Se + 4HClO \Longrightarrow H_2SeO_3 + 2CuCl_2 + H_2O$$

$$Ag_2Se + 3HClO \Longrightarrow H_2SeO_3 + 2AgCl + HCl$$

然后浮选脱 Pb，浮选精矿熔炼为 Au－Ag 合金板电解，从银电解阳极泥中回收 Au、Pd、Pt。

3）湿法工艺中铂钯的回收。处理铜阳极泥的湿法冶金工艺特点是，使用各种酸、碱试剂分别浸出分离 Cu、Pb、Se、Te、As、Sb、Bi 等非贵金属组分，使 Ag、Au、Pd、Pt 富集在浸出渣中。贵金属之间的相互分离有两种方案：①氯化分 Au（和 Pd、Pt），即在 HCl 介质中用氯气或氯酸盐溶解，使 Ag 转化为 AgCl 沉淀，从溶液中分离精炼出金钯铂产品；②用氨或硝酸浸出 Ag，从溶液中还原出银粉产品，含 Au、Pd、Pt 的残渣重溶后分离精炼出金钯铂产品。两种方案中 Pd、Pt 的走向和回收皆与 Au 如影相随，即 3 种金属的行为是相似的。

陈昌禄[22] 针对含（%）Au 0.24、Ag 5.26、Cu 14.5、Te 8.25、Pb 6.37、Sb 3.0、As 2.2、Se 0.3 及微量 Pt、Pd 的铜阳极泥，用 1 mol/L H_2SO_4 + NaCl（浓度 60 g/L）溶液浆化，加入少量 $NaClO_3$ 加热至 90℃溶解 2 h，过滤后滤渣重复氯化一次。浸出率（%）Au 99.9、Te 96.8、Pt 85、Pd 98。浸出液中加入粗 Te 粉置换 2 h，过滤出粗金粉（含 Au 88.8%、Pt 0.13%、Pd 1.64%）并分离精炼为 3 种金属产品。含 Te 的溶液室温下加入 Na_2CO_3 加热至 80℃过滤出 Te 粉，Te 回收率 95.8%。从氯化渣中回收 Ag。

铜陵有色集团公司金昌冶炼厂的铜阳极泥中含有少量 Pd、Pt。阳极泥处理工艺是：硫酸化焙烧→稀硫酸浸出 Cu→浸出渣氯化分 Au→氯化渣亚硫酸钠分 Ag。在氯化分金时 Pt、Pd 也同时溶解，氯化液用溶剂萃取法提金后，萃残液用锌块置换出贵金属富集物。其主要成分为（%）：Pd 1.20、Pt 0.21、Au 0.278、Ag 1.49、Cu 17.4、Pb 1.82、Sn 5.83，还含有机物 7.5%。富集物氧化焙烧（550℃），疏松的焙烧渣用盐酸浸出分离 Cu、Sn、Pb、Zn 等贱金属。浸出渣再次氯化分金，即在盐酸介质中加入氯酸钠升温至 85℃溶解 Au、Pd、Pt。过滤后氯化液用亚硫酸钠还原金，过滤出粗金粉（Au＞92%）后向溶液中加入氧化剂和氯化铵，沉淀出氯铂酸铵和氯钯酸铵混合物，用传统方法分离精炼为 Pd、Pt 产品[23]。

国外曾研究"因纳"全湿法工艺处理铜阳极泥[24]：硫酸浸出 Cu→羟基肟萃取 Cu→醋酸盐浸出 Pb→硝酸浸出 Ag、Se→沉淀 AgCl 及 TBP 萃取分离 Se→王水溶 Au→DBC 萃 Au。并建成了年处理 300 t 阳极泥的工厂。

近期有研究用氰化工艺取代王水溶解[25]，处理的铜阳极泥成分为：

成 分	Au	Ag	Cu	Pb	Sn	Sb	Bi	As	Se	S	SiO$_2$
含量/%	0.051	1.21	16.8	12.3	6.7	4.8	4.0	6.2	0.7	0.83	7.7

即从硫酸化焙烧浸出脱铜的渣中氰化浸出 Au、Ag，从氰化液中电积出金银混合物后分离精炼为产品，Au、Ag 回收率 > 99%。氰化渣还原熔炼为 Pb - Bi - Sn合金，电解分离。

4) 金川处理铜阳极泥的湿 - 火法联合工艺。针对金川铜镍高锍，曾研究过加压硫酸浸出镍→铜渣熔炼为粗铜电解工艺。铜电解阳极泥中铂族金属品位(g/t)很高：Pt 2900，Pd 1300，Rh、Ir 360，Os、Ru 218，Au 1500。还含(%)：Cu 74.4、Ni 2.4、Se 6.4、Ag 1.5、Te 0.1。显然，处理该阳极泥以回收铂族金属为主要目的。可用硫酸化焙烧蒸硒及酸浸脱铜，或加压酸浸脱铜后获得铂族金属精矿，衔接铂族金属的分离精炼工艺。

铜镍高锍缓冷磨浮的铜精矿中，铂族金属品位较低。2008 年经试验设计了氧压酸浸 - 氧气斜吹转炉处理铜阳极泥新工艺。用 20 m^3 高压釜氧压硫酸浸出取代硫酸化焙烧，用 0.8 m^3 的氧气斜吹转炉吹炼分离非贵金属组分产出银阳极。2010 年投产后生产正常。与传统流程相比，其特点是：①流程短、设备先进、自动化程度及生产效率高，节能环保；②对物料适应性强，贵贱金属分离效果好；③在火法冶炼中使用小型氧气斜吹转炉具有开创性。

4. 从铜钼矿中回收 Os

铜钼共生硫化矿中，Cu、Mo、Re、Os 有一种特殊的共生关系。Os 是 ^{187}Re 衰变生成的同位素(详见 3.1.10)，矿石中含量最高可达 20 g/t。

中国江西德兴 - 永平铜矿蕴藏丰富的钼、铼。铼储量 > 600 t(约占世界储量的 1/4)，以硫化物状态赋存于辉钼矿中。含 Mo > 0.3% 的铜矿石浮选出含 Mo 约 45% 钼精矿，加入石灰在回转窑中焙烧生成钼酸钙和铼酸钙，用硫酸浸出烧渣同时氧化挥发 OsO$_4$，吸收、富集、精炼产出 Os 粉产品。从浸出液中萃取 - 离子交换生产钼酸铵和铼酸铵产品。已建立年处理 1000 t 钼精矿，产 200 t 钼酸铵、200 kg 铼酸铵、200 g 锇粉的生产线。江铜成为世界上首家从铜、钼共生矿中提取 Os 的企业[26]。在降低成本及提高效率方面尚待进一步完善和优化。

5.11 羰基法精炼镍及富集铂族金属

羰基法是镍精炼中使用的一种特殊的气化冶金技术，可生产特殊用途的镍粉和镍丸产品，早在 1902 年就有常压羰基提镍工厂，1973 年加拿大 INCO 新铜崖精炼厂用高压羰基(IPC)法处理高锍细磨 - 磁选产出的 Ni - Cu 合金等含镍物料，生产镍丸、镍粉的能力达到 100 kt。金川公司也在近期建成了一个小型的羰化厂处理部分铜镍合金。处理物料中含铂族金属时,它们在羰化过程中的走向及富集规律,自然是必须关注的重要问题。

5.11.1　羰基化提镍的原理

金属镍在常压及 38~93.5℃下,可与一氧化碳(CO)气体生成一种低熔点可挥发的羰基镍气态化合物。高温高压下羰基化反应更快。但该反应是可逆的,在 230℃减压下又分解为金属 Ni 和 CO:

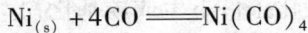

$$Ni_{(s)} + 4CO \Longrightarrow Ni(CO)_4$$

Fe 和 Co 也能生成羰基化物,如 $Fe(CO)_5$(沸点 108℃)、$Co_2(CO)_8$ 和 $Co_3(CO)_{12}$,但铁的羰化反应速度慢,钴的羰化物不挥发。Cu 则不能直接被羰化。这种羰化的选择性不仅为 Ni、Cu 分离创造了条件,也为制备高纯及特殊品种和特殊用途的镍产品提供了新的技术途径。

羰基提镍过程包括羰化合成→分馏→分解 3 个步骤。

羰化:在高压羰化釜中,160~180℃,p_{CO} 约 6865 kPa 条件下,金属镍生成羰基镍气体,羰基镍冷凝为液体后流入贮罐,残渣含铜。

分馏:在分馏塔内控制温度使羰基镍重新汽化,与仍呈液态的羰基铁分离。

分解:大部分纯羰基镍气体在冷凝器中重新冷凝为液体,送入电热分解器中分解为镍粉。也可将羰基镍气体导入另一电热分解器,与填满分解器并缓慢下降的镍丸逆向接触,分解析出的金属镍沉积在镍丸表面使其长大。镍粉和镍丸的纯度都可达 99.99%,用做特殊的电热材料、磁性材料、精密合金材料和粉末冶金的原料。

5.11.2　铂族金属在羰化工艺中的行为和富集规律

1. 铂族金属的羰基化性质

在元素周期表中,铂族金属与铁、钴、镍同属第Ⅷ族过渡族金属,有类似的原子结构特点,还有一些类似的物理化学性质。铂族金属中除钯外都可用特定的方法合成出相应的羰基化物,它们在化学均相催化中有特殊的应用。主要的铂族金属羰基化物及制备方法列于表 5-26。

表 5-26　铂族金属羰基化物及制备方法

金属	羰基化物	制　备　方　法	特　　点
Ru	$Ru(CO)_5$ $Ru_3(CO)_{12}$	$Ru + CO, 5\ MPa$ $Ru(C_5H_7O_2)_3 + H_2 + CO,$ 约 150℃,2 MPa	无色液体,熔点 -22℃ 橙色晶体,熔点 154℃
Rh	$Rh_2(CO)_8$ $Rh_6(CO)_{16}$	$Rh + CO, 220℃$ $RhCl_3 \cdot 3H_2O + CO, 150℃$	黄色晶体,熔点 76℃ 黑色鳞片,分解 220℃

续表 5 - 26

金属	羰基化物	制 备 方 法	特 点
Os	$Os(CO)_5$	$OsI_3 + CO,150 \sim 300℃,Cu、Ag,2 \sim 3$ MPa	无色液体,熔点 $-15℃$
	$Os_3(CO)_{12}$	$OsO_4 + CO,150℃,Cu、甲醇,1$ MPa	黄色晶体,熔点 $224℃$
Ir	$Ir(CO)_8$	$IrCl_3 + CO,200℃,Cu,$	黄绿色晶体,$150℃$升华
	$Ir_4(CO)_{12}$	$IrCl_3 \cdot 3H_2O + CO,60℃,甲醇,0.5$ MPa	黄色晶体,$210℃$升华
Pt	$[Pt(CO)_2]_x$	$K_2PtBr_4 + CO + HBr,80℃$	深樱桃色,无定形

Rh、Ru 金属可在高压羰化条件下生成羰基化物。但 Os、Ir、Pt 羰基化物需在特定条件下,以其特殊化合物为原料制备。

2. 铂族金属在羰化过程中的走向

作者详细研究考查了铂族金属在羰化过程中的走向行为[27]。

1)原料。熔炼→水淬制备了 5 种含全部 8 种贵金属的铜镍合金粒料,贵金属含量分别为 0.x%、0.0x%、0.00x%3 个数量级(见表 5 -27),研究其走向行为有很宽的代表性。

表 5 - 27 原料的化学成分

编号	Ni	Fe	Co	Cu	S	Ag	Au	Pt	Pd	Rh	Ir	Os	Ru
	%					g/t							
1	56.6	13.2	1.4	19.5	5.8	1100	376	1220	693	108	136	78	230
2	56.9	13.5	1.1	20.6	4.3	11500	391	1360	765	109	137	80	248
3	56.7	6.12	1.7	21.0	6.2	140	49	140	59	4.9	13.8	5,7	14.3
4	57.1	5.8	1.0	21.8	4.5	240	53	140	61	17.2	8.7	23.7	
5	62.0	0.84	0.47	31.9	4.9	—	—	9.8	7.7	0.9	2.4	1.0	1.5

X 衍射分析确定,原料的物相主要是 Ni - Cu - Fe 固溶体,还有部分 Ni_3S_2、Fe_3O_4 或 $NiFeO_4$、Cu_2S 及 FeO。未见贵金属的独立相,表明它们主要在 Ni - Cu - Fe 固溶体中呈类质同象存在。

2)羰化。在 $160 \pm 10℃$ 及 p_{CO} 压力 6850 kPa、10787 kPa、14710 kPa 条件下,分别羰化 10 h、24 h、48 h,镍的羰化率都很高。羰化渣的 X 衍射分析表明,铜、贵金属、钴、砷、硒等元素明显富集,无论原料中贵金属品位高低,羰化渣中品位皆相应富集了 3 ~4 倍。化学分析值与计算值基本相符。羰化渣平均化学成分及镍铁的羰化率列于表 5 -28。

表 5-28　羰化渣平均化学成分及镍铁的羰化率

编号	羰 化 渣 成 分										羰化率/%	
	Pt	Pd	Rh	Ir	Os	Ru	Au	Ag	Ni	Fe	Ni	Fe
	g/t								%			
1	5176	2512	329	318	200	586	1110	3300	6.05	11.7	96.3	68.6
2	5136	2815	332	420	207	750	1250	4200	3.06	6.19	98.3	85.8
3	431	235	14.5	41.4	24.5	73.0	140	590	2.44	8.18	98.3	44.5
4	566	297	25.7	50.6	31.3	86.4	170	760	1.99	7.5	98.6	50.6
5	26.3	15.1	1.4	3.6	4.8	14.6	—	—	1.94	0.92	98.8	57.1

3) 热分解。羰基化物未经分馏,直接热分解为镍铁粉。若羰化时贵金属也有羰化并挥发,它们在热分解时也应进入镍铁粉中,但化学分析镍铁粉产品中的贵金属含量很低(见表 5-29)。

表 5-29　镍铁粉中贵金属的含量

贵　　　金　　　属	Pt	Pd	Rh	Ir	Os	Ru	Au	Ag
镍铁粉中含量/$(g \cdot t^{-1})$	<1.0	<2.0	<1.0	1.5	1.1	0.89	<1.0	<20
镍铁粉中含量/$(g \cdot t^{-1})$	<1.0	<2.0	<1.0	1.5	0.82	0.94	<1.0	<20

8 种贵金属元素在上述羰化条件下皆未发生分散损失,可认为全部富集在羰化渣中。这再次说明铂族金属的存在状态及 CO 压力是决定其是否羰化的主要因素。它们在铜镍合金粒中呈金属固溶体状态且羰化压力较低时是稳定的。因此选择贵金属品位较高的镍冶炼中间产品作羰化原料,对贵金属的富集回收是有利的。

5.11.3　应用实例

1) INCO 公司所属各厂有大量含镍和铂族金属的中间产品,如高锍磨-磁选的 Ni-Cu 合金(含铂族金属约 0.025%)、硫化镍电解残极(含铂族金属<0.005%)、各种含镍烟尘、残渣等。这些原料中铂族金属品位低,分别处理不仅技术复杂且贵金属回收率不高,因此集中在新铜崖冶炼厂用羰基法处理,经济效益好,综合回收率高,工艺路线如图 5-18 所示。

各种原料配成含(%)Ni 62、Cu 14、S 20、Fe 2 的混合料后压团,在氧气顶吹转炉中控制温度（<1650℃）吹炼为 Ni-Cu-Fe 合金，熔融合金用高压水淬为活性金属粒，成分为（%）：Ni 65~70、Cu 15、Fe ~1、S 4~5，进行羰化合成→分馏→分解。

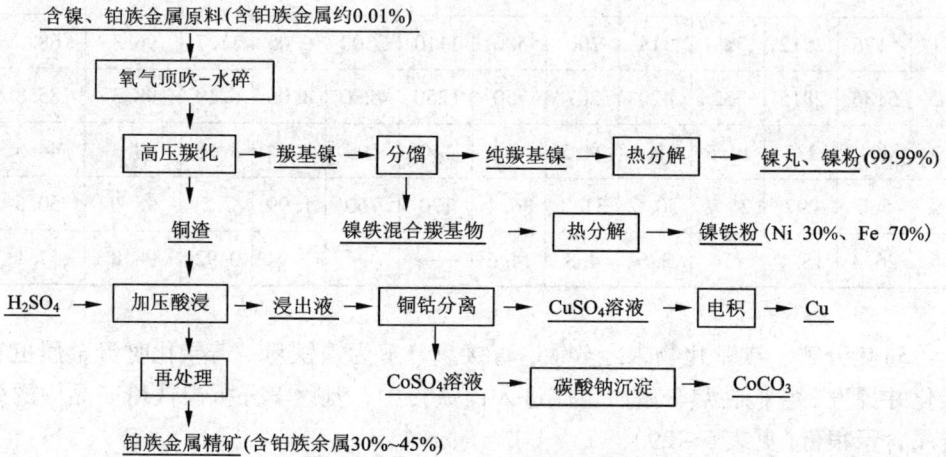

图 5-18　INCO 羰基法提取镍及富集铂族金属工艺流程图

羰化残渣用硫酸加压浸出 Cu、Co，一般的浸出条件（$p_{O_2} \approx 500$ kPa、<150℃）即可达到高的浸出效率，从浸出液中分离并提取铜钴产品。从加压浸出渣中提取出铂族金属精矿。

由于一氧化碳剧毒，不允许在生产环境中有任何泄漏，除安装一氧化碳的传感报警设备外，还强制通风换气，该厂的换气强度约 50000 m³/min。

2）金川公司也建立一个小型羰化厂[28]处理部分高锍磨浮的一次 Cu-Ni 合金，用含 $\varphi_{CO} \geqslant 70\%$ 的气体，在 5~25 MPa、70~250℃ 条件下羰化分离铜镍合金中的 Fe、Ni、Co，铂族金属富集在残渣中。

5.12　硫酸浸煮及焙烧

用硫酸处理较高品位的铂族金属富集物或粗精矿，使贱金属及其硫化物或氧化物转变为可溶性硫酸盐，然后用稀硫酸浸出分离，提取出高品位铂族金属精矿，是分离贵贱金属的常用方法。按操作温度和化学反应的实质分为浓硫酸浸煮、硫酸盐化焙烧和氧化焙烧 3 种。但因处理过程中有烟尘损失和其他物理损失，一般仅在较小规模应用。

5.12.1 浓硫酸浸煮

在低于硫酸的分解温度（270℃）下，直接用浓硫酸使铜镍铁等贱金属（包括金属及其硫化物和氧化物）转变为可溶性硫酸盐，反应通式表示为：

$$Me + 2H_2SO_4 \Longrightarrow MeSO_4 + SO_2 \uparrow + 2H_2O \uparrow$$

$$MeS + 2H_2SO_4 \Longrightarrow MeSO_4 + SO_2 \uparrow + 2H_2O + S$$

$$MeS + 4H_2SO_4 \Longrightarrow MeSO_4 + 4SO_2 \uparrow + 4H_2O \uparrow$$

$$MeO + H_2SO_4 \Longrightarrow MeSO_4 + H_2O \uparrow$$

贱金属硫化物分解出的元素硫将部分挥发，它也会黏附在硫化物表面阻止硫化物的继续反应，因此浸煮过程应搅拌，浸煮完后用水稀释 10 倍以上过滤。用该技术处理金川的控电氯化渣（见图 5 – 13），铂族金属在浸煮过程中的溶解损失情况见表 5 – 30。

表 5 – 30　浓硫酸浸煮时贵金属溶解损失与温度的关系

浸　煮　条　件	贵金属溶解损失率/%							
	Pt	Pd	Au	Rh	Ir	Ru	Ag	Se
$m_{料}/m_{酸} = 1/4,256℃,3\ h$	微	24.2	微	82.6	80.4	83.8	62.5	7.0
$m_{料}/m_{酸} = 1/4,300℃,3\ h$	<0.1	<0.15	0.14	73.5	60.0	80.5	—	
$m_{料}/m_{酸} = 1/4,400℃,3\ h$	<0.1	0.16	0.41	52.1	47.0	64.8		

试验表明，在 $m_{料}/m_{酸} = 1/4$、250℃条件下，钯及副铂族金属的溶解损失非常严重。继续升高温度则硫酸剧烈分解，贵金属的硫酸盐也分解为金属或氧化物状态，在溶液中的溶解损失呈下降趋势。酸煮的氧化条件下锇氧化为 OsO_4 挥发，挥发损失率与浸煮温度的关系绘于图 5 – 19。Rh、Ir、Ru 的溶解损失与硫酸用量几乎呈正比直线关系（见图 5 – 20），$m_{料}/m_{酸} = 1/1$ 增加至 1/4，Rh、Ru 的溶解损失从约 10% 增加至约 80%。

中国金川用该技术在较低温度下处理含元素硫约 80%、贵金属品位较低的物料，贵金属损失很小。浸煮在夹套机油加热的耐酸搪瓷反应釜中进行，条件是：$m_{料}/m_{酸} = 1/1.5$，$170 \pm 5℃$，2 h，10 倍水稀释后过滤。铜镍浸出率约 90%，浸煮前后物料成分变化列于表 5 – 31。

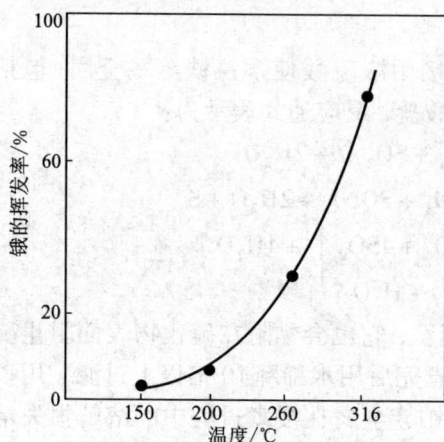

图 5 – 19 锇的氧化挥发损失
与浸煮温度的关系

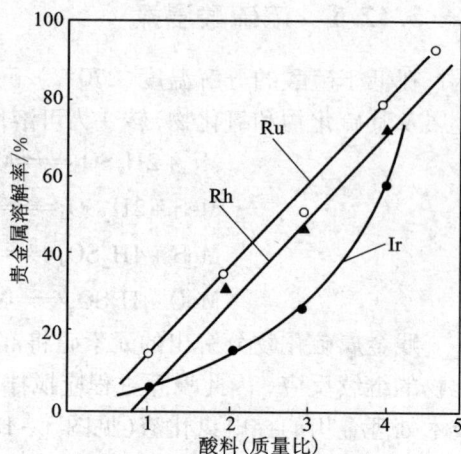

图 5 – 20 副铂族金属溶解损失
与酸用量的关系(300℃)

表 5 – 31 浓硫酸浸煮的物料成分变化

物 料 成 分	Cu	Ni	Pt	Pd	Au	Rh	Ir	Os	Ru
原料成分/%	4.16	9.75	1.18	0.40	0.21	0.062	0.025	0.070	0.165
浸煮渣成分/%	0.53	2.08	1.67	0.58	0.30	0.118	0.13	0.106	0.234

化学分析浸出液中贵金属浓度皆 <0.0004 g/L，可认为没有溶解损失。锇也未发生氧化挥发损失。不溶渣中贵金属呈微细活性状态，可全部溶于 HCl/Cl_2。方法的缺点是硫酸消耗量大，产生的元素硫部分挥发会堵塞出气管道，过程中释放大量二氧化硫烟气污染环境。

5.12.2 硫酸盐化焙烧

物料拌入少量硫酸，在较高温度下使贱金属及其硫化物转化为可溶性硫酸盐，然后用稀硫酸浸出分离，铂族金属富集在不溶渣中。物料中的硫化物可直接靠空气中的氧氧化为硫酸盐，硫酸则参与金属及其氧化物的硫酸盐化反应：

$$MeS + 2O_2 = MeSO_4$$

$$MeO + SO_3 = MeSO_4$$

后一反应是可逆的，热力学计算各贱金属硫酸盐在不同温度下离解的离解压 p'_{SO_3} 列于表 5 – 32。

表 5 -32　不同温度下贱金属硫酸盐的离解压

$Fe_2(SO_4)_3 ={}$ $Fe_2O_3 + 3SO_3$		$2CuSO_4 ={}$ $CuO \cdot CuSO_4 + SO_3$		$CuO \cdot CuSO_4 ={}$ $2CuO + SO_3$		$NiSO_4 ={} NiO + SO_3$	
$t/℃$	p'_{SO_3}/kPa	$t/℃$	p'_{SO_3}/kPa	$t/℃$	p'_{SO_3}/kPa	$t/℃$	p'_{SO_3}/kPa
553	3.07	680	4.53	740	8.13	700	1.68
650	19.86	740	22.53	780	19.20	800	15.20
707	95.86	780	58.93	810	109.32	820	26.13

　　硫酸盐是否能稳定存在取决于焙烧的温度，即 SO_3 的分压。当焙烧气氛中的实际 $p_{SO_3} > p'_{SO_3}$ 时，硫酸盐不分解。表中数据表明，铁、铜、镍的硫酸盐稳定存在的温度范围相差较大，$Fe_2(SO_4)_3$ 在 650℃ 已显著分解，而 $CuSO_4$ 和 $NiSO_4$ 在这个温度下是稳定的。因此焙烧应在硫酸盐不显著分解的温度范围进行，一般是 500~600℃。并应限制空气供给量，以维持较高的 p_{SO_3} 分压。

　　硫酸盐化焙烧后用稀硫酸浸出贱金属，大于90%的 Ni 及约85%的 Fe 可溶解分离，而 Cu 无论呈氧化铜还是硫酸铜皆易溶于稀硫酸，浸出率 >95%。

　　焙烧过程中锇大量氧化为 OsO_4 挥发损失，但钌仅氧化为不挥发的 RuO_2（将其氧化为挥发性的 RuO_4 需在纯氧气流中加热至 700~1000℃），其余铂族金属的溶解损失很小，几乎全部富集在浸出渣中。铂族金属精炼厂曾长期使用这个方法从铂金属富集物中分离贱金属和硫，提取高品位铂族金属精矿。锇在焙烧过程中大量氧化挥发损失，是传统精炼工艺中锇回收率很低的直接原因。

　　焙烧→浸出提取的铂族金属精矿还有一个大缺点，即副铂族金属转化为用王水或 HCl/Cl_2 难溶的状态，很难直接制备包含所有铂族金属的溶液，只能衔接传统的分离精炼工艺（详见第 7 章）。

5.13　元素硫的分离

　　许多贵贱金属分离过程，如铜镍高锍的氯气选择性浸出、硫化镍阳极电解、浓硫酸浸煮等，获得的贵金属富集物中都含有大量元素硫，必须分离硫才能提取出铂族金属精矿。冶金及化学化工中分离提取元素硫有很多简单的方法，如低温氧化焙烧浸出，氮气流中升华，熔融热过滤，CS_2 或 CCl_4 溶解，$(NH_4)_2S$、Na_2S 浸出，$NaOH$ 或 Na_2SO_3 溶液浸出等。但在铂族金属冶金中，方法的选择首先必须保证铂族金属不分散损失，不影响铂族金属精矿的物理化学性质，有较高的富集比并能方便地衔接分离 – 精炼工艺。同时还必须兼顾处理规模、经济成本及环境保护等因素。

5.13.1　化学法脱硫

一些有机溶剂和无机溶剂，如四氯乙烯、煤油、二硫化碳、氢氧化钠溶液、硫化铵溶液等，都能溶解元素硫。有机溶剂溶解不发生化学反应，加热溶解硫、过滤，冷却析出硫后再过滤，溶剂可反复使用。而无机溶剂溶解常发生不可逆的化学反应。

1. 煤油溶解脱硫

煤油是石油在 125 ~ 300℃温度范围内的分馏产品，由壬烷至十七烷及少量环烷、芳香族等十多种有机物组成，对元素硫有一定溶解能力，且溶解率随温度升高而增大（见图 5 - 21）。利用此特性可加温溶解（如 120℃时溶解度约 12%），趁热过滤与含贵金属的不溶渣分离，载硫煤油降温析出元素硫（室温时溶解度 < 0.7%），压滤出元素硫后煤油返回使用。

用此法处理硫化镍电解阳极泥（含 S 约 90%、铂族金属约 0.01%），用液固比 7 ~ 8∶1，升温至 120℃溶解→过滤→冷却，两次脱硫率约 100%，脱硫渣中铂族金属品位富集 8 ~ 9 倍。煤油价廉，脱硫过程迅速，铂族金属无化学损失。但煤油易燃，操作要求严格，多次使用后的脱硫率略有降低，贵金属渣中总会吸附少量煤油。

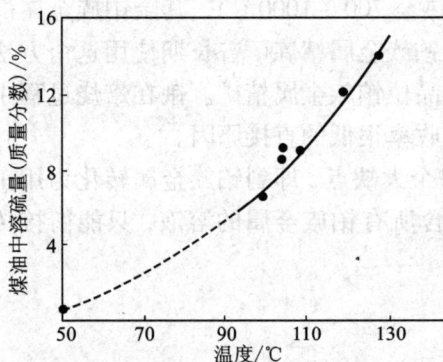

图 5 - 21　煤油中硫溶解度 - 温度曲线　　　　图 5 - 22　四氯乙烯蒸气压及
　　　　　　　　　　　　　　　　　　　　　　硫溶解度 - 温度曲线

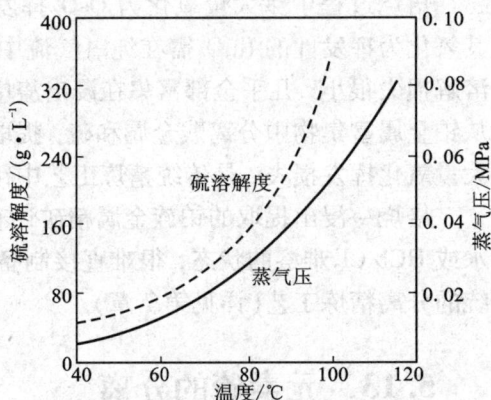

2. 四氯乙烯溶解脱硫

四氯乙烯（C_2Cl_4）又称全氯乙烯，无色液体，密度 1.62 g/cm³，沸点 121℃，比热小 [0.88 × 10³ J/(kg·℃)]，约为水的 1/5，煤油的 2/5，易加热。硫的溶解度与温度的关系绘于图 5 - 22。100℃时四氯乙烯对硫的溶解度比煤油大 3 倍以上，铂族金属无化学损失。脱硫过程仍是加温溶硫，趁热过滤，冷却析硫后再过滤，四氯乙烯返回使用。但四氯乙烯易挥发，100℃时的蒸气压约 50 kPa

（见图 5 – 22），脱硫过程应密闭并在溶硫后快速离心过滤。

针对含 S 约 80% 的含贵金属物料，用液固比约 5∶1，90 ~ 95℃ 下二次脱硫，脱硫率 >90%，渣中铂族金属品位富集 5 倍以上。脱硫渣烘干时应串接冷水冷凝系统收集挥发的四氯乙烯。四氯乙烯腐蚀橡胶及一般聚氯乙烯塑料，因此脱硫设备应使用搪瓷或不锈钢材质，密封垫用聚四氟乙烯或软铅。四氯乙烯与水不互溶（室温下 C_2Cl_4 在水中溶解度为 0.04%、水在 C_2Cl_4 中溶解度为 0.02%），脱硫物料不能含水太高（应 <5%），否则脱硫效果变差。处理 1 kg 物料四氯乙烯的损耗量为 0.15 ~ 0.2 kg。

3. 硫化铵或硫化钠溶解脱硫

硫化铵在常温下可溶解元素硫，生成多硫化铵 $(NH_4)_2S_x$（式中 x 为 1 ~ 9），多硫化铵加热至 95℃ 分解为 S、NH_3、H_2S，元素硫沉留在分解器底部，氨和硫化氢冷凝时重新合成为硫化铵返回脱硫。脱硫效果取决于原料含硫量及硫化铵用量。但因硫化铵味臭，污染操作环境。

Na_2S 溶解元素硫生成 Na_2S_x（x 一般为 1 ~ 4），有试剂便宜，操作方便，不需要特殊设备等优点，多用于高品位铂族金属富集物中脱硫，但不能像多硫化铵那样热分解后循环使用。

硫化铵和硫化钠溶硫时，贵金属会发生部分溶解损失，应用该法时需特别注意考察贵金属的行为。

4. 氢氧化钠或亚硫酸钠溶液溶解脱硫

金川曾用 NaOH 溶液从含贵金属的氯化渣中脱硫（参阅 5.8.3）。其实质也是首先生成 Na_2S，再溶解元素硫生成多硫化钠。但因少量铂族金属发生溶解损失，已改用亚硫酸钠溶液脱硫。生产实践表明，与碱液脱硫相比，脱硫率从 89% 提高到 94%、贵金属回收率增加 1.4%。浸出液蒸发浓缩还可回收硫代硫酸钠副产品。

5.13.2　热滤法脱硫

元素硫熔点较低（正交结构的 α–S 熔点为 112.8℃、单斜结构的 β–S 熔点为 118.7℃），在 125 ~ 158℃ 温度范围内黏度小，流动性接近于水。因此在上述温度范围可用过滤的方法分离硫，铂族金属全部富集在滤渣中。加拿大及中国已在大规模生产中应用该法处理硫化镍电解阳极泥。

分离残极后的细粒阳极泥过滤脱水后，送入内衬瓷砖及带有搅拌的混凝土熔硫槽，用过热蒸汽通过蛇形管间接加热至约 137℃，熔体泵至蒸汽保温的压滤机压滤，不锈钢网作过滤网，铂族金属富集在热滤渣中。

洗涤除去阳极泥中夹带的贱金属硫酸盐，对脱硫效率及热滤渣中铂族金属富集倍数（即热滤渣产率）影响很大。如不洗的阳极泥仅含约 80% 的 S，热滤渣产率达

40%。充分洗涤后的阳极泥含 S 约 92%，热过滤的脱硫率 82%~87%，热滤渣产率 18%~23%，脱硫渣中铂族金属富集约 5 倍。脱硫前后的物料成分列于表 5-33。

表 5-33　金川硫化镍电解阳极泥热滤脱硫前后的代表性成分

物　料	Cu	Ni	Fe	S	Pt	Pd	Au
	%				g/t		
洗后阳极泥	0.89	2.03	0.53	92.2	71.6	33.8	88
热　滤　渣	约 5	5~8	1~3	67	354	168	440

5.13.3　挥发脱硫

元素硫的熔、沸点较低（分别为 112℃ 和 444.6℃），加热至 70℃ 就开始挥发，110~140℃ 下 1 h 的挥发率可达 95%，160℃ 下挥发更快。但元素硫在挥发时易氧化为 SO_2 污染环境，挥发脱硫应在惰性气氛或密封负压（抽真空）条件下进行。

如针对金川含 S^0 82.67%，Cu、Ni、Fe 合计 5.3%，Au、Ag、PGMs 合计 80 g/t 的硫化镍电解阳极泥，在 160~240℃ 及 30~600 Pa 负压下蒸馏，硫的挥发率约 97%，获得含硫 >99.95% 的纯硫磺产品。挥发渣率 15%，贵金属富集了 6 倍[29]。扩大试验[30]也获得了良好的指标。含 S 85%，贵、贱金属 15% 的 20 kg 物料置于真空冶炼炉中，密闭后抽真空（炉内压力 25±5 Pa），升温至 380±20℃ 挥发 2 h，降温至 100±10℃ 后向炉内充入氮气，打开炉子放出液态硫 18 kg（含 S >95%），挥发渣率 10%，贵金属在渣中富集 10 倍。处理每吨物料的电耗约 500 kWh。

真空挥发脱硫的优点是不使用化学试剂，脱硫率及贵金属富集倍数高，不排放废水废气。

参考文献

[1] 黄振华. 国内外高镍锍精炼技术的进步与展望[A]. 邱定蕃. 有色金属科技进步与展望——纪念《有色金属》创刊 50 周年专辑[C]. 北京：冶金工业出版社，1999：226-234

[2] 陈景. 加压氰化处理金宝山低品位铂钯浮选精矿新工艺[R]. 云南省重点科技计划项目验收材料，昆明贵金属研究所，2004 年 4 月

[3] 刘时杰，等. 自变介质性质氧压浸出富集贵金属[A]. 中国有色金属学会第一届学术年会优秀论文集[C]. 北京，1985：105-113

[4] 杨显万，邱定蕃. 湿法冶金[M]. 北京：冶金工业出版社，1998：239-255，272-276

[5] 北京矿冶研究总院. 矿冶科学与工程新进展——庆祝北京矿冶研究总院建院 40 周年论文

集(下册)[M].北京：冶金工业出版社，1996：13 – 19

[6] 王治玲，吴涛，季玲.铜渣综合利用的生产实践[J].新疆有色金属，2000，3：22 – 24

[7] 李尚勇，王芳镇，郑军福，等.一种磁选铜镍精矿得到的合金物料的浸出方法.中国，CN200710303620.2[P].2007

[8] 刘时杰译.南非的铂[J].金川科技，1989，增刊

[9] 杨显万，邱定蕃.湿法冶金[M].北京：冶金工业出版社，1998：372 – 401

[10] 昆明贵金属研究所，金川有色金属公司，北京有色冶金设计研究总院.从二次铜镍合金提取贵金属新工艺[R].昆明贵金属研究所，1983

[11] 何焕华.我国铂族金属生产的回顾与展望[A].中国有色金属学会贵金属学术委员会.首届全国贵金属学术研讨会论文集[C].贵金属，1997，18(增刊)：17 – 25

[12] 刘时杰.中国铂族金属资源冶金和产业面临新世纪的挑战[A].中国有色金属学会贵金属学术委员会.首届全国贵金属学术研讨会论文集[C].贵金属，1997，18(增刊)：37 – 41

[13] He Huanhua. A new hydrometallurgical technology for extraction PMs in Jinchuan[A]. Deng Deguo et al. International Symposium on Precious Metals[C]. ISPM'99, Kunming, China：Yunnan Science and Technology Press, 1999, 264 – 268

[14] Liu Shijie. Advances and prospect of extractive metallurgy of PGMs[A]. Deng Deguo et al. International Symposium on Precious Metals[C]. ISPM'99, Kunming, China：Yunnan Science and Technology Press, 1999, 381 – 386

[15] 颜慧成，刘时杰.氯化氢氯化焙烧分离贵贱金属[J].贵金属，1995，16(1)：1 – 6

[16] 刘时杰.镍铜电解过程中铂族金属的富集分散情况[A].昆明贵金属研究所学术年会论文集[C].1980：27 – 32

[17] 谭庆麟，阙振寰.铂族金属(性质冶金材料应用)[M].北京：冶金工业出版社，1990：175 – 181

[18] 刘时杰.铂族金属提取冶金技术发展与展望[A]，邱定蕃.有色金属科技进步与展望——纪念《有色金属》创刊50周年专辑[C].北京：冶金工业出版社，1999：148 – 154

[19] 黎鼎鑫，王永录.贵金属提取与精炼(修订版)[M].长沙：中南大学出版社，2003：377 – 415

[20] 江继明，江启明.一种阳极泥或有色冶炼渣的贵金属冶炼方法.中国，CN100564556C[P]，2009 – 12 – 02

[21] Kong Fanyi, Tan Ning. Recovery of precious metals from copper anode slime in rare and precious metals refinery of Yunnan Copper Industry Co. Ltd[A]. Deng Deguo. International Seminar on Precious Metals[C]. ISPM'2001. Yunnan Science and Technology Press, Kunming. 2001：194

[22] 陈昌禄，胡建萍.从铜阳极泥中回收金铂钯和碲.中国，CN1061044A[P].1992 – 05 – 13

[23] 王爱荣，李春侠.从铂钯精矿中提取 Au、Pt、Pd[J].贵金属，2005，26(4)：14 – 17

[24] Asare K O, Miller J D. Hydrometallurgy research development and plant practice[C]. Proceedings 112 the AIME Annual Meeting. Metallurgical Society of AIME, 1983：151

[25] 苏建华，杨茂才，杨洪飚，陆树森.氰化浸出 – 电积法从铜阳极泥中提取金银[J].贵金属，2002，23(4)：9 – 13

[26] 吴继烈. 江西铜业公司贵金属及铼钼生产评述[J]. 贵金属，2002,23(1)：57-61

[27] 刘思林，陈趣山，刘时杰，等.羰基精炼镍和贵金属的富集与提取[J].贵金属，1998，19(3)：20-24

[28] 李永军，张强林，谭世雄，等. 一种从铜镍合金中富集铂族金属的方法. 中国，CN200610065040. X[P]. 2006

[29] 黄鑫，贺子凯.真空蒸馏硫磺渣提取元素硫[J].北京科技大学学报，2002，24(4)：15

[30] 杨斌，戴永年，刘大春，等. 硫磺渣真空挥发富集贵金属的方法. 中国，ZL200610163857. 0[P]. 2009-04-25

第6章 铂族矿产物料的湿法
冶金及生态环保

湿法冶金和火法冶金是两种基本的冶金技术，各有其优缺点及特定的使用条件和范围，二者不是对立、竞争或排斥的关系。冶金学家的任务，是依据被处理原料的性质、成分及特点，按不同的工艺目标和要求，充分考虑劳动安全和环境保护规范、整体社会经济发展水平、能源、交通、装备保障条件等因素，选择和高效地应用两种技术，合理地融合与衔接，相辅相成，取长补短，构成完整的工艺流程，获取最佳的技术经济指标，这是冶金界理性的共识。流程中选择火法技术还是湿法技术是客观需要，不凭人的主观喜好，也不存在"唯火法论"或"唯湿法论"的命题。

与地壳中蕴藏的大多数金属相比，从铂族铜镍共生硫化矿中富集、提取、分离、精炼，并产出铜镍钴铂钯铑铱锇钌金银等十多种纯金属产品的冶金工艺流程很复杂。处理上述共生硫化矿石，经百年发展形成的主流冶金工艺，都具有选冶结合，火湿法冶金技术结合的特点。一般的技术路线是选矿富集－火法熔炼富集－湿法分离－湿法精炼。即浮选分离绝大部分镁铁钙的硅铝酸盐脉石成分，产出富集了有价金属的浮选精矿供冶炼；用火法熔炼使精矿中的硅铝酸盐脉石和大部分铁造渣分离，获得富集了所有有价金属的镍铜铁硫化物合金（铜镍铁锍——低锍）；进一步除铁，产出富集了贵金属的铜镍硫化物合金（铜镍锍——高锍）；再小规模用湿法冶金技术分离贱金属提取贵金属精矿；用选择性沉淀或溶剂萃取技术使贵金属相互分离；最后精炼出各个金属的纯金属或纯化合物产品。该科技领域已淀积了丰富的知识。可以说，从铂族铜镍共生硫化矿中提取铂族金属，目前世界上99%以上的产量都是遵循和沿用这一技术路线生产的。

冶金物料的性质、成分和特点是制定冶金工艺的立足点。正确的研究工作程序是：研究项目立项前应进行广泛深入的文献查阅和资料调研，全面掌握该研究领域的国内外发展历史和研发现状，客观地对比各种工艺技术的优缺点、技术经济指标差异和应用中暴露的问题，针对存在的问题论证并选择出将要研究的整体技术路线和方案，制订严密的实验计划。首先力求技术路线不发生严重错误。对学术界多有否定态度的事，应冷静思考其原因，在没有寻求到合理的答案前，不能轻率随便地将自己探索的方案戴上"世界首创"、"发明"的桂冠。研究过程应有严密的实施方案，不能拍脑壳随心所欲地变来变去，陷入"为研究而研究"的怪圈。

从 20 世纪 90 年代开始，针对少数铂族金属资源，如：美国蒙大拿州斯蒂尔瓦特高品位原生铂矿，美国明尼苏达州 North Met 以 Cu 为主的低品位 Cu – Ni – PGMs 共生矿，中国云南省金宝山低品位铂钯矿等，冶金或化学工作者进行过全湿法浸出工艺的研究。即将矿物原料（多针对品位较高的浮选精矿）中的铂族金属直接浸出溶解，再从溶液中二次富集提取出铂族金属精矿。研究过的浸出介质及浸出方法有：盐酸介质中加氧化剂浸出，加压氰化，硫酸加氯化钠介质中"超高压"高温浸出等。研究过的二次富集方法有硫化物沉淀，铜、锌置换等。这些方法在理论上都有根据，上述溶解方法的确可以从矿物原料中溶解铂族金属（主要是铂钯）。上述二次富集方法的确可以从低浓度溶液中富集铂钯。但到目前为止，研究的全湿法工艺仅针对少数品种的特殊原料，能达到较好的指标，但多数没有作为冶金工艺获得实际应用。有的工艺中仍然需加入一些火法工序以弥补湿法工艺的不足。这些研究充分表明，一个科学完整的、可以产业化应用的冶金工艺流程，不能简单地用"火法"或是"湿法"进行主观硬性地划分，而且仅仅在化学原理上可行是远远不够的。工艺的形成和工序的配置必须依据资源的特点，满足综合利用、劳动安全和环境保护、工程化实施的设备保障、有经济效益等一系列条件。这些研究工作中取得的成功经验，产生失败的原因和教训，都是铂族金属提取冶金系统知识不可或缺的内容。本章将介绍一些针对矿物原料（如浮选精矿）的全湿法浸出工艺及浮选精矿熔炼低锍 – 湿法浸出工艺的研究内容和原理，比较其相应的技术经济指标及产业化应用的可能性和可行性。

6.1 高品位浮选精矿直接浸出提取贵金属

世界著名的 Ni – Cu – PMs 共生矿经浮选产出的精矿中，铂族金属即使品位很高，但仍是一个微量组分。如南非吕斯腾堡约 150 g/t、南非 UG – 2 约 360 g/t、美国 J – M 约 445 g/t，皆小于 0.1%。精矿中 80% 的组分是 MgO、FeO、CaO、Al_2O_3 和 SiO_2 形成的硅铝酸盐脉石，含 Cu + Ni（硫化物状态）约 7%，Fe（硫化物状态）约 10%。它们首先都用火法熔炼技术处理，并以铜镍冶炼工艺为载体不断富集贵金属。美国斯蒂尔瓦特铂矿浮选产出的精矿是一个特例，贵金属品位很高，在所有有价金属中贵金属价值 >95%，铜镍价值很低。为了缩短贵金属的回收周期，曾在 20 世纪 80 年代进行过从浮选精矿中直接浸出提取贵金属的研究。

6.1.1 焙烧 – 浸出浮选精矿[1]

精矿首先经 1050℃ 氧化焙烧，焙砂成分为

成分	Au	PGMs	PGMs + Au	Cu	Ni	Fe	S	MgO	CaO	SiO₂
	g/t			%						
含量	250	480	730	15	12	14	0.8	8	6	20

焙砂在 70℃用硫酸浸出铜镍，浸出渣再在常温下用 $HCl + H_2O_2$ 溶解贵金属，溶解率可达 Pt 97%、Pd 92%、Au 99%。浸出液中贵金属浓度为 160 mg/L，再用置换、硫化氢沉淀、活性炭吸附等方法从浸出液中二次富集，从获得的贵金属精矿中分离、精炼为贵金属产品。

焙烧预处理使铁硫化物氧化为难溶于酸的惰性氧化铁 Fe_2O_3，可减少酸浸过程的盐酸和氧化剂消耗。但与浮选精矿火法熔炼富集工艺相比，高温焙烧能耗与直接熔炼相近，酸浸时大量 MgO、CaO 溶解，耗酸量仍较大，硫酸浸出液中进一步分离铜镍铁镁的工艺复杂。虽然 $HCl + H_2O_2$ 溶解铂钯的溶解率可达 97% 和 92%，但浸出渣中铂族金属品位仍高达每吨数十克（超过原矿品位数倍），不可废弃又难进一步回收，铑铱锇钌的回收率不高。该方案最终被放弃。

6.1.2 浮选精矿熔炼低锍 – 湿法浸出

在研究直接湿法处理方案的同时，还研究过熔炼低锍→湿法选择性浸出方案[2]。熔炼使浮选精矿中的铂族金属矿物分解，同时使精矿中占绝对量的硅铝酸盐脉石及大部分铁造渣分离，有价金属富集在低锍中。显然熔炼过程使浮选精矿的物相发生了本质的变化，有人将低锍仍认为是矿物原料的观点是错误的。

湿法浸出低锍与直接浸出浮选精矿相比，不仅大大减少了物料处理量，降低了试剂消耗，也减轻了 Fe、Mg 对有价金属回收过程的干扰。

蛇纹岩型矿石浮选产出的精矿成分为

成分	Au	Pt	Pd	PGMs	Cu	Ni	Fe	S	MgO	CaO	SiO₂	Al₂O₃
	g/t				%							
含量	17	114	253	384	1.4	2.1	10.6	7.2	20	约6	46	约6

精矿中高熔点 MgO、Al_2O_3 含量很高，为了降低熔炼的能耗，在配料中加入氟石和石灰熔剂以降低炉渣熔点至 1300℃以下。按浮选精矿∶氟石∶石灰∶石英 ≈ 150∶5.5∶11∶5.5(质量比)比例配料制粒，在电炉中于 1300 ~ 1350℃下熔炼。低锍产率 16% ~ 20%，成分以 FeS 为主，其余为 Cu_2S、Ni_3S_2。虽然浮选精矿中铜镍品位很低，但熔融的铜镍铁硫化物仍然是铂族金属的可靠捕集剂，贵金属在低锍中回收率皆 >95%，铂族金属品位提高至约 1850 g/t，富集了 5 倍。

先后对比研究了 3 种直接湿法浸出低锍的方案[3]：①硫酸浸出镍铁硫化物→$FeCl_3$溶液浸出铜硫化物→分离元素硫→提取贵金属精矿；②硫酸化焙烧→硫酸浸出贱金属→提取贵金属精矿；③硫酸浸出镍铁→浸出渣低温硫酸化焙烧-稀硫酸浸出铜→提取贵金属精矿。经技术经济比较后选择了第 3 种方案。

低锍磨细至 -0.074 mm 占 90% →用 2 mol/L 硫酸按液固比(9 ~ 10):1 一段浸出镍、铁→过滤后的一段浸出渣在 330 ~ 400℃ 下硫酸化焙烧→用 0.2 mol/L 稀硫酸在常温常压下二段浸出铜→过滤后获得贵金属精矿。各段物料成分汇总列于表 6 - 1。

表 6 - 1　低锍湿法分离贵贱金属工艺的物料成分变化

物料名称	贵金属				贱金属			
	Pt	Pd	Au	合计	Cu	Ni	Fe	S
浮选精矿	114 g/t	252.9 g/t	17.1 g/t	384 g/t	1.4%	2.1%	10.6%	7.2%
低锍	471 g/t	1290 g/t	83 g/t	1844 g/t	7.5%	10.5%	53%	31.5%
炉渣	5 g/t	11 g/t	0.6 g/t	16.6 g/t	0.1%	0.1%	—	—
一段浸出液/($g \cdot L^{-1}$)	未测出				<0.1	12	56	—
一段浸出渣/%	0.5	1.18	0.07	1.75	66	<1	<1	—
焙烧浸出渣/%	6.1	20.4	0.64	27.14	10.2	0.19	0.44	大量

两段浸出达到了镍铁、铜、贵金属相互分离的目的。在浸铜渣中贵金属富集了 700 倍，产出品位约 28% 的粗精矿，可直接进入贵金属分离精炼。

针对高品位浮选精矿，该工艺提取贵金属的工序少，周期短，且全是硫酸体系，对设备防腐没有特殊要求，易产业化实施，但对铑铱锇钌的富集回收未披露详细情况。

6.2　SO_4^{2-} - Cl^- 介质氧压浸出含铂族矿物原料

6.2.1　SO_4^{2-} - Cl^- 介质氧压浸出时铂族金属的行为

1. SO_4^{2-} 介质氧压浸出矿物原料时铂族金属的行为

若直接用氧压硫酸浸出矿物原料(浮选精矿)，则铂族金属皆发生不同程度的溶解分散损失。其主要原因是：在未经火法熔炼的矿物原料中，铂族金属呈不同性质的多种矿物状态存在(参见表 3 - 1)。以 Pt、Pd 为例,有砷化物——$PtAs_2$、Pd_5As_2,锑化物——$SbPd$,硫化物及硫砷化物——PtS、$(PtPdNi)S$、$(PtPd)S$、$IrAsS$,碲、铋化合物——$PdTe$、$Pt(TeBi)_2$、$PtTe_2$、$PtPdTe_2$、$Pt(BiTe)_2$、$PdTeBi$、$(PdNi)(TeBi)_2$、$PdBi_2$ 等。氧压硫酸浸出时,氧化溶解的实质不是氧化金属状态的 Pt、Pd,而是氧化矿物中的 S、As、Te、Bi 等组分,矿物被破坏后使铂、钯转化为离子状态进入溶液。上述反应在较低的温度及氧压条件下即可发生。溶液酸度较高时,Pd 的矿物被破坏后可直接生成可溶性 $PdSO_4$ 损失在溶液中。

2. SO_4^{2-} 介质氧压浸出锍时铂族金属的行为

锍是浮选精矿熔炼的产物。用氧压硫酸浸出铜镍高锍中的贱金属,富集提取贵金属精矿,是国内外铂族金属冶炼厂普遍使用的重要技术(详见 5.2)。铂族金属在铜镍高锍中呈化学惰性的金属状态存在,因此在浸出过程中较难发生化学溶解损失。但若浸出过程的氧压、温度、最终浸出液酸度控制不好,铂族金属也会发生溶解损失。作者在 20 世纪 80 年代,针对金川一种含贵金属中间产品(成分见表 6 - 2),探索过 SO_4^{2-} 介质中氧压浸出时贵金属的走向行为[4]。

表 6 - 2　金川一种高品位贵金属物料成分

元素	Cu	Ni	Fe	S	Pt	Pd	Au	Rh	Ir	Os	Ru
含量/%	3.14	4.14	1.49	67.85	2.7	1.17	0.7	0.13	0.11	0.074	0.24

在温度 150 ~ 160℃、p_{O_2} = 0.7 MPa、浸出 4 h 的条件下,若最终浸出液硫酸酸度 > 3 mol/L, Ni、Cu、S 浸出率皆 > 98%,浸出渣中不残留还原性物质时,铂族金属皆发生不同程度的溶解分散损失(%): Ru 53.4、Rh 35、Pd 8.4、Ir 13.7、Pt 0.3。

3. SO_4^{2-} - Cl^- 介质氧压浸出时铂族金属的行为

若硫酸浸出介质中存在 Cl^-,则铂族金属生成稳定氯配阴离子将降低其氧化溶解电位(见图 6 - 1),即降低铂族金属氧化溶解的氧压和温度条件。如 Pt 在 pH < 4 的含 Cl^- 酸性溶液中,只需 0.8 V 的氧化电位即可将其氧化为氯配阴离子状态。

作者针对一种特殊成分的含贵金属冶炼中间产品(成分见表 6 - 2),研究过 SO_4^{2-} - Cl^- 介质中氧压浸出时贵金属的走向规律。富集物中贵金属应呈金属状态,在温度 120 ~ 160℃、p_{O_2} 0.3 ~ 0.7 MPa、最终硫酸浓度 0 ~ 3 mol/L、Cl^- 浓度 0.2 ~ 40 g/L(加入 NaCl)、矿浆浓度 10% 的条件下,铂族金属的溶解规律绘于图 6 - 2。

铂族金属的溶解规律是:①在氧分压较低(0.7 MPa)的条件下,浸出液氯离

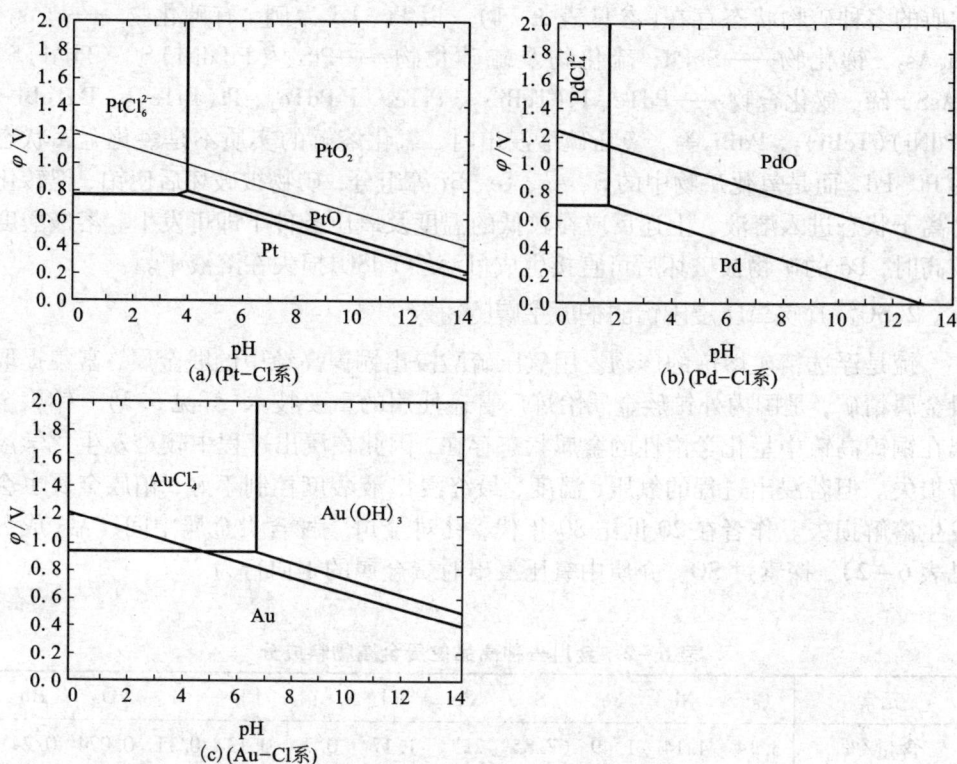

图 6 - 1　Pt - Cl、Pd - Cl、Au - Cl 的 φ - pH 图(25℃)，
$[Pt] = [Pd] = [Au] = 0.00001$ mol/L，$[Cl] = 0.2$ mol/L

子浓度、酸度及温度皆影响铂族金属的溶解率。Pd 最易溶解，易溶顺序依次是
Pd > Rh > Ru > Pt > Ir；②Cl⁻浓度从 0.1 g/L 增至 10 g/L，铂族金属溶解率急速增
大[见图 6 - 2(a)]。再继续提高 Cl⁻浓度，溶解率趋于平缓。Cl⁻浓度 40 g/L 时
[图 6 - 2(b)]，铂族金属溶解率(%)可达：Pd 86、Rh 75、Ru 66、Pt 50、Ir 40；
③溶解率随浸出液酸度升高而增大，硫酸酸度 3 mol/L 时，Pd 的溶解率约 95%
[见图 6 - 2(b)]；④温度的影响非常明显，120 ~ 130℃时溶解率较低，分别为
(%)：Pd 约 10、Rh 约 4、Ru 约 7.3、Pt 约 1.0。高于 130℃以后，溶解率急剧升
高[图 6 - 2(c)]。150 ~ 160℃时溶解率(%)分别达：Pd 约 85、Rh 约 75、Ru 约
65、Pt 约 50、Ir 约 30。这些结果表明，若 Cl⁻浓度≥10 g/L、[H₂SO₄ + HCl]酸度
>1 mol/L、温度 150 ~ 160℃时，即使在较低的氧分压条件下，铂族金属皆可能大
量溶解。

经熔炼后的物料，铂族金属以金属状态存在，氧化为可溶性氯配合物的反应
可表示为

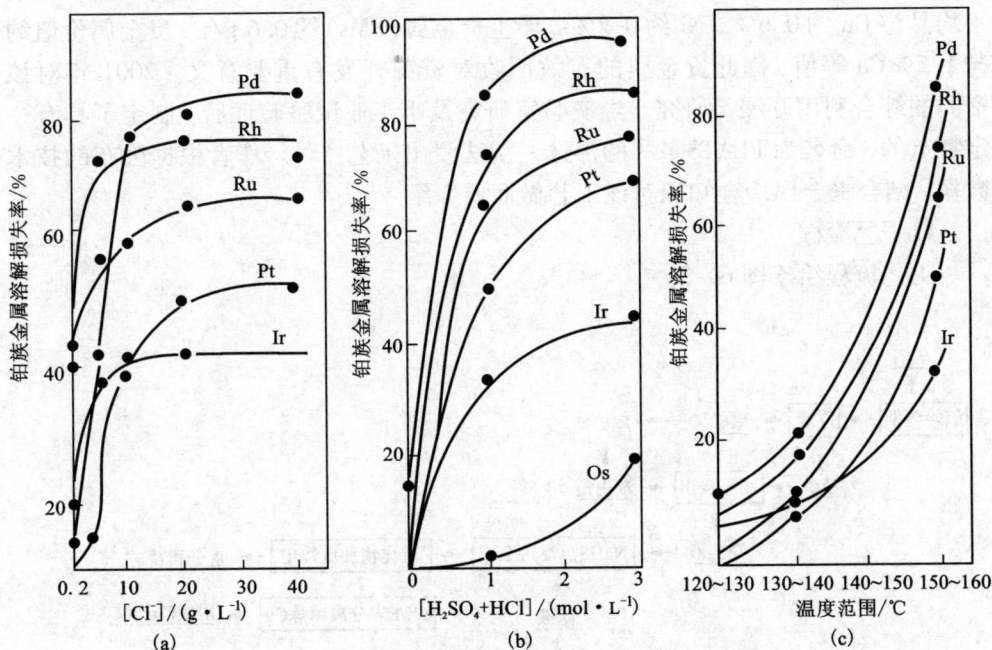

图 6-2　SO_4^{2-}-Cl^-介质中氧压浸出时贵金属的行为

(a)150~160℃、p_{O_2} 0.7 MPa、4 h、H_2SO_4 0.5 mol;

(b)150~160℃、p_{O_2} 0.7 MPa、Cl^- 40 g/L、4 h;(c)p_{O_2} 0.7 MPa、Cl^- 40 g/L、4 h、H_2SO_4 1 mol/L

$$Au + 1/4O_2 + 1/2H_2SO_4 + 4NaCl \Longrightarrow Na_3AuCl_4 + 1/2Na_2SO_4 + 1/2H_2O$$

$$Pt + O_2 + 2H_2SO_4 + 6NaCl \Longrightarrow Na_2PtCl_6 + 2Na_2SO_4 + 2H_2O$$

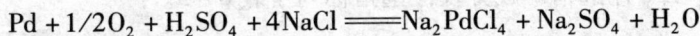

$$Pd + 1/2O_2 + H_2SO_4 + 4NaCl \Longrightarrow Na_2PdCl_4 + Na_2SO_4 + H_2O$$

显然,上述研究表明了一种趋势,即在含 Cl^- 10 g/L 的 SO_4^{2-} 介质中,继续升高温度 >200℃,提高氧压 ≥2 MPa,矿浆中不存在还原性物质的条件下,Pd、Rh、Ru、Pt 有大量溶解的可能性。

6.2.2　PLATSOL™工艺

浮选精矿中的贵金属以矿物状态存在,SO_4^{2-}-Cl^-介质溶解贵金属的化学反应具有另外的特点,其实质是矿物中的 S、As、Te、Bi 等组分的氧化,使贵金属以离子状态直接进入溶液。PLATSOL™工艺是一个典型的实例。

美国明尼苏达州德卢斯(DULUTH)东北部的铁镁质杂岩体,蕴藏着一个世界级未开发的 Ni-Cu-PGMs 共生资源(参见 3.1.7)。其中有以 Cu 为主,伴生微量 Pd、Pt、Au 的世界级大型共生矿床，矿石储量约 700 Mt。矿石中 Cu 高 Ni 低，平均品位 Cu 约 0.6%、Ni 约 0.2%，伴生贵金属(PMs)约 0.6 g/t。贵金属价值约与 1.5% Cu 等值，因此贵金属的有效回收对资源开发有重要意义。2001 年对该资源的综合利用开展了研究。经实验室研究及半工业试验验证后，制定了具有一定特点的、命名为 PLATSOL™ 的浮选 – 湿法浸出工艺[5-6]。作者根据公布的技术数据，结合贵金属冶金知识对该工艺做简要介绍。

1. 工艺流程

工艺流程绘于图 6 – 3。

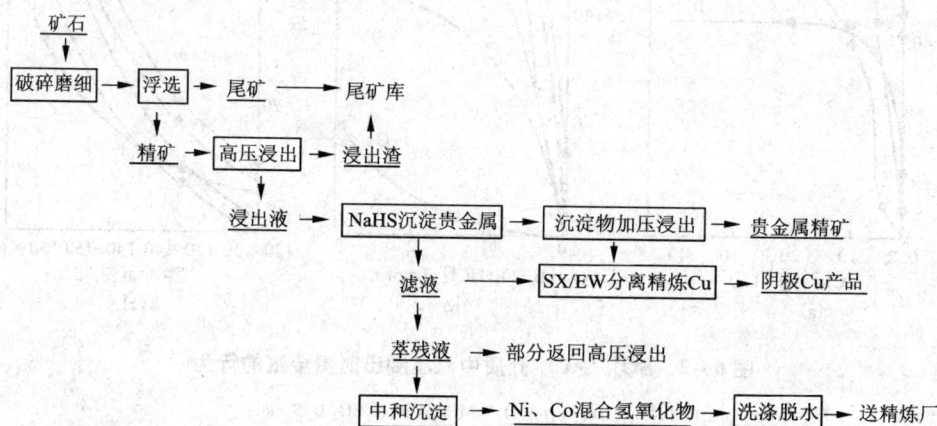

图 6 – 3　PLATSOL™ 工艺流程

2. 工艺过程及特点

1) 浮选。矿石、浮选精矿成分及浮选指标列于表 6 – 3。

表 6 – 3　矿石、浮选精矿成分及浮选指标

元　素	Cu	Ni	Co	Fe	S	Au	Pt	Pd	合计
	%					g/t			
矿　石	0.43	0.12	0.009	10.8	1.01	0.06	0.08	0.37	0.59
浮选精矿	15.5	3.69	0.15	28.7	25.6	2.80	2.49	11.1	16.7
浮选收率/%	93.7	77.1	46.4			76.6	76.4	75.8	

2) 超高温高压浸出。浮选精矿以 Cu 为主(15.5%)，$w_{Cu}/w_{Ni} = 4.2$。加压硫酸浸出硫化铜矿的工艺早有产业化先例。澳大利亚 Mount Gordon 冶炼厂处理含

Cu 8.5% 的硫化铜矿石，用加压酸浸－萃取－电积工艺年产 45000 t 阴极铜产品[7]。使用的加压酸浸条件较低，温度约 100℃，总压 0.7 MPa。

North Met 浮选精矿中含镍和贵金属，PLATSOL™ 的工艺路线是使它们与铜一起有效溶解，因此使用了一组特殊的工艺条件：入釜矿浆的固体浓度 10%，硫酸浓度 25 g/L，NaCl 浓度 10 g/L，高温（≥220℃）、高压（约 3 MPa），最终浸出矿浆硫酸浓度 55~65 g/L。

①金属的溶解。在六格室卧式高压釜中进行半工业试验时，对各个格室取出的固体样品分析各个组分的数据（见图 6-4）表明，上述条件下 Cu、Ni、S^{2-} 的浸出速度很快，在第一格室 C1（相当于进料后浸出 20 min，C1~C6 每格为 20 min），浸出率即 >99%。

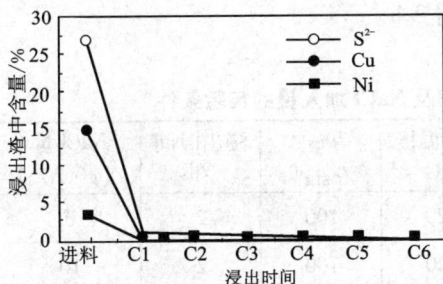

图 6-4　Cu、Ni、S^{2-} 的浸出速度

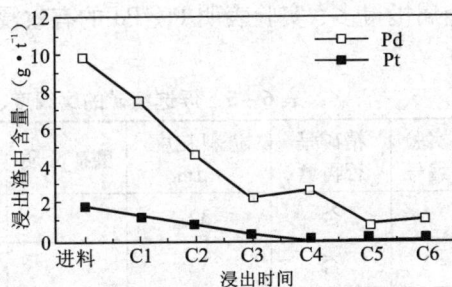

图 6-5　Pt、Pd 的浸出速度

浮选精矿中的 Cu 主要呈黄铜矿（$CuFeS_2$），Fe 呈黄铁矿（FeS_2）和磁黄铁矿（Fe_7S_8 相当于 FeS），Ni 呈 NiS。浸出过程中发生的氧化浸出反应表示为：

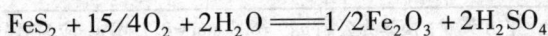

$$CuFeS_2 + 17/4O_2 + H_2O == CuSO_4 + 1/2Fe_2O_3 + H_2SO_4$$

$$FeS_2 + 15/4O_2 + 2H_2O == 1/2Fe_2O_3 + 2H_2SO_4$$

$$FeS + 9/4O_2 + H_2O == 1/2Fe_2O_3 + H_2SO_4$$

$$NiS + 2O_2 == NiSO_4$$

在酸度变化的情况下，铁硫化矿物氧化后可能生成部分碱式硫酸铁[$Fe(OH)SO_4$]。

②Pt、Pd、Au 的溶解。矿浆中加入氯化钠，是有效溶解浮选精矿中贵金属的关键条件，并在 pH <6 的酸性介质中才能稳定为可溶性配合物阴离子，否则将被还原为金属或氧化为氧化物。如在 p_{O_2} 约 3.3 MPa、220℃、固液比 1:10、起始硫酸浓度 20 g/L、不加入 NaCl 浸出 2 h 的条件下，精矿中各组分的溶解率列于表 6-4。

表 6 - 4 不加入 NaCl 高压酸浸的溶解率

精矿中组分	Cu	Ni	Co	Fe	S	Au	Pt	Pd
精矿中品位/(%,g·t⁻¹)	13.8	3.52	0.15	28.7	25.6	2.24	1.75	8.91
浸渣中品位/(%,g·t⁻¹)	0.16	0.23	<0.02	40.8	4.4	3.14	2.15	5.36
溶解率/%	99.3	95.9	>92	11.5	91.5	约0	约0	61.1

表 6 - 4 表明 Au、Pt 基本不发生溶解。但 Pd 的许多矿物可在高温高氧压条件下被破坏,并生成可溶性 $PdSO_4$,其溶解率可达 61%。加入 NaCl 后,Au、Pt、Pd 生成可溶性氯配合物进入溶液,浸出率很高。但贵金属的氧化溶解速率比贱金属慢得多,实验表明 Pt、Pd 的有效浸出需 2 h。

表 6 - 5 浮选精矿的磨细度、温度及 NaCl 加入量的实验条件

实验编号	精矿是否再磨	进料粒度/μm	磨矿介质	浸出温度/℃	p_{O_2}/psig①	浸出时间/h	NaCl 量/(g·L⁻¹)
1	否	32		220	100	2	0
2	否	32		220	100	2	10
3	是	15~20	钢球	220	100	2	10
4	是	15~20	钢球	220	100	2	5
5	是	15~20	钢球	200	100	2	10
6	是	15~20	陶瓷球	220	100	2	10
7	是	15~20	陶瓷球	220	100	2	10

注:①原文 p_{O_2} = 100 磅/平方英寸,换算为公制 p_{O_2} = 6.8 atm≈0.7 MPa,应为氧分压。

因温度 220℃和 240℃的水蒸气压力已分别达 2.32 MPa 和 3.345 MPa。因此实际通入釜内的氧气压力应超过水蒸气压力,才能保证氧化反应的顺利进行。

③原料的磨细程度(即铂钯矿物的解离程度)、浸出温度及 NaCl 加入量,对 Au、Pd、Pt 的溶解率有很敏感的关系(见表 6 - 5)。针对含 Cu 13.8%、Ni 3.52%、Au 2.24 g/t、Pt 1.75 g/t、Pd 8.91 g/t 的浮选精矿,在表 6 - 5 的实验条件下,分析浸出渣成分计算的浸出率结果对应列于表 6 - 6。

表 6-6　浮选精矿的磨细度、温度及 NaCl 加入量对各金属浸出率的影响

实验编号	Cu		Ni		Au		Pt		Pd	
	渣含量 /(g·t⁻¹)	浸出率 /%	渣含量 /(g·t⁻¹)	浸出率 /%	渣含量 /(g·t⁻¹)	浸出率 /%	渣含量 /(g·t⁻¹)	浸出率 /%	渣含量 /(g·t⁻¹)	浸出率 /%
1	0.16	99.3	0.23	97.7	3.32	约 0	2.15	约 0	5.38	61
2	0.05	99.7	0.31	93.4	0.27	91	0.49	79	1.37	88
3	0.14	99.3	0.21	95.7	0.74	79	0.18	93	0.47	96
4	0.12	99.4	0.27	94.3	0.64	79	0.16	93	1.01	92
5	0.28	99.3	0.38	90.8	2.71	约 0	1.97	4	10.9	约 0
6	0.11	99.4	0.31	93.3	0.13	96	0.06	98	0.72	94
7	0.10	99.4	0.26	94.3	0.13	96	0.06	98	0.64	95

研究者曾发现下述情况：

A. 比较 3# 和 5# 实验，同样在矿浆中加入 NaCl 10 g/L，但浸出温度从 220℃降至 200℃，Au、Pd 浸出率居然从 79% 和 96% 降至约 0%，Pt 浸出率从 93% 降至 4%。研究者解释其原因可能因贱金属硫化物氧化不完全，矿浆未达到氧化溶解贵金属的氧化电位。

B. 比较 1# 和 4# 实验，不加入 NaCl 及加入 5 g/L 相比，贵金属浸出率 Au 从 0% 提高至 79%，Pt 从 0% 提高至 93%，Pd 从 61% 提高至 92%。加入 NaCl 10 g/L(3# 实验)，Pd 浸出率提高至 96%。

C. 比较 2# 和 3# 实验，将浮选精矿原料二次磨细，粒度 K_{80} 从 32 μm 降至 15～20 μm，Pt 浸出率从 79% 提高至 93%，Pd 从 88% 提高至 96%，但 Au 浸出率反而从 91% 降至 79%。研究者解释为钢球磨损产生的鳞片铁粉对金氯化物产生黏结吸附及还原作用。

D. 将磨矿介质改为陶瓷球后(6#、7# 实验)，Au 浸出率提高至 96%，Pt、Pd 浸出率也很高。

需要指出，公开的实验资料不全面，数据未必是多次平行实验的稳定重现，其原因解释也有点牵强，仅能作参考。尤其是 3# 和 5# 实验结果不符合常理，根据作者的研究结果，在 SO_4^{2-}-Cl^- 浸出介质中，温度从 220℃降至 200℃，PMs 浸出率可能会降低，但不可能降至约 0%。

3)高压浸出设备。铜镍铂族共生硫化矿冶金工艺中使用的加压浸出技术，通常在单一硫酸介质体系中进行，使用的氧压条件不超过 1 MPa。但 PLATSOL™ 工艺使用了压力约 3 MPa 的"超高压"条件，且在 SO_4^{2-}-Cl^- 混合介质中进行。因此对高压釜体的材质和耐压性能及釜内的耐磨防腐衬里有特殊的要求。因浸出介质中有 Cl^- 而不能使用 Pb 衬里。因使用高压氧气而不能使用 Ti 金属或 Ti 合金衬里

（有着火燃烧危险）。可选择的材质是先衬一定厚度的耐酸砖，然后再衬热塑性氟聚合物。仅各格室的隔板及淹没于矿浆中的搅拌器可能使用 Ti 材，但也存在烧损隐患。显然，实施 PLATSOL™ 工艺对超高温高压浸出设备的设计和制造有特殊的要求。

4）沉淀贵金属。高压浸出矿浆过滤，滤渣洗涤后送尾矿坝。滤液先通入 SO_2 气体或加入偏亚硫酸氢盐使 Fe(Ⅲ) 还原为 Fe(Ⅱ)，以降低溶液的氧化－还原电位至约 400 mV（用 Ag/AgCl 电极测量），然后加入 NaHS 沉淀。沉淀效果列于表 6 - 7。

表 6 - 7   NaHS 从浸出液中沉淀贵贱金属的效果

成分及含量	Cu	Ni	Fe	Au	Pt	Pd
原料液/$(mg \cdot L^{-1})$	17000	19900	1550	0.32	0.34	1.23
沉淀后液/$(mg \cdot L^{-1})$	14300	18200	1340	0.01	0.01	0.01
沉淀物/$(\%, g \cdot t^{-1})$	61.8	0.19	0.37	92	102	484
沉淀率/%	16	<0.1	1	97	约100	99

NaHS 主要沉淀 Cu，同时沉淀贵金属（沉淀率 >97%），对 Ni、Fe 的沉淀作用很小。以 Cu 为主体成分的沉淀物在另一高压釜中氧化酸浸 Cu、Ni、Fe 及 As、Se、Te 等元素，获得品位 >10% 的贵金属精矿，直接出售给贵金属精炼厂。

5）SX/EW 联合工艺精炼 Cu。沉淀贵金属后的滤液首先用石灰中和，然后用 SX（溶剂萃取）提取 Cu，洗去负载有机相中的氯化物后，用电积 Cu 的残液反萃，反萃液用 EW（不溶阳极电积）精炼为阴极铜产品。这项技术已十分成熟。

6）回收 Ni、Co。大部分萃 Cu 残液返回加压浸出工序，其作用是：①利于维持溶液体积平衡，减少工艺系统中的液体循环量及用水量，也减轻废液处理负担；②可提高浸出液中的 Ni、Co 浓度，如浮选精矿中 $w_{Cu}/w_{Ni} = 4.3$（见表 6 - 3），但分流沉淀贵金属的溶液中 Ni、Co 浓度显著提高，w_{Cu}/w_{Ni} 变为 0.85，有利于 Ni、Co 回收；③加压浸出时进入溶液中的少量铁，在返回浸出时有可能部分重新转化为 Fe_2O_3 入渣，降低分流溶液中的铁浓度。

分流的镍钴溶液首先用中和剂中和残酸和沉铁，再次加硫化物深度沉铜。过滤后的滤液首先加入 MgO 中和沉淀镍钴，后期加入少量石灰以保证镍钴沉淀完全。过滤出的镍钴混合氢氧化物沉淀（MHP）经洗涤脱水后售给镍精炼厂。

3. 近期的进展

1）产业化计划。2004 年规划了产业化计划。利用德卢斯地区废弃的柯利弗铁厂的厂房、道路、尾矿坝等基础设施，建立处理共生硫化矿的工厂。设计规模为选矿厂日处理 25000 t 矿石，产出 670 t 浮选精矿（精矿产率 2.68%）。冶炼厂仅生产铜，预定年产高纯阴极铜 33000 t。含 Ni、Co 金属量合计 7875 t 的混合氢氧化物出售给镍冶炼厂。品位约 10%、含 Pt + Pd + Au 合计金属量 3750 kg 的贵金属精矿售贵金属精炼厂。工厂运行情况未详细披露。

2) Nokomis 矿石的试验。2007 年对 DULUTH 杂岩体中诺科米斯(Nokomis)矿床的矿石,进行了用 PLATSOL™ 工艺处理 252 kg 矿石的扩大试验[8-9],获得了基本相同的技术指标(见表 6-8)。

表 6-8　PLATSOL™ 工艺处理 Nokomis 矿石的技术指标

金　　属	Cu	Ni	Pt	Pd	Au
矿石成分	0.75%	0.24%	0.19 g/t	0.43 g/t	0.12g/t
选矿回收率/%	95.3	72.4	86	87	73
冶炼回收率/%	99.6	99.2	97.6	98.1	84.1
选-冶合计回收率/%	94.9	71.8	83.9	85.4	61.3

同时对混合浮选精矿进行了分离浮选试验,可产出含 Cu 28% 的高品位铜精矿。其他成分为: Ni 1%、Pt 2.38 g/t、Pd 9.24 g/t、Au 3.38 g/t。

这一试验结果不仅拓展了 PLATSOL™ 工艺处理 North Met 矿区的矿石资源量,也为适应市场需求及冶炼能力变化,调整及选择选矿产品品种提供了条件。

4. PLATSOL™ 工艺分析和评价

North Met 浮选精矿中 $w_{Cu}/w_{Ni} \approx 4$,若用传统的火法熔炼富集,产出的铜锍吹炼为粗铜时镍会氧化入渣,对镍的回收不利。粗铜电解及从阳极泥中回收贵金属的周期长、直收率低。因此,PLATSOL™ 工艺简短有效,综合利用程度高,具有明显的优越性。

1) 超高温高压 SO_4^{2-} - Cl^- 介质浸出工艺的特点。①矿浆起始硫酸浓度低(25 g/L、pH > 1),超高温高压浸出贱金属硫化矿物为硫酸盐的反应迅速、完全,硫的利用率高。与火法熔炼技术相比,减少了 SO_2 回收系统,避免了废气对大气环境的污染;②矿浆中加入少量 NaCl 有利于贵金属氧化形成稳定的可溶性氯配合物,在超高压氧化条件下能达到高的贵金属浸出率;③矿浆中不残留任何还原性物质(如元素硫、贱金属硫化物),从而可避免已溶解的贵金属被重新还原入渣;④铁是浮选精矿中的主要成分,超高温高压条件下,含铁硅酸盐、黄铜矿及黄铁矿中的绝大部分铁氧化为惰性的 Fe_2O_3 保留在浸出渣中,在很大程度上避免了它们进入浸出液对后续贵贱金属回收过程的干扰,不仅大幅降低了浸出过程的硫酸消耗,也简化了后续从溶液中除铁的工艺负担,降低了除铁的试剂、能源消耗;⑤最终浸出液硫酸酸度较低(约 50 g/L、pH ≈ 1),超高温高压下硅酸盐矿物分解后不易形成硅酸和硅胶,转化为惰性的二氧化硅有利于顺利地进行矿浆过滤,也利于后续贵贱金属的分离和回收；⑥反应时间短(2 h)，生产效率高。

2)能实现矿物原料中微量贵金属的综合回收。PLATSOL™工艺流程的主体是低品位硫化铜矿资源的开发利用。但矿石中 0.6~0.7 g/t 贵金属含量可与含 Cu 约 1.5% 等值。实现贵金属的综合回收，才使主体工艺具有经济支撑力。

综合回收低品位的贵金属，解决了两个技术关键：①贵金属的有效溶解。在 H_2SO_4 介质中加入少量 NaCl 氧压浸出，达到了很高的贵金属溶解率，且与贱金属的浸出同步进行，简化了工艺流程。与人们熟知的浓盐酸加氧化剂(氯气或氯酸盐)溶解方法相比，其优点非常明显：试剂消耗少，生产费用低，工艺周期短；避免大量使用强腐蚀性、强氧化性试剂，较易工程化实施，且减轻了劳动安全和环境污染隐患；以硫酸为主的介质体系有利于从溶液中分离和回收 Cu、Ni、Co；②贵金属的有效富集。从贵金属浓度极低(mg/L 量级)的溶液中回收贵金属，通常可使用置换、硫化物沉淀或吸附等方法。但置换出的贵金属微粒或生成的贵金属硫化物数量极少，每立方米溶液中不过数克，而且在溶液中呈非常分散的悬浮微粒状态。要从溶液中过滤这极微量的金属或硫化物微粒很难达到有效回收的目的。PLATSOL™工艺中使用 NaHS 沉淀法，产生的硫化铜沉淀成为有效回收贵金属的重要载体。即依靠大量硫化铜沉淀物吸附和夹裹极微量的贵金属硫化物，不仅能促进贵金属的有效沉淀，而且可以防止贵金属硫化物微粒的飘溢损失及固液分离时的穿滤损失，故达到了很高的贵金属回收率。

3)镍钴的回收过程较简单有效，回收率指标较高。PLATSOL™工艺与传统的火法熔炼工艺相比，简化了工艺流程，缩短了生产周期，为某些低品位共生资源开发利用提供了一种可供选择的新工艺。

5. 应关注的几个问题

1)适应的资源类型及特点。公布的资料中未列举浮选精矿中的脉石矿物成分，特别是 MgO 和 Al_2O_3 含量。这两种组分含量较高时，不仅将大幅度增加氧压浸出过程的硫酸消耗，溶液中高浓度镁铝硫酸盐也将严重干扰后续贵贱金属的分离和回收，而且还增加大量含硫酸镁溶液的开路及废液排放的环保治理措施。公布的工艺流程中，萃取分离铜后的镍钴溶液可多次返回加压浸出，使 Ni 浓度从第一次加压浸出液的约 3.5 g/L 提高至分流溶液中约 20 g/L(对比表 6-4 和表 6-7)。用这个数据可间接判断浮选精矿中 MgO 含量不高，即辉石、蛇纹石、蛇纹石化橄榄石、角闪石、滑石等以硅酸镁为主要成分的脉石矿物可能很少，主要脉石成分是含铁的硅酸盐。作者认为，目前研究的 PLATSOL™工艺主要适用于含 MgO、Al_2O_3 脉石矿物较低、以 Cu 为主含 Ni 较低，并伴生低品位贵金属的资源类型。若用于处理含 MgO、Al_2O_3 脉石矿物较高的矿物原料，技术经济指标会有差别。昆明贵金属研究所赵家春针对金宝山浮选精矿(成分见表 4-31)，在 2 mol/L H_2SO_4 介质中加入 NaCl 40 g/L，液固比 5:1，温度 200℃，p_{O_2} 2 MPa 条件下浸出浮选精矿 2 h，Cu、Ni 浸出率 >

98%，Fe 浸出率 21%，Pt、Pd、Au 浸出率很低。

2）选矿技术是 PLATSOL™ 工艺的基础。能从含 Cu 品位约 0.7% 的矿石，以 >95% 的回收率产出含 Cu >15% 的精矿，这是该工艺产业化应用的重要基础。若这个指标差将影响全工艺的经济效益。这就使 PLATSOL™ 工艺适用的资源类型及应用范围受到一定局限。

3）超细磨矿是 PLATSOL™ 工艺的关键条件。PLATSOL™ 工艺要求浮选精矿再磨细至 −15 μm 占 80%，而且需使用陶瓷球为磨矿介质，加压浸出时 Pt、Pd 才能达到较高浸出率（分别为 93% 和 96%）。粒度 −32 μm 占 80% 时，Pt、Pd 浸出率降为 79% 和 88%。

选矿工艺的加工成本中，磨矿费用所占比例最大。按筛分标准（GB/T 6003.1），实验室标准套筛的筛析范围为 6 ～ 0.038 mm。粒径 −74 μm 的筛分粒级为 200 目，48 μm、38 μm、18 μm 和 13 μm 的筛分粒级相应为 300 目、400 目、800 目和 1000 目。一般选矿工艺的磨矿细度多控制在 − 74 μm（200 目）。PLATSOL™ 要求浮选精矿再磨至 −15 μm，接近能用机械筛分的最细粒级 1000 目，而且还需要易磨损的陶瓷磨矿介质。显然，与一般选矿工艺相比，磨矿时间更长，费用更高。

4）超高温高氧压防腐酸浸设备的使用是 PLATSOL™ 工艺的瓶颈。根据作者研究氧压酸浸技术的经验，浸出液含 Cl^-（10 g/L）、高温（220℃）及高压（约 3 MPa）等条件，对大容量高压浸出设备材质和结构的要求非常苛刻。浸出液含 Cl^-，高压釜内衬不能使用铅、不锈钢或耐酸砖衬里（这些内衬在单一硫酸介质氧压浸出技术中的应用已非常成熟），而必须使用氟塑料（聚四氟乙烯）防腐，但浸出温度实际上离氟塑料的软化破坏温度较近，将影响其使用寿命。高温高氧压条件下，钛材极易氧化烧损，浸没于溶液中的加热盘管和搅拌桨叶若使用钛材，可减轻烧损危险但会受到局部腐蚀。暴露于溶液之外的连接件和传动轴不能使用不锈钢，若使用钛材仍然存在氧化烧损隐患。这些苛刻要求成为应用 PLATSOL™ 工艺的瓶颈，解决这些问题需较高的工业发展水平。

5）温度压力条件对技术指标的影响太敏感。PLATSOL™ 工艺要求 >220℃ 的超高温条件，温度降至 200℃，Pt、Pd、Au 浸出率下降。如此敏感的关系对温度及氧压条件控制提出了严格的要求。众所周知，密闭高温的水蒸气压力 200℃ 为 1.55 MPa，继续升高温度时压力的升高与温度不呈正比直线关系。如升至 220℃、240℃、260℃，温差仅 20℃，但压力分别陡升至 2.32 MPa、3.345 MPa 和 4.69 MPa。温差 40℃，压力升高一倍。通入高压釜内的氧气压力必须高于相应的水蒸气压力，才能保证氧化反应的进行。显然，PLATSOL™ 工艺的氧气浸出技术，不仅对高压釜及配套的高压蒸汽锅炉、氧气站设备有特殊的要求，且需制定稳定温度和压力的严格控制措施。

6）基建、设备投资及能耗不低。加压浸出进料的矿浆浓度较低，大体积矿浆需加热至＞220℃的高温，冷却后沉淀贵金属、沉淀镍钴，需多次固液分离。相应的配套设备种类不少，基建投资费用及能耗并不小。德卢斯金属公司计划利用废弃的柯利弗铁厂的厂房、道路、尾矿坝、供排水等基础设施，厂区地域非常辽阔，水资源十分丰富，可节省大量基建投资及运行费用，应该说这是一个特例。若针对另外的资源，异地用 PLATSOL™工艺建厂，则必须进行详细的技术经济论证。

6.3　金宝山浮选精矿高压酸浸－高压氰化

用氰化法直接处理含铂钯金的原矿或浮选精矿，国外在 20 世纪 90 年代曾有研究[10-12]。虽然铂钯也能部分溶解，但因贱金属硫化物的干扰，铂钯回收率＜50％。以后再未见国外继续研究的报道。

云南省金宝山低品位铂钯矿，是中国发现的唯一具有开采价值的原生铂矿资源。按(Pt + Pd) 1.53 g/t、Cu 0.14%、Ni 0.17% 圈定的贵金属储量(t)：(Pt + Pd) 45.25、Rh 1.1、Ir 1.5、Os 0.45、Ru 0.46、Au 1.19、Ag 55.66。贱金属储量(kt)：Cu 48.6、Ni 54.8、Co 0.45。针对 Pt + Pd 约 4 g/t 的富矿，浮选可产出一个含(Pt + Pd) 80 ~ 100 g/t、Cu 4% ~ 5%、Ni 3% ~ 4%的浮选精矿。对该资源的综合利用曾开展过多种冶金工艺的研究。

针对上述浮选精矿，有研究者发明了"具有原创性的全湿法新工艺"，申报了专利[13-14]，在国内外发表了很多论文[15-20]，多次提交过研究报告[21-23]。

在公开的专利及大量论文中多次确认："本发明可用于处理铜镍硫化物含量15%以下、铂族金属含量 0.05%以下的低品位铂族金属硫化矿，更适于处理其浮选精矿"；"新工艺流程具有清洁、简短、操作环境好，使用设备少，厂房面积小，建设投资少，加工成本低，能耗低，对物料适应性强，无有害废气和废渣排放，废液易处理等优点，实现了从硫化矿中直接提取铂族金属"；"在最佳条件范围内，从浮选精矿到混合金属粉末的贵金属回收指标分别可达到 Pt 96%，Pd 99%，铜镍钴等贱金属回收率也可达到 98%以上"。2003 年宣布："已进入产业化建设"。2008 年再次认定[24]：对云南金宝山难处理低品位铂钯矿，"从经济和技术角度考虑，都不可能采用国内外的传统火法造锍熔炼工艺。我们提出了具有原创性的全湿法新工艺，已被企业采纳并开始了矿山建设"。本书对上述专利及论文报道的内容作下面的分析与探讨。

6.3.1　工艺流程及主要实验数据

1.原料成分

使用的金宝山浮选精矿成分列于表 6 - 9。

表 6-9　金宝山浮选精矿成分

成分	Pt	Pd	Au	Ag	Rh	Ir	Cu	Ni	Co	Fe	SiO₂	MgO	CaO
	g/t						%						
含量	28.2	46.6	5.8	35	1.6	0.9	5.2	4.0	0.23	21.7	26	18.6	2.9

2. 工艺流程

公开的工艺流程及推算的物料量变化数据绘于图 6-6。

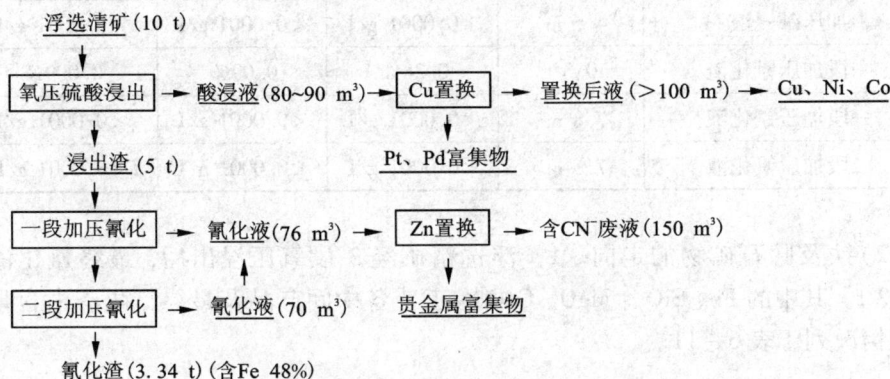

图 6-6　硫酸加压浸出 - 加压氰化金宝山浮选精矿工艺流程

3. 主要实验条件

浮选精矿湿磨 6~8 h，用 20% 硫酸溶液按固液比 1:4 浆化入高压釜（相当于每吨浮选精矿用酸 0.2 t），升温至 200℃ 在 2.0 MPa 氧压下浸出 10 h。冷却过滤后，浸出液重新加温至 60~80℃ 挂铜片置换 1~2 h。硫酸浸出渣用 5% 浓度的 NaCN 溶液按固液比 1:4 浆化入高压釜（相当于每吨浮选精矿用氰化钠 50 kg），升温至 160℃ 在 2.0 MPa 总压下浸出 2 h。冷却过滤后用类似条件进行二段氰化。氰化液加入盐酸和双氧水破坏氰根，调整酸度后加温，用锌粉置换 1 h。过滤出两种置换产物。

每次处理 5 kg 浮选精矿扩大试验的研究报告中，加压硫酸浸出后还需加一道加压碱浸工序。即硫酸浸出渣用 NaOH 溶液浆化入高压釜，升温至 >160℃ 在约 2.0 MPa 氧压下浸出约 10 h。过滤的碱浸渣再进行两段加压氰化。

4. 浮选精矿中非贵金属组分的走向

1）Cu、Ni、Co 的走向。扩大试验各主要工序物料量及铜镍钴含量变化数据列于表 6-10。按处理 1 t 浮选精矿计，产出贵金属浓度极低的各种溶液 28.8 m³。最终废弃含剧毒氰化物渣 0.292 t，其成分为（%）：Fe 48.6、SiO₂ 27、MgO 2.1、Al₂O₃ <0.5。

表6–10　各主要工序物料量及铜镍钴含量变化

物料名称	质量或体积	Cu	Ni	Co
浮选精矿	1 t	5.22%	3.97%	0.23%
硫酸加压浸出渣	0.47 t	0.16%	0.02%	<0.0001%
硫酸加压浸出液	8.8 m³	5.75 g/L	4.4 g/L	0.25 g/L
硫酸浸出液置换钯残液	11.8 m³	4.3 g/L	3.3 g/L	0.19 g/L
加压碱浸渣	0.438 t	0.22%	0.07%	0.003%
加压碱浸液	4.6 m³	<0.0001 g/L	<0.0001 g/L	<0.0001 g/L
一段加压氰化渣	0.3 t	0.28%	0.09%	0.009%
一段加压氰化液	7.8 m³	<0.0001 g/L	<0.0001 g/L	<0.0001 g/L
二段加压氰化液	7.6 m³	<0.0001 g/L	<0.0001 g/L	<0.0001 g/L

2）铁及脉石矿物的走向。1 t 浮选精矿经 3 段氧压浸出后，最终氰化渣量 0.292 t。其中的 Fe、SiO_2、MgO、CaO 在工艺各中间产品及最终氰化渣中含量及分配情况列于表6–11。

表6–11　1 t 精矿中无价值成分在浸出液和浸出渣中的含量和分配

项　　目	Fe	SiO_2	MgO	CaO
浮选精矿成分/%	21.7	26	18.6	2.9
浮选精矿中含量/t	0.217	0.26	0.186	0.03
最终氰化渣成分/%	48.6	27	2.1	<0.5
最终氰化渣中含量/t	0.142	0.079	0.0061	0.0029
最终氰化渣中分配/%	65.4	30	3.2	9
三种浸出液中含量/t	0.075	0.181	0.18	0.001
三种浸出液中分配/%	34.6	70	96.8	约91

显然，为了浸出 1 t 浮选精矿中不到 80 g 的铂钯，将精矿中约 500 kg 的 Fe、SiO_2、MgO、CaO 溶解入溶液。硫酸浸出液中铁镁浓度是铜镍浓度（10 g/L）的 3 倍以上，很难用传统技术从硫酸浸出液中提取铜、镍、钴。

浮选精矿中 70% 的 SiO_2（约 180 kg）溶解入浸出液，合计生成 >200 kg 硅酸和硅酸钠。高压硫酸浸出时转化为硅酸胶体，高压碱浸或高压氰化时，转变为硅酸钠（水玻璃）。它们不仅影响固－液分离的顺利进行，还干扰浓度极稀的贵金属置换反应进程和铜镍钴的分离回收。

占精矿质量 >50% 的无价值硅铝酸盐脉石和铁，在加压硫酸浸出、加压碱浸及加压氰化浸出时参与化学反应，将占用大体积设备能力。按处理 10 t 浮选精矿规模计算，连续四段加压浸出需使用容积 40～50 m^3、20～30 m^3、10～20 m^3、10～20 m^3，还要强烈机械搅拌且耐压至 3 MPa 的高压釜各一台，基建、设备投资及运行能耗很大；损耗大量酸碱；硫酸浸出及碱浸过程，约 90 m^3 矿浆需加热至 160～200℃，冷却至室温后过滤，滤液重新加热至 80℃ 以上进行铜置换，冷却后再过滤，体积膨胀至 >100 m^3。一段二段加压氰化矿浆体积约 30 m^3，需加热至 160℃ 加压浸出，然后冷却至室温过滤，滤液重新加热进行锌粉置换，冷却后再过滤，体积膨涨至约 40 m^3。处理 10 t 浮选精矿，产出总计约 150 m^3 的矿浆，需加热→冷却→过滤→再加热→冷却→过滤，全过程消耗大量能源。显然，工艺的基建、设备投资、工艺运行费用及试剂能源消耗很大，难有经济支撑力。

5. 工艺中贵金属的走向

1) 铂钯的走向。各主要工序物料量及铂钯含量变化数据列于表 6-12。

表 6-12　各主要工序物料量及铂钯含量变化

物料名称	质量或体积	含量		贵金属绝对量	
		Pt	Pd	Pt/mg	Pd/mg
浮选精矿原料	5 kg	28.2 g/t	46.6 g/t	141	233
硫酸加压浸出渣	2.35 kg	66.8 g/t	53.8 g/t	157	127
硫酸加压浸出液	44 L	<0.0005 g/L	0.003 g/L	约 0	132
加压酸浸液置换回收富液	4 L	0.005 g/L	0.035 g/L	20	140
酸浸液置换回收残液	59 L	<0.0005 g/L	<0.0005 g/L	约 0	约 0
加压碱浸渣	2.3 kg	62.4 g/t	52.2 g/t	144	120
一段加压氰化渣	1.5 kg	13.2 g/t	30.0 g/t	19.8	45
一段加压氰化液	39.0 L	0.003 g/L	0.001 g/L	117	39
一段氰化液置换回收富液	1.0 L	0.091 g/L	0.034 g/L	101	34
一段氰化液置换回收残液	20.0 L	<0.0005 g/L	<0.0005 g/L	约 0	约 0
二段加压氰化渣	1.46 kg	7.4 g/t	18 g/t	10.8	26.3
二段加压氰化液	38.0 L	0.0005 g/L	0.002 g/L	19	76
二段氰化液置换回收富液	1.0 L	0.01 g/L	0.06 g/L	10	60
二段氰化液置换回收残液	23.0 L	<0.0005 g/L	<0.0005 g/L	约 0	约 0

浮选精矿在加压硫酸浸出和两段氰化浸出过程中，品位仅 0.0075% 的铂族金属分散在硫酸浸出液、两段氰化液和最终氰化渣四种中间产品中。在加压硫酸浸出液中 Pt 分散率 14%，Pd 分散率 57%。一段氰化液中 Pt 占 83%，Pd 占 17%，二段氰化液中 Pt 占 13%，Pd 占 32%。

二段氰化渣率约 30%，弃渣含 Pt、Pd 品位波动很大，有的含 Pt 7.4 g/t，含 Pd 18 g/t，Pt + Pd 合计高达 26 g/t，为金宝山富矿石品位的 6~8 倍，为浮选精矿品位的 1/3~1/2。弃渣中贵金属品位的波动说明氰化率不稳定。弃渣中的 Pt、Pd 很难进一步回收。

2) 其他贵金属的走向。加压氧化酸浸渣中贵金属含量及回收率列于表 6-13。

表 6-13　加压氧化酸浸过程中 8 种贵金属在浸出渣中的回收率

物料	质量/kg	比较项目	Pt	Pd	Rh	Ir	Au	Ag	Os	Ru
浮选精矿	5	成分/(g·t⁻¹)	36.73	51.42	1.58	0.88	5.0	41	0.82	0.63
		金属量/mg	183.65	257.10	7.9	4.4	25	205	4.1	3.15
No.1 酸浸渣	2.04	成分/(g·t⁻¹)	78.4	81.2	2.9	1.6	8.0	59.0	2.1	1.9
		金属量/mg	159.94	165.64	5.92	3.26	16.32	120.4	4.28	3.88
		渣中回收率/%	87.1	64.42	74.94	74.09	65.28	58.73	104.4	123.2
No.2 酸浸渣	2.19	成分/(g·t⁻¹)	75.0	78.3	2.3	1.4	8.1	56.5	2.0	1.8
		金属量/mg	164.25	171.48	5.03	3.07	17.74	123.74	4.38	3.94
		渣中回收率/%	89.44	66.70	63.67	69.77	70.96	60.36	106.8	125.1
No.3 酸浸渣	2.18	成分/(g·t⁻¹)	77.1	78.5	2.6	1.7	8.4	55.6	1.9	1.6
		金属量/mg	168.08	171.13	5.67	3.71	18.31	121.21	4.14	3.49
		渣中回收率/%	91.52	66.56	71.74	89.32	73.24	59.13	101	110.8

氧压硫酸浸出过程中，多数贵金属都大量分散损失在浸出液中。浸出渣中的回收率范围(%)为：Pt 87~91、Pd 64~66、Rh 63~74、Ir 69~89、Au 65~73、Ag 58~60。第一道工序的回收率就如此之低，全工艺回收率会更低。

5 kg 浮选精矿中含 Rh 量仅 7.9 mg，但在 44 L 酸浸液中含量高达 35.2 mg，77 L 氰化液中含量高达 69.7 mg，合计量 103 mg，为原料中含量的 13 倍。5 kg 浮选精矿中含 Ir 4.4 mg，但在 77 L 氰化液中含量高达 42.3 mg，为原料中含量的 10 倍。因此不能用矛盾的数据作出"Rh、Ir 在全湿法工艺中均可得到回收"的结论。

3) 硫酸浸出液及氰化浸出液中贵金属浓度汇总于表 6-14。

表6-14　硫酸浸出液及氰化液中贵金属浓度/(g·L⁻¹)

金属	Pt	Pd	Rh	Ir	Au	Ag
硫酸浸出液中浓度	<0.0005	0.003	0.0008	<0.0005	<0.0005	<0.0005
一段氰化液中浓度	0.003	0.001	0.0013	0.0005	<0.0005	0.0011
二段氰化液中浓度	0.0005	0.002	0.0005	0.0006	0.00052	0.001

溶液中 Pt、Pd 的最高浓度仅 0.003 g/L，多为 0.0005 g/L。0.0005 g/L 是现有化学分析方法灵敏度的下限。在铂族金属冶金中，这样的稀溶液已接近允许排放的废液浓度。从体积很大，Pt、Pd 浓度很低而贱金属及硅酸盐浓度很高的溶液中，用铜、锌分别置换提取贵金属不可能有效回收。因为：①过滤时滤渣吸收含贵金属的滤液会造成贵金属的部分损失。湿法冶金中滤渣吸湿一般达 20%～25%，反复多次洗涤虽可降低损失，但造成滤液体积膨胀将进一步降低铂钯浓度，也增大了废液体积及后续处理的难度；②置换产物数量很少(2～5 g/m³)，且多呈微细悬浮分散状态。实验室实验时，用布式漏斗垫上很多层滤纸，不计时间慢慢抽滤，然后将滤纸用王水溶解回收贵金属。但扩大了生产规模，大体积置换液无论用何种过滤方法，贵金属微粒飘溢及穿滤损失不可避免。因此，专利公告及论文中认定的"从浮选精矿到混合金属粉末的贵金属回收指标分别可达到 Pt 96%、Pd 99%"，这些实验室实验的指标，很难在生产应用中重现。同时，浮选精矿中 Rh、Ir、Os、Ru 的品位很低，且呈不同性质的矿物并以不同的赋存状态存在于精矿中。硫酸浸出或氰化时溶与不溶皆难进一步有效回收，不能实现 8 种贵金属全面有效综合回收。

6. 劳动安全和环境污染问题

处理 10 t 浮选精矿要使用 500 kg 氰化钠。如此大量剧毒氰化物在大体积溶液及残渣中扩散。一方面，高压浸出设备一旦发生跑冒滴漏，将造成非常严重的生命伤害和安全事故隐患。另一方面，最终排放 150 m³ 废液(含大量 $MgSO_4$、$FeSO_4$、Na_2SiO_3、重有色金属 Cu^{2+}、Ni^{2+}、Zn^{2+} 及剧毒氰化物)及 3 t 废渣(含氰化物且很细)，皆易造成严重的环境污染。若要治理这些废液废渣，技术上有难度，经济上也难以立足。

6.3.2　氰化处理铂矿不可行的理论分析

1. 金矿和铂矿是两种成分和性质不同的资源类型

1)冶金原料分类的相似点。①它们都有次生砂矿，都用相同的重选技术富集提取，20 世纪中期前都曾是铂和金的主要生产资源；②它们都有伴生矿，铜镍铅锑等重有色金属硫化矿中伴生微量金(品位多 <1 g/t)，以冶炼回收铜镍为主要目

标的硫化矿中也伴生微量铂族金属，都可在重有色金属冶炼过程中不断富集并综合回收；③它们都有以回收金或铂族金属为主要目标的矿产资源，前者称为"原生脉金矿"，后者称为"原生铂矿"。矿石中金或铂族金属的品位通常为 3~6 g/t，富矿品位 >10 g/t，其价值都占矿石中所有有价组分的 90% 以上。

2）金矿分类及特点。脉金矿按矿石成分可分为金－石英脉型和金－石英－硫化物共生型两类，前者约占矿床总数的 2/3，是主要的黄金生产资源。1887 年 R. Forrest 发明特效、廉价的氰化提金技术，成为世界黄金工业迅猛发展的里程碑，直接氰化浸出金－石英脉型矿石一直是国内外提取黄金的主要技术。氰化法提金能够广泛应用的重要前提是，在碱性介质中用氰化物借助空气中的氧即可高选择性地配合溶解金、银，而不与矿石中的其他组分发生化学反应，试剂消耗少且对浸溶设备的腐蚀性很小。同时，氰化获得的碱性含金溶液的性质及成分很简单，用置换、炭吸附、离子交换等方法能有效地从溶液中再富集回收金，很少受其他元素的干扰。氰化提金技术不仅促进了黄金产量迅速增长，还扩大了金矿资源规模。至今，大规模氰化堆浸的矿石金品位下限已降至约 1 g/t 仍有经济效益。

但脉金矿中约占 1/3 的金－石英－硫化物共生型矿石，很难直接用氰化法处理，被称为"难处理金矿"（或称难浸金矿）。这类金矿用常规氰化法提金回收率不高的主要原因是：①自然金矿物粒度微细且多被黄铁矿、砷黄铁矿等低价值矿物紧密包裹，部分金呈很难氰化的碲、硒类矿物状态存在；②已溶解的部分氰化金易被矿石中的有机碳物质吸附或还原，俗称为"劫金"；③矿石中含硫、砷、锑化合物大量消耗氰化剂，反应产物覆盖包裹金粒阻止其进一步氰化。如何充分利用这类资源一直是黄金冶金领域的重点研究内容之一。这类矿石过去多用浮选产出金品位 50~100 g/t 的浮选精矿，然后焙烧破坏硫砷矿物再氰化提取金，或直接售于铜冶炼厂作为火法熔炼配料加入熔炼炉，最后从铜电解阳极泥中回收。但焙烧导致硫、砷对环境的严重污染，这个方法没有生命力，已被逐渐淘汰。加入铜熔炼炉使冶炼厂加重了治理硫、砷污染的负担，处理量受限。从 20 世纪 80 年代开始，针对这类矿石或其浮选精矿，研究发展了细菌氧化、加压氧化等预处理方法，及破坏硫砷化物后再氰化的工艺。随后研究不断深入，应用不断扩大。实践证明，这些技术，特别是加压氧化预处理技术，已成为开发难处理金矿的有效方法。

3）金矿和铂矿是两种完全不同的资源类型。它们的矿床成因模式，矿化的金属种类，矿物种类及共生组合关系皆完全不同。主要差别是：①金矿中只有金一种有价金属，有时含少量银，只需解决一种金属的浸出回收问题。但原生铂矿有 6 种铂族金属及金、银、镍、铜、钴等十多种有价金属共生，经济价值比金矿大得多。虽然原生铂矿中伴生的铑、铱、锇、钌 4 种副铂族金属的品位不高（一般为铂钯的 1/20~1/10），但却是这 4 种金属最重要的来源，特别是铑、钌的几乎唯一的来源。铂矿的开发必须遵循十几种有价金属全面综合利用的重要原则；②金矿中金的矿物种类简单，自然金为主，还有少量碲、硒类矿物和银金矿。但铂矿中铂族元素的矿物种类非常复杂，有 7~10 类、100 多种。各种矿物的物理化学性质、粒度组成、嵌布赋存特点及在氰化过程中的行为差别很大。氰化能溶解某些铂钯矿物，但对铑、铱、锇、钌矿物未必能有效溶解。若部分溶解，它们在溶液中的浓度极低，与矿石中的痕量品位无异。而残留在不溶渣中的品位更低。溶与不溶都很难进一步回收，不利于 6 种铂族元素的全面综合回收；③金矿多属热液型矿床，矿石中主要脉石成分是单质二氧化硅、碳酸盐，碱性介质氰化溶解金时，它们不发生化学反应，试剂消耗少，加工成本低。原生铂矿属基性、超基性岩浆矿床，矿石中主要脉石成分是镁铁的硅铝酸盐和大量贱金属硫化物。上述各类性质及赋存状态不同的组分，在冶金过程中的走向行为差别很大。直接氰化浸出铂矿时，硫化物干扰使贵金属的氰化率很低。若用氧压酸浸或碱浸预处理排除贱金属硫化物的干扰，不仅铂族金属溶解分散损失，而且大量镁铁的硅铝酸盐和铁硫化物参与化学反应，试剂消耗及加工成本高。与难浸金矿预处理相比，其复杂性不言而喻。

2. 铂矿和含铂族金属的废催化剂是两种完全不同的资源类型

国内外都有人研究过加压氰化处理含铂族金属的汽车废载体催化剂（参见 11.2.8）。虽然废催化剂中铂族金属品位很高，但氰化物对劳动安全的威胁和对环境污染的隐患非常严重，这项技术至今没有产业化应用。

铂矿和含铂族金属的废催化剂是两种完全不同的资源类型。主要差别是：①废催化剂中铂族金属品位 >1000 g/t，是金宝山浮选精矿品位的 10 倍，价值差异很大。选择冶金工艺的经济支撑力不在一个水平上。处理两种物料的基建设备规模、试剂能源消耗差别很大；②加压氰化蜂窝状催化剂的浸出率（%）：Pt 87%~91%、Pd 67%~85%、Rh 71%~84%，不高。加压氰化小球状催化剂的氰化率（%）：Pt 94%、Pd 97%、Rh 98%。但这类废催化剂的载体——铁质堇青石 $2FeO \cdot 2Al_2O_3 \cdot 0.5SiO_2$、镁质堇青石 $2MgO \cdot 2Al_2O_3 \cdot 0.5SiO_2$ 或 Al_2O_3，都是高温烧结且化学惰性的物质。它们不干扰碱性介质的氰化反应。废催化剂的氰化液中，不含其他成分，仅含铂、钯、铑 3 种金属，且浓度可达 1 g/L 以上，较易进一步分离精炼。而铂矿或其浮选精矿的成分和性质非常复杂，其中占绝对量的镁、铁硅铝酸盐和贱金属硫化物在酸碱介质中都分别有溶解活性。酸浸液或碱性氰化液的成分十分复杂，贵金属浓度极低（0.003~0.0005 g/L），不可能达到满意的回收率指标。

众所周知，原料的成分和性质是制定冶金工艺最基本的依据。在难处理金矿冶金实践中证明是有效的加压氧化预处理–氰化工艺技术，移植于处理成分和性质都完全不同的原生铂矿或其浮选精矿，不可能达到相同的效果和指标。同理，即使加压氰化处理废催化剂在技术原理上可行，但移植于处理浮选精矿也不可能获得相同的效果和指标。这种研究方法不符合冶金工艺研究的基本原则。

6.4 金宝山浮选精矿的氯化浸出

6.4.1 直接氯化浸出

在盐酸介质中加氧化剂(硝酸、氯气、氯酸钠、双氧水等)溶解贵金属,是早已应用的简单方法。但这个方法受到加工成本和环境保护的限制,主要在小规模铂族金属精炼工艺中,用于溶解粗金属、高品位贵金属精矿或合金状态的二次资源。

曾研究用这个方法从金宝山浮选精矿中溶解回收铜镍铂钯。其中一个方案是微波辐照加热 – 强酸性溶液中加氧化剂浸出[25-26]。考察过浸出温度、时间、酸度和氧化剂用量等条件对铂、钯浸出率的影响。较优条件下,用浸出渣成分计算,Cu、Ni 的浸出率 >97%,Pt、Pd 浸出率分别达88% ~90% 和90% ~95%。浸出液中 Pt + Pd 浓度 13.94 mg/L,用 Zn 置换得到含 Pt + Pd 约8% 的精矿,置换回收率 Pt 88.56%、Pd 94.20%。浸出和置换合计,Pt、Pd 回收率分别 <80% 和 <90%。但后来的试验发现,微波加热预处理的工艺指标不能重现[27],Pt、Pd 回收率波动很大。改用硫酸熟化 – 预浸贱金属,再氯化浸出贵金属,在正交试验确定的最佳预处理条件下,铂、钯浸出率皆 <90%[28]。

上述研究仅考察了铂钯的浸出行为,且回收率不高。对浮选精矿中 Cu、Ni、Co 及其他 6 种贵金属的综合回收,没有形成可讨论的完整工艺方案。从试剂及能源消耗、设备防腐、综合回收、环境保护、操作条件和技术指标等方面衡量,这些研究不具实际应用的基本条件。

6.4.2 加压硫酸浸出 – 氯化浸出

2007 年公布过一项"国际首创的全湿法新工艺"专利[24-29],认为:"该发明具有工艺流程简便,无毒物污染和物料适应性强的特点。其铂、钯回收率为 Pt > 94%、Pd >96%,铜、镍、钴浸出率达到98% 以上,已开始产业化建厂"。这一新工艺简要介绍如下:

1. 原料成分

专利技术处理的浮选精矿成分为:

成分	Pt	Pd	Au	Ag	Rh	Ir	Cu	Ni	Co	Fe	SiO$_2$	MgO	CaO
			g/t						%				
质量	28.2	46.6	5.8	35	1.6	0.9	5.2	4.0	0.23	21.7	26	18.6	2.9

2. 工艺简介

每次用料 500 g 的实验室实验形成的工艺包括：加压氧化硫酸浸煮→加压浸煮渣在常压下用硫酸进一步浸出 Cu、Ni、Co、Fe 等贱金属→酸浸渣在常压下用盐酸加氧化剂浸出铂族金属→Zn 置换出贵金属富集物。

专利列举了 8 个实例，以 Pt、Pd 浸出率最高（分别达 97% 和 98.9%）的一例为代表，具体操作条件是：

500 g 浮选精矿用浓度 20% 的 H_2SO_4，按固液比 1:4 浆化入高压釜，升温至 200℃通入氧气恒压 2 MPa 浸出 10 h。过滤后的酸浸渣再次用浓度 20% 的 H_2SO_4，按固液比 1:4 浆化入常压浸出釜，升温至 90℃浸出 6 h。过滤后的硫酸浸出渣用浓度 50% 的 HCl 按固液比 1:5 浆化入反应釜，升温至 90℃，加入硫酸浸出渣重 10% 的 $NaClO_3$浸出 6 h。氯化液用 Zn 粉置换得贵金属富集物。各金属的浸出率（%）为：Cu 98，Ni 98.6，Co 98.5%，Pt 97，Pd 98.9。

其他 7 个实例变动了试剂和条件：在硫酸加压浸出段改变硫酸浓度（15% ～25%）；改变氧压（2.5～3 MPa）；用 H_2O、NaOH 介质代替硫酸浆化入高压釜氧压浸出；氯化段改变 HCl 浓度（50%～100%），改用 H_2O_2、Cl_2、HNO_3等氧化剂代替氯酸钠进行氯化。浸出率指标皆与例 1 相近。

6.4.3　技术经济分析

专利未公布浮选精矿中各组分在硫酸浸出和氯化浸出过程中的分配、两种浸出液的成分、置换条件和回收率等基本技术数据和完整的工艺技术方案。至今也未见实际应用。作者根据基本的冶金常识对一些技术问题实事求是地进行简要的分析和探讨。

1. 氧压硫酸浸出过程的问题

①铂族金属会严重分散损失。因为浮选精矿中铂族金属呈矿物状态，如砷化物（$PtAs_2$、Pd_5As_2），锑化物（SbPd），硫化物[PtS、(PtPdNi)S、(PtPd)S]，碲铋化物[PdTe、Pt$(TeBi)_2$、$PtTe_2$、$PtPdTe_2$、PdTeBi 、$PdBi_2$]等，在加压硫酸浸出时氧化矿物中的 S、As、Te、Bi 等组分溶解后，铂钯会转化为离子状态进入溶液。尤其 Pd 可生成 $PdSO_4$可溶性化合物，溶解分散损失不可避免（参见表 6 - 13）；②硫酸浸出液成分十分复杂，铁、镁浓度很高，铜镍钴浓度低，铂钯微量，且体积很大（处理 10 t 浮选精矿将产出 60 ～80 m^3浸出液），对铜镍钯铂的进一步回收造成很大困难；③设备规模大，基建、设备投资及酸耗能耗高；④大体积废液的治理难度大，环境污染隐患严重。

2. 氯化浸出低品位矿物原料的问题

①氯化液体积很大，处理 10 t 浮选精矿将产出约 30 m^3酸度很高的氯化液；②氯化液是一个大杂烩，其中贵金属浓度很低（Pt < 0.01 g/L，Pd < 0.02 g/L），非

贵金属组分浓度及酸度很高，成分很复杂，置换过程很难顺利进行。且置换生成的贵金属微细产物量很少，大体积溶液过滤时的漂逸和穿滤损失皆不可避免；③氯化过程需大容积防腐氯化反应釜及防腐过滤设备，基建、设备投资、设备维护及运行费用高；④氯化时难以避免的氯气逸散，将加速厂房设备腐蚀，劳动安全隐患严重；⑤含 Cu^{2+}、Ni^{2+}、Mg^{2+}、Zn^{2+} 等重金属离子及大量 Na^+、Cl^- 的大体积废液，治理难度大，很难达到严格的环保要求；⑥在氧压硫酸浸出和氯化浸出过程中，Rh、Ir、Os、Ru 无论溶与不溶，从溶液中或不溶渣中皆难进一步有效回收，不能实现宝贵资源的综合利用。

3. 铂钯回收率指标不实

用 Pt、Pd 在浮选精矿中的原始品位(量)和最终氯化渣中残留品位(量)，计算 Pt、Pd 的浸出率分别在 94% ~97% 和 95% ~98.9%，不能以此认定全工艺的 Pt、Pd 回收率分别 >94% 和 >96%。因为：硫酸加压浸出时已大量分散损失；铂族金属在氧压硫酸浸出液及氯化液中浓度极低(Pt 0.0005 ~0.01 g/L、Pd 0.005 ~0.02 g/L)，非贵金属组分浓度及酸度很高，置换过程很难获得满意的回收率；生成的置换产物量很少且呈悬浮微细状态，大体积溶液过滤时的漂逸和穿滤损失皆不可避免。

实践是检验真理的唯一标准，只有将其转化为现实生产力，并达到预定的技术经济指标，才是证明该"国际首创的全湿法新工艺"科学性的唯一途径。

发明创造是现代社会可持续发展的巨大推动力。在现代知识体系中，发明专利是抢占知识制高点和保护知识产权的重要举措，创新的科技成果是促进实体经济发展的重要基础条件。毫无疑问，文明社会都应建立鼓励和肯定发明创造的社会氛围。冶金学是应用科学，涉及冶金技术的发明专利或科技成果，其本质属性是能转化为现实生产力，支撑和促进社会经济发展和文明进步。中国专利局公告：2003—2009 年中国的发明专利数年均增加 26.1%，2011 年申请 17 万件，已与美国、日本齐名，成为世界三大专利国之一。但遗憾的是能实际应用的专利只有 10% 左右。我国每年通过鉴定的科技成果中，最终能实际应用并转化为生产力的不超过 15%[30]。形成这种情况的原因很多，仁者见仁，智者见智，大家可从不同的角度研究分析。但如此低的实用率首先应引起学术界的反思和警惕。

6.5 金宝山浮选精矿熔炼低锍 – 湿法浸出

金宝山铂矿浮选精矿与世界上其他类似资源相比，成分和性质大同小异：镁铁钙的硅铝酸盐脉石占 70% ~80%(绝对量组分)；铜镍钴合计 9.5%(低量组分)；铂钯约 0.01%(微量组分)；副铂族金属铑铱锇钌合计 0.0004%(痕量组分)。铂族金属：铜镍钴：硅铝酸盐脉石(质量比)=1:950:8000。因此必须首先分离占绝对量的无价值脉石，使微量、痕量组分富集，提取出贵金属精矿后再分离精炼，并实现宝贵资源的全面综合利用。

作者在金宝山资源综合利用科技攻关中，指导研究了火 - 湿法联合工艺[31-35]：熔炼低锍→湿法分段浸出贱金属→提取铂族金属精矿→分离精炼为贵金属产品。该工艺为产业化应用提供了一个可选的技术方案。

6.5.1　工艺流程

浮选精矿成分见表 4 - 31，全面综合利用的工艺流程及物料量变化绘于图 6 - 7。

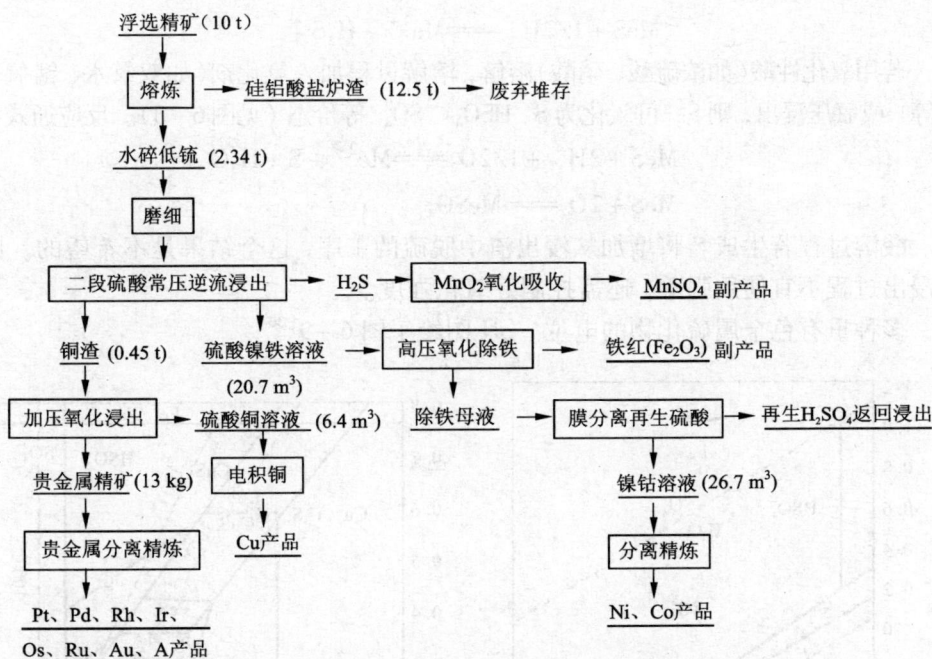

图 6 - 7　金宝山铂矿浮选精矿熔炼低锍 - 湿法浸出工艺流程

熔炼使硅酸盐脉石和大部分铁造渣分离，产出富集了所有有价金属的低锍，成分为

成分	Cu	Ni	Cu + Ni	Fe	S	Pt	Pd	Pt + Pd
	6 %					g/t		
含量	13.51	14.44	27.95	44.41	27.30	134	206	340

6.5.2　硫酸二段逆流常压浸出铁钴镍硫化物

低锍中铁钴镍铜分别呈 FeS、CoS、NiS、Ni_3S_2、CuS、Cu_2S 等硫化物状态。低锍的特点是含铁很高，选择除铁技术应有利于贵金属的富集提取。加压氧化酸浸时部分铁溶解进镍铜溶液，大部分可能水解沉淀入渣，与贵金属混合，影响贵金属的进一步富集。因此本工艺选择常压选择性酸浸溶解铁钴镍硫化物，使贵金属和硫化铜富集在浸出渣中。

将金属硫化物转化为可溶性硫酸盐的实质是硫化物中 S^{2-} 的氧化过程。可溶于酸的硫化物，常压酸溶时硫的价态不发生变化，会生成 H_2S。反应通式为

$$MeS + 1/2H^+ =\!=\!= Me^{2+} + H_2S\uparrow$$

若用氧化性酸（如浓硫酸、硝酸）溶解，溶解过程加入氧化剂（如双氧水、锰氧化物等）或氧压浸出，则 S^{2-} 可氧化为 S、HSO_4^-、SO_4^{2-} 等价态（见图 6-8）。反应通式为

$$MeS + 2H^+ + 1/2O_2 =\!=\!= Me^{2+} + S + H_2O$$

$$MeS + 2O_2 =\!=\!= MeSO_4$$

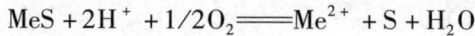

酸溶过程若生成 S 将增加从浸出渣中脱硫的工序，这个结果是不希望的。因此浸出过程不宜使用强酸，还需控制好氧化强度。

多种重有色金属硫化物的电位-pH 图绘于图 6-9[36]。

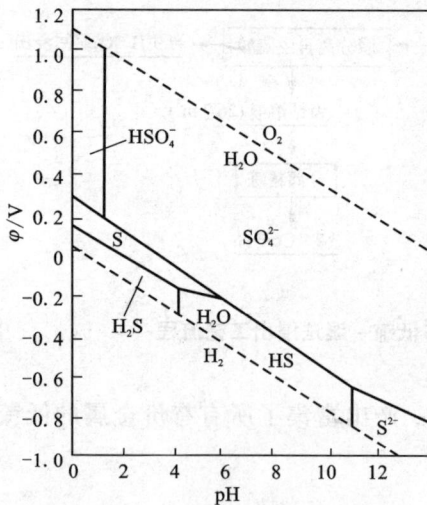

图 6-8　S-H-O 系 φ-pH 图

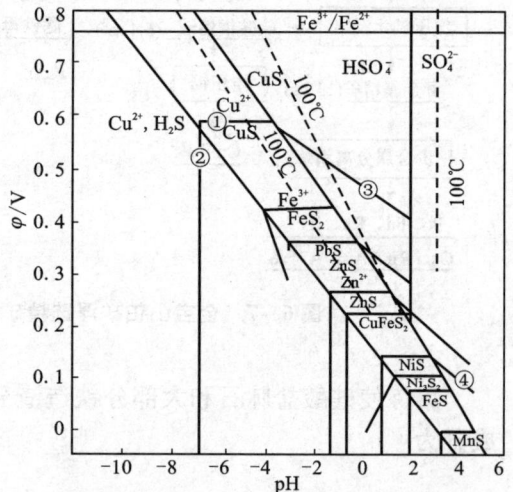

图 6-9　Me-S-H_2O 系 φ-pH 图

显然，不同金属硫化物在水溶液中稳定存在的氧化还原平衡电位及 pH 范围差别很大。较低的酸度及平衡氧化电位可将 MnS、FeS、NiS 中的 S^{2-} 转变为 H_2S

或氧化成 S。硫化物中的硫氧化为元素硫从易到难的次序[37]是：

$$FeS > H_2S = CoS > NiS > ZnS > CuFeS_2 > PbS > CuS > Cu_2S > Ag_2S$$

要将 CuS 中的 S^{2-} 转变为 H_2S 或氧化成 S、HSO_4^-、SO_4^{2-} 则要求极浓的氧化性酸及较高的氧化平衡电位。因此用稀酸可选择性浸出低锍中的 FeS、CoS、NiS，而 CuS、Cu_2S 和贵金属保留在渣中。

水淬低锍磨细至 $-74~\mu m$ 占 80%，用 1.2 mol/L 浓度的硫酸溶液，液固比 5:1，常压下升温至 95℃，搅拌浸出 3 h。固液分离后的浸出渣再用 3.6 mol/L 浓度的硫酸溶液按上述条件二段浸出，二段浸出液返回一段浸出。

一段浸出液 pH 1~2，作为产品溶液送下一工序除铁，主要成分见表 6-15。

两段逆流常压浸出具有下述优点：①一段浸出液的金属浓度高，残酸度低，有利于后续热压除铁并获得浓度较高的镍钴溶液；②二段浸出的起始酸度较高，确保对铁钴镍有高的浸出率指标并获得含铁钴镍低的铜渣。两段浸出合计，铁、钴、镍的浸出率 >98%。浸出液中铂钯浓度皆 <0.0005 g/L，表明常压硫酸浸出过程没有贵金属分散损失。浸出渣率 23%，富集了贵金属的铜渣其成分列于表 6-15。

表 6-15　铜渣及浸出液成分

产品	Cu	Ni	Fe	Co	S	Pt	Pd	Pt + Pd
铜渣/(%,g·t^{-1})	71.44	0.71	2.34	<0.01	19.86	632.3	1001.25	1633
浸出液/(g·L^{-1})	<0.001	18.3	50.9	1.07	—		<0.005	

常压硫酸浸出达到了镍、铁与铜、贵金属较彻底地分离，铜渣中贵金属品位富集到约 2000 g/t(0.2%)。铜渣以硫化铜为主要物相，铜品位高达 71%，为进一步回收铜及提取贵金属富集物创造了条件。

6.5.3　硫化氢气体的回收利用

研究了 MnO_2 氧化吸收技术[38]处理选择性浸出低锍产生的硫化氢。MnO_2 是强氧化剂，氧化电位远高于 H_2S 的还原电位，MnO_2 可以通过下述三个氧化反应将 H_2S 氧化为 S、HSO_4^- 和 SO_4^{2-}。

$$H_2S + 4MnO_2 + 6H^+ \mathrm{=\!=\!=} 4Mn^{2+} + SO_4^{2-} + 4H_2O$$

$$H_2S + 4MnO_2 + 7H^+ \mathrm{=\!=\!=} 4Mn^{2+} + HSO_4^- + 4H_2O$$

$$H_2S + MnO_2 + 2H^+ \mathrm{=\!=\!=} Mn^{2+} + S + 2H_2O$$

硫酸浸出低锍产生的含硫化氢气体，通入含 MnO_2 的稀硫酸溶液两级氧化吸收。一级室温吸收液的硫酸浓度 0.4 mol/L、MnO_2 用量 20 g/L，二级室温吸收液硫酸浓度 0.4 mol/L、MnO_2 用量 10 g/L。上述低酸度吸收液氧化吸收硫化氢，主

要生成 HSO_4^- 和 SO_4^{2-}，硫化氢的吸收率达85% ~ 90%，既回收了硫化氢减轻了环境污染，同时可有效利用软锰矿，使其转化为 $MnSO_4$ 溶液，生产硫酸锰副产品。也可将硫酸锰水解再生为二氧化锰循环复用。

6.5.4 浸出液热压水解副产品铁红

直接酸浸低锍获得的镍溶液中，Fe^{2+} 浓度达 56 g/L，是 Ni^{2+} 浓度的 4 倍以上，能否从这个溶液中有效地分离铁和保持较高的镍、钴回收率，是湿法浸出低锍整体方案可行性的重要判据之一。

1. 湿法冶金中的除铁方法

从溶液中将铁与镍钴等金属有效分离是重要的、必须要妥善解决的问题。重有色金属冶金已发展了一些有效的技术[39]。

1) 结晶分离硫酸亚铁。水溶液中硫酸亚铁溶解度与温度及硫酸浓度的关系如图 6 - 10 所示。

含硫酸亚铁的溶液蒸发浓缩或加入硫酸都可使硫酸亚铁结晶——形态为 $FeSO_4 \cdot 7H_2O$(铁矾)和 $FeSO_4 \cdot H_2O$ 两种。以 a 线为界，低酸度下产出 $FeSO_4 \cdot 7H_2O$，酸度越低，结晶的温度区域越宽。酸度升高后 $FeSO_4 \cdot H_2O$ 的结晶温度区域越宽。但在高温(如80℃)、高酸(如 H_2SO_4 浓度15%)及硫酸亚铁饱和(浓度 >18%)的条件下会产生 $FeSO_4 \cdot H_2O$ 白色沉淀。因此一般多控制低温及低酸度条件产出铁矾。

2) 氧化水解沉淀。在不同温度及不同 pH 条件下 Fe^{3+} 会水解为 Fe_2O_3、FeOOH、$Fe(OH)_3$ 等不同性质的沉淀物，也可生成黄铁矾沉淀(见图 6 - 11)。

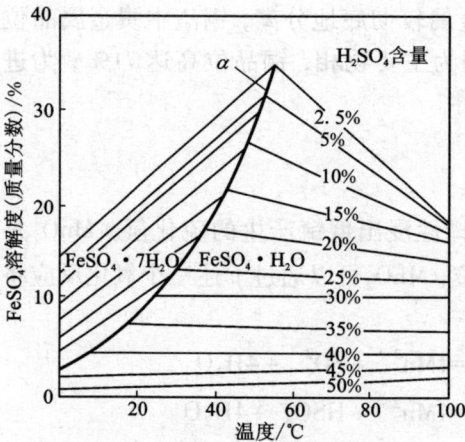

图 6 - 10　硫酸亚铁溶解度及
结晶产物与温度、酸度的关系

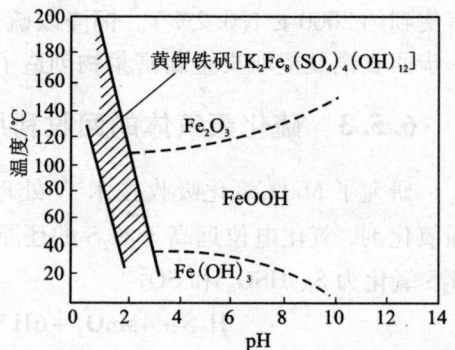

图 6 - 11　不同条件下 Fe^{3+} 水解产物的稳定区

生成的沉淀是否具有良好的过滤性能是除铁的关键，在低温及高 pH 条件下主要生成难过滤的 $Fe(OH)_3$，提高温度转化为针铁矿 $FeOOH$，再提高温度转化为赤铁矿 Fe_2O_3，在低 pH 下可生成黄钾铁矾。后 3 种沉淀都易过滤分离，即中和除铁过程应避免生成 $Fe(OH)_3$ 无定型胶体。有 3 种沉淀方法：

①氧化为赤铁矿沉淀。在 $150 \sim 200℃$ 及氧压条件下，使 Fe^{2+} 氧化为 Fe^{3+}，并沉淀出 Fe_2O_3 或 $FeOHSO_4$ 碱式盐：

$$Fe_2(SO_4)_3 + 3H_2O = Fe_2O_3 \downarrow + 3H_2SO_4$$

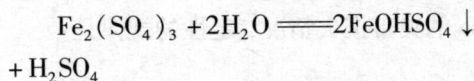
$$Fe_2(SO_4)_3 + 2H_2O = 2FeOHSO_4 \downarrow + H_2SO_4$$

温度越高沉淀速度越快（见图 6-12），$200℃$ 只要 8 min，沉淀率即 $>90\%$。但沉淀反应使 H_2SO_4 浓度不断提高，不利于反应正向进行，影响除铁深度。

②水解针铁矿沉淀。针铁矿 $FeOOH$ 具有良好的过滤性能，在硫酸或硫酸-盐酸混合介质中的铁都可用针铁矿法分离。产生针铁矿沉淀的首要条件是溶液中应以 Fe^{2+} 为主，Fe^{3+} 浓度应 <1 g/L。若起始溶液中 Fe^{3+} 浓度高，

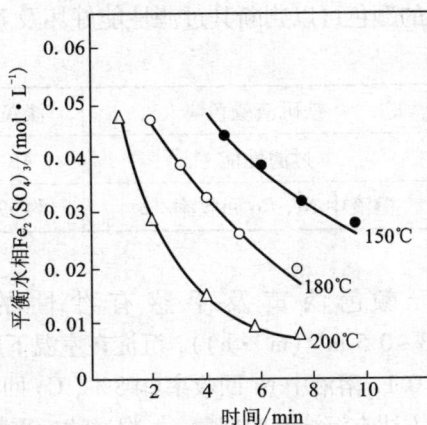

图 6-12　温度对 Fe^{3+} 水解速度的影响

会水解为 $Fe_4SO_4(OH)_{10}$ 无定型沉淀或产生胶体，严重影响过滤性能，并增加镍的夹带损失。首先将亚铁溶液中和至 pH $2.5 \sim 4.2$，加温至 $70 \sim 90℃$，然后通入空气氧化，Fe^{3+} 水解沉淀与 Fe^{2+} 氧化为 Fe^{3+} 同步：

$$4Fe^{2+} + O_2 + 6H_2O = 4FeOOH \downarrow + 8H^+$$

氧化水解的同时需缓慢加入中和剂中和产生的酸，维持预定的 pH 范围。该方法可使溶液中铁降至 <0.1 g/L。

③黄铁矾沉淀。与针铁矿法相反，硫酸或硫酸-盐酸混合溶液中的 Fe^{2+}，必须首先用 Cl_2 或 $NaClO_3$ 氧化为 Fe^{3+} 状态。溶液煮沸及 pH $1.5 \sim 2.5$ 条件下，Fe^{3+} 可与碱金属阳离子 K^+、Na^+ 或 NH_4^+ 生成黄钾铁矾、黄钠铁矾、黄铵铁矾和草黄铁矾沉淀：

$$3Fe_2(SO_4)_3 + K_2SO_4 + 12H_2O = K_2Fe_6(SO_4)_4(OH)_{12} \downarrow + 6H_2SO_4$$

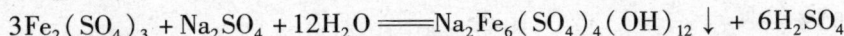
$$3Fe_2(SO_4)_3 + Na_2SO_4 + 12H_2O = Na_2Fe_6(SO_4)_4(OH)_{12} \downarrow + 6H_2SO_4$$

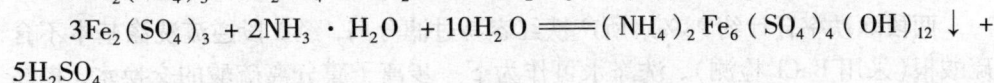
$$3Fe_2(SO_4)_3 + 2NH_3 \cdot H_2O + 10H_2O = (NH_4)_2Fe_6(SO_4)_4(OH)_{12} \downarrow + 5H_2SO_4$$

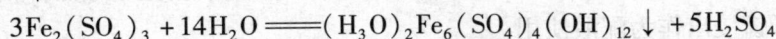
$$3Fe_2(SO_4)_3 + 14H_2O = (H_3O)_2Fe_6(SO_4)_4(OH)_{12} \downarrow + 5H_2SO_4$$

沉淀过程中必须缓慢中和产生的酸，维持溶液预定的 pH 范围。生成黄铁矾的稳定性表现为 $K^+ > NH_4^+ > Na^+$。

该方法已成功应用于 Fe – Co – Ni 合金废料的再生回收。如，含(%) Ni 28 ~ 29、Co 17 ~ 18、Fe 48 ~ 50 的废可伐合金，在 $w_{H_2SO_4} : w_{HCl} = 4 : 1$ 的混合溶液中电化溶解，获得的溶液含(g/L) Ni 15 ~ 30、Co 10 ~ 20、Fe 25 ~ 50，$w_{Ni+Co} : w_{Fe}$ 约为 1。溶液加热到 90 ~ 95℃，按 $w_{NaClO_3} : w_{Fe} = 0.4 ~ 1$ 加入 $NaClO_3$ 溶液氧化，用含 Na_2CO_3 150 ~ 180 g/L 的溶液中和，氧化成矾时间约 5 h，控制成矾的终点 pH 1.9 ~ 2.1。从铁矾渣的颜色可以判断其过滤性能好坏及 Ni、Co 的夹带损失情况，定性的规律是：

铁矾渣颜色	淡黄	浅黄	深黄	淡棕	红棕
过滤性能	好	好	中	差	差
溶液中 Ni、Co 回收率/%	约 99	97 ~ 99	85 ~ 90	70	< 70

颜色淡黄及手感有沙性的铁矾渣过滤性能最好(过滤速度 0.3 ~ 0.5 $m^3/(m^2 \cdot h)$)，沉淀在室温下用水洗涤。铁矾渣含(%) Fe 30 ~ 34、Co 0.15、Ni 0.1，溶液中 Ni 回收率 ≥ 98%、Co 回收率 ≥ 97%。过滤后的溶液中含 Fe < 0.3 g/L。该方法有沉淀滞后现象，一次过滤后需静置沉降 24 h 后二次过滤。处理每吨废可伐合金消耗浓 H_2SO_4 约 2.57 t、浓 HCl 约 0.8 t、$NaClO_3$ 约 0.212 t、Na_2CO_3 约 1.7 t。对含(%) Co 约 20、Ni 13、Fe 50、Cu 2 和含其他金属 15% 的五号废磁钢酸溶后的溶液，也用上述方法除铁。

针铁矿法和黄铁矾法易产业化实施。但缺点是试剂消耗大，Ni、Co 有少量分散损失，铁渣必须再利用，否则会造成环境污染。

2. 高压氧化为赤铁矿

针对本工艺的硫酸浸出液，研究了赤铁矿法除铁技术，制定了二段除铁工艺[40]：一段除铁的条件为初始铁离子浓度约 50 g/L、pH 1 ~ 2、温度 180℃、氧压 2.0 MPa、时间 1.5 h，除铁率 55% ~ 65%。除铁的副反应是再生了硫酸：

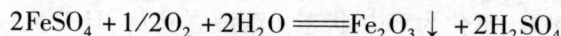

$$2FeSO_4 + 1/2O_2 + 2H_2O \xrightarrow{\quad\quad} Fe_2O_3 \downarrow + 2H_2SO_4$$

实验表明，酸度增高后，深度除铁需大幅提高氧分压，加大了生产实施的困难，因此拟定了一段除铁液离子交换膜再生硫酸后二段除铁的技术方案。二段除铁的条件为初始铁离子浓度约 18 g/L、温度 180℃、氧压 2.0 MPa、时间 1.5 h，除铁率约 95%。

两段除铁率合计约 98%，所产铁红容易过滤分离，经 3 段逆流洗涤基本不含硫酸根(采用 $BaCl_2$ 检测)，洗涤水可作为下一步离子膜分离硫酸的交换水，提高酸度后返回低铑浸出作为配酸使用。

铁红产品基本不夹杂硫酸镍及硫酸钴，产品纯度较高。主要成分为：

成分	Fe$_2$O$_3$	SiO$_2$	MnO	CaO	MgO	Al$_2$O$_3$	NiO	CuO	CoO
含量/%	99.57	0.0183	0.0489	<0.004	0.0302	<0.003	0.009	<0.003	0.008

铁红产品粒度较细，粒度分布为：

粒　　　　径/μm	0.1	0.3	0.6	0.9	1.5	1.8	2.3	2.8	3.5	5.5
累积分布率/%	0.19	2.11	7.73	17.6	36.8	51	66	81	93	99

粒径小于 2.85 μm 的细粒占 81.6%。铁红产品纯度及粒度皆达到软磁用铁红原料的要求，变废为利，增加了工艺的附加产值。

除铁后镍、钴溶液含铁降至 0.67 g/L，含 Ni 12.6 g/L、Co 0.74 g/L，不含铜和贵金属，用成熟的 P$_{204}$ – P$_{507}$ 萃取技术分离镍钴，再分别精炼为产品。

6.5.5　离子交换膜再生硫酸

研究了用离子膜从除铁液中再生硫酸的技术。离子膜分离或回收废酸基于扩散渗析原理，即废液中高浓度离子透过离子交换膜向低浓度区自然扩散，是一种以浓度差为推动力的分离过程。阴离子交换膜允许游离酸透过，而阻止盐透过。阴离子膜扩散渗析法已成功用于从钢铁酸洗废液、冶金废酸液、电镀废液等废液中回收酸。由于扩散渗析是一种自然扩散过程，分离过程不耗能，具有工艺简单、能耗低、无污染等特点[41]。选用的离子

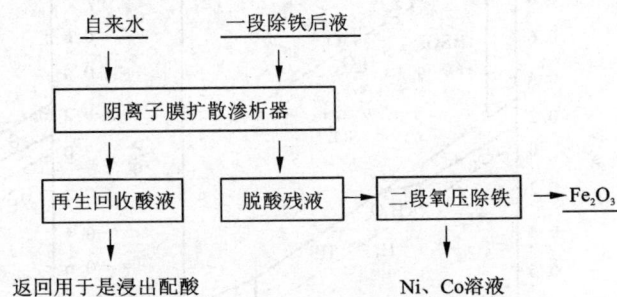

图 6 – 13　离子交换膜回收硫酸

交换膜能否较好地分离硫酸，是第二段氧化铁红过程能否深度除铁的关键。选择型号为 HKY – 001 的阴离子膜扩散渗析器，用于分离和再生回收铁红法一段除铁后滤液中的硫酸。离子膜再生回收硫酸的原理如图 6 – 13 所示。

针对酸度 1.28 mol/L，含铁 18.8 g/L，含镍 26 g/L，含钴 1.5 g/L 的一段除铁母液，母液和自来水（或铁红洗液）流量比 1∶1，交换平衡 8 h,结果见表 6 – 16。酸的再生回收率达 79%，可返回用于浸出配液。

表 6 – 16　离子膜再生硫酸的实验结果

再生回收酸液				膜交换脱酸残液				酸回收率/%	金属泄漏率/%		
g/L			mol/L	g/L			mol/L				
Fe	Ni	Co	H_2SO_4	Fe	Ni	Co	H_2SO_4		Fe	Ni	Co
1.13	0.78	0.08	0.98	17.5	13	1.2	0.277	79.17	6.5	6.3	6.9

膜交换时少量金属离子泄漏入再生回收酸液,铁、镍、钴的泄漏率分别为 6.5%、6.9%、6.3%。泄漏的金属并未损失,在返回浸出时回收在镍、铁浸出液中。

该技术可实现 80% 硫酸的循环再生复用,不仅可降低全工艺的硫酸消耗及废酸治理的试剂消耗,也可减少废酸排放造成的环境污染,符合绿色、环保及循环冶金的要求。

6.5.6　铜渣加压酸浸

含硫化铜物料用硫酸加压浸出铜,贵金属富集在浸出渣中。其实质仍然是将 CuS 中的 S^{2-} 在不同条件下氧化为 S、HSO_3^-、SO_3^{2-}、HSO_4^-、SO_4^{2-} 的过程。S^{2-} 氧化后 $S(S^{4+})$ 或 $S(S^{6+})$ 的化合物都可能存在,其 φ – pH 对比图见图 6 – 14。

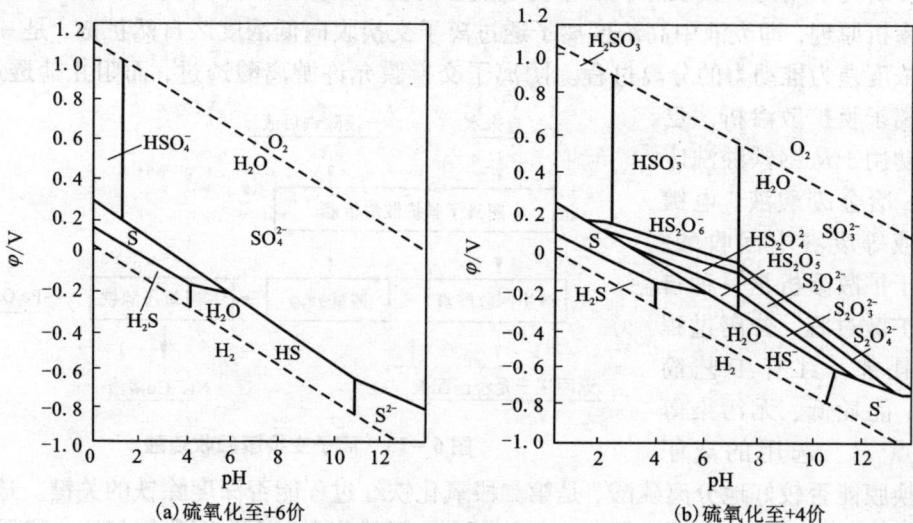

(a)硫氧化至+6价　　　　　(b)硫氧化至+4价

图 6 – 14　S – H_2O 系平衡 φ – pH 图(383 K、p_{O_2} 1 MPa)

S^{2-} 很容易氧化为元素硫——S,广泛分布的温泉硫磺矿,就是地壳里的 H_2S 气体随温泉水逸出后，被空气中的氧氧化形成的。φ – pH 图中 S 的存在范围狭小，但在酸性介质中很稳定。若需将元素硫继续氧化为 SO_3^{2-}、SO_4^{2-}，最简单的措施是强化氧化条件或降低浸出介质的酸度。氧化生成 SO_4^{2-} 就很稳定且存在范围很宽。

铜渣按化学计量用稀硫酸溶液（浓度 1.5 mol/L），在高压釜中控制温度 140℃，氧压 1.2 MPa，转速 450 r/min 浸出 3.5 h。

获得的硫酸铜溶液成分（g/L）为：Cu 41.2、Ni 0.41、Fe 1.34、Co 约 0.01、贵金属皆 < 0.0005 g/L，硫酸酸度 0.88 mol/L。该溶液铜浓度高，杂质金属及残酸浓度低，可直接用电积或其他成熟技术回收铜。

浸出渣率 5.25%，贵金属富集了 20 倍，全部八种贵金属皆得到有效富集回收。贵金属富集物主要成分列于表 6 – 17。

表 6 – 17　贵金属富集物的成分

金　属	Pt	Pd	Ru	Rh	Os	Ir	Au	Ag	PGMs	PMs
含量/($g \cdot t^{-1}$)	12034	19056	151	705	209	568	1983	13427	32723	48133

该富集物还含（%）：SiO_2 25.1、Cu 23.9、Fe 2.4、Ni 1、S 3.5。

用活化溶解技术[42-43]进一步分离二氧化硅和铜，即可产出高品位贵金属精矿及高浓度贵金属混合溶液。用常规的选择性沉淀法或溶剂萃取法，皆可分离精炼出 8 种贵金属产品。

6.5.7　全流程的物料量变化及工艺指标

拟定的工艺，实现了 8 种贵金属的全面富集回收，还综合利用了部分铁、硫，副产铁红、硫酸锰等副产品，大于 75% 的废酸通过离子膜交换回收再生复用。在共生矿综合利用方面展现了新的思路，在绿色、循环冶金工艺发展中做了大胆的尝试。

按浮选精矿成分（详见 4.9 及表 4 – 31）及贵金属富集物成分计，全流程贵金属回收率为：

贵金属	Pt	Pd	Ru	Rh	Os	Ir	Au	Ag
回收率/%	95	96.4	75	97	68	97	98	98

按浮选精矿及产出的镍、铜溶液成分计，镍钴回收率约 98%，铜回收率约 95%。

全工艺进行了扩大试验[44-45]：

熔炼在炉膛容积 25 L，功率 100 kVA 电弧炉中进行，每次处理 60 kg 浮选精矿，按质量比精矿：石灰石：石英石：氧化铁矿石 = 1：0.086：0.305：0.055 配料，1350℃下连续加料熔炼，多次分离炉渣后获得低锍。

常压硫酸浸出在 100 L 搪瓷反应釜中进行，每次处理 10 kg 低锍。细磨低锍（-200 目占 70%）入釜，按液固比约 8：1 加入 2~3 mol/L 的硫酸，升温至 80~90℃ 搅拌浸出 3 h。

三次熔炼低锍 - 硫酸常压浸出平行试验共获得铜渣 7.15 kg。用焙烧 - 硫酸浸出铜，获得贵金属精矿 182.5 g。

按处理 1 t 浮选精矿换算，富集工艺各中间产品量及主要成分列于表 6-18。

表 6-18　扩大试验的中间产品量及主要成分

中间产品名称	数　量	主　要　成　分						
		Pt	Pd	Au	Cu	Ni	Co	Fe
		g/t, g/L			%, g/L			
浮选精矿	1 t	31	45	4.3	3.3	3.1	0.2	~15
低锍①	0.234 t	128	183	18	13.2	15.2	0.80	43.3
电炉渣	1.246 t	0.96	0.07		0.12	0.06	0.02	
镍钴铁溶液	2076 L	<0.0005			< 0.02	17.1	1.02	48.6
除铁后镍钴溶液	2670 L	<0.0005				11	0.68	0.01
含贵金属铜渣	45.3 kg	545.4	980	110	64.2	0.31	0.02	0.9
铜溶液	637 L	<0.0005			45.6	0.19	0.01	0.54
贵金属精矿	1.309 kg	22480	32280	3700	3.5	1.3	0.06	5.03

注：①低锍还含(g/t)：Ag 99、Rh 5.2、Ir 6.5、Os 2.6、Ru 2.4。

全工艺将浮选精矿中的硅酸盐脉石和大部分铁，转化为化学性质稳定、不污染环境、易堆存的炉渣，精矿中有价金属富集并分离为三种中间产品：2.6 m^3 镍钴溶液、0.63 m^3 铜溶液及 1.3 kg 贵金属精矿。

镍钴溶液含(g/L)：Ni 11、Co 0.68、Cu <0.02、Fe 0.01。铜铁浓度很低，可用成熟的 $P_{507}-P_{204}$ 溶剂萃取技术分离精炼为镍钴产品。

铜溶液含(g/L)：Cu 45.6、Ni 0.19、Fe 0.54。镍铁浓度很低，可直接用不溶阳极电积技术产出金属铜产品。

产出的贵金属精矿品位 9.5%，其中铂族金属品位 5.57%。其成分(g/t)为：

成分	Pt	Pd	Au	Ag	Rh	Ir	Os	Ru	PGMs	PMs
含量	22 480	32 280	3 700	36 000	260	110	365	213	55708	95408

贵金属精矿可用储备技术分离提取各种金属，没有大的技术困难。如用活化溶解、溶剂萃取法分离精炼，首次从金宝山资源中提取出纯度 99.95% 的 Pt 3.8 g、Pd 5.3 g、Au 0.52 g 金属样品。获得副铂族金属富集物 80.4 g，含（%）Rh 1.3、Ir 1.34、Os 0.55、Ru 0.35。获得含 Ag 17% 的残渣 208.6 g。上述物料量充足时，浮选精矿中全部 8 种贵金属皆能有效回收。全工艺扩大试验指标列于表 6-19。

2004 年昆明有色冶金设计研究院对低锍湿法冶金前期研究的工艺进行技术经济论证、评估，认为可行[46]。

表 6-19 熔炼低锍-湿法浸出工艺扩大试验回收率指标/%

工 序	Pt	Pd	Cu	Ni
电炉熔炼①	97.3	96.1	92.4	96.6
低锍湿法浸出②	≥99	≥99	≥99	≥99
焙砂浸出③	≥99	≥99	≥99	≥99
镍钴液除铁			95	98（直收率77.9）④
富集阶段回收率	95.36	94.18	90.56	92.8（直收率73.7）
铜镍精炼			98	97
活化、溶解	99	99		
贵金属精炼	97	97		
全流程回收率	91.6	90.5	88.7	90（直收率71.5）

注：①以炉渣中金属损失比例计。

②Pt、Pd 回收率以浸出溶液中金属损失比例计。

③Pt、Pd 回收率以浸出溶液中金属损失比例计。

④以铁渣中金属损失比例计。

6.6 工艺比较及特点

6.6.1 工艺的比较

以处理 10 t 金宝山浮选精矿计算，熔炼低锍-湿法浸出，浮选精矿直接硫酸高压浸出-高压氰化，浮选精矿直接硫酸高压浸出-氯化浸出，3 种工艺一些主要项目的比较列于表 6-20。

表6-20　火-湿法联合工艺与全湿法工艺的比较

比较项目	熔炼低锍-硫酸常压浸出镍-铜渣高压浸出铜-提取贵金属精矿工艺	直接高压硫酸浸出-高压碱浸出-两段高压氰化浸出铂钯工艺	直接高压硫酸浸出-常压氯化浸出铂钯工艺
主要设备	3 t电炉1台, 5 m³常压浸出釜1台, 2 m³和5 m³高压釜各1台, 50 m³溶液过滤一次的设备	40、30、20、20 m³高压釜各1台, 300 m³溶液加温、过滤两次的设备	40 m³高压釜1台, 15 m³氯化反应釜1台, 120 m³溶液过滤两次的防腐过滤设备
流程中间产品量	低锍2.3 t, 炉渣12 t, 铜渣0.45 t, 贵金属精矿约15 kg, 镍溶液26 m³, 铜溶液6.3 m³	硫酸浸出液120 m³, 碱浸液46 m³, 两段氰化液154 m³, 氰化渣3 t	硫酸浸出液90 m³, 氯化浸出液30 m³, 氯化渣2~3 t
主要物料成分	镍溶液Ni 15~20 g/L, 铜溶液Cu 40 g/L, 镍铜溶液中Pt、Pd皆<0.0005 g/L, 贵金属精矿品位10%	硫酸浸出液中Ni 3.3 g/L、Cu 4.3 g/L、Fe约10 g/L、Mg 10~20 g/L, 氰化液中Pt最高0.003 g/L、Pd最高0.002 g/L、硅酸钠10~20 g/L	硫酸浸出液中Ni 3~4 g/L、Cu 4~5 g/L、Fe约10 g/L、Mg 10~20 g/L, 氯化液中Pt约0.01 g/L、Pd约0.016 g/L
综合利用及试剂消耗情况	镍钴铜及8种贵金属全面有效回收, 副产铁红, 大部分废酸再生回收循环利用	不能全面回收8种贵金属, 需消耗大量试剂和能源溶解精矿中80%以上的无价组分, 占用大体积设备和厂房	不能全面回收8种贵金属, 需消耗大量试剂和能源溶解精矿中80%以上的无价组分, 占用大体积设备和厂房
劳动安全及环境保护	镁铁硅酸盐脉石转化为炉渣, 易堆放, 不污染环境, 镍铜精炼废液量很小, 易治理, 含SO₂的烟气有污染隐患, 需加强治理	含剧毒氰化物的大体积废液及废渣, 含铁镁及重金属离子的大体积废酸液严重污染环境, 治理难度大, 使用氰化物的劳动安全条件很差	含铁镁及重金属离子的大体积废酸液严重污染环境, 治理难度大, 氯化的厂房和设备防腐要求高, 劳动条件很差

6.6.2　火-湿法联合工艺的优点

作者认为火-湿法联合工艺有下述优点：①熔炼过程设备小、效率高，炉渣化学性质稳定易堆存，环境污染隐患小；②各段浸出过程的选择性强，分别获得小体积的镍溶液和铜溶液，镍、铜浓度高、杂质少，方便衔接精炼工艺；③各段浸出过程矿浆体积小，不含硅胶，容易过滤，基建及设备投资少；④浸出贱金属时贵金属没有分散损失，8 种贵金属皆得到有效富集回收；⑤综合利用铁、硫，增加了附加产值；⑥大部分硫酸可在工艺中循环复用，降低了试剂消耗，废液废渣量少易治理，符合绿色循环工艺的要求。

众所周知，冶金是看得见摸得着、实实在在的应用技术。冶金技术和工艺的研究和选择，必须符合科学性、可行性、可靠性、合理性和安全性的要求。即依据的原理是科学的，能用相应设备转化为可行和可靠的实用生产技术，能产生合理的经济效益，生产过程安全且没有破坏环境的重大隐患。

冶金科技工作者应该共勉：在自己的科研工作中，应坚持踏实、谨慎、稳健的治学态度。任何"世界首创的新工艺"、"新技术"或"发明"，其首要内涵是比国内外已使用的原有工艺或技术具有更高的效率和技术经济指标，更符合节能降耗和安全环保的要求，更易产业化实施，有更好的推广应用前景。即是否能转化为现实生产力及能否获得较高的技术经济指标，是判断的客观标准，来不得半点虚假。

6.7　湿法冶金的环境污染隐患

6.7.1　工业化、现代化喜悦背后的悲伤

迄今为止，在无边无际的宇宙中，仅发现地球有智慧生命。地球经过40多亿年的沧桑历程，最终形成了今天的模样：海洋浩瀚，大河奔流，沃野千里无垠，高山峻岭绵延。这个环境是人类生存的物质基础，也是被不断利用和改造的对象。人类作为智慧生物，在几万、几十万年演化、进化过程中，与自然界三千多万种生物物种形成了和谐的相互依存、相互影响、动态平衡的关系和生存规律。人类的祖先从茹毛饮血、刀耕火种，到建立文明社会不过数千年，在地球沧桑历程中仅仅是非常短暂的一瞬间。他们曾悠然自得地生活在天上百鸟和鸣、地上五谷丰登、水中鱼儿遨游、处处青山绿水、万物峥嵘繁衍、自然生机勃勃的美好环境中。

近一百多年来，人类文明突飞猛进，科技飞速发展，社会空前繁荣。从某些西方国家开始的工业化和现代化进程逐渐席卷全球。工业区雨后春笋般地建立起来，机器轰鸣、烟囱林立。城市星罗棋布，公路、铁路四通八达，海上巨轮航行，超音速飞机飞越五洲四海。人们能下深海探宝，可上九天揽月。通信和网络使"秀才不出门也知天下事"。这些人类发展史上的奇迹，极大地提高了现代人的生活质量，使不少人的生活变得空前富裕、舒适、便捷和丰富多彩。似乎地球变小了，生命周期延长了。现代化的生活，使一些人享受了他们的祖辈甚至古时的帝王将相做梦也梦不到的好生活。这一切令他们庆幸、陶醉和兴奋。短时及局部战胜自然灾害的成就，也使某些人产生了"主宰自然"、"人定胜天"的狂妄偏见。

事实上，太阳系、银河系、宇宙万物中，地球仅是一个非常渺小的天体，不可能独善其身，它的生态状况受到天体运行的自然规律和地球人行为双重因素错综复杂的影响。人类不可能"人定胜天"，就包括不可能完全认识、有效掌控地球在宇宙中的循环往复运行规律这一自然因素。

越来越多的现代人将自己囚于钢筋水泥构筑的城市丛林中，享受现代化生活的沉重代价是加速开发和索取不可再生的资源，超常规地排放"有毒废物"，严重污染了环境，自觉或不自觉地破坏了地球生态。表现在：①有环保组织粗略统计，每 1 s 人类的生产活动消耗 O_2 约 710 t，排放约 4×10^5 m^3 CO_2 入大气，约 2300 m^2 耕地、5100 m^2 森林和 1629 m^3 冰川消失，天空烟气弥漫，江湖海湾浑浊发臭；②资源日趋枯竭，很多种金属矿产和矿物燃料几十年后耗尽；③水土流失大量吞噬着牧场、草原、湖泊和土地，荒漠化日益严重；④人口无节制地急剧膨胀，19 ~ 20 世纪近 200 年间人口增长了近 10 倍(已达 70 亿)，地区发展极不均衡，贫富差距日益扩大，不少地区饥饿漫延；⑤气候超常规变异，风不调、雨不顺，越来越汹涌的洪水、海啸、泥石流每年都夺走很多的生命和财产；⑥大量物种绝灭，微生物群落变异，不断产生许多新的威胁人类健康的致病源并出现一些新的不治之症。近 30 年来，人类社会暴发的 40 种新传染病中，2/3 由病毒(最原始、比细菌还简单的生物体)引起，其传播防不胜防。如"艾滋病毒"、"疯牛病毒"、"埃博拉病毒"、"禽流感 H1N1 病毒"肆虐全球，每年要夺去数百万人的生命。一些病毒不断变异，至今医学界尚无有效对策。

生态破坏同时威胁人类和其他生物的生存。举一个小小的例子：据统计，陆地上约有 90 种植物(包括 1/3 的粮食作物和几乎全部果蔬)，主要依靠蜜蜂授粉维系繁殖，以满足人类的食物需求。但由于大量使用杀虫剂和感染 IAPV 病毒等原因，不少地区先后出现蜜蜂大量消失的情况，最终后果是哺乳动物失去食源。爱因斯坦曾说，如果蜜蜂消失，人类只能再活 4 年。此话看似戏言，但一个小小的蜜蜂竟与人类生存有如此重大的关系，是一个一般人难以想像的生态灾难后果。

由于自然和人为双重因素的影响，仅仅不到 200 年，美丽的地球和生态环境遍体鳞伤，很多地方面目全非。尤其是自然规律的严重失调和气候的超常规变化，严重威胁人类的生存环境。但气候变化的自然属性和规律，人类并未完全认识和掌控。对如何把握地球和生态的未来，大多数人是茫然的。科学家的观点也是仁者见仁、智者见智，尚无统一的论断。很多科学家认为地球气候进入了变暖、北极冰盖加速融化等威胁人类生存环境的危险周期，正在全球动员"节能减排"遏制气候变暖。也有不少科学家认为"气候变暖说"是耸人听闻，是工业化国家企图扼制发展中国家发展经济的借口。对多年来的气候异常，尤其是 2012 年春出现的大气环流异常，南北半球极端恶劣天气频发，洪水、暴雪和严寒肆虐的现象，不少科学家又提出了完全相反的观点，认为地球将进入 20~30 年的"小冰河期"。无论是何种情况，陶醉和兴奋的现代人，开始担心他们的后代是否还能在地球村延续下去，人类是否具备准确把握未来的智慧和能力？有些人编织出"地球毁灭"、"2012 世界末日"的故事令不少人恐慌。连与爱因斯坦齐名的杰出理论物理学家霍金，也预言地球会在千年内因温室效应或核战争毁灭。一些国家加紧外层空间探索，也似乎包含了移民外星的幻想。

好在上述各种观点使地球人愕然觉醒了，越来越多的人已经认识到：人类赖以生存的地球和自然界是脆弱的，应该在不自觉地破坏整个地球之前，拯救和恢复遭到破坏的环境；人类与自然相比多么渺小，人类不做自然的"奴隶"，但也不能总想"人定胜天"做自然的"主宰"，人与自然必须和谐地发展；环境污染是无国界的，提高生活质量的同时加强环境保护和历史上人类所追求的其他目标一样崇高。人类社会可持续发展的一切方面，包括人类所有的生活和生产活动都与环境问题息息相关。"以人为本"、"珍爱生命"已成为社会经济可持续发展的基本原则。"国以民为本，民以命为先"，人民渴望能喝上干净的水、呼吸清洁的空气、吃上放心的食物，在良好的环境中生产生活。环境保护已成为 21 世纪各个国家和地区可持续发展所共同面对的头等大事，恢复生态已刻不容缓，必须只争朝夕。

人类尝到生态破坏的苦果是悲伤的，但作者认为不应附和悲观论者的绝望，地球仍然蕴藏着沧海桑田的生机。毕竟现代人的智慧和科学技术还在不断地进步，定能在遏制污染和恢复生态两方面创造出新的辉煌，人类社会可持续发展的脚步不可能停滞，更不会停止。

6.7.2　平衡、循环——世界万物更新发展的基本准则

自然环境是一个整体概念，包括人类在内的生物群落与外界非生物环境构成的整体称为"生态系统"。其中人类赖以生存的空气、水和食物等的循环空间构成大生态系统，个人的生活方式及从事的职业生产活动涉及小生态系统。正常情况下，大小生态系统具有相互依存、制约、动态平衡和周期循环的关系。

人的生命活动涉及奥妙无穷、精确复杂、缓慢有效的许多无机和有机化学反应。这些长期缓慢进化形成的机制和规律使人体与自然环境处于微妙的动态平衡。许多种"微量元素"或"痕量元素"对维持生命个体的正常活性扮演着特殊的角色，发挥着特殊的作用。微量元素对生命个体生存影响的神奇和奥妙在于，它们在体内多了或少了都会导致生命过程的紊乱甚至生病终结。有毒物质进入人体后参与机体的生物化学反应，改变了蛋白质和酶的活性，破坏了机体的平衡规律。已经确认很多种金属离子能改变酶的活性，使机体平衡失调。同种金属离子的价态越高，毒性越大。不同金属、不同价态及不同的化合物对机体作用的部位

有明显的选择性，一些倾向于与蛋白质中的巯基结合，另一些倾向于与蛋白质中的氨基结合，分别造成不同的毒害后果。

人类超常规地向环境排放有毒废物，破坏生态系统的结构和状态，使其失去平衡并长期得不到调节和净化，就会严重威胁人类的生存(详见2.8.1)。

6.7.3 水——生命之源、发展之本

进入21世纪，威胁人类生存状态的环境污染具体表现在下述很多方面：①按气候变暖说的观点，人类大量排放 CO_2、NO、NO_2、SO_2 等温室气体和有害气体，导致全球范围的大气污染和生态环境恶化，若不有效遏制，南极冰盖将在一千多年后完全崩塌，全球海平面将至少上升4米，许多现代化的城市和沿海的现代化经济带将变为泽国；②局部区域的水体污染，已严重影响居民的饮水和食物链安全；③食物添加剂、农药及有机物污染已成为生命的隐性杀手；④大气中悬浮物PM10、PM2.5威胁生命健康；⑤核电站事故的放射性污染，使人们"谈核色变"；等等。

空气中的氧气是生命活性的第一要素，停止呼吸几分钟生命就终结。一个健康成年人，每天呼吸的空气量达 $10~m^3$，约合13.6 kg(分别是食物量和饮水量的约10倍)。整个呼吸道黏膜都有很强的吸收交换能力，特别是肺泡毛细血管多，其总表面积达 $50 \sim 100~m^2$(是人体体表面积的25倍)。没有空气呼吸而窒息死亡的情况不会普遍发生，但空气中的污染物进入呼吸道，被肺泡迅速吸收而直接进入血液循环，分布到全身危害生命健康、导致慢性死亡的事，却已司空见惯。

大气污染是热带雨林和陆地植被遭受严重破坏，大量燃烧煤炭、石油化石燃料等共同作用造成的。这种污染不受洲际国界限制全球扩散，自然受到世界各国的共同关注。按《京都议定书》节能减排(碳)已逐渐推进。改变能源结构，加速利用取之不尽、用之不竭的太阳能，开发利用风能、核能、氢能等新能源受到各国普遍关注，取得了长足的进步。报载，2011年在这方面又有新进展。如：用涂抹液体硅的新方法成功制造出薄膜光电池，以不锈钢为基板，制造出低成本铜铟镓硒系(CIGS)重量轻且可弯曲的光电池；研发出新式全光谱太阳能电池，能吸收可见光和不可见光，理论转化效率达42%，超过现有普通太阳能电池31%的理论转化率；开发出塑料太阳能电池，以可循环塑料薄膜为原料，通过"卷对卷印刷"技术大规模生产，成本低廉且环保；研究了镓氮砷(GaNAs)材的多带型太阳能电池(光电转化效率超过40%)；用喷墨打印技术造出廉价的CIGS(铜铟镓硒)薄膜太阳能电池。这些进步将使太阳能发电进入崭新的阶段。风能发电是另一个重要的发展领域，已设计、建造和测试了大于90 m的叶片，可用于制造 $8 \sim 10~MW$ 的风力涡轮发电机。年发电量5.52亿千瓦的潮汐发电站已正式运营。用镍钴催化剂制造的"人造树叶"，能在简单的条件下将水分解为氢气和氧气，光合效率是自

然树叶的 10 倍。开发了一种"人造酶"，可在通常条件下分解水制氢。一些国家正在发展第四代核电技术、核燃料干式处理技术和钠冷却快堆技术，可利用核电站大量废弃的泛燃料继续发电。上述进展将为揭止大气污染发挥越来越大的作用。

有色金属冶炼过程废气、废水、废渣及重金属本身造成的环境污染急需整治。其中火法熔炼过程排放温室气体和有害气体的数量，虽然与钢铁工业、燃煤燃油发电、汽车和巨轮行驶等相比微不足道，但仍引起了冶金界和环保界的高度关注，并采取了很多有效的治理措施，使火法熔炼至今仍然是有效而经济可行的技术。将火法冶金和湿法冶金对立起来，认为火法熔炼技术已穷途末路，必须用湿法冶金技术取代，是脱离辩证观点的偏见和误解。事实上，湿法冶金造成的生态环境污染问题，必须高度关切和反思。

遏制水体污染已刻不容缓。水是生命之源，生态之基，生产之要。淡水资源循环体系是人类社会可持续发展中最重要的基础体系，但也是区域生态环境中最脆弱的体系，极易受到污染和破坏。湿法冶金废水含有害成分多，有些有害离子浓度很高。废渣吸附有大量有害成分，多呈微细泥状很难堆存。废水、废渣极易流失渗透，快速扩散，对地表水、地下水和食物链体系都造成严重污染。这种污染对区域生态环境的影响更直接，流动及极易渗透的水体使其危害范围更广，治理的技术难度更大，费用很高，成效甚慢。人们从越来越多的事实观察和认识到，对湿法冶金过程稍有疏忽或监管不力，排放的废水、废渣、废气对区域生态环境的污染和危害，常比火法冶金过程更直接更严重。

全球的淡水资源分布极不均衡。中国的人均淡水资源量低于世界很多国家和地区，2011 年全国用水量超过 6000 亿立方米，已占可开发利用量的 74%，这是何等危险的警讯。而且地区分配也极不均衡，不少地区的供需矛盾非常突出，为解决饮用水安全和农业灌溉费尽了心力。不少地区靠打井抽取地下水，井越打越深，水却越来越少，导致大范围地面沉降。有关部门对中国 118 个城市地下水的连续监测数据显示，64% 的城市地下水受到严重污染，33% 轻度污染，基本清洁的地下水只占 3%。不少江河湖泊严重污染事件频发，危害程度已触目惊心，有的污染事件投入巨资治理几十年，成效甚慢。中国已将淡水资源保护定位在关系到经济安全、生态安全和国家安全，具有公益性、基础性和战略性的高度，保护水资源已刻不容缓。还需指出，水体污染看似区域性的，但不少江河流出国境，若遏制不力、任其发展，也会演变为国际纠纷，这种纠纷已发生多起。可以预见，控制、争夺或合理分配淡水资源，今后会成为某些地区或国家间冲突的热点问题。

冶金工艺中废水、废渣、废气产出量，对安全生产和生态环境的危害程度，能否有效治理及能否实现资源的循环利用，已成为检验冶金工艺科学性和实用性的最重要原则和内容。生态环境保护问题已深入人心，对于废水治理，不少地区已制定了非常严格的"零排放"标准和相应的法规,并形成了环保对冶金工艺一票否决的管理制度。

作者特别强调:确保生态安全,造福子孙后代,已成为冶金学家义不容辞的责任。不仅要强化现有火、湿法冶金工艺的环境治理强度,还需认真学习冶金知识,掌握正确的研究方法,尽最大努力不犯或少犯常识性的错误。还应特别注意事先甄别和坚决摒弃那些造成严重安全隐患和环境污染的湿法冶金技术,如本章6.3、6.4两节所介绍的湿法工艺,就属于这种情况。我们不要再走先污染后治理、得不偿失的老路。

参考文献

[1] 刘时杰. 国际贵金属学会第十届年会述略[J]. 贵金属,1987,8(2):59-66

[2] G Baglin et al. 斯蒂尔瓦特铂矿浮选精矿的熔炼富集. US, 4337226[P]. 1982

[3] G Baglin et al. 斯蒂尔瓦特熔炼低硫的选择性湿法浸出. US, 4442072[P]. 1984

[4] 刘时杰. 加压浸出中氯离子对贵金属溶解损失的影响[J]. 贵金属, 1986, 7(3): 1-5

[5] Ferron C J, Fleming C A O, Kane P T, Dreisinger D. Pilot plant demonstration of the PLATSOL™ process for the treatment of the North Met Copper-Nickel-PGMs deposit[J]. Mining Engineering(Littleton,CO,United States), 2002, 54(12): 33-39

[6] David Dreisinger, William Murray, Don Hunter. The application of the PLATSOL™ process to Copper-Nickel-Cobalt-PGE/PGM concentrates from Polymet Mining's North Met Deposit[R]. 金川有色金属集团公司, 2011

[7] 朱祖泽,贺家齐. 现代铜冶金学[M]. 北京:科学出版社, 2003:663

[8] Mara Strazdins, Henry Sandri. Duluth metals receives scoping level metallurgical study and updates programe[EB/OL]. www. duluthmetals. com, 2007-11-19

[9] Daid Oliver P. Duluth metals acquires Platsol™ technology license for Nokomis Project[EB/OL]. www. duluthmetals. com, 2008-01-15

[10] Bruckard. Extraction of platinum, palladium by cyanidation[J]. Hydrometallurgy, 1992, (30): 211

[11] Mclnnes M F, Sparrow G J, Woodcock J T. Extraction of platinum, palladium and gold by cyanidation[J]. Hydrometallurgy, 1993, (31): 157

[12] Mclnnes M F, Sparrow G J. Extraction of platinum、palladium and gold by cyanidation of Coronation Hill ore[J]. Hydrometallurgy, 1994, (32): 141

[13] 陈景,黄昆,陈奕然. 铂族金属硫化矿或其浮选精矿提取铂族金属及铜镍钴. 中国, CN1234889C[P]. 2002

[14] 陈景,黄昆. 加压氰化法提取铂族金属新工艺. 中国, CN1417356A[P]. 2003

[15] 陈景,黄昆. 含铂族金属铜镍硫化矿加压湿法冶金的应用及研究进展[J]. 矿业研究与开发, 2003: 13-16

[16] 陈景，黄昆，等.加压氰化处理铂钯硫化浮选精矿全湿法新工艺[J].中国有色金属学报，2003，14（1）：41－46

[17] 黄昆，陈景.加压湿法冶金处理含铂族金属铜镍硫化矿的应用及研究进展[J].稀有金属，2003，27（6）：752－756

[18] 陈景，黄昆，陈奕然.金宝山铂钯浮选精矿几种处理工艺的讨论[J].稀有金属，2006，30（3）：401－406

[19] Huang K, Chen J, et al. Enrichment of PGMs by two-stage selective pressure leaching cementation from low-grade Pt-Pd sulfide concentrates [J]. Metallurgical and Materials Transactions B-Process Metallurgy and Materials Processing Science, 2006, 37(5)：697－701

[20] 陈景，等.加压氰化法处理铂钯硫化精矿全湿法新工艺[J].中国有色金属学报，2004,5

[21] 陈景.加压氰化处理金宝山低品位铂钯矿浮选精矿新工艺中试研究[R].云南省金宝山低品位铂钯矿资源开发综合利用文件及技术资料汇编.云南省地矿局，昆明贵金属研究所，2002

[22] 陈景.金宝山加压氰化新工艺5 kg批量扩大试验[R].云南省金宝山低品位铂钯矿资源开发综合利用文件及技术资料汇编.云南省地矿局，昆明贵金属研究所，2002

[23] 陈景.加压氰化处理金宝山低品位铂钯浮选精矿新工艺[R].云南省重点科技计划项目验收材料，昆明贵金属研究所，2004

[24] 陈景.铂族金属冶金化学[M].北京：科学出版社，2008

[25] 马宠，寇建军.含铂钯铜镍精矿湿法冶金处理新工艺[J].矿产综合利用，1999（5）：47－48

[26] 邓崇新，刘荣祥，蒋良华.低品位铂钯资源湿法综合回收利用新工艺[A].首届全国贵金属学术研讨会论文集[C].贵金属，1997，增刊：260－263

[27] 吴萍.铂钯精矿湿法预处理试验研究[J].有色金属（冶炼部分），2002，（3）：35－38

[28] 吴萍，马宠，李华伦.某新类型铂钯矿湿法冶金新工艺试验研究[J].矿产综合利用，2002，（3）：10－13

[29] 陈景，黄琨，陈奕然.铂族金属硫化矿提取铂钯和贱金属的方法.中国，CN1328398C[P].2007－07－25

[30] 张洪泉.职称评定方式是教授抄袭的祸首[EB/OL].并楚网，2012－03－27

[31] 杨茂才，陆跃华.金宝山浮选精矿冶炼富集工艺验证及扩大试验报告（国家"九五"重点科技（攻关）项目专题研究报告）[R].昆明贵金属研究所科技档案，2000

[32] 李晓明，刘时杰.云南省金宝山低品位铂钯矿资源开发综合利用[国家"九五"重点科技（攻关）项目]验收评估报告[R].云南省发改委，云南省地矿局，昆明贵金属研究所，2002

[33] Wu Xiaofeng. Smelting the Pt、Pd concentrate of Jinbaoshan [A]. Deng Deguo et al. International symposium on precious metals[C]. ISPM'99, Kunming, China：Yunnan Science and Technology Press, 1999,11：363

[34] 汪云华.云南金宝山铂矿浮选精矿综合利用工艺研究[D].博士论文，昆明理工大学，昆明贵金属研究所，2007

[35] 刘时杰，杨茂才，汪云华，张关录，陆跃华，等．云南金宝山铂钯矿资源综合利用工艺研究[J].贵金属，2012, 33(4)：1－9

[36] 蒋汉瀛.湿法冶金过程物理化学[M].北京：冶金工业出版社，1987：44－47

[37] 刘纯鹏.铜的湿法冶金物理化学[M].北京：科学技术出版社，1991：22

[38] 汪云华.氧化吸收硫化氢的新工艺研究[J].无机盐工业，2006, 138(7)：200

[39] 溶液中金属及其他有用成分的提取编委会.溶液中金属及其他有用成分的提取[M].北京：冶金工业出版社，1995,10

[40] 汪云华，刘时杰，等．金宝山铂钯矿浸出液氧化制备铁红的新工艺研究[J].矿冶工程，2006, 26(5)：23－27

[41] 翟建文，王文正，安兴才，焦光联．扩散渗析处理化纤厂酸性废水[J].膜科学与技术，2003, 23(1)：19－20

[42] 钱东强，刘时杰．低品位贵金属物料的富集活化溶解.中国，ZL95106124.0[P].1995

[43] 钱东强，余建民，刘时杰．贵金属的存在状态及溶解技术[J].贵金属，1997, 18(1)：40－43

[44] 李晓明，刘时杰．云南省金宝山低品位铂钯矿资源开发综合利用(国家"九五"重点科技(攻关)项目，验收评估报告)[R].昆明贵金属研究所，2002

[45] 杨茂才，陆跃华，张关禄，吴晓峰，赵家巧，顾华祥，等．金宝山浮选精矿冶炼富集工艺验证及扩大试验报告(国家"九五"重点科技(攻关)项目专题)[R].昆明贵金属研究所，2000

[46] 卢学纯，刘瑜．铂钯精矿冶炼综合回收新工艺之我见[J].有色金属设计，2004, 31(4)：1－6

[47] 刘时杰，王永录，汪云华.金宝山低品位铂钯矿冶金工艺研究述评[J].中国有色金属冶金，2013, (3)：8－14

第 7 章　铂族金属的选择性沉淀分离技术

　　8 种共生共存的贵金属元素相互分离为粗金属，是进一步精炼为各种纯金属或纯化合物产品的基本条件，也是铂族金属冶金科学的重要内容。

　　分离提取铂族金属的原料有两类。①矿产资源经富集及贵贱金属分离后获得的 8 种贵金属元素共存的精矿，称为"贵金属精矿"（或"铂族金属精矿"）。其成分非常复杂，其中以铂族金属为主，含少量金、银，其余为残留的贱金属和化学惰性的二氧化硅。精矿中铂族金属品位多高才进行分离，没有绝对的标准。为了减少贱金属在贵金属分离过程中的干扰，减小精矿处理量和降低试剂消耗，提高分离效率和回收率，应是品位越高越好。②二次资源富集提取出的铂族金属精矿或高品位的贵金属合金废料。其成分相对比较简单，一般含贵金属最多 3 种。两种原料的分离工艺相比，前者比后者复杂。但分离技术可以互相移植借鉴、互相促进共同发展。

　　分离工艺分为两类。①利用各种贵金属化合物或配合物溶解性质的差别，用选择性沉淀方法分离。20 世纪 80 年代前，这种传统工艺在国内外铂族金属精炼厂沿用了近百年。②主要利用贵金属氯配合物在溶液中性质的差别，用液－液溶剂萃取、固－液萃取或萃淋树脂交换等工艺分离。国内外精炼厂现已普遍使用液－液萃取（详见第 9 章）和固－液萃取工艺（详见第 10 章）取代选择性沉淀分离工艺，树脂交换分离技术正在发展。

　　本章主要介绍第一类方法，通过几个曾经长期使用的典型工艺流程，介绍工艺原理、特点、各种贵金属的分离程序和条件（不包括精炼为纯金属的技术内容）及对工艺的评价。虽然作为整体工艺已很少再继续研究，但其中的许多工艺环节是铂族金属冶金的基本内容，也与精炼技术密切相关。读者掌握这些知识，可在需要时根据待处理原料的性质、成分和实际的装备条件，将各种技术环节重新搭配组合为实用的工艺流程。

7.1　传统的选择性沉淀分离工艺

　　以高品位贵金属精矿为原料，分组溶解及沉淀分离贵金属的工艺流程[1-2]绘于图 7－1。贵金属品位 <20% 的粗精矿，首先都用硫酸化焙烧－稀硫酸浸出分离贱金属，提取出贵金属品位 >45% 的高品位精矿。贵金属相互分离和精炼至少包括 8 种分离程序和上百种化学反应，熔炼、溶解、过滤、沉淀等过程反复交替进行,分批间断操作。

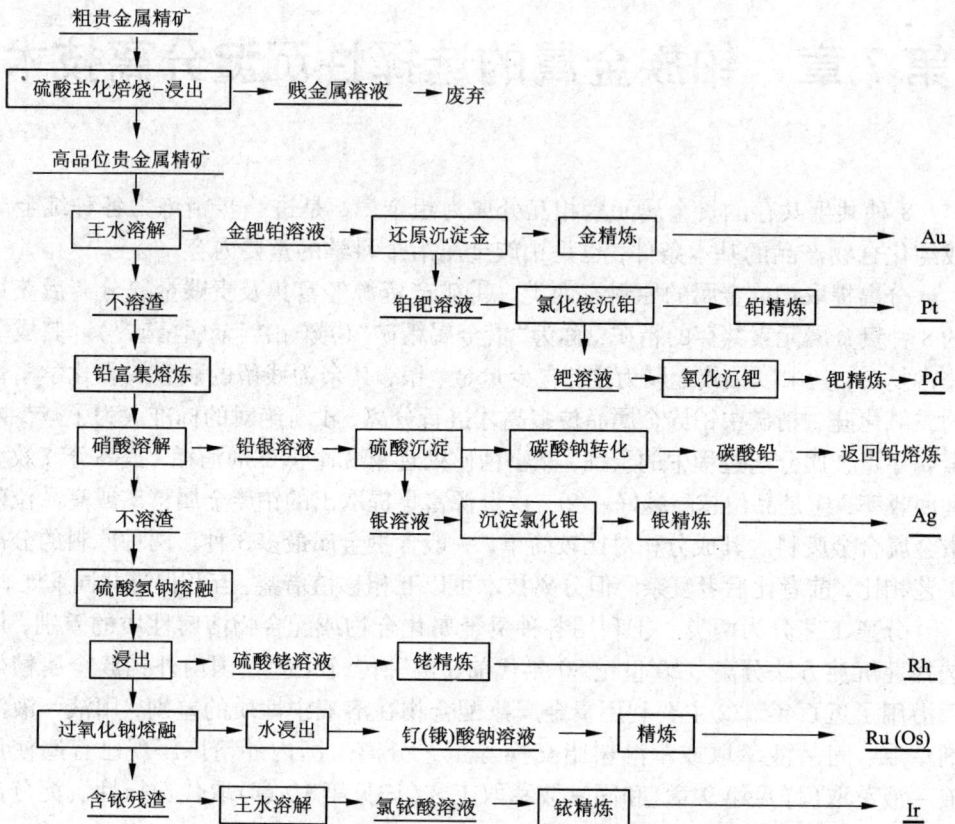

图7-1 传统的选择性沉淀分离贵金属工艺流程

7.1.1 王水溶解铂、钯、金

先用 6 mol/L 盐酸煮沸贵金属精矿,再按 $V_{HCl}:V_{HNO_3} \approx 3:1$ 加入浓硝酸,并用蒸馏水稀释一倍继续煮沸,不断补加盐酸和硝酸溶解 Au、Pd、Pt。以 Pt 为例反应如下:

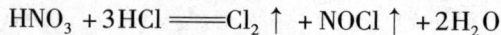

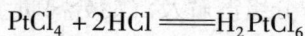

$$HNO_3 + 3HCl = Cl_2 \uparrow + NOCl \uparrow + 2H_2O$$

$$Pt + 2Cl_2 = PtCl_4$$

$$Pt + 4NOCl = PtCl_4 + 4NO \uparrow$$

$$PtCl_4 + 2HCl = H_2PtCl_6$$

总反应为:$Pt + 8HCl + 2HNO_3 = H_2PtCl_6 + 2NO \uparrow + Cl_2 \uparrow + 4H_2O$

Pd、Au 及精矿中残留的少量贱金属也溶解并生成 H_2PdCl_6、$HAuCl_4$、$FeCl_3$、

$CuCl_2$、$NiCl_2$ 等氯配酸及氯化物。

由于王水的强腐蚀性，溶解过程又需在沸腾温度下进行，大规模生产要用带夹套的玻璃反应釜设备，夹套中通入热油或蒸汽加热。最大的耐热玻璃反应釜容积可达 300 L。小批量生产则用玻璃烧杯在电热盘上加热溶解，或在耐酸瓷缸或钛材（参见 5.8）制作的反应器中用石英管加热器直接放入溶液中加热溶解。Au、Pd、Pt 溶解速度很慢，溶解完全需 1~2 d。

王水溶解时铂会生成难溶的亚硝基配合物（NO）$_2$PtCl$_6$ 黄色沉淀：

$$PtCl_4 + 2NOCl =\!=\!= (NO)_2PtCl_6 \downarrow$$

溶解结束后需"赶硝"，即加入盐酸煮沸并蒸发至糊状，反复数次使铂完全转化为可溶性氯配合物：

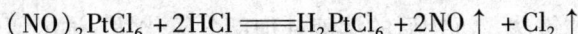

$$(NO)_2PtCl_6 + 2HCl =\!=\!= H_2PtCl_6 + 2NO \uparrow + Cl_2 \uparrow$$

赶硝后再加入稀盐酸煮沸溶解，过滤后的 Pt、Pd、Au 溶液中含少量贱金属及 Rh、Ir、Ru，不溶渣以副铂族金属为主，含少量 Ag 和二氧化硅。

溶解及赶硝过程产生大量 NO、Cl_2，并有大量 HCl 挥发，大规模生产时应连接碱液密闭吸收系统，既减少环境污染，又可回收试剂复用。这个溶解过程现在用盐酸介质中通入氯气、加入氯酸钠溶液或加入双氧水完成，避免亚硝基污染环境。

7.1.2　从溶液中分离金、铂、钯

1. 分离提取金

Au 比 Pt、Pd 易还原沉淀，先分离可避免后续 Pd、Pt 分离时出现 Au 的分散及沉淀干扰。同时先还原 Au 可使溶液中的 Pd、Ir 还原为低价态，以减少分离 Pt 时 Pd、Ir 的共沉淀。此外，传统工艺中用氨配合法分离 Pd，溶液若含大量 Au 会生成易爆的"雷金"（$Au_2O_3 \cdot 4NH_3$）带来操作危险。

在还原沉淀之前，溶液需先浓缩为 Au 浓度 >20 g/L，并用碱液中和使溶液酸度 <0.5 mol/L，避免还原时产出细粒黑金或胶体金。还原剂选择以不同时还原 Pt、Pd 为前提，一般用亚铁盐（$FeSO_4$、$FeCl_2$）、SO_2、草酸（$H_2C_2O_4$）等中等还原能力的还原剂，还原产出粗金。用硫酸亚铁和草酸作还原剂的反应为

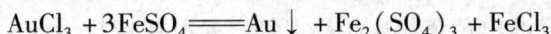

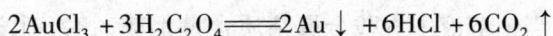

$$AuCl_3 + 3FeSO_4 =\!=\!= Au \downarrow + Fe_2(SO_4)_3 + FeCl_3$$
$$2AuCl_3 + 3H_2C_2O_4 =\!=\!= 2Au \downarrow + 6HCl + 6CO_2 \uparrow$$

在贵金属精矿溶解液中金浓度一般较低，还原效率不高且粗金多为微细状态，因此已用萃取法（详见 9.2）取代还原法。

2. 分离提取铂

分离金后的滤液加入氯化铵，沉淀出蛋黄色的氯铂酸铵：

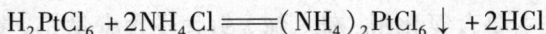

$$H_2PtCl_6 + 2NH_4Cl =\!=\!= (NH_4)_2PtCl_6 \downarrow + 2HCl$$

氯铂酸铵在水中溶解度为 0.77%，但在 17.7% 浓度的氯化铵溶液中的溶解

度降至 0.003%，因此沉铂时需按生成氯铂酸铵的化学计量及溶液体积加入过量的氯化铵。贱金属不与氯化铵形成类似的难溶盐，多数残留在溶液中过滤分离，但氯铂酸铵沉淀会吸附少量贱金属，精炼铂时再深度分离。

溶液中低价态 Pd(II)、Ir(III)生成的铵盐（$(NH_4)_2PdCl_4$ 和 $(NH_4)_3IrCl_6$）可溶。当呈高价态 Pd(IV)、Ir(IV)时，生成与氯铂酸铵异质同晶的铵盐$(NH_4)_2PdCl_6$ 和 $(NH_4)_2IrCl_6$共沉淀，很难用洗涤沉淀的方法与氯铂酸铵分离。首先还原沉淀 Au 可使 Pd、Ir 同时还原为低价态，但若没有沉金步骤则需在沉铂前将溶液煮沸或适当通入 SO_2 气体使 Pd、Ir 还原为低价态。

3. 分离提取钯

过滤氯铂酸铵后的滤液以钯为主，可用下述 3 种方法从溶液中提取：

1) 沉淀氯钯酸铵法。沉铂后的滤液补加部分氯化铵，通入氯气或加入硝酸氧化，使 Pd(II)氧化为 Pd(IV)，即可沉淀出红色的氯钯酸铵：

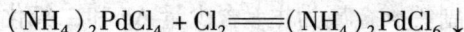

$$(NH_4)_2PdCl_4 + Cl_2 =\!=\!= (NH_4)_2PdCl_6\downarrow$$

贱金属不形成铵盐沉淀，多残留在母液中，过滤即可分离。但浓度高时，贱金属氯化物与氯化铵生成复盐结晶会污染钯铵盐沉淀，使之变为紫红色。氯钯酸铵很不稳定，在水中煮沸即可被还原为可溶的氯亚钯酸铵。用反复沉淀→溶解（至少3次）可较完全地分离贱金属，但产生的大量沉淀母液含钯，需置换回收返回精炼，钯的直接收率不高。Pt(IV)、Ir(IV)、Rh(III)等高价态离子也分别生成类似的氯配铵盐$(NH_4)_2PtCl_6$、$(NH_4)_2IrCl_6$和$(NH_4)_3RhCl_6$沉淀，因此该沉淀法不能使 Pd 与 Pt、Ir、Rh 有效分离。

2) 沉淀二氯二氨配亚钯法。沉铂后的滤液加热并加入氨水，贱金属水解为氢氧化物沉淀，同时沉淀出桃红色的二氯二氨配亚钯盐 $Pd(NH_3)_2Cl_2$：

$$2H_2PdCl_4 + 8NH_3 \cdot H_2O =\!=\!= Pd(NH_3)_4 \cdot PdCl_4\downarrow + 4NH_4Cl + 8H_2O$$

这个性质是钯特有的，过滤即可分离其他可溶性贵金属杂质。沉淀中继续加入氨水，二氯二氨钯盐转为无色可溶的二氯四氨配亚钯盐：

$$Pd(NH_3)_4 \cdot PdCl_4 + 4NH_3 \cdot H_2O =\!=\!= 2Pd(NH_3)_4Cl_2 + 4H_2O$$

同时贱金属水解为氢氧化物沉淀，过滤分离后，含钯滤液用盐酸缓慢中和到 pH = 0.5，重新沉淀出黄色粉末状的二氯二氨配亚钯盐。

3) 联合法。当钯溶液中贵贱金属杂质含量都较高时，上述两个方法可联用。即先沉淀氯钯酸铵分离贱金属杂质，再用氨配合法分离贵金属杂质，各反复沉淀数次可获得纯金属。

7.1.3 从王水不溶残渣中回收铑、铱、钌

王水不溶残渣主要含氯化银、铑、铱、钌，还含少量铂、钯，其余为二氧化硅，以分离和提取副铂族金属为主要目的。

1. 分离银及少量铂、钯、金

首先熔炼贵铅，即按渣中贵金属质量的 2 倍配入氧化铅或碳酸铅作捕集剂，按残渣量为 1 计算配入 75% 的硼砂、175% 的苏打作助熔剂，在 1000℃ 以上进行还原熔炼。分离二氧化硅与苏打和硼砂生成的低熔点炉渣后，富集了贵金属的贵铅水淬成粒，用硝酸煮沸溶解 Pb、Ag：

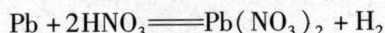

$$2Ag + 2HNO_3 ==== 2AgNO_3 + H_2$$

$$Pb + 2HNO_3 ==== Pb(NO_3)_2 + H_2$$

滤液中加入硫酸煮沸，沉淀出溶解度很小的硫酸铅：

$$Pb(NO_3)_2 + H_2SO_4 ==== PbSO_4 \downarrow + 2HNO_3$$

过滤后硫酸铅热分解为氧化铅或用碳酸钠溶液煮沸转化为碳酸铅，返回熔炼贵铅：

$$PbSO_4 + Na_2CO_3 ==== PbCO_3 + Na_2SO_4$$

过滤硫酸铅后的含银溶液加入盐酸或氯化钠沉淀出 AgCl，再和木炭、苏打熔炼为粗银。

硝酸不溶渣经 600℃ 焙烧后再次用王水溶解，含铂钯金的溶液并入主体溶液分离及提取这 3 种金属。

2. 分离提取铑

王水不溶渣配入硫酸氢钠在马弗炉中高温熔融，反应为

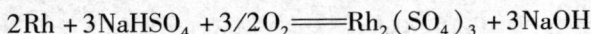

$$2Rh + 3NaHSO_4 + 3/2O_2 ==== Rh_2(SO_4)_3 + 3NaOH$$

熔块冷却后用稀硫酸浸出，获得可溶性的 $Rh_2(SO_4)_3$ 溶液，可生成硫酸盐是铑的特殊性质，过滤与 Os、Ru、Ir 分离后，硫酸铑溶液加稀碱液中和水解沉淀出 $Rh(OH)_3$，反应为

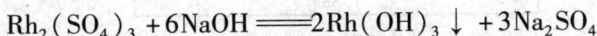

$$Rh_2(SO_4)_3 + 6NaOH ==== 2Rh(OH)_3 \downarrow + 3Na_2SO_4$$

过滤出的水解产物用盐酸煮沸重溶为氯铑酸，反应为

$$Rh(OH)_3 + 6HCl ==== H_3RhCl_6 + 3H_2O$$

此溶液即作为精炼铑的原料。

3. 分离提取锇、钌

Os、Ru 的性质非常特殊（详见 2.4.1），金属的熔点高及密度大，但却极易氧化为低沸点的高价氧化物挥发（沸点：OsO_4 131.2℃，RuO_4 65℃），这既是分离这两个金属最简单的方法，也是某些冶金富集过程及高温氧化条件下它们易损失、回收率较低的直接原因。水溶液中锇、钌的化合物种类很多，既可以不同价态的中心阳离子在盐酸溶液中生成氯配阴离子及相关的盐（参见表 2-9），如 $Os(H_2O)Cl_5^{2-}$、$OsCl_6^{3-}$、$OsCl_6^{2-}$、$Os(H_2O)Cl_5^{2-}$、OsO_2Cl^{2-} 及 $Ru(H_2O)Cl_5^{2-}$、$RuCl_6^{3-}$、$Ru_2O(H_2O)_2Cl_8^{2-}$、$RuCl_6^{2-}$ 等，也可以其氧化物为酸根在碱性溶液中生成锇酸盐和钌酸盐。因此，氧化挥发 – 酸液、碱液吸收成为分离 Os、Ru 的经典方法。

含 Os、Ru 的物料用 3 份 Na_2O_2 和 1 份 NaOH 混合，置于铁坩埚中在马弗炉中升温至 700℃ 熔融，熔块冷却后用水浸出，便获得含锇酸钠 Na_2OsO_4 和钌酸钠 Na_2RuO_4 的碱性溶液，反应为

$$Os + 6Na_2O_2 + 2NaOH = Na_2OsO_4 + 6Na_2O + H_2O + 1.5O_2 \uparrow$$

$$Ru + 6Na_2O_2 + 2NaOH = Na_2RuO_4 + 6Na_2O + H_2O + 1.5O_2 \uparrow$$

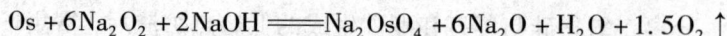

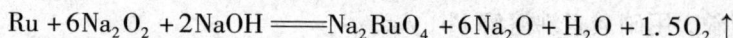

锇氧化物在碱性溶液中的平衡关系及标准氧化－还原电位示于图 7－2。

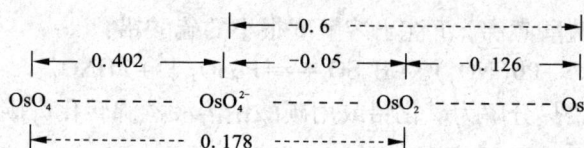

图 7－2 锇氧化物的平衡及氧化－还原电位（V）

要使 OsO_4 挥发，关键是利用 OsO_4/OsO_4^{2-} 的平衡关系，该反应的标准氧化还原电位为 0.402 V。只要用氧化电位 >0.402 V 的氧化剂即可使 Os（Ⅵ）氧化为 Os（Ⅷ）。热力学计算认为，只要两个氧化还原反应的标准电极电位差 >0.3 V，就可使氧化反应进行完全。因此选择氧化电位 >0.7 V 的氧化剂，即可使 OsO_4^{2-} 完全氧化为 OsO_4 挥发。

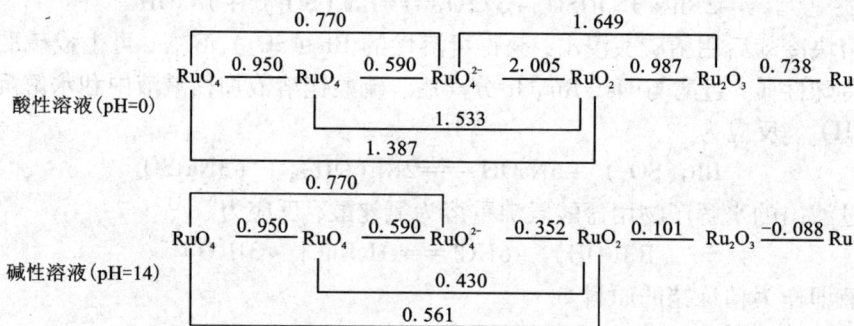

图 7－3 钌氧化物的平衡及标准氧化－还原电位（V）

钌氧化物在碱性溶液中的平衡关系及标准氧化－还原电位示于图 7－3。要使 RuO_4 挥发，也须利用 RuO_4/RuO_4^{2-} 的平衡关系，该反应的标准氧化－还原电位为 0.77 V。只要用氧化电位 >1.1 V 的氧化剂即可使 RuO_4^{2-} 完全氧化为 RuO_4 挥发。

根据两种金属氧化物性质及氧化－还原电位的差别，可用不同的氧化剂进行锇、钌的选择性氧化挥发。但在贵金属精炼工艺中多使用同时氧化挥发方法，用氧化电位 >1.1 V 的强氧化剂，如用氯气通入含锇酸钠和钌酸钠的滤液中，加温

至约 80℃ 同时挥发出 OsO_4 和 RuO_4，然后分别吸收分离。氧化反应为

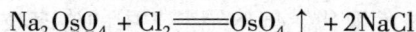

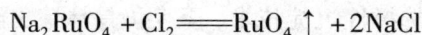

$$Na_2OsO_4 + Cl_2 =\!=\!=\!= OsO_4 \uparrow + 2NaCl$$

$$Na_2RuO_4 + Cl_2 =\!=\!=\!= RuO_4 \uparrow + 2NaCl$$

用浓度 5 mol/L 的 HCl 溶液加适量还原剂（酒精）吸收 RuO_4，转化为稳定的 H_2RuCl_5：

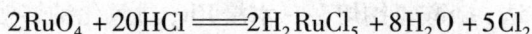

$$2RuO_4 + 20HCl =\!=\!=\!= 2H_2RuCl_5 + 8H_2O + 5Cl_2$$

用浓度 20% 的 NaOH 溶液加适量还原剂（酒精）吸收 OsO_4，生成锇酸钠溶液：

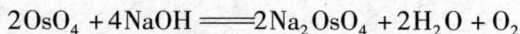

$$2OsO_4 + 4NaOH =\!=\!=\!= 2Na_2OsO_4 + 2H_2O + O_2$$

氧化挥发时若产生低价氧化物 OsO_2 和 RuO_2，它们分别与 OsO_4 和 RuO_4 在溶液中进行歧化反应，也可转化为锇酸根和钌酸根：

$$OsO_4 + OsO_2 \longrightarrow OsO_4^{2-}$$

$$RuO_4 + RuO_2 \longrightarrow RuO_4^{2-}$$

吸收系统由各 3~4 级的酸吸收液和碱吸收液串联组成，最末一级连接 100~200 Pa 负压。OsO_4 气体通过盐酸吸收液时也部分转化为不稳定的 H_2OsCl_6，因此钌吸收液应直接或经浓缩后加少量硝酸或双氧水氧化煮沸，将锇重新氧化为 OsO_4 挥发进碱吸收系统。一般分别放出浓度较高的第一级酸吸收液和碱吸收液送去分别精炼 Ru 和 Os，其他级依次前移提高金属浓度后送精炼。

需要指出：传统分离工艺中多次焙烧及高温熔炼，Os 的氧化挥发损失很大，回收率很低。

4. 提取铱

分离及提取 Rh、Os、Ru 后的残渣富集了化学惰性的 Ir，它在渣中一般呈 IrO_2 状态，可用王水溶解生成 H_2IrCl_6：

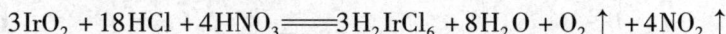

$$3IrO_2 + 18HCl + 4HNO_3 =\!=\!=\!= 3H_2IrCl_6 + 8H_2O + O_2 \uparrow + 4NO_2 \uparrow$$

在保持溶液的氧化性（有少量硝酸或通入氯气）确保铱呈 Ir(Ⅳ) 高价态时，加入氯化铵沉淀出带丝光的氯铱酸铵 $(NH_4)_2IrCl_6$ 黑色沉淀，进一步精炼为铱产品。

7.1.4　工艺评价

上述分离工艺存在一些缺点。①用硫酸化焙烧→浸出分离贱金属提取高品位贵金属精矿时，Os、Ru 特别是 Os 有氧化挥发损失，影响其回收率；②高温焙烧过程使副铂族金属转化为难溶状态以便王水溶解时与 Pt、Pd、Au 分离，但后续工艺中为了溶解副铂族金属又要分别使用铅富集、硫酸氢钠熔融、过氧化钠熔融等多次火法熔炼及浸出工序，间断分批操作的工效低，劳动强度大，污染环境；③工艺流程及处理周期长，分离的选择性差，大量贵金属在稀溶液和不溶渣积压和周转，使贵金属的一次直收率不高。

　　这种传统工艺曾使用近百年,从 20 世纪 80 年代开始已先后被液 – 液溶剂萃取或固 – 液萃取分离技术取代。但传统工艺中的许多技术环节,如:利用各种配合盐溶解性质差异的选择性沉淀技术,至今仍是精炼出纯金属或提取不同纯度的各种贵金属化合物产品的基础方法,在小规模矿产资源冶金及二次资源再生工业中仍广泛应用;而氧化挥发 – 选择性吸收技术,至今仍然是普遍应用的分离及精炼 Os、Ru 的经典方法;硫酸氢钠熔融 – 水浸 Rh、过氧化钠熔融 – 酸浸 Ir 等技术,在二次资源再生回收工艺中仍是重要的方法。

7.2　优先蒸馏锇钌 – 选择性沉淀分离工艺

　　20 世纪 80 年代,中国金川"从二次铜镍合金提取贵金属新工艺"投产后,富集工段产出品位约 15% 的活性贵金属精矿。为充分利用精矿的活性及提高 Os、Ru 的回收率,研究了优先氧化蒸馏锇、钌并使其他贵金属同时溶解的技术。从蒸残液中如何分离 Pt、Pd、Au、Rh、Ir,在跟踪国际技术发展动向开发溶剂萃取分离技术的同时(详见 9.1.1),也研究了选择性沉淀分离(如硫化钠沉淀、铜置换、锌镁粉置换)的过渡性工艺[3]。因硫化钠沉淀工艺在工业试验中失败,临时启用了铜置换技术(详见 8.4.1、8.4.2)。工艺流程见图 7 – 4。

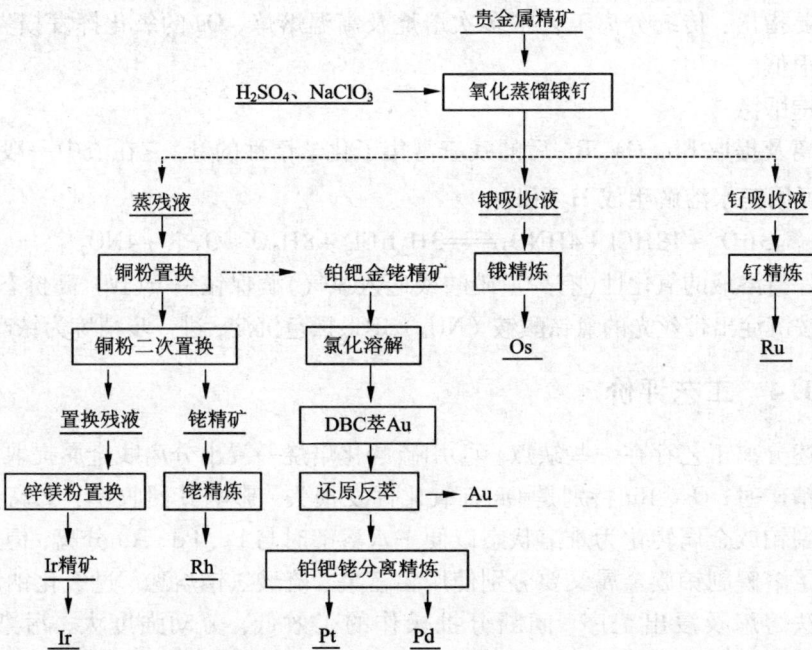

图 7 – 4　活性贵金属精矿优先氧化蒸馏锇钌 – 铜粉置换分离工艺

7.2.1　优先氧化蒸馏锇钌

铂族金属精矿中 S 及贱金属(Cu、Ni)的含量较高,铂族金属品位约15%。若首先硫酸盐化焙烧 – 浸出进一步分离 S、Cu、Ni,可使铂族金属品位提高至30% ~40%。再用传统分离工艺处理,技术成熟易产业化实施。但焙烧过程会导致锇、钌的氧化挥发损失。为此,研究了在硫酸介质中用氯酸钠优先氧化蒸馏回收锇钌并同时溶解其他贵金属的技术。

贵金属精矿的典型成分如下:

成　　分	Pt	Pd	Au	Rh	Ir	Os	Ru	Cu + Ni	S
含量/%	11	3.44	2.84	0.42	0.49	0.39	0.68	16.8	30

1. 蒸馏 – 溶解的机理及规律

氯酸钠是强氧化剂,在硫酸介质中按下列反应产生新生态氯原子,具有很高的氧化电位,可将铂族金属精矿中的所有贵、贱金属溶解:

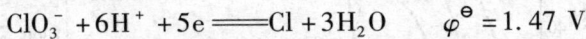

$$ClO_3^- + 6H^+ + 5e = Cl + 3H_2O \qquad \varphi^\ominus = 1.47 \text{ V}$$

氧化蒸馏过程中,用铂 – 甘汞电极测定溶液的氧化 – 还原电位变化及各金属的氯化规律见图 7 – 5、图 7 – 6。相应于氯酸钠加入量的增加及电位变化,各种金属氯化的顺序基本上分为 4 组:①在溶液电位 640 mV 之前是贱金属及其硫化物完全氯化溶解;②之后是 Os、Ru 迅速按下式氧化挥发:$3Os$(或 Ru) $+4NaClO_3$ $= 3OsO_4$(或 RuO_4)$\uparrow +4NaCl$,在贱金属氯化溶解及锇钌氧化挥发阶段,溶液的氧化电位维持为 600 ~700 mV;③继续加入氯酸钠,溶液氧化电位急速升高至约 1000 mV,主要发生 Rh、Pt、Pd 氯化溶解;④最后是 Au、Ir 氯化溶解,生成相应的氯配阴离子:

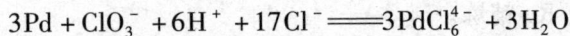

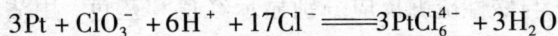

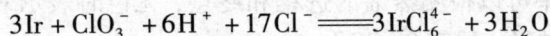

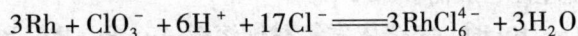

$$2Au + ClO_3^- + 6H^+ + 7Cl^- = 2AuCl_4^- + 3H_2O$$

$$3Pd + ClO_3^- + 6H^+ + 17Cl^- = 3PdCl_6^{4-} + 3H_2O$$

$$3Pt + ClO_3^- + 6H^+ + 17Cl^- = 3PtCl_6^{4-} + 3H_2O$$

$$3Ir + ClO_3^- + 6H^+ + 17Cl^- = 3IrCl_6^{4-} + 3H_2O$$

$$3Rh + ClO_3^- + 6H^+ + 17Cl^- = 3RhCl_6^{4-} + 3H_2O$$

Os、Ru 氧化为四氧化物挥发有不同的特点。氯酸钠在酸性介质中分解提供新生态氧,使大部分 Os 直接氧化为高价氧化物挥发,形成可溶性化合物的比例很小。氯酸钠在酸性介质中分解提供新生态氯,使 Ru 首先转化为氯配阴离子或其他可溶化合物,然后从溶液中再氧化为四氧化物挥发(见图 7 – 6)。

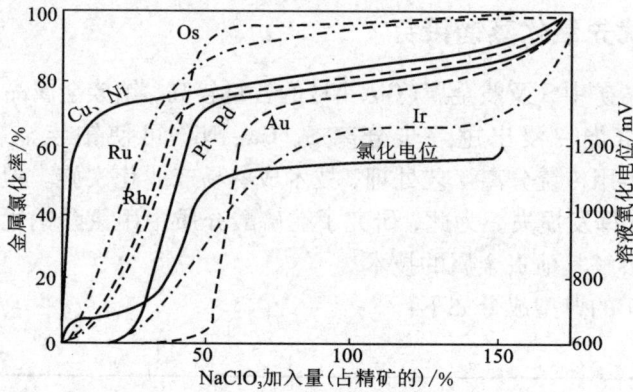

图 7 - 5 氯酸钠氯化各金属的规律(H₂SO₄ 1.5 mol/L, 95℃,液固比 5∶1)

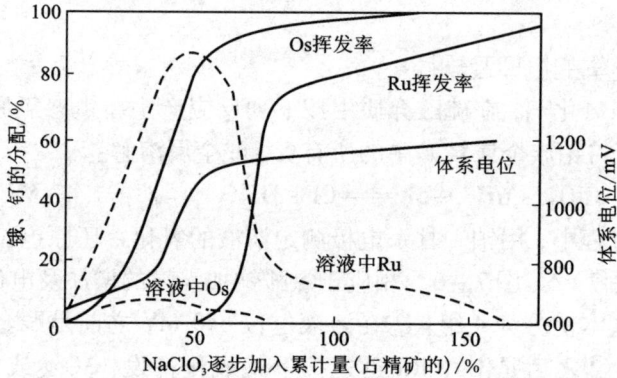

图 7 - 6 氯酸钠氯化时 Os、Ru 的溶出率和挥发率(H₂SO₄ 1.5 mol/L, 95℃ ,液固比 5∶1)

2. 生产应用

Os、Ru 氧化蒸馏及其他贵金属氯化过程,在耐酸搪瓷反应釜中进行,出气口串接六级吸收釜,前三级装入 5 mol/L HCl,加适量酒精溶液作吸收液吸收挥发的 RuO_4,后三级为 20% NaOH 溶液,加适量酒精溶液吸收 OsO_4,分别放出浓度较高的第一级送 Os、Ru 精炼。

OsO_4 和 RuO_4 与酸性硫脲反应分别显示红色和蓝色,用沾湿酸性硫脲溶液的棉球在吸收管道中可以检测蒸馏的进程和终点,无色时表示 Os、Ru 已氧化挥发完全,氧化蒸馏过程一般需 8 ~ 12 h。

氧化蒸馏 Os、Ru 时,完全依靠氯酸钠溶解 Au、Pt、Pd、Rh、Ir 既不经济,又在贵金属溶液中引入大量 Na^+,对后续处理不利。因此在 Os、Ru 氧化蒸馏完毕,断开吸收系统,向釜中补加浓盐酸并通入氯气,用 HCl/Cl_2 体系溶解其他贵金属。生产实践表明,所有贵金属都有很高的溶解效率,分别为(%): Pt、Pd 约 99.5,Au、Rh 约 99, Ir >96.5。

上述过程同时达到优先氧化蒸馏回收锇钌及溶解其他贵金属的目的。

7.2.2 蒸残液铜置换

铜置换本是一种很简单的方法。在贵金属冶金中主要用于从含大量贱金属（特别是 Cu^{2+}）的酸性溶液中置换回收低浓度的 Au、Pt、Pd。针对锇钌蒸残液，有人认为用铜粉从 Au、Pd、Pt、Rh、Ir 混合溶液中置换时，Au、Pd、Pt 置换速度很快，Rh 较慢，Ir 更慢。可利用这种速度差异进行分组粗分"优先提取铑、铱"。即第一次铜置换出 99.5% 的 Au、Pd、Pt，约 15% 的 Rh 和 5% 的 Ir，获得含部分铑、铱的铂、钯、金精矿。第二次铜置换出约 94% 的 Rh，获得含部分 Ir 的铑精矿，大部分 Ir 残留在置换母液中，再用锌镁粉置换出铱精矿。金、钯、铂精矿用 HCl/Cl_2 重溶后，用 DBC 萃取精炼金，用传统的选择性沉淀法分离 Pt、Pd，即氯化铵沉淀分离、精炼 Pt，氨水配合分离精炼 Pd。

7.2.3 工艺评价

优先氧化蒸馏 Os、Ru 技术已成功应用于生产，与传统工艺相比提高了 Os、Ru 的回收率。

生产实践证明，该工艺存在一些缺点：①处理的精矿品位较低时，蒸残液体积大，成分复杂，Cu、Ni 浓度高，Pt、Pd、Au、Rh、Ir 浓度较低。虽可提高 Os、Ru 的回收率，但增加了后续贵贱金属分离及贵金属相互分离的难度；②蒸残液系 SO_4^{2-} – Cl^- 混合介质，酸度约 5 mol/L，Na^+ 浓度约 100 g/L，溶液成分及性质很难调整，导致贵金属配合物状态及性质不稳定，很难直接衔接溶剂萃取分离工艺；③Cu 置换条件较难准确控制，未能达到"优先提取铑、铱"的目的，十年生产数据表明，Rh、Ir 的实际回收率仅分别为 9.18% 和 8.90%（详见 8.4.1），比传统分离工艺低很多。因 Rh 的价值远高于 Os 和 Ru，多回收了一点 Os、Ru 却损失了大量 Rh、Ir，经济上显然也不合理。

7.3 俄罗斯的分离精炼工艺

俄罗斯远东克拉斯诺亚尔斯克设有世界上最大的铂族金属精炼厂，集中处理全俄（包括诺里尔斯克及贝辰加）镍铜冶炼厂富集提取产出的铂族金属精矿，年产铂族金属 >100 t。1996 年在美国洛杉矶国际贵金属学会（IPMI）第 20 届学术年会上，俄罗斯专家首次公布了原则工艺流程[4]。

7.3.1 工艺流程

工艺流程原样绘于图 7-7。

铂族金属精矿　HCl　　　　　　　　HCl　铂族金属精矿

Cl₂　　　　　　　　　　　Cl₂　　　Cl₂

湿法氯化　　　　　　　　　　湿法氯化、过滤

矿浆　　烟气　　　　　　溶液　NaNO₂　气体

过滤　　吸收　　　　　　硝基化

NH₃　H₂O　沉淀　沉淀　矿浆　　　　气体

配合　　置换过滤　提取Os　过滤　硝化溶液　NaOH

过滤　　沉淀　　　　沉淀　氨配合沉淀过滤　吸收

沉淀　　提取金　　　Os　　溶液　沉淀　溶液

气体　矿浆　　　Au　　二次富集　溶解　HCl

过滤　　NH₄Cl　溶液　　铂族金属精矿　气体气体　溶液

溶液　AgCl沉淀　沉淀(NH₄)₂PtCl₆过滤　溶液　重硝化

真空蒸发　　Ag　氯铂酸铵沉淀　HCl　溶液　沉淀　溶液

沉淀　冷凝　真空煅烧　NH₃　置换、过滤　提取Ir　萃取净化

熔炼　　沉淀　粗海绵铂　Fe　溶液　置换物　Ir　溶液　有机溶剂

铂族金属合金　炉渣　NH₄Cl　溶液　氨配合过滤　熔炼　提取Rh

二氯二氨钯沉淀　铂族金属合金　炉渣　Rh

NH₄Cl

重沉淀　重沉淀

沉淀　溶液　溶液　二氯二氨钯沉淀　送至诺里尔斯克镍冶炼厂

真空煅烧　蒸发

烟尘　Pt　冷凝　中和水解过滤　真空煅烧

蒸发　　Pd　挥发物

溶液　沉淀　溶液　氨气

电解

沉淀　溶液　氢气

蒸发过滤　Cl₂

沉淀　溶液　HCl

熔炼　NaOH

铂族金属合金　炉渣

送至诺里尔斯克镍冶炼厂

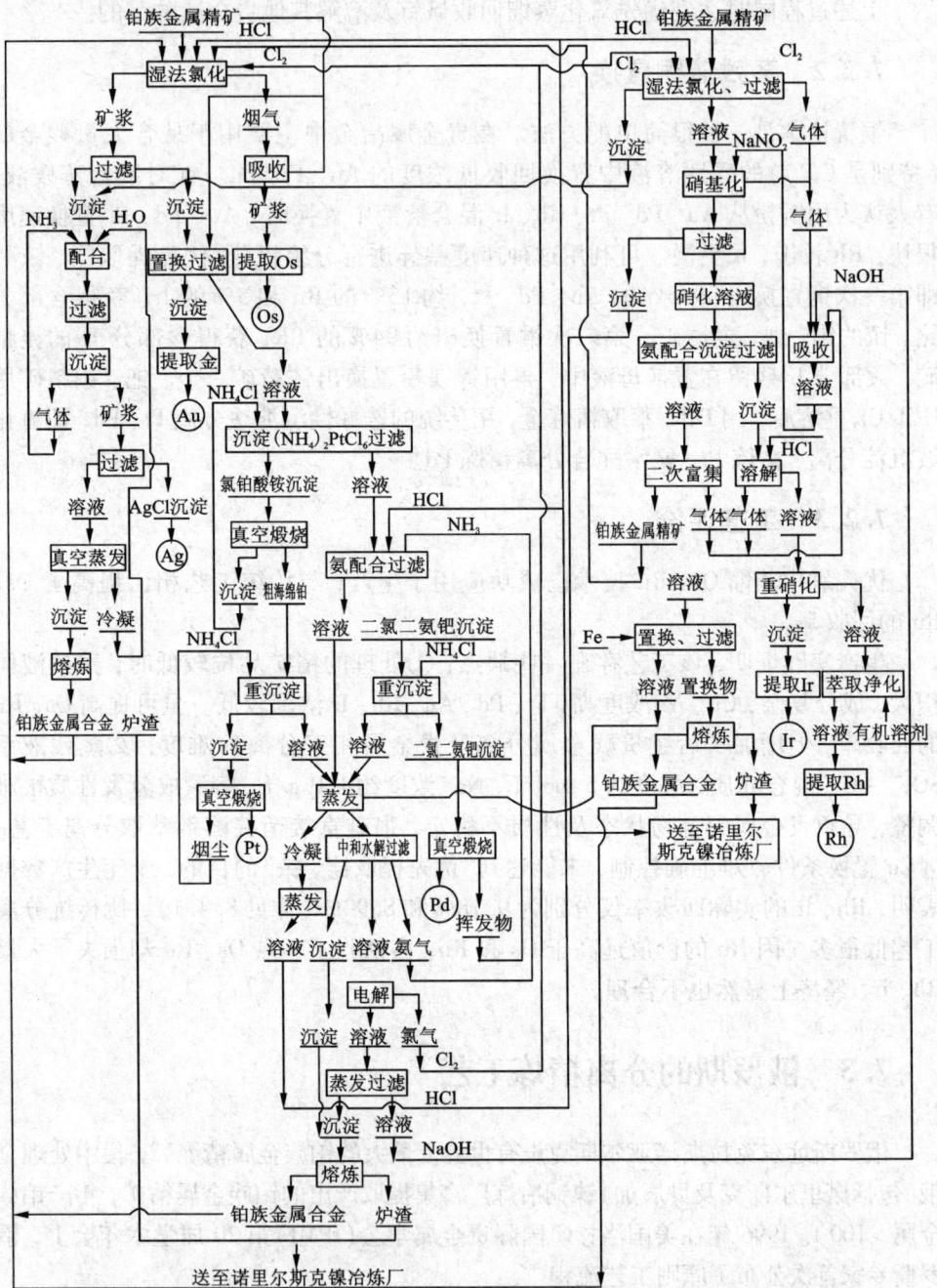

图 7 - 7　俄罗斯的铂族金属分离工艺

7.3.2　工艺特点

与传统的分步溶解 – 选择性沉淀分离工艺相比，俄罗斯的工艺仍然以沉淀法为主，但有一些技术特色。原则工艺未公开技术细节、控制条件和技术经济指标。作者在 IPMI 年会上与俄罗斯专家交换了技术信息，并根据经验和理解对该工艺剖析如下。

1）贵金属精矿直接湿法溶解。工艺的技术路线类似于传统工艺，但不是主副铂族金属分组或分步熔融→溶解，而是多次反复直接溶解使铂族金属转入溶液，再从溶液中选择性沉淀分离。

2）用 HCl/Cl_2 取代王水。使用 HCl/Cl_2 氯化溶解铂族金属精矿（类似于作者1965 年研究应用的"水溶液氯化法"），加快了溶解速度（由 2 ~ 3 d 降为 < 1 d），不溶渣中铂族金属含量降至 0.2% ~ 0.3%（降低为王水溶解的 1/15 ~ 1/20），提高了生产能力（达溶解 2000 kg/h 铂族精矿），避免了"赶硝操作"，减少了每年数百吨有害氮氧化物的排放。

3）用氨水从氯化残渣中配合溶解提 Ag，从溶液中再用 HCl 或 NaCl 沉淀为AgCl 回收。

4）活化溶解副铂族金属。用活化技术改变 Rh、Ir、Ru 的溶解活性，分两段溶解，所有铂族金属都达到较高的溶解效率。

5）强化了 Rh 的回收技术。全世界的铂族金属资源中，俄罗斯的资源含 Rh 最高，流程中优先用亚硝基配合法选择性沉淀出铑、铱的亚硝基铵钠盐，与其他贵贱金属分离，是一个突出特点。铑、铱相互分离和精炼历来是铂族金属冶金中较难、也是技术较为复杂的问题。上述工艺中用亚硝酸钠配合法处理铂族金属的混合溶液，即加入$NaNO_2$ 使铂族金属氯配阴离子中的 Cl^- 与 NO_2^- 发生配位基交换，生成可溶性的亚硝基配合钠盐——$Na_2Pt(NO_2)_6$、$Na_2Pd(NO_2)_4$、$Na_3Rh(NO_2)_6$、$Na_3Ir(NO_2)_6$ 等，以 Pt 为例反应表示为

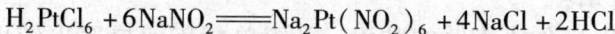

$$H_2PtCl_6 + 6NaNO_2 =\!=\!= Na_2Pt(NO_2)_6 + 4NaCl + 2HCl$$

配合时溶液呈中性，贱金属水解沉淀，过滤分离贱金属后，溶液中适量加入NH_4Cl，使 Rh、Ir 转化为 $Na(NH_4)_2Rh(NO_2)_6$ 和 $Na(NH_4)_2Ir(NO_2)_6$ 的白色沉淀，以 Rh 为例反应表示为

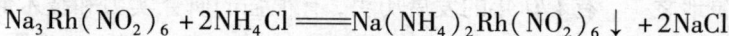

$$Na_3Rh(NO_2)_6 + 2NH_4Cl =\!=\!= Na(NH_4)_2Rh(NO_2)_6\downarrow + 2NaCl$$

沉淀微溶于水，在 10 ~ 25℃ 的溶解度为 0.79 ~ 2.16 g/L，因此沉淀并不完全。过滤后以 Pt、Pd 为主的可溶性亚硝基配合物溶液，添加盐酸煮沸使溶液转化为氯化物介质，再用置换或硫化物沉淀的方法重新提取出 Pt、Pd 为主，含少量Rh、Ir 的精矿返回氯化溶解。

Rh、Ir 的亚硝基铵钠盐沉淀用盐酸重溶为氯配合物后分离，即先加氯化铵和

氨水使 Rh、Ir 再重新配合沉淀，Rh 沉淀为柠檬黄色的五氨配合物：

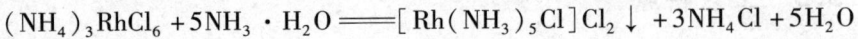

$$(NH_4)_3RhCl_6 + 5NH_3 \cdot H_2O \Longrightarrow [Rh(NH_3)_5Cl]Cl_2 \downarrow + 3NH_4Cl + 5H_2O$$

沉淀用 NaCl 溶液洗涤后加入 NaOH 溶液，使 Rh 转化为可溶氯配合钠盐，Ir 水解为 Ir(OH)$_3$ 沉淀，过滤分离，从沉淀中回收 Ir。Rh 溶液用溶剂萃取法精炼。这是俄罗斯工艺中唯一使用萃取技术的环节。

6）在贵金属精矿氯化溶解时挥发 Os。铂族金属精矿用 HCl/Cl$_2$ 溶解时，Os 氧化为 OsO$_4$ 挥发，氯化尾气在另一反应釜中用部分精矿吸收余氯并还原吸收 OsO$_4$，再从这个矿浆中回收 Os，提高了 Os 的回收率。

7）选择性沉淀法分离 Pt、Pd。含 Pd、Pt 为主的氯化液，用 NH$_4$Cl 沉淀出氯铂酸铵，过滤后的溶液用氨水配合及氯化铵沉淀氯钯酸铵的联合法提取 Pd。

8）很多化学试剂循环复用。流程中所有排放的含 Cl$_2$、Cl$^-$、NO$_2^-$ 的废气，都分别用 NaOH 溶液吸收。含 NaNO$_2$ 的吸收液返回硝基化分离 Rh、Ir。含 NaCl 的吸收液电解制取 NaOH、HCl、Cl$_2$ 闭路循环使用。所有铂族金属铵盐或氨配合盐都在真空煅烧炉中分解，回收的 NH$_4$Cl 和 NH$_3$ 闭路返回使用。不仅减轻了环境污染及治理的压力，也降低了加工成本，在研究、应用绿色循环冶金工艺方面进行了有益的尝试。

9）废渣闭路循环。流程中产生很多含铂族金属的固态中间产品，如氯化渣提银后的残渣，各种含铂族金属的废液用铁置换的富集物，都重新熔炼为含铂族金属的合金，并入精矿氯化溶解。熔炼炉渣返回诺里尔斯克镍铜冶炼厂富集回收其中的少量贵贱金属。

10）Pt、Ru 精炼技术独特。研究了氯化介质中 Pt、Pd、Rh、Ir、Ru 氯配合物在 180℃ 下的行为，找到了从 H$_2$PtCl$_6$·6H$_2$O 溶液中沉淀分离 Pd、Rh、Ir 的方法，不消耗任何化学试剂即可使铂溶液中其他贵金属含量降至 0.015%，进而精炼出 99.997% 的高纯铂。

研究了硝基配合精炼钌的技术，能简单精炼即提取出纯度达 99.97% ~ 99.99% 的金属钌产品，提高了钌的回收率。

俄罗斯在世界铂族金属冶金科技及产业领域占有重要地位。它是世界铂族金属冶金科技的发源地之一，有 170 年的发展历史，有很强的研究实力和技术储备，几十年来其产量与南非平分天下，克拉斯诺亚尔斯克铂族金属精炼厂的生产规模世界最大。毫无疑问，在世界各大型铂族金属精炼厂已先后使用溶剂萃取和固 – 液萃取技术的背景下，俄罗斯的冶金工艺也必然在不断改进和发展。

7.4 砂铂精矿的铂、锇、铱分离

7.4.1 砂铂精矿的特点及成分

1. 特点

重选砂铂矿获得的铂族金属精矿具有以下特点。①以 Pt、Ir、Os、Ru 的自然金属或合金矿物为主,有时还含少量自然金,铂族金属品位 > 90%,主要解决铂锇铱的分离问题。②自然铂类矿物是以铂为主含少量铁的天然合金,含 Fe > 12% 叫铁铂矿(密度 12 ~ 15 g/cm³),含 Fe 6% ~ 11% 叫粗铂矿(密度 14 ~ 19 g/cm³),含 Fe 更少时叫自然铂(密度约 19 g/cm³),含铁越高磁性越强,它们都能用王水溶解。锇铱矿物是以 Os 和 Ir 两种金属为主,含少量 Ru、Pt、Rh 的天然合金,含 Os 高(41% ~ 86%)时称为铱锇矿(密度 20 ~ 22.5 g/cm³),含 Ir 高(44% ~ 77%)时叫锇铱矿(密度 17 ~ 21 g/cm³),化学性质非常稳定,在王水中都不溶解;③铂族金属矿物都已单体解离,自然铂矿物粒度多在 0.1 ~ 3 mm 范围,但不规则,自然铂类矿物都比锇铱类矿物粗大,两类矿物都能用简单的重选富集提取出高品位的铂锇铱精矿。

世界各地著名的砂铂矿资源多已采竭,继续生产的少量资源在铂族金属生产中的地位很小,但砂铂矿的开采简单,能很快形成生产能力。中国砂铂矿资源及生产尚属空白,一旦发现则很易进行开采和冶炼。

2. 成分

砂铂矿重选铂族精矿的成分差别很大,依资源不同举 4 个例子。

1)100 多年前全世界有近数十处砂铂矿床和矿点(详见 3.1.6),如俄罗斯乌拉尔和远东的阿尔丹、哥伦比亚乔科、美国阿拉斯加和加利佛尼亚、加拿大不列颠哥伦比亚、埃塞俄比亚尤布多等。重选砂铂精矿以含 Fe 较高的铁铂矿物为主,含少量 Os、Ir,而 Pd、Rh 很少。以乌拉尔为例,重选砂铂精矿成分范围为

成　　分	Pt	OsRu	Ir	Pd	Rh	Fe	Cu	Ni
含量范围/%	69 ~ 82	2.0 ~ 17	0.6 ~ 4.5	0.3 ~ 1.0	0.5 ~ 0.7	6.0 ~ 14	0.8 ~ 2.8	痕量

只有少数矿点,如澳大利亚塔斯马尼亚的重选精矿中锇铱矿比例较高。

2)南非威特沃特斯兰德古老超变质砾岩中的金铀砂砾矿床中,含锇铱矿物(品位约 0.03 g/m³,粒度 0.04 ~ 0.9 mm),是一种特殊的类型。该矿是世界最大的黄金矿山,年产黄金最高时达 1000 t(1971 年),副产锇铱精矿可达数百千克。

金铀砂砾矿重选精矿先用混汞法回收金,残渣再用摇床或绒面溜槽重选→硝酸溶解铁矿物→苛性钠溶解碳化钨,获得的铂族精矿以 Os、Ru 为主,还含较高的 Ru,成分为(%):Os 33~36、Ir 29~36、Ru 12~15、Pt 8~13。

3)中国内蒙古达茂旗有一小型多金属共生矿,上部已风化蚀变为褐土型、氧化-角闪岩型矿石。主要脉石为角闪石、石英、斜长石及氧化铁矿物(褐铁矿、磁铁矿)。铂族金属矿物主要是砷铂矿(0.1~1 mm 粒级占80%)和很细的钯矿物(-0.013 mm 占70%)。原矿品位 Pt 4.9 g/t,Pd 1.9 g/t,磨矿至 -74 μm 占60%后旋流器脱泥→两段摇床重选→磁选分离磁铁矿→获得含 Pt 7.8%的重选精矿(Pt 回收率80%)。

4)近年在缅甸伊洛瓦底江密支那下游河段发现砂铂砂,与沙金共生,系超基性岩铬铁矿风化产物。手工淘洗获得的精矿,经混汞提金后的砂铂精矿以 Pt、Ir、Os、Ru 为主,含 Ru、Rh 较高是该矿的特点。

7.4.2　从砂铂精矿中提取铂

无论产自何地的重选砂铂精矿,冶金处理的主要目的是分离和提取 Pt 和 Os、Ir。首先都用王水煮沸溶解 Pt,反应为

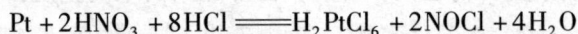

$$Pt + 2HNO_3 + 8HCl \rightleftharpoons H_2PtCl_6 + 2NOCl + 4H_2O$$

少量贱金属和 Pd 也同时溶解。若自然铂矿物粒度较粗,层层剥蚀溶解的速度较慢,需多次补加新鲜王水直至反应完全。过滤后,从溶液中分离精炼 Pt,不溶残渣以锇铱矿物为主,含少量其他铂族金属。

7.4.3　分离和提取锇、铱

1. 氧化碱熔

砂铂精矿提取铂后残留化学惰性的锇铱矿物,分离及提取 Os、Ir 的经典方法是氧化碱熔。即锇铱矿颗粒物料与过氧化钠(或过氧化钡)和氢氧化钠(或碳酸钠)按质量比1:1混匀后置于镍或铁坩埚中加温至600~700℃熔融,锇铱矿物分解,锇按下列反应式被氧化为锇酸钠:

$$2Os + 6Na_2O_2 + 2NaOH \rightleftharpoons 2Na_2OsO_4 + 5Na_2O + H_2O$$

若精矿中含 Ru,也氧化为钌酸钠 Na_2RuO_4:

$$2Ru + 6Na_2O_2 + 2NaOH \rightleftharpoons 2Na_2RuO_4 + 5Na_2O + H_2O$$

Ir 被氧化为 IrO_2。熔块用冷水浸溶获得含锇酸钠和钌酸钠的碱性溶液。锇铱矿物粒度较粗时,熔融→水浸可能要反复多次才能将锇铱矿物完全破坏和转化完全。然后用氧化蒸馏方法从溶液中提取 Os、Ru。即向溶液中加入氧化剂(如氯气、氯酸钠、溴酸钠等),利用反应产生的新生态氧使锇酸钠和钌酸钠分解,进一步氧化为低沸点的高价四氧化锇和四氧化钌挥发,再重新分别用碱液和盐酸液吸

收并精炼为产品。

需特别指出，锇铱矿的 Os 品位很高，OsO_4 挥发及碱液吸收的反应较剧烈，氧化挥发（蒸馏）的处理批量不能太大，氧化剂加入速度应缓慢，操作必须十分小心。当锇铱矿中含 Ru 较高时，如缅甸所产含 Ru 约 14%，氧化蒸馏过程中 RuO_4 的挥发速度很快，高浓度及较高温度下 RuO_4 会激烈分解为 RuO_2 和 O_2，有爆炸的危险，需特别注意。

利用 OsO_4 和 RuO_4 氧化电位的差别，可用不同的氧化剂进行选择性蒸馏，蒸出的 OsO_4 气体可直接冷凝为固体四氧化锇（纯度 > 99%），再用强氧化剂蒸馏 RuO_4，盐酸吸收后精制为 $RuCl_3$。分步蒸馏的反应温和、安全。

碱熔→水浸的残渣是 IrO_2，用王水溶解后精炼（详见 12.6）。

锇铱精矿也可用 Zn 或 Al 多次熔融"活化"，熔融物酸溶贱金属后使贵金属转化为微细活性状态，再用强酸及强氧化剂溶解贵金属，但因 Zn、Al 等贱金属的密度和原子结构与 Os、Ir 有差别，熔融活化效率不高，常需反复多次。最有效的方法是作者发明的锍熔 - 铝热还原法（详见 8.2.5），一次就能将 Os、Ir 转化为微细活性状态。

2. 高温通氧灼烧挥发

在管式炉中加温至 700 ~ 1000℃ 通入氧气，Os 直接氧化为四氧化锇挥发，氧化挥发率 > 90%。四氧化锇视具体条件可用 3 种方法吸收并精炼（详见 12.7）：①盐酸加酒精还原吸收为 H_2OsCl_6 后加 NH_4Cl 沉淀出（NH_4）$_2OsCl_6$，氢气流中煅烧分解为海绵锇粉；②用 10% 的 KOH 溶液吸收转化为 K_2OsO_4，加入 Na_2S 沉淀为 OsS_2，氢气流中煅烧分解为海绵锇；③用 10% NaOH 溶液吸收转化为 Na_2OsO_4，用硫酸中和至 pH ≈ 8，通入 SO_2 至 pH ≈ 6 沉淀出 $3Na_2O \cdot OsO_3 \cdot (SO_2)_4 \cdot 5H_2O$。该沉淀重新在硫酸介质中用 $NaClO_3$ 氧化蒸馏，KOH 溶液吸收、浓缩结晶出 $K_2OsO_4 \cdot 2H_2O$，在高压釜中用氢气还原为海绵锇粉。

7.4.4　转态活化处理钌锇铱矿[5]

1. 处理工艺流程

针对含（%）：Os 42、Ir 36.3、Ru 16.5、Pt 1.6、Pd 0.43、Au 0.4 的钌锇铱矿，研究的处理工艺流程绘于图 7 - 8。

2. 各工序操作条件及指标

1）转态活化熔炼酸浸 $m_{Zn}/m_{Al} \approx 2/3$ 混合后置入石墨坩埚，在马弗炉中升温至 500 ~ 800℃ 熔化，加入钌锇铱矿熔炼，倒入水中水淬成粒。酸溶 Zn、Al 后水洗至中性获得贵金属混合粉末。

2）氧化挥发吸收及精炼锇：贵金属混合粉末在管式炉中升温至 300 ~ 800℃，

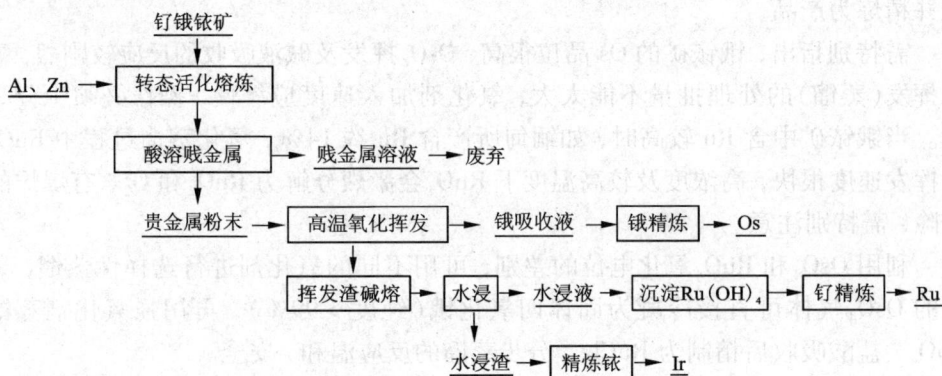

图 7-8 钌锇铱矿处理工艺

通入空气氧化，连接 5 级吸收液吸收挥发的 OsO_4 和少量 RuO_4：第 1 级 H_2O→第 2 级 4 mol/L HCl +3% 乙醇→第 3、4 级 20% 浓度 NaOH +4% 乙醇→最后一级为 Na_2S。OsO_4 被碱液吸收：

$$OsO_4 + 4NaOH = 2Na_2OsO_4 + O_2 + 2H_2O$$

锇吸收液需静置 48 h 防止冒槽，加入过量氯化铵沉淀出 $[OsO_2(NH_3)_4]Cl_2$：

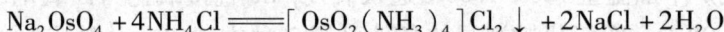
$$Na_2OsO_4 + 4NH_4Cl = [OsO_2(NH_3)_4]Cl_2 \downarrow + 2NaCl + 2H_2O$$

立即过滤后用乙醇洗涤低温烘干，置于管式炉通入氩气驱除空气后再通入氢气，升温至 500～800℃ 还原分解，直到无白色烟雾为止。氩气保护下降至室温后取出，锇粉用纯水 - 盐酸 - 纯水交替洗涤，在氢气氛下 600℃ 干燥，氩气氛下降温后真空包装为 Os 粉产品，纯度 99.9%，回收率 >92%。

沉锇母液加入 Na_2S，再用 HCl 酸化沉淀出 OsS_2 返回氧化挥发。

3）碱熔及精炼钌。挥发锇的残渣按残渣：$m_{Na_2O_2} : m_{NaOH} = 1 : 2 : 0.5$ 混合，置于铁坩埚在 400～700℃ 熔融，冷却后加水浸出 Na_2RuO_4 及少量 Na_2OsO_4。溶液中加入乙醇沉淀出 $Ru(OH)_4$：

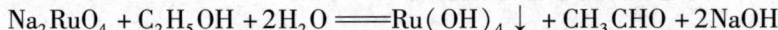
$$Na_2RuO_4 + C_2H_5OH + 2H_2O = Ru(OH)_4 \downarrow + CH_3CHO + 2NaOH$$

$Ru(OH)_4$ 用 HCl 溶解，加温后加入 20% 的 NaOH +20% 的 $NaBrO_3$ 溶液重蒸馏，用 4 mol/L HCl +3% 乙醇溶液 3 级吸收。钌吸收液置于蒸馏器中加入 H_2O_2 赶锇后浓缩，加入氯化铵沉淀出黑红色氯钌酸铵——$(NH_4)_2RuCl_6$。400℃ 煅烧钌盐，再在管式炉中升温至 750～900℃ 通氢气还原分解，氩气氛下降温，钌粉用 6 mol/L HCl 煮沸，纯水洗至中性后低温烘干获得 Ru 粉产品，纯度 99.9%，回收率 >95%。

再从沉 Ru 母液中用硫酸中和沉淀出 OsO_2 返回氧化挥发。反应为

$$Na_2OsO_4 + C_2H_5OH + H_2SO_4 = OsO_2 \cdot 2H_2O \downarrow + Na_2SO_4 + CH_3CHO$$

4）回收铱。碱熔－水浸渣以 IrO_2 为主，含少量其他贵金属杂质。用浓盐酸溶解为 H_2IrCl_6 溶液，加入 10% 的 Na_2S 溶液使 Pt、Pd、Au 生成硫化物沉淀分离，并使氯铱酸 H_2IrCl_6 还原为可溶性深绿色氯亚铱酸 H_3IrCl_6：

$$2H_2IrCl_6 + Na_2S + 2HCl = 2H_3IrCl_6 + S + 2NaCl$$

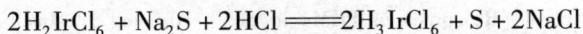

含铱溶液加入氯化铵，通氯气氧化沉淀出黑色氯铱酸铵——$(NH_4)_2IrCl_6$。多次还原－硫化－氧化获得的铵盐，煅烧分解为氧化物，置于管式炉中通氢气还原，并在氩气氛中冷却，取出后王水煮沸溶解杂质，纯水洗至中性，烘干为 Ir 粉产品，纯度 99.9%，回收率 >95%。

该工艺将三个金属皆制备为粉末金属产品，并非市场的最佳选择。同时制备过程复杂，氢还原的安全隐患及试剂能耗大，直收率低。因此产出化合物中间产品即可。

7.5　选择性沉淀分离工艺的评价

铂族金属冶金中，以选择性沉淀技术组合的分离工艺流程现在已很少继续研究，技术发展的重点已转向溶剂萃取、固－液萃取及萃淋树脂交换等分离技术，且取代沉淀分离工艺已是大势所趋。但在选择性沉淀分离工艺中很多成熟的单项技术，如氯化溶解贵金属，氯化铵沉淀及氨配合分离铂钯，硫酸氢钠（或硫酸氢钾）熔融－浸出铑，过氧化钠熔融－浸出铱，氧化蒸馏分离锇钌等，已成为铂族金属冶金中重要而传统的技术被普遍应用。

一方面，当用溶剂萃取或其他分离工艺不能直接获得纯金属或纯化合物产品时，仍需利用沉淀分离原理，即利用铂族金属化合物或配合物溶解性质的特点，进行 Pt、Pd、Rh、Ir 的精炼。至今，使用溶剂萃取分离工艺的各精炼厂，都将两类方法交叉融合为完整的工艺流程，氧化蒸馏 Os、Ru 的技术也交叉在萃取工艺中。另一方面，溶剂萃取工艺在生产规模较大且能实现台架连续操作时，才能充分显现其优越性。当生产规模较小时，较难形成连续和稳定的生产工艺，这时选择性沉淀分离工艺较易生产应用。

在二次资源再生回收产业中，原料品位很高，成分简单。用选择性沉淀工艺直接分离并衔接精炼也比用溶剂萃取工艺简单。

铂族金属冶金中各种分离工艺的优劣不是绝对的。冶金工作者应根据原料性质和特点、处理规模、装备及生产条件、劳动安全和环保规范等因素，将各种技术取长补短、交叉融合，制定科学的、更易生产应用的工艺流程。所涉及的相关问题在本书其他章节，如液－液溶剂萃取分离、离子交换及固－液萃取、二次资源的再生循环复用、纯金属及化合物产品制备等章中，读者皆能看到更多的实例，并找到相应的启发和答案。

参考文献

[1] E O Stensholt, et al. Resources of PGMs in South African [J]. Institution of Mining and Metallurgy Transactions[J]. 1986, 95(5): 10 – 16

[2] G B Marris. IPMI(International Precious Metals Institute), Precious Metals, 1993: 351 – 357

[3] 何焕华. 我国铂族金属生产的回顾与展望[J]. 贵金属, 18(增刊), 1997: 17 – 25

[4] A F Zolotov, V N Gulidov. Modern production of platinum metals in Russia[C]. IPMI, Precious Metals. 1996: 411

[5] 楚广, 杨天足, 楚盛. 从钌锇铱矿中提取贵金属的规模化生产[J]. 贵金属, 2005, 26(2): 1 – 4

第 8 章　铂族金属的溶解和低浓度溶液的二次富集

　　本章介绍的两个内容在铂族金属冶金中占有重要的地位，即如何使固态物料中的铂族金属有效溶解转入溶液，以及从含铂族金属的稀溶液或废液中如何重新富集回收为固态中间产品，它们是完整的铂族金属冶金工艺中不可缺少的两个环节，也是提高回收率的重要措施。

　　传统的铂族金属分离和精炼工艺，基于不同金属及其化合物或配合物化学性质的差异，进行分步溶解和从溶液中选择性沉淀，第 7 章中已介绍了各种金属的分步溶解方法，包括氯化溶解 Pt、Pd 和 Au，硫酸氢钠熔融使 Rh 转化为可溶性 $Rh_2(SO_4)_3$ 及碱熔 Os、Ru 转化为可溶性 Na_2OsO_4、Na_2RuO_4 等特殊方法。

　　先进的溶剂萃取分离技术（详见第 9 章），在水溶液中基于各个铂族金属不同价态和配合物状态的差别进行选择性分离，将全部金属同时高效地溶解，获得高质量高浓度的贵金属溶液，是应用该先进技术的前提。此外，铂族金属二次资源品种越来越多（详见第 11 章），再生回收量越来越大，合金废料的再生回收也必须首先将其溶解，并从溶液中分离和精炼各种金属。但 Rh、Ir 金属，含 Rh、Ir、Os、Ru 量较高的致密合金废料（如含 Rh > 10% 的 Pt – Rh 合金、Pt – Ir 合金、Os – Ir 合金、金属 Ir 制品、金属 Rh 制品等），则很难溶解，有的用王水煮沸几天、甚至几月都不见效果。试剂挥发、分解损失及能源消耗很大，快速有效溶解成为回收再生的关键和难题。这些金属并非不能溶解，而是固有的晶态结构使化学反应活性很差，或因状态致密或表面形成惰性化合物，使其溶解速度很慢。"溶解"问题的实质是必须用恰当的预处理方法，改变金属的物理状态和提高其化学反应活性，加快溶解速度。因此，难溶金属的溶解、矿产资源及二次资源原料中所有金属同时有效溶解是铂族金属冶金中一个特殊且重要的问题。

　　铂族金属的有效溶解包含两个方面的内容：①用什么方法、选择什么溶剂及在什么条件下才能使它们转化为可溶于水的化合物；②铂族金属的物理状态以及是否经过高温处理等因素，对其溶解活性影响很大，研究和选择何种预处理方法改变其物理状态和化学活性，才使其能有效溶解。

　　本章将各种溶解技术以方法分类介绍。铂族金属中最难溶解的铑、铱的溶解也将在各类方法中分别介绍。

8.1 氯化溶解

卤素——氟、氯、溴、碘，都是强氧化剂。其中，应用最多的是氯。气态氯（Cl_2）及其化合物（如 $NaClO_3$），可将包括铂族金属在内的绝大多数金属氧化为可溶于水的氯化物，氯化及在氯化物介质中冶炼某些金属的过程已发展为"氯化冶金"专业学科。

氯化是铂族金属提取冶金中进行贵贱金属分离的重要技术。如控制电位选择性氯化贱金属同时富集贵金属（详见 5.8），氯化焙烧或氯化挥发分离贵贱金属（详见 5.9）都有成功应用。氯化也是从铂族金属精矿和二次资源（废料）中溶解铂族金属的重要技术。因为：①铂族金属能与 Cl^- 生成不同价态、不同结构和不同性质的氯配合物；②铂族金属氯化物溶液是至今研究和认识得比较充分的体系，多数分离精炼方法是以氯配合物性质差异为基础制定的；③食盐、盐酸、氯气和其他氯盐（氯酸钠、次氯酸钠）等化工产品价格便宜、供应充足。因此，氯化技术在贵金属分离精炼中普遍使用。

根据使用的温度不同分为"火法氯化"（氯化焙烧和氯化挥发）和"湿法氯化"（水溶液氯化）两类。

8.1.1 火法氯化

在高温下用氯气将铂族金属转化为可溶性氯化物，判断氯化反应可否进行的热力学计算式 $\Delta G^{\ominus} - T$ 的关系曲线示于图 8 – 1。

图中各线代表的几种金属及其硫化物和氧化物的氯化反应、氯化物分解反应为

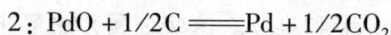

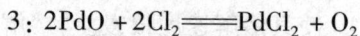

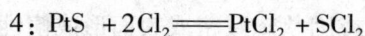

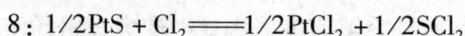

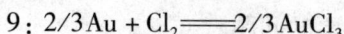

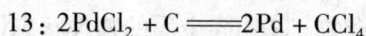

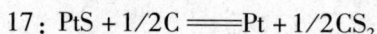

1：$2Ag + Cl_2 \Longrightarrow 2AgCl$
2：$PdO + 1/2C \Longrightarrow Pd + 1/2CO_2$
3：$2PdO + 2Cl_2 \Longrightarrow PdCl_2 + O_2$
4：$PtS + 2Cl_2 \Longrightarrow PtCl_2 + SCl_2$
5：$Pt + Cl_2 \Longrightarrow PtCl_2$
6：$2Ir + Cl_2 \Longrightarrow 2IrCl$
7：$Pd + Cl_2 \Longrightarrow PdCl_2$
8：$1/2PtS + Cl_2 \Longrightarrow 1/2PtCl_2 + 1/2SCl_2$
9：$2/3Au + Cl_2 \Longrightarrow 2/3AuCl_3$
10：$Au + Cl_2 \Longrightarrow AuCl_2$
11：$2Au + Cl_2 \Longrightarrow 2AuCl$
12：$PtS + Cl_2 \Longrightarrow PtCl_2 + 1/2S_2$
13：$2PdCl_2 + C \Longrightarrow 2Pd + CCl_4$
14：$PtS \Longrightarrow Pt + 1/2S_2$
15：$PdO \Longrightarrow Pd + 1/2O_2$
16：$PdCl_2 \Longrightarrow Pd + Cl_2$
17：$PtS + 1/2C \Longrightarrow Pt + 1/2CS_2$

由图可知，在 400K 以上的高温条件下，贵金属元素及其氧化物或硫化物皆能被氯气氯化为氯化物。贵金属氯化物的熔点较低，如某些贵金属氯化物的分解温度（℃）分别为：$PdCl_2$ 1297，$PtCl_2$ 581，$RuCl_3$ 770，$OsCl_3$ 578，$AuCl_3$ 379，易挥

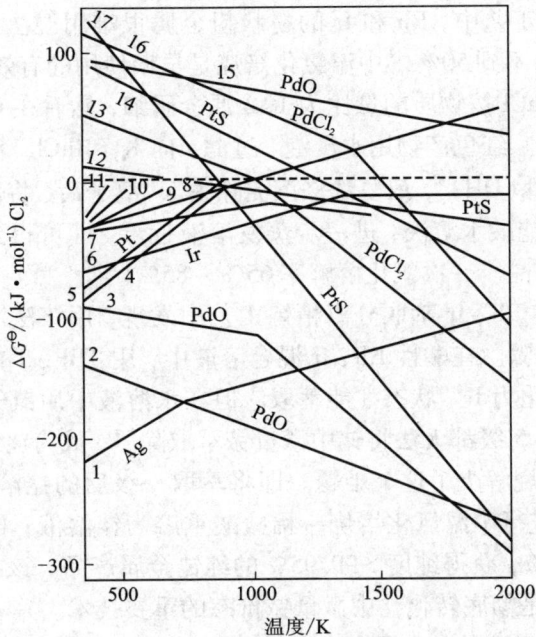

图 8 - 1　某些贵金属氯化反应的 $\Delta G^{\ominus} - T$ 图

发。氯化物在高温下稳定性差，氯化温度较高时，有些金属氯化物将大量挥发或重新分解为金属。因此，一般的氯化焙烧温度控制在 $550 \sim 600℃$。同时，还需供给过量氯气或在密闭设备中氯化，以保持较高的氯气分压，以防止氯化物分解。氯化过程中添加适量的碳可使氧化物的氯化反应更易进行。在物料中适量拌入 $NaCl$，可使铂族金属生成更稳定和溶解性能更好的氯配合钠盐。

1. 矿产贵金属物料的高温氯化

南非铂矿开采的早期，曾用该方法处理浮选精矿。精矿含铂族金属 $250 \sim 340$ g/t，先经氧化焙烧脱硫并使 FeS 氧化为惰性的 Fe_2O_3，浸出分离镍铜后配入 $NaCl$，置于氯化炉中在 $550 \sim 600℃$ 下用氯气氯化 4 h，然后用稀盐酸浸出，铂族金属的氯化溶解率平均为 87%，其中 Pt 的氯化溶解率最高（达 92%），Rh、Ir 的氯化效率较差。用锌粉从浸出液中置换出铂族金属富集物后再分离精炼。全过程的回收率 <70%。中国金川在 1965 年也用这个方法处理含铂族金属约 5% 的粗精矿。该精矿拌入少量 NaCl 铺在石英舟中，送入石英管状氯化炉密闭，向石英管中通入氯气同时升温到 $550 \sim 600℃$ 进行氯化焙烧→稀盐酸浸出。一次氯化溶解率大于 90%。用这个方法从中国矿产资源中提取出第一批铂钯金的金属样品。

2. 粗金属 Rh 的高温氯化

铂族金属精炼工艺中，Rh 和 Ir 的粉状粗金属很难用湿法氯化溶解，王水溶解 30 d 的溶解率也不到 50%。中温氯化焙烧是早期使用的有效且可靠的方法[1]。将铑粉与 KCl 或 NaCl 按物质的量比为 1:2 混合研细，然后在 Cl_2 气氛中于 550 ~ 650℃氯化焙烧 1 h。红色产物用水浸泡、过滤，向 $K_3(RhCl_6)$ 滤液中加入足够的 KOH 溶液沉淀出 $Rh(OH)_3$，反复洗涤沉淀除去 K^+ 离子后，将沉淀溶于尽量少的盐酸中，制备成氯铑酸水溶液，进一步蒸发溶液近干，即可得到酒红色的三氯化铑 $RhCl_3 \cdot nH_2O$ 结晶。一次氯化溶解率 65% ~ 85%。

1980 年中国在 Rh、Ir 萃取分离精炼工艺中发现，用该法溶解粗金属铑是深度分离 Ir 的关键步骤。在酸性 Rh、Ir 混合溶液中，用 TBP、TAPO、TRPO 等萃取 Ir 时，必须使铱转化为 Ir^{4+} 状态才能萃取。但在水溶液中用氯气或氯酸钠氧化预处理，甚至萃取 4 ~ 5 级都无法将铑中微量铱萃取除尽，成为铑精炼中公认的技术难题。中温氯化焙烧解决了这个难题。即将萃取一级后的铑溶液转化为粗金属，拌入 NaCl 通氯气进行中温氯化焙烧→稀盐酸重溶为铑溶液，再萃取两级即可将铑中铱降至 0.005%，获得纯度 >99.95% 的纯铑金属产品。该技术成功应用于金川生产，至今仍然是彻底转化铑中微量铱价态的重要技术。

由于氯气的强腐蚀性，中温氯化焙烧只能在石英管式炉中进行。处理批量小，石英管容易损坏，环境污染严重，大量含氯尾气需碱液吸收使试剂消耗大。因此该方法只能小规模应用，解决其他溶解方法难以解决的问题。

8.1.2 湿法氯化(水溶液氯化)

铂族金属中，除化学反应活性很强的细粉状金属钯可缓慢溶解在浓硝酸和浓硫酸中外，其他铂族金属不溶于任何单一无机酸，必须在酸性溶液中加入强氧化剂，使氧化电位超过铂族金属的电极电位，才能使铂族金属氧化为离子进入溶液。用 $HCl + HNO_3$(王水)、HCl/Cl_2、$HCl/NaClO_3$、HCl/H_2O_2 氧化溶解 Pt、Pd、Au 和经过预处理活化的 Rh、Ir、Os、Ru，已成为铂族金属冶金中普遍使用的方法。实际应用中氧化剂的选择，需考虑处理量及后续分离精炼工艺对贵金属溶液成分和性质的特定要求，及操作难易、环保及设备防腐等因素。

王水溶解的实质也可认为是氯化。反应中产生的新生态氯原子 [Cl] 作为氧化剂溶解贵金属。王水可在煮沸温度下溶解任何状态甚至致密的块、条、片状 Pt、Pd 和 Au。缺点是：①溶解反应中大量 HCl 挥发及 HNO_3 分解产生 NO、NO_2 等有毒褐色烟雾严重污染环境；②溶解后需反复加入盐酸蒸干破坏不溶的铂硝基配合物，试剂消耗大；③反应中产生的新生态氯原子和氧原子对设备腐蚀性很强。因此，该方法仅在小批量贵金属精炼中应用，且已尽量用 H_2O_2 取代 HNO_3。

钢瓶液化氯气运输和使用方便，可用 HCl/Cl_2 大批量溶解含铂族金属的物料

（贵金属精矿或粗金属）。溶解的效率取决于被溶物料的状态和反应活性。缺点是氯气利用率低，大量氯气逸散严重污染环境。

固体 $NaClO_3$ 运输、储备、使用安全，用量易控制。$HCl + NaClO_3$（固体或溶液）溶解铂族金属应用更多，且能在耐酸搪瓷反应釜中大规模进行。中国曾用该法溶解铂族金属精矿，同时优先氧化蒸馏回收 Os、Ru（详见 7.2）。

8.2　预处理活化

按热力学分析，所有铂族金属皆能被氯化溶解为相应的氯化物。但氯化酸溶时发现，无论使用何种氧化剂，溶解不同金属、不同状态和不同来源的物料时，不仅溶解的速度和效率差别很大，有的根本不溶。溶解速度是化学反应动力学问题，在相同的溶剂浓度、温度、搅拌强度等条件下，反应表面积大的微细粉状金属比金属或合金块的溶解速度快，这很容易理解。但铂族金属溶解中发现的一些问题却很难用一般的化学反应动力学理论解释。无论粉状、海绵状和块状的 Pt、Pd，都能用王水溶解，而副铂族金属，特别是 Ir、Rh，即使是粉状或海绵状，氧化酸溶效率也很差。含 Rh < 5% 的 Pt – Rh 合金能用王水顺利溶解，而 Rh > 10% 的 Pt – Rh 合金则很难溶解。Ir、Pt – Ir 合金废料用王水或 HCl/Cl_2 根本无法直接溶解。即使是粉状或海绵状，其溶解性能也取决于获得金属的途径。当它们在原始物料中与贱金属呈固溶体合金状态，用湿法冶金技术分离贱金属后，从固溶体中脱落形成的、以微细活性金属状态存在于铂族金属精矿中时，溶解性能就好，若该精矿经过高温焙烧，Rh、Ir 则很难溶。人们自然会问，究竟什么原因使其失去溶解活性？

高温焙烧使某些铂族金属氧化为难溶氧化物，如 Pd 氧化为 PdO 后难溶于王水，氢还原可恢复易溶活性，这已成定论，但含 Rh、Ir 且经高温焙烧的粉状物料，再经高温氢还原处理后仍然恢复不了溶解活性也是事实。这充分表明，影响铂族金属有效溶解的因素是多方面的，除物料分散性及化学反应表面积等动力学因素外，金属的原子簇状态和结晶结构，形成某些类似于各种矿物结构的惰性化合物，可能是影响其可溶性的另一重要因素。这些因素未深入研究，这里只能笼统、定性地归结为"化学反应活性"。因此用什么预处理方法能使铂族金属恢复溶解活性，即转化为易溶的微细活性状态是有效溶解的关键问题。

针对各种不同的含贵金属物料，曾研究和应用的预处理活化及溶解方法有：过氧化钠熔融法、硫酸氢钠熔融法、过氧化钡熔融法、贱金属 Zn、Al、Sn、Cu 熔融转态活化法、锍熔铝热还原活化法、同步转态活化法、电化学溶解法等。各种方法有不同的适用对象和适用范围。

8.2.1 过氧化钠熔融 – 水浸

该法已成功应用于处理锇铱矿和精炼过程中含副铂族金属的中间产品(详见 7.1、7.4),对处理矿产资源提取的贵金属精矿也十分有效。

Acton 精炼厂曾用该法处理高品位铂族金属精矿。精矿成分见表 8 – 1,7 种贵金属含量合计为 83.33%,含贱金属很少,其余主要是 SiO_2。

溶解过程分为两步,首先用 HCl/Cl_2 在 95℃下浸出精矿 5 ~ 10 h,溶解大部分 Pt、Pd 和 Au,以 Pt 为例浸出反应为:

$$Pt + 2HCl + 2Cl_2 = H_2PtCl_6$$

过滤后的残渣含 Rh、Ir、Ru 为主,配入残渣量 2 倍的 Na_2O_2 在马弗炉中升温至 550℃熔融 1 ~ 2 h,熔块冷却后用水浸出,先向溶液中加入甲酸使可溶性的钌酸钠重新还原为金属钌,过滤出不含贵金属的碱性溶液后,残渣用第一次的浸出液补加盐酸后进行第二次氯气浸出,最终不溶渣返回碱熔。各段浸出指标及物料成分变化见表 8 – 1。

表 8 – 1　用过氧化钠熔融 – 氯化法溶解高品位铂族金属精矿的浸出指标

物料及中间产品成分	Pt	Pd	Au	Rh	Ir	Ru	Ag
精矿成分/%	28.74	33.43	5.55	3.57	1.36	2.98	7.7
第一段 HCl/Cl_2 浸出率/%	98	98	90	39.2	43.7	25.4	
第一段浸出渣成分/%	2.44	3.02	2.1	9.13	3.53	8.8	
一段加二段总浸出率/%	>99.9	>99.9	>99.9	97.2	97.9	98.1	
最终贵金属溶液浓度/($g \cdot L^{-1}$)	25.6	31	4	2.78	1,21	2.42	
最终不溶渣成分/%	<0.2	<0.02	<0.02	1.0	0.35	0.56	

该方法简单、溶解率高,能获得含钠离子低的高浓度贵金属氯配合物溶液,有利于用溶剂萃取技术分离。最终不溶渣含 Rh、Ir、Ru 较高,但闭路返回碱熔,不会造成分散。未报道 Os 的回收情况,但在高温及强氧化剂存在下生成四氧化锇挥发损失不可避免,Os 的回收率可能不高。由于碱熔水浸时 SiO_2 可能转化为难过滤的硅胶,该法不适宜处理含 SiO_2 高的物料。

8.2.2 $KHSO_4$熔融 – 水浸

该法最早应用于矿产资源冶金产出的贵金属精矿的分离技术中,即从分离 Au、Pt、Pd 后的残渣中溶解 Rh 与 Ir、Os、Ru 分离。用 $KHSO_4$ 或 $NaHSO_4$ 与物料混合,升温至 650 ~ 750℃熔融,然后用水浸出获得含 $Rh_2(SO_4)_3$ 的溶液(详见 7.1.3)。

目前主要用该方法从纯铑粉直接生产硫酸铑溶液,用于特殊电镀工艺镀铑。

8.2.3　过氧化钡熔融法[2]

硝酸工业废铂 - 铑催化网王水溶解铂后的残渣,含 Rh 30% ~ 80%,无法用王水进一步溶解。残渣与 4 ~ 6 倍过氧化钡混合后升温至 800 ~ 950℃熔融,HCl 溶解获得含 Ba、Rh、Pt 混合氯化物溶液,然后加入 H_2SO_4 溶液沉 Ba,获得 Rh、Pt 溶液,可用于分离和精炼。该法的缺点是引入大量钡金属杂质,不仅硫酸沉钡时导致 Rh、Pt 分散损失,Rh、Pt 分离精炼时仍有深度除 Ba 的问题,工艺相应复杂。

8.2.4　贱金属熔融转态活化 - 浸出

该法主要用于处理呈合金状态的贵金属二次资源。20 世纪 70 年代,昆明贵金属研究所就开始了该类方法的研究,申请了多项专利。如 Zn 熔融活化 Pt - Ir 合金[3],Cu 或 Al 熔融活化 Ir 材[4],Al + Zn、Al + Zn + Cu 熔融活化 Rh - Ir 合金[5-6],Al 熔融活化 Pt - Ir 合金废料[7] 及 Al 熔融活化贵金属精矿及其他含贵金属物料[8]。方法的实质是用上述贱金属与贵金属物料高温熔融,然后用酸浸分离贱金属,获得溶解活性很好的粉状贵金属。

过去的文献或某些专著中称该法为“碎化法”。按词意,“碎化”系指将块状物料破碎为粒状或粉状,是一个物理概念。但一些已经是粉状的贵金属仍然难溶,属化学反应活性问题,因此作者认为该法称为“熔融转态活化法”比较恰当。

使用的 4 种金属,因 Zn 的熔点较低(419.5℃),800 ~ 1000℃高温熔融时氧化挥发损失很大。Sn 的熔点更低(231.9℃),高温熔融时的氧化挥发损失不可避免,且用酸从熔融合金中溶解分离 Sn 的速度很慢,分离不彻底,影响后续贵金属的分离精炼。Cu 的熔点较高,但从熔融合金中溶解分离 Cu 需使用氧化性酸,或需加入氧化剂,会造成贵金属在溶液中分散损失。因此用上述 3 种金属熔融转态活化,其使用范围受到限制。现在普遍使用的方法是用 Al 熔融活化。

过去预处理活化后制备的贵金属溶液,都要进行贵金属相互分离,并分别精炼为单个贵金属产品。分离精炼过程不仅周期长,试剂消耗多,而且产生大量含贵金属的废液和残渣,使贵金属直收率不高。如 Pt - Ir 分离时,铂、铱直收率仅分别约 85% 和约 70%。Pt - Rh、Rh - Ir 分离的直收率也不高。现在都倾向于将贵金属废料(如 Pt - Ir 废料、Pt - Pd - Rh 废料)严格分类,定向收集,预处理活化后制备的贵金属溶液不再分离精炼,直接净化后制备混合金属产品,按使用要求加入纯金属调整成分后定向返回重用。这不仅提高了贵金属回收率,而且降低了加工费用。

该过程分为 3 个步骤:①贵金属精矿与金属 Al 和 Fe 高温熔炼,贵金属转变为金属状态并与铝、铁合金化；②用酸溶解 Al、Fe 等贱金属，使贵金属转变为高分散的易溶活性金属状态；③最后用 HCl/Cl_2 溶解获得高浓度贵金属溶液。针对不同品位及成分的精矿使用不同的熔炼方法和操作条件。

1. 高品位贵金属物料铝热活化溶解

传统分离精炼工艺（详见 7.1）中的"贵铅"经硝酸溶解铅、银后产出的以副铂族金属为主的残渣，成分（%）为：Pt 5.5、Pd 3.8、Au 0.8、Rh 9.8、Ru 17.1、Ir 2.9、Os 1.9、Ag 1.4，贵金属含量合计 >40%，还含 Cu、Fe、Ni、Pb 合计约 35%。该残渣用王水直接溶解，高温氢还原后王水溶解等不同方法处理时，贵金属的溶解效率都不高。但经铝熔活化后全部贵金属溶解率都很高。

工艺过程为：残渣与等质量的铝在 1000℃ 以上，惰性气氛中直接熔炼为铝合金，用约 4 mol/L 的盐酸溶解贱金属，过滤贱金属溶液后的残渣再用王水或 HCl/Cl_2 氧化溶解贵金属。用不同方法处理时贵金属的溶解效率比较如表 8 - 2 所示。

表 8 - 2　高品位铂族金属物料用不同预处理方法的溶解率/%

处 理 方 法	Pt	Pd	Au	Ru	Rh	Ir	Os
王水 90℃ 直接溶解 5 h	89.3	76.2	92.9	2.0	8.5	2.5	2.0
$HCl + Cl_2$ 80℃ 浸出 5 h	86.3	74.5	90.2	2.5	7.6	2.0	2.1
900℃ 氢还原 1 h，王水 90℃ 直接溶解 5 h	96.3	97.4	98.5	4.5	14.6	8.3	5.0
铝熔 - 酸浸贱金属，王水 90℃ 直接溶解 2 h	99.5	99.2	99.6	98	98.5	98.3	97.6
铝熔 - 酸浸贱金属，$HCl + Cl_2$ 80℃ 浸出 1 h	99.1	99.8	99.8	97.1	98.9	97.4	98.6

该方法因 Al 的强还原性和 Fe 的有效捕集作用，能保证 Os 的有效回收。虽然不溶渣中 Rh、Ir、Ru 的含量也可能 >1%，但闭路返回铝熔活化过程，不会造成分散损失。

2. 中等品位和低品位贵金属物料的活化溶解

中等品位物料含贵金属 15% ~30%，含贱金属 >30%。用 2 mol/L 的 HCl 溶液通入 Cl_2 直接加温溶解，或高温氢还原后用 HCl/Cl_2 溶解，或铝熔活化→酸溶贱金属后再用 HCl/Cl_2 溶解 3 种不同方法处理时，贵金属的溶解率列于表 8 - 3。贵金属含量约 15%、FeO 14%、SiO_2 16% 及其他贱金属含量也较高的低品位精矿，用上述 3 种不同方法处理时，贵金属的溶解率也列于表 8 - 3。

表 8 - 3　不同方法预处理中、低品位精矿的贵金属溶解率

处理方法	中等品位粗精矿的溶解率/%（贵、贱金属含量各30%）					低品位精矿的溶解率/%（贵金属约15%、贱金属含量 >30%）				
	Pt	Pd	Rh	Ru	Ir	Pt	Pd	Rh	Ru	Ir
2 mol/L HCl/Cl₂ 直接浸出	80.8	70.7	32.7	14.6	64.8	63.9	53.7	30.9	16.4	45.2
氢还原后同上浸出	98.4	98.3	81.6	52.4	96.9	89.2	94.2	38.1	3.4	16.5
铝熔活化后同上浸出	99.6	99.4	87.8	96.9	96.9	99.3	99.4	97.6	95.6	87.3

低品位精矿的铝熔活化过程是：首先熔炼使 FeO 和 SiO_2 形成硅酸盐炉渣分离，即将精矿和炭粉、石灰混合制粒，800℃还原焙烧，焙砂加少量铁屑在电炉中 1600℃熔炼为铁合金，分离炉渣后的铁合金按铝：贵金属（质量比）= 0.4 : 1 向熔体中加入铝屑活化产出含贵金属的 Al - Fe 合金。用 HCl 或 H_2SO_4 溶解贱金属，过滤贱金属溶液后的贵金属精矿再用 HCl/Cl₂ 溶解。为确认该方法回收贵金属的可靠性，单独处理一批精矿的金属平衡情况列于表 8 - 4。

表 8 - 4　铝熔活化 - 浸出低品位精矿的金属平衡

物　料　及　成　分	Pt	Pd	Rh	Ru	Ir	Os
低品位精矿成分/%	1.11	6.40	2.99	6.51	0.44	1.43
炉渣中含量/(g·t⁻¹)	2434					
贱金属溶液中含量/(g · L⁻¹)	微量					
贵金属溶液中浓度/(mg · L⁻¹)	700	5063	2019	4438	315	850
从合金计算的回收率/%	93					
从炉渣计算的损失率/%	3					
以贵金属溶液计算的回收率/%	109.3					

3. 富铑铱钌残渣的活化溶解

传统精炼工艺中的富 Rh、Ir、Ru 残渣用不同的方法处理时，金属的溶解情况列于表 8 - 5。

表 8 - 5 用不同方法预处理富铑铱钌物料的溶解率

处理方法	溶解率/%		
	Rh	Ru	Ir
直接用 6 ~ 12 mol/L HCl + Cl$_2$ 浸出 2 h	18.5	0	2.2
高温氢还原后用 HCl + Cl$_2$ 浸出 2 h	14.6	5.7	6.7
加 FeS 铝热还原熔炼后 HCl + Cl$_2$ 浸出 2 h	93.1	90.8	90.3
加 FeS 铝热还原熔炼后 HCl + Cl$_2$ 浸出 10 h	99.5	99.1	99.3

以上 4 个例子明显表明, 铝热还原熔炼→酸浸预处理方法, 可使所有惰性难溶状态的贵金属转化为活性易溶状态, 方法可靠且溶解率很高。

4. 铂铱合金废料的铝热熔炼活化 – 溶解精炼

Pt – Ir 合金废料含 Pt 50.7%、Ir 17%, 其余为 Cu 等贱金属。处理 Pt – Ir 合金废料的工艺包括: Al 熔炼活化→盐酸溶解分 Al→王水溶解 Pt、Ir→离子交换净化→氧化及氯化铵共沉 Pt、Ir→煅烧氢还原等过程。在贵金属二次资源再生回收技术中, 这是不进行贵金属分离, 直接产出纯混合金属粉末返回复用的实例。

1) 铝熔活化批次处理量 3173.3 g, 与 6 倍质量的 Al 块, 在中频炉中 1300℃ 共熔 30 min, 浇入铁盘冷却后捣碎。

2) 盐酸溶铝。用 6 mol/L 浓度 HCl 溶解 Al, 溶解过程可自热至沸腾状态。溶液中 Pt、Ir 含量 < 0.0005 g/L, 不发生分散损失。

3) 王水溶解。高活性的铂铱黑色粉末用王水溶解, 过滤后不溶渣重 209 g, 渣含 Pt 1.11%、Ir 0.86%, 渣计一次溶解率 Pt > 99.8%、Ir > 99.6%。

4) 离子交换净化。贵金属溶液浓缩赶硝后稀释至 (Pt + Ir) 浓度约 40 g/L, pH≈0.5, 用强酸性阳离子交换树脂交换净化 3 次, 获得较纯的铂铱混合溶液, ICP 测定主要成分列于表 8 – 6。

表 8 – 6 铂铱混合溶液主要成分

金属	Pt + Ir	Pd	Rh	Au	Si	Fe	Al	Ru、Ni、Cu、Mg、Ca
浓度/(g·L^{-1})	38.07	0.0045	0.0042	0.005	0.0045	0.0015	0.001	皆 < 0.001
换算含量/%		0.012	0.011	0.013	0.012	0.004	0.001	皆 < 0.003

5) 氯化铵沉淀。氧化 Ir(Ⅲ)、Pt(Ⅱ) 为 Ir(Ⅳ)、Pt(Ⅳ) 是保证沉淀率的关键。使用不引入杂质的氧化剂, 如加入双氧水氧化, 控制溶液氧化电位约 1000 mV 加入氯化铵沉淀, 一次沉淀率可达 Pt > 99%、Ir 约 98%。

6)煅烧氢还原。共沉淀获得的$(NH_4)_2PtCl_6$、$(NH_4)_2IrCl_6$混合物，煅烧氢还原后产出铂铱混合金属粉末 2081 g，含 Pt 76.3%、Ir 24.5%。光谱分析杂质含量列于表 8 - 7。

表 8 - 7　铂铱混合金属粉末的光谱分析结果/%

元素	Au	Rh	Pd	Ag、Al、Mn、Pb、As、Sn、Co、Cu、Sb、Si、Fe、Ni、Bi、Zn
含量	0.002	0.004	0.01	皆 <0.001

该方法工艺流程短，铂铱直收率高(Pt 98.7%、Ir 95%)。混合金属粉末产品纯度可满足制造新 Pt - Ir 合金材料的要求。

5. 铝锌熔融活化锇铱矿[9]

针对含(%)：Os 42.3、Ir 35.1、Ru 15.5、Au 0.41、Pd 0.43 的锇铱矿精矿，加入 3 倍量 Zn 和 0.5 倍量 Al，于 500~700℃熔融 1~2 h，熔体倒入冷水中水淬。合金块加入 HCl 溶液中溶解 Zn、Al。不溶粉末放入管式炉中加温至 800℃抽负压氧化蒸馏 OsO_4。蒸残渣拌入 $NaOH + Na_2O_2$ 700℃熔融，熔融物用水溶解，滤液中加入乙醇获得 $Ru(OH)_4$ 沉淀物。过滤后用盐酸溶解氢氧化钌并调整溶液 pH = 1 加入 $NaBrO_3$ 溶液蒸馏 RuO_4。碱熔水浸后的 Ir 渣用浓 HCl 加温溶解获得氯铱酸溶液。

各中间产品用常规方法精炼。Os 吸收液加入 NH_4Cl 沉出铵盐，氢气流中煅烧为海绵锇，纯度 99.9%，直收率 87%。Ru 吸收液加入 NH_4Cl 沉出铵盐，氢气流中煅烧为海绵钌，纯度 99.9%，直收率 81.3%。氯铱酸溶液加入 Na_2S 净化后加入 NH_4Cl 并通入氯气沉出铵盐，煅烧氢还原得海绵铱，纯度 99.9%，直收率 95.4%。

8.2.5　锍熔铝热还原活化溶解[10-11]

这是作者发明的专利方法，可使不同品位和状态的含贵金属物料富集→活化，产出高品位活性贵金属精矿和溶解获得高质量、高浓度贵金属溶液。对处理成分十分复杂的低品位贵金属废料(包括含贵金属的"垃圾")十分有效，并已成功应用于实际生产。在扩大该方法的应用对象和使用范围方面，还在不断移植和发展。

1. 低品位贵金属物料的富集活化溶解

含贵金属仅 0.316% 的低品位贵金属物料，其成分为：

元　素	Au	Pt	Pd	Rh + Ir + Os + Ru	Cu	Ni	Fe	SiO$_2$	CaO	S
含量/%	0.113	0.094	0.076	0.033	4.7	4.1	10.2	11.1	12.5	14.1

物料中加入硼砂、碳酸钠、石英砂等造渣熔剂，在电弧炉中于 1250℃ 熔炼，形成以 Na$_2$O – B$_2$O$_3$ – SiO$_2$ 为主的低熔点玻璃体炉渣(差热分析确认的熔点范围 790 ~ 850℃，密度 2.5 g/cm^3)。物料中的贱金属硫化物熔炼成为捕集了贵金属的锍，分离炉渣后的锍中加入 Al 反应形成含铝的合金。同时产出一个含硫化铝的活化渣，返回熔炼回收其中的贵金属。用酸溶解合金中的贱金属，残渣即为活性贵金属精矿，再用 HCl/Cl$_2$ 溶解，所有贵金属溶解率皆 > 99.8%。处理低品位物料的金属平衡列于表 8 – 8。

表 8 – 8　处理低品位物料的金属平衡

名　称	Au	Pt	Pd	Rh	Ir	Os	Ru
熔炼渣中贵金属含量/(g·t^{-1})	7.5	17.7	7.7	4.3	6.62	2.15	2.14
活化渣中贵金属含量/(g·t^{-1})	180	168	137	4.4	15.0	390	380
酸浸液中贵金属含量/(g·L^{-1})	痕量	痕量	痕量	痕量	痕量	痕量	痕量
贵金属溶液中浓度/(g·L^{-1})	7.22	6.06	4.84	0.23	0.95	0.005	0.022
最终不溶渣中含量/(g·t^{-1})	799	1990	1010	224	753	915	563
熔炼渣中分配率/%	0.44	1.2	0.67	0.76	0.29	1.6	2.1
活化渣中分配率/%	0.13	0.15	0.15	0.1	0.08	0.37	5.8
贵金属溶液中分配率/%	99.4	98.5	99.1	96.4	99.1	0.93	1.2
最终不溶渣中分配率/%	0.028	0.08	0.05	0.2	0.2	0.42	0.39
Os、Ru 吸收液中分配/%	—	—	—	—	—	94.7	83.2
全过程金属平衡/%	99.99	99.93	99.99	97.46	99.71	98.02	92.69

2. 中等品位贵金属富集物的富集活化溶解

含 Au + PGMs 7.748% 的中等品位物料，其成分为

元　素	Au	Pt	Pd	Rh + Ir + Os + Ru	Cu	Ni	Fe	SiO$_2$	CaO	S
含量/%	1.46	3.58	1.92	0.788	9.64	7.98	1.48	8.8	1.78	33.1

用同样程序处理，贵金属在过程中的金属平衡列于表 8 – 9。

表 8 - 9 处理粗精矿的金属平衡

名　　称	Au	Pt	Pd	Rh	Ir	Os	Ru
熔炼渣中贵金属含量/$(g \cdot t^{-1})$	5.3	6.3	3.8	4.0	2.93	1.35	1.86
活化渣中贵金属含量/$(g \cdot t^{-1})$	1870	4102	5333	213	173	30	80
酸浸液中贵金属含量/$(g \cdot L^{-1})$	痕量	痕量	痕量	痕量	痕量	痕量	痕量
贵金属溶液中浓度/$(g \cdot L^{-1})$	21.06	51.67	27.65	2.27	2.12	0.95	2.63
最终不溶渣中含量/$(g \cdot t^{-1})$	651	1965	1058	5000	415.7	376.1	784.9
熔炼渣中分配率/%	0.013	0.006	0.007	0.087	0.068	0.030	0.020
活化渣中分配率/%	0.061	0.055	0.13	0.064	0.056	0.009	0.012
贵金属溶液中分配率/%	99.89	99.92	99.8	98.7	99.97	41.42	57.35
最终不溶渣中分配率/%	0.016	0.02	0.02	1.1	0.1	0.086	0.09
全过程金属平衡/%	99.98	100.0	99.96	99.95	99.99	100.0	100.1

所有贵金属溶解率皆 > 99.9%。溶液中贵金属浓度达 100 g/L。

3. 废渣的富集 – 活化溶解

贵金属二次资源是精炼厂长期积累的、成分非常复杂的各种含贵金属废渣，其混合样品成分为(%)：Au 0.275、Pt 5.57、Pd 0.925、Rh 0.377、Ir 1.35、Os 0.075、Ru 0.378，贵金属合计 8.95%，贱金属合计 < 0.4%。用同样程序处理可获得合计浓度约 30 g/L 的贵金属溶液。贵金属在过程中的金属平衡列于表8 – 10。

表 8 - 10 处理贵金属精炼厂废渣的金属平衡

名　　称	Au	Pt	Pd	Rh	Ir	Os	Ru
熔炼渣中贵金属含量/$(g \cdot t^{-1})$	49.2	390	200	35	23	26	42
活化渣中贵金属含量/$(g \cdot t^{-1})$	约1	2.37	约1	约1	约1	0.5	0.5
酸浸液中贵金属含量/$(g \cdot L^{-1})$	痕量	痕量	痕量	痕量	痕量	痕量	痕量
贵金属溶液中浓度/$(g \cdot L^{-1})$	0.92	19	3.1	1.3	4.7	0.23	1.27
熔炼渣中分配率/%	3.1	1.2	3.7	1.6	0.3	6.0	1.9
活化渣中分配率/%	1.5	1.4	1.4	1.47	0.77	5.6	2.3
贵金属溶液中分配率/%	95.5	97.4	95.0	97.0	98.9	88.4	95.8
全过程金属平衡/%	100.1	100.1	100.1	100.0	99.97	99.98	99.99

4. 合金废料和精炼残渣的活化溶解

针对用常规方法无法溶解的 Pt – 25Ir 合金废料,用镍锍熔炼→加 Al 自热活化→HCl 溶解分离贱金属→HCl/Cl_2 溶解贵金属,Pt、Ir 的一次溶解率 >99%,产出高浓度铂铱溶液,进一步净化后获得铂铱混合金属粉末(详见 8.2.4)。

5. 锇铱矿的活化溶解

针对砂铂矿提铂后残余的锇铱矿精矿(含 Os、Ir 各约 30%),镍锍熔炼→铝热活化或直接铝热熔炼活化,皆可使惰性锇铱矿物分解,熔块用硫酸或盐酸溶解贱金属后,贵金属精矿可在硫酸介质中加氧化剂直接蒸馏→碱液吸收 OsO_4,蒸馏残液补加 HCl 后用 Cl_2 溶解 Ir、Pt,溶解率高并且可获得高浓度 Ir 溶液。

锍熔活化溶解方法的特点是:①可处理含贵金属品位低至 <1%,高至粗金属的各种复杂成分的物料。包括冶炼厂各种品位的贵金属富集物和粗精矿,精炼厂各种难处理废渣,各种贵金属合金和不同成分的贵金属二次资源;②处理难溶粗金属 Rh、Ir、Os – Ir 精矿或贵金属合金(如 Pt – Ir 合金)废料时,首先配入低熔点镍锍 Ni_3S_2(熔点约 575℃)或铁锍 FeS(熔点约 1000℃)熔炼,熔炼温度低,对块状合金物料的浸润熔融能力强,无须保护气氛;③处理含贵金属废渣时,Ni_3S_2 和 FeS 对粉状贵金属的浸润、捕集效率高;④铝热还原反应速度快,在 800 ~ 1000℃熔铝中加入贵金属锍,瞬时自热达白炽高温完成活化反应,获得含贵金属的多元合金;⑤多元合金极易用硫酸或盐酸直接溶解贱金属,过滤后即得到高品位活性贵金属精矿;⑥可用贵金属精炼过程中产生的各种含微量贵金属的酸性废液溶解贱金属,既充分利用了残酸又使微量贵金属置换回收到精矿中,有利于精炼过程中的溶液、残酸和贵金属闭路平衡。如用含 2 mol/L HCl 及含贵金属(g/L)Ru 0.6、Rh 0.5、Ir 0.13、Pd 0.0 74 的废液,在 60℃浸出多元合金 6 h,过滤后的贱金属溶液中贵金属总浓度 <0.0001 g/L,置换回收率 >99.99%;⑦物料中若含 Os、Ru,在富集熔炼→铝热活化→酸溶贱金属的过程中,可全部有效地捕集回收在活性精矿中,很容易从精矿中用氧化蒸馏方法分离(即在稀盐酸介质中加入双氧水或氯酸钠等氧化剂氧化蒸馏,分别用碱液和盐酸液吸收)。蒸馏完后补加浓盐酸并通入氯气加温溶解,获得的贵金属溶液浓度高,是简单的盐酸体系,酸度和金属浓度、贵金属价态和氯配合物状态易于按要求调整,可方便地衔接溶剂萃取分离工艺;⑧操作过程简单灵活,设备易解决,周期短;⑨处理难溶合金废料时,铝熔法可能需反复多次,而锍熔 – 铝热法只需一次,提高了效率,降低了试剂及能源消耗。

8.2.6 同步转态 – 活化溶解粗铑金属[12]

作者针对粗铑金属(含 Rh 85.78% 及少量 Pt、Pd),发展了同步转态 – 活化技术,形成了高效快速溶解方法。使用的转态剂系含铁的矿石,活化剂是金属铝。

转态 – 活化温度 1300℃。转态 – 活化后酸溶贱金属，再用 HCl + 固体氧化剂溶解铑粉。工艺周期 24 ~ 48 h，铑的一次溶解率约 100% 。

粗铑、转态剂与活化剂按质量比 1 :(4 ~ 6):(6 ~ 8) 混合后覆盖少量硅酸盐炉渣同步熔炼，熔炼渣中含铑 < 1 g/t。金属合金用酸溶贱金属后获得活性铑精矿，再在盐酸介质中氯化溶解铑，铑溶液浓度 16 ~ 17 g/L，最终不溶渣中含铑 0.02% ~ 0.06% ，液计一次溶解率 > 98% ，渣计一次溶解率约 100% 。液计和渣计溶解率指标相差 2% ，说明分析数据及计算指标可靠。

工艺过程中，贱金属溶液是铑的唯一化学损失途径。化学分析溶液中铑浓度多为 0.0001 ~ 0.0005 g/L，最高 0.0014 g/L。铑在贱金属溶液中的损失可忽略不计。

可用盐酸溶液中加入 HNO_3、H_2O_2 或通入氯气等方法溶解活化铑粉。但加入 HNO_3 会产生大量酸雾及有害氮氧化物，环境污染严重；双氧水较贵，还有暴沸及爆炸隐患；氯气利用率低、逸散损失量大、污染环境。本技术用固体氧化剂，有氧化性强、价廉、使用及操作简便、过程安全、环境污染小等优点。

最终不溶渣量很小，一般含 Rh < 0.1% ，仅占原料中铑量的 0.01% 以下，可直接混入下批铑料中处理并有效回收，不会造成损失。

工艺过程中未发生骤燃、爆喷现象。酸溶贱金属过程中有少量硫化氢气体及盐酸酸雾逸出，溶铑过程中有少量氯气及盐酸酸雾逸出。上述过程可在加冷凝回流装置的密闭容器中进行，也可连接微负压碱液吸收系统中和吸收，可避免环境污染。

扩大试验用：粗金属铑 50 g(含铑金属量 42.9 g)，与转态剂 200 g 及活化剂 300 g 混合，覆盖少量硅酸盐炉渣，1300℃同步转态 – 活化熔炼 1 h，金属合金用 HCl 自热溶解贱金属，铑精矿用 HCl + 固体氧化剂加温溶解。获铑溶液 2.0 L，分析含 (g/L) Rh 20.8、Pt 1.64、Pd 0.14。溶液计算铑的一次溶解率 97% 。最终不溶渣 60.28 g，分析含 (%) Rh 0.0247、Pt 0.0513、Pd 0.0097。渣算 Rh 的一次溶解率约 99% 。用铑溶液浓度与不溶渣含铑量计算的溶解率指标基本吻合。

工艺简单，周期短，效率高，铑的回收率 > 99% ，原料中所含的其他贵金属可同时有效溶解并综合回收。缺点是铑精炼过程中需增加深度分离 Fe、Al 的技术措施。

8.3　高压氯化溶解纯铑粉

当需要用纯金属铑粉制备纯铑化合物的时候，高温氯化法 (详见 8.1.1) 受制于设备及环保因素，一般很少使用。预处理活化法 (参见 8.2.6) 会引入新的杂质不适于处理纯铑粉。

赵家春研究了加压氯化法[13-14]，即先将纯铑粉研磨至 -0.074 mm 占 90%，用 HCl 浆化入高压釜中，加入 NaClO₃ 作氧化剂密闭后升温至 150℃以上，通入氧气并在机械搅拌条件下溶解纯铑粉。研究了反应温度[图 8-2(a)]，氧分压[图 8-2(b)]，氧化剂用量[图 8-2(c)]及氯化时间[图 8-2(d)]等条件对浸出率的影响。

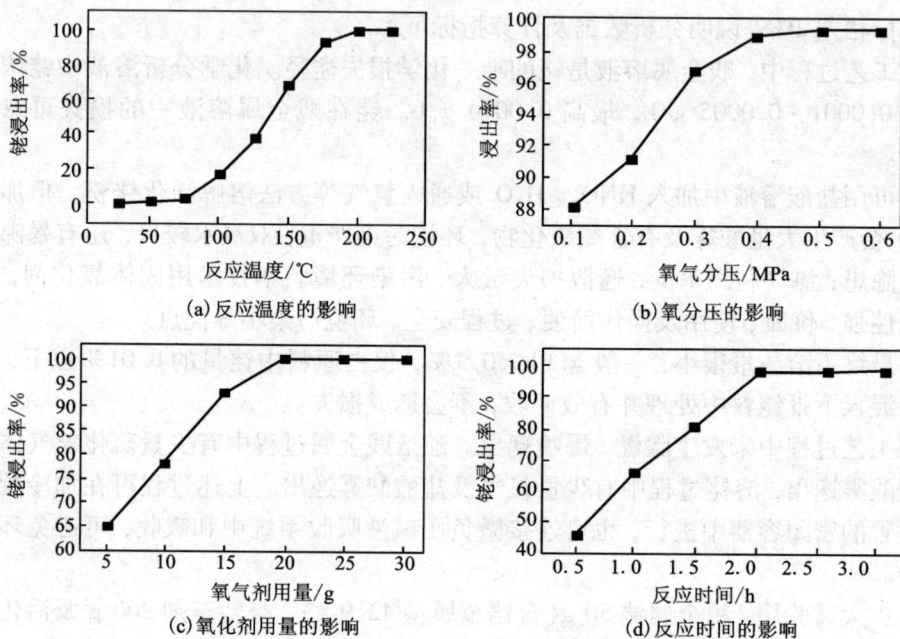

(a) 反应温度的影响

(b) 氧分压的影响

(c) 氧化剂用量的影响

(d) 反应时间的影响

图 8-2　各种条件对加压氯化纯铑粉浸出率的影响

(a)(b)(c)相同条件：液固比 10:1、HCl 浓度 5 mol/L、
机械搅拌转速 300~400 r/min、NaClO₃ 用量为铑粉质量的 4 倍

每次处理 50 g 铑粉的扩大实验表明：在液固比 10:1、HCl 浓度 5 mol/L、氧分压 $p_{O_2} = 0.5$ MPa、NaClO₃ 用量为铑粉质量的 4 倍、机械搅拌转速 300~400 r/min、浸出 3 h 等条件下，铑的一次溶解率 >99%。获得的 Na₃RhCl₆ 溶液很纯，可直接用于制备 RhCl₃·nH₂O、Rh₂(SO₄)₃、RhI₃、Rh(NO₃)₃、Rh(OAc)$_x$、RhH(CO)(PPh₃)₃ 等无机或有机化合物产品。

该法依靠 HCl 与 NaClO₃ 反应产生的新生态[Cl]氯化 Rh，对设备的腐蚀性很强，反应容器及搅拌轴需使用氟塑料(聚四氟乙烯)。

8.4　电化溶解

金属 Ir 及一些含 Pt、Rh、Ir 的合金材料很难直接用化学试剂氧化溶解。因材料致密，用铝、铋转态活化 – 溶解方法时，会引入大量非贵金属杂质，精炼工艺必须增加除杂程序，故曾研究电化溶解法。即将片状金属或合金材料作阳极，石墨作阴极置于酸性溶液的电解槽中，通入交流电或直流电，使阳极金属氧化并转化为可溶性配阴离子。与一般有色金属直流电解技术相比较，槽电压、电流密度、温度、极间距、电解液性质、浓度及导电性等，是影响溶解过程的主要因素。但因铂族金属的氧化电位高，阳极表面易钝化，同时为了防止溶解后形成的铂族金属离子在阴极还原沉积，电溶多使用交流电场并使用特殊的设备。

1. 一般电溶条件

电化溶解最早作为制样步骤用于分析方法中，但实际应用不多。针对各种贵金属或其合金物料，分析化学中研究过一些电溶条件，简要汇于表 8 – 11。

表 8 – 11　贵金属及其合金的电化溶解条件

金属	电流	条　件	合金	电流	条　件
Rh	交流	H_2SO_4、$10 \sim 60$ A/cm^2	Pt – Ir、Pt – Rh、Rh – Ir	交流	20% HCl、1.5 A/cm^2、$100 \sim 110$℃
	交流	8% HCl、1.5 A/cm^2			
	交流	19% HNO_3、2 A/cm^2	Ag – Pd – Cu、Ag – Pd – Co、Pd – Ag – Ni	交流	HNO_3
	交流	浓 HCl、2.5 A/cm^2、加热			
	交流	$H_2SO_4 + H_2O_2$、0.6 A/cm^2	Ru – W、Ru – Mo	直流	$0.1 \sim 6$ mol/L NaOH、$0.5 \sim 1.5$ A/cm^2
Pt	交流	浓 HCl、1 A/cm^2、加热	Ru – Ni	直流	稀 H_2SO_4、1 A/cm^2
Pd	交流	浓 HCl、0.6 A/cm^2	Pt – Rh	交流	50% HCl、25 V、$7 \sim 8$ A
Ir	交流	稀 HCl、1 A/cm^2			
	交流	48% HNO_3、1.4 A/cm^2	Ru	直流	NaOH、0.5 A/cm^2

2. 电化溶解 Pt – Ir、Pt – Rh、Au – Pt 合金废料

研究 Pt – Rh10 在盐酸电解液中用交流电溶解时发现：电流密度与溶解量呈近似正比关系，最佳电流密度是 $180 \sim 250$ mA/cm^2；合理的盐酸浓度是 $6 \sim 8$ mol/L；合适的温度是 70℃；电溶过程中产生的氢会使铂、铑离子重新还原为海绵金属，影响电溶效率，为此需在电解液中加入少量H_2O_2，通过 $2HCl + H_2O_2 \Longequal$

$2H_2O + 2[Cl]$反应产生少量新生态$[Cl]$，氧化电极表面沉积的铂、铑海绵金属粒子，以提高电化溶解效率和速度。电化溶解的溶液不引入有色金属杂质，可直接精炼。缺点是速度慢、周期长、效率低，技术尚待完善。

Pt – Au 合金废料含 Au 74.8%、Pt 25% 及少量其他贵贱金属杂质。盐酸煮沸及水洗净后装入素烧黏土坩埚内作为一极，另一极为石墨，盐酸电解液中通入交流电溶解，控制槽电压 2 ~ 3 V、电流强度 2 ~ 4 A、电解液温度 40℃ 连续电解。当电解液中 Au 浓度约 80 g/L、Pt 浓度约 17 g/L 时，将电解液用 HCl 酸化至酸度 4.5 ~ 6.5 mol/L，通入 SO_2 还原金，脱金液煮沸后用 H_2O_2 氧化，加入饱和 NH_4Cl 沉出 $(NH_4)_2PtCl_6$。最后再分别精炼为 Au、Pt 产品。

Pt – Ir、Pt – Rh、Ag – Pd – Cu、Ag – Pd – Co 合金交流电化溶解时，合金中各组分的溶解会按比例进行。

3. 电化溶解金属 Rh[15-16]

含铑的许多有机配合物，是石化及化学工业（醛化反应、羰基化反应和加氢反应）中的高效催化剂，至今尚不能用其他金属取代。而水合氯化铑（$RhCl_3 \cdot nH_2O$）则是制备各种含铑有机配合物的基础化合物。

若用高温氯化 – 稀 HCl 浸出制备三氯化铑，有一次溶解率低，需反复处理多次，处理规模小等缺点。若用 $KHSO_4$ 熔融 – 水浸 – 转化或 Al 熔、硫熔活化 – 转化方法制备三氯化铑则会引入大量非贵金属杂质，使贵贱金属分离及转化为三氯化铑的过程复杂化。加压氯化对设备腐蚀严重。电化溶解应该是最好的方法。

1）盐酸介质中电化溶解生产纯 $RhCl_3 \cdot nH_2O$。电化溶解装置是石英玻璃或聚四氟乙烯（特氟隆）U 型管，其粗细、长短和形状不受限制，可依据产量决定。U 型管两端装入高纯石墨电极，盐酸和铑粉原料加入 U 型管中，通入交流电即可将铑粉电化溶解生成氯铑酸溶液。因电解过程放热，U 型管两端需连接冷疑回流装置以收集挥发的盐酸，且 U 型电解池需置于冷水浴中控制电解池中盐酸温度不超过 100℃。

如称取 20.0 g 纯度为 99.99% 的铑粉放入 U 型电解池中，加入 400 mL 浓度为 37% 的优级纯浓盐酸。通入 50 ~ 60 V 民用正弦波交流电，电流强度 10 ~ 30 A，电解 5 ~ 8 h。用定量滤纸过滤电解液，洗涤、烘干、称重未反应铑粉 4.6 g，电化溶解率 77%。提高盐酸浓度及延长电解时间，皆可提高溶解率。滤液蒸馏出过量盐酸返回利用，氯铑酸（H_3RhCl_6）溶液放入结晶炉中，在 115℃ 下结晶 5 h，得到含 Rh 39.9% 的水合三氯化铑（$RhCl_3 \cdot 2.7H_2O$）38.6 g。该产品纯度高，经 ICP 分析其中 K、Na、Ca、Si、Ir、Au、Ag、Mg、Pt、Cu 十种杂质金属总量 0.0085%，也不含 SO_4^{2-}、NO_3^- 等阴离子。

用 25 根 U 型电解池，按上述条件电解两次，残铑粉合并到两根 U 型电解池中再电解 10 h，共处理 1200 g 铑粉。电解液过滤、蒸馏、结晶出含 Rh 39.3% 的三氯化铑水合物（$RhCl_3 \cdot 2.9H_2O$）3053 g。滤渣用蒸馏水洗涤后连同滤纸于 450℃ 灰化，称重 0.5 g。电化溶解率 99.95%，按铑含量分析值计算，铑回收率大于 99.99%。

不用直流电解的原因是：铑金属原料是粉状，若用直流电解，作为阳极的铑粉表面易形成钝化膜影响其有效溶解。交流电场可防止这一现象。

该法有工艺简单、加工成本低、三氯化铑产品纯度高、铑的回收率高等优点。同时，浓缩产生的盐酸可以返回电解循环利用，无任何副产物生成，不污染环境。控制结晶温度可产出含不同量结晶水的水合三氯化铑产品，甚至不含结晶水的三氯化铑。该法也可在粗铑精炼过程中用于溶解。

2）硫酸介质中电化溶解生产 $Rh_2(SO_4)_3$。若在 U 形管中加入 1 mol/L 硫酸溶液，交流电化溶解铑可生成硫酸铑产品，加入适量双氧水可使溶解速度提高 2~3 倍。

4. 电化溶解 Ru

Ru 多在碱性介质中用直流电化溶解。在 NaOH 溶液中电溶时生成钌酸盐和过钌酸盐，甚至有 RuO_4 溢出。但在 KOH 溶液中电溶时不析出 RuO_4，且溶液导电率更高，可降低槽电压。溶解速率随电流密度增大而快速提高。

8.5　微波加热技术的应用

微波加热技术早已民用，微波炉已成为千家万户普遍使用的家电产品。微波加热机理与其他加热方法不同。微波是一种频率 0.3~300 GHz、波长 0.1~100 cm 的电磁波，用微波能加热物料是将电磁能直接转换为物质内能的过程，具有从物料内部加热、热场均匀、速度快、热效率高、清洁无污染等特点。

微波能对不同物质发生加热作用的机理不同。物料中的水是吸收微波进行能量转换的主要物质，家用微波炉利用这一特性加温或烹调食物。塑料是透波物质，不与微波发生作用。多数金属是微波吸收体和反射体。含金属和非金属的矿物原料（包含各种硫化物、氧化物、湿存水和结晶水），具有吸收体、反射体和透过体多种属性，与微波的作用机理非常复杂。当用高频交变的微波处理矿物原料时，各种不同物质中处于动态的分子，会受到不同的干扰和阻碍，发生 3 种不同的作用：①吸波性好的物质分子，与高频交变电磁波同步发生偶极子旋转，在分子间产生"类似摩擦"的作用，使温度不断升高；②吸波性、热膨胀系数及传热系数不同的物质，产生不同的热应力和温差，使之表面和内部产生裂纹、崩解、酥化或击穿，改变其物理状态；③介电常数有差别的不同物质之间，可能产生分离、聚合等化学变化和化学反应，改变其化学状态。因此微波能在使物料加热的同时，局部改变其物理化学性质。这些特点引起冶金界的研究和关注，希望将其逐渐发展为一种新的绿色冶金技术[17-18]。昆明理工大学建立了教育部非常规冶金重点实验室[19]，研究了微波加热生产冶金用活性炭新技术，微波深度干燥高钛渣、石油焦、氯化钠工艺，都形成了生产线。与使用燃料的干燥工艺相比，电耗降低了约 80%。还发明了一种陶瓷基透波材料——xMgO·yAl$_2$O$_3$·zSiO$_2$（x—2%~8%、y—35%~45%、z—59%~60%、$x+y+z=100\%$），该材料的介电常数 6~8、20~1000℃ 的热膨胀系数（2~3）×10^{-6}/℃、荷重软化温度 ≥1600℃。能用于高温条件下煅烧、烧结、合成或热处理冶金物料[20]。这些研究及应用成果，为发展微波冶金技术跨出了一步。

贵金属冶金中的富集、活化溶解、选择性沉淀分离等过程，皆离不开加热。因此，能否用清洁的微波加热技术取代其他加热方法，能否兼顾并同时实现上述技术目标，冶金界也开展了一些探索。文献[21]介绍了用微波预处理难选金矿石的研究结果。微波预处理 12 min 与 750℃ 焙烧 4 h 的氰化率相同。用微波预处理包裹型含铂钯矿石可提高铂钯的浸出率。文献[22]介绍了从矿物原料中富集、溶解及萃取分离铂族金属等过程中，使用超声波和微波加热技术的方案。文献[23]介绍了从玻纤工业产生的低品位含铂铑废渣（详见 11.6）中回收铂铑的探索方案：硼氢化钠溶液浆化→微波加热预还原→HCl + NaClO$_3$ 浸出，可简化原有的碱烧结溶解方法。但这些探索在转化为实用技术方面，尚未取得实质性的突破，本书不予详述。

微波加热虽具有速度快、热效率高、清洁无污染等特点，但加热方式也为其应用带来很多局限。如：被加热物料必须置于微波场中，其使用的灵活性、应用规模和被处理物料的性质、状态等方面受到局限；从物料内部加热，被处理物料表里受热不均匀，不仅很难准确监测和控制温场所要求的温度，还可能产生某些不希望发生的物态变化，如夹生或局部熔融包裹等。因此，在铂族金属冶金中尚未找到应用微波技术的生长点，研究探索还任重道远。

8.6 低浓度贵金属溶液、废液的二次富集

铂族金属提取富集、分离及精炼过程以及某些应用领域（如电镀），会产生大量含低浓度贵金属的溶液或废液，需从中富集并回收贵金属。这些溶液的特点是：铂族金属浓度多 <1 g/L，甚至每升只有几毫克；有的成分很简单，如某金属精炼的废液主要含该金属；有的成分很复杂，不仅含多种铂族元素，有时贱金属浓度也很高；有的含大量游离酸，既要回收铂族金属又应充分利用残酸。

富集回收方法很多，主要分为置换、沉淀和吸附等。离子交换是吸附富集回收的方法之一（详见第 10 章）。而本章 8.1.4 节中介绍的铝熔活化过程，需大量废酸溶解 Fe、Ni、Al 等贱金属，若废酸液同时含微量铂族金属，则实质上也有同时进行贱金属直接置换铂族金属进入精矿的作用，这是铂族金属精炼过程中产生的低浓度废液集中回收处理的最佳途径。本节介绍相关的化学富集方法，需根据

废液的来源、成分和性质选择，同时应考虑二次富集物能简单重溶后直接精炼或返回精炼主流程等因素。

8.6.1　置换

1. 置换过程的特点

置换是一种古老且十分简单的提取冶金方法。古代先民早就知道用金属铁从铜矿附近自然氧化生产的铜矾溶液中置换生产铜。在贵金属冶金中，主要用 Zn、Mg、Fe、Al、Cu 等金属，从贵金属精炼过程产生的、含微量贵金属的废液中，置换回收贵金属，且已成为普遍使用的成熟方法。

1）置换反应的热力学分析。置换是不同金属之间在水溶液中发生的氧化 - 还原反应，是用电极电位较负的金属将水溶液或某些不溶盐悬浮液中电极电位较正的金属离子还原成金属的过程。发生置换反应的热力学依据是各金属氧化 - 还原系的标准氧化 - 还原电位（电势）$\varphi^{\ominus}$（V）的差别。常见金属的标准氧化 - 还原电位列于表 8 - 12。

置换反应通式表示为：

$$Me_1^{n+} + Me_2 = Me_1 + Me_2^{n+}$$

表 8 - 12　常见金属的标准氧化 - 还原电位 $\varphi^{\ominus}$（298 K，金属离子浓度 1 mol/L）

电对	$\varphi^{\ominus}$/V	电对	$\varphi^{\ominus}$/V	电对	$\varphi^{\ominus}$/V
Na^+/Na	- 2.713	Cd^{2+}/Cd	- 0.402	Bi^{3+}/Bi	0.20
Mg^{2+}/Mg	- 2.37	Co^{2+}/Co	- 0.30	As^{3+}/As	0.30
Al^{3+}/Al	- 1.66	Ni^{2+}/Ni	- 0.25	Cu^{2+}/Cu	0.337
Mn^{2+}/Mn	- 1.19	Sn^{2+}/Sn	- 0.14	Ag^+/Ag	0.80
Zn^{2+}/Zn	- 0.763	Pb^{2+}/Pb	- 0.126	Hg^{2+}/Hg	0.854
Fe^{2+}/Fe	- 0.44	$2H^+/H_2$	± 0.000	Au^{3+}/Au	1.50

上述反应通式实际是无数正负极微电池反应的集成：

负极反应为失去电子：　　　$Me_2 - ne = Me_2^{n+}$

正极反应为得到电子：　　　$Me_1^{n+} + ne = Me_1$

热力学计算置换反应进行的极限程度，取决于标准氧化 - 还原电位的差值 $\Delta\varphi = \varphi_2^{\ominus} - \varphi_1^{\ominus}$，即反应的平衡终点应是 $\Delta\varphi = 0$：

$$\varphi_1^{\ominus} + (RT/n_1F)\ln a_1 = \varphi_2^{\ominus} + (RT/n_2F)\ln a_2$$

式中：R 为气体常数；T 为绝对温度，K；F 为法拉第常数。若两种金属价态相同（$n_1 = n_2$），则两种金属在溶液中的活度比应为：

$$a_1/a_2 = 10^{[(\varphi_2^{\ominus} - \varphi_1^{\ominus})nF/RT]}$$

热力学可从理论上判断反应的趋势,只要两种金属之间的标准氧化 – 还原电位有差值,不同金属及离子之间的置换就没有热力学的制约因素。

2)置换反应的动力学。在水溶液中进行的置换反应,是一种固 – 液界面上进行的非均相电子得失反应。置换剂失去电子转变为离子状态溶解入溶液,被置换的金属离子得到电子转变为金属状态。因此置换过程的速度,实际由置换剂失去电子的溶解速度所决定。溶解速度又取决于化学和物理两种因素:①化学因素,如置换体系的电位差值($\Delta\varphi = \varphi_1^{\ominus} - \varphi_2^{\ominus}$),$M_{el}^{n+}$ 的离子浓度及状态(简单阳离子还是配合离子),化学反应的活化能差异,溶液中其他成分、酸度及负离子(Cl^-、SO_4^{2-})强度等,皆影响置换反应速度。$\Delta\varphi$ 越小、M_{el}^{n+} 浓度越低、负离子强度越高,置换反应速度越慢。这种情况下,化学反应过程控制了置换反应速度;②物理因素,如置换剂的反应表面积大小(是粉状、丝状或片状),在固体表面附着的液体层内反应物或生成物的传递、转移或扩散速度,皆影响置换反应速度。在这种情况下,置换速度常由扩散速度控制。

判定置换过程属化学还是扩散控制的经验法则:$\Delta\varphi < 0.06\ V$,属电化学控制;$\Delta\varphi > 0.36\ V$,属扩散控制。

已有的研究表明,大多数置换反应均属扩散控制。因此,置换反应都需尽量增大置换剂的反应表面积,提高置换体系的温度,加强搅拌和流动传质。

$\Delta\varphi$ 虽大,但若 M_{el}^{n+} 的离子浓度很稀或呈配合离子存在,化学反应过程及传质扩散过程皆影响置换反应速度。

3)贵金属的置换回收。铂族金属阳离子或氯配阴离子的氧化 – 还原系的 $\varphi^{\ominus}$ 都在氢($\varphi^{\ominus} = 0$)之上(见表 8 – 13)。

表 8 – 13　铂族金属的标准氧化 – 还原电位 $\varphi^{\ominus}$

氧化还原平衡反应	$\varphi^{\ominus}/V$	氧化还原平衡反应	$\varphi^{\ominus}/V$
$Ru^{2+} + 2e \Longrightarrow Ru$	0.455	$Os^{2+} + 2e \Longrightarrow Os$	0.85
$RuCl_6^{3-} + 3e \Longrightarrow Ru + 6Cl^-$	0.68	$OsCl_6^{3-} + 3e \Longrightarrow Os + 6Cl^-$	0.71
$Rh^{2+} + 2e \Longrightarrow Rh$	0.60	$Ir^{3+} + 3e \Longrightarrow Ir$	1.156
$Rh^{3+} + 3e \Longrightarrow Rh$	0.799	$IrCl_6^{2-} + 4e \Longrightarrow Ir + 6Cl^-$	0.86
$RhCl_6^{3-} + 3e \Longrightarrow Rh + 6Cl^-$	0.44	$IrCl_6^{3-} + 3e \Longrightarrow Ir + 6Cl^-$	0.86
$Pd^{2+} + 2e \Longrightarrow Pd$	0.987	$Pt^{2+} + 2e \Longrightarrow Pt$	1.20
$PdCl_6^{2-} + 2e \Longrightarrow PdCl_4^{2-} + 2Cl^-$	1.288	$PtCl_4^{2-} + 2e \Longrightarrow Pt + 4Cl^-$	0.579
$PdCl_4^{2-} + 2e \Longrightarrow Pd + 4Cl^-$	0.62	$PtCl_6^{2-} + 4e \Longrightarrow Pt + 6Cl^-$	0.557

用热力学数据简单判断，所有负电性金属如 Mg、Al、Zn、Fe、Ni 等的粉、丝、片，皆能从溶液中无选择性地置换出正电性的所有贵金属和 Cu^{2+}，并消耗溶液中的酸（H^+）。Cu 的标准氧化 – 还原电位 $\varphi^{\ominus}_{Cu^{2+}/Cu} = +0.337$ V，在氢与贵金属标准氧化 – 还原电位之间，也是一种贵金属的置换剂但不与酸反应。

铂族金属氯配合物性质的基本特点是：重组（Os、Ir、Pt）与轻组（Ru、Rh、Pd）的相同价态和相同构形的配合物相比，前者的热力学稳定性高，反应动力学惰性大。因此置换反应的效果首先被分成两组，Os、Ir、Pt 难被置换，而 Ru、Rh、Pd 易被置换。但铂族金属在氯化物溶液中呈不同稳定价态的配合物离子状态，它们有不同的电子层构形。d^6 电子构形的 $RhCl_6^{3-}$ 和 $IrCl_6^{3-}$ 比 d^8 电子构形的 $PtCl_4^{2-}$ 和 $PdCl_4^{2-}$ 更稳定，因此在置换反应中又表现为 Pt(Ⅱ)、Pd(Ⅱ) 的置换反应速度和效率比 Rh(Ⅲ)、Ir(Ⅲ) 高。特别是 Ir，若按热力学计算，无论用何种负电性金属置换，Ir 在置换残液中的平衡浓度都很低，表明可置换完全，但由于配合物 $[IrCl_6]^{3-}$ 是 d^6 电子构形，该配合物在所有铂族金属配合物中表现最稳定，置换反应仅能将 Ir(Ⅳ) 还原为 Ir(Ⅲ)，再将 Ir(Ⅲ) 还原为 Ir(0) 的速度很慢，置换率也很低。

2. 锌镁粉置换

在贵金属冶金中，锌镁粉置换是处理含微量贵金属废液的简单方法。溶液中只含 Pt、Pd、Au 时，通常用 Zn 粉即能接近定量地置换，置换残液中贵金属浓度可达分析灵敏度下限（< 0.0005 g/L），Pt、Pd、Au 的置换率都 $>99\%$。但若溶液还含 Rh、Ir，则 Zn 粉对 Rh 的置换速度慢，对 Ir 的置换率不高，此时则需 Zn 粉、Mg 粉联合使用，即先用 Zn 粉置换，后用 Mg 粉，Rh、Ir 皆能置换回收。溶液中的酸消耗 Zn 粉、Mg 粉，因此置换过程应在低酸度下进行，酸度高时应预先中和。溶液中溶解的氧也消耗 Zn 粉、Mg 粉，因此置换过程应尽量减少空气与溶液的接触，不能鼓风搅拌，但需机械搅拌以改善传质条件。若溶液中含铜离子，将和贵金属一起被置换。

3. 铜置换

Cu 是正电性金属，置换时不与酸及负电性金属 Ni、Co、Fe 等反应，但其标准氧化 – 还原电位比所有铂族金属的标准氧化 – 还原电位低，因此可用于从酸度高并含铜及其他贱金属浓度高的溶液中置换贵金属。

1）铜置换反应的热力学分析。铂族金属阳离子用铜置换的反应表示为：

$$Me^{n+} + n/2Cu =\!=\!= Me + n/2Cu^{2+}$$

铂族金属阳离子作为氧化剂，铜作为还原剂，根据两者的标准电极电位差，假定 Cu^{2+} 浓度 100 g/L，可按下式：

$$\lg[Me^{n+}]/100 = \varphi^{\ominus}_{Cu^{2+}/Cu} - \varphi^{\ominus}_{Me^{n+}/Me}/0.0296$$

计算出置换平衡时溶液中应该残留的铂族金属离子浓度为：

金属离子	Pt^{4+}	Pd^{2+}	Rh^{3+}	Ir^{4+}	Ru^{2+}	Os^{2+}
浓度/($g \cdot L^{-1}$)	2.95×10^{-27}	5.6×10^{-15}	3.4×10^{-7}	1.71×10^{-27}	4.08×10^{-12}	2.11×10^{-15}

热力学计算表明，6种铂族金属都能被铜"完全置换"，置换反应很彻底。被置换金属与铜的标准电极电位差越大，置换反应的热力学推动力越大，置换反应后溶液中残留的铂族金属离子浓度越低。而置换剂铜的物态，是铜粉、铜片还是铜丝应不影响置换反应的最终结果。

上述计算是针对铂族金属的简单阳离子，但在酸性氯化物溶液中，贵金属主要呈氯配阴离子状态，其中心离子价态、氯配阴离子构型及离子浓度的差别、溶液酸度等因素直接影响各个金属置换反应的进程。实际情况是铑、铱的置换速度很慢，且很难"完全置换"。

2) 铜置换反应的动力学分析。熊宗国等详细研究了氯化物溶液中铜置换铂族金属的动力学规律[22]。

用于研究的氯化物溶液成分为：

金　　属	Pt	Pd	Au	Rh	Ir	Cu	Ni
浓度/($g \cdot L^{-1}$)	0.225	2.11	1.37	0.075	0.044	13	23.9

每次用600 mL贵金属溶液，玻璃反应器置于恒温水浴，用铜片卷成面积200 cm^2 的圆筒放入溶液中旋转（转速280 r/min），用铂—甘汞电极对监测反应体系的电位。主要结论是：

①溶液中贵金属主要呈氯配阴离子状态，它们的不稳定常数(K)很小[25]。按 K 值及溶液中贵金属浓度计算，离解生成的阳离子浓度很低（见表8-14）。

显然，贵金属在置换反应中主要是配阴离子直接被还原为金属。推导的置换反应速度方程式为

$$\lg \frac{c_0}{c_t} = k_t - \frac{A}{2.303}t$$

表8-14　氯化溶液中贵金属的自由阳离子浓度

氯配阴离子离解反应	K	浓度
$AuCl_4^- \Longrightarrow Au^{3+} + 4Cl^-$	5×10^{-22}	1.18×10^{-24}
$PtCl_6^{4-} \Longrightarrow Pt^{2+} + 6Cl^-$	1×10^{-16}	2.0×10^{-19}
$PdCl_4^{2-} \Longrightarrow Pd^{2+} + 4Cl^-$	1×10^{-17}	4.92×10^{-17}
$RhCl_6^{3-} \Longrightarrow Rh^{3+} + 6Cl^-$	1×10^{-12}	3.07×10^{-15}
$IrCl_6^{3-} \Longrightarrow Ir^{3+} + 6Cl^-$	1×10^{-14}	4.63×10^{-17}

式中：c_0溶液中贵金属初始浓度；c_t溶液中贵金属在 t 时间的浓度；A 为铜片的面积；t 为置换反应时间；k_t 为置换反应的速率常数。

在不同温度下的置换反应结果，用 $\lg(c_0/c_t)$ 对 t 作图，绘于图 8 – 3。按 A 求置换反应速率常数 K_t 并以其对数值对温度倒数作图绘于图 8 – 4。

②图 8 – 3 表明，任何温度下金的置换速度都很快。其他贵金属的置换过程温度皆应 >60℃。置换反应开始的 20～30 min 内，金、钯、铂、铑，特别是金的置换反应速度很快，铱的反应速度最慢。之后溶液中贵金属浓度降低，铜片上置换沉积物增多，置换过程被离子扩散速率控制，使置换速率变慢。但所有贵金属的置换反应进程皆与时间呈正比关系，说明置换过程对各种贵金属没有明显的选择性。

③图 8 – 4 表明，在置换的初始阶段，除铱外其他贵金属的置换速率常数均较大，顺序是：$\lg k_{Au} > \lg k_{Pd} > \lg k_{Pt} > \lg k_{Rh} > \lg k_{Ir}$。置换过程的第二阶段，置换反应的速率常数顺序是：$\lg k_{Pd} > \lg k_{Rh} > \lg k_{Pt} > \lg k_{Au} = \lg k_{Ir}$。

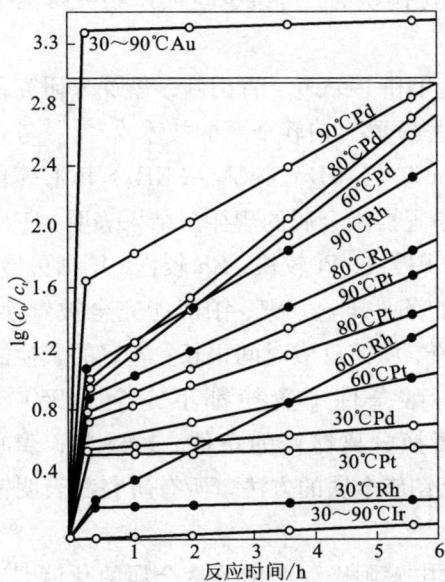

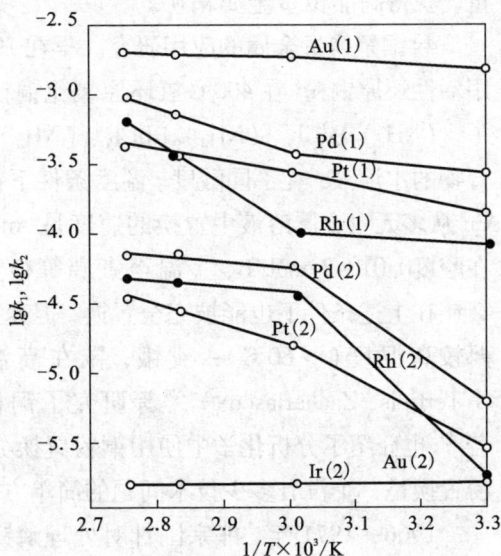

图 8 – 3　不同温度下 $\log \dfrac{c_0}{c_t}$ 与置换反应时间的关系　　图 8 – 4　速率常数对数值与 $1/T$ 的关系

3）铜的物态对置换过程的影响。铜片、铜丝、铜粉都可以置换贵金属。但过程都需在较高的温度下进行，还需强烈搅拌溶液或旋转铜片，以改善或强化动力学条件。

铜的物态对置换过程没有本质的影响。用铜片或铜丝置换的优点是：置换产物的晶粒生长速度大于晶核生长速度，在铜片或铜丝表面沉积的贵金属产物呈疏松状态，易脱落或轻刷分离，铜片或铜丝可反复使用；置换产物夹带的铜很少，贵金属品位可达 70% 以上，利于后续贵金属的分离精炼。缺点是：置换剂的反应表面积小，置换速度慢，所需时间较长，效率较低。

用铜粉，无论是用高温氢还原氧化铜粉制备的铜粉，还是用锌粉置换硫酸铜溶液制备的铜粉，因参与反应的表面积大，所以置换速度快，效率高。缺点是：铜粉用量很难准确掌握，置换产物夹带的铜多，富集物中贵金属品位较低，从富集物中进一步分离铜时，可能造成钯、铑等金属二次分散损失；置换过程在强烈搅拌时，置换产物易呈微细悬浮状态，较难快速地沉降聚集，固液分离时可能发生穿滤而影响贵金属的回收率。

因此，使用何种物态的铜置换贵金属，不影响置换过程的本质，也不能简单地判定过程的优劣。应根据实际情况进行技术经济指标比较后灵活选择。在不追求速度的情况下，用铜片、铜丝置换的效果比铜粉好，可减少置换产物夹带的铜量，获得高品位贵金属精矿。

4) 铜置换贵金属的应用研究。早在 1954 年和 1955 年，青山新一就深入研究了用活性还原铜粉(在 400℃氢还原氧化铜粉制得)置换铂族金属的技术[26-27]。考查了含$(NH_4)_2PdCl_6$、$(NH_4)_2RhCl_5$、$(NH_4)_2RuCl_6$、$(NH_4)_2OsCl_6$、$(NH_4)_2IrCl_6$等化合物的水溶液，在不同酸度、温度条件下铜粉置换贵金属的规律。结果表明：①用 Cu 从多元贵金属溶液中置换的速度是 Au、Pd 最快，Pt 较快，Rh 较慢，Ir 则更慢。在酸度0.01~3 mol/L、室温至煮沸等很宽的条件下金、钯、铂都能完全被置换；②铑在上述条件下也能被完全置换，但速度慢，所需反应时间很长；③钌的置换需要较高温度(>60℃)；④锇、铱在高温高酸条件下置换都不完全。1960 年 G. Tertipis, Zachariasen[28-29] 等研究了铜粉置换分离铑铱的条件。1965 年，龚心若[30] 也介绍了分析化学中使用铜粉置换分离铂族金属的方法。所有研究都表明铜粉置换是一个没有多少技术问题的简单方法。

1966—1971 年，熊宗国针对处理磷镍铁电解阳极泥产出的贵金属氯化液[31]，元谋铂矿冶炼的铜镍合金电解阳极泥产出的贵金属氯化液[32]，进一步研究了铜置换分离技术。1974 年发表的论文[33]，详细介绍了铜置换 Pd、Rh、Ru、Os，铜置换分离 Rh、Ir 和 Pt、Ir，铜置换分离氯化液中贵金属等方面的研究情况。特别针对含大量 Cu、Ni、Fe 及微量 Pt、Pd 的氯化液，研究了用铜片或铜丝在不同温度和溶液酸度等条件下的置换效率(见表 8 – 15)。

表 8-15 不同条件下用铜从氯化液中置换铂钯的结果

置换条件			氯化液成分/(g·L⁻¹)					置换母液中浓度 /(g·L⁻¹)		置换率 /%	
HCl/ (mol·L⁻¹)	温度 /℃	时间 /h	Cu	Ni	Fe	Pt	Pd	Pt	Pd	Pt	Pd
0.9	60	2	4.34	35.3	5.9	0.048	0.071	0.037	0.039	22.9	45.1
1.4	60	2	4.34	35.3	5.9	0.048	0.071	0.034	0.017	29.1	76.1
2.7	60	2	4.34	35.3	5.9	0.048	0.071	0.013	0.0018	72.9	97.4
3.5	60	2	4.34	35.3	5.9	0.048	0.071	0.0017	0.0006	96.4	99.1
4.5	60	2	8.18	42.6	9.0	0.075	0.13	0.0006	0.0005	99.2	99.5
3.0	80	1	2.1	2.55	1.95	0.34	0.2	0.0001	0.0002	99.9	99.9
4.0	80	1	2.1	2.55	1.95	0.34	0.2	0.0001	0.0002	99.9	99.9
5.0	80	1	2.1	2.55	1.95	0.34	0.2	0.0002	0.0009	99.9	99.9
4.0	80	10	18.3	21.9	–	0.64	0.35	0.0004	0.0003	99.9	99.9
3.5	80	10	17.4	21.9	–	0.19	0.13	0.0005	0.0003	99.9	99.9

表中数据表明，较高的溶液酸度(>3 mol/L)和较高的操作温度($>60℃$)是获得高置换率的基本条件。从含 Pt + Pd 浓度低至 100 mg/L，Cu + Ni + Fe 浓度高至 50 g/L，贵贱金属浓度比值约 1/500 的复杂成分料液中，当料液 HCl 浓度 >3 mol/L，搅拌加热至温度 >60℃，用直径 6~8 mm 废铜丝置换 1 h，Pt、Pd 的置换率都 >99%，置换残液中含贵金属小于 0.0005 g/L。可获得品位 40% ~60%，甚至最高可达 80% 的铂钯精矿。

显然，针对含大量贱金属、酸度很高、仅含微量 Pt、Pd(有时还含微量 Au)的溶液或精炼废液，Cu 置换是一个经济而有效的方法。

5)金川锇钌蒸残液的铜置换。"从二次铜镍合金提取贵金属新工艺"是"金川资源综合利用科技攻关"研究中的一个项目，从 1971—1982 年历时 11 年，获国家科技进步奖一等奖。全项目研究内容包括四大部分：①改革转炉吹炼及高锍磨浮工艺选出铜镍合金→二次硫化→磨选出二次铜镍合金(详见 5.7)；②处理二次铜镍合金提取贵金属精矿(详见 5.8.3)；③氧化蒸馏优先分离提取锇钌(详见 7.2)；④从蒸残液中分离金铂钯铑铱并精炼为产品(详见 7.2)。

锇钌蒸残液是贵金属精矿在硫酸介质中，加入氯酸钠溶液氧化蒸馏锇钌后的残液，含 Au、Pd、Pt、Rh、Ir 和贱金属，系 HCl + H_2SO_4 混合体系，酸度 2~4 mol/L，Na^+ 浓度也很高。典型成分是：

金 属	Au	Pd	Pt	Rh	Ir	Cu	Ni	Fe	贵贱金属浓度比
浓度/$(g \cdot L^{-1})$	1.29	2.73	7.47	0.22	0.29	0.75	10.92	2.48	1:1.35

用两段铜置换处理蒸残液分离 Pt、Pd、Au 和 Rh、Ir 是四大研究内容中的一小部分内容，曾被定名为"国内外首次使用的铜置换优先分离提取铑铱新工艺"（详见 7.2.2 和图 7-4）[32]。即用 Zn 置换 $CuSO_4$ 溶液获得的"活性铜粉"作置换剂。置换过程的操作及预定指标是：第一次按化学计量向蒸残液中加入铜粉，置换 >99% 的 Au、Pd 和 Pt，同时约有 15% Rh 和 5% Ir 一起置换，获得含 Rh、Ir 的 Pt-Pd-Au 精矿；固液分离后再用铜粉第二次置换大部分 Rh 和部分 Ir，获得含 Pt、Pd、Au、Ir 的 Rh 精矿；固液分离后，含 Ir 的残液用 Zn 粉 + Mg 粉置换 Ir。预定的 Rh、Ir 回收率指标分别为 85.4% 和 76.1%。

熊宗国、金美荣[34] 详细考查了 1981—1990 年 10 年间金川生产中铑铱的实际回收情况：10 年共处理铜镍合金原料 4528.89 t，其中含 Rh 270.661 kg、Ir 171.247 kg，但实际仅产出 Rh 12.993 kg、Ir 11.919 kg，回收率仅分别为 9.18% 和 8.90%。Rh、Ir 在各种置换产物中分散，第一次铜置换过程中有 60% ~70% 的铑和 10% ~20% 的铱同时被置换到铂钯金精矿中。该精矿氯化溶解时，仅有 58% 的铑和 7% 的铱和铂钯金一起溶解。锇钌蒸残液中的铑、铱被严重分散在铜置换残液、铂钯金精矿氯化液和氯化渣中，并在后续精炼过程中进一步分散损失。实际回收率仅为预定指标的 1/10。其回收率不如传统的沉淀分离精炼工艺（参见 7.1），更无法与铂族金属精炼厂普遍使用的溶剂萃取工艺（参见第 9 章）相比。

判断冶金分离工艺优劣的重要指标是选择性。铜置换对铂钯和铑铱的分离没有良好的选择性，达不到优先分离提取铑铱的效果。作者认为主要原因是：

①铑铱在溶液中的存在状态非常复杂。Rh 在硫酸体系中会以 Rh^{3+} 阳离子状态存在。在酸性氯化物体系中形成氯配阴离子，且随酸度变化会按通式 $[RhCl_n(H_2O)_{6-n}]^{3-n}(n=0 \sim 6)$，转变为各种氯水合配合物或氯、水、羟基配合物，存在状态十分复杂。其电化学性质随存在状态的变化而相应变化，将影响置换过程中的行为。按动力学分析，Cu 置换简单配阴离子 $RhCl_6^{3-}$ 的 $\Delta\varphi^{\ominus} = 0.44 - 0.337 = 0.103$ V，置换过程同时受电化学和扩散双重控制，所有动力学因素都影响置换速度。

铱在氯化物体系中的存在状态更复杂。随酸度变化会生成一系列通式为 $[Ir(H_2O)_nCl_{6-n}]^{n-2}$ 和 $[Ir(H_2O)_nCl_{6-n}]^{n-3}(n=0, 1, 2)$ 的氯水合配合物，通式为 $[Ir_nO_x(OH)_y(H_2O)_mCl_z]^{4n-2x-y-z}$ 结构的多核配合物。溶液酸度、Cl^- 浓度、Cl^- 及 H_2O 配位数的变化直接影响其电化学性质。

铑、铱在溶液中状态如此复杂，其电化学性质也将变化无常。置换速度的差异是一个定性的动态过程。不调整和稳定其价态和状态,在动态过程中置换很难定量,置换率波动是必然的。

②生产过程中每批次锇钌蒸残液的性质(酸度、氧化性)、成分及贵贱金属浓度不可能完全一样。不研究如何调整和控制溶液的性质,不制定严格的温度、时间等工艺操作条件及允许的波动范围,凭一批料液的几个简单试验,就制定工艺流程和确定工艺指标,不具科学性和可靠性。Rh、Ir 的置换率必然随料液成分和性质的变化出现很大的波动。

③铜的物态对置换过程的化学反应本质没有影响,无论是用高温氢还原氧化铜粉制备的铜粉,或锌粉置换硫酸铜溶液制备的铜粉,还是用铜片或铜丝,都没有改变其化学性质,仅在动力学速度上有差别。用锌粉置换硫酸铜溶液制备的"活性铜粉",其"活性"并没有定量的衡量标准。相反,湿海绵铜粉不能准确化学计量,铜粉过量时,置换产物夹带的铜多,从贵金属富集物中进一步分离铜时,可能造成钯、铑等金属二次分散损失。同时,置换过程需强烈搅拌,将导致微细置换产物呈悬浮状态,过滤时可能发生穿滤造成贵金属二次分散损失。

铜置换本是一个没有多少技术含量的简单方法。作者认为,在选择性及速度等方面都没有要求的前提下,从酸度高且成分复杂(尤其是含铜高)的废液或稀溶液中用铜置换回收微量 Au、Pd 或 Pt,可达到较高的回收率且比用 Zn 粉、Mg 粉置换易操作,但对 Rh、Ir 的选择性和置换回收率则很差,达不到从溶液中选择性置换金、钯、铂、铑、铱的目的,这是铜置换方法使用范围的科学定位。因此,"发明的'活性铜粉'置换大幅度提高了金川贵金属生产的经济效益"[36] 的结论不符合实际情况。

8.6.2　硫化物沉淀

1. 一般规律

含铂族金属的溶液通入 H_2S 或加入 Na_2S、$(NH_4)_2S$,在一定条件下可使溶液中所有贱金属和贵金属转化为硫化物沉淀(参见 2.4.3)。其特点是:

1)硫化氢、硫化钠或硫化铵作为组试剂使沉淀过程基本上没有选择性。

2)因硫化剂同时具有一定的还原性,沉淀的贵金属硫化物多呈低价态,可溶于王水。

3)贱金属在常温下用 H_2S 即可沉淀完全,而铂族金属的沉淀条件有些差别。Pd 在 HCl 溶液酸度 1 mol/L 至 pH = 2,室温下用硫化氢即可使之沉淀完全,生成 PdS。室温下用 H_2S 沉淀 Pt、Rh 仅能使溶液浑浊,但加热能使其聚合为 PtS_2 和 Rh_2S_3 沉淀。Ir 的沉淀最难,但煮沸并连续通入 H_2S 能沉淀出 Ir_2S_3。不同的贵贱金属离子沉淀为硫化物的速度顺序为:$Cu_2S > FeS > NiS > AuS > PdS > OsS_2 > RuS_2 > PtS_2 > Rh_2S_3 > Ir_2S_3$。因此 H_2S 沉淀法,适于从含贱金属较低的弱酸性废液中,无选择性地沉淀回收微量 Au、Pd 和 Pt,在煮沸条件下同时沉淀 Rh、Ir。

4)Na_2S 是阳离子沉淀剂,沉淀反应机理比 H_2S 复杂,生成的沉淀物组成及性质与沉淀温度、Na_2S 用量及加入方式有关。金、钯最易被 Na_2S 沉淀为硫化物,铱很难沉淀完全。室温及溶液 pH = 2 至酸度 1 mol/L 条件下,按溶液中金、钯浓度化学计量加入 Na_2S,可使其完全沉淀与铱分离。若溶液中含铂、铑,会共沉淀。因此,对金、钯、铂、铑,硫化钠不具备选择性沉淀的基本属性,也很难准确控制沉淀的条件。同时,Na_2S 过量及加温至沸腾时,沉淀会转化为相应金属的可溶性硫代盐,以 Na_2S 沉淀氯亚钯酸钠为例,反应为:

$$Na_2PdCl_4 + 2Na_2S =\!=\!= Na_2PdS_2 + 4NaCl$$

溶液中的 $NaAuCl_4$、Na_2PtCl_6、Na_3RhCl_6 等氯配酸钠盐,也按上述反应生成 Na_3AuS_3、Na_2PtS_3、Na_3RhS_3 等硫代盐。Na_2S 在酸性溶液中离解形成的 $NaHS$、SH^- 也可以直接取代配阴离子中的 Cl^- 生成 $Na_2Pd(SH)_4$、$Na_3Ir(SH)_6$ 状态的可溶性配合物。这个性质常使沉淀不完全。

2. 应用研究

20 世纪 50 ~ 60 年代,分析化学中应用硫化物沉淀分离某些贵金属,曾引起过研究兴趣,但并未形成通用、可靠的分析方法。在贵金属冶金中,可用该法从废液中无选择性地沉淀回收微量贵金属。但因生成的硫化物呈很难沉降聚集的微细悬浮状态,甚至呈胶态,过滤很困难,其应用也受到局限。

1980 年有人研究了贵金属氯配离子与硫化钠的反应机理[37-40]。每次试验用 10 ~ 50 mL 合成的贵金属溶液,在小烧杯中滴加 2 ~ 3 mL Na_2S 溶液,进行沉淀试验的数据列于表 8 - 16。研究者认为:"利用两种反应机理引起的动力学速度差异,可进行 Pd - Ir、Pd - Rh、Pd - Pt 两元分离";"严格控制硫化钠用量,选择性沉淀金、钯的过程有一个肉眼可观察的反应终点,即金钯沉淀完全时,浑浊沉淀会突然凝聚"。并得出了"与其他贵贱金属分离方法相比,硫化钠法具有铱的回收指标较高"的结论。

表 8 - 16　硫化钠选择性沉淀金钯试验结果

试验原液及编号		Na_2S 用量 /mL	原液及滤液成分及浓度/$(g \cdot L^{-1})$						
			Pt	Rh	Ir	Au	Pd	Cu	Ni
合成料液 1			1.11	0.21	0.13	0.40	0.56	0.198	0.23
试验编号	1	2.5	1.10	0.21	0.13	0.0008	0.045	0.184	0.22
	2	3.0	1.02	0.21	0.13	<0.0002	0.011	0.171	0.22
	3	3.5	1.03	0.21	0.13	<0.0002	<0.001	0.118	0.22
实际溶液 2			0.77	0.06	0.044	0.24	0.47	0.30	0.25

续表 8 - 16

试验原液及编号		Na₂S用量/mL	原液及滤液成分及浓度/$(g \cdot L^{-1})$						
			Pt	Rh	Ir	Au	Pd	Cu	Ni
试验编号	1	2.0	0.72	0.06	0.044	0.0012	0.02	0.3	0.25
	2	2.5	0.67	0.06	0.044	<0.0002	0.01	0.28	0.25
	3	3.0	0.64	0.06	0.044	<0.0002	<0.0001	0.22	0.25

以此制定了用硫化钠沉淀 Au、Pd 与 Pt、Rh、Ir 分离的工艺方案(见图 8 - 5),曾推荐为处理金川锇钌蒸残液(详见 7.2)的工业试验方法。

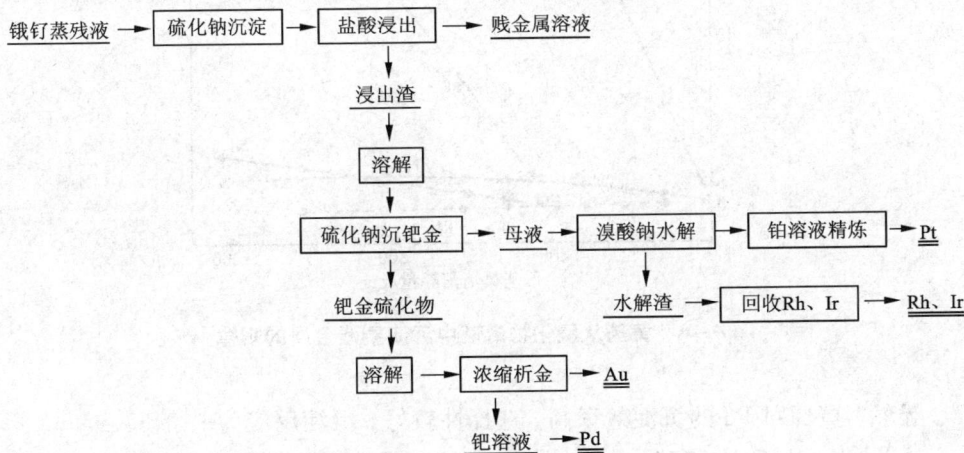

图 8 - 5　锇钌蒸残液硫化钠沉淀分离工艺

处理的锇钌蒸残液典型成分是:

金　　属	Au	Pd	Pt	Rh	Ir	Cu	Ni	Fe	贵贱金属浓度比
浓度/$(g \cdot L^{-1})$	1.29	2.73	7.47	0.22	0.29	0.75	10.92	2.48	1:1.35

纯化学的研究方法未考虑冶金应用的实际情况:合成溶液和实际溶液的性质和成分差别很大,蒸残液成分很复杂,贱金属浓度高还含硅胶,沉淀产物呈胶态很难凝聚和固液分离;未按冶金工艺研究程序经实际溶液逐级放大试验验证和确定工艺条件;选择性不好,贵金属在各种产物中分散,达不到分离和有效回收的

目的。工业试验失败了。这个失败获得的教训是：化学和冶金的学科特点不同，纯化学的研究方法未必能形成实用的冶金工艺技术。

8.6.3 黄药沉淀

黄药是一种普通的选矿药剂，常用其钠盐（ROCSS）Na 或钾盐（ROCSS）K（式中 R 为烷基，如 C_2H_5）在室温下从含 Cu、Fe、Ni、Pd、Pt、Rh、Ir 的氯化物溶液中沉淀金属，生成黄原酸盐，沉淀规律绘于图 8 - 6。

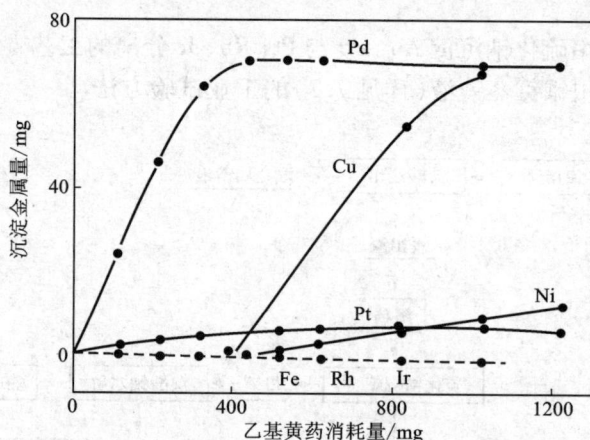

图 8 - 6　黄药从氯化物溶液中沉淀贵贱金属的规律

显然，黄药对 Pd 的沉淀效率高，选择性较好，沉淀反应为

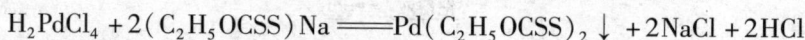

$$H_2PdCl_4 + 2(C_2H_5OCSS)Na =\!=\!= Pd(C_2H_5OCSS)_2 \downarrow + 2NaCl + 2HCl$$

反应的实质是黄药作为新配位基完全取代氯配合物中的 Cl^- 配位基，生成的 $Pd(C_2H_5OCSS)_2$ 沉淀溶度积很小（3.0×10^{-43}），沉淀很稳定。黄药不过量时 Cu 不沉淀，黄药过量时大量 Cu 及少量 Ni、Pt 沉淀，黄药大大过量的条件下 Fe、Rh、Ir 也不沉淀。因此该方法对含 Pd 废液的回收有特效。

在硝酸溶液，如硝酸银电解液中，黄药能同时沉淀微量 Pd、Pt，具有方法简单、试剂便宜等优点。如针对含（g/L）：Pt 约 0.1、Pd 约 0.4、Ag 约 100、HNO_3 约 10、Cu 约 30 的溶液，加入比理论量过量 10% 的丁基黄药，溶液 pH 0.5~1，加温至 80~85℃ 强烈搅拌 1 h，Pt、Pd 的沉淀率约 99%，Ag 的共沉淀率 <3%。沉淀产物易溶于王水。

黄药仅在 pH 6.5~7.5 稳定，酸度过高则分解为二硫化碳和奇臭的硫醇（$C_2H_5OCSSH \longrightarrow CS_2 + C_2H_5OH$），严重污染环境。

有人针对铂族金属混合溶液曾研究了选择性沉淀分离方法，如针对含（g/L）

Pt 约 13、Pd 约 44.4、Rh 约 0.8、Ir 约 0.2、Ru 约 0.88 及少量贱金属的溶液，首先用乙基黄药室温下选择性沉淀 Pd，少量 Pt 共沉淀，但 Rh 和 Ir 不沉淀。过滤后的溶液加入乙基黄药与巯基苯骈噻唑混合试剂室温下沉淀 Pt，沉淀物不含 Pd、Rh 和 Ir。过滤后再从溶液中用巯基苯骈噻唑或对苯基硫醇在加热下沉淀 Rh、Ir 和 Ru。最后的贱金属溶液不含 Pd、Pt 和 Ru，仅含微量 Rh 和 Ir。但因选择性指标不理想，没有实际应用前景。

8.6.4　硫脲沉淀

硫脲是铂族金属冶金中经常使用的一种特殊试剂。利用硫脲与贵金属离子生成可溶性复合配合物的性质，用于从负载的离子交换树脂中淋洗回收铂族金属（详见 10.1、10.2）。此法也可用于从溶液中选择性沉淀贵金属与贱金属分离。过程分为两步：①硫脲取代所有贵金属氯配合物中的部分 Cl^- 生成可溶性复合配合物，如：$[Pt_4SC(NH_2)_2]Cl_2$、$[Pt_2SC(NH_2)_2]Cl_2$，$[Pd_4SC(NH_2)_2]Cl_2$、$[Pd_4SC(NH_2)_2]Cl_2$，$[Rh_3SC(NH_2)_2]Cl_3$、$[Rh_5SC(NH_2)_2Cl]Cl_2$，$[Ir_6SC(NH_2)_2]Cl_3$、$[Ir_3SC(NH_2)_2]Cl_3$，$[Os_6SC(NH_2)_2]Cl_3$，$[Au_2SC(NH_2)_2]Cl$ 等；②向氯化物溶液中加入浓硫酸，SO_4^{2-} 取代 Cl^- 之后形成溶解度很小的硫酸 – 硫脲配合物沉淀，190~210℃ 加热 0.5~1 h，冷却后用 10 倍水稀释，所有铂族金属的硫脲配合物皆分解转化为硫化物沉淀。当硫脲用量为溶液中贵金属总量的 3~4 倍时，Pt、Pd、Au、Rh、Ir、Os、Ru 的沉淀率皆 >99%。贱金属除少量 Cu 共沉淀外，Ni、Fe 皆全部残留在溶液中。与其他方法相比，Ir 的沉淀效果好。该法的缺点是劳动条件较差。

8.6.5　吸附

吸附是从溶液中回收金属的简单方法。20 世纪 80 年代前后，从海水或特定区域的地下水中，用吸附法提取某些浓度极稀的金属（如金、铀、银等），引起过科学界的兴趣。但"极稀浓度"的范围，过去在冶金界并没有科学严格的界定。作者认为，溶液的金属浓度在现有化学分析方法灵敏度可检测的浓度范围附近或以下时，可称为"极稀溶液"。在自然界，因铂族金属化学惰性，靠自然因素很难形成含铂族金属的极稀溶液。在铂族金属冶金中若产生这种极稀溶液，其回收价值也不大。因此用吸附法富集提取极稀溶液中的铂族金属，可以进行化学探索，但不具紧迫性及可见的经济意义。

但冶金及应用领域经常遇到每升含数十至数百毫克铂族金属的稀溶液，用吸附法从中富集提取铂族金属则值得研究和关注。研究探索的吸附剂种类很多，如合成的离子交换树脂和聚合纤维、活性炭、天然无机物（如硅胶、硅藻土、黏土）、天然有机物（如猪毛、羽毛、兽蹄、藻类、细菌）等。吸附过程的机理分为电化学吸附和物理吸附两类。树脂离子交换属典型的电化学吸附。其他吸附过程多属物理吸附，机理研究尚不深入。除离子交换树脂吸附(参见10.1、10.2)及活性炭吸附在贵金属冶金中广泛应用外，天然有机物和天然无机物吸附的具体应用还不多，仍在研究发展之中。在贵金属方面早期侧重于从稀溶液中回收金银，后逐渐延伸至从稀溶液中回收铂族金属。

1. 活性炭吸附

活性炭从碱性氰化物溶液中定量吸附回收 Au 已众所周知，广泛应用了近百年。它也能吸附铂族金属，但一般活性炭的吸附容量小，吸附效率不高。改善其吸附性能的重要方法是以活性炭为骨架，"嫁接"上不同的功能离子，改性活化提高其吸附活性和选择性。曾发展了预氧化处理、硫脲活化、氨活化、碱活化等。

1)硝酸氧化预处理活性炭吸附 Pd、Pt。粒度 40~80 目的活性炭用硝酸预氧化处理，即用 $V_{H_2O} : V_{HNO_3} = 1 : 1$，液固比为 10:1，加热至 90℃ 处理活性炭 6~12 h，直到不放出棕色气体。用该活性炭从含 Pt 0.1 g/L、Pd 0.4 g/L 的银电解液中选择性吸附 Pt 和 Pd，吸附率 >96%，对 Pd 的吸附容量可达 60~70 mg/g 炭，对 Pt 约 13 mg/g 炭，吸附后液中 Pt、Pd 浓度皆 <10^{-4} g/L。负载活性炭用 50% 浓度的硝酸溶液解吸，解吸率为：Pt >90%、Pd >98%，再生的活性炭可返回使用。复硫脲的活性炭也可从贵贱金属混合溶液中有效吸附 Au、Pd 和 Pt，残液中贵金属浓度 <0.4 mg/L，活性炭吸附的贵金属用王水溶解可得到高浓度贵金属溶液。

2)用氨或氢氧化钠溶液改性活性炭吸附贵金属[41]。氨气活化后形成具有 CNH 为主的官能团活性炭(代号 Dim)，氢氧化钠活化后形成具有羟基为主的官能团活性炭(代号 TU60)。针对表 8–17 成分的氯化液和氰化液，在不同 pH 条件下用 TU60 吸附 Pt，用 Dim 吸附 Pd 的规律分别见图 8–7、图 8–8。

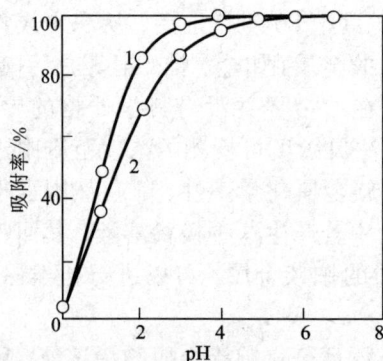

图 8–7 pH 对氯化液中吸附铂钯的影响
(1—Pd–Dim, 2—Pt–TU60)

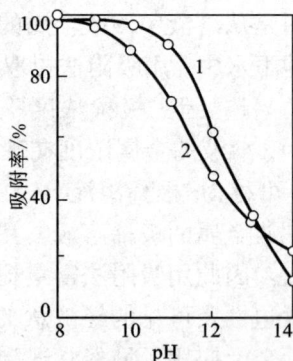

图 8–8 pH 对氰化液中吸附铂钯的影响
(1—Pd–Dim, 2—Pt–TU60)

表 8 - 17　氯化液、氰化液成分/(mg · L⁻¹)

元素	Au	Pt	Pd	Pb	Cu	Bi	Sb	H⁺	Cl⁻	KClO₃
氯化液	1.03	2.82	29.3	1390	897	971	460	1109	153360	419
氰化液	0.03	0.37	3.33	307	669	—	13	—	133	—

在氯化液 pH = 5 ~ 6 的条件下，TU60 和 Dim 对铂、钯的吸附率都很高。在氰化液中吸附铂、钯的 pH 应 < 8。贱金属的吸附率都很低。Dim 负载炭中含 Pd 7.87 g/kg C、含 Pt 0.082 g/kg C、Au 0.22 g/kg C。TU60 负载炭中含 Pd 0.68 g/kg C、Pt 0.75 g/kg C、Au 0.011 g/kg C。从 Dim 负载活性炭中，用 1% 浓度的 NaCN + 2% 浓度的 NaOH 溶液 90℃ 解吸，获得含 Pt 1865 mg/L、Pd 19.4 mg/L 的溶液，解吸率 94.8%。解吸液中贵贱金属比由原液的 1/11 提高至 29.1/1，可达到分离贱金属富集贵金属的目的。从 TU60 负载活性炭中，用 2% 浓度的 C₂H₄O₂ + 1% 浓度的 HNO₃ 溶液 90℃ 解吸，获得含 Pt 176 mg/L、Pd 8.31 mg/L 的溶液，解吸率分别为 93.9% 和 4.9%。TU60 负载 Pd 的解吸率很低，且活性炭复用 3 次后吸附效率明显下降(仅为第一次的 70%)。因此该方法在解吸效率及活性炭再生复用方面尚待进一步研究。

3)改性椰壳炭吸附 Pd、Ag[42]。Pd - Ag 合金粉的生产过程会产生含微量钯、银(1×10^{-5})，还含少量 Na、Pb、Ti、Ba、Fe 的废水。使用带巯基—SH 或氧基—O⁻ 的物质(如多元硫醇)作凝聚剂(加入量为废水体积的 1/(2600 ~ 4000))，用椰壳活性炭吸附(使用量为废水体积的 1/(20 ~ 40))，在 pH = 8 ~ 9 条件下凝聚 - 吸附 4 h，吸附回收率接近 100%。

4)改性竹炭吸附 Pd[43]。王桂仙研究了改性竹炭对 Pd(Ⅱ)的吸附性能。市售普通机制竹炭，粉碎过筛出 20 ~ 30 目(平均粒径 0.6 ~ 0.9 mm)、30 ~ 40 目(0.45 ~ 0.6 mm)、70 ~ 80 目(0.18 ~ 0.22 mm)3 种粒级，用 6 mol/L NaOH 溶液浸泡 24 h，微波加热 10 min 后倾去溶液，再用水及微波加热清洗 3 次后烘干，其表面积可达 700 ~ 1000 m²/g。该改性竹炭具有羟基官能团，对盐酸介质中毫克量级的 Pd(Ⅱ)有良好的吸附性能。在 298K 温度下达到吸附平衡需 6 ~ 7 h。表观吸附速率常数 $k_{298} = 2.39 \times 10^{-4}$/s，符合一级动力学方程。吸附率与溶液 pH 的关系很敏感，如 pH ≈ 1 时吸附率 < 40%，pH 3.6 时吸附率 > 91%，pH 4.6 ~ 6.0 时吸附率 > 98%，这表明需严格控制 pH 才能达到高的吸附率。粒径越小，其表面积越大，对钯的平衡吸附容量也越大。3 种粒级的吸附容量分别可达 9.8、12.4 和 18 mg/g C。吸附是一个放热过程，因此升高温度将降低吸附率。温度对吸附速率常数的影响符合 Arrhenius 经验式。测得的吸附热 $\Delta H = -39.8$ kJ/mol，表明吸附过程以化学吸附为主。测得的吸附活化能 $E_a = 40.9$ kJ/mol，符合 Freundlich 等温吸附方程,吸附过程容易进行。

5)碳纤维吸附[44]。针对活性炭强度低易粉化,吸附、解吸操作不连续的缺点,发展了制造活性碳纤维(ACF)和炭布吸附的方法。带状活性炭布可将吸附、解吸、淋洗、再生等过程连续进行。吸附容量、吸附平衡时间等指标皆优于颗粒活性炭。若用1,10-菲罗啉、8-羟基喹啉、双硫腙等有机螯合剂将碳纤维表面功能化改性,可明显提高其吸附性能。如120℃真空干燥后的活性碳纤维(ACF),分别置于上述螯合剂的乙醇溶液中室温浸泡24 h,过滤后再真空干燥,表面功能化改性后对 Au 的吸附容量(mg/g 炭)可从不改性的200提高至600。对 Pt 的吸附量,以碳纤维中含 Pt 量计算可从0.82%提高至3.76%,约提高到原来的5倍。

2. 天然有机物吸附

猪毛、羊毛、羽毛、兽蹄、藻类、细菌、木质素、纤维素等天然有机物,可在常温下缓慢地从极稀溶液中吸附贵金属。如针对含(mg/L) Pt 200~400、Pd 130、Rh 25 的废液,用猪毛吸附数日,Pt、Pd 的吸附率皆可达90%以上。对 Pt 的吸附容量(mg/g 吸附物)可达:羊毛70.5、羽毛80.6、兽蹄85.7。

用微生物菌体从首饰厂或贵金属矿区的土壤、废水中吸附回收贵金属方面,国内外已筛选出一些菌株。如 Brierly 等用失活菌体制成的粒状吸附剂,可从 Pd^{2+} 浓度仅10 mg/L 的溶液中吸附回收钯[45]。Mreeoun 等研究了许多活的或失活的微生物都可高效地吸附离子态贵金属[46]。区域环境条件(如温度、pH、菌体浓度等)对吸附效率都有一定的影响。

刘月英[47]等从金属矿区环境筛选出一种地衣芽孢杆菌(Bacillus licheniformis),该菌体已保存于中国微生物菌种保藏管理委员会普通微生物中心(入册编号0503,株号 R08)。对钯的吸附率与菌体浓度、Pd^{2+} 离子浓度、操作温度、pH、吸附时间等条件有关。如在菌体浓度0.4~2.0 g/L、5~60℃、pH 2~3.5 条件下,与含 Pd^{2+} 30~300 mg/L 溶液混合振荡3~90 min,吸附率为80%~89%。用孔径0.22 μm 的过滤膜滤出吸附钯的菌体,室温下放置6~48 h,再在550~800℃灼烧1.5~3 h 即获得金属钯。吸附容量14.9 mg Pd/g 菌体。2003年,英国研究细菌吸附回收汽车废催化剂中的贵金属——硝酸和盐酸溶解贵金属的溶液,通过装有细菌的反应器,金属沉积回收在细胞壁上。

用聚乙烯醇(PVA)-海藻酸钠作载体固化菌株,像离子交换树脂一样,可装柱进行连续地吸附和解吸。如针对处理废钯催化剂产出的含钯100 mg/L、pH 3.5 的溶液,上柱吸附后用 HCl 淋洗解吸,吸附回收率 >88%。用硅胶固定绿藻的吸附剂对铂钯的吸附率都很高。葡萄酒糟、交联板栗薄皮凝胶对贵金属的吸附能力都很强[48]。

天然有机物从稀溶液中吸附回收贵金属的优点是:原材料丰富廉价,绿色环保,且易用焚烧方法从烧灰中进一步回收贵金属。这些研究对其应用发展有一定促进作用。这类方法处理稀溶液的金属品种和浓度范围，使用条件和效果等问题，值得进一步研究探索。

3. 改性硅胶吸附

硅胶也有吸附功能。因其化学性质稳定、廉价、比表面积大、孔隙结构好，其表面富含羟基基团有利于改性和嫁接新的功能基团，硅质载体吸附剂的制备和应用也受到关注。过去侧重用于重有色金属的吸附，将其应用于贵金属的提取分离，目前尚处于起步阶段。

在硅胶载体上吸附氯化甲基三烷基胺（N_{263}）的吸附剂[49]，从含 Pt、Pd、Rh、Ir 的混合溶液中吸萃，能使 Rh 与 Pt、Pd、Ir 有效分离。屈文[50]研究了两种改性硅胶的制备方法及吸附贵金属的性能。普通硅胶在浓盐酸中浸泡 4 h 后用去离子水洗净氯离子，真空干燥。按固液比 1∶3，将其置入含 13% 氯丙基三氯硅烷的环己烷中常温搅拌 14 h，过滤后用环己烷洗涤并烘干，即制得含 Cl—$(CH_2)_3$—Si≡官能团的改性硅胶（CP－硅胶）。若将 CP－硅胶在氮气保护下用乙醇润湿，再与 N,N 二甲基甲酰胺（DMF）和 NaHS 溶液混合后加温搅拌 3 h，过滤后用 DMF 洗去 NaHS，再用盐酸浸泡及去离子水洗去氯离子，即制得含巯基官能团 —HS—$(CH_2)_3$—Si≡的改性硅胶（SH－硅胶）。硅胶、CP－硅胶和 SH－硅胶的性质比较见表 8－18。

表 8－18　硅胶、CP－硅胶和 SH－硅胶的性质比较

比较项目	官能团	比表面积 /($mm^2 \cdot g^{-1}$)	平均孔径 /nm	孔容量/ ($mL \cdot g^{-1}$)	总有机碳 /%	含硫 /%
硅　胶	HO—Si≡	521	6.794	0.857	0	0
CP－硅胶	Cl—$(CH_2)_3$—Si≡	447	5.862	0.555	9.02	0
SH－硅胶	HS—$(CH_2)_3$—Si≡	439	5.086	0.439	7.09	5.03

SH－硅胶的巯基含量 1.56 mmol/g。制备过程用氯丙基三氯硅烷与硅胶表面羟基键合，再用 NaHS 巯基化，比使用巯基硅烷偶联剂便宜。

从含 Au(Ⅲ)、Pd(Ⅱ)各 50 mg/L、pH＝3 的溶液中，用普通硅胶吸附的吸附回收率仅约 15%。用 SH－硅胶吸附的回收率 >99%，Pd、Au 的饱和吸附容量分别达 82 mg/g 和 117 mg/g。

8.6.6　硼氢化钠还原沉淀

$NaBH_4$ 是近几年在贵金属冶金中引起人们关注的一种强还原剂[51]。一种市售商品为含 $NaBH_4$ 12%、NaOH 40%、H_2O 48% 的液体（商品名赛西普 Vensil），

可从成分复杂的稀溶液中有效地选择性还原沉淀低浓度贵金属，广泛用于从各种废电镀液、废定影液中回收贵金属，过程不引入有害金属杂质污染产品。还原反应通式为

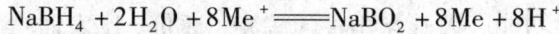

$$NaBH_4 + 2H_2O + 8Me^+ \Longrightarrow NaBO_2 + 8Me + 8H^+$$

还原沉淀 1 g 贵金属离子需 Vensil 的理论量为

金属离子	Au^+	Ag^+	Pt^{2+}	Pd^{2+}	Rh^{3+}	Ir^{4+}
Vensil 用量/mL	0.143	0.263	0.576	0.528	0.821	0.584

实际使用中需过量 1～2 倍。还原沉淀的最佳 pH，金银为 4～6，铂族金属为约 8。

最早研究该法处理含金、银的氰化液[52]。氰化液成分为(g/m^3)：Au 53、Cu 180、Ag 8、Fe 88、Ni 9，将含 4.4 mol/L NaBH_4 + 14 mol/L NaOH 的混合溶液在室温下滴加到氰化液中，出现浑浊沉淀后向溶液中滴加 H_2SO_4 调整 pH 3.5～4，过滤的沉淀经熔化提纯获得 Au - Ag 合金，回收率 99%。实际应用中首先需将溶液中的氰化物氧化为氰酸盐[53]，反应为

$$Au(CN)_3 + 3NaOCl \Longrightarrow Au(CNO)_3 + 3NaCl$$

之后发生还原沉淀，反应为

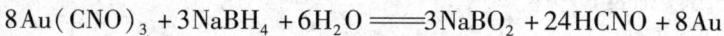

$$8Au(CNO)_3 + 3NaBH_4 + 6H_2O \Longrightarrow 3NaBO_2 + 24HCNO + 8Au$$

又如针对含金的酸性硫脲浸出液[54-55]，其成分为(g/m^3)：Au 1940、Zn 960、Ni 276、Cu 72，[H^+] 0.5 mol/L，先用 NaOH 调整 pH 约 0.8，再按 $n_{NaBH_4} : n_{Au} \approx$ 1.25 滴加含 12% NaBH_4 + 40% NaOH 的混合溶液，获得的沉淀物含 Au 98%、Fe 1.7%、Cu 0.2%，Au 的还原沉淀率约 90%。

对氧化条件下使用的含铂族金属废催化剂(如汽车尾气净化废催化剂)，在用 HCl + Cl_2 溶解提取贵金属前，先用含硼氢化钠的碱性溶液浸泡还原，有利于提高铂族金属的溶解效率。

8.6.7 水合肼还原

水合肼(水合联氨 $N_2H_4 \cdot H_2O$)是一种还原能力很强的液体还原剂[56]，在不同 pH 条件下对各种金属的还原率列于表 8 - 19。

显然，此法在较低 pH 条件下对 Rh、Ir、Os、Ru 的还原效率不理想。只有在 pH >6 的条件下能还原所有贵金属，但所有贱金属也都全部被还原。同时该法还原出的贵金属粒度极细，非常分散，易吸附杂质。因此该法不能用于贵贱金属之间或贵金属之间相互分离。目前多用于贵金属精炼过程(参见第 12 章)，从单一贵金属溶液中制备特种粉末产品。

表 8-19　不同 pH 条件下水合肼对贵贱金属的还原率/%

pH	Pt	Pd	Au	Rh	Ir	Os	Ru	Cu	Fe	Ni
2	99.30	99.96	99.98	78.90	48.90	42.00	32.70	34.00	15.80	2.90
3	99.87	99.97	99.98	98.54	84.70	78.80	58.80	61.00	26.00	16.00
6	99.99	99.99	99.98	99.87	99.38	95.00	88.60	99.89	99.85	85.30
6~7	99.99	99.97	99.97	98.90	95.40	98.90	93.70	99.89	99.87	98.21

8.6.8　甲酸钠还原

该法对 Pt、Pd、Au 的还原效果很好，但对 Rh、Ir、Os、Ru 的效果较差。因此可用于从 Pt、Pd、Au 与 Cu、Ni、Fe 共存的溶液中进行贵贱金属分离。调整溶液 pH 3~4，升温至 95~100℃，按理论计算加入过量 1 倍的甲酸钠，贵金属还原沉淀率 >99.5%，贱金属不被还原。

8.6.9　溶液中贵金属微粒的沉降聚集

在铂族金属精炼时，从高浓度纯溶液中，用水合肼还原出海绵状纯金属的过程，还原产物沉降聚集很快。从含贵金属 0.x~x mg/L 的各种废液中，用置换或沉淀方法回收时，允许长时间的沉降回收。上述两种情况都无需特别注意沉降聚集问题。

铂族金属冶金工作者非常忌讳将提取冶金过程设计在稀溶液(浓度为每升含数毫克至十几毫克)中进行(详见 6.3、6.4)，不仅因为处理的溶液体积大，相应的设备容积大，试剂、能源消耗大，废液的环境污染隐患及治理难度大，而且很难达到满意的贵金属回收。影响回收率的重要原因是，无论用还原、置换或沉淀的方法处理稀溶液，生成的贵金属粒子数量很少(R g/m^3)，粒度微细(常 <100 nm)，非常分散，沉降速度很慢，过滤时会有大量穿滤损失。

众所周知，有色金属湿法冶金中，沉淀状态及固液分离是一个重要的技术和工程问题，置换、沉淀形成的微细粒子或水解生成的氢氧化物很难沉降，有的还形成胶体，很难过滤。它们能否快速凝聚和沉降，成为影响回收率的关键因素。通常添加无机凝聚剂(硫酸铝、聚氯化铝)破坏氢氧化物粒子的双电层，促进粒子相互聚合。或加入高分子凝聚剂(聚丙烯酸酰胺)吸附在粒子周围，使粒子相互交联凝聚，改善其沉降过滤性能。

从贵金属稀溶液中还原置换产生的贵金属微粒呈电中性，单纯添加无机凝聚剂和高分子凝聚剂皆不能促进其凝聚沉降。这时应考虑加入适量重金属盐作为载体，调整酸度水解并吸附贵金属粒子共同聚集沉降。藤田贤一[57]针对乙醇水溶液中的 Au、Ag、Pt、Pd、Ru 微细粒子，通过加入乙二硫醇、1，3 - 丙二硫醇、1，10 - 癸二硫醇等带巯基的化合物及少量无机盐和凝聚剂，可快速凝聚沉降贵金属微粒，提高回收率。这一思路对其他介质中沉降贵金属微粒有启发，可进一步探索。

参考文献

[1] 日本化学会.无机化合物合成手册[M].第二卷.北京：化学工业出版社，1986

[2] 时一春，杨冬，赵麦变，等.一种从二元王水不溶渣中回收铂铑的方法.中国，CN101476044[P].2009 - 07 - 08

[3] 冶金工业部贵金属研究所五室.铂铱合金废料的再生提纯新工艺[J].贵金属，1978，1：15 - 21

[4] V E B Bergban Funra. Cu、Al 熔融碎化溶解 Ir. 德国，DD 280448[P]. DD 283506[P]. 1990

[5] 白中育，等.用 Al、Zn 熔炼碎化溶解 Ir. 中国，CN87105623[P]. 1992

[6] 王镜民.用贱金属萃化溶解 Rh、Ir. 中国，CN1015268B[P]. 1992

[7] 贺小塘，韩守礼，吴喜龙，王欢.从铂 - 铱合金废料中回收铂铱的新工艺[J].贵金属，2010，31(3)：56 - 59

[8] 刘时杰.南非的铂[J].金川科技，1989，增刊

[9] 杨天足，楚广，宾万达，彭及.一种提取锇、铱、钌的方法.中国，CN1428445A [P].2003 - 07 - 09

[10] 钱东强，刘时杰.低品位及难处理贵金属物料的富集活化溶解方法.中国，CN1136595 [P].1996 - 11 - 27

[11] 钱东强，余建民，刘时杰.贵金属的存在状态及溶解技术[J].贵金属，1997，18 (1)：40 - 42

[12] 刘时杰，汪云华，顾华强.铑的高效快速溶解方法[R].昆明贵金属研究所，2008

[13] 赵家春，董海刚，范兴祥，等.难溶铑物料高温高压快速溶解技术研究[J].贵金属，2013，34(1)：42 - 45

[14] 赵家春，汪云华，范兴祥.一种高纯铑物料快速溶解方法.中国，CN101319278A [P].2008 - 04 - 12

[15] 吕顺丰，张秀英，吴秀香.一种三氯化铑的制备方法.中国，CN101100756A[P].2008 - 01 - 09

[16] 文永忠，潘丽娟，张之翔.一种三氯化铑的制备方法.中国，CN101503220 [P].2009 - 08 - 12

[17] 彭金辉，杨显万.微波技术新应用[M].昆明：云南科技出版社，1997

[18] 蔡卫权，李会泉，张懿.微波技术在冶金中的应用[J].过程工程学报，2005，5：228 - 232

[19] 彭金辉，刘能生.特种冶金技术在稀贵金属冶金中的研究及应用[J].贵金属的发展、超越——2010 年全国贵金属学术研讨会.贵金属，2010，11，31(增刊)：1 - 4

[20] 彭金辉，郭胜惠，张世敏.用于微波加热的陶瓷基透波承载体及生产方法.中国，ZL

200710066041.0[P]. 2009, 06

[21] 谷晋川. 难选冶金矿石微波预处理研究[J]. 湿法冶金, 1998, 3: 50-52

[22] 徐致钢. 从含铂族金属矿石中提取铂族金属的工艺. 中国, CN1749421 [P]. 2006-03-22

[23] 姚现召, 彭金辉, 等. Pt、Pd、Rh 固体废料的回收方法及其应用实例[J]. 贵金属的发展、超越——2010 年全国贵金属学术研讨会. 贵金属, 2010, 31(增刊): 107

[24] 熊宗国, 王瑛, 刘纯鹏. 铜置换贵金属的动力学[J]. 贵金属, 1982, 3(1): 1-11

[25] A·A·格林贝克. 配合化学概要[M]. 北京: 高等教育出版社, 1956

[26] 青山新一, 渡迈清. 日本化学杂志, 1954, 75(1): 20-23

[27] 青山新一, 渡迈清. 日本化学杂志, 1955, 76(6): 597-602

[28] G G Tertipis, F E Beamish. 从溶液中用铜置换贵金属[J]. Anal Chem, 1960, 32: 486

[29] H Zachariasen, F E Beamish. Cu 置换 Rh、Ir[J]. Talanta, 1960, Vol. 4: 44-50

[30] 龚心若. 铂族金属分析[M]. 北京: 中国工业出版社, 1965: 34

[31] 昆明贵金属研究所, 上海冶炼厂. 从磷镍铁电解阳极泥中提取贵金属的研究[R]. 贵金属研究所, 1967

[32] 昆明贵金属研究所, 云南光明磷肥厂. 铜镍合金电解及贵金属的提取[R]. 贵金属研究所, 1971

[33] 熊宗国. 用铜从氯化液中置换贵金属的探讨[J]. 贵金属冶金, 1974, 2: 24-30

[34] 昆明贵金属研究所, 金川有色金属公司, 等. 从二次铜镍合金提取贵金属新工艺工业试验报告[R]. 陈景, 分离提纯工段的试验情况, 昆明贵金属研究所, 1982 年 10 月

[35] 熊宗国, 金美荣. 金川铜镍合金处理现行流程中铑铱走向考察报告[R]. 昆明贵金属研究所科技档案, 1990 年 12 月

[36] 陈景. 铂族金属冶金化学[M]. 北京: 科学出版社, 2008: 1

[37] 陈景, 崔宁, 等. 硫化钠分离贵贱金属的效果及学术意义[J]. 贵金属, 1985, (1): 7-13

[38] 陈景, 等. 贵金属氯络离子与硫化钠的两种反应机理及应用[J]. 有色金属, 1980, (4): 39-46

[39] 陈景, 等. 硫化钠与氯钯酸的反应机理及其应用[J]. 贵金属, 1980, (1): 1-10

[40] 陈景. 贵金属氯配离子与亲核试剂反应的活性顺序[J]. 贵金属, 1985, 3: 12-20

[41] 郭淑仙, 胡汉, 朱云. 改性活性炭吸附铂钯的研究[J]. 贵金属, 2002, 23(2): 11-15

[42] 廖晓燕, 邹华生, 孟淑媛, 陈伟光. 凝聚与吸附组合回收银、钯工艺研究[J]. 贵金属, 2005, 26(3): 8-11

[43] 王桂仙, 张启伟, 张晓燕. 改性竹炭对钯(Ⅱ)的吸附性能研究[J]. 贵金属, 2011, 32(4): 42-45

[44] 曾汉民, 安小宁. 有机螯合剂促进活性碳纤维还原吸附贵金属离子的方法. 中国, CN1445373A[P]. 2003-10-01

[45] Brierly. 凝胶吸附贵金属[J]. Biohydrometa, Proc. Int. Symp., 1988: 477

[46] Mreeoun et al. N263 改性硅胶吸附贵金属[J]. Appl. Microbiol., 1998: 84, 63

[47] 刘月英, 傅锦坤, 姚炳新, 林种玉, 古萍英. 用细菌菌体从低浓度的钯离子废液中回收钯

的方法. 中国, CN1166790C[P]. 2004 – 09 – 15

[48] 刘国诠, 余兆楼. 色谱柱技术[M]. 北京: 化学工业出版社, 2001: 159 – 191

[49] 刘静, 佘振宝, 等. 贵金属分析用分离富集方法进展[J]. 贵金属, 2010, 31(2): 74 – 78

[50] 张月英, 黄奇, 余守慧, 等. 萃取柱色谱法分离铂钯铑铱[J]. 上海工业大学学报, 1983 (3): 29 – 34

[51] 屈文, 苏继新, 曹丛华, 任荣珠, 张绍萍, 林森. 巯基键合硅胶的制备及其对贵金属离子的吸附性能[J]. 贵金属, 2010, 31(2): 14 – 18

[52] 伊贺久矩, 于君杰译. 黄金, 1986, (3): 33 – 35

[53] K E Haque. 用水合联氨还原贵金属. 加拿大, CA 2013636[P]. 1986

[54] G L Medding, J A Lander. 从硫脲浸出液中还原 Au[J]. Precious Metals, 1981: 3 – 10

[55] F T Awadalla. 硼氢化钠从硫脲浸出液中沉液 Au. 加拿大, CA 2013537[P]. 1987

[56] 溶液中金属及其他有用成分的提取编委会. 溶液中金属及其他有用成分的提取[M]. 北京: 冶金工业出版社, 1995: 492

[57] 藤田贤一. 从贵金属微粒分散液中回收贵金属的方法. 中国, CN1392107A [P]. 2003 – 01 – 22

第 9 章　铂族金属的液－液溶剂萃取分离

　　液－液溶剂萃取是无机化学、配合物化学、有机化学和化工冶金工程等学科交叉结合发展的一门新学科,在金属的分离精炼方面已发展成为完整、系统的冶金新技术,在稀土金属、稀有金属、稀散金属、高熔点金属、放射性金属、重有色金属及贵金属相互分离和精炼过程中得到了广泛的应用。

　　20 世纪 80 年代以后,中国的学者出版了许多专著,详细论述了萃取技术的理化基础及实际应用[1-4]。贵金属分析化学应用这项技术已有久远历史,但在贵金属冶金工艺中应用该技术进行贵金属之间相互分离或贵金属与贱金属的分离,仅约 40 年。溶剂萃取分离技术与传统的选择性分步溶解和选择性沉淀分离贵金属技术(参见第 7 章)相比,具有很多优点。如:简化了过程,缩短了周期,减少了贵金属的积压和需要返回处理的各种中间产品的周转量,生产过程连续、封闭,提高了直收率和操作的安全性,对物料的适应性和工艺配置的灵活性较大,多在室温下进行,降低了能耗。现在世界各大型铂族金属精炼厂已开发了不同结构的萃取分离工艺,取代了沉淀分离工艺。作者 1989 年译编的文献[5],详细归纳介绍了该技术在国外应用发展的情况。作者带领的课题组针对中国矿产铂族金属资源综合利用,完成了国家“八五”科技攻关任务,研究和应用了具有中国自主知识产权的全萃取分离新工艺,处理贵贱金属共存的复杂料液,并在二次资源再生回收领域不断推广应用。作者在专著[6]中系统介绍了这方面的知识。国内外有关新萃取剂的合成和筛选、萃取体系和萃取机理、萃取各种金属的化学规律、萃取工艺的结构和萃取设备等各方面,研究和发展方兴未艾。2005 年作者研究全萃工艺的课题组成员余建民出版了专著《贵金属萃取化学》[7],全面汇集了贵金属萃取的化学知识和应用情况。可以说,中国已掌握了该科技领域的系统知识,积累了丰富的实践经验。通过几十年的研究和发展,中国在该科技领域已跻身世界先进行列。

　　中国矿产资源提取冶金中应用溶剂萃取技术,是从处理锇钌蒸残液(详见7.2)开始的。该溶液的性质和成分都很复杂:①常含 8 种贵金属及铜镍铁等贱金属等十多种元素,各金属浓度差别及变化范围大;②介质是盐酸或盐酸硫酸混合体系,酸度变化范围宽;③溶液的氧化还原性不稳定,贵金属价态及配合物状态有时较难调整。因此,与国外大型矿产铂族金属精炼厂相比,中国在应用溶剂萃取技术处理这种溶液时,遇到的技术问题很复杂,同时由于中国铂矿资源贫乏,该技术的应用范围和处理规模较小。

二次资源再生回收在中国具有战略地位，从中获得的贵金属溶液性质和成分要简单得多。针对矿产资源研究和成功应用的萃取技术和工艺，多可直接或适当调整后，移植应用于处理二次资源再生获得的贵金属溶液。

萃取作为实用的贵金属分离技术，是本书系统知识不可或缺的组成部分。本章立足于矿产资源的复杂贵金属料液，侧重于实际应用，介绍贵金属之间及贵贱金属之间，用萃取技术进行分离的系统知识和应用实例。掌握了这些知识，就能指导和开拓该技术在二次资源再生回收领域的应用。

9.1 溶剂萃取分离贵金属的理化基础

9.1.1 萃取体系

有机相与含贵金属离子的水相混合，将金属离子选择性转移至有机相的介质体系称为萃取体系。在该体系中完成金属离子选择性转移分离的技术过程，通常称之为溶剂萃取工艺。水相(贵金属溶液)的组成、性质和特点是构成贵金属萃取体系的基础。有机相是萃取剂(多是合成的有机化合物)与稀释剂(另一类有机化合物)混合并均匀互溶的金属离子载体。根据水相的组成、性质、特点及分离要求，合成和筛选萃取剂并研究其性质和发挥其效能，是优化萃取体系并达到最佳技术指标的关键。

萃取工艺包括萃取、洗涤、反萃、再生等技术环节。"萃取"是萃取剂与水相中的金属离子或其无机配合物反应形成新的有机配合物，或萃取剂的有机配位体交换无机配合物的无机配位体，或发生加成反应形成新种类配合物(称为萃合物)，使金属提取进入有机相的过程。"洗涤"是用酸性、碱性或含盐类水溶液(洗涤剂)，从负载被萃金属的有机相中洗去夹带或共萃的杂质元素的过程。"反萃"是用与料液性质不同的另一酸性或碱性水溶液(反萃液)，使被萃金属从负载有机相中重新分离进入水相的过程。"有机相再生"是用酸性或碱性水溶液处理反萃后的有机相，使之恢复性能重新返回使用的过程。完整的萃取工艺中4个环节缺一不可，但"萃取"是关键环节。

萃取体系的分类方法很多。有按萃取剂种类的分类法，被萃金属离子构型分类法，水相性质分类法等。徐光宪先生的分类法[8-9]，即以萃取机理及形成的萃合物特点分类比较通用。该分类法将萃取体系分为6大类：简单分子萃取体系、中性配合物萃取体系、酸性配合物萃取体系或螯合萃取体系、离子缔合萃取体系、协同萃取体系和高温萃取体系。贵金属萃取分离技术中较多涉及前5种萃取体系。

9.1.2 贵金属溶液的性质、特点

贵金属矿产资源或二次资源提取冶金中，首先都须将贵金属溶解，再从溶液中分离和精炼，贵金属溶液的来源、性质和成分千差万别。

从矿产资源提取出的贵金属精矿再溶解获得的贵金属溶液，通常含全部8种贵金属元素，还含不同量的铜、镍、铁等贱金属，需分离的金属离子种类多。

在不同酸度的水溶液中，在不同的氧化还原条件下，金和铂族金属形成多种价态和不同稳定性的各种配合物。这些配合物的反应特性直接受中心离子价态、配位体性质、配合键性质及配合物几何构型（分子结构）的影响，性质很复杂。

至今仍普遍使用HCl介质氧化溶解含贵金属的物料。Cl^-虽属硬碱离子，但离子半径小，当溶液中没有其他软碱类竞争配位基时，贵金属阳离子多与Cl^-配位形成氯配阴离子状态（详见2.5.1）。氯配合物体系在所有配合物体系中最重要，也研究得比较充分，因此多数萃取过程都在氯化物体系中进行。在萃取工艺中以萃取贵金属氯配阴离子为主线。

贱金属（Ni、Co、Fe、Cu）在低酸度氯化物体系中多呈简单阳离子或水合阳离子状态，对萃取贵金属配阴离子的过程不发生严重的干扰。但大量存在贱金属离子必然增加溶液体积，降低贵金属浓度，增加萃取剂用量和损耗。贱金属在有机相中机械夹带量增多也必然增加贵金属精炼阶段分离贱金属的负担。因此在制备贵金属溶液之前应使用比萃取更简单更经济的方法分离贱金属，制备高浓度贵金属溶液，这是高效萃取工艺顺利运行的重要条件。同时待萃溶液中应不含$AgCl_3^{2-}$。贵金属精矿若含Ag，溶解时将主要以$AgCl$残留在渣中，但若溶液中盐酸酸度或$[Cl^-]$浓度太高，则生成可溶性的$AgCl_3^{2-}$配阴离子，不仅会在其他贵金属配阴离子萃取时发生共萃干扰，而且因$AgCl_3^{2-}$离子很不稳定，酸度变化时易转变为$AgCl$悬浮沉淀，影响分相和污染其他贵金属产品。因此，应在贵金属精矿溶解后中和调整溶液酸度并充分煮沸，使$AgCl$尽量沉淀并过滤分离。

贵金属氯配合物的性质已在2.5.1中作了基本介绍，主要配合物种类和结构特点也已列于表2-9。本节针对萃取分离的要求补充介绍如下：

1）水相中金属离子被萃取的难易首先服从"最小电荷密度"原则。贵金属阳离子与无机配位体生成配阴离子，降低了电荷密度而提高了被萃取性。配阴离子电荷数愈少，离子半径愈大愈易被萃取。有机配位体加合在无机配合物中形成大半径的新配合物，也是降低电荷密度的有效方法。贵金属氯配阴离子的电荷数越少，形成离子对或进行离子交换萃取的速度越快，即速度是：

$$MCl_6^- > MCl_6^{2-} \approx MCl_4^{2-} > MCl_6^{3-}$$

即：$AuCl_4^- > PdCl_4^{2-} \approx PtCl_4^{2-} \approx PdCl_6^{2-} \approx PtCl_6^{2-} \approx IrCl_6^{2-} \gg RhCl_6^{3-} \approx IrCl_6^{3-}$。

2）形成离子对或离子交换萃取的能力，正四面体结构的配阴离子比正八面体

结构的配阴离子强。正四面体结构的配阴离子，4 个 Cl^- 在中心离子的 4 个对称面成键，在正方形中轴方向留有两个未被充满的电子轨道，萃取剂的有机阳离子或带正电性的基团容易从这个方向接近中心离子进行配位基交换，或形成配阴离子与有机阳离子的离子对被萃取入有机相。而正八面体结构的配阴离子，6 个 Cl^- 将中心离子团团围住，使有机阳离子很难接近配阴离子或中心离子完成离子交换。因此氯配阴离子结构对被萃取能力影响的规律是：

$$AuCl_4^- > PdCl_4^{2-} > PtCl_4^{2-} \gg PtCl_6^{2-} \mathrel{、} RhCl_6^{3-} \mathrel{、} IrCl_6^{3-}$$

3）多数铂族金属氯配阴离子的结构比较紧密且稳定，按 $MCl_n + X^- \Longrightarrow MCl_{n-1}X + Cl^-$ 反应进行配位基交换取代（螯合）时，取代反应速度依不同金属及不同价态可分为 4 组：$Pt(\text{IV})$、$Ir(\text{IV})$、$Os(\text{IV})$——非常惰性，难交换；$Pt(\text{II})$、$Pd(\text{IV})$、$Ru(\text{IV})$——中等惰性，可以交换；$Ru(\text{III})$、$Ir(\text{III})$、$Os(\text{III})$——中等不稳定，交换快；$Pd(\text{II})$、$Au(\text{III})$——不很稳定，交换最快。

在不同的酸度、Cl^- 浓度、温度、放置时间及氧化 - 还原条件下，不同金属的氯配合物会发生水合、羟合、水合离子的酸式离解等一系列反应，形成各种不同价态和不同状态的氯 - 水合配合物、氯 - 水 - 羟基配合物，并在溶液中处于复杂的平衡。同种金属不同价态的配阴离子或不同金属同种价态的配阴离子的萃取性质差异很大，因此针对某种待萃金属所选择的萃取剂和有机相，对溶液成分、浓度、酸度、氧化 - 还原性及离子价态都有严格的适应范围，绝不是对任何组成和性质的水溶液都合适。

处理矿产资源获得的贵金属溶液，需分离的金属种类多，性质复杂。为了提高萃取分离的选择性和萃取效率，萃取工艺中必须选择浓缩、稀释、中和、氧化、还原等水溶液处理步骤，以调整贵金属浓度、溶液酸度和稳定贵金属的价态和配合物状态，使溶液性质适应萃取剂的要求，才能得到稳定的萃取指标。因此针对复杂成分溶液的萃取工艺，其萃取剂选择及工艺结构最有代表性，不仅工艺复杂，产业化难度也大。

处理贵金属二次资源获得的贵金属溶液，需分离的金属种类少，溶液性质易调。因此处理这类溶液的萃取工艺相对简单。

9.1.3 一般的分离顺序

溶液中 7 种贵金属萃取分离的难易和合理的分离顺序，取决于各贵金属的性质和溶液中的浓度，一般规律是：

1）多用氧化蒸馏方法首先分离锇钌。氯化物体系中，随酸度变化 Os、Ru 的配合物状态变化比较复杂。Os 的配合物主要有 $OsO_2Cl_4^{2-}$、$OsCl_6^{2-}$，Ru 的配合物主要有 $RuCl_6^{2-}$、$Ru_2OCl_{10}^{4-}$、$RuCl_3^{3-}$、$RuCl_n(H_2O)_{6-n}^{2-}$ 等。Ru 的氯配阴离子在不同酸度的溶液中有如下平衡关系：

高HCl酸度下：　　$RuCl_6^{2-}$　$\longleftrightarrow$　$Ru_2OCl_{10}^{4-}$

　　　　　　　　　$\updownarrow H_2O$　　　　　$\updownarrow H_2O$

低HCl酸度下：　　$[RuCl_5(H_2O)]^{2-}$　　$[Ru_2OCl_{10-n}(H_2O)_n]^{(4-n)-}$

　　　　　　　　　$\updownarrow$

　　　　　　　　　$[Ru(OH)Cl_5]^{2-}$

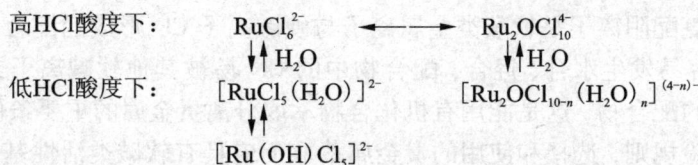

即在高酸度下水合作用微弱，低酸度至中性溶液中易呈高价氧化态的氯－水合配阴离子。对这种复杂平衡且很不稳定的易变状态，萃取分离方法难以获得稳定的指标。利用 Os、Ru 易氧化为高价四氧化物挥发的特性进行氧化蒸馏和分别吸收，至今仍是最简便、可靠及选择性最高的分离和提取 Os、Ru 的方法（参见 7.1.3，7.4.3）。在以萃取为主但萃取工艺结构和萃取剂不同的工艺流程中，应在哪个阶段用氧化蒸馏方法分离 Os 和 Ru 尚无一致看法。作者认为，为减少 Os、Ru 的损失应尽早分离，且在溶液呈低酸度时插入氧化蒸馏为宜。

2）尽早分离金钯。Au、Pd 的氯配合物其中心离子的电子结构和价态易变，配合物为平面正方形结构，电荷数少，在溶液中不稳定，易萃取并应首先分离，尤其是 Au/Au(Ⅲ)的氧化电位很高，煮沸都能还原出金属。为了避免析出的金对其他金属萃取的干扰，应首先分离 Au，之后分离 Pd。

3）Pt(Ⅳ)配合物很稳定，不易发生价态变化和水合作用，多数料液中 Pt 浓度高，应在分离 Au、Pd 后接着分离 Pt。

4）Ir(Ⅳ)与 Pt(Ⅳ)的氯配合物性质十分类似，有基本相同的萃取行为，但 Ir(Ⅳ)、Pt(Ⅳ)和 Ir(Ⅲ)氯配合物的性质及萃取行为差别很大。萃取工艺中可共萃取 Pt(Ⅳ)和 Ir(Ⅳ)后再相互分离。也可利用 Ir(Ⅳ)易还原为难萃取的 Ir(Ⅲ)，先萃取分离 Pt(Ⅳ)，再氧化 Ir(Ⅲ)为 Ir(Ⅳ)后萃取。

5）Rh(Ⅲ)配合物性质最稳定，浓度低，一般放在最后提取。但因 Rh 的价值特别昂贵，有生成水合阳离子的特性，用酸性萃取剂优先萃取分离曾引起人们的关注。

国内外的研究实践表明：合理的分离顺序是 Os、Ru→Au→Pd→Pt→Ir→Rh。

9.1.4　萃取剂和萃取机理

配合物化学中，金属离子称为"路易士酸"，8 种贵金属被划为软酸类金属。贵金属阳离子在化学反应中体积大较易变形，有易被激发和失去的外层 d 电子，失去电子后的金属阳离子表现为多种价态且易与接受电子的配位体形成配合物。各种配位体统称为"路易士碱"，按接受电子的难易分为硬碱、软碱、中间碱 3 类，其中 R_2S、RSH、SCN^-、$S_2O_3^{2-}$、R_3P、$(RO)_3P$、R_3As、I^-、CN^-、C_2H_4 等离子或离子团被称为软碱。金属离子与配位体形成配合物的难易程度，一般遵循由经验总结的"软硬酸碱规则",即俗称"硬亲硬,软亲软,软硬交界就不管"。

贵金属氯配阴离子是软酸类金属离子与硬碱离子 Cl^- 形成的配合物,因此相对不稳定,容易发生水合、羟合,配合物中的 Cl^- 易被其他软碱离子或配位基团取代形成新的配合物,这是能用有机化合物萃取分离贵金属的重要条件。

按照经验规则,选择和使用的贵金属萃取剂应具有软碱类活性基团,易与贵金属氯配阴离子配合或发生取代 Cl^- 的配位基交换反应,同时含有增加油溶性的疏水基团,才能有效地将贵金属选择性地萃取进入有机相。这就指明了萃取剂合成和筛选的方向,基本圈定了萃取剂选择的范围。经验证明这是简单易行的方法。

多数贵金属萃取剂是在其他金属的萃取工业中应用成熟后选择移植的。萃取剂的选择及使用应满足以下要求:①萃取剂的性能首先取决于配位基团的反应活性、空间结构特点和溶解度。因此要求生成的有机配合物与萃取剂遵循"结构相似性原则",并有较大的互溶度。"空间结构相似"才能有效地溶解入有机相;②具有化学稳定性好,闪、燃点高,挥发性及水溶性小,与水溶液密度差大、易分相,混相时不易乳化等较好的物理性质;③对待萃金属的萃取选择性高,萃取容量大,平衡速度快,易反萃及再生复用等较好的化学性质;④价格低廉,供应充足;⑤安全无毒。

工业中已应用的萃取剂有上百种,有多种分类方法:按成分分为含氧、含氮、含硫及含磷四类有机化合物;按萃取剂的官能团分为醇、醚、酮、酯等类;按酸碱性分为酸类和碱类;按与被萃金属的配合方式分为螯合、中性配合、离子对配合等。实用中多按萃取剂的结构特征分为中性磷类萃取剂、酸性磷类萃取剂、胺类萃取剂、中性含氧萃取剂、螯合萃取剂、含硫萃取剂等,各类萃取剂构成相应的萃取体系。

贵金属分离工艺中常用及可能应用的萃取剂简要列于表9-1。

表 9-1　贵金属萃取分离工艺中常用的萃取剂

类型	名称	分子式	相对分子量	商品名		水中溶解度 /(g·L⁻¹)
中性磷类	磷酸三丁酯	$(C_4H_9O)_3P{=}O$	266.3	TBP	TBP	0.38
	甲基膦酸二异戊酯	$CH_3P(O)(OC_5H_{11}—iso)_2$	236.3	P_{218}	DAMP	3.39
	三丁基氧化膦	$(C_4H_9)_3P{=}O$	218.1		TBPO	0.09
	三辛基氧化膦	$(C_8H_{17})_3P{=}O$	386.6	P_{201}	TOPO	0.008
	丁基膦酸二丁酯	$(C_4H_9O)(C_4H_9)_2P{=}O$	250.3	P_{205}	DBBP	0.5

续表 9 – 1

类型	名称	分子式	相对分子量	商品名		水中溶解度 /(g·L⁻¹)
中性含氧类	仲辛醇	$CH_3(CH_2)_5CH_2CH_3OH$	130			1
	二丁基卡必醇	$(C_4H_9OCH_2CH_2)_2O$	218.3	DBC		3
	2 – 乙基己基—乙基醚二异丁基酮	$CH_3(CH_2)_3CHC_3H_5CH_2OC_2H_5$	153	DIBK		0.5
	甲基异丁基酮	$CH_3COCH_2CH(CH_3)_2$	100	MIBK		
	混合醇	$ROH(R = C7 \sim C9)$		ROH		1
	乙醚	$(C_2H_5)_2O$	74	Et₂O		65.9
酸性磷类	二 – (2 – 乙基己基)磷酸	$RCHR'CH_2OP{=}O(OH)_2$	322.1	P_{204}	HDEHP	0.02
	单十四烷基磷酸	$(RRCHCH_2O)P{=}O(OH)$ $R = C_{12} \sim C_{14}$	194	P_{538}		0.05
	异辛基膦酸单异辛酯	$Iso{-}C_8H_{17}P{=}O(OC_8H_{17})(OH)$	306.1	P_{507}	HEHEHP	0.08
胺类	仲碳伯胺	$(C_nH_{2n+1})_2CHNH_2$ $(n = 9 \sim 11)$	312.6	N_{1923}	AⅢ9	0.04
	三正辛胺	$(C_8H_{17})_3N$	353.7	N_{204}	TOA	
	三异辛胺	$(C_nH_{2n+1})_3N(n = 8 \sim 10)$	459.7	TOA	Alamine 336	0.01
	氯化甲基三烷基胺（季铵盐）	$[CH_3(CH_2)_n]_3N^+CH_3]$ $(n = 6 \sim 8)$		N_{263}		
	三烷基胺	$(C_nH_{2n+1})_3N(n = 9 \sim 11)$	387.7	N_{235}		0.01
螯合类	α – 羟基肟		257.4	N_{509}	LIX63	0.02
	β – 羟基肟		341.4	N_{530}	LIX65N LIX70	0.001
含硫类	二烷基硫醚	$R_2S, (n{-}C_7H_{15})_2S$ $(n{-}C_8H_{17})_2S$		S_{219}	DOS	
	二烷基亚砜	R_2SO		S_{201}	DOSO	
	石油亚砜		210 ~ 230	PSO		7 ~ 8

　　贵金属萃取分离工艺中，针对各种金属曾研究和应用的萃取剂，大致归纳列于表 9 – 2。从贵金属混合溶液中选择性萃取分离金的萃取剂最多，已成功应用的有醇、醚、酮、酯等中性含氧有机化合物（如二乙二醇二丁醚、混合醇、甲基异丁基酮）和含硫萃取剂（如硫醇、硫醚、亚砜）等；对 Pd 的特效萃取剂是硫醚、羟肟和胺；对 Pt、Ir 有含氮有机物（如胺）和含磷有机物（如磷酸三丁酯、三烷基氧化膦）等。从贵金属溶液中分离贱金属阳离子则使用酸性磷类萃取剂。

表 9 - 2　贵金属萃取分离中曾研究和应用的主要萃取剂种类

萃取剂类别	贵金属配离子				
	$AuCl_4^-$	$PdCl_4^{2-}$	$PtCl_6^{2-}$	$IrCl_6^{2-}$	$Rh(H_2O)_6^{3+}$
含氧萃取剂	DBC、ROH、MIB、Et_2O、DIBK				
胺类萃取剂	N_{503}、N_{265}	N_{1923}、N_{263}	N_{235}、N_{263}	N_{235}、TOA	
磷类萃取剂	TBP	Ph_3PO	TBP、P_{218}、TRPO	TBP、P_{218}、TRPO	P_{538}、P_{204}
螯合萃取剂		N_{509}、N_{530}			
含硫萃取剂	R_2S、PSO	R_2S、R_2SO PSO	R_2SO		
协同萃取剂	TBP—ROH				

各类萃取剂的特性及萃取机理简要介绍如下。

1. 中性磷类萃取剂

中性磷类萃取剂是磷酸(H_3PO_4)的 3 个羟基全部被烷基酯化或取代的化合物，典型的是磷酸三丁酯 —TBP—$[R_1R_2R_3O_3{=\!=\!=}P{=\!=}O]$（R 为 C_4H_9）和三辛基氧化膦—TOPO—$[R_3{=\!=}P{=}O]$（R $= C_8H_{17}$）。主要通过磷酰基上的氧与金属氯配阴离子形成中性疏水的溶剂化物溶解入有机相，属溶剂化萃取机理。这类萃取剂的反应官能团为 P 为 O 的碱性和 P $=$ O 键的极性随分子中 P—C 键数目的增多而增强，还由于 P—C 键比 P—O—C 键强，化学稳定性高，抗酸分解性能好且水溶性小，配位氧原子的碱性也比含氧中性萃取剂(醚、酮、醇)的配位氧原子强，萃取性能好。

TBP 有 RO 基和 P $=$ O 键，在磷酰基团上有 3 个不同的烷基。TOPO 中的 R 取代了 TBP 中的 RO 基而提高了膦酰基团 P $=$ O 上氧的配位能力，即提高了萃取能力。它们萃取贵金属氯配阴离子能力的顺序是：$R_3PO > R_2(RO)PO > R(RO)_2PO > (RO)_3PO$。

TBP 和 POPO 的结构和性质比较如下：

萃取剂	分子式	结构式	分子量及密度/(g·cm^{-3})		闪点/℃
TBP	$R_1R_2R_3PO$ $R_1{=}R_2{=}R_3{=}C_4H_9O$	$CH_3(CH_2)_2CH_2O$ ╲ $CH_3(CH_2)_2CH_2O$ $-$ P $=$ O $CH_3(CH_2)_2CH_2O$ ╱	266	0.97	163
TOPO	$R_1R_2R_3PO$ $R_1R_2{=}R_3{=}C_8H_{17}$	$CH_3(CH_2)_2CH_2$ ╲ $CH_3(CH_2)_2CH_2$ $-$ P $=$ O $CH_3(CH_2)_2CH_2$ ╱	368	固态	

混合三烷基氧膦（R_3PO，R 为 $C_4 \sim C_8$）能有效地萃取 Au（Ⅰ）、Pd（Ⅱ）、Pt（Ⅳ）、Ir（Ⅳ）（分配系数可达 $10^2 \sim 10^5$），但不萃取 Ir（Ⅲ）、Rh（Ⅲ）。对金、钯的萃取能力虽很强，但与其他萃取剂相比，在价格、反萃条件等方面无优势。因此萃取工艺中多用于 Pt、Ir、Rh 的分离。用 TBP 和 TOPO 萃取 H_2PtCl_6 和 H_2IrCl_6 的反应分别表示为

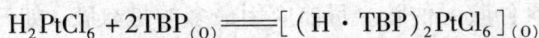

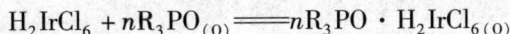

$$H_2PtCl_6 + 2TBP_{(O)} \Longrightarrow [(H \cdot TBP)_2 PtCl_6]_{(O)}$$

$$H_2IrCl_6 + nR_3PO_{(O)} \Longrightarrow nR_3PO \cdot H_2IrCl_{6(O)}$$

本书所有萃取反应式中，都用下角（O）表示有机相。

该类萃取剂的黏度较大，常用煤油、正辛烷、异辛烷、四氯化碳、甲苯等稀释剂配成有机相后使用。

2. 酸性磷类萃取剂

酸性磷类萃取剂应用较多的有国产牌号 P_{204}、P_{538}、P_{507} 等。含酸性基团，依靠所含的 1 个或 2 个氢离子与水相中的金属阳离子交换。萃取剂的酸性越强对阳离子的萃取能力越强。主要用于从贵金属溶液中分离少量 Cu、Ni、Fe 等贱金属阳离子。

3. 胺类萃取剂

胺（用 Am 表示）属亲质子的碱性阴离子萃取剂，可萃取呈氯配阴离子状态的所有贵金属，对 Au（Ⅲ）、Pt（Ⅳ）、Pd（Ⅱ）、Ir（Ⅳ）等金属氯配阴离子的萃取能力都很强。是铂族金属萃取分离工艺中研究较早，目前应用最多的萃取 Pt、Ir 的主要萃取剂。

根据氮原子上连接的烷基数不同，分为伯胺（RNH_2）、仲胺（R_2NH）、叔胺（R_3N）和季铵盐[$R_3N(CH_3)^+Cl^-$]4 类。碱性按上述顺序逐渐增强。季铵盐是强碱萃取剂，能在高 pH 溶液中应用，但对金属氯配阴离子的萃取能力则随碳链支链化加强而减弱。

萃取时胺与水相中的酸平衡首先形成胺阳离子和盐，如以与 HCl 平衡为例：

$$Am_{(O)} + HCl \Longrightarrow AmH^+Cl^-_{(O)}$$

胺阳离子氯盐萃取铂族金属配阴离子有两种机理，以萃取 $PtCl_6^{2-}$ 配阴离子为例，一种是金属氯配阴离子团交换萃取剂中的 Cl^-，将 Pt 提取入有机相，属形成离子对缔合物萃取机理。反应表示为：

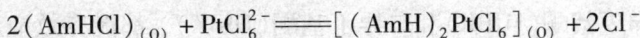

$$2(AmHCl)_{(O)} + PtCl_6^{2-} \Longrightarrow [(AmH)_2PtCl_6]_{(O)} + 2Cl^-$$

另一种是胺阳离子取代金属氯配阴离子中的 Cl^-，将 Pt 提取入有机相，属配位基交换机理。反应表示为：

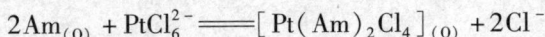

$$2Am_{(O)} + PtCl_6^{2-} \Longrightarrow [Pt(Am)_2Cl_4]_{(O)} + 2Cl^-$$

伯胺氮原子上只有一个烷基，因此 N—键的配位基交换能力强，以配位基交换机理萃取。而季胺氮原子上已连接有四个烷基对 N—键形成位阻，以形成离子

对机理萃取。中间的仲胺和叔胺两种萃取机理都有，但仲胺倾向伯胺以配位基交换为主，叔胺倾向季胺以形成离子对为主。

取代金属氯配阴离子中配位体 Cl^- 的反应发生在配合物内界，交换速度慢但选择性高，萃合物稳定难反萃。形成离子对萃取则相反。因此，萃取选择性由高到低的顺序是：伯胺 > 仲胺 > 叔胺 > 季胺。而萃取速度及反萃难易程度的顺序则是：季胺 > 叔胺 > 仲胺 > 伯胺。目前应用最多的是叔胺，如三正辛胺、三异辛胺、Alamini336、N_{235}。

国内外成功应用叔胺从萃取分离 Au、Pd 后的料液中萃取分离 Pt（Ⅳ）、Ir（Ⅳ）。可用稀碱、稀亚硫酸、酸性硫脲及硫氰化钠溶液从负载有机相中反萃 Pt（Ⅳ）、Ir（Ⅳ），但多用稀碱液。

4. 螯合萃取剂

是具有多官能团的弱酸，通常同时有酸性和碱性两种官能团。应用较多的是羟肟类萃取剂和 8 - 羟基喹啉（Kelex100）。羟肟又分为 α - 羟肟（Lix63）和 β - 羟肟（Lix70）两种。可萃取水相中的金属阳离子 Me^{n+} 或可离解为 Me^{n+} 的氯配阴离子 MeL_x^{n-xb}（b 为配位体 L 的负价）。

在贵金属萃取分离工艺中已成功应用羟肟类萃取剂萃取 Pd 与 Pt 分离。萃取的选择性高，Pt、Pd 分离系数 > 100（参见 9.3.3）。萃取时羟肟的 C═N 键与钯的氯配阴离子生成双配位配合物，因此萃取反应是在贵金属氯配阴离子的内界进行的。由于螯合取代反应的空间位阻大，萃取速度慢，相平衡时间长，反萃也相应困难。应用中常加入胺类动力学协萃剂加快萃取速度。与胺类及硫醚类钯萃取剂相比，羟肟的价格较贵，其应用受到限制。

5. 中性含氧萃取剂

中性含氧萃取剂指醚、醇、酮、醛及酰胺等类有机化合物，含 C—O 键。

在强酸性溶液中以离子交换缔合形成（锌）盐机理萃取金属。

在弱酸性溶液中以形成中性溶剂化配合物萃取金属。即中性萃取剂 - S（醇、醚、酮、脂）分子不与贵金属配阴离子形成离子对，也不进入配阴离子内界交换 Cl^-，不改变贵金属配合物的价态和构形，而是通过溶剂化作用在贵金属配合物外层形成疏水层，降低了在水中的溶解性使贵金属配合物溶解（萃取）入有机相。

长碳链的脂肪醇（如仲辛醇、正辛醇、异辛醇、异癸醇等），二乙二醇二丁醚（DBC），甲基异丁基酮（MIBK）和二异丁基酮（DIBK），都能有效地从贵金属混合溶液中选择性萃取分离金，并成功地应用于规模化生产。其缺点是沸点低易挥发，水溶性较大，有的难反萃。

6. 含硫萃取剂

主要是具有 S^{2-} 键的硫醚 R_2S 和具有 S═O 键的亚砜 R_2SO（包括合成亚砜和石油亚砜）两类，亚砜是硫醚的氧化产物。它们都能从石油精炼中作为副产品回收，也可直接化工合成，前者价格便宜供应充足，但纯度较差组成复杂，后者相反。

硫醚已被确认是从含大量贱金属的溶液中萃取 Au、Pd 及从其他铂族金属中分离 Pd 的特效萃取剂，具有选择性好、萃取率高等特点。萃取机理是通过硫离子成键形成稳定的 Pd＝S 离子配合物，使 Pd 的氯配阴离子萃取进入有机相。反应表示为：

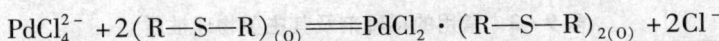

$$PdCl_4^{2-} + 2(R\text{—}S\text{—}R)_{(o)} \Longrightarrow PdCl_2 \cdot (R\text{—}S\text{—}R)_{2(o)} + 2Cl^-$$

硫醚中烷基碳链的长度多从 C_4 到 C_8。各种硫醚相比，碳链中碳原子数≤5 的硫醚萃取动力学速度快，但水溶性大，对铂的选择性低。而碳原子数≥8 的硫醚则相反。国外铂族金属精炼厂应用最多的是二正己基硫醚、二正辛基硫醚（DOS）和二正庚基硫醚（DNHS）。中国已成功研究和应用二异戊基硫醚（S_{201}）萃钯。萃取的综合性能，如选择性、动力学速度及分相速度、易反萃等，皆优于 DOS 和 DNHS。

上述各种硫醚都可氧化为相应的亚砜。萃取机理是通过 S＝O 键的氧原子配位。与硫醚相比萃取选择性显著降低，除 Au(Ⅲ)、Pd(Ⅱ) 外，能同时萃取 Pt(Ⅱ)、Pt(Ⅳ)、Ir(Ⅳ)、Rh(Ⅲ)。选择性降低后，失去了硫醚具有的从混合溶液中选择萃取分离 Pd 的特性，多用于共萃贵金属与贱金属分离。应用最多的是二正辛基亚砜（DIOSO）和二异辛基亚砜（DNOSO）。

石油精炼过程中，在沸程 250～360℃可分馏出石油亚砜（PSO），平均相对分子量 210～230，含 S 6%～15%，是直链和环链结构的混合物。与合成亚砜相比，价格便宜供应充足，但萃取选择性变差，水溶性更大（达 7～8 g/L）。

7. 协同萃取剂

指两种或两种以上萃取剂组成的多元有机相，通过协同效应使萃取分配系数大于任一单一萃取剂的分配系数。研究和应用较多的是螯合萃取剂与中性萃取剂组成的协同体系。因为单独的螯合萃取剂和被萃配合物螯合后剩下的自由配位键多与水分子结合，降低了疏水性影响分配比，加入协同萃取剂（多为极性强的中性磷类萃取剂）可取代水分子形成饱和的螯合物，增强了疏水性且提高了分配比。莫启武[10]、余建民[7]详细归纳介绍了贵金属协同萃取方面的研究情况。但贵贱金属多元混合溶液的萃取工艺中，在生产规模应用协同萃取的实例不多，在贵金属萃取化学方面仍有待深入研究。

9.1.5　有机相体系

有机相是由萃取剂、稀释剂、添加剂及必要时加入的协萃剂、抑萃剂等组成，除萃取剂外最重要的是稀释剂。稀释剂的作用主要是改善萃取剂的物理性质，如降低密度、黏度，促进两相分离。稀释剂应是惰性有机溶剂，即与被萃物不发生化学结合，对萃合物的分配系数影响不大，与萃取剂应"空间结构相似"，以便提高萃取剂和萃合物在有机相中的溶解度。还应满足水溶性小、表面张力低、闪燃点较高不易挥发、无毒或低毒使用安全、价格便宜、供应充足等要求。

贵金属萃取体系中多用各种饱和的碳氢化合物，如烷烃和芳香烃作稀释剂，多为石油精炼产品。烷烃主要是煤油，芳香烃有苯、二甲苯、二乙苯等，它们都有较高的介电常数和很低的水溶性。常用稀释剂及性质列于表 9 - 3。

表 9 - 3 常用的稀释剂及其主要物理性质

名称	分子式	相对分子量	密度/$(g \cdot cm^{-3})$	沸点/℃	折射率	介电常数	水中溶解度/$(g \cdot L^{-1})$
环己烷	C_6H_{12}	84.2	0.783	87.7	1.426	2.0	0.1
正己烷	$CH_3(CH_2)_4CH_3$	86.2	0.660	69	1.375	1.9	0.138
正庚烷	$CH_3(CH_2)_5CH_3$	100.2	0.681	98.5	1.386	1.9	0.052
苯	C_6H_6	78.11	0.891	80.10	1.501	2.3	0.18
甲苯	$C_6H_5CH_3$	92.13	0.866	110.8	1.498	2.4	0.47
邻二甲苯	$C_6H_4(CH_3)_2$	106.16	0.8745	144	1.505	2.6	
间二甲苯	$C_6H_4(CH_3)_2$	106.16	0.8684	138.8	1.497	2.4	0.196
对二甲苯	$C_6H_4(CH_3)_2$	106.16	0.8611	138.5	1.496	2.3	0.19

国内外应用较多的是 Solvesso 150 和 Escaid 100 牌号的稀释剂，都是普通的石油精炼副产品。前者为芳香烃稀释剂，含芳香烃97%、直链烷烃3%，密度0.895 g/cm³，沸点189.3℃，闪点66℃。后者以直链烷烃为主(约60%)、其余为芳香烃和环烷烃，密度0.76 g/cm³，沸点192.6℃，闪点76℃。

有时需在有机相中加入添加剂，以防止形成第三相。特别像有机胺或酸性膦类萃取剂(如P_{204})，在烷烃(煤油)稀释剂中溶解度较低，易形成第三相。加入少量高碳醇(如辛醇、甲庚醇、异戊醇、混合醇)、TBP 或 MIBK 即可防止出现第三相。因为这些添加剂结构上有含氧官能团，可以和胺分子结合，或与酸性膦类萃取剂中的—OH 形成氢键，拆散胺或有机膦的聚合体，增加溶解度。选择添加剂应考虑水相中待萃金属的特点及拟定的萃取工艺的要求，防止添加剂萃取其他金属而降低了萃取的选择性，添加剂的用量应通过实验确定。

9.2 萃取分离金

金矿、共生矿提取冶金中都可能产出含金溶液。按来源、成分和性质可将含金溶液分为三类：①金和铂族金属混合的酸性氯化物溶液，Au 以 $AuCl_4^-$ 状态存在。Au 的萃取分离作为贵金属分离工艺中的一个环节，对金萃取剂的最基本要求是选择性，即只萃取金而不萃取任何一种铂族金属。目前工业上已成功应用的主要是甲基异丁基酮和二乙二醇二丁醚两类萃取剂，也研究过其他中性含氧类萃取剂，膦类、硫类萃取剂等；②碱性氰化物溶液，是岩金矿石在碱性溶液中用氰化物溶解产出的，含 Au、Ag 和微量贱金属，Au 以 Au(CN)$_2^-$ 状态存在，但不含铂族金属。传统的提 Au 技术是活性炭吸附。由于氰化至今仍是最主要的从金矿中溶解金的技术，用溶剂萃取技术取代活性炭吸附技术一直是黄金冶金中令人关注的热点，研究非常活跃；③ 酸性硫脲溶液，是岩金矿石在硫酸溶液中用硫脲溶解产出的，含 Au、Ag 和微量贱金属，不含铂族金属。溶液中 Au 以 Au[CS(NH$_2$)]$^+$ 状态存在，人们一直在研究从这种溶液中萃取 Au 的技术。

已研究和应用的萃取剂很多(见表 9 – 2)[6,7,11]。本节主要介绍从金和铂族金属的混合溶液中萃取分离金。

9.2.1　MIBK、DIBK 萃取 AuCl$_4^-$

1. MIBK(甲基异丁基酮)萃取 AuCl$_4^-$

MIBK 为中性溶剂化萃取剂，无色透明液体，分子式(CH$_3$)$_2$CHCH$_2$COCH$_3$，分子量 100.16，密度 0.8006 g/cm^3(20℃)，沸点 115.8℃，闪燃点 27℃，水中溶解度 2%。各元素的分配系数 D_A^0 与酸度的关系见图 9 – 1。

高酸度下萃取时，Fe(Ⅲ)、Te(Ⅳ)、As(Ⅲ)、Sb(Ⅳ)、Se(Ⅳ)等元素及少量 Pt(Ⅳ)与 Au(Ⅲ)共萃，其他贵金属留在萃残液中。从含 HCl 0.5~5.0 mol/L 的料液中萃取 Au(Ⅲ)的分配系数 >100，萃取率 >99%。萃取容量可达 90 g/L。在铂族金属萃取分离工艺中萃金作为起始工序，高酸度下萃取 Au(Ⅲ)同时共萃其他杂质元素，可排除它们对后续铂族金属萃取分离过程的干扰，反而成为 MIBK 萃金的一个优点。

MIBK 与 Au(Ⅲ)的氯配阴离子形成不稳定的(锌)盐离子缔合物将金萃取入有机相。反应表示为：

(CH$_3$)$_2$CHCH$_2$COCH$_{3(O)}$ + HAuCl$_4$ === [(CH$_3$)$_2$CHCH$_2$COCH$_3$H]$^+$ AuCl$_{4(O)}^-$

南非 MRR 公司用 MIBK 萃取 Au，但未详细报道条件和指标。中国针对下述金川贵贱金属混合溶液，研究了 MIBK 萃金技术。混合溶液 HCl 酸度 0.5 mol/L，金属成分很复杂：

成　　分	Au	Pt	Pd	Rh	Ir	Cu	Ni	Fe
含量/(g·L^{-1})	0.87	2.65	1.55	0.2	0.18	5.3	7.3	0.1

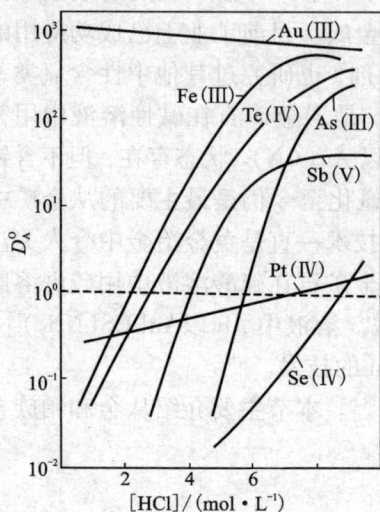

图 9-1　MIBK 萃取时各
元素 D_A^0 与 [HCl] 的关系

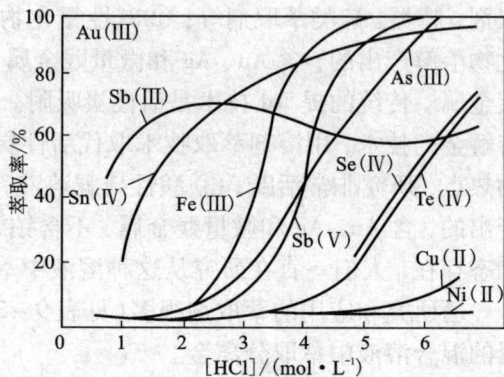

图 9-2　DBC 萃取时各金属萃取率与酸度的关系

萃取：O/A（有机相和水相的相比）= 1:(1~2)，三级逆流，每级混相 5 min。

洗涤：O/A = 1:(1~2)，0.1~0.5 mol/L HCl 作洗涤剂，二级逆流，每级混相 5 min。

反萃：用 5% 草酸溶液分批在 90~95℃搅拌下还原金并蒸发有机相，有机相完全挥发后过滤、洗涤、烘干即得金粉产品。萃取后的载金有机相也可用稀盐酸洗涤除去共萃的杂质元素后，直接用铁粉从有机相中置换出粗金，有机相返回使用。

主要指标是：金萃取率 99.9%，海绵金纯度 >99.9%，金回收率 99.8%。

MIBK 的缺点是水溶性大（水中溶解度 2%），沸点低挥发损失大，易燃。这些缺点使其应用受限。

2. DIBK（二异丁基甲酮）萃取 $AuCl_4^-$

将 MIBK 中的甲基换成异丁基，改性为二异丁基甲酮（DIBK）则可克服上述缺点。DIBK 分子式为 $(CH_3)_2CHCH_2COCH_2CH(CH_3)_2$，分子量 142，密度 0.81 g/cm³，水中溶解度 0.05%，沸点升至 163℃。对金的萃取能力略有下降（从 99.9% 降至 97.8%），但提高了萃取的选择性，对 Pt(Ⅳ)、Fe(Ⅲ) 的共萃比例分别从约 18% 和约 70% 降至 <1%。

如针对下列含 $MgCl_2$ 很高（2.75 mol/L）、成分复杂的工业料液：

溶液成分	Au	Pd	Pt	Rh	Ir	Fe	Cu	Ni	H^+	Cl^-
浓度/$(g \cdot L^{-1})$	2.42	4.72	11.1	0.51	0.42	1.99	0.75	1.08	3.7	68

用 DIBK 萃取 Au：

萃取：O/A = 1:1，3 级逆流，每级混相 5 min，DIBK 萃金饱和容量 15 g/L。

洗涤：1.5 mol/L HCl，O/A = 1:1，3 级逆流，每级混相 5 min。

反萃：用 5% 浓度草酸($H_2C_2O_4$)溶液在 70～85℃ 还原反萃出金粉。

主要指标是：金萃取率约 97%，直收率约 96%，金粉纯度 >99.9%。

9.2.2 醚类萃取剂萃取金

1. 二乙二醇二丁醚(DBC) 萃取 $AuCl_4^-$

DBC 的分子式为 $C_{12}H_{26}O$，无色透明液体，分子量 218，密度 0.8853 g/cm³ (20℃)，沸点 254.6℃，闪燃点 118℃，水中溶解度 0.3%。有机相通常不加稀释剂，为 100% 的 DBC，任何酸度下皆能几乎定量地萃取金，而不萃取铂族金属。其他杂质元素的萃取率与料液酸度的关系见图 9－2。

在[HCl]0.5～5 mol/L 内，Fe(Ⅲ)、Sn(Ⅳ)、Sb(Ⅲ)、Sb(Ⅴ)、As(Ⅲ)与 Au(Ⅲ)共萃，Cu(Ⅱ)、Co(Ⅱ)、Ni(Ⅱ)不被萃取。在[HCl] < 3 mol/L 时只有 Sn(Ⅳ)、Sb(Ⅲ)共萃，对其他元素的选择性很好。DBC 萃金的分配系数 D_A^O 随料液酸度及金浓度的升高而增大(见表 9－4)。

表 9－4　DBC 萃金的分配系数 D_A^O (O/A = 1:1)

[HCl] /$(mol \cdot L^{-1})$	[Au] = 6.69×10^{-7} mol/L	[Au] = 3.2×10^{-3} mol/L	[Au] = 3.84×10^{-2} mol/L
1	8.3	86.8	464
2	20.8	118	885
3	29.4	295	1820
4	45.9	1095	3166
5	82.0	2590	5380
6	152	4800	10000

DBC 萃金的优点是有机相水溶性小，对溶液酸度的适应范围宽，萃取分配系数高，萃残液中金浓度可降至 0.00x g/L 以下，萃取速度快(<30 s)，萃取容量大(>40 g/L)。

生成的萃合物为一简单的溶剂化物 $HAuCl_4 \cdot 2DBC$。载金有机相用 1.5 mol/L盐酸溶液洗涤后，直接用草酸（$HO_2C \cdot CO_2H$）在 70～80℃搅拌下还原出纯度 >99.9% 的纯金粉，直接熔化浇铸为金锭。有机相蒸馏后直接复用。还原反应为

$$2DBC \cdot HAuCl_{4(O)} + 3(COOH)_2 \Longrightarrow 2DBC_{(O)} + 2Au \downarrow + 8HCl + 6CO_2$$

还原时需加入 NaOH 溶液中和产生的酸。

其他还原剂也可直接从有机相中还原金，还原速度是：双氧水 H_2O_2，联胺 NH_2NH_2，亚硝酸钠 $NaNO_2$，亚硫酸钠 Na_2SO_3，硼氢化钠 $NaBH_4$，草酸（$HO_2C \cdot CO_2H$），其中亚硫酸钠最便宜。

国际镍公司（INCO）Acton 精炼厂和中国金川用 DBC 从金和铂族金属共存的复杂料液中选择性萃取金。

Acton 精炼厂处理的料液酸度（HCl）3 mol/L，各成分浓度（g/L）为：Au 4～6，Pt、Pd 各 25，其他铂族金属及 Cu、Ni、Fe、As、Sb、Bi 等贱金属杂质少量。在玻璃混合澄清器中 O/A = 1∶1 室温萃取多批水相。有机相含 Au 25 g/L 时，用 1.5 mol/L HCl 洗涤后在还原釜中 90℃用草酸还原出金粉。金粉经稀盐酸和甲酸分别洗涤后纯度达 99.99%，熔铸为金锭。

刘漠禧最早研究该萃取剂萃金，并于 1983 年应用于金川生产[12-14]。作者领导的课题组在金川连续萃取分离精炼贵金属工艺中[15-16]，进一步完善了原料液预处理技术（如脱硅、调整控制酸度和氧化性等），使 DBC 萃金技术的优点得到充分发挥，使后续各金属萃取环节衔接顺畅。

实践表明，该技术对料液成分的适应范围很宽，对性质和成分非常复杂的锇钌蒸残液（参见 7.2），都能达到分离精炼金的目的。选择性好，回收率高，直接从载金有机相中还原即可获得纯度 99.99% 的金粉产品。

例如，对下列两种成分复杂的锇钌蒸残液：

溶液成分	Au	Pt	Pd	Rh	Ir	Fe	Cu	Ni	[H^+]
浓度/($g \cdot L^{-1}$)	3.0	11.7	5.18	0.88	0.36	2.39	6.32	5.6	2～4 mol/L
	1.71	4.97	2.79	0.366	0.525	3.08	6.04	5.55	2～4 mol/L

蒸残液为 SO_4^{2-} – Cl^- 混合介质，Cl^- 浓度 10～100 g/L，料液盐酸酸度 2.5 mol/L，含 Au 1.7～3 g/L，其他金属浓度为金的 10～13 倍。用 DBC 选择性萃取金的工艺条件为

萃取：O/A = 1∶1，室温，4～5 级逆流，每级混相时间 5 min。萃残液含 Au < 0.005 g/L，萃取率 >99.5%。

洗涤：O/A = 1∶1，0.5 mol/L HCl 洗涤，室温，3～4 级逆流，每级混相时

间5 min。

还原：载金有机相分批在耐酸搪瓷反应釜中还原，还原剂为 5% 的草酸溶液（用量为理论计算量的 2 倍），80℃，搅拌还原 2~3 h，产出金粉。DBC 返回萃取新一批料液。

全过程金的回收率 98.7%，金粉纯度 99.99%，可直接熔铸为金锭。此外还详细研究了用 Na_2SO_3 和 $NaBH_4$ 溶液，在室温下从载金有机相中还原反萃金的技术。后者[17] 的反应式为

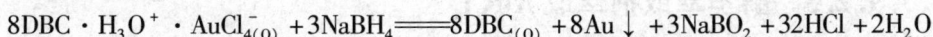

$$8DBC \cdot H_3O^+ \cdot AuCl_{4(O)}^- + 3NaBH_4 = 8DBC_{(O)} + 8Au \downarrow + 3NaBO_2 + 32HCl + 2H_2O$$

在 pH = 1，25℃ 下搅拌还原 30 min，Au 的还原反萃率 >99.9%，海绵金粉纯度 >99.99%。DBC 返回使用。与草酸还原相比，该法的操作温度低，时间短，但试剂价格贵。

2. 2 – 乙基己基 – 乙基醚（2 – EHEE）萃取金

2 – EHEE 分子式为 $CH_3(CH_2)_3CHC_3H_5$—$CH_2OC_2H_5$，无色透明液体，分子量153.13，沸点 180℃。

昆明贵金属研究所和上海有机化学研究所合作，针对下述成分的工业料液：

溶液成分	Au	Pd	Pt	Rh	Ir	Ru	Cu	Ni	Fe	酸度
浓度/$(g \cdot L^{-1})$	2.59	4.68	8.36	0.53	0.60	0.01	0.14	0.07	0.57	3~4 mol/L

研究了萃金技术[18]。有机相组成为：2 – EHEE 20% + 异戊醇 25% + 环己烷稀释剂。萃取机理是醚与 $AuCl_4^-$ 形成溶剂化中性配合物萃入有机相。

萃取：O/A = 1:1，3 级，相平衡 5 min，Au 萃取率 >99.8%，微量铂共萃。

洗涤：O/A = 2:1，3 mol/L HCl，2 级。

反萃：O/A = 1:1，10% NaCl 溶液，3 级，反萃率约 100%。

3. 乙醚（Et_2O）萃取制备高纯金

各种方法获得的粗金进一步提纯为高纯金（纯度 >99.999%），乙醚萃取是成熟的技术。乙醚 $C_2H_5OC_2H_5$ 为无色透明液体，密度 0.715 g/cm^3，沸点 34.6℃，易挥发、易燃、易爆。使用前首先用 HCl 平衡：

$$R_2O + HCl = (R_2OH)^+ Cl^-$$

含金150 g/L 的溶液用盐酸调整酸度至 2 mol/L，在室温下按 O/A = 1:1 与乙醚搅拌混相约 10 min，澄清分相 10 min。按下反应式形成中性缔合离子对：

$$HAuCl_4 + (R_2O \cdot H)^+ Cl_{(O)}^- = (R_2O \cdot H)AuCl_{4(O)} + HCl$$

载金有机相转入蒸馏器，并按 O/A = 2:1 加入纯蒸馏水，缓慢升温至 70~80℃，同时进行蒸馏回收乙醚和金的反萃，冷凝回收的乙醚返回萃取，底液即为

含 Au 约 150 g/L 的反萃液。反萃液加入 HCl 调整酸度至 2 mol/L，进行二次萃取 →蒸馏→反萃。二次反萃液调整酸度至 3 mol/L，Au 浓度 80 ~ 100 g/L，用经过浓硫酸和氯化钙洗涤净化过的二氧化硫气体室温下还原出海绵金，还原反应为

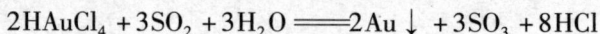

$$2HAuCl_4 + 3SO_2 + 3H_2O \Longrightarrow 2Au \downarrow + 3SO_3 + 8HCl$$

海绵金用纯硝酸煮沸 30 ~ 40 min，用纯水洗涤至水呈中性，烘干即为纯度 > 99.999% 的高纯金，全过程金回收率 > 98%。

9.2.3 醇类萃取剂萃取 $AuCl_4^-$

醇类萃取剂—ROH 可理解为烷基—R 的氢氧化物。萃取机理是 ROH 与 $HAuCl_4$ 形成离子缔合物使金提取入有机相。该类萃取剂廉价，供应充足。

1. 仲辛醇萃取金

仲辛醇的分子式为 $C_8H_{17}OH$，密度 0.82 g/cm³，沸点约 180℃，无色，易燃，水中溶解度很低，适于从含铂族金属很低的氯化物溶液中萃取金。

萃取剂先用盐酸平衡转化为氯化缔合物 $[C_8H_{17}OH]^+Cl^-$，萃取反应为

$$[C_8H_{17}OH]^+Cl^-_{(O)} + HAuCl_4 \Longrightarrow [C_8H_{17}OH]AuCl_{4(O)} + HCl$$

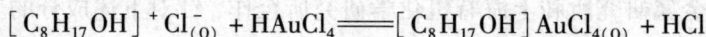

中国邵武冶炼厂和上海冶炼厂，针对处理铜电解阳极泥产出的，含金为主并含少量铂、钯、铜、铅、硒的氯化液，曾用该萃取剂萃金。

萃取：O/A = 1:5，萃取温度 25 ~ 35℃，平衡速度较慢，混相时间需 30 ~ 40 min，澄清分相约需 30 min。可用单槽间断分批萃取，也可 2 ~ 3 级连续逆流萃取。萃取率约 99%，萃取容量 > 50 g/L。

还原：O/A = 1:1，含金 40 ~ 50 g/L 的有机相，高温(约 90℃)下草酸还原，草酸浓度 7%，搅拌下还原 30 ~ 40 min，还原反应为：

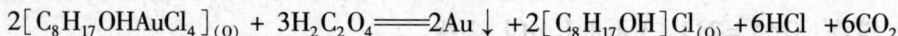

$$2[C_8H_{17}OHAuCl_4]_{(O)} + 3H_2C_2O_4 \Longrightarrow 2Au \downarrow + 2[C_8H_{17}OH]Cl_{(O)} + 6HCl + 6CO_2$$

产出的海绵金纯度 > 99.95%。全过程 Au 的回收率约 99%。有机相用 2 mol/L HCl 洗涤平衡后返回使用。

仲辛醇臭，操作环境不好，使用受限。

2. 混合醇萃取 $AuCl_4^-$

混合醇(ROH)是不同碳链长度烷基醇的混合物。从含(g/L) Au 0.7、Pt 4.63、Pd 1.7 以及少量 Rh、Ir、Cu、Ni 的硫酸－盐酸(总酸度约 3 mol/L)混合介质中，用 40% ROH + 煤油有机相三级逆流萃取，金的萃取率 > 99%，但 Pt、Pd 共萃约 3%。载金有机相用 3 mol/L HCl 洗涤，共萃的贱金属可洗净。有机相可用草酸溶液或水反萃，反萃率约 100%。反萃液加热还原出海绵金，分别用 1 mol/L 浓度的 HCl 和 HNO_3 煮沸除杂质，金粉纯度 > 99.95%。

昆明贵金属研究所杨宗荣等[19-20]针对处理铜电解阳极泥获得的，HCl 酸度 2

mol/L 的含金氯化液，用含 TBP 10% ~30%，其余为 ROH 的协萃体系萃取金。

萃取：O/A = 1:(5 ~15)，室温，3 ~6 级，每级相平衡 3 ~5 min。萃残液金浓度约 0.0005 g/L，用置换法回收其中的铂钯。

洗涤：O/A = 2:1，稀 HCl 或稀 H_2SO_4 洗涤，室温 1 级 5 min。

反萃：用草酸铵在 40 ~70℃还原反萃 0.5 ~2 h 得金粉，有机相用稀 H_2SO_4 平衡后复用。

主要技术指标：萃取率 99.9%，反萃率 99.9%，直收率 >99.5%，金粉纯度 99.99%。

该协萃体系萃金技术的优点是：适应的料液酸度范围宽，选择性好，操作简单，萃取剂廉价。曾先后应用于重庆冶炼厂、太原铜业公司、天津电解铜厂、安徽铜陵铜业公司等企业的铜阳极泥处理。

9.2.4 胺氧化物萃取 $AuCl_4^-$

胺是 Pt、Pd、Ir 的特效萃取剂，但氧化为氧化物后通过 C=O 键形成离子缔合物却可以选择性萃取 $AuCl_4^-$。

1. 酰胺萃取[21]

二仲辛基乙酰胺 $CH_3CON(C_8H_{17} - Sec)_2(N_{503})$，是胺氧化生成的一种中性含氧萃取剂，密度 0.85 ~0.87 g/cm³，闪、燃点分别为 158℃和 190℃，水中溶解度很小(≤0.01 g/L)。

针对下述成分的金川锇钌蒸残液：

溶液成分	Au	Pt	Pd	Rh	Ir	Cu	Ni	Fe	酸度
含量/(g·L⁻¹)	2.17	6.95	3.05	0.35	0.34	0.1	5.32	2.98	2.5 mol/L

用 7% N_{503} +10% 异辛醇 + 煤油有机相萃金。

萃取：O/A = 1:2，三级逆流，每级混相 3 min，分相快，界面清晰。

洗涤：O/A = 5:1，0.5 ~2 mol/L HCl 洗涤 3 级。

反萃：O/A = 3:1，1 mol/L 醋酸钠(NaAc)溶液反萃 3 级，反萃液用 $H_2C_2O_4$ 煮沸还原出海绵金，稀酸煮洗后烘干得产品金。

主要指标：Au 的萃取率和反萃率皆 >99.5%，金粉纯度 99.99%，总回收率 99.7%。

萃金的关键是控制料液酸度不超过 2.5 mol/L，对金的萃取选择性很好，铂族金属及铜镍共萃率很小。少量 Fe 共萃但很易洗净。

N_{503}已国产定型，化学稳定性好，抗氧化性强。萃取性能及各项指标与 DBC相似，但比 DBC 价廉，供应充足、无毒、使用安全，工艺简单可连续台架操作。

2. 三辛胺氧化物（TONO）萃取

在盐酸溶液中用 0.05 mol/L TONO + 煤油有机相萃取 $AuCl_4^-$，形成离子缔合物的萃取反应表示为

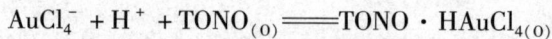

$$AuCl_4^- + H^+ + TONO_{(O)} \Longrightarrow TONO \cdot HAuCl_{4(O)}$$

萃取速度很快，平衡仅需 0.5 min。五级逆流萃取，金的萃取率 > 99%，有机相用 4 mol/L HCl 洗涤除去杂质，再用 5% 草酸溶液反萃，金的反萃率 > 99%，海绵金纯度 > 99.9%。

9.2.5　含硫萃取剂萃取 $AuCl_4^-$

硫醇、硫醚和亚砜是贵贱金属混合溶液中选择性萃取 Au、Ag 和 Pd 的特效萃取剂，对料液中的贱金属及其他铂族金属都不萃取。这几种萃取剂无毒、价廉、供应充足，尤其硫醚在选择性萃钯方面的研究最充分，应用最成功。硫醚萃金的特点是：对料液酸度适应范围宽，萃取动力学速度快（混相时间 < 1 min），萃取容量大（> 150 g/L），易反萃。

程飞曾研究[22-23]从金和铂族金属混合溶液中用石油硫醚（PSO）共萃 Au、Pd，再分别反萃的方案。用 0.1 mol/L 石油硫醚从金和铂族金属混合溶液中共萃Au、Pd 时，Au 的萃取率 > 99%，Pd 的萃取率约 91%，Pt 共萃约 2%，Rh、Ni、Cu、Fe 不被萃取。载 Au、Pd 的有机相用 0.5 mol/L NaOH + 1.0 mol/L Na_2SO_3 溶液反萃，Au 的一次反萃率 97%，反萃液用 HCl 酸化至 pH ≈ 2 即还原出海绵金，还原沉淀率达 99.9%。

石油硫醚对 Pd、Pt 的选择性差，水溶性大（> 7 g/L），夹杂奇臭的硫醇污染环境。因此在连续萃取分离工艺中，萃金的选择性不如中性醚类和醇类萃取剂，其应用受限。

石油亚砜是石油硫醚的氧化产物，对料液中铂族金属的选择性更差，只在不含铂族金属的料液中萃金与贱金属分离方面有应用前景。石油亚砜（PSO）+ TBP + 甲苯有机相可按下列反应协萃 $AuCl_4^-$：

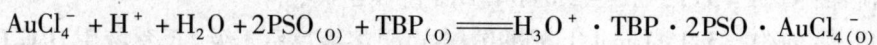

$$AuCl_4^- + H^+ + H_2O + 2PSO_{(O)} + TBP_{(O)} \Longrightarrow H_3O^+ \cdot TBP \cdot 2PSO \cdot AuCl_{4(O)}^-$$

石油亚砜可按下列反应萃取金的硫脲配阳离子：

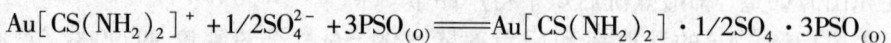

$$Au[CS(NH_2)_2]^+ + 1/2SO_4^{2-} + 3PSO_{(O)} \Longrightarrow Au[CS(NH_2)_2] \cdot 1/2SO_4 \cdot 3PSO_{(O)}$$

9.2.6　磷类萃取剂萃取 $AuCl_4^-$

磷酸三丁酯（TBP）、三苯基氧化膦（TPPO）、三烷基氧化膦（Cyanex923）、二

(2 – 乙基己基)二硫代磷酸(D2EHDTPA)、三异丁基硫化膦(Cyanex471x)等磷类萃取剂萃金都有研究报道。但从贵贱金属混合溶液中萃金仅研究过 TBP[24]。

萃取机理是在酸性溶液中形成离子缔合物：$(C_4H_9POH)^+ \cdot (AuCl_4)^-$。

研究表明：有机相中 TBP 浓度及料液酸度越高，萃取时对其他铂族金属及贱金属的选择性越差，共萃率增大。在料液酸度 <0.5 mol/L，正十二烷为稀释剂的有机相中 TBP 浓度约 33% 时，对 Au 的萃取选择性才较好。如针对含(g/L)：Au 1.14、Pt 1.4、Pd 1.7、Rh 0.38、Ir 0.09，HCl <0.5 mol/L 的混合料液，用上述有机相萃 Au。

萃取：O/A = 1∶2，一级平衡 5 min。

洗涤：O/A = 1∶1，0.1 mol/L HCl，一级平衡 3 min。

反萃：5% $H_2C_2O_4$ 溶液，90～95℃还原反萃。

优点是萃取剂性能稳定，供应充足，萃取级数少，相平衡时间短，萃取率 99.8%，有机相饱和容量达 26.5 g/L，直收率 99%，金粉纯度可达 99.99%。缺点是选择性指标不稳定，最好的指标是 Pt 和 Rh 共萃率分别为 2.1% 和 1%，Pd、Ir 共萃率 <1%。

9.2.7　环状碳酸酯类萃取剂萃取 $AuCl_4^-$

环状氨基甲酸酯类萃取剂是一类新的贵金属萃取剂。栾和林[25]用廉价的烯烃(5～9 个碳)为原料，用光气法(刑其毅：《基础有机化学》，627 页)合成了下述结构的碳酸酯萃取剂：

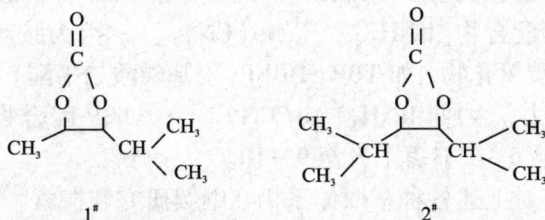

其特点是：疏水性好，可不用稀释剂；用 C 原子数 ≤7 的烷基分置环的两侧，减小了形成烊盐萃取贵金属的空间位阻，萃取性能好；可从酸性溶液中快速萃取贵金属，选择性很好。如从含大量 Fe、Cu、Ni、Co 和少量 Au、Pt、Pd(浓度各约 1 g/L)共存的溶液中，用上述萃取剂按 O/A = 1∶1 直接萃取，振荡平衡 1 min，Au 萃取率达 99.9%。金与贱金属的分离系数 $\beta_{Au^{3+}/Me^{x+}}$(M^{x+} 为 Fe^{3+}、Cu^{2+}、Ni^{2+}、Co^{2+})皆可达 5×10^5。对 Pt、Pd 的萃取率分别大于 99%、大于 98%。用含 Fe^{2+} 的溶液，1 min 即可完成反萃。也可用 Zn 置换回收贵金属。该类萃取剂比 DBC、MIBK 等便宜，但尚未经产业化应用检验，值得进一步研究。

9.2.8 Au(CN)$_2^-$ 的萃取问题

氰化至今仍然是从石英脉型金矿(Au 品位 1 ~ 3 g/t)中提金的主要方法。难处理金矿的浮选精矿(Au 品位 50 ~ 140 g/t),经预处理后也主要用氰化浸金(参见 6.3.2)。获得的氰化液中金浓度都很低,前者 2 ~ 10 mg/L,后者 17 ~ 40 mg/L[26]。目前主要用活性炭吸附和锌粉置换法从氰化液中提金。

人们曾关注用溶剂萃取法从碱性氰化物溶液中萃取金氰配阴离子问题。研究过胺类、磷类、胍类、亚砜等萃取剂的萃取条件和效果。

叔胺(TOA)在碱性氰化物溶液中萃金的能力很强。如对含 Au 2.72 mg/L、CaO 0.018% 、NaCN 0.06% 的氰化液,O/A = 1:100 萃取,萃余液金浓度 < 0.14 mg/L,有机相金浓度 258 mg/L,分配比(D_A^0) = 1845,萃取率 95%。对含(mg/L):Au 10、Cu 85、Fe 31、Ni 43、Zn 34 的氰化物溶液,用季铵盐萃取,O/A = 1:2,四级逆流,Au 的萃取率 98%,部分 Zn、Ni 共萃。有机相用 0.5 mol/L H$_2$SO$_4$ + 0.05 mol/L HCl 混合酸可洗涤除去共萃的杂质。载金有机相用酸性硫脲溶液反萃:

$$R_4NAu(CN)_{2(O)} + 2HX + CS(NH_2)_2 \Longrightarrow R_4NX_{(O)} + Au[CS(NH_2)_2]X + 2HCN$$

从反萃液中进一步破坏金的硫脲配合物提取出金产品。

很多协萃体系可萃取 AuCN^{2-},如 0.1 mol/L 二仲胺 + 40% 二异己基亚砜 + 二甲苯,叔胺 + TBP,叔胺 + DIBK,叔胺 + 乙酸丁酯,10% 三烷基苯季胺氯化物 + 癸醇 + 煤油等。以胺为主加入膦的萃取剂有较好的萃取指标。胺阳离子与 Au(CN)$_2^-$ 形成胺盐配合物[RNH$_3$]$^+$·[Au(CN)$_2$]$^-$。因为胺对质子的亲合能力低,加入中性有机膦氧化物,如 TBP、DBBP(丁基磷酸二丁酯)发生溶剂化反应,提高胺的亲质子能力,生成[RNH$_3^+$Au(CN)$_2^-$]·mTBP 配合物。同时增加胺的碱度使萃取的 pH 从 5 ~ 7 显著上升至 9 ~ 10。

进入 21 世纪,对上述各种萃取体系仍在继续研究和探索[27-29]。

作者认为,溶剂萃取法萃取金氰配阴离子有两个"先天不足"的问题:①氰化液体积很大,金浓度太低,料液的处理规模及所需设备容量、试剂消耗及萃取剂水溶损失可能都很大,经济上难以立足;②在萃取、洗涤、反萃、有机相再生及大体积溶液转移等过程中,剧毒 CN$^-$ 到处扩散。特别在使用酸溶液的情况下,HCN 逸散很难避免,皆可能导致严重的安全隐患。因此,与活性炭吸附和锌粉置换法相比,即使找到了选择性很强的萃取体系,用经济性和萃取过程的安全性等方面来衡量,目前还不具备产业化应用的条件。有人针对含氧类(正庚醇、正辛醇等),含磷类(TBP、TRPO 等)和含硫类(N$_{235}$ 等)萃取体系,研究了加入表面活性剂萃取 Au(CN)$_2^-$ 的机理、现象和反萃条件,"发明了从含极微量黄金的矿石中提取黄金的'点石成金'新技术,'刷新'了世界记录","解决了从低浓度堆浸液(含

Au 10 mg/L 左右）中萃取金的技术及反萃技术关键，形成了完整的萃 Au 工艺流程"[30-38]。遗憾的是，虽然中国有数百家金矿山在生产，至今却未见一家金矿山实际应用这一发明，其原因值得思考和探讨。

9.3　萃取分离钯

中性、酸性、碱性和螯合萃取剂都能从氯化介质中萃取钯[39]。研究较多的是中性萃取剂硫醚和亚砜、螯合萃取剂羟肟三类萃取剂从不含金的贵、贱金属混合溶液中萃取分离钯。工业上成功应用的有硫醚和羟肟。

9.3.1　硫醚(R_2S)萃钯

硫醚是具有 S^{2-} 键的有机硫化物，通过稳定的 Pd—S 键形成 $PdCl_2 \cdot (R'$—S—$R)_2$ 中性萃合物，萃取选择性很强，萃取时可从含大量贱金属及其他铂族金属的混合溶液中高选择性地萃取分离 $PdCl_4^{2-}$。萃取反应为：

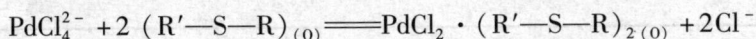

$$PdCl_4^{2-} + 2 (R'\text{—S—}R)_{(o)} \Longrightarrow PdCl_2 \cdot (R'\text{—S—}R)_{2(o)} + 2Cl^-$$

通常使用含 $C_4 \sim C_8$ 的工业烷基硫醚，如二正己基硫醚（$(C_6H_{13})_2S$（DNHS）、二正辛基硫醚（$(C_8H_{17})_2S$（DOS）、二异戊基硫醚 $i-(C_5H_{11})_2S$（S_{201}）、二异辛基硫醚 $i-(C_8H_{17})_2S$（S_{219}）等。萃钯分配比达 1000，Pd/Pt 分离系数达 2×10^5。

该类萃取剂萃钯有下述特点：①动力学速度慢，且萃取速度与选择性有矛盾。这个特点主要取决于碳链的长度和结构，碳链短的异构硫醚的萃取动力学速度快，但水溶性增大，对 Pt(Ⅱ) 的选择性降低；②硫醚也是 Au 的特效萃取剂。研究过利用速度差异选择性分步萃取，共萃后选择性反萃及先用其他方法分离 Au 再萃取 Pd 等多种方案，工业实践表明先分金后萃钯比较合理；③料液中若含亚铜离子，将影响对 Pt(Ⅱ)、Pt(Ⅳ)、Rh(Ⅲ) 的选择性，因此需控制料液的氧化性减少亚铜离子存在；④硫醚是由相应的醇合成的，但条件控制不好会产生并夹带硫醇 R_2SH。它不仅臭，而且萃取时有乳化现象影响分相，降低硫醚的萃取选择性，反萃时还会引起钯的沉淀。

以二正己基硫醚的合成为例，首先由己醇与溴化钠按下述反应合成为溴己烷：

$$C_6H_{13}OH_{(o)} + NaBr + H_2SO_4 \Longrightarrow C_6H_{13}Br_{(o)} + NaHSO_4 + H_2O$$

溴己烷再与硫氢化钠在碱性介质中反应生成己基硫醚：

$$2C_6H_{13}Br_{(o)} + NaHS + NaOH \Longrightarrow (C_6H_{13})_2S_{(o)} + 2NaBr + H_2O$$

但溴己烷与硫氢化钠也可按下列反应生成带臭味的己基硫醇：

$$C_6H_{13}Br_{(o)} + NaHS \Longrightarrow C_6H_{13}SH_{(o)} + NaBr$$

因此应尽量避免发生生成硫醇的反应。若硫醚含硫醇，用 $CuCl_2$ 溶液预氧化处理，使 RSH 氧化为 RSSR：

$$2RSH_{(o)} + 2Cu^{2+} =\!=\!= RSSR_{(o)} + 2Cu^+$$

除臭后，再用稀碱液平衡洗涤铜离子，即可使用。

硫醚易被氧化为亚砜 R_2SO，它也会降低萃取的选择性。用 $CuCl_2$ 溶液氧化可避免亚砜产生。

1. 二正己基硫醚(DNHS)萃钯

DNHS 密度为 $0.84\ g/cm^3$，沸点 230℃，可用 100% 硫醚有机相，理论最大载荷可达 95%，萃 Pd 的最大萃取容量约 200 g/L。常用脂肪烃稀释，有机相含硫醚一般为 25%~50%(体积)。实际使用含 50% DNHS + Solvesso150 有机相的萃取容量可达 80 g/L。该萃取体系对酸度的依赖关系不明显，可在任何酸度下萃取，从酸度 1 mol/L 的料液萃钯时，分配系数 $>10^5$。

南非冶金研究所研究的全萃工艺中选择 DNHS 萃钯。针对下述成分的工厂实际料液：

溶液成分	Pd	Pt	Rh	Ir	Ru	Cu + Fe + Al + Ni	酸度
浓度/$(g \cdot L^{-1})$	10	50	2	1	5	10	1 mol/L

萃合物为稳定的 $PdCl_2 \cdot 2R_2S$。对其他铂族金属都不萃取，如对 Pt(Ⅳ)接触 5 天都不萃取，对 Pt(Ⅱ)接触两天萃取率 <1%，其他铂族金属无论什么氧化态都不萃取。贱金属只有 Cu(Ⅱ)可共萃形成 $Cu(R_2S)Cl$ 配合物，但不稳定，由于 Pd(Ⅱ)的竞争性萃取和交换，有机相中 Cu 的实际共萃量不大。少量共萃的铜在用稀酸溶液洗涤载钯有机相时除去。

DNHS 萃取钯的速度很慢，平衡时间需 1~3 h，萃取只能单槽间断分批进行。萃取率 >98%，萃残液中钯浓度 <5 mg/L。载钯有机相用 0.1 mol/L 盐酸洗涤。

因为硫醚属中性配位基，可用另一种更强的配位基交换硫醚使钯转化为水溶性配合物完成反萃。结合后续精炼的要求，一般用浓度为 2~3 mol/L 的氨水反萃，速度很快，2 min 即反萃完全。反应为

$$Pd(R\!-\!S\!-\!R)_2Cl_{2(o)} + 4NH_3 =\!=\!= 2(R\!-\!S\!-\!R)_{(o)} + Pd(NH_3)_4Cl_2$$

含 $Pd(NH_3)_4Cl_2$ 的反萃液送钯精炼。

2. 二正辛基硫醚(DOS)萃取钯

昆明贵金属研究所最早研究该萃取剂分离 Pt、Pd[40]。INCO 公司 Acton 精炼厂用 DOS 从贵贱金属混合溶液中萃取钯。

有机相用脂肪烃(含直链烷烃 80%、环烷烃 20%，密度 $0.82\ g/cm^3$，沸点

208.1℃，闪点 78.4℃）作稀释剂。DOS 的体积百分浓度一般为 25%。萃取钯的理论最高负荷为 40 g/L，实际应用中按约 30 g/L 萃取容量控制相比。料液酸度对萃取分配系数影响很大，适宜的酸度是 0.1 mol/L。生成的萃合物形式及萃取率等指标与 DNHS 类似，萃残液中钯浓度可降至 0.00x g/L 以下。萃取率 >99.9%。

DOS 可共萃 Pt(Ⅱ)，生成很稳定且难反萃的 PtCl$_2$·DOS 萃合物。因此料液需维持一定的氧化性，使铂维持为高价态 Pt(Ⅳ)。

载钯有机相也用稀盐酸溶液洗涤除去杂质后用氨水反萃。有机相先用水洗再用 0.1 mol/L HCl 溶液平衡后复用。

DOS 萃取钯的动力学速度取决于料液酸度。在 0.1 mol/L 酸度下，萃取速度快，5 min 即可达到平衡。

3. 二异戊基硫醚（S$_{201}$）萃钯[41-44]

S$_{201}$ 为 5 个碳链的异结构硫醚，是昆明贵金属研究所和上海有机化学研究所联合研究的特效萃钯试剂。作者领导的课题组将其成功地应用于金川全萃取分离工艺中萃钯。

萃取剂及萃取过程的特点是：①选择性好，分配系数很高（>6000），对 Pt、Rh、Ir 皆不萃取；②动力学速度快，5 min 即可完成萃取平衡和分相，界面清晰，可在多级连接的萃取台架中连续操作；③有机相中 S$_{201}$ 浓度变化范围宽，从 10% 到 40% 都不影响萃取率；④对料液中钯浓度的适应范围宽，含 Pd 2~20 g/L 皆可；⑤酸度适应范围为 0.5~5 mol/L，酸度太高会使 Pt 的共萃比例增大；⑥稀释剂可用正十二烷、芳香烃和煤油，对萃取性能没有影响；⑦萃取剂化学稳定性好，抗氧化性强；⑧料液中存在大量盐析剂（Na$_2$SO$_4$、NaCl、NH$_4$Cl 等）对萃取效率无明显影响；⑨易反萃，反萃液较纯，ρ_{Pd}/ρ_{Pt} >400；⑩萃取工艺中的洗涤液、再生液、平衡液中含钯皆 <0.0005 g/L，皆可分别返回循环使用。

该萃取剂合成时会含少量有臭味的硫醇，需用适宜的氧化剂预处理，使硫醇氧化除臭后使用，但需防止产生亚砜，否则将降低硫醚的选择性。

对含 Pd 2~3 g/L，酸度 2~3 mol/L，含其他贵贱金属的混合溶液，用 30% S$_{201}$ +10% 芳烃 +正十二烷的有机相萃取分离钯。

萃取：O/A =1:1，室温下三级逆流萃取，每级混相 5 min，残液含 Pd <0.01 g/L，萃取率 >99.5%。有机相中钯的饱和容量 >30 g/L，萃 Pd 的关键是确保呈 Pd(Ⅱ)状态，若料液中有 Pd(Ⅳ)则需煮沸或用适当的方法使之还原为 Pd(Ⅱ)。萃取反应是：

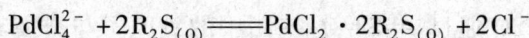

$$PdCl_4^{2-} + 2R_2S_{(O)} \Longrightarrow PdCl_2 \cdot 2R_2S_{(O)} + 2Cl^-$$

洗涤：O/A =2:1，稀盐酸溶液逆流三级洗涤，每级混相 5 min，Pd 的洗脱率约 0.05%。

反萃：O/A = 2:1，稀氨水逆流三级反萃，每级混相 5 min，反萃率 > 99.9%，有机相含钯 < 0.0005 g/L。反萃液过滤后用 HCl 酸化沉淀出二氯二氨亚钯，精炼为纯钯产品。

再生：O/A = 2:1，5% 的 NaCl 溶液逆流二级洗涤，再用 3 mol/L HCl 溶液按 O/A = 2:1 平衡一级，有机相即可返回萃取。

从萃钯原液到海绵钯产品全过程的直收率 > 98%，总收率接近 100%。反萃液钯精炼可产出纯度 99.99% 的金属产品。

应用实践表明，该萃取体系优于国外应用的其他硫醚萃取剂，具有中国独创性和先进性。

9.3.2 亚砜(R₂S=O) 萃取钯

亚砜属中性含硫萃取剂，是硫醚(R₂S)的氧化产物。分合成亚砜和石油亚砜两类。前者由合成的二烷基硫醚氧化为相应的二烷基亚砜，如二正己基亚砜、二正庚基亚砜(DHSO)、二正辛基亚砜(DOSO)、二异辛基亚砜(DIOSO)等。石油亚砜(PSO)由含硫高的柴油氧化、提纯制取，是多种复杂组分的混合物，一般含不同碳链的亚砜 80%，以饱和烃基环亚砜为主。另外 20% 为未氧化的有机硫化物、酯、饱和烃等。平均分子量 250，含硫 8.1%，密度 0.951 g/cm³，黏度 1.44×10^{-2} Pa·s，沸点约 300℃。亚砜萃取贵金属是配位溶剂化或水合溶剂化萃取机理，主要靠 S=O 基团配位。在萃 Pd 过程中，基团中的 S 和 O 均可与 Pd 配位。二烷基亚砜以 S 配位为主，生成的双配位萃合物 $[Pd(R_2SO)_2Cl_2]_2$ 比较稳定，较难反萃。石油亚砜以 O 和 S、O 混合配位为主，生成的配合物比较不稳定。

龙惕吾、古国榜教授为首的研究团队，对亚砜类萃取剂的性质、结构特点，萃取贵金属的机理、条件及选择性等各方面，从 20 世纪 80 年代开始就进行过系统的研究，延续 20 多年，文献[13,22,23,44]做了相应的归纳介绍。

1. PSO 萃取 Pd、Pt

龙惕吾教授首先针对金川铑钌蒸残液研究了 PSO 的萃取性能[45-46]。

用不同浓度的 PSO – 煤油有机相，对含贵、贱金属的复杂料液，在不同酸度下按 O/A = 1:1 萃取时，各种金属离子的萃取率与酸度的关系见图 9–3 和图 9–4。

石油亚砜对 Au、Pd、Pt、Rh、Ir、Cu、Ni、Fe 等金属都能萃取，任何酸度下 Au 的萃取率都很高，高酸度下 Pd 也有较高萃取率，而其他金属的萃取率随酸度提高而增加。

1) 萃取机理。PSO 通过 =S=O 基团中的氧原子与金属离子配位，不同酸度的料液有不同的萃取机理。低酸度(< 1 mol/L)下萃取 Pd 的反应机理是生成配位溶剂化物：

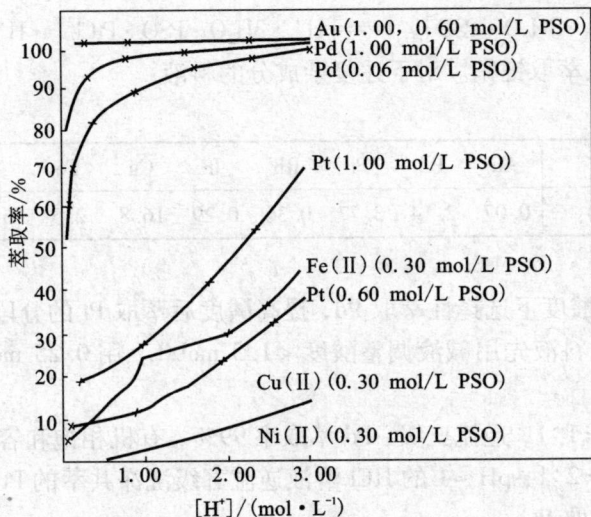

图 9 – 3　PSO 萃取贵贱金属的酸度曲线

（贵金属浓度 0.032 mol/L，Cu 4 g/L，Fe、Ni 各 1 g/L，萃取 10 min）

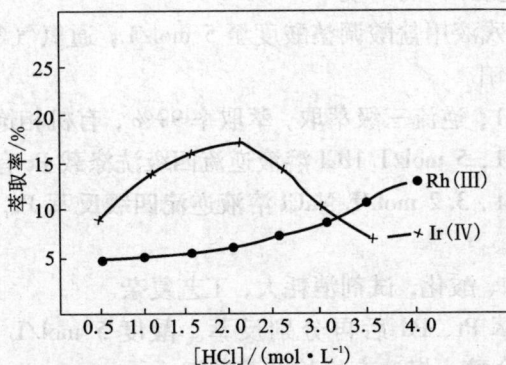

图 9 – 4　PSO 萃取铑铱的酸度曲线（Rh、Ir 浓度各 0.5 g/L、PSO 浓度 0.75 mol/L，萃取 1.5 min）

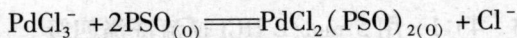

$$PdCl_3^- + 2PSO_{(O)} \Longrightarrow PdCl_2(PSO)_{2(O)} + Cl^-$$

高酸度（ > 3 mol/L）下萃取 Pd、Pt 的反应机理是生成金属配合酸。

萃取 $PdCl_4^{2-}$ 的反应为

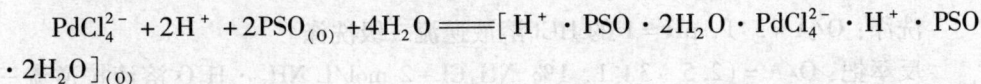

$$PdCl_4^{2-} + 2H^+ + 2PSO_{(O)} + 4H_2O \Longrightarrow [H^+ \cdot PSO \cdot 2H_2O \cdot PdCl_4^{2-} \cdot H^+ \cdot PSO$$
$$\cdot 2H_2O]_{(O)}$$

萃取 $PtCl_6^{2-}$ 的反应为

$$2H^+ + 6H_2O + 2PSO_{(O)} = 2[H^+ \cdot 3H_2O \cdot PSO]_{(O)}$$

$$PtCl_6^{2-} + 2[H^+ \cdot 3H_2O \cdot PSO]_{(O)} = [H^+ \cdot 3H_2O \cdot PSO \cdot PtCl_6^{2-} \cdot H^+ \cdot 3H_2O \cdot PSO]_{(O)}$$

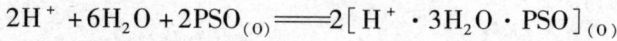

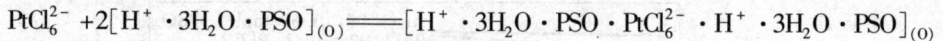

2）PSO 分段萃取钯铂。对下述复杂成分的料液：

溶液成分	Au	Pd	Pt	Rh	Ir	Cu	Fe	Ni	酸度
浓度/(g·L⁻¹)	0.07	2.14	3.77	0.36	0.29	16.8	2.5	5.6	2.7 mol/L

曾研究在低酸度下选择性萃取 Pd，提高酸度后萃取 Pt 的分段萃取方案。

①萃取 Pd。料液先用碱液调整酸度 <1.5 mol/L，用 0.25 mol/L PSO + 煤油有机相萃取钯。

萃取：O/A = 1:1，逆流三级，Pd 萃取率 99%，有机相饱和容量 9 g/L。

洗涤：O/A = 2:1，pH≈1 的 HCl 溶液逆流五级洗涤共萃的 Pt（洗涤液并入萃 Pd 残液供下步萃取 Pt）。

反萃：O/A = 2:1，1% NH₄Cl + 2 mol/L NH₃·H₂O 逆流三级反萃 Pd，反萃率 99.6%。

再生：0.7 mol/L HCl 平衡再生有机相后复用。

萃取 – 精炼全过程 Pd 的回收率 >98%。

②萃 Pt。萃 Pd 残液用盐酸调整酸度至 5 mol/L，通氯气氧化后用 0.7 mol/L PSO + 煤油有机相萃铂。

萃取：O/A = 1:1，逆流三级萃取，萃取率 99%，有机相饱和容量 15 g/L。

洗涤：O/A = 3:1，5 mol/L HCl 溶液逆流四级洗涤载 Pt 有机相。

反萃：O/A = 2:1，3.2 mol/L NaCl 溶液逆流四级反萃 Pt，反萃率 >99%，反萃液精炼产出纯 Pt。

分段萃取需中和、酸化，试剂消耗大，工艺复杂。

3）高酸度下共萃 Pt、Pd 后再分别反萃。酸度 5 mol/L 的料液直接用 0.7 mol/L PSO + 7% 混合醇 + 煤油有机相共萃铂钯。

萃取：O/A = (2~3):1，逆流共萃三级，每级相平衡 2 min，Pt、Pd 的萃取率 99%。

洗涤：O/A = (3~4):1，用 5 mol/L HCl 逆流洗涤四级。

反萃铂：O/A = (3~4):1，用 0.5 mol/L HCl 溶液逆流六级反萃 Pt，反萃率 99%。

洗涤：O/A = 3:1，pH = 1 的 HCl 溶液逆流二级洗涤。

反萃钯：O/A = (2.5~3):1，1% NH₄Cl + 2 mol/L NH₃·H₂O 溶液按逆流三级反萃 Pd，每级相平衡 10 min，反萃率 99%。含 Pt、Pd 的反萃液分别送精炼。

两种方案的 Pt、Pd 萃取率和反萃率指标都较高。但要求的 HCl 酸度较高(5 mol/L),酸耗大,操作环境恶劣,工艺结构较复杂。对 Fe、Cu、Ni 及 Rh、Ir 的选择性差,会干扰 Pt、Pd 的萃取过程及精炼过程,其使用受到局限。

2. 合成亚砜萃取钯铂

合成亚砜中研究较多的是二烷基亚砜。近几年又合成了环状亚砜衍生物——α–十二烷基四氢噻吩亚砜(DTMSO)[47-48],对称亚砜 MSO(R_2SO,R 为 $C_5 \sim C_8$)[49],带苯环的不对称亚砜 BSO,双(正–辛基亚磺酰)乙烷(BOSE)等,并研究了它们萃取钯铂的性能。

1)BSO 萃取钯、铂[50]。BSO 密度 1.06 g/mL,低温下为白色固体,常温下熔化为淡黄色液体,易溶于煤油。在萃取钯铂混合溶液时,用不同亚砜浓度的有机相及不同酸度条件下,钯铂的萃取行为有较大差别。

如用 0.3 ~ 0.6 mol/L BSO + 煤油有机相,萃取 Pt(Ⅳ)、Pd(Ⅱ)各 1 g/L、HCl 0.1 mol/L 的混合料液,Pd 萃取率达 99.9%,Pt 萃取率仅 3%。酸度提高至 4 mol/L,Pt、Pd 萃取率皆 >99%(见图 9 – 5)。在 NaCl 浓度 4 mol/L 的混合溶液中加入盐酸,Pt、Pd 的萃取行为相似,在 HCl 浓度 4 mol/L 时萃取率皆 > 99%(见图 9 – 6)。在 pH = 1 的料液中,加入 NaCl 提高 Cl^- 浓度,Pd 萃取率呈下降趋势,[Cl^-]3 mol/L 时 Pd 萃取率仅达 40%,Pt 的萃取率变化不大(见图 9 – 7)。针对 Pd、Pt 浓度分别为 10.87 g/L、33.11 g/L 的高浓度料液,分别用 10%、25%、50%、100% BSO 的有机相萃取,BSO 浓度变化对 Pt、Pd 萃取率的影响与料液酸度变化的影响相似(见图 9 – 8)。

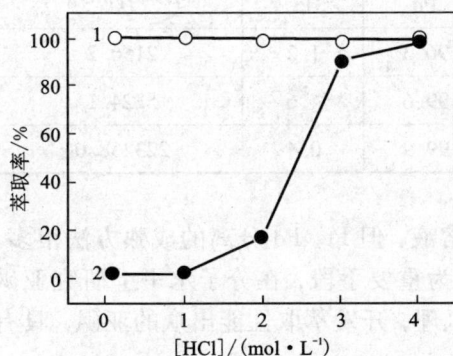

图 9 – 5　盐酸浓度对萃取钯铂的影响
1—Pd(Ⅱ);2—Pt(Ⅳ)

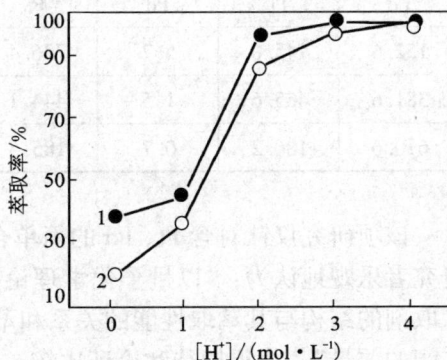

图 9 – 6　[H^+]对 BSO 萃取钯铂的影响
1—Pd(Ⅱ);2—Pt(Ⅳ)

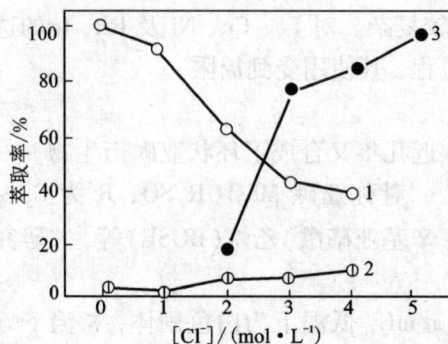

图9-7 [Cl⁻]对BSO萃取钯铂的影响

1—[H⁺] = 0.1 mol/L, Pd(Ⅱ)

2—[H⁺] = 0.1 mol/L, Pt(Ⅳ)

3—[H⁺] = 2.0 mol/L, Pt(Ⅳ)

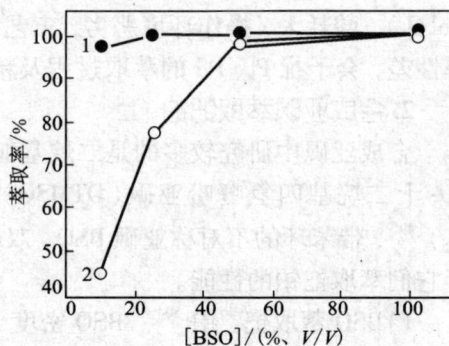

图9-8 BSO浓度对萃取钯铂的影响

1—Pd(Ⅱ); 2—Pt(Ⅳ)

利用上述特点可达到萃取分离钯铂的目的。如用0.3 mol/L BSO + 煤油有机相，按O/A = 1∶1萃取HCl酸度为0.1 mol/L的Pt(Ⅳ)、Pd(Ⅱ)混合溶液，萃取一级，混相5 min的萃取率及分离系数列于表9-5。

表9-5 低酸度下BSO萃取钯、铂的萃取率和分离系数

原液浓度/(mg·L⁻¹)		萃残液浓度/(mg·L⁻¹)		萃取率/%		分离系数 $\beta = D_{Pd}/D_{Pt}$
Pd	Pt	Pd	Pt	Pd	Pt	
152.6	745.0	5.7	736.4	96.3	1.2	2156.2
381.6	465.6	1.5	444.1	99.6	4.6	5224.1
610.6	186.2	0.7	185.5	99.9	0.4	223258.0

该项研究仅针对含Pt、Pd的简单合成溶液，但Pt、Pd分离的成熟方法很多。研究者乐观地认为："以量子化学理论研究为重要手段，在分子水平上研究亚砜萃取剂的结构与其萃取性能的关系和萃取机理，开发萃取性能出众的亚砜，具有广阔的前景"。值得期待和论证比较。

2)BOSE萃取钯铂[51]。BOSE是双亚砜类萃取剂，用不同的稀释剂对钯、铂有不同的萃取性能(见图9-9)。如分别针对Pd、Pt浓度1 g/L的溶液，用5% KSCN - 0.1% BOSE - 乙酸丁酯(图中曲线1)、0.1% BOSE - 乙酸丁酯(图中曲线2)、5% KSCN - 0.1% BOSE - 二氯乙烷(图中曲线5)、5% KSCN - 0.1% BOSE - 氯仿(图中曲线6)四种有机相萃钯。只有KSCN - BOSE - 乙酸丁酯有机相的萃取

性能好，HCl 浓度 1 mol/L 时，Pd 萃取率即 >99%。以二氯乙烷和氯仿作稀释剂时，即使 HCl 浓度高达 6 mol/L，KSCN－BOSE 对 Pd 也无萃取作用。但 BOSE－乙酸丁酯（图中曲线 3）、KSCN－BOSE－乙酸丁酯（图中曲线 4）对 Pt 有选择性，在 HCl 浓度 <2 mol/L 时，Pt 萃取率 <3%。因此，KSCN－BOSE－乙酸丁酯有机相可实现钯、铂分离。萃钯残液再用 KI－BOSE－乙酸丁酯有机相萃取 Pt(Ⅳ)[52]。Pt、Pd 回收率 >95%。该萃取剂和其他亚砜类萃取体系一样，会共萃 Fe、Cu、Ni。

亚砜类萃取剂的研究已历经约 30 年，萃取剂及萃取过程确有些优点：比硫醚的抗氧化性强，不含硫醇，无臭、无毒、无腐蚀性；在低酸度下可从成分简单的溶液中进行钯铂的萃取分离。

亚砜类萃取剂处理复杂成分的贵金属料液方面，虽经长期研究，至今尚未在应用方面

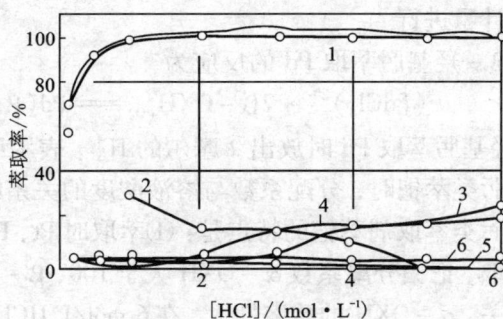

图 9－9　酸度对各种有机相萃取钯铂的影响

跨出实质性的步伐。作者认为其主要原因是：①多数烷基为正结构的合成亚砜常温下多呈固态，难配制有机相。异结构的合成亚砜和石油亚砜常温下多呈液态，易配制有机相，但稀释剂种类对亚砜的萃取能力及萃合物溶解性能影响较大，使用极性较强的乙酸丁酯、二氯乙烷、氯仿、甲苯、二甲苯等稀释剂才能使萃合物有较大的溶解度，但这些稀释剂有毒，存在劳动安全和环境污染隐患。有些亚砜可溶于煤油，但常需添加长链脂肪醇抑制出现第三相；②评价萃取剂性能优劣的一个重要指标是选择性，这个指标不好几乎可以抵消所有其他的优点。和硫醚相比，氧原子参与配位后降低了硫原子的电荷密度和配位能力，使亚砜的萃取选择性变差，对 Rh、Ir 及 Fe、Cu、Ni 皆能共萃，不仅影响钯铂的萃取过程，还影响其精炼过程，使工艺复杂化。

在贵金属二次资源再生回收方面，有时会产生成分较简单，仅含 Pt 或 Pd 且浓度较低的料液。需要二次富集时可应用亚砜萃取分离。但需与其他方法，如置换、硫化物、黄药或硫脲沉淀，吸附等（详见8.4）简单方法进行论证比较后，才能确定其优劣。

9.3.3　羟基肟(OXH)萃钯

除硫醚和亚砜外，α－OXH、β－OXH 是从复杂成分料液中萃 Pd 的另一类可应用的萃取剂。α－OXH 如 5,8－二乙基－7 羟基－6－十二烷基酮肟（Lix63）， β-OXH如5-壬基水杨醛肟(P_{5000})、2-羟基-5-壬基二苯甲酮肟(Lix65N、N_{530})、2-羟基-3氯-5壬基二甲苯酮肟(Lix70)等,多用脂肪烃(Solvesso 150 或 Escaid 100)作稀释剂配成一定浓度的有机相。

α-羟基肟萃取 Pd 的反应表示为:

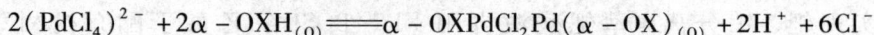

$$2(PdCl_4)^{2-} + 2\alpha\text{-}OXH_{(O)} \Longrightarrow \alpha\text{-}OXPdCl_2Pd(\alpha\text{-}OX)_{(O)} + 2H^+ + 6Cl^-$$

即羟肟中的 α-OX^-取代($PdCl_4$)$^{2-}$中的Cl^-,生成螯合物(双配位配合物)将 Pd 提取入有机相。α-OXH 萃钯时放出等摩尔的H^+,表示反应按1:1等摩尔的化学计量进行。

β-羟基肟萃取 Pd 的反应为

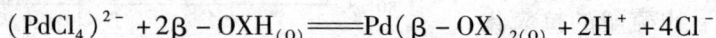

$$(PdCl_4)^{2-} + 2\beta\text{-}OXH_{(O)} \Longrightarrow Pd(\beta\text{-}OX)_{2(O)} + 2H^+ + 4Cl^-$$

β-羟基肟萃取 Pd 时放出2摩尔的H^+,表示反应按2:1的化学计量进行。

肟类萃钯时,分配系数与溶液酸度的关系绘于图9-10。

肟类萃取剂萃钯的特点是:①萃取时 Pt、Pd 的选择性分离效果好,对 Pt 基本不萃取,钯铂分离系数 α-OXH 大于100,β-OXH 可达$10^3 \sim 10^4$;②酸溶性与结构有关,α-OXH 的酸溶性大,在6 mol/L HCl 中达1.8~2.0 g/L,在 pH=1 的溶液中溶解度降至20 mg/L。但 β-OXH 在酸度高达6 mol/L HCl 溶液中的溶解度仅为0.1~0.15 g/L,因此工业上多用 β-OXH;③萃 Pd 分配系数(D_A^0)受酸度影响。在酸度<0.5 mol/L 的低酸度料液中萃取 Pd 时,分配系数(D_A^0)达10^3(见图9-10),萃残液中 Pd 浓度可<1×10^{-6},生成的萃合物为 Pd(β-OX)$_2$;④Cl^-和SO_4^{2-}都是竞争性配位基,会阻碍有机基团进入配合物内界进行配位基交换,因此料液中氯化物或硫酸盐浓度越高,萃取平衡速度越慢(见图9-11);⑤羟肟萃取时料液中 Cu 与 Pd 共萃,但可用稀盐酸洗去 Cu;⑥载 Pd 有机相用6 mol/L HCl 反萃,从含 H_2PdCl_4 的反萃液中精炼产出纯钯金属;⑦萃取速度慢,一般需数十分钟,但可用加入少量动力学协萃剂的方法提高萃取平衡速度,如南非的精炼厂在羟肟有机相中加入2000×10^{-6}叔胺,萃取速度明显提高。对中国金川的复杂料液,研究 N_{530}萃 Pd 时在有机相中加入1% 的辛基壬胺,平衡时间从60 min 缩短至5 min,可实现萃取过程的台架连续操作。

上海有机化学研究所与金川镍钴研究所合作[53],针对下述成分复杂的锇钌蒸残液:

溶液成分	Au	Pd	Pt	Rh	Ir	Cu	Ni	Fe	酸度
成分/(g·L^{-1})	0.003	1.76	4.17	0.14	0.2	5.4	2.0	1.8	2.5 mol/L

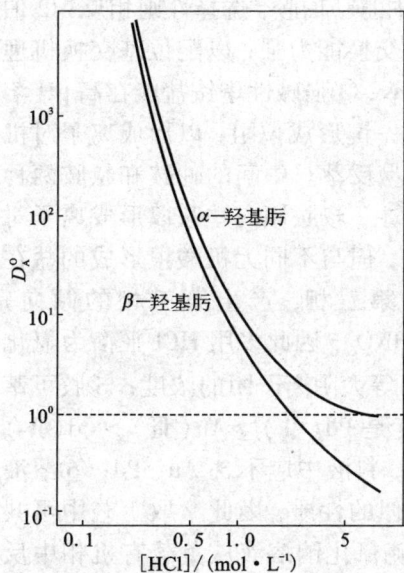

图 9－10　肟类萃取时 D_A^O 与 HCl 浓度的关系

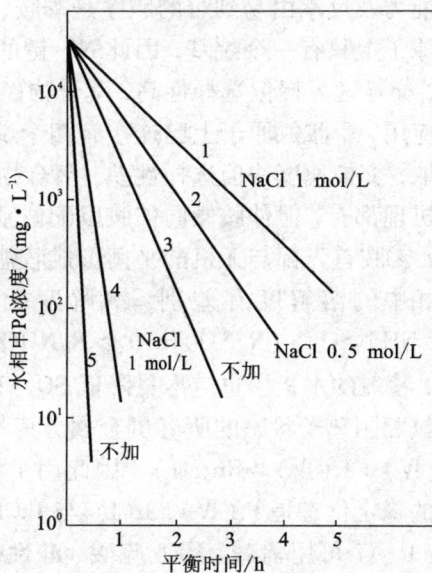

图 9－11　肟类萃取时盐浓度对萃取速度的影响

（1、2、3—Lix63－Solvesso，4、5—Lix70－Solvesso）

用 N_{530}（20%）＋N_{1923}（0.2%）＋二甲苯（25%）＋煤油有机相萃取 Pd。

萃取：O/A＝1∶1，35 ~ 40℃ 萃 5 级，每级平衡 5 min，萃残液含 Pd 0.022 g/L，萃取率 98.8%。

洗涤：O/A＝10∶1，2 mol/L HCl 在 35 ~ 40℃ 洗涤 4 级，每级平衡 5 min。

反萃：O/A＝5∶1，6 mol/L HCl 室温反萃 5 级，每级平衡 5 min，反萃率 91%。

显然，与其他萃取剂相比，操作温度及反萃酸度较高，萃取、洗涤、反萃级数多，萃取反萃指标不高，其使用受限。

9.4　萃取铂

工业上多用胺类和膦类萃取剂。成功应用的有：英国 Mathey 公司 Royston 精炼厂用三正辛胺（TOA）萃铂，中国金川用 N_{235} 萃铂，INCO 公司 Acton 精炼厂用 TBP 萃铂。

9.4.1　胺类萃取铂

胺（Am）属亲质子的碱性阴离子萃取剂，分为伯胺—RNH_2、仲胺—R_2NH、叔胺—R_3N 和季铵盐—$R_3N(CH_3)^+Cl^-$ 4 种，是铂族金属萃取分离工艺中研究较早、目前应用最多的萃取剂。

胺类萃取剂的性质及应用特点是：①4 种胺的碱性按上述顺序逐渐增强，萃取能力及反萃由易到难的顺序是季胺、叔胺、仲胺、伯胺，选择性则相反；②伯胺氮原子上只有一个烷基，因此 N—键的配位基交换能力强，以配位基交换机理萃取，交换速度慢但选择性高，萃合物稳定难反萃；③强碱性季铵盐能在高 pH 溶液中应用，季胺氮原子上已连接有四个烷基对 N—键形成位阻，以形成离子对机理萃取，交换速度快但选择性差，萃合物不稳定易反萃。中间的仲胺和叔胺两种萃取机理都有，但仲胺倾向伯胺以配位基交换为主，叔胺倾向季胺以形成离子对为主；④胺首先都与无机酸平衡形成胺盐后使用，但与不同无机酸根形成的盐在有机相中的溶解度有差别，溶解度低会产生第三相，产生第三相的倾向是：$(R_3NH)_2SO_4 > (R_3NH)HSO_4 > R_3NHCl > R_3NHNO_3$，因此多用 HCl 平衡为氯化胺盐，萃取的水相中也应尽量降低 SO_4^{2-} 和 HSO_4^- 等大阴离子团的浓度；⑤胺可萃取呈氯配阴离子状态的所有贵金属，其萃取速度是 $Pd(\mathrm{II}) \gg Au(\mathrm{III}) > Pd(\mathrm{IV}) > Pt(\mathrm{IV}) > Ir(\mathrm{IV}) \gg Rh(\mathrm{III})$。因此用于萃 Pt 时，料液中应不含 Au、Pd；⑥溶液中铂的稳定价态是 $Pt(\mathrm{IV})$，$IrCl_6^{2-}$ 与 $PtCl_6^{2-}$ 有类似的性质，因此萃取工艺中可共萃 Pt、Ir；⑦可用稀碱、稀亚硫酸、酸性硫脲及硫氰化钠溶液从负载有机相中反萃 $Pt(\mathrm{IV})$、$Ir(\mathrm{IV})$，但多用稀碱液；⑧4 种胺萃取 Pt 的分配系数（D_A^0）与盐酸浓度的关系见图 9 - 12。考虑到萃取速度、选择性、萃合物稳定性及反萃难易等因素，目前工业上应用最多的是叔胺（三正辛胺、三异辛胺、Alamini336、N_{235} 等）。

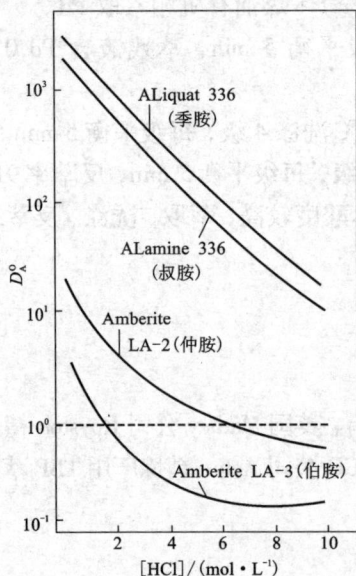

图 9 - 12　四种胺萃铂的分配系数与
盐酸浓度的关系图

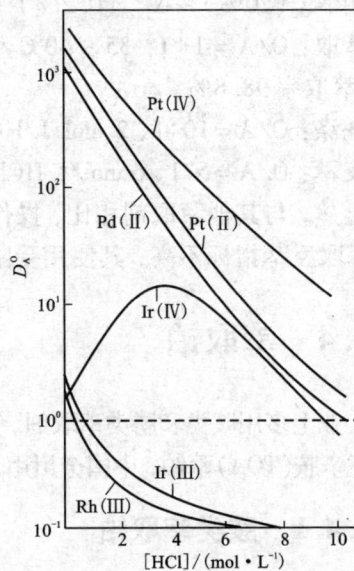

图 9 - 13　TOA 萃取不同价态的
铂族金属分配系数与酸度的关系

1. 三正辛胺(TOA)萃铂

脂肪烃作稀释剂的 TOA 有机相，萃取不同酸度的多元贵金属料液时，不同价态的贵金属氯配阴离子的分配系数(D_A^0)见图 9－13。萃取能力(即分配系数)的顺序是：Pt($\mathbb{IV}$) > Pt($\mathbb{II}$) ≈ Pd($\mathbb{II}$) ≫ Ir($\mathbb{III}$) ≈ Rh($\mathbb{III}$)。Pt($\mathbb{IV}$)、Pt($\mathbb{II}$)和 Pd($\mathbb{II}$)的分配系数(D_A^0)有相似的规律，即它们能被胺共萃，因此用胺选择性萃取 Pt 时，料液应不含 Pd。Ir 的情况特殊，Ir($\mathbb{IV}$)在很宽的酸度范围内与 Pt($\mathbb{IV}$)共萃，分配系数在[HCl] ≈ 4 mol/L 时最大，但 Ir($\mathbb{III}$)在酸度 >1 mol/L 时不被萃取。为减少 Ir 与 Pt 共萃，料液应先用二氧化硫、抗坏血酸或氢醌等弱还原剂使 Ir($\mathbb{IV}$)还原为 Ir($\mathbb{III}$)。料液酸度 <0.5 mol/L 时无论何种价态的 Rh 和 Ir 皆少量与 Pt 共萃，因此选择性萃取 Pt 时料液的酸度应 >1 mol/L。但高酸度下铂萃合物在有机相中的溶解度降低，因此萃取酸度又不能太高。Matthey 公司 Royston 精炼厂用 TOA 从 3 mol/L HCl 介质及含有其他铂族金属离子的料液中萃铂，萃取率 >99.9%，萃合物为 $[N(C_8H_{17})_3H]_2PtCl_6$。萃取后的载 Pt 有机相用带弱还原性的酸化水洗涤共萃的贱金属和少量 Rh、Ir，用碱液反萃 Pt，

$$[N(C_8H_{17})_3H]_2PtCl_{6(O)} + 8NaOH === Na_2Pt(OH)_6 + 2N(C_8H_{17})_{3(O)} + 6NaCl + 2H_2O$$

含 $Na_2Pt(OH)_6$ 的反萃液加盐酸煮沸转化为 Na_2PtCl_6 后精炼产出纯铂。

2. 三烷基胺(N_{235})萃取铂[54-57]

N_{235}(R_3N，R 为 $C_7 \sim C_9$ 烷基)是国产混合叔胺，黄色透明液体，平均分子量 385，密度 0.8153 g/cm^3，闪燃点 226℃，室温黏度 10.4 $Pa \cdot s$，介电常数 2.44，水中溶解度 <0.01%。来源充足，价格便宜，对 Pt 的萃取选择性高。作者针对金川贵贱金属混合料液，研究的全萃取分离精炼工艺中，成功应用 N_{235} 选择性萃取铂。

稀释剂选择很重要，虽然二乙苯、煤油、混合醇、正十二烷等稀释剂都可用，但 N_{235} +二乙苯有机相对 Fe 没有选择性。胺在烷烃稀释剂中溶解度比在芳烃中小，用烷烃(煤油)稀释剂时易形成第三相，加入高碳混合醇可提高胺的溶解度。研究表明，使用 N_{235} +ROH($C_7 \sim C_9$) + $C_{12}H_{26}$ 有机相最好，并先与 HCl 平衡为胺盐后萃取。萃取、洗涤、反萃、再生共 13 级连续进行。针对下述成分的多金属共存溶液：

成　　分	Pd	Pt	Rh	Ir	Cu	Ni	Fe	Co	酸度
浓度/($g \cdot L^{-1}$)	0.22	23.54	0.8	1.34	3.8	1.35	0.31	2.8	1.92 mol/L

进行了萃取→洗涤→反萃→有机相再生→精炼产出纯铂的全工艺工业试验，流程畅通，指标先进。

萃取：O/A = 1:1，室温下逆流六级萃取，每级萃取率分别为(%)，44、86、99、99.8、99.9、99.99，第四级萃残液中 Pt 浓度即 <0.05 g/L，第六级萃残液含

Pt < 0.002 g/L。萃取为离子交换机理:

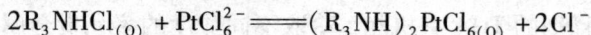

$$2R_3NHCl_{(O)} + PtCl_6^{2-} \Longrightarrow (R_3NH)_2PtCl_{6(O)} + 2Cl^-$$

洗涤:O/A = 2:1,用柠檬酸溶液室温下逆流三级洗涤载 Pt 有机相中的 Fe 和其他贱金属,洗液中含 Pt、Rh、Ir 各占料液中金属量的 0.04%、0.64% 和 0.14%,说明萃取 Pt 时 Rh、Ir 的共萃很少,Pt 的洗脱率很低。洗液中的少量贵金属可用 Zn 粉置换回收。

反萃:O/A = 2:1,用氢氧化钠溶液室温下逆流三级反萃,第一级反萃率 > 95%,第三级反萃率 > 99%。反萃反应为

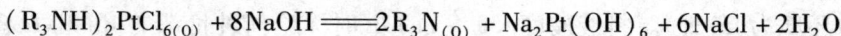

$$(R_3NH)_2PtCl_{6(O)} + 8NaOH \Longrightarrow 2R_3N_{(O)} + Na_2Pt(OH)_6 + 6NaCl + 2H_2O$$

反萃后有机相含 Pt < 0.06 g/L。反萃液中含 Pd < 0.01 g/L、Rh 浓度约 0.015 g/L、贱金属浓度 < 0.02 g/L、Ir 0.01 ~ 0.2 g/L。说明用上述有机相萃取 Pt 的选择性和对 Rh 及贱金属的分离效果很好。反萃液直接用水合肼还原、煅烧获得的海绵铂纯度达 99.9%,再精炼两次即可产出 99.99% 的高纯海绵铂。反萃液中分散的 Ir 在铂精炼时可用水解法回收。全过程 Pt 的直接回收率 > 98%。

再生:有机相用 5% NaCl 溶液室温下洗涤一级及 3 mol/L HCl 溶液平衡一级后返回萃取复用。

工业试验表明,该萃取体系对料液中铂浓度的适应范围很宽,只需调整相比和萃取级数就能达到高的技术经济指标。如对浓度低(Pt 约 4 g/L)的料液,萃取四级的萃取率 99.8%,萃残液含 Pt 降至 0.008 g/L。反萃三级的反萃率 > 99%,反萃液含 Pt > 10 g/L。精炼产出的海绵铂纯度 99.99%,直收率 96.9%。萃铂残液、洗液中分散的 Pt 占料液中铂量的 1.5%,精炼沉铂母液中占 2.14%,皆可分别回收。

9.4.2　膦类萃取铂

膦类萃取剂属中性萃取剂。萃取机理是通过溶剂化作用形成中性的金属萃合物溶解入有机相。工业上多用磷酸三丁酯(TBP)和三正辛基氧化膦(TOPO)[5]。还有三丁基氧膦(TBPO)、三戊基氧膦(TAPO)及用工业混合醇($C_6 \sim C_8$,其中 C_7 占 95%)合成的三烷基氧膦(TRPO)等,它们可分别使用,也可与 TBP 合用。

1. TBP 萃铂

用 100% TBP 从 6 mol/L HCl 和含各种铂族金属 0.01 mol/L 的溶液中萃取时,各金属的分配系数为

金　属　离　子	Ir(Ⅳ)	Pt(Ⅳ)	Pd(Ⅳ)	Pd(Ⅱ)	Pt(Ⅱ)	Rh(Ⅲ)	Ir(Ⅲ)
分配系数 D_A^0	18.4	12.5	10.3	2.4	2.1	9.4×10^{-3}	5.6×10^{-3}

即 TBP 在盐酸溶液中萃取贵金属能力的顺序是：

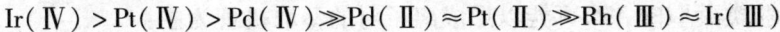

$$Ir(Ⅳ) > Pt(Ⅳ) > Pd(Ⅳ) \gg Pd(Ⅱ) \approx Pt(Ⅱ) \gg Rh(Ⅲ) \approx Ir(Ⅲ)$$

在贵金属混合溶液中，控制 Pt、Pd、Ir 的价态，可应用多种萃取分离方案：①TBP共萃高价态的 Ir(Ⅳ)、Pt(Ⅳ)、Pd(Ⅳ) 与 Rh(Ⅲ) 分离；②还原为 Ir(Ⅲ) 后，萃取 Pt(Ⅳ) 与 Rh(Ⅲ)、Ir(Ⅲ) 分离；③氧化为 Ir(Ⅳ) 后萃取 Ir(Ⅳ) 与 Rh(Ⅲ) 分离。

INCO 公司 Acton 精炼厂用 35% TBP（体积浓度）+ 5% 异癸醇 + 脂肪烃（IsoparM）作稀释剂的有机相，从 DBC 萃 Au 及硫醚萃 Pd 后的贵金属混合溶液中选择性萃取 Pt。待萃料液盐酸酸度调至 5 mol/L，通二氧化硫使 Ir 还原为低价态。

萃取：O/A = 1:1，逆流四级，萃残液含 Pt 可降至 0.02 ~ 0.05 g/L。萃取反应为

$$H_2PtCl_6 + xH_2O + yTBP_{(O)} = [H(H_2O)_x TBP_y \cdot PtCl_6]_{(O)}$$

洗涤：O/A = (5 ~ 10):1，5 mol/L HCl 一级。

反萃：O/A = 1:1，用水反萃，含 H_2PtCl_6 的反萃液送铂精炼。

该厂未详细披露应用效果和各项指标。根据中国的研究实践，从贵金属混合溶液中用 TBP 选择性萃取分离铂，存在一些缺点：①对料液成分及氧化还原性要求较苛刻；②料液酸度太高，试剂消耗大，操作环境差；③TBP 对有机玻璃、聚氯乙烯塑料制造的萃取设备有腐蚀溶胀作用，使用寿命短，用其他耐蚀材质则增加设备投资。因此，各项指标不及 Royston 精炼厂使用的 TOA 及中国使用的 N_{235}。

2. TRPO 萃铂[58]

针对下述成分并还原后的金川锇钌蒸残液：

溶液成分	Pd	Pt	Rh	Ir	Cu	Fe	Ni	HCl + H₂SO₄
浓度/(g·L⁻¹)	1.7	4.6	0.4	0.4	1.7	1.6	7.0	1 ~ 5 mol/L

用 10% TRPO + 磺化煤油的有机相萃取分离铂：用小型离心萃取器六级逆流萃取，铂的平均萃取率99%。萃取反应表示为

$$H_2PtCl_6 + nR_3PO_{(O)} = nR_3PO \cdot H_2PtCl_{6(O)}$$

有机相用酸溶液洗涤共萃贱金属后，用 0.5% ~ 1% 的稀碱液反萃，反萃率98%。全过程铂回收率98%。各项指标不及 TOA、N_{235} 等萃取剂。

9.5　共萃铂钯

胺类、膦类、螯合类萃取剂可共萃 Pd、Pt，一般条件下萃取率都很高。但萃取机理的差别使形成的萃合物稳定性差异很大，方案的关键是如何反萃分离钯

铂。至今尚没有开发出合理、实用的反萃技术，也无成功应用的实例。

如用胺类萃取时，Pt 可能以形成离子对的萃取机理为主：

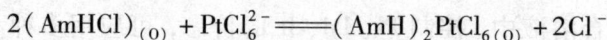

$$2(AmHCl)_{(O)} + PtCl_6^{2-} ==== (AmH)_2PtCl_{6(O)} + 2Cl^-$$

Pd 可能以胺分子取代氯配阴离子中 Cl^- 的配位基交换机理为主：

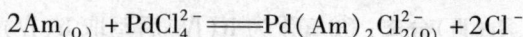

$$2Am_{(O)} + PdCl_4^{2-} ==== Pd(Am)_2Cl_{2(O)}^{2-} + 2Cl^-$$

钯萃合物十分稳定，难用通常的氨水溶液反萃，积累在有机相中使之中毒。用碱液能有效地反萃 Pt，但 Pd 会水解为氢氧化物形成第三相影响反萃的正常进行。曾研究用硫脲和硫氰酸盐分别反萃的方案。用硫酸酸度 0.2 mol/L，含硫脲 1.5～2.5 g/L 的溶液反萃 Pd，反萃率 99.5%，但有 10%～33% 的 Pt 被同时反萃。硫氰酸根（CNS^-）反萃 Pt 的反萃率很不稳定，最低约 35%，高时达 96%。显然这个方案尚无实用性。

南非国立冶金研究所用 AmberiteLA-2（仲胺）与氯醋酸（$ClCH_2CO_2H$）在碱性介质中反应，合成出一种仲胺的醋酸衍生物 R_2N-CH_2-COOH，这是一种浅黄色黏稠液体，密度 0.85 g/cm³，保持了仲胺萃取能力较强的优点，克服了不稳定及反萃能力较差的缺点。针对下述贵贱金属混合溶液：

溶液成分	Pt	Pd	Ru	Rh	Ir	Os	贱金属	酸度
浓度/(g·L⁻¹)	5～20	2～10	50～70	20～30	5～10	5～10	10	1 mol/L

这种溶液成分很特殊，铑、钌、铱、锇四种副铂族金属量多，铂、钯量少，冶金中比较少见。用 10%（R_2N-CH_2-COOH）+ Solvesso150 芳香烃稀释剂配成的有机相共萃 Pt、Pd，萃取率达 99.5%～99.9%。有机相饱和容量可达 25 g/L。

用 10 mol/L 浓盐酸从有机相中通过竞争反应反萃 Pt、Pd，混合反萃液很纯，其中 Pt + Pd 的相对含量比例可达 99%，其他贵、贱金属含量 <1%。该工艺的缺点是，反萃液酸度太高（10 mol/L），从浓盐酸反萃液中进一步分离铂、钯的操作条件很差，试剂消耗浪费很大。

国外对螯合类萃取剂（如 Lix26、Kelex100、TN_{1911}、TN_{2336} 等）共萃铂、钯研究较多[7]，但在萃取选择性、萃取速度、反萃分离条件等方面存在很多问题，尚无成功应用实例。

9.6 萃取铱

9.6.1 铱的特殊性质

铱的性质很特殊，在氯化物溶液中的价态主要是 Ir（Ⅳ）和 Ir（Ⅲ），两种配阴离子之间存在着自然的氧化 – 还原平衡：

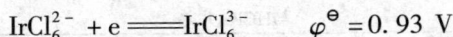

$$IrCl_6^{2-} + e \Longrightarrow IrCl_6^{3-} \qquad \varphi^{\ominus} = 0.93 \text{ V}$$

它们的氯配合物在溶液中存在的可能性差不多相等，但氧化价态的转化相当容易。用一般的还原剂如 Fe(Ⅱ)、乙醇、氢醌、抗坏血酸(Vc) 都可将 Ir(Ⅳ) 还原为 Ir(Ⅲ)。甚至在中性及弱酸性条件下充分煮沸或长时间放置都能自动还原为低价态。在酸性溶液中用氯气、双氧水、硝酸皆易将 Ir(Ⅲ) 氧化为 Ir(Ⅳ)。相对而言，在弱酸性条件下低价态较稳定，而在强酸性条件下高价态较稳定。但在分离精炼过程中，使其稳定为一种氧化态则较困难。

　　Ir(Ⅳ) 和 Ir(Ⅲ) 在溶液中的配合物状态也很复杂，不同条件下会生成一系列氯、水合配合物，通式为 $Ir(H_2O)_nCl_{6-n}^{n-2}$ 和 $Ir(H_2O)_nCl_{6-n}^{n-3}(n=0,1,2)$，以及氯羟基配合物及多核配合物。Ir(Ⅲ) 以氯、水合配合物为主。Ir(Ⅳ) 以氯羟基配合物及多核配合物为主。不仅存在着配合物中氯和羟基之间取代的竞争，还同时有取代反应和还原反应之间的竞争。不同酸、碱度条件下 Ir(Ⅳ) 和 Ir(Ⅲ) 的主要平衡物种列于表 9 – 6。

表 9 – 6　不同介质性质下 Ir(Ⅲ) 和 Ir(Ⅳ) 的主要平衡物种

介　质　性　质	Ir(Ⅲ)	Ir(Ⅳ)
>3 mol/L HCl	$[IrCl_6]^{3-}$	$[IrCl_6]^{2-}$
0.1~3 mol/L HCl	$[Ir(H_2O)Cl_5]^{2-}$ $[Ir(H_2O)_2Cl_4]^-$ 或 $[Ir(OH)_2Cl_4]^{3-}$	$[IrCl_6]^{2-}$ 或 $[Ir(OH)_2Cl_4]^{2-}$
0.05~0.1 mol/L HCl	$[Ir(H_2O)_2Cl_4]^-$ 或 $[Ir(OH)_2Cl_4]^{3-}$	$[IrCl_6]^{2-}$、$[Ir(OH)Cl_4]^{3-}$ $[IrCl_4(OH)_2]^{2-}$
中性至 0.1 mol/L NaOH	$[Ir(OH)_2Cl_4]^{3-}$ 或 $[Ir(OH)_4Cl_2]^{3-}$	$[Ir(OH)_2Cl_4]^{2-} \Longrightarrow$ $[Ir(OH)_4Cl_2]^{2-}$
>0.1 mol/L NaOH	$[Ir_2O_3 \cdot xH_2O]$	还原为 Ir(Ⅲ) 黑色沉淀 $Ir_2O_3 \cdot H_2O$

　　形成氯水合配合物后，$Ir(H_2O)_nCl_{6-n}^{n-2}/Ir(H_2O)_nCl_{6-n}^{n-3}(n=0,1,2)$ 的 $\varphi^{\ominus}$ 值(V)随 H_2O 配位数的增加而增高。H_2O 的配位数越多，$Ir(H_2O)_n^{n-3}Cl_{6-n}$ 越难氧化为 $Ir(H_2O)_nCl_{6-n}^{n-2}$。

　　在 pH<2 的溶液中，上述平衡关系可定性地图示如 9 – 14。

　　在各种酸度条件下，上述各种配合物还可能发生聚合作用，生成多核配合物。如在溶液中有氯羟基多核配合物 $[Ir_2(OH)_2Cl_8]^{2-}$ 和 $[Ir_2(OH)_3Cl_7]^{2-}$，甚至在 3~9 mol/L HCl 溶液中 $[Ir_nO_x(OH)_y(H_2O)_mCl_z]^{4n-2x-y-z}$ 结构的多核配合物也

与HClO₄共热

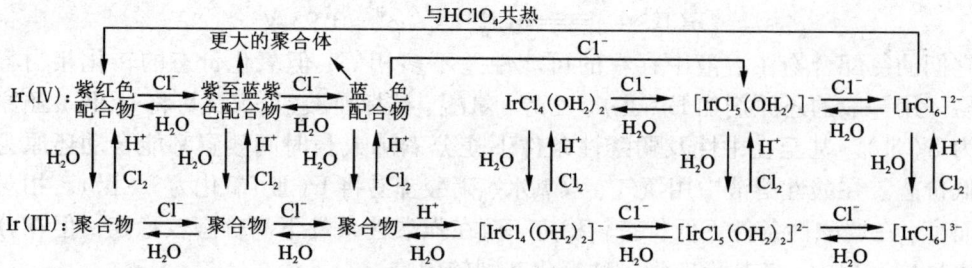

图9－14　Ir(Ⅳ)和Ir(Ⅲ)配阴离子的平衡关系(pH<2)

可能存在。

铱配合物平衡状态(价态和物种)的复杂性,使准确和定量地调整和控制需要的价态和状态很难,因此在铂族金属溶液中完全分离 Ir 和精炼 Ir 时彻底分离其他杂质都较困难。

一般而言,Ir(Ⅳ)与 Pt(Ⅳ)的配阴离子有相同的萃取行为,凡能萃取 Pt(Ⅳ)的萃取剂都能同时萃取 Ir(Ⅳ)。Ir(Ⅲ)和 Rh(Ⅲ)有相同的萃取行为,它们的氯配阴离子结构为电荷密度大的正八面体,惰性较强很难萃取。

9.6.2　Pt－Ir、Rh－Ir 萃取分离

矿产资源提取冶金及二次资源再生回收产出的贵金属混合溶液,使用溶剂萃取技术分离贵金属时,最常遇到的情况是 Pt－Ir 分离和 Rh－Ir 分离。

萃取分离 Pt－Ir 有两种方案:①料液首先充分氧化使 Pt 和 Ir 呈高价态共萃,然后用带还原性的反萃剂使 Ir(Ⅳ)还原为 Ir(Ⅲ)进入水相,再用稀碱溶液从有机相中反萃 Pt;②料液还原使 Ir 呈 Ir(Ⅲ),先选择性萃取 Pt(Ⅳ),萃取残液重新用氯气氧化 Ir(Ⅲ)为 Ir(Ⅳ),再用同种或另一种萃取剂萃取 Ir(Ⅳ)。

萃取铱并能获得良好萃取指标的关键,是必须使之完全氧化为高价态。但因萃取剂是碳氢化合物,本身就有一定的还原性,常需在萃取过程中间断通入氯气氧化保特 Ir 呈高价态。这萃取剂的稳定性、设备防腐、密闭及操作环境都带来特殊的要求。而且在贵金属混合溶液中铱的浓度很低(一般约 1 g/L),$\rho_{Pt}:\rho_{Ir}=(10\sim20):1$,在萃取时很难达到和铂一样的萃取效率,因此共萃方案较少使用。分别萃取方案的实质是从已经分离了 Au、Pd、Pt 的溶液中,先分离贱金属并将低浓度的 Rh、Ir 溶液再富集,在较高浓度下萃取 Ir,使 Rh 残留在水相。

INCO 公司 Acton 精炼厂最早使用 TBP 萃取 Ir。南非马赛－吕斯腾堡精炼厂用胺选择性萃取 Pt 后用同种胺萃取 Ir。郎候精炼厂用胺酸选择性萃取 Pt、Pd 及萃残液氧化后用 TBP 萃取 Ir。中国金川用 N₂₃₅选择性萃取 Pt[59],从萃残液中使

Rh、Ir 进一步富集提高浓度后用 TRPO 萃取 Ir。

1. 胺类萃取分离 Pt、Ir

胺类萃取 Ir 的特点和萃取 Pt 一样，萃取能力仍是季铵盐＞叔胺＞仲胺＞伯胺。但萃取能力强则选择性降低，反萃也较困难。一般用叔胺 TOA 或 N_{235}，也有人研究用伯胺的盐酸盐 $C_{14}H_{29} \cdot HCl$ 作萃取剂以提高萃取的选择性。但该萃取剂的萃取能力与稀释剂有关，即不与萃取剂形成氢键的稀释剂组成的有机相，对 Ir 的萃取率高，顺序是：二乙醚＞四氯化碳＞1,2－二氯乙烷＞甲苯＞二丁醚＞苯、煤油、氯仿＞乙酸异戊酯＞甲基异丁基酮＞$C_{7～9}$脂肪酸＞正辛醇。

2. 胺类萃取分离 Rh、Ir

用 N_{235} 萃取 Rh、Ir 混合溶液时，萃取率与酸度的关系见图 9－15。

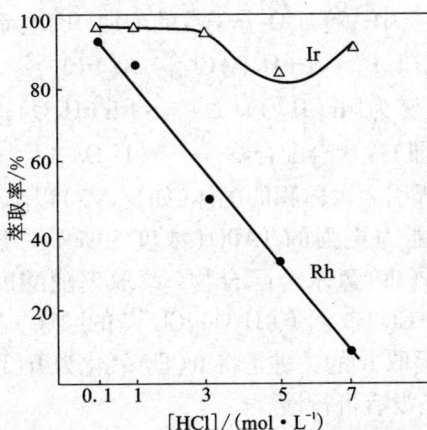

图 9－15　铑铱萃取率与酸度的关系

（10% N_{235}有机相，O/A＝1:1，Ir 2.8 g/L，Rh 2.7 g/L）

酸度越低，选择性越差，因此萃 Ir 需在 HCl 浓度＞7 mol/L 的高酸度下进行，但也难免有少量 Rh 共萃。

萃取：用 TOA 萃取 Ir 时，料液加 HCl 调整酸度为 5 mol/L，加入 NaCl（浓度 50 g/L），通氯气氧化，使 Ir 形成氯铱酸钠 Na_2IrCl_6，用 TOA－异辛烷有机相萃取，按形成离子对机理生成 $(R_3NH)_2IrCl_6$ 萃合物进入有机相。一级萃取率＞95%，二级萃取率＞99.3%。为确保 Ir 呈高价态，每级萃取前都需氧化。

洗涤：载 Ir 有机相用盐酸溶液洗涤除去杂质元素。

反萃：用含 5% Na_2CO_3 的稀溶液反萃，一级反萃率即达 99.5%，获得铱的氯羟基配合物钠盐 $Na_2IrCl_2(OH)_4$ 溶液送铱精炼。

3. 膦类萃取 Ir

用于萃取 Pt 的膦类萃取剂,如 TBP 和氧化膦(TRPO、TAPO、TOPO)都能在酸性溶液中萃取 H_2IrCl_6,按溶剂化机理生成溶剂化物 $(R_3PO)_n \cdot H_2IrCl_6$(R 为烷基)进入有机相。

早在 1961 年 TBP 就已应用于 Ir 的化学分析[60]。20 世纪 80 年代初,INCO 公司及南非郎候精炼厂先后将其应用于工业规模萃取 Ir。实际应用中 TBP 从大量 Rh 中分离少量 Ir(Ⅳ)比较有效,但浓度相近时,萃取 Ir 的分配比及萃取容量皆嫌小,且所需萃取级数多,Rh 的回收率低,TBP 容易老化。

陈丁文详细研究了用膦类萃取剂(TBP、TAPO),萃取 Ir(Ⅲ)和 Ir(Ⅳ)氯水合配合物的萃取行为[61-62]。认为影响 Ir(Ⅳ)、Ir(Ⅲ)氯水合配合物萃取性能的原因之一是配离子的面电荷密度。Ir(Ⅳ)的氯水合配合物——$Ir(H_2O)_nCl_{6-n}^{n-2}$($n=1,2,3$),在[HCl]< 3 mol/L 的介质中,随 H_2O 分子数的增加,面电荷密度减小,萃取分配比增大。顺序是 $[Ir(H_2O)_2Cl_4]^0 > [Ir(H_2O)Cl_5]^- > [IrCl_6]^{2-} > [Ir(H_2O)_3Cl_3]^+$。在[HCl]> 3 mol/L 介质中变为 $[Ir(H_2O)Cl_5]^- > [Ir(H_2O)_2Cl_4]^0 > [IrCl_6]^{2-} > [Ir(H_2O)_3Cl_3]^+$。改善 Ir(Ⅲ)氯水合配合物——$Ir(H_2O)_nCl_{6-n}^{n-3}$($n=1,2,3$)的萃取性能似乎需在氯配合物内界引入大体积的配体(如 SCN^-)以降低电荷密度。但 TBP 仍难萃取 Ir(Ⅲ)。用萃取能力更强的 TAPO(浓度 50%)+ 煤油有机相,在 0.5~3 mol/L HCl 溶液中萃取 Ir(Ⅲ)氯水合配合物,萃取率随酸度增加而降低,且有 $[Ir(H_2O)_2Cl_4]^0 > [Ir(H_2O)Cl_5]^- > [Ir(H_2O)_3Cl_3]^+$ 的顺序,但皆不能达到满意的萃取效果。显然用萃取法提取 Ir 的关键是将 Ir(Ⅲ)氧化为 Ir(Ⅳ)。萃取 Ir(Ⅲ)的氯配阴离子,目前在技术上还没有可行性。

氧化膦的萃取容量较大,对溶液酸度和金属离子浓度的适应范围宽。TRPO 针对酸度 0.3~2 mol/L、Ir 浓度 10 g/L 的溶液,当 Rh 浓度高达 50~60 g/L 时仍能有效地萃取 Ir,饱和容量 > 15 g/L。稀释剂可用煤油、苯、芳烃等,但煤油稀释的有机相会共萃少量 Rh,用磺化煤油 + 20% 仲辛醇作稀释剂可消除共萃现象,但其还原性会影响萃取率。

4. 氧化膦萃取剂萃取分离 Rh、Ir

Rh、Ir 相互深度分离,是铂族金属冶金中一直受到关注的一个特殊难题[63]。

1)早期的研究。昆明贵金属研究所曹玖蓉等早在 1981 年就开发了试剂产品三辛基氧化膦(TOPO)和工业产品烷基氧化膦(TAPO)萃取分离铑、铱技术[64]。TAPO 是磷肥厂的副产品,比 TOPO 价格便宜,供应充足。其主要成分是三庚基氧化膦—$(C_7H_{15})_3PO$,平均分子量 340~350,室温下是黄色油状液体,黏度较大。用磺化煤油作稀释剂,仲辛醇作添加(调相)剂配制的有机相能满足萃取工艺要求。针对下述成分的工业料液:

成　　分	Au	Pt	Pd	Rh	Ir	Cu	Fe	Ni
浓度/(g·L⁻¹)	0.008	1.99	0.01	1.1	1.16	0.005	0.047	0.003

先分离 Pt、Pd、贱金属，获得的铑铱混合溶液（[HCl]2.5 mol/L），通氯气或加氯酸钠氧化，用 30% TAPO +50% 磺化煤油 +20% 仲辛醇有机相，按 O/A = 1∶1 萃取，Ir 的一级萃取率达 99.5%。

在试验中有一个重要发现：一级萃取后残留少量 Ir 的料液，再用氯气或氯酸钠连续氧化后萃取两级，Rh 产品中含 Ir 仍大于 0.2%，纯度达不到标准。即用氯气或氯酸钠氧化溶液，都无法将铑中微量铱萃取除尽。1980 年张维霖等开发了"中温氯化（600～700℃）"工艺[65]，即 TAPO 萃取一级后的粗铑，经中温氯化重新转化为氯铑酸溶液后，再萃取 2 级即可将铑中铱降至 0.005%，Rh 纯度 ≥ 99.9%，解决了粗铑提纯中深度分离铱的技术难题。600～700℃ 在冶金上属于中温氯化温度范围（参见 9.5）。

曾有人认为在湿法流程中加一道"中温氯化"工序极不合理，工艺流程长，并为此进行了其他多种方法的实验研究，但都达不到从铑中深度分离铱的目的，最终在自己的研究工作中仍然使用了这项技术。唯一的差别是将"中温氯化"一词改为"高温氯化"[66-69]。但实际上使用的温度条件仍然是 600～700℃，与中温氯化相同。

2）全萃取分离工艺中的应用。1992 年作者领导的课题组继续研究 TRPO 萃取分离铑铱技术，并将其成功应用于金川全萃取分离工艺中[70-71]。针对下述成分的铑铱混合溶液：

溶液成分	Ir	Rh	Cu	Fe	Ni	Co	HCl 酸度
浓度/(g·L⁻¹)	4.4	3.1	0.015	0.21	0.83	0.17	3 mol/L

先经氯气氧化，用混合烷基氧化膦（30% TRPO - $C_{12}H_{26}$）有机相萃取 Ir。

萃取：O/A = 1∶1，混相 5 min，测得的萃取饱和容量为 16.2 g/L。一级萃取率约 95%，二、三级萃取率约 97%，说明级效率很高，但萃残液中 $\rho_{Rh}/\rho_{Ir} \approx 150∶1$，仍未达深度分离的要求。难萃取的那部分 Ir 显然呈难以萃取的低价态 Ir（Ⅲ），提高萃取率必须用特效的办法充分氧化 Ir（Ⅲ）为 Ir（Ⅳ）。料液中几乎全部的 Fe 及少量 Cu、Co 萃入有机相。含铑的萃残液用阳离子交换树脂吸附贱金属，流出液浓缩后送铑精炼。

洗涤：O/A = 1∶1，用 3 mol/L HCl 溶液三级逆流洗涤，可洗脱大部分贱金属，Ir 的洗脱率约 2%。

反萃：用抗坏血酸、稀氢氧化钠和硝酸皆可从载 Ir 有机相中反萃 Ir。但抗坏血酸带还原性，反萃液中的 Ir(Ⅲ) 较难再完全氧化为 Ir(Ⅳ)，不易直接衔接精炼。碱液反萃易产生乳化，分相慢，有时会产生贱金属水解物出现第三相。硝酸反萃分相快，界面清晰，反萃率 >99%。反萃后的有机相用稀碱液平衡再生后复用。

9.7　萃取铑

由于 Rh 在铂族金属中产量少、价格最贵，供需矛盾最为突出，从贵金属混合溶液中优先提取 Rh 的问题，曾引起铂族金属化学、冶金工作者的极大兴趣。

Rh 在氯化物溶液中的稳定氧化态是 Rh(Ⅲ)，只有在强氧化条件下可形成 Rh(Ⅳ)，标志是溶液由玫瑰色转为蓝色，但极不稳定易还原为 Rh(Ⅲ)。

水溶液中的 Rh(Ⅲ) 配合物在不同酸度条件下可发生水解、水合或氯化反应，生成各种组成的氯水合配合物或氯、水、羟基配合物。氯水合配合物的通式为：$RhCl_n(H_2O)_{6-n}^{3-n}(n = 0 \sim 6)$，不同酸度下 n 变化，配合物的形态变化如下：

HCl 酸度/(mol·L^{-1})	配合物形态
0.010	$[Rh(H_2O)_6]^{3+}$ 或 $[RhCl(H_2O)_5]^{2+}$
0.020	$[RhCl_2(H_2O)_4]^+$
0.035	$[RhCl_3(H_2O)_3]^0$
0.070	$[RhCl_4(H_2O)_2]^-$
0.20	$[RhCl_5(H_2O)]^{2-}$
>2.0	$[RhCl_6]^{3-}$

酸度增高平衡向 Cl$^-$ 代水的方向移动，以氯配阴离子为主。pH 升高则平衡向水代 Cl$^-$ 的方向移动，以水合阳离子为主。曾研究低酸度或近中性条件下用酸性萃取剂萃取 Rh 的水合阳离子，高酸度下萃取 Rh 的氯配阴离子。

9.7.1　萃取铑的水合阳离子

获得水合阳离子 $RhCl_n(H_2O)_{6-n}^{3-n}(n = 0 \sim 2)$ 的步骤是：

水解：用稀碱液中和氯铑酸溶液，产生氢氧化铑黄色沉淀：

$$H_3RhCl_6 + 6NaOH = Rh(OH)_3(黄色) \downarrow + 3H_2O + 6NaCl$$

溶解：用 HCl 溶解新沉淀的 $Rh(OH)_3$ 获得呈水合阳离子的黄色溶液：

$$Rh(OH)_3 + 3HCl + 3H_2O = [Rh(H_2O)_6]^{3+} + 3Cl^-$$

料液中的 Ir 在碱液中和时同时水解，HCl 溶解时生成氯、水合配阴离子 $[IrCl_5(HO_2)]^{2-}$。

经水解及溶解后的溶液中贱金属多呈阳离子状态，与 Rh 的水合阳离子有相同的萃取行为，因此原始料液中贱金属浓度应尽量低。

研究过许多种萃取铑阳离子的萃取剂，如 P_{204}、P_{538}、TOPO 等。

在料液 pH 1~3 条件下，用酸性萃取剂 P_{204}（33% 体积浓度）+ 磺化煤油有机相，或 0.3 mol/L P_{538} + 煤油有机相，皆可按离子缔合机理萃取 Rh 的水合阳离子，生成的萃合物为：$Rh(H_2O)_6(HA)_3$（HA 代表酸性萃取剂）。载铑有机相用 pH≈1 的水洗涤后用 3 mol/L 盐酸溶液反萃，含 H_3RhCl_6 的反萃液浓缩后精炼。

TOPO + 三氯乙烷在 pH 4.5~5.5 条件下，TOPO + 十五烷基氟代辛酸在 pH 5~7 条件下，皆可快速、定量萃取 Rh 的水合阳离子。

料液中加入 NO_3^- 有利于加快萃取速度。如 DNNS（二壬基萘磺酸）+ 庚烷有机相，从加入 0.1~1 mol/L HNO_3 的溶液中萃取 $[Rh(H_2O)_5NO_2]^{2+}$，萃取平衡速度只需 5 min。

由于 Rh 的配离子物种及状态与溶液中 Cl^- 浓度及 pH 的关系很敏感，完全转化为 Rh 水合阳离子的条件十分苛刻，因此至今尚未建立高效、稳定且较易产业化实施的萃取体系。

9.7.2　萃取铑的氯配阴离子

铂族金属的所有氯配阴离子中，由于 Rh 系 d^6 电子成键，生成的 $RhCl_6^{3-}$ 是最稳定和惰性的，用任何一类萃取其他铂族金属氯配阴离子的萃取剂皆难萃取。因此要有效地萃取铑，必须合成和筛选新类型的萃取剂或使用协萃体系，或改变铑配合物的结构和性质。在两方面都有广泛的研究。

辛基苯胺可从酸性介质中萃取 $[RhCl_5(H_2O)]^{2-}$，生成的萃合物为 $(RH_2)-[RhCl_5(H_2O)]$（R 代表萃取剂）。0.13 mol/L 的二安替比林甲烷，二壬基甘氨酸（DNG）都可从 HCl 溶液中萃取 Rh 的氯配阴离子，萃取率约 90%，Ir 不被萃取。

用苯基硫脲（PTU）+ TBP + 乙酸乙酯协萃体系，可从盐酸介质中萃取 Rh 的氯配阴离子。机理是：PTU 先加入含 Rh 溶液中共同加热，取代部分 Cl^- 生成含 PTU 分子的新配合物，然后 TBP 通过氢键与 PTU 中的 N 原子结合，使 Rh 萃取入有机相，反应式为

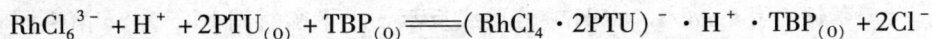

$$RhCl_6^{3-} + H^+ + 2PTU_{(O)} + TBP_{(O)} \Longrightarrow (RhCl_4 \cdot 2PTU)^- \cdot H^+ \cdot TBP_{(O)} + 2Cl^-$$

在料液中加入 0.01%~0.1% PTU，酸度 5~7 mol/L HCl，O/A = 1∶(2~10)，萃取时间 2~3 min，Rh 的萃取率约 98%。

有机膦硫化合物，如三苯基硫膦（TPPS）、三丁基硫膦（TBPS）等从硝酸溶液中萃取 Rh 也曾有人研究，但以上所有研究皆未形成实用的技术。

改变 Rh 的配阴离子结构和性质以提高萃取活性方面，研究较多的是引入 $SnCl_2$ 以形成 Rh(Ⅲ) 的 $[RhCl_3(SnCl_3)_3]^{3-}$ 或 Rh(Ⅰ) 的 $[Rh(SnCl_3)_5]^{4-}$ 配阴离

子,然后用含 Kelex 100 的有机相或支撑液膜(SLM)萃取[72-73]。

研究的萃取工艺流程见图 9-16。

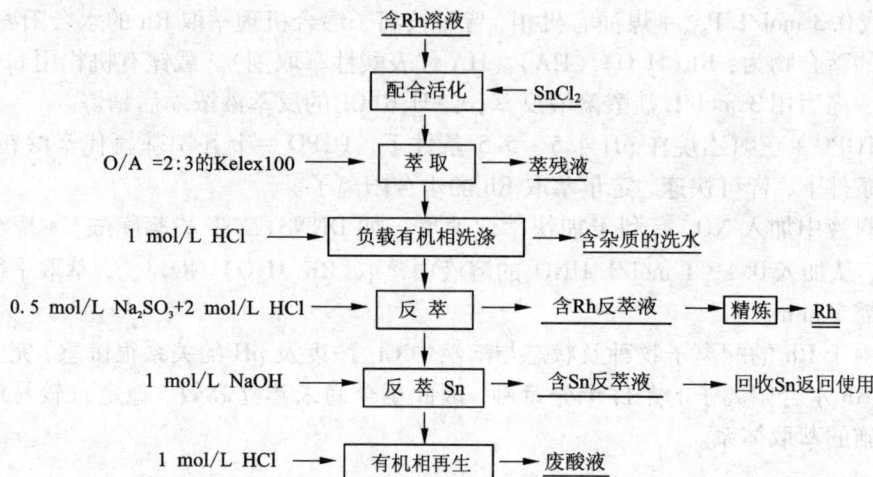

含Rh溶液
↓
配合活化 ← SnCl₂
↓
O/A =2:3的Kelex100 → 萃取 → 萃残液
↓
1 mol/L HCl → 负载有机相洗涤 → 含杂质的洗水
↓
0.5 mol/L Na₂SO₃+2 mol/L HCl → 反萃 → 含Rh反萃液 → 精炼 → Rh
↓
1 mol/L NaOH → 反萃 Sn → 含Sn反萃液 → 回收Sn返回使用
↓
1 mol/L HCl → 有机相再生 → 废酸液

图 9-16 SnCl₂ 活化 - Kelex100 萃取铑

各步骤的条件是:

配合活化:按 $c_{Sn}/c_{Rh} = 4:1$ 向含 Rh 的水合氯配阴离子 $[RhCl_5(H_2O)]^{2-}$ 溶液中加入 SnCl₂ 溶液,升温至 70℃加热 15 min,使之转化为 Rh(Ⅲ) - Sn(Ⅱ) 及 Rh(Ⅰ) - Sn(Ⅱ)两种配合物的混合溶液。

萃取:O/A = 2:3,Kelex100 萃取剂二级萃取,每级平衡时间 3 min,萃取的分配系数 $D_A^0 > 100$,萃取率也很高。

洗涤:用 1 mol/L HCl 溶液洗涤二级,除去可能共萃的 Cu、Bi、Se、Te、Pb 等杂质元素。

反萃铑:O/A = 2:1,用 0.5 mol/L Na₂SO₃ + 2 mol/L HCl 四级反萃,每级平衡时间 10 min,该组成的反萃液中 Rh 的溶解度约为 4 g/L,反萃液用 H₂还原出金属铑。

反萃锡:用 1 mol/L NaOH 溶液单级反萃 Sn,平衡时间 1 h,含 Sn 溶液回收后返回使用。

有机相再生:用 1 mol/L HCl 溶液单级平衡再生后返回复用。

显然,这个流程仍然是复杂的,且因反萃液中 Rh 的溶解度不高,待萃料液中铑的浓度也受限(≤2 g/L)。

虽经广泛研究探索,但萃取 Rh 的氯配阴离子至今没有形成实用技术,仍是铂族金属萃取分离中需继续研究解决的难题。

9.8　吡啶衍生物萃取钌

吡啶是具有特殊臭味的无色液体，沸点 115℃，能与水、乙醇、乙醚等混溶，是一种良好的溶剂。吡啶衍生物在自然界分布甚广，B 族维生素的分子结构中都有吡啶环。

Vinka[74]研究了 Ru(Ⅲ)、Rh(Ⅲ)、Pd(Ⅱ)生成吡啶配合物的萃取行为。目的是用分光光度法测定有机相或水相中的 Ru 含量，而且试验规模很小(10～25 mL)。但获得的结果使研究者期望能开发一种从矿产资源及二次资源冶金过程获得的混合溶液中，用吡啶衍生物的性质差异萃取分离 Ru、Rh、Pd 的技术。

选择的吡啶衍生物有两种：3－羟基－2－甲基－1－苯基－4－吡啶酮(HX)，3－羟基－2－甲基－1－(4－甲苯基)－4－吡啶酮(HY)。其结构如图 9－17 所示。

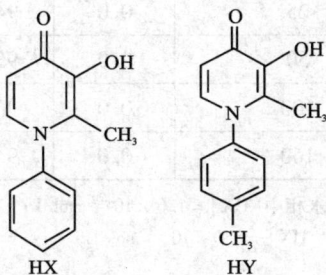

图 9－17　HX、HY 结构式

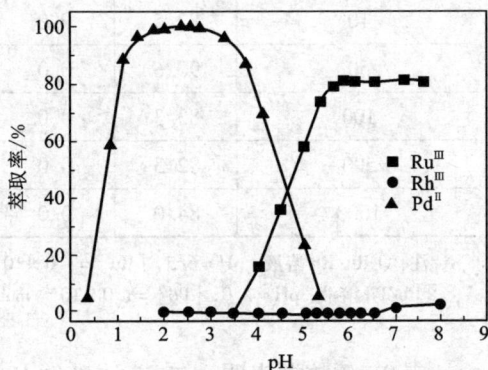

图 9－18　HX 萃取时 pH 与萃取率的关系

可选用的溶剂很多，如甲苯、苯、环己烷、氯仿、二氯甲烷、二氯乙烷、辛醇、甲基异丁基酮、乙醇、丁醇等。以介电常数居中的二氯甲烷和二氯乙烷为好。针对含 Ru、Rh 各 5×10^{-5} mol/L、Pd 4×10^{-5} mol/L 的混合溶液，用 HX 和二氯甲烷混合的有机相萃取，水溶液 pH 对各金属萃取率有明显的影响(见图 9－18)。在 pH 1～6 范围内 Rh(Ⅲ)－HX 皆不溶于二氯甲烷。pH 1～3 时 Pd(Ⅱ)－HX 配合物在二氯甲烷中的一级萃取率约为 100%。在 pH 5.5～7 时 Ru(Ⅲ)－HX 在二氯甲烷中的一级萃取率 >80%。据此针对两种不同浓度的混合溶液，进行了萃取分离试验。

Ru(Ⅲ)、Rh(Ⅲ)、Pd(Ⅱ)浓度各 1 mmol/L + 0.25 mmol/L HCl 的混合溶液，用 5×10^{-3} mol/L HX + 二氯甲烷有机相，按 O/A = 1:1 混相 35 min，Pd 萃取率 99.4%，Ru、Rh 留于水相。用 5 mol/L HCl(或 H_2SO_4)从有机相中反萃出 Pd

溶液。

Ru(Ⅲ)、Rh(Ⅲ)浓度各 2.5 mmol/L, pH 6.5 的混合溶液,加热至 75℃后冷至室温。用 45 mmol/L HX + 二氯甲烷有机相,按 O/A = 1∶1 混相 20 min, Ru 萃取率 > 80%, Rh 留于水相。用 5 mol/L H₂SO₄ 从有机相中反萃出 Ru 溶液。

研究还表明:溶液中含有的 Au、Ag、Fe、Cu、Ni、Co 等其他离子,对分离过程没有影响;萃取分离过程适应混合溶液中[Rh]/[Ru]、[Ru]/[Pd]的变化范围很宽(见表 9 - 7)。

表 9 - 7 Ru、Rh、Pd 不同浓度范围的萃取率

[Rh]/[Ru]①	萃取率/%		[Ru]/[Pd]②	萃取率/%	
	Ru	Rh		Ru	Pd
1	83.1	0.0	1	0.0	95.2
10	82.5	0.0	10	0.0	94.9
50	90.6	0.0	25	0.0	94.8
100	83.3	0.0	50	0.0	95.3
500	82.3	0.0	100	0.0	96.3
1000	84.0	0.0	160	0.0	94.2

注:①Ru/Rh 溶液:pH = 6.5, [Ru] = 1.0 × 10⁻⁴ mol/L, 水相中[HX] = 1.0 × 10⁻² mol/L;
②Ru/Pd 溶液:pH = 2.0, [Pd] = 1.0 × 10⁻⁴ mol/L, 水相中[HX] = 5.0 × 10⁻³ mol/L。

表 9 - 7 数据表明,在 Rh 浓度约 10 g/L 的溶液中,能用该法分离约 0.01 g/L 浓度的 Ru。在 Ru 浓度较高的溶液中能用该法高效分离约 0.01 g/L 浓度的 Pd。此项研究是初步的,但在冶金过程中可能会产出某种 Rh 或 Ru 浓度较高的主体溶液,它们分别含有低浓度 Ru、Pd,需要分离时,该法是可选择的技术之一。同时,吡啶衍生物与各种贵金属离子形成配合物的情况,及其萃取性质差异,也值得冶金工作者继续关注。

9.9 贱金属的萃取分离

贵金属溶液中含有贱金属杂质是不可避免的,最常见的是 Fe、Cu、Ni、Co、Zn 及 Pb 等,它们在酸性溶液中多呈阳离子状态,极性与贵金属氯配阴离子(除铑的水合阳离子外)截然相反。用萃取技术分离这些杂质金属阳离子时贵金属不会发生共萃损失。而且因为需要分离的贱金属量很少,一般不存在经济问题。

9.9.1 萃取剂

萃取贱金属阳离子须用酸性萃取剂,有酸性膦类、羧酸类和磺酸类 3 种。

1)酸性膦类萃取剂。主要有①单烷基膦酸,②二烷基膦酸,③烷基膦酸单烷基酯,④二烷基次膦酸,⑤双膦酸五种。

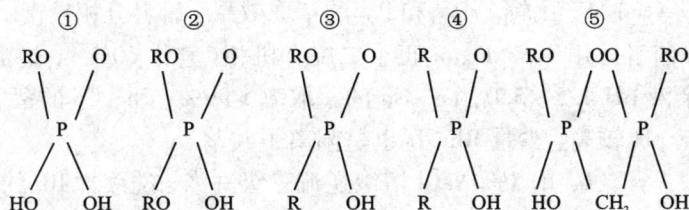

```
  ①            ②            ③            ④            ⑤
RO   O       RO   O       RO   O       R   O       RO   OO   RO
 \   /        \   /        \   /        \   /        \   /  \   /
   P            P            P            P            P      P
 /   \        /   \        /   \        /   \        /   \  /   \
HO   OH      RO   OH       R   OH       R   OH      HO   CH₂  OH
```

它们都有一个或两个氢离子可与料液中的金属阳离子交换,使金属萃取入有机相。萃取剂酸性越强,萃取能力越强。烷基膦酸在有机相中有强烈的二聚或多聚倾向,在脂肪烃、芳香烃等非极性溶剂中多呈二聚,在极性大的溶剂中呈单分子状态。

最重要的萃取剂有:二(2 – 乙基己基)膦酸(HDEHP 或 P_{204})、异辛基膦酸单异辛基酯(PC88A)、磷酸单烷基酯(P_{538})、单(2 – 乙基己基)膦酸(H_2MEHP)、二(正丁基)膦酸(HDBP)等。

2)羧酸类。主要有环烷酸、叔碳酸 C_{547}、Versatic 系列异构羧酸等,属弱酸性萃取剂。从水相中萃取贱金属阳离子的行为类似于烷基膦酸。

3)磺酸类。分子式为 RSO_2OH,属强酸性萃取剂,能从高酸度(约 2 mol/L H^+)溶液中萃取金属阳离子 。

上述萃取剂已广泛应用于重有色金属(如 Ni、Co 分离)、放射性金属及稀土金属冶金工业[9]。在贵金属冶金中的使用目的不是将贱金属相互分离,而是希望将贱金属阳离子全部萃取而与贵金属分离,因此使用条件不同。

9.9.2 应用实例

中国金川的贵金属萃取分离工艺中,萃取分离了 Au、Pd、Pt 后的残液,贱金属(Cu、Ni、Fe、Co)总浓度为 11 g/L,而 Rh + Ir 浓度很低(仅 0.32 ~ 1 g/L)。从该料液中直接萃取 Ir 和回收 Rh 不可能达到理想的指标。用 P_{204} 或 P_{507} 共萃除去贱金属[16],萃残液水解沉淀→盐酸溶解获得较高浓度的 Rh、Ir 溶液后再分离,有利于提高它们的回收指标。

生产实践中连续考察了处理 8 批料液(约 1000 m³)的萃取指标[13],料液的成分为

元素	Cu	Ni	Fe	Co	Rh	Ir
浓度/$(g \cdot L^{-1})$	2.8~5.4	2.3~6.5	1.2~3.6	1~3.8	0.2~0.66	0.11~0.47

料液中贵贱金属比约为 1:20,首先用碱液调整料液 pH≈1。

萃取:O/A=1:1,比较了 P_{204} 和 P_{507} 的萃取效果,后者分相较慢、界面有少量泡沫层,不如前者。用30% P_{204} + 正十二烷有机相(皂化60%),逆流四级萃取,严格控制萃余液 pH 4.5~5.0,Fe、Cu 的萃取率 >99%,Ni、Co 的萃取率 >96%。由于萃取终点 pH 较高,少量 Rh、Ir 也呈阳离子共萃。

洗涤:O/A=2:1,用5% NaCl 溶液逆流三级洗涤,洗液含 Rh 约 0.003 g/L、Ir<0.001 g/L,分别占原料液中金属量的2.5%和1%,说明分散损失不大,可并入萃残液水解沉淀回收。

反萃:O/A=1:1,用6 mol/L HCl 溶液逆流六级反萃,每级平衡时间 5 min,反萃液中分散 Rh 约5%、Ir 约2%,作为废酸返回精炼工艺中使用时,可同时回收其中的 Rh、Ir。

若用带还原性的反萃剂,O/A=3:1,三级反萃,每级平衡时间 15 s,效果更好。HCl 消耗少,生产周期短,延长了有机相循环复用寿命。

再生:有机相用 NaOH 溶液平衡后即可返回复用。

萃取分离贱金属后残液中贵贱金属比提高至 7:1,萃残液和洗涤液合并,用碱液中和水解出 Rh、Ir 的氢氧化物沉淀,过滤后用盐酸溶解,溶液中 Rh + Ir 浓度达 7.5~10 g/L,贱金属浓度 <1 g/L,送去进行 Rh、Ir 的分离和精炼。

该技术是从贵金属溶液中分离贱金属的合理方法,使贵金属萃取分离工艺全部实现连续台架操作,也可推广应用于从其他二元或多元贵金属溶液中分离贱金属。

9.10 国外研究的全萃取分离工艺流程

由矿产资源富集产出的贵金属精矿,含 Au 及 6 种铂族金属元素,还含一定量的贱金属,共有 10 种以上组分。贵金属精矿直接氧化酸溶或优先氧化蒸馏锇、钌皆产出一个多元的贵贱金属混合料液。该料液连续用溶剂萃取技术分离各种贵贱金属,并衔接精炼获得贵金属产品,比传统的选择性分步溶解和选择性沉淀技术(参见第 7 章)优越。如:缩短了生产周期,降低了能源消耗,减少了各种中间产品中贵金属的周转量和积压量,生产过程连续、封闭,提高了直收率和操作的安全性,是理想的工艺流程。

世界绝大部分铂族金属市场和技术业务,被 3~4 个跨国贵金属公司的铂族金属精炼厂垄断着。技术保密是维持其品牌及业务垄断地位的重要措施。各公司掌握的特效冶金技术，特殊化合物及特种功能材料制备技术，特殊装备等都属"Know How"，传统保密。20 世纪 80 年代开始，这些公司的精炼厂针对矿产资源和二次资源，开发和应用了不同结构的连续萃取分离工艺，公布了原则流程，但具体工艺条件、技术诀窍和技术经济指标却很少报道。

本章 9.1 ~ 9.9 节针对各种金属使用的萃取剂、萃取体系及技术条件已有详细介绍和评论。因此本节仅对各种工艺进行定性地比较。

9.10.1　Acton 精炼厂全萃取流程[75]

国际镍公司（INCO）阿克统（Acton）铂族金属精炼厂的萃取工艺如图 9 – 19 所示。

该工艺的特点是先蒸馏分离 Os、Ru，DBC 萃取 Au，硫醚 DOS 萃取 Pd，高酸度下用中性膦类萃取剂 TBP 分段萃取 Pt、Ir，最后用化学法提取 Rh。

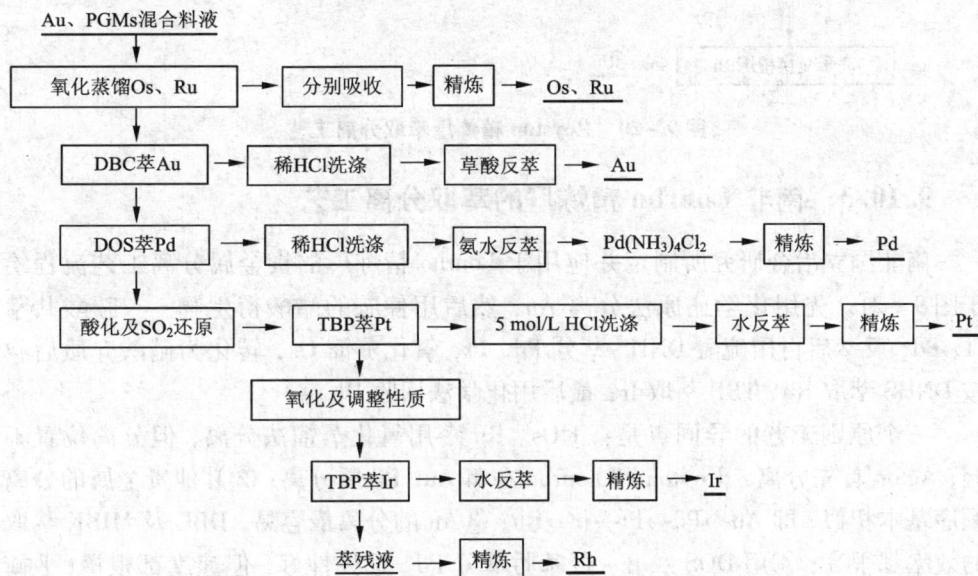

图 9 – 19　INCO 公司 Acton 精炼厂的萃取分离工艺流程

9.10.2　Royston 精炼厂全萃取流程

南非马赛 – 吕斯腾堡公司（MRR）Royston 精炼厂的萃取流程如图 9 – 20 所示。先用 MIBK 萃 Au，β – 羟基肟萃 Pd，氧化蒸馏 Os、Ru 后用胺类萃取剂 TOA 萃 Pt，氧化后 TOA 萃 Ir，最后用化学法提取 Rh。

```
              Au、PGMs、贱金属混合料液
                         │
                         ▼
                ┌─────────────┐
                │  MIBK萃Au   │──→ 载Au有机相 ──→ ┌──────────────┐ ──→ ┌──────────┐ ──→ Au
                └─────────────┘                    │ HCl洗涤贱金属 │      │ Fe粉还原 │
                         │                          └──────────────┘      └──────────┘
                         ▼
                ┌─────────────┐
                │  中和萃残液  │
                └─────────────┘
                         │
                         ▼
                ┌──────────────────┐
                │ 羟肟(Lix64)萃Pd  │──→ HCl反萃 ──→ 精炼 ──→ Pd
                └──────────────────┘
                         │
                         ▼
                ┌──────────────────┐
                │ 氧化蒸馏Os、Ru   │──→ 分别吸收 ──→ 精炼 ──→ Os、Ru
                └──────────────────┘
                         │
                         ▼
                ┌─────────────┐
                │  TOA萃Pt    │──→ HCl反萃 ──→ 精炼 ──→ Pt
                └─────────────┘
                         │
                         ▼
                ┌──────────────────┐
                │ 萃残液酸化和氧化 │
                └──────────────────┘
                         │
                         ▼
                ┌─────────────┐
                │  TOA萃Ir    │──→ HCl反萃 ──→ 精炼 ──→ Ir
                └─────────────┘
                         │
                         ▼
                ┌──────────────────┐
                │ 离子交换精炼Rh   │──→ Rh
                └──────────────────┘
```

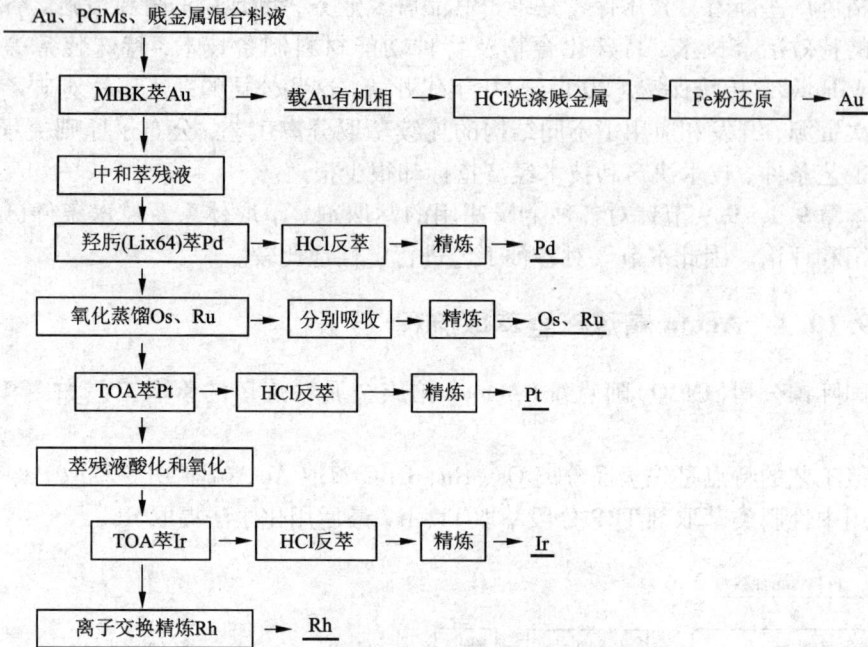

图 9 – 20　Royston 精炼厂萃取分离工艺

9. 10. 3　南非 Lonrho 精炼厂的萃取分离工艺

　　南非国立冶金研究所制定并应用于 Lonrho 精炼厂的贵金属分离工艺流程绘于图 9 – 21。先用化学还原法分离 Au，然后用仲胺的醋酸衍生物——胺酸共萃 Pt、Pd，反萃后再用硫醚 DNHS 萃分 Pd、Pt，氧化蒸馏 Os，转化为硝酸介质后叔胺 DNHS 萃取 Ru，TBP 萃取 Ir，最后用化学法回收 Rh。

　　三个原则工艺的异同点是：①Os、Ru 多用氧化蒸馏法分离，但分离位置不同，Acton 首先分离，Royston 和 Lonrho 在萃 Au、Pd 后分离；②其他贵金属的分离顺序基本相似，即 Au→Pd→Pt→Ir→Rh；③Au 的分离最容易，DBC 及 MIBK 萃取的效率都很高；④用 DOS 及 β - 羟基肟萃分 Pd，选择性好，但速度都很慢（平衡时间需数小时），Royston 针对 β - 羟基肟用加入有机胺加快萃取速度。但 Acton 是否有措施提高 DOS 的萃取速度，是否用其他萃取剂替换 DOS，相应的发展情况皆未见报道；⑤Pt、Ir 分离多用还原铱为 Ir(Ⅲ) 后先用 TBP 或 TOA 萃取铂，再氧化为 Ir(Ⅳ) 后用同种萃取剂萃铱的方案。

　　三个精炼厂处理的贵金属精矿来自不同的资源类型（详见第 4、5 章）。Inco 主要处理加拿大萨德伯里的共生矿，Royston 针对南非吕斯腾堡原生铂矿，Lonrho 针对布什维尔德杂岩含 Cr 及 Rh 较高的 UG - 2 原生铂矿，贵金属精矿成分的差

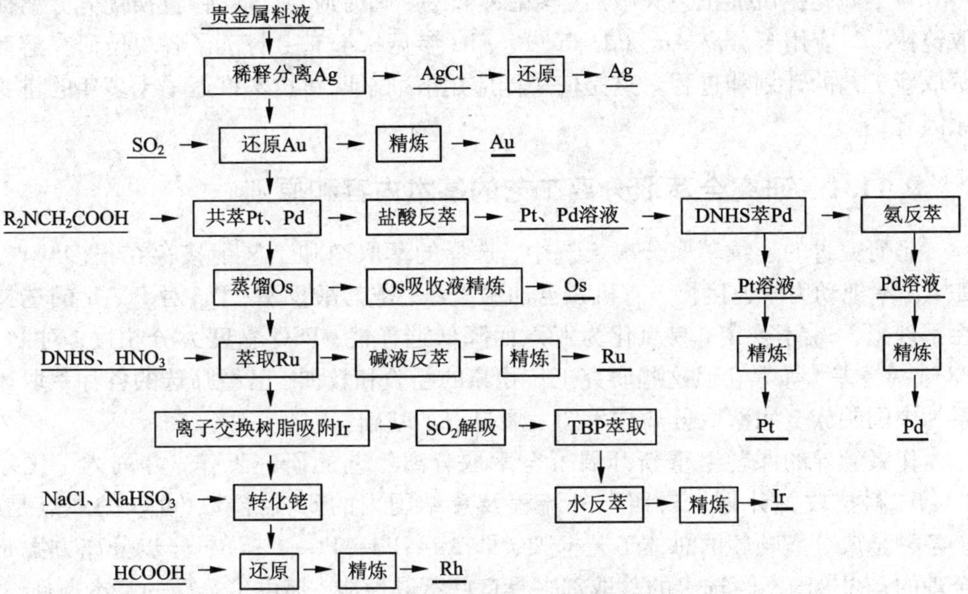

```
                              贵金属料液
                                  │
                                  ▼
                         ┌─────────────┐    ┌─────┐    ┌─────┐
                         │  稀释分离Ag  │ ──▶│ AgCl │──▶│ 还原 │──▶ Ag
                         └─────────────┘    └─────┘    └─────┘
                                  │
                    SO₂           ▼
                    ──▶   ┌─────────────┐    ┌─────┐
                         │   还原Au     │ ──▶│ 精炼 │──▶ Au
                         └─────────────┘    └─────┘
                                  │
   R₂NCH₂COOH                     ▼
   ──────────▶  ┌─────────────┐ ┌─────────┐  Pt、Pd溶液  ┌──────────┐  ┌─────┐
                │  共萃Pt、Pd  │▶│ 盐酸反萃 │──────────▶│ DNHS萃Pd │─▶│ 氨反萃 │
                └─────────────┘ └─────────┘            └──────────┘  └─────┘
                       │                                    │           │
                       ▼                               Pt溶液│      Pd溶液│
                ┌──────────┐ ┌──────────────┐               ▼           ▼
                │  蒸馏Os   │▶│ Os吸收液精炼 │──▶ Os     ┌─────┐     ┌─────┐
                └──────────┘ └──────────────┘          │ 精炼 │     │ 精炼 │
                       │                                └─────┘     └─────┘
   DNHS、HNO₃          ▼                                   │           │
   ─────────▶  ┌──────────┐ ┌──────────┐ ┌─────┐           ▼           ▼
               │  萃取Ru   │▶│ 碱液反萃  │▶│ 精炼 │──▶ Ru    Pt          Pd
               └──────────┘ └──────────┘ └─────┘
                       │
                       ▼
           ┌─────────────────────┐ ┌────────┐ ┌─────────┐
           │ 离子交换树脂吸附Ir   │▶│ SO₂解吸 │▶│ TBP萃取 │
           └─────────────────────┘ └────────┘ └─────────┘
                       │                           │
   NaCl、NaHSO₃        ▼                           ▼
   ──────────▶  ┌──────────┐              ┌──────┐ ┌─────┐
               │  转化铑   │              │ 水反萃 │▶│ 精炼 │──▶ Ir
               └──────────┘              └──────┘ └─────┘
                       │
   HCOOH               ▼
   ─────▶      ┌──────┐ ┌─────┐
               │ 还原  │▶│ 精炼 │──▶ Rh
               └──────┘ └─────┘
```

图 9 – 21 Lonrho 精炼厂的萃取分离工艺

别是导致精炼工艺结构不同的原因之一。

9.11 中国矿产资源的全萃取分离工艺

早在 20 世纪 70 年代末至 80 年代初，昆明贵金属研究所的张维霖、曹玖蓉、蔡旭琪、赵家巧等[76-80]，就跟踪国外研究发展动向，开展了溶剂萃取分离铂族金属的技术开发。昆明贵金属研究所、清华大学、北京大学、华南理工大学、长沙矿冶研究院、上海有机化学研究所、金川公司等单位的科技专家分别相互合作，针对金川锇钌蒸残液（参见 7.3），先后研究过不同结构的全萃取分离工艺流程[6,81]，如：

N_{503} 萃取 Au→N_{530} 萃取 Pd→P_{538} 萃取 Fe→ P_{218} 萃取 Pt；

S_{201} 共萃 Au、Pd→P_{538} 除 Fe→N_{235} 萃 Pt→SN – 9 除贱金属→TRPO 萃 Ir；

ROH 萃取 Au→S_{201} 萃取 Pd→TRPO 萃取 Pt；

S_{219} 萃取 Au→S_{219} 萃取 Pd→N_{235} 萃取 Pt；

DBC 萃取 Au→PSO 共萃取 Pt、Pd→分别反萃；等等。

上述流程各有优缺点，有的还进展到半工业试验规模，但皆未形成实用技术，仅有 DBC 萃金局部应用于生产[12,13,82]。如果当时科学组织，再接再厉，继续努力，就能建立起中国应用该项新技术的雏形。但当时有人宣传并推荐了硫化钠沉淀法处理蒸残液方案[83-85]，作为设计建设工业试验车间精炼工段的工艺。

1981 年，硫化钠沉淀工艺失败后（参见 8.4.2），临时应急，将"铜置换优先分离提取铑铱"[86]应用于分离 Au、Pd、Pt、Rh、Ir（参见 8.4.1），打乱了各单位研究溶剂萃取新工艺的计划和进程。这是使中国应用溶剂萃取新技术推迟了十多年的重要原因之一。

9.11.1　研究全萃取分离工艺的基本内容和原则

已研究过的连续萃取分离工艺中，选择的萃取剂和工艺衔接存在很多缺点。如 N_{530} 萃钯动力学速度慢，有机相需加温洗涤，浓盐酸反萃；P_{218} 对 Pt、Ir 的选择性不理想；S_{219} 不稳定，易氧化为亚砜而降低选择性；PSO 黏度大分相慢，对 Pt、Pd 选择性差，等等。但这些研究工作积累的经验和教训、已经筛选的各种萃取体系为中国铂族金属萃取分离技术的发展打下了基础。

作者领导的课题组重新开展了全萃取分离工艺的研究工作，并列入了国家"八五"科技攻关计划。对照国外流程及总结国内的研究经验，可取的观点是：①各种金属分离顺序的总体工艺框架，即 Au→Pd→Pt→Ir→Rh 分步分离方案是合理的；②中国已筛选出的萃取剂多具良好萃取性能，提供了选择的基本条件。

但我们认为：①研究能整体应用的冶金工艺并工程化实施，比在实验室烧杯中去合成新的萃取剂或研究和解释萃取机理，发表几篇论文，更具紧迫性和现实价值；②选择萃取体系（萃取剂及有机相组成），深入研究萃取、洗涤、反萃、再生各环节的相比、级数、平衡及分相时间等条件和指标，确定有机相再生复用性能，是制定全萃取分离工艺的基本研究内容；③有机相和水相是一对矛盾共同体。水相的成分和性质是筛选萃取体系及研究制定工艺流程的基础。金川锇钌蒸残液是硫酸－盐酸混合介质体系，贵金属浓度低，酸度及贱金属浓度高，氧化性强，贵金属价态及配合物状态复杂且不稳定。这个"先天不足"是过去萃取工艺研究成效不好及指标不稳定的原因之一。因此，稳定待萃溶液的介质性质，调整酸度、氧化还原性及各种被萃金属的浓度和配合物状态，以满足萃取体系的要求，是形成合理工艺的重要条件，必须高度重视。解决这个"先天不足"的根本途径是改革锇钌蒸馏工序，制备高浓度高质量的贵金属溶液，以提高萃取过程的各项技术经济指标。因此，应同时在这两个方面开展研究，创造对比选择的条件；④各种金属萃取过程的顺利衔接，排除各萃取体系之间的互相干扰，同时制定各贵金属反萃液衔接精炼及获得标准产品的技术方案，也是制定经济高效的全萃取分离－精炼工艺流程，并保证其畅通运行和获得稳定的技术经济指标的关键；⑤针对所有含微量贵金属的溶液，含酸、碱及其他有害物的废液，制定循环闭路回收利用或无害化处理的技术措施，达到劳动安全和节能环保的基本要求，这是工程化实施不可或缺的重要措施；⑥必须解决好工程化实施的系统装备问题，如萃取、洗涤、反萃、再生各环节的台架连续运行设备，准确控制预定的相比和混相时间，严格计量及输送各种液体并安装能防腐及防止跑冒滴漏的仪器和设备、准确控制混相强度并能灵活调控转速的仪器和设备、配套的消防、给排水及环境治理设备，等等，形成完整的生产线；⑦工艺研究不可能一蹴而就，必须遵循科研工作程序，经实验室研究、扩大试验和半工业试验，首先建立一个工艺雏形，然后在应用中不断改进完善。

全面解决好上述所有问题，是一项复杂的系统工程，许多细节问题都不能疏漏。须依靠各技术专业的群体力量密切协作。为此我们在贵金属研究所内倡导并形成了研究开发、分析检测、设备设计加工三结合，在所外形成了研究（昆明贵金属研究所）、设计（北京有色冶金设计研究总院）、生产（金川公司）等单位三结合的密切协作运行机制。

9.11.2 工艺流程及技术指标

首先在基础研究工作扎实、且已应用或有应用前景的贵金属萃取剂中，全面对比其性能，选择出恰当的萃取剂。金的萃取剂中，DBC 比 MIBK 的闪点高，水溶度小，萃金选择性好，饱和容量大，适应的酸度范围宽，国内外都有成功应用的经验。钯铂的萃取剂中，昆明贵金属研究所和上海有机化学研究所合作开发的 S_{201} 和 N_{235} 研究工作较扎实。S_{201} 萃钯比羟基肟、DOS 和 DNHS 的萃取动力学速度快，选择性好，适应的酸度范围宽，易反萃。N_{235} 萃铂能力比 TBP 强，易于反萃，对塑料和有机玻璃设备的腐蚀性弱，研究工作较系统和充分。铱的萃取剂中昆明贵金属研究所早期就对比研究过磷类胺类萃取剂的性能，TRPO 对铱的萃取能力强于 TOA 和 TBP，且选择性好，还因铱量很少可不使用塑料设备。因此我们在新的全萃分离工艺研究中，分别选择 DBC、S_{201}、N_{235}、P_{204}、TRPO 作为金、钯、铂、贱金属和铱的分步萃取剂。并根据萃取体系的要求，在每个金属萃分之间重视并采取水相性质及离子浓度的调整措施。拟定的全萃分离工艺示于图 9-22。

全萃工艺研究历时 5 年，经实验室试验、扩大试验及半工业试验后用于生产。上述工艺先后用于处理不同成分和性质的料液。

1. 锇钌蒸残液[87]

试生产的锇钌蒸残液成分见表 9-8。

表 9-8 金川锇钌蒸残液的贵金属成分及浓度范围

溶液成分	Au	Pd	Pt	Ir	Rh	PMs	BMs	酸度
浓度范围/ $(g \cdot L^{-1})$	0.87~2.83	1.77~4.53	3.93~9.82	0.3~1.18	0.21~1.42	7.1~19.8	5.6~17.8	1.4~4.0 mol/L

与国外 3 个精炼厂处理高品位贵金属精矿获得的贵金属溶液相比，锇钌蒸残

贵金属料液

↓

性质调整

↓

DBC萃取Au → 负载有机相洗涤 → 草酸反萃 → 精炼 → Au

↓

性质调整

↓

S₍201₎萃取Pd → 负载有机相洗涤 → 氨水反萃 → 精炼 → Pd

↓

调整性质

↓

N₍235₎萃取Pt → 负载有机相洗涤 → 稀碱液反萃 → 精炼 → Pt

↓

调整酸度

↓

P₍204₎萃取贱金属 → 负载有机相洗涤 → 反萃 → Fe、Ni、Cu、Co液

↓

水解富集Rh、Ir → 溶解、氧化

↓

TRPO萃取Ir → 负载有机相洗涤 → 硝酸溶液反萃

↓   ↓

Rh精制 → Rh   Ir精炼 → Ir

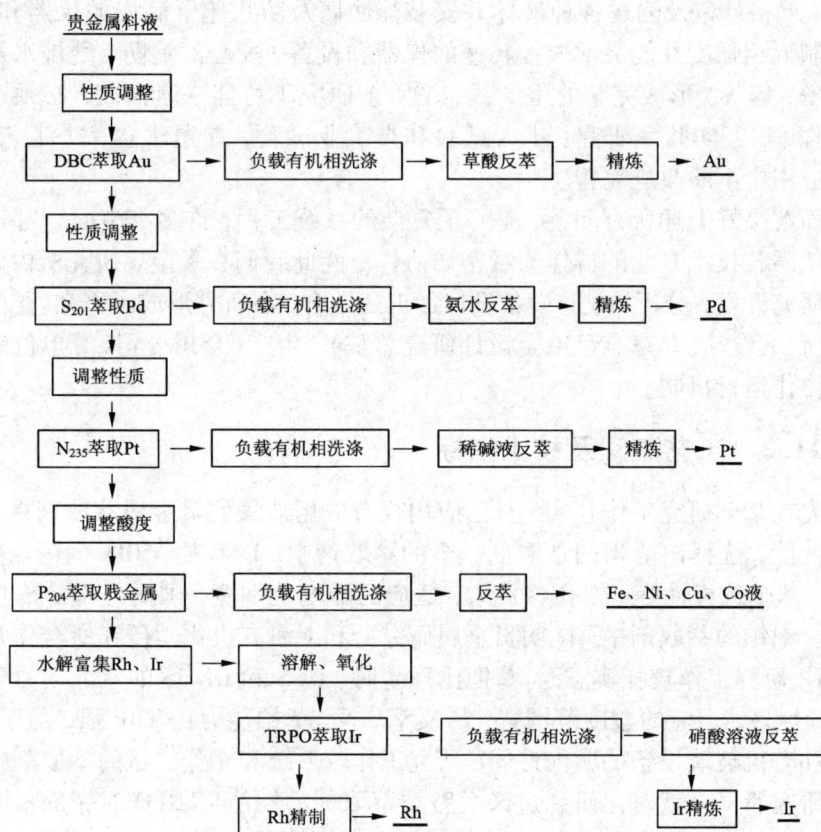

图9-22　昆明贵金属研究所的全萃取分离工艺

液的介质性质和成分复杂，贵金属浓度低，处理难度更大。半工业试验的主要工艺条件列于表9-9。

表9-9　全萃分离工艺试生产的主要工艺条件

| 金属 | 萃取段 | | 洗涤段 | | 反萃段 | | 再生段 | | 有机相平衡 | | 总级数 |
	O/A	级数	O/A	级数	O/A	级数	O/A	级数	O/A	级数	
Au	1:1	8	2:1	5	集中，间断		2:1	1	2:1	1	15
Pd	1.5:1	6	2:1	5	2:1	5	2:1	3	2:1	3	22
Pt	1.5:1	6	2:1	4	2:1	5	2:1	4	2:1	4	23
BMs	1.5:1	6	2:1	4	2:1	6	2:1	4	间断皂化		20

注：混相时间皆为5 min。

生产达到的主要指标列于表 9 – 10。

表 9 – 10　全萃分离工艺的半工业试验和试生产指标/%

金属	Au	Pd	Pt	Ir	Rh
萃取率	>98	>99	>97	约 91	—
反萃率	>99.9	约 100	>95	95	—
直收率	>98	>97	约 96	约 84	约 86
总收率	99.9	99.9	>98	80 ~ 90	80 ~ 85
产品纯度	99.99	99.99	99.99	99	99

该工艺的特点是：①拟定的萃取分离顺序合理，各金属的萃取体系能满足连续萃取分离的要求，萃取分配系数(D_A^0)、分离系数、萃取率、反萃率皆达到较高的指标；②所选择的萃取剂和有机相体系对各金属的选择性好，平衡速度快，全部实现台架连续操作；③重视了入萃料液性质调整，萃取过程基本稳定；④负载有机相洗涤不出现第三相，金属的洗脱率低，反萃率高，反萃液能方便地衔接精炼过程，产出达标贵金属产品；⑤能有效地分离贱金属；⑥水解及重溶制备出高浓度 Rh、Ir 溶液，有利于进一步分离和精炼。

全工艺贵金属回收率比铜置换和选择性沉淀分离工艺有大幅度提高。与国外精炼厂使用的工艺相比，Pd、Pt、Ir 的萃取分离有特色，萃取剂全部国产，操作简单，流程顺畅。

该工艺直接处理锇钌蒸残液仍不理想，其缺点有：①蒸残液是 SO_4^{2-} – Cl^- 混合介质体系，[H^+]高达 1.5 ~ 4 mol/L，[Na^+] >100 g/L，溶液酸度、贵金属浓度、贵金属价态和配合物状态不稳定，因此不同批次料液的萃取指标波动大；②料液中贵金属浓度低，加大了萃取设备规模，过程中有机相的积压周转量、试剂消耗量都较大；③料液中含有硅胶，常出现第三相，影响分相和连续操作，有时 Na_2SO_4 结晶影响料液的正常输送；④料液中贱金属浓度高，P_{204} 萃取分离贱金属的负荷重，影响铑铱的回收率。上述缺点使全萃取工艺的技术管理和生产运行存在一定的困难和隐患。这些情况再次表明，萃取分离工艺的先进性及能否正常运行，有特点的有机相萃取体系和成分性质稳定的贵金属溶液，两方面条件缺一不可，对提供的料液也有特定的要求。

2. 高质量、高浓度贵金属料液

用作者发明的专利技术[88]（参见 8.2.5）制备的料液成分为

溶液成分	Au	Pd	Pt	Ir	Rh	Os	Ru	PMs	BMs	HCl 酸度
浓度/(g·L⁻¹)	16.8	14.3	34.4	1.8	1.4	0.17	0.51	68.7	11.3	2.5 mol/L

全萃分离－精炼工艺[89]各段的主要工艺条件列于表9－11。

表9－11　高浓度料液的全萃工艺条件

金属	萃取段		洗涤段		反萃段		再生段		有机相平衡		总级数
	O/A	级数	O/A	级数	O/A	级数	O/A	级数	O/A	级数	
Au	1:1	4	2:1	3	集中，间断		2:1	2	2:1	1	10
Pd	1:1	4	1:1	3	2:1	3	2:1	2	2:1	1	13
Pt	1:1	6	2:1	3	2:1	3	2:1	2	2:1	1	15
BMs	1:1	3	2:1	3	2:1	6	2:1	2	间断皂化		14

注：混相时间皆为 5 min。

显然，与处理锇钌蒸残液相比（对比表9－9），萃取、洗涤、反萃等各段的相比和级数皆减少了，效率明显提高。

1）DBC 萃金。一级萃取率即 >99%。从有机相中用草酸 85℃下还原反萃，海绵金产品纯度 >99.9%。有机相用氯化钠溶液洗涤后复用。

2）S₂₀₁ 萃钯。萃金后液用稀碱液中和调整酸度至 2 mol/L，Pd、Pt 浓度 9.4 g/L和 23 g/L。用 40% S₂₀₁ +20% 二乙苯 + 正十二烷有机相，4 级萃 Pd 的萃取率 >99.99%。有机相洗涤液中含 Pd < 0.0005 g/L，Pt 0.01 ~ 0.09 g/L，Pt 分散率 0.1% ~0.5%，说明 S₂₀₁ 萃取选择性很好。用低浓度氨水溶液反萃，精炼后钯产品纯度 >99.99%。

3）N₂₃₅ 萃铂。用 8% N₂₃₅ +25% 异辛醇 + 正十二烷有机相，6 级萃 Pt 的萃取率 >99.9%。有机相洗涤液中 Pt、Ir、Rh 浓度皆 < 0.01 g/L。3% NaOH 溶液反萃，反萃液中含 Ir < 0.0001 g/L、Rh 约 0.01 g/L、Pd 0.008 g/L。反萃液直接用水合肼还原煅烧，海绵铂纯度 99.9%，重溶后用氯化铵沉淀精炼二次，纯度即达 99.99%。

4）P₂₀₄ 分离贱金属。用 30% P₂₀₄ + 正十二烷有机相，皂化率 60%，萃取 3 级。萃余液中浓度：Cu 从 3.46 g/L 降至 0.024 g/L，萃取率 99.3%；Ni 从 1.24 g/L 降至 0.035 g/L，萃取率 97%；Co 从 2.6 g/L 降至 0.15 g/L，萃取率 94%；Fe 从 0.28 g/L 降至 0.017 g/L，萃取率 94%。有机相洗涤液中 Rh、Ir 浓度分别为 0.019 g/L、0.007 g/L，分散率分别为 2% 和 0.5%。有机相用 5% NaCl 溶液洗涤

后用 6 mol/L HCl 反萃出贱金属。

5）TRPO 分离铑铱。贱金属萃余液用碱液中和至 pH ≈ 11 通氯气氧化水解，水解物盐酸重溶获得 Rh、Ir 溶液，浓度分别为 8.15 g/L 和 12.05 g/L。通氯气氧化后，用 TRPO 萃铱，三级的萃取率 94%，再增加级数萃取率不变。说明有约 6% 的铱呈难萃取的 Ir(Ⅲ) 状态。硝酸反萃液用碱液中和水解，重溶后用水合肼还原、硫化铵净化、氧化后氯化铵沉淀，反复 2 次，煅烧氢还原获得铱粉产品，纯度 99.95%。

6）精炼铑。萃铱余液调整 pH = 1，阳离子交换树脂分离贱金属后浓缩，氯化铵沉淀，煅烧氢还原获得的铑粉纯度为 99%。

全工艺的主要技术经济指标[16]列于表 9 - 12。

表 9 - 12　全萃分离 - 精炼工艺处理高质量料液的技术指标

金　　属	萃取率/%	反萃率/%	直收率/%	总收率/%	产品纯度/%
Au	99.9	99.9	96.5	约 96.6	99.988
Pd	99.9	99	96.5	约 100	99.99
Pt	99.9	99	96.5	约 98.2	99.99
贱金属(BMs)	>97	99			
Ir	94.5	99	84.6		>99
Rh	—		86.5		>99

选择的萃取体系具有中国特点，各项技术指标稳定可靠，在技术上达到国际先进水平，年产铂族金属 3000 kg 的生产线运行正常。生产实践证明，全萃取技术与传统的化学沉淀分离技术相比，有如下优点：工艺流程短，贵金属损失少，回收率高；贵金属分离彻底，返料少；产品质量高，铂钯金均能达到 99.99%，铑铱锇钌 99.90%；劳动强度小，便于自动控制。正在扩建设计 5000 kg/a 的生产线。

3. 富铑铱溶液

全萃分离工艺应用前，曾小规模用于处理选择性沉淀分离工艺(参见 7.2 和图 7 - 4)中的富铑铱溶液[13]。该溶液也具有多金属共存的特点，其成分为

成　　分	Au	Pd	Pt	Rh	Ir
浓度/(g·L⁻¹)	0.375 ~ 1.50	0.96 ~ 3.3	1.75 ~ 4.45	2.46 ~ 4.14	2.58 ~ 4.68

DBC 萃金：O/A = 1∶4，逆流六级萃取，萃残液含 Au < 0.01 g/L，萃取率 > 99%。载金有机相用 0.2 ~ 0.5 mol/L HCl 四级洗涤，草酸加热还原反萃，产品海绵金纯度为 99.99%。

S_{201} 萃钯：$O/A = 1:2$，S_{201} + 磺化煤油有机相(含 S_{201} 20% ~25%)，逆流四级萃取，萃残液含 Pd <0.008 g/L，萃取率 >99%，载钯有机相用 0.5 mol/L HCl 按 $O/A = 1:4$ 逆流三级洗涤，用 0.5 ~0.8 mol/L $NH_3 \cdot H_2O$ 溶液按 $O/A = 1:4$ 逆流四级反萃，反萃率 >99%，反萃液精炼为 99.99% 纯钯。

N_{235} 萃铂及富集铑铱：萃钯余液用 N_{235} 萃取铂→P_{204} 萃取分离贱金属→萃残液通氯气氧化→稀碱液中和水解沉淀出铑铱的氢氧化物→沉淀用盐酸煮沸重溶获得高浓度铑铱溶液再分离和精炼。铑铱回收率约 95%。

9.11.3 其他研究报道

1. 贵贱金属混合溶液的分馏萃取[90]

从含 Pt、Pd、Rh、Ir、Cu、Co、Ni，酸度 0.5 ~5 mol/L HCl 的混合溶液，用分馏萃取法分离贵贱金属。用 N, N - 二正丁基氨基甲基膦酸单辛酯为萃取剂(萃取剂浓度 0.1 ~2 mol/L)，C_8 ~C_{12} 的长链脂肪醇为添加剂，煤油为稀释剂的有机相共萃 Pt、Pd、Ir。添加剂与稀释剂的体积比为 (5 ~15):100。

萃取：$O/A = (0.2 ~1):1$，5 ~15 级，使 Pt、Pd、Ir 进入有机相，Rh 及贱金属存于水相。用水合阳离子法从水相中提取 Rh。

洗涤：$O/A = (0.2 ~1):1$，用氯气饱和的盐酸溶液洗涤有机相 3 ~10 级。

但该专利未见实际应用。

反萃 Ir：$O/A = (0.2 ~1):1$，用含甲酸或抗坏血酸或对苯二酚的盐酸溶液作还原反萃剂，5 ~15 级，反萃出 Ir 溶液。

反萃 Pt：$O/A = (0.2 ~1):1$，用 0.01 mol/L HCl 溶液作反萃液反萃 5 ~15 级。

反萃 Pd：$O/A = 1:0.5$，用 0.5 mol/L HCl + 4 mol/L NaCl 或 1 ~3 mol/L 氨水反萃 5 ~10 级。

但该专利未见实际应用。

2. 处理矿物原料的全萃工艺

2006 年徐致纲申报了一个专利[91]，从"黑色岩系"矿石、废渣或二次资源中提取贵金属。强调在富集及溶解等过程中使用超声波和微波加热技术。认为超声波技术的空化作用能加速传质和化学反应速度，微波加热能使被处理物料酥化、击穿、分离和聚合。处理含铂族金属矿物原料的工艺包括：①原矿磨至 100 ~120 目，放入微波加热容器中加热，矿料与 H_2SO_4 调浆后放入带超声波搅拌器的容器中搅拌，再用微波加热至 90℃ 0.5 ~1 h；②冷却后用螺旋溜槽富集出精矿砂；③精矿砂用 HCl 调浆后用微波加热至 85℃，缓慢加入 H_2O_2 搅拌溶解获得贵金属溶液；④贵液用 NaOH 和 $NaBrO_3$ 水解，分离贱金属沉淀；⑤滤液用 HCl 调 pH 2 ~3，在微波蒸馏装置之中加热至 100℃蒸馏 OsO_4 和 RuO_4；⑥HCl 吸收液用微波加

热后加入 NH_4Cl 沉淀出 $(NH_4)_2RuCl_6$，经煅烧和氢还原得钌粉；⑦NaOH 吸收液加入 KOH 得到 K_2OsO_4，高压 H_2 还原得锇粉；⑧蒸残液置于微波加热器中，加入 HCl 破坏氧化剂，通入 SO_2 还原出金粉；⑨贵液用微波加热至 70～75℃用 H_2O_2 氧化后，用二烷基硫醚萃钯，反萃获得钯盐；⑩萃钯余液用磷酸三丁酯萃铂，反萃得铂盐，萃铂余液用微波加热至 70℃，H_2O_2 氧化后，用磷酸三丁酯萃铱，最后的萃余液回收铑。遗憾的是该专利仅叙述了一种原理，没有应用实例和技术指标。

9.12　二次资源的萃取分离工艺

中国铂族金属矿产资源贫乏，二次资源再生回收对平衡供需具有战略地位，失效汽车尾气净化催化剂被国内外称为"流动的铂族金属矿山"[92]，从中回收铂钯铑将成为最大的产业，溶剂萃取分离技术有广阔的应用空间。回收工艺的首要步骤是用湿法浸出或火法熔炼等技术富集(详见 11.2.7)，获得含铂、钯、铑富集物，再转化为高浓度溶液进行分离和精炼。

1. 废催化剂直接湿法浸出贵金属工艺

陈昌禄研究的工艺包括：细磨→硫酸溶解载体中部分氧化铝→HCl + $NaClO_3$ 浸出贵金属→锌粉置换出贵金属富集物→碱液脱硅→酸液脱碱→HCl + H_2O_2 重溶，获得各成分浓度(g/L)为 Pt 10、Pd 5.9、Rh 1.6、Fe 3.6、Cu 1.8，HCl 1.2 mol/L 的贵金属溶液，并用如图 9 – 23 所示[6]萃取工艺分离。

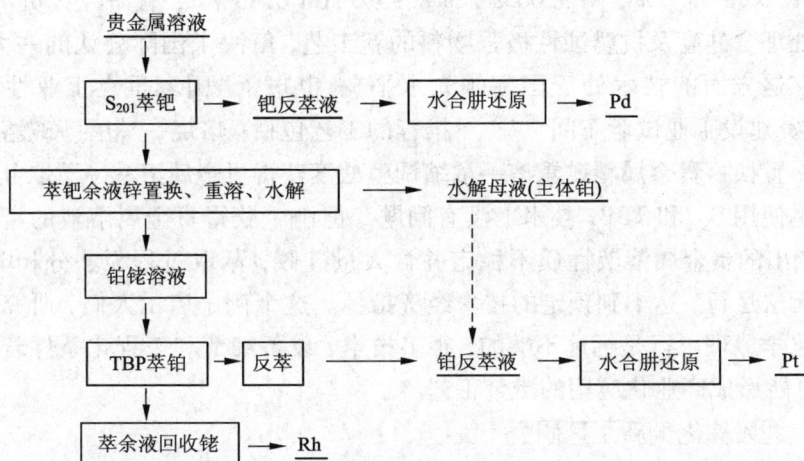

图 9 – 23　铂钯铑溶液的萃取分离工艺

萃取钯：O/A = 1∶1，S_{201}萃取 4 级，O/A = 2∶1 稀盐酸洗涤 3 级，O/A = 2∶1 稀

氨水反萃 3 级，O/A = 2∶1 用 5% 氯化钠溶液再生有机相 2 级，3 mol/L HCl 平衡后有机相可复用。全部操作在室温下进行，混相时间 5 min。Pd 萃取率 > 99.9%。反萃液直接用水合肼还原产出金属钯纯度为 99.95%。全过程直收率达 99%。

萃取铂：萃钯余液经锌置换，重溶，溴酸钠水解，含部分铂及全部铑的水解渣重溶获得含（g/L）Pt 12、Rh 6.6、HCl 浓度 4 mol/L 的溶液。O/A = 1∶1 用 TBP 萃取铂 4 级，O/A = 2∶1 用 4 mol/L HCl 溶液洗涤 3 级，O/A = 2∶1 用水反萃 3 级。全部操作在室温下进行，混相时间 5 min。铂萃取率 99.9%。反萃液与水解母液合并直接用水合肼还原，产出的金属铂纯度 99.95%。全过程直收率 > 97%。从萃铂余液中精炼 Rh，直收率 84%。研究的萃取分离工艺技术可行，铂钯萃取指标较高，但铑回收率偏低。

该工艺进一步研究完善[7]后，于 2007 年在贵研催化公司建立了生产线。工艺包括：阳离子交换树脂分离贱金属→S$_{201}$萃取分离钯→TBP 萃取分离铂等工艺环节。

就技术本身而言，从富液中萃取分离铂、钯、铑的工艺是可取的。但因：①直接用 HCl + NaClO$_3$ 浸出废催化剂，浸出渣含铂、钯、铑合计仍高达约 100 g/t，既不可废弃又很难进一步回收，留了一个大"尾巴"降低了总回收率；②富集产出贵金属富液的工艺结构较复杂，试剂消耗大，环境污染较严重。这些问题使整体工艺不完善，大规模推广应用前景不佳。

2. 等离子熔炼富集物的处理工艺

1997 年针对废催化剂经等离子熔炼产出的富集物（含 Pt 5.1%，Pd 0.95%，Rh 0.71%，Fe 55.4%，Ni 9.66%，Si 8.93%，Cu 0.85%），有研究人员"发明了一种可处理含硅高及抗腐蚀性极强物料的新工艺，解决了国际公认的一大难题，使我国在这方面的技术处于国际领先水平"，申报了"国家重点工业性试验项目"，投资建设工业试验车间[93-95]。推荐的工艺包括：焙烧→球磨→碱熔→水浸→溶解→置换→贵金属精矿重溶→浓缩调整酸度获得贵金属溶液→萃取分离。萃取工艺也使用 S$_{201}$ 和 TBP，技术上没有问题。但由于获得贵金属溶液的富集过程复杂，产出的贵金属溶液性质不稳定并含大量硅胶，萃取过程无法分相等原因，全工艺无法运行，达不到预定的技术经济指标。这个例子启示人们，研究应用技术仅仅化学原理可行是远远不够的，很多技术、设备细节和工程化条件若考虑不周，不可能形成产业化应用的冶金工艺。

3. 处理废催化剂新工艺研究

2009 年昆明贵金属研究所博士后流动站进站课题——"从汽车废催化剂中再生回收贵金属新工艺"包括：物相重构熔炼富集→贵贱金属分离提取贵金属精矿→溶解产出贵金属溶液→萃取分离精炼产出贵金属产品等技术环节，形成了具有先进技术水平、较易产业化实施的完整工艺流程（详见 11.2.6）。

9.13　液－液盐析萃取

盐析萃取是贵金属分析方法研究中正在发展，且研究十分活跃的一项新技术。该技术研究中涉及的萃取体系有液－液萃取和固－液萃取(详见 10.3.3)两种[96]。盐析萃取技术有两个突出的特点：①使用的萃取剂不是本章其他节介绍的磷类、胺类、硫类、醚类等易挥发或有毒的有机溶剂，环境污染隐患小；②从溶液中提取贵金属的分离(分相)过程，主要靠盐析作用，平衡时间短、分相快、操作过程简便。

9.13.1　定义及特点

液－液盐析萃取的实质，是向贵、贱金属共存的水溶液中，加入某种萃取剂与贵金属配阴离子形成大分子的离子缔合物。利用盐析作用——即向溶液中加入无机盐夺取大分子化合物中的水分子，使萃合物从高密度盐水溶液中析出形成另一液相，达到提取贵金属并与大量贱金属分离的目的。

液－液盐析萃取技术中的萃取体系有四类：①乙醇－盐－贵金属配阴离子体系，乙醇具有萃取剂和溶剂双重功能。即在酸性溶液中它发生质子化作用，以 $C_2H_5OH_2^+$ 与贵金属配阴离子形成缔合物溶解在乙醇中。或作为溶剂溶解 2－(5－溴－2－吡啶偶氮)－5－二乙氨苯酚(PADAP)等萃取剂与贵金属配阴离子形成的缔合物；②丙醇(或戊醇)－盐－贵金属配阴离子体系，丙醇的功能与乙醇类似。除直接萃取外，能溶解 2－巯基苯骈噻唑(MBT)、十六烷基三甲基溴化铵(CTMAB)与贵金属配阴离子形成的萃合物；③聚乙二醇(PEG)－盐－贵金属配阴离子体系，PEG在酸性溶液中形成的 $PEGH^+$ 可直接缔合贵金属配阴离子，也可溶解 1－(2－吡啶偶氮)－间苯二酚(PAR)、二溴羧基偶氮氯膦(pN－CPA)、二甲酚(XO)、亚硝基 R 盐(NO_2－R)等萃取剂与贵金属配阴离子形成的萃合物；④TritonX－100(TX)－辛醇－贵金属配阴离子体系，TX 与贵金属配阴离子形成胶束状态，加温后从水相析出。研究过的萃取剂有双硫腙(DTZ)、硫代米蚩酮(TMK)、1－(2－吡啶偶氮)－间苯二酚(PAR)、1－(2－吡啶偶氮)－2－萘酚(PAN)等。曾研究(NH_4)$_2SO_4$、Na_2SO_4、NaCl、NH_4Cl 等无机盐作盐析剂，多用(NH_4)$_2SO_4$。

9.13.2　研究状况

液－液盐析萃取技术研究，目前局限在贵金属分析方法方面。即从贵贱金属混合溶液中，选择性萃取分离出贵金属进行分析测定。在应用于冶金分离方面尚无任何发展，值得冶金工作者学习和关注。与铂族金属冶金可能相关的各种萃取体系列于表 9－13。杨丙雨的论文[96]列出了大量参考文献，读者需详细了解相关情况时请追索查阅。

表 9 – 13　液 – 液盐析萃取铂族金属的体系、萃取条件及指标

萃 取 体 系	溶液酸度/$(mol \cdot L^{-1})$	贵金属萃取率/%	溶液中不发生萃取作用的贱金属(阳离子)或贵金属(配阴离子)种类
$Pt(SCN)_6^{2-} - C_2H_5OH_2^+ - (NH_4)_2SO_4$	pH = 3	100	Ni,Cr,Co,Fe,Mn,Al,Rh(Ⅲ)
$[PtI_6^{2-}, PdI_4^{2-}] - C_3H_7OH_2^+ - NaCl$	HCl,0.6	>99	Fe,Pb,Al,Cu,Zn,Ca,Mg,Mn
$Pt(Ⅱ) - SnCl_2 - C_3H_7OH_2^+ - (NH_4)_2SO_4$	HCl,0.6		常见贱金属
$[Pt(Ⅱ), Pd(Ⅱ), Rh(Ⅲ)] - SnCl_2 - C_3H_7OH_2^+ - (NH_4)_2SO_4$	HCl,0.6	>99	常见贱金属,Ir(Ⅲ)
$Ir(Ⅲ) - SnCl_2 - C_3H_7OH_2^+ - NaCl$	HCl,0.6	98.7	Fe,Pb,Al,Cu,Zn,Ca,Mg
$PdI_4^{2-} - C_2H_5OH_2^+ - (NH_4)_2SO_4$	pH 4 ~ 5	99.4	Fe,Al,Zn,Mn,Ni,Co,Cr
$Pd(SCN)_4^{2-} - C_2H_5OH_2^+ - (NH_4)_2SO_4$	pH = 3	100	Al,Mn,Fe,Ni,U,V
$Pd(Ⅱ) - PADAP - (NH_4)_2SO_4$	pH = 4.6	100	Rh(Ⅲ),Pt(Ⅳ)
$PdI_4^- - C_3H_7OH_2^+ - (NH_4)_2SO_4$	HCl 介质	99.2	Fe,Cu,Mn,Mg,Al,Pb,Zn
$Pd(SCN)_4^{2-} - C_3H_7OH_2^+ - NaCl$	pH = 2.5	>99	Cd,Cr,Ni,Al,Ga,Fe
$Pd(Ⅱ) - DBOK - CPA - (NH_4)_2SO_4$	H_2SO_4,0.2	94	Na,K,Mg,Cu,Mn,Ni,Fe,Co,Zn,Pt(Ⅱ)
$Pd(Ⅱ) - PAR - (NH_4)_2SO_4$	pH = 7	97.5	Pt(Ⅳ),Ir(Ⅳ),Mo(Ⅵ)
$Pd(Ⅱ) - PAN - NH_4Cl$	pH = 7	97.6	Al,Cr,Zn,Ag
$Rh(Ⅲ) - SnCl_2 - MBT - NaCl$	HCl,1	99	Fe,Al,Pb,Zn,Ca 等
$Ru(SCN)_4^- - C_2H_5OH_2^+ - (NH_4)_2SO_4$	pH = 3	99.9	Ga,V,Mo,Fe,Mn,Al,Cr
$Ru(SCN)_4^- - C_3H_7OH_2^+ - (NH_4)_2SO_4$	pH = 4.5	99.9	Cr,Al,Mn,Ni,Fe
$Ru(Ⅲ) - PADAP - (NH_4)_2SO_4$	pH = 5,85℃	100	Ca,Ba,Mg,Ni,Al,Fe,Ag,Pt(Ⅱ)

　　液 – 液盐析萃取是一种非传统的萃取方法。研究中涉及种类繁多的新类型萃取剂、配位基、表面活性剂,涉及一些新的萃取原理和机理、新的萃取体系及其选择性和特效性问题。这些都是铂族金属冶金基础理论知识及应用实践中需关注的重要内容。铂族金属冶金工作者了解这些内容,对充实基础理论知识,扩展视野、启发思维有借鉴和参考价值。

　　虽然液 – 液盐析萃取技术与已经广泛应用的溶剂萃取技术相比,体现出某些特点,但要在贵金属提取和分离精炼方面,将其发展和移植为实用冶金方法,尚未找到切入点。因为:①上列各项研究还局限在分析化学领域,且离形成标准化学分析方法尚有较大差距,技术也未规范和成熟;②化学分析方法使用的料液及试剂量很

小(多为 mL、mg 量级)，使用的器材只是一些简单的玻璃器皿，基本不考虑试剂消耗成本、料液中所含成分的综合利用等经济因素，及废液有效治理等环保因素。相反，上述各项因素作为实用冶金技术的基本条件，是化学分析方法不可能解答的问题；③铂族金属冶金中产出的溶液成分和性质复杂，更多的技术问题是铂族金属间的相互分离，盐析萃取在这方面的研究没有实质性的开拓和进展；④从单一贵金属与贱金属共存溶液中提取富集贵金属的方法很多(详见第 9、10、12 章)，有的比盐析萃取更简单实用，用各项技术经济指标全面比较后才能决定其优劣。

9.14　液膜分离

膜分离(参见 10.3.2)是 20 世纪 70 年代开始研究的一种分离技术，包括反渗透、超滤、微孔过滤、电渗析、扩散渗析、隔膜电解等技术。上述技术依靠有机聚合物制备的固态隔膜，在水溶液中进行溶质和溶剂的选择性分离。其关键是膜的制备，使其具有便于安装使用的强度、在酸碱介质中有一定稳定性且对分离对象有较高的活性和选择性。曾研究过用支撑液膜从溶液中富集贵金属。支撑体是微孔聚丙烯、聚乙烯、聚二氟乙烯等材料(厚度 125 μm、平均孔径 0.2 μm)。

液膜分离是膜分离技术中的一种，但不使用固态膜。其特点是用有机化合物(包括溶剂和表面活性剂)与水溶液(外相)混合，搅拌后形成微乳液(简称 W/O——油包水)，将水溶液中特定的组分与有机化合物形成新的配合物，通过液膜交换进微乳液(内相)。分相后的乳液用高压静电破乳，即可获得富集了特定组分的富液。该技术定向选择性好，渗析速度比固态膜快，过程效率高，兼有溶剂萃取和膜渗析技术的特点。1981 年国际湿法冶金会议上，该技术曾被誉为"继溶剂萃取法后的第二代提取技术"。在铜的湿法冶金中，曾用聚酰胺衍生物 ENJ 作表面活性剂，异烷烃 SiOON 为溶剂，LIX64N 为萃取载体，从低浓度硫酸铜溶液中提取铜。吴瑾光教授针对酸性萃取体系、胺类萃取体系、中性膦类萃取体系、螯合萃取体系，用红外光谱、核磁共振、电导仪、透射电镜及激光光散射等方法，对微乳液形成结构、萃取机理及萃合物聚集态结构变化、萃取剂的离子水化特点及萃取剂流失原因等有关问题，做了大量基础研究[7,97-99]。这些研究无疑是有益的。

贵金属冶金中使用的很多萃取剂具有表面活性剂的结构特点和性能，如：P_{204}、P_{507} 的皂化钠盐类似于阴离子表面活性剂，可萃取 $Rh(H_2O)_6^{3+}$；N_{235}、N_{263}、N_{503} 类似于阳离子表面活性剂，可萃取 $PdCl_4^{2-}$、$PtCl_6^{2-}$；TBP 类似于非离子表面活性剂，可萃取 $AuCl_4^-$、$PtCl_6^{2-}$。但应用液膜技术分离或回收铂族金属方面，仅针对低浓度 Pd、Pt 溶液的富集，有少量研究[100-103]。举三个研究实例：①作为碘化钾分光光度法测定 Pd 的预富集方法。即用 3% N_{503} + 2% 113A 表面活性剂 + 煤油的萃取体系，强烈搅拌下加入 EDTA 形成油包水乳状液膜，与含 Pd^{2+} 20 mg/L 的溶液混合搅拌后静置分层分离，乳液层破乳后的水相富集了钯，Pd 提取率 > 98%；②以 8% DOAA（N,N - 二仲辛基乙酰胺）+ 4% N_{235} + 88% 磺化煤油组成的有机相，强烈搅拌下加入硫脲溶液形成乳状液膜，与含微量钯的硝酸溶液混合搅拌后静置分层，分离含钯的乳液层后用 3 kV 电压静电破乳，钯反提入水相中，提取率 98%；③TNOA + Span80 + 煤油有机相制成乳状液膜，从料液中提取 Pt，用 $NaBH_4$ + NaOH 从乳液中破乳还原，可获得超微细铂单晶颗粒。

在贵贱金属分离方面也曾有一些探索，但效果不好。如：①用 Aliquat - 336（氯化三辛基甲胺 $R_3RN^+Cl^-$）加十二烷，从盐酸溶液中萃取 Pt^{4+}，萃合物（R_3RN^+）$_2PtCl_6$ 通过液膜进入 $NaClO_4$ 水溶液相，但在 Pt^{4+} 浓度 > 60 mg/L 后渗透能力下降，回收率不高；②Kelex100（7 - 十二烯基 - 8 - 羟基喹啉、N_{601}）+ 煤油 + 十三醇支撑液膜（支撑体为 Gore-Tex），处理贵贱金属混合溶液，Pt^{4+}、Pd^{2+}、Ag^+、Pb^{2+}、Bi^{3+} 萃合物皆会堵塞膜孔，达不到分离目的；③以三辛胺 TOA + 煤油为液膜相，稀盐酸溶液中的 Au^{3+}、Pt^{4+}、Pd^{2+}、Ir^{4+} 可通过液膜渗透进 $HClO_4$ 或 HNO_3 溶液中，但各金属配阴离子形成的萃合物渗透过支撑体的速度和效率，受浓差推动力、分配系数及动力学因素影响，富集及分离的效果不好，且使用高氯酸、硝酸为洗脱液，操作条件很差。

显然，液膜萃取技术在应用于贵金属料液的分离富集方面，各项技术经济指标尚未具备与其他实用技术进行综合比较的条件，离形成实用技术还很遥远。

9.15　液 - 液萃取技术的展望

溶剂萃取作为铂族金属分离精炼中一项实用冶金技术，其成功应用有三个缺一不可的要素：成分合理和性质稳定的贵金属溶液是基础；有机相体系的研究和筛选是关键；系列设备的设计、选择和合理组合是必不可少的工程化手段。解决这些问题是一项复杂的系统工程，仅有化学知识是远远不够的，需多学科多专业密切协作。

有机相体系的研究和筛选需满足下述基本要求：①萃取剂化学稳定性好，闪、燃点高，挥发性及水溶性小；②萃取剂配位基团的反应活性强，萃取金属的选择性及萃取率高，萃取容量大，平衡速度快；③与选择的稀释剂良好互溶，有机相与水相密度差大、易分相，混相时不易乳化和产生第三相；④有机相在使用过程中发生变性及"中毒"不严重，有较长的使用寿命；⑤萃取剂和稀释剂（包括其他添加剂和改性剂）价格低廉，供应充足；⑥有机相易反萃及再生复用，反萃剂的选择既不能破坏有机相，又要能方便地衔接精炼工艺产出合格金属产品；⑦萃取→洗涤→反萃→有机相再生等过程，反应平衡时间短，能台架连续运行，提高工艺效率，若只能分段、分级间断操作，萃取技术的很多优点就丧失了；⑧萃取剂及使用的其他试剂应能尽力符合绿色冶金的安全无毒要求。

凡事都有两面性。实践表明，目前研究和应用的液 - 液萃取技术存在一些明显的缺点，如：①萃取 - 洗涤 - 反萃 - 再生少则十几级，多则几十级，过程比较复杂；②使用的有机和无机化学试剂种类多，腐蚀性强，溶液储备、准确定量输送、循环所需的防腐设备及仪表多；③很难避免有机相乳化和分相难的问题；④现在筛选、使用的很多有机试剂都有明显的毒性。因此过分宣传和强调液 - 液萃取技术的先进性是片面的。

9.16　液 - 液萃取技术中的生态环境问题

9.16.1　有机物对生态环境的污染

21 世纪人类开启了"以人为本"，珍爱健康和生命价值的新纪元。一切生产活动都必须符合和遵循这个基本原则。作者特别指出，液 - 液萃取技术中的劳动安全、有机物致癌及生态环境污染等问题，已到了必须引起高度关注的时候。

人的全部生理机能和生命过程，主要以复杂的有机化学反应为基础。人类及地球上鲜活的动物世界，与天然有机化合物共存了几十万年。今天，人工合成或提取的无数种类有机化合物，已融入现代社会生活的方方面面。它们对人们舒适生活的贡献不胜枚举。但不少人造有机化合物导致人体发生多种疾病的危害也使人们不寒而栗。如含膦有机化合物合成的神经性毒气、二氯二乙硫醚（介子气）是著名的化学武器。2011 年富士康工人使用有机清洗剂集体中毒事件，乳制品含三聚氰胺事件，食品添加塑化剂（邻苯二甲酸 - 2 - 乙基己基二酯）事件，以及冰毒等毒品泛滥屡禁不绝，都对社会产生了极大的冲击。

癌症是威胁人类健康的元凶，其病因至今未找到确切的答案，仍是人类研究探索的重要课题。据统计，病毒原因致癌和放射性原因致癌的病例，都各不超过 5%，外因性化学物质致癌的病例占绝对比例。动物试验证明，有上千种无机和有机化合物有致癌作用。

有机化合物对人体的致癌作用机理很复杂，表现在：①参与人体生化反应的有机物种类多，浓度可能很低；②影响生化反应的因素多，反应的条件难以清晰地把握和描绘；③作用是隐性的，不像许多无机化合物那样有明显的刺激性，容易被感知和察觉。因此有机化合物的危害进程多表现为不知不觉，缓慢地日积月累，发现危害时往往后果已相当严重，不可挽回。

已经公认的有机致癌物主要是芳香烃、氨基及亚硝胺类化合物。如：苯、氯苯、苯并芘、联苯胺、4 - 乙酰氨基联苯、N - 乙酰基 - 2 - 氨基苯、4 - 硝基联苯胺、N,N - 二甲苯 - 4 - 联苯胺、2,4 - 氨基甲苯、2 - 氨基二苯醚、1 - 氯 - 2 - 萘胺、4-亚硝基-N-甲基苯胺、4-亚硝基二乙醇胺、N-4-联苯基乙酰羟胺酸、四氯化碳、氯仿、三氯乙烯、六甲基四胺、甲醛、酚、羧甲基纤维素钠、氯乙烯等。还有近百种有机物经动物实验表明有致癌性[104-105]。铂族金属冶金中使用很多种类的萃取剂和稀释剂，如烃类、酯类、醇类、醚类、胺类、肟类、膦类等有机化合物，及在使用中与其他化学试剂作用产生的衍生物，不少是致癌物，有的离剧毒化合物或致癌化合物仅一线之隔。

有机物致癌的机理目前没有清晰的轮廓。它们通过呼吸、接触皮肤、饮水和食物危害人体，其途径不外乎：①很多人工合成的有机物有挥发性，但却没有明显的刺激性，它们的分子本身可凝结为气溶胶，或与水蒸气形成溶胶水雾，或吸附在极微小的固体飘尘（PM2.5）上，飘浮、运移、弥漫在劳动环境中。吸入呼吸道后直接经肺泡吸收转入心脏、血液流遍全身；②有机物都有很好的脂溶性，易与富脂质的组织和脑神经组织起作用，以人们尚未认知的反应方式转化为致癌物；③很多有机物的水溶性会直接或间接地污染水体和食物链。所有这些危害途径皆不易被感知和察觉。

9.16.2　一些有机化合物的中毒症状

1）苯、甲苯、二甲苯。皆易挥发，对眼睛及呼吸道有严重毒性。空气中苯的浓度$(50 \sim 150) \times 10^{-6}$时，接触5 h即引起头痛乏力、白细胞减少。长期接触引发不同程度的白血病。浓度$>1500 \times 10^{-6}$时，在1 h内即严重中毒，出现剧烈头痛、神志模糊、昏迷、抽搐等症状，甚至麻痹中枢神经而危及生命。浓度$>19000 \times 10^{-6}$时，接触$5 \sim 10$ min即死亡。甲苯的毒性更强，短时接触含甲苯约70 mg/m³的空气即可能危及生命。

2）芳香烃及氨基化合物。200多种多环芳香烃化合物可致癌。苯的衍生物，如二苯胺、联苯胺、β-萘胺、氯苯、六甲基四胺、2、4-氨基甲苯、4-乙酰氨基联苯、N-乙酰基-2-氨基苯、N,N-二甲基-4-联苯胺、2-氨基二苯醚、1-氯-2-萘胺等，都是毒物。二苯胺通过呼吸道和皮肤侵入人体，可使血红蛋白转变为高铁血红蛋白，失去携氧能力，引起组织缺氧、血压降低和心律失常，还抑制中枢神经系统导致休克。长期接触联苯胺引发膀胱炎、膀胱复发性乳头状瘤和膀胱癌。联苯发生氯化反应，生成的含$1 \sim 10$个氯原子的多氯联苯化合物，以及伴随氧化反应生成的多氯联苯氧化物，如氯化二苯并呋喃，多是脂溶性的剧毒化合物。β-萘胺及其代谢产物——1-和6-羟基衍生物，苯并（a）芘、7,12-二甲基苯蒽、二苯并（a,h）蒽及3-甲基胆蒽，都已被证明是强致癌化合物。

3）亚硝胺类化合物。二甲基亚硝胺、二烷基亚硝胺、N-甲基-N-亚硝基脲、N-甲基-N-亚硝基脲烷、N-亚硝基哌啶、4-硝基联苯胺、4-亚硝基-N-甲基苯胺、4-亚硝基二乙醇胺等，多由甲基、亚硝基与胺反应生成。由于氨基上两个基团的碳原子数和结构不同，其亲水性、脂溶性及膜渗透性的差异，在经过肝脏被酶氧化脱去甲基时，转化为重氮链烷并呈现致癌活性，主要导致肝癌和食道癌。

4）其他有机化合物。二氯乙烯、三氯乙烯、四氯乙烯皆易挥发，长期接触会伤害肠胃道和肝脏，引起乏力、眩晕、恶心等慢性中毒症状。急性中毒使眼睛灼痛、流涎流涕、口干、口内有金属甜味、头痛、四肢失调、昏醉。四氯化碳、乙二醇、三氯乙烯、甲醛、顺丁烯二酐、酚、羧甲基纤维素钠、氯乙烯等有机物也已公认有致癌性质。

液－液溶剂萃取技术使用的一些萃取剂和稀释剂，有的本身就是剧毒物，不少都与上述各类毒物有直接或间接的关系，自然存在它们对劳动安全和生态环保的潜在危害性。作者指出这个问题，不是危言耸听，也不是杞人忧天，而是希望引起冶金、化学化工及环保各界的高度重视。

9.16.3　技术的反思和展望

科技发展没有止境，但不同阶段有不同的侧重点。50 多年来，在溶剂萃取科技领域，科学家和工程师原先规划和设定的目标基本都已达到。原理已非常清楚，理论日臻完善，很多萃取剂和萃取体系的研究已比较充分，技术储备十分丰富，工艺已广泛应用于生产并积累了丰富的实践经验，生产装备及自动化水平不断提高。作者认为，该科技领域的整体发展已进入中后期，继续发展的推动力已明显减退。再在合成和筛选新萃取剂方面"给力"，目前已没有紧迫性，不必再将其作为学科研究发展的主要方向。

今后的关注点应侧重在下述方面：①摒弃侥幸心理，对已经使用的萃取剂和萃取体系的安全性，进行认真甄别，应主动规避有毒有害试剂的使用，并防止在使用过程中衍生出剧毒化合物；②在冶金应用方面进一步总结经验，解决好设备配套和工程设计，完善自动化生产线；③加强劳动安全和环境保护方面的对策和措施；④中国铂族金属矿产资源贫乏，二次资源再生回收具有战略地位。将研究得比较充分的萃取剂和萃取体系，移植推广应用于二次资源再生回收领域有广阔的天地；⑤为克服液－液萃取过程的缺点，应不断发展与其他分离技术交叉耦合形成新的技术。

事实上，科技界和企业界在克服溶剂萃取的缺点、发展新技术两方面，从未停止脚步。特别是与硅胶的聚合物合成的固相萃取剂及开发的固－液萃取技术，用萃取与离子交换相结合的萃淋树脂、浸渍树脂进行分离的技术，盐析萃取等，都为技术更新和不断扩大应用范围提供了新的技术支撑。固－液萃取技术方面（详见 10.3），早在 1992 年，世界最大的铂族金属生产企业（Impala 公司）就与 IBC 公司合作研究，现已发展为可以局部取代溶剂萃取，应用范围不断扩大的新技术。其他技术，如通过活性乳浊液团进行相间传质完成萃取和反萃的乳化膜萃取技术，中空纤维的微孔膜萃取和反萃技术，施加电场加速传质提高分配系数或降低相比的电泳萃取技术，使用单细胞藻类的微生物萃取技术可以继续关注。

参考文献

[1] 徐光宪，袁承业，等. 稀土的溶剂萃取[M]. 北京：科学出版社，1987

[2] 杨佼庸，刘大星. 萃取[M]. 北京：冶金工业出版社，1988

[3] 汪家鼎，陈家镛. 溶剂萃取手册[M]. 北京：化学工业出版社，2001

[4] 马荣骏. 萃取冶金[M]. 北京：冶金工业出版社，2009

[5] 刘时杰. 南非的铂[M]. 金川科技，1989，增刊

[6] 刘时杰. 铂族金属矿冶学[M]. 北京：冶金工业出版社，2001

[7] 余建民. 贵金属萃取化学[M]. 第二版. 北京：化学工业出版社，2010

[8] 徐光宪，王文清，吴瑾光. 萃取化学原理[M]. 上海：上海科学技术出版社，1984：9 – 15

[9] 编委会. 溶液中金属及其他有用成分的提取[M]. 北京：冶金工业出版社，1995：33 – 40，76 – 95，168 – 216，436 – 441

[10] 莫启武. 铂族金属的协同萃取[J]. 贵金属，1994，15(4)：7

[11] 编委会. 黄金生产工艺指南[M]. 北京：地质出版社，2000

[12] 何焕华. 我国铂族金属生产的回顾与展望[A]. 中国有色金属学会贵金属学术委员. 首届全国贵金属学术研讨会论文集[C]. 贵金属，1997(增刊)，18：1 – 17

[13] 古国榜. 溶剂萃取新进展[M]. 广州：暨南大学出版社，1998：219 – 333

[14] 刘漠禧，等. 二丁基卡必醇萃取法提金的工业实践[J]. 矿冶工程，1995，15(2)：37

[15] 刘时杰，余建民，杨正芬，赵家巧，等. 连续萃取分离精炼贵金属之新工艺研究(国家"八五"科技攻关课题鉴定验收文件)[R]. 昆明贵金属研究所科技档案，1992

[16] Liu Shijie, Yang Zhenfen, Yu Jianmin, et al. Separation and refining of gold and PGMs by continuous solvent extraction[C]. USA：Precious Metals Proceedings of 20th IPMI, 1996：451 – 454

[17] 余建民，杨正芬，刘时杰. 硼氢化钠从 DBC 载金有机相中还原反萃金[J]. 稀有金属，1996，20(1)：24

[18] 张维霖，赵家巧，周莉影. 金的新萃取剂 – 2 – 乙基己基 – 乙基醚[J]. 贵金属，1988，4(3)：9

[19] 杨宗荣，蔡旭琪. 用复合萃取剂生产高纯金. 中国，CN88103753. 2[P]. 1989

[20] 杨宗荣，朱素芬. 从电解铜阳极泥中提取金银[J]. 贵金属，1998，19(2)：28

[21] Li C D, Chen Z J. Solvent extraction of gold in chloride solution with N503[C]. Proceedings of the International Conference of Mining and Metallurgy of Complex Nickel Ores. Jinchang, China, 1993：405

[22] 程飞，龙惕吾. 石油亚砜的极性与萃取铂钯性能的关系[J]. 贵金属，1992，13(1)：10

[23] 程飞. 铂族金属精炼中的溶剂萃取技术[J]. 贵金属，1992，13(2)：64 – 76

[24] 吴冠民, 蔡旭琪. TBP 萃金工艺的研究[J]. 贵金属, 1981, 2(3): 14 – 17

[25] 栾和林, 武荣成, 姚文. 一种双取代环状碳酸酯类贵金属萃取剂. 中国, CN1087785C[P]. 2002 – 07 – 17

[26] 黎鼎鑫, 王永录. 贵金属提取与精炼[M]. 长沙: 中南大学出版社, 2003: 166

[27] 姜维准, 周维金, 高宏成. N1923 从碱性氰化液中萃取 Au(Ⅰ) 的研究[J]. 无机化学学报, 2001, 17(3): 343 – 348

[28] 潘路, 古国榜, 李耀威. 合成亚砜 MSO 从碱性氰化液中萃取金的研究[J]. 贵金属, 2004, 25(3): 6 – 10

[29] 马亮帮, 范必成, 宁丽荣, 刘文宏. TBP 与胺萃取碱性氰化物中的金[J]. 贵金属, 2004, 25(4): 6 – 11

[30] 朱利亚, 陈景, 金亚秋, 潘学军. 从碱性氰化液中加添加剂萃取金[J]. 中国有色金属学报, 1996, 6(增刊 2): 229 – 232

[31] 陈景, 黄昆. 溶剂萃取从碱性氰化液回收金研究的进展[J]. 贵金属, 1997, 18(增刊): 325 – 332

[32] Chen Jing, Zhu Liya, Jing Yaqiu, et al. Solvent extraction of gold cyanide with Tributy-phosphate and additive added in aqueous phase proceedings [C]. Precious Metals, 1998: 65 – 67

[33] Huang K, Chen J. Solvent extraction of gold (Ⅰ) in mixed alcohol-diluent-surfactant-Au(CN)$_2^-$-System[C]. ISPM'99, Kunming, China, 1999: 283

[34] 杨项军, 陈景, 姜维准, 等. 用硫氰酸钾从季铵盐载金有机相中反萃金的研究[J]. 贵金属, 2002, 23(3): 8 – 12

[35] 李奇伟, 余建民, 陈景. 用硼氢化钠和硫脲从 TBP – CTMAB – $C_{12}H_{26}$ 载金有机相中反萃金的研究[J]. 贵金属, 2002, 23(3): 31 – 34

[36] 李奇伟, 余建民, 陈景. 用 NH_4SCN 从 ROH – CTMAB – $C_{12}H_{26}$ 载金有机相中反萃金[J]. 贵金属, 2003, 24(1): 1 – 4

[37] 李丽娅. 昆明"点金术"创世界记录[N]. 云南信息报. 2001 – 07 – 01

[38] 杨霖. 昆贵所两个项目通过专家论证[N]. 云南政协报. 2002 – 07 – 13, 第 1350 期

[39] 朱萍, 古国榜. 溶剂萃取从酸性溶液中回收钯[J]. 贵金属, 2002, 23(4): 46 – 52

[40] 张维霖, 等. 二正辛基硫醚萃取分离铂钯[J]. 贵金属, 1981, 2(2): 1 – 3

[41] 蔡旭琪. 二异戊基硫醚萃钯分离贵金属[J]. 有色金属(冶炼部分), 1996, 5: 42 – 45

[42] 余建民, 杨正芬, 刘时杰. 二异戊基硫醚萃取分离钯[J]. 贵金属, 1997, 18(4): 45 – 49

[43] 余建民, 刘时杰, 顾华祥. 二异戊基硫醚萃取分离精炼钯半工业试验. 有色金属科学技术进展[M]. 长沙: 中南工业大学出版社, 1998: 503

[44] 徐志广, 古国榜. 亚砜萃取钯铂的研究进展[J]. 贵金属, 2008, 29(1): 46 – 52

[45] 古国榜, 程飞, 张振民, 等. 石油亚砜共萃分离铂钯[A]. 全国第二届溶剂萃取会议论文集 [C]. 北京, 1992: 128 – 130

[46] Gu Guobang, Cheng Fei, Zhang Zhenmin, et al. Semi industrial test on co-extraction separation of Pt and Pd by petroleum sulfoxides [A]. The International Commitee for Solvent Extraction

Chemistry and Technology[C]. Proceedings of ISEC'93, Colorado, 1993: 196

[47] 吴松平, 古国榜. α – 十二烷基四氢噻吩萃钯性能的研究[J]. 有色金属, 2001, 53 (4): 47 – 50

[48] 吴松平, 古国榜. DTMSO 的萃钯机理研究[J]. 贵金属, 2002, 23(2): 16 – 20

[49] 潘路, 古国榜. 合成亚砜萃取分离钯与铂的性能[J]. 湿法冶金, 2004, 23(3): 144 – 146

[50] 徐志广, 古国榜, 刘海洋, 陈柱慧. 合成亚砜萃取分离钯铂的性能研究[J]. 贵金属, 2006, 27(3): 17 – 21

[51] 朱晓文, 王建晨, 宋崇立, 李焕然. 双(正 – 辛基亚磺酰)乙烷 – 乙酸丁酯萃取体系分离富集钯、铂[J]. 贵金属, 2002, 23(1): 1 – 5

[52] 李焕然, 吴青柱, 容庆新. 双(正 – 辛基亚磺酰)乙烷萃取铂的性能和机理[J]. 中山大学学报自然科学版, 1997, 36(2): 77 – 82

[53] 金川镍钴研究所, 上海有机化学研究所. 溶剂萃取分离贵金属扩大试验[R]. 1984

[54] Zhao Jiaqiao, Liu Shijie, Yu Jianmin. New technology of extraction and refining platinum with tertiary amine[A]. Proceedings of the International Conference of Mining and Metallurgy of Complex Nickel Ores[C]. Jinchang, China, 1993: 441

[55] 刘时杰, 余建民, 赵家巧, 等. 连续萃取分离精炼贵金属之新工艺实践[J]. 贵金属, 1995, 16(2): 1 – 7

[56] 赵家巧, 刘时杰, 余建民. 叔胺萃取分离精炼铂的新工艺[J]. 贵金属, 1995, 16(4): 19

[57] 余建民、刘时杰. 胺类萃取剂在贵金属溶剂萃取中的应用[J]. 贵金属, 1996, 17(1): 51

[58] 蔡旭琪. 从氯化液及锇钌蒸残液中萃取分离铂的研究[J]. 有色金属(冶炼部分), 1993, 2 (3): 1 – 4

[59] 赵家巧, 等. 叔胺萃铂过程中铱的分离[A]. 中国有色金属学会贵金属学术委员会. 首届全国贵金属学术研讨会论文集[C]. 贵金属, 昆明, 1997, 18(增刊): 251 – 255

[60] Wilson R, et. al. Anal. Chem. 1961, 33: 1650 – 1652

[61] 陈丁文, 董守安, 李楷中, 等. 盐酸介质中 Ir(IV)氯水合配合物的萃取行为研究[J]. 贵金属, 2001, 22(3): 1 – 7

[62] 陈丁文, 董守安, 李楷中, 等. 盐酸介质中 Ir(III)氯水合配合物的萃取行为[J]. 贵金属, 2001, 22(4): 23 – 27

[63] 余建民. 关于铑铱的富集分离[J]. 贵金属, 1993, 14(2): 59 – 62

[64] 曹九蓉, 张维霖, 阮孟玲. 溶剂萃取分离铑铱的新方法[J]. 贵金属, 1981, 2(3): 1 – 5

[65] 张维霖, 曹九蓉, 阮孟玲, 宋焕云. 从富铑铱溶液中用工业烷基氧化膦萃取分离铑铱[R]. 昆明贵金属研究所科技档案, 1980

[66] 陈景, 崔宁. 从金川粗氯铑酸制取纯金属铑的工艺研究[R]. 鉴定材料之一, 昆明贵金属研究所科技档案, 1985

[67] 本报记者, 本报通讯员. 昆明贵金属研究所研究员陈景当选工程院院士[N]. 云南日报, 1997 年 12 月 9 日头版

[68] 陈景等. 中国专利. 申请号: 90108932. X[P]

[69] 张经华. 中国人的元素周期表[M]. 北京: 化学工业出版社, 2010

[70] 杨正芬，赵家巧，刘时杰，余建民，等．溶剂萃取分离铑铱工艺研究报告[R].昆明贵金属研究所科技档案,1992

[71] 杨正芬，赵家巧，刘时杰，余建民，等．从贵金属溶液中萃取分离铑铱新工艺半工业试验报告[R].昆明贵金属研究所科技档案,1993

[72] Seyed N Ashrafizadeh. Progress towards the development of a solvent extraction process for the refining of rhodium[C]. IPMI,Precious Metals. 1996

[73] Alam M S,Inoue K. Extraction of rhodium from other platinum group metals with kelex100 from chloride media containing tin[J]. Hydrometallurgy, 1997, 46：373

[74] Vinka Druskovic, Vlasta Vojkovic. Extraction of ruthenium and its separation from rhodium and palladium with 4 - pyridone deriatives[J]. Croat. Chem. Acta, 2005, 78(4)：617－626

[75] Barnes J E, Edwards J D. Solvent extraction at Inco's Acton precious metal refinery[J]. Chem. Ind. 1982,5：151－155

[76] 张维霖，等．二正辛基硫醚萃取分离铂钯[J].贵金属，1981, 2(2)：1－4

[77] 曹玖蓉，张维霖，等．溶剂萃取分离铑铱的新方法[J].贵金属，1981,2(3)：1－4

[78] 吴冠民，蔡旭琪.TBP 萃金工艺的研究[J].贵金属，1981, 2(3)：14

[79] 张维霖，赵家巧，周莉影.金的新萃取剂－2－乙基己基－乙基醚[J].贵金属，1988, 4(3)：9－11

[80] 蔡旭琪.从氯化液及锇钌蒸残液中萃取分离铂的研究[J].有色金属(冶炼部分)，1993, 2(3)：1－4

[81] 余建民、顾华祥、杨正芬，等.贵金属全萃取分离工艺的研究与开发//溶剂萃取新进展[M].广州：暨南大学出版社，1998：187

[82] 刘漠禧，等.二丁基卡必醇萃取法提金的工业实践[J].矿冶工程，1995, 15(2)，37

[83] 陈景，等.贵金属氯络离子与硫化钠的两种反应机理及应用[J].有色金属，1980, (4)：39－46

[84] 陈景.硫化钠法分离贵贱金属.从二次铜镍合金提取贵金属新工艺工业试验报告[R].实验室研究报告综述.昆明贵金属研究所科技档案，1982 年 10 月

[85] 陈景，崔宁，等．硫化钠分离贵贱金属的效果及学术意义[J].贵金属，1985, 1：7－13

[86] 陈景.铂、钯、金、铑、铱的分离及提纯.从二次铜镍合金提取贵金属新工艺工业试验报告[R].分离提纯工段的试验情况.昆明贵金属研究所科技档案，1982 年 10 月

[87] 昆明贵金属研究所．金川锇钌蒸残液全萃取分离精炼工艺实验室研究及验证试验报告[R].昆明贵金属研究所,1992

[88] 钱东强，刘时杰．低品位贵金属物料的富集活化溶解．中国，ZL95 106124.0[P]，1995

[89] 刘时杰，余建民，杨正芬，赵家巧，顾华祥.国家"八五"科技攻关专题研究报告：从高浓度贵金属料液中连续萃取分离贵金属全工艺扩大试验报告(85－103－04－01)[R].昆明贵金属研究所,1994

[90] 王祥云，王毅，周维金，刘新启，张素英，那冬梅.一种分离提纯贵金属的方法．中国，CN1049695C[P]，2000－02－23

[91] 徐致钢.从含铂族金属矿石中提取铂族金属的工艺.中国，CN1749421[P]，2006－03－22

[92] 王永录,刘正华. 金银及铂族金属再生回收[M]. 长沙:中南大学出版社,2005:211-223

[93] Chen Jing, Xie Mingjin, Chen Yiran. Recovering platinum group metals from collector materials obtained by plasma fusion[C]. Proceedings of 4th International Symposium on Asian resources Recycling Technology. Kunming:1997,148-151

[94] 邓德国,陈景,等. 国家重点工业性试验项目可行性研究报告[R]. 昆明贵金属研究所科技档案,1998

[95] 国家计委计高技(1998):1657号文."国家重点工业性试验项目——从汽车废催化剂中回收铂族金属可行性研究报告"的批复

[96] 杨丙雨,马凤莉. 盐析萃取在贵金属分析中的研究和应用[J]. 贵金属,2009,30(2):57-63

[97] 吴瑾光,高宏成,陈滇,等. 萃取剂有机相中微乳液的形成及其对萃取机理的影响[J]. 中国科学,1981,1:52

[98] 沈玉华,王笃金,吴瑾光. 萃取有机相中凝胶态的形成与FT-IR光谱[J]. 科学通报,1997,42(1):37

[99] 焦杰英,姜建准,高宏成. 关于中性磷类萃取体系微乳现象的研究[J]. 北京大学学报(自然科学版),1999,35(6):745

[100] 编委会. 贵金属生产技术实用手册(下册)[M]. 北京:冶金工业出版社,2011:206-207

[101] 王靖芳,冯彦琳,窦丽珠. N503为载体的乳状液膜提取Pd(Ⅱ)的研究[J]. 稀有金属,2001,25(1):68-70

[102] 李华昌,周春山,符斌. 液膜分离技术及其在铂族金属分离中的应用[J]. 黄金,2001,22(2):40-43

[103] 李玉萍,王献科. 液膜法提取高纯钯[J]. 有色金属与稀土应用,2003,(4):36-40

[104] 漆贯荣,王蒲凤,周绍详,等. 理科最新常用数据手册[M]. 西安:陕西人民出版社,1983:757-759

[105] 石油化学工业部化工设计院. 污染环境的工业有害物[M]. 北京:石油化学工业出版社,1976,11:291-302

第10章　离子交换及固－液萃取

液－液溶剂萃取(第9章)的优点很多,如:有机相萃取容量大,选择性好,搅拌下传质及平衡速度快,有机相容易再生等,已在世界最主要的几个铂族金属精炼厂使用了二、三十年。但其缺点也很明显,如:全过程级数多,比较复杂;使用的有机和无机化学试剂种类多、数量大;基建及防腐设备投资大;有机相乳化和分相难的问题很难避免;大量有机相储备、使用和周转过程中,萃取剂、稀释剂的挥发会造成严重的劳动安全和环境污染隐患等。

将萃取剂固化,将液－液间提取金属的过程,转化在固－液界面上进行(即用固态有机化合物,从溶液中提取或分离贵金属),是克服上述缺点的重要方向和途径。在这个学科领域先后开发过很多技术。如:普通的离子交换树脂吸附,萃淋树脂吸附－分步淋洗,固－液萃取(Superlig®树脂选择性吸萃)和盐析萃取,有机膜渗析分离等。

普通的阴、阳离子交换树脂,其研究及应用比溶剂萃取技术还早。对溶液中共存的阴、阳离子能使用对应的树脂选择性吸附分离。但对贵金属配阴离子组或贱金属阳离子组,不能选择性吸附,也很难选择性淋洗(解吸)。此外还有交换传质速度慢,效率较低,吸附容量较小,树脂用量大等缺点。

萃淋树脂吸附－分步淋洗和固体Superlig®树脂萃取剂选择性吸萃,是液－液萃取和普通离子交换两项技术扬长避短,交叉结合发展的新技术。前者在贵金属分析化学中的应用研究非常活跃,在贵金属富集、分离中也有应用前景。而Superlig®树脂选择性吸萃已在贵金属冶金中成功应用。

它们的共同特点是:①吸萃铂族金属配阴离子的功能基团,是嫁接在特定载体骨架上,类似于萃取剂的有机化合物;②与离子交换一样,萃淋树脂或固态萃取剂填充在吸附柱中,含铂族金属配阴离子的溶液流过吸附柱完成吸萃交换;③萃淋树脂或固态萃取剂上吸萃铂族金属配阴离子形成的有机配合物,能用其他试剂有效解吸;④吸附柱能有效再生复用。

二者的差别是:①萃淋树脂吸萃过程的选择性不是重要指标,吸萃多种贵金属配离子后,用不同性质的淋洗液分段选择性淋洗,达到分离和富集贵金属的目的;②Superlig®树脂则将贵金属的选择性分离放在吸萃阶段。用嫁接了不同萃取剂分子的树脂,选择性吸萃不同的贵金属配阴离子,然后用无机试剂有效解吸富集,树脂用简单方法再生后循环复用。其过程类似于选择性萃取－反萃－有机相再生。这两项技术具有设备简单封闭，工艺操作方便，贵金属分离效果好，避免了易挥发性有机化合物对环境的污染等优点。

两项技术在贵金属冶金中拓展应用，各项技术经济指标的改善和提升，都表明贵金属分离技术的发展进入了新阶段，有了新的技术进步。

"萃淋树脂"的名称及其含义和特点在学术界已比较明确和通用。Superlig®树脂选择性吸萃技术，国外学者称为"分子识别技术"。作者认为，其名称尚待商榷。根据过程的实质和特点，称为"固－液萃取"比较贴切（详见 10.3），本书中使用这个名称。

溶剂萃取、离子交换、固－液吸萃、选择性沉淀等广泛应用的湿法冶金技术，都是冶金学科与无机化学、有机化学和配合物化学等学科交叉结合产生的实用技术。作者在研究工作中体会到，这些冶金技术的发展过程，尤其与分析化学技术的发展有密切的关系。一方面，分析检测方法的研究和确立是先进冶金技术发展的基础条件之一。另一方面，化学分析家在研究高效的化学分析方法或化学－仪器分析方法，测定物料中贵金属品位或浓度时，涉及贵贱金属分离或贵金属相互分离的许多技术问题，与贵金属湿法冶金技术研究中遇到的问题相似，在理论基础和技术原理方面有紧密的亲缘关系。研究这些问题常常是分析化学家先行一步，将其发展为标准的分析检测方法。二者的差别是，冶金学家除研究或吸取相关基础理论和技术原理外，还需解决装备、安全环保、形成完整高效的工艺流程、能达到稳定且较高的技术经济指标等工程技术问题，最终实现产业化应用。目前溶剂萃取、离子交换、固－液吸萃等已发展为成熟的湿法冶金技术。但萃淋树脂、盐析萃取技术方面的研究，仍主要集中在化学分析领域，仅介绍相关的原理及在化学分析方法研究中积累的经验，希望为冶金工作者将其转化发展为实用冶金技术，提供有价值的启发和借鉴。

10.1 普通离子交换树脂

10.1.1 普通离子交换树脂的分类及特点[1]

离子交换树脂是人工合成的、在酸碱水溶液中有一定稳定性、但有一定溶胀度、具有活性交换基团的有机高分子聚合物。通常以粒度为 0.3 ~ 1.2 mm，密度为 1.1 ~ 1.3 g/cm³ 的均匀球形颗粒应用。它由苯乙烯系、丙烯酸系、酚醛系、环氧系、乙烯吡啶系、脲醛系、氯乙烯系等类有机化合物构成惰性骨架，通过交联剂（多为二乙烯苯－DVB）和致孔剂（如汽油）成型，并引入活性功能基团而具有离子交换性能。

按引入的活性功能基团的性质主要分为 3 类：含—SO₃H、—COOH、—PO₃H₂

等活性基团的称为阳离子交换树脂；含—NR_3、—NR_2 活性基团的称为阴离子交换树脂；含—$N(CH_2COOH)_2$、硫脲(H_2N—CS—NH_2) 等活性基团的称为螯合树脂。功能基团(其中有可交换的活性离子)牢牢地结合在惰性骨架上。树脂平时呈电中性，发生交换反应时其中的活性离子发生定向移动，并主要依靠静电引力与其他离子进行等当量地交换。阳离子交换树脂的活性离子是 Na^+、H^+ 等，阴离子交换树脂的活性离子是 Cl^-、OH^- 等，据此将树脂分别简称为钠型、氢型、氯型和氢氧(羟)型，分别简写为 RNa、RH、RCl 和 ROH (R 表示树脂的惰性骨架和固定功能基团)。树脂的骨架材料是惰性和疏水性的，但引入的功能基团是亲水性的，因此接触水溶液后树脂会溶胀，产生很大的张力，在树脂装填、使用中需特别注意防止容器胀裂。

离子交换树脂具有三维多孔网状结构，每个颗粒都有大量微孔搭载活性基团，增加活性离子的交换通道和比表面积。主要有大孔和凝胶两类，大孔结构树脂由有机物微粒($0.3 \sim 0.5$ μm)交联堆积而成，因此比较坚固，在微粒之间形成孔道，在干燥状态下也有孔道。凝胶树脂基本上是均质、连续的交联凝胶，仅有聚合体链之间的分子间隙，且在溶胀时才出现孔隙。

树脂的简明编号规则由分类号、骨架号和顺序号 3 位数字组成，有时在 3 位数后加连接符号 X 表示交联度，X 后的数字是交联度的百分数。在数字之前加 D 表示树脂是大孔径型，加 JK 表示均孔径型，不加任何字母的为凝胶型。对应数字的具体含义列于表 10 – 1。如树脂型号为 D201X7，则表示该树脂属大孔径(D)，交联度为 7% 的强碱性(2)苯乙烯系骨架(0)的 1 号阴离子交换树脂。在实际工作中按这个规定可很容易地鉴别树脂的类型和特点。

表 10 – 1　树脂编号的具体含义

编　号	0	1	2	3	4	5	6
功能团性质	强酸性	弱酸性	强碱性	弱碱性	螯合性	两性	氧化还原性
骨架性质	苯乙烯系	丙烯酸系	酚醛系	环氧系	乙烯吡啶系	脲醛系	氯乙烯系

贵金属冶金中常用的树脂及特点是：

强酸性树脂：含有磺酸活性基团—SO_3H，适用于 pH 1 ~ 14。

弱酸性树脂：含有膦酸基—PO_3H_2 或羧酸基—COOH，适用于 pH 6 ~ 14。

强碱性树脂：含有三甲基胺(Ⅰ 型)—$N^+(CH_3)_3$ 或二甲基乙醇胺(Ⅱ 型) —$N^+(CH_3)_2C_2H_4OH$，适用于 pH 1 ~ 12。

弱碱性树脂：含有伯氨基—NH_2 或仲氨基—NHR 或叔氨基—NR_2(R 表示烷

基），适用于 pH 0 ~ 7。

螯合树脂：含有胺羧基—CH_2—$N(CH_2COOH)_2$或硫脲 H_2N—CS—NH_2。

树脂牌号很多，铂族金属冶金中已经应用和可选择应用的普通树脂特点及牌号列于表 10 – 2。

表 10 – 2　常用的普通离子交换树脂

名称	活性基团	牌号	交换容量[①]	对照牌号
强酸性苯乙烯系阳树脂	—SO_3^-	001 ×4 001 ×7	4.5 4.2	Amberlite IR – 118 （或 Dowex 50 ×4）
弱酸性丙烯酸系阳树脂	—COOH、 —PO_3H_3			
强碱性季胺 I 型苯乙烯系阴树脂	—$N^+(CH_3)_3$	201 ×4 201 ×7	3.6 3.0 ~ 3.2	Amberlite IRA – 401 （或 Dowex 1 ×4） Amberlite IRA – 400
弱碱性苯乙烯系阴树脂	—NR_2,—NH_2, =NHR	303 ×2	5.0	Amberlite IR – 45
弱碱性环氧系阴树脂	—NH_2,=NHR – NR_2	331	9.0	Duolite A – 30B
强碱性均孔季胺 I 型阴树脂	—$N^+(CH_3)_3$	JK208	3.3	Amberlite IRA – 400
强碱性大孔季胺 I 型苯乙烯系阴树脂	—$N^+(CH_3)_3$	D201	3.0 ~ 3.6	Amberlite IRA – 900

注：①交换容量单位 mg/g 干树脂。

离子交换树脂的特性参数主要有含水量、密度、粒度、孔隙度、溶胀度、交换容量、交换选择性、树脂稳定性等。一般的交换过程包括交换吸附和淋洗解吸，即交换树脂与水溶液接触后使欲提取的金属离子吸附在树脂上，与其他不被吸附的金属离子分离，再用另一种溶液与负载金属离子的树脂接触，使被吸附的金属离子解吸并重新进入溶液中。

离子交换树脂的交换能力用交换容量衡量，实际应用中通过实验测定其工作容量，习惯称为树脂的饱和容量。工业应用的离子交换树脂应具有足够高的交换容量和交换速度、有一定选择性、容易淋洗解吸、经久耐用、不易中毒或中毒后容易再生处理等特点。

10.1.2　离子交换机理

铂族金属冶金中主要用离子交换树脂从稀溶液或废液中吸附提取微量的贵金属或分离贵、贱金属。即：酸性交换树脂中的 H^+、Na^+ 等阳离子与水相中的贱金

属阳离子 Me^{n+} 交换,使贱金属吸附在树脂上与水相中的贵金属配阴离子分离;或碱性交换树脂中的 Cl^-、OH^- 等阴离子与水相中的贵金属配阴离子 $[MeCl_a]^{b-}$ 交换,使贵金属吸附在树脂上与水相中的贱金属阳离子分离。但实际应用中发现,铂族金属配阴离子交换吸附的机理要复杂得多,除活性离子 Cl^-、OH^- 与配阴离子交换外,树脂上的活性基团也可能与配阴离子的配位基发生反应,使铂族金属牢牢地吸附在树脂上,与树脂功能基团生成的化合物很稳定,淋洗解吸非常困难,常需焚烧树脂才能进一步提取铂族金属,使其大规模应用受到极大限制。

　　树脂对金属的交换吸附容量是有限的,用绘制吸附等温线(如图 10 - 1 所示)的方法确定。它表示被吸附金属在树脂中浓度与液相中浓度的平衡分配关系。在液相中金属离子浓度很低时,平衡关系呈正比直线(OA 段),随液相中金属离子浓度的增加,树脂中金属离子浓度也相应提高(AB 段),液相中金属离子浓度再增加时,树脂中金属离子浓度达最大恒定值(BD 段),这个浓度就是树脂的饱和容量。

　　溶剂萃取用"萃取体系"区分各种萃取过程的特点。同理,也用"交换体系"区分各种离子交换过程的特点。

　　交换体系包括树脂的型号和特点、水相成分和性质、交换操作的条件等。交换树脂的饱和容量随交换体系不同而不同,实际应用的操作容量比饱和容量低。

　　除交换容量外,衡量树脂对金属离子交换吸附能力的另一个参数是分配系数,用 D_A^O 表示,即交换平衡时金属离子在树脂中浓度和水相中浓度的比值,即 $D_A^O = [Me]_O / [Me]_A$。树脂对水相中 A、B 两种金属交换吸附的选择

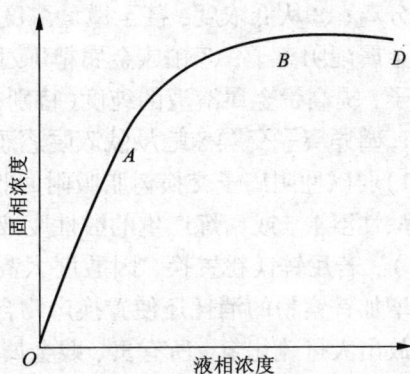

图 10 - 1　吸附等温线

性也用分离因数 β(或 K_d)表示,它是两种金属吸附平衡时分配系数的比值,即 $\beta = D_A / D_B$。$\beta > 1$ 或 $\beta < 1$ 分别表示树脂对 A 金属或 B 金属优先吸附,$\beta = 1$ 表示没有选择性,A、B 同时吸附。

　　一般的交换过程是将树脂填充在垂直的树脂柱中,水相溶液自上而下流过树脂柱发生交换,控制水相流速保证足够的接触交换时间,交换效率较低速度较慢。将树脂与水溶液混合搅拌交换后滤出树脂,可以提高交换速度。

　　交换吸附的速度受制于四个因素:水相的对流扩散速度;水相中金属离子通过树脂颗粒表面的滞留液膜扩散到树脂表面的速度;金属离子向树脂颗粒内部孔道中扩散的速度;与树脂活性离子交换并吸附在树脂上的速度。显然,这种液 －

固相交换吸附过程的速度比液 – 液相溶剂萃取过程的速度要慢。

10.1.3 应用

普通离子交换树脂在实际应用中的主要特点是：①对料液中两种相反极性的离子，有很高的交换选择性，即阳离子交换树脂只交换吸附阳离子，阴离子交换树脂只交换吸附阴离子。但对同是阳离子或阴离子的多种金属共存溶液，交换的选择性差。树脂中活性基团和活性离子的交换能力越强，选择性越差；②离子交换在固 – 液界面进行，受多相扩散传质过程控制，传质速度慢，效率较低，一般只在不受时间限制的条件下应用；③吸附容量较小，树脂用量大；④阴离子交换树脂的活性功能基团交换贵金属配阴离子后，在树脂上形成的新配合物非常稳定，不易用其他试剂淋洗破坏，多数情况下仍需焚烧树脂后从烧灰中进一步提取贵金属。焚烧时气味难忍，污染环境，增加加工成本。这些缺点使普通离子交换树脂在铂族金属冶金中的应用受到限制，其应用不如溶剂萃取技术广泛，且应用规模较小。

普通离子交换技术在铂族金属冶金中的应用，主要有 3 个方面：①进行贵贱金属分离；②从低浓度、甚至微量浓度的贵金属废液中，无选择性地吸附回收所有贵金属配阴离子；③铂族金属精炼过程中，用阳离子交换树脂除去微量贱金属阳离子，提高贵金属溶液的纯度（特别在铑精炼中已成为传统方法）。

1. 普通离子交换树脂从低浓度溶液中回收铂族金属

1）弱碱性阴离子交换树脂吸附回收 PGMs。铂族金属冶金中产生含大量贱金属的酸性溶液，或精炼产生的酸性废液中，只含有微量浓度的铂族金属（$10 \sim 100$ mg/L）。若用锌镁粉置换，因酸度太高置换剂消耗大，溶液中的铜一起被置换，不仅增加锌镁粉的消耗还使置换产物含铜很高。若用硫化钠沉淀，也因酸度太高而释放出大量硫化氢，所有贵、贱金属一起转化为硫化物沉淀，达不到选择性回收的目的，用萃取方法回收没有经济合理性。这种溶液可用离子交换吸附，即溶液流过弱碱性阴离子交换树脂柱，无选择性地吸附回收所有微量铂族金属氯配阴离子，流出含贱金属的酸性溶液另外利用。一般吸附回收率 $>90\%$，贵金属的吸附容量约 0.1 g/g 干树脂。树脂多用焚烧后再回收铂族金属，也可用硫脲溶液淋洗。

①铜阳极泥处理工艺中回收铂族金属。处理铜阳极泥分离 Au、Ag 后，会产出一种低浓度铂族金属溶液，成分如表 10 – 3 所示。PGMs 合计浓度 0.432 g/L。Cu、Se 等浓度 33.6 g/L，是 PGMs 的 80 倍。先调控溶液的氧化 – 还原电位 970 ~ 1000 mV（Ag/AgCl 电极），使多数 PGMs 呈 4 价态。用弱碱性聚氨基阴离子交换树脂（Purolite A – 830）吸附铂族金属[2]。

表 10 – 3　低浓度贵金属溶液成分/(g·L⁻¹)

Pt	Pd	Ir	Ru	Rh	Cu	Se	Te	As	Cl⁻
0.047	0.19	0.030	0.14	0.025	7.76	20.5	3.31	1.99	86

该树脂具有多个氨基功能基团，对铂族金属配阴离子有很强的交换吸附能力和高的吸附容量。流过树脂柱的溶液体积为树脂柱容积的倍数(BV 表示)为 1 倍时，铂族金属吸附率即 >99.5% 。19 倍时，Pt、Pd 的吸附率仍超过99% ，34 倍时仍约 90% 。19 倍时 Ir、Ru、Rh 吸附率约 90% ，34 倍时仍达 80% 。Cu、Se、Te、As 的共吸附率随 BV 倍数增高而下降(见表 10 – 4)。显然，吸附段的指标很好，不仅铂族金属的吸附率很高，而且实现了与贱金属的有效分离。

表 10 – 4　不同 BV 倍数流出液的吸附率/%

BV	Pt	Pd	Ir	Ru	Rh	Cu	Se	Te	As
1	99.6	99.9	99.7	99.4	99.6	69.8	83.5	78.2	66.8
2	99.6	99.9	99.7	98.3	98.8	46.8	54.8	52.8	42.3
3	99.6	99.9	99.7	96.9	97.9	32.6	38.2	37.9	30.4
4	99.6	99.9	99.0	95.9	97.4	24.5	28.9	29.1	24.4
6	99.5	99.9	98.1	93.6	95.3	13.9	16.6	17.4	16.9
9	99.4	99.9	96.7	91.5	93.2	9.6	11.1	12.3	13.7
11	99.3	99.9	96.0	89.9	92.0	7.2	8.0	9.2	11.9
14	99.0	99.8	94.9	88.6	90.6	5.8	6.0	7.3	10.8
17	98.5	99.8	94.1	87.5	89.6	5.3	5.1	6.5	10.5
19	98.2	99.7	93.6	86.7	88.9	5.2	4.9	6.2	10.4

树脂用 1 mol/L 浓度 HCl 淋洗共吸附的 Cu、Se、Te、As。BV 用量 1 倍时，基本洗脱。再用水淋洗脱除 HCl。在盐酸及水淋洗液中铂族金属浓度皆 <0.0001 g/L，没有分散损失。

负载树脂用 2.5% 的硫脲水溶液解吸，解吸液用量(BV)14 倍时，解吸率 Pt、Pd >99% ，Ru >80% ，Ir、Rh <10% 。再用 60℃的 6 mol/L HCl 解吸，Ir、Rh 可完全解吸。用两种解吸液可进行 Pt、Pd、Ru 和 Ir、Rh 的粗分。较纯的硫脲解吸液调至碱性，加温沉淀出铂钯钌的硫化物，再分离和精炼。显然，解吸段的结果不好，铂族金属分散在两种解吸液中，不利于后续回收。

②处理贵金属精炼产生的酸性废水[3]。废水成分很复杂，含(g/L)：Cu

0.7 ~ 2.0、Ni 0.3、Fe 0.5、Ca 3.0、Al 1.5，还含 Mg、Zn、Cr。含微量贵金属，Au 0.003 g/L、Pt 0.004 ~ 0.007 g/L、Pd 0.001 ~ 0.096 g/L。用弱碱性苯乙烯阴离子树脂 D301 可几乎完全吸附回收其中的贵金属并与贱金属分离。

2）强碱性阴离子交换吸附 Rh。苯乙烯系阴离子交换树脂（201 × 7）可从 pH = 0 ~ 0.2，含 K^+、Na^+、Ca^{2+}、Mg^{2+}、Al^{3+} 等阳离子的强酸性溶液中，室温下选择性吸附 $RhCl_6^{3-}$，一次吸附率不高（约 45%），但可循环吸附。用 5% 硫脲 + 0.75 mol/L HCl 溶液淋洗的解吸率达 97%[4]。

3）强碱性阴离子交换吸附 PGMs。曾研究用普通的强碱性阴离子离子交换树脂（Amberlite IRA - 400、201 × 7 或 JK208），从不同酸度的混合溶液中交换吸附 PGMs 的分配系数（见表 10 - 5）。

表 10 - 5　不同酸度下铂族金属在 IRA - 400 树脂上的分配系数（D）

[HCl]/(mol·L^{-1})	Pt(Ⅳ)	Ir(Ⅳ)	Pd(Ⅱ)	Rh(Ⅲ)	Ir(Ⅲ)	Ru(Ⅳ)
0.1	44000	186000	45000	15	1050	180
0.5	27000	59000	15000	12	850	88
1.0	20000	32000	4300	10	60	40
4.0	2100	6000	80	0	2	12
8.0	780	3200	75	0	0	4
12.0	400	960	35	0	0	0

表 10 - 5 的数据表明：①所有金属的 D 值都随酸度升高而下降；②Ir(Ⅳ)、Pt(Ⅳ)是一组，在所有酸度范围内的分配系数都很高，即树脂对它们的吸附能力和吸附效率都好；③Pd(Ⅱ)在低酸度下类似 Ir(Ⅳ) 和 Pt(Ⅳ)，有很高的吸附率，但高酸度下的 D 值迅速下降；④Rh(Ⅲ)、Ir(Ⅲ) 及 Ru(Ⅳ)是另一组，在所有酸度范围内的 D 值都较小。

探索过控制溶液酸度，分组粗分铂族金属的几种方案：①若料液中只含铂、钯，则可低酸度下共同吸附，然后用 9 ~ 12 mol/L HCl 选择性解吸 Pd(Ⅱ)，再用 2.4 mol/L $HClO_4$ 溶液解吸 Pt(Ⅳ)，进行铂、钯分离；②若料液中只含铱、钯，先用羟氨还原铱为 Ir(Ⅲ)，低酸度下共同吸附后，先用 2 mol/L HCl 溶液解吸 Ir(Ⅲ)，再用高浓度盐酸溶液解吸 Pd(Ⅱ)实现铱、钯分离；③若料液中含钯、铱、钌、铑，低酸度下共同吸附后，可先用含羟氨的 2 mol/L HCl 溶液解吸 Ir(Ⅲ)、Ru(Ⅳ)、Rh(Ⅲ)，再用高浓度盐酸溶液解吸 Pd(Ⅱ)，含铑、铱、钌的解吸液用硫酸铈或其他氧化剂氧化 Ir(Ⅲ) 为 Ir(Ⅳ) 后再吸附 Ir(Ⅳ)，与 Rh(Ⅲ) 分离；④含所有铂族金属的混合溶液，可先氧化 Ir(Ⅲ) 为 Ir(Ⅳ)，低酸度下吸附 Pt

（Ⅳ）、Pd（Ⅱ）、Ir（Ⅳ）与 Ru（Ⅳ）、Rh（Ⅲ）分离，然后再从树脂上分别解吸分离铂、钯、铱，也可先还原 Ir（Ⅳ）为 Ir（Ⅲ），低酸度下吸附使铂、钯与铑、铱、钌分离，然后再分别解吸铂、钯。

探索的分离方案及揭示的规律在原理上是有价值的。需使用高浓度盐酸溶液，操作条件差。分离指标及从高酸度溶液中衔接精炼等问题研究不充分，离形成实用技术还有较大差距。

4）酸性阳离子交换树脂从碱性溶液中吸附铂、铑的阳离子。如含 NaCl 的碱性镀铂废液，pH≈12.1，含 Pt 约 0.011 g/L，用氢型（RH 型）阳离子交换树脂吸附，铂的吸附率 >99%，吸附容量达 0.2 g/g 干树脂。负载树脂用 2 mol/L HCl 洗涤后用 12 mol/L HCl 解吸，解吸率约 99%。用氢型树脂也可从 pH≈1 的镀铑废液中回收铑，负载树脂用 0.5 mol/L H_2SO_4 溶液解吸，从硫酸解吸液中回收铑。含磺酸活性基团的聚苯乙烯强酸性阳离子交换树脂，可从 $HClO_4$ 溶液中选择性吸附 $[Rh(H_2O)_6]^{3+}$ 与 Pt（Ⅳ）、Ir（Ⅲ）分离，铑的分离回收率可达 99%。

2. 螯合树脂吸附 – 解吸铂族金属

螯合树脂吸附是分析测定痕量元素的重要富集方法[5-6]，螯合试剂种类很多，含氮、硫原子的活性官能团（—SH、—NH_2 等）的螯合剂，如硫脲、罗丹宁、聚硫醚、8 – 氨基喹啉等，都能合成出相应的螯合树脂。承载螯合剂的载体种类很多：如惰性有机聚合物或缩聚物——树脂、聚苯乙烯、含硫聚乙烯醇纤维及聚丙烯腈纤维；无机高分子改性的硅胶——2 – 巯基 – N – 2 萘乙酰胺改性硅胶、5 – 次甲基 – 2 – （2′ – 噻唑）苯甲醚改性硅胶；活性炭布——环己烷 – 1，2 – 二酮二肟活性炭布；改性泡沫塑料；木质素和壳聚糖等。选择载体类型的主要出发点是：材料廉价易得，有利于扩大吸附表面积，加快吸附速度，提高吸附容量和吸附的选择性。

螯合树脂是螯合试剂中的一类。螯合树脂交换吸附铂族金属配阴离子要进行配位基交换形成共价配位键，其吸附能力和效果，除树脂种类、螯合官能团性质的影响外，在很大程度上还取决于铂族金属配阴离子的电子构型、价态和配合物的立体结构。

树脂交换吸附配阴离子的机理与单分子状态试剂的吸附机理相同。大孔聚乙烯乙酰胺、巯基乙酰胺、硫代丙酰胺、丙二酰胺、氨基硫脲等种螯合树脂对铂族金属配阴离子的吸附率都达 97% 以上，对贱金属阳离子都不吸附。有的树脂对吸附不同的铂族金属还有选择性。

1）硫脲型树脂吸附、解吸和富集铂族金属[7]。硫脲及其衍生物是一类重要的化学试剂，在贵金属化学分析及贵金属冶金中有广泛的应用。其中就包括嫁接在树脂或纤维骨架上制备的螯合吸附树脂。硫脲（H_2N—CS—NH_2）分子中有结合能力很强的氮、硫配位原子。还有与氮原子结合，并可被各种取代基（R 或 R′）取代的氢。用芳香基、杂环缩氨基、磺酸基、各种表面活性剂等取代，形成一系列性质不同的衍生物（R—H$_2$N—CS—NH$_2$—R′）。

铂族金属配阴离子具有与硫脲及其衍生物形成多种特殊配合物的性质（见2.7.3、8.4.4）。含硫脲及其衍生物的树脂吸附是一种新的离子交换体系。用硫脲溶液从萃淋树脂或 Superlig$^®$ 负载树脂上解吸，也已成为重要的淋洗方法。

一种称为 Monivex 的硫脲型弱碱性交换树脂 P—CH$_2$—S—C ═（NH$_2$）$_2$—Cl$^-$，活性基团是含活性离子 Cl$^-$ 的硫脲，可从氯化物介质中交换吸附铂族金属的氯配阴离子，与贱金属阳离子分离，吸附反应表示为

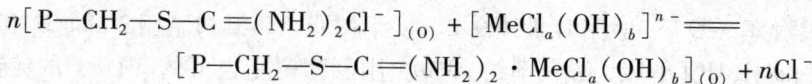

$$n[P—CH_2—S—C ═(NH_2)_2Cl^-]_{(O)} + [MeCl_a(OH)_b]^{n-} ═══$$
$$[P—CH_2—S—C ═(NH_2)_2 · MeCl_a(OH)_b]_{(O)} + nCl^-$$

利用硫脲中性分子 CS（NH$_2$）$_2$ 与铂族金属配位能力更强的特点，用硫脲淋洗解吸，即发生硫脲分子与 Cl$^-$ 配位基交换反应，使铂族金属形成硫脲的配合阳离子，使之从树脂上有效地解吸。反应定性地表示为

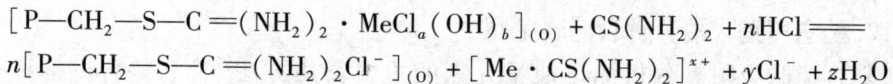

$$[P—CH_2—S—C ═(NH_2)_2 · MeCl_a(OH)_b]_{(O)} + CS(NH_2)_2 + nHCl ═══$$
$$n[P—CH_2—S—C ═(NH_2)_2Cl^-]_{(O)} + [Me · CS(NH_2)_2]^{x+} + yCl^- + zH_2O$$

如针对含 2 mol/L HCl、贱金属浓度较高的贵贱金属混合溶液，室温下用 Monivex 树脂交换吸附铂族金属，所有铂族金属离子的吸附回收率都很高，贱金属残留在尾液中流出，实现铂族金属与贱金属的分离。负载树脂用含 5% CS（NH$_2$）$_2$ +0.5 mol/L HCl 的溶液在 80℃ 解吸，所有铂族金属的解吸率都很高。解吸后树脂用 0.5 mol/L HCl 平衡再生后返回吸附。中间工厂试验获得的平均结果列于表 10 – 6。

表 10 – 6 硫脲型树脂吸附贵金属的各项指标

元　　素	Pt	Pd	Rh + Ir + Os + Ru	PGMs
料液中浓度/(g·m^{-3})	8334	3750	665	12749
尾液中浓度/(g·m^{-3})	0.52	0.16	4.93	5.61
吸附回收率/%	99.92	99.99	97.64	99.96
树脂中金属含量/(g·m^{-3})	71800	35600	4693	112093
解吸后树脂中金属含量/(g·m^{-3})	196	150	283	629
解吸回收率/%	99.7	99.6	94.0	99.43

吸附副铂族金属的时间需稍长。解吸液中加入硫化钠沉淀出铂族金属的硫化物精矿，其中含贱金属很低（g/t）：Cu 80、Ni 13、Fe 36，说明离子交换吸附时贵贱金属的分离效果很好。从高质量、高品位的精矿中进一步分离和精炼铂族金属

有很多方案可供选择。若硫化物精矿含锇钌较高时，先用 $HCl/NaClO_3$ 氧化蒸馏锇钌，再用 HCl/Cl_2 溶解其他铂族金属，从溶液中用溶剂萃取或传统的选择性沉淀法分离和精炼。

又如聚丙烯腈 – 氨基硫脲（PAN – YSC）树脂，对 $IrCl_6^{3-}$、$PdCl_4^{2-}$、$RuCl_6^{2-}$、$RhCl_6^{3-}$ 的吸附容量很高，可分别达：$8417\ mg/g$、$7430\ mg/g$、$239..7\ mg/g$ 和 $82.7\ mg/g$。

在铂族金属提取冶金中，应用硫脲型离子交换树脂从贵贱金属混合溶液中选择性吸附富集贵金属，进行贵贱金属分离，值得深入研究开发。

2）8 – 氨基喹啉螯合树脂。用 8 – 氨基喹啉螯合树脂在不同酸性介质中吸附低浓度铂族金属配阴离子的相对吸附率列于表 10 – 7。

表 10 – 7　8 – 氨基喹啉螯合树脂在不同介质中吸附铂族金属的能力

金属离子	配阴离子状态	吸附率/%		
		HCl (1 mol/L)	H_2SO_4 (0.5 mol/L)	$HClO_4$ (1 mol/L)
Pd(Ⅱ)	$[PdCl_4]^{2-}$	100	100	100
	$[PdBr_4]^{2-}$	100	100	100
Pt(Ⅳ)	$[PtCl_6]^{2-}$	99	80	15
	$[PtCl_5OH]^{2-}$	100	100	28
Pt(Ⅱ)	$[PtCl_3H_2O]^-$、$[PtCl_4]^{2-}$、	100	100	100
	$[PtBr_4]^{2-}$	100	100	85
Rh(Ⅲ)	$[RhCl_6]^{3-}$、$[RhCl_5H_2O]^{2-}$、	10	—	—
	$Rh(H_2O)_3Cl_3$	0	0	0
Ir(Ⅲ)	$[IrCl_5H_2O]^{2-}$	15	15	0

表 10 – 7 中数据是相对百分数，但表明该树脂对铂钯的吸附回收率很高，有将铂、钯和铑、铱选择性吸附分离的可能性。

3）巯基胺型螯合树脂吸附回收废电镀液中的 Au、Pd[8]。在较宽酸度范围内皆有较高的选择性、较高吸附容量和吸附率。如聚乙烯乙酰胺从 pH＝0～3 的 HCl 溶液中选择性吸附 $AuCl_4^-$、$PtCl_6^{2-}$、$IrCl_6^{2-}$、$PdCl_6^{2-}$，贱金属阳离子不被吸附。每克干树脂对 Au、Pd 的吸附容量可分别达 $314\ mg/g$ 和 $82\ mg/g$。可用 5% 硫脲溶液解吸 Au、Pd，但解吸 Pt、Ir 较困难。适用于 Au、Pd 与贱金属的分离。

4）氨基聚苯乙烯树脂吸附 Pd[9]。以聚苯乙烯微粒树脂为骨架，经硝化、还原制备氨基聚苯乙烯树脂，再利用活性氨基引入硫脲交换基制备出橘黄色的螯合树脂。对 Pd(Ⅱ) 有良好的吸附和解吸性能。用该树脂从 HCl 浓度 0.5 mol/L、含

Pd(Ⅱ) 2.3 g/L 的溶液中吸附 Pd，室温下的吸附率 >98%，Cu^{2+}、Zn^{2+}、Fe^{3+} 的吸附量很少。对 Pd 的静态吸附容量达 134 mg/g 干树脂。用 HCl 浓度 1.0 mol/L、含硫脲 3% 的溶液淋洗，Pd 的解吸率 >93%。

5）P951 树脂吸附 Pt。P951 是核工业部北京化工冶金研究院合成的树脂产品。从 pH=1 的 HCl 溶液中定量吸附 $PtCl_6^{2-}$，与 Cu^{2+}、Ni^{2+}、Fe^{2+}、Pb^{2+} 等分离。用 20% $HClO_4$ 溶液可完全解吸。

3. 还原性树脂

树脂的活性基团中含有强还原性的 BH_3^+ 活性离子，交换的同时可使氧化 - 还原电位较高的贵金属和部分贱金属还原吸附在树脂上。可用稀碱液或稀氨水淋洗树脂脱除贱金属，再用含甲醛的稀酸溶液洗去未反应的 BH_3^+，树脂焚烧后从烧灰中进一步提取和精炼。还原性树脂贵金属的吸附容量（g/g 干树脂）较高，如：K_2PtCl_6 为 0.9~1.0，K_2PtCl_4 为 1.8~2.0，$PdCl_2$ 为 0.9~1.0，$HAuCl_4$ 为 1.1~1.2。

10.2 萃淋树脂吸附 - 淋洗分离贵金属

萃淋树脂也称浸渍树脂（Levetrel 树脂），是将液态萃取剂吸附嫁接或固化到多孔惰性有机聚合物基体材料或硅基基体材料的孔隙中制备的一种新功能材料，其实质是一种"固态萃取剂"。研究该类树脂希望发挥的最大功能，是能有效地分步淋洗解吸，达到贵贱金属分离或贵金属相互分离、富集的目的。该类树脂的应用是从一个高灵敏度检测多种贵金属元素的方法——液相色谱（HPLC）- 分光光度法起步的[10]。应用萃淋树脂（萃取色谱）预先分离贵金属是其中的重要步骤[11]。萃淋树脂兼有普通离子交换树脂和液 - 液萃取的优点，既保持了离子交换使用方便、柱负载量大、传质较快的动力学特征，同时减少了有机溶剂的使用种类及数量，降低了萃取剂的流失（提高了使用效率），从而减轻了液 - 液萃取过程的环境污染。

化学家制备萃淋树脂有两种方法：①以大孔树脂浸渍各种萃取剂制备溶剂浸渍树脂（Solvent-Impregnated Resins，SIRs），制备方法简单方便，选择萃取剂及载体灵活，并可简单地控制官能团的数量；②用选择的萃取剂直接参与聚合合成出特殊功能的萃淋树脂，使萃取剂在制备的萃淋树脂中，直接固定在适宜的载体上，以均匀的薄层甚至以单分子层分布在树脂孔隙的表面，可使金属离子均匀地吸附在整个树脂粒中。

对萃淋树脂的研究涉及很多方面。①基体（载体）材料：研究的基体材料种类很多，如聚苯乙烯 - 二乙烯苯（AmberliteXAD）、聚丙烯酸酯、聚三氟氯乙烯、聚四氟乙烯、聚氨酯泡沫塑料等有机聚合物，硅胶、烷基硅化物等无机聚合物及黏土、沸石等天然材料；②活性基团：嫁接吸附在基体材料上，起交换萃取（吸萃）

功能的活性基团，曾选择了很多有一定选择性且应用成熟的萃取剂。如胺类（TOA，Alamine336），膦类（TBP、P_{204}、TOPO），硫醚或亚砜等；③负载方法：在基体材料上直接浸渍吸附在多孔性惰性骨架上，或与苯乙烯、二苯乙烯、致孔剂混合后固化聚合成粒状树脂；④淋洗解吸剂的性质及解吸方法：希望能像反萃一样用不同的试剂将吸萃的金属有效地淋洗解吸；⑤树脂的再生循环复用性能和方法。其重点是增强稳定性及良好的再生性，降低循环使用过程中萃取剂的流失量，延长循环使用寿命。

在研究应用的萃淋树脂中，载体以有机聚合物为主。硅质载体的应用发展很快，早期开发的某些硅质载体上键合的功能基团，仅具备吸附剂功能（参见8.4.5），交换吸附后较难有效淋洗。近几年开发的 Superlig® 树脂则形成了固－液萃取－淋洗技术，实现了重大技术进步。

10.2.1　简单体系的吸萃－解吸

从含单一贵金属或多种贵金属、大体积低浓度溶液中，用萃淋树脂提取或分离贵金属，从 20 世纪 80 年代开始，中国的化学家就开展了大量研究。文献[12]对早期的研发情况作了介绍。近期[13-14]又有新的评述。早期的研究虽在应用方面未能跨出重大的步伐，但探索和确认了原理，揭示了一些规律，为该技术的发展积累了经验，奠定了基础。

1. 从含单一或两种贵金属的溶液中萃淋提取或分离

早期研究的实例如：①含 TOA 的 AmberliteXAD－4 萃淋树脂吸萃 Pd(Ⅱ)，用稀氨水解吸；②含 N_{235} 的萃淋树脂吸萃 Pt(Ⅳ)，在树脂中 N_{235} 含量 10% ~ 45%，料液盐酸浓度 1 ~ 8 mol/L，NaCl 10 ~ 60 g/L，Pt 约 2 g/L 条件下，Pt 吸萃率 >99%，吸附容量 > 32 mg/g 干树脂。用 2% NaOH 溶液解吸，洗脱率 >98%；③将四氟乙烯粉浸泡在含 N_{235} 的氯仿溶液中，挥发氯仿制备的萃淋树脂共吸萃 Pt(Ⅳ)、Rh(Ⅲ) 后，用不同 $V_{HCl} : V_{HNO_3}$ 比和浓度的王水分步解吸；④Amberlite IRA－100(NH_4^+)树脂，从含 Pd(Ⅱ)、Ir(Ⅳ) 共存的氨水溶液中选择性吸附 [Pd(NH_3)_4]^{2+}，Ir 留于水相。用 1 mol/L HCl 解吸 Pd；⑤用含三烷基氧化膦萃淋树脂(CL－TRPO)，从含氯气氧化过的盐酸介质中吸萃 Ir(Ⅳ)，Rh(Ⅲ) 留于水相，分离效果比用 TRPO 有机相萃取好。

2. 从含大量贱金属的溶液中萃淋提取少量贵金属

早期研究的实例：①从含大量贱金属 Zn(Ⅱ)、Cu(Ⅱ)、Fe(Ⅲ) 及少量 Pd(Ⅱ)的溶液中，用含伯胺 N_{1923} 的萃淋树脂以离子缔合机理，生成电中性萃合物——[2RNH_3^+ · PdCl_4^{2-}] 吸萃 Pd(Ⅱ)，贱金属都不吸萃。然后用 0.05 mol/L 硫脲 + 0.5 mol/L HCl 溶液解吸提取 Pd，可实现 Pd 与贱金属的有效分离；②从含大量 Cu^{2+}、Ni^{2+}、Co^{2+}、Ai^{3+}、Mg^{2+}、Zn^{2+} 等离子，含 Pd(Ⅱ) 1 g/L，pH = 1 ~ 5

的溶液中，用聚酰胺树脂选择性吸萃 Pd，吸附机理以物理吸附为主[15]。聚酰胺是市售粉粒，粒径 0.3~0.9 mm，经乙醇浸泡后再用水洗净乙醇，用 0.5% 硫脲酸性溶液活化再用水洗至中性，低温烘干。Pd 的吸附回收率约 97%，饱和吸附容量 18.2 mg/g 干树脂。贱金属不吸萃，可实现 Pd 与贱金属的有效分离。用 0.5 mol/L HCl + 5% 硫脲溶液可快速洗脱 Pd，洗脱率 > 98%；③从含 Pd(Ⅱ)、Pt(Ⅳ)、Rh(Ⅲ)、Cu(Ⅱ)、Fe(Ⅲ) 的混合溶液中，用含二-(2-乙基己基)硫代磷酸酯(DEHTPA)的 AmberliteXAD-2 萃淋树脂，可选择性吸萃 Pd(Ⅱ)。除少量 Cu 共吸外，其他金属都不吸萃。用含硫脲的 1 mol/L HCl 溶液解吸 Pd；④从含 Au(Ⅲ)、Pd(Ⅱ) 及贱金属的混合溶液中，用基体为聚苯乙烯-二乙烯苯，含二异戊基硫醚(S_{201})，含石油亚砜(PSO)-磷酸三丁酯(TBP) 或 PSO-N_{503} 等三种萃淋树脂，选择性吸萃 Au、Pd，而不吸萃贱金属。前者对 Au 的吸附容量可达 410~523 mg/g 干树脂。用 0.5% 浓度的硫脲溶液可定量洗脱 Au、Pd；⑤从含 Au(Ⅰ)、Pd(Ⅱ)、Pt(Ⅳ) 的盐酸溶液中，用大孔聚苯乙烯树脂浸渍聚硫醚低聚物(如聚环硫丙烷)制备的萃淋树脂吸萃[16]。与硫醚液-液萃取相比，试剂无臭，水中溶解损失小，吸萃率及树脂吸附容量高，易解吸。

李海梅[17] 综合介绍了用胺类萃取剂(N_{1923}、N_{235}、N_{263})、酰胺类萃取剂(N_{503})、膦类萃取剂(TBP、P_{350}、TPPO)、硫醚(S_{201})、醇类(DBC) 等各种萃取剂浸渍的萃淋树脂，从含 $AuCl_4^-$ 的溶液中吸萃-淋洗 Au，多数都有很好的效果，吸附率 > 99%。各类萃淋树脂吸萃的饱和容量(mg Au/g 干树脂)分别可达：N_{235} 萃淋树脂 860，N_{263} > 200，S_{201} 约 500，P_{350} 约 100。多数负载树脂都可用酸性(1 mol/L)稀硫脲(约 2%)溶液洗脱，解吸率 > 99%。

用市售吐温(Tween)80-$(NH_4)_2SO_4$-H_2O 固液体系[18]，从含少量 Pt(Ⅳ)、Pd(Ⅱ)、Ir(Ⅳ)、Rh(Ⅲ) 的及含大量贱金属、碘化铵(NH_4I)浓度 0.2 mol/L、HCl 浓度 1.2 mol/L 溶液中，室温震荡 3 min，贵金属碘配阴离子被选择性吸萃进入吐温 80 固相，回收率(%)达 Pt 98.8、Pd 98.1、Ir 96.8，Rh 的回收率偏低(47.6%)。贱金属几乎全部留于盐水相。该方法处理不含 Rh 的贵贱金属混合溶液，可实现贵贱金属的快速有效分离。

3. 从贵金属共存溶液中萃淋粗分[19-20]

早期研究的实例，如：①从含 Rh(Ⅲ) 为主，Pt(Ⅳ)、Pd(Ⅱ)、Ir(Ⅳ) 少量，预先氧化过的溶液中，用聚三氟氯乙烯载体吸附 N_{263} 的萃淋树脂，共吸萃 Pt、Pd、Ir，而 Rh 留于水相。用 2% 浓度的抗坏血酸溶液还原淋洗 Ir，再用 0.5% 和 5% 的硫脲溶液分别淋洗 Pd 和 Pt，可实现 4 种元素的基本分离；②从含 Pt(Ⅳ)、Pd(Ⅱ)、Rh(Ⅲ) 的氯化物溶液中，用含三烷基胺(Alamine336)的 AmberliteXAD-2 萃淋树脂，共吸萃 Pt、Pd，Rh 留于水相，使三金属分离。缺点是 Pt(Ⅳ) 与

Alamine336 形成的萃合物非常稳定，即使用浓盐酸和强氧化剂 $HClO_4$ 也难从树脂中完全解吸；③从含 Au(Ⅲ)、Pt(Ⅳ)、Pd(Ⅱ)，HCl 浓度 1 mol/L 的氯化物溶液中，用含 TOA 的萃淋树脂可共吸萃 3 种金属，形成 $MeCl_x^{y-} \cdot y[TOAH]^+$ 配合物，用 4 – 甲基 – 2 – 戊酮洗脱，但无选择性。

10.2.2　从复杂成分料液中吸萃 – 解吸分离贵金属

李华昌[21]的研究工作，在萃淋树脂应用方面获得了新的进展。他用液相色谱法原理，制定了从复杂成分料液中分离贱金属及贵金属相互分离的工艺方法。即用一种弱碱性苯乙烯系叔胺型阴离子交换树脂吸附 – 分段选择性淋洗，获得单种贵金属富液。拟定的分离流程绘于图 10 – 2。

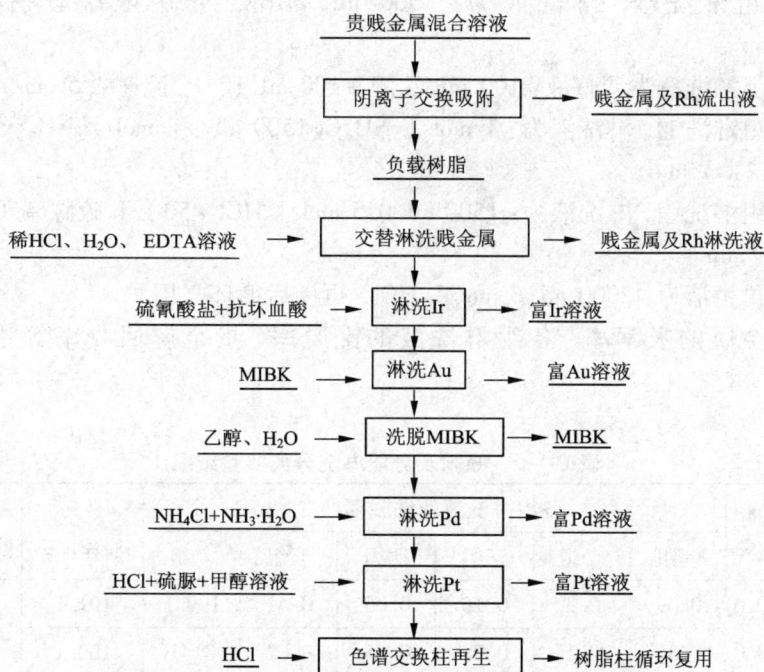

图 10 – 2　萃淋树脂吸萃 – 分段选择性淋洗工艺流程

如针对一种成分复杂的贵贱金属混合溶液(见表 10 – 8)，贵金属浓度仅 0.16 g/L，贵贱金属浓度比高达 1:550。调整 HCl 酸度 3 mol/L 的 0.5 L 溶液，以 15 cm/min 流速，通过装填弱碱性苯乙烯系叔胺型阴离子交换树脂的色谱柱(ϕ40 mm ×600 mm)吸萃，然后用不同的试剂分段淋洗分离贵金属。

表 10 - 8   贵贱金属混合溶液相对成分

成分	Pt	Pd	Ir	Au	Rh	Fe	Co	Ni	Cu	Pb	Zn	As
	mg/L				g/L							
含量	65.2	45.2	13.2	26	12	7.6	1.3	66	14	0.014	0.13	0.04

第一组淋洗液洗脱贱金属和铑，依次为：600 mL 0.3 mol/L HCl，200 mL H_2O，200 mL 0.1 mol/L HCl，200 mL H_2O，400 mL 0.1 mol/L HCl + 1 g/L EDTA，流速 10 cm/min。

第二组淋洗铱，淋洗液为：1500 mL 2.0 mol/L NH_4SCN + 5 g/L 抗坏血酸，流速 6 cm/min。

第三组淋洗金，淋洗液为：1500 mL MIBK（先用浓盐酸平衡），流速 2 cm/min。

第四组淋洗液为调整液：100 mL 乙醇 + 100 mL H_2O，流速 4.5 cm/min。

第五组淋洗钯，淋洗液为：1 mol/L NH_4Cl 1500 mL + 2 mol/L $NH_3 \cdot H_2O$ 200 mL，流速 2 cm/min。

第六组淋洗铂，淋洗液为：1500 mL 0.5 mol/L HCl + 50 g/L 硫脲 + 50% 甲醇，流速 3 cm/min。

树脂再生液为：2000 mL 6 mol/L HCl，再生后循环复用。

各种金属的吸萃率、各组淋洗液的洗脱率、贵金属回收率等指标列于表 10 - 9。

表 10 - 9   吸附及分段淋洗分离实验结果

元素	吸附率/%	各组淋洗液的洗脱率/%						总洗脱率/%	贵金属回收率/%
		一组	二组	三组	四组	五组	六组		
Pt	100.0	0.09	0.3	0.16	0.05	0.41	100.1	101.1	100.9
Pd	100.0	0.30	0.1	0.08	0.05	99.2	0.41	100.1	99.2
Ir	100.0	0.12	99.3	0.38	0.0	0.91	0.22	100.9	99.3
Au	100.0	0.06	0.02	98.4	0.19	0.54	0.66	99.8	98.4
Rh	67.8	95.6	1.17	0.37	0.02	0.78	0.65	98.6	
Fe	78.1	99.1	0.0	0.0	0.0	0.0	0.0	99.1	
Co	46.8	101.8	0.0	0.0	0.0	0.0	0.0	101.7	
Ni	42.5	98.2	0.0	0.0	0.0	0.0	0.0	98.2	

续表 10 – 9

元素	吸附率/%	各组淋洗液的洗脱率/%						总洗脱率/%	贵金属回收率/%
		一组	二组	三组	四组	五组	六组		
Cu	66.5	99.0	0.0	0.0	0.0	0.0	0.0	98.7	
Pb	73.7	100.1	0.12	0.17	0.0	0.0	0.13	100.6	
Zn	74.5	100.0	0.0	0.09	0.04	0.04	0.02	100.2	
As	59.5	99.2	0.0	0.0	0.0	0.14	0.11	99.5	

　　该方法的特点是：①贵贱金属分离效果好，在树脂上共吸的部分贱金属几乎全部被第一组淋洗液洗脱；②使用普通化学试剂，分别洗脱各种贵金属，虽然溶液中 Pt、Pd、Ir、Au 浓度较低，但单种贵金属富液的贱金属杂质含量少，纯度 >97%，可用简单方法富集后精炼；③分离速度快，全流程周期约 10 h；④萃淋树脂再生后循环复用。缺点是 Rh 分散。

　　研究的方法实验规模很小。但依据的技术原理和积累的经验，如：制备的弱碱性苯乙烯系叔胺萃淋树脂类型，选择的淋洗液及分段淋洗方式，良好分离指标，树脂的再生复用性能等方面，对开拓思路将其发展为实用冶金技术，扩大应用于处理矿产资源和二次资源获得的复杂成分料液，有一定的指导意义，值得冶金工作者关注。

10.3　固 – 液萃取

10.3.1　Superlig®固相萃取剂固 – 液萃取贵金属

1. 特点及定名的商榷

　　Superlig®固相萃取剂，是一种含特种萃取功能基团的固相材料，与含铂族金属配阴离子的酸性溶液接触，高选择性吸萃某种金属的配阴离子，然后再用另一种溶液将这种金属从固相材料中解吸反提出来，Superlig®再生后循环复用。该技术不同于无机物吸附，也不是简单的离子交换，可认为是一种特殊载体、负载特种萃取功能基团、选择性萃取某种单一金属离子的萃淋树脂，但与一般萃淋树脂先共萃多种贵金属，然后分别淋洗分离的过程有些差别。这是 20 世纪 90 年代开始研究，已产业化应用的一种提取分离铂族金属的新技术。这项技术被国外专家称为"分子识别技术(MRT-Molecular Recognition Technology)"。作者冒昧地与同行商榷，这个定名可能不严谨、不准确。因为：①在酸性溶液中铂族金属是以带电荷的配阴离子状态存在，而不是呈电中性的分子状态。嫁接了功能基团的

Superlig® 树脂通过交换或缔合配阴离子或水合配阴离子完成吸萃过程，而不是吸萃电中性的"分子"；②该技术的实质步骤是选择性地离子交换提取（Extraction）贵金属配阴离子，"识别"（Recognition）不是实质步骤。作者认为，与"液－液溶剂萃取"技术相对应，用嫁接了液态萃取剂功能基团的固相材料，从溶液中提取金属的过程，称为"分子识别技术"没有体现其实质，应称为"固－液萃取技术"比较贴切。嫁接了液态萃取剂功能基团的 Superlig® 材料当然也应称为"固相（态）萃取剂"。同理，将固－液界面上进行的萃取交换过程称为"固相萃取技术"也欠妥，因为这个名称没有反映固相萃取剂必须与水溶液相接触这个基本条件，容易被误认为是固相与固相之间进行的萃取过程。

具有吸萃功能的固相萃取剂都由载体骨架和键合其上的功能取代基构成。中国化学家研究的某些品种的萃淋树脂（参见 10.2.1，10.2.2），其实已部分体现选择性吸萃功能，只是选择的树脂骨架和嫁接的功能基团可能与 Superlig® 不同，嫁接的萃取剂的选择性不够，嫁接不牢固易流失，在合成制备、商品化生产和产业化应用方面未跨越和突破。Superlig® 的成功制备和应用，将启发和推动中国化学家研制出更好的产品。

Superlig® 商品（本书将这种固态萃取剂暂称为 Superlig® 树脂），由美国 IBC 公司生产，有多种牌号。其制备技术、成分、结构和性质尚属技术秘密。其应用方面的报道也偏向于商业宣传。披露的一些简单信息表明，该材料的载体与一般离子交换树脂和萃淋树脂不同，而与硅的有机或无机化合物及三维冠醚聚合物有关（见图 10－3）。

醚是醇、酚的衍生物，通式 R—O—R。最简单的环醚是 H_2C—O—CH_2。结构为：$\begin{matrix} H_2C\text{—}CH_2 \\ \diagdown\ \diagup \\ O \end{matrix}$。简单环醚相互聚合后生成一系列大环状或三维结构的聚醚，因大环状的立体结构像王冠而称为冠醚（见图 10－3 的右半部），参照环状冠醚命名习惯，该三维冠醚是 24－冠－7。即含碳、氧原子总数 24 个，其中氧原子 7 个，碳原子 17 个。一个—C 结合在 SiO_2 的 Si 原子上。

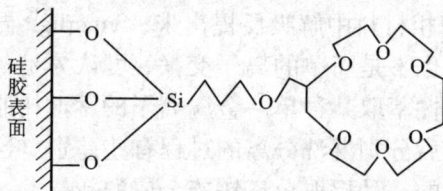

图 10－3 Superlig™ 固态萃取剂的载体结构

环醚的种类很多。R(烷基)相同时叫单醚,如二乙醚 C_2H_5—O—C_2H_5,二苯醚 C_6H_5—O—C_6H_5 等。R 不同时叫混醚,如甲乙醚 CH_3—O—C_2H_5,苯甲醚 C_6H_5—O—CH_3。改变 R 可形成很多种类的环醚和冠醚。它们的化学性质活泼,表现在 3 个方面:

1)环醚氧原子上具有孤对电子,能与强酸中的 H^+ 以配位键相结合,形成类似盐类结构的(锌)盐:

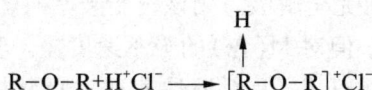

$$R\text{-}O\text{-}R + H^+Cl^- \longrightarrow [R\text{-}\overset{\overset{\displaystyle H}{\uparrow}}{O}\text{-}R]^+Cl^-$$

2)在酸或碱催化下易与许多含活泼氢的化合物反应,环醚的氧环开裂而形成多种含—HO、—OR、—NH_2 官能团的新化合物,如乙二醇 HO—CH_2—CH_2—OH、乙二醇醚 HO—CH_2—CH_2—OR、乙醇胺 HO—CH_2—CH_2—NH_2 等。

3)冠醚除保留环醚的活泼性质外,冠醚中的氧原子能通过偶极吸引配合阳离子,使其牢固地嵌入冠醚分子结构的中心孔隙中,各种冠醚中心孔径大小不同,所配合的阳离子种类也不同。同时,中性的烯烃(H_2C ═ CH_2)分子能与铂族金属形成稳定配合物,如 Pt(Ⅱ)形成的[$PtCl_2(C_2H_4)_2$]、[$PtCl_3(C_2H_4)$],$PdCl_2$ 也有类似反应。这些性质或许是不同种类、不同结构的冠醚,能稳固键合不同种类的配位交换基,制备出不同成分和不同结构的聚合物,并能选择性吸萃铂族金属的基本原因。

设计制备 Superlig® 可能利用了上述性质,但需克服一系列技术难关[22]。如:①合成多孔及孔径合适的聚合物载体,并具有连接其他有机化合物配体的功能;②合成和筛选对一个或一组配阴离子有特定吸萃功能的有机化合物配体,并研究其吸萃机理及生成新配合物的基本物理化学性质,能达到较高的选择性和吸萃率等技术指标;③将筛选的配体化合物稳固、有效地键合连接在聚合物载体上,并保持其未键合时的特性,对贵金属配阴离子有良好的配位交换方位和较小的空间位阻,有较快的吸萃速度;④配体对特定配阴离子的吸萃亲和力是可控的,不会"锁死",能用一般试剂有效淋洗解吸(反萃);⑤有机化合物配体在吸萃－解吸等使用过程中流失不大,再生复用性能好。这些都需要化学理论知识和贵金属冶金专业知识。据说,构思和合成该产品的原理,是基于 1987 年诺贝尔化学奖得主 Pedersen、Cram 及 Lehn 3 位化学家的超分子化学理论。

用不同成分的 Superlig® 树脂,从料液中高选择性地吸萃特定的铂族金属配阴离子,再解吸获得该金属的较纯溶液,已成功应用于处理某些矿产资源和二次资源冶金产出的、含铂族金属的料液[23]。

2. 几种 Superlig® 树脂的性能

作者的有机化学知识浮浅，很难剖析和推测 Superlig® 树脂的制备技术、成分、结构和性质，只能在介绍部分牌号 Superlig® 的应用性能时，用液－液萃取及萃淋树脂研究中类似性能的有机化合物作简单和定性的比较，供读者参考。

1）Superlig® 2 树脂。可从 HCl 浓度 $1 \sim 6$ mol/L、氧化－还原电位 $690 \sim 710$ mV 的料液中选择性吸萃 $PdCl_4^{2-}$。用 1 mol/L $NH_3 \cdot H_2O$ + 1 mol/L NH_4Cl 溶液或 1 mol/L $(NH_4)_2SO_3$ 溶液可完全解吸。用该树脂吸萃时，对 Pd（Ⅱ）、Pt（Ⅱ）没有选择性，吸萃速度都很快，但对 Pt（Ⅳ）的吸萃速度慢。实际应用中通过控制料液氧化－还原电位防止出现 Pt（Ⅱ）及料液快速通过吸萃柱的双重措施，保证吸萃 Pd（Ⅱ）的高选择性，对 Pt 的共吸萃量很小。

在液－液萃取中具有相似功能的萃取剂是低碳链长度的硫醚（详见 9.3）。它能从低酸度料液中选择性萃取 Pd（Ⅱ），萃取动力学速度快（$5 \sim 10$ min），用稀氨水溶液反萃。也需控制料液的氧化－还原性质，以防止料液中的 Pd 氧化为Pd（Ⅳ）。

在萃淋树脂研究中，也曾开发了一些具有相似功能的树脂品种。如：①含二－（2－乙基己基）硫代磷酸酯（DEHTPA）的 AmberliteXAD－2 萃淋树脂，从含 Pd（Ⅱ）、Pt（Ⅳ）、Rh（Ⅲ）、Cu（Ⅱ）、Fe（Ⅲ）的混合溶液中，选择性吸萃 Pd（Ⅱ）。除少量 Cu 共吸外，其他金属都不吸萃，用含硫脲的 1 mol/L HCl 溶液解吸 Pd；②含TOA 的 AmberliteXAD－4 萃淋树脂吸萃 Pd（Ⅱ），稀氨水解吸；③用含二异戊基硫醚（S_{201}），含 PSO（石油亚砜）－TBP 或 PSO－N_{503} 3 种 AmberliteXAD 萃淋树脂，从含 Au（Ⅲ）、Pd（Ⅱ）及贱金属的混合溶液中，选择性吸萃 Au、Pd，而不吸萃贱金属，前者对 Au 的吸附容量可达 $410 \sim 523$ mg/g 干树脂。用 0.5% 浓度的硫脲溶液可定量洗脱 Au、Pd；④用市售聚酰胺树脂从含 Pd（Ⅱ）1 g/L 及大量 Cu^{2+}、Ni^{2+}、Co^{2+}、Ai^{3+}、Mg^{2+}、Zn^{2+} 等离子，pH = $1 \sim 5$ 的溶液中，选择性吸萃 Pd 的回收率约 97%，饱和吸附容量 18.2 mg/g 干树脂，贱金属不吸萃，用 0.5 mol/L HCl + 5% 硫脲溶液可快速洗脱 Pd，洗脱率 > 98%；⑤含伯胺 N_{1923} 的萃淋树脂，从含大量贱金属 Zn（Ⅱ）、Cu（Ⅱ）、Fe（Ⅲ）及少量 Pd 的溶液中，以离子缔合机理生成电中性萃合物——$[2RNH_3^+ \cdot PdCl_4^{2-}]$ 吸萃 Pd（Ⅱ），贱金属都不吸萃。然后用 0.05 mol/L 硫脲 + 0.5 mol/L HCl 溶液解吸提取 Pd。

对比上述实例表明，低碳链硫醚萃取剂液－液萃取或聚苯乙烯－二乙烯苯负载多种萃取剂的萃淋树脂，对 Pd 的萃取功能类似于 Superlig® 2 树脂。

2）Superlig® 95 树脂。可从含大量 Fe（Ⅲ）、不含 Au（Ⅲ）、Pd（Ⅱ）的溶液中选择性吸萃 $PtCl_6^{2-}$，用硫脲溶液解吸。

在液－液萃取中，具有相似功能的萃取剂是苯基硫脲（PTU）－TBP 协同萃取剂, 可从 HCl 浓度 1 ~ 6 mol/L 溶液中萃取 Pt, 形成 ($PtCl_3$ · TPU) · $2H^+$ · 2TBP · Cl^- 萃合物, 然后用硫脲溶液反萃。

萃淋树脂中具有相似功能的树脂是含 N_{235} 10% ~ 45% 的萃淋树脂, 从盐酸浓度 1 ~ 8 mol/L, NaCl 10 ~ 60 g/L, Pt 约 2 g/L 的料液中吸萃 Pt(Ⅳ), Pt 吸萃率 > 99%, 吸附容量 > 32 mg/g 干树脂。用 2% NaOH 溶液解吸, 洗脱率 > 98%。

对比上述实例表明, PTU + TBP 协萃体系和含叔胺萃淋树脂的性能类似于 Superlig® 95 树脂。

3) Superlig® 133 树脂。可从含少量 Fe(Ⅲ)、HCl 浓度 6 mol/L 的溶液中, 选择性吸萃 $PtCl_6^{2-}$, 用水解吸。在液 – 液萃取中成功使用的中性膦类萃取剂(TBP、TOPO、TBPO、TAPO、TRPO), 都能从不含 Au(Ⅲ)、Pd(Ⅱ) 的高浓度盐酸料液中选择性萃取 Pt(Ⅳ), 也都用水反萃(参见 9.4)。因此 Superlig® 133 的性能类似于膦类萃取剂。

4) Superlig™ 1 树脂。该类树脂的早期产品, 能从含大量铁、铜、镍、锌、镉、铅、锡等阳离子及贵金属配阴离子、[Cl^-] ≥ 4 mol/L 的酸性溶液中选择性吸萃微量 $RhCl_6^{3-}$。然后用 0.1 ~ 1 mol/L 醋酸溶液洗脱贱金属杂质, 用 0.1 mol/L 浓度 HCl + 1 mol/L 硫脲溶液洗脱 Pd、Pt, 最后用乙二胺解吸 Rh 获得较纯的铑溶液[24-25]。新型号 Superlig® 190 树脂, 可从 HCl 浓度 6 mol/L 的溶液中选择性吸萃 $RhCl_5^{2-}$ 或 $RhCl_6^{3-}$, 用 5 mol/L NaCl 或 KCl 溶液解吸。

在液 – 液萃取中, 曾研究用辛基苯胺、二安替比林甲烷 $V_{C_6H_6} : V_{CHCl_3} = 7 : 3$、二壬基甘氨酸(DNG) 等萃取剂, 及苯基硫脲(PTU) + TBP 协萃体系, 都能从 HCl 溶液中萃取 Rh(Ⅲ) 配阴离子与 Ir(Ⅳ) 分离。

5) Superlig® 182 树脂。吸萃 $IrCl_6^{2-}$, 用热 $H_2O + H_2O_2$ 溶液解吸。

6) Superlig® 187 树脂。从 HCl 浓度 6 mol/L、氧化 – 还原电位 300 ~ 400 mV 的溶液中, 选择性吸萃 $RuCl_6^{3-}$ 或 $RuCl_5(H_2O)_2^{2-}$, 用 6 mol/L HCl 溶液洗脱杂质元素后, 用 NH_4Cl 溶液解吸。HCl 溶液再生吸附柱。液 – 液萃取中, 伯、仲、叔胺及季铵盐等萃取剂皆能萃取 $RuCl_6^{3-}$、$RuCl_5(H_2O)_2^{2-}$ [26]。

3. 应用

Superlig® 树脂对 Au(Ⅲ) 有很强的还原能力, 若料液中含 Au(Ⅲ) 将被还原成金属状态, 干扰对其他金属配阴离子的选择性吸萃。因此 Superlig® 树脂处理的料液需先用其他化学或冶金技术分离金。

1) 从复杂料液中固 – 液萃取钯。英帕拉公司是处理南非铂矿的大公司之一, 2008 年铂族金属产量约 100 t, 占世界产量的 1/4。铜镍高锍经三段加压酸浸获得品位 25% ~ 50% 的贵金属精矿(详见 5.2)。精矿在衬钛反应釜中用 HCl + Cl_2 溶解, 所获溶液含有近 30 种元素。用化学法还原出粗金或用 AmberliteXAD7 交换吸附分离金后, 贵贱金属混合溶液的主要成分及质量浓度(g/L) 如下:

成分	Au	Pt	Pd	Rh	Ru	Ir	Fe	Cu	Ni	HCl
浓度	<0.001	50~60	30~40	8~10	10~15	4~5	8~12	2~4	4~7	15%~24%

料液的 HCl 浓度调整为 20%，并用 $NaClO_3$ 和 $NaHSO_3$ 调节料液的氧化-还原电位为 690~710 mV，使钯呈 Pd(Ⅱ)，铂呈 Pt(Ⅳ)状态。该公司 1997 年建成了新的精炼厂，处理上述溶液的工艺流程绘于图 10-4。

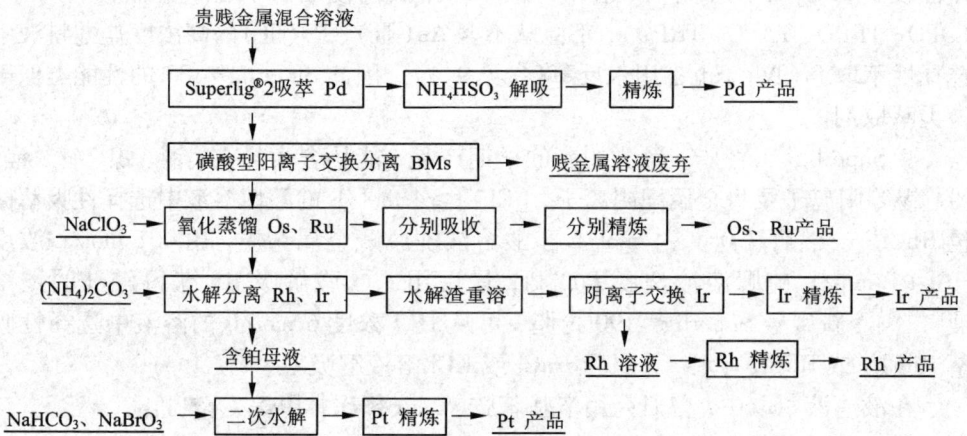

图 10-4　Impala 公司的贵金属分离-精炼工艺

①工艺特点。完全避开了液-液溶剂萃取技术，除用 Superlig® 2 树脂固-液吸萃钯外，分离其余贵金属的工艺环节皆使用传统技术。如离子交换分离贱金属，氧化蒸馏锇、钌，水解分离铂、铑、铱等。

②Superlig® 2 树脂选择性吸萃 Pd[27]。是从矿产资源冶金的复杂溶液中，成功应用固-液萃取技术提取 Pd 的实例。树脂填装在直径 450 mm、高 500 mm 的小型分离柱中，每柱填装 80 L 树脂。两柱串联为一组轮流吸萃-解吸。树脂先用水洗涤润湿并挤出孔隙中的空气，以防止料液通过树脂柱时短路流出。然后用 10% 浓度 HCl 溶液平衡待用。

吸萃-洗涤-解吸的步骤是：

a. 根据料液中预先分析的 Pd 浓度及树脂的饱和容量(20 g/L 树脂)等参数，自动控制料液总流量。

b. 料液以 10 L/min 的速度从树脂柱顶部泵入第 1 柱，从底部流出后泵入第 2 柱。

c. 当第 1 柱吸萃饱和及第 2 柱吸萃容量达 30% 时停止输送料液。改泵入 160 L 浓度 10% 的 HCl 溶液洗脱除 Pd 外共吸的其他金属杂质及柱中残留的料液。

d. 断开 1 柱，以 14 L/min 流速泵入 200 L 水洗脱 HCl，再以 12 L/min 流速泵入 1 mol/L 浓度的 NH_4HSO_4 溶液 250 L 解吸 Pd。

e. 解吸后的树脂柱相继用 200 L 水和 150 L 浓度为 10% 的 HCl 溶液淋洗再生后即可与第 2 柱串接复用。树脂柱的复用次数约 400 次。

从解吸液精炼钯的步骤是：

a. 含 Pd 量 15 kg 的解吸液加入 150 L 浓 HCl，控制溶液 pH≈1，并鼓入空气氧化 8 h，冷却后滤出含杂质金属的水解渣。

b. 向溶液中加入氨水调整 pH = 8 ~ 9 后再加入 50 L 双氧水加热至 80℃ 氧化 30 min，冷却后再加入 30 L 双氧水静置 3 h。

c. 用 HCl 调整 pH≈1 沉淀出 $Pd(NH_3)_2Cl_2$。

d. 过滤、洗涤、煅烧、还原得金属钯产品。全过程 Pd 回收率 99.5%。

生产应用时根据产量决定分离柱的数量。Impala 公司 Spring 精炼厂已将吸萃柱放大至 160 L，共安装使用了 11 组 22 根吸萃柱。

从含高浓度贵贱金属混合溶液中，用 Superlig® 2 树脂选择性吸萃 Pd，应用很成功。与用硫醚、羟肟、亚砜的液 - 液萃取过程相比，对 Pd 的吸萃选择性、吸萃效率及回收率高，改善了劳动条件，减轻了有机试剂的环境污染，体现了技术进步。

在铜冶炼系统的铜阳极泥处理工艺中，也能用 Superlig® 2 树脂选择性吸萃方法，从含微量 Pd、Pt 的溶液中有效回收 Pd、Pt。如美国 Cascade 精炼厂从含大量贱金属的银电解液（g/L：Ag 400、Pd 0.2、Pb 5、Cu 20 ~ 40、Fe < 1、Ni < 1）中，用 Superlig® 2 树脂柱（ϕ10 cm × 25 cm）选择性吸萃微量 Pd。两根树脂柱串联交替使用。溶液流速 1.1 L/min，树脂由绿变蓝后用 0.5 mol/L HCl 溶液洗涤，再用 0.1 mol/L HNO_3 + 1.5 mol/L 硫脲溶液或用氨水解吸。处理氨水解吸液获得粗钯，含（%）：Pd 92.2、Ag 5.2、Pt 1.2，及少量 Au、Fe、Cu。

从含（g/L）：Ag 0.15、Pd 0.18、Cu 10、Fe 15、Ni 5 的溶液中，也能用 Superlig® 2 树脂选择性吸萃 Pd。吸萃柱用 0.5 mol/L HCl 洗涤 Fe 后用氨水解吸 Pd[28]。

2）固 - 液萃取铂[29]。目前工业应用 Superlig® 133 吸萃 Pt(Ⅳ) 的实例是处理 Pt - Cr - Co 溅射靶材废料。Pt - Cr - Co 废料用 HCl + H_2O_2 或 HCl + $NaClO_3$ 溶解，获得的溶液成分比较简单，仅含 $PtCl_6^{2-}$ 和 Cr^{3+}、Co^{2+}。

三根各填装约 12 kg Superlig® 133 的分离柱串联，溶液流过分离柱，Superlig® 133 选择性吸萃 Pt(Ⅳ) 配阴离子，但不吸萃 Cr^{3+}、Co^{2+}。依次将吸萃饱和的分离柱断开，用 1 mol/L 浓度 NaCl + 0.1 mol/L HCl 溶液洗涤共吸附的贱金属杂质后，用常温纯水解吸。解吸液较纯，用氯化铵沉淀后可精炼为纯度 99.99% 的铂产品，过程回收率 99.9%。解吸后的分离柱用 1 mol/L 浓度 NaCl + 0.1 mol/L HCl 溶液淋洗再生后复用。洗涤液和再生液可循环使用。35 kg Superlig® 133 的回收能力为 1000 kg Pt/a。

3）固 - 液萃取钌。目前主要用于从含钌的二次资源——溅射靶材废料溶解液中回收钌。溶液调整 HCl 浓度 6 mol/L，氧化 - 还原电位 300 ~ 400 mV（Ag/AgCl 电极），使钌以 Ru（Ⅲ）的氯配阴离子——$RuCl_6^{3-}$ 或水合氯配阴离子——$[RuCl_5(H_2O)]^{2-}$ 状态存在。通过装有 Superlig® 187 的交换柱选择性吸萃，与溶液中的 Al、Fe、Na 等杂质分离。用 6 mol/L HCl 溶液淋洗少量共萃的杂质后用 NH_4Cl 溶液解吸 Ru。从解吸液中精炼为钌粉。全过程 Ru 回收率 99%，钌粉纯度 99.95%。交换柱用 HCl 淋洗平衡后复用。与氧化蒸馏法相比，Superlig® 187 树脂吸萃过程封闭，且可避免蒸馏过程的安全隐患。

4）固 - 液萃取铑。铑的应用，主要作为功能金属与主体金属铂、钯一起，生产各种合金材料或汽车尾气净化催化剂，其中铑是少量（详见 11.2.6，11.7，11.8）。以铑为主的应用主要是均相催化剂。上述应用领域产生的废料，其再生回收需进行铂、钯、铑分离或铑的提取。再生回收过程中都会产出一个以铑为主的溶液。日本田中公司 TKK 精炼厂用 Superlig® 190 树脂，从含 Rh 17 g/L、HCl 浓度 6 mol/L、含少量铂、钯及贱金属的溶液中选择性吸萃铑[30]。调整溶液氧化 - 还原电位 ≤720 mV（Ag/AgCl 电极）及高盐酸浓度，使铑在溶液中呈 $RhCl_6^{3-}$ 及 $[RhCl_5(H_2O)]^{2-}$ 状态存在。五根填装 Superlig® 190 树脂的分离柱串联，依次断开吸萃饱和的分离柱，用浓度 6 mol/L 的 HCl 洗脱共吸萃的少量 Pt、Pd、贱金属离子后，用水洗脱残酸，最后用 5 mol/L NaCl 溶液解吸 Rh。从解吸液中中和沉淀出 $Rh(OH)_3$，再根据市场需求生产出纯度 99.95% 的铑粉或化合物产品。全过程 Rh 回收率 98%。吸萃柱依次用水和 6 mol/L 浓度的 HCl 再生后复用，半工业试验证明树脂复用次数可 > 1000 次。与电积、配合沉淀等方法相比，Superlig® 190 树脂固 - 液萃取法缩短了铑的回收周期，提高了回收率，改善了劳动条件。

4. 启示和展望

Superlig® 树脂固 - 液萃取技术的开发和应用，克服了液 - 液萃取过程的许多缺点，无疑促进了贵贱金属分离和贵金属分离技术的进步。

1）技术优点。①吸萃过程在密闭系统中连续进行，减少了有机化合物挥发带来的劳动安全和环境污染问题；②吸萃过程选择性强，效率高，生产周期短；③解吸液纯度较高，可简化精炼过程；④只需几根小体积的树脂柱及液体输送泵，设备配置紧凑，占地面积小，液体输送无需高位和阶梯配置，易准确计量，减少了设备投资，降低了能耗，操作过程易实现半自动化控制；⑤使用的化学试剂种类不多，多数试剂可循环利用；⑥吸萃柱易再生，复用性能好，使用寿命长。

因此，这项新技术在铂族金属冶金中有非常良好的开拓及推广应用前景。

2）尚需进一步发展完善的问题。

①Superlig® 树脂中的有机聚合物不抗氧化，Cl_2、Br_2，甚至 $Ir(\mathrm{IV})$ 都能破坏其性能。含硅载体当然也会被 HF 和强碱破坏。因此处理料液的氧化－还原性及酸碱度范围有严格的限制，必须严格控制。控制不好的后果，轻则衰减其吸萃能力，降低复用次数，增加生产成本，重则完全破坏其结构。

②在目前应用的实例中，有一个现象值得理性地思考。南非 Bateman 公司曾与 IBC 公司合作，针对重选的 Au－PGMs 精矿溶解获得的含 Au、Pt 为主的溶液，曾研究使用 Superlig® 树脂选择性吸萃分离工艺：Superlig® 175 吸萃 Au（硫脲溶液解吸）→Superlig® 2 吸萃 Pd（氨水加氯化铵溶液解吸）→Superlig® 133 吸萃 Pt（水解吸）→Superlig® 182 吸萃 Ir（水加双氧水解吸）→Superlig® 96 吸萃 Rh、Ru（氯化铵解吸）。但是，南非 Impala 公司 Springs 精炼厂与 IBC 公司共同研究制定的贵金属分离工艺中（见图 10－4），仅使用了 Superlig® 2 分离 $Pd(\mathrm{II})$。在分离钯及用离子交换分离了贱金属后，为什么不用 Superlig® 133 分离 $Pt(\mathrm{IV})$，也不用 Superlig® 187、Superlig™ 1、Superlig® 190 等品种树脂分离 Rh 和 Ru，而仍用氧化蒸馏的方法分离 Os、Ru，用水解的方法分离 Rh、Ir，及从水解母液中回收 Pt 呢？两种工艺形成了明显的对比。

两种工艺配置应该是经过指标对比和技术经济论证后决定的。作者认为可能有 3 个原因：a. 两个工艺处理的贵金属溶液，在性质、成分及各种贵金属浓度等方面有较大差别。针对 Springs 精炼厂多种贵贱金属共存的复杂成分溶液，上述几种树脂对其他某些贵金属配阴离子和贱金属阳离子的选择性方面可能还不能满足工艺要求。Superlig® 95、Superlig® 133 对 $Fe(\mathrm{III})$ 阳离子及 $Pd(\mathrm{II})$ 配阴离子的选择性欠佳已有定论，对 Os、Ru、Rh、Ir 氯配阴离子的选择性也可能存在问题；b. 工艺流程中，调整各段料液性质以满足 Superlig® 树脂的要求方面，与传统的氧化蒸馏分离 Os、Ru 及水解分离 Rh、Ir 相比，可能消耗的试剂更多，生产条件控制可能更复杂；c. 回收率及生产成本等技术经济指标方面，Superlig® 树脂是否有明显的优势尚待考查。

这些情况表明，从矿产资源冶金产出的、成分十分复杂的料液中，应用 Superlig® 树脂完全代替传统分离技术或液－液溶剂萃取分离技术，还有很多技术或工程问题需要进一步研究和完善。

Superlig® 95、Superlig® 133、Superlig® 187、Superlig® 190 在处理成分较简单的料液方面是成功的，优点也很突出。在贵金属二次资源再生回收领域加强推广应用有广阔的前景。

3）启示。在铂族金属冶金中，各种技术的优缺点都是相对的，但不是对立的。它们有不同的使用条件、范围和效果。冶金工作者需全面学习和掌握各种冶金技术的基础理论知识，借鉴实际应用中积累的成功经验，坚持实事求是的原则，对各种技术问题或商业宣传进行理性的分析和判断。必须依据待处理物料的性质和特点，选择和融合相应的技术，研究制定完整的工艺流程，力求在产业化应用中达到最好的技术经济指标。能否这样做是检验冶金科技工作者理论造诣及实际工作能力的基本标准。

10.3.2 膜分离

膜分离是在外加推动力的条件下，使一种溶液中的某种组分(溶剂、溶质或溶液中不同电性的离子)选择性渗析透过隔膜进入另一种溶液，实现各组分选择性分离的技术。分为半透膜、离子交换膜和液膜3种。用醋酸纤维素和芳香聚酰胺制备的聚合物薄膜(半透膜)，在纯水制备、海水或苦咸水淡化、电镀工业废水及冶金工业废水处理方面已成功应用。电渗析及隔膜电解也已发展为应用广泛的湿法冶金技术。

离子交换膜是用含有离子交换功能基团的高分子材料制成的固相聚合物薄膜，其化学结构与粒状离子交换树脂相似，但交换过程相异。交换膜将不同性质的液相隔开，利用扩散渗析原理分离非金属或金属离子。

离子交换膜的结构主要分均相、非均相两种。均相膜是用具有离子交换功能的高分子材料直接制备成连续均匀的膜状，或在膜基上键合新的功能基团。非均相膜是用粉状离子交换树脂与黏结性高分子材料黏连制成。离子交换膜的性能主要分为阳离子交换膜(阳膜)和阴离子交换膜(阴膜)。前者含有带负电荷的酸性功能基团，使阳离子选择性渗析透过与溶液中阴离子分离。后者含有带正电荷的碱性功能基团，使阴离子选择性渗析透过与溶液中的阳离子分离。用阴离子交换膜从钢铁酸洗液中回收 H_2SO_4 或 HCl，与 $FeSO_4$ 分离，已成功应用。在研究金宝山低品位铂、钯矿处理工艺时(详见7.4)，用于铁红法一段除铁后，从滤液中分离和再生回收硫酸。在贵金属冶金中尚未开发膜分离金属离子的应用平台。

10.3.3 固 – 液盐析萃取

1. 定义及特点

盐析萃取是贵金属化学 – 仪器分析方法研究中正在发展，且研究十分活跃的一项新技术。杨丙雨用近十年发表的 70 篇相关文献，详细评论了研究发展情况[31]。在相关文献中，对类似方法曾使用很多不同的名称，如析相萃取、胶粒萃取、浊点萃取、萃取浮选等。他认为这些名称繁多混乱，不够确切。因为该类方法的分相主要是靠向水溶液中加入大量无机盐的盐析作用，即在含贵、贱金属的水溶液中，加入某种化合物(萃取剂)，与贵金属配阴离子形成大分子离子缔合物、聚合物或螯合物，再向溶液中加入无机盐夺取大分子化合物中的水分子，使其从高密度的盐水溶液中析出,达到提取贵金属并与大量贱金属分离的目的,故应统称为"盐析萃取"较为恰当。作者同意这个观点。

盐析萃取技术的最大特点是:①选用的"萃取剂"(化合物)不是本书第 9 章所介绍的含氧(醚、醇、肟等),含氮(伯、仲、叔、季胺),含硫(硫醚、亚砜),含磷(磷酸三丁酯、氧化膦、烷基酯)和芳香烃等易挥发或有毒的有机溶剂(详见 9.1.4,9.1.5),劳动安全和环境污染隐患小;②不靠密度差分相,而是靠盐析作用分相,过程平衡时间短、分相快、操作过程简便。

该技术研究中涉及的萃取体系有液-液盐析萃取(详见 9.13)和固-液萃取两种。固-液萃取体系中,贵金属与加入的"萃取剂"(化合物)形成新的离子缔合物,在盐析作用下使之以少量固体状态浮于盐水相面上,贵金属的富集效果好,比液-液盐析萃取体系更能体现盐析萃取的特点。

固-液盐析萃取技术中,曾研究使用的"萃取剂"(化合物)有 4 类。①碱性染料:罗丹明(RB),孔雀绿(MG),结晶紫(CV);②表面活性剂:十六烷基三甲基溴化铵(CTMAB),十六烷基三甲基氯化铵(CTMAC),溴化十六烷基吡啶(CBP),四丁基溴化铵(TBAB);③吐温-80(TW);④聚乙烯吡咯啉酮(PVP)。

在盐析萃取技术中曾研究使用的无机盐有:$(NH_4)_2SO_4$、$(NH_4)_2SO_3$、Na_2SO_4、$NaCl$、KBr、$NaNO_3$、KI、NH_4SCN 等。加入的无机盐量与料液酸度、加入的萃取剂种类及用量、生成的缔合物稳定性、操作温度、平衡时间等因素有关,需通过实验确定各项参数。

2. 研究及发展情况

针对铂族金属配阴离子与大量贱金属阳离子共存的水溶液,曾研究多种固-液萃取体系进行贵贱金属分离。一些与铂族金属分离、精炼中使用的介质性质相近的盐析萃取体系、萃取的基本条件和能达到的萃取率指标列于表 10-10。

表 10-10 固-液盐析萃取体系及分离效果

萃取体系及分离的铂族金属离子	溶液酸度/ $(mol \cdot L^{-1})$	铂族金属萃取率/%	溶液中不发生萃取作用的贱金属(阳离子)或贵金属(配阴离子)种类	文献
Pt(Ⅳ)-SnCl$_2$-MG-$(NH_4)_2SO_4$	HCl,1	100	常见贱金属	32
PtI$_6^{2-}$-CTMAB-$(NH_4)_2SO_4$	pH=3	99	Cr,Co,Mn,Ni,Fe,Zn,Al,V	33
PtBr$_6^{2-}$-2CTMAB$^+$-NaNO$_3$	pH>3	100	Cr,Mn,Al,Ni,Ca,Fe,Zn	34
Pt(Ⅱ),Pd(Ⅱ),Rh(Ⅲ)-SnCl$_2$-CTMAC-NaCl	HCl,0.24	93	Zn,Co,Cd,Al,Cu,Ni,Fe	35

续表 10 – 10

萃取体系及分离的铂族金属离子	溶液酸度/$(mol \cdot L^{-1})$	铂族金属萃取率/%	溶液中不发生萃取作用的贱金属(阳离子)或贵金属(配阴离子)种类	文献
$Pt(SCN)_6^{2-} - CPB - NaCl$	pH = 4	100	Co,Al,Cd,Mn,Fe,Ni,Cr	36
$PtBr_6^{2-} - 2CPB^+ - NaNO_3$	pH = 3	99.6	Ga,Cu,Fe	37
$Pd(II) - RB - SnCl_2 - NaCl$	HCl,1	100	Fe,Al,Pb,Cu,Co	38
$PdBr_4^- - CPB - NaNO_3$	pH = 4	100	Al,Cr,Ni,Fe,Zn	39
$PdI_4^- - CPB - KI$	pH = 3	99.4	Zn,Mn,Al,Ni,Co,Fe	40
$Pd(SCN)_4^{2-} - 2CTMAB^+ - NaNO_3$	pH = 3	100	Cr,Mn,Ni,Al,Mo,Zn,Fe	41
$Pd(SCN)_4^{2-} - TBAB - NH_4SCN$	pH = 3	100	Cu,Zn,Ni,Cd,Cr,Mn,Co,Bi	42
$[PtI_6^{2-}, PdI_4^{2-}, IrI_6^{2-}] - TW - (NH_4)_2SO_4$	HCl,1	96	Fe,Co,Ni,Al,Cu,Ca,Mg	43
$Pd(II) - PANS - (NH_4)_2SO_4$	pH = 3	100	Ni,Zn,Cd,Mn,Al	44
$Pd(II) - PAR - (NH_4)_2SO_4$	pH = 6	100	Pt(IV),Rh(III),常见贱金属	45
$Rh(III) - TW - SnCl_2 - (NH_4)_2SO_4$	HCl,0.25	97	Ir(III)	46
$Ir(II) - RB - SnCl_2 - NaCl$	HCl,1	99.2	Fe,Pb,Mn,Al,Cu,Zn,Ca	47
$Os(IV) - SnCl_2 - CTMAC - NaCl$	HCl,0.24	95		48
$Ru(SCN)_4^- - CV - NaCl$	pH = 4	100	Rh(III),Mn,Al,Ni,Cr,Cd,Fe	49
$Ru(SCN)_4^- - CTMAB - NaCl$	pH = 5	100	Cr,Mn,Al,Ni,Co,Fe,Au(III)	50
$Pt(IV) - Pd(II) - Au(III) - CTMAB - NaBr$	pH	>98	Cu,Cr,Zn,Ni,Co,Al,Mn	51

　　上列各项研究都以建立新的化学分析方法为目的。目前,离形成标准分析方法尚有较大差距。同时,作为化学分析方法,料液及试剂用量很少,基本不考虑试剂消耗成本、料液中所含成分的综合利用等经济因素,也不考虑废液有效治理

等环保因素。但这些因素都是作为冶金方法必须全面解决的问题。因此，盐折萃取技术离发展为实用冶金技术的目标还很遥远。但盐析萃取研究中涉及种类繁多的新类型萃取剂、配位基、表面活性剂，涉及一些新的萃取体系、新的萃取原理和机理，涉及十分重要的选择性和特效性问题，都是铂族金属科技领域的基础知识。了解这些方法的原理，对开扩视野、启发思维有借鉴和参考价值。作者未涉及这方面的研究，不具备在本书中详述这些问题的条件，仅参照杨丙雨的论文，转列出 20 篇与铂族金属分离相关的文献，方便读者需详细了解时查阅。

参考文献

[1] 编委会. 溶液中金属及其他有用成分的提取[M]. 北京：冶金工业出版社，1995：33 – 40，76 – 95，168 – 216，436 – 441，472

[2] 浅野聪，真锅善昭，福井笃. 铂族金属的分离/回收方法. 中国，CN1493706A[P]. 2004 – 05 – 05

[3] 邹家浩，张小江，曹伯锋. 酸性废水中金、钯、铂的离子交换回收. 中国，CN101618898A[P]. 2010 – 01 – 06

[4] 杜欣，张晓文，周耀辉，刘迎九，张宇. 强碱性阴离子交换树脂201×7吸附铑的性能研究[J]. 贵金属，2010，31(2)：10 – 13

[5] 吴瑞林，朱莉亚. 在贵金属分离富集中的螯合吸附剂[J]. 贵金属，1995，16(1)：45

[6] 刘静，佘振宝，汲鹏，张敏. 贵金属分析用的分离富集方法进展[J]. 贵金属，2010，31(2)：74 – 78

[7] 马媛，吴瑞林. 硫脲及其衍生物在贵金属分析中的应用[J]. 贵金属，2000，21(4)：57 – 62

[8] 徐羽梧，陈正国，杨杰，董世华. 用巯基胺型螯合树脂吸附回收废电镀液中的金和钯. 中国，CN85100240A[P]. 1986 – 07 – 16

[9] 周小华，董学畅，吴立生，杨金美，赵雷修. 新型硫脲螯合树脂的合成及对 Pd(Ⅱ)吸附性能的研究[J]. 贵金属，2007，28(4)：41 – 44

[10] 刘国诠，余兆楼. 色谱柱技术[M]. 北京：化学工业出版社，2001：159 – 191

[11] 董守安. 现代贵金属分析[M]. 北京：化学工业出版社，2007：61 – 71，133 – 134

[12] 楼芳彪. 萃淋树脂在元素提取和分离上的应用[J]. 稀有金属，1991，15(1)：47 – 50

[13] 李华昌，周春山，符斌. 铂族元素分离中的萃淋树脂技术[J]. 贵金属，2001，22(4)：49 – 53

[14] 董守安. 现代贵金属分析[M]. 北京：化学工业出版社，2007：62 – 65

[15] 何星存，谢组芳，陈孟林. 聚酰胺树脂吸附钯的性能研究[J]. 贵金属，2003，24(4)：16 – 20

[16] 徐羽梧，杨亚核，徐宁. 含聚硫醚低聚物的萃淋树脂的合成及其吸附性能[J]. 武汉大学学报(自然科学版)，1998，44(2)：137 – 140

[17] 李海梅，高学珍，袁延旭，刘军深. 萃取树脂吸萃金研究进展[J]. 贵金属，2011，32(2)：

72 - 76

[18] 高云涛，王华兰，茶军伟，吴立生. 吐温80 - 硫酸铵 - 水的固相体系萃取分离 Pt(Ⅳ)、Pd(Ⅱ)、Ir(Ⅳ)碘络阴离子[J]. 贵金属，2000，21(3)：31 - 33

[19] 余守慧，张月英，常增有，等. TBP 液 - 液萃取 N263 萃取柱色层分离铂钯铑铱新工艺[J]. 上海工业大学学报，1987，8(1)：30 - 35

[20] Rovira M, Cortina J L, Amaldos J, et al. Recovery and separation of PGMs using impregnated resins containing alamine336[J]. Solvent Extr. Ion Exch., 1998, 16(5): 1279 - 1302

[21] 李华昌，符斌，等. 一种分离铂钯铱金的方法. 中国，CN1177945C[P]. 2004 - 12 - 01

[22] 余建民. 贵金属萃取化学[M]. 北京：化学工业出版社，2010：426 - 437

[23] 贺小塘，韩守礼，吴喜龙，王欢，王咏梅. 分子识别技术在铂族金属分离提纯中的应用[J]. 贵金属，2010，31(1)：53 - 56

[24] Wright C, Bruening R L. The new Superlig™ resins: report on the commercial precious metals refinery application[C]. Proceedings of a Seminar of 13th IPMI, Scottsdale, Arizona USA, 1989

[25] Bruening R L, Izatt S R, Griffin L D. Separation of Rh and/or Ir from concentrated precious and base metals matrices using Superlig™ 1[C]. Proceedings of 14th IPMI, San Diego, California, USA, 1990

[26] 汪家鼎，陈家墉. 溶剂萃取手册[M]. 北京：化学工业出版社，2001：617

[27] Black W H, Izatt S R, Dale J B, et al. The application of molecular recognition technolagy (MRT) in the palladium refining process at impala and other selected commercial application[C]. USA: IPMI 30th Annual Meeting, 2006

[28] 余建民. 贵金属分离与精炼工艺学[M]. 北京：化学工业出版社，2006：79 - 80

[29] Izatt S R, Dale J B, Bruening R L. The application of molecular recognition technolagy(MRT) to refining of platinum and ruthenium[C]. USA: IPMI31th Annual Meeting, 2007

[30] Ichiishi S, Izatt S R, Bruening R L, et al. A commercial MRT process for recovery and purification of rhodium from a refinery feed steam containing platinum group metal and base matal contaminated[C]. USA: IPMI 24th Annual Meeting, 2000

[31] 杨丙雨，马凤莉. 盐析萃取在贵金属分析中的研究和应用[J]. 贵金属，2009，30(2)：57 - 63

[32] 杨艳，高云涛，刘满红，等. 硫酸铵 - 氯化亚锡 - 孔雀绿体系浮选分离铂[J]. 贵金属，2003，24(2)：16 - 18

[33] 马万山，李玉玲，郭鹏. 十六烷基三甲基溴化铵 - 碘化钾 - 硫酸铵体系浮选铂[J]. 冶金分析，2007，27(9)：60 - 63

[34] 郭鹏，曹书勤，马万山. 十六烷基三甲基溴化铵 - 溴化钾 - 硝酸钠体系浮选分离铂[J]. 理化检验(化学分册)，2008，44(9)：851 - 853

[35] 高云涛，项朋志，施润菊，等. 氯化钠存在下氯化亚锡 - 十六烷基三甲基氯化铵体系浮选分离 Pt(Ⅱ)、Pd(Ⅱ)、Rh(Ⅲ)、Au(Ⅲ)[J]. 应用化学，2007，24(9)：1092 - 1094

[36] 曹书勤，郭鹏，马万山. 溴化十六烷基吡啶 - 硫氰酸铵 - 氯化钠体系浮选分离铂研究[J]. 冶金分析，2007，27(8)：58 - 61

[37] 熊荣慕，王玲，马万山. 铂与镓、钌、铜和铁的浮选分离研究[J]. 信阳师范学院学报(自然科学版)，2008，21(2)：264－265

[38] 高云涛，王伟. 氯化钠存在下应用氯化亚锡－罗丹明 B－水体系浮选分离钯[J]. 分析实验室，2002，21(3)：31－33

[39] 李玉玲，郭鹏，马万山. 溴化十六烷基吡啶－溴化钾－硝酸钠体系浮选分离钯的研究[J]. 冶金分析，2008，28(1)：61－64

[40] 曹书勤，马万山. 溴化钾－溴化十六烷基吡啶－水体系浮选分离 Pd(Ⅱ)的研究[J]. 冶金分析，2008，28(3)：49－52

[41] 郭鹏，马万山，王定染，等. 在硝酸钠存在下以三元缔合物形态浮选分离钯[J]. 理化检验(化学分册)，2008，44(5)：399－401

[42] 马万山，康宏伟. 溴化四丁基铵－硫氰酸铵－水体系浮选分离钯的研究[J]. 冶金分析，2007，27(6)：51－54

[43] 高云涛，王华兰，吴立生，等. 吐温－80－硫酸铵－水固液体系萃取分离 Pt(Ⅱ)、Pd(Ⅱ)、Ir(Ⅲ)碘络阴离子[J]. 贵金属，2000，21(3)：31－33

[44] 林秋月，陈建荣，胡美仙. 用 Tween－80－硫酸铵－1－(2－吡啶偶氮)2－萘酚磺酸体系萃取分离钯[J]. 分析化学，1999，27(8)：902－923

[45] 王碧，覃松，阮尚全. 吐温－80－硫酸铵－PAR 体系固－液萃取分离测定钯[J]. 稀有金属，2002，26(4)：317－320

[46] 高云涛，张为逮，吴立生，等. 吐温－80－硫酸铵－水固－液体系萃取分离 Rh(Ⅲ)Ir(Ⅲ)[J]. 应用化学，2000，17(2)：201－202

[47] 高云涛，赵吉寿，吴立生. 氯化钠存在下氯化亚锡－罗丹明 B－水体系浮选分离铱[J]. 岩矿测试，2002，21(2)：117－119

[48] 高云涛，杨宏，施润菊，等. 氯化钠存在下氯化亚锡－十六烷基三甲基氯化铵浮选分离复杂金属基体中的铱[J]. 岩矿测试，2006，25(3)：246－248

[49] 马万山，曹书勤，孙俊永. 结晶紫－硫氰酸铵体系浮选分离钌[J]. 理化检验(化学分册)，2007，47(8)：666－668

[50] 马万山，刘德功. 十六烷基三甲基溴化铵－硫氰酸铵－氯化钠体系浮选分离钌[J]. 化学分析，2004，32(9)：1185－1188

[51] 高云涛，华一新，李艳，项朋志，施润菊，黄伟清. 氯化钠存在下溴化钠－十六烷基三甲基氯化铵体系浮选分离铂、钯、金的研究[J]. 稀有金属，2007，31(1)：129－131

第 11 章　二次资源的再生循环复用

　　铂族金属的应用领域，二次资源的来源、分类、数量、形态、品位等内容详见3.2 节。

　　二次资源主要是指传统工业、高新技术产业、军工等应用领域产生的含铂族金属废料。具有来源广，种类多，品位、性质差异大等特点，皆需通过冶金再生回收复用。在居民生活中使用的首饰、饰品、纪念币及私人金融储备（铂锭收藏）属广义的二次资源，因保管严格，质量不变，无需冶金再生，仅在特殊需要时可将其直接收购转入工业应用。

　　工业应用后产生的二次资源按性质和品位分为两大类：①高品位二次资源，多指失效或被少量其他杂质污染的铂族金属及其合金功能材料，再生回收技术的关键是快速高效地溶解，再从高浓度高质量的铂族金属溶液中分离精炼出相应的金属或化合物产品；②各种低品位二次资源，多指各类含铂族金属的废旧催化剂、废液、废渣，其再生回收技术的重点是首先分离非贵金属组分，富集提取出贵金属精矿，然后有效溶解，再从溶液中分离精炼出相应的纯金属或化合物产品。

　　相对于矿产资源，低品位二次资源的特点是：①贵金属品位比矿产资源品位高，即使品位最低的物料也比矿石高数百上千倍，达到 0.1% 以上；②非金属成分相对简单，多为 Al_2O_3、堇青石、活性炭或有机聚合物等简单组分；③金属品种少，多含 Pt、Pd 或 Rh 中的一种金属或两种金属，最多不过 3 种金属共存。因此，所涉及的再生回收技术与矿产资源的提取冶金技术相比，相对简单，建设投资少，处理周期短，能很快形成生产能力满足需求。

　　研究和发展二次资源再生回收技术的根本目的是形成产业，并参与国际竞争。为此，研究的技术和工艺必须满足 5 个方面的要求：①原理是科学的，有理论依据；②工艺流程，即从原料到产品的所有技术环节是完整的；③回收率、产品品种和纯度等技术指标应达先进水平；④工艺运行中的劳动安全和环境保护措施完善，"三废"治理符合绿色、循环经济及可持续发展的时代要求；⑤工程化所需设备配套、配置齐备，产业化运行能产生经济效益和社会效益。

　　由于铂族金属矿产资源集中在少数国家形成垄断，在掌控二次资源和开发高效再生回收技术两方面，国内外都形成了激烈的竞争态势。缺少该类资源的经济发达国家都非常重视发展二次资源再生回收产业并将铂族金属作为战略金属储备。面对激烈的技术竞争和市场竞争，大量使用和回收铂族金属的公司，一方面积极掌控资源,有争夺控制的机会时绝不会让宝贵资源轻易旁落他人。另一方面追求技术垄断,一些实际使用的工程化技术、工艺和设备配置,多定为公司"Know – How",既很少公布真正的技术诀窍,也不欢迎技术交流和考察。即使申报专利或发表论文,也用设定很宽的技术条件范围或隐匿一些重要的技术环节等措施,保守技术秘密。国内外学者对二次资源冶金回收技术的研究非常活跃,文献十分丰富。早期的文献[1-3]介绍了中国贵金属(包括金银)二次资源回收技术现状。M·西丁[4]将国外早期的一些专利技术按 150 个标题编为《金属与无机废物回收百科全书(金属分册)》,其中 20 多个专利技术涉及贵金属二次资源回收。文献[5]对该领域的技术现状和发展作了归纳评论。文献[6-7]进一步提供了大量信息。

中国的铂族金属矿产资源贫乏,但已成为世界铂族金属使用量最大的国家之一。因此,二次资源再生回收复用在平衡供需中具有战略地位,并已参与了国际竞争。在加速发展该领域科技和产业的同时,作者多次呼吁国家应不断增加贵金属的国库储备,并制定优惠政策鼓励民间储备,"藏金于民"、"藏铂于民"[8]。

11.1　二次资源再生回收的原则工艺

二次资源再生回收的原则工艺绘于图 11 – 1。

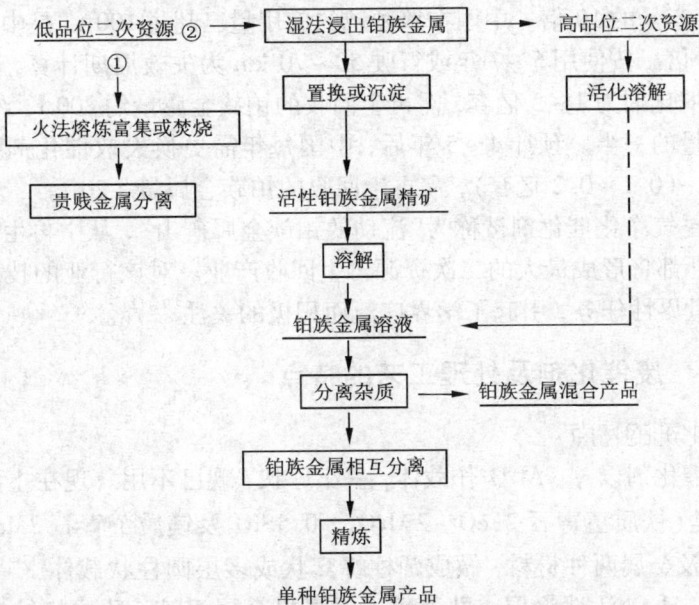

图 11 –1　铂族金属二次资源冶金原则工艺

铂族金属二次资源冶金和矿产资源冶金的理论基础和技术原则有共性，两个学科相辅相成，互相交叉、移植和发展，共同代表铂族金属提取冶金的科技发展水平。在矿产资源冶金中涉及火法及湿法冶金富集、贵金属溶解、贵贱金属分离、铂族金属相互分离、精炼为纯金属（或纯化合物产品）中各个环节的理论基础、工艺流程和特点、技术条件和指标等内容，在本书其他章节中已有详细论述，都可移植应用于二次资源再生回收。

本章按二次资源的原料品种分类，以系统介绍其再生回收的技术路线、实施方案为重点，并评论其发展前景。涉及富集、溶解、分离、精炼的理论基础，技术特点和实施条件等相关内容，点到为止不再重复。其详情请读者参阅本书相关各章节。

11.2 从汽车尾气净化废催化剂中回收铂、钯、铑

12.2.1 "流动的铂族金属矿山"

20 世纪 70 年代以来，生产汽车尾气净化催化剂成为铂族金属的最大用户（详见 3.2.1）。2008 年全世界在该领域消耗 Pt 118.3 t、Pd 136.2 t、Rh 23.6 t，分别占当年矿产量的 63.7%、60% 和 110%。1975—2008 年 33 年间，全世界累计在汽车尾气净化催化剂中使用 Pt 1836.3 t、Pd 1918 t、Rh 365 t，合计 4119 t，约为 2008 年矿产量的 10 倍。中国在该领域的使用量已超过 100 t，是中国矿山年产量的 50~60 倍。按使用 5~7 年或行驶 50~70 km 为失效周期计算，全世界每年需更换失效催化剂为 1~2 亿套，需再生回收的铂族金属量约 200 t，约为 2010 年矿产资源产量的一半。预计 4~5 年后，中国每年需更换失效催化剂数量约为世界的十分之一（0.1~0.2 亿套），需再生回收的铂族金属量 >20 t。

废汽车尾气净化催化剂被称为"流动的铂族金属矿山"，从中再生回收铂族金属，在国内外都将形成最大的二次资源再生回收产业。对该行业的技术和产业发展，已成为世界性任务，引起了学界广泛而积极的关注[9-12]。

11.2.2 废催化剂及处理工艺的特点

1. 废催化剂的特点

早期的催化剂以 $\gamma - Al_2O_3$ 作载体，呈小球状，现已不用。现在主要以高熔点的硅、铝酸盐（铁质堇青石 $2FeO \cdot 2Al_2O_3 \cdot 0.5SiO_2$ 及镁质堇青石 $2MgO \cdot 2Al_2O_3 \cdot 0.5SiO_2$）及金属两种材料，做成圆柱蜂窝状或多层圆柱状载体[13-14]。载体都首先浸渍 $\gamma - Al_2O_3$ 活性涂层，烘干后再浸渍贵金属溶液，还原烧结后制成催化剂。堇青石二元催化剂含 Pt 0.04%、Pd 0.015%，合计 550 g/t。三元催化剂含 Pt 0.08%~0.12%、Pd 0.017%~0.04%、Rh 0.007%~0.014%，合计 1000~

1500 g/t。铂族金属以 < 1 μm 的微细粒子附着在载体活性涂层的表面。因载体熔点很高、化学惰性难溶于酸,贵金属品位低,部分贵金属微粒在高温使用过程中会向载体内层渗透,或部分被烧结及载体局部釉化包裹,或转为化学惰性的氧化物和硫化物等,从汽车废催化剂中回收铂族金属的技术相应复杂,高效回收的难度较大。这些特点使研究制定回收工艺的原则及发展整体技术,在二次资源再生回收领域有代表性。

2. 处理工艺特点

处理失效催化剂的完整工艺流程仍包含富集、分离和精炼三个阶段。全工艺的首要步骤和技术关键是高效富集贵金属,即用火法熔炼或湿法浸出等技术使载体和贵金属分离,提取出富集了贵金属的中间产品。获得铂钯铑富集物后处理规模小,进一步分离、精炼为产品可用传统的选择性沉淀法(详见第 7 章)、溶剂萃取法(详见第 9 章)或固 - 液萃取法(详见第 10 章),技术比较成熟。

已研究或局部应用的富集技术可分为火法熔炼及湿法浸出两大类,大型回收厂多使用火法熔炼富集[15]。

1)火法熔炼。火法熔炼在矿产资源提取冶金中是一项成熟且普遍应用的技术,也是从低品位矿物原料中有效富集贵金属且冶炼回收率最高的技术。本书 4.6、4.7、6.5 等节中已详细介绍了熔炼过程中贱金属及其硫化物(锍)捕集铂族金属的原理、规律和特点。用该技术处理低品位废催化剂的冶金原理与熔炼矿物原料相同,也是有效富集贵金属且冶炼回收率最高的技术。技术的实质和关键是解决载体造渣和铂族金属高效富集问题。

①造渣。要解决 3 个问题,即 a. 根据载体成分选择炉渣的渣型,按渣型配比加入适当品种和一定数量的熔剂,在高温条件下使载体转变为熔点低、黏度小的硅、铝酸盐熔融炉渣,创造废催化剂中微量铂族金属能充分运移、聚集、沉降的条件;b. 熔炼炉渣可直接废弃(贵金属含量 < 5 g/t),成分及状态不污染环境;c. 能使用常规、通用和高效的熔炼设备实现产业化,设备和操作制度能保证足够高的过热温度,使熔体各相(渣 - 金属相或渣 - 锍相)间有充分接触传质的条件,形成的捕集相与炉渣相能有效地分离。

②捕集。选择并加入恰当的捕集剂,控制熔炼气氛达到最高的捕集回收率。贱金属铁、铜、铅、镍及其硫化物都能高效捕集熔体中分散的铂族金属微粒。选用何种捕集剂主要取决于下列因素:a. 后续贵贱金属分离过程不导致贵金属的二次分散。各种捕集剂相比,铅捕集有严重的环境污染隐患,应尽量避免使用。铁捕集要求的熔炼温度较高,能耗较大,但熔炼条件控制好时,易用简单的酸溶方法从铁合金相中分离铁获得铂族金属精矿,贵贱金属分离过程简单。铜捕集的熔炼温度较低,但从铜合金相中分离铜需用电解法或高温氧化法,电解法周期很长,高温氧化法的操作环境较差。硫化铁、硫化铜、硫化镍比相应金属的熔点低

且流动性好，熔炼时的捕集效率更高，可用高效的加压氧化酸浸法分离贱金属，提取出铂族金属精矿，缺点是熔炼过程难免产生低浓度二氧化硫，需增加烟气治理措施；b. 处理规模及具有相应的工艺和设备配套条件。

③分离贱金属。应有高效、成熟的从捕集物中分离贱金属的技术，提取出溶解活性好的铂族金属粗精矿。

④全过程应符合绿色冶金工艺的要求，使用的试剂不污染环境，尽量循环和综合利用。

工程实施方案可分为两类：一是按拟定的工艺流程专为处理废催化剂建设小型冶炼厂；二是利用已有色金属冶炼厂的工艺和设备，在有色金属冶炼工艺中富集提取铂族金属。

2）湿法浸出贵金属。湿法技术的实质是用盐酸 + 强氧化剂或其他特殊的化学试剂（如氰化物），直接从载体上溶解铂族金属，再从低浓度溶液中进一步富集和提取出铂族金属产品。

目前研究的各种火湿法冶金技术，皆可达到回收铂族金属的目的。但各种方法的工艺繁简、技术经济指标、工程实施难易、安全环保等方面差别很大。本节侧重从上述各个方面，分别介绍各种处理方法，并进行比较和评论。

11.2.3　等离子熔炼富集

利用等离子弧作为热源进行熔炼，是一种高效的火法冶金技术。在机械、冶金、航空航天领域都有应用，特别适用于生产高熔点金属及特种功能合金材料和器件。等离子熔炼炉有敞开式炉和密闭真空炉多种类型，后者兼有电弧熔炼和真空熔炼的某些特点，它们都多用直流电源。敞开式等离子电弧熔炼炉如图 11 - 2 所示[16]。

关键设备是喷枪，由水冷铜喷嘴和水冷铈钨电极棒（作为阴极）组成。氩气从喷枪套管喷入炉内，用高频电场电击氩气引弧，电离为导电的氩气流体。高温流体中正负离子电荷总数相等，被称为等离子体。引弧后调整喷枪高度，在炉子直流电场作用下，使喷枪和炉料间形成工作的气体电弧，电能转变为氩气电弧的热能使炉料熔化。同时通过升降喷枪，控制氩气流量及主弧电压、电流完成熔炼过程。这种加热方式具有能量集中，热通量高，弧心温度很高（可达 24000 ~ 26000 K），熔炼速度很快等特点。

用 Fe 捕集某些低品位废催化剂中的贵金属曾有研究[17]。但汽车废催化剂载体堇青石的熔点很高（ > 1900℃），使用一般熔炼炉（包括电炉）都很难达到载体熔化的温度，造渣较难。美国 Texasgulf 公司针对含（g/t）：Pt 1220，Pd 170，Rh 140 的废催化剂，研究了等离子熔炼捕集技术。1984 年建成 3 MW 等离子炉，用铁粉作捕集剂，碳作还原剂，在氩气或氮气气氛下熔炼捕集铂族金属[18-19]。配

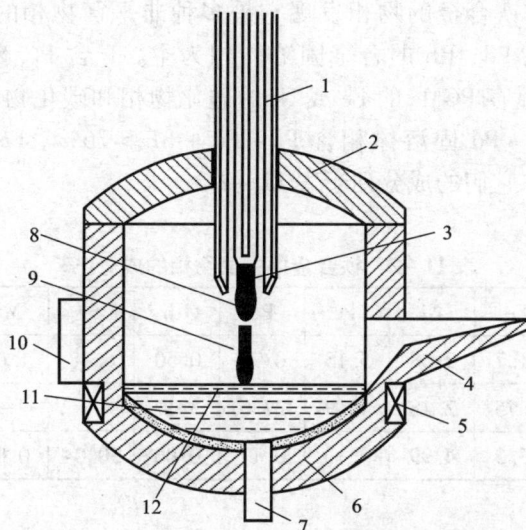

图 11 - 2　敞开式等离子电弧熔炼炉示意图

1—喷枪；2—炉盖；3—辅助阳极；4—出料口；5—电磁搅拌线圈；6—耐火材料炉衬；

7—阳极；8—铈钨极；9—等离子弧；10—炉门；11—金属液区；12—渣液

料中加入少量 CaO 作熔剂以降低炉渣熔点，使熔炼温度降至 1650 ~ 1700℃。配料的质量比为：破碎后的粉状废催化剂∶石灰粉∶铁粉∶碳粉≈100∶10∶(1~3)∶1。所有粉状物料混合后喷射入炉，处理能力为 0.82 t/h。载体与熔剂化合转变为炉渣，获得捕集了铂族金属并含少量硅的铁合金。铁合金相的产率，即铂族金属在铁合金中的富集倍数，取决于铁粉加入量及还原产生的单质硅量。铂族金属回收率取决于铁合金的回收率。当熔渣黏度较高夹裹铁合金时，还需破碎磨细后用磁选另外回收。报道的熔炼回收率(%)：Pt > 99，Pd > 98，Rh 约 87。捷克 Safina 公司在降低熔炼能耗，铁合金湿法处理产出的氧化铁返回熔炼等方面有改进[20]。

硅铁合金成分列于表 11 - 1。

表 11 - 1　等离子熔炼的铁合金化学成分/%

编号	Pt	Pd	Rh	PGMs	Fe	Ni	Cu	Sn	Si	Pb
1#	5.12	0.953	0.709	6.782	55.41	9.66	0.85	0.81	8.73	0
2#	1.92	0.656	0.178	2.754	80.50	5.63	0.52	—	0.15	< 0.3

1#铁合金含 Fe 较低，铂族金属富集约 50 倍，富集效率高，但含 Si 较高。2#含 Fe 较高，含 Si 较低，铂族金属富集约 19 倍。

赵怀志[21]研究铁合金的物相发现它是多种非平衡物相的集合体，以 Fe 或 Fe－Ni 为基体含 Pt、Pd、Rh 的合金固溶体相为主。1#含 Pt、Si 高，富集物中有 Pt－Pd固溶体相和赋存 PGMs 的 Fe 或 Ni 的硅化物相和碳化物相，还有 ε－Fe 和 Fe－C 亚稳相。Pt－Pd 固溶体相含 Pt＋Pd＋Rh＞76%，Fe－Ni 固溶体相含 Pt＋Pd＋Rh约6%，它们的成分列于表 11－2。

表 11－2　铁合金中主要物相的成分/%

物　相	Fe	Ni	Pt	Pd	Rh	Si	Mn	Cu	Sn
Fe－Ni 固溶体	71.7	2.88	5.15	0.75	0.50	6.88	1.00	0.67	0.46
Pt－Pd 固溶体	5.75	2.18	45.9	27.6	3.17	—	—	—	4.66
富 Fe、Si 相	43.3	4.99	—	0.17	0.06	50.04	0.87	—	0.20

因等离子熔炼过程在强还原气氛下进行，高温及强还原作用会使部分 SiO_2 还原为单质硅并与铁形成硅铁。进一步处理硅铁提取铂族金属。1997 年，有人针对表 11－1 中的 1#物料开展了回收工艺研究，拟定的原则工艺是：铁合金→氧化焙烧→球磨磨细→碱熔融→水浸硅酸钠→水浸渣溶解贵金属→置换出贵金属精矿→二次溶解→贵金属溶液→萃取分离铂钯铑。认为："发明了一种可处理含硅高及抗腐蚀性极强物料的新工艺，解决了国际公认的一大难题，使我国在这方面的技术处于国际领先水平"[22-24]。从铁合金到获得铂族金属富液的各成分回收率：Pt＞99.6%、Pd＞99.7%、Rh＞98.1%。作为"国家重点工业性试验项目"，建设了年处理等离子熔炼富集物20 t 的工业试验车间[25-27]。工业试验的回收率指标定为：Pt、Pd 97%，Rh 92%。遗憾的是，焙烧－碱熔处理硅铁合金的工艺不合理，如将铁合金中 Fe－Ni 金属固溶体焙烧转化为难溶于酸的氧化物反使分离贱金属的工艺复杂化，碱熔产生的硅胶严重影响固溶分离，并在萃取过程中造成分相十分困难，整体工艺流程复杂不畅通，设备不匹配，没有形成可供应用的科技成果和产业。

实际上解决上述问题可用很简单的技术方案。作者指导学生顾华祥研究了铝熔活化→酸溶贱金属 Fe、Al $\xrightarrow{}$ $HCl＋NaClO_3$ 溶解活性贵金属精矿，即可获得高浓度、高质量的贵金属溶液，分离精炼为贵金属产品。

等离子熔炼有温度特高、速度很快、气氛可控等优点，在高熔点金属及其特种功能材料制备方面，是其他火法熔炼技术无可比拟的。但作者认为它是一种特殊设备而非火法冶炼中使用的通用设备，投资大，高温熔炼条件下等离子枪及炉衬耐火材料使用寿命短(等离子枪使用寿命100～150 h)，使其在黑色及有色金属冶金领域并未广泛应用。

用于处理汽车废催化剂，虽然有铂族金属富集倍数较高的优点，但也有不少缺点：①熔炼速度快，操作过程必须快速应变，较难获得稳定的技术指标；②炉渣熔点 >1600℃、黏度大、易固化，炉渣中夹裹富集了贵金属的铁合金且较难用磁选完全回收，每吨炉渣含铂族金属低至数十克，高至数百克，很难达到可废弃的程度，还需增加新的技术措施才能部分回收；③熔炼→磁选→铁合金重熔雾化成粉→硫酸鼓风浸出铁→贵金属相互分离。精炼全过程，铂族金属的回收率指标仅达 Pt、Pd 80% ~90%，Rh 65% ~75%[28]。

显然，当用低温熔炼技术和通用设备处理汽车废催化剂能达到富集目的时，昂贵且特殊的等离子熔炼设备及技术的优点并非十分明显。应从设备及基建投资、工艺操作繁简、铂族金属回收率等各方面进行综合论证，并通过较大规模的试验进行慎重地比较和选择。

11. 2. 4　铜熔炼捕集

1. 铜锍捕集

铜熔炼是捕集贵金属的可靠技术。硫化铜精矿中极微量的贵金属皆可在熔炼时捕集在铜锍（$Cu_2S - FeS$）中。铜锍氧化吹炼除铁时捕集在粗铜中。粗铜电解精炼后从阳极泥中综合回收贵金属。用 Cu_2S、FeS、Cu 熔炼低品位废催化剂使贵金属富集在金属相或锍相中，早期曾有研究[29-31]。利用铜冶炼厂已有的设备和工艺，将含贵金属的废催化剂直接投入铜熔炼炉，最后从铜电解阳极泥中提取铂族金属，已有大规模成功应用的实例[32]。

Umicore 公司是生产铜镍铅锡等有色金属（年产量 160 kt）及稀散金属（年产 Se 600 t、Bi 400 t、Te 150 t、In 30 t）的大型联合企业。并购 Degussa 贵金属回收企业后，成为欧洲最大的贵金属生产企业。贵金属年产量高达：Ag 2400 t、Au > 100 t、PGMs 100 t。该公司对欧洲汽车废催化剂建立了使用、报废回收的监管网络，处理的各种贵金属废料中包含汽车废催化剂。

各种含贵金属废料和硫化铜精矿一起加入艾萨炉熔炼→转炉吹炼→粗铜电解→从铜阳极泥中分离回收贵金属。

该方案的优点是：①充分利用已有的有色金属冶炼工艺和设备，节省了投资和加工费用；②贵金属生产能力大，市场控制力和竞争力强；③贵金属分离精炼技术集约度高，有利于不断优化、发展技术和装备。

主要缺点是：①回收周期长，需 20 ~30 d；②铜电解残极率大，阳极泥处理过程的中间产品品种多、数量大，皆需在工艺流程中不断返回循环处理，将增大机械损失，铂族金属直接回收率较低（详见 5. 10. 3）；③汽车废催化剂的再生回收只涉及铂钯铑 3 种金属的富集、分离和精炼，加入铜熔炼炉后铂族金属在铜锍中的品位实际被贫化了，最后富集在铜电解阳极泥中，铂族金属与大量银、金、硒、碲、硫、砷等成分共存，使相互分离及提取铂族金属的工艺流程复杂化，也影响铂族金属的回收率。

因此，应用该方案的条件是：处理规模足够大，技术及经济实力雄厚；分析检测及质量控制制度健全；处理各种含贵金属中间产品及有害废气、废水、废渣的配套技术和设备完善齐备，符合安全环保要求。这些方面皆需因地制宜地进行详细的技术经济论证。

2. 氧化铜还原熔炼捕集[33-35]

按生成 $CaO - FeO - SiO_2 - Al_2O_3$ 四元系低熔点炉渣的成分要求，将磨细的堇青石废催化剂与适量的 SiO_2、CaO、FeO 及少量 K_2CO_3 等造渣熔剂、氧化铜粒和还原剂（焦炭粉）混合，在密闭电弧炉中升温至 1350～1400℃ 熔炼 5 h。放出的炉渣中 Pt、Pd、Rh 皆 <1 g/t。将捕集了铂族金属的金属铜相移入氧化炉中，用含氧40%的富氧空气通过吹管氧化吹炼，金属铜被氧化为氧化铜浮层，多次倾斜炉体放出氧化铜并水淬成粒，收集后返回熔炼新一批废催化剂。最后产出含 Pt + Pd + Rh >45%，余量主要为铜的铂族金属精矿。进一步分离铜后溶解为高浓度铂族金属溶液，分离精炼为产品。工艺特点是熔炼温度低，设备通用且工艺过程比较简单，加工费用低，无二氧化硫环境污染问题，易小规模产业化实施。该项技术应能达到 >98% 的高回收率。保证高回收率的关键是：选择的渣型应达到低熔点及低黏度的要求，操作中能使铜捕集相充分沉降分离，使贵金属在熔炼炉渣及氧化吹炼生成的氧化铜渣中机械夹裹损失最小(1～2 g/t)；氧化吹炼时防止熔体喷溅损失。

11.2.5   铅熔炼捕集[36]

专利公告的方法是：将废催化剂磨成细粉，加入 PbO、还原剂和熔剂进行铅熔炼，获得捕集了 Pt、Pd、Rh 的粗铅，粗铅产率为废催化剂量的16%～28%。粗铅置于真空炉中，在 900～1200℃ 及真空度 1～600 Pa 条件下，真空蒸馏 60～90 min 挥发铅，蒸馏残渣产率约为粗铅量的 18%～24%。残渣（贵金属富集物）中 Pt、Pd、Rh 品位 3.5%～3.8%。真空蒸馏的冷凝铅中 Pt、Pd、Rh 没有损失，含量 <1.5 g/t。全过程贵金属富集了约 20 倍。发明者认为该方法具有工艺简短，成本低廉，效率高，对环境污染较小等优点。

用含 Pt 76～118 g/t、Pd 1724～1905 g/t、Rh 23～36 g/t 的废催化剂 300～400 g 进行的 3 个实验结果列于表 11 - 3。

表 11 - 3   铅熔炼捕集及真空蒸馏的实验结果

	废催化剂（390 g）成分 /(g·t⁻¹)			熔炼产出粗铅（80 g）成分 /(g·t⁻¹)			真空蒸馏残渣（15 g）成分 /(g·t⁻¹)		
	Pt	Pd	Rh	Pt	Pd	Rh	Pt	Pd	Rh
1#	118	1724.2	35.3	422	6200	126	2250	33060	671.5

续表 11 - 3

2#	废催化剂(352 g)成分 /(g·t⁻¹)			熔炼产出粗铅(100 g)成分 /(g·t⁻¹)			真空蒸馏残渣(18 g)成分 /(g·t⁻¹)		
	Pt	Pd	Rh	Pt	Pd	Rh	Pt	Pd	Rh
	76.2	1905.7	22.9	266	6663	80	1476	37014	444

3#	废催化剂(302 g)成分 /(g·t⁻¹)			熔炼产出粗铅(50 g)成分 /(g·t⁻¹)			真空蒸馏残渣(12 g)成分 /(g·t⁻¹)		
	Pt	Pd	Rh	Pt	Pd	Rh	Pt	Pd	Rh
	101.2	1362.2	36.8	600	8155	220	2499	33977	916

全过程中熔炼粗铅是富集贵金属的关键步骤。作者认为：①虽然铅的熔点很低(327℃)，但废催化剂载体——铁质堇青石 $2FeO \cdot 2Al_2O_3 \cdot 0.5SiO_2$ 及镁质堇青石 $2MgO \cdot 2Al_2O_3 \cdot 0.5SiO_2$ 的熔点很高，熔炼温度主要取决于渣型选择及加入的熔剂种类和配比。堇青石的成分决定了只能选择化学性质稳定并便于堆存的硅铝酸盐炉渣渣型。该类渣型的熔点最低也有 1200℃，因此需配入大量熔剂(CaO、FeO)造渣，并需较高的熔炼温度(至少需 1300℃ 以上)；②若大量加入含 Na、K、B 的低熔点化合物造渣，虽可降低熔炼温度，但炉渣化学性质不稳定，易风化和水溶而污染环境，还大幅提高加工成本；③高温熔炼条件下，Pb 的挥发不可避免，在劳动安全和环境污染方面存在很大隐患；④3 个熔炼实验规模很小，Pt、Pd、Rh 回收率波动较大，1# 实验仅约 74%，2#、3# >98%，这显然与熔炼条件和渣型选择有直接关系；⑤富集物中贵金属品位较低(<4%)，还含大量 Pb 和硅铝酸盐，进一步提高品位及溶解、分离技术不完整。因此，该发明离形成实用技术尚有很大差距。

11.2.6　物相重构熔炼 - 精炼工艺

用湿法浸出汽车废催化剂中的贵金属(详见 11.2.7)时，产生一种含 Pt + Pd + Rh 合计 100~150 g/t 的浸出残渣。为进一步回收其中的贵金属，作者指导汪云华博士将该课题作为昆明贵金属研究所博士后流动站进站课题，研究了物相重构熔炼技术处理浸出残渣或直接处理废催化剂[37-38]。直接处理废催化剂的工艺流程见图11-3[39-40]。

1. 物相重构熔炼

物相重构熔炼可处理三种成分的物料(见表 11 - 4)。

失效催化剂

破碎磨细预浸 → 浸出液 → 回收铝镁 → 母液返回预浸

浸出渣

熔剂、还原剂、捕集剂、添加剂 → 物相重构熔炼 → 炉渣 → 废弃

合金相

粉 化

H₂SO₄ → 酸溶活化 → 浸出液 → FeSO₄副产品

活性贵金属精矿

HCl+NaClO₃(或Cl₂) → 溶 解

溶剂萃取分离、精炼

铂、钯、铑产品

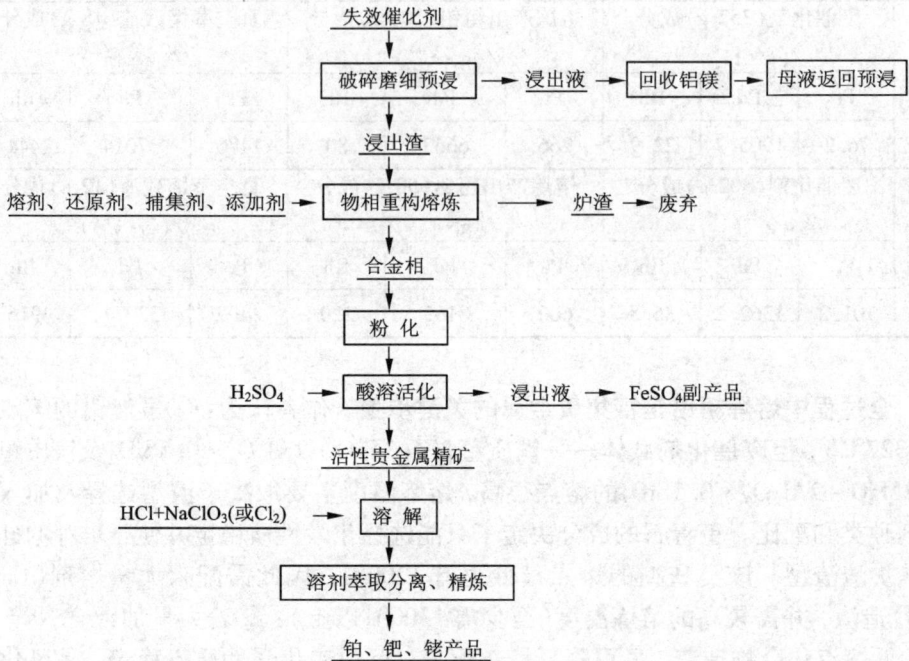

图 11 - 3   处理汽车废催化剂的工艺流程

表 11 - 4   三种物料的代表性成分

物料编号	铂族金属品位/(g·t⁻¹)				载体主要成分/%			
	Pt	Pd	Rh	合计	SiO₂	Al₂O₃	MgO	CaO
A	108	19.5	46	173.5	48.4	14.9	0.56	0.02
B	334	499	179	1012	37.3	32.5	10.1	1
C	337	911	132	1380	39.8	24.6	4.5	<0.5

三种物料各批次的贵金属含量分析数据有一定的波动范围，表 11 - 4 的数据是有代表性的成分。A 号物料是废催化剂湿法浸出贵金属后的残渣，贵金属品位约 150 g/t，仅为原失效催化剂贵金属品位的 1/7，脉石成分以 SiO_2 为主，次为 Al_2O_3，含少量 MgO、CaO。B 号物料是未经任何处理的废催化剂，铝、镁氧化物含量高。C 号物料是用酸预浸部分镁、铝、钙氧化物后的贵金属富集物。按选择的渣型，配入熔剂、还原剂、捕集剂、添加剂后压球，加入 100 kVA 直流电弧炉于 1400℃熔炼。熔炼 3 种物料的扩大试验结果列于表 11 - 5。

表 11-5　物相重构熔炼扩大试验结果

物料	投料量/kg	捕集相产率/%	渣相产率/%	渣中贵金属含量/(g·t⁻¹)		
				Pt	Pd	Rh
A 物料	8.0	44.4	171	0.3~0.5	0.2	<0.5
B 物料	5.0	60	320	0.2~0.6	0.1~0.7	0.5
C 物料	10.0	50	129	0.5~1	0.1~0.35	0.1

熔炼渣密度 3.25 g/cm^3，渣中铂、钯、铑含量皆 <1 g/t，可直接废弃。合金相密度 6.91 g/cm^3，捕集回收率皆 >99%。熔炼电炉连接布袋收尘系统。在 25 kg 中试熔炼后收集到烟尘量 286 g，含(g/t)：Pt 106、Pd 57、Rh 31。烟尘中分配率(%)：Pt 0.16、Pd 0.11、Rh 0.16。烟尘返回制粒熔炼回收其中的贵金属。

三种物料相比，熔炼 A 种物料，实际上使贵金属的回收被分成了两条线，不仅全工艺流程复杂，加工费用高，且影响铂族金属回收率。直接熔炼废催化剂，熔剂消耗比例及炉渣产率较大，能耗较高。熔炼 C 种物料，比直接熔炼废催化剂的熔剂和能源消耗皆可降低 50% 以上。因此熔炼 C 种物料比较经济合理。

预浸条件是：废催化剂磨细后用 2 mol/L 稀硫酸溶液，按固液比 1:4，在耐酸搪瓷反应釜中 90℃ 浸出废催化剂 6 h。加水稀释 2 倍后 60℃ 搅拌 0.5 h，加入沉淀剂 0.45 kg 及少量絮凝剂搅拌 10 min 后过滤，即可获得 C 种物料。处理废催化剂 105 kg 的扩大试验表明，滤液中 Pt、Pd、Rh 含量皆 <0.0001 g/L。预浸的溶液含(g/L)：Al 3.5、Mg 1.6、Ca 0.7、Si 0.2。加温至 80℃，加入石灰粉中和溶液至 pH 5 沉淀 Al。过滤后滤液继续加入石灰粉调 pH 12 沉淀 Mg。滤液中 Al、Mg 浓度皆 <0.0005 g/L，沉淀率 >99%。沉淀带走了大量结晶水，使最终滤液体积减少 30% 以上，该体积刚好可返回预浸过程稀释硫酸配制浸出液。循环返回使用不影响预浸指标。浸出一吨失效催化剂，从溶液中沉铝镁的石灰粉用量约 0.8 t，处理成本低。铝、镁沉淀物可分别综合利用。预浸渣按预设程序熔炼获得捕集了铂族金属的铁合金相。

2. 提取铂族金属精矿

铁合金相用标准设备在惰性气氛下重熔喷雾制粉，用稀硫酸常温浸出，浸出反应速度很快。浸出液可综合利用，铁矾($FeSO_4 \cdot 7H_2O$)是副产品之一。浸出液中 Pt、Pd、Rh 浓度皆 <0.0005 g/L，没有化学损失。产出的铂族金属富集物品位取决于原始物料中的品位。处理约 170 g/t 品位的 A 种物料，获得的铂族金属富集物品位 >1.6%，富集约 160 倍。处理 1000~1300 g/t 品位的 B、C 种物料，铂族金属粗精矿品位 >7%（Pt 2.08%~2.3%，Pd 3.24%~3.62%，Rh 1.05%~1.16%），富集约 70 倍。

3. 精矿溶解

铂族金属富集物或粗精矿的溶解活性很好。用 6 mol/L 浓度盐酸 + 氯酸钠，90℃条件下溶解品位约 7% 的粗精矿，Pt、Pd、Rh 溶解率 > 96%。不溶渣率 0.2%，渣中贵金属含量约 1000 g/t，可直接闭路返回物相重构熔炼回收。获得的贵金属溶液成分列于表 11 – 6。

表 11 – 6　贵金属溶液成分

批次	料液成分/(g · L^{-1})							
	Pt	Pd	Rh	Fe	Pb	Bi	Sb	Sn
1	3.24	8.55	1.73	3.04	0.0092	< 0.0005	0.033	0.14
2	2.95	8.19	1.60	5.33	0.017	< 0.0005	0.029	0.30
3	2.84	7.63	1.60	4.97	0.011	<0.0005	0.044	0.19

4. 铂族金属分离精炼

上述贵金属溶液中主要杂质元素是铁。用水解、离子交换、萃取等技术除铁可能造成铂族金属的二次分散。研究了没有贵金属分散损失的转态重溶技术。拟定的分离精炼工艺为：贵金属料液→转态重溶→离子交换分离贱金属→S$_{201}$萃钯→TBP 萃铂→萃残液精炼铑。

1）转态重溶。获得高浓度高质量的铂、钯、铑混合溶液，成分为

元　　素	Pt	Pd	Rh	Fe	Pb	Bi	Sb	Sn	pH
含量/(g · L^{-1})	15.99	43.11	8.74	0.47	0.03	< 0.0005	0.16	0.78	0.5 ~ 1.5

2）离子交换除贱金属。用强酸型苯乙烯系阳离子交换树脂(732 或 001 × 7 型)，经去离子水清洗→盐酸浸泡→去离子水洗涤至 pH 5 ~ 7 后装入交换柱。铂钯铑混合溶液经两次交换分离贱金属，流出液中 Fe、Pb、Sn、Zn 皆 <0.0005 g/L，Bi、Sb、Cu、Al、Mg、Ca、Si 皆 <0.0001 g/L。离子交换过程的 Pt、Pd、Rh 直收率分别为 99.68%、99.67%、99.11%。树脂再生液中含 Pt 0.007 g/L、Pd 0.031 g/L、Rh 0.016 g/L，用锌置换回收。

铂、钯、铑混合溶液可直接用水合肼($N_2H_4 \cdot H_2O$)还原产出纯的三元混合金属粉末。但因目前制造汽车尾气净化催化剂的前驱体化合物主要是硝酸盐 $[Pt(NO_3)_2$、$Pd(NO_3)_2$、$Rh(NO_3)_3]$及铂乙醇胺等化合物，各种化合物的合成方法及使用比例不同，浸渍在蜂窝载体上的顺序也不同，所以铂、钯、铑混合溶液不能

直接用于生产汽车尾气净化催化剂，而必须进一步分离精炼为纯金属。

3）萃取分离精炼 Pd。用中国合成、筛选并成功应用的萃取剂二异戊基硫醚——S_{201}萃钯，速度快，选择性高，萃取工艺稳定。30% S_{201} + 20% 二乙苯 + 50% 正十二烷，O/A = 1∶1，萃取 4 级（$t = 5 \sim 8$ min）。萃残液钯浓度 0.0009 g/L，萃取率 99.98%；O/A = 2∶1，稀盐酸洗涤 2 级（$t = 5 \sim 8$ min）；O/A = 1∶1，稀氨水反萃 2 级（$t = 5 \sim 8$ min）。反萃液用盐酸酸化 - 氨水配合提纯 3 次后，用水合肼还原 Pd(NH_3)$_4Cl_2$产出海绵钯，洗涤烘干为产品，光谱定量分析，海绵钯纯度 99.99%。萃取 - 精炼直收率 95.65%。反萃后有机相用 2% 氯化钠溶液，O/A = 1∶1，$t = 5 \sim 8$ min 再生一级，再用 2 mol/L 浓度盐酸，O/A = 1∶1，平衡二级（$t = 5 \sim 8$ min）后复用。

4）TBP 萃取铂。萃钯余液通氯气氧化，使铂保持为 Pt(Ⅳ)，调整盐酸浓度为 4 mol/L 后用 100% TBP 萃取。O/A = 1∶1，萃取 3 级（$t = 5 \sim 8$ min）。萃余液铂浓度 <0.0005 g/L，萃取率 99.99%。O/A = 1∶1，稀盐酸洗涤 2 级（$t = 5 \sim 8$ min）。O/A = 1∶1，10% 氢氧化钠溶液反萃 2 级（$t = 5 \sim 8$ min）。反萃液过滤、酸化、浓缩，加入氯化铵精制两次，得到的氯铂酸铵煅烧得海绵铂，光谱定量分析，海绵铂纯度 99.95%。萃取 - 精炼直收率 96.87%。反萃后有机相用去离子水，O/A = 1∶1，再生 1 级（$t = 5 \sim 8$ min）。用 4 mol/L 盐酸 O/A = 1∶1，平衡 2 级（$t = 5 \sim 8$ min）后复用。

5）精炼铑。萃铂余液浓缩后加碱调节至 pH >10，用水合肼还原，铑粉经洗涤→烘干→氢还原为产品，光谱半定量分析铑粉纯度 99.95%。在全部萃取精炼过程中，铑直收率为 92.33%。

6）萃取流程的金属平衡。离子交换柱的再生液、萃钯和萃铂过程产生的洗涤水、铂钯铑精炼过程产生的尾液全部合并，用锌置换回收其中的微量贵金属，获得的置换渣含 Pt 2.11%、Pd 10.06%、Rh 3.29%，溶解后并入离子交换。精炼工艺扩大试验的总收率：Pt、Pd >99%，Rh >97%。金属平衡列于表 11 - 7。

表 11 - 7　铂、钯、铑金属平衡表

金属	混合溶液中含量/g	获得的纯金属产品量/g	直收率/%	送分析样品损耗/g	待回收渣中量/g	总收率/%
Pd	86.22	海绵钯 82.46	95.64	0.87	2.05	99.03
Pt	31.98	海绵铂 30.98	96.87	0.29	0.43	99.12
Rh	17.48	纯铑粉 16.14	92.33	0.21	0.67	97.37

5. 全工艺评价

①能用普通矿热电炉在 ≤1400℃ 温度下熔炼，炉渣中铂族金属含量 <2 g/t，

可废弃堆放，不污染环境，主体设备及配套设备简单，易规模化生产；②熔炼时通过物相重构过程自生的新生态铁高效捕集铂族金属；③铁合金捕集相粉化后能用稀硫酸常温浸出铁获得铂族金属精矿，浸出液可综合利用铁，浓缩产出铁矾副产品；④铂族金属精矿溶解活性很好，获得的高浓度铂族金属溶液，能直接用溶剂萃取技术分离精炼为产品；⑤工艺周期短，生产操作安全，环境友好，从废催化剂到产出 Pt、Pd、Rh 产品的全工艺回收率皆 > 96%。缺点是熔炼段的富集倍数较低。

11.2.7 直接氧化酸浸废催化剂提取铂、钯、铑

用 HCl + Cl$_2$ 溶解贵金属精矿（称为"水溶液氯化法"）是贵金属冶金中的通用技术。废催化剂磨细后，在盐酸介质中加入 NaClO$_3$、NaClO、H$_2$O$_2$ 等氧化剂或通入 Cl$_2$ 气，加温搅拌下可溶解铂族金属。优点是工艺简单，可在耐酸搪瓷反应釜中大批量实施，浸出液可用置换、沉淀等方法从溶液中二次富集产出铂族金属精矿，再分离精炼为产品。20 世纪 70 年代国外开始研究用该技术处理废汽车催化剂[41-46]。早期研究的浸出指标都不高。用 HCl + Cl$_2$ 在约 90℃ 浸出 4 h，Pt、Pd 浸出率仅约 90%，Rh 80%。浸出率不高的原因是：在汽车高温尾气长期作用下，附着在催化剂载体表面的部分金属微粒向载体内层渗透，或部分被烧结聚集，或部分被载体釉化包裹，或转化为化学惰性的氧化物。为提高浸出率，研究过多种预处理措施：①若有铂族金属向载体内层渗透或釉化包裹时，废催化剂应细磨或煅烧转变氧化铝的状态，或先用少量稀酸或稀碱液溶解部分载体，暴露铂族金属溶解表面；②若铂族金属有硫化、磷化现象时，用氧化焙烧或在含 3% H$_2$ 的氮气中 800℃ 还原焙烧破坏硫、磷化物；③为减少 HCl 消耗，可加入部分 AlCl$_3$ 提高 Cl$^-$ 浓度，浸出液结晶出 AlCl$_3$·6H$_2$O 后，再水解再生 HCl 复用；④预先用强还原剂（如碱性硼氢化钠溶液）处理，使某些难溶氧化物转变为易溶金属状态，再用盐酸加氧化剂浸出铂族金属；⑤溶解时加低频交流电场，或加压至 10^5 Pa 并导入氧化氮催化等方法提高浸出率。

1996 年陈昌禄[47-48]研究了氧化酸浸铂钯铑的工艺流程：废催化剂破碎磨细→硫酸化焙烧预处理→盐酸 + 氯酸钠浸出→锌粉置换→贵金属富集物碱液浸出脱硅→盐酸中和洗涤→盐酸 + 双氧水溶解→贵金属溶液→分离精炼。吨级扩大试验的回收率为：Pt 97.5%、Pd 96.5%、Rh 96.4%。氧化酸浸工艺进一步改进后，在贵研催化剂公司建立了生产线。Pt、Pd、Rh 混合溶液可用选择性沉淀技术或溶剂萃取技术法分离精炼[49]。余建民进一步完善了 S$_{201}$ 萃分钯→TBP 萃分铂→回收铑的萃取分离工艺[50]，并于 2006 年在贵研催化剂公司应用于生产。

因直接氧化酸浸方案设备简单，易小规模生产，近几年仍有改进研究。如：①李耀威等[51]用 HCl + H$_2$SO$_4$ + NaClO$_3$ 混合溶液浸出；②针对成分复杂，铂、钯、

铑浓度很低(合计约 0.1 g/L),酸度及贱金属(Al、Mg、Ca)浓度高,还可能含硅酸的溶液,研究了阴离子交换树脂(R410)吸附铂、钯,再从树脂中用硫脲淋洗回收[52],或用高氯酸溶液淋洗解吸等方法[53-54]。

如针对含(%)Pt 0.184、Pd 1.23、Rh 0.083 的废催化剂,用 3~4 mol/L HCl + 10~14 mol/L H_2SO_4 + $NaClO_3$,在固液比 1:4 及 110~120℃下溶解 2 h,浸出率(%)为 Pt 98.4、Pd 98.7、Rh 97.6。用 R410 离子交换树脂吸附,吸附率(%)Pt 99.2、Pd 99.43、Rh 约 0。负载树脂用 10%~20% 高氯酸溶液解吸,解吸率(%)Pt 99.68、Pd 99.8。从解吸液中分离精炼 Pt、Pd。离子交换尾液加热至 80℃用 Cu 粉置换 Rh。批次处理 25 kg 废催化剂的全过程回收率(%)为 Pt 96.7、Pd 97、Rh 约 90。这些方法的主要问题是:①离子交换低浓度溶液使处理的溶液体积及试剂消耗量较大;②从交换尾液中铜置换的产物量极少,影响铑的回收率;③交换尾液中 HCl + H_2SO_4 浓度高,还含铝、镁、铁、钙等成分,难处理且治污费用高。

总之,水溶液氯化技术原理简单,使用普通化学试剂,在普通设备(耐酸搪瓷反应釜)中就能完成,产出铂、钯、铑富集物后,处理规模小,分离精炼技术成熟,全工艺易小规模生产。但该工艺有几个严重缺点:①化学试剂的腐蚀性强,设备、工程防腐要求高,劳动安全隐患大;② 酸耗及废液数量大,废液成分复杂不易利用,浸出后的泥浆状废渣不易堆放,皆有环境污染隐患,环保难达标;③硅酸盐分解可能产生硅胶影响固液分离;④不同批次物料的浸出率不稳定,常有约 10% 的波动,即使浸出率达 96% 以上,残渣中贵金属含量仍高达 100~150 g/t,很难将其降到可废弃的程度($< x$ g/t),还需用其他方法从残渣中进一步回收,将使工艺复杂化并增加加工费用。因此,该工艺大规模应用受到制约。2009 年有人对浸出 - 溶剂萃取技术进行了重复研究[55-58],但各项指标并没有明显的改善。

11.2.8　加压氰化

在碱性介质中加压氰化可溶解废催化剂中的 Pt、Pd、Rh。反应原理与氰化溶解 Au 类似,以 Pt 为例反应为:

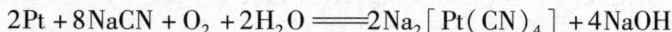

$$2Pt + 8NaCN + O_2 + 2H_2O =\!=\!= 2Na_2[Pt(CN)_4] + 4NaOH$$

Pd、Rh 也生成相应的可溶性氰酸钠盐 $Na_2[Pd(CN)_4]$ 和 $Na_3[Rh(CN)_6]$。

1991 年美国开始研究该方法[59-60],申报了专利[61-62]。当时的催化剂有小球状和蜂窝状两类。针对含(g/t):Pt 435、Pd 186、Rh 25 的小球状废载体催化剂,磨细后用含 1% NaCN 的溶液浆化入高压釜,升温至 160℃氰化 4 h,浸出率可达(%) Pt 94、Pd 97、Rh 98。氰化液重新加入高压釜中升温至 250℃处理 1 h,使溶液中的铂族金属还原为金属状态,还原率可达到 99.8%,获得的精矿品位 >70%,高温高压下溶液中的氰化物被转化为无毒的碳酸盐,残余氰化物浓度 < 0.2 g/m^3,排放无害。

针对含(g/t): Pt 688、Pd 238、Rh 43 的蜂窝状废催化剂,用 5% NaCN 溶液,按固液比 1:5,160℃ 氰化 1 h,氰化浸出率仅分别达(%): Pt 84 ~ 87、Pd 67 ~ 75、Rh 71 ~ 79。若用 1.25 mol/L NaOH 于 85℃ 预浸 1 h,过滤烘干后再氰化[63],浸出率可分别提高至(%): Pt 91、Pd 85、Rh 84。因回收率指标不高及高温高压下使用高浓度氰化物的劳动安全及环保问题,未见生产应用。

2001 年国内有人开展了类似的研究,并申报了发明专利[64-67]。主要试验结果见表 11 - 8。

表 11 - 8　加压氰化废汽车催化剂回收铂族金属的试验结果

试验编号	原料中品位/(g·t^{-1})				氰化渣中品位/(g·t^{-1})				氰化浸出率/%
	Pt	Pd	Rh	合计	Pt	Pd	Rh	合计	
1#	695	359	8.3	1062.3	10.6	3.3	0.5	14.4	90
2#	860	1200	385	2445	19.1	24.2	22.8	66.1	90
3#	1151	1130	248	2529	26	21	13	60	92

注: 1# 试验为两段氰化浸出结果,其他为一段氰化。

两段氰化浸出率仅约 90%。重要的技术改进是增加加压碱浸预处理,可消除废催化剂表面积炭、油污及溶解部分铝氧化物,消除对铂族金属微粒的包裹后,可提高铂钯氰化浸出率至 95% 以上。拟定的工艺流程[68-69]为: 废催化剂→破碎磨细→加压碱浸→过滤→一段加压氰化→过滤→二段加压氰化→过滤→从氰化液中提取铂族金属精矿→分离精炼为铂钯铑产品。即废催化剂破碎湿磨至 - 74 μm 占 90%,在液固比 4:1、碱用量 10%、通氧压力 1.0 MPa(总压 2.0 MPa)、160℃ 条件下氧压碱浸 2 h。过滤后的碱浸渣,在液固比 4:1、总压 2.0 MPa、160℃ 条件下用 1% ~ 5% 氰化钠溶液浸出 2 h。过滤后的氰化渣用相似条件进行二段氰化浸出,氰化液返回一段浸出,氰化渣率 60%。从一段氰化液中用锌粉置换出铂族金属精矿。两段氰化放大试验(批次 5 kg)结果见表 11 - 9。

表 11 - 9　两段氰化放大试验结果

批号	废催化剂原料品位/(g·t^{-1})				氰化浸出渣品位/(g·t^{-1})				两段氰化溶解率/%		
	Pt	Pd	Rh	合计	Pt	Pd	Rh	合计	Pt	Pd	Rh
CHJ - 1	727	593	183	1503	49	26	30	105	96	97	90
CHJ - 2	991	461	232	1684	84	17	34	135	95	98	91
CHJ - 3	718	595	173	1486	50	28	23	101	96	97	92

该项工作研究了铂族金属在高压氰化时的化学行为，增加一段加压碱浸比国外报道的指标有提高，工艺结构上有改进。但遗憾的是，十多年来在废汽车催化剂再生回收将成为一个大产业的背景下，国内外企业却没有千方百计地将其转化为产业抢占市场。作者认为，其原因主要是该研究与冶金技术的实际要求还有较大的差距。如：①高温(160℃)高压(2.0 MPa)条件下使用高浓度剧毒氰化物，设备使用中难以完全避免的跑冒滴漏，大体积氰化矿浆的固液分离和置换等过程，对操作人员和环境都存在极其危险的氰化物毒害隐患；②置换后的大体积母液及大量氰化渣中所含的剧毒氰化物，将造成严重的环境污染隐患，其排放或堆存，都很难符合环保的严格要求；③氰化液中铂族金属浓度低(0.2～0.5 g/L)，锌粉置换产物数量很少(2～5 g/m³)且呈微细分散悬浮状态，过滤大体积溶液时，贵金属微粒漂逸及穿滤损失很难避免，不可能达到实验室的回收率指标；④最后废弃的氰化渣中还残留铂钯铑约 100 g/t，不能废弃又很难进一步回收，工艺不完整；⑤三段加压浸出所需高压釜及矿浆(溶液)加温、冷却、固液分离的能耗及设备规模大，加压及控温的配套设备多，不仅基建、设备投资大，而且操作过程复杂。

显然，上述技术、经济和环保等方面存在的问题，使该项研究不具备转化为产业化实用技术的基本条件。若认为该工艺"具有无有害废渣及废气排放，废液易处理，排放污染小，操作环境好，使用设备少，厂房面积小，建设投资小，加工成本低，能耗低，属清洁、短流程新工艺，符合冶金行业可持续发展要求，具有实用意义"等优点和属性[70]，是被严重夸大了。

11.2.9　高温氯化挥发

铂族金属在高温(600～1200℃)下可被氯气氯化形成可溶性氯化物，或呈气态氯化物挥发。20 世纪 60 年代我国即在金川资源综合利用中应用氯化焙烧(600℃)－浸出技术从矿物原料中提取铂钯。

用高温氯化(或挥发)法从某些成分简单的废催化剂中提取铂族金属，早年有些研究报道[71-74]。废催化剂配入 NaF、CaF₂ 或 KCl、NaCl、CaCl₂ 等氯化剂中的一种，在密闭高温炉中通入 Cl₂ 或 Cl₂ + CO₂、CCl₄ 等气态氯化剂，1000～1200℃高温氯化，挥发的铂族金属氯化物导入水或氯化铵溶液吸收。该方法即使能达到其他方法的铂族金属回收率指标，但环境污染大，大型耐高温、耐氯化物腐蚀的设备及材质等问题很难解决，不具备大规模应用的条件，业界已很少继续研究。

11.2.10　从金属载体及含稀土废催化剂中回收铂、钯、铑

1. 从金属载体废催化剂中回收铂、钯、铑[75-76]

如用 50 μm 的铁素体(20Cr－5Al－Fe)或不锈钢带卷制成多层同心波纹圆筒

形或方形蜂窝状载体代替陶瓷，金属片表面浸渍活性 Al_2O_3、二氧化铈、氧化锆后烧结，再浸渍 Pt、Pd、Rh 的可溶盐，煅烧为载体催化剂，具有强度高、表面积大、对温度变化适应性好等优点。每个催化剂约含 Pt 0.3 g、Pd 2.3 g、Rh 0.3 g。此类废催化剂的再生回收比较简单。如：①直接酸溶载体金属，获得铂族金属富集物，再分离氧化铝后产出铂族金属精矿；②用含二氧化硅、氧化铝、氧化钛的溶胶、多糖类有机物（羟乙基纤维素）或热固化性树脂浸渍废催化剂，然后急热 - 急冷使催化剂层剥落；③用含铁粉或细砂的高速空气流喷射剥离催化剂层；④在液氮中急冷使载体金属脆碎后分离；⑤用含氢氧化钠、硫代硫酸钠、水合联氨或稀王水溶液浸出活性氧化铝层，收集脱落的铂族金属。

前 4 种方法分别有破坏载体产生大量贱金属溶液污染环境，活性催化剂层回收率低，贵金属中混入大量杂质等缺点，第 5 种方法应是研究发展方向。中津滋[77]研究比较了两种方法：①用 20% H_2SO_4 + 2% HNO_3 混合溶液 85℃ 浸泡 5 h，重复浸泡两次，洗涤后载体完好，Pt、Pd、Rh 剥离率皆达 99.9%。含活性涂层的溶液加入 Fe 粉置换可能溶解的铂族金属，过滤后的滤渣用王水溶解后分离精炼；②用 30% H_2SO_4 + 5% 膦酸混合溶液 80℃ 浸泡 5 h，重复 3 次，载体有部分溶解损坏情况，且 Pt、Pd、Rh 剥离率皆 <75%。

作者认为，这类催化剂虽然生产技术比堇青石载体催化剂简单，但可能存在 Al_2O_3 催化层与载体金属片之间附着不牢，汽车高温尾气反复急冷急热易导致催化层脱落并随尾气排出成为永久损失等问题，其开发应用受限。

2. 从含稀土金属汽车废催化剂中回收有价金属

中国的稀土金属资源极其丰富，为节约铂族金属用量，已开发出铂族 - 稀土化合物催化剂进入市场[78-79]。载体仍然是堇青石，加入稀土元素铈（Ce）、镧（La）、镨（Pr）、钕（Nd）、钐（Sm）后，可提高活性 Al_2O_3 层的表面积及铂族元素的分散性、催化剂的热稳定性及尾气中 CO、NO_x 的离解速率和转化率[80]。贵研催化公司自主创新品牌——铂族 - 稀土催化剂，已超过年产 100 万升的产能，在国产品牌汽车、美系上汽通用、法系神龙、标致 - 雪铁龙等合资品牌汽车中装载使用。国内市场份额不断扩大，并已进入全球采供体系。但目前尚未进入大批量失效催化剂回收周期，回收工艺研究尚未真正起步。显然，再生回收技术和工艺必须论证稀土金属的回收价值，考察其走向行为，研究稀土和铂族金属的分离精炼技术，调整工艺结构，尽量实现综合利用。这个全新课题应引起业界积极关注。

11.2.11 各种技术综合比较

从汽车废催化剂中再生提取铂族金属是世界性课题，研究十分活跃，技术开放方兴未艾，产业将越来越大。本节介绍的各种技术和工艺虽都能达到再生回收铂族金属的目的，但用收率、消耗、安全、环保、效益、效率（处理周期）、基建设备投资及产业化实施难易等综合指标进行衡量和比较，湿法技术中的加压氰化没有应用价值，氯化浸出将最终淘汰。火法熔炼富集具有更强的适应性和实用性，产生的二次废弃物能符合环保要求。目前世界上一些著名的贵金属回收厂几乎都采用火法熔炼富集。火法富集工艺中，物相重构熔炼、等离子熔炼、铜熔炼和铅熔炼等富集技术，在综合利用程度、技术经济指标等方面各有优缺点。中国正在积极发展这个产业，应从是否更易产业化实施，是否符合绿色、循环冶金工艺的要求、设备基建投资及经济效益等方面，比较各工艺的科学性、合理性和实用性，作者希望具有自主知识产权的物相重构熔炼工艺，能在较大规模试验及试生产中不断地检验、优选、改进和完善。

11.2.12　催化剂使用中铂族金属的损失

汽车尾气净化催化器在净化尾气中有害气体的同时，也有部分铂族金属微粒会随尾气排出造成损失，高速公路沿边土壤、植物中的浓度有不断增加的趋势，还有的进入城市垃圾。其中铂族金属的含量与不同地区的风速、雨量及汽车使用量等因素有关。在有些地区，排入大气的铂族元素以 5 ~ 20 nm 的气雾颗粒飘浮，在高速公路沿线草坪的干草样品中，其含量(mg/t)达 Pt 8.6、Pd 3.2、Rh 0.6，在交通沿线土壤中 Pt 浓度达 7.0 ~ 23.7 mg/t，比地球化学背景值 2 ~ 5 mg/t 高很多。对环境影响及如何回收这两个问题，已引起了业界的关注。赵青[81]对环境影响问题进行了归纳综述，提出了需进行更精确地研究、评估的想法。作者认为：从催化器中损失进入大气、土壤、植物中的铂族元素含量极低，且主要呈惰性的金属或氧化物状态，对环境的影响尚不足以令人忧虑；从二次资源利用的角度，在汽车十分密集的城市或地区，其垃圾焚烧厂的炉灰中是否含铂族元素，品位多高，则应关注。据报道，英国在这方面已经起步，每年可从焚烧垃圾的炉灰中回收少量(约数十千克)铂族金属。

11.3　从电子废料中回收贵金属

电子废料包括电子元器件和构件制造中产生的废品、残料、废印刷电路板以及报废的电脑、电器、手机等。我国每年约有数百万台电脑、电视及其他家用电器，数千万部手机被淘汰，其中含有大量贵金属。粗略统计，500 万台电脑中约含 Au 4.2 t、Ag 30 t、Pd 1.5 t。5000 万部手机中约含 Au 140 kg、Ag 1 t、Pd 50 kg。合计有 Au 4.34 t、Ag 31 t、Pd 1.55 t 及少量 Pt。这是一笔很大的财富，中国很多小企业和作坊一直在进行回收利用。电子废料主要是回收 Au、Ag，Pd、Pt 的回收量在所有二次资源再生回收总量中仅占很小比例。

电子废料量大，贵金属品位低，含大量 Cu、Sn、Pb 及胶木和塑料，成分很复杂。作坊式处理主要用焚烧法分解胶木和塑料，烧渣用硝酸或王水溶解，再从溶液中分离和回收贵金属[82]。这种方法的材料利用率及贵金属回收率低，环境污染严重。周全法[83]建议，应分区建立专业的拆解厂，将其拆解并分类：①可返回利用的元器件及易再生利用的塑料、导线等；②易造成环境污染的物料；③含有色金属和贵金属的废弃元器件、电路板等。对于后者，最有效的处理工艺是密闭回转炉焙烧→鼓风炉或电弧炉中熔炼→获得捕集了贵金属、以铜为主的金属相进行电解，从铜阳极泥中回收 Au、Ag、Pd、Pt。

姚洪[84]研究的方法是：电子废料→粉碎、磨细、筛分→粗料磁选分离含铁组分→小于 40 目的细粉用 $HCl + H_2O_2$ 溶解两次→含贵金属溶液加入适量 Na_2SO_4 沉淀铅→铁粉置换→含 $Cu > 50\%$、贵金属 2% 的贵泥用 $HCl + NaClO_3$ 加温至 65℃ 浸出两次→Pt、Pd、Au、Cu、Pb、Sn、Fe 混合溶液→分离精炼为贵金属产品。处理 35 t 废元器件，产出金属 Pd 28.18 kg，Pt 5.2 kg，Au 150 kg。Pt、Pd 纯度 99.95%，回收率分别达 97.4% 和 96.5%。

曹人平[85]研究了从废旧手机中回收金钯银的方法。分离外壳和电池后破碎主板，水漂洗轻质胶木粉屑获得含 Au 0.92%、Pd 0.38%、Ag 1.67% 的沉积物。首先在 600℃ 下煅烧分离非金属组分，用 25% HNO_3 溶液在 60~80℃ 温度下溶解 Ag、Pd，溶解率皆 > 98.5%。向溶液中加入 NaCl 沉淀出 AgCl，从沉银母液中回收钯。硝酸不溶渣用王水溶解金，亚硫酸钠还原为粗金。全过程金、钯、银回收率皆 > 95%。

张潇尹[86]将印刷电路板破碎后分离胶木等有机物，获得如下成分的含金属粒料：

金　属	Sn	Fe	Ni	Pb	Zn	Mg	Cu	Au	Ag	Pd	Pt
				%						g/t	
含　量	5.5	1.9	1.7	1.4	1.2	0.2	0.1	324	1 000	218	63

研究了一种特殊的浸金技术，即加入 MnO_2 及 NaSCN 溶液，在 pH = 1~2 室温下浸金，浸出率 96%。该物料必须全面综合利用，但未考察其他金属的走向行为。

11.4 从各类载体废催化剂及其他废渣中回收铂、钯

各类载体催化剂广泛用于化工及石化工业，如蒽醌法生产双氧水、合成尿素、合成氨原气中脱除 CO、苯加氢合成环己烷、低浓度有机挥发物催化燃烧、石油精炼中重整、异构、裂解、加氢、脱氢等反应。各类载体中以使用 Al_2O_3 最多，

还有少量使用 SiO_2、$CaCO_3$ 载体。主要使用铂、钯两种金属，形成 Pt/Al_2O_3、Pd/Al_2O_3 两个系列，随使用目的不同，催化剂铂、钯含量为 0.01% ~ 0.5%，属低品位废料。Al_2O_3 载体废催化剂多为 3 ~ 5 mm 的粒球状或圆柱状，载体的晶态结构分为 α 型和 γ 型，两者酸溶性差别很大，α 型不溶于酸，而 γ - 型则易溶于酸。该类废催化剂成分简单，仅涉及单个铂或钯的回收问题。

再生回收技术的关键是铂或钯与载体有效分离，提取出铂钯富集物或粗金属。一种方法是直接用酸或其他化学试剂搅拌（或渗滤、浸泡）浸出铂、钯，再从溶液中用阴离子交换、锌（或铁、铝）置换、活性炭吸附、硫化钠沉淀、乙基黄药沉淀等方法富集。相反的方法是浸出载体获得富集铂、钯的残渣。两种方法提取出铂、钯富集物或粗金属后，进一步精炼为纯金属不存在任何技术困难。以下将通过实例简要介绍处理各种废载体催化剂的工艺原理、条件及指标。

11.4.1　直接溶解 Pd、Pt

1. 从 Al_2O_3 载体废催化剂中回收 Pd、Pt

某些 $Pd/γ - Al_2O_3$ 废催化剂在高温还原气氛中使用，废催化剂中钯以溶解活性很好的状态存在，无需氧化酸溶。而 $Pt/γ - Al_2O_3$ 载体废催化剂中的 Pt 则需氧化酸溶。

1）HCl 直接浸出 Pd[87]。石油精炼中加氢裂化过程的废催化剂，含 Pd 约 0.3%，用 6 mol/L HCl 在液固比 4:1、80 ~ 90℃ 下浸出 1 h。过滤后二次浸出，浸出渣含 Pd <50 g/t。滤液用铁从溶液中置换钯，再重溶精炼为纯钯，冶炼回收率 >96.5%，载体可复用。

2）HCl + Ca(ClO₃)₂ 浸出 Pd[88]。C_2、C_3 化工用 $Pd/γ - Al_2O_3$ 废催化剂，含 Pd 0.03% ~ 0.035%。低温焙烧脱炭后用 6 mol/L HCl + Ca(ClO₃)₂ 浸出，浸出液用活性炭柱吸附。载钯活性炭焚烧后精炼为纯钯。工艺回收率 95%。

3）氯化铵浸泡法回收 Pd[89]。蒽醌法生产双氧水的 $Pd/γ - Al_2O_3$ 废催化剂，含 Pd 0.3%。首先用 5% 浓度的 NH_4Cl 溶液浸泡 1 h。倾出残液后废催化剂 100℃ 烘干 8 h，350 ~ 450℃ 灼烧 6 h。加入 2% NaCl 溶液浸泡 1 h 后过滤。获得的含 Pd 溶液加入水合肼，用氨水调整 pH≥10，加温至 80℃ 还原 1 h，获得粗钯。钯回收率 95%。该法避免使用强酸和强氧化剂，易生产实施。

2. 从 R_{32} 和 I_5 废催化剂中回收 Pt[90-91]

石油重整催化剂 R_{32} 和二甲苯异构化催化剂 I_5（有的用代号 T - 12）皆为 $Pt/γ - Al_2O_3$ 载体催化剂，为 2 ~ 3 mm 小球，含 Al_2O_3 96.5%、Fe 约 0.4%、SiO_2 约 0.7%、Pt 约 0.35%。金属铂以微粒（<500 nm 占 70% ~ 80%）吸附在载体表面或载体空隙中。废催化剂吸附有大量有机化合物或表面积碳，首先在 1000 ~ 1100℃ 下煅

烧排除有机物，高温煅烧时 γ - Al_2O_3 转变为惰性 α - Al_2O_3，然后用 6 mol/L HCl，按固液比约 1:6，70℃加氯酸钠溶液溶解 1~2 h，铂溶解率达98.5%~98.8%，浸出液含(g/L) Pt 0.263、Al 约 1.2、Fe 约 0.07，HCl 约 1.9 mol/L，锌粉置换后精炼为纯铂产品。不溶载体中含 Pt 约 50 g/t。若将废催化剂拌入 5% 水合肼湿球磨后再王水溶解 Pt[92]，磨至粒度 200 μm、100 μm、20 μm 时，Pt 溶解率(%)可分别超过 99.2、99.5、99.9。不溶渣中含 Pt 最低可降至约 16 g/t。

3. 从 (Pt - Sn - Cl)/γ - Al_2O_3 废催化剂中回收 Pt

含 Pt 0.37%、Sn 0.31% 的废催化剂，1100℃焙烧 4 h 后用 95℃王水回流浸出铂，含铂溶液用阴离子交换树脂吸附，600℃焚烧树脂后获得铂产品，铂回收率达 99.2%[93]。废催化剂 600℃灼烧后用 HCl + H_2O_2 直接溶解，获得的溶液含 Pt 0.44 g/L、Al 50 g/L。用二(2 - 乙基己基)亚砜共萃 Pt、Sn，2 mol/L HCl 溶液洗涤有机相后用 pH = 1 的酸化水反萃 Pt，接着用 15% 的酒石酸溶液反萃 Sn，有机相用水平衡后即可复用。从 Pt 反萃液中用水合肼还原出粗铂。铂回收率 97.7%[94]。载体中残留 Pt 约 20 g/t，可用于石油催化裂化中燃烧一氧化碳的助燃催化剂。不溶载体中残留铂品位较高不能废弃是上述方法的主要缺点。造成载体中残铂高的主要原因是[95]：在焙烧载体时 Al_2O_3 晶型转变对铂微粒形成包裹，溶解生成的含铂溶液被载体吸附，洗涤时酸度不够形成 Si、Al 水解产物阻塞含铂溶液的扩散通道。用控制焙烧温度及提高洗涤剂酸度的方法可降低残铂量。

4. 从 Pt - Re/γ - Al_2O_3 废催化剂中回收 Pt、Re

石油重整反应中，Pt - Re/γ - Al_2O_3 比 Pt/γ - Al_2O_3 更稳定，该类废催化剂含 Pt 0.23%~0.34%，Re 0.13%~0.34%。其处理工艺需综合回收铂、铼。

1) 选择性浸出 Re、Pt。废催化剂→空气中 600℃焙烧→磨细后用 4%~8% 的氨水 120℃加压浸出铼→氨浸液阳离子交换获得高铼酸溶液。氨浸渣→硫酸溶解 Al_2O_3→酸浸渣王水溶解铂→精炼为纯铂。Pt、Re 直收率分别为 90% 和 80%。后改进为：焙烧后直接王水溶解→浓缩赶硝及转变为 pH = 1.5 的 HCl 溶液→阳离子交换除杂→纯氯铂酸和高铼酸混合溶液复用制备新催化剂。Pt、Re 直收率 95%。

2) 离子交换 - 选择性沉淀[96]。针对含(%) Pt 0.34、Re 0.34、Al_2O_3 95.42 的废催化剂，600℃焙烧脱碳、筛分、磁选及稀盐酸浸溶除铁→含 Fe <0.001% 的废催化剂用 40% 硫酸 +10% HCl + 氯酸钾按固液比 1:5 煮沸溶解 1 h→含 Re、Pt 溶液用 R430 阴离子树脂交换吸附，Pt、Re 吸附率 >99%→用 4 mol/L NaOH 溶液解吸，Pt、Re 解吸率 >99.5%→解吸液浓缩至含 Pt 约 40 g/L，加入氯化铵沉氯铂酸铵→母液加钾盐沉淀出铼酸钾。全过程 Pt、Re 回收率分别达 99% 和 98%。分离 Pt、Re 后的母液加入氧化铝粉中和残酸，获得的硫酸铝溶液含 Al(以 Al_2O_3 计) 52 g/L、含 Fe(以 Fe_2O_3 计) 80 mg/L、Pt 170 mg/L、Re 170 mg/L，返回作为生产新催化剂的载体原料。

由于催化剂中部分铂族金属可能渗透在颗粒内部，或在煅烧时 Al$_2$O$_3$ 由 γ 型向 α 型转变时被包裹，直接氧化酸溶铂钯的浸出率和回收率指标常不稳定。酸溶后的载体(浸出渣)含铂族金属仍较高。氧化酸溶金属的方法虽不破坏载体，但若载体不能直接制备新催化剂复用，再回收其中的铂族金属(Pt、Pd 50~80 g/t)将使全工艺复杂化。

3)选择性浸出 Re – 铅捕集回收 Pt[97]。针对含 Pt 0.22%、Re 0.34% 的 Al$_2$O$_3$ 载体废催化剂研究的工艺是：①回收 Re：用 2% Na$_2$CO$_3$ + 4% NaOH 混合溶液 90℃浸出 2 h，Re 浸出率 >95%，生成 NaReO$_4$ 和 NaAl(OH)$_4$溶液。少量 Pt 同时被浸出，加入 FeSO$_4$ 溶液使其还原沉淀。浸出液通过 PA408 阴离子交换树脂吸附，流出液 Re 浓度 <1 mg/L。用水淋洗后用 8 mol/L 的 HCl 溶液解吸，铼酸钠解吸液调整 HCl 浓度至 5~6 mol/L 后通入 H$_2$S 气体沉淀出硫化铼，沉淀率 99.5%，再进一步精炼为过铼酸铵产品；②富集 Pt：按浸 Re 残渣：CaCO$_3$：SiO$_2$：FeO 质量比为 1:2.1:0.6:0.5 配入熔剂，再加入残渣中 Pt 量 500 倍的 PbO 及部分焦炭，于电弧炉中 1400℃熔炼。炉渣含 Pt <4 g/t，铅扣中 Pt 回收率 >99%；③分离 Pb：铅扣粉碎后用 HNO$_3$ 浸出，浸出液加入 Na$_2$CO$_3$ 沉淀出 PbCO$_3$，焙解为 PbO 返回使用；④精炼 Pt：浸 Pb 渣用 HCl + H$_2$O$_2$ 溶解后精炼为产品。该法使用 PbO 会造成环境污染。

5. 从拜尔 – 2 废催化剂中回收 Pd、Au[98-99]

载体为 Al$_2$O$_3$ 和 SiO$_2$，粒径 5~7 mm，灰色球状，含 Pd 0.516%、Au 0.215%，在 2~4 mol/L HCl 溶液中，通入 Cl$_2$ 常温浸出废催化剂 2 h，Pd、Au 浸出率皆 >98%。浸出后催化剂载体变白，但表面及孔隙中吸附有赤色晶状高价钯盐，应煮沸还原，过滤后用稀盐酸洗涤，浸出液和洗水合并用锌粉置换出精矿，再用 HCl/H$_2$O$_2$ 重溶后分离精炼。Au、Pd 产品纯度 >99.9%。工艺直收率分别为 96.8% 和 98.9%。废载体中含 Au 10~60 g/t，Pd 80~90 g/t。

6. 从 DH – 2 废催化剂中回收 Pt、Pd[100]

含 Pd 0.1%、Pt 0.02% 的 Pd – Pt/γ – Al$_2$O$_3$ 废催化剂，先经 900℃焙烧 2~3 h，甲酸钠溶液浸泡还原 PdO 后，用 9 mol/L HCl + H$_2$O$_2$ 按液固比 5:1 浸出 2~3 h，浸出液锌板置换为铂钯精矿。重溶后乙基黄药沉钯，从沉钯母液中水合肼还原铂，再分别精炼为纯金属。Pt、Pd 回收率分别为 90% 和 93%。

7. 从 Pd – Cu 泥渣中回收 Pd[101]

乙醛生产产生的泥状废催化剂中，含大量铜（约 26%）及少量钯（约 0.8%）。用 3 mol/L HCl + H$_2$O$_2$ 在 80~90℃下多次溶解，Pd 溶解率 >96%，Cu 溶解率约 100%，不溶渣中含 Pd 50~80 g/t。溶液中和至 pH≈2.5，按钯浓度化学计量加入稀黄药溶液选择性沉淀钯，黄原酸钯重溶后精炼，全过程 Pd 回收率约 96% 。

8. 从电解生产双氧水的阳极泥中回收 Pt[102]

阳极泥首先用 NaOH 溶液浸煮，从浸出液中用电解法回收粗铅，电解母液加入石灰再生回收为石膏。过滤石膏后用含 NaOH 的溶液调整碱度返回浸煮。浸煮渣王水溶解，含铂溶液加入硫酸除铅后用常规方法精炼为纯 Pt 产品。

9. 从 Pd/CaCO$_3$ 废催化剂中回收 Pd[103]

在维生素 A 及某些香料、香精加氢合成过程中使用一种性能独特的催化剂 Lindlar，载体为 CaCO$_3$，含 Pd 3.5%，还含 Pb、Bi、Fe、Mg、Hg、Sn、Zn 等杂质金属和有机物。首先用乙醇 + NaOH 溶液浸泡洗去有机物，用 HCl 溶解载体 CaCO$_3$，粗金属钯用 HCl + H$_2$O$_2$ 溶解，氨配合分离其他贱金属杂质，水合肼还原出纯 Pd 产品。

11.4.2 金属和载体全溶

研究金属和载体全溶的目的是，在提取 Pt、Pd 的同时将载体转化为可利用的副产品。

如针对含 Pt 0.35% 的石油重整催化剂 Pt/γ – Al$_2$O$_3$，用 9 mol/L HCl 介质，在固液比 1:6 及 80 ~ 90℃ 温度下通空气氧化全溶 6 ~ 8 h[104]，浸出渣率约 1%，含 Pt 0.001% ~ 0.01%，浸出率 98%。浸出液铂浓度约 0.5 g/L，含 AlCl$_3$ 120 ~ 125 g/L。用铁片置换出粗铂，精炼为纯铂，工艺回收率 >97%。置换母液浓缩结晶出 AlCl$_3$ + FeCl$_3$ 副产品，售于水厂作净水剂。也可用低温焙烧分离有机物→浓酸浸出→离子交换吸附贵金属工艺处理[105]。在提取纯铂的同时，生产聚合氯化铝产品。

这些方法使贵金属以极低浓度存在于高浓度氯化铝溶液中，无论用置换或离子交换二次富集贵金属，都在大体积氯化铝溶液中进行，会增加贵金属分散损失的可能性。若为获得氯化铝副产品而影响贵金属的回收率是得不偿失的。

11.4.3 溶解载体

小球状催化剂的 γ – Al$_2$O$_3$ 载体，磨细后即可用 H$_2$SO$_4$、HCl、NaOH 或 NaOH + Na$_2$SO$_3$ + 联胺溶液直接溶解氧化铝，贵金属在浸出液中没有损失，全部富集在不溶渣中，多次浸溶可获得铂族金属精矿。从溶液中可副产明矾或铝酸钠。α – Al$_2$O$_3$ 晶型不溶于酸，需用碱溶或碱熔 – 浸出。这种方法使贵金属富集在少量不溶渣中，可简化后续的精炼过程。关键是防止溶解载体时贵金属的物理或化学损失。

1. 用 H_2SO_4 溶解 $Pd/\gamma - Al_2O_3$ 的载体

乙烯加氢反应的废催化剂 31 – 1A，为 3 ~ 5 mm 圆柱状 $Pd/\gamma - Al_2O_3$，含 Pd 0.031%，还含少量 Fe、Si、Ca、Mg 等贱金属，表面积碳。用 40% 浓度 H_2SO_4 煮沸溶解 3 ~ 4 h，载体溶解率约 95%，大部分贱金属也溶解分离[106-107]。不溶渣含 Pd 约 1%，其余主要为 SiO_2 和 Al_2O_3，再用 HCl + $NaClO_3$ 溶解，溶液含 Pd 约 0.1 g/L。从溶液中可用置换或离子交换树脂吸附二次富集。如用 R410（大孔交联吡啶树脂）选择性吸附 $PdCl_4^{2-}$，吸附率 >99%，吸附容量可达 65 mg/g 干树脂[108-109]。然后用 1 ~ 2 mol/L HCl 在 30 ~ 50℃ 下平衡解吸，解吸率 >99.9%，用水合肼从解吸液中还原出粗钯再精炼，全过程钯回收率 >97%。

2. 酸溶 $Pt/\gamma - Al_2O_3$ 的载体[110]

酸溶载体→溶液稀释并加少量甲酸还原可能溶解分散的 Pt→过滤出不溶渣 850℃焙烧→王水溶解后精炼为纯 Pt，回收率可达 98%。

3. 热压碱溶[111]

用 220 ~ 300 g/L NaOH 或 KOH 溶液，再加入 1% ~ 5% CaO，在 140 ~ 200℃ 温度下热压浸出 Al_2O_3 载体，铂族金属富集在不溶渣中。该法有使用耐压设备、生成的铝酸钠（钾）溶液黏度大、固液分离困难等缺点，实际应用不多。

4. "消化" – 溶解[112-113]

该方法处理含铂的 I_5 废催化剂，也可处理同时含 Pt、Pd、Rh 的小球状废催化剂，载体为难用酸溶的 $\alpha - Al_2O_3$。工艺流程示于图 11 – 4。

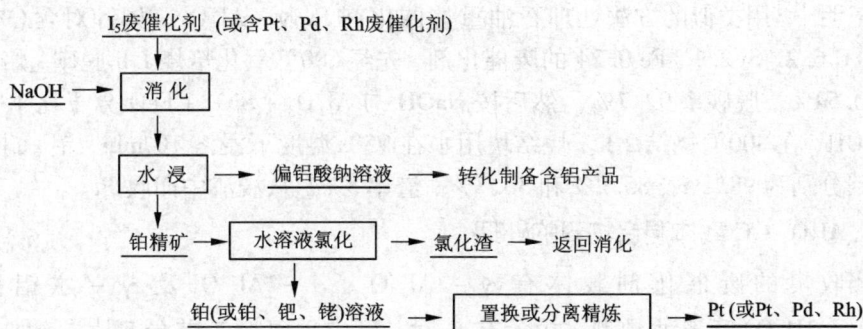

图 11 –4　含铂（或含铂、钯、铑）氧化铝载体废催化剂消化回收工艺

"消化"是指用 NaOH 在高温下使 Al_2O_3 转化为可溶性的偏铝酸钠然后再用水浸出，消化反应为

$$Al_2O_3 + 2NaOH =\!\!=\!\!= 2NaAlO_2 + H_2O$$

$m_{NaOH} : m_{I_5} = (1 \sim 2) : 1$，装入不锈钢盘并置于炉中加温至 $700 \sim 800℃$，熔融 $7 \sim 8$ h，消化后用 10 倍水煮沸浸出 $30 \sim 40$ min，Al_2O_3 溶解率约 90%，铂在浸出液中没有损失（< 0.0005 g/L），在渣中富集约 10 倍，消化 3 次可使 Al_2O_3 溶解率 $> 98\%$，获得的铂精矿品位 $19\% \sim 27\%$，铂的溶解活性很好，先按液固比 4:1，用 3 mol/L HCl 在 $80 \sim 85℃$ 下搅拌溶解 2 h，后加少量氯酸钠搅拌浸出 $1 \sim 2$ h，过滤后的溶液中铂浓度 $10 \sim 20$ g/L，铂浸出率 $> 99.8\%$。氯化渣含铂约 0.1%，返回消化。铂溶液精炼产出 $> 99.95\%$ 纯铂。全工艺回收率 $> 97\%$。

偏铝酸钠溶液可用定量的硫酸处理产出硫酸铝或氢氧化铝化工产品，反应为

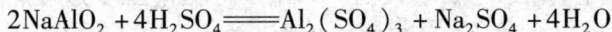
$$2NaAlO_2 + 4H_2SO_4 = Al_2(SO_4)_3 + Na_2SO_4 + 4H_2O$$

或
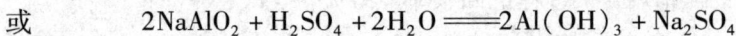
$$2NaAlO_2 + H_2SO_4 + 2H_2O = 2Al(OH)_3 + Na_2SO_4$$

硫酸铝是一种凝絮剂，广泛用于锅炉用水及城市污水处理，也可作为制备高纯氧化铝粉的原料[114]。即在硫酸铝溶液中加入硫酸铵，形成硫酸铝和硫酸铵的复盐——$Al_2(SO_4)_3 \cdot (NH_4)_2(SO_4)_3 \cdot 24H_2O \rightarrow$ 浓缩结晶 $\rightarrow$ 水溶后重结晶 $\rightarrow$ $500℃$ 热分解 $(NH_4)_2(SO_4)_3 \rightarrow$ 升温至 $800 \sim 1000℃$ 分解 $Al_2(SO_4)_3$ 获得超细 Al_2O_3 粉：

$$(NH_4)_2(SO_4)_3 = 2NH_3 \uparrow + SO_3 \uparrow + H_2O \uparrow$$

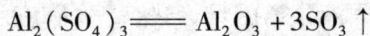
$$Al_2(SO_4)_3 = Al_2O_3 + 3SO_3 \uparrow$$

上述工艺也可处理含铂、钯、铑的氧化铝载体废催化剂。如对含 Pt 789 g/t、Pd 331 g/t、Rh 62 g/t 的废催化剂，按上述条件消化 $\rightarrow$ 水浸一次，Al_2O_3 溶解率约为 84%，水浸液中 Pt、Pd、Rh 皆 < 0.0005 g/L，水浸渣中铂族金属品位约 7%，回收率 $> 99.9\%$。

王明[115]用类似的方法处理石油重整催化剂 $Pt/\gamma - Al_2O_3$。如针对含（%）Pt 0.22、C 6.2、Si 2.1、Fe 0.24 的废催化剂，先经 $600℃$ 氧化焙烧 1 h 脱碳，焙烧渣残碳 0.54%，脱碳率 92.7%。然后按 NaOH 与 $Al_2O_3 + SiO_2 + FeO$ 分子比 1:2 拌入 NaOH，在 $800℃$ 烧结 2 h。烧结块用水在 $95℃$ 温度下浸溶 10 min，铝、硅、铁溶出率分别为 98.1%、85.2% 和 30.7%，渣率 5%，从浸渣中回收 Pt。

5. $Al_2O_3 - C$ 载体混合物料的处理

当收集的废催化剂载体有 $\gamma - Al_2O_3$、$\alpha - Al_2O_3$ 及 $\gamma -$ 水铝氧石 $(Al_2O_3 \cdot 3H_2O)$ 等多种晶型，并含有 C 时，可应用复合工艺处理[116]。如含 Pt 0.186%、Al_2O_3 84%、C 14% 的废催化剂混合物，磨细后首先用硫酸自热浸出 $\gamma - Al_2O_3$，过滤出 $Al_2(SO_4)_3$。不溶渣加入少量助燃剂和黏结剂制粒，点燃自热焚烧除碳。烧渣拌入 NaOH 在铸铁坩埚中加温至 $700 \sim 800℃$ 熔融"消化" $\alpha - Al_2O_3$。熔体倒入水中溶解，过滤出 $NaAlO_2$ 后获得铂精矿。用 $HCl + NaClO_3$ 溶解后精炼为纯铂产品。$Al_2(SO_4)_3$ 和 $NaAlO_2$ 溶液合并中和水解出 $Al(OH)_3$，洗涤烘

干为 $Al_2O_3 \cdot 3H_2O$ 副产品。沉铝母液浓缩结晶出 $Na_2SO_4 \cdot 7H_2O$ 副产品。全工艺能耗及加工成本较低，综合利用好，Pt 产品纯度 >99.95%，回收率 >97.5%。

11.5　从碳载体废催化剂中回收铂、钯

碳载体催化剂广泛用于化工及石化工业，主要使用 Pt、Pd 两种金属，形成 Pt/C、Pd/C 两个系列。中国每年约需回收废催化剂 1000 t 及数百吨吸附了贵金属的擦拭纸和抹布垃圾[117]。由于碳粒强度低易碎、碳密度小（堆密度 380～400 g/L）、吸附有大量有机物（烘干失重达 26%）、Pt、Pd 主要渗透在碳粒内部孔隙中等原因，直接用王水煮沸浸出 Pt、Pd 时，碳在溶液中飘浮，同时碳本身的还原性及吸附性强，导致浸溶率很低。

该类废催化剂仅含 Pt 或 Pd 一种金属，在铂族金属冶金中属最简单的体系。载体活性炭易燃，点燃后可自燃至完全灰化。因此该类废催化剂的处理工艺很简单，主要步骤是：焚烧脱碳→还原→溶解→净化→精炼为纯金属产品，全过程皆无技术难点。研究的工艺大同小异，回收率指标没有明显的优劣，发表的论文及申报的专利有很多重复内容，且都在铂族金属冶金基本知识范畴内。因此本节不予详述，仅点出某些细节上的差别。

11.5.1　Pd/C 催化剂中回收 Pd

1. 工艺步骤

1）焚烧脱碳。焚烧脱碳时防止物理飞扬损失是保证回收率的关键。在焚烧炉中，适当鼓风可加快焚燃速度，但会增加物理损失，如以 60～40 m^3/(h·m^2) 空气流量焚烧，钯的物理损失可达 4%。若用工业纯氧焚烧，会造成烧渣与焚烧炉体黏结，钯回收率更低[118]。焚燃炉结构及操作方式对减少飞扬损失影响很大。减少物理损失的措施很多。如：①出气口连接喷水雾回收装置[119]；②将废催化剂与纸浆和有机黏合剂混合制粒焚烧，与焚烧粉状相比因增加了孔隙率，时间可从 16 h 缩短为 6 h，飞扬损失从 2% 降低为 0.5%[120]。用制粒法处理多元（Au、Pd、Pt）/C 废料[121]，制成 50～80 mm 小球，风干后入炉焙烧，灰渣疏松多孔，贵金属易溶；③伴入 $CaCO_3$ 浆化后焚烧。

2）还原。焚烧温度不高和过程的前期存在大量碳，焚烧气氛多为还原性，烧灰中的钯保持易溶金属状态。但多数情况下希望提高温度加快焚烧速度，焚烧后期不可避免地发生 Pd 氧化为化学惰性的、甚至王水都不溶的 PdO。因此必须首先改善烧灰中钯的溶解活性：①最简单的方法是用甲醛或甲酸溶液浸泡还原[122]（$PdO + HCOOH \rlap{=}{=} Pd + H_2O + CO_2$），使 PdO 还原为 Pd；②氮气保护下降温。如针对含 Pd 0.4% 的分子筛废催化剂，600℃ 焚烧 2 h，升温至 1000℃ 恒温 1 h，N_2 保

护下降至室温[123-124]，皆可使烧灰中的钯保持为易溶金属状态。

3）溶解。烧灰可用王水、$HCl + H_2O_2$、$HCl + NaClO_3$ 溶解。王水溶解时氮氧化物严重污染环境，现多用 $HC + H_2O_2$ 加热搅拌溶解。如焙烧温度 ≤590℃时，直接用 $HCl + H_2O_2$ 浸出烧渣，Pd 浸出率 95% ~98%[125]。

4）Pd 溶液净化。Pd 溶液中常含 Al、Si、Cu、Fe、Ca、Mg、Pb 等微量杂质元素，多用阳离子树脂交换分离杂质[126-127]，或选择性萃取 Pd。

5）精炼。纯 Pd 溶液可直接浓缩结晶出氯化钯[128]。也可氨水配合后用水合肼还原出海绵钯，或在电解槽中电积出金属钯。前两个方法简单、快速，生产中多用。

2. 实例

1）从含间三硝基甲苯 5% 的废 Pd/C 催化剂中回收 Pd[129-130]。废催化剂含 Pd 0.15%、Fe 0.15%，400℃焚烧，烧灰产率 0.6%，王水溶解赶硝后中和至 pH = 6 水解除铁，溶液中 Pd 浓度 7~8 g/L，还含少量的 Cu、Fe、Al 杂质，氨配合法精炼，钯纯度 >99.95%，钯回收率 95% ~98%。焚烧→还原→王水溶解的残渣一般含 Pd <0.2%。

2）处理 Pd – Cu/C 废催化剂。氧化乙烯（$H_2C = CH_2$）生产乙醛（CH_3CHO）的一步法工艺使用 Pd – Cu/C 催化剂，废催化剂含 Pd 0.4% ~0.6%。300~500℃ 焚烧 8~10 h，烧渣含 Pd 9.6%、Cu >60%、Fe 25%。王水溶解并赶硝，混合溶液加入氨水，在 pH 8.5~9 及 70~75℃下搅拌配合，沉降后过滤出 $Fe(OH)_3$ 沉淀。含 Fe <0.01 g/L 的 Pd、Cu 混合溶液加 HCl 调整 pH = 1~2，沉淀出 $Pd(NH_3)_2Cl_2$ 再精炼为纯钯，Pd 回收率 >90%[131]。从沉 Pd 滤液中回收 $CuCl_2$。

3）处理含 Pd 0.4% 的分子筛废催化剂。600℃焚烧 2 h，升温至 1000℃恒温 1 h，N_2 保护下降至室温。烧灰用 $HCl + H_2O_2 + NaCl$ 溶液溶解，溶解率 96%。用 15% 8 – 羟基喹啉 +25% 异辛醇 +60% 4 – 甲基苯丁酮肟有机相萃取 3 级。Pd 总收率 90.2%。

4）Pd/C 废催化剂。600℃焚烧→烧灰加入稀硫酸和甲酸还原浸煮→盐酸中加入氯酸钠氯化溶解→732 型阳离子交换树脂吸附贱金属，用 pH 8~9 的氢氧化钠和氯化铵混合溶液洗脱→氨配合→水合肼还原→获得海绵 Pd，纯度 99.95%，Pd 回收率 >99.5%[132]。

5）深度分离 C、S。Pd 溶液中的 Al、Si、Cu、Fe、Ca、Mg、Pb 等微量杂质元素，用阳离子树脂交换或氨配合精炼皆可有效分离，但 Pd 产品中 C、S 含量常常超标[133]，分别 >0.03% 和 >0.02%。采取提高焚烧脱碳温度，钯溶液配合精炼时加厚过滤膜防止超细碳粉穿滤，海绵钯用去离子水洗净 Cl^- 后 600℃煅烧氢还原等措施，可使 C、S 皆降至 <0.005%。

6）TDI 氢化 Pd/C 废催化剂。600~800℃焙烧后用甲酸溶液按固液比 1:(5~8) 于 60~90℃还原 20~40 min，稀王水溶解后赶硝并控制 pH 1.5~3.5，通过

DOO1X7 型阳离子交换树脂除贱金属，氨水配合后用水合肼还原出海绵钯产品。Pd 回收率 >99% [134]。

7) 纸浆制粒焚烧。含(%)Pd 1.2、Al 2.3、Fe 1.0 的 Pd/C 废催化剂，与纸浆和有机黏合剂混合制粒焚烧后，烧灰用 HCl + NaClO$_3$ 于 80℃下浸出 4 h，浸出率 >99%。

8) CaCO$_3$ 浆化制粒焚烧。含(%)Pd 0.75、Fe 1.89、Al 0.71 的废 Pd/C 催化剂，拌入 CaCO$_3$ 浆化制粒，750℃ 焚烧，烧灰用 HCl 溶解 CaO，溶渣拌入 KHSO$_4$ 于 550℃ 焙烧，烧渣溶入 HCl 溶液，溶液中 Pd 回收率 99.2%。含 Pd 溶液在电积槽中控制槽电压 1.13 ~ 1.19 V 电积，阴极析出纯度 99.9% 的金属 Pd，电积回收率 98.5%，总回收率 97.6% [135-136]。

9) 从含 Pd 0.33% 的废催化剂中回收 Pd[137]。600℃ 焚烧，烧灰用甲酸在 70℃ 下还原 3 h，按(质量比)烧灰：盐酸：次氯酸钠：双氧水：水 = 1:5:5:5:3，加温至 75℃溶解 4 h，阳离子交换除杂后氨配合精炼出纯 Pd，回收率 99.1%。

11.5.2 从 Pt、C 废催化剂中回收铂 [138]

如针对含 Pt 约 5.6%、Fe、Cu、Zn 等杂质约 1.4%、其余为 C(93%) 的废催化剂，用焚烧法除碳，烧灰含 Pt 提高至 87.2%，Fe、Cu 12.8% [139]。烧灰用王水(或 HCl + NaClO$_3$)溶解，蒸发赶硝，铂溶液可直接用氯铂酸铵沉淀法精炼为纯铂，也可用阳离子交换树脂分离贱金属后用甲酸直接从溶液中还原产出海绵铂：

$$H_2PtCl_6 + 6NaOH + 2HCOOH \Longrightarrow Pt\downarrow + 6NaCl + 2CO_2\uparrow + 6H_2O$$

甲酸还原时需用碱液调整并保持溶液 pH 3 ~ 4，直至还原完全。再重新溶解 – 还原一次即获得金属铂产品(纯度 99.9%)，全过程回收率 98.6%。

11.5.3 从 Pd、Co 废催化剂中回收 Pd [140]

化工合成工业中碳酸二芳酯是制备聚碳酸酯的母体。芳族羟基化合物加 CO 羰基化合成碳酸二芳酯过程需使用含 Pd、Co 催化剂，同时分流出一种含 PdCl$_2$、CoCl$_2$、NaCl 的水溶液。按生成 [Pd(acac)$_2$] 计量加入 [Na(acac)] 水溶液混合 30 min 即沉淀出黄棕色的乙酰丙酮钯(Ⅱ)沉淀，从而实现 Pd、Co 分离。

11.5.4 Aquacat 法

Pd/C、Pt/C 废催化剂及医药、农药、香料、香水等羰化合成工业使用的某些含 Rh 均相废催化剂，用焚烧法处理时其中的毒性有机物燃烧或挥发，不仅污染环境，还造成贵金属的物理飞扬损失。Johnson Matthey 公司开发了 Aquacat 法——超临界水氧化法(Supercritical Water Oxidation) [141-142]。使用的管式(或盘式)压力反应器如图 11 –5 所示。

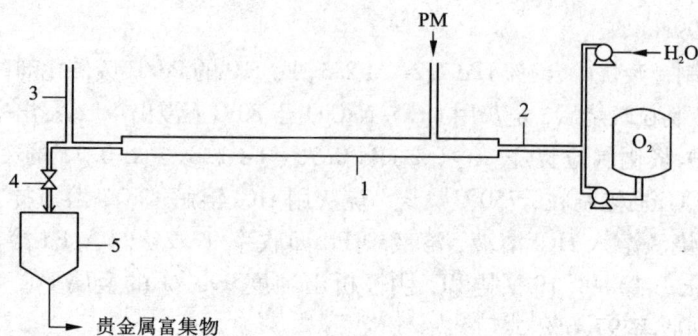

图 11 − 5　超临界氧化反应器

在水的超临界温度及压力(注：专利原文为 647K 和 22.1 MPa)条件下，通过管2 向反应管中泵入水和氧气，含贵金属的废催化剂用水浆化后从 PM 口泵入反应管，使载体碳或有机物氧化。在反应器出口安装有氧传感器，按出口气体中含氧 10% ~ 15% 反馈调节送入的氧量。废催化剂泵入反应管后氧化反应迅速发生，产生的热量使氧化反应自热连续进行。反应物由减压阀 4 控制排入气液分离罐 5 中。主要成分为二氧化碳和氮气的高温气体，导入换热器使原料加温，然后通入蒸汽锅炉利用余热后无害排放。罐 5 中积存的粒状贵金属氧化物过滤回收并精炼为纯金属。

该方法的优点是：碳及有机物氧化率及贵金属回收率皆 >95%；碳及吸附的有机物完全氧化为二氧化碳，不产生有毒的一氧化碳、呋喃或氮氧化物；氧化产生的热能得到充分利用，减少了燃料消耗；生产效率高。该技术的应用在碳载体废催化剂处理方面体现了技术进步。

11.6　从玻纤工业废耐火砖及玻璃碴中回收铂铑

熔制玻璃、玻纤的铂铑坩埚、漏板和喷丝头，在 1200 ~ 1300℃ 高温下长期使用，部分铂、铑氧化为 PtO_2、Rh_2O_3 挥发，并渗透在炉窑耐火砖或夹裹在玻璃碴中，它们含(%)SiO_2 46 ~ 54、Al_2O_3 39 ~ 50、CaO + MgO 约 2，含 Pt 约 2000 g/t，Rh 约 200 g/t。直接氧化酸浸铂、铑很困难，一般用分离硅、铝氧化物的方法使铂、铑富集。处理工艺流程见图 11 − 6。

废渣配入碳酸钠在 1000℃ 左右烧结熔融，硅、铝的氧化物转化为硅酸钠和铝酸钠盐：

```
                              磨细的废料
                                  ↓
        Na₂CO₃  ────────→    ┌────────┐
                             │ 烧结熔融 │
                             └────────┘
                                  ↓
        H₂O    ────────→     ┌────────┐
                             │  球 磨  │
                             └────────┘
                                  ↓
      3 mol/L HCl ──────→    ┌────────┐  ── 浸出液 ──→  ┌────────┐  ── 溶液 ──→  碱中和后废弃
                             │ 一次浸出 │               │ Al置换 │
                             └────────┘               └────────┘
                                  ↓                         ↓
                               浸出渣                    置换渣  ──→  返回烧结
                                  ↓
     6 mol/L HCl ──────→    ┌────────┐  ── 浸出液 ──→  返一次浸出
                             │ 二次浸出 │
                             └────────┘
                                  ↓
                                滤 渣
                                  ↓
        HF溶液  ────────→    ┌────────┐  ── 溶液 ──→  ┌────────┐ ──→ 废弃
                             │  脱 硅  │               │ 石灰中和 │
                             └────────┘               └────────┘
                                  ↓
                               铂族精矿
                                  ↓
                             ┌────────┐  ── 不溶渣 ──→ 返Na₂CO₃烧结
                             │  溶 解  │
                             └────────┘
                                  ↓
                             ┌────────┐
                             │ 分离精炼 │ ── Pt、Rh
                             └────────┘
```

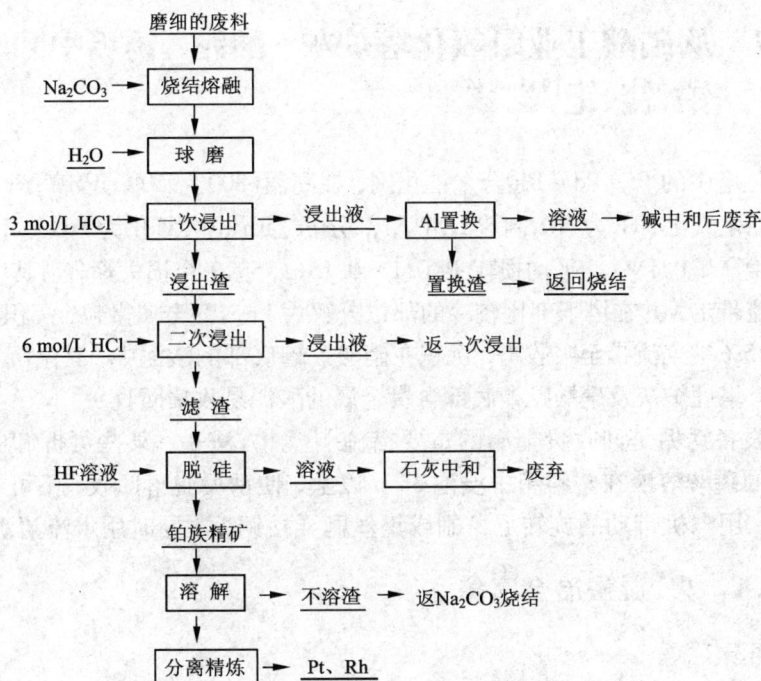

图 11 – 6　从废耐火砖及玻璃碴中回收铂铑的工艺流程

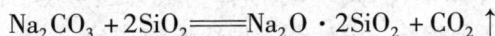

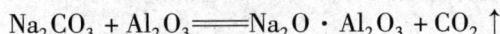

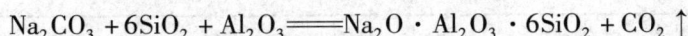

$$Na_2CO_3 + 2SiO_2 = Na_2O \cdot 2SiO_2 + CO_2 \uparrow$$

$$Na_2CO_3 + Al_2O_3 = Na_2O \cdot Al_2O_3 + CO_2 \uparrow$$

$$Na_2CO_3 + 6SiO_2 + Al_2O_3 = Na_2O \cdot Al_2O_3 \cdot 6SiO_2 + CO_2 \uparrow$$

熔融物加水在球磨机中磨细, 矿浆中加入盐酸浸溶硅酸钠和铝酸钠:

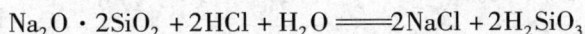

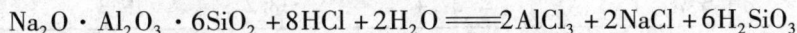

$$Na_2O \cdot 2SiO_2 + 2HCl + H_2O = 2NaCl + 2H_2SiO_3$$

$$Na_2O \cdot Al_2O_3 + 8HCl = 2AlCl_3 + 2NaCl + 4H_2O$$

$$Na_2O \cdot Al_2O_3 \cdot 6SiO_2 + 8HCl + 2H_2O = 2AlCl_3 + 2NaCl + 6H_2SiO_3$$

加入絮凝剂帮助固相微粒沉降, 过滤后滤液加入 Al 粉置换, 最后的滤液含 Pt <0.004 g/L, 废弃。富集了铂族金属的不溶渣用氢氟酸溶解残余的二氧化硅, 即可获得含铂铑约 50% 的精矿。精矿用王水或 HCl + NaClO₃ 溶解后即可用选择性沉淀或溶剂萃取等方法分离精炼为铂、铑金属产品。

也可用石灰石(CaCO₃)粉代替烧碱, 与耐火砖粉混合后在 1300℃ 下烧结, 使硅、铝的氧化物反应生成可溶于酸的硅酸钙和铝酸钙, 然后用 HCl 溶解。酸溶渣再用碱液溶解硅酸胶体, 不溶渣即为铂铑富集物。

11.7 从硝酸工业氨氧化塔炉灰、酸泥、锈垢中回收 铂、铑、钯[143-144]

氨氧化塔中的 Pt - Pd - Rh 合金催化网，在高温(800~950℃)及高压(304~912 kPa)下，催化氧化 NH_3 为 NO_2 制取 HNO_3，部分 Pt、Rh 也会氧化为 PtO_2、Rh_2O_3 挥发损失。每生产 1 t HNO_3，平均损耗 Pt 0.1~0.15 g。有 3 个损失途径：其中约 50% 被高温气流带走，并在塔下部比较冷的部位分解为 Pt、Rh 金属微粒，沉积在塔底炉灰中；有 25% 被气流带至吸收塔，沉积在硝酸贮罐底部的酸泥中；其余沉积在设备的锈垢中。塔底炉灰及硝酸贮槽底部含贵金属的酸泥易收集回收。

清除设备锈垢是回收贵金属的重要措施[145]。方法是：某些可拆卸的部件用 10% 浓度的磷酸溶液在塑料箱中浸泡 36 h 以上，使锈垢脱落回收；不可拆卸的部件或管道，用电机带动的旋转尼龙刷或钢丝刷弄松锈垢，同时用水流清洗。

11.7.1 火、湿法冶金富集

1. 铁捕集熔炼

含氧化铁很高的锈垢，用铁作捕集剂进行熔炼富集是有效的方法。即还原熔炼捕集→酸浸除铁→提取出铂钯铑精矿→分离精炼。根据其成分，按生成硅酸盐炉渣的要求配入 SiO_2、CaO、Al_2O_3、Ca_2F 等熔剂，并配入适量焦粉(C)为还原剂，在电弧炉中 1500~1600℃ 还原熔炼，设计有 3 种熔炼渣成分：

熔炼渣主要成分/%		CaO + MgO	SiO_2	Al_2O_3	Ca_2F
渣型	A 型	16.1	38.7	29.9	15.6
	A1 型	25.5	46.8	12.8	15
	B 型	37.4	38.2	19.2	5.2

3 种渣型皆能使熔炼过程顺利进行，使氧化铁还原为金属铁捕集铂族金属：

$$2Fe_2O_3 + 2CO = 4FeO + 2CO_2 \uparrow$$

$$6FeO + 6CO = 6Fe + 6CO_2 \uparrow$$

$$2FeO + C = 2Fe + CO_2 \uparrow$$

捕集了 Pt、Pd、Rh 的铁合金，沉降不好时有的呈微粒夹杂在渣中，渣含铂族金属最高可达 90 g/t，需碎磨磁选回收，渣中含量可降至 <5 g/t，铁合金中回收率 >99.3%。分离炉渣后再向铁合金熔体中加入 FeO 脱碳，破坏非常化学惰性的铂族金属碳化物，使铁合金含 C < 0.5%，用盐酸或硫酸浸出其中的铁，可获得含铂钯铑 10% ~ 15% 的粗精矿，回收率约 95%。粗精矿的溶解活性取决于脱碳，即破坏铂族金属碳化物是否彻底，因此熔炼阶段的脱碳必须严格操作。具有良好溶解活性的粗精矿，用王水、HCl + NaClO₃ 等皆可溶解，从溶液中用选择性沉淀或溶剂萃取技术分离和精炼为铂、钯、铑的纯金属产品。

2. 湿法浸溶

含铁较低的炉灰，一般可直接焙烧除去有机物，酸洗除去贱金属，王水溶解后分离精炼为铂钯产品[146]。如针对经 500 ~ 600℃ 焙烧后的炉灰（含 Pt 3.5%、Pd 0.4%、Fe 12.5%、SiO₂ 13.3%、Ni 0.6%），用工业盐酸加热溶解、浸泡 24 h 后过滤，渣率 34%，渣含 Pt 10.3%、Pd 1.2%、Fe 0.8%。王水溶解后用传统方法分离精炼。Pt、Pd 产品纯度 > 99.95%，工艺回收率分别达 99% 和 98.5%。

赵飞[147] 针对含铁高的炉灰和酸泥（成分见表 11 - 10）研究了处理工艺。

表 11 - 10　炉灰和酸泥的成分/%

成分	Pt	Pd	Fe	Si	Al	Mg	Ca	Ni	Na
	3.1	0.25	28	13.2	6.7	2.45	0.73	0.25	1.1
含量	2.3	0.31	26.5	10	3.2	1.3	0.01	0.18	1.2
	2.7	0.4	29	11.7	4.5	2.0	0.28	0.3	2.5

首先在 500 ~ 600℃ 焙烧，灰化夹杂的有机物，然后用 6 mol/HCl 煮沸浸溶 Fe、Al 等贱金属。不溶渣在金属钛反应釜中用王水溶解，赶硝后用锌锭置换出含铂钯大于 90% 的精矿。精矿王水重溶赶硝后用阳离子交换树脂彻底分离贱金属。从纯溶液中用氯化铵沉铂并精炼为 99.99% 的纯铂。沉铂母液用二氯二氨配亚钯法精炼出 99.99% 的纯钯。全工艺中只有少量铂钯分散在酸浸贱金属的溶液中（含铂钯 0.02 g/L），用铜置换回收。少量王水不溶渣含 Pt、Pd < 0.01%，集中再回收。从原料到产品，Pt、Pd 回收率分别达 99.1% 和 98%。

11.7.2　重 - 磁 - 浮选法

含（%）Pt 约 2.5、Pd 约 0.1、Rh 约 0.01、Fe（呈 Fe₃O₄ 状态）约 30、MgO 约 5、SiO₂ 约 10、Al₂O₃ 约 12 的炉灰，约 85% 的贵金属存在于粒径 < 0.074 mm 的细粒组分中，含量达 13.6%。分级后，利用贵金属微粒密度大的特点，用摇床重选处理 < 0.1 mm 的粒级，直接产出精矿 I，产率 2.1%，含 Pt 57%，回收率 > 55%。0.1 mm 粒级的重选中矿，与 0.1 ~ 0.2 mm 粒级的浮选精矿合并后，用磁选分离 Fe₃O₄，产出精矿 II，产率 7.1%，含 Pt 9.6%，回收率 31.2%。全工艺贵金属回收率偏低（合计 86%），产率占 90% 的尾矿含 Pt 仍高达 0.34%，损失率约为 14%。

选矿方法虽然设备简单易实施，但回收率指标比冶金方法低太多。

11.8　从有机催化剂中回收铑

化学工业中羰基合成反应是一类重要的均相催化反应。如在烯烃双键上催化加成 CO 和 H_2 制备较高级的醇、酮和醛，甲醇羰基化合成醋酸，醋酸甲酯羰基化合成醋酸酐并进一步生产醋酸乙烯、对苯二甲酸、聚乙烯醇等化工产品。仅丙烯加氢羰化合成醛的世界年产量即达 4.4×10^6 t。这些合成过程都需依靠铑 - 膦 - 羰基化物——$[(C_6H_5)_3P]RhCl$、$RhCl(CO)(PPh_3)_2$、$HRh(CO)(PPh_3)_2$、$Rh(C_5H_7O_2)(CO)_2$ 或三碘化铑——RhI_3 等作均相催化剂。铑 - 膦配合催化剂具有反应条件温和、活性高、可溶于有机溶剂、固体在空气中稳定、存贮运输方便等优点，至今还找不到比铑催化剂更有效和便宜的其他材料替代它。而且随着化工合成产能的不断扩大，催化剂用量也很大。因铑的资源量及产量小(为铂钯的 1/20)，价格贵，其循环复用和再生回收受到化工及冶金学界的高度重视。

化工合成反应中因两个原因使催化剂失活：①某些有机物，如 2 - 乙基己烯醛(EPA)、丙基二苯基膦(PDPP)、丁醛三聚物及三苯基膦等在反应系统中积累，抑制了催化活性；②反应体系中的氧、氯、硫等物质与催化剂中的铑离子直接配位占据配合中心，导致催化剂活性结构被破坏，中毒失效。因此需不断从反应体系中分流并处理部分含催化剂物料，进行复活或再生回收[148-150]。

恢复催化剂活性返回复用及再生回收的研究方向集中在 3 个方面：①从有机合成反应残留的含醛缩聚物和铜、铁等金属离子的黏稠状残余物(含 Rh 0.3% ~ 0.6%)中，分离高沸点有机化合物，部分或全部恢复催化剂活性返回复用；②实施上述目标的工程化系统装置；③废催化剂"再生回收"，即从废催化剂或分离高沸点有机物后的中间产品中，富集提取出纯铑金属或化合物产品，根据化学合成的预定目标，重新制备新催化剂。前两个内容属有机化学化工范畴，但需熟悉和掌握铂族金属冶金知识。第 3 个内容属铂族金属冶金学范畴，包括从废催化剂中溶解 Rh、分离贱金属杂质、从溶液中精炼出铑金属或制备为无机铑盐。回收过程仅涉及一个金属的富集、精炼，属铂族金属冶金中最简单的体系，技术问题不复杂，并有大量技术储备，在本书相关章节中都有介绍。

该学科领域涉及的科学技术问题体现了有机化学化工和铂族金属冶金两个学科紧密交叉融合的特点。相关文献中上述几个内容常交织在一起，很难按方法分类。因此本节仅从提取冶金的角度，梳理和介绍一些共性的方法。

11.8.1　从生产铑催化剂的废液中回收铑[151]

在制备铑催化剂过程中会产生一定量的含乙醇、三苯基膦、膦铑有机化合物的混合溶液，Rh 浓度 0.95～1.33 g/L。可用蒸馏→灰化→中温氯化溶解→离子交换分离贱金属→加压氢还原工艺处理。具体条件为：80℃蒸馏回收乙醇后提高温度挥发水分，获得一个固态残渣；残渣在装有尾气吸收装置的灰化炉中缓慢升温至 800℃，分解有机物；铑灰拌入少量氯化钠和碳，置于管式炉中升温至 650℃ 通氯气氯化，水溶后获得氯铑酸钠（Na_3RhCl_6）溶液；含铑溶液水解为 $Rh(OH)_3$ 沉淀，盐酸重溶为氯铑酸溶液，通过阳离子交换柱分离贱金属离子；纯氯铑酸溶液可转化为三氯化铑返回制备新催化剂，也可置于高压釜中，在 35℃ 及 0.2 MPa 氢压下还原 2 h，获得纯铑粉。10 批次每次处理 10 L 废液的铑直收率为98.74%～99.06%。

11.8.2　从废催化剂中回收铑

曾研究过馏分分离法、萃取法、浸没燃烧法、胺化游离析出法、吸附分离法等，形成了大量专利技术。

1. 馏分法和萃取法[152-163]

该类方法多属于在催化反应体系中分离出催化剂，重新活化后返回复用。如：①萃取分离有机物。向含铑催化剂的焦油中加入等量二氯甲烷及氨水萃取分离焦油，剧烈摇动 30 s，静置 10 min 后分层，铑残留在水相。反复萃取 2 次，铑回收率可达 98%；②用极性有机物。羧酸＋烷基卤化物，或 2-甲基戊二酸＋壬酸＋水的混合物萃取不含铑的有机物后，使铑呈膦、羰基配合物循环至羰基化反应器复用；③H_2 甲酰化含 Rh 废催化剂。除去醛及烯烃化合物后的高沸点含 Rh 有机物，置于水中通空气氧化，然后与甲苯混合并加入 C_2～C_8 羧酸，在高压釜中通入 CO 还原使 Rh 萃取入甲苯有机相回收复用；④丙烯＋CO＋H_2 羰化合成醛的Rh-TPP 废催化剂，含 48% 游离三芳基膦和 20% 轻质有机物。在 243℃ 及 0.27 kPa 压力下真空闪蒸。馏出物冷却后结晶出含 90% 三苯基膦晶体返回加氢加酰化反应。从产率 10% 的闪蒸残余物中回收铑催化剂复用；⑤针对分溜后含 $HRh(CO)(PPh_3)_3$ 催化剂的溶液，加入甲苯或二甲苯稀释，然后用硅氧烷为骨架，含芳香族磺酸（—SO_3H 或 —SO_3^-—HPR_2^+）或羧酸基团的离子交换树脂室温下吸附，Rh 吸附率 95%，用稀 HCl 从树脂上洗脱为 $(TPP)_nRh(Ⅰ)Cl$，然后加入吡啶、肼和 ET_3N，用 H_2、CO 或硼氢化钠再氢化为 $(TPP)_nRh(Ⅰ)H$ 返回复用；⑥甲醇、乙酸甲脂、二甲醚羰基化反应使用含 Rh、I 的催化剂，并产生一种含 Rh 的焦油。用含乙酸甲脂 1%～35%、乙酸酐 8%、碘甲烷 3%～20% 的混合溶液萃取，并在

$60 \sim 80℃$通空气氧化分相,焦油及碘甲烷进入有机相,$[RhI_4(CO)_2]^-$转化为$[RhI_5CO]^{2-}$进入水相,水相返回羰基化复用。

该类方法主要涉及有机化学问题,读者需了解详情时请查阅原文。

2. 浸没燃烧法[164-167]

含废催化剂的有机混合物浓缩后含铑 0.3%、三苯基膦 3%、三苯基氧膦2%,还含丙烯氢甲酰化产生的高沸点有机物21.2%。该浓缩物以 5 kg/h 的速度和 6 m³/h 流速的空气混合送入容积为 0.5 m³ 的浸没燃烧室内,在1150℃下燃烧20 h,过剩氧为20%～30%。浸没燃烧装置底部装有 0.3 m³ 水直接吸收燃烧气体。催化剂中的膦燃烧转化为氧化磷被水吸收为磷酸,铑以金属或氧化物粒子状态悬浮在水中,过滤回收,Rh 回收率95%。

3. 蒸馏酸溶法[168]

丙烯低压羰基化的废铑催化剂溶液(含 Rh 0.18%),$230 \sim 280℃$蒸馏后加入浓 H_2SO_4 加热至200℃使有机物炭化,然后加入浓硝酸使溶液澄清,分离出澄清液后加入 $HCl + H_2O_2$ 溶解炭化物中的 Rh,用 NaOH 溶液调整 pH = 8 沉淀出$Rh(OH)_3$。过滤后用 HCl 溶解,经离子交换除杂后蒸发结晶出 $RhCl_3 \cdot nH_2O$ 产品,Rh 回收率97.2%。用 $NH_3 \cdot H_2O$、$NaHCO_3$ 或 $NaNO_2 + NH_4Cl$ 代替 NaOH 沉淀的效果一样。

4. 蒸馏-蒸发-焚化法[169-170]

若残余物中低沸点、轻密度有机物较多时,可先减压蒸馏-蒸发有机物后焚化。如针对含 Rh 约0.2%、轻组分有机物65%～75%、三苯基膦10%～20%、三苯氧膦5%～10%的残余物,在反应器中抽空减压至 $700 \sim 705$ mm Hg,加温至295℃蒸馏出轻组分,其中含 Rh < 0.002 g/L。余液在 750 mm Hg 负压下,300℃蒸发三苯基膦和三苯氧膦,冷凝物中含 Rh 0.005 g/L。最终残余物中含 Rh > 1.2%,600℃灰化为铑粉,回收率 >99.5%。

5. 直接焚化法[171-172]

含 Rh 有机物溶液直接在大气气氛中焚烧灰化,控制焚烧温度是关键,温度控制不好会引起含铑有机物的挥发损失。如直接点燃废液不控制温度,1.5 h 灰化完毕,铑在灰化产物中的回收率仅为81%。若逐步升温,即室温至300℃每升高50℃恒温1.5 h,300～600℃每升温100℃恒温1.5 h,灰化14 h,铑在灰化产物中的回收率达99.93%。灰化产物酸溶制备为铑溶液→净化提纯→重制为新催化剂,Rh 的回收利用率 >97%。

6. 加碱焚烧法[173]

含铑有机残余物拌入 NaOH 焚化时可以减少铑的挥发损失。

7. KHSO$_4$熔融 – 浸出法[174 – 176]

如针对含铑 0.3% ~ 0.6% 及少量 Ni、Cu、Fe，余为高沸点黏稠状醛的缩聚物，拌入 Na$_2$CO$_3$ 或 Ca(OH)$_2$，700℃焚烧 4 ~ 5 h，烧灰含 Rh > 30% 、Ni 22% 、Ca 30% 、Cu 10% ，拌入硫酸氢钾 550℃熔融 2 h，水溶获得 Rh$_2$(SO$_4$)$_3$溶液。用氨水中和形成 Rh(OH)$_3$沉淀与可溶性[Cu(NH$_3$)$_4$]$^{2+}$分离(Cu 分离率 > 99%)。氢氧化铑沉淀用 2 mol/L HCl 90℃溶解为含 Rh^{3+}20 ~ 30 g/L 的氯化物溶液。缩聚物也可硫酸氢钾直接熔融 – 水溶获得 Rh$_2$(SO$_4$)$_3$溶液。

从含 Rh 溶液中精炼为纯金属或化合物没有技术困难(详见 12.5)。如：①氯化铑溶液调整 pH ≈ 1，用阳离子交换树脂吸附贱金属(Ni 及微量 Cu、Fe、Ca)后浓缩结晶，重溶及重结晶一次可产出贱金属含量 < 0.05% 的水合氯化铑产品；②在炭片作阳极，铂片作阴极并用阴离子交换隔膜分隔的电解槽中，向阳极室中加入 10% 浓度的氯化铵溶液，阴极室中加入铑溶液，在 1.1 ~ 1.15 V 阴极电位下电积 2 ~ 3 h，在铂片阴极上析出铑粉(纯度 > 99.5%)。Rh 直收率皆 > 96%；③用甲酸、水合肼从氯化铑溶液中还原出铑粉。

8. 吸附法

用无机物或离子交换树脂吸附。如：①硅酸镁吸附[177]，向铑 – 膦配合物催化剂和高沸点有机蒸馏残渣的混合物中，加入选择性吸附剂硅酸镁(表面积一般为 100 ~ 1000 m^2/g)吸附铑 – 膦配合物，用苯、甲苯、乙苯、二甲苯等芳香烃作洗涤剂，彻底洗除共吸附的高沸点有机物，用含少量膦的极性溶剂(如四氢呋喃)从吸附剂上溶出铑 – 膦配合物催化剂，铑回收率 > 95%；②离子交换树脂吸附[178]，用苯乙烯和二乙烯苯基离子交换树脂，经磺化处理后吸附铑化合物，再用盐酸洗脱回收铑。在铑催化剂均相催化烯烃与一氧化碳加氢甲酰化反应中，含铑的产物流通过碱性离子交换树脂吸附。载铑树脂干燥后焚化，从烧灰中回收铑；③水合氧化碲吸附[179]，氢化反应产物流过滤后的含铑溶液浓缩，蒸馏低沸点有机物后加入等体积的二甲基甲酰胺，继续蒸馏脱出水及沸点 < 150℃ 的有机物。向含铑二甲基甲酰胺溶液中加入水合氧化碲，150℃下回流后过滤出铑 – 碲沉淀物。铑回收率 87% ~ 93% 。

11.9　含铂、银废渣再生回收

铂抗癌药物(顺铂和卡铂)生产中，会产生含 Pt 5% ~ 8% 的碘化银残渣，Pt 以微细粒子状态分散在碘化银中。曾使用硝酸溶解法[180]分离回收铂、银。但该法导致铂分散，即在硝酸溶解时有 20% 的 Pt 与 Ag 共溶，从硝酸溶液中用 HCl 或 NaCl 沉淀 AgCl 时，部分 Pt 又以 Ag$_2$PtCl$_6$状态与 AgCl 共沉淀，Pt 的分散及多次分离 Ag、Pt 的流程长，导致 Pt 的直收率低。贺小塘研究的新工艺[181]绘于图 11 - 7。

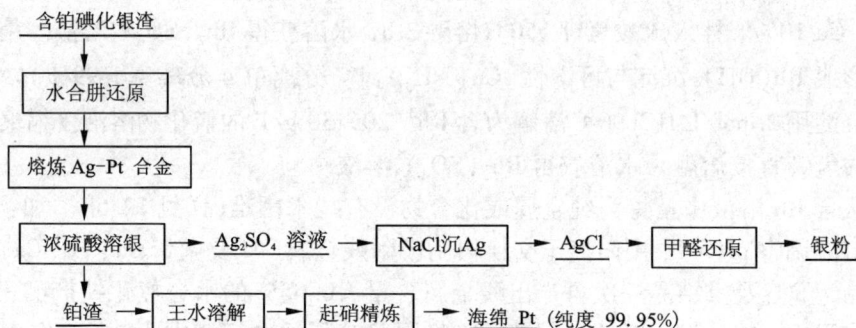

图 11 -7　处理含铂碘化银渣的工艺

水合肼还原在 90℃ 及搅拌条件下进行，目的是将 Pt、Ag 的配合物转变为金属状态。反应为

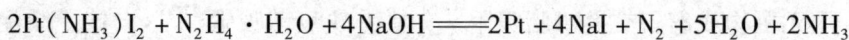

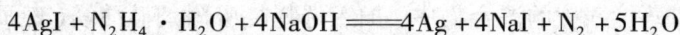

$$2Pt(NH_3)I_2 + N_2H_4 \cdot H_2O + 4NaOH = 2Pt + 4NaI + N_2 + 5H_2O + 2NH_3$$

$$4AgI + N_2H_4 \cdot H_2O + 4NaOH = 4Ag + 4NaI + N_2 + 5H_2O$$

水洗烘干后获得粉末状金属混合物，含 Pt 8.16%、Ag 83.1%、余为 AgI。实验证明，用浓硫酸直接溶解 Ag – Pt 混合粉末，Ag 的溶解率不高。若将混合粉末加入少量纯碱和硼砂 1300℃ 熔炼为 Ag – Pt 合金(含 Pt 9.14%、Ag 90.64%)，片状合金直接置于浓硫酸中加温至 150℃ 溶解 3 h，Ag 溶解率达 99.51%。含 Ag 溶液用 NaCl 沉淀为 AgCl，在悬浮状态下用甲醛还原为银粉。因甲醛还原过程剧烈放热会引发爆喷，需特别注意控制还原速度。Ag 回收率 >99%。不溶渣含 Pt 93.88%、Ag 4.57%。王水溶解后赶硝精炼为纯铂产品。Pt 回收率达 99.5%。该工艺可移植于其他银铂废料的处理。

11.10　从靶材废料中回收铂族金属

11.10.1　基本情况

为节约贵金属用量及充分发挥其特殊性能，贵金属常以厚度 <1μm 的功能性薄膜、保护性涂层和装饰性涂层应用。如铂膜用于做磁电机中电极的保护性涂层，铂铝化合物薄膜用于做高压透平机第一级涡轮叶片的保护性涂层，铂膜和金膜用于做集成电路抗腐蚀涂层、层间黏结层和宇航发动机涡轮叶片表面涂层。

Co – Cr – Pt、Co – Cr – Ta – Pt 用于生产电脑硬盘的磁记录薄膜。钌用于生产硬盘防护圈。PtSi、Pt$_2$Si、Pd$_2$Si、RhSi、IrSi、Ir$_2$Si$_3$、IrSi$_3$、Ru$_2$Si$_3$ 等薄膜材料用于集成电路的金属化材料和半导体结构材料。根据不同需要有很多制备薄膜的方法。一个重要方法是用贵金属靶材以高温离子束溅射的方式产生薄膜。过程中必然产生含铂族金属的废料。据江森·马赛(J. M.)公司报道，2007 年全球电子产业铂靶材需求 13. 2 t，铂靶材废料含铂 5. 28 ~ 6. 6 t。估计 2007 年中国铂靶材废料含铂近 4 t，钯靶材废料 200 ~ 250 kg，金靶材废料 0. 8 ~ 1 t，银靶材废料 80 ~ 100 t，形成一类重要的二次资源。

靶材废料再生回收技术比较简单。单金属靶材废料的再生回收实质是粗金属精炼为纯金属的过程。多金属靶材废料的再生回收，涉及废料溶解、贵 – 贱金属分离及贵金属精炼。这些技术问题，在本书第 7、8、9、12 章中皆有详细论述，可根据废料的性质和成分制定高效合理的回收工艺。

11. 10. 2　从生产计算机硬盘的钌靶材废料[182]中回收 Ru

钌靶材废料含 Al 85%、Ru 12% 及少量 Fe、Mg、Si。从这种废料中生产三氯化钌或纯金属靶材钌粉的工艺流程绘于图 11 – 8。

关键技术及工艺特点：

(1)利用废料本身的活化剂，调整 Al、Ru 比活化熔炼，酸溶 Al 后制备的钌黑粉末氧化蒸馏，因活性很强，可缩短蒸馏时间提高一次蒸馏放率。

(2)可同时生产钌粉和三氯化钌，根据需求调节产品比例。①吸收液浓缩为水合三氯化钌，控制洗液用量，可使一次蒸馏吸收和制取的水合三氯化钌产品达到国家石化标准 Ⅱ 型——HG/T 3679—2000 (Ⅱ)的要求，含(%) Ru 37. 23、Fe 0. 001、Na 0. 008、Ca 0. 006、Mg 0. 0006、Cu 0. 0002，钌回收率大于 96% ；②从钌吸收液中用控制氧化还原电位使 Ru(Ⅲ)氧化为 Ru(Ⅳ)，在控制溶液中钌浓度 30 ~ 60 g/L、HCl 浓度 1 ~ 6 mol/L、50 ~ 90℃温度等条件下，加入比理论量过量 1. 2 ~ 1. 5 倍的氯化铵沉淀为(NH$_4$)$_2$RuCl$_6$，并用乙醇溶液洗涤滤饼，沉淀率达 99. 8%。再煅烧氢还原及用特殊设备磨细，生产出靶材专用钌粉，产品纯度及粒度达到 YS/T 682—2008 标准 SM – Ru 99. 95 的要求，钌回收率大于 94%。

永井蹬文[183-184]用氯化铵从钌吸收液中沉淀 Ru(Ⅲ)生成(NH$_4$)$_3$RuCl$_6$，再煅烧氢还原制取钌粉。优点是钌粉较细，但氯化铵沉淀效率及钌粉产率等指标较低。Steven[185]用"固相萃取剂"Superlig® 187 从溅射靶材废料中回收 Ru(Ⅲ)(详见 10. 3)。全过程 Ru 回收率 99%，钌粉纯度 99. 95%。过程封闭，且可避免蒸馏过程的安全隐患。

含钌废料
↓
熔炼活化
↓
酸浸贱金属 → 贱金属废液
↓
钌黑粉末
↓
氧化蒸馏 → 盐酸吸收 → 吸收液 ①② → 浓缩 → 水合 RuCl₃
↓   ↓
蒸馏残渣   控制电位沉淀
↓   ↓
熔炼   钌粉
↓   ↓
返回蒸馏   还原煅烧 → 靶材专用 Ru粉

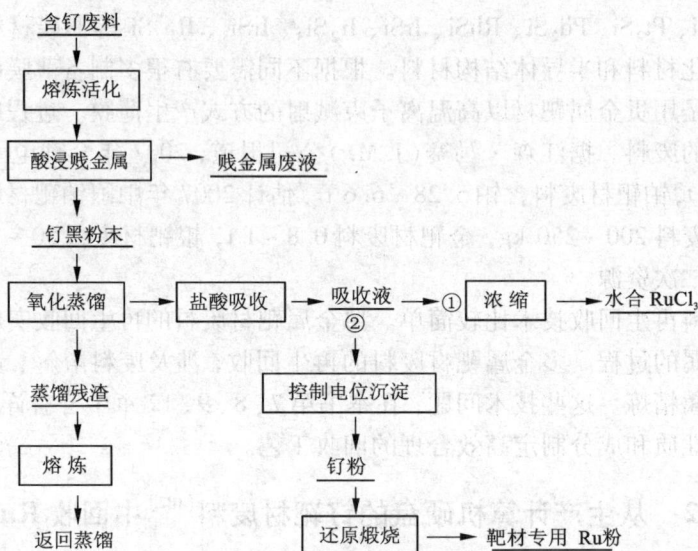

图 11-8　从含钌废料制备三氯化钌及钌粉工艺

11.11　从各种含钌废料中回收钌

11.11.1　从 Ru/C、Ru/MgO 废催化剂中回收 Ru

在合成氨工业使用的催化剂中，Ru/C、Ru/MgO 具有最高的催化活性且可降低合成氨的工作压力和温度，现已普遍使用。刘化章[186]处理含 Ba、K 的 Ru/C 废催化剂工艺是：首先用 HCl 溶液浸泡 12 h 溶解 Ba、K，滤液中加入 H_2SO_4 沉淀出 $BaSO_4$（回收率 > 87%），沉钡母液直接浓缩结晶出 KCl（回收率 > 77%）。HCl 浸出渣 800℃ 焚烧 10 h，烧灰加入 1 倍量的 KOH + KNO_3 混合物（质量比 1∶1）加温至 650℃ 熔融 1 h，熔融物冷却后用冷水浸出过量的钾盐。滤渣用 80℃ 热水溶解得 K_2RuO_4 溶液，加入少许 NaClO 并加温至 60℃ 氧化 0.5 h，缓慢滴入浓 H_2SO_4 减压蒸馏出金黄色 RuO_4，用 37% HCl 溶液吸收，吸收液缓慢浓缩为 $RuCl_3 \cdot nH_2O$ 产品，回收率 94.6%。也可用 HNO_3 溶液吸收为 $Ru(NO_3)_3$ 产品。

含 Ba、Cs 作促进剂的 Ru/MgO 废催化剂[187]，首先用 1 mol/L 的氨水选择性溶解 Ba、Cs（溶解率 > 97%），Ru/MgO 不溶解。然后用 1 mol/L HNO_3 加热至 70℃ 溶解 MgO 获得纯 $Mg(NO_3)_2$ 溶液，可用碳酸盐转化为 MgO 复用。硝酸不溶物是粗金属 Ru，回收率 > 94%。

11. 11. 2　废催化剂直接生产 RuCl₃

化工催化、电子、电镀等行业，多直接使用三氯化钌产品。因此，从含钌废催化剂中直接生产该产品可简化工艺过程，减少试剂消耗，提高回收率。研究了从含钌废料中生产试剂级三氯化钌产品的工艺[188]。如针对含 Ru 67.9%、其余主要为 Pt、Ag、Pb 的废料置入蒸馏反应器中，按 NaOH 用量约为废料的 5 倍，配成 30% 浓度的 NaOH 溶液分 3 次加入蒸馏器，同时通入氯气氧化蒸馏（反应为 Ru + 8NaOH + 4Cl₂ $=\!=$ RuO₄↑ + 8NaCl + 4H₂O）。第 1 级用水吸收液隔离蒸馏器可能喷溅的含盐溶液，之后串联 7 级 6 mol/L HCl + 0.5% C₂H₅OH 溶液，吸收挥发的 RuO₄（反应为 2RuO₄ + 20HCl $=\!=$ 2H₂RuCl₅ + 8H₂O + 5Cl₂↑）。抽出第 2 级吸收液过滤后缓慢浓缩至糖浆状，再用红外线缓慢烤干即为 RuCl₃ 产品，封存（防止吸潮）。一次蒸残液加入酒精还原静置 12 h 至溶液无色后过滤，蒸残渣用硝酸溶解分离 Ag、Pb。含 Ru 约 19% 的残渣，按 $m_{NaOH} : n_{NaClO_3} : m_{残渣} = 3 : 1 : 1$ 混合后 700℃ 熔融 1 h，熔融物倒入冷水中进行二次氧化蒸馏制取三氯化钌。二次蒸残渣中含 Ru 很少。两次蒸馏至获得三氯化钌产品，Ru 的回收率 98%。

11. 11. 3　从有机 Ru 废催化剂中回收 Ru[189-190]

羰基化反应使用的含 Ru 均相催化剂，使用中因高沸点有机化合物积累，必须定期排出并处理部分催化剂溶液回收其中的 Ru。最简单的方法是焚烧，但会造成 RuO₄ 挥发损失。杉小仁研究的方法是：在三甘醇二甲醚存在下氢化分离琥珀酐，然后在 200℃ 温度下精馏上述有机化合物。含 Ru 残液加入碱、脂肪烃或芳烃（如甲苯、庚烷）混合搅拌，溶液分为甲苯、水、油三相，Ru 被萃取在甲苯相中，回收率 98.5%。甲苯相用水洗涤后蒸馏分离甲苯，剩下的褐色油状浓缩物含 Ru 0.43%，可返回制备新催化剂。

11. 12　从生产双氧水的阳极泥中回收铂

电解生产双氧水的过程会产生一种阳极泥，含 Pt 423.5 g/t、Pb 56.87%。用 20% 浓度的 NaOH 溶液按固液比 1:15 混合，加温至 90℃ 搅拌浸出 2 h，Pb 溶解率约 95%。滤液及洗水合并，常温下置入直流电解槽中，在阴极电压 3 V 及电流密度 150 A/m² 条件下电积 8 h，阴极析出粗铅。电积母液加入石灰并升温至 70℃ 搅拌 2 h，过滤出石膏，滤液补充 NaOH 即可返回浸出下一批阳极泥。

碱浸渣（渣率 4%）用王水溶解、赶硝后加入 H₂SO₄ 沉淀出 PbSO₄，从母液中用氯化铵沉淀法精炼铂。全过程 Pt 回收率 97%[191]。

11.13　从含有机物的废料中回收钯

11.13.1　从废胶体钯中回收钯[192]

印刷电路板(PCB)中，连接电子元件小孔的金属板线需使用胶体钯配成的活化液活化后镀铜。胶体钯结构为$[Pd_m^0 \cdot nSn^{2+}] \cdot xCl^-$，废胶体钯呈酸性(pH < 1)，含 Pd > 1.5 g/L，还含大量胶体及 $SnCl_2$、$SnCl_4$、NaCl。若直接用王水氧化破坏胶体，同时溶解钯后再用氨配合法精炼，钯回收率仅约 60%。

改进的工艺是：水稀释及调整 pH 加热破胶→过滤出金属凝聚物王水溶解→钯锡分离→钯精炼。如针对含 Pd 0.26 g/L 的废胶体钯和废活化液混合物，用水稀释 3 倍，调整溶液 pH 约 1.3，加温至 100℃ 破坏胶体，产生黑色凝聚物沉降，溶液清澈透明。滤出沉降物用王水溶解获得 H_2PdCl_4 与 $SnCl_4$ 混合溶液，赶硝后加氨水配合，在 pH = 9 ~ 10 下使 Sn^{4+} 转化为 $Sn(OH)_4$ 沉淀。过滤后含 $Pd(NH_3)_4Cl_2$ 的溶液加 HCl 调整 pH = 1 ~ 1.5，沉淀出黄色絮状 $Pd(NH_3)_2Cl_2$。反复两次获得纯度 99.92% 钯产品，回收率 98.8%。

11.13.2　从有机钯中回收钯[193]

丁二烯羟基-羰基化合成戊烯酸的反应中使用含 $PdCl_2$ 的均相催化剂。反应副产物中含戊烯酸、甲基戊二酸、乙基琥珀酸等有机物。需从该混合物中回收 Pd 时，首先用 HCl 酸化，然后加入甲苯室温搅拌 30 min 溶解有机物，Pd 在水相中回收率约近 100%。若加入环己烷或十二烷，Pd 在水相中回收率 <84%。

氯丁烯羰基化生产 3-戊烯酰氯产品过程中使用有机钯催化剂。废催化剂首先蒸馏分离有机物，蒸馏尾料用 HCl 酸化即可生成丁烯基氯化钯返回羰基化过程复用[194]。若从羰基化产物中回收 Pd，可首先加热至 85℃ 后加入 HCl 萃取，含有机 Pd 的水相蒸干后 500℃ 空气中灰化，灰粉加入甲酸 90℃ 还原 PdO 为 Pd。粗 Pd 王水溶解、赶硝后溶于水中，再次甲酸还原为纯 Pd。氮气中干燥后用乙酸+硝酸溶解，蒸干后获得乙酸钯(Ⅱ)，重溶于丙酮中并加入 2,4-戊二酮，蒸发丙酮后即获得黄橙色的 2,4-戊二酮酸钯(Ⅱ)盐(含 Pd 33.28%)作为催化剂复用。循环复用率约为 50%[195]。

11.14　从燃料电池催化剂中回收铂

新能源属人类社会 21 世纪可持续发展的支柱产业之一，燃料电池是其中一种。磷酸燃料电池（PAFC）、质子交换膜燃料电池（PEMFC）、甲醇燃料电池（DMFC），都使用 Pt‑C、Pt‑Co‑Cr、Pt‑Co‑Fe、Pt‑Ru、Pt‑Ni、Pd‑C 等作催化电极，将可燃气体的化学能直接转化为电能。与其他新能源相比，虽然燃料电池的经济性一直存在质疑，但由于工作温度低、能量转化率高、燃料来源丰富、无环境污染、用铂量逐渐降低（已从 1994 年的 14 g/kW 降至 2008 年的 0.5 g/kW，实验室已降到 0.2 g/kW）等优点，将其作为小型便携式电源、家庭小型电站、汽车动力、潜艇电源等方面的应用研究从未中断。

PEMFC 电池的核心部件是膜电极，它由阳极扩散层、阳极多孔碳纤维层、阳极催化层、电解质膜、阴极催化层、阴极多孔碳纤维层和阴极扩散层压在一起构成。其中的阳阴极催化层含 Pt（或 Pd），含量 $0.15 \sim 0.19$ mg/cm^2。废旧膜电极可用焚烧、化学溶解电极中的有机化合物使催化剂剥离、破碎后磁选等方法处理，回收其中的 Pt（或 Pd）。

（1）焚烧法。将膜电极的有机化合物和碳高温焚烧是富集提取 Pt 的最简单方法。但因破坏了氟塑料为基体的质子交换膜，不仅浪费原材料还造成氟污染，该法不可取。

（2）化学溶解剥离催化层。张口清[196]用乙醇、甲醇、丙醇、丙酮等有机溶剂在 >40℃ 温度下浸泡膜电极，使质子交换膜溶胀与催化剂层分离。剥落的催化剂在 400℃ 温度下空气中焙烧，固体粉末王水溶解、赶硝，从溶液中用水合肼或硼氢化钠溶液还原出粗 Pt。回收率可达 98.1% ~ 99.4%。徐洪峰[197]研究的方法是：将膜电极放入异丙醇溶液中浸泡 5 ~ 10 min，使膜与含 Pt/C 的催化剂电极分离。电极片剪成小片浸入异丙醇中，并插入超声波细胞粉碎机的超声波发生头震荡 40 min，震下约 60% Pt/C。剩余的催化剂用刀片从电极上刮下，加入乙醇溶液放进高压釜中升温至 250℃ 分解 2 h，高速离心分离出 Pt/C 颗粒。Pt/C 合并烘干后升温至 500 ~ 600℃ 焚烧 1 h 获得金属 Pt，回收率 97.3%。

（3）直接溶解 Pt[198]。用 30℃ 的 $HCl + H_2O_2$ 溶液从废燃料电池的阳极和阴极气体出口泵入电池内循环，从含阴离子官能团的磺酸基、羧酸基离子传导膜层（CCM）中直接溶解 Pt。由于铂粒被固态有机聚合物紧密包裹，浸出率不高。

（4）磁选法[199]。当催化剂使用具有磁性的 Pt‑Co‑Cr 材料时，可将电极粉碎后磁选回收。磁选产物用溶剂溶解有机物后从残留物中回收 Pt‑Co。

目前因燃料电池尚未形成产业，铂族金属的回收也还处于探索阶段，应继续关注。

11.15 从钛阳极上剥离涂镀的铂族金属

食盐电解和锌电积工业使用的涂镀 Ru 或 RuO_2 的钛阳极，化工中使用的涂镀

Pt 或 PtO_2、Ir 或 IrO_2 的钛阳极等废料，从中回收铂族金属时还要使钛阳极尽可能再生复用。处理方法有常温化学剥离、高温熔盐剥离及电化溶解等。

（1）常温化学剥离。用含铁氰化钾 $K_3Fe(CN)_6$ 200 g/L、NaOH 200 g/L 的溶液浸渍镀钌钛阳极，20 min 内即可剥离 1 μm 厚的钌镀层，钛板基体不被破坏。

（2）高温熔盐剥离。将涂、镀钌、铱的钛阳极浸渍在约 600℃ 的 Na_2O_2 + NaOH 熔盐中，Ru 转化为 Na_2RuO_4 剥离，剥离回收率 82% ~84%。涂镀铱的钛阳极用 NaOH 加 KNO_3（或加 $KMnO_4$、Na_2O_2），约 600℃ 熔盐浸渍，Ir 转化为 IrO_2 剥蚀，剥离回收率约 87%。涂有 RuO_2 10~20 g/m^2 或 Pt – Ir 7.3 g/m^2 的钛阳极，用 NH_4HSO_4 熔盐在 400~500℃ 浸渍 30 min，冷却后洗涤，剥离回收率分别 >99% 和 90%，钛基板表层腐蚀 7~10 μm。

（3）电溶法。在电解槽中选择适宜的电解质，将涂、镀 Ru 或 Pt、Ir 的废钛阳极作阳极，铁或不锈钢片为阴极，通入直流电使铂族金属溶解。从钛阳极上电溶不同氧化物涂层的条件见表 11 –11。电溶时钛的损失率为 1% ~3%。用 5% HF 或 17% HCl 溶液浸渍洗涤钛阳极基片并重新涂镀铂族金属后复用。

表 11 –11　从钛阳极上电溶不同涂层的条件

基体金属	涂层	电解液性质和成分	电溶时间/h	阳极电流密度/(A·dm^{-2})	温度/℃	槽电压/V
Ti	RuO_2	50% $NaClO_3$	0.5	60	20	5.5
Ti	PtO_2	5% KNO_3	12	10	35~40	4.1
Ti	IrO_2	15% Na_2SO_4 + 10% H_2SO_4	2	25	20~30	

剥离的铂族金属氧化物用常规方法分别精炼。如剥离的 RuO_2 用 Na_2O_2 + NaOH 熔融→水浸→氧化蒸馏回收 Ru。剥离的 PtO_2 或 IrO_2 用王水溶解后精炼。

11.16　铂族金属合金废料的再生回收

铂族金属合金废料种类很多。少数情况下废合金定点收集，成分一致，仅在使用中被污染，或物理状态被破坏而失去使用功能，只需消除污染物即可重新加工为新器件复用。高温氧化除油污、除积炭，用盐酸、硫酸或硝酸煮沸除去贱金属，用碱液或氢氟酸溶解除硅等都是消除物理污染的方法。多数情况下收集的废合金来源多，成分复杂，必须经过重新溶解转入溶液→分离杂质元素→铂族金属相互分离－精炼等过程获得纯金属。

11.16.1 Pt – Pd – Rh 废催化网的回收

氨氧化塔中使用的 Pt – Pd – Rh 催化网，一般成分为三元合金 Pt – 4Rh – 3.5 Pd 或二元合金 Pt – (5～10)Rh，中国使用提高 Pd 量的 Pt – Pd – Rh – M（M 为另一活性金属）的四元合金。合金都拉制成 0.06～0.09 mm 的细合金丝编织成网。由于高温氧化条件下 Pt、Rh 的氧化挥发使细丝表面形成粗糙"笼状物"，强度降低而损坏，同时被微量贱金属污染降低了催化活性而报废，必须回收再生为新网复用。作者归纳的原则流程示于图 11 –9。

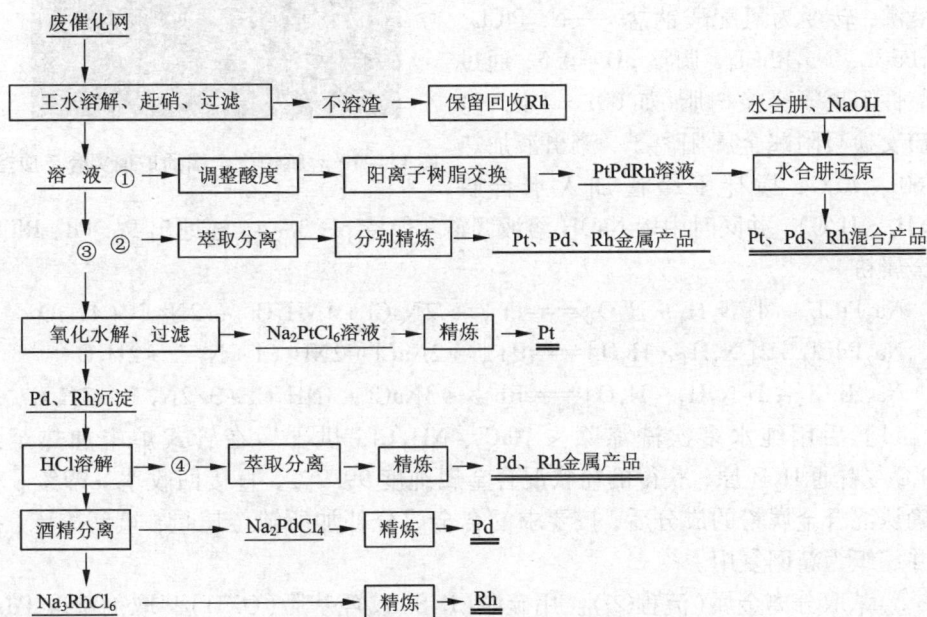

图 11 –9 废催化网再生回收的原则工艺流程

1）溶解。王水溶解在煮沸条件下分批进行，为减少 HCl 挥发和 HNO_3 的分解损失，一般用水稀释一倍的稀王水并分批补加，溶解一段时间后倾泻出高浓度金属溶液，再继续加新鲜王水溶解，直至不再反应。过滤出混合溶液后浓缩 – 蒸至近干，反复加盐酸破坏铂的硝基化物，最后用稀盐酸溶解 – 过滤，获得含少量贱金属杂质的 H_2PtCl_6、H_2PdCl_4、H_3RhCl_6 混合溶液。该过程不可能将废催化剂溶解完全，最后总有少量以 Rh 为主的不溶渣，需妥善保存集中另行处理。中国已广泛使用容积 50～100 L 的钛材反应釜或夹套加热的密闭玻璃反应釜（见图 11 –10）进行王水溶解，能保证挥发酸及氮氧化物的吸收治理。

依据市场对最终产品形态的要求，处理混合溶液有 4 种方案：若只需产出

Pt、Pd、Rh 混合产品用①流程，相互分
离–精炼为各纯金属产品可分别用②③
④流程。流程选择除考虑技术先进性及
指标外，也应结合废催化剂来源是否稳
定，处理规模大小和具备的场地、试剂、
设备等实际生产条件综合考虑决定。各
流程介绍如下。

2）生产 Pt、Pd、Rh 混合产品（流程
①）。将混合溶液蒸干赶硝后加入 NaCl 溶
液煮沸，转变为氯配酸钠盐——Na_2PtCl_6、
Na_2PdCl_4、Na_3RhCl_6，调整 pH ≈ 0.5，通过
强酸性阳离子交换树脂（如 001 × 4 或 001
× 7）交换吸附贱金属阳离子，流出液加热
至 60 ~ 70℃，搅拌下缓慢加入水合肼

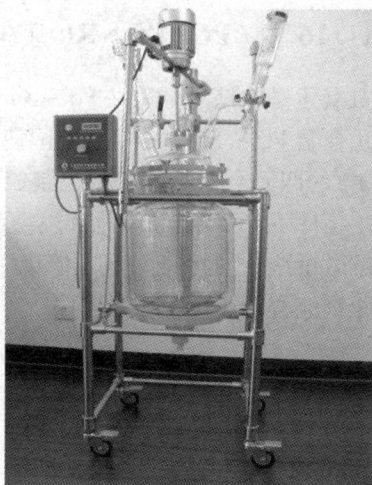

图 11 – 10 溶解铂族金属的玻璃夹套反应釜

（$N_2H_4 \cdot H_2O$），并同时用稀 NaOH 溶液调整和保持 pH 3 ~ 4，还原出 Pt、Pd、Rh 混
合金属粉：

$$Na_2PtCl_6 + 4[N_2H_4 \cdot H_2O] =\!=\!=\!= Pt\downarrow + 2NaCl + 4NH_4Cl + 2N_2\uparrow + 4H_2O$$

$$Na_2PdCl_4 + 2[N_2H_4 \cdot H_2O] =\!=\!=\!= Pd\downarrow + 2NaCl + 2NH_4Cl + N_2\uparrow + 2H_2O$$

$$Na_3RhCl_6 + 3[N_2H_4 \cdot H_2O] =\!=\!=\!= Rh\downarrow + 3NaCl + 3NH_4Cl + 3/2N_2\uparrow + 3H_2O$$

过滤后用纯水多次洗涤除去 NaCl、NH_4Cl，烘干后在管式炉中加热至约
900℃左右通 H_2 还原，获得的粉状混合金属纯度 99.9%，直接回收率 >99%。分
析确认混合金属粉的成分后，按要求的合金成分补加所缺金属量，重新熔炼、拉
丝并编织为新网复用。

3）萃取分离金属（流程②）。用硫醚（R_2S）或羟基肟（OXH）萃取剂萃取 Pd→
胺类（R_3N）或膦类萃取剂（TBP、TAPO）萃取 Pt→从萃残液中精炼 Rh（详见 9.3、
9.4）。该流程具有分离系数（β）高，生产过程可连续等优点，但因料液 Pt 浓度高
而 Pd、Rh 浓度低，萃取铂的负荷重，过程中有机相及化学试剂消耗大，反萃液还
需再次精炼才能获得纯金属产品，因此从经济方面比较萃取分离铂未必比选择性
沉淀法有利。

4）选择性沉淀分离（流程③）。包括溴酸钠水解，酒精分离 Pd、Rh 等步骤。

（1）溴酸钠水解优先提取铂。将赶硝及稀盐酸溶解后的混合溶液煮沸，加入
$NaBrO_3$ 溶液氧化，并用 $NaHCO_3$ 溶液调整 pH ≈ 7.5，并继续煮沸后迅速冷却至室
温。Pt 呈可溶性 $Na_2Pt(OH)_6$，Pd、Rh 水解为 $Pd(OH)_2$、$Rh(OH)_3$ 沉淀，贱金属
也完全水解为氢氧化物沉淀，静置澄清后过滤分离（详见 12.3.2）。沉淀用 pH ≈
8 的纯水洗涤数次。铂溶液和洗液合并加入 HCl 酸化至 pH ≈ 0.5，煮沸赶溴后加

入 NH_4Cl 沉淀出纯 $(NH_4)_2PtCl_6$，煅烧得海绵铂。水解和 NH_4Cl 沉淀各一次，Pt 纯度即可达 99.99%。该法对主体 Pt 中少量 Pd、Rh 的分离很有效，Pt 的精炼过程简单，产品纯度高。缺点是只能分批操作，赶溴时间长，溴污染环境。

(2)酒精分离 Pd、Rh。水解沉淀用 6 mol/L HCl 煮沸溶解，加入适量 NaCl 蒸发至干，水润湿后在烘箱中 110~120℃ 下充分烘干，磨细后加入酒精搅拌约 1 h，澄清后过滤，再用酒精洗涤沉淀至洗液无色，含 Pd 滤液加适量浓 HCl 煮沸挥发酒精至近干，加水溶解，用 10% 的 NaOH 溶液调整 pH = 8~9 沉淀出 $Pd(OH)_2$，过滤后用 6 mol/L HCl 溶解为 H_2PdCl_4 溶液，精炼为纯 Pd。

(3)精炼 Rh。不溶于酒精的固相 Na_3RhCl_6 低温下烘干挥发酒精后，加水溶解，用 10% NaOH 溶液调整 $pH \approx 9$，煮沸沉淀出 $Rh(OH)_3$ 并静置沉降，过滤后的沉淀用 6 mol/L HCl 溶解为 H_3RhCl_6 溶液。控制 Rh 浓度在 30~40 g/L，用 Na_2CO_3 溶液调整 $pH \approx 1.5$，加入 50% $NaNO_2$ 溶液煮沸，溶液由紫色变为黄绿色，补加少量 $NaNO_2$ 溶液，继续煮沸并调整 pH = 6~8，过滤后加 0.5% Na_2S 溶液(按 100 g Rh 加 0.3g Na_2S 计)，放置过夜后过滤。滤液补加 50% $NaNO_2$ 溶液再次煮沸和过滤。滤液加入盐酸酸化的 NH_4Cl 溶液沉淀出白色的 $(NH_4)_3Rh(NO_2)_6$，进一步精炼为铑金属产品。

该法因水解沉淀物很细，过滤、洗涤困难，沉淀穿滤及夹裹料液使金属分离不彻底，酒精易燃使操作不安全。

5)萃取分离 Pd、Rh(流程④)。用硫醚(如 S_{201})萃取分离 Pd、Rh 是最理想的分离方法，S_{201} 萃取钯的平衡速度快(约 5 min)，饱和容量大(>30 g/L)，过程连续，试剂消耗少，萃取率高(99.5%)，Pd、Rh 的分离系数高，稀氨水反萃容易，便于衔接氨水配合精炼产出纯钯。

11.16.2 Pd 合金网的应用及回收

氨氧化炉中 Pt-Rh、Pt-Pd-Rh 合金网在高温(780~950℃)下工作，会氧化为 PtO_2、Rh_2O_3、PdO 挥发损失。现国内外所有硝酸工厂皆在铂合金网下安置 Pd 合金网捕集挥发的 Pt、Rh 氧化物微粒[200-201]。比较经济且强度较高的钯合金网[202]成分(%)为：Ni 4、Cu 10、Fe 2、Ce 0.2、Pd 85，拉成 0.09 mm 细丝织成 760~992 孔/cm^2 的网，在 0.5~0.55 MPa、870~880℃ 的氨氧化炉中工作 180 d，在铂合金网损耗分别为 1940 g 和 2300 g 时，钯合金网可回收到 1346 g 和 1390 g，捕集回收率 60%~70%，其他分散于炉灰中。

钯合金网的再生回收不存在技术困难。王水溶解的溶液中贱金属 Cu、Ni、Fe 杂质浓度较高，离子交换除贱金属的负荷太大，可用水合肼还原或置换出 Pt、Pd、Rh 混合粉末，重溶后并入图 11-9 的流程②③④统一处理。

11.16.3 Pt – Rh 及 Pt 合金废料再生回收

Pt – Rh 热电偶、生产玻璃玻纤的 Pt – Rh 坩埚或漏板等致密合金废料，首先需溶解。曾研究电化溶解[203-205]和王水溶解两种方法。

1）电化溶解（详见 8.3）。将 Pt – Rh 合金废屑压制或熔制为板状阳极，在 HCl 介质中通交直流脉动电流溶解，电溶过程加入少量 H_2O_2 可大大加快溶解速度，向溶液中加入 KCl 生成 K_2PtCl_6 黄色沉淀，水浆化后加入 $NaBH_4$ 溶液还原出海绵铂。沉铂母液离子交换除杂后获得纯铑溶液。

2）王水溶解。王水溶解是最通用的方法，但赶硝作业必须认真，不彻底破坏硝酸对铑的回收率影响甚大[206]。路江鸿研究过贱金属熔融活化的"快速溶解法"[207]，即用 1.2 ~ 2.5 倍质量的 Cu、Fe 或 Ni 金属与废料混合后熔炼，合金轧成 0.08 mm 薄片后用王水溶解，从溶液中用氯化铵沉铂。该专利方法的可取点仅是熔炼为铂 – 贱金属合金并轧成薄片，加快了王水溶解速度。但获得的溶液成分复杂，将影响沉铂的回收率和产品纯度。与已知的其他方法相比，并未体现出多少优点。

两种方法相比，电化溶解可避免王水溶解造成的氮氧化物污染环境的弊端。缺点是在直流电场中阳极易钝化，残极率大，设备较为复杂。

3）Pt、Rh 分离。溶解获得的铂铑氯配酸（$PtCl_6^{2-}$、$RhCl_6^{3-}$）混合溶液中，Pt：Rh 浓度比约 10:1，含微量贱金属，Pt、Rh 分离技术比铂钯铑催化网简单。多首先用阳离子交换除贱金属杂质。纯铂、铑溶液可使用多种十分成熟的方法分离：①水解法[208-209]，即用 NaOH 或 Na_2CO_3 中和水解沉淀铑，从滤液中用 NH_4Cl 沉淀铂，再分别精炼；②氯化铵沉淀法[210]，用氯化铵从铂、铑混合氯配酸溶液中先沉铂，从沉铂母液中回收铑；③萃取法[211]，TBP 萃取铂，从萃余液中沉淀铑。几种方法的操作条件及分离效率皆可在本书相关章节中找到答案。3 种方法各有优缺点，水解法无需使用特殊试剂和设备，易产业化应用。

11.16.4 Pd – Ir 合金废料的再生回收[212]

该原则流程绘于图 11 – 11。

以 Pd 为主含 Ir 10% ~18% 的合金废料先经煅烧除去油污和有机物杂质，用 6 mol/L HCl 煮沸分离贱金属后直接用王水溶解，过滤后的溶液蒸干赶硝，用稀 HCl 溶解为 H_2PdCl_4 和 H_3IrCl_6 混合溶液。从混合溶液中用萃取法分离钯的方法有效，但溶液中钯多铱少，萃取钯的试剂消耗大，经济上未必合理。比较简便的方法是：

1）浓 HNO_3 分离。将钯、铱混合溶液浓缩成糊状，加入 5 倍量浓 HNO_3，缓慢

Pd-Ir合金废料

↓

煅烧除油污

↓

HCl → 酸浸除贱金属 → 贱金属溶液 → 废弃

↓

3份HCl+1份HNO₃ → 王水溶解、赶硝、过滤 → 不溶渣 → 返回王水溶解

↓

Pd、Ir溶液 ① → 浓HNO₃分离 → PdCl₂沉淀 → 精炼 → Pd

② ↓　　　　　　　　　　铱溶液 ↓

氨配合 → Ir(OH)₃ → 酸溶为Ir溶液 → 精炼 → Ir

↓

精炼

↓

Pd

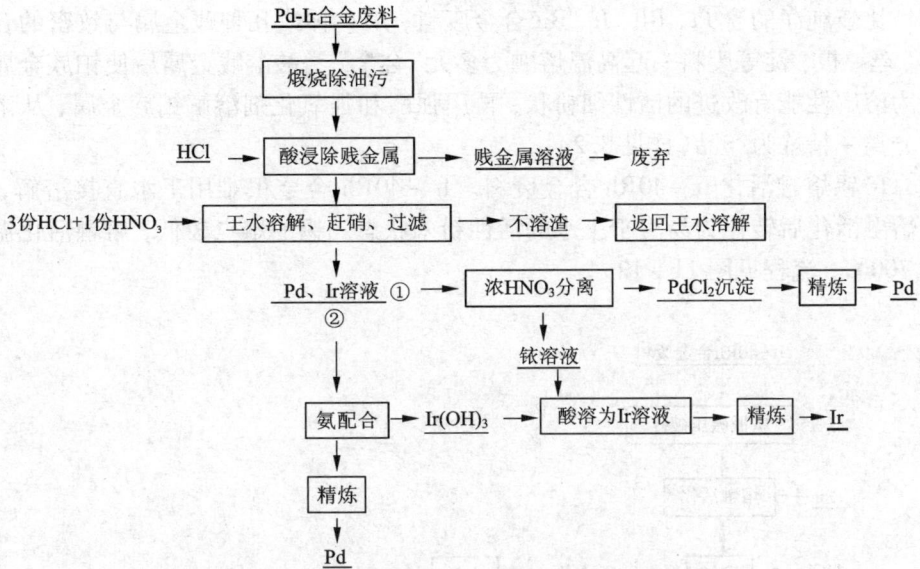

图 11 – 11　回收 Pd – Ir 合金废料的原则流程

煮沸后过滤出 PdCl₂ 沉淀，沉淀重新用 HCl 浆化→煮沸浓缩赶硝→稀 HCl 溶解后，用氨配合法精炼为纯钯。从过滤后的硝酸溶液中精炼铱。

2）直接氨配合。直接向钯、铱混合溶液中加入 $NH_3 \cdot H_2O$ 使 Pd（Ⅱ）转化为可溶的 $Pd_2(NH_3)_4Cl_2$，控制溶液 pH≈9，Ir（Ⅲ）水解为 Ir（OH）₃ 沉淀，贱金属杂质元素也同时水解沉淀。澄清过滤后的溶液加入适量 HCl 沉淀出鲜黄色 $Pd_2(NH_3)_2Cl_2$，再精炼为纯钯。含铱滤渣用 HCl 溶解后精炼为纯铱。

11. 16. 5　难溶合金废料的预处理活化溶解

有些铂族金属合金废料，如 Pt – Ir、含 Rh > 10% 的 Pt – Rh 及 Rh、Ir、Os、Ru 废金属，很难用王水溶解，必须预处理活化。在矿产资源提取冶金中发展的一些技术，如碱熔、贱金属熔融活化、电溶、硫熔活化等方法，皆可依据废料的成分和性质，选择移植应用。

1. 碱熔法

用 $Na_2O_2 + NaOH$ 与含 Os、Ru、Ir 较高的粉状废料混合，置入铁坩埚中600～700℃熔融，使锇、钌转化为可溶于水的 Na_2OsO_4 和 Na_2RuO_4，铱转化为 IrO_2。用水溶解后过滤，从溶液中用氧化蒸馏方法分离和回收 Os、Ru。IrO_2 用王水溶解为 H_2IrCl_6，再用 NH_4Cl 沉淀或萃取等方法分离 – 精炼铱（详见 7.1）。

2.贱金属熔融活化法

比较纯净的含 Pt、Rh、Ir、Ru 合金废料,用一种或几种贱金属与致密的合金片、丝、板、锭等废料一起高温熔融为多元"合金",酸溶贱金属后使铂族金属转变为溶解性能有改进的活性细粉状,再用强酸和强氧化剂溶解铂族金属,从溶液中分离 – 精炼为产品(详见 8.2)。

1)锡熔融活化 Ir – 40Rh 合金废料。Ir – 40Rh 合金很难用王水直接溶解,用锡熔融活化后转化为易溶于王水的活性粉末状态。锡的熔点较低,熔融活化温度约 700℃,流程见图 11 – 12。

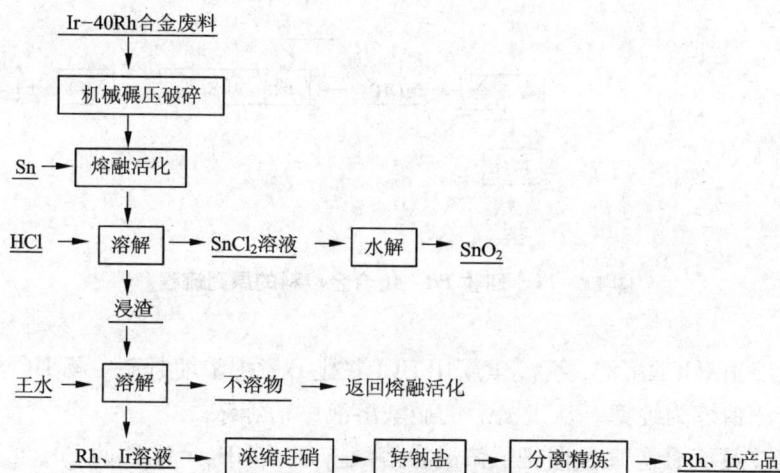

图 11 – 12 锡熔融活化 Ir – 40Rh 合金废料

熔融活化后用 HCl 溶解 Sn,含 Rh、Ir 的不溶渣呈粉状,易用王水溶解。熔融活化需反复多次。从混合溶液中粗分 Rh、Ir 的方法很多,依据实际条件选择。如:用 NaHSO$_4$ 重新熔融→水浸出 Rh$_2$(SO$_4$)$_3$ 与 Ir 分离;用王水溶解→赶硝→转钠盐→亚硝基配合选择性沉淀;溶剂萃取铱等。

2)锌熔融活化 Pt – Ir 合金废料——工艺流程见图 11 – 13。

在约 800℃的熔融锌中,按 $m_{Zn}:m_{废料} = (4 \sim 5):1$ 加入废料,为减少 Zn 的氧化挥发,熔体表面需加入 NaCl 覆盖。合金熔体倒入铁盘,冷却后捣碎。用 HCl 在 80℃溶解 Zn,HCl 分批加入直至溶解完全,煮沸后过滤,用酸化水反复洗涤滤渣除去 ZnCl$_2$,并防止水解为 Zn(OH)$_2$。不溶渣中的 Pt、Ir 呈活性细粉状,易用王水煮沸溶解,溶液多次蒸发至近干并加 HCl 赶硝和破坏不溶的(NO$_2$)$_2$PtCl$_6$,最后用稀盐酸溶解获得 H$_2$PtCl$_6$ 和 H$_3$IrCl$_6$ 混合溶液,过滤出的不溶渣返回二次熔融活化。

从溶液中根据 Pt(Ⅳ)、Ir(Ⅲ)的性质差异进行分离,如萃取 H$_2$PtCl$_6$ 与

废 Pt–Ir 合金

| → | 熔融活化 | (Zn →)

→ | 溶　解 | → ZnCl₂(废弃) | (HCl →)

→ | 滤渣王水溶解、赶硝 | → 不溶渣 → 返回熔融活化

Pt、Ir 混合溶液

| (NH₄)₂S、NH₄Cl → | 还原沉淀 | → 硫化物 → 焙烧 → 酸浸 → 不溶渣返熔融活化

→ | 过滤 | → (NH₄)₃IrCl₆ 溶液 → 精炼 → Ir 产品

(NH₄)₂PtCl₆ 沉淀 → 精炼 → Pt 产品

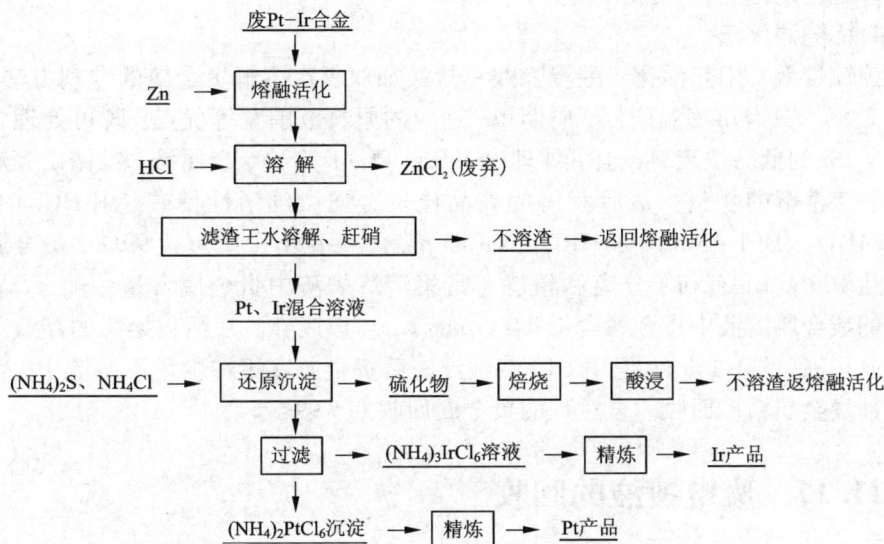

图 11 – 13　锌熔融活化处理 Pt – Ir 合金废料

H_3IrCl_6 分离，但因溶液中 Pt 多 Ir 少，萃取法的试剂消耗大。方便的方法是预先还原 $Ir(IV)$ 为 $Ir(III)$ 后加入 NH_4Cl 选择性沉淀出 $(NH_4)_2PtCl_6$，即按每克 Ir 加入约 0.15 mL 浓度为 16% 的 $(NH_4)_2S$ 溶液，加热至 70~80℃，使 H_2IrCl_6 充分还原为 H_3IrCl_6，再加入过量 NH_4Cl 沉淀出黄色 $(NH_4)_2PtCl_6$。过滤后的沉淀用 5% NH_4Cl 洗涤，再精炼－煅烧为海绵铂。滤液和洗液合并后浓缩至有氯化铵析出，加入浓硝酸并加热氧化沉淀出 $(NH_4)_2IrCl_6$，过滤后用 15% 的 NH_4Cl 溶液洗涤，用水浆化沉淀后缓慢加入水合肼还原，并调整 pH≈2 煮沸，冷却后再过滤，滤液在搅拌下加入稀 $(NH_4)_2S$ 溶液并调 pH≈2，密闭下静置澄清，在过滤后的溶液中加入硝酸氧化沉淀出较纯的 $(NH_4)_2IrCl_6$。

用锌锡熔融活化有些缺点：锌、锡的熔点低，活化过程的效率不高，常需反复多次才能使废料中的铂族金属完全转化为易溶活性状态，不可避免地增加贵金属的机械损失；金属锌在熔融温度下易氧化为 ZnO 挥发损失，锌的密度小，熔融时与高密度的贵金属废料接触浸润效果较差，与可能产生的炉渣分相不好。可用铜代替锌、锡活化，铜的密度大，熔炼温度高（>1200℃），熔融捕集效果好。但铜合金不能用 HCl 或 H_2SO_4 直接溶解分离铜，需加入氧化剂或用硝酸才能溶解，容易导致铂族金属溶解分散。若用电解法分离铜，再从铜阳极泥中提取铂族金属，则周期长，返料多。

3. 铝熔活化法(详见 8. 2. 4)

4. 硫熔活化法

镍硫熔融 – 铝热活化 – 酸浸除贱 – 盐酸加双氧水溶解贵金属的专利方法(详见 8. 2. 5),具有熔炼温度低、周期短、适应的原料范围宽等优点,既可处理含贵金属 <1% 的低品位废料,也可处理 Pt – Rh、Pt – Ir 合金、金属铱、锇铱矿等难用王水直接溶解的物料。最后获得的高品位贵金属微细活性精矿,用 $HCl + Cl_2$、$HCl + H_2O_2$、$HCl + NaClO_3$ 或 $HCl + NaClO$ 溶解,一次溶解率可达 99%,贵金属浓度可达 100 g/L,有利于分离和精炼。富集熔炼炉渣中贵金属含量一般 <5 g/t,酸浸的贱金属溶液中贵金属含量 <0. 5 mg/L,可以废弃。在活化熔炼的浮渣中含贵金属较高(约 0. 1%),但用 HCl 溶洗浮渣后贵金属富集在少量不溶渣中,合并入活性贵金属精矿回收。全过程的贵金属回收率 >99%。

11. 17　废电镀液的回收

在其他金属基体上电镀铂族金属表层代替铂族金属的整体金属部件,可大大节约用量,其中镀 Pt、镀 Pd 和镀 Rh 应用最多。铂电镀早期多用于饰品、餐具和医疗器械、科学仪器,现已广泛用于化工及阴极保护的镀铂钛阳极、电子电器、航天等领域。钯电镀主要用于电器接点、首饰、手表和眼镜框装饰。铑电镀主要用于科学仪器、显微镜、探照灯反射镜、雷达和电接触器件等。

11. 17. 1　电镀液的组成和性质

配制电镀液及电镀是电化学、电工学的知识内容,本节仅将其作为铂族金属化学性质及应用常识方面的知识作简要介绍。

铂电镀液有:①氯铂酸镀液——含 H_2PtCl_6 15 ~ 25 g/L、[HCl] >1 mol/L;②碱性镀铂液——含 $Na_2Pt(OH)_6$ 约 18 g/L、Na_2SO_4 约 30 g/L、NaOH 约 5 g/L、草酸钠 $Na_2C_2O_4$ 约 5 g/L;③亚硝酸铵镀铂液——含 $Pt(NH_3)_2(NO_2)_2$ 约 10 g/L、$NH_3 \cdot H_2O$ 50 g/L、$NaNO_2$ 10 g/L、NH_4NO_3 100 g/L;或含 $Pt(NH_3)_2(NO_2)_2$ 6 ~ 20 g/L、H_2SO_4 约 50 g/L、H_3PO_4 50 g/L;或含 $Pt(NH_3)_2(NO_2)_2$ 6 ~ 20 g/L、氨基磺酸 20 ~ 100 g/L;④DNS 镀铂液——含 $H_2Pt(NO_2)_2SO_4$ 5 ~ 20 g/L(以 Pt 计)、H_2SO_4 约 10 g/L。

钯电镀液有:①酸性镀钯液——含 Pd(PdCl_2)约 50 g/L、NH_4Cl 约 50 g/L、pH 0. 1 ~ 0. 5;②中性镀钯液——含 Pd 约 5 g/L[以 $Pd(NH_3)_2(NO_2)_2$ 盐形式加入]、NH_4NO_2 约 100 g/L、$NaNO_2$ 约 10 g/L、pH 6 ~ 8;或含 Pd 约 12 g/L[以 $Pd(NH_3)_2(NO_2)_2$ 盐形式加入]、氨基磺酸铵 $NH_4OSO_2NH_2$ 约 100 g/L、pH 7. 5 ~ 8. 5;③弱碱性镀钯液——含 Pd 10 ~ 40 g/L[以 $Pd(NH_3)_2Cl_2$ 盐形式加入]、NH_4Cl 约

10 g/L、NaOH 约 50 g/L、(NH_4)$_2$SO$_4$约 25 g/L、pH 8.5~9；④Pd-Ni 合金镀液——含 Pd(NH_3)$_2$Cl$_2$约 20 g/L、(NH_4)$_2$SO$_4$约 50 g/L、NiSO$_4$约 50 g/L、有机光亮剂约 10 g/L、NH$_3$·H$_2$O 50 mol/L、pH 7.5；或含 Pd(NH_3)$_2$SO$_4$约 40 g/L、(NH_4)$_2$SO$_4$约 50 g/L、NiSO$_4$约 45 g/L、有机光亮剂 15 g/L、NH$_3$·H$_2$O 90 mol/L、pH 8.5；⑤化学镀钯液——含 H$_2$Pd(NO_2)$_2$SO$_4$约 10 g/L 或含 Pd(NH_3)$_2$(NO_2)$_2$约 5 g/L、EDTA 约 25 g/L，用 NH$_3$·H$_2$O 作调整剂，肼(N_2H_4)作还原剂，化学还原的 Pd 沉积在镀件上。

铑电镀液有：①硫酸铑镀液——含 Rh 约 2 g/L［以 Rh$_2$(SO_4)$_3$盐形式加入］、H$_2$SO$_4$ 20 mol/L；②磷酸铑镀液——含 Rh 约 2 g/L（以铑的磷酸盐形式加入）、H$_2$SO$_4$ 20 mol/L 或 H$_3$PO$_4$ 40 mol/L，还加入 H$_2$SeO$_4$、MgSO$_4$、H$_2$SO$_3$、氨基磺酸镁 Mg(OSO_2NH_2)$_2$等添加剂。

钌电镀液有：①氯化钌镀液——含 Ru 约 2 g/L（以亚硝酰氯化钌 RuNOCl$_3$化合物形式加入）、H$_2$SO$_4$ 2 mol/L；②氨基磺酸钌镀液——含 Ru 约 5 g/L［以 Ru(OSO_2NH_2)$_3$化合物形式加入］、氨基磺酸 HOSO$_2$NH$_2$ 5 g/L；③氨基磺酸铵镀液——含 Ru 约 10 g/L［以(NH_4)$_3$N($Ru_2Cl_4H_2O$)$_2$化合物形式加入］、氨基磺酸铵 10 g/L，pH 1.3。

锇电镀液有：氯锇酸钾镀液——含 K$_2$OsCl$_6$ 10 g/L、KCl 15 g/L、KHSO$_4$ 60 g/L，pH<1.5。

氰化物熔盐电镀液：在 NaCN+KCN 混合物熔盐（550~600℃）中，氩气保护下分别电溶入 Pt 3 g/L 或 Ir 5~6 g/L，作为电镀铂、铱的电镀液。

11.17.2　回收技术

每种电镀液含金属品种单一，无需进行铂族金属间的相互分离，电镀液多为弱酸性或弱碱性，因此从废电镀液中回收金属不存在任何技术困难。含 Pt、Pd、Rh 的废液，多用置换法回收，置换产物用盐酸溶解贱金属后即可精炼为纯金属，重新制备为相应的化合物复用。含 Ru、Os 的废液，直接用加入氧化剂氧化为 RuO$_4$、OsO$_4$蒸馏-吸收方法回收。

11.18　从核废料中回收钌、铑、钯

11.18.1　回收方法研究

核能发电的乏燃料中含有大量"裂变假铂（FPs）"-Ru、Rh、Pd（详见 3.3）。Ru 有[99-106]Ru 多种同位素，除具有放射性的[103]Ru 和[106]Ru（半衰期分别为 39 天和 368 天）外，其他是稳定同位素。Rh 有稳定同位素[103]Rh 和具微量放射性的[102]Rh（半衰期 2.9 年）。Pd 有[104-110]Pd 多种同位素，除[107]Pd 的半衰期较长（6.5×10^6

年)外，其他同位素是稳定的。三种元素中最活跃的衰变过程是 ^{106}Ru 辐射 β 射线变为 ^{106}Rh，最后衰变为稳定的 ^{106}Pd。因此 Ru 的辐射毒性最强，Rh 次之，Pd 最弱[213]。

20 世纪 70 年代，铂族金属冶金界就开始关注从乏燃料中回收 FPs 的问题[214]。近 10 年来进行了更多的研究[215-216]。处理乏燃料棒的首要目的是回收铀钚再生复用，目前在核电装机容量很大的工业化国家，已建立了专业回收厂。较为成熟的方法是用硝酸溶解，绝大部分（>70%）FPs 与 U、Pu 一起溶解。萃取分离流程见图 11-14。不溶渣中的少量 FPs 用 Sn 或 Pb 合金化熔炼后再用硝酸溶解。

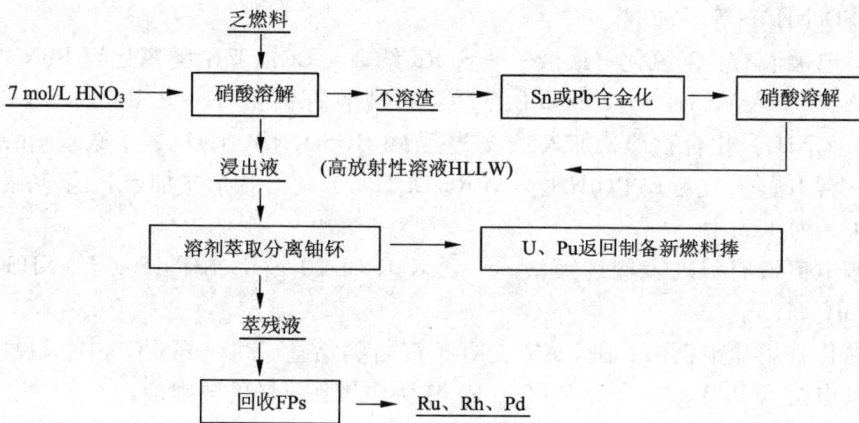

图 11-14　处理乏燃料的原则工艺

从硝酸溶解液萃取分离 Cl、Pu 后，萃残液是具有高放射性的溶液（HLLW），目前的主要处理方法是深埋，即用耐腐蚀耐压容器将其密封包装后深埋入地下几千米。综合利用 FPs 的问题仍处于探索阶段。

浸出液中 FPs 应以 $[RuNO(OH)(NO_2)_4]^{2-}$、$[Rh(NO_2)_6]^{3-}$、$Pd(NO_3)_2$ 等状态存在。曾探索过电积、离子交换、溶剂萃取、还原沉淀、氧化挥发 RuO_4 等回收 FPs 的方法。

1）溶剂萃取法。研究较多的是硝酸介质中用 TBP 萃取钯，脂肪胺萃取铑，硫醚、中性磷类萃取剂萃取钯[217]。如针对乏燃料处理的硝酸溶液，Pd 以 $Pd(NO_3)_2$ 状态存在。用 6,9,12-三硫十七烷氯仿溶液或 11,14,17-三硫十七烷氯仿溶液，从含 Pd 0.4 g/L 及大量硝酸双氧铀（UO_2^{2+} 250 g/L）的溶液中萃取，混相 5 min，D_{Pd} 可达 21~32。溶液中 Fe、Cu、Ni、Ru 和 U 等其他金属不被萃取。负载有机相用 1.5 mol/L HNO_3 洗涤后用水反萃出 $Pd(NO_3)_2$，萃取-反萃率可达 99.5%。也可将上述硫醚的化合物制成离子交换树脂，从溶液中吸附 Pd，再用水淋洗解吸，有相同的结果。

2)氧化挥发法[218]。用氧化挥发法首先分离放射性最强的[106]Ru。即向酸浸液中加入高碘酸钾或 NaClO,加热使钌氧化为 RuO_4 挥发,气体用聚乙烯吡啶颗粒吸收,钌的吸收率可达 99.8%。吸收钌的聚乙烯吡啶加入硫酸溶液中加热溶解,从硫酸溶液中回收钌。

3)还原沉淀法。用甲酸或用蔗糖在脱硝过程中还原出钌、铑、钯金属混合物,再分离[219]。方胜强认为,"还原-沉淀法是最有发展潜势的方法"[220]。他研究的方法是:①将惰性溶剂(石油醚、苯等)和碘化钾-冠醚合成物,同时加入废液中形成二碘化钯沉淀,反应为 $Pd(\text{II}) + 2KI \overline{\underline{\qquad}} 2K^+ + PdI_2\downarrow$,$PdI_2$ 被惰性溶剂和冠醚萃取,使钯从废液中分离出来;②用氨水从混合有机相中反萃钯;③含钯溶液电解获得金属钯和碘。

11.18.2 回收利用 FPs 的难度

回收利用 FPs 所面临的问题很多[221-222]:①提取冶金过程需在高放射性危险环境中进行,只能高度自动化操作;②混合溶液是硝酸介质,且还含有铀(U)、钚(Pu)、镉(Cd)、铌(Nb)、钼(Mo)、碲(Te)、碘(I)、铯(C)等放射性元素,分离这些放射性元素及回收 FPs,涉及多学科的交叉融合,是一个全新的科技领域;③回收的 Ru、Rh、Pd 金属或化合物带放射性,需找到合适的应用场合并能安全地复用,避免二次辐射污染,否则即使回收了也没有经济价值。显然,这些都是铂族金属冶金中从未遇到过的难题。

铂族金属矿产资源丰富,目前的产需矛盾不大,各种二次资源再生回收产业也将越来越大。从这方面看,不存在回收利用 FPs 的紧迫性和经济性。但是,核电规模还有扩大趋势,铀矿资源越来越少,乏燃料却越来越多,从乏燃料中再生回收 U、Pu 等放射性金属返回复用,在核电工业发展中已是人类必须有效解决的问题,故必然要引申出 FPs 的回收利用问题,需铂族金属冶金工作者协同解决。作者设想,其技术思路可能需注意两个原则:①因为[106]Ru 的辐射毒性最强,应首先分离。最方便的方法是加入氧化剂使其转化为 RuO_4 挥发,再用盐酸溶液吸收;②硝酸介质的氧化性强,若用萃取技术分离会破坏有机相的结构使其性质不稳定,在硝酸介质中萃取分离 FPs 需解决的技术问题多。应首先用沉淀、置换、重溶等方法转换为氯配合物体系,然后移植十分成熟的选择性沉淀技术或萃取技术进行分离-精炼。

1991 年中国第一座(大亚湾)原子能发电厂并网发电,至 2011 年核电站装机规模仅占世界的约 3%,在中国能源结构中 <5%。积存的乏燃料不多,目前仍仅是一个可以关注的潜在课题。作者期盼,中国的铂族金属冶金专家在今后会圆满地解决这些问题。

参考文献

[1] 周一康,等.我国贵金属二次资源回收技术现状[A].中国有色金属学会贵金属学术委员会.首届全国贵金属学术研讨会论文集[C].贵金属,1997,18(增刊):246-250

[2] 刘时杰.铂族金属提取冶金技术进展[J].贵金属,1997,18(3):53

[3] 张骥,吴贤.废催化剂中铂族金属的回收[J].贵金属,1998,19(1):39

[4] M·西丁著,李杯先译.金属与无机废物回收百科全书(金属分册)[M].北京,冶金工业出版社,1989,10:170-174,275-306

[5] 刘时杰.铂族金属矿冶学[M].北京:冶金工业出版社,2001,7

[6] 王永录,刘正华.金、银及铂族金属再生回收[M].长沙:中南大学出版社,2005

[7] 王永录.贵金属二次资源的回收与利用[A].侯树谦.昆明贵金属研究所成立七十周年论文集[C].昆明:云南科技出版社,2008,11:10-20

[8] 刘时杰.加速发展黄金工业,开拓应用增加储备"藏金于民"[A].侯树谦.昆明贵金属研究所成立七十周年论文集[C].昆明:云南科技出版社,2008,11:40-46

[9] 杨洪飚,何蔼萍,刘时杰.失效载体催化剂回收铂族金属工艺和技术[J].上海有色金属,2005,26(2):86-92

[10] 姜东,廖秋玲,龚卫星.我国失效汽车尾气净化器回收现状及发展前景[J].中国资源综合利用,2009,27(09):7-9

[11] 王永录.废汽车催化剂中铂族金属的回收利用[J].贵金属,2010,31(4):55-63

[12] 韩守礼,吴喜龙,王欢,王咏梅,贺小塘.从汽车尾气废催化剂中回收铂族金属研究进展[J].矿冶,2010,19(2):80-83

[13] 崔宁,等.失效汽车催化剂的再生回收[A].中国有色金属学会贵金属学术委员会.首届全国贵金属学术研讨会论文集[C].贵金属,1997,18(增刊),昆明:338-346

[14] 李青.汽车尾气净化用催化剂的结构和特性[J].贵金属,1998,19(3):51

[15] 兰兴华.汽车催化剂的回收[J].资源再生,2007,(9):51-53

[16] 戴永年,杨斌.有色金属材料的真空冶金[M].北京:冶金工业出版社,2000:375

[17] Ezawa N. Fe 熔炼处理废催化剂.日本,JP 6228671-A[P]. 1994

[18] James Saville. Recovery of PGMs by plasma smelting[J]. Precious Metals, 1985:157-167

[19] Mishra R K, Reddy R G. Pyrometallurgical processing and recovery of PMs from auto-catalysts using plasma arc smelting[C]. USA:IPMI 10th International Precious Metals Conference, Precious Metals, 1986:217-230

[20] Bousa M, Kurilla P, Vesely F. PGMs catalysts treatment in plasma heated reactors[C]. IPMI 32th International Precious Metals Conference, Precious Metals, 2008:85-87

[21] 赵怀志.等离子熔炼铁合金的物相研究[J].有色金属学报,1998,(2),314-317

[22] Chen Jing, Xie Mingjin, Chen Yiran. Recovering platinum group metals from collector materials obtained by plasma fusion[A]. Den Deguo. Proceedings of 4th East-Asia Resources Recycling technology conference[C]. Kunming:Yunnan Sci & Tech Publisher, 1997:662-665

[23] 黄昆，陈景．从失效汽车尾气净化催化器中回收铂族金属的研究进展[J]．有色金属，2004，56(1)：70－77

[24] 崔宁，等．失效汽车催化剂的再生回收[A]．中国有色金属学会贵金属学术委员会．首届全国贵金属学术研讨会论文集[C]．贵金属，1997，18(增刊)：338－346

[25] 邓德国，陈景，等．国家重点工业性试验项目可行性研究报告[R]．昆明贵金属研究所，1998，1

[26] 国家计委计高技(1998)1657 号文．昆明贵金属研究所科技档案，1996

[27] 陈景．铂族金属冶金化学[M]．北京：科学出版社，2008，8：340

[28] 王永录，刘正华．金、银及铂族金属再生回收[M]．长沙：中南大学出版社，2005，6：220

[29] Ezawa N. FeS 熔炼捕集贵金属．南非，ZA9017892[P]．1992

[30] Ezawa．熔炼处理低品位废催化剂．欧洲，EP512959－A[P]．1993

[31] Alxiuson G B．铜熔炼捕集贵金属．美国，USP 5252305[P]．USP 698031A[P]．1993

[32] Christian Hageluken. Unicore precious metals refining the power of integration[R]. Precious Metals Market Report,2004

[33] Ezawa N. Recovery of Precious Metals. 日本，JP2317423[P]. 1990

[34] 山田耕司，狄野正彦，江泽信泰．回收铂族金属的方法和装置．中国，CN1675385A[P]．2005－09－28

[35] 山田耕司，狄野正彦．回收铂族金属的方法．中国，CN1759194A[P]．2006－04－12

[36] 吴国元，陈景．一种从废汽车三元催化剂中提取铂族金属的方法．中国，102134647A[P]，2011－07－27

[37] 汪云华，吴晓峰，童伟锋，等．矿相重构从汽车废催化剂中提取铂钯铑的方法．中国，200910094112.7[P]．2009－02－19

[38] 吴晓峰，汪云华，童伟锋．湿－火联合法从汽车废催化剂中提取铂族金属新工艺研究[J]．贵金属，2010，31(4)：24－28

[39] 汪云华，等．从失效汽车尾气催化剂中提取贵金属新技术研究[R]．昆明贵金属研究所博士后流动站，进站课题研究结题验收报告，2011，8

[40] 贺小塘，韩守礼，吴喜龙，等．贵金属精炼工艺技术的研究[R]．昆明贵金属研究所，2011，2

[41] Y A Wisecarve. 汽车废催化剂中回收 PGMs[C]. IPMI, Precious Metals, 1993

[42] Kolex J F. Hydrochloric acid recovery process[C]. Chemical Engineering Process, 1973, 69 (2)：47－49

[43] Murray M J. Recovery of Pt、Rh from car exhaust catalysts. US, 3985954[P]. 1975

[44] LakshmananV I, Todd I A. Recovery of Pt、Pd from Spent automotive catalysts[C]. USA：IPMI, Precious Metals, 1989：237－242

[45] Bolinski L, Distin P A. Pt and Rh recovery from scrapped honeycomb auto-catalysts by chloride leaching and hydrogen reduction[C]. USA：IPMI, Precious Metals, 1991：179－189

[46] Wisecarver K D, Yang N. Dissolution of Pt、Pd from automotive catalysts[C]. USA：IPMI, Precious Metals, 1992：29－37

［47］陈昌禄，等．从汽车尾气净化失效催化剂中回收铂族钯铑的研究［R］．科学技术成果鉴定证书．昆明贵金属研究所科技档案，1997,8

［48］Chen Chanlu, Guo Qiuquan, Chen Jing. Recovering platinum, palladium and rhodium from deactivated auto-catalysts［A］. Proceedings of 4th International Symposium on East-Asia Resources Recycling Technology［C］. Kunming, China, Beijing：International Academic Publishers, 1997：159 – 162

［49］刘时杰．铂族金属矿冶学［M］．北京：冶金工业出版社，2001：310 – 373

［50］余建民．贵金属萃取化学［M］．北京：化学工业出版社，2005：252 – 257

［51］李耀威，戚锡堆．废汽车催化剂中铂族金属的浸出研究［J］．华南师范大学学报（自然科学版），2008，53（2）：84 – 87

［52］廖秋玲．用离子交换法处理低浓度 Pt、Pd、Rh 溶液的试验［J］．中国资源综合利用，2001,（10）：22 – 23

［53］张方宇，等．从汽车尾气废催化剂中回收 Pt、Pd、Rh 的方法．中国，02113059.0［P］. 2002 – 05 – 24

［54］张方宇，曲志平，黄燕飞，等．从汽车尾气废催化剂中回收 Pt、Pd、Rh 的方法．中国：CN1385545A［P］.2002 – 12 – 18

［55］王世雄．汽车废催回收工艺溶剂萃取分离铂钯铑的研究［R］．云南大学，硕士论文，2009

［56］云南大学化学科学与工程学院稀贵金属实验室．云南大学成为国内第一家将液 – 液萃取技术成功应用于铂族金属实际生产的单位［N］.云南大学新闻中心，2009 – 03 – 24

［57］谢琦莹．贵金属王国绽放的南国山茶——记中国工程院院士陈景［J］.云南科技管理，2010,（1）：58

［58］陈景．成果应用比论文重要［N］.春城晚报，昆明，2011 – 03 – 30，A03

［59］Desmond D P. High-temperature cyanide leaching of platinum group metals from automobile catalysts-laboratory test［R］. RI – 9384, United States：Bureau of mines, 1992

［60］Kuczynski R J. High-temperature cyanide leaching of platinum group metals from automobile catalysts-process development unit［R］. RI – 9428, United States：Bureau of Mines, 1992

［61］Alkinson G B, Kuczynski R J. Cyanide leaching method for recovering PGMs from converter catalyst. United States：USP 5160711［P］. 1992 – 10 – 03

［62］G B Alkinson. United States：USP 698031—A, 1993

［63］Kuczynski R J, Atkinson G B. High-temperature cyanide leaching of PGMs from automobile catalysts, pilot plant Study［R］. RI – 9543, United States：Bureau of Mines, 1993

［64］陈景，黄昆．加压氯化处理铂钯硫化浮选精矿．中国，申请号：01130222.4［P］. 2001 – 11 – 07

［65］Huang Kun, Chen Jing. High-temperature cyanide leaching of PGMs from spent Auto-catalysts［C］. USA：IPMI, Precious Metals, 2003：21 – 27

［66］黄昆，陈景．从失效汽车催化剂中加压氰化浸出铂族金属［J］.中国有色金属学报，2003，13（6）：1559

［67］陈景．加压氰化处理金宝山低品位铂钯浮选精矿新工艺验收报告［R］.昆明贵金属研究

所，2004

[68] 黄昆，陈景，陈奕然. 加压碱浸处理-氰化浸出法回收汽车废催化剂中的贵金属[J]. 中国有色金属学报，2006，16(2)：363-369

[69] 陈景. 铂族金属冶金化学[M]. 北京：科学出版社，2008，9：168

[70] 陈景. 铂族金属冶金化学[M]. 北京：科学出版社，2008，9：346

[71] Nixon W G. Method of removing platinum from a composite alumina. United States, US2860045[P]. 1958

[72] Bond G R. Treatment of platinum containing catalyst. British GB 2214173[P], 1958

[73] M Dubrovsky. 高温氯化回收废催化剂中的铂. 美国, USP 5074910[P]. 1987

[74] Shoji Toru. Recovering method of PGMs. 日本, JP2301527[P], JP 2301528[P], JP 2301529[P], 1990

[75] 蒋鹤麟，王瑛. 从汽车废催化剂中回收铂族金属的技术概况[J]. 中国物资再生，1994(11)：10-14

[76] 胁田英延，田口清，藤原诚二，鹈饲帮弘. 催化剂回收方法. 中国, CN1697704A[P]. 2006-05-10

[77] 中津滋，横闭幸尚. 从金属载体催化剂装置中回收贵金属的方法. 中国, CN1925915A[P], 2007-03-07

[78] 马建新，周伟，张益群. 稀土-贵金属催化剂及其制备方法. 中国, 98122041[P], 1998-11-27

[79] 黄荣光，李军，等. 低贵金属高稀土氧化物催化剂. 中国, 00109312.6[P], 2000-05-19

[80] 孙锦宜. 工业催化剂的失活与再生[M]. 北京：化学工业出版社，2005，5：86

[81] 赵青，赵云昆，方卫. 汽车催化转化器排放的铂族元素(Pt、Pd、Rh)对环境的影响[J]. 2010 年贵金属学术研讨会论文集. 贵金属，2010，31(增刊)：209-215

[82] 李宏煦，苍大强，白皓，等. 城市电子废物的资源循环及回收方法探究[J]. 再生资源与循环经济，2009，2(4)：28-34

[83] 周全法. 电子废弃物中稀贵金属的全组分高值化清洁利用关键技术和工程示范[R]. 长沙，2009 中国贵金属再生国际论坛，2009：1-6

[84] 姚洪，王洪涛，傅昌荣，等. 电子废料的再生回收方法. 中国, CN1458291A[P]. 2003-11-26

[85] 曹人平，肖士民. 废旧手机中金钯银的回收[J]. 贵金属，2005，26(2)：13-15

[86] 张潇尹，陈亮，陈东辉. 硫氰酸盐法浸出废印刷电路板中的金[J]. 贵金属，2008，29(1)：11-14

[87] 姚洪，林桂燕. 从 Pd-Al₂O₃ 废催化剂中回收钯[J]. 贵金属，1997，18(1)：25

[88] 韦士平，周凤英，韦丽，等. 回收低钯含量废催化剂的方法. 中国, CN1186718A[P]. 1998-07-08

[89] 吕淑英. 回收废钯/氧化铝催化剂中金属钯的方法. 中国, CN1472346A[P]. 2004-02-04

[90] 吴冠民，周正根. 从废催化剂回收铂的方法. 中国, CN1024686C[P]. 1994-05-25

[91] 孙尊庭. 从失效催化剂中回收铂[J]. 贵金属, 1996, 17(2): 32

[92] 秦仁洙. 从废催化剂中回收贵金属. 中国, CN100419101C[P]. 2008 – 09 – 17

[93] 范孝嫦, 张敏敏, 柏焰焰. 从废催化剂中回收铂的方法. 中国, CN1114362A[P]. 1996 – 01 – 03

[94] 赵义云, 席德立. 用萃取法回收废催化剂中的铂. 中国, CN85100109A[P]. 1986 – 07 – 16

[95] 朱书泉, 张正红. 氯酸钠氧化法从废氧化铝 – 铂催化剂中提取铂[J]. 贵金属, 2006, 27(1): 6 – 9

[96] 张方宇, 王海强, 姜东, 等. 从废重整催化剂中回收铂铼铝等金属的方法. 中国, CN1342779A, 2002 – 04 – 03

[97] 佐佐木康胜, 副浩二, 齐藤淳. 从废催化剂回收铂和铼的方法. 中国, CN1769504A[P]. 2006 – 05 – 10

[98] 吴冠民, 周正根. 从废催化剂回收金和钯的方法. 中国, CN1024687C[P]. 1994 – 05 – 25

[99] 张文明. 常温氯化法从拜尔废催化剂中回收金钯[J]. 贵金属, 2001, 22(3): 26 – 29

[100] 蔡兴顺. 废 DH – 2 型催化剂中铂与钯的回收[J]. 有色金属, 2002, 54 卷(增刊): 155 – 156

[101] 李牟, 章爱铀. 从乙醛生产废催化剂中回收钯和铜[J]. 贵金属, 1993, 14(1): 33

[102] 杨宗荣. 从电解生产双氧水的阳极泥中回收铂和铅的方法. 中国, CN1158904A[P]. 1997 – 09 – 10

[103] 付志杰, 陈德安, 魏初权, 刘华英. 从废负载钯加氢催化剂中回收金属钯和氯化钯的方法. 中国, CN100537800C[P]. 2009 – 09 – 09

[104] 黄燕飞. 空气 – 盐酸介质浸出法回收废铂催化剂中的铂[J]. 中国物资再生, 1997(9): 9 – 10

[105] 傅建国. 从石油重整废催化剂中回收铂[J]. 中国有色冶金, 2006, (2): 43 – 50

[106] Zelyazkova M. 从载体废催化剂中回收钯. 匈牙利, HU 36867[P]. 1985

[107] Zelyazkova M, et al. Recovery Pd from Pd/r – Al₂O₃ spent catalysts[J]. Chem. Tech, 1984, 36(7): 304

[108] 张方宇, 李庸华, 等. 废催化剂中钯的回收[J]. 贵金属, 1997, 18(4): 29 – 31

[109] 张方宇, 李庸华, 等. 从废催化剂中回收铂族金属的方法. 中国, CN1038199C[P]. 1998 – 04 – 29

[110] 徐柱峰, 张耀军. 一种含铂催化剂回收方法. 中国, CN101036889B[P]. 2010 – 08 – 04

[111] M. 欣里希奥. 酸溶氧化铝载体回收 Pt 的方法. 德国, DD 251120[P]. 1987

[112] 杨茂才, 孙尊庭. 从含铂废催化剂中回收 Pt、Al 新工艺[J]. 贵金属, 1996, 17(3): 20

[113] 杨茂才, 孙尊庭. 从废铝基催化剂中回收贵金属及铝的方法和消化炉. 中国, ZL95109350.9[P]. 1995 – 08 – 23

[114] 马金红, 等. 制备高纯氧化铝[J]. 化工时刊, 2000, (11): 40 – 42

[115] 王明, 戴曦, 邹建辉, 张诛钢, 吴永谦, 等. 烧结 – 溶出法从废催化剂中回收铂[J]. 贵金属, 2011, 32(4): 6 – 10

[116] 杨洪飚, 何蔼平, 刘时杰. 从失效载体催化剂回收铂的工艺研究[J]. 贵金属, 2005, 26 (4): 9 – 13

[117] 刘辉杰. 含贵金属废料的热处理及回收[R]. 长沙, 2009 中国贵金属再生国际论坛, 2009: 18 – 27

[118] 朱水清, 顾佳明, 等. 从废钯碳催化剂中回收钯的焚烧过程研究[J]. 有色金属, 2002, B07: 160 – 163

[119] 张军. 废钯/碳催化剂回收装置的技术改进 [J]. 中国资源综合利用, 2000, (4): 14 – 16

[120] 康俊峰. 从失效 Pd/C 中回收钯[J]. 有色矿冶, 2003, 19(4): 32 – 33

[121] 郑若锋, 刘川. 从工艺废碳中提取金铂钯[J]. 湿法冶金, 2002, 23(4): 6 – 8

[122] 邓德贤. 从废 Pd/C 废催化剂中回收钯的研究[J]. 稀有金属, 1999, 23(2): 104 – 107

[123] 刘全杰, 孙万付, 杨军, 等. 一种从含贵金属的废催化剂中回收贵金属的方法. 中国, CN1448522A[P]. 2003 – 10 – 15

[124] 刘全杰, 孙万付, 杨军, 等. 一种从含贵金属的废催化剂中回收贵金属的方法. 中国, CN1205345C[P]. 2005 – 06 – 08

[125] 谭柯. 选择性沉淀法从废催化剂中回收金属钯的研究 [J]. 湖南冶金, 2002, (3): 17 – 20

[126] 张方宇, 王秋萍, 等. 从失效的 C – Pd 催化剂中回收钯[J]. 贵金属, 1993, 14(2): 43

[127] 张方宇, 贾哲嗣, 赵正湘, 夏忠祥, 等. 从废钯碳催化剂中回收钯的方法. 中国, CN1040665C[P]. 1998 – 11 – 11

[128] 曹善文. 从废钯 – 碳催化剂中回收氯化钯[J]. 现代化工, 1994, (9): 27 – 28

[129] 拉克什·维尔·贾斯拉, 普什皮托·库马尔, 高希, 哈里·钱德·巴贾杰, 等. 从用过的催化剂中回收钯的方法. 中国, CN1846004A[P]. 2006 – 10 – 11

[130] 吴冠民, 周正根. 从废钯碳催化剂回收钯的方法及焚烧炉系统. 中国, ZL 91104385 [P]. 1994 – 04 – 25

[131] 杨春吉, 迟克彬, 韩燕. 从废碳 – 钯催化剂中提取钯[J]. 贵金属, 2001, 22(4): 28 – 30

[132] 陈坤. 从废钯催化剂中回收钯的绿色工艺研究[J]. 无机盐工业, 2006, (8): 26 – 28

[133] 谭文进, 刘文, 柴湖军, 邓志明, 等. 失效 Pd/C 催化剂中回收钯产品质量问题剖析[J]. 贵金属, 2007, 28(S1): 40 – 43

[134] 平海军, 蔡文生, 王世杰, 张占营. TDI 氢化废钯碳催化剂中回收钯的工艺方法. 中国, CN 1492062A[P]. 2004 – 04 – 28

[135] 杨春吉, 赵锡武, 孟锐, 等. 一种从废 Pd/C 催化剂中回收钯的方法. 中国, CN1690234A[P]. 2005 – 11 – 02

[136] 李永军, 武浚, 辛冰, 等. 以废钯碳催化剂中回收钯的方法. 中国, CN101286363A[P]. 2008 – 10 – 08

[137] 李玉杰, 孙盛凯, 黄伟, 等. 一种从废钯碳催化剂中回收贵金属钯的方法. 中国, CN101186971A[P]. 2008 – 05 – 28

[138] 赵桂良, 高超, 史建公, 等. 含铂废催化剂综合利用技术进展[J]. 中外能源, 2010, 15 (3): 65 – 71

[139] 冯才旺，俞继华. 从含铂废催化剂中回收铂[J]. 贵金属，1997，18(3)：32

[140] J·Y·奥福里. 回收用于生产碳酸二芳酯的金属催化剂. 中国，CN1330623A [P]. 2002 - 01 - 09

[141] S·科拉尔德，A·吉德纳，等. 用超临界水反应剂自有机贵金属组合物回收贵金属. 中国，CN1426485A[P]. 2003 - 06 - 25

[142] S Kolard. The aquacat process for precious metals recovery [R]. Presented at the 7th International Symposium on Supercritical Fluids, Orlando, FL, 2005

[143] 宁远涛. 硝酸工厂回收铂的原理和方法[J]. 贵金属，1996，17(1)：43

[144] 王建国. 氨氧化炉废料回收铂金的方法. 中国，CN1190676A[P]. 1998 - 08 - 19

[145] H·米德勒顿. 铂族金属回收中的改进. 中国，CN1241656A[P]. 2000 - 01 - 19

[146] 胜营. 从炉灰中回收和提纯铂钯[J]. 贵金属，2004，25(2)：39 - 40

[147] 赵飞，吴喜龙，高芳，杨褚伟，郭保金，等. 从炉灰、酸泥中回收并提取高纯铂、钯的工艺试验[J]. 贵金属，2009，30(4)：44 - 47

[148] 章爱铀，荆小旦. 从含铑废催化剂中回收铑工艺的综述[J]. 甘肃有色金属，1993，(4)：19 - 21

[149] 李继霞，白文玉，姜旭，于海斌. 羰基合成用废铑催化剂的再生与铑的回收[J]. 贵金属，2008，29(1)：53 - 55

[150] 李俊，于海斌，李继霞，李晨. 废铑催化剂中铑回收制三氯化铑技术进展[J]. 化工进展，2010，29(增刊)：566 - 568

[151] 刘桂华，候文明，沈善问，周严，匡飞平，冯洋洋，许明明，潘再富. 从合成三(三苯基膦)氯化铑产生的有机废液中回收铑[J]. 贵金属，2011，32(4)：21 - 23

[152] 孙绵宜. 工业催化剂的失活与再生[M]. 北京：化学工业出版社，2006：110 - 111

[153] 约瑟夫·普加克. 羰基化反应残余物中贵金属的回收. 中国，CN86104680A [P]. 1987 - 02 - 25

[154] 凯斯·阿兰·莱尔德. 从羰基化反应产物中回收铑. 中国，CN1019192B [P]. 1992 - 11 - 25

[155] 戴维·詹姆斯·米勒，等. 从非极性有机溶液中回收催化金属. 中国，CN1021656C[P]. 1993 - 07 - 21

[156] O·J·格林，I·托斯. 回收铑的方法. 中国，CN1452512A[P]. 2003 - 10 - 29

[157] J·L·卡雷. 第Ⅷ族贵金属的回收工艺. 中国，CN1089523A[P]. 1994 - 07 - 20

[158] Robert L, Barnes Tenn. Process for recovery of rhodium values. US，64907 [P]. 1982 - 05 - 24

[159] T·M·斯梅茨，J·A·F·波格斯. 从有机混合物分离铑的方法. 中国，CN1280557A [P]. 2001 - 01 - 17

[160] Tomoyaki Mori, Masaki Takai, et al. Process for preparing a Rhodium complex solution and process producing an aldehyde. Mitsubishi Chemical Corporation. US, 5936130[P]. 1999

[161] 西蒙·彼得·克拉布特里，罗伯特·瓦尔德，等. 回收均相金属氢化物催化剂的方法. 中国，CN1518480A[P]. 2004 - 08 - 04

[162] B・N・夏.从第Ⅷ族金属催化剂配合物混合物中回收三芳基膦的方法.中国，CN101163549A[P].2008 – 04 – 16

[163] J・L・卡莱，M・D琼斯，G・M・朗卡斯特.回收铑催化剂的方法.中国，1232878A[P].1999 – 10 – 27

[164] 古利弗・戴维・杰弗里.贵金属铑的回收.中国，CN1017216B[P].1992 – 07 – 01

[165] P・拉普，H・思普林格.从羰化反应剩余物中回收铑的方法.中国，CN1077906A[P].1993 – 11 – 03

[166] 皮特・拉泊，H・斯扑凌格.一种从羰基合成产物残渣中回收铑的方法.中国，CN1036248C[P].1997 – 10 – 29

[167] 川田明，原田升，南波滋.铑回收方法.日本，JP56265948[P].1981 – 06 – 04

[168] 于海斌，李继霞，成宏，姜雪丹，等.一种从废铑催化剂中回收氯化铑的方法.中国，CN101177306A[P].2008 – 05 – 14

[169] 王荣华，赵晓东，张文，等.从废铑催化剂残液中回收金属铑的方法.中国，CN1273278A[P].1999 – 05 – 07

[170] 赵晓东，王荣华，张文，等.从烯烃羰基化催化剂废液中回收金属铑的方法.中国，CN1403604A[P].2003 – 03 – 19

[171] 王荣华，赵晓东，张文，等.从废铑催化剂残液中回收金属铑的方法.中国，CN1105786C[P].2003 – 04 – 15

[172] 李坚，赵晓东，王荣华.低压羰基合成铑膦催化剂的回收和制备[J].石油化工，2005，34(1)：405 – 406

[173] 坂本至治，森知行，坪井明男.回收铑的方法.中国，CN1034674C[P].1997 – 04 – 23，CN1151443A[P].1997 – 06 – 11

[174] 杨春吉.从废铑催化剂中提取铑粉[J].贵金属，2002，23(4)：6 – 8

[175] 杨春吉，王桂芝，李玉龙，等.一种从羰基合成反应废铑催化剂中回收铑的方法.中国，CN1414125A[P].2003

[176] 杨春吉，王桂芝，等.从羰基合成反应废铑催化剂中回收铑.中国，CN1176232C[P].2004 – 11 – 17

[177] Berunhaltful.铑 – 膦配合催化剂的回收方法.日本，JP49 – 2121793[P].1974 – 11 – 21

[178] A・C・G布郎，R・皮尔斯，G・雷诺兹，D・R伯纳姆，D・J皮卡德.通过煅烧含金属的碱性离子交换树脂回收金属的方法.中国，CN1452605A[P].2003 – 10 – 29

[179] J・J德奥里弗班达拉，A・J甘查斯德卡瓦，W・赫吉.回收贵金属和叔膦的方法.中国，CN1035888C[P].1997 – 09 – 17

[180] 何健，杨懿昆，湛喜珠，等.铂类抗癌药物生产中含铂碘化银的综合回收[J].贵金属，1997，28(S1)：291 – 293

[181] 贺小塘，吴喜龙，郭宝华，等.从含铂碘化银渣中回收银铂新工艺[J].贵金属，2010，31(4)：29 – 31

[182] 韩守礼，贺小塘，吴喜龙，王欢，等.用钌废料制备三氯化钌及靶材用钌粉的工艺[J].贵金属，2011，32(1)：68 – 71

[183] 永井蹬文, 织田博. 制备钌粉的方法. 中国, CN1911572A[P]. 2007 – 02 – 14

[184] 永井蹬文, 河野雄仁. 六氯钌酸铵和钌粉末的制造方法. 中国, CN101289229A[P]. 2008 – 10 – 22

[185] Steven R Izatt, John B Dale, Ronald L Bruening. Examples of novel commercial precious metal separation and recovery using molecular recognition technology(MRT)[C]. Arizona, USA: Symposium on Precious Metals Processing: Advances in Primary and Secondary Operations, 2007

[186] 刘化章, 岑亚青, 韩文峰, 朱虹, 等. 一种活性炭负载的钌催化剂的回收方法. 中国, CN100387344C[P]. 2008 – 05 – 14

[187] M·穆勤, O·欣里希森, H·比拉瓦. 催化法制备氨及制备和回收催化剂的方法. 中国, CN1336251A[P]. 2002 – 02 – 20

[188] 韩守礼, 贺小塘, 吴喜龙, 赵飞. 用含钌废料直接制备试剂级三氯化钌[J]. 贵金属, 2009, 30(4): 37 – 39

[189] 杉山仁, 高桥和成, 日下晴彦. 从加氢反应溶液中分离有机磷 – 钌配含物催化剂溶液的方法. 中国, CN1082834C[P]. 1995 – 04 – 04

[190] 杉山仁, 高桥和成, 日下晴彦. 分离作为催化剂的有机磷 – 钌配含物及其再用的方法. 中国, CN1362290A[P]. 2002 – 08 – 07

[191] 杨宗荣. 从电解生产双氧水的阳极泥中回收铂和铅的方法. 中国, CN1158904A[P]. 1997 – 09 – 10

[192] 郑雅杰, 肖发新, 吴晓华, 张钦发. 从废胶体钯中回收钯工艺研究[J]. 贵金属, 2005, 26(1): 30 – 34

[193] P·莱康特, C·佩托伊斯. 钯催化剂的分离方法. 中国, CN1192707A[P]. 1998 – 09 – 09

[194] B·E·默弗里, E·E·布奈尔. 氯丁烯羰基化转化为戊烯酰氯中催化剂的回收. 中国, CN1067975C[P]. 2001 – 07 – 04

[195] J·Y·奥福里, S·J·沙菲尔, E·J·普雷斯曼, 等. 回收并循环催化剂组分的方法. 中国, CN1216718A[P]. 1999 – 05 – 19

[196] 张口清, 王丹, 董俊卿. 一种液膜电极中回收催化剂的方法. 中国, CN101130192B[P]. 2010 – 06 – 16

[197] 徐洪峰, 赵红, 卢璐. 废旧质子交换膜燃料电池膜电极中铂催化剂的回收方法. 中国, CN101280362B[P]. 2010 – 06 – 23

[198] 马克·K·德贝, 小克莱顿·V·汉密尔顿. 从纳米结构的燃料电池催化剂回收铂. 中国, CN101094927A[P]. 2007 – 12 – 26

[199] 谷胁和宏. 用于回收燃料电池用催化剂的方法和系统. 中国, CN101080834A[P]. 2007 – 11 – 28

[200] 高立军, 马德良, 等. 铂催化剂的回收方法. 中国, CN1613962B[P]. 1991 – 09 – 18

[201] 王建国, 吴志强, 张桂香, 等. 钯合金吸附网. 中国, CN1042654C[P]. 1999 – 03 – 24

[202] 赛兴鹏. 回收铂催化剂用钯基合金及回收网. 中国, CN1766146A[P]. 2006 – 05 – 03

[203] 张健. 铂铑合金电化学溶解工艺研究[J]. 稀有金属材料与工程, 1997, 26(4): 45-48

[204] V·施托勒, A·奥尔布里希, 等. 高温合金的电化学分解方法. 中国, 申请号: 02150476.8[P]. 2002-11-14

[205] 张健, 徐颖, 张骥. 从铂铑合金中分离铂铑的方法. 中国, CN1011599B[P]. 1991-02-13

[206] 徐学章. 铂铑合金废料提纯技术及减少铑的损耗措施[J]. 中国物资再生, 1997, (11): 5-6

[207] 路江鸿. 纯铂或铂合金快速溶解法及应用. 中国, CN1073463C[P]. 2001-10-24

[208] 曹欣改, 金惠华, 王奎一. 铂铑合金分离方法浅析[J]. 有色矿冶, 1990, (1): 57-60

[209] 郑远东. 用 R410 树脂分离多元组分的废 Pt-Rh 合金[J]. 中国物资再生, 1999, (9): 6-8

[210] 石汝清, 马英麟. 贵金属铂铑的回收提纯及应用[J]. 有色金属及稀土应用. 1991, (3): 11-14

[211] 白素云, 涂音. 用萃取法从 Pt-Rh 废料中分离铂的生产工艺[J]. 沈阳黄金学院学报, 1990, (2): 63-67

[212] 冶金工业部贵金属研究所五室. 钯铱合金废料分离提纯新工艺[J]. 贵金属, 1978, (3): 22-25

[213] 宁远涛, 杨正芬, 文飞. 铂[M]. 北京: 冶金工业出版社, 2010, 3: 530-533

[214] Newman R J, Smith F J. Platinum metals from nuclear fission[J]. Platinum Metals Review, 1970, 14(3): 88-92

[215] Kolarik Z. Recovery of value fission platinoids from spent nuclear fuel(part Ⅰ)[J]. Platinum Metals Review, 2003, 47(2): 74-87

[216] Kolarik Z, Renard E V. Recovery of value fission platinoids from spent nuclear fuel(part Ⅱ)[J]. Platinum Metals Review, 2003, 47(3): 123-131

[217] 阿伦·居伊, 马克·勒迈尔, 杰克·富斯, 杰拉德·勒布齐特, 文森特·居永, 等. 用硫醚配位体从硝酸水溶液中分离钯的方法. 中国, CN1056714A[P]. 1991-12-04

[218] J·富斯, M·勒迈尔, A·盖, 等. 在聚乙烯吡啶上捕集气态钌的方法, 特别用于从废核燃料中回收放射性钌. 中国, CN1076543A[P]. 1993-09-20

[219] Chin Z Nucl. Reduction-precipitation of value fission platinoids from spent nuclear fuel[J]. Sci. Eng, 1986, 6(3): 233

[219] 方胜强, 傅立安. 一种提取金属钯的方法. 中国, CN1053017C[P]. 2000-05-30

[221] Renard E V. Potential application of platinoids in industry[J]. Platinum Metals Review, 2005, 49(2): 79-90

[222] 陈松, 管伟明, 张昆华. 核废料中裂变产生的铂族金属(FPs)的开发、应用和发展[J]. 稀有金属材料与工程, 2007, 36(2): 372-376

第 12 章　纯金属及化合物产品制备

　　产出纯金属、高纯金属或纯化合物的技术，通常称为精炼。技术非常精细，需严格控制操作条件，使用纯化学试剂和纯水，还需高灵敏度及可靠的分析检测方法的配合。铂矿资源中，常是 8 种贵金属元素共存，二次资源中也有大量金、银的分离回收和精炼问题。考虑到知识的完整性，本章除重点介绍 6 种铂族金属精炼技术外，也简要介绍金、银的精炼技术。

　　早期，精炼工艺的产品形态以纯金属锭和海绵金属为主。随着新能源、微电子技术、化工催化、生物医学、功能材料等高新技术产业的发展，对贵金属特种功能化合物及纳米粉体材料的需求不断增长。若以纯金属为原料重新溶解制备化合物，有些金属（如铑、铱、锇、钌）非常难溶，不仅使工艺过程复杂化，还增加试剂消耗和加工成本。因此，根据市场需求调整精炼工艺结构，直接产出符合要求的各种贵金属精细化工产品及纳米材料产品，已成为精炼技术发展的重要内容。

　　精炼过程产出较纯的化合物中间体，是制备精细化工产品的基本条件。本章在每种金属的精炼技术中，提示性地介绍一些重要的化合物产品，表明精炼工艺需与精细化工产品生产相衔接。但贵金属的精细化工产品品种和规格需结合新能源、微电子技术、化工催化、生物医学、功能材料等技术的特殊要求进行设计和制备，已超出贵金属精炼的知识范畴。一些制备技术的细节请读者参阅相关文献[1-4]。

12.1　金精炼

　　金精炼主要有化学还原、溶剂萃取和电解 3 种精炼方法。萃取法适于从复杂成分的溶液中直接提取、精炼和制取特殊要求的高纯金，内容详见 9.2。本节简要介绍化学法和电解法。

12.1.1　化学精炼

　　有熔融氯化和从溶液中还原等方法。

　　（1）熔融氯化：适于处理含大量杂质的粗金。含 Au＞60%、但含大量 Ag 及 Cu、Zn、Pb、Bi 等贱金属杂质的粗金，在有排烟吸收装置的电炉或坩埚炉中，用黏土坩埚（外套石墨坩埚）熔化，表面覆盖一薄层低熔点硼砂，控制温度在1250℃

左右。用刚玉(Al$_2$O$_3$)管插入熔融金中，通入氯气，使贱金属氯化生成低熔沸点的氯化物(沸点：CuCl 约 1212℃、PbCl$_2$ 约 954℃、ZnCl$_2$ 约 732℃、BiCl$_3$ 约 439℃)挥发分离，AgCl 的沸点高(约 1564℃)，漂浮于金熔体表面，倒出与 Au 分离。金用硝酸或氨水洗净后在坩埚中重新熔化浇铸为金锭，Au 品位 >99.6%，含 Ag <0.35%、Cu 及其他贱金属约 0.05%。方法简便，中国的银行系统曾长期用该法处理成分复杂的杂金原料。缺点是金产品纯度不高，氯化过程中有少量金呈氯化物挥发分散。

(2)化学还原。适于小批量粗金的精炼。草酸(H$_2$C$_2$O$_4$)、抗坏血酸(Vc)、SO$_2$、Na$_2$SO$_3$、FeSO$_4$、FeCl$_2$ 等皆可从含金溶液中还原出金，其中草酸选择性好，不引入新的杂质，反应速度快，在精炼中应用广泛。

粗金首先用 HCl/Cl$_2$ 或 HCl/NaClO$_3$ 溶解：

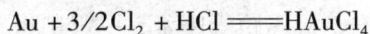

$$Au + 3/2Cl_2 + HCl === HAuCl_4$$

或　　2Au + 2NaClO$_3$ + 8HCl === 2NaAuCl$_4$ + Cl$_2$↑ + O$_2$↑ + 4H$_2$O

溶液煮沸赶去氯气，用 20% NaOH 溶液调整 pH 1~1.5，约在 70℃下，按溶液中金浓度计算，搅拌下加入过量 1 倍的固体草酸，还原反应激烈进行：

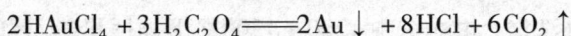

$$2HAuCl_4 + 3H_2C_2O_4 === 2Au↓ + 8HCl + 6CO_2↑$$

反应平稳后再用碱液调整并保持溶液 pH = 1~1.5，补加适量草酸直至反应完全。反应后期随金浓度降低，产出的金粉可能很细，静置后过滤，还原母液中的微量金用锌粉置换回收。产出的海绵金用水稀释一倍的 HNO$_3$ 和纯水分别煮沸洗涤、烘干后铸锭，产品金纯度 99.9%~99.99%，回收率 >99%。

用硫酸亚铁、亚硫酸钠或二氧化硫也能在 80℃下从金溶液中还原出金，但会引入新的杂质影响产品质量。

12.1.2　电解精炼

适于将各种来源的大量粗金精炼为纯金。电解槽可用瓷槽或塑料板焊接槽。含量 Au >90%、Ag 0.1%~5%、Cu <2% 的粗金熔铸为阳极，用纯金片作阴极，在含量 Au 250~300 g/L、HCl 150~300 g/L 的酸性 HAuCl$_4$ 溶液中电解。Au 从阳极氧化溶解(Au - 3e === Au^{3+})，溶液中的 Au^{3+} 在阴极还原沉积(Au^{3+} + 3e === Au↓)。阳极中的 Cu、Pd、Pt 和少量 Pb 等杂质元素同时溶解并在电解液中积累，Cu^{2+} 会在阴极沉积污染 Au 产品。当电解液含(g/L)：Au 90、Cu 10、Pb 1、Pt 10、Pd 1 时应更换新电解液，旧电解液送去净化并回收 Pt、Pd。

阳极中的 Pb、Ag 发生氧化溶解后生成难溶氯化物(PbCl$_2$、AgCl)，它们黏附在阳极表面形成阳极泥造成阳极钝化，常使槽电压升高，电解难以进行。为使氯化物从阳极表面脱落，电解时还需周期性地输入交流电，形成非对称脉动电流，交、直流电流比为(1.1~1.5):1，阳极瞬时正电流密度增大，产生气体(2OH$^-$ -

$2e$ ===$H_2O + 0.5O_2\uparrow$）冲击阳极泥壳层使之疏松脱落，在阳极为瞬时负电流时，抑制 $AgCl$ 的生成。阳极一般需套上布袋收集脱落的阳极泥。

电解条件为：电解液温度 $50 \sim 70℃$，直流电解的电流密度为 $300 \ A/m^2$，交直脉动电流电解为 $500 \sim 1000 \ A/m^2$，电流密度过低会生成 $HAuCl$，发生 $3Au^+$ ===$Au^{3+} + 2Au\downarrow$ 反应，分解出泥状金粉进入阳极泥或悬浮于电解液中，降低电流效率和金的回收率。电流密度过高，则阳极、阴极分别发生副反应。

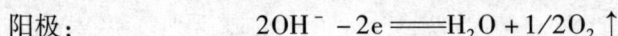

阳极：
$$2OH^- - 2e ===H_2O + 1/2O_2\uparrow$$
$$Cl^- - e ===1/2Cl_2\uparrow$$

阴极：
$$H^+ + e ===1/2H_2\uparrow$$

上述反应将增加电能消耗，电解液温度升高，产生氧气、氯气、氢气及加重电解液中 HCl 挥发，不仅有安全隐患及污染环境，还腐蚀设备。

槽电压取决于阳极成分、极间距等因素，一般在 $0.3 \sim 0.8 \ V$。电流效率一般达 95%。残极率 $15\% \sim 20\%$，残极经仔细清除阳极泥后重熔为阳极返回电解。

阳极泥主要成分为阳极脱落的金、银、铅氯化物，还含少量铂族金属。用硫代硫酸钠溶解氯化银后残剩的金粉返回熔铸阳极。

阴极金用纯水洗涤，坩埚炉中 $1200 \sim 1300℃$ 下加适量硝石和硼砂熔化，浇铸成锭，金锭用 HCl 溶液煮沸分离沾污的杂质，再用 $NH_3 \cdot H_2O$ 浸泡分离沾污的 $AgCl$，纯水洗净后用沾湿酒精的纱布擦拭表面，使之光亮。

金质量标准（GB 4134—84）中，一号金含 Au 99.99%，二号金含 Au 99.95%，三号金含 Au 99.9%。

国际首饰行业还通用 K（Karat）纯度单位，纯金为 $24 \ K$。中国人民银行规定 $1 \ K$ 的含金量为 4.1666%。K 值与含金量的对应标准如下：

K 值	24	22	20	18	14	12	10	9
Au/%	99.9984	91.6652	83.332	74.9988	58.3324	49.9992	41.666	37.4994

12.1.3 金的化合物产品

市场需求最多的金化合物产品是氯金酸、氰化亚金钾、亚硫酸金盐和金水，广泛用于电子工业和装饰行业。

氯金酸通常用王水或盐酸 + 双氧水溶解 1 号纯金制备。但在溶剂萃取或化学精炼金过程中，当获得纯氯金酸溶液时，不必转化为金属产品，可按用户要求调整为一定浓度的溶液产品出售。也可蒸发浓缩产出金黄色或红黄色氯金酸——$HAuCl_4$ 结晶，过滤后真空干燥并密封真空包装。向纯氯金酸溶液中加入 KCl，蒸发、浓缩即结晶出 $KAuCl_4 \cdot 2H_2O$。

氰化亚金钾——$KAu(CN)_2$ 有 3 种生产方法：①最简单的方法是在氰化物电解液中电解纯金片；②通用的方法是"雷酸金法"，即纯氯金酸溶液在搅拌下用氨水中和出沉淀，加热除氨，洗涤脱 Cl^-，产出血红色雷酸金沉淀——$Au_2O_3 \cdot 4NH_3$，移入 KCN 溶液中缓慢加热溶解，过滤后滤液蒸发浓缩—冷却结晶，离心分离后结晶物低温（$<80℃$）真空干燥，即获得 $KAu(CN)_2$ 产品，生产过程有爆炸隐患，需特别注意；③新方法是直接氰化法，即纯金粉加入氰化钾溶液中，加热搅拌并鼓入空气氰化，分离出溶液浓缩获得结晶物，重溶于热水再结晶纯化，离心分离后结晶物低温（$<80℃$）真空干燥，获得 $KAu(CN)_2$ 产品。

亚硫酸金钾——氯金酸溶液中滴加 KOH 溶液中和，颜色由浅黄→橙红→浅酱色，将该溶液滴加到亚硫酸钾溶液中，颜色转为浅黄，加热后转为透明，$Au(Ⅲ)$ 还原为 $Au(Ⅰ)$：

$$2[HAuCl_4] + 6SO_3^{2-} + 2H_2O \Longrightarrow 2[Au(SO_3)_2]^{3-} + 8Cl^- + 6H^+ + 2SO_4^{2-}$$

调整浓度即为产品，也可浓缩结晶并真空干燥为固态产品。同理制备钠盐。

12.2　银精炼

铂族金属精矿分离精炼时，其中的银多以 AgCl 残渣产出。重有色金属冶炼厂的铜、铅电解阳极泥处理时，多产出成分复杂的粗银。根据原料性质和成分不同可分别用化学法和电解法精炼，前者适于小规模处理不纯氯化银等化合物，后者适于大量的粗银精炼。

12.2.1　化学法

1. 直接还原 AgCl

应用最广的是水合肼还原法，优点是还原性强，反应快，不引入新的杂质。当原料含 Ag 较低或含 SiO_2、Cu、Ni、Cd 等杂质较高时，须首先用 HNO_3 溶解：

$$AgCl + HNO_3 \Longrightarrow AgNO_3 + HCl \uparrow$$

过滤分离 SiO_2 残渣后，溶液煮沸加入 HCl 或 NaCl 重新沉出 AgCl，再过滤分离贱金属杂质。

不纯氯化银先用水浆化后加入氨水调整溶液 pH 为 $10 \sim 11$，AgCl 转化为可溶性的氨配合物：

$$AgCl + 2NH_3 \cdot H_2O \Longrightarrow Ag(NH_3)_2Cl + 2H_2O$$

其中的贱金属杂质水解沉淀，过滤后的银溶液加温至约 $50℃$，搅拌下按 $m_{Ag} : m_{N_2H_4 \cdot H_2O} = 1 : (0.3 \sim 0.4)$ 比例缓慢加入浓度为 $40\% \sim 80\%$ 的水合肼，约经 30 min 还原出灰白色海绵银，化学反应方程式为：

$$4Ag(NH_3)_2Cl + N_2H_4 \cdot H_2O + 3H_2O \Longrightarrow 4Ag\downarrow + N_2\uparrow + 4NH_4Cl + 4NH_3 \cdot H_2O$$

还原率 >99%，银纯度 >99%。

较纯的 AgCl 可同时加入氨水和水合肼，将氨水溶解和水合肼还原同时进行，可节约氨水消耗 50%，反应为：

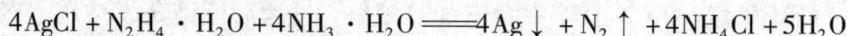

$$4AgCl + N_2H_4 \cdot H_2O + 4NH_3 \cdot H_2O \Longrightarrow 4Ag\downarrow + N_2\uparrow + 4NH_4Cl + 5H_2O$$

产出每千克银消耗水合肼 0.6 ~ 0.8 kg，消耗氨水 1.2 ~ 1.6 kg。还原后的母液含 Ag < 0.001 g/L，产出的银粉纯度约 99.9%。

2. 直接还原 AgNO_3

较纯的硝酸银溶液也可在室温下直接用水合肼还原产出银粉：

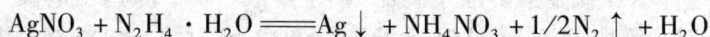

$$AgNO_3 + N_2H_4 \cdot H_2O \Longrightarrow Ag\downarrow + NH_4NO_3 + 1/2N_2\uparrow + H_2O$$

或

$$4AgNO_3 + N_2H_4 \cdot H_2O \Longrightarrow 4Ag\downarrow + 4HNO_3 + N_2\uparrow + H_2O$$

若硝酸银溶液为酸性，酸会分解水合肼而增加消耗，此时可先加氨水调整 $pH \approx 10$，再加水合肼还原：

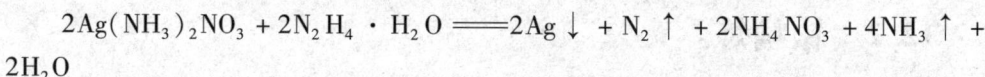

$$AgNO_3 + 2NH_3 \cdot H_2O \Longrightarrow Ag(NH_3)_2NO_3 + 2H_2O$$

$$2Ag(NH_3)_2NO_3 + 2N_2H_4 \cdot H_2O \Longrightarrow 2Ag\downarrow + N_2\uparrow + 2NH_4NO_3 + 4NH_3\uparrow + 2H_2O$$

还原反应比较完全，还原率 >99%。产出的银粉用纯水煮沸洗涤、烘干后纯度 >99.9%，银粉产品可直接出售，也可重新熔炼浇铸为银锭。

还原反应析出的氨污染环境，应在反应器连接水吸收系统吸收利用。还原后的母液也含氨，可加热至沸使氨蒸发，并用水吸收制成氨水返回使用。蒸氨后液加入氧化剂（如 KMnO_4、NaClO_3）氧化分解残余的水合肼后排放。

成分复杂的硝酸银溶液还可用下述两种方法预先处理提纯。

1）萃取法。用 40% 的二异辛基硫醚（R_2S）+ 煤油有机相萃取后再用化学法还原。

如含（g/L）Ag 71、Cu 70、Ni 5 和含 HNO_3 0.2 ~ 0.5 mol/L 的硝酸银溶液，按相比 O/A = 1:1 进行五级萃取，有机相的萃取容量约 70 g/L，银的萃取率约 99.9%，Cu^{2+}、Co^{2+}、Ni^{2+}、Sn^{4+} 等皆不被萃取，载银有机相用浓度 1 ~ 2 mol/L 的氨水，按相比 O/A = 1:1 进行三级反萃：

$$AgNO_3 \cdot nR_2S_{(O)} + 2NH_3 \cdot H_2O \Longrightarrow Ag(NH_3)_2NO_3 + nR_2S_{(O)} + 2H_2O$$

反萃率约 99.75%，获得的 Ag(NH_3)_2NO_3 反萃液用水合肼还原，银回收率 >99%，银粉纯度 >99.9%。

2）沉淀法。不纯的硝酸银溶液中加入 HCl 或 NaCl 重新沉淀出 AgCl，杂质元素留在溶液中。过滤后的 AgCl 用氨 - 水合肼还原为纯银粉。中国大冶有色金属公司在化学法精炼银方面有多年成功应用的实践经验[5]。

12. 2. 2　电解精炼

处理铜、铅阳极泥获得的 Ag – Au 合金(含 Ag > 90%)、氰化金泥熔炼获得的含 Ag 70% ~ 75% 的合质金、含银二次资源提取出的粗银等,多用电解法精炼。

首先需将粗银熔炼浇铸成银阳极板。含铜、硒、碲等杂质较多的粗银,在熔化后先加入碳酸钠熔剂并鼓空气在熔体表面氧化吹炼,使铜、碲等杂质元素造渣,分离炉渣后将粗银浇铸为阳极板。一般银阳极含 Ag > 75%,Au < 20% 及少量铜、铋等。在循环流动的硝酸银溶液中电解,电解液含 Ag 60 ~ 150 g/L。为防止铋及其他贱金属水解污染银粉,电解液应含游离 HNO$_3$ 10 ~ 18 g/L,但硝酸浓度不能高,否则阴极析出的银粉会被硝酸重溶。控制电解液含 Cu 在 30 ~ 50 g/L 以改善溶液的导电性。为避免电解时产生浓差极化应保证电解液的温度稳定在 30 ~ 50℃。电解时银从阳极溶解(Ag – e ══ Ag$^+$),溶液中的银在不锈钢或纯银阴极片上还原沉积为纯银(Ag$^+$ + e ══ Ag)。电解的电流密度一般为 250 ~ 400 A/m^2,槽电压 1.5 ~ 2.5 V,阴阳极间距 75 ~ 160 mm。阴极析出的银为树枝状,应在阴阳极之间装置往复运动的玻璃棒使银粉搅落,以防短路。电解时阳极中的 Au 和微量的 Ag$_2$Se、Ag$_2$Te、Cu$_2$Se、Cu$_2$Te 等化合物不溶,成为阳极泥残留在阳极表面或凹坑、空洞中,为防止阳极泥脱落污染银粉,需在阳极套上布袋收集。电解时阳极中的 Cu、Pb、Bi、As、Cd、Sb 等同时溶解进入电解液,但 Pb^{2+} 会水解为 PbO,Bi^{3+} 会水解为 Bi(OH)$_2$NO$_3$ 落入阳极泥中。当电解液中杂质金属积累较多时,如 Cu^{2+} 浓度 > 60 g/L,将影响电解银的质量,需定期抽出部分电解液处理(多用铜置换银,铁置换铜,或加入 NaCl 沉淀出 AgCl),并补以新液。

阳极溶解到残缺不堪后取出,刷洗阳极泥后的残极返回熔炼浇铸为新阳极。

电解含 Ag + Au > 90% 的阳极时,阳极泥产率 < 10%,其中含 Au 50% ~ 70%、Ag 30% ~ 40%,工厂中俗称为"一次黑金粉",从中回收金、银有 2 种方法:①电解法,配入少量银粉熔炼浇铸为二次阳极板在同种银电解槽中电解,阳极布袋中收集的二次阳极泥产率约 35%,含 Au 约 90%、Ag 6% ~ 8%(工厂中俗称"二次黑金粉"),该阳极泥直接熔炼、浇铸为金阳极进行金电解精炼,可在原有的金电解设备中进行,缺点是工艺周期长;②化学法,一次或二次黑金粉用 HCl/Cl$_2$ 氯化溶解 Au,Ag 转化为 AgCl。过滤后用萃取法或草酸还原法从溶液中精炼产出纯金,AgCl 渣返回熔炼浇铸为银阳极电解精炼。

电解过程的电能消耗较大。控制银阳极板质量、电流密度、极间距等条件,提高溶液导电性,防止树枝状银短路等措施,都可提高电流效率降低能耗。

电流效率的计算式为

$$\eta_k = B/QIt \times 100\%$$

式中:η_k 为阴极电流效率,%;B 为实际析出的银量,g;Q 为电化当量,

g/(A·h)，Ag^+ 为 4.025，Cu^{2+} 为 1.186，Au^{3+} 为 2.454；I 为电流强度，A；t 为电解时间，h。

槽电压是影响电能消耗的主要参数，为保持电解液的良好导电性，要经常擦、洗导电棒与阳极、阴极吊耳，以减小接触电阻，防止槽电压增高。一般工厂的电流效率为 95%～96%，直流电消耗为 510～800 kWh/t Ag。电银纯度 > 99.9%，可以银粉或熔炼浇铸为银锭（Ag > 99.95%）出售。

银阳极中若含铂、钯，电解时约有一半溶解并进入硝酸银溶液，其余进入阳极泥。株洲冶炼厂含 Ag 70～90 g/L 的银电解液中，含 Pd 0.216 g/L、Pt 0.008 g/L。曾研究过用黄药从电解液中沉淀黄原酸盐的方法回收铂钯（详见 8.4.3），化学反应方程式为：

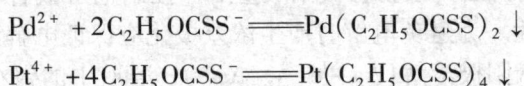

$$Pd^{2+} + 2C_2H_5OCSS^- = Pd(C_2H_5OCSS)_2 \downarrow$$

$$Pt^{4+} + 4C_2H_5OCSS^- = Pt(C_2H_5OCSS)_4 \downarrow$$

也研究过用硝酸预先煮沸氧化处理过的活性炭，从抽出的电解液中选择性吸附铂、钯，再用浓硝酸从载金属的活性炭中解吸后从溶液中回收铂、钯（详见 8.4.5）。

当电解液不能开路回收铂钯，而是用热分解处理废电解液时，铂钯进入热分解渣（含 Cu 65%～75%、Ag 1.5%～2%、Pd 0.05%～0.5%）。从中回收钯的方法是[6]：稀硫酸溶解 Cu→溶铜渣硝酸溶解 Ag、Pd→加 HCl 沉淀 AgCl→沉银母液浓缩后加 NH_4Cl 沉 Pd、Pt。原理简单，易操作实施。

银电解槽分立式和卧式两种，常用立式，多用硬聚氯乙烯板焊成，槽底设有涤纶布制的带式传送机，收集阴极落下的银粉并连续运出槽外。对电解槽的重要改进是用阴极隔膜将电解槽分隔为阴极区和阳极区[7]，可有效防止各种杂质从阳极区扩散至阴极区，确保一次电解获得纯度 > 99.99% 的阴极银。

中国的银产品标准（GB 4135—84）中，一号银含 Ag 99.99%，二号银含 Ag 99.95%，三号银含 Ag 99.9%。

12.2.3　银化合物制备

银精炼中最主要的中间产品是硝酸银，它提纯后即为产品，也是制备氰化银钾、卤化银和氧化银等精细化工产品的原料。

1）硝酸银提纯。主要有两个方法。

（1）含金属杂质较多的 $AgNO_3$ 溶液，加入 HCl 沉出 AgCl 与其他杂质金属分离，AgCl 加水浆化后加硫酸酸化，加入锌粉置换出银粉，充分溶解 Zn 和洗去 SO_4^{2-}，纯银粉硝酸溶解即获得纯硝酸银溶液产品。浓缩结晶，离心分离后低温干燥即获得固态产品。

（2）含金属杂质较少的 $AgNO_3$ 溶液，可直接用重结晶法产出符合感光材料质

量要求的高纯 $AgNO_3$ 产品[8]。

2）氧化银。硝酸银溶液用 NaOH 溶液中和即沉淀出 Ag_2O：

$$2AgNO_3 + 2NaOH \Longrightarrow Ag_2O \downarrow + H_2O + 2NaNO_3$$

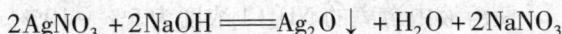

3）氰化银钾。硝酸银溶液中加入少量 KCN 生成 AgCN 沉淀，过滤洗涤后溶于 KCN 溶液中即生成可溶性 $KAg(CN)_2$，浓缩结晶低温干燥即产出固态产品。将 Ag_2O 或 AgCl 溶于 KCN 溶液中也可生成 $KAg(CN)_2$。新方法是在 KCN 溶液中加入纯银粉，加热并鼓入空气溶解：

$$4Ag + 8CN^- + O_2 + 2H_2O \Longrightarrow 4[Ag(CN)_2]^- + 4OH^-$$

4）卤化银。曾经是制备感光胶卷或胶片工业中最重要且用量很大的材料，其中主要是 AgBr 和 AgI。皆可用纯硝酸银与 NaBr 或 NaI 溶液反应制备。

12.3 铂精炼

铂族金属中铂的精炼技术最古老，也最成熟，精炼过程与贵金属分离过程衔接，精炼的原料可以是品位 >90% 的粗铂、含铂的溶液或萃取分离获得的反萃液。精炼方法主要有氯化铵反复沉淀法和氧化水解法，两种方法利用铂化合物的两个特殊性质：①酸性介质中生成难溶的 $(NH_4)_2PtCl_6$ 沉淀，与不沉淀的贱金属及其他铂族金属的低价可溶性氯配铵盐分离；② 碱性介质中生成可溶的 $Na_2Pt(OH)_6$ 与其他贵、贱金属的水解沉淀分离。最后将 $(NH_4)_2PtCl_6$ 煅烧为金属，可产出 99.9% ~99.999% 不同纯度的铂产品。

12.3.1 氯化铵多次沉淀法

该方法已有近 200 年的历史。

1. 粗铂王水溶解赶硝

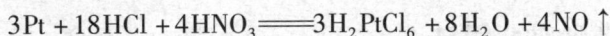

$$3Pt + 18HCl + 4HNO_3 \Longrightarrow 3H_2PtCl_6 + 8H_2O + 4NO \uparrow$$

粗铂中的其他贵金属也同时溶解生成相应的氯配合物，如 $HAuCl_4$、H_2PdCl_6、H_2IrCl_6、H_3RhCl_6 等，而 Cu、Fe、Ni 等贱金属杂质溶解生成 $CuCl_2$、$FeCl_3$、$NiCl_2$ 等。王水溶解时铂会生成一种难溶的黄色氯亚硝基化合物 $(NO)_2PtCl_6$，因此溶解完毕后需多次加入 HCl 煮沸，破坏残余的硝酸和铂的硝基配合物：

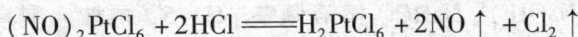

$$(NO)_2PtCl_6 + 2HCl \Longrightarrow H_2PtCl_6 + 2NO \uparrow + Cl_2 \uparrow$$

溶液蒸发浓缩为糖浆状，加入 1% 稀 HCl 煮沸溶解，过滤出 AgCl 及副铂族金属不溶物获得粗铂溶液。煮沸时铂保持 Pt(Ⅳ) 价态，而钯、铱还原为低价的 Pd(Ⅱ)、Ir(Ⅲ)。

2. 氯化铵沉淀

调整溶液含 Pt 50 ~ 80 g/L，搅拌下向热溶液中加入 NH_4Cl，生成黄色

$(NH_4)_2PtCl_6$沉淀：

$$H_2PtCl_6 + 2NH_4Cl =\!=\!= (NH_4)_2PtCl_6\downarrow + 2HCl$$

加入过量 NH_4Cl 使溶液中游离的 NH_4Cl 浓度为 5% ～10%。冷却后过滤出氯铂酸铵盐，可溶性的贱金属氯化物及金、钯、铱的低价氯配铵盐残留在溶液中。用 5% 的氯化铵溶液（加 HCl 酸化至 pH = 1）洗涤铂铵盐，取小样煅烧为海绵铂送光谱分析，纯度不合格可全部煅烧为粗铂后重复王水溶解，也可用下述简便的方法重溶和再次沉淀。

1）用王水直接煮沸重溶铂铵盐。

$$(NH_4)_2PtCl_6 + 4HNO_3 + 6HCl =\!=\!= H_2PtCl_6 + 4NO\uparrow + N_2\uparrow + 3Cl_2\uparrow + 8H_2O$$

溶液浓缩至糊状，多次加入浓盐酸蒸至近干，最后用稀盐酸溶解为铂溶液，过滤后重用氯化铵沉淀出铂铵盐，分析合格后煅烧为海绵铂产品。

2）还原溶解。用纯水将氯铂酸铵制成悬浮液，通入 SO_2 或加入水合肼在溶液中直接还原为可溶的氯亚铂酸铵：

$$(NH_4)_2PtCl_6 + H_2O + SO_2 =\!=\!= (NH_4)_2PtCl_4 + SO_3\uparrow + 2HCl$$

$$(NH_4)_2PtCl_6 + 2N_2H_4 \cdot H_2O =\!=\!= (NH_4)_2PtCl_4 + 2NH_4Cl + N_2\uparrow + 2H_2O$$

滤去不溶物，滤液为暗红色，通入氯气或加入双氧水重新氧化沉淀出 $(NH_4)_2PtCl_6$。

3）碱溶[9]。用 1 ～5 mol/L NaOH 溶液室温下搅拌溶解铂铵盐，转化为可溶性钠盐，速度很快，不产生 SO_2、氮氧化物污染环境。反应为

$$(NH_4)_2PtCl_6 + 2NaOH =\!=\!= Na_2PtCl_6 + 2NH_3 \cdot H_2O(\longrightarrow 2NH_3 + 2H_2O)$$

过滤出少量不溶物后，在室温下用水合肼从溶液中还原出铂黑，再用 HCl + H_2O_2 溶解后加氯化铵沉淀为纯铂铵盐。

一般品位 90% 的粗铂，经 3 次溶解→氯化铵沉淀可获得纯 $(NH_4)_2PtCl_6$，800℃煅烧产出纯度为 99.99% 的海绵铂产品。

12.3.2　溴酸钠水解法

该法对分离铑、铱及贱金属杂质特别有效，用于生产高纯铂。将含 Pt 约 50 g/L 的溶液煮沸，搅拌下缓慢加入 20% 的 NaOH 溶液，中和至 pH≈2.5，按溶液含铂量的 10% 加入溴酸钠氧化，第一次加入溴酸钠总量的 70%（10% 浓度溶液），煮沸后用 10% 的 NaOH 或 $NaHCO_3$ 溶液调整 pH≈5，再加入剩余的溴酸钠溶液，调整 pH 7.5 ～8。溴酸钠按下述分解反应放出新生态氧和新生态氯：

$$NaBrO_3 =\!=\!= NaBr + 3[O]$$

$$[O] + 2HCl =\!=\!= H_2O + 2[Cl]$$

使溶液中的贵、贱金属杂质全部氧化为高价状态，用碱液中和使贵、贱金属杂质水解为高价氢氧化物沉淀，铂转变为可溶的 $Na_2Pt(OH)_6$，反应为

$$H_2PtCl_6 + 8NaOH \Longrightarrow Na_2Pt(OH)_6 + 6NaCl + 2H_2O$$

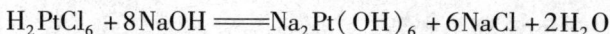

溶液煮沸后迅速冷却至室温,静置澄清、过滤,用 pH ≈ 8 的纯水洗涤沉淀物。滤液和洗水合并用盐酸酸化至 pH ≈ 0.5,煮沸浓缩赶溴,蒸发至近干后加纯水溶解,再加入氯化铵沉淀出铂铵盐。一次氧化水解和一次氯化铵沉淀即可使含 Pt 90% ~ 95% 的粗铂提纯至 >99.99%。缺点是操作复杂,赶溴时间长,氧化剂较贵,溴污染环境。

12.3.3　载体水解法

铂溶液中杂质含量不高时,杂质金属的水解沉淀量少,分离不彻底,因此故意补加一定量铁盐增加水解沉淀量,携带其他杂质一起水解沉淀,提高杂质的分离效率。增加水解沉淀量必然增加沉淀对铂溶液的吸附和夹裹损失,因此该法仅适于允许直收率较低的高纯铂制取。如在铂溶液中加 0.6 倍铂量的 NaCl,煮沸浓缩至糖浆状,加水溶解后过滤分离不溶物,溶液中的铂转变为 Na_2PtCl_6,调整铂浓度为 50 ~ 80 g/L,按每千克 Pt 补加 50 g $FeCl_3$(配成 10% 溶液加入)作水解载体,再按每千克 Pt 加 100 mL H_2O_2 氧化、煮沸,使贵贱金属杂质都氧化为高价态,搅拌下用 10% 的 NaOH 溶液中和至 pH 7.5 ~ 8,生成的大量氢氧化铁沉淀聚集并强化其他杂质元素的水解沉淀。迅速冷却后过滤,沉淀用 2% 的 NaCl 溶液洗涤,橘红色的透明含铂滤液和洗水合并,加入盐酸酸化至 pH ≈ 1 ~ 1.5,再加氯化铵沉淀出氯铂酸铵。氯化铵的纯度直接影响铂产品的纯度,因此应使用多次结晶提纯的高纯氯化铵试剂,氯铂酸铵煅烧的海绵铂纯度可达 99.999%。若无高纯氯化铵试剂,则将水解纯化的铂溶液用 HCl 酸化至 pH ≈ 1,直接通入氨气沉淀出铂铵盐:

$$Na_2PtCl_6 + 2HCl + 2NH_3 \Longrightarrow (NH_4)_2PtCl_6 \downarrow + 2NaCl$$

用双氧水氧化水解的速度快,不引入新的杂质元素。也可通入氧气或氯气氧化,但前者氧化速度慢,后者则氯气利用率低,逸出污染环境。

12.3.4　其他方法

(1)阳离子树脂交换除贱金属。含贱金属的 Na_2PtCl_6 溶液用稀碱液调整 pH ≈ 1.5,使贱金属保持为阳离子状态,在溶液缓慢流过阳离子树脂交换柱时贱金属阳离子被树脂吸附,再调 pH 为 2 ~ 3 后通过另一阳离子交换柱。重复操作直至流出的含 $PtCl_6^{2-}$ 溶液达到要求的纯度。从溶液中用水合肼直接还原为金属或加入氯化铵沉淀出铂铵盐再煅烧为海绵铂。

(2)羰基铂法。利用铂的两个特殊性质,即 $PtCl_2$ 可与 CO 生成挥发性的 $[PtCl_2(CO)_2]$ 与其他金属分离,挥发的氯化羰基铂可加热重新分解为纯铂。应用这个方法可在羰化或热分解阶段制取特殊状态和特殊用途的化合物产品,可将

99%粗铂精炼为99.99%纯铂产品。

12.3.5　金属制备及产品标准

从纯铂溶液和铂铵盐获得纯铂有两种方法。

1）还原法。精制获得的 Na_2PtCl_6 或 H_2PtCl_6 溶液，调整 pH 3~4，直接加入水合肼还原出细粉状纯铂：

$$Na_2PtCl_6 + 4N_2H_4 \cdot H_2O =\!=\!= Pt\downarrow + 2NaCl + 4NH_4Cl + 2N_2\uparrow + 4H_2O$$

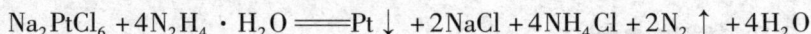

2）煅烧法。精制获得的纯 $(NH_4)_2PtCl_6$ 沉淀物，用煅烧法产出海绵铂。煅烧需用洁净的专用瓷坩埚，加入铂铵盐后加盖置于马弗炉中低温烘干，升温至350℃保持 2~3 h 至白烟冒净，再升温至 750~800℃ 煅烧 1~3 h 获得海绵铂产品：

$$3(NH_4)_2PtCl_6 =\!=\!= 3Pt + 16HCl\uparrow + 2NH_4Cl\uparrow + 2N_2\uparrow$$

分解时产生大量氯化铵挥发，少量铂铵盐也随氯化铵同时挥发，烟气应有效地回收。俄罗斯大规模生产使用连接抽气吸收装置的煅烧炉，回收 NH_4Cl 返回复用，同时回收挥发的少量铂盐。

3）中国制定的铂产品标准（GB/T 1419—2004）中，一号铂（HPt-1）含 Pt 99.99%，二号铂（HPt-2）含 Pt 99.95%，三号铂（HPt-3）含 Pt 99.9%。

12.3.6　化合物产品制备

（1）氯铂酸盐。纯 H_2PtCl_6 溶液可浓缩结晶出 $H_2PtCl_6 \cdot 6H_2O$ 红褐色晶体，低温真空干燥后密封包装。也可将 H_2PtCl_6 溶液搅拌下缓慢滴加到纯 KCl 水溶液中，沉淀出黄色 K_2PtCl_6 结晶，经纯水洗至中性后过滤，低温干燥后密闭包装。

（2）氯亚铂酸盐。纯 $H_2PtCl_6 \cdot 6H_2O$ 晶体在 300~350℃ 下分解制得二氯化铂——$PtCl_2$，重溶于 HCl 获得氯亚铂酸——$H_2PtCl_4 \cdot PtCl_2$。重溶于 KCl 或 NH_4Cl 溶液即可分别获得氯亚铂酸钾——K_2PtCl_4 或氯亚铂酸铵——$(NH_4)_2PtCl_4$。钾盐或铵盐溶液加入氨水先生成绿色复盐——$Pt(NH_3)_4 \cdot (PtCl_4)$ 沉淀，过滤并洗涤 KCl 后用少量水浆化，继续加入氨水并加热浓缩可制备氯化四氨亚铂——$Pt(NH_3)_4Cl_2$ 白色结晶。黄色 K_2PtCl_6 结晶中加入饱和 KNO_2 溶液，加热浓缩获得四硝基亚铂酸钾白色结晶。氯亚铂酸钾——K_2PtCl_4 溶于水中，加入 KCl 和醋酸铵——CH_3COONH_4，煮沸-冷却即沉淀出黄色二氯二氨合亚铂——$Pt(NH_3)_2Cl_2$。

（3）二硝基二氨合铂（P 盐）——$(NH_3)_2Pt(NO_2)_2 \cdot 2H_2O$。用少量水将氯铂酸钾结晶调成糊状，加热下加入亚硝酸钠溶液煮沸获得四硝基铂酸钠——$Na_2Pt(NO_2)_4$ 黄绿色溶液。过滤杂质后加入氨水沉淀出白色 P 盐。过滤后热水中重结晶为产品。该化合物用于电镀铂。

（4）铂氧化物。将纯 H_2PtCl_6 溶液与过量 Na_2CO_3 溶液混合加热，生成 Na_2PtO_3。

然后搅拌下滴加醋酸(CH_3COOH)溶液沉淀出 $PtO_2 \cdot xH_2O$（$x = 2 \sim 4$）：

$$Na_2PtO_3 + 2CH_3COOH + H_2O = PtO_2 \cdot 2H_2O + 2CH_3COONa$$

过滤后于 300℃ 煅烧脱水即获得深黑色 PtO_2 产品。

（5）铂的有机化合物。氯亚铂酸钾——K_2PtCl_4 的水溶液与三苯基膦（PPh_3）的乙醇溶液混合，即沉淀出白色二氯二(三苯基膦)合亚铂——$Pt(PPh_3)_2Cl_2$。将氯亚铂酸钾的水溶液与 PPh_3 + KOH + 乙醇溶液混合，即沉淀出浅黄色 $Pt(PPh_3)_4$。

12.4　钯精炼

精炼过程多直接衔接分离过程，精炼的原料是含 Pd >90% 的粗钯、含钯的氯配酸溶液或溶剂萃取分离获得的氨反萃液。其中粗钯需先用王水溶解、浓缩破坏硝酸后用盐酸溶解为钯的氯配酸溶液。精炼方法主要有氯钯酸铵沉淀法及氨配合联合法。

12.4.1　氯钯酸铵沉淀法

含 Pd(Ⅱ)40 ~ 50 g/L 的氯钯酸溶液，通入氯气或加入双氧水氧化，再加入比理论量过量 10% ~ 15% 的氯化铵，沉淀出深红色的晶状体氯钯酸铵盐($(NH_4)_2PdCl_6$)：

$$H_2PdCl_4 + 2NH_4Cl + Cl_2 = (NH_4)_2PdCl_6 \downarrow + 2HCl$$

溶液中的贱金属杂质不生成铵盐沉淀，过滤后的沉淀用 10% 的 NH_4Cl 溶液洗涤，第一次沉淀的钯铵盐纯度不够，加入纯水中浆化、煮沸，直至沉淀消失，即氯钯酸铵还原为可溶性的黑红色氯亚钯酸铵溶液：

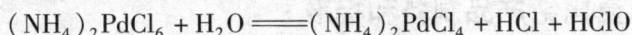
$$(NH_4)_2PdCl_6 + H_2O = (NH_4)_2PdCl_4 + HCl + HClO$$

$(NH_4)_2PdCl_4$ 溶液冷却后，重新氧化沉淀钯铵盐→过滤分离贱金属杂质→钯铵盐浆化煮沸还原，反复 2 ~ 3 次即可有效分离贱金属杂质。纯氯钯酸铵煅烧，氢还原产出海绵钯。该法对分离贱金属杂质很有效，但因其他铂族金属也都有生成铵盐且可溶性随价态而变的性质，分离效果差，难获得其他铂族金属达到标准要求的纯钯。

12.4.2　氨配合法

深红色含 Pd(Ⅱ)的氯亚钯酸溶液加温至 80℃，加入氨水配合，控制 pH 8 ~ 9，生成可溶性的二氯四氨配亚钯盐：

$$H_2PdCl_4 + 4NH_3 \cdot H_2O = [Pd(NH_3)_4]Cl_2 + 4H_2O + 2HCl$$

若氨水用量不够则同时还会生成氯亚钯酸铵（$(NH_4)_2PdCl_4$）：

$$NH_3 \cdot H_2O + HCl =\!=\!= NH_4Cl + H_2O$$

$$2NH_4Cl + H_2PdCl_4 =\!=\!= (NH_4)_2PdCl_4 + 2HCl$$

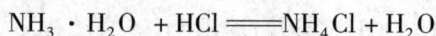

氯亚钯酸铵又与二氯四氨配亚钯反应生成二氯二氨配亚钯沉淀 $[Pd(NH_3)_4]PdCl_4$：

$$[Pd(NH_3)_4]Cl_2 + (NH_4)_2PdCl_4 =\!=\!= [Pd(NH_3)_4]PdCl_4 \downarrow + 2NH_4Cl$$

因此氨配合时需加足氨水才能使钯完全转化为浅色的可溶性二氯四氨配亚钯。氨配合时其他贵金属杂质水解沉淀，过滤后浅色的 $[Pd(NH_3)_4]Cl_2$ 溶液在室温下加入 HCl 酸化至 pH 0.5 ~ 1，生成蛋黄色 $[Pd(NH_3)_2]Cl_2$ 沉淀：

$$[Pd(NH_3)_4]Cl_2 + 2HCl =\!=\!= [Pd(NH_3)_2]Cl_2 \downarrow + 2NH_4Cl$$

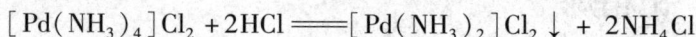

过滤分离可溶性杂质，沉淀用纯水浆化至约含 Pd 80 g/L，重新加入 $NH_3 \cdot H_2O$ 配合→HCl 酸化，反复 2 ~ 3 次即可有效地分离其他贵金属杂质。钯溶液中的贱金属如 Cu^{2+}、Ni^{2+} 在氨配合时并不水解，也能生成与钯类似的可溶性配合物 $[Me^{2+}(NH_3)_6]Cl_2$。因此该法对贱金属的分离效果差。

12.4.3 联合法

氯钯酸铵沉淀法和氨配合法联用可以取长补短有效地分离贵、贱金属杂质。

含 Pd(Ⅱ) 溶液可先加氯化铵并氧化沉淀出氯钯酸铵，过滤后加纯水煮沸还原→再氧化沉淀，重复 2 ~ 3 次分离贱金属杂质。最后获得的氯亚钯酸铵溶液加氨水配合为二氯四氨配亚钯，过滤其他贵金属的水解沉淀物，钯溶液用 HCl 酸化为二氯二氨配亚钯沉淀，反复 2 ~ 3 次分离贵金属杂质。联合法可将含 Pd 80% ~ 99% 的粗钯精制为 99.99% 的纯钯。每种方法的反复处理次数取决于溶液中杂质元素的含量。

12.4.4 金属钯产品制备和标准

获得金属钯产品有 3 种方法。

(1) 煅烧法。纯 $(NH_4)_2PdCl_6$ 或 $[Pd(NH_3)_2]Cl_2$ 沉淀物加入专用瓷坩埚中加盖后低温烘干，升温至 500 ~ 600℃ 煅烧得到海绵钯，反应为

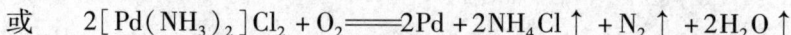

$$3(NH_4)_2PdCl_6 =\!=\!= 3Pd + 16HCl \uparrow + 2NH_4Cl \uparrow + 2N_2 \uparrow$$

或 $$2[Pd(NH_3)_2]Cl_2 + O_2 =\!=\!= 2Pd + 2NH_4Cl \uparrow + N_2 \uparrow + 2H_2O \uparrow$$

部分金属钯在高温下氧化为 PdO，因此获得的海绵钯需在密闭管式炉中通入氢气并升温至 500 ~ 600℃ 还原，在氢气气氛中降温至 100℃ 后改通入惰性气体（如氮气）保护至室温，获得纯海绵金属钯产品[10]。钯量少时可放入瓷皿中滴加少量酒精，半密闭下点燃还原为海绵钯。

(2) 甲酸还原。用甲酸直接从纯的含钯溶液中还原出金属钯：

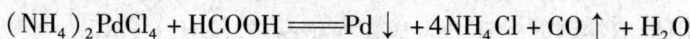

$$(NH_4)_2PdCl_4 + HCOOH =\!=\!= Pd \downarrow + 4NH_4Cl + CO \uparrow + H_2O$$

沉出的钯呈微细粉状，其中吸附大量气体，需在高温下用氢气还原并在惰性气氛下冷却至室温获得金属钯。

（3）水合肼还原。从纯的二氯四氨配亚钯溶液中加入水合肼还原出金属钯：

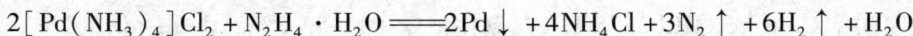

$$2[Pd(NH_3)_4]Cl_2 + N_2H_4 \cdot H_2O \rightleftharpoons 2Pd\downarrow + 4NH_4Cl + 3N_2\uparrow + 6H_2\uparrow + H_2O$$

从纯的二氯二氨配亚钯悬浮液中加入水合肼还原的反应为

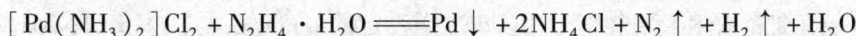

$$[Pd(NH_3)_2]Cl_2 + N_2H_4 \cdot H_2O \rightleftharpoons Pd\downarrow + 2NH_4Cl + N_2\uparrow + H_2\uparrow + H_2O$$

中国金川的实践表明，水合肼还原的工艺简单，操作方便，获得的金属钯比较致密，吸附气体少，不需高温氢还原。与煅烧－氢还原相比，提高了回收率和产品合格率，降低了生产成本。

（4）产品标准。中国制定的产品标准（GB/T 1420—2004）中，一号钯（SMPd－1）含 Pd 99.99%，二号钯（SMPd－2）含 Pd 99.95%，三号钯（SMPd－3）含 Pd 99.9%。

13.4.5　钯的精细化工产品

钯精炼过程中，很多中间产品都可转化为精细化工产品，其中最重要的是 $PdCl_2 \cdot 2H_2O$、$Pd(NO_3)_2 \cdot 2H_2O$、PdO、$Pd(NH_3)_2Cl_2$、$Pd(NH_3)_4Cl_2$。

1）制备 $PdCl_2$。$PdCl_2 \cdot 2H_2O$——红棕色晶体化合物，易溶于水、盐酸、乙醇、丙酮中，是制备石化工业含钯催化剂及汽车尾气净化催化剂的重要化合物。粗金属钯或 $Pd(NH_3)_2Cl_2$ 皆可作为制备 $PdCl_2$ 的原料。钯精炼时直接生产 $PdCl_2 \cdot 2H_2O$ 可简化精炼工艺。

（1）粗钯金属生产氯化钯[11-12]。废 Pd/C 催化剂焚烧（详见 11.5）或其他冶炼过程获得的粗金属钯，用王水溶解后反复赶硝，H_2PdCl_6 溶液经阳离子交换除贱金属杂质后，浓缩使氯钯酸发生分解，结晶出 $PdCl_2 \cdot 2H_2O$。王水溶解赶硝过程的主要弊端是盐酸用量大，产生大量氮氧化物污染环境，还可能使氯化钯产品含 NO_3^- 超标。张钦发[13]用一种同时具有氧化性和还原性的液体 M_xO_y 加 HCl 复合赶硝剂赶硝，可部分克服上述缺点。每千克粗钯用 3.7 L 王水溶解，用 0.75 L 浓度 36% 的 HCl + 0.75 L 浓度 35% 的 M_xO_y 一次赶硝，即可浓缩结晶出含 Pd≥59.4%、含 Fe≤0.003%、NO_3^-≤0.03% 的二氯化钯产品。氯钯酸分解时溶液不能蒸干，否则将生成难溶于水的无水 $PdCl_2$。

（2）用二氯二氨配亚钯制备氯化钯。直接在氯气流中焙烧分解 $Pd(NH_3)_2Cl_2$ 可产出氯化钯[14]，缺点是操作条件不好，转化不完全，产品纯度难达标。在空气中焙烧分解 $Pd(NH_3)_2Cl_2$，浓盐酸加热溶解生产氯化钯[15]的缺点是焙解不完全，生成的 PdO 难溶，焙烧－酸溶需反复多次，过程复杂周期长。张钦发[16]改进的工艺是：盐酸溶解二氯二氨配亚钯生成可溶性氯亚钯酸铵——$(NH_4)_2PdCl_4$，加入氯酸钠溶液氧化分解 NH_4^+：

$$6ClO_3^- + 10NH_4^+ === 3Cl_2 + 18H_2O + 5N_2 + 4H^+$$

获得的氯亚钯酸——H_2PdCl_4溶液，用碱液中和沉淀出$Pd(OH)_2$，过滤洗涤后用HCl重溶，浓缩结晶出二氯化钯产品。按处理1 kg二氯二氨配亚钯计算，消耗氯酸钠2.48 kg、HCl 2.75 L。二氯化钯含Pd＞59.5%、含Fe＜0.002%、NO_3^-＜0.02%，达到分析纯产品标准。

2) 氯亚钯酸盐和氯钯酸盐。H_2PdCl_4是稳定的氯配酸，与固态KCl、NH_4Cl混合分别生成可溶性氯亚钯酸钾——K_2PdCl_4和氯亚钯酸铵——$(NH_4)_2PdCl_4$，过滤后滤液浓缩即可结晶出棕黄色产品。用氯气氧化氯亚钯酸钾和氯亚钯酸铵溶液，即可沉淀出红色氯钯酸钾——K_2PdCl_6结晶和红色氯钯酸铵——$(NH_4)_2PdCl_6$结晶。

3) 硝酸钯及氧化钯。$Pd(NO_3)_2 \cdot 2H_2O$——黄棕色化合物结晶。粗金属钯用浓硝酸加热溶解，过滤后浓缩结晶出含水硝酸钯。将其与醋酸混合即获得棕色的三聚化合物乙酸钯——$[Pd(CH_3COO)_2]_3$。将其溶于浓氨水即生成二硝基四氨合亚钯——$Pd(NH_3)_4(NO_3)_2$：

$$Pd(NO_3)_2 + 4NH_3 === Pd(NH_3)_4(NO_3)_2$$

过滤后浓缩即结晶出该产品。$Pd(NO_3)_2 \cdot 2H_2O$在120～150℃焙解即可获得黑色粉末状PdO。

4) $Pd(NH_3)_2Cl_2$、$Pd(NH_3)_4Cl_2$。联合法精炼钯的特征化合物，需要时可在精炼过程中直接产出。

5) $Pd/\gamma - Al_2O_3$催化剂制备。糠醛脱羰生产呋喃，进而制取吡咯、噻吩、四氢呋喃等产品，是重要的精细化工产业。脱羰生产呋喃需使用Pd/C或$Pd/\gamma - Al_2O_3$催化剂。通常都以纯H_2PdCl_4溶液为原料液，用活性炭或$\gamma - Al_2O_3$浸渍吸附，然后用中和沉淀或高温氢还原使钯转变为金属微粒状态。于落瀛[17]研究了一种制备$Pd/\gamma - Al_2O_3$催化剂的新方法。$\gamma - Al_2O_3$粉末置于pH≈0.5的酸性纯H_2PdCl_4溶液中，在60℃温度下搅拌浸渍15 min，使Pd^{2+}充分吸附入载体中。滴入10%浓度的$NaHCO_3$溶液调整pH=7，继续搅拌浸渍60 min后再滴入$NaHCO_3$溶液调整pH=8。发生沉淀反应：$Pd^{2+} + CO_3^{2-} === PdCO_3$。向体系中滴入40%浓度的甲醛溶液还原60 min。过滤后80℃真空干燥6 h即获得催化剂产品。该催化剂中Pd负载量达4.6%，呈单质面心立方晶体状态。与用常规浸渍-高温氢还原法制备的催化剂相比，产品更纯，不含氯离子。平均粒径更细(从25 nm降为15 nm)，颗粒均匀，无明显团聚。催化活性更好，糠醛转化率从68.8%提高至93.6%，呋喃收率从53.9%提高至87.4%。使用寿命更长，从70 h提高至190 h。

12.5 铑精炼

所有铂族金属的氯配合物中，Rh(Ⅲ)的配合物H_3RhCl_6最稳定，不像其他贵金属能利用其不同价态配合物的性质差异与其他金属杂质分离。铑的精炼方法多基于改变配位基，形成不同性质、状态和结构的特殊配合物与其他贵贱金属杂质分离。精炼过程包括纯铑化合物制备和制取纯金属两个阶段。制备纯铑化合物的方法很多，但都不是特别有效且精炼回收率不很高，没有定型的流程。因此关于铑化合物和配合物性质的研究、精炼技术的完善至今仍是铂族金属冶金中的热点问题[18]。

铑的精炼都在溶液中进行，粗金属铑必须首先溶解，方法有硫酸氢钠熔融 – 稀硫酸浸出（参见 7.1.3）、中温氯化焙烧 – 稀盐酸浸出（参见 8.1）、预处理活化 – 王水溶解（参见 8.2）、电化溶解（参见 8.3）等，获得不纯的 H_3RhCl_6 溶液。上述溶解方法皆需用高温设备，操作过程复杂，周期长，有时需反复多次才能溶解完全。因此精炼过程中有一个原则，得到的铑溶液或化合物沉淀，在没有确认其纯度达到要求时，不能轻易将其转变为金属状态。同时尽早根据市场需求将其生产为化合物产品。

12.5.1　纯氯铑酸（盐）制备

制备纯度较高的氯铑酸或其盐类化合物是铑精炼的基本步骤。主要有亚硝酸钠配合、氨配合、亚硫酸铵配合、萃取和离子交换等方法，有时需多种方法联用。

（1）亚硝酸钠配合法。含 Rh 40 ~ 50 g/L 的氯铑酸溶液用 20% 的 NaOH 溶液调 pH ≈ 1.5，加热至 70℃ 以上，搅拌下加入固体 $NaNO_2$ 或 50% 浓度的溶液，pH 升至约 6，煮沸约 0.5 h，生成六亚硝基铑酸钠，溶液由玫瑰红色转变为稻草黄色至无色。反应为

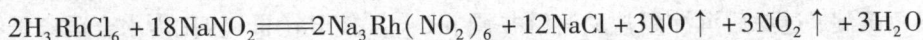

$$2H_3RhCl_6 + 18NaNO_2 = 2Na_3Rh(NO_2)_6 + 12NaCl + 3NO\uparrow + 3NO_2\uparrow + 3H_2O$$

溶液中的 Cu、Ni、Co 等贱金属和 Pt、Pd、Ru、Ir 等离子也能同时生成相应的可溶性亚硝基配合物，但是再加入稀碱溶液中和至 pH 9 ~ 10 并煮沸时，贱金属和钯的亚硝基配合物将水解为氢氧化物沉淀。过滤分离杂质沉淀后，铑溶液中加入氯化铵，沉淀出白色的六亚硝基铑酸钠铵配盐：

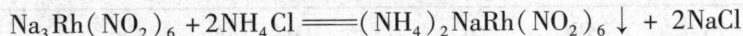

$$Na_3Rh(NO_2)_6 + 2NH_4Cl = (NH_4)_2NaRh(NO_2)_6\downarrow + 2NaCl$$

立即过滤，沉淀重新用盐酸溶解、煮沸浓缩、蒸干破坏亚硝基配合物，最后用稀盐酸溶解为较纯的氯铑酸钠溶液。

（2）氨配合法。亚硝酸钠配合法生成的 $(NH_4)_2NaRh(NO_2)_6$ 沉淀加入到 4% 的 NaOH 溶液中脱铵离子，加热至 70 ~ 75℃ 即重新转化为可溶性六亚硝基铑酸钠：

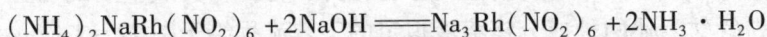

$$(NH_4)_2NaRh(NO_2)_6 + 2NaOH = Na_3Rh(NO_2)_6 + 2NH_3 \cdot H_2O$$

此时贱金属及铱仍保持为氢氧化物沉淀状态，过滤出含铑溶液，加入氨水并加热煮沸 4 ~ 5 h，即沉淀出三亚硝基三氨配铑化合物：

$$Na_3Rh(NO_2)_6 + 3NH_3 \cdot H_2O =\!=\!=\!= Rh(NH_3)_3(NO_2)_3 \downarrow + 3NaNO_2 + 3H_2O$$

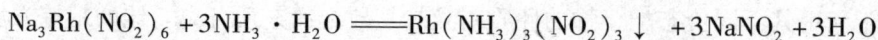

过滤后的铑化合物沉淀用 5% 的 NH_4Cl 溶液洗涤，该沉淀加入到 4 mol/L 的 HCl 溶液中煮沸 4~6 h 溶解贱金属杂质，同时铑的亚硝基配合物转化为较纯的鲜黄色三氯三氨配铑沉淀：

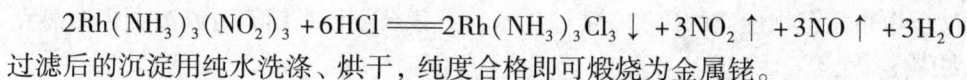

$$2Rh(NH_3)_3(NO_2)_3 + 6HCl =\!=\!=\!= 2Rh(NH_3)_3Cl_3 \downarrow + 3NO_2 \uparrow + 3NO \uparrow + 3H_2O$$

过滤后的沉淀用纯水洗涤、烘干，纯度合格即可煅烧为金属铑。

（3）亚硫酸铵配合 – 氨配合法。含 Rh 约 50 g/L 的氯铑酸钠溶液，用稀碱液调 pH = 1~1.5，按体积比 1:0.75 加入 25% 的亚硫酸铵溶液，煮沸并控制 pH ≈ 6.4，沉淀出乳白色的三亚硫酸配铑酸铵：

$$Na_3RhCl_6 + 3(NH_4)_2SO_3 =\!=\!=\!= (NH_4)_3Rh(SO_3)_3 \downarrow + 3NH_4Cl + 3NaCl$$

铱不生成类似的沉淀，残留在溶液中。过滤后的铑化合物沉淀用纯水洗涤，再加入浓盐酸煮沸溶解，转化为氯铑酸铵沉淀：

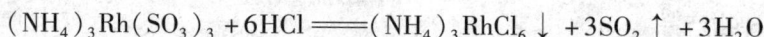

$$(NH_4)_3Rh(SO_3)_3 + 6HCl =\!=\!=\!= (NH_4)_3RhCl_6 \downarrow + 3SO_2 \uparrow + 3H_2O$$

亚硫酸铵沉淀精制一次，可分离溶液中大部分铱，但铑回收率仅约 95%。

获得的氯铑酸铵可继续用氨配合净化，沉淀出二氯化五氨氯配铑：

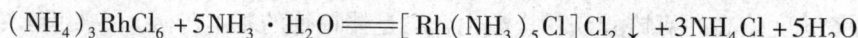

$$(NH_4)_3RhCl_6 + 5NH_3 \cdot H_2O =\!=\!=\!= [Rh(NH_3)_5Cl]Cl_2 \downarrow + 3NH_4Cl + 5H_2O$$

氨配合时铱同时水解为 $Ir(OH)_3$。过滤后的沉淀用 NaCl 溶液洗涤，再加入 NaOH 溶液溶解铑的化合物。过滤分离 $Ir(OH)_3$ 沉淀后，铑溶液加入 HCl 酸化，再加入 HNO_3 转变为 $[Rh(NH_3)_5Cl](NO_3)_2$ 化合物，煮沸浓缩，加 HCl 破坏赶硝，转变为氯铑酸溶液。

（4）萃取铑阳离子。不纯的氯铑酸溶液用稀碱溶液缓慢中和生成 $Rh(OH)_3$ 黄色沉淀，过滤后沉淀用盐酸溶解并调 pH ≈ 1，使 Rh(Ⅲ) 转化为水合阳离子，溶液中实际上是多价态阳离子平衡，通式表示为：$RhCl_n(H_2O)_{6-n}^{3-n}$，（n = 0~2），以 $[Rh(H_2O)_6]^{3+}$ 为主（详见 9.7.1）。

贵金属精炼工艺中产出的粗铑精矿，溶解获得下述两种成分的铑溶液：

成　　分	Rh	Ir	Pt	Pd	Au	Cu	Ni	Fe
相对金属量/g	①66.5	2.34	0.535	0.535	0.535	0.23	0.161	0.297
	②68.8	3.81	32.9	12.6	0.203	4.09	0.486	3.97

其中：①是含贵贱金属杂质较少的粗铑溶液，处理的实质是铑的提纯；②是其他贵贱金属含量较高的混合溶液，处理的实质是所有贵贱金属的相互分离，同时提纯铑。针对上述两种成分铑溶液拟定的工艺流程绘于图 12 – 1[19]。

工艺特点是萃取铑的水合阳离子，皆能产出纯度达 99.9% 的金属铑产品，直接回收率分别为 85.5% 和 82.3%。

```
                          铑溶液
                            │
                            ▼
P₂₀₄+煤油 ──→  萃取贱金属  ──→  盐酸反萃  ──→  反萃液(Cu、Ni、Fe)
                            │
                            ▼
                     水相调整性质
                            │
                            ▼
P₅₃₈+煤油 ──→  萃取铑阳离子  ──→  萃残液  ──→  萃取或沉淀分离
                            │                        │
                            ▼                        ▼
pH=1的水 ──→  洗涤有机相              Pt、Pd、Au、Ir
                            │
                            ▼
3 mol/L HCl ──→   反  萃
                            │
                            ▼
                   铑反萃液调整性质
                            │
                            ▼
            N235萃取  ──→  有机相洗涤反萃  ──→  反萃液  ──→  并入铑萃残液回收Pt、Ir
                            │
                            ▼
NH₄Cl ──→  沉淀氯铑酸铵  ──→  缎烧氢还原  ──→  Rh(纯度99.9%)
```

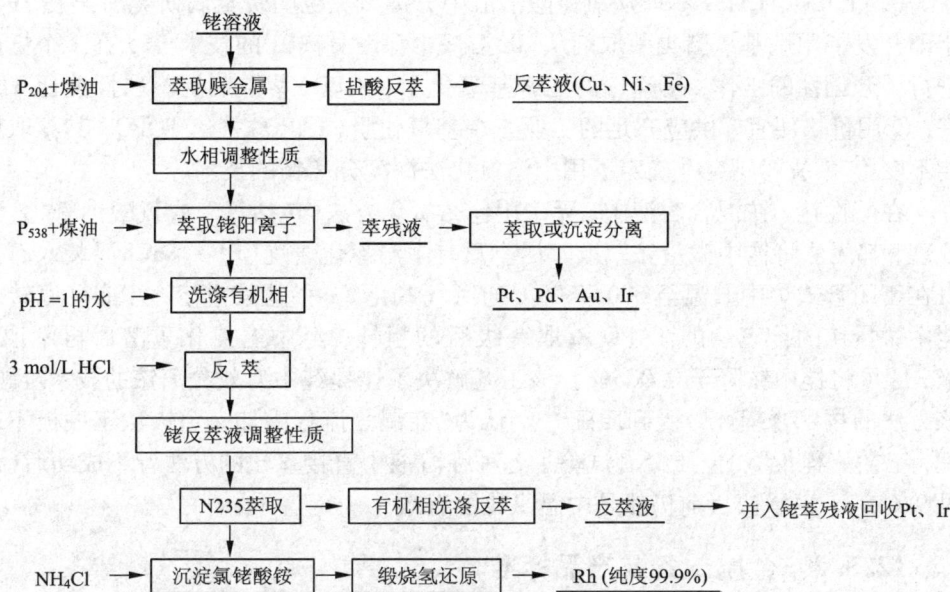

图 12 - 1　粗铑的萃取提纯工艺

在 P_{204} 萃取贱金属时有少量贵金属(<1%)分散在贱金属反萃液中,该反萃液酸度很高,一般应返回贵金属富集阶段,利用其中的残酸溶解贱金属的同时置换回收贵金属。当贵金属精矿使用富集 – 活化技术处理时(参见 8.2.4),用于溶解铝合金最好。分离贱金属后用酸性萃取剂,如 P_{204}、二壬基萘磺酸、单烷基磷酸(P_{538})等萃取铑的阳离子,其他贵金属配阴离子留在水相,从有机相中用稀盐酸反萃获得氯铑酸溶液。

(5)从氯铑酸溶液中分离贱金属。酸性氯铑酸溶液流过阳离子交换树脂柱,树脂吸附溶液中的贱金属阳离子杂质,流出液即为纯氯铑酸溶液,实践证明该法分离贱金属比其他方法简便有效。

(6)TBP + 石油乙醚萃取分离氯铑酸溶液中的 Pt[20]。针对含 Rh 14.29 g/L、Pt 0.88 g/L、HCl 酸度 4 ~6 mol/L 的溶液,用 TBP 石油醚(PE)体积比为 1:3 的有机相萃取(混相 5 min), Rh 溶液含 Pt 可降至 0.001 g/L。用蒸馏水反萃(混相 2 min),从反萃滤液中用 Al 置换回收 Pt。萃残液即为纯氯铑酸溶液,从中精炼出的 Rh 粉纯度 >99.95% 。

用 100% TBP 作萃取剂存在一些缺点:萃取 Pt(IV)的分配系数(D_A^0)较低(约 12.5);对料液成分及氧化还原性要求较苛刻;料液酸度太高,试剂消耗大,操作环境差;TBP 对有机玻璃、聚氯乙烯塑料等萃取设备有腐蚀溶胀作用,使用寿命短。

（7）TOPO、TAPO 萃取从氯铑酸溶液中分离 Ir。昆明贵金属研究所早在 1979 年即开发了用烷基氧膦类萃取剂从 Rh 溶液中深度分离 Ir 的技术[21]，在 3 个方面进行了开创性的工作：①筛选的三辛基氧化膦（TOPO）萃取剂的萃取性能比 TBP 好；②用价格便宜、供应充足的工业三烷基氧化膦（TAPO）替代 TOPO，其萃取性能不变[22-24]；③研究并确定了用中温氯化法深度分离铱的技术。

在酸性铑、铱混合溶液中，无论用什么氧化方法（包括氯气或氯酸钠氧化）预处理，都无法将铑中微量铱萃取除尽。只有中温氯化焙烧（Rh + NaCl 混装入石英舟在密闭管式炉中升温至 600 ~ 800℃通氯气氯化）→稀盐酸重溶，才能彻底转化铑中微量铱的价态。即 TAPO 萃取一级后的粗铑，经中温氯化重溶后再萃取 2 级，即可将铑中铱降至 0.005%。该工艺解决了铑提纯中有效分离铱的技术难题。该方法的技术合理性曾受到质疑[25]，认为"在湿法流程中加一道火法工序极不合理，工艺流程长"。但质疑者试验了各种在溶液中直接氧化的方法皆不成功后（详见 9.6.2），也承认目前仍然是中温氯化法有效。

12.5.2　金属制备及产品标准

从铑化合物或纯氯铑酸溶液中制备金属铑常用煅烧还原法、甲酸或水合肼还原法。

（1）煅烧法。纯氯铑酸溶液加入氯化铵沉淀产出的纯氯铑酸铵，装入瓷坩埚在马弗炉中低温烘干后，升温至 500 ~ 600℃煅烧至氯化铵白烟排尽获得海绵金属铑，获得的铑粉粒度细但粒径均匀。反应为

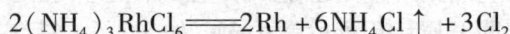

$$2(NH_4)_3RhCl_6 =\!=\!= 2Rh + 6NH_4Cl\uparrow + 3Cl_2$$

其他纯铑化合物沉淀，如 $Rh(NH_3)_3Cl_3$、$[Rh(NH_3)_5Cl]Cl_2$ 等也可直接煅烧为金属铑粉。一般还需用稀王水煮沸尽可能溶解夹带的贵、贱金属杂质。

高温煅烧时部分铑发生氧化生成氧化铑（Rh_2O_3），因此煅烧获得的铑粉需转入还原炉中 800℃通氢气还原，并在惰性气氛（如氮气氛）下冷却至室温获得金属铑粉。

（2）甲酸还原法。纯氯铑酸溶液加入稀碱液中和至 pH ≈ 7 ~ 8，煮沸，缓慢加入甲酸并用稀碱液调整和维持 pH ≈ 7 ~ 8 至铑还原完全，获得黑色微细粉状的金属铑：

$$2H_3RhCl_6 + 3HCOOH =\!=\!= 2Rh\downarrow + 12HCl + 3CO_2\uparrow$$

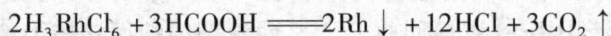

微细铑粉会吸附大量气体，需再在氢还原炉中 800℃还原制得金属铑粉产品。该法缺点是还原速度较慢，条件较难控制，甲酸对人体有害。

（3）水合肼还原法。水合肼（水合联氨 $N_2H_4 \cdot H_2O$）是一种还原能力很强的液体还原剂。纯氯铑酸溶液调整 pH ≈ 6 ~ 7，缓慢加入水合肼煮沸即还原出铑粉，还原速度快。也需在氢还原炉中 800℃还原。因过程简单，水合肼无毒，已成为

生产铑粉的主要方法。

(4)产品标准。中国制定的产品标准(GB/T 1421—2004)中，一号铑(SM - Rh - 1)含 Rh 99.99%，二号铑(SM - Rh - 2)含 Rh 99.95%，三号铑(SM - Rh - 3)含 Rh 99.9%。

12.5.3　精细化工产品制备

铑精炼过程中有很多化合物中间体，如 H_3RhCl_6、$(NH_4)_3Rh(SO_3)_3$、$[Rh(NH_3)_5Cl]Cl_2$、$Na_3Rh(NO_2)_6$、$(NH_4)_2NaRh(NO_2)_6$ 等，都可作为制备精细化工产品的原料。其中最重要的是氯铑酸。

(1)氯铑酸及延伸产品。H_3RhCl_6 溶液不便计量和运输，将其蒸发浓缩即可从溶液中析出红色三氯化铑结晶——$RhCl_3 \cdot 3H_2O$。以 H_3RhCl_6 溶液为原液可制备一系列盐类化合物。如：①加入固态 KCl、NH_4Cl 即分别获得氯铑酸钾和氯铑酸铵，过滤后浓缩即分别结晶出红色 $K_3RhCl_6 \cdot H_2O$ 和 $(NH_4)_3RhCl_6 \cdot H_2O$；②$H_3RhCl_6$ 用 KOH 中和沉淀出黄色 $Rh(OH)_3$，过滤后溶于硫酸生成硫酸铑，溶于磷酸生成磷酸铑，浓缩即分别结晶出黄色 $Rh_2(SO_4)_3 \cdot 18H_2O$ 和土黄色 $RhPO_4 \cdot xH_2O$；③H_3RhCl_6 用饱和 $NaHCO_3$ 溶液中和即沉淀出黄色水合三氧化铑，过滤后洗涤并在低温(<50℃)干燥即获得产品——$Rh_2O_3 \cdot 3H_2O$；④H_3RhCl_6 溶液中加入 KI 或通入 HI 可沉淀出黑色 RhI_3 晶体。

(2)Rh 与 I_2 直接高温合成 RhI_3。醋酸工业是重要的基础化工产业，生产醋酸乙烯、对苯二甲酸、聚乙烯醇等产品皆以醋酸为原料。甲醇低压羰基合成摆脱了依赖石油原料生产醋酸，现已成为生产醋酸的主流方法。该过程需用 RhI_3 作催化剂[26]。用 H_3RhCl_6 溶液加入 KI 或通入 HI 合成 RhI_3 产品的方法有一些缺点，如：产品中会引入 K(或 Na)杂质，除杂过程将降低 RhI_3 产品收率；通入 HI 合成的产品收率 <50%；残液中的 Rh 需另行回收，过程复杂且增大 Rh 的损失。曾研究用金属 Rh 与 I_2 直接高温合成方法[27-28]，其反应是：$2Rh + 3I_2 =\!=\!= 2RhI_3$。

将铑粉、碘粉、引发剂(异丙苯过氧化氢)按比例混合并加入到反应器内密封，置于马弗炉中升温至指定温度并恒温一定时间，降温后取出黑色 RhI_3 合成物，加温至 90℃恒重，冷却后用醋酸溶解 RhI_3，分离出未反应的铑粉直接进行下一批合成。醋酸溶液减压蒸发醋酸后即获得 RhI_3 黑色晶体产品。该方法的优点是：工艺简单，RhI_3 产品转化率、产品纯度及 Rh 的回收率高。

合成过程的实质是气 - 固相反应。反应时间、温度和碘铑质量比是影响合成 RhI_3 反应的 3 个主要因素。最佳反应条件为：反应时间 30 h，反应温度 500℃，$m_I : m_{Rh} = 1:3$。在同时加入引发剂为物料量 0.3% 的条件下，Rh 转化率最大，可达 65%。最佳反应温度是 500℃，若降低温度至 400℃和 450℃，转化率分别降至 16% 和 55%。若提高温度至 550℃和 600℃，转化率也分别降至 53% 和 45%。合成温度已高于碘的升华温度，合成过程必须在耐高压反应器中进行。再升高温度或增加碘铑比，则碘蒸气分压随之升高，超过反应容器的耐压性能就存在爆炸的隐患和危险。因此，选择耐压反应器的材质及确定其耐压强度，是使用该方法的关键条件，需特别注意。

（3）铑的有机化合物。铑的有机化合物是化学工业中一类不可或缺的均相催化剂。将三氯化铑的乙醇溶液滴加到三苯基膦（PPh_3）乙醇溶液中，并在氮气保护下加热回流，冷却后即沉淀出淡黄色苯基膦有机化合物 $Rh(PPh_3)_3Cl$。将三氯化铑的乙醇溶液缓慢滴加到三苯基膦乙醇溶液中，并加入甲醛溶液，析出黄色的羰基 – 三苯基膦有机化合物 $Rh(CO)Cl(PPh_3)_2$。继续向含 $Rh(CO)Cl(PPh_3)_2$ 的溶液中加入硼氢化钠的乙醇溶液，析出的黄色沉淀转变为 $Rh(CO)(PPh_3)_3$。

三氯化铑水溶液中加入甲醇，隔绝空气及搅拌下通入乙烯即沉淀出红褐色乙烯有机化合物 $[Rh(C_2H_4)_2Cl]_2$ 二聚物。将该二聚物溶于乙醚，通入 CO 即转变为橘红色羰基有机化合物 $[Rh(CO)_2Cl]_2$ 二聚物针状结晶。将 $[Rh(CO)_2Cl]_2$ 二聚物溶于甲醇溶液中通入 CO 即沉淀出黑褐色羰基铑—$Rh_6(CO)_{16}$。

将三氯化铑和醋酸钠同时加入到醋酸和乙醇的混合溶液中，氮气保护下加热析出醋酸铑有机化合物 $[Rh(CH_3COO)_2]_2$，是二聚物绿色结晶。

由于 Rh 的价值昂贵，而均相催化过程中含 Rh 液态催化剂的分散损失很难避免，业界越来越重视 SiO_2、Al_2O_3、C 等载体催化剂的研究开发[29]，但尚未取得明显成效。

12.6 铱精炼

铱的精炼在溶液中进行，精炼过程包括纯铱化合物制备和煅烧还原为金属两个阶段。主要利用其配合物中心离子有两种价态 Ir(Ⅲ) 和 Ir(Ⅳ)，价态转化比较容易，且不同价态配合物的性质差别很大进行精炼。

当原料为铱的氧化物或粗铱金属时必须首先用过氧化钠熔融→水浸→王水溶解（参见 7.1.3），硫熔→铝热活化→氯化（参见 8.2）等方法溶解获得 H_3IrCl_6 溶液。上述过程皆需高温设备，操作过程复杂，周期长，有时需反复多次才能溶解完全。因此精炼过程中得到的铱溶液或化合物沉淀，在没有确认其纯度达到要求时，不能轻易将其转变为金属状态。

12.6.1 纯铱化合物制备

制备纯铱化合物的方法有亚硝基配合法、硫化法及萃取法。

（1）亚硝酸钠配合法。能有效地从溶液中分离贱金属杂质。红色的氯铱酸溶液中加入稀碱液调整 pH 1 ~ 1.5，加入 $NaNO_2$ 配合，煮沸转变为浅黄色的

$Na_3Ir(NO_2)_6$ 溶液：

$$H_3IrCl_6 + 6NaNO_2 =\!=\!= Na_3Ir(NO_2)_6 + 3HCl + 3NaCl$$

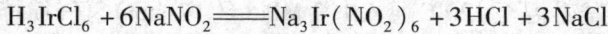

配合过程产生酸，继续用稀碱液中和并控制溶液 pH≈6，使贱金属水解。冷却后过滤分离贱金属杂质沉淀，铱溶液加浓盐酸煮沸，破坏亚硝基配合物并重新转化为 Na_3IrCl_6：

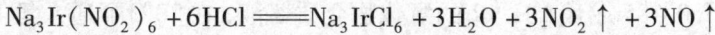

$$Na_3Ir(NO_2)_6 + 6HCl =\!=\!= Na_3IrCl_6 + 3H_2O + 3NO_2\uparrow + 3NO\uparrow$$

反复配合分离贱金属杂质，达到要求的纯度后，溶液浓缩至含 Ir 60~80 g/L，通氯气氧化为 Na_2IrCl_6，加入氯化铵沉淀出黑色带丝绢光泽的氯铱酸铵结晶：

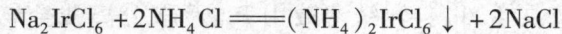

$$Na_2IrCl_6 + 2NH_4Cl =\!=\!= (NH_4)_2IrCl_6\downarrow + 2NaCl$$

过滤后的氯铱酸铵结晶用氯化铵溶液洗涤、烘干。

（2）硫化沉淀法。可单独应用或与亚硝酸钠配合法联合使用。氯铱酸溶液（含 Ir 60~80 g/L）在室温下缓慢加入 $(NH_4)_2S$、Na_2S 的稀溶液或通入 H_2S，微量贵、贱金属杂质生成硫化物沉淀，静置过夜后过滤分离沉淀，纯氯铱酸溶液加入氯化铵并通入氯气氧化，沉淀出 $(NH_4)_2IrCl_6$，残余的贱金属及溶解度较大的氯铑酸铵留在母液中。过滤获得的氯铱酸铵沉淀若纯度不够，则用纯水浆化后加入适量水合肼，加热还原为可溶的 $(NH_4)_3IrCl_6$：

$$(NH_4)_2IrCl_6 + N_2H_4\cdot H_2O =\!=\!= (NH_4)_3IrCl_6 + 1/2N_2 + H_2O$$

再次加入 $(NH_4)_2S$ 稀溶液沉淀贵贱金属杂质，静置过夜后过滤分离沉淀，纯 $(NH_4)_3IrCl_6$ 溶液中补加适量 NH_4Cl 后通氯气氧化沉淀出 $(NH_4)_2IrCl_6$。

含铱溶液经硫化沉淀分离杂质后，也可衔接亚硝基配合法再次分离杂质，最后转化为纯氯铱酸铵沉淀。

从含 Ir、Cu、Fe、Ni 及 $HCl + H_2SO_4$ 的混合溶液中，用选矿药剂硫氮九号代替 $(NH_4)_2S$、Na_2S 沉淀贱金属的效果（速度和选择性）更好[30]。沉淀 1~2 次即可获得纯铱溶液，回收率可达 97%~98%。

（3）高压氢还原法[31]。对以铱为主，含其他贵贱金属杂质的溶液（见表 12-1）研究过高压氢还原法。

表 12-1　高压氢还原分离提纯铱的溶液成分 $/(g\cdot L^{-1})$

元素	Ir	Pt	Pd	Rh	Au	Cu	Ni	Fe	HCl pH
1	8.99	0.1	0.1	0.1	0.1	0.25	0.25	0.25	1
2	17.99	0.2	0.2	0.2	0.2	0.25	0.25	0.25	1
3	11.65	0.92							1

将溶液置于高压釜中，升温至 40℃通入 0.2 MPa 的氢气搅拌还原 3 h，使除

Ir 外的贵金属杂质还原沉淀。过滤后溶液通过阳离子交换树脂柱分离贱金属。Ir 溶液再装入高压釜升温至 120℃通入 1.2 MPa(约 12 atm)氢气搅拌还原 2 h。获得的铱粉用二次蒸馏水洗涤 5 次,纯度 >99.9%。氢还原残液含 Ir <0.001 g/L,直收率 99.9%。

当铱溶液中仅含铑时,用常压氢还原即可彻底还原沉淀铑[32]。如针对含 Ir 42.3 g/L、Rh 0.185 g/L,pH =2 的氯化物介质溶液,在 70℃下通入氢气搅拌还原 30 min,溶液中 Rh 浓度降至 0.008 g/L,还原率 95.7%。还原 90 min,降至 0.001 g/L,还原率 99.5%。

(4)萃取法(参见 9.6)。含铱溶液用 P_{204} 萃取分离贱金属阳离子,在保持 Ir(Ⅲ)状态下用 N_{235} 萃取分离其他铂族金属杂质,含铱的水相通入氯气氧化 Ir(Ⅲ)为 Ir(Ⅳ)再用 N_{235}、TBP 或 TRPO 萃取 $[IrCl_6]^{2-}$。从载铱有机相中用稀的 NaOH、Na_2CO_3 或 HNO_3 溶液反萃,反萃液加盐酸煮沸,通氯气氧化,加氯化铵沉淀出氯铱酸铵。

上述各种方法各有优缺点:①沉淀法使用通常设备和试剂,容易生产实施,但分离贵、贱金属杂质的选择性及分离效率不高,精炼过程常需反复多次,中间产物多,水解产物或硫化物沉淀中夹带铱造成分散,精炼过程的直收率不高;②加压氢还原法过程快速,铱的直收率高,但仅适于处理贵贱金属杂质浓度低的粗铱溶液,还需特殊设备反复两次操作,氢还原压力高,有氢爆安全隐患;③萃取法适于处理成分复杂且杂质含量高的料液,也可达到较高的直收率,但流程较长。因此选用何种方法需根据原料性质和成分,处理规模、场地、设备、试剂条件等因素综合比较后决定。

12.6.2　金属制备及产品标准

纯氯铱酸铵转入专用瓷坩埚中置于马弗炉低温下烘干,再升温至 350℃维持 2 h,继续升温至 600 ~700℃使铵盐分解,氯化铵白烟排尽,通入氮气降温冷却[33]获得金属铱:

$$3(NH_4)_2IrCl_6 \underline{\qquad} 3Ir\downarrow + 16HCl\uparrow + 2NH_4Cl\uparrow + 2N_2\uparrow$$

煅烧过程中部分铱氧化为 IrO_2,冷却后移入氢还原炉升温至 800 ~900℃通入氢气还原,惰性气氛下冷却至室温获得金属铱产品。

中国制定的铱产品标准(GB 1422—89)中,一号铱(FIr – 1)含 Ir 99.99%,二号铱(FIr – 2)含 Ir 99.95%,三号铱(FIr – 3)含 Ir 99.9%。

12.6.3　铱的化工产品

与 Pt、Pd、Rh 的化合物相比,铱化合物的应用不广泛。

1)盐和氧化物。铱精炼过程中的氯亚铱酸——H_3IrCl_6 和氯铱酸——H_2IrCl_6

溶液是制备各种化合物的中间体。H_3IrCl_6 溶液中加入固态 KCl、NH_4Cl，分别生成可溶性 K_3IrCl_6、$(NH_4)_3IrCl_6$ 化合物，分别蒸发浓缩即可结晶出带结晶水的橄榄绿色盐。为保持 Ir(Ⅲ) 状态，可在溶液中加入少量草酸钾或草酸铵。H_3IrCl_6 溶液在通入氯气氧化的条件下转变为 H_2IrCl_6 溶液，加入固态 KCl、NH_4Cl，分别生成难溶于水的黑色 K_2IrCl_6 和黑色带丝绢光泽的 $(NH_4)_2IrCl_6$ 结晶。H_2IrCl_6 溶液加热近沸后滴加 KOH 饱和溶液中和，颜色由褐红转为蓝色并沉淀，过滤后充分洗涤并低温（<50℃）烘干，产出水合二氧化铱——$IrO_2 \cdot 2H_2O$。铱精炼过程中的其他化合物，如 $Na_3Ir(NO_2)_6$、$K_3Ir(NO_2)_6$ 皆可直接转化为化合物产品。

（2）铱的有机化合物。有 $Ir(CO)Cl(PPh_3)_2$、$IrH(CO)(PPh_3)_3$、$Ir(CO)_{12}$ 等产品（其中 PPh_3 为三苯基膦）可用作化工的催化剂。氯铱酸钠溶液中加入 2 - 甲氧基乙醇——$CH_3OCH_2CH_2OH$，加热条件下通入 CO 气体 2~3 h，冷却后加入 PPh_3 即沉淀出黄色羰基 - 三苯基膦有机化合物 $Ir(CO)Cl(PPh_3)_2$。上述悬浮液在 PPh_3 过量及氮气保护条件下，加入硼氢化钠 $NaBH_4$ 加氢脱氯，加热后沉淀转化为 $IrH-(CO)(PPh_3)_3$ 黄色结晶。

12.7　锇精炼

含锇的物料都用氧化蒸馏分离出 OsO_4，如过氧化钠熔融→水浸→氧化蒸馏（详见 7.1.3）、氯酸钠氧化蒸馏（详见 7.2.1）、锍熔活化→氧化蒸馏等。蒸馏挥发的 OsO_4 都用 NaOH 溶液吸收为锇酸钠：

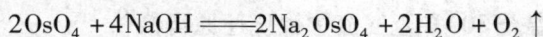
$$2OsO_4 + 4NaOH === 2Na_2OsO_4 + 2H_2O + O_2 \uparrow$$

因此锇的精炼都以含 Na_2OsO_4 的溶液为原料。氧化蒸馏时 RuO_4 也可能部分溶解在锇溶液中，因此锇精炼中要特别注意 Ru 的分离。精炼方法有加压氢还原、硫化钠沉淀、氯化铵沉淀和甲酸还原等。

12.7.1　加压氢还原法

含 Os 约 1 g/L 的低浓度 Na_2OsO_4 溶液，用硫酸中和至 pH = 8~9，再通入 SO_2 回调至 pH = 6，加热至微沸后静置过夜，沉淀出褐色锇钠盐：

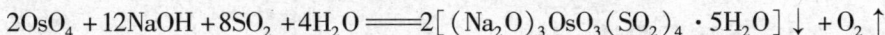
$$2OsO_4 + 12NaOH + 8SO_2 + 4H_2O === 2[(Na_2O)_3OsO_3(SO_2)_4 \cdot 5H_2O] \downarrow + O_2 \uparrow$$

锇钠盐转入蒸馏器中用 1:1 的 H_2SO_4 加热溶解，90℃ 下用 40% 的 $NaClO_3$ 溶液重新氧化蒸馏→NaOH 溶液多级吸收。含 Os 15~35 g/L 的首级吸收液加入少量甲醇，40℃ 下静置过夜沉淀出 $Ru(OH)_4$ 并过滤分离。纯锇液中加入 KOH 沉淀出紫色 K_2OsO_4。反应为

$$2Na_2OsO_4 + 4KOH === 2K_2OsO_4 \downarrow + 4NaOH$$

静置后过滤并用无水乙醇洗涤，锇酸钾用约 1 mol/L HCl 溶液浆化后置于高

压釜中，升温至125℃通入氢气（氢压0.3~0.4 MPa）还原1~2 h获得海绵金属锇：

$$K_2OsO_4 + 2HCl + 3H_2 =\!=\!= Os\downarrow + 2KCl + 4H_2O$$

冷却后通入氮气排出高压釜中的氢气，打开釜盖后及时过滤出金属锇粉，用乙醇洗涤后迅速置入管式炉中，通入氢气或氮气在低温下干燥后缓慢升温至900℃通入氢气还原1 h，并在氢气或惰性气氛中冷却至室温。金属锇粉用纯水洗涤除去夹带的 K^+，再用无水乙醇洗涤，室温下阴干后立即转入密闭干燥器，以防锇粉在空气中氧化自燃，产出的锇粉纯度 >99.9%。

12.7.2 硫化钠沉淀法

低浓度锇吸收液在室温下加入硫化钠，沉淀出 OsS_2，过滤后用纯水洗涤沉淀中夹带的钠离子，80℃烘干后置于密闭管式炉中通入氢气并升温至700℃煅烧还原产出锇粉。

12.7.3 氯化铵沉淀法

纯的锇吸收液加入少量甲醇或乙醇，使呈 OsO_4 状态的 Os(Ⅷ)还原为稳定的 Na_2OsO_4[呈 Os(Ⅵ)价态]存在，室温下定量加入氯化铵，沉淀出浅黄色[$OsO_2(NH_3)_4$]Cl_2：

$$Na_2OsO_4 + 4NH_4Cl =\!=\!= [OsO_2(NH_3)_4]Cl_2\downarrow + 2NaCl + 2H_2O$$

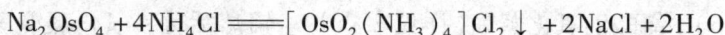

立即过滤，用稀盐酸洗涤除去沉淀中夹带的钠盐，80℃烘干后置于氢还原炉中低温烘干，再升温至800℃氢气流中煅烧还原得锇粉。

若氧化蒸馏时用饱和了 SO_2 的 6 mol/L 浓度 HCl 吸收 OsO_4，则吸收液中的锇呈 H_2OsCl_6 状态，缓慢浓缩至含 Os >20 g/L，室温下加入氯化铵即沉淀出 $(NH_4)_2OsCl_6$：

$$H_2OsCl_6 + 2NH_4Cl =\!=\!= (NH_4)_2OsCl_6\downarrow + 2HCl$$

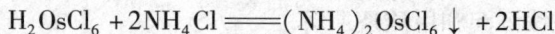

但该法沉淀不完全，过滤后残留在母液中的锇可用 Na_2S 沉淀回收。

氯锇酸铵沉淀用乙醇洗涤后置于密闭管式炉中在氢气流中低温下烘干，并升温至800~900℃煅烧还原得锇粉：

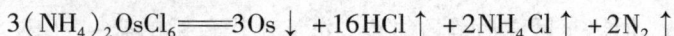

$$3(NH_4)_2OsCl_6 =\!=\!= 3Os\downarrow + 16HCl\uparrow + 2NH_4Cl\uparrow + 2N_2\uparrow$$

12.7.4 甲酸还原法

纯的锇碱吸收液用盐酸中和至 pH 6~7，80℃下加入甲酸或水合肼，使 Na_2OsO_4 还原为 $OsO_2 \cdot nH_2O$。用甲酸还原的反应为

$$Na_2OsO_4 + HCOOH =\!=\!= OsO_2 \cdot H_2O\downarrow + Na_2CO_3$$

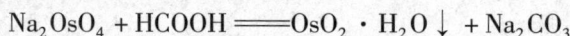

还原产物置于密闭管式炉中在氢气流中低温烘干，再升温至800~900℃煅烧还原得锇粉：

$$OsO_2 \cdot H_2O + 2H_2 = Os + 3H_2O \uparrow$$

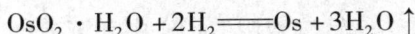

各种煅烧获得金属锇粉的方法都需使用氢气，烘干、升温、煅烧及降温冷却的全过程都在氢气流中进行。有两个问题必须注意：一是安全，氢气在空气中遇明火极易发生爆炸，因此煅烧系统不能发生氢气泄漏。二是锇粉在空气中易被氧和二氧化碳气体重新氧化为四氧化锇挥发（$Os + 4CO_2 = OsO_4 \uparrow + 4CO$），造成损失和环境污染，因此获得的锇粉皆需立即转入密闭干燥器隔绝空气保存。

金属锇的产品标准（昆明贵金属研究所的企业标准）：一号锇（贵 Os-1）含 Os 99.97%，二号锇（贵 Os-2）含 Os 99.95%，三号锇（贵 Os-3）含 Os 99.9%。

12.7.5　锇的化合物制备

化合物产品主要有四氧化锇和氯锇酸盐。在氧化蒸馏过程中将挥发的 OsO_4 通过冰水冷凝管导入收集瓶，生成 OsO_4 黄色结晶，冷冻下真空干燥及密闭包装后储存于冰箱中。挥发的 OsO_4 导入含乙醇的盐酸溶液中吸收，生成红黄色氯锇酸，缓慢加热浓缩析出结晶，重溶于盐酸后加入氯化钾溶液即沉淀出深棕色氯锇酸钾 K_2OsCl_6。加入氯化铵即沉淀出红色光亮的氯锇酸铵 $(NH_4)_2OsCl_6$。

12.8　钌精炼

至今最有效的分离钌的技术是氧化蒸馏→盐酸溶液吸收。如含钌物料用过氧化钠熔融→水浸→氧化蒸馏（参见 7.1.3），氯酸钠氧化蒸馏（参见 7.2.1），硫熔活化→氧化蒸馏等，呈 Ru(Ⅷ) 价态挥发的 RuO_4 都用 HCl 吸收为 Ru(Ⅳ) 价态的氯钌酸溶液：

$$2RuO_4 + 20HCl = 2H_2RuCl_6 + 8H_2O + 4Cl_2 \uparrow$$

因此钌的精炼多以钌吸收液为原料，氧化蒸馏时 OsO_4 也可能部分溶解在钌溶液中，因此钌精炼中要特别注意 Os 的分离。精炼过程分为钌吸收液提纯和制取金属钌两个步骤。

12.8.1　钌吸收液提纯

高浓度的钌吸收液加入少量乙醇，加热至 75～90℃ 赶去游离氯气，使钌保持为稳定的 H_2RuCl_6 状态，然后加入适量双氧水或硝酸使溶液中的锇重新氧化为四氧化锇挥发（连接碱液吸收系统回收 OsO_4）。

若氯钌酸溶液含杂质高，可用两种方法重新沉淀→氧化蒸馏提纯：①钌溶液浓缩赶酸至近干后加水溶解，用稀碱溶液调整 pH≈1，转移至蒸馏瓶中，连接好盐酸溶液的负压吸收系统，加入 20% 的 NaOH 溶液，同时滴入 20% 的 $NaBrO_3$ 或 $NaClO_3$ 溶液，加温使 RuO_4 蒸馏挥发，直至在出气口用硫脲棉球检查无蓝色为止，获得纯的氯钌酸钠吸收液;②钌溶液用 NaOH 中和沉淀出 $Ru(OH)_3$,过滤后的沉淀物用纯水浆化并转入蒸馏器中,连接好盐酸溶液的负压吸收系统,向蒸馏器中滴加 H_2SO_4,同时滴入 20% 的 $NaBrO_3$ 或 $NaClO_3$ 溶液,加温蒸馏出橙色 RuO_4,获得纯的氯钌酸钠吸收液。

无论用哪种方法氧化重蒸,氧化剂的加入速度宁慢勿快。因为 RuO_4 的热稳定性比 OsO_4 差,在挥发时气相中若浓度过高、温度较高或遇还原剂时,会发生歧化反应迅速分解($RuO_4 \Longrightarrow RuO_2 \downarrow + O_2 \uparrow$),甚至发生爆炸,造成严重事故。

12.8.2　制备金属钌

1)沉淀煅烧。纯钌吸收液缓慢浓缩至含 Ru 30 ~ 50 g/L,加入氯化铵沉淀出深红色 $(NH_4)_2RuCl_6$ 结晶:

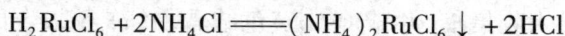

$$H_2RuCl_6 + 2NH_4Cl \Longrightarrow (NH_4)_2RuCl_6 \downarrow + 2HCl$$

过滤后的沉淀用乙醇洗涤后置于氢还原炉中,在氢气流中低温烘干并缓慢升温至 450 ~ 500℃分解铵盐,再升至 950℃煅烧还原,冷至室温获得金属钌粉:

$$3(NH_4)_2RuCl_6 \Longrightarrow 3Ru + 16HCl \uparrow + 2NH_4Cl \uparrow + 2N_2 \uparrow$$

取出钌粉后立即转入密闭干燥器,防止在空气中氧化挥发损失,钌粉纯度 > 99.9%。

2)产品标准。昆明贵金属研究所的企业标准是:一号钌(贵 Ru - 1)含 Ru 99.98%,二号钌(贵 Ru - 2)含 Ru 99.95%,三号钌(贵 Ru - 3)含 Ru 99.9%。

12.8.3　钌化合物制备

最重要的钌化合物是四氧化钌,由它制备其他化合物产品。

1. 氧化物及钌酸盐

在氧化蒸馏过程中将 RuO_4 蒸气通过冰水冷却的导管导入收集瓶,即获得 RuO_4 黄色针状结晶,冷冻下真空干燥及密闭包装后储存于冰箱中。将 RuO_4 蒸气导入含乙醇的盐酸吸收瓶生成 H_2RuCl_6。钌吸收液用 NaOH 溶液中和至 pH = 10 ~ 12,生成蓝黑色水合二氧化钌 $RuO_2 \cdot H_2O$,真空低温(< 80℃)干燥后储存。钌吸收液直接加热浓缩即析出暗红色三氯化钌 $RuCl_3 \cdot nH_2O$,洗涤后真空低温干燥储存。钌吸收液中加入 NH_4Cl 即沉淀出暗红色氯钌酸铵 $(NH_4)_2RuCl_6$。

钌酸铅 $Pb_2Ru_2O_6$、钌酸铋 $Bi_2Ru_2O_7$ 是制造高性能电阻浆料的基本材料,用铅盐和铋盐与钌氧化物合成制备。

2. 钌的有机化合物

氯钌酸溶液中加入甲酸,加热后即沉淀出黄色羰基多聚化合物——$[Ru(CO)_3C_{12}]_n$,在氮气保护下蒸干获得粉末状产品。氯钌酸溶液中加入甲醇,在氮气保护下加热并加入三苯基膦(PPh_3)即沉淀出黑色有机化合物 $RuCl_2(PPh_3)_3$,

加入过量 PPh$_3$ 则生成暗棕色 RuCl$_2$(PPh$_3$)$_4$。

12.9　纳米贵金属材料

纳米科技与新能源、生态环保、信息通讯、生物医学等一起,被列为新世纪人类社会可持续发展的主导科技领域之一。贵金属纳米材料,由于在化学反应活性、光、电、磁、力等方面,具有很多特殊性质,已成功应用于工业催化、微电子技术及生物医学等领域。制备纳米材料,即粒子尺寸 < 100 nm 的贵金属超细微粒、晶体、胶体、纤维、薄膜和复合材料,是纳米科技的基础。研究其性能特点、结构、元器件制备及应用,已成为多学科交叉融合的一个学科分支。自 20 世纪90 年代至今,研究十分活跃,应用不断开拓[34~37]。

制备纳米材料有物理法和化学法。物理法主要是等离子体法,即在氢气气氛中利用高温(3000~10000℃)等离子弧,将金属汽化并冷凝分离为微细粒子。化学法是用纯贵金属配合物溶液,在表面活性剂、保护剂、分散剂存在下,用还原法(包括使用各种还原剂或脉冲电场)使贵金属离子还原为超细金属微粒,或直接制备成特定用途的纳米功能材料。两种方法制备的纳米材料有不同的特点和应用范围,物理法产出的金属微粒粒径较大(10~100 nm),化学法则可产出 < 10 nm的超细微粒,甚至 < 2 nm 的胶体和仅由数十个原子组成的原子簇(微粒)。化学液相还原的经典方法是柠檬酸法,还有乙醇还原法、氢还原法、超声波化学法和微乳法等。

本节仅将贵金属纳米材料作为一种纯金属产品形态,简要介绍其制备技术的研究情况。

12.9.1　金纳米材料

制备金纳米颗粒或胶体金原子簇的方法有:惰性气氛下高温溅射或蒸发金属,有机金化合物蒸发分解沉积,无机金盐溶液分解还原(化学还原、微波加热、超声波化学分解、光化学分解)等。制备不同性质的纳米金产品使用不同的方法,化学法应用较多。向含 Au(Ⅲ)的溶液中加入各种还原剂,如柠檬酸三钠、NaBH$_4$、Na$_2$C$_2$O$_4$、十六烷基苯胺、茴香胺、聚乙二醇、丝素蛋白、1,3 苯酮二羧酸、2-乙烯基吡啶、聚丙烯酰胺、N-甲替-2 吡咯烷二酮 + 聚苯胺、甲苯 + 二甲胺硼烷等,将金溶液直接加热或用微波加热,或用紫外线照射,皆可还原出较细(一般 > 30 nm)的纳米微粒。以细粒子为晶种,加入羟胺、NH$_2$OH 等可使晶粒长大至 100~160 nm、近似球形的晶粒。以具有微孔结构的材料,如硅胶 4-吡啶酮树枝状高分子材料等为基体,在含 Au(Ⅲ)水相中,用超声波诱导、液相转移还原或电化学沉积等方法,皆可制备出不同粒径的纳米粒子。根据不同的使用目的选择制备方法，相关内容极为丰富，已超出本书既定知识范围。详细情况请读者参阅相关评论[38-40]。

12.9.2　银纳米材料

银纳米材料是制备电子浆料、载体复合材料的基础原料。仅形态就有立方、三角棱柱、树枝、超细、片状、纳米线等。不同的形态有不同的应用性能。主要生产方法有有机金属配合物高温分解法和化学还原法。实际应用中以后者为主。即在 $AgNO_3$、$KAg(CN)_2$ 溶液中，加入二元醇、多元醇、山梨醇、芳香醇酯、聚乙烯吡咯烷酮(PVP)或聚乙烯醇(PVA)、苯胺、甲醛磺酸萘钠盐、双十六烷基二硫代磷酸吡啶盐(PyDDP)、十二烷基四乙二醇醚、十二烷基硫酸钠(DBS)等有机物作稳定剂(保护剂)，用水合肼、甲酸、三乙醇胺、甲醛、甲酸钠、丙三醇、草酸、抗坏血酸(VC)、柠檬酸钠、次亚磷酸钠、H_2O_2 等还原剂还原产出银粉。通过调整溶液中银盐浓度，调整加入的稳定剂及还原剂浓度，选择不同的还原剂种类，即可制备出不同粒径和形状的银粉[41]。制备方法研究非常活跃，内容极为丰富[42-45]，本书不再赘述。

12.9.3　铂族金属纳米材料

铂族金属纳米材料广泛用于特种催化剂、特种功能薄膜的制备。铂纳米微粒是制造扫描隧道显微镜纳米探针的重要材料。制备铂族金属纳米材料的方法很多。

1. 化学试剂还原法

1)醇类有机物还原[46]。将铂族金属氯化物与氯配合物，如 $RuCl_3 \cdot 3H_2O$、$RhCl_3 \cdot 3H_2O$、$PdCl_2$、$H_2PtCl_6 \cdot 6H_2O$、H_2PdCl_4、$H_2IrCl_6 \cdot 6H_2O$ 等，与乙醇溶液混合，加入适量稳定剂，适当短时加热即可还原产出平均粒径 1.2~3.6 nm(相对偏差 <24%)的原子簇(微粒)。可用做稳定剂(分散剂)和表面活性剂的有机物包括聚乙烯基吡咯烷酮(PVP)、聚乙烯基吡咯烷酮共丙烯酸、聚丙烯聚乙烯醇芳香膦衍生物(三苯基膦、单磺酸三苯基膦、三磺酸三苯基膦、苯胺)、季铵盐阳离子表面活性剂和苯磺酸钠阴离子表面活性剂。如将 1.295 g 氯铂酸溶入 1200 mL 乙二醇中，13.89 g 聚乙烯基吡咯烷酮溶入 500 mL 乙二醇中，两种溶液混合均匀后加入浓度为 0.04 mol/L 的 NaOH 乙二醇溶液 500 mL，橙黄色透明溶液连续通过置于微波加热的反应管，在 2450 MHz 微波辐照 25 s 的条件下，溶液被还原并转变为含铂原子簇的黑色溶液。聚乙烯基吡咯烷酮作为保护膜使原子簇(微粒)稳定。向黑色溶液中加入丙酮即沉淀出纳米级铂原子簇产品。经用醇、硝基苯、硝基甲烷、氯仿、二氯乙烷重溶，即可制备化工催化剂。调节加入氢氧化钠的量可控制金属簇的平均粒度。该法重现性好，可批量生产。

　　李灿改进并简化了乙醇还原法[47-48]。即以醇类为还原剂，以水溶性低分子量聚乙烯醇（PEG）或聚丙烯酰胺为稳定剂，加入弱极性或非极性絮凝剂，从含铂族金属的水溶液中还原产出单分散的、带稳定剂的金属纳米粒子。用作还原剂的醇可以是低碳链到中等碳链的一元醇、二元醇或多元醇，其中低碳链一元醇更便于分离操作。稳定剂聚乙烯醇的平均分子量为 5000~10000，聚丙烯酰胺的平均分子量为 500000 以上。弱极性或非极性絮凝剂是甲苯或烷烃（如沸程 60~90℃的石油醚、庚烷或辛烷）。如将 0.20~0.25 g PEG 溶于体积浓度为 50%~83.3%的乙醇水溶液中，加入 10 mg 氯铂酸升温至 80℃，溶液变为棕色后继续反应 0.5 h，冷却至室温后加入 10 mL 甲苯，升温至 60℃恒温 0.5 h，搅拌下冷却至室温并静置 1 h。还原产出带稳定剂的铂纳米粒子（粒径 3.5~4.5 nm）絮凝于甲苯和水两相之间。倾倒分离甲苯，从水相中过滤出铂纳米产品。上层甲苯、下层醇-水溶液加入氯铂酸及稳定剂后皆可循环复用。铂纳米产品可直接用做碳-碳双键加氢或碳-氧双键加氢反应的催化剂。用氯化铑和氯化铱为原料，同样可分别制备铑、铱的纳米粒子产品。

　　利用 X 射线或 γ 射线辐照，也可制备贵金属的单金属簇或双金属簇[49-50]，条件基本相似。如用含 Pt(Ⅳ) + Rh(Ⅲ) 浓度为 6.6×10^{-4} mol/L 的 H_2PtCl_6 和 H_3RhCl_6 混合水溶液，与聚乙烯基吡咯烷酮（PVP）-乙醇溶液混合，混合液在氮气保护下回流加热，即还原产出稳定的暗褐色、粒径 10~20 nm 的 PVP-Pt-Rh 双金属胶体。

　　2）柠檬酸三钠还原。用相应的无机金属化合物或配合物溶液，加入柠檬酸三钠作还原剂，聚丙烯酰胺作稳定剂，用微波高压液相合成可制备 Au、Ag、Pt、Pd 等纳米粒子。研究发现柠檬酸三钠-Pt(Ⅳ)体系在常压下不发生还原反应，但在高压（1.5 MPa）条件下 3 min 即还原生成粒径 10 nm 铂球形纳米粒子。聚丙烯酰胺稳定剂吸附在铂纳米粒子表面，可防止铂纳米粒子之间相互聚集和沉淀，保持其分散状态[51]。

　　3）水合肼还原[52]。用 0.05 mol/L 浓度的纯 $[Pd(NH_3)_4]Cl_2$ 溶液（pH = 8~9），在快速搅拌下滴入加有分散剂（稳定剂）的水合肼溶液中，升温至 40~70℃即可获得粒径 6~10 nm 的灰黑色纳米钯粉。与银粉一起制备的 Pd-Ag 厚膜导电浆料烧成膜表面致密，附着力好，抗焊料侵蚀性强。

　　4）硼氢化钠还原[53]。用粒径 2~50 nm 的金纳米粒子为晶种，用硼氢化钠水溶液还原氯铂酸溶液，可产出平均粒径 20~600 nm、均匀性和分散性好的球形铂颗粒。这种引晶生长法通过控制金纳米粒子粒径、铂浓度和还原剂浓度，可控制球形铂粒子的粒径。如将平均粒径 20 nm 的金纳米微粒，按 1.4×10^{-4} g/L 浓度分散至纯水中，搅拌成悬浮液。向悬浮液中同时加入浓度为 6×10^{-4} mol/L 的氯铂酸溶液和浓度为 8×10^{-3} mol/L 的硼氢化钠溶液。混合后的溶液中金晶种的重量体积比降为 1.4×10^{-5} g/L，氯铂酸和硼氢化钠浓度分别降为 2×10^{-4} mol/L 和

5×10^{-3} mol/L。40℃下搅拌 2 h 得到黑色悬浮液。离心分离后的黑色沉淀烘干，即为平均粒径 163 nm 的球形铂颗粒。

2. 活性碳纤维还原法

用该法制备贵金属纳米材料，包括首先制备具有特殊性质的活性碳纤维及用碳纤维从贵金属溶液中吸附还原两方面的内容。

1）具有特殊性质的活性碳纤维（ACF）制备。

①水蒸气活化剑麻基活性碳纤维：即剑麻纤维用 5% NaOH 和 5% 磷酸氢二铵溶液浸泡后，在氮气保护下 650～950℃碳化，再用水蒸气活化。

②磷酸化学活化剑麻活性碳纤维：即剑麻纤维用 5% NaOH 溶液浸泡后，用磷酸处理，在氮气保护下 650～950℃碳化活化。

③聚丙烯腈基活性碳纤维：即聚丙烯腈纤维在 210～260℃热氧稳定后，在氮气保护下 650～950℃碳化，再用水蒸气活化。

④聚乙烯醇基活性碳纤维：聚乙烯醇基纤维用磷酸氢二铵溶液浸泡，180～250℃热氧稳定后，在氮气保护下 650～950℃碳化，再用水蒸气活化。

⑤沥青基活性碳纤维：将半碳化的沥青纤维快速升温至活化温度后用水蒸气活化。

⑥黏胶基活性碳纤维：即黏胶纤维经 5% 磷酸氢二铵溶液浸泡，氮气保护下 650～950℃碳化，再用水蒸气活化。

2）制备贵金属纳米材料。

①用活性碳纤维（ACF）作固体还原剂制备：利用纤维表面特有的 C—OH、—C≡O 、C—H 等还原性官能团，在与 pH 4～6、浓度为 1～10 g/L 的贵金属溶液直接接触中发生吸附还原作用。还原过程在振荡或搅拌下进行，温度 40～80℃，时间 12～24 h，分离出从 ACF 上脱落的絮状还原产物，干燥后即为纳米贵金属微粒[54-56]。由于活性碳纤维是由纳米级类石墨微晶片乱层堆叠而成的微孔材料，其表面有很多纳米级的物理起伏，从而使贵金属离子在固液两相界面的还原成核及长大受到空间限制，贵金属粒子的粒径被控制在纳米尺度范围内，比较均匀。该方法不添加任何保护剂和活性剂，产品纯度高，试剂消耗少，工艺简便，条件温和，易生产实施。

②用剑麻基活性碳纤维还原制备。剑麻基活性碳纤维的比表面积 $S_{BET} \approx$ 1217 m^2/g，分别与金属离子浓度为 1 g/L、pH = 5 的 H_2PtCl_6、$PdCl_2$、$AuCl_3$、$AgNO_3$ 水溶液以固液比 1∶10 混合，在 40～50℃水浴中振荡或搅拌 24 h。捡出活性碳纤维，过滤出脱落的絮状物，干燥后即为贵金属纳米微粒产品。Pt、Pd、Au、Ag 的还原转化量（mg/g ACF）分别为 113、162、1295 和 140，晶粒平均尺寸（nm）分别约为 13、28、46 和 35。

③用其他种类活性碳纤维还原制备：聚乙烯醇基活性碳纤维的 S_{BET} 约

1358 m^2/g，聚丙烯腈基活性碳纤维的 S_{BET} 约 631 m^2/g，粘胶基活性碳纤维的 S_{BET} 约 1290 m^2/g，沥青基活性碳纤维的 S_{BET} 约 1370 m^2/g。分别与 pH = 5、浓度 1 g/L 的 $AgNO_3$ 溶液接触，40℃恒温水浴中振荡或搅拌 24 h，获得纳米级金属银产品。还原转化量（mg/g ACF）分别为 145、121、122 和 127，晶粒平均尺寸（nm）分别约为 35、32、33 和 44。

④制备 Pt/C 催化剂。若将溶解有 H_2PtCl_6 的乙醇溶液浸渍在活性炭中，吸附平衡后加入 Nafion 聚合物，通入脉冲直流电，使 Pt（Ⅳ）还原为 Pt（Ⅱ），并还原形成粒径 2~5 nm 的 Pt 纳米粒子，直接制备出化工用的纳米 Pt/C 催化剂或燃料电池用的纳米 Pt/炭黑催化剂[57-58]。若在碳载体上用电化学方法再处理铂纳米球，可使其转化为 4×6 面体结构（24 面体）的铂纳米晶，其单位面积的催化活性是普通商售铂催化剂的 4 倍。通过变化施加于纳米晶上的"方波"电势的次数可以调整纳米晶的大小。因拥有高能量表面，包括"悬挂键"和"原子阶梯"，可提高一些催化反应过程的效率。这种铂纳米晶在 800℃ 以上仍保持稳定，在高温催化反应中使用寿命长，也便于再生回收。

⑤制备 Pd/C 催化剂。用不同浓度的含 Pd 溶液浸渍活性炭，可直接还原制备纳米 Pd/C 催化剂。活性炭载体的比表面积、孔容及孔径越大，制备的催化剂活性越好。浸渍方法及还原剂（如甲醛、水合肼、硼氢化钠或氢）的选择对钯纳米粒子的粒径、分布均匀性及催化活性影响很大。张晓梅[59]研究制备的 Pd/C 催化剂中钯粒子粒径 3~10 nm，用于松香的歧化反应。用歧化反应产品——脱氢松香酸含量（%）衡量，催化活性达 66%。

3. 等离子束溅射沉积法（IBAD）

以石墨纤维布为基底，经高真空条件下离子束清洗后，用惰性气体氩的高能等离子束轰击 Pt 靶材，可溅射制备 Pt/C 催化剂。轰击双金属靶材可溅射制备 Pt-Ru/C、Pt-Ti/C、Pt-Ni/C 等催化剂[60]。Pt/C 催化剂用作电解 H_2S 制 H_2（副产硫磺）的催化电极，在槽电压 1.7 V 时，电流密度可高达 200 mA/cm^2。Pt-Ru/C 催化剂中金属合金部分呈 Pt-Ru50 固溶体合金。纳米颗粒的平均粒径 5 nm，在载体表面分布较均匀[61]。

12.10　贵金属精炼过程中的劳动安全和环境保护

劳动安全和环境保护是所有行业的共性问题，已发展成为一个专门的学科领域，有大量专著[62-68]可供参考。作者也多次强调过这个问题的重要性[69]。本节仅介绍与贵金属冶金相关的问题。

12.10.1　污染的种类、途径

贵金属精炼过程中影响劳动安全和造成环境污染的物质分为化学的和物理的

两类。前者指大量使用各类化学试剂或向环境排放的有毒化学物质；后者指放射性、振动、噪声、废热及悬浮物(PM)。由于铂族金属天然放射性同位素的半衰期很短，未见放射性污染的报道。铂族金属冶金中主要是化学污染造成的危害。

化学污染源分为3类：①冶金过程中大量使用的无机和有机化学试剂，如盐酸、硝酸、硫酸、烧碱、纯碱、氨水、氯气、氢气、氰化物、硫化物、溴化物、碘化物、氯酸钠、溴酸钠、过氧化钠、硝酸盐、亚硝酸盐、硫酸盐、亚硫酸盐等无机化学试剂，烃类、酯类、醇类、醚类、胺类、肟类、膦类等有机化合物及其衍生物；②化学反应产生的碳氧化物、氮氧化物、硫氧化物、磷氧化物、金属氧化物以及各种贵、贱金属化合物及相应的盐类；③使用的天然矿物制品，如石棉、硅酸盐坩埚及生产场地使用的有机物涂料、油漆等。

化学污染对人体的伤害程度与污染物的物化性质、浓度、进入人体的途径等因素直接相关。大量毒性较强的污染物在较短时间内伤害人体，病症清楚、发展迅速、后果严重，易显现和防护，这种伤害称急性中毒。但有很多较难察觉的气体、悬浮物或气溶胶状态进入小环境空间。在这种环境中长时间生活和工作，污染物分别从呼吸道、消化道或接触皮肤、五官进入人体。长年累月的积累，毒性和伤害逐渐显现，称为慢性中毒。其毒害作用往往被忽视，但造成的健康损害却很难挽回。甚至可能导致人体细胞染色体畸变和 DNA 碱基的错误配对(基因突变)，或产生结构和机能异常的蛋白质，在子孙后代才反映和显现出致癌、致畸胎、新的疾病等严重后果。

12.10.2 主要污染物对人体伤害的症状

1.毒物及毒性分类

与铂族金属冶金直接有关的小环境污染源对人体的毒性分类列于表12-2。

表 12-2 有害物质对人体毒性的分类

毒性分类	症　状	主　要　有　害　物　质
呼吸系统中毒	单纯性窒息 化学性窒息 刺激上呼吸道和肺	二氧化碳、烷烃 一氧化碳、氰化物 氯气、二氧化氮、溴、臭氧、氨、二氧化硫、甲醛、醋酸乙酯、苯乙烯、硒化物

续表 12 - 2

毒性分类	症　状	主　要　有　害　物　质
神经系统中毒	闪电性昏迷	窒息性气体、苯
	震颤或震颤麻痹	汞、铅、有机膦、一氧化碳、二硫化碳
	阵发性痉挛	二硫化碳、有机氯
	强直性痉挛	有机磷、氰化物、一氧化碳
	瞳孔缩小	有机磷、苯胺、乙醇
	瞳孔放大	氰化物
	神经炎	铅、砷、二硫化碳
	中毒性脑病	一氧化碳、四氯化碳
	中毒性精神病	二硫化碳、
血液系统中毒	溶血症	三硝基苯、砷化氢
	碳氧血红蛋白血症	一氧化碳
	高铁血红蛋白血症	
	造血功能障碍	苯胺、硝基苯、亚硝酸盐、氮氧化物苯
消化系统中毒	腹痛	铅、汞、砷、有机磷
	中毒性肝炎	四氯化碳、硝基苯、有机氯、溴甲烷
泌尿系统中毒	中毒性肾炎	汞、溴化物、四氯化碳、有机氯、硝基苯、溴甲烷

值得注意的是，多种有毒物质对人体的危害是综合性的，对多个组织系统都可能同时产生毒害，出现更为严重的综合危害后果。

2. 毒害途径和具体症状

1）盐酸 HCl 和氯气 Cl_2。这是铂族金属冶金中使用最多的试剂。

微量盐酸是人体胃液的正常组分，无毒。但浓盐酸极易挥发出氯化氢气体，对皮肤、眼和呼吸道有强烈刺激灼痛。当空气中氯化氢浓度为 $35 \times 10^{-6} \sim 50 \times 10^{-6}$，并吸入数十分钟时，即引起咽喉痛、鼻黏膜溃疡、咳嗽直至咯血、胸痛有窒息感。浓度 100×10^{-6} 并短期吸入可引起喉痉挛和肺水肿，严重的导致死亡。

Cl_2 是一种强刺激性气体，危害眼、鼻及呼吸道，空气中氯气浓度 $>1 \times 10^{-6}$ 时即有刺激感觉，浓度 $>20 \times 10^{-6}$ 时呼吸道有难忍的刺痛灼痛感，呼吸急促。长期接触含低浓度氯气的空气，会出现气喘、头痛头晕、乏力、呕吐、鼻黏膜发炎、支气管炎等慢性中毒症状。浓度 $50 \times 10^{-6} \sim 100 \times 10^{-6}$ 时，短时吸入即可能引起喉头肿胀、支气管痉挛、气管溃疡、黏膜坏死脱落、吐血、急性肺水肿等急性中毒症状。严重的数分钟内即"闪电性死亡"。

2）硫酸 H_2SO_4 和三氧化硫 SO_3。SO_3 在空气中浓度 1×10^{-6} 时即对咽喉、眼睛、上下呼吸道有强烈刺激和腐蚀作用。与空气中的水雾结合为 H_2SO_4，有强腐蚀和强刺激性，空气中浓度约 5×10^{-6} 时使呼吸反射性地变浅加快，长期接触的慢性中毒引起慢性气管炎、口腔炎、胃炎和牙齿酸蚀。浓硫酸腐蚀皮肤、黏膜和组织引起深度灼伤，难以结痂愈合，进入眼睛有失明危险。

3）二氧化硫 SO_2 和硫化氢 H_2S。SO_2 是无色、不燃、有窒息性臭味的气体，当空气中浓度 $6 \times 10^{-6} \sim 12 \times 10^{-6}$ 时即明显刺激眼睛，引起咳嗽，$30 \times 10^{-6} \sim 40 \times 10^{-6}$ 时会引起支气管收缩痉挛，加重呼吸系统和心血管疾病。$400 \times 10^{-6} \sim 500 \times 10^{-6}$ 下短时间吸入就可立即引起喉水肿和声带痉挛而窒息。长期吸入低浓度二氧化硫可产生咽喉炎、鼻炎、支气管炎。当空气中同时有飘尘（PM 2.5）时，二氧化硫附着其上可通过呼吸直达肺的深部，并氧化为硫酸，产生的协同危害可导致肺水肿或肺组织硬化而死亡。

H_2S 是无色、恶臭的强毒性气体，空气中浓度 0.01×10^{-6} 时即可嗅到其臭味，低浓度慢性中毒表现为眼睛痛痒、肿胀、结膜炎，并伴随神经过敏、咳嗽、恶心、头痛和食欲不振。空气中浓度 $> 150 \times 10^{-6}$ 时，短时接触即感严重不适，$> 700 \times 10^{-6}$ 可引起急性中毒，侵害神经系统产生呼吸急促、呼吸麻痹、最后虚脱死亡。

4）氮的气态氧化物 NO 和 NO_2。NO 无色、无刺激，吸入后能与血液中血红蛋白结合，NO 与血红蛋白的结合能力比 CO 大几百倍，生成亚硝基血红蛋白和亚硝基高铁血红蛋白，降低血液的输氧功能，出现身体缺氧发绀，还会损伤中枢神经系统，出现痉挛和麻痹。急性中毒导致肺水肿窒息死亡。

NO_2 的毒性比 NO 大 5 倍。对眼、鼻、肺、心、肝都有强烈刺激和损害，吸入后能生成硝酸、亚硝酸，长期接触会引起支气管、肺泡的充血，形成慢性肺气肿或肺纤维化，空气中浓度 $100 \times 10^{-6} \sim 150 \times 10^{-6}$ 时，吸入 $30 \sim 60$ min 即有生命危险，$200 \times 10^{-6} \sim 700 \times 10^{-6}$ 时，短时间吸入即可致死。

NO 与多种有机化合物反应生成的亚硝基化合物，如亚硝胺、亚硝酰胺、亚硝脒、亚硝基脲和杂环亚硝胺等，具有较强的致癌作用，除诱发肝癌外，还能引起食管、胃、小肠、肺、膀胱、末梢神经等部位生长恶性肿瘤，除体外渠道摄入外，严重性在于人体内的硝酸盐和亚硝酸盐，能通过复杂的化学反应，在人体的胃和肠道中与胺作用，直接生成亚硝胺致癌物，增加了对人体的危害性。环境中 NO 和 NO_2 的浓度越高，接触及吸入体内的机会越多，即在体内合成的硝酸和亚硝酸，进而合成亚硝基致癌物的可能性及危害程度越大。

NO_2 还具有光化学特性，能强烈地吸收可见光谱中从黄色到蓝色的光和近紫外光，在阳光下与 SO_2、CO 等生成光化学烟雾，可滞留在空中数月，对眼睛有特别刺激作用，空气中浓度 $> 0.1 \times 10^{-6}$ 时，短时间接触即使人流泪不止，浓度 1×10^{-6} 时眼睛发痛难睁，并伴有头痛、呼吸困难，浓度 50×10^{-6} 时可导致死亡。

5）氨（NH_3）。空气中氨浓度 100×10^{-6} 时对眼睛及呼吸道黏膜有刺激，长期接触含氨 400×10^{-6} 浓度的空气，刺激眼睑浮肿损伤，刺激鼻、喉引起咳嗽、呼吸困难和呕吐，肺泡充血和肺气肿，甚至出血。

6）碳氧化物和羰基化物。CO 为无色无味气体，吸入人体后通过肺泡直接进入血液，与血红蛋白结合生成稳定的一氧化碳血红蛋白 COHb，其结合力约为氧和血红蛋白结合力的 240～300 倍，长期接触含 CO 50×10^{-6}～100×10^{-6} 的空气，引起的慢性中毒表现为意识迟钝、手指感觉麻木、记忆力衰退，随着 CO 吸入量的增加，血液输氧功能逐渐失去，只要有 10% 的血红蛋白与 CO 结合，即开始出现神经系统功能紊乱、头重、头痛、眩晕、视力减弱等症状，30%～40% 的血红蛋白与 CO 结合时，即出现严重头痛、全身乏力、恶心呕吐、以至虚脱，60%～70% 的血红蛋白与 CO 结合后，即昏迷、阵发性痉挛、组织严重缺氧而窒息死亡，这一切都可能在不知不觉中发展到严重程度。

羰基镍 $Ni(CO)_4$ 属高毒类物质，对皮肤和黏膜都有强烈的刺激作用，长期吸入低浓度羰基镍一般先感到眩晕、恶心呕吐、胸痛、咳嗽和发绀，可能引发鼻腔癌，急性中毒引起肺部和中枢神经系统的障碍。

7）溴 Br_2 及溴化氢 HBr。主要刺激眼、鼻和呼吸道黏膜，空气中溴浓度 0.5×10^{-6} 即可引起咳嗽、眩晕、头痛，长期接触会致人忧郁，皮肤、肠胃、眼及呼吸道受损。浓度 10×10^{-6} 即强烈刺激口腔引起呼吸道炎症、哮喘，甚至肺炎。浓度 40×10^{-6}～60×10^{-6} 时，短时间吸入就有生命危险。吸入含溴 1000×10^{-6} 的空气可立即死亡。

8）砷及砷化物。元素砷不溶于水，也不被人体吸收，无害。三氧化二砷（砒霜）As_2O_3、硫化砷（雄黄）AsS、三硫化二砷（雌黄）As_2S_3 等化合物，曾作为皮肤病的外用药剂有悠久的使用历史。机体对砷化合物的吸收能力很强，并蓄积和分布于人体的各组织，其慢性毒害作用有几年、十几年的潜伏期，长期使用会引发表皮内癌。若吸入呼吸道会引发肺癌。若摄入消化道会引起剧烈腹绞痛、呕吐、腹泻等类似霍乱的症状，并有尿血、尿闭、血压下降、心肌损害，甚至休克等急性中毒症状。砒霜的致死量约为 0.2 g。

砷的某些化合物与酸反应产生的砷化氢（H_2As），是溶血性剧毒物。急性中毒同时损害呼吸系统和神经系统。表现为咳嗽、呼气有蒜臭味、胸痛、呼吸困难、发绀、皮肤变为褐色、肺水肿或肺坏疽，头痛、视弱、痉挛、四肢震颤、抽搐。最终结果是昏迷死亡。

9）氰化物。氰化钾（KCN）、氰化钠（NaCN）与酸反应生成的氰氢酸或放出的氰化氢（HCN），是一类剧毒物质。氰化物进入人体后与高铁型细胞色素氧化酶结合，变成氰化高铁型细胞色素氧化酶，使其失去传递氧的功能，导致组织缺氧中毒。慢性中毒表现为头痛、失眠、乏力易疲倦等症状。急性中毒则使呼吸加快、头昏、恶心、心慌、阵发性惊厥、丧失意志、全身肌肉松弛、心脏停搏而死亡。当水中 CN⁻浓度 0.001 mg/L 时，即有特殊的苦杏仁臭味，误饮含 CN⁻浓度 0.3 ~ 0.5 mg/L 的水或误食 0.1 g 氰化物即可致死。

10) 石棉粉尘。它是一种以镁硅酸盐为主，还含氧化钙和氧化铝的矿物纤维。常使用石棉制品作马弗炉保温填料、小电阻电炉耐热垫片。使用中石棉纤维变成粉尘，散布到环境中随空气飘浮扩散。吸入人体后在肺内沉积，使结缔组织增生和肺部纤维化，形成"石棉肺"，逐渐使呼吸困难，常胸闷咳嗽、全身乏力，晚期并发肺心病和心力衰竭。还引发原发性肺癌和胸膜处间皮肉瘤，癌症的潜伏期长达 10 ~ 20 年。

11) 恶臭物质。很多无机和有机化合物，在环境中即使浓度很低也散发出强烈的恶臭，造成整体生活和工作环境的不舒适、不愉快，并造成人体各组织的病理伤害。人的嗅觉比较灵敏，能在感觉恶臭物质后及时查找和消除臭源，或及时撤离恶臭环境。一些恶臭物质散发到空气中使人闻到的最低浓度见表 12 - 3。

表 12 - 3　一些恶臭物质在空气中的嗅阀值/10⁻⁶

化合物名称	嗅阈值	感受的气味	化合物名称	嗅阈值	感受的气味
乙醛	0.21	生果味	乙硫醇	0.001	硫化物臭味
丙酮	100	刺鼻的化学香味	甲醛	1.0	刺鼻的干草味
二甲胺	0.047	腥臭味	硫化氢	0.0047	臭鸡蛋味
甲胺	0.021	刺鼻的腥臭味	甲硫醇	0.0021	刺鼻硫化物味
氨	46.8	刺鼻的畜棚臭味	硝基苯	0.0047	刺鼻的鞋油味
苯胺	1.0	刺鼻的油腻味	四氯乙烯	4.68	刺鼻的溶剂味
苯	4.68	溶剂味	苯酚	0.047	药水味
苄硫醚	0.047	硫化物臭味	磷化氢	0.021	洋葱味、芥末味
溴	21.4	刺鼻的漂白粉味	吡啶	0.021	刺鼻的胺味
四氯化碳	46.8	刺鼻的气味	二氧化硫	0.47	窒息刺激味
二甲基乙胺	0.0047	灼烧感胺味	甲苯	4.68	樟脑、橡胶味
			苯硫醚	0.0047	烤橡胶味

它们进入水体也使水生味、发臭，人的味觉能感知的浓度列于表 12 - 4。

表 12 -4 人的味觉和嗅觉对水中某些恶臭物质能感知的浓度/(mg · L^{-1})

化合物名称	感知浓度	化合物名称	感知浓度
氨	0.037	硫化氢	0.001
醋酸异戊酯	0.0006	甲硫醇	0.001
苯甲醛	0.003	硝基苯	0.03
二硫化碳	0.0026	酚类	0.25 ~ 4.0
二甲胺	0.6	苯基醚	0.013
乙硫醇	0.00019	烃类	0.025 ~ 0.05
甲醛	50.0	二氧化硫	0.009
氰化氢	0.001	二甲苯类	0.3 ~ 1.0

12)易燃易爆物质。火灾和爆炸是劳动安全中的重要隐患,事故瞬间发生,危害后果很严重。铂族金属冶金中使用的许多试剂都属易燃、易爆物。须特别注意几类试剂使用的安全问题:①易挥发的有机试剂,特别是不饱和烃(主要是乙烯基化合物),遇明火即易引发燃烧和爆炸;②氯酸钠、硝酸钠、硝酸镍、过氧化钠等强氧化剂及容易产生过氧化物的各种醚类化合物,在高温下与大量还原性物质接触,发生剧烈的氧化 - 还原反应即引发爆炸;③用氢气高温还原铂族金属产品时,若有氢气泄漏并遇明火即引发爆炸;④RuO_4在约 180℃会自爆。

易燃易爆气体在空气中引发爆炸的体积浓度(%)下限为:氢气 4.0,一氧化碳 12.5,苯或甲苯 1.4,乙醚 1.9,二硫化碳 1.3,氨 15.5,甲烷 5.3,轻质汽油 1.3。

12.10.3 主要污染物的治理及化害为利

所有污染物都有治理问题,而且还希望在治理为无害的同时使其转化为有用的产品。

1. SO_2 的治理

高浓度 SO_2 废气制硫酸已是十分成熟且广泛应用的技术。含 SO_2 0.1% ~ 1% 的低浓度废气治理方法很多,需结合实际情况选择。

1)氨吸收法。废气在吸收塔内用稀氨水循环吸收:

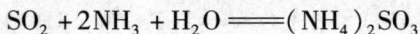

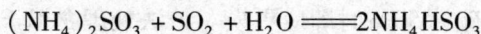

$$SO_2 + 2NH_3 + H_2O =\!=\!= (NH_4)_2SO_3$$

$$(NH_4)_2SO_3 + SO_2 + H_2O =\!=\!= 2NH_4HSO_3$$

吸收液中亚硫酸铵达到一定浓度后泵入分解塔,与浓硫酸作用重新放出含 $SO_2 > 95\%$ 的高浓度二氧化硫气体,压缩冷却为液体二氧化硫:

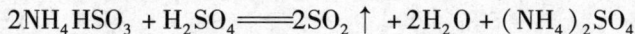

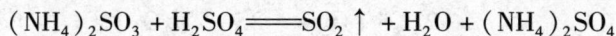

$$2NH_4HSO_3 + H_2SO_4 =\!=\!= 2SO_2 \uparrow + 2H_2O + (NH_4)_2SO_4$$

$$(NH_4)_2SO_3 + H_2SO_4 =\!=\!= SO_2 \uparrow + H_2O + (NH_4)_2SO_4$$

硫酸铵溶液浓缩结晶为固体硫酸铵肥料，废气中二氧化硫脱除率约 90% 。

2)石灰乳吸收法。石灰乳吸收二氧化硫后生成亚硫酸钙，亚硫酸钙悬浮液送入氧化釜在 0.5 MPa、50 ~ 80℃下通入空气氧化为硫酸钙，过滤干燥为石膏产品。

3)碱液吸收法。氢氧化钾溶液在 60℃左右吸收废气中的 SO_2 生成亚硫酸氢钾：

$$2KOH + SO_2 === K_2SO_3 + H_2O$$

$$K_2SO_3 + H_2O + SO_2 === 2KHSO_3$$

冷却后亚硫酸氢钾转变为焦亚硫酸钾结晶出来：

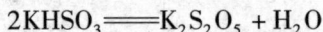

$$2KHSO_3 === K_2S_2O_5 + H_2O$$

过滤后的滤液含亚硫酸钾，返回吸收塔循环吸收。焦亚硫酸钾结晶用水重溶、煮沸，放出的高浓度二氧化硫气体较纯，可制取液体二氧化硫，残留的亚硫酸钾溶液返回吸收塔循环利用。废气中二氧化硫脱除率约 90% 。

4)活性炭吸收法。含二氧化硫的废气通过活性炭填充塔，二氧化硫被活性炭表面吸附，并被催化氧化为三氧化硫，与水蒸气结合为硫酸：

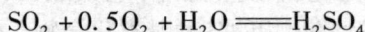

$$SO_2 + 0.5O_2 + H_2O === H_2SO_4$$

用水淋洗可从活性炭解吸回收 20% 浓度的稀硫酸。5 个填充塔轮流吸附和淋洗，废气中二氧化硫脱除率约 80% 。

5)氧化锰吸收法。用低品位锰矿粉(含 MnO_2 40% ~ 50%)加水配成浆液，含二氧化硫的废气通过浆液发生反应生成硫酸锰：

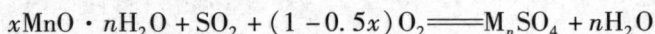

$$xMnO \cdot nH_2O + SO_2 + (1 - 0.5x)O_2 === M_nSO_4 + nH_2O$$

硫酸锰溶液泵入再生塔，在常温及 0.5 MPa 压力下与通入的氧和氨反应：

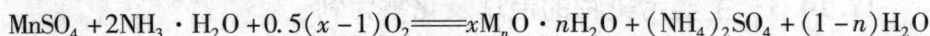

$$MnSO_4 + 2NH_3 \cdot H_2O + 0.5(x - 1)O_2 === xM_nO \cdot nH_2O + (NH_4)_2SO_4 + (1 - n)H_2O$$

生成硫酸铵，再生得到氧化锰返回吸收。该法对二氧化硫的脱除率约 90% 。

2. H_2S 的治理

1)氢氧化铁吸收法。用含 Fe_2O_3 的铁矿粉与木屑、石灰、水制成粒状，装入吸收塔，含硫化氢的废气通入吸收塔与吸收剂反应：

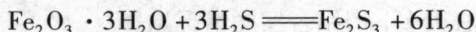

$$Fe_2O_3 \cdot 3H_2O + 3H_2S === Fe_2S_3 + 6H_2O$$

向吸收塔内通入湿空气使吸收剂氧化再生：

$$2Fe_2S_3 + 3O_2 + 6H_2O === 2(Fe_2O_3 \cdot 3H_2O) + 6S$$

吸收剂含元素硫约 50% 时即应更换。该法处理含 H_2S 约 0.5% 的废气，硫化氢脱除率约 99% ，净化后气含 $H_2S < 10 \times 10^{-6}$ 。

2)活性炭吸收法。含硫化氢的废气通过活性炭填充塔，在活性炭表面被氧气氧化：

$$2H_2S + O_2 === 2S + 2H_2O$$

若气体中添加 0.1 g/m^3 浓度的氨可催化氧化反应,加快吸收速度。活性炭吸收能力下降后,用 14% 的硫化铵溶液溶解元素硫,再生活性炭:

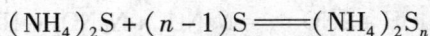

$$(NH_4)_2S + (n-1)S = (NH_4)_2S_n$$

多硫化铵溶液用蒸汽加热分解获得纯度较高的元素硫产品,硫化铵溶液返回再生。该法处理含 $H_2S < 0.3\%$ 的废气,硫化氢脱除率约 99%,净化后气含 $H_2S < 10 \times 10^{-6}$。

3)蒽醌二磺酸盐法。碳酸钠溶液中加入蒽醌二磺酸盐 A. D. A. (2,6 - 蒽醌二磺酸钠和 2,7 - 蒽醌二磺酸钠)、偏钒酸钠和酒石酸钾钠,喷淋入吸收塔与硫化氢气体接触发生反应生成硫氢化钠:

$$Na_2CO_3 + H_2S = NaHS + NaHCO_3$$

溶液泵入反应罐,硫氢化钠与偏钒酸钠反应生成焦钒酸钠并析出硫磺:

$$2NaHS + 4NaVO_3 + H_2O = Na_2V_4O_9 + 4NaOH + 2S$$

焦钒酸钠与氧化态的 A. D. A. 反应再生出偏钒酸钠,A. D. A. 呈还原态,上述两反应的碳酸氢钠与氢氧化钠反应得碳酸钠:

$$NaHCO_3 + NaOH = Na_2CO_3 + H_2O$$

上述溶液泵入氧化塔,通入空气使 A. D. A. 重新氧化为氧化态,硫呈泡沫随空气流上浮,过滤、洗涤后获得硫磺产品,滤液返回喷淋吸收。该法操作条件简单、无毒、再生方便,处理含 H_2S 0.001% ~ 3.5% 的废气,可净化到 1×10^{-6} 以下。

4)石灰乳吸收法。石灰乳吸收硫化氢生成硫氢化钙:

$$Ca(OH)_2 + H_2S = Ca(SH)_2 + 2H_2O$$

硫氢化钙在 80 ~ 85℃ 下与石灰氮($CaCN_2$)反应生成硫脲:

$$Ca(SH)_2 + 2CaCN_2 + 6H_2O = 2(NH_2)_2CS + 3Ca(OH)_2$$

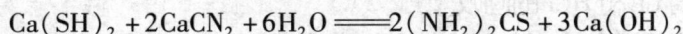

经过滤、浓缩结晶、分离、干燥获得硫脲产品。

5)氨水吸收法。用加入少量(0.3 g/L)对苯二酚的氨水喷淋吸收硫化氢生成硫化氢铵:

$$NH_3 \cdot H_2O + H_2S = NH_4HS + H_2O$$

吸收液泵入再生塔并通入空气,在对苯二酚催化作用下分解出元素硫,并再生出氨水返回吸收:

$$NH_4HS + 0.5O_2 = NH_3 \cdot H_2O + S$$

或

$$H_2S + 0.5O_2 = H_2O + S$$

该法对硫化氢的脱除率约 99%。

3. NO_x 的治理

1)碱吸收法。用 30% 的氢氧化钠溶液或 10% ~ 15% 的碳酸钠溶液,即可将废气中90%的氮氧化物吸收净化：

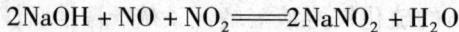

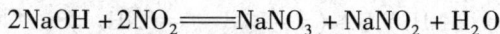

$$2NaOH + NO + NO_2 === 2NaNO_2 + H_2O$$

$$2NaOH + 2NO_2 === NaNO_3 + NaNO_2 + H_2O$$

或

$$Na_2CO_3 + NO + NO_2 === 2NaNO_2 + CO_2$$

$$Na_2CO_3 + 2NO_2 === NaNO_3 + NaNO_2 + CO_2$$

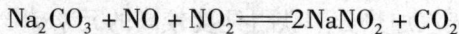

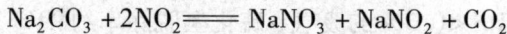

吸收时用2~3个填料塔或筛板塔串联，新鲜碱液加入第3塔逆流经过第2塔，从第1塔放出，放出的碱液中碱量降至5 g/L时更换。NO较难吸收，废气中含氧有利于NO的转化和吸收。吸收液经蒸发浓缩，结晶出固体亚硝酸钠（含少量硝酸钠）产品。该法可将含氮氧化物约1%的废气降至约0.1%。

2）浓硫酸吸收法。浓硫酸吸收氮氧化物生成亚硝基硫酸，吸收率约80%，反应为

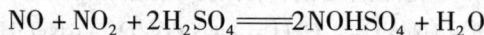

$$NO + NO_2 + 2H_2SO_4 === 2NOHSO_4 + H_2O$$

3）硫酸亚铁吸收法。特别适于吸收NO，反应为

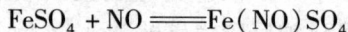

$$FeSO_4 + NO === Fe(NO)SO_4$$

生成的$Fe(NO)SO_4$不稳定，加热至沸即分解，放出高浓度NO气体可用于制硝酸，再生出$FeSO_4$返回使用。该法仅适于大量NO废气的吸收。

4）氨吸收法。用3%~5%的稀氨水吸收氮氧化物，反应为

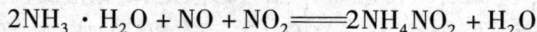

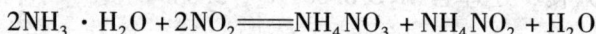

$$2NH_3 \cdot H_2O + NO + NO_2 === 2NH_4NO_2 + H_2O$$

$$2NH_3 \cdot H_2O + 2NO_2 === NH_4NO_3 + NH_4NO_2 + H_2O$$

也用2、3个填料塔或筛板塔串联逆流吸收，保持第1塔吸收液含氨不小于0.4%，气体带走部分氨在另一塔中用水喷淋回收。吸收液含NH_4NO_3和NH_4NO_2总浓度约12%时，即可当化肥外售。该法对氧化氮的吸收率50%~70%。

4. 低浓度Cl_2和HCl的回收

碱性溶液都可有效地中和吸收废气中浓度<1%的氯气和氯化氢气体，其中石灰乳溶液最便宜，而且生成的$CaCl_2$有较高的溶解度。如用含CaO 70 g/L的溶液在喷淋塔中吸收，吸收率>95%，生成的$CaCl_2$溶液浓度最高可达460 g/L。因废气中的CO_2与CaO生成难溶的$CaCO_3$，一般$CaCl_2$>100 g/L后应更换吸收液。

5. 废酸液的处理

铂族金属精炼厂从生产系统排出的含酸废液，除含硫酸、盐酸或硝酸外，还含一定量的钠、铜、镍、铁、锌、镁等贱金属和微量贵金属，这类废液的处理兼有治污排放和综合利用问题。根据废液成分和性质的差别，首先必须用离子交换、选择性沉淀等方法回收贵金属，或返回精炼过程用于贵金属精矿的活化。含贱金属的酸性溶液再用硫化钠沉淀回收贱金属，或用碱、石灰乳中和水解游离酸同时沉淀贱金属。贱金属沉淀物应避免流失造成二次污染，集中返回有色金属冶炼厂。

12.10.4　贵金属精炼厂的"零排放"

贵金属精炼厂大量使用的化学试剂，如 Cl_2、HCl、NaOH、$NH_3 \cdot H_2O$、NH_4Cl 等，若能循环复用，不仅减轻污染，还能降低消耗提高经济效益。这是铂族金属精炼厂应追求实现的目标。图 7-5 介绍的俄罗斯克拉斯诺亚尔斯克精炼厂生产工艺(详见 7.3)，实现了多种化学试剂循环复用，其主要方面是：

(1)铂、钯、铑、铱精炼过程中产生的含大量氯化铵、贱金属和微量贵金属的酸性废液，首先通过蒸发浓缩使游离 HCl 挥发，并冷凝回收为稀盐酸，再蒸发提高浓度后返回精矿溶解。

(2)蒸发盐酸后的残液用 NaOH 溶液中和，使 NH_4Cl 转化为 NaCl 和 $NH_3 \cdot H_2O$，贱金属水解为氢氧化物沉淀，收集的 $NH_3 \cdot H_2O$ 返回钯精炼复用。

(3)中和产生的贱金属氢氧化物沉淀，所有精炼的配合过程(包括铑铱配合)产生的沉淀，置换的沉淀等全部合并，进行火法熔炼，捕集了贵金属的合金返回精矿溶解，而含少量贵金属的炉渣集中返回贱金属冶炼厂。

(4)NaCl 溶液电解再生为氯气和碱，氯气返回精矿溶解，部分碱液用于中和水解，部分用于吸收铑铱亚硝基配合过程产生的 NO_2 和 NO，生成的 $NaNO_2$ 返回配合。

(5)纯铂、钯、铑、铱的铵盐都分别用特殊的真空煅烧炉煅烧，分解铵盐挥发的 NH_4Cl 烟尘冷凝收集后分别返回精炼，除氯化铵复用外，煅烧过程中部分随气流挥发的贵金属也得到有效回收。

参考文献

[1] 周全发. 贵金属深加工及其应用[M].北京:化学工业出版社,2002

[2] 天津化工研究设计院. 无机精细化工产品[M].北京:化学工业出版社,2001

[3] 余建民. 贵金属化合物及配合物合成手册[M].北京:化学工业出版社,2009

[4] 贵金属生产技术实用手册编委会. 贵金属生产技术实用手册(下册)[M].北京:冶金工业出版社,2011:939-982

[5] 李伟,秦庆伟. 化学精炼提银在大冶有色金属公司的实践[J].矿产保护与利用,2008,(3):33-35

[6] 唐奎. 银冶炼过程中铜的控制及钯的回收[J].贵金属,2003,24(4):36-39

[7] 朱荣兴. 银精炼技术的改进[J].贵金属,2005,26(2):9-12

[8] 资定红,吴国元,张樱,刘正华,杨茂才. 感光材料用高纯 $AgNO_3$ 的制备工艺[J].贵金属,2003,24(3):50-53

[9] 何焕华.一种生产精炼铂的方法. 中国,CN1143900C[P].2004-03-21

[10] 朱永善,尹承莲.制取纯钯的方法. 中国,CN1037532C[P].1998-02-25

[11] 曹善文. 从废钯－碳催化剂中回收氯化钯[J]. 现代化工, 1994, 9: 27－28

[12] 刘铭笏, 安美玲, 张思敏. 用失效的 C－Pd 催化剂生产氯化钯[J]. 稀有金属材料与工程, 1995, 24(1): 61－62

[13] 张钦发, 郑雅杰, 王勇. 氯化钯制备过程中赶硝工艺的研究[J]. 贵金属, 2005, 26 (2): 5－8

[14] 钱晓春. 从废钯催化剂中提取氯化钯[J]. 再生资源研究, 1994, (4): 44－45

[15] 王玉成, 姚昌盛, 史达清. 从工业废钯中回收制备氯化钯[J]. 徐州师范大学学报(自然科学版), 1999, 17(1): 28－29

[16] 张钦发, 郑雅杰, 王勇. 二氯二氨合钯用氧化法制备氯化钯的研究[J]. 贵金属, 2005, 26 (3): 1－7

[17] 于落瀛, 丁立微, 张龙. 糠醛液相脱羰用 Pd－γ－Al$_2$O$_3$ 催化剂制备新工艺研究及活性评价[J]. 贵金属, 2011, 32(3): 69－73

[18] 贺小塘. 铑的提取与精炼技术进展[J]. 贵金属, 2011, 32(4): 72－78

[19] 古国榜. 溶剂萃取新进展[M]. 广州: 暨南大学出版社, 1998: 219－333

[20] Zorica S L, Silvana B B, et al. Platinum solvent extraction from rhodium-acid solution[C]. 14th International Research/Expert Conference TMT, Mediterranean Cruise, 11 － 18, September 2010

[21] 曹九蓉, 张维霖, 阮孟玲. 溶剂萃取分离铑铱的新方法[J]. 贵金属, 1981, 3: 1－10

[22] 张维霖, 曹九蓉, 阮孟玲, 宋焕云. 从富铑溶液中用工业烷基氧化膦萃取分离铑铱[R]. 昆明贵金属研究所, 1980

[23] 昆明贵金属研究所, 金川有色金属公司. 从金川二次水解渣制取铑铱[R]. 昆明贵金属研究所, 1981

[24] 昆明贵金属研究所, 金川有色金属公司. 从金川铑铱硫化渣制取铑铱[R]. 昆明贵金属研究所, 1981

[25] 陈景, 崔宁, 等. 从金川粗氯铑酸制取纯金属铑的工艺研究[R]. 昆明贵金属研究所, 1985

[26] 王亦飞, 沈才天, 于遵宏, 等. 甲醇低压羰基合成醋酸的均相复合催化剂开发[J]. 华南理工大学学报, 1997, 23(1): 33－38

[27] 权变利. 均匀设计在活性碘化铑制备中的应用[J]. 贵金属, 2011, 32(3): 60－63

[28] 权变利. 直接合成法合成碘化铑的热力学研究[J]. 贵金属, 2012, 33(2): 44－47

[29] 王富, 叶青松, 刘伟平, 等. 活性炭预处理对 Rh/C 催化剂活性的影响[J]. 贵金属, 2011, 32(3): 74－78

[30] 张维霖. 铱的回收和提纯方法. 中国, CN85106777A[P]. 1998－03－25

[31] 陈景, 聂宪生, 杨正芬, 崔宁, 潘诚. 利用加压氢还原分离提纯铱的方法. 中国, CN1008448B[P]. 1990－06－20

[32] 汪云华, 关晓伟, 陆跃华. 铱溶液中氢还原分离微量铑的研究[J]. 贵金属, 2006, 27(2): 35－38

[33] 朱永善, 尹承莲. 制取纯铱的方法. 中国, CN1037618C[P]. 1998－03－04

[34] 赵怀志, 宁远涛. 金[M]. 长沙: 中南大学出版社, 2003, 6: 326 - 331

[35] 宁远涛, 赵怀志. 银[M]. 长沙: 中南大学出版社, 2005, 10: 305 - 308, 339 - 348

[36] 宁远涛, 杨正芬, 文飞. 铂[M]. 北京: 冶金工业出版社, 2010: 475 - 504

[37] 陈伏生, 刘静, 符泽卫. 贵金属粉末和电子浆料的研究进展和发展趋势[A]. 侯树谦. 昆明贵金属研究所成立七十周年论文集[C]. 昆明: 云南科技出版社, 2008: 129 - 136

[38] 董守安. 纳米技术中的金元素[J]. 贵金属, 2003, 24(1): 54 - 61

[39] 周华, 董守安. 纳米金负载催化剂的研究进展[J]. 贵金属, 2004, 25(2): 48 - 56

[40] 孙双姣, 蒋治良. 金纳米微粒的制备和表征及其在生化分析中的应用[J]. 贵金属, 2005, 26(3): 55 - 65

[41] 宁远涛, 赵怀志. 银纳米材料[J]. 贵金属, 2003, 24(3): 54 - 60

[42] 张昊然, 李清彪, 孙道华, 等. 纳米级银颗粒的制备方法[J]. 贵金属, 2005, 26(2): 51 - 56

[43] 楚广, 杨天足, 刘伟锋, 等. 纳米银粉的制备及其应用研究进展[J]. 贵金属, 2006, 27(1): 1 - 7

[44] 宋永辉, 梁工英, 兰新哲. 化学法制备超细银粉的研究进展[J]. 贵金属, 2006, 27(4): 67 - 72

[45] 杨声海, 陈永明, 杨建广, 巨少华, 唐谟堂. 湿法制备纳米结构银研究进展[J]. 贵金属, 2006, 27(3): 58 - 74

[46] 刘汉范, 涂伟霞. 一种纳米级铂族金属簇的制备方法. 中国, CN1299720A[P]. 2001 - 06 - 20

[47] 李灿, 姜鹏, 李晓红, 应品良. 便于分离和回收利用的贵金属纳米粒子的制备方法. 中国, CN1526498A[P]. 2004 - 09 - 08

[48] 李灿, 姜鹏, 关业军. 一种纳米贵金属的制备方法. 中国, CN1180911C[P]. 2004 - 12 - 22

[49] Hashimoto T, Saljo K, Toshima N. Small-angle X-ray scattering analysis of polymer-protected platinum, rhodium and platinum-rhodium colloidal dispersions[J]. J. Chem. Phys., 1998, 109(13): 5627 - 5638

[50] Thiebaut B. Palladium colloids stabilized in polymer[J]. Platinum Metals Review, 2004, 48(2): 62 - 63

[51] 罗杨合, 蒋治良, 刘凤志. 铂纳米微粒的微波高压液相合成及光谱特性研究[J]. 贵金属, 2003, 24(2): 19 - 23

[52] 余青志. 纳米钯粉的二步化学法制备及应用前景[J]. 贵金属, 2010, 31(2): 57 - 59

[53] 唐芳琼, 任湘菱. 利用引晶生长法制备均匀球形铂颗粒的方法. 中国, CN1522814A[P]. 2004 - 08 - 25

[54] 曾戎, 岳中仁, 曾汉民. 活性碳纤维对贵金属的吸附[J]. 材料研究学报, 1998, 12(2): 203 - 206

[55] 陈水挟, 黄镇洲, 梁瑾. 银在活性碳纤维上的吸附及分布[J]. 新型炭材料, 2002, 17(3): 6 - 10

[56] 曾汉民，曾戎，岳中仁. 制备纳米贵金属微粒的方法. 中国，CN1094404C［P］. 2002
    – 11 – 20

[57] Adora S oldo, Olivier Y, Faure R, et al. Electrochemical preparation of platinum nanocrystal-
    lites on activated carbon studied by X-ray absorption spectroscopy［J］. J. Phys. Chem. B, 2001,
    105(43): 10489 – 10495

[58] Ralph T R, Hogarth M P. Catalysis for low temperature fuel cell［J］. Platinum Metals Review,
    2002, 46(1): 3 – 14

[59] 张晓梅，杨懿昆，雷闽昆，等. 碳载纳米钯催化剂半工业级制备工艺研究［J］. 贵金属，
    2002, 23(3): 35 – 38

[60] 昝林寒，杨滨，李阳. 离子束溅射制备 Pt 及 Pt 合金催化电极材料［J］. 贵金属，2005, 26
    (1): 26 – 29

[61] 李阳，杨滨，昝林寒. 离子束溅射技术制备 Pt – Ru 纳米合金薄膜载体催化剂材料及其结
    构表征［J］. 贵金属，2004, 25(4): 40 – 44

[62] 许后效. 环境化学浅说［M］. 北京：科学出版社，1983, 10

[63] 夏玉亮. 空气中有害物质手册［M］. 北京：机械工业出版社，1989, 3

[64] 俞誉福，毛家骏. 环境污染与人体保健［M］. 上海：复旦大学出版社，1985, 1

[65] 朱根逸. 环境质量标准总论［M］. 北京：中国标准出版社，1986, 5

[66] 郑树仁，徐叔元，王伯英. 从保护环境说起［M］. 北京：石油化学工业出版社，1985, 12：
    126 – 141

[67] 石油化学工业部化工设计院. 污染环境的工业有害物［M］. 北京：石油化学工业出版社，
    1976, 11: 291 – 302

[68] 漆贯荣，王蒲凤，周绍祥，等编译. 理科最新常用数据手册［M］. 西安：陕西人民出版社，
    1983: 11, 757

[69] Liu Shijie. Precious Metals and Ecological Environment［A］. Deng Deguo. International Seminar
    on Precious Metals［C］. ISPM'2001, Yunnan Science and Technology Press, Kunming, 2001:
    189 – 194

[70] A F Zolotov, V N Gulidov. Modern production of platinum metals in Russia［C］. IPMI, Precious
    Metals. 1996: 411

后　语

　　科学技术是第一生产力，技术创新是社会发展的强劲动力，国家富强、民族振兴必须依靠科技的发展、创新和进步，科技工作者肩负着重要而光荣的责任。

　　科学是老老实实的学问，来不得半点虚假和骄傲。冶金理论是在长期冶金实践中总结出来的共性规律，其基本属性是能科学地阐述和解释各种冶金现象，有效地指导冶金技术或工艺的研究和工程化应用，并为新技术或新工艺的研究开发提供依据。冶金技术或工艺的本质属性是能转化为现实生产力，创造经济效益和促进社会的文明进步。它们都是实实在在的，不神秘、不抽象。

　　知识是人类共同的宝贵财富，掌握知识的人是社会经济发展中最重要的生产要素，有人说人类已进入"知本"新经济时代。在认识自然、改造自然历程中，知识的积累和科技的发展是一个动态的过程，是用问号和答案写成的，问号后面是答案，答案后面又是问号，成功的经验和失败的教训总伴随在一起，这个过程永远没有穷尽。从一个侧面说，人类必须掌握和传承经实践证明是正确的知识，这是探索未知、向前迈进的基础条件。从另一个侧面说，学术界和社会的各行各业一样，探索答案、积累知识和学术发展的过程是艰苦和曲折的，也会走弯路，会产生"赝品"、"废品"和"知识垃圾"，也有人们暂时可能还认识不到其价值而被误解的真知灼见。明辨这些问题主要有两条途径：坚持实事求是，活跃学术空气，发扬学术民主，鼓励学术争鸣，人人都能以明确的学术观点敢于质疑否定或讨论修正；坚持实践是检验真理的唯一标准，理论的科学性或工艺技术的实用价值，只能用成功应用并达到较高的技术经济指标，产生较好的经济效益和社会效益的事实来证明。成功的经验是财富，以实事求是的科学态度认真地总结失败的教训，则教训也可转化为警示后人不要重蹈覆辙，或启发别人深入研究完善的财富。在积累知识和学术发展过程中，两方面缺一不可。科技工作者勤于"思辨"和交流，强化洞察事物的能力，是能不断去伪存真、促进科技事业健康发展的重要条件。

　　本书尽力总结该学科领域到目前为止所积累的知识。由于涉及的学科专业范围宽，作者的知识结构和水平有限，错误和疏漏难免。再次诚恳地欢迎同行和读者质疑、批评和指正。

经过两代人的艰苦努力和半个世纪的发展，中国在该科技领域所积累的知识和工程化应用经验，已跻身于世界先进行列。青年是祖国的未来，是科学的未来。作者诚挚地期盼他们在新世纪立足中国，放眼世界，在自己的实践中不断地促进该科技领域的发展、完善和创新，拓展应用的深度和广度，创造人才辈出、产业规模继续发展壮大的新局面。

附　录

独著或参编的著作

1. 刘时杰编著. 铂族金属矿冶学. 北京:冶金工业出版社,2001

2. 刘时杰译编. 南非的铂. 金川科技,特刊,1989

3. 刘时杰参编. 第 4 章金川铂族金属提取//当代中国有色金属工业(贵金属篇). 北京:冶金工业出版社,1985

4. 刘时杰参编. 第 40 章重有色金属硫化矿的综合利用//采矿手册. 北京：冶金工业出版社,1986

5. 刘时杰参编. 第 2 章物理化学性质,第 4 章铂族金属资源,第 5 章铂族金属的富集与提取//谭庆麟,阙振寰. 铂族金属(性质冶金材料应用). 北京：冶金工业出版社,1990

6. 刘时杰参编. 第 15 篇第 1 章贵金属矿物资源及原料来源//稀有金属手册(下册). 北京：冶金工业出版社,1995

7. 刘时杰参编. 第 10 章选择性氯化浸出//杨显万, 邱定蕃. 湿法冶金. 北京：冶金工业出版社, 1998：372 - 402

8. 刘时杰参编. 第 20 分支贵金属//中国冶金百科全书(有色金属冶金卷). 北京:冶金工业出版社,1999

9. 刘时杰参编. 贵金属工业//车志敏. 云南——矿业王国. 云南：德宏民族出版社,1999

10. 刘时杰参编. 第七章贵金属冶金与再生回收//屠海令, 赵国权, 郭青蔚. 有色金属(冶金、材料、再生与环保). 北京：化学工业出版社, 2003：330 - 382

11. 刘时杰参编. 条题铂族金属//中国大百科全书(矿冶卷). 北京：中国大百科全书出版社, 1982,4

获奖情况

1. 金川资源综合利用. 国家科技进步特等奖,1989, 证书号：矿 - 特 - 001 - 13

2. 金川资源综合利用. 中国有色金属工业总公司科技进步奖特等奖, 1987, 证书号(87) - 0858 - 1 - 9

3. 从二次铜镍合金提取贵金属新工艺. 国家科技进步奖一等奖,1986

4. 从二次铜镍合金提取贵金属新工艺. 中国有色金属工业总公司科技进步奖一等奖, 1983

5. 金川高锍磨浮铜镍合金直接处理提取富集贵金属工艺流程. 冶金部科技成果奖二等奖, 1980, 排名第一

6. 金川一次铜镍合金二次硫化工业试验. 冶金部科技成果奖二等奖, 1980, 排名第一

7. 控电氯化渣加压浸出富集贵金属新工艺. 中国有色金属工业总公司科技进步奖三等奖, 1986, 排名第一

8. 金川二期铜阳极泥处理新工艺. 中国有色金属工业总公司科技进步奖四等奖, 1987, 排名第一

9. 从金川镍电解阳极泥提取铂族金属. 冶金部科技成果奖, 1977, 主要完成人; 全国科学大会奖, 1978, 主要完成人; 云南省科技成果奖, 1979, 主要完成人

10. 国务院政府特殊津贴. 1991 年, 证书号(91)514055 号

11. 金川资源综合利用科技攻关先进个人. 国家科委, 中国有色金属工业总公司联合表彰, 1986

12. 云南省首批有突出贡献的优秀专业技术人才. 一等奖, 云南省人民政府, 1987

发表的主要论文

1. 刘时杰. 从磨浮铜镍合金直接富集贵金属的研究. 贵金属冶金, 1974

2. 刘时杰. 铂族金属矿产资源开采现状及远景. 贵金属, 1981

3. 刘时杰. 国外铂族金属资源及提取冶金现状. 贵金属, 1983

4. 刘时杰. 铂族金属资源、生产现状、发展和对策. 矿产综合利用, 1985

5. 刘时杰. 自变介质性质氧压浸出富集贵金属. 中国有色金属学会第一届年会论文集, 1985

6. 刘时杰. 镍铜电解过程中铂族金属的富集分散情况. 昆明贵金属研究所学术年会论文集, 1980: 27 – 32

7. 刘时杰. 加压浸出中氯离子对贵金属溶解损失的影响. 贵金属, 1986

8. 刘时杰. 从浸出渣中提取贵金属的新方法. 有色冶炼, 1986

9. 刘时杰. Development of Research Work in Extraction PGMs at Institute of Precious Metals. International Precious Metals Institute(IPMI)10th Proceedings, 1986

10. 刘时杰. 国际贵金属学会第 10 届年会述略. 贵金属, 1987, 8(2): 59 – 68

11. 刘时杰. Pressure Oxygen Leaching S、BMs and Concentration PMs in Property-Autochageable Medium, 2nd International Symposium "High Pressure Chemical Engineering", Handbook, 1990

12. 刘时杰. 连续萃取分离贵金属新工艺实践. 贵金属, 1995, 16(2): 1 – 9

13. 刘时杰. Separation and Refining of Au and PGMs by Solvent Extraction. IPMI 20th Proceedings, 1996: 451

14. 刘时杰. 铂族金属提取冶金技术的进展. 贵金属, 1997, 18(3): 53

15. 刘时杰. 中国铂族金属冶金技术的发展. 中国有色金属学会第三届学术年会论文集, 1997

16. 刘时杰. 中国铂族金属资源冶金和产业——面临新世纪的挑战. 贵金属, 1997, 18(增刊): 37 – 41

17. 刘时杰. Advance and Prospect of Extractive Metallurgy of PGMs. International Seminaron Precious Metals(ISPM), 99 国际贵金属学术研讨会论文集, 昆明: 云南科技出版社, 1999: 381

18. 刘时杰. 论原生铂矿的选矿与冶金. 贵金属, 1999, 20(4): 51

19. 刘时杰. 铂族金属提取冶金技术发展与展望. 邱定蕃. 有色金属科技进步与展望, 纪念有色金属创刊 50 周年专辑, 北京: 冶金工业出版社, 1999: 148

20. 刘时杰. Precious Metals and Ecological Environment. International Seminaron Precious

Metals，2001 国际贵金属专题研讨会论文集，昆明：云南科技出版社，2000，12：18929

21. 刘时杰. 铂矿资源形势及综合利用. 中国有色金属学会第四届学术年会论文集. 中国有色金属学报，2001(11)：226

22. 刘时杰. 加速发展黄金工业，开拓应用增加储备"藏金于民"//岁月流金，再创辉煌——昆明贵金属研究所成立七十周年论文集. 云南：云南科技出版社，2008：40－46

23. 刘时杰. 云南金宝山铂钯矿资源综合利用工艺研究. 贵金属，2012

24. 刘时杰. A Review of the Metallurgical Technologies for the Jinbaoshan Low Grades Pt－Pd Ore. 铂族金属在现代工业、氢能源及未来生活中的应用 第五届国际贵金属学术会议论文集，昆明，2012

25. 段维垣，王永录，刘时杰. 金川硫化镍电解阳极泥提取铂钯金. 贵金属冶金，1977，3

26. 徐绍龄，段维垣，刘时杰. 空气氧化溶液中亚铁离子的研究. 云南大学学报，1986，3

26. 颜慧成，刘时杰. 氯化氢氯化焙烧分离贵贱金属. 贵金属，1995，16(1)：1－6

27. 刘思林，陈趣山，刘时杰，等. 羰基精炼镍和贵金属的富集与提取. 贵金属，1998，19(3)：20－24

28. 汪云华，刘时杰，等. 金宝山铂钯矿浸出液氧化制备铁红的新工艺研究. 矿冶工程，2006，26(5)：23－27

29. 钱东强，刘时杰. 低品位贵金属物料的富集活化溶解. 中国，ZL951061240. 1995

30. 钱东强，余建民，刘时杰. 贵金属的存在状态及溶解技术. 贵金属，1997，18(1)：40－43

31. 余建民，杨正芬，刘时杰. 硼氢化钠从 DBC 载金有机相中还原反萃金. 稀有金属，1996，20(1)：24

32. 余建民，杨正芬，刘时杰. 二异戊基硫醚萃取分离钯. 贵金属，1997，18(4)：45－49

33. 余建民，刘时杰，顾华祥. 二异戊基硫醚萃取分离精炼钯半工业试验. 有色金属科学技术进展. 长沙：中南大学出版社，1998：503

34. 赵家巧，刘时杰，余建民. 叔胺萃取分离精炼铂的新工艺. 贵金属，1995，16(4)：19

35. 余建民，刘时杰. 胺类萃取剂在贵金属溶剂萃取中的应用. 贵金属，1996，17(1)：51

36. 赵家巧，刘时杰，等. 叔胺萃铂过程中铱的分离. 中国有色金属学会贵金属学术委员会. 第7届全国贵金属学术研讨会论文集. 贵金属，昆明，1997，18(增刊)：251－255

37. 杨洪飚，何蔼萍，刘时杰. 失效载体催化剂回收铂族金属工艺和技术. 上海有色金属，2005，26(2)：86－92

图书在版编目(CIP)数据

铂族金属冶金学/刘时杰编著. —长沙:中南大学出版社,2013.6
ISBN 978-7-5487-0871-1

Ⅰ.铂...　Ⅱ.刘...　Ⅲ.铂族金属－贵金属冶金
Ⅳ.TF83

中国版本图书馆 CIP 数据核字(2013)第 097694 号

铂族金属冶金学

刘时杰　编著

□责任编辑	史海燕
□责任印制	文桂武
□出版发行	中南大学出版社
	社址:长沙市麓山南路　　邮编:410083
	发行科电话:0731-88876770　传真:0731-88710482
□印　　装	长沙市宏发印刷有限公司

□开　　本	720×1000　B5	□印张 35	□字数 678 千字
□版　　次	2013 年 6 月第 1 版	□2013 年 6 月第 1 次印刷
□书　　号	ISBN 978-7-5487-0871-1
□定　　价	150.00 元

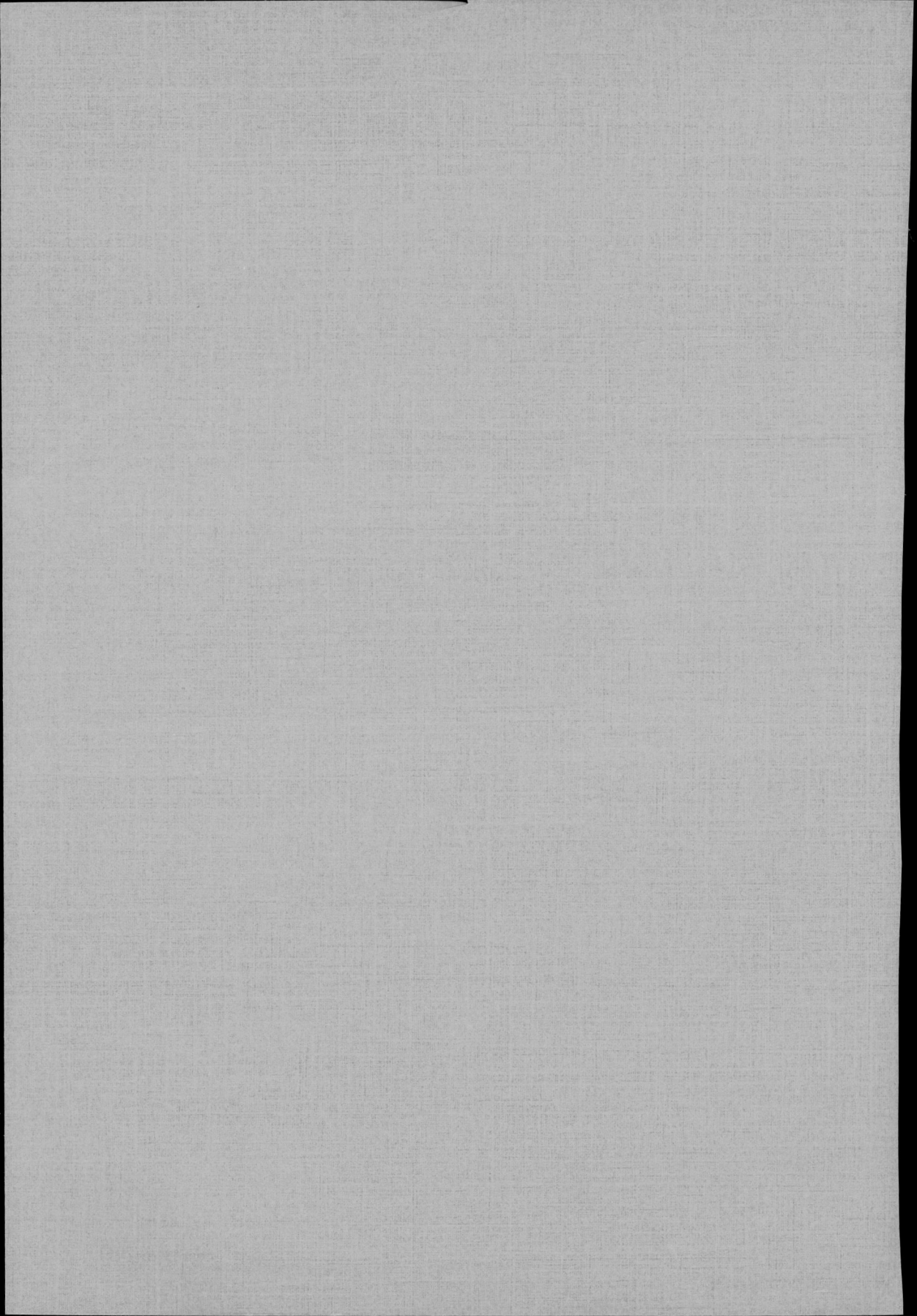